T20-Hvac V2.0 天正暖通软件

标准教程

麓山文化　编著

机械工业出版社

本书是一本 T20-Hvac V2.0 项目实战型案例教程，全书通过大量工程案例，深入讲解了该软件的各项功能以及在暖通设计中的应用。

全书共 20 章，其中第 1 章主要介绍了 T20 天正暖通 V2.0 的基本知识和暖通设计原理。第 2~18 章按照暖通施工图的绘制流程，循序渐进地介绍了采暖，地暖，空调水路，风管，管线工具，计算的创建与编辑方法，文字、表格、尺寸等的标注，以及绘图工具、文件布图、图库图层等内容；第 19、20 章则综合运用 AutoCAD 和天正软件，详细讲解了住宅和办公楼两套大型暖通施工图的设计方法，以全面巩固前面所学知识，积累实际工作经验。

本书配套光盘除提供全书所有实例 DWG 源文件外，还免费赠送全书 200 多个案例的视频教学。手把手的课堂生动讲解，可以成倍提高学习兴趣和效率。

本书采用案例式教学，边讲边练，实战性强，特别适合教师讲解和学生自学，可作为广大从事建筑、城市规划、房地产、土木工程施工等设计人员和工程技术人员的实用培训教材，也可以作为各大院校师生的教学用书。

图书在版编目（CIP）数据

T20-Hvac V2.0 天正暖通软件标准教程/麓山文化编著. —4 版. —北京：机械工业出版社，2016.6（2020.9重印）
ISBN 978-7-111-53983-4

Ⅰ. ①T… Ⅱ. ①麓… Ⅲ. ①采暖设备—建筑设计—计算机辅助设计—应用软件—教材②通风设备—建筑设计—计算机辅助设计—应用软件—教材 Ⅳ. ①TU83-39

中国版本图书馆 CIP 数据核字(2016)第 128065 号

机械工业出版社（北京市百万庄大街 22 号 邮政编码 100037）
责任编辑：曲彩云 责任印制：常天培
固安县铭成印刷有限公司印刷
2020 年 9 月第 4 版第 2 次印刷
184mm×260mm・32. 75 印张・800 千字
3001－3800 册
标准书号：ISBN 978-7-111-53983-4
ISBN 978-7-89386-047-8（光盘）
定价：89.00 元（含 1DVD）

凡购本书，如有缺页、倒页、脱页，由本社发行部调换
电话服务 网络服务
服务咨询热线：010-88361066 机工官网：www.cmpbook.com
读者购书热线：010-68326294 机工官博：weibo.com/cmp1952
010-88379203 金 书 网：www.golden-book.com
编辑热线： 010-88379782 教育服务网：www.cmpedu.com

前 言

天正公司从 1994 年开始就在 AutoCAD 图形平台开发了一系列建筑、暖通、电气等专业软件，这些软件特别是建筑软件最为常用。近十年来，天正系列软件版本不断推陈出新，受到中国建筑设计师的厚爱。在中国大陆的建筑设计领域，天正系列软件的影响力可以说无所不在。天正系列软件早已成为全国建筑设计 CAD 事实上的行业标准。

利用 AutoCAD 图形平台开发的最新一代暖通软件 T20-Hvac V2.0，继续以先进的图形对象概念服务于建筑暖通施工图设计，成为 CAD 暖通制图的首选软件。

本书内容

本书共 20 章，按照建筑暖通设计的流程安排相关内容，系统全面讲解了 T20 天正暖通 V2.0 的基本功能和相关应用。

第 1 章，首先介绍了天正暖通的优点、工作界面、软件设置、兼容性以及与 AutoCAD 的关系，使读者对天正暖通有一个全面的了解和认识。然后介绍了暖通的设计原理和暖通设计图纸的种类以及暖通施工图的绘制等相关知识。

第 2~18 章，按照暖通施工图的绘制流程，全面详细地讲解了 T20-Hvac V2.0 天正暖通软件的各项功能，包括采暖、地暖、空调水路、风管、管线工具、计算等的创建与编辑方法，文字、表格、尺寸等标注，以及绘图工具、文件布图、图库图层等内容。在讲解各功能模块时，全部采用“功能说明+课堂举例”的案例教学模式，让读者在动手操作中深入地理解和掌握。

第 19、20 章，通过住宅和办公楼两个全套暖通施工图绘制工程案例，综合演练本书前面所学的各类知识，以达到巩固提高、积累实战经验的目的。

本书特点

内容丰富 讲解深入	本书全面、深入地讲解了 T20 天正暖通 V2.0 的各项功能，包括采暖、地暖、空调水路、风管、管线工具、计算等。可以轻松绘制各类暖通施工图纸
项目实战 案例教学	本书采用项目实战的写作模式，可让读者在了解各项功能的同时，还能练习和掌握其具体操作方法，理论实践两不误
专家编著 经验丰富	本书的编者具有丰富的教学和写作经验，形成了自己先进的教学理念、富有创意和特色的教学设计和富有启发性的教学方法，读者学习无后顾之忧

边讲边练 快速精通	本书几乎每个知识点都配有相关的课堂举例，这些案例经过作者精挑细选，具有重要的参考价值，读者可以边做边学，从新手快速成长为天正暖通绘图高手
视频教学 学习轻松	本书配套光盘收录全书 200 多个实例的高清语音视频教学，可以在家享受专家课堂式的讲解，成倍提高学习兴趣和效率

本书编者

本书由麓山文化编著，具体参加编写的有：陈志民、江凡、张洁、马梅桂、戴京京、骆天、胡丹、陈运炳、申玉秀、李红萍、李红艺、李红术、陈云香、陈文香、陈军云、彭斌全、林小群、刘清平、钟睦、刘里锋、朱海涛、廖博、喻文明、易盛、陈晶、张绍华、黄柯、何凯、黄华、陈文轶、杨少波、杨芳、刘有良、刘珊、赵祖欣、毛琼健等。

由于作者水平有限，书中错误、疏漏之处在所难免。在感谢您选择本书的同时，也希望您能够把对本书的意见和建议告诉我们。

读者服务邮箱：lushanbook@qq.com

读 者 QQ 群：327209040

编者

目 录

第 1 章
T20 天正暖通 V2.0 概述

● 本章导读

在深入讲解天正暖通软件的使用之前，本章首先介绍暖通设计的基础知识与天正暖通工作界面和新功能，使读者能够快速熟悉暖通设计的基本原理和暖通识图、制图的相关知识，为后面的深入学习打下坚实的基础。

● 本章重点

◈ 暖通设计概述
◈ 暖通施工图
◈ 天正对象与兼容性
◈ 天正暖通用户界面
◈ T20 天正暖通 V2.0 新功能

T20-Hvac V2.0

1.1 暖通设计概述

暖通空调工程是为了解决建筑内部热湿环境、空气品质问题而设置的建筑设备系统，以创建良好的空气环境条件，满足人们生产和生活的需要。暖通空调系统包括供暖、通风和空气调节三个方面的内容，本节介绍暖通设计与制图相关的基础知识。

1.1.1 通风的概念

创造良好的空气环境条件（如温度、湿度、空气流速、洁净度等），对保障人们的健康、提高劳动生产率、保证产品质量是必不可少的。这一任务的完成，就是由通风和空气调节来实现的。

通风，就是用自然或机械的方法向某一房间或空间送入室外空气，或由某一房间或空间排出空气的过程。送入的空气可以是经处理的，也可以是不经处理的。换句话说，通风是利用室外空气（称为新鲜空气或新风）来置换建筑物内的空气（简称室内空气）的过程，以改善室内空气品质。

通风的功能主要有以下几点：

- 提供人呼吸所需要的氧气；
- 稀释室内污染物或气味；
- 排除室内工艺过程产生的污染物；
- 除去室内多余的热量(称余热)或湿量(称余湿)；
- 提供室内燃烧设备燃烧所需的空气。

1.1.2 通风系统的分类和组成

通风的主要目的是为了置换室内的空气，改善室内空气品质通风以建筑物内的污染物为主要控制对象。

根据换气方法不同，通风可分为排风和送风。排风是在局部地点或整个房间把不符合卫生标准的污染空气直接或经过处理后排至室外；送风是把新鲜或经过处理的空气送入室内。

为排风和送风设置的管道及设备等装置分别称为排风系统和送风系统，统称为通风系统。

按照空气流动的作用动力，通风系统可用分为自然通风和机械通风两种。

1. 自然通风

自然通风是在自然压差作用下，使室内外空气通过建筑物围护结构的孔口流动的通风换气。

根据压差形成的机理，自然通风可以分为热压作用下的自然通风（见图 1-1）、风压作用下的自然通风（见图 1-2）以及热压和风压共同作用下的自然通风。

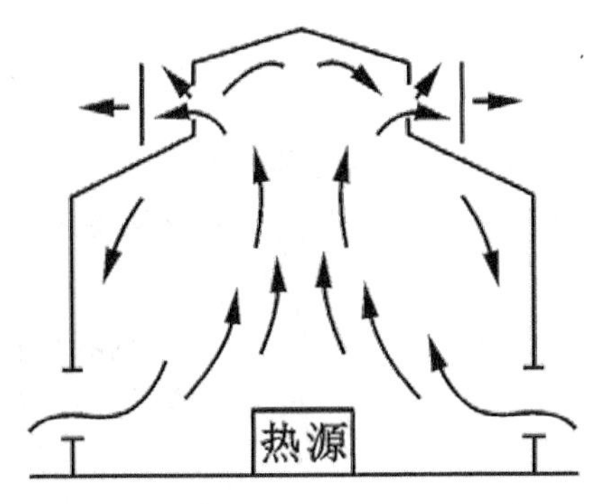

图 1-1　热压作用下的自然通风

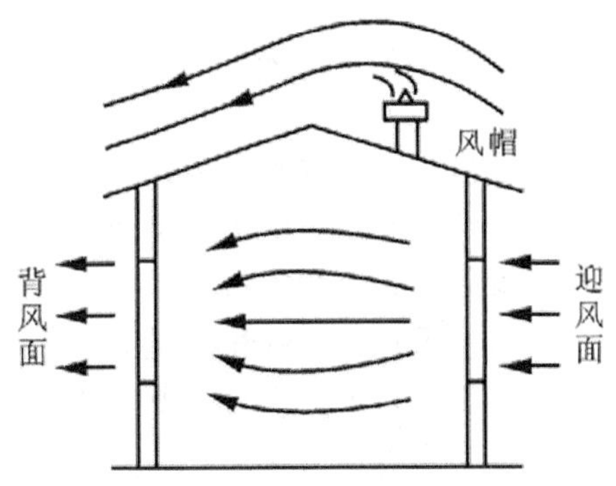

图 1-2　风压作用下的自然通风

2. 机械通风

依靠通风机提供的动力来迫使空气流通来进行室内外空气交换的方式叫做机械通风。其优点是通风量可以在一年四季中保持平衡，不受外界气候的影响，其还可以任意调节换气量大小。

机械通风系统的缺点是需要设置各种空气处理设备、动力设备（通风机），各类风道、控制附件和器材，故初次投资和日常运行维护管理费用远大于自然通风系统。

机械通风可根据有害物分布的状况，按照系统作用范围大小分为局部通风和全面通风两类。局部通风包括局部送风系统和局部排风系统；全面通风包括全面送风系统和全面排风系统。

如图 1-3、图 1-4 所示为全面机械排风系统和全面机械送风系统的示意图。

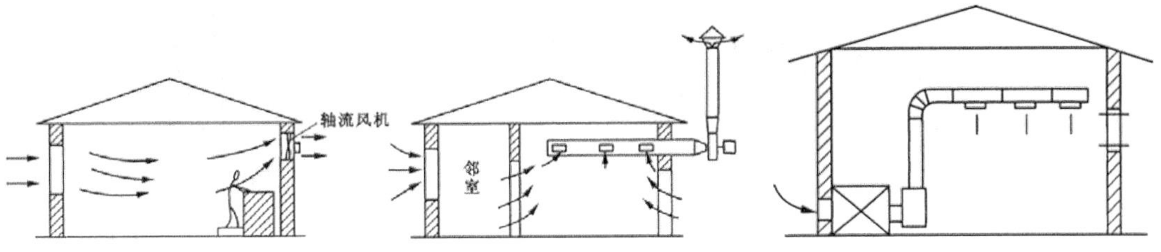

图 1-3　全面机械排风系统　　图 1-4　全面机械送风系统

1.1.3 空调的概念

空调即空气调节。空调是高级的通风，是按照人们或生产工艺的要求，对空气的温度、湿度、洁净度、空气速度、噪声、气味等进行控制并提供足够的新鲜空气的通风。所以又称空调为环境控制。空调可以实现对建筑热湿环境、空气品质进行全面控制，它包含了采暖和通风的部分功能。

1.1.4 空调系统的分类与组成

按承担室内冷热湿负荷的介质分类，空调系统可以分为以下几种类型:

- 全空气系统：以空气为介质，向室内提供冷量或热量，由空气来承担房间的全部热负荷或冷负荷。
- 全水系统：全部用水承担室内的热负荷和冷负荷。当为热水时，向室内提供热量，承担室内的热负荷；当为冷水（常称冷冻水）时，向室内提供制冷量，承担室内冷负荷和湿负荷。
- 空气、水系统：以空气和水为介质，共同承担室内的负荷。既解决了全空气系统因风量大导致风管断面尺寸大而占据较多有效建筑空间的矛盾，也解决了全水系统空调房间的新鲜空气供应问题，因此这种空调系统特别适合大型建筑和高层建筑。
- 制冷剂系统：以制冷剂为介质，直接用于对室内空气进行冷却、去湿或加热。实质上，这种系统是用带制冷机的空调器（空调机）来处理室内的负荷的，所以这种系统又称机组式系统。

如图 1-5 所示为二次回风集中式空调系统，主要由空气处理部分、空气输送部分、空气分配部分和辅助系统部分等组成。

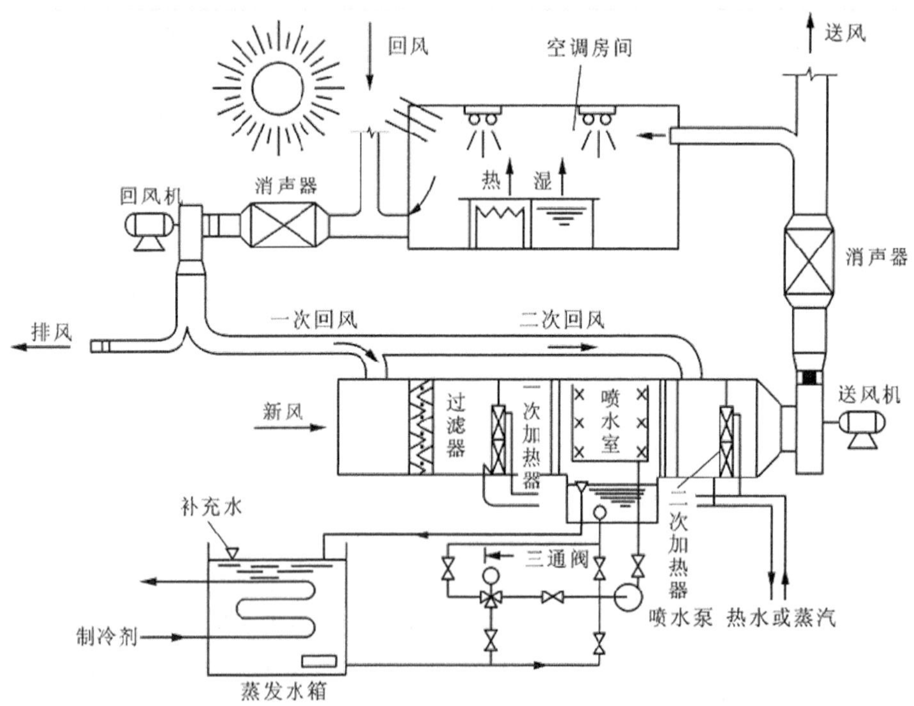

图 1-5　二次回风集中式空调系统

1.1.5 采暖的概念

采暖就是用人工方法向室内供给热量，使室内保持一定的温度，以创造适宜的生活条件或工作条件的技术。我国北方冬季气候寒冷，为了保持室内适当的温度，一般设置采暖系统。

采暖系统由热源（热媒制备）、热循环系统（管网或热媒输送）及散热设备（热媒利用）三个主要部分组成。

- 热源：主要是指生产和制备一定参数(温度、压力)热媒的锅炉房或热电厂。
- 供热管道：将热媒输送到各个用户或散热设备。
- 散热设备：将热量散发到室内的设备。
- 热媒：是可以用来输送热能的媒介物。常用的热媒是热水、蒸汽。

供暖系统的基本工作原理：低温热媒在热源中被加热，吸收热量后，变为高温热媒（高温水或蒸汽），经输送管道送往室内，通过散热设备放出热量，使室内温度升高；散热后温度降低，变成低温热媒（低温水），再通过回收管道返回热源，进行循环使用。如此不断循环，从而不断将热量从热源送到室内，以补充室内的热量损耗，使室内保持一定的温度。

1.1.6 采暖系统的分类和组成

采暖系统有很多种不同的分类方法，按照热媒的不同可以分为：热水采暖系统、蒸汽采暖系统和热风采暖系统。

- 热水采暖系统：以热水为热媒，把热量带给散热设备的采暖系统，称为热水采暖系统。当热水采暖系统的供水温度为 95 度，回水为 70 度的时候，称为低温热水采暖系统；供水温度高于 100 度的称为高温热水采暖系统。低温热水采暖系统多用于民用建筑的采暖系统，高温热水采暖系统多用于生产厂房。
- 蒸汽采暖系统：以蒸汽为热媒，把热量带给散热设备的采暖系统，称为蒸汽采暖系统。蒸汽相对压力小于 70KPa 的，称为低压蒸汽采暖系统；蒸汽相对压力为 70～300KPa 的，称为高压蒸汽采暖系统。
- 热风采暖系统：用热空气把热量直接传送到房间的采暖系统，称为热风采暖系统。

根据三个主要组成部分的相互位置关系来分，采暖系统又可分为局部采暖系统和集中供暖系统。

- 局部采暖系统：热媒制备、热媒输送和热媒利用三个主要组成部分在构造上都在一起的采暖系统，称之为局部采暖系统。如火炉采暖、户用燃气采暖、电加热器采暖等。虽然燃气和电能从远处输送到室内来，但热量的转化和利用都是在这间采暖房内实现的。
- 集中采暖系统：锅炉在单独的锅炉房内，热媒通过管道系统送至一栋或多栋建筑物的采暖系统，称为集中采暖系统，如图 1-6 所示。

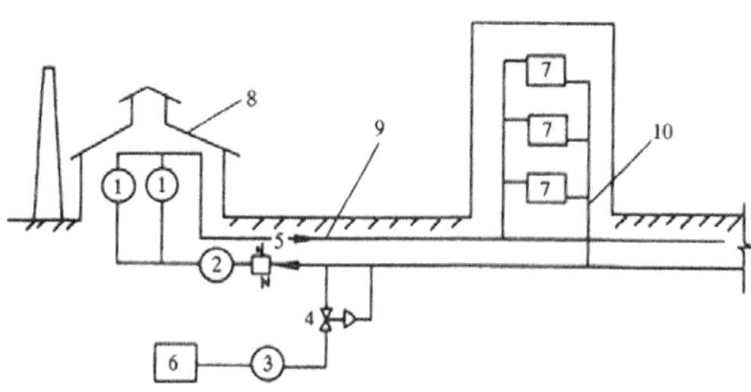

图 1-6 集中采暖系统

1.2 暖通施工图

采暖施工图分为室外和室内两部分，室外部分表示一个区域的采暖管网，室内部分表示一栋建筑物的采暖工程，包括采暖平面图、采暖系统图、详图和设计说明。

1.2.1 采暖施工图概述

采暖工程中的热媒有两种：热水和蒸汽。一般民用建筑中以热水为热媒的采暖系统较多。锅炉将加热的水通过管道送到建筑物内，通过散热器散热后，冷却的水又通过管道返回锅炉，进行再次加热，如此循环往复。

1. 采暖平面布置图

采暖平面布置图表示建筑各层采暖管道与设备的平面布置，主要包括以下内容。

1）建筑物的平面布置，在其中应注明轴线、房间主要尺寸、指北针，必要时要注明房间名称、各房间分布、门窗和楼梯位置等。在图上要注明轴线编号，外墙总长尺寸、地面及扣板标高等与采暖系统施工安装有关的尺寸。

2）热力入口位置，供、回水总管的名称以及管径。

3）干、支、立管的位置和走向，管径以及立管编号。

4）散热器的类型、位置和数量。各种类型的散热器规格和数量的标注方式如下。

a. 柱型、长翼型散热器只注数量，即片数；

b. 圆翼型散热器应注根数、排数，比如 3×5（每排根数×排数）；

c. 光管散热器应注管径、长度、排数，如 D150×500×5 [管径（mm）×管长（mm）×排数]；

d. 闭式散热器应注长度、排数，如 2.0×3[长度（m）×排数]；

e. 膨胀水箱、集气罐、阀门位置及型号；

f. 补偿器型号、位置，固定支架位置。

5）在多层建筑中，各层散热器布置基本相同时，也可采用标准层画法。但在标准层平面图上，散热器要注明层数和各层的数量。

6）主要设备或管件（如支架、补偿器、膨胀水箱、集气罐等）在平面图上的位置。

7）用虚线画出的采暖地沟、过门地沟的位置。

如图 1-7 所示为绘制完成的采暖平面图。

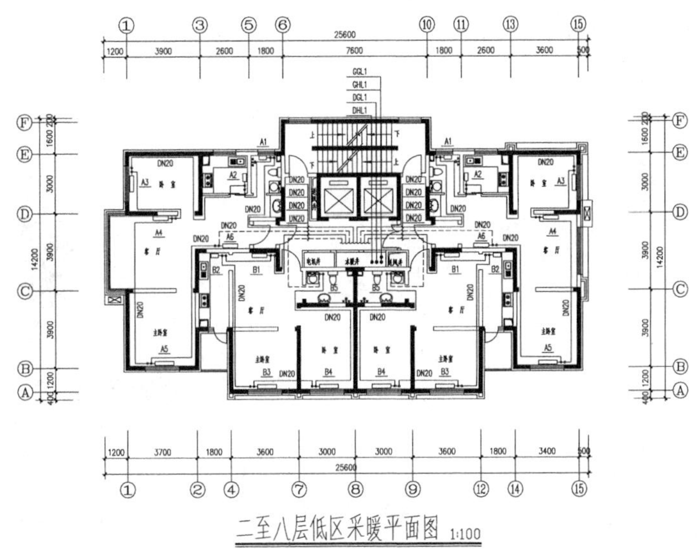

图 1-7　采暖平面图

2. 采暖系统图

采暖系统图也称流程图，又叫系统轴测图，与平面图配合，表明了整个采暖系统的全貌。采暖系统图应用轴测投影法绘制，并宜用正等轴测或正面斜轴测投影法。当采用正面斜轴测投影法来绘制系统图时，Y 轴与水平线的夹角可选用 45 度或 30 度。系统图的布置方向应与平面图相一致。

系统图分为水平方向和垂直方向两种布置情况。

另外，在系统图上还应标注各立管编号、各管线管径和坡度、散热器片数、干管的标高等。

采暖系统图包含的内容如下：

- 采暖管道的走向、空间位置、坡度、管径及变径的位置、管道与管道之间连接的方式；
- 散热器与管道的连接方式，例如是竖单管还是水平串联的，是双管上分还是双管下分等；
- 管路系统中阀门的位置、规格；
- 集气罐的规格、安装形式（分立式、卧室）；
- 蒸汽采暖疏水器和减压阀的位置、规格、类型；
- 节点详图的索引号。

如图 1-8 所示为绘制完成的采暖系统图。

3. 详图

在采暖平面图和系统图上表达不清楚、用文字也无法说明的地方可以用详图表示。

详图是局部放大比例的施工图，又称大样图，表示采暖系统节点与设备的详细构造及安装尺寸要求。一般采暖系统入口管道的交叉连接复杂，所以需要另画一张比例较大的详图。如图 1-9 所示为绘制完成的详图。

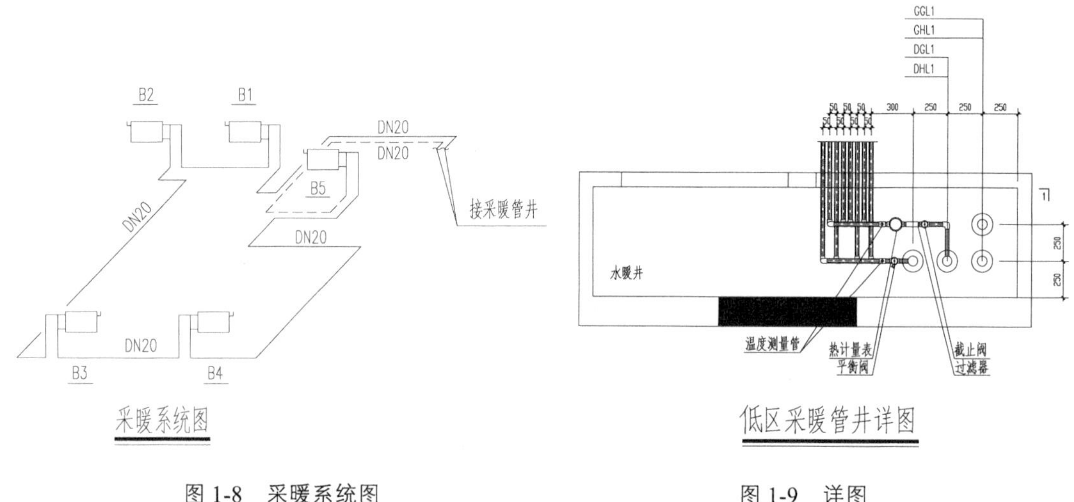

图 1-8 采暖系统图　　图 1-9 详图

4. 设计说明

采暖施工图纸的设计说明包含以下内容：

- 建筑物的采暖面积、热源的种类、热媒参数、系统总热负荷；
- 采用散热器的型号及安装方式、系统形式；
- 在安装和调整运转时应遵循的标准和规范；
- 在施工图上无法表达的内容，如管道保温、油漆等；
- 管道连接方式，所采用的管道材料；
- 在施工图上未表示的管道附件安装情况，如在散热器支管与立管上是否安装阀门等。

1.2.2 采暖施工图的识图要领

采暖平面图和系统图共同反映了采暖系统管道平面布置、连接关系、空间走向及管路上各种配件和散热器在管路上的位置，并反映了管路各段管径和坡度等。采暖系统图应与采暖平面图对照阅读，才能了解采暖施工图的完整内容。

1. 浏览采暖平面图

首先在底层采暖平面图上寻找供水总干管和回水总干管的位置，然后根据供水干管和回水干管的位置确定采暖系统的形式，再在各层采暖平面图上确定供回水立管以及支管、散热器、附属设备的平面布置。

2. 对照平面图，阅读采暖系统图

由平面图与系统图对照找出平面上各管线及散热器的连接关系，了解管线上如阀门等配件的位置。散热器片数或规格在系统图中也有反映，如散热器上的数字即反映该组散热器的片数。通过系统图的阅读可以了解供热水口至出水口中每趟立管回路的管路位置、管径及回路上配件的位置等。

1.2.3 通风施工图

通风施工图由平面图、剖面图、系统图、原理图等组成，下面分别予以介绍。

1. 通风与空调平面图

通风与空调系统平面图主要说明通风空调系统的设备、系统风道、冷热媒管道、凝结水管道的平面布置。主要内容包括：风管系统、水管系统、空气处理设备和尺寸标注。

引用标准图集的图纸，应注明所用的通用图、标准图索引号。对于恒温恒湿房间，应注明房间各参数的基准值和精度要求。

如图 1-10 所示为绘制完成的通风与空调平面图。

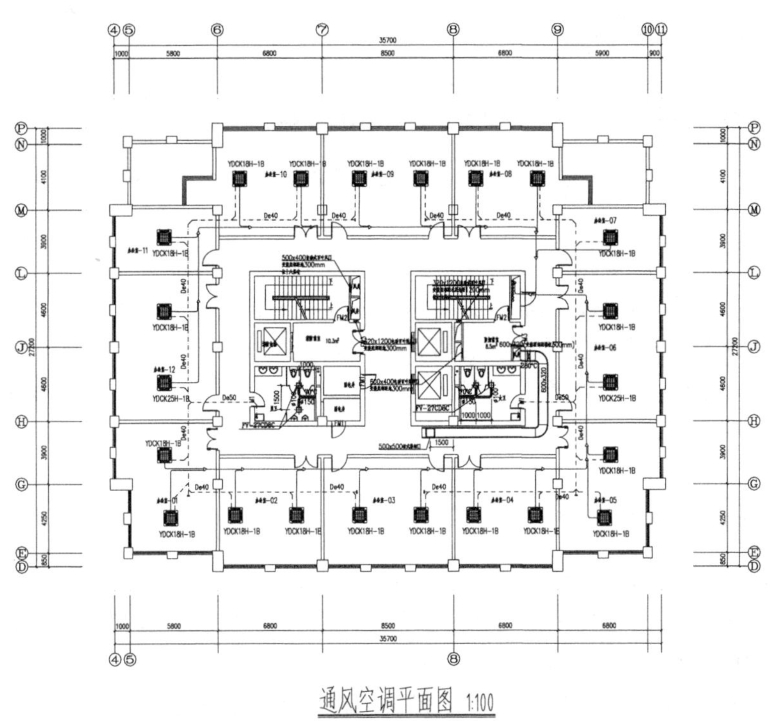

图 1-10 通风与空调平面图

2. 通风系统剖面图

剖面图与平面图相对应，用来说明平面图上无法表明的情况。剖面和位置，在平面图上都有说明。剖面图上的内容与平面图上的内容是一致的，区别是：剖面图上还标注有设备、管道及配件高度。

通风系统剖面图主要包括以下内容。

- 风道、设备、各种零部件的竖向位置尺寸和有关工艺设备的位置尺寸，相应的编号尺寸应与平面图相对应。
- 风道直径（或截面尺寸），风管标高（圆管中心，矩形管标管底边），送、排风口的形式、尺寸、标高和空气流向。

3. 通风系统图

系统图从总体上表明所讨论的系统构成情况及各种尺寸、型号和数量等，主要包括该系统中设备、配件的型号、尺寸、定位尺寸、数量以及连接于各设备之间的管道在空间中的曲折、交叉、走向和尺寸、定位尺寸等，还应注明该系统的编号。

如图 1-11 所示为绘制完成的通风系统图。

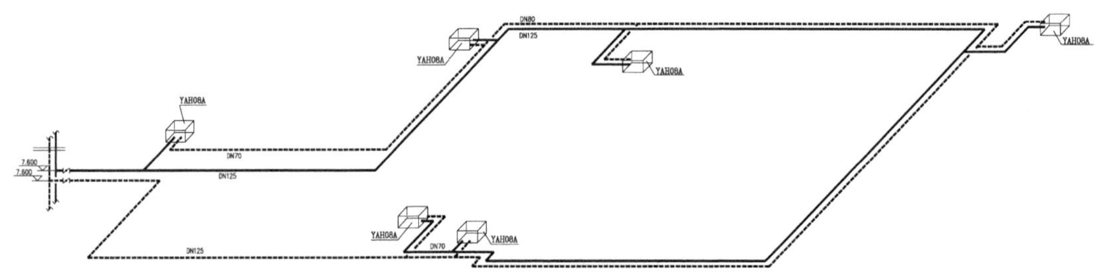

图 1-11 通风系统图

4. 原理图

原理图多为空调原理图，内容包括：系统的原理和流程；空调房间的设计参数、冷热源、空气处理和运输方式；控制系统之间的相互关系；系统中的管道、设备、仪表、部件；整个系统控制点与测点间的联系；控制方案及控制点参数；用图例表示的仪表、控制元件型号等。

1.2.4 通风施工图的识图要领

识读通风工程图的要点如下：

1）阅读图样目录。根据图纸目录了解该工程图纸的概况，包括图纸张数、图幅大小及名称、编号等信息。

2）阅读设计说明。根据设计说明了解该工程概况，包括空调系统的形式、划分及主要设备布置等信息。在此基础上，确定哪些图纸代表着该工程的特点、属于工程中的重要部分，图纸的阅读就从这些重要图纸开始。

3）阅读有代表性的图样。在空调通风施工图中，有代表性的图纸基本上都是反映空调系统布置、空调机房布置、冷冻机房布置的平面图；因此，空调通风施工图的阅读基本上是从平面图开始的；先是总平面图，然后是其他的平面图。

4）阅读辅助性图样。对平面图上没有表达清楚的地方，需要根据平面图上的提示，例如根据剖面位置和图纸目录找出该平面图的辅助图纸进行阅读，包括立面图、侧立面图、剖面图等；对于整个系统可以参考系统图。

5）阅读其他内容。在读懂整个空调通风系统的前提下，再进一步阅读施工说明与设备主要材料表，了解空调通风系统的详细安装情况，同时参考加工、安装详图，从而完全掌握图纸的全部内容。

1.2.5 暖通空调制图标准

我国现行的暖通制图标准为 2011 年 3 月施行的《暖通空调制图标准（GB/T50114—2010）》，现将其中部分摘录如下。

1. 图线

图线的基本宽度 *b* 和线宽组，应根据图样的比例、类别及使用方式确定。

基本宽度 *b* 宜选用 0.18 mm、0.35 mm、0.5 mm、0.7 mm、1.0mm。

图样中仅使用两种线宽时，线宽组宜为 b 和 0.25b。三种线宽的线宽组宜为 b、0.5b 和 0.25*b*，并应符合如表 1-1 所示的规定。

表 1-1　线宽参考表

线宽比	线宽组/ mm			
b	1.4	1.0	0.7	0.5
0.7*b*	1.0	0.7	0.5	0.35
0.5*b*	0.7	0.5	0.35	0.25
0.25*b*	0.35	0.25	0.18	（0.13）

注：需要缩微的图纸，不宜采用 0.18 mm 及更细的线宽。

在同一张图纸内，不同线宽组的细线，可统一采用最小线宽组的细线。

暖通空调专业制图采用的线型及其含义，应符合表 1-2 的规定。

表 1-2　线型及其含义

名称		线型	线宽	一般用途
实线	粗	————	b	单线表示的供水管线
	中粗	————	0.7b	本专业设备轮廓、双线表示的管道轮廓
实线	中	————	0.5b	尺寸、标高、角度等标注线及引出线；建筑物的轮廓
	细	————	0.25b	建筑布置的家具、绿化等，非本专业设备轮廓
虚线	粗	------------	b	回水管线，单线表示的管道被遮挡的部分

虚线	中粗	————————	0.7b	本专业设备及双线表示的管道被遮挡的轮廓
	中	————————	0.5b	地下管沟、改造前风管的轮廓线；示意性连线
	细	------------------------	0.25b	非本专业虚线表示的设备轮廓等
波浪线	中	∽∽∽∽∽	0.5b	单线表示的软管
	细	∽∽∽∽∽	0.25b	断开界线
单点长画线		—·—·—·—	0.25b	轴线、中心线
双点长画线		—··—··—	0.25b	假想或工艺设备轮廓线
折断线		——√——	0.25b	断开界线

图样也可以使用自定义图线及含义，但应明确说明，且其含义不应与绘图标准发生冲突。

2. 比例

总平面图、平面图的比例，宜与工程项目设计的主导专业一致，其他情况下可以参照表 1-3 中的比例来选用。

表 1-3　比例

图名	常用比例	可用比例
剖面图	1:50、1:100	1:150、1:200
局部放大图、管沟断面图	1:20、1:50、1:100	1:25、1:30、1:150、1:200
索引图、详图	1:1、1:2、1:5、1:10、1:20	1:3、1:4、1:15

3. 图样画法的一般规定

各工程、各阶段的设计图纸应满足相应的设计深度要求。

本专业设计图纸编号应独立。

在同一套工程设计图纸中，图样线宽组、图例、符号等应一致。

在工程设计中，宜依次表示图纸目录、选用图集（纸）目录、设计施工说明、图例、设备及主要材料表、总图、工艺图、系统图、平面图、剖面图、详图等；假如单独成图，其图纸编号应按所述顺序排列。

图样需用的文字说明，宜以“注:”“附注:”或“说明:”的形式在图纸右下方、标题栏上方书写，并应用“1、2、3、…”进行编号。

一张图幅内绘制平、剖面等图样时，宜按平面图、剖面图、安装详图，从上倒下、从左到右的顺序排列；当一张图幅绘有多层平面图时，宜按建筑层次由低倒高，由下而上顺序排列。

4. 管道和设备布置平面图、剖面图及详图绘制的一般规定

管道和设备平面布置图、剖面图应直接以正投影法绘制。

用于暖通空调系统设计的建筑平面图、剖面图，应用细实线绘出建筑轮廓线和与暖通

空调系统有关的门、窗、梁、柱、平台等建筑构配件，并应注明相应定位轴线编号、房间名称、平面标高。

剖视的剖切符号应由剖切位置线、投射方向线及编号组成。剖切位置线和投射方向线均应以粗实线绘制，剖切位置线的长度宜为 610mm；投射方向线长度应短于剖切位置线，宜为 46mm。剖切位置线和投射方向线不应与其他图线相接触，编号宜用阿拉伯数字，并宜标在投射方向线的端部，转折的剖切位置线宜在转角的外顶角处加注相应编号。

5. 管道系统图、原理图绘制的一般规定

管道系统图应能确认管径、标高及末端设备，可按系统编号分别绘制。

管道系统图采用轴测投影法绘制时，宜采用与相应的的平面图一致的比例，按正等轴测或正面斜二轴测的投影规则绘制，可按现行国家标准（GB/T 50001-2010）《房屋建筑制图统一标准》绘制。

在不引起误解时，管道系统图可不按轴测投影法绘制。

管道系统图的基本要素应与平、剖面图相对应。

水、汽管道及通风、空调管道系统图均可用单线绘制。

以上为《暖通空调制图标准（GB/T50114—2010）》中的一部分，如若在绘图过程中有疑问，读者可以自行翻阅标准中的详细内容。

1.2.6 暖通制图图例

1. 水、汽管道常用图例

水、汽管道可以用线型区分，也可以用代号区分。水、汽管道代号可按表 1-4 选用。

表 1-4 水、汽管道代号

序号	代号	管道名称	备注
1	RG	采暖热水供水管	可附加 1、2、3 等表示一个代号不同参数的多种管道
2	RH	采暖热水回水管	可通过实线、虚线表示供、回关系，省略字母 G、H
3	LG	空调冷水供水管	
4	LH	空调冷水回水管	
5	KRG	空调热水供水管	
6	KRH	空调冷水回水管	
7	LRG	空调冷、热水供水管	
8	LRH	空调冷、热水回水管	
9	LM	冷媒管	
10	N	凝结水管	

2. 水、汽管道阀门、附件

水、汽管道阀门、附件的图例可按

表 1-5 选用。

表 1-5　水、汽管道阀门、附件的图例

名称	图例	名称	图例
截止阀		电磁阀	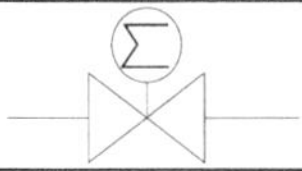 Σ
平衡锤安全阀	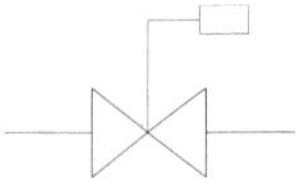	消声止回阀	
气开隔膜阀		气闭隔膜阀	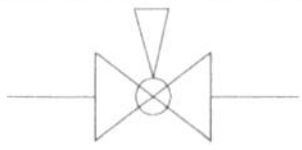
逆止阀	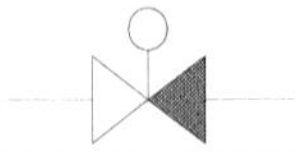	隔膜阀	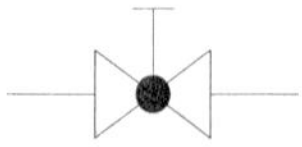
压力调节阀	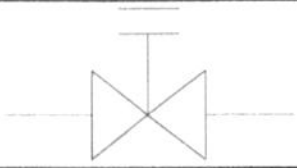	膨胀阀隔膜阀	
温度调节阀	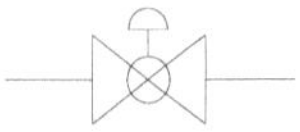	安全阀	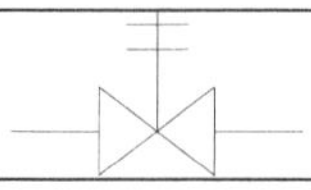
底阀		浮球阀	
蝶阀		膨胀阀	
散热器三通	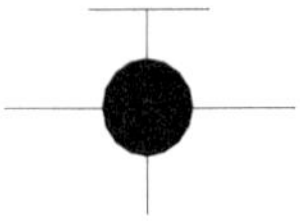	三通阀	
闸阀		止回阀	
电动二通阀	 M	液动阀	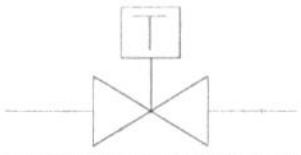 T
球阀	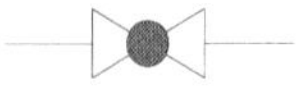	减压阀	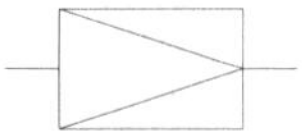
节流阀		电动蝶阀	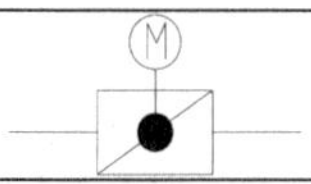 M
液动蝶阀	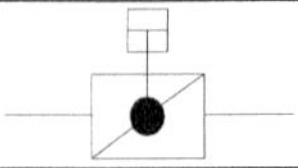	气动蝶阀	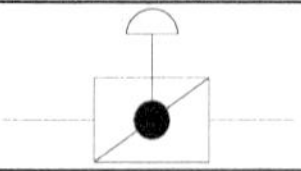
液动闸阀	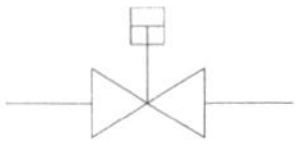	快开阀	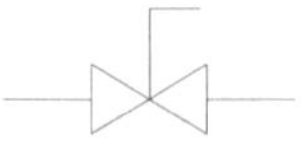

名称	图例	名称	图例
手动调节阀		安全阀	
减压阀		弹簧安全阀	
重锤安全阀		自动排气阀	
旋塞阀		节流孔板	
活接头		平衡阀	
管道泵		离心水泵	
柱塞阀		手动排气阀	
角阀		管封	
变径管		除污器	
直通型（或反冲式）除污器	E	补偿器	
爆破膜		热表	R
软接头		金属软管	

名称	图例	名称	图例
阻火器		漏斗	
地漏		快速接头	
定压差阀		调节止回关断阀	

3. 风道代号

风道代号可按表 1-6 选用。

表 1-6　风道代号

序号	代号	管道名称	备注
1	SF	送风管	
2	HF	回风管	一、二次回风可附加 1、2 区别
3	PF	排风管	
4	XF	新风管	
5	PY	消防排烟风管	
6	ZY	加压送风管	
7	P（Y）	排风排烟兼用风管	
8	XB	消防补风风管	
9	S（B）	送风兼消防补风风管	

4. 风管、阀门图例

风管、附件的图例可按表 1-7 选用。

表 1-7　风管、附件图例

序号	名称	图例	备注
1	矩形风管	×××╳×××	宽×高（mm）
2	圆形风管	ϕ×××	ϕ直径（mm）
3	风管上升摇手弯		
4	风管下降摇手弯		

序号	名称	图例	备注
5	天圆地方	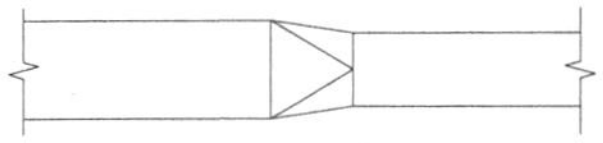	左接矩形风管，右接圆形风管
6	软风管		
7	圆形弧弯头	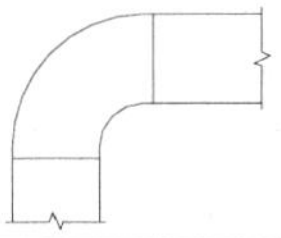	
8	矩形三通	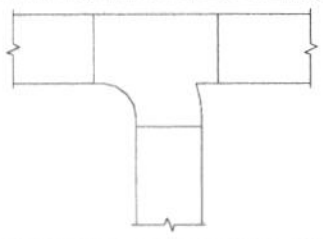	
9	四通	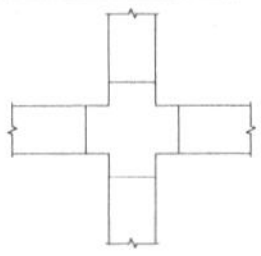	
10	方形风口	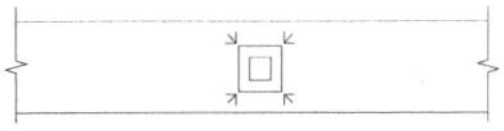	
11	条缝形风口	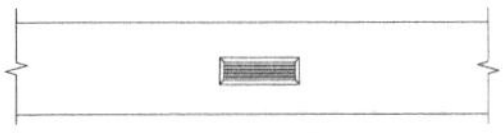	
12	圆形风口	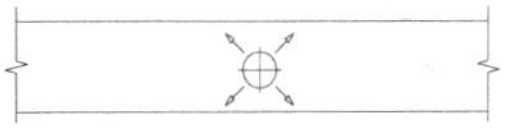	
13	侧面风口	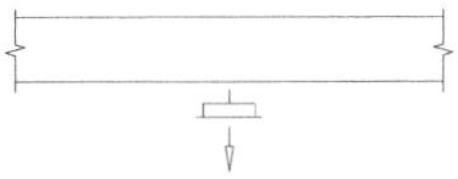	
14	单层防雨百叶		
15	自垂式百叶风口	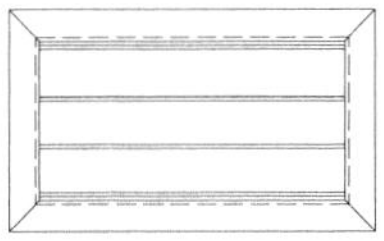	

5. 风口、附件代号

风口和附件代号按表 1-8 选用。

表 1-8　风口和附件代号

序号	代号	图例	备注
1	AV	单层格栅风口，叶片垂直	

序号	代号	图例	备注
2	AH	单层格栅风口，叶片水平	
3	BV	双层格栅风口，前组叶片垂直	
4	BH	双层格栅风口，前组叶片水平	
5	C*	矩形散流器，*为出风面数量	
6	DF	圆形平面散流器	
7	DS	圆形凸面散流器	
8	DP	圆盘形散流器	
9	DX*	圆形斜片散流器，*为出风面数量	
10	DH	圆环形散流器	
11	E*	条缝形风口，*为条缝数	
12	F*	细叶形斜出风散流器，*为出风面数量	
13	FH	门铰形细叶回风口	
14	G	扁叶形直出风散流器	
15	H	百叶回风口	
16	HH	门铰形百叶回风口	
17	J	喷口	
18	SD	旋流风口	
19	K	蛋格形风口	
20	KH	门铰形蛋格式回风口	
21	L	花板回风口	
22	CB	自垂百叶	
23	N	防结露送风口	冠于所用类型风口代号前
24	T	低温送风口	冠于所用类型风口代号前
25	W	防雨百叶	
26	B	带风口风箱	
27	D	带风阀	
28	F	带过滤网	

6. 风管阀门阀件

风管阀门阀件按表 1-9 选用。

表 1-9 风管阀门阀件

名称	图例	名称	图例
插板阀		止回阀	

名称	图例	名称	图例
蝶阀		多叶调节阀	
防火阀		防火调节阀	
防烟阀		风道密封阀	
光圈式启动调节阀		软接头	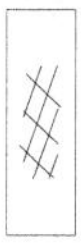
70℃常开防火阀	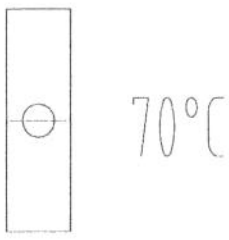 70°C	余压阀	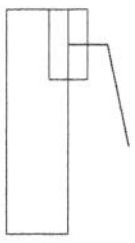
双位定风量调节阀		排烟防火阀	

7. 设备图例

暖通空调设备图例按表 1-10 选用。

表 1-10　暖通空调设备图例

名称	图例	名称	图例
水泵	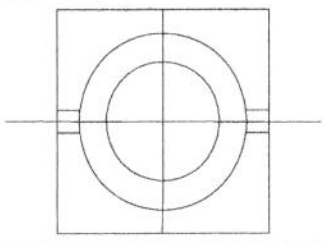	离心泵	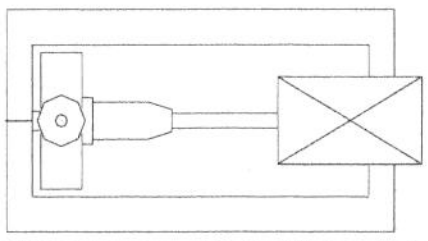
静压箱	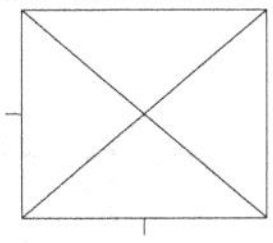	风机盘管	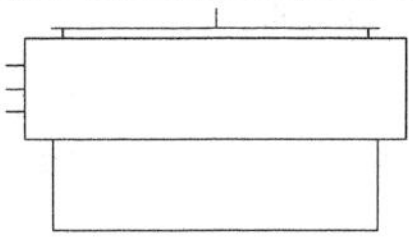
离心风机	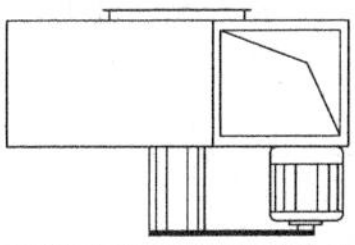	轴流风机	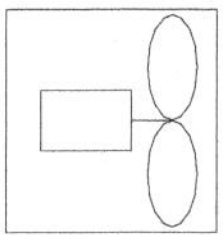

名称	图例	名称	图例
斜流风机		屋顶风机	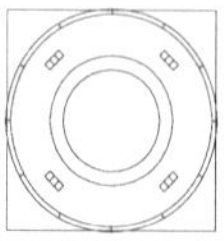
空调器	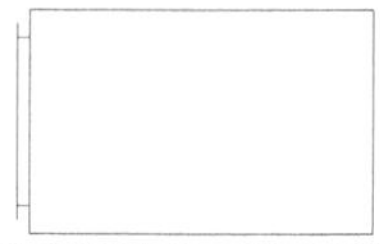	空调室内机	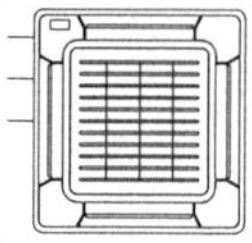
采暖分集水器	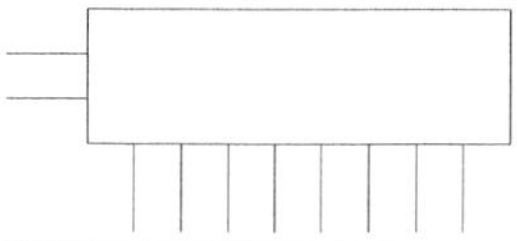	空调分集水器	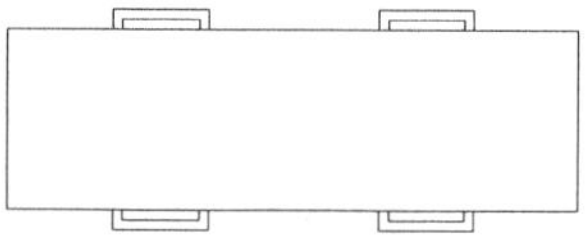
换热器	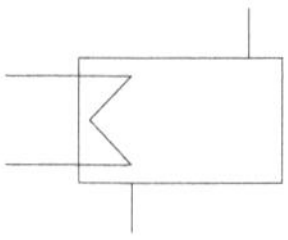	矩形管道风机	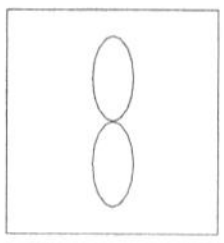
冷水机组	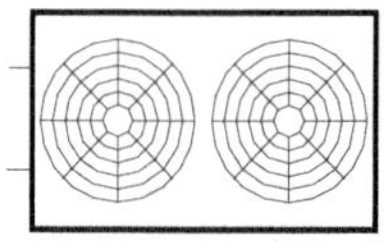	电动、手摇两用风机	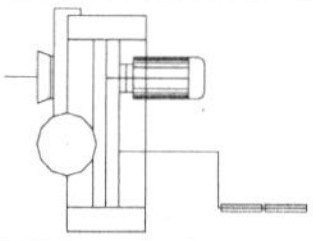
过滤吸收器	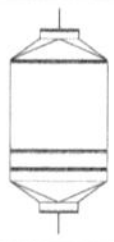	油网滤尘器	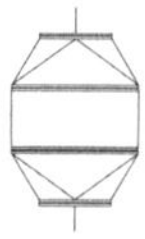
中间段		蒸汽加湿段	
热水盘管		喷淋段	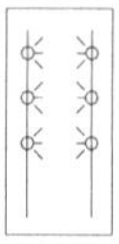
均流段	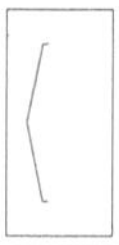	挡水板	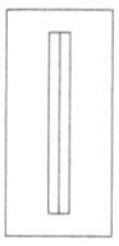
消声段	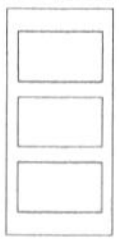	混合段	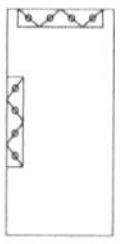
热回收段	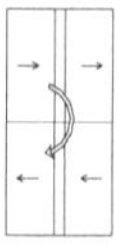	表冷段	
过滤段	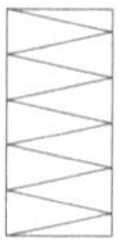	风机段	

1.3 天正对象与兼容性

1.3.1 普通图形对象

在早期版本的 AutoCAD 中，图元类型由软件本身定义，开发商与用户都不可扩充。图档完全由 AutoCAD 规定的若干类基本图形对象组成，比如矩形、圆形、直线、弧线等基本图形构成的二维图形或三维图形。

随着 AutoCAD 版本的不断升级，其越来越与实际的绘图需求相契合。可以使用建筑的实际尺寸，在 AutoCAD 上绘制图形。然后用户根据出图比例要求，把模型换算成图纸的度量单位，将其打印输出，成为纸质的施工图纸。

另外，除了基本的二维图形、三维图形，以及由这些图形组成的复杂图形外，各类文字标注、尺寸标注以及符号标注也逐渐被称为图形对象。为此，各个国家的制图规范中都对文字与符号的标注进行了特别的规定，使得在图纸上用不同比例绘制的文字与符号的标注能够清楚地表达。

1.3.2 天正对象

天正对象可分为天正构件对象和天正标注对象。天正构件对象用模型尺寸来度量，而天正标注对象则用图纸空间的尺寸来度量，这样大大方便了图纸的输出，特别是经常调整模型的输出比例时，天正的标注对象自动适应新的输出比例。天正构件对象可以通过对话框进行设置和调用，比如绘制墙体，可以先通过在对话框中定义参数然后在绘图区中绘制图形，如图 1-12 所示；调用水管阀门图形时，可以通过打开的【天正图库管理系统】对话框来选择需要的阀件，如图 1-13 所示。

图 1-12 【绘制墙体】对话框

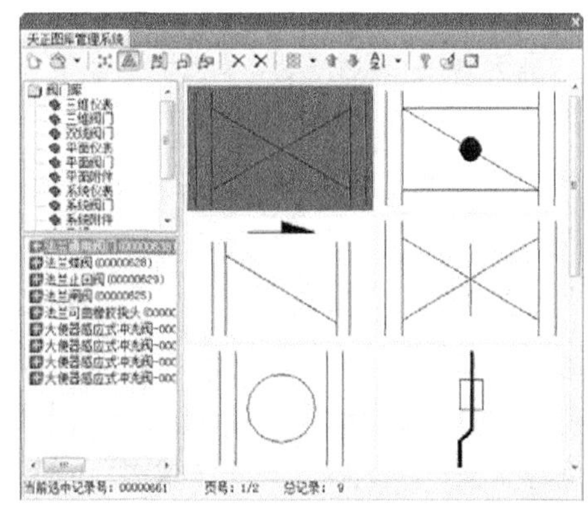

图 1-13 【天正图库管理系统】对话框

在 AutoCAD 中，所有的图形来源方式有两种，一种是在绘图区中执行各类绘图和编辑命令操作得到，另一种是加载外部图块。而通过这两种方式得到的图形需进行再编辑的话，要执行相应的编辑修改命令。而天正自定义对象只需双击，即可开启其编辑对话框，在对话框中即可完成对象的参数编辑。有些图形编辑还提供了一边编辑一边预览的功能。

天正标注对象指天正自定义的各类标注对象；执行天正标注命令，所绘制的标注为一个整体，如图 1-14 所示，用户可以对其进行编辑修改。

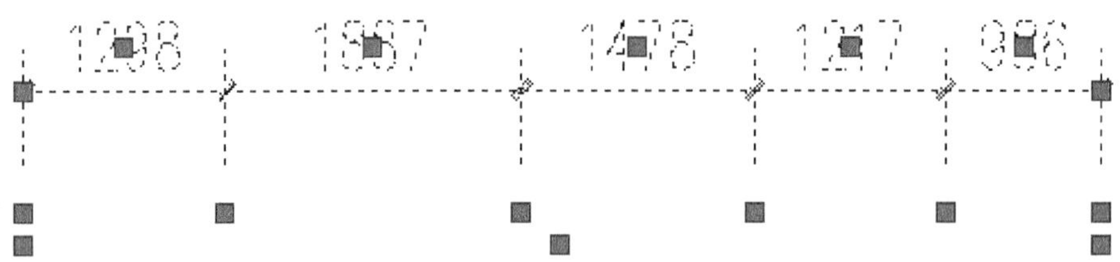

图 1-14　标注对象

天正的标注对象还包括各类符号标注，比如标高标注、管径标注等。双击绘制完成的符号标注，可以弹出编辑对话框，在其中可实现对标注的修改，如图 1-15 所示。

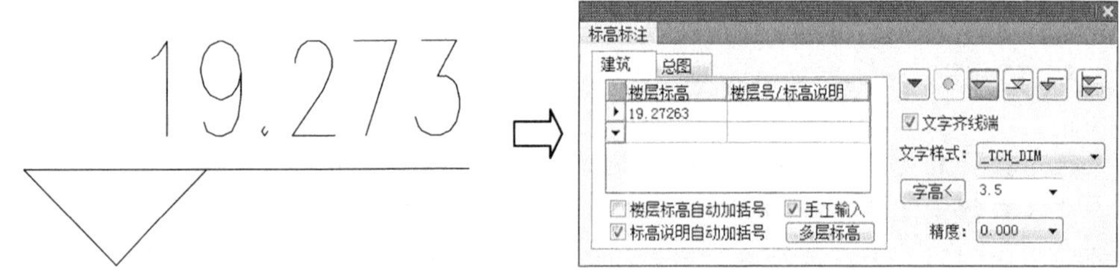

图 1-15　【标高标注】对话框

在 AutoCAD 软件中开启天正图纸，常会出现不能完全显示图形的情况，一般情况下软件会提示显示代理图形，就算是选择了显示代理图形的选项，在 AutoCAD 中还是无法显示天正图形对象。

这是因为天正默认关闭了代理对象的显示，所以使得在 AutoCAD 中无法显示这些图形。

针对该问题，天正软件提供了以下两种解决方案：

1. 另存为 T3 格式

在 T20 天正暖通 V2.0 版本下执行“文件布图”→“图形导出”命令，打开【图形导出】对话框，在“保存类型”中选择“天正 3 文件”（简称 T3），如图 1-16 所示；则系统可以按照不同的 AutoCAD 平台自动存为 2004 文件。

图 1-16　【图形导出】对话框

2. 安装天正建筑-2014 插件

可以从天正公司的网站 http://www.tangent.com.cn/下载天正插件 TPlugin.exe，然后安装。安装插件后，AutoCAD 在读取天正文件的时候，自动加载须加载插件的程序来显示天正对象。

安装旧版本插件（如 T7）的电脑需要重新下载安装新版的插件，否则依然无法正常显示天正对象。

1.3.3 图样交流

天正解决了在图纸的接收方与提供方不同的情况的转换方法，在按照如表 1-11 所示的方法进行图纸交流之前，首先应安装天正建筑插件。

表 1-11 图纸转换方法

接收环境	R15（2000—2002）	R16（2004—2006）	R17（2007—2009）
R14	另存 T3	另存 T3，再用 R2002 另存 R14	另存 T3
其他平台无插件	另存 T3	另存 T3	另存 T3
其他平台 T8 插件	直接存储	直接存储	直接存储

1.4 天正暖通用户界面

天正暖通 T20-HvacV2.0 支持 32 位操作系统中的 AutoCAD2004~2014 平台以及 64 位操作系统中的 AutoCAD2010~2014 平台。在启动天正暖通软件时，首先启动的是 AutoCAD 软件，然后再加载天正暖通特有的屏幕菜单和快捷工具栏，如图 1-17 所示。AutoCAD 原来的菜单和图标保持不变。

1.4.1 折叠式屏幕菜单

天正暖通所有的绘图命令与编辑命令都可以在屏幕菜单找到，单击其中一个菜单项，即可将其展开，在展开的子菜单中包含了该菜单项所有的命令，单击其中一项即可调用命令。

在开启选中的菜单项时，其他的菜单会自动关闭，以腾出空间显示选中的菜单命令。例如在开启“采暖”菜单的状态下单击“地暖”菜单，此时“采暖”菜单自动关闭，而将“地暖”菜单开启，如图 1-18 所示。

1.4.2 快捷菜单

天正的快捷菜单可以快速的调用操作当前对象的命令，为绘制图形和编辑修改图形提供了方便。

选中天正图形，单击右键，可以弹出如图 1-19 所示的快捷菜单；单击选中其中的一项，即可进入编辑对话框对图形进行编辑修改。

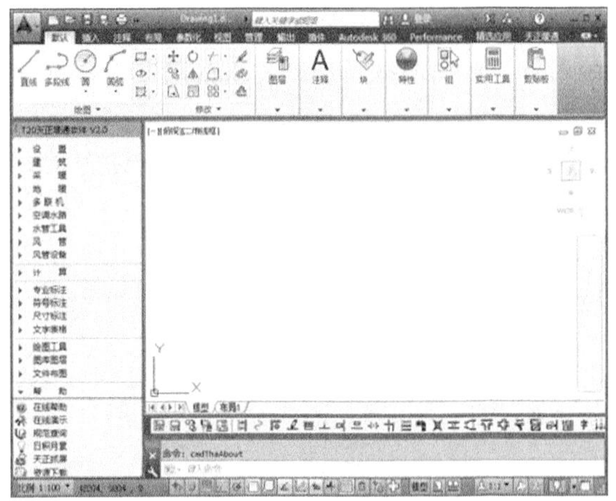

图 1-17　天正暖通软件界面

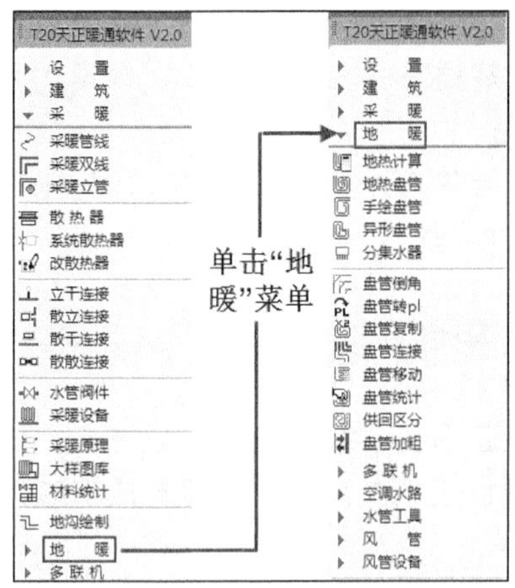

图 1-18　折叠式屏幕菜单

1.4.3 自定义工具条

天正工具条包含了天正常用的绘图与编辑命令，但是由于长度有限，只能显示一部分命令。而对这部分显示的命令，用户可以自定义设置。

执行"设置"→"工具条"命令，系统弹出如图 1-20 所示的【定制天正工具条】对话框，在其中可以根据需要定义在工具条上显示的命令。

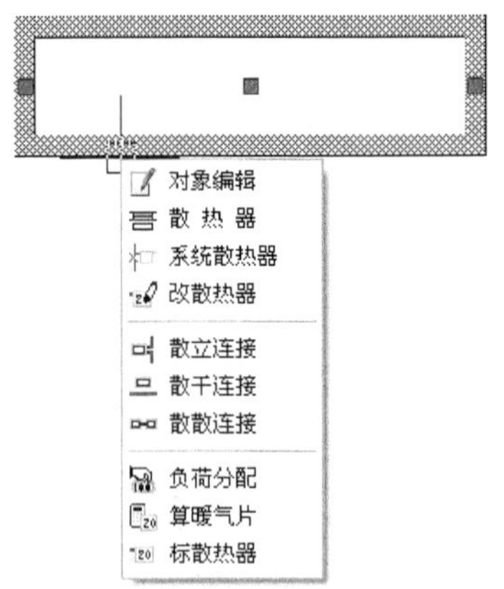

图 1-19　快捷菜单

图 1-20　【定制天正工具条】对话框

【定制天正工具条】对话框中各功能选项的含义如下。

"菜单组"选项：单击选项文本框，弹出如图 1-21 所示的快捷菜单，在该菜单中包含了屏幕菜单上的所有菜单项；单击选中其中的一项可以对其进行设置。

左边的列表表示选中的菜单项中所包含的所有命令，右边的列表显示现在工具条上包含的命令。在左边的列表中选中其中一个命令，单击"加入"按钮，即可将其加入至右边的列表中，同时在工具条上显示。

在右边的列表中选中其中一个命令，单击“删除”按钮，可以将选中的命令从工具条删除。

执行“设置”→“初始设置”命令，在弹出的【选项】对话框中可以设定工具条是否在软件界面显示，如图 1-22 所示。

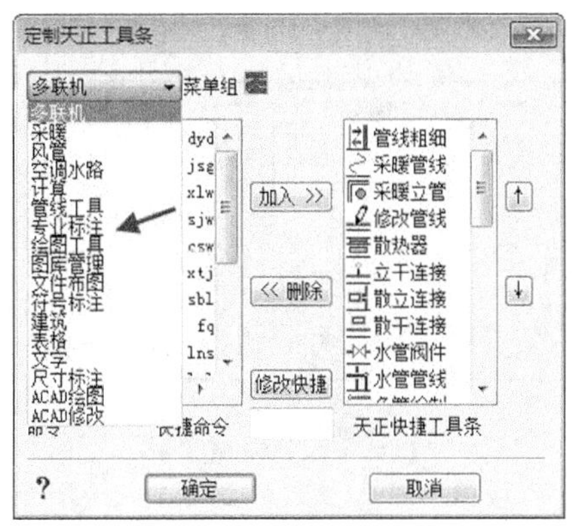

图 1-21　快捷菜单

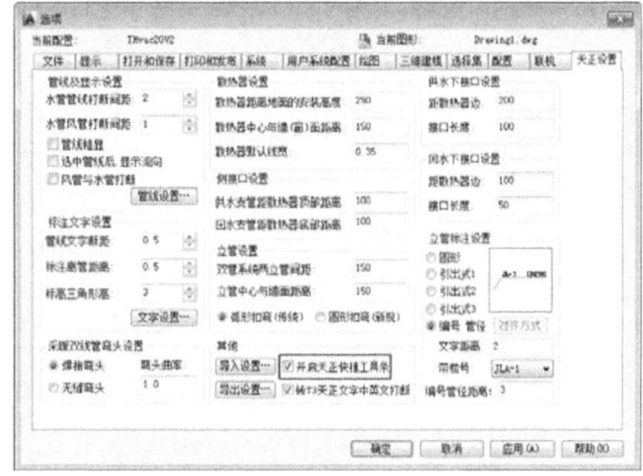

图 1-22　【选项】对话框

1.4.4 热键

除了 AutoCAD 定义的热键外，天正又补充了若干热键，以加速常用的操作，表 1-12 为常用热键定义与功能。

表 1-12　天正暖通常用热键功能

热　键	功　能
F1	AutoCAD 帮助文件的切换键
F2	屏幕的图形显示与文本显示的切换键
F3	开启对象捕捉的开关
F6	状态行的绝对坐标与相对坐标的切换键
F7	屏幕的栅格点显示状态的切换键
F8	屏幕的光标正交状态的切换键
F9	屏幕的光标捕捉的开关键
F11	对象捕捉追踪的开关键
Ctrl+“+”	开启、关闭屏幕菜单
Ctrl+“-”	显示、隐藏文档标签

1.4.5 文档标签的控制

在天正暖通软件中，假如同时打开了多个.dwg 文件，则可在绘图区的左上方显示多个文档标签，选中其中的标签，即可切换至标签所代表的图形文件，如图 1-23 所示。

在选中的文档标签上右键单击，弹出如图 1-24 所示的快捷菜单；选中其中的选项可以对文档执行相应的操作。

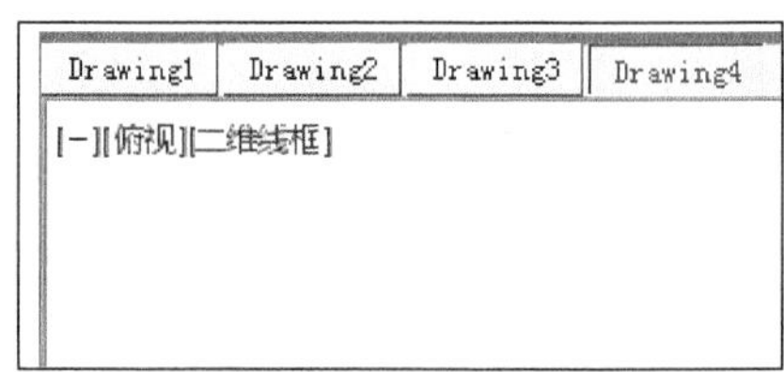

图 1-23　文档标签

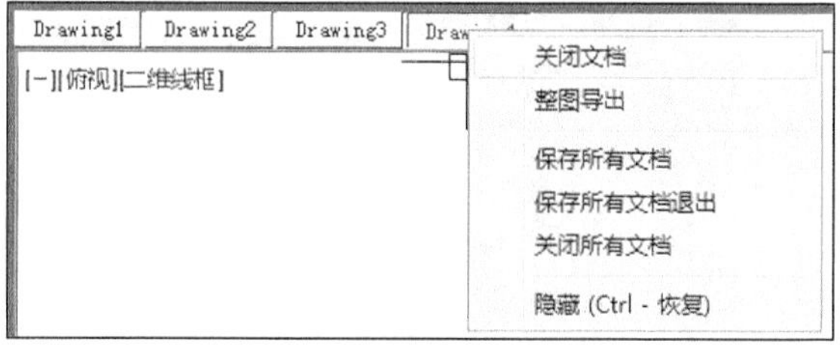

图 1-24　标签快捷菜单

1.4.6 特性表

特性表在天正软件和 AutoCAD 软件中都一样适用，按下 Ctrl+1 组合键，可以打开【特性】选项表，在其中可以编辑多个同类对象。

在【特性】选项表中，可以对选中图形的属性进行修改，包括常规的属性，如颜色、图层等；还有三维效果、打印样式以及视图方式等，如图 1-25 所示。

单击选项名称右边的向下箭头，可以开启该选项的菜单栏，在其中可修改指定选项的参数，如图 1-26 所示。

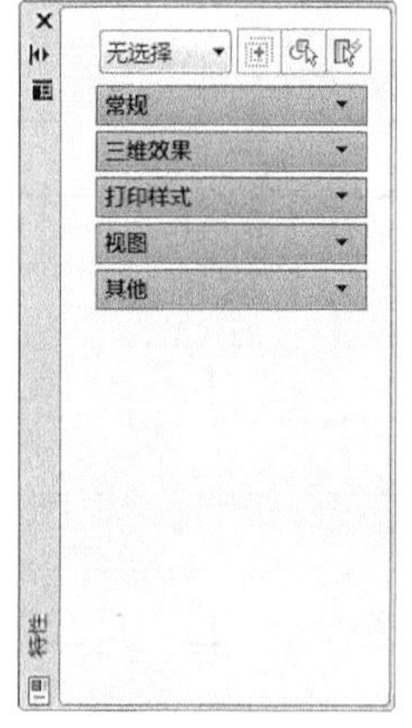

图 1-25　【特性】选项表

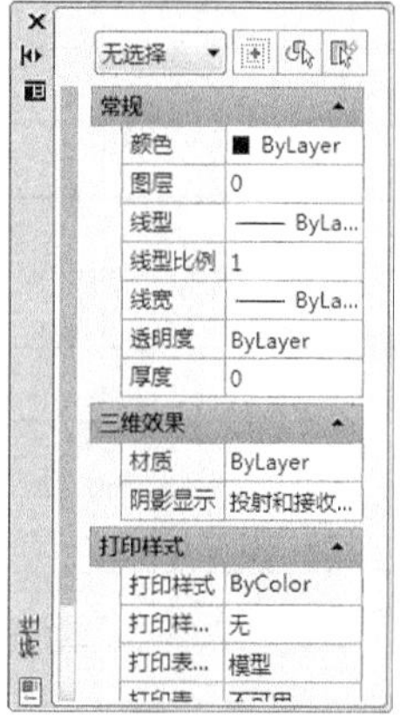

图 1-26　选项菜单栏

1.5 T20 天正暖通 V2.0 新功能

T20 天正暖通 V2.0 与以前的版本相比，改进了一些新功能，现分别介绍如下。

- 【负荷计算】命令更新：增加房间管理器，指定房间、户型、楼层为模板并可后续应用，房间自动编号、排序等功能；从组合负荷源中独立出凸窗项；增加指定隔墙命令，支持后续提取计算；增加加亮墙体命令，可加亮分户墙、外墙、隔墙；增加手动输入房间负荷赋回到图纸功能；新风、人体、照明和设备的输入方式，支持在各符合项目中单独设置。
- 【多管绘制】命令更新：提供沿线偏移的功能、绘制弧管功能。
- 新增【盘管移动】命令：可以对平行型盘管进行局部伸缩。
- 【盘管连接】命令更新：简化步骤，依次选中盘管与分集水器管线，进行连接。
- 【多管管径】命令更新：支持“外径×壁厚”样式，增加标高选项。
- 命令改进：完善风管水力的计算控制方式，更新局阻系数，细化流速控制，完善批量修改。
- 【多行文字】命令更新：可对多行文字进行格式、文字颜色、对齐方式的调整。
- 命令改进：采暖“生系统图”命令可直接生成排气阀、温控阀。
- 命令改进：新增导出设置、导入设置，对自定义设置进行导出或导入。
- 命令改进：管线端部插入水管阀件的命令行增加垂直处理选项。
- 命令改进：对于修改管线，增加修改标注前缀功能。
- 【空气机组】命令更新：增加保护模板的功能。
- 【轴流风机】命令更新：支持双击编辑型号、变径及软连接长度等参数的功能。
- 【地热盘管】命令更新：地热盘管供、回水区分线型，盘管出口增加引出管线的夹点。
- 命令改进：异形盘管支持弧线盘管的绘制。
- 命令改进：过滤选择可以单独过滤出水管立管。
- 命令改进：增加设备外轮廓的夹点，便于定位及尺寸标注。
- 命令改进：风机增加图样，增加设备参数“功率”，并支持设备标注。
- 特别提示：对象选中状态下，在空白处双击鼠标左键，相当于按 Esc 键取消选中。

第 2 章
设　置

● 本章导读

本章介绍关于天正暖通设置的知识，包括工程管理、初始设置以及高级选项设置等。

“工程管理”命令可以建立由各楼层平面图组成的楼层集，可以通过工程管理的界面创建立面图、剖面图以及三维模型图等。

执行“初始设置”命令，可以对天正绘图的基本参数进行修改，以符合个人的绘图习惯。

执行“天正选项”命令，对天正软件所进行的参数设置可以保存在初始参数文件中；不仅可用于当前图形，对新建的文件也同样起作用。

“工具条”以及“依线正交”等命令可以对工具条或绘图线型进行设置。

● 本章重点

◈ 工程管理
◈ 初始设置
◈ 天正选项
◈ 工具条
◈ 导出设置
◈ 导入设置
◈ 依线正交
◈ 当前比例
◈ 线型管理
◈ 文字样式
◈ 线型库

2.1 工程管理

调用“工程管理”命令，可管理用户定义的工程设计项目中参与生成立面、剖面、三维的各平面图形文件或者区域定义。

“工程管理”命令的执行方式有以下几种：

- 命令行：在命令行中输入 LCB 命令按回车键。
- 菜单栏：单击“设置”→“工程管理”命令。

执行“工程管理”命令，在【工程管理】选项板中单击“工程管理”选项，在菜单中选择“新建工程”选项，如图 2-1 所示。在【另存为】对话框中选择新建工程的存储路径并设置工程名称，如图 2-2 所示。

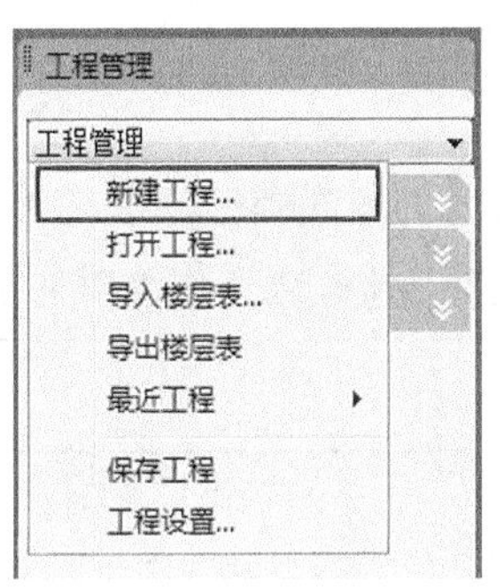

图 2-1　选择“新建工程”选项

图 2-2　【另存为】对话框

单击“保存”按钮可完成新建工程的操作，结果如图 2-3 所示。在“平面图”选项上单击右键，在右键菜单中选择“添加图纸”命令，如图 2-4 所示。

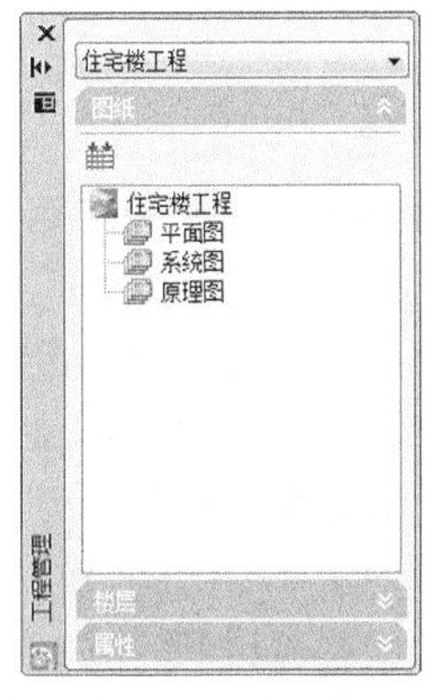

图 2-3　新建工程

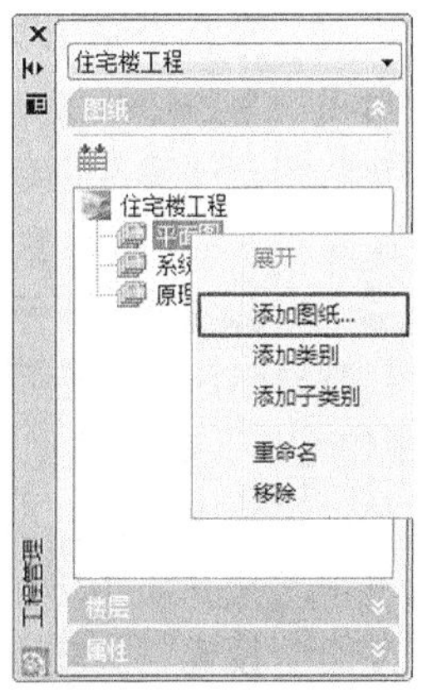

图 2-4　选择“添加图纸”选项

在【选择图纸】对话框中选定图纸，结果如图 2-5 所示。单击“打开”按钮将图纸添加到住宅楼工程中，如图 2-6 所示。在“平面图”dwg 文件上单击右键，在弹出的快捷菜单中选择“打开”命令以打开平面图。

在“楼层”选项组下，在“层号”选项中定义层号参数；在“层高”选项中输入层高参数，将光标停留于“文件”选项中，单击“框选”按钮；根据命令行的提示，框选该层平面图，并指定对齐点，即可完成各层楼层表的创建，结果如图 2-7 所示。

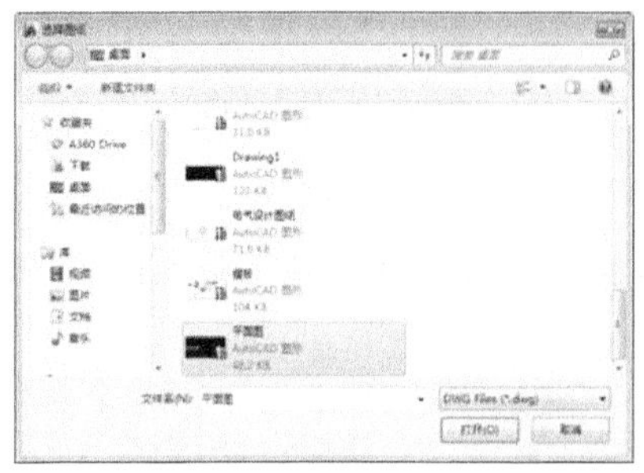

图 2-5 【选择图纸】对话框

图 2-6 添加图纸

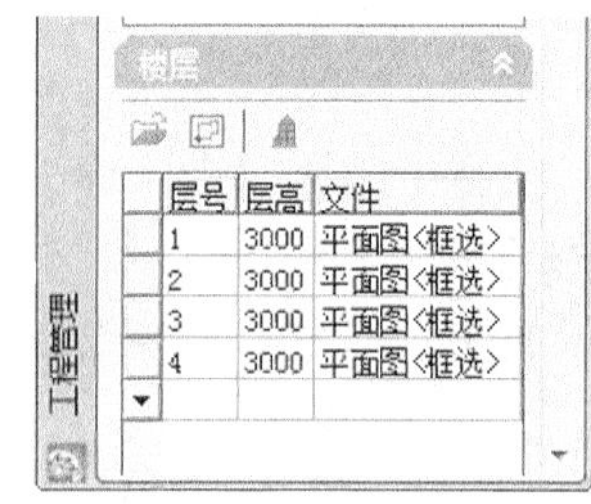

图 2-7 创建楼层表

提示

各层楼层表的对齐点应该是一致的，比如可以选择轴线的夹点作为对齐点。

2.2 初始设置

在安装完成天正暖通设计绘图软件后，软件保留了默认的出厂设置。用户可以根据绘图的需要，对绘图软件进行自定义设置。

调用“初始设置”命令，可以对整个天正暖通软件进行初始设置。

“初始设置”命令的执行方式有以下几种：

- 工具栏：单击天正工具栏上的“初始设置”按钮。
- 菜单栏：单击“设置”→“初始设置”命令。

下面介绍对天正暖通绘图软件进行初始设置的操作方法。

单击“设置”→“初始设置”命令，系统弹出【选项】对话框；在其中选择右侧的“天正设置”选项卡，如图 2-8 所示。

在“管线及显示设置”选项组中，可以对管线的打断间距进行设置；分别勾选“管线粗显”“选中管线后，显示流向”复选框，可以在实际的绘图操作中实现。

单击“管线设置”按钮，系统弹出【管线样式设定】对话框；在其中可以对各类管线的各项参数进行定义，如图 2-9 所示。

在“标注文字设置”选项组中，可以对专业标注文字的样式进行定义；单击“文字设置”按钮，系统弹出如图 2-10 所示的【标注文字设置】对话框，在其中可以对各类标注文字的属性进行自定义。

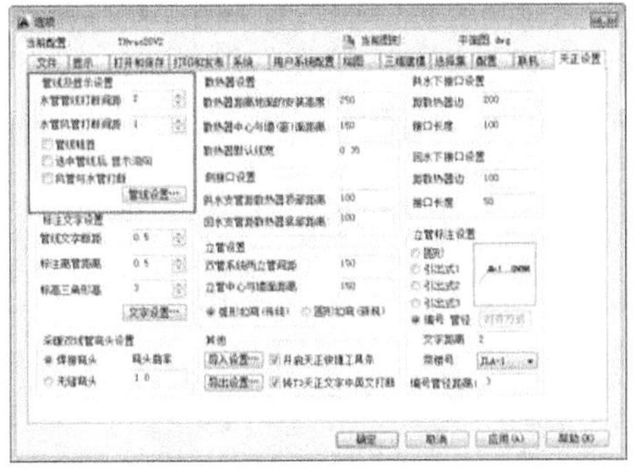

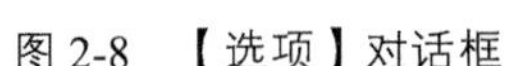

图 2-8　【选项】对话框

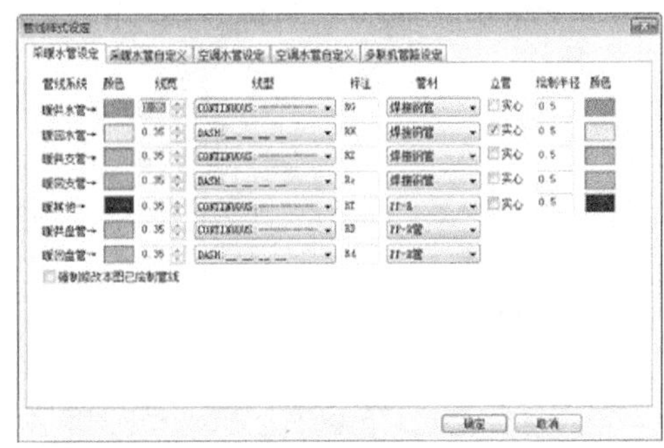

图 2-9　【管线样式设定】对话框

此外，在【选项】对话框中还提供了多项天正暖通绘图软件使用的设置；用户可以在相应的选项组中进行参数的自定义，这些定义可以在绘图的过程中体现；如若绘制效果不满意，可以再返回【选项】对话框中进行重新定义。

2.3 天正选项

调用“天正选项”命令，可以设置天正的系统参数值。

“天正选项”命令的执行方式有以下几种：

- 命令行：在命令行中输入 TZXX 命令按回车键。
- 菜单栏：单击“设置”→“天正选项”命令。

在命令行中输入 TZXX 命令按回车键，系统弹出如图 2-11 所示的【天正选项】对话框；选择“基本设定”选项卡，在其中可以对“图形”“符号”“圆圈文字”进行自定设置。

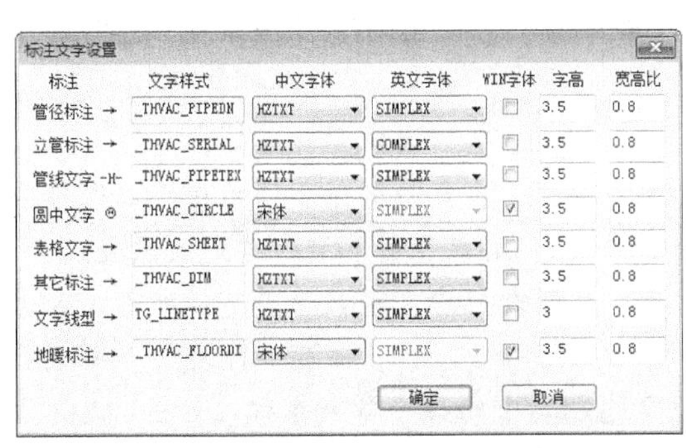

图 2-10　【标注文字设置】对话框

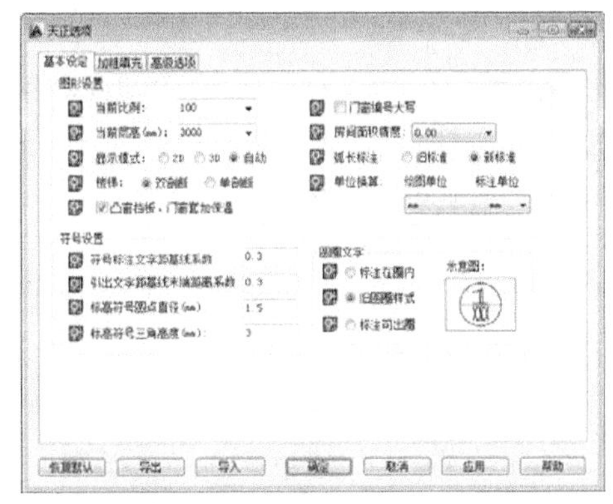

图 2-11　【天正选项】对话框

在“加粗填充”选项卡中可以定义各类墙柱的填充方式，如图 2-12 所示。

选择“高级选项”选项卡，可以定义各采暖系统的参数，如图 2-13 所示。

图 2-12 “加粗填充”选项卡

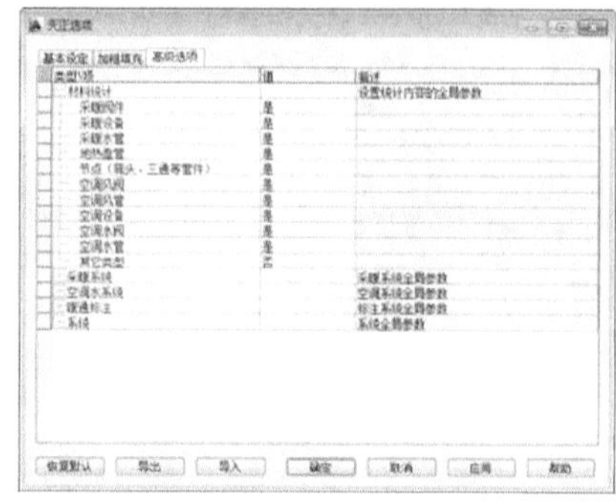

图 2-13 “高级选项”选项卡

2.4 工具条

天正的快捷工具条包括了常用的绘图命令和编辑修改命令，默认显示在绘图区的下方，如图 2-14 所示。由于工具条的长度有限不能把所有的命令都放置在上面，因此天正提供了自定义工具条的方法。

图 2-14 工具条

调用“工具条”命令，可以根据使用习惯来定义工具条。

“工具条”命令的执行方式有以下几种：

➢ 命令行：在命令行中输入 GJT 命令按回车键。

➢ 菜单栏：单击“设置”→“工具条”命令。

在命令行中输入 GJT 命令按回车键，系统弹出如图 2-15 所示的【定制天正工具条】对话框。

【定制天正工具条】对话框中各功能选项的含义如下：

➢ “菜单组”选项：单击“菜单组”选项文本框，在弹出的下拉菜单中可以选择天正屏幕菜单上的各个菜单项，如图 2-16 所示，用户可对其进行自定义设置。

➢ “菜单项”列表框：选择某个菜单项后，在列表框中即可显示其下的所有命令名称。

➢ “加入”按钮：在“菜单项”列表框中选定其中的某个命令名称，单击“加入”按钮，即可将其添加至右边的“天正快捷工具条”列表框中。

➢ “删除”按钮：在“天正快捷工具条”列表框中选定其中的某个命令名称，单击“删除”按钮，即可将其从列表框中删除。

➢ “修改快捷”按钮：在“菜单组”列表框中选定其中的某个命令名称，在“快捷命令”文本框中自定义快捷命令，单击“修改快捷”按钮可完成修改，待下次启动软件的时候即可生效。

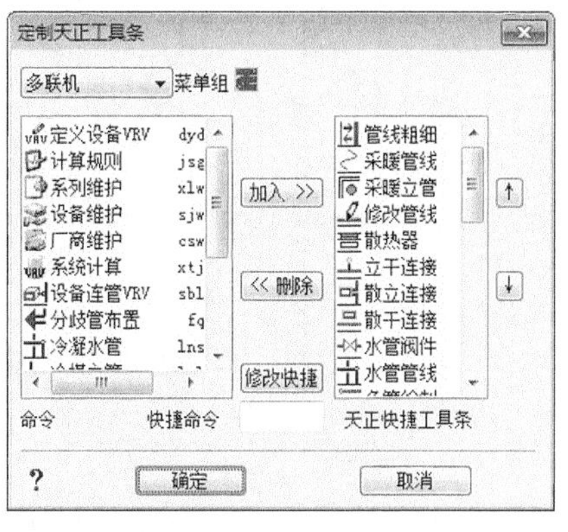

图 2-15 【定制天正工具条】对话框

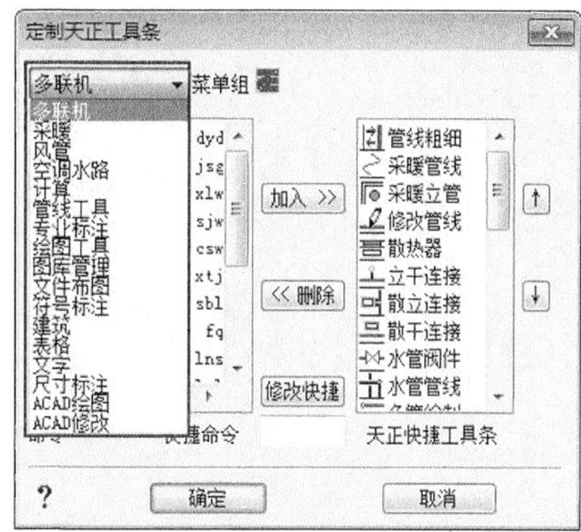

图 2-16 下拉菜单

2.5 导出设置

调用“导出设置”命令，可以将当前设置，如初始设置、快捷命令、工具条等，导出至指定的目标文件夹。

“导出设置”命令的执行方式有以下几种。

- 命令行：在命令行中输入 DCSZ 命令按回车键。
- 菜单栏：单击“设置”→“导出设置”命令。

在命令行中输入 DCSZ 命令按回车键，系统调出【导出设置】对话框，在其中勾选需要导出的选项，同时要勾选右下角的“导出到指定文件夹”复选框，如图 2-17 所示。

单击“确定”按钮，在【浏览文件夹】对话框中设置保存路径，如图 2-18 所示。

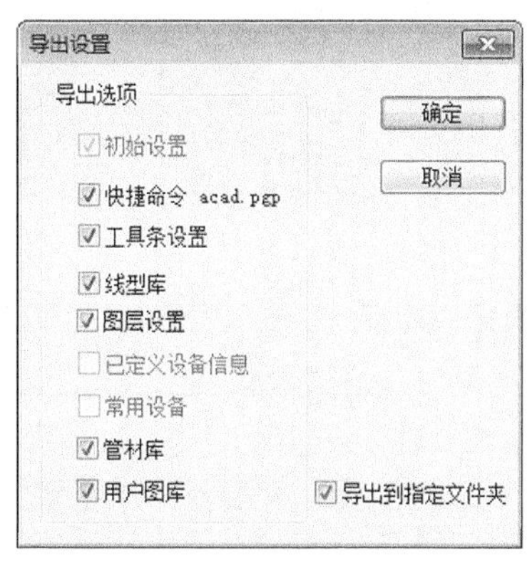

图 2-17 【导出设置】对话框

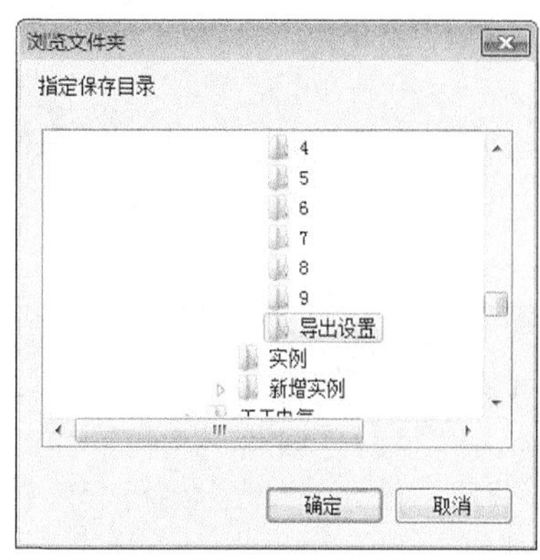

图 2-18 【浏览文件夹】对话框

在【浏览文件夹】对话框中单击“确定”按钮，命令行提示如下：

```
命令：DCSZ↙
已经完成导出设置！安装新版后可以运行【导入设置】
                //系统显示导出完成，到目标文件夹查看导出结果，如图 2-19 所示。
```

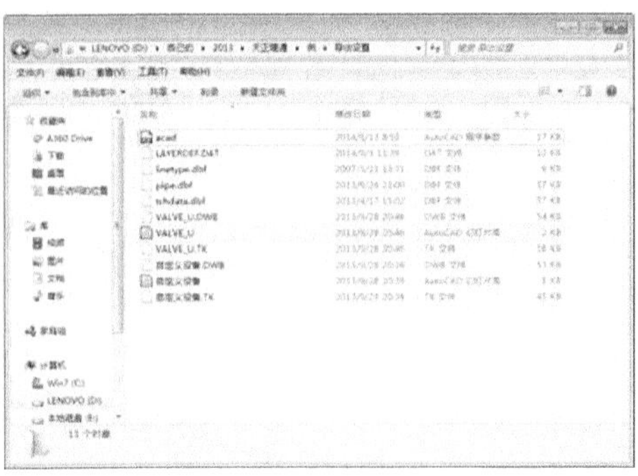

图 2-19　打开素材（1:100）

2.6 导入设置

调用“导入设置”命令，可以将已导出的设置，初始设置、快捷命令、工具条等，导入至 T20-Hvac V2.0 中。

“导入设置”命令的执行方式有以下几种。

➢　命令行：在命令行中输入 DRSZ 命令按回车键。

➢　菜单栏：单击“设置”→“导入设置”命令。

在命令行中输入 DRSZ 命令按回车键，命令行提示如下：

命令：DRSZ↙

选择导入设置文件的位置[读取默认位置(1)/到指定目录读取(2)]:<1>2

//输入 2，调出【浏览文件夹】对话框，在其中选择导入目录，单击“确定”按钮可执行导入操作。

已经完成导入设置。

您更新了 acad.pgp 文件。需要重新启动 ACAD 才能生效。

//重新启动软件，更新系统以使用导入的各项设置。

2.7 依线正交

调用“依线正交”命令，可以按线的角度来改变坐标系的角度，如果不选线，则恢复默认 0°。

“依线正交”命令的执行方式有以下几种：

➢　命令行：在命令行中输入 YXZJ 命令按回车键。

➢　菜单栏：单击“设置”→“依线正交”命令。

下面介绍“依线正交”命令的操作方法：

如图 2-20 所示为执行“依线正交”命令前坐标的显示状态。

在命令行中输入 YXZJ 命令按回车键，命令行提示如下：

```
命令: YXZJ↙
注意:仅单 AutoCAD 正交设为开状态[F8 切换]时起作用!
从当前图中选取行向线<不选取>:          //选取行向线, 如图 2-21 所示。
```

此时坐标的角度已自动调整为与行向线一致的角度，如图 2-22 所示。

> **提示**
>
> 在执行该命令后，要绘制与选择的行向线互相垂直或平行的线必须将正交状态开启。

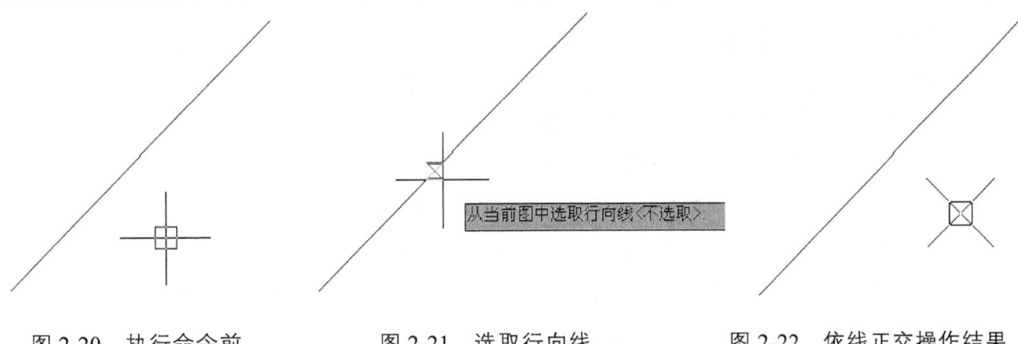

图 2-20　执行命令前　　图 2-21　选取行向线　　图 2-22　依线正交操作结果

2.8 当前比例

调用“当前比例”命令，可以设置新的绘图比例。如图 2-23 所示为执行“当前比例”命令后完成尺寸标注操作的结果。

“当前比例”命令的执行方式有以下几种:

- 命令行：在命令行中输入 DQBL 命令按回车键。
- 菜单栏：单击“设置”→“当前比例”命令。

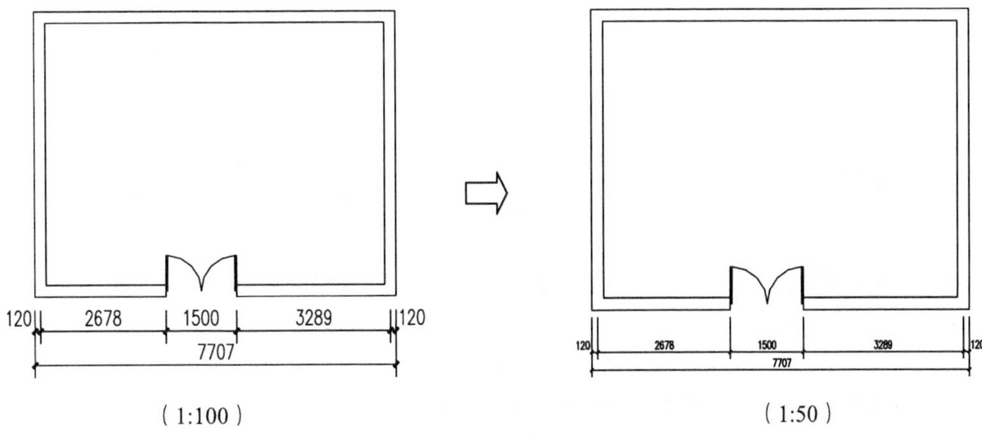

图 2-23　设置当前比例

执行“当前比例”命令，命令行提示如下：

```
命令： T96_TPSCALE
当前比例<100>:50                //定义新的比例参数。
```

重新执行尺寸标注命令，可以查看当前绘图比例的标注结果，如图 2-23 所示

2.9 线型管理

调用“线型管理”命令，可以创建或修改带文字的线型。

“线型管理”命令的执行方式有以下几种：

- 命令行：在命令行中输入 XXGL 命令按回车键。
- 菜单栏：单击“设置”→“线型管理”命令。

下面介绍“线型管理”命令的使用方法。

在命令行中输入 XXGL 命令按回车键，系统弹出如图 2-24 所示的【带文字线型管理器】对话框。在对话框的上方设置线型的长度、位于线上的文字以及文字的打断间距后，单击下方的“创建”按钮，即可按照所定义的参数创建线型，结果如图 2-25 所示。

选择名称为“TG_H 的线型，单击“删除”按钮，可以删除选中的线型，结果如图 2-26 所示。

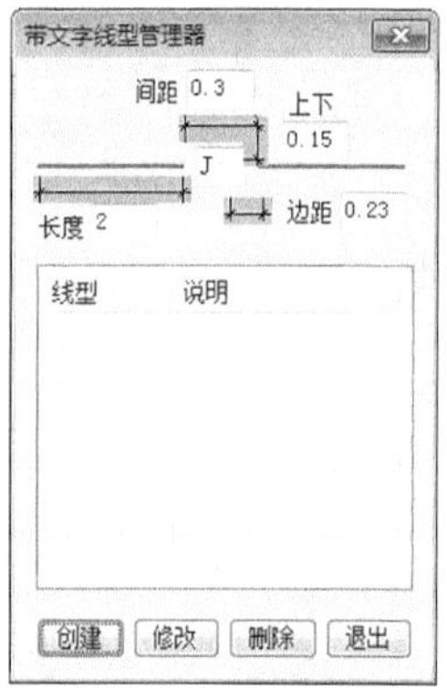

图 2-24 【带文字线型管理器】对话框

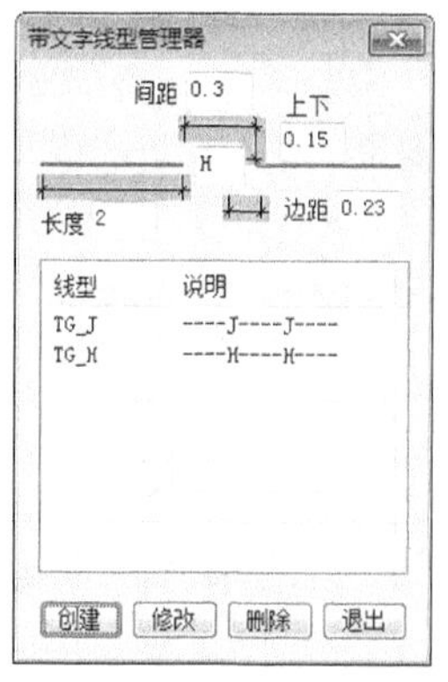

图 2-25 创建线型

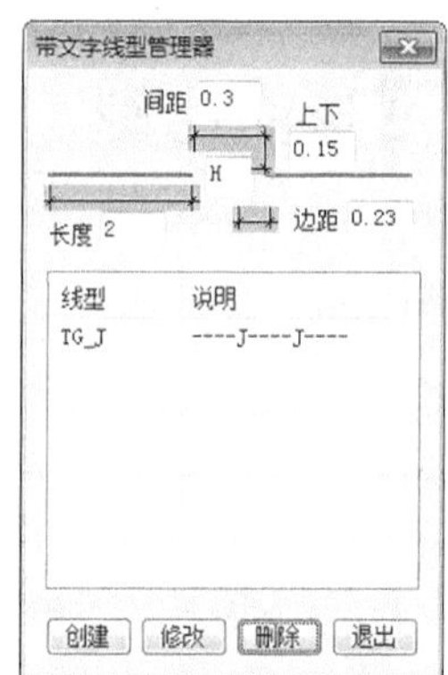

图 2-26 删除线型

2.10 文字样式

调用“文字样式”命令，可以创建或修改命名天正扩展文字样式，并设置图形中文字的当前样式。

“文字样式”命令的执行方式有以下几种：

- 命令行：在命令行中输入 WZYS 命令按回车键。
- 菜单栏：单击“设置”→“文字样式”命令。

下面介绍“文字样式”命令的使用方法。

在命令行中输入 WZYS 命令按回车键，系统弹出如图 2-27 所示的【文字样式】对话框，在其中可以定义天正的文字样式。

【文字样式】对话框中各功能选项的含义如下：

- “样式名”选项组：单击“样式名”选项文本框，在弹出的下拉列表中显示了系统所含有的文字样式，如图 2-28 所示。

图 2-27　【文字样式】对话框

图 2-28　下拉列表

- “新建”按钮：单击该按钮，系统弹出如图 2-29 所示的【新建文字样式】对话框，在其中可以定义新文字样式的名称。
- “重命名”按钮：单击该按钮，系统弹出如图 2-30 所示的【重命名文字样式】对话框，在其中可以重新定义选中的文字样式的名称。
- “删除”按钮：单击该按钮，可以删除选定的文字样式，除了当前正在使用的文字样式外。
- “中文参数”“西文参数”选项组：可以选择字体以及定义宽高方向上的参数。
- “预览”框：可以预览所定义的文字样式的效果。

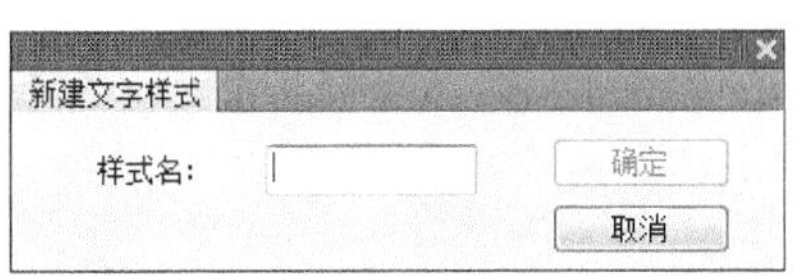

图 2-29　【新建文字样式】对话框

图 2-30　【重命名文字样式】对话框

2.11 线型库

调用“线型库”命令，可用于管理天正线型库，并将 AutoCAD 中加载的线型导入到天正线型库中。

“线型库”命令的执行方式有以下几种：

- 命令行：在命令行中输入 XXK 命令按回车键。

➢ 菜单栏：单击“设置”→“线型库”命令。

下面介绍“线型库”命令的使用方法。

在命令行中输入 XXK 命令并按回车键，系统弹出如图 2-31 所示的【天正线型库】对话框，在其中可以对线型执行管理操作。

【天正线型库】对话框中各功能选项的含义如下：

➢ “本图线型”列表框：在其中显示了 AutoCAD 中的线型，开启 AutoCAD 中的【线型管理器】对话框，可以加载其他的线型。
➢ “文字线型”按钮：单击该按钮，系统可弹出【带文字线型管理器】对话框，在其中可以定义带文字的线型。
➢ “添加入库”按钮：单击该按钮，可以将在“本图线型”列表框中选定的线型添加至“天正线型库”列表框中。
➢ “加载本图”按钮：单击该按钮，可以将“天正线型库”列表框中的线型添加到“本图线型”列表框中。
➢ “删除”按钮：单击该按钮，可以将“天正线型库”列表框中选定的线型删除。

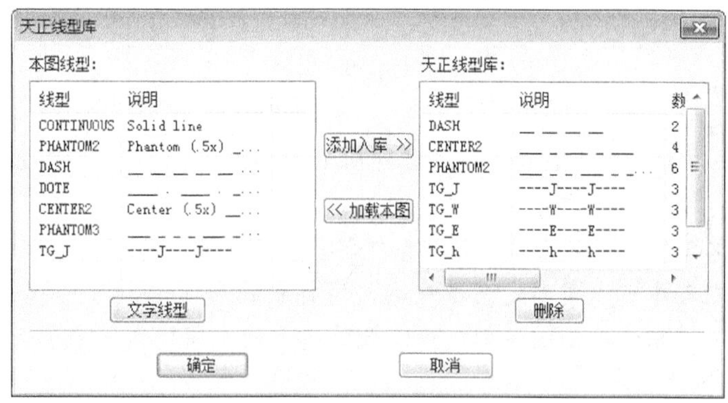

图 2-31 【天正线型库】对话框

第 3 章 建 筑

● **本章导读**

暖通图形通常都是在建筑图的基础上绘制的，因此天正暖通提供了建筑图形绘制和编辑的基本功能。本章介绍绘制和编辑建筑图形的方法。绘制图形命令包括绘制轴网、创建墙体以及绘制标准柱等命令，编辑图形命令包括墙体工具、删门窗名等命令。

● **本章重点**

- ◈ 绘制轴网
- ◈ 绘制墙体
- ◈ 单线变墙
- ◈ 标准柱
- ◈ 角柱
- ◈ 门窗
- ◈ 直线梯段
- ◈ 圆弧梯段
- ◈ 双跑楼梯
- ◈ 阳台
- ◈ 台阶
- ◈ 坡道
- ◈ 任意坡顶
- ◈ 墙体工具
- ◈ 删门窗名
- ◈ 转条件图
- ◈ 柱子空心

3.1 绘制轴网

调用绘制轴网命令，可以生成正交轴网、斜交轴网或者单向轴网。如图 3-1、图 3-2 所示分别为绘制的直线和圆弧轴网。

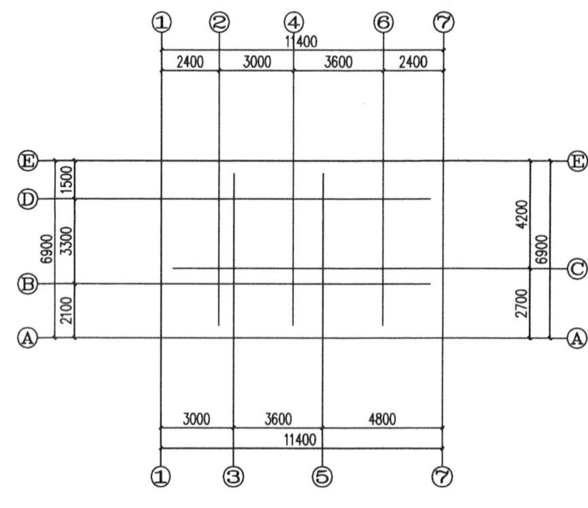

图 3-1　直线轴网

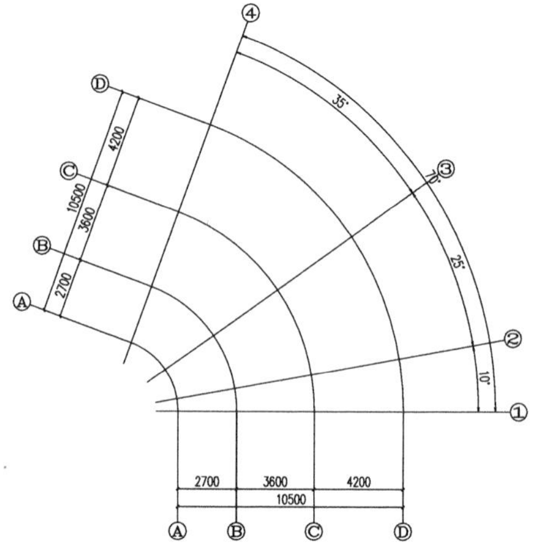

图 3-2　圆弧轴网

绘制轴网命令的执行方式有以下几种：

➢ 命令行：在命令行中输入 HZZW 命令按回车键。

➢ 菜单栏：单击“建筑”→“绘制轴网”命令。

下面以如图 3-1、图 3-2 所示的图形为例，介绍调用绘制轴网命令的方法。

01 在命令行中输入 HZZW 命令按回车键，系统弹出【绘制轴网】对话框，在其中选择“上开”单选按钮，设置上开参数，如图 3-3 所示。

02 选择“下开”单选按钮，设置下开参数，如图 3-4 所示。

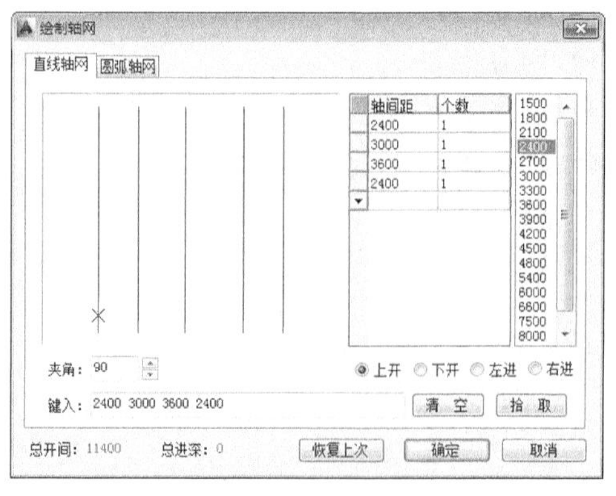

图 3-3　设置上开参数

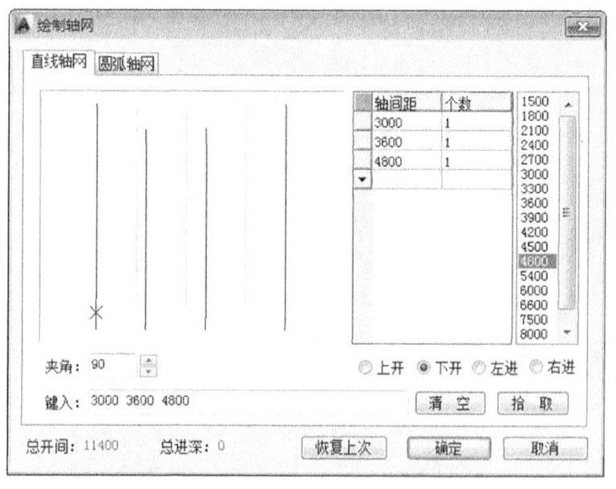

图 3-4　设置下开参数

03 选择“左进”单选按钮，设置左进参数，结果如图 3-5 所示。

04 选择“右进”单选按钮，设置右进参数，结果如图 3-6 所示。

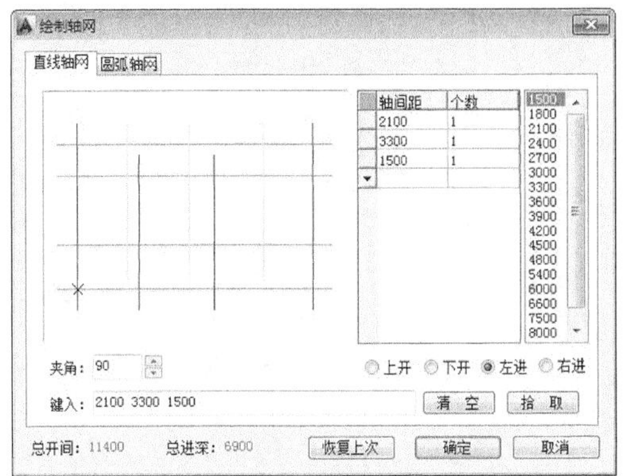

图 3-5　设置左进参数

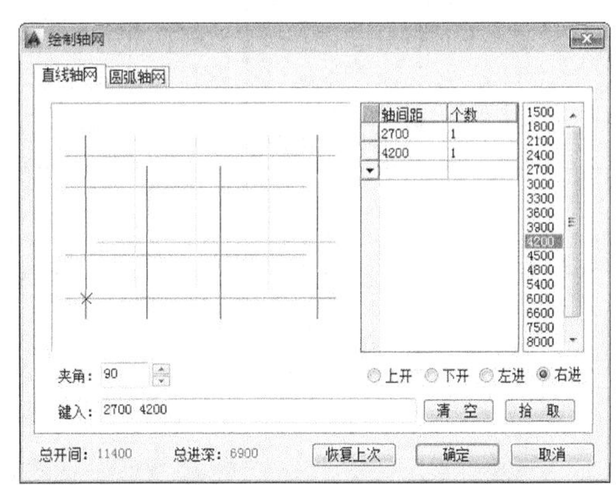

图 3-6　设置右进参数

05 单击“确定”按钮，在绘图区中点取轴网的插入点，即完成直线轴网的绘制，结果如图 3-7 所示。

06 单击“建筑”→“绘制轴网”命令，在弹出的【绘制轴网】对话框中选择“圆弧轴网”选项卡；单击“圆心角”选项，定义角度参数，结果如图 3-8 所示。

07 单击“进深”按钮，定义进深间距参数，结果如图 3-9 所示。

08 单击“确定”按钮，在绘图区中点取轴网的插入点，绘制圆弧轴网的结果如图 3-10 所示。

提示

【绘制轴网】对话框中“直线轴网”选项卡中各功能选项的含义如下：

上开：选择该单选按钮，可以通过设置轴间距参数，指定在轴网上方进行轴网标注的房间开间尺寸。

下开：选择该单选按钮，可以通过设置轴间距参数，指定在轴网下方进行轴网标注的房间开间尺寸。

左进：选择该单选按钮，可以通过设置轴间距参数，指定在轴网左侧进行轴网标注的房间进深尺寸。

右进：选择该单选按钮，可以通过设置轴间距参数，指定在轴网右侧进行轴网标注的房间进深尺寸。

个数：设置“轴间距”栏中尺寸数据的重复次数。

键入：可以在此处直接输入一组尺寸数据，但是要用空格或英文逗号隔开。

清空：单击该按钮，可以把某一组开间或进深的数据栏清空，但可保留其他组的数据。

恢复上次：单击该按钮，可以将上次绘制轴网的参数恢复到对话框中。

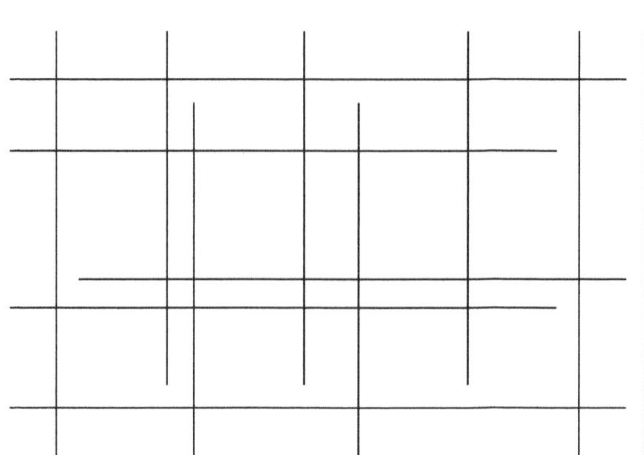

图 3-7　绘制的直线轴网

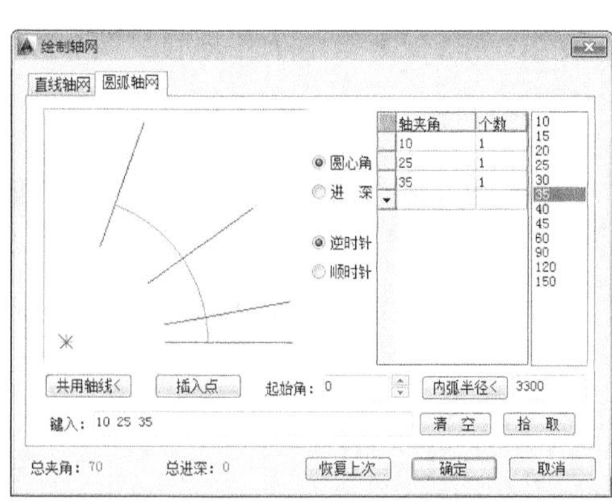

图 3-8　定义角度参数

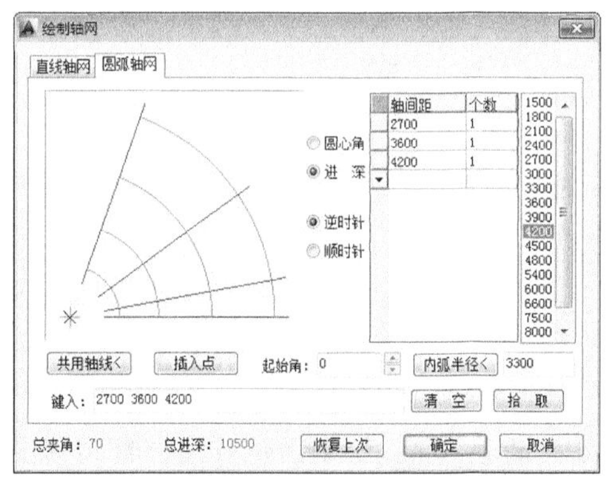

图 3-9　定义进深间距参数

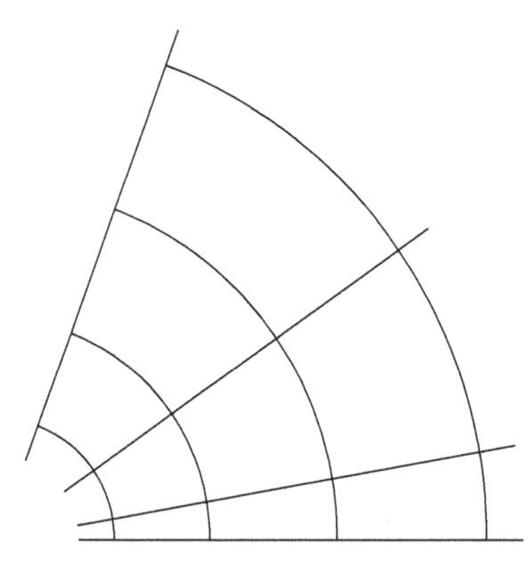

图 3-10　绘制圆弧轴网

提示

【绘制轴网】对话框中“圆弧轴网”选项卡中各功能选项的含义如下：

圆心角：由起始角开始算起，按照旋转方向排列的轴线开间序列，单位为（°）。

进深：可以设置轴网径向由圆心起到外圆的轴线尺寸序列参数，单位为mm。

内弧半径：从圆心算起的最内环向轴线半径，可以从图上取两点获得，一般保持默认，也可以自行设置参数，也可以是0。

共用轴线：单击按钮，在绘图区中点取已绘制完成的轴线，即可以该轴线为边界插入圆弧轴网。

插入点：自定义圆弧轴网的插入位置。

起始角：设置圆弧轴网的起始角度，一般保持默认值，也可自行设置参数。

天正暖通绘图软件并没有提供绘制轴网标注的命令，如需绘制轴网的尺寸标注，需要调用尺寸标注命令来绘制。但是在天正建筑绘图软件中有自定义的轴网标注命令，因此可以在其中为轴网绘制尺寸标注。如图 3-1、图 3-2 所示为直线轴网和圆弧轴网绘制轴网标注的结果。

3.2 绘制墙体

调用绘制墙体命令，可以连续绘制双线直墙或弧墙。如图 3-11 所示为该命令绘制的墙体。

绘制墙体命令的执行方式有以下几种：

➢ 命令行：在命令行中输入 HZQT 命令按回车键。

➢ 菜单栏：单击“建筑”→“绘制墙体”命令。

下面以如图 3-11 所示的图形为例，介绍调用绘制墙体命令的方法。

01 按 Ctrl+O 组合键，打开配套光盘提供的“第 3 章/3.2 绘制墙体.dwg”素材文件，结果如图 3-12 所示。

图 3-11 绘制墙体

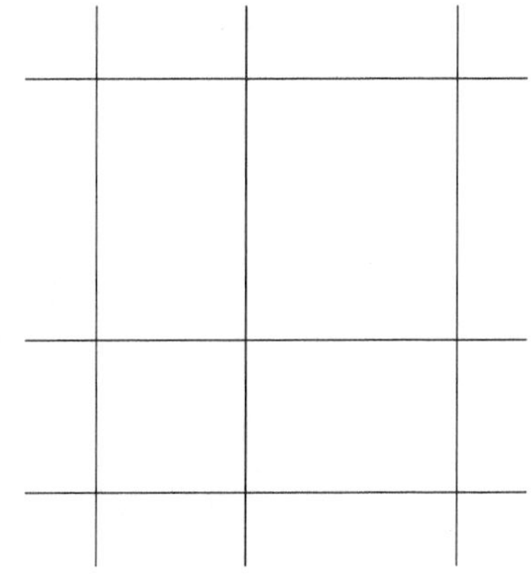

图 3-12 打开素材

02 首先绘制直墙。在命令行中输入 HZQT 命令按回车键，系统弹出【墙体】对话框，设置参数如图 3-13 所示，命令行提示和操作如下：

```
命令：HZQT↙
起点或 [参考点(R)]<退出>:               //点取墙体的起点，如图 3-14 所示。
直墙下一点或 [弧墙(A)/矩形画墙(R)/闭合(C)/回退(U)]<另一段>:
                                        //移动鼠标，指定直墙的下一点，如图 3-15 所示。
```

03 继续根据命令行的提示，依次指定墙体的起点和终点，绘制直墙，结果如图 3-11 所示。

04 矩形绘墙。在【墙体】对话框中单击“回形墙”按钮▣，命令行提示如下：

```
命令： T96_TWALL
起点或 [参考点(R)]<退出>:                       //点取起点，如图 3-16 所示。
另一个角点或 [直墙(L)/弧墙(A)]<取消>:           //点取对角点，如图 3-17 所示。
```

图 3-13 【墙体】对话框

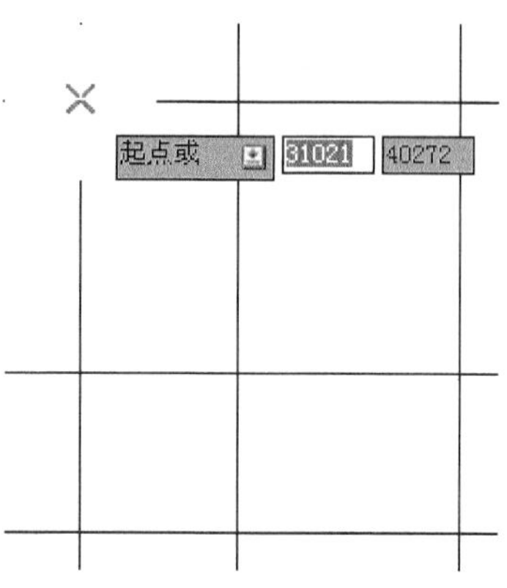

图 3-14 点取墙体的起点

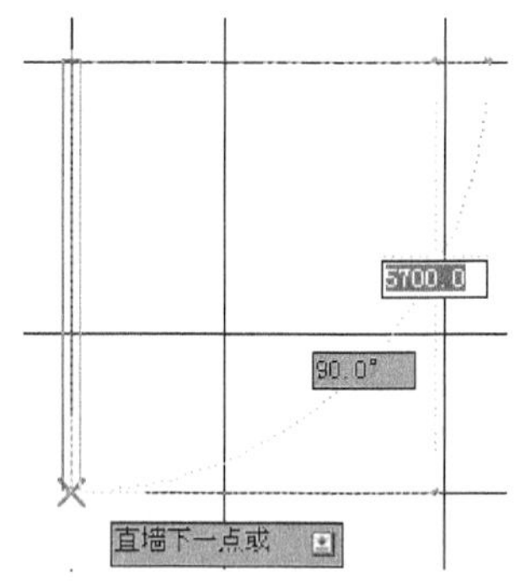

图 3-15 指定直墙的下一点

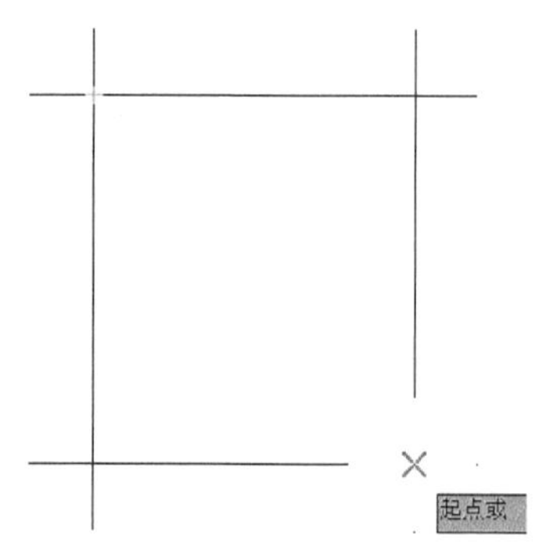

图 3-16 点取起点

05 使用矩形绘墙方式绘制墙体的结果如图 3-18 所示。

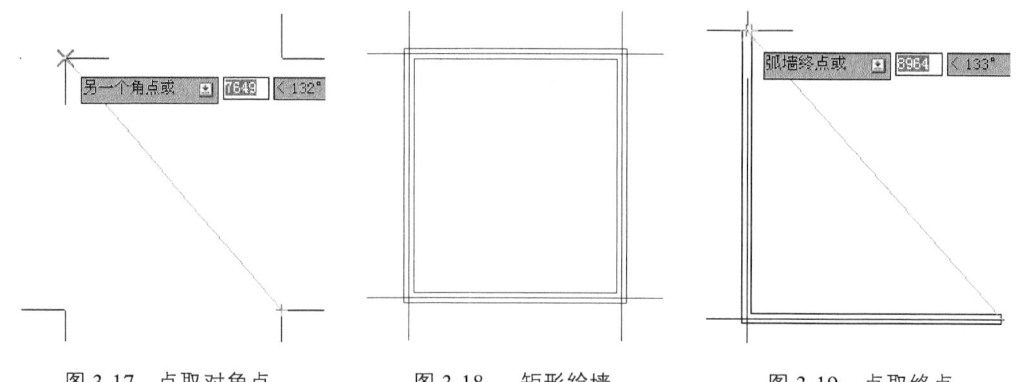

图 3-17 点取对角点　　图 3-18 矩形绘墙　　图 3-19 点取终点

06 绘制弧形墙。在命令行中输入 HZQT 命令按回车键，命令行提示如下:

```
命令: T96_TWall
起点或 [参考点(R)]<退出>:
直墙下一点或 [弧墙(A)/矩形画墙(R)/闭合(C)/回退(U)]<另一段>:
                                    //先根据命令行的提示绘制直墙。
```

```
直墙下一点或 [弧墙(A)/矩形画墙(R)/闭合(C)/回退(U)]<另一段>: A
                                                //选择“弧墙”选项。
弧墙终点或[直墙(L)/矩形画墙(R)]<取消>:            //点取终点，如图 3-19 所示。
点取弧上任意点或 [半径(R)]<取消>:                 //点取墙上任意点，如图 3-20 所示。
```

07 绘制弧墙的结果如图 3-21 所示。

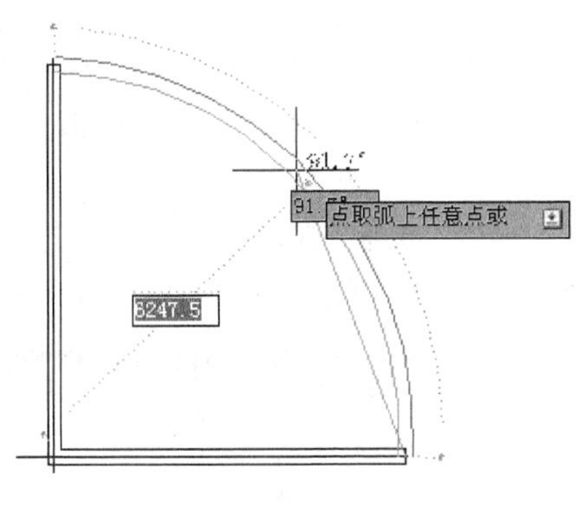

图 3-20　点取任意点

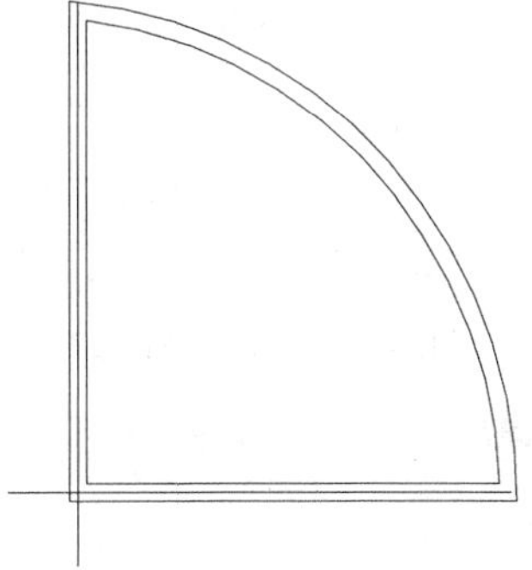

图 3-21　圆弧墙体绘制结果

3.3 单线变墙

调用单线变墙命令，可以将已绘制的单线转换为双线墙，如图 3-22 所示为该命令的操作结果。

单线变墙命令的执行方式有以下几种：

- 命令行：在命令行中输入 DXBQ 命令按回车键。
- 菜单栏：单击“建筑”→“单线变墙”命令。

下面以图 3-22 所示的图形为例，介绍调用单线变墙命令的方法。

01 按 Ctrl+O 组合键，打开配套光盘提供的“第 3 章/3.3 单线变墙.dwg”素材文件，结果如图 3-23 所示。

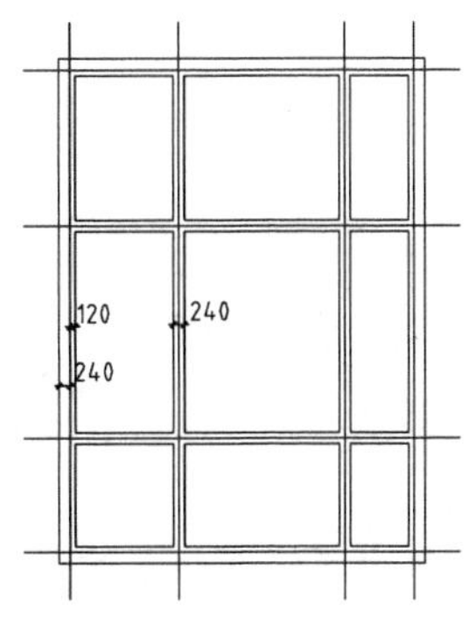

图 3-22　单线变墙

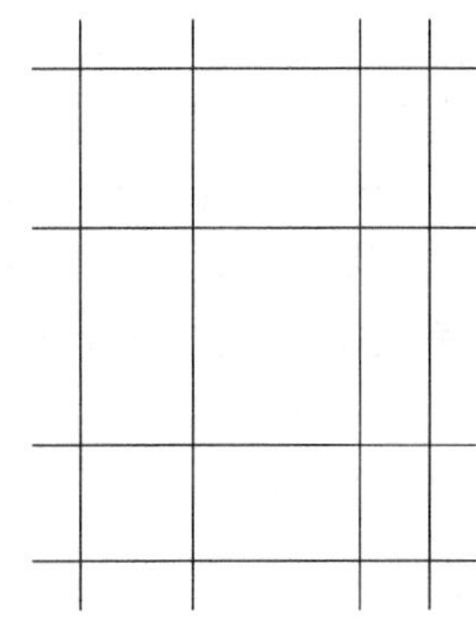

图 3-23　打开素材

[02] 在命令行中输入 DXBQ 命令按回车键，系统弹出【单线变墙】对话框，设置参数如图 3-24 所示。

[03] 同时命令行提示如下：

```
命令: T96_TSWall
选择要变成墙体的直线、圆弧或多段线:指定对角点: 找到 8 个          //框选单线
处理重线...
处理交线...
识别外墙...                                                      //按下回车键，完成单线变墙的操作，结果如图 3-22 所示。
```

在【单线变墙】对话框中单击“单线变墙”按钮，勾选“保留基线”复选框，如图 3-25 所示，可以将 LINE、ARC 绘制的单线转变为天正墙体对象，结果如图 3-26 所示。

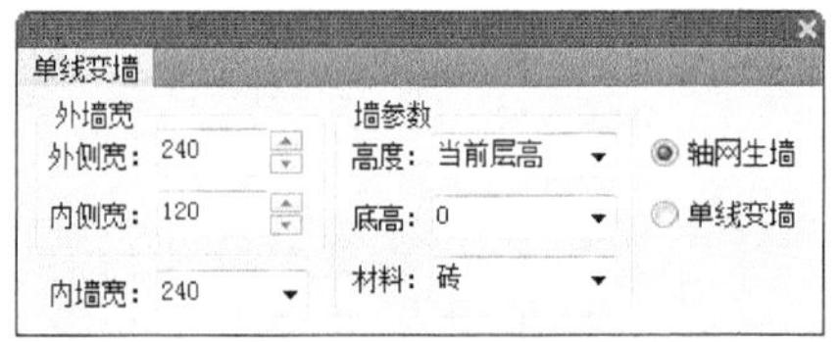

图 3-24 【单线变墙】对话框

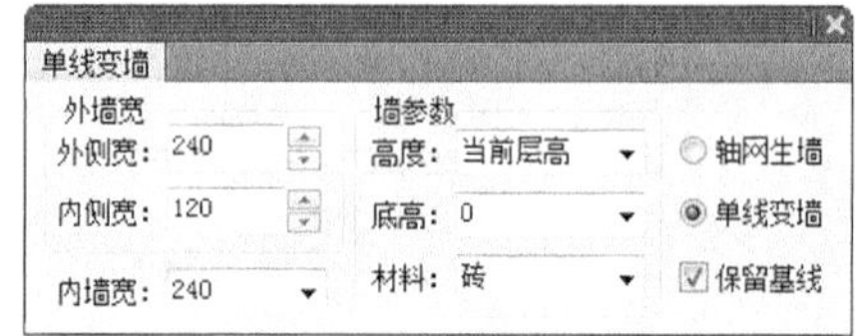

图 3-25 设置参数

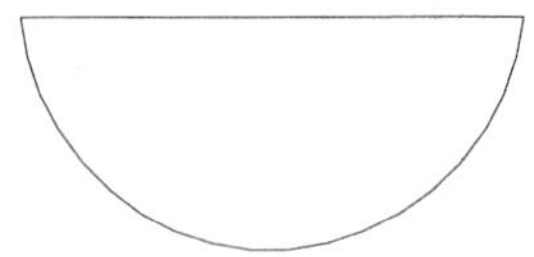

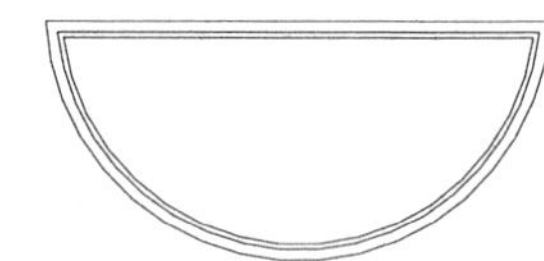

图 3-26 操作结果

3.4 标准柱

调用标准柱命令，可以在轴线的交点插入矩形、圆形、多边形等标准柱。如图 3-27 所示为插入标准柱的效果。

标准柱命令的执行方式有以下几种：

- 命令行：在命令行中输入 BZZ 命令按回车键。
- 菜单栏：单击“建筑”→“标准柱”命令。

下面以如图 3-27 所示的图形为例，介绍调用标准柱命令的方法。

[01] 按 Ctrl+O 组合键，打开配套光盘提供的“第 3 章/ 3.4 标准柱.dwg”素材文件，结果如图 3-28 所示。

[02] 在命令行中输入 BZZ 命令按回车键，系统弹出【标准柱】对话框，设置参数如图 3-29 所示，命令行提示如下：

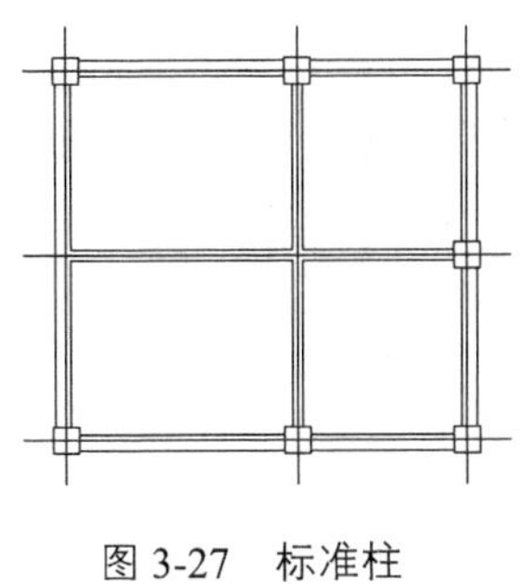

图 3-27　标准柱

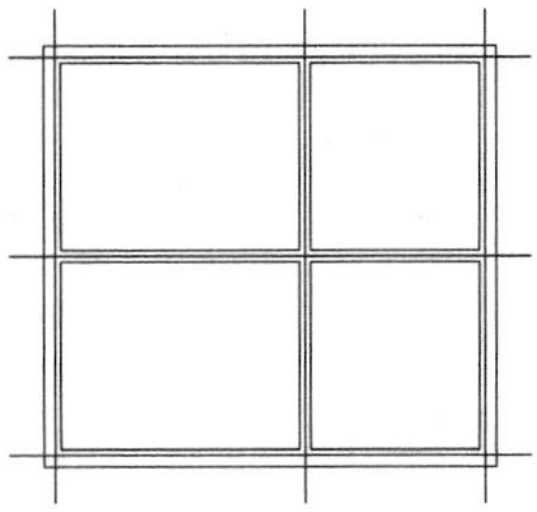

图 3-28　打开素材

命令：BZZ↙

点取位置或 [转 90 度(A)/左右翻(S)/上下翻(D)/对齐(F)/改转角(R)/改基点(T)/参考点(G)]<退出>:↙　　　　//在绘图区中点取轴线的交点，绘制标准柱的结果如图 3-27 所示

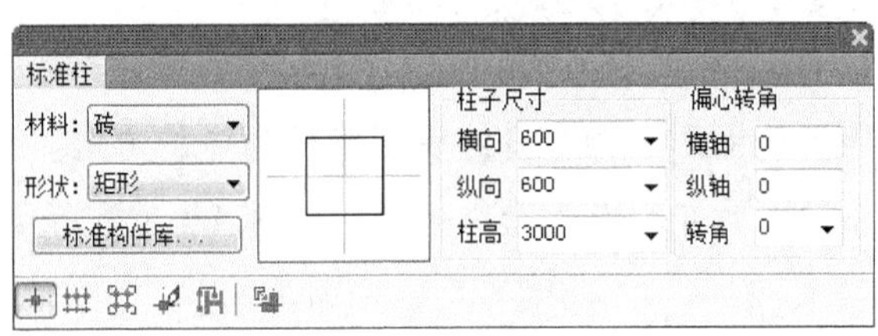

图 3-29　【标准柱】对话框

【标准柱】对话框中各功能选项的含义如下：

- 材料：在选框的下拉列表中提供了多种柱子的材料，如图 3-30 所示；其中钢筋混凝土为最常用的材料。
- 形状：在选框的下拉列表中提供了多种柱子的形状，如图 3-31 所示；其中矩形为最常用的形状。

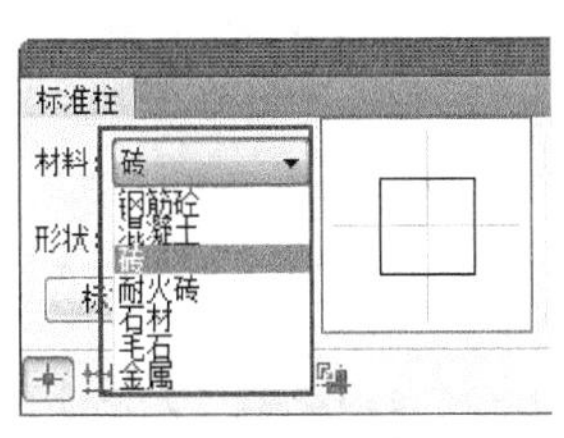

图 3-30　“材料”下拉列表

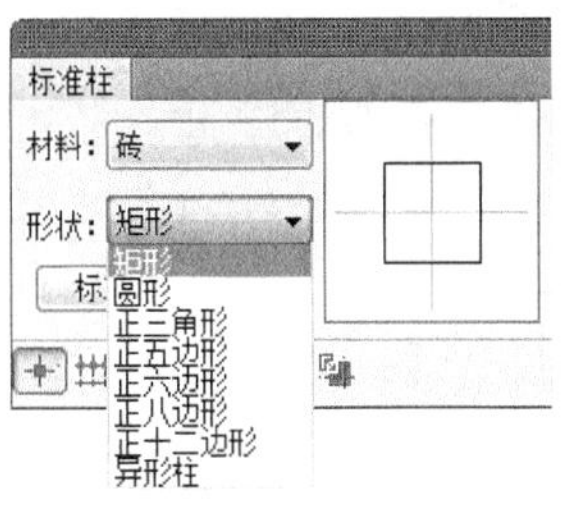

图 3-31　“形状”下拉列表

- 标准构件库：单击该按钮，系统弹出【天正构件库】对话框；用户可以在该对话框中选择所需要的柱子构件。
- “沿着一根轴线布置柱子”按钮：单击该按钮，可以在被选中的轴线与其他轴线的相交处创建柱子。
- “指定的矩形区域的轴线交点插入柱子”按钮：单击该按钮，可在指定的矩形区域内的轴线交点插入柱子。
- “替换图中已插入的柱子”按钮：单击该按钮，选中已有柱子，即可将柱子按照对话框内的参数进行替换。

- “选择 Pline 线创建异形柱”按钮：单击该按钮，拾取作为柱子的封闭多段线；按回车键，在弹出的对话框中单击“确定”按钮，即可完成异形柱的创建。

3.5 角柱

在建筑框架结构的房屋设计中，常在墙角处运用 L 形或 T 形平面的角柱，用来增大室内使用面积或为建筑物增大受力面积。调用角柱命令，可以在墙角插入形状与墙一致的角柱，且可更改各段的长度，如图 3-32 所示为插入角柱的墙体。

角柱命令的执行方式有以下几种：

- 命令行：在命令行中输入 JZ 命令按回车键。
- 菜单栏：单击“建筑”→“角柱”命令。

下面以如图 3-32 所示的图形为例，介绍调用角柱命令的方法。

01 按 Ctrl+O 组合键，打开配套光盘提供的“第 3 章/ 3.5 角柱.dwg”素材文件，结果如图 3-33 所示。

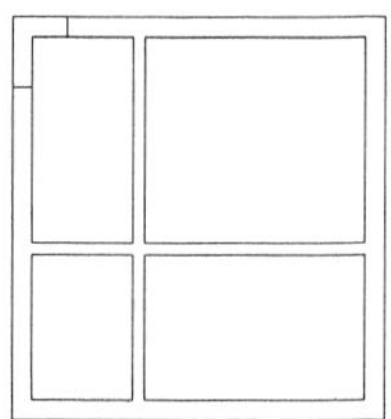

图 3-32 角柱

图 3-33 打开素材

02 在命令行中输入 JZ 命令按回车键，命令行提示如下：

```
命令：T96_TCornColu
请选取墙角或 [参考点(R)]<退出>:                    //选取墙角，如图 3-34 所示。
```

03 此时系统弹出【转角柱参数】对话框，设置参数如图 3-35 所示。

04 单击“确定”按钮关闭对话框，绘制角柱，结果如图 3-32 所示。

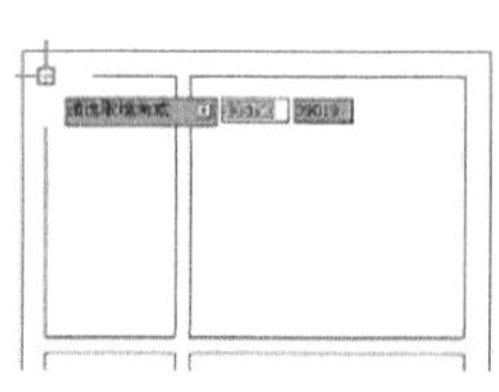

图 3-34 选取墙角

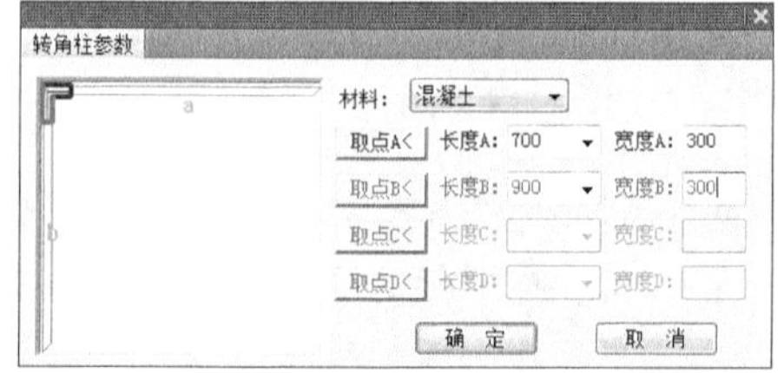

图 3-35 【转角柱参数】对话框

【转角柱参数】对话框中各功能选项的含义如下。

- 材料：单击“材料”文本框，在弹出的下拉列表中可以选择角柱的材料。

➢ 取点 A：在该选框中，可设置在对话框左侧预览窗口中的 a 墙体上该段角柱的长度参数。
➢ 取点 B：在该选框中，可设置在对话框左侧预览窗口中的 b 墙体上该段角柱的长度参数。

3.6 新门

调用新门命令，可以在墙上插入各种类型的门图形。

新门命令的执行方式如下：

➢ 菜单栏：单击“建筑”→“新门”命令。

执行“新门”命令，系统调出如图 3-36 所示的【门】对话框。在对话框的上侧预览框显示了门的三维样式，三维样式预览框下方为二维样式预览框，在其中显示了与参数相对应的门样式。

“左右镜像”按钮：单击按钮，可以调整门的开启方向，在二维样式预览框中显示调整效果。

“门宽”选项：设置门的宽度，通过单击选项后方的箭头按钮来调整宽度值，或者直接输入宽度值。

“门高”选项：设置门的高度。

“门槛高”选项：设置门槛的高度。

“查表”按钮：单击“查表”按钮，调出【门窗编号验证表】对话框，在其中显示了已绘门窗的参数及其样式，如图 3-37 所示。

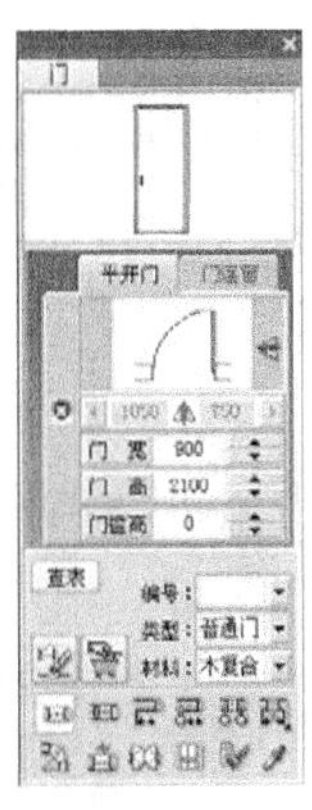

图 3-36　【门】对话框

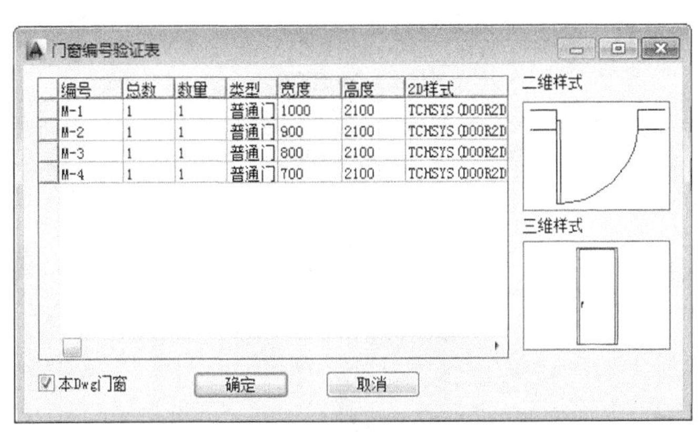

图 3-37　【门窗编号验证表】对话框

“编号”选项：设置门窗的编号，单击选项后的向下箭头，在调出的列表中显示了已绘门的编号，如图 3-38 所示。

“类型”选项：显示门的类型。

“材料”选项：在列表中选择门的材料，如木复合、铝合金等，如图 3-39 所示。

“删除门窗”按钮：单击按钮，可删除选中的门窗。

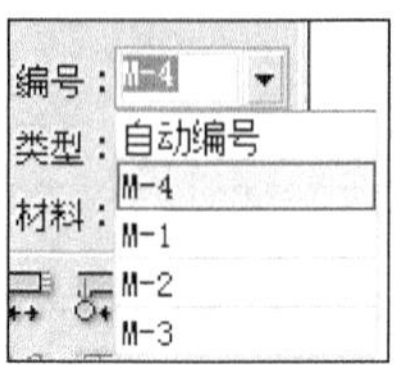

图 3-38　编号列表

图 3-39　类型列表

单击三维样式预览框下方的“门连窗”按钮，【门】对话框显示如图 3-40 所示。其中“总宽”选项中的参数值为门的宽度加上窗的宽度，在“左右镜像”按钮的两侧显示了窗与门的参数，可以自定义其大小。

3.7 新窗

调用新窗命令，可以在墙体上插入各种类型的窗图形。

新窗命令的执行方式如下：

➢ 菜单栏：单击“建筑”→“新窗”命令。

执行“新窗”命令后，系统调出如图 3-41 所示的【窗】对话框。其中的预览框分别显示了窗的二维样式和三维样式，单击预览窗窗口，调出【天正图库管理系统】对话框，在其中可以更改窗的样式。“窗宽”选项：设置窗的宽度大小。“窗高”选项：设置窗的高度。“窗台高”选项：设置窗台的高度。

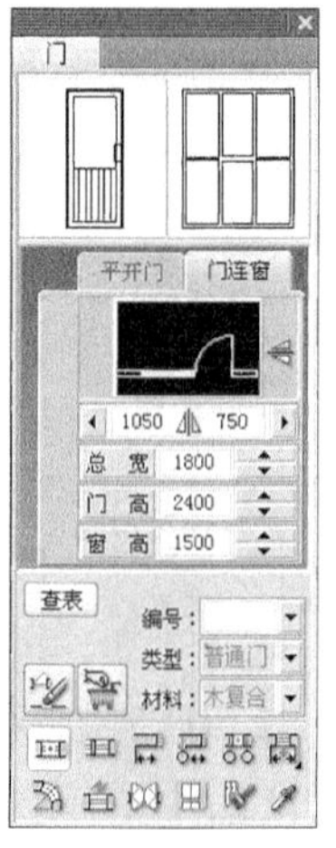

图 3-40　“门连窗”参数列表

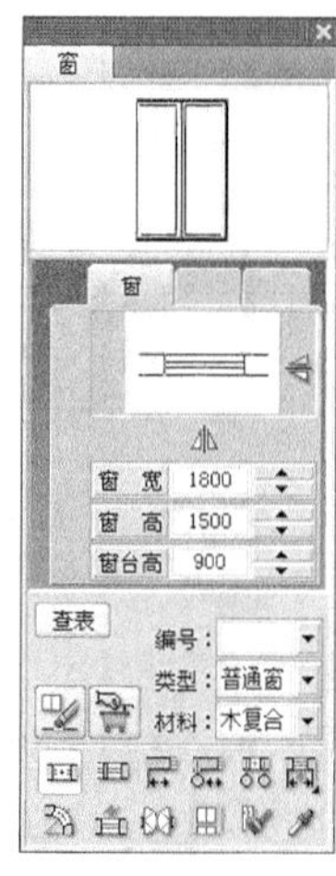

图 3-41　【窗】对话框

3.8 门窗

调用门窗命令，可以在墙上插入各种门窗图形，如图 3-42 所示为插入门窗的墙体。

门窗命令的执行方式有以下几种：

- ➢ 命令行：在命令行中输入 MC 命令按回车键。
- ➢ 菜单栏：单击“建筑”→“门窗”命令。

下面以如图 3-36 所示的图形为例，介绍调用门窗命令的方法。

01 按 Ctrl+O 组合键，打开配套光盘提供的“第 3 章/ 3.8 门窗.dwg”素材文件，结果如图 3-43 所示。

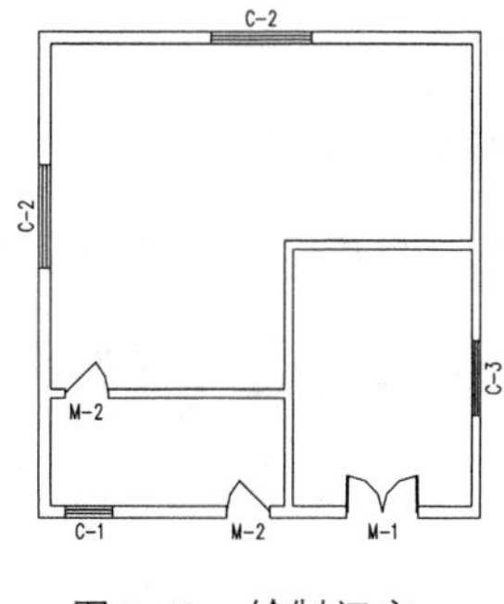

图 3-42 绘制门窗

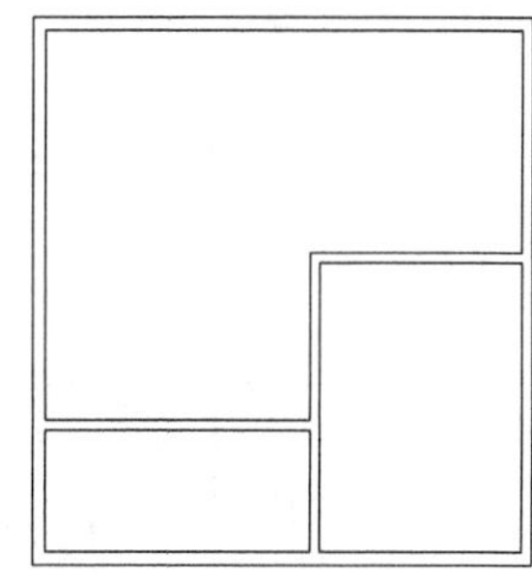

图 3-43 打开素材

02 在命令行中输入 MC 命令按回车键，系统弹出【门】对话框，设置参数如图 3-44 所示。

03 同时命令行提示如下：

```
命令: T96_TOpening
点取门窗插入位置(Shift-左右开)<退出>:  //在墙体上点取门的插入位置，绘制双开门，结果如图 3-45 所示
```

图 3-44 【门】对话框

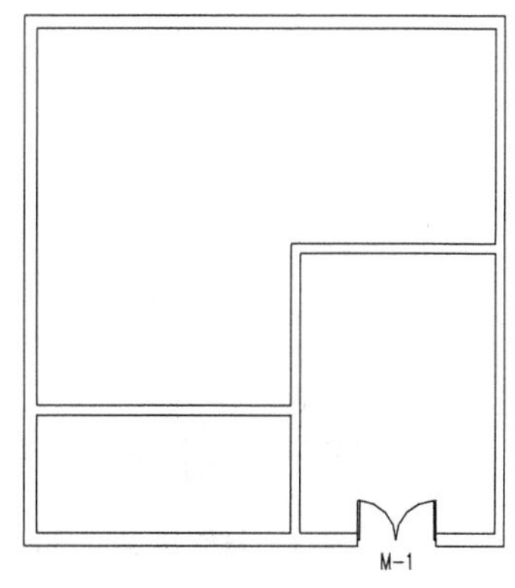

图 3-45 绘制双开门

04 分别单击【门】对话框左边、右边的预览框，系统弹出【天正图库管理系统】对话框，在其中选择平开门的二维样式、三维样式，如图 3-46 所示。

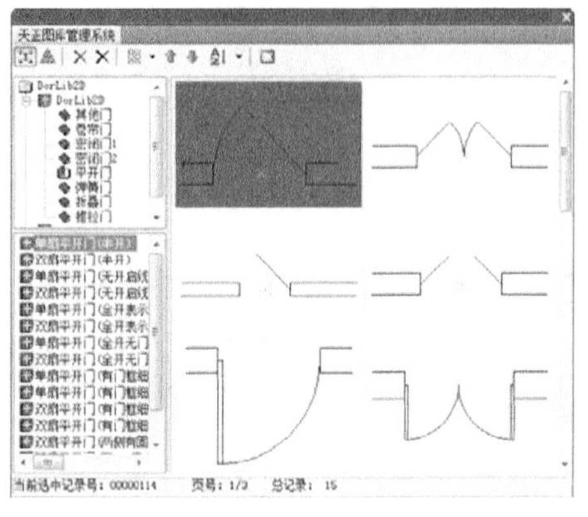

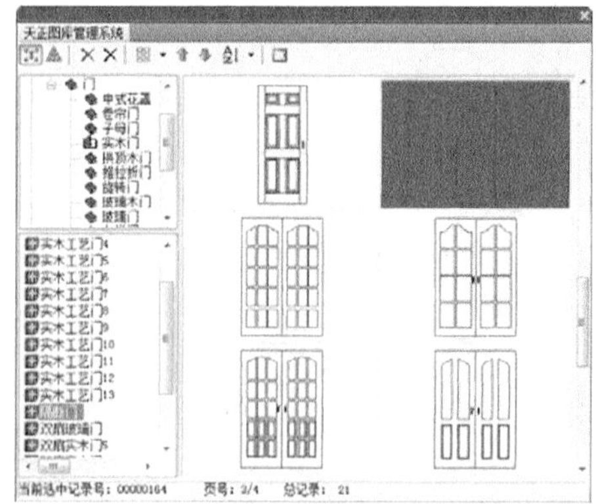

图 3-46 【天正图库管理系统】对话框

05 双击选中的门样式图标，返回【门】对话框；设置门的参数，结果如图 3-47 所示。

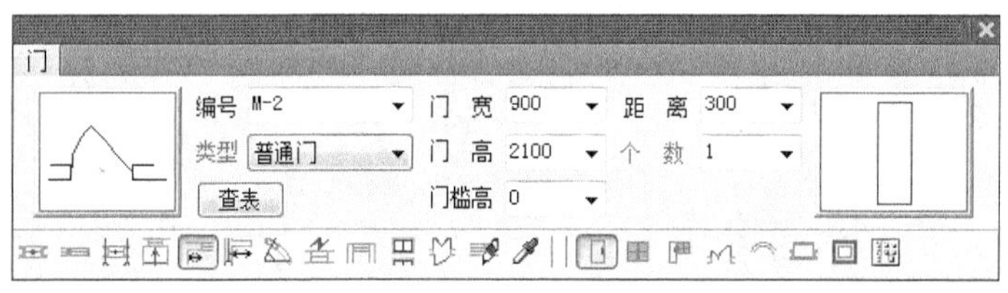

图 3-47 设置参数

06 根据命令行的提示，绘制单扇平开门的结果如图 3-48 所示。

07 在【门】对话框中单击“插窗”按钮，在弹出的【窗】对话框中定义窗的参数，如图 3-49 所示。

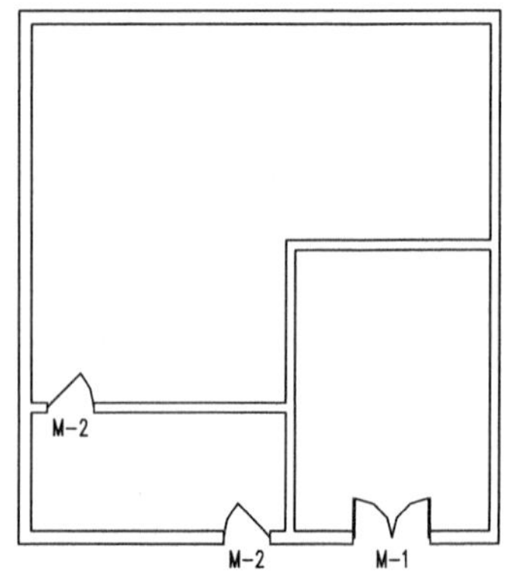

图 3-48 绘制单扇平开门

图 3-49 【窗】对话框

08 在墙体上点取窗的插入位置，绘制窗，结果如图 3-50 所示。

【门】/【窗】对话框中各项功能选项的含义如下。

- "自由插入，左鼠标点取的墙段位置插入"按钮：可以在墙体上自由点取门窗的插入位置，按 Shift 键切换门的开启方向。
- "沿墙顺序插入"按钮：在墙体上指定门窗的离墙间距，单击鼠标即可插入门窗图形。
- "依据点取位置两侧的轴线进行等分插入"按钮：点取门窗的插入位置，按命令行的提示选择参考轴线，即可以在两根轴线之间的中点插入门窗图形。
- "在点取的墙段上等分插入"按钮：可以在选中的墙段上等分插入门窗图形，门窗距左右或上下两边的墙距离相等，如图 3-51 所示。

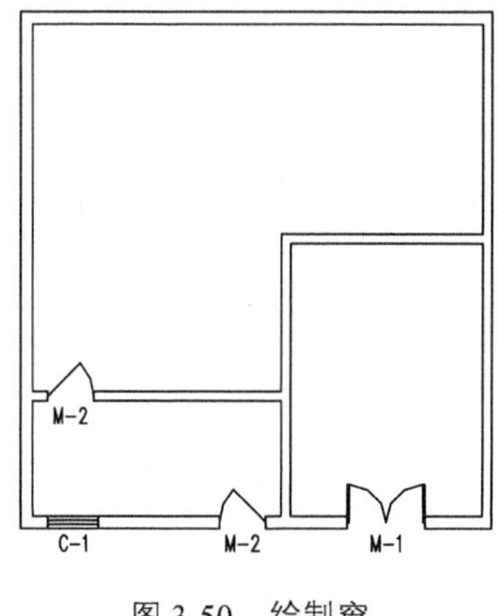

图 3-50　绘制窗

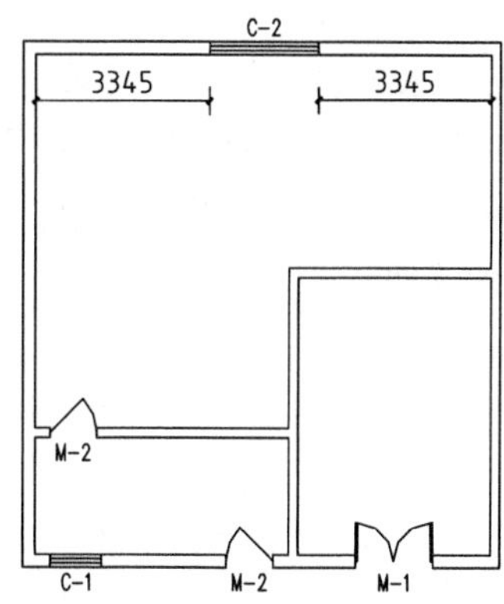

图 3-51　在点取的墙段上等分插入

- "垛宽定距插入"按钮：通过指定门窗图形距某一边墙体的距离参数来插入图形。
- "轴线定距插入"按钮：通过指定轴线与门窗图形之间的距离参数来插入图形，如图 3-52 所示。
- "按角度插入弧墙上的门窗"按钮：单击此按钮，可以在选中的弧墙上插入门窗图形。
- "充满整个墙段插入门窗"按钮：单击此按钮，门窗的插入将填满整段墙，如图 3-53 所示。

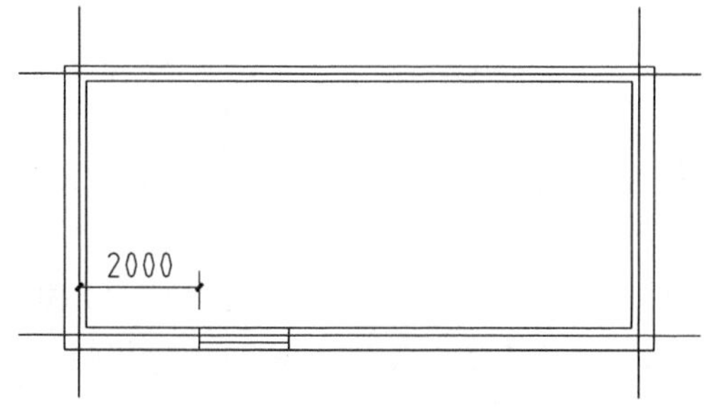

图 3-52　轴线定距插入

图 3-53　充满整个墙段插入门窗

3.9 直线梯段

楼梯梯段是联系上下层的垂直交通设施，单跑梯段是指连接上下层楼梯并且中途不改变方向的楼梯梯段。单跑楼梯又可分为直线梯段、圆弧梯段和任意梯段 3 种。

调用直线梯段命令，可以在对话框中输入参数绘制直线梯段，可以单独使用或用于组合复杂楼梯与坡道。如图 3-54 所示为创建的直线梯段。

直线梯段命令的执行方式有以下几种：

- 命令行：在命令行中输入 ZXTD 命令按回车键。
- 菜单栏：单击“建筑”→“直线梯段”命令。

下面以如图 3-54 所示的楼梯为例，介绍直线梯段的创建方法。

01 在命令行中输入 ZXTD 命令按回车键，系统弹出【直线梯段】对话框，设置参数如图 3-55 所示。

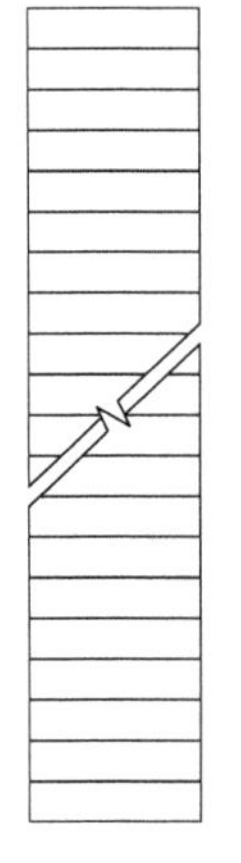

图 3-54 直线梯段

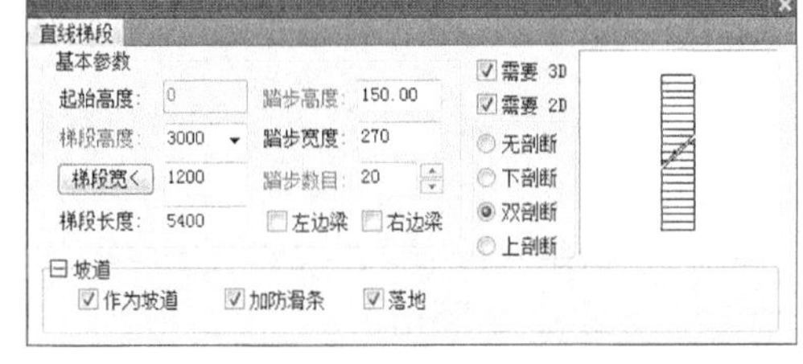

图 3-55 【直线梯段】对话框

02 同时命令行提示如下：

命令：ZXTD↙

点取位置或 [转 90 度(A)/左右翻(S)/上下翻(D)/对齐(F)/改转角(R)/改基点(T)]<退出>:↙

//在绘图区中点取梯段的插入点，绘制直线梯段，结果如图 3-54 所示。

在命令行提示“点取位置或 [转 90 度(A)/左右翻(S)/上下翻(D)/对齐(F)/改转角(R)/改基点(T)]”时，输入选项前的字母，可以对梯段执行指定的操作。各选项的含义如下：

- “转 90 度(A)”选项：在命令行中输入 A，梯段将成 90° 角进行角度的翻转。
- “左右翻(S)”选项：在命令行中输入 S，梯段在左、右两个方向进行翻转。
- “上下翻(D)”选项：在命令行中输入 D，梯段在上、下两个方向进行翻转。
- “对齐(F)”选项：在命令行中输入 F，可将梯段与指定的基点对齐。
- “改转角(R)”选项：在命令行中输入 R，可以修改梯段的翻转角度。

➢ “改基点(T)”选项：在命令行中输入 T，可以自定义梯段的插入基点

在【直线梯段】对话框中，分别提供了四种样式的梯段绘制方式，单击指定的选项按钮，即可绘制相应样式的梯段，结果如图 3-54、图 3-56、图 3-57、图 3-58 所示。

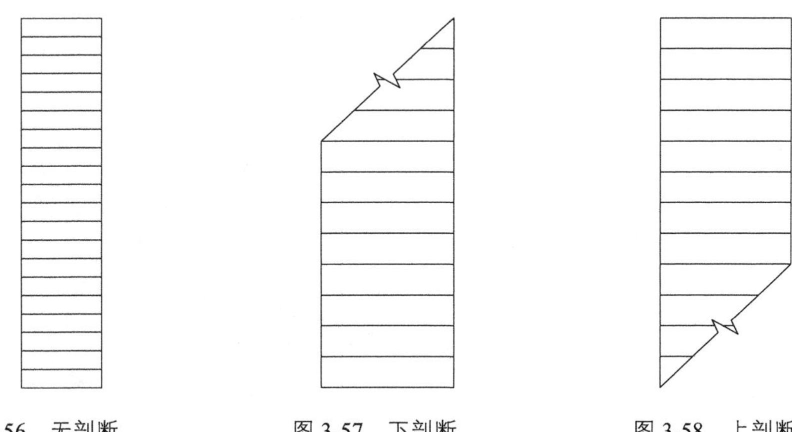

图 3-56　无剖断　　图 3-57　下剖断　　图 3-58　上剖断

3.10 圆弧梯段

调用圆弧梯段命令，可以在对话框中输入梯段参数，绘制弧形梯段，也可与直线梯段组合创建复杂楼梯坡道。如图 3-59 所示为创建的圆弧梯段。

圆弧梯段命令的执行方式有以下几种：

➢ 命令行：在命令行中输入 YHTD 命令按回车键。

➢ 菜单栏：单击“建筑”→“圆弧梯段”命令。

下面以如图 3-59 所示的圆弧梯段为例，介绍圆弧梯段的创建方法。

01 在命令行中输入 YHTD 命令按回车键，系统弹出【圆弧梯段】对话框，设置参数如图 3-60 所示。

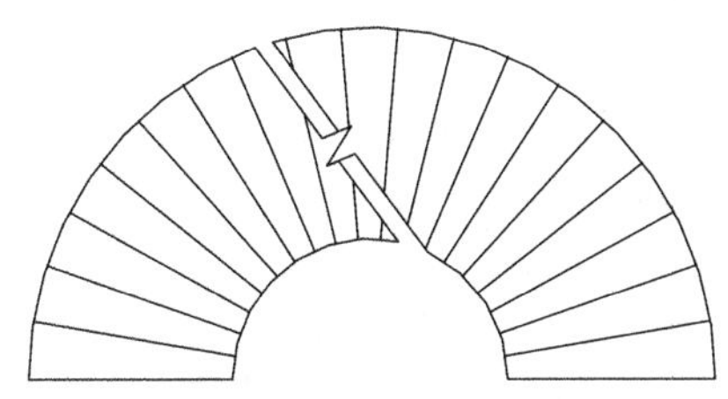

图 3-59　圆弧梯段

图 3-60　【圆弧梯段】对话框

02 同时命令行提示如下：

```
命令：YHTD↙
点取位置或 [转 90 度(A)/左右翻(S)/上下翻(D)/对齐(F)/改转角(R)/改基点(T)]<退出>:↙
                    //在绘图区中点取梯段的插入点，绘制圆弧梯段，结果如图
3-59 所示。
```

03 将视图转换成西南等轴测视图，设置视觉样式为“消隐”，可以查看梯段的三维效果，结果如图 3-61 所示。

在【圆弧梯段】对话框提供了三种样式的梯段绘制方式，单击指定的选项按钮，即可绘制相应样式的梯段，分别如图 3-62、图 3-63、图 3-64 所示。

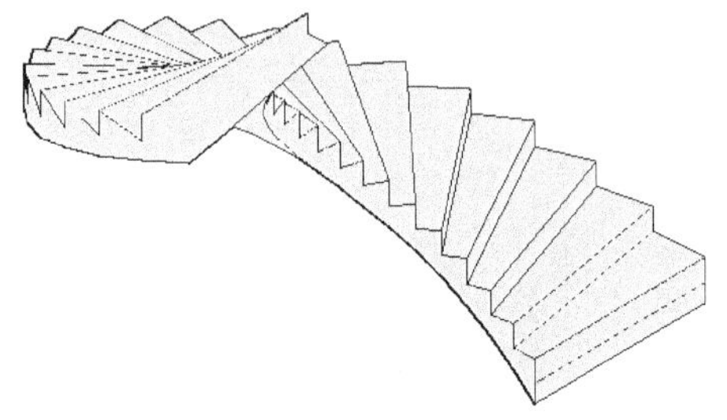

图 3-61　三维模式

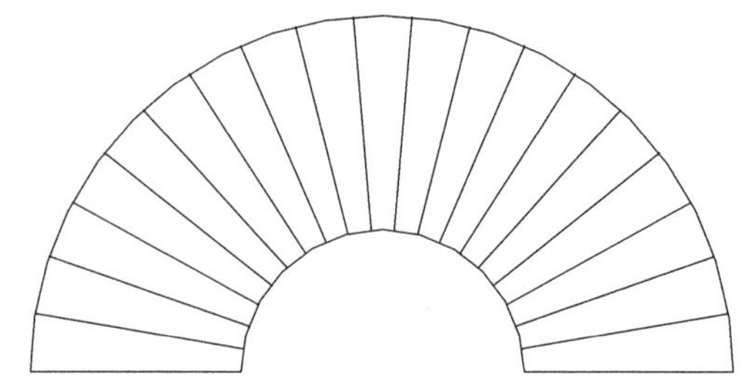

图 3-62　无剖断

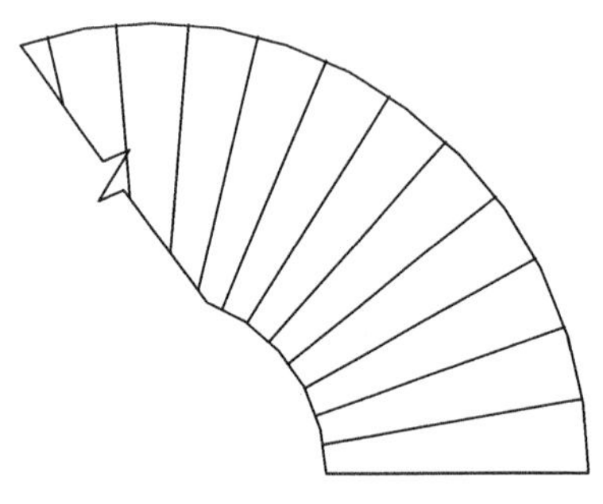

图 3-63　下剖断

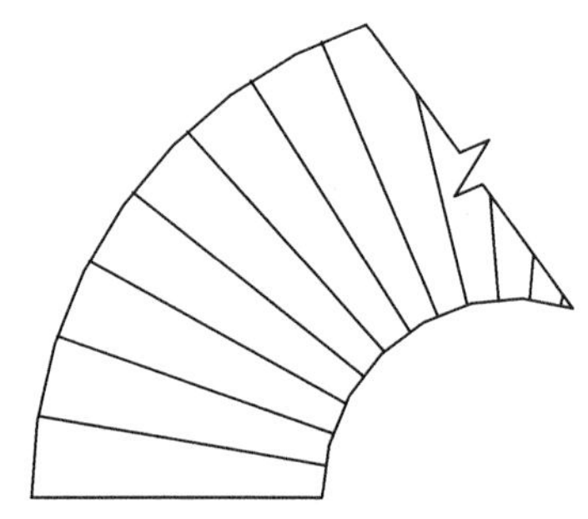

图 3-64　上剖断

【圆弧梯段】对话框中各功能选项的含义如下：

- 内圆半径：选择该项，可定义圆弧梯段的内圆半径参数，注意不能大于外圆的半径参数。
- 外圆半径：选择该项，可定义圆弧梯段的外圆半径参数。
- 起始角：自定义圆弧梯段插入的起始角。
- 圆心角：圆弧梯段的圆心角参数，参数不能过小，最大值定义为 350° 。
- 左边梁：勾选此项，可以在梯段的左边添加扶手。
- 右边梁：勾选此项，可以在梯段的右边添加扶手。

3.11 双跑楼梯

当建筑物层数较多且层高较大时，就需要设计双跑楼梯或多跑楼梯，并在梯段转角时需要加入休息平台。调用双跑楼梯命令，可以在弹出的对话框中输入梯间参数，直接绘制双跑楼梯。如图 3-65 所示为绘制的双跑楼梯。

双跑楼梯命令的执行方式有以下几种：

➢ 命令行：在命令行中输入 SPLT 命令按回车键。

➢ 菜单栏：单击“建筑”→“双跑楼梯”命令。

下面以如图 3-65 所示的图形为例，介绍调用双跑楼梯命令的方法。

01 在命令行中输入 SPLT 命令按回车键，系统弹出【双跑楼梯】对话框，设置参数如图 3-66 所示。

02 同时命令行提示如下：

```
命令：SPLT↙
点取位置或 [转 90 度(A)/左右翻(S)/上下翻(D)/对齐(F)/改转角(R)/改基点(T)]<退出>:
                    //在绘图区中点取双跑楼梯的插入位置，绘制楼梯的结果如图 3-65 所示。
```

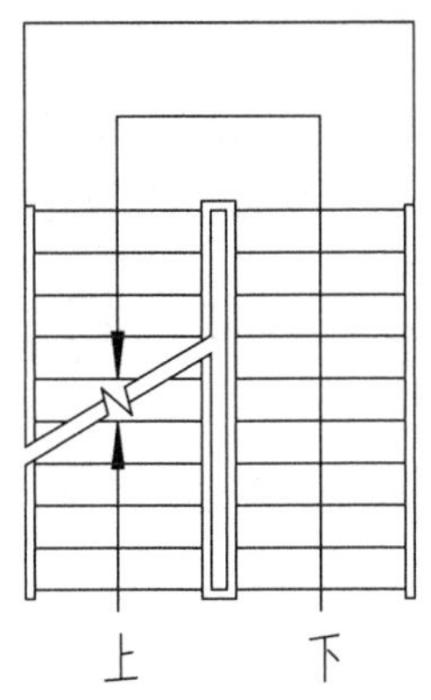

图 3-65 双跑楼梯

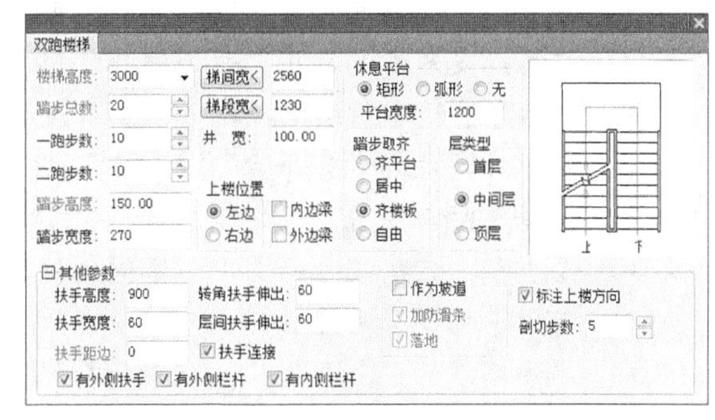

图 3-66 【双跑楼梯】对话框

建筑物每层的双跑楼梯的剖切方式都各不相同，在【双跑楼梯】对话框中提供了“首层”“中间层”“顶层”这三种类型双跑楼梯的绘制方法。单击选定层类型选项按钮，并在绘图区中指定插入点，即可绘制相对应的楼梯图形，绘制结果如图 3-67、图 3-68 所示。

双击绘制完成的双跑楼梯图形，可以弹出【双跑楼梯】对话框，在其中可以修改楼梯的各项参数，单击“确定”按钮关闭对话框，即可完成修改。

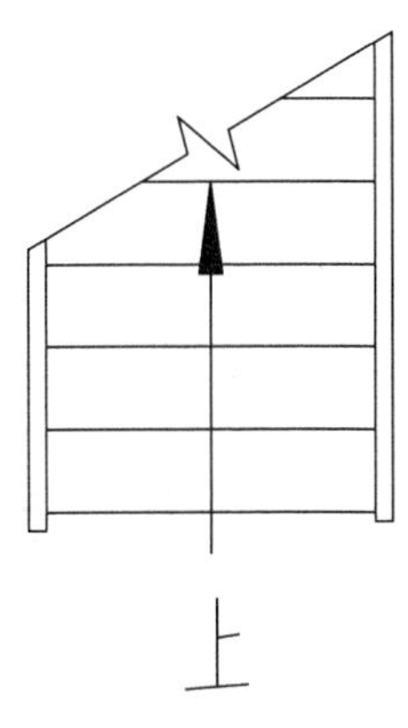

图 3-67 首层样式

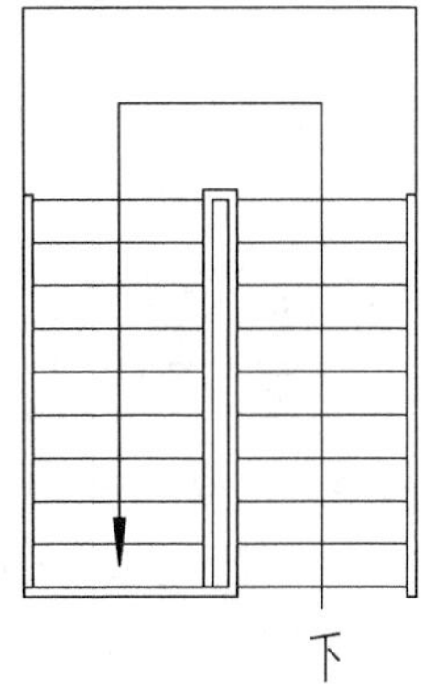

图 3-68 顶层样式

【双跑楼梯】对话框中各功能选项的含义如下：

- 楼梯高度：双跑楼梯的总高。
- 踏步总数：指双跑楼梯的踏步数。以踏步总数推算一跑与二跑步数，总数为奇数时先增二跑步数。
- 梯间宽：该数据显示了楼梯间的整体宽度，可直接输入数据，也可单击该按钮在绘图区中指定两点确定宽度，“梯间宽”=“梯段宽”×2+“井宽”。
- 梯段宽：一个直线梯段的宽度，可直接输入数据，也可单击该按钮在绘图区中指定两点确定宽度。
- 井宽：两个梯段的间距。
- 上楼位置：双跑楼梯在上楼过程中会反转方向，因此在创建楼梯时还需选择目标楼的位置，上楼位置也就是更改梯段的位置。
- 休息平台：休息平台在上楼过程中起中途休息的作用，休息平台可以是矩形的，也可以是弧形的，用户可以根据实际情况选择休息平台的尺寸和实际大小。
- 踏步取齐：当所绘梯段踏步的总高度与楼层高度不相符合时，用户可选择一个基准取齐，包括“齐平台”、“居中”、“齐楼板”和“自由”4个单选按钮，用户可根据实际需要进行选定。
- 层类型：在建筑平面图中，不同的楼层，双跑楼梯图示表达的方式就不同，用户可以根据实际需要选择。
- 扶手高度：一般情况下，双跑楼梯都需要添加扶手，在该文本框中输入一个数值，即可设置扶手高度。
- 扶手宽度：在该文本框中输入一个数值，即可设置扶手的宽度。
- 扶手距边：在该文本框中输入一个数值，即可设置扶手距梯段边的距离。
- 有外侧扶手：通常情况下，双跑楼梯的外侧都是紧贴墙壁，不需要设置外侧扶手，但在公共场所，为防止用户在梯段上摔倒，此时需要设置外侧扶手。单击选中此复选框，即可设置外侧扶手，选中此复选框后，可设置是否有外侧栏杆。
- 有内侧栏杆：选中此复选框，表示在内侧扶手处生成内侧栏杆。
- 转角扶手伸出：该文本框用于设置在梯段中间转角扶手伸出的距离。
- 层间扶手伸出：该文本框用于设置在层与层之间转角扶手伸出的距离。
- 扶手连接：选中该复选框，在梯段中的扶手相连接。

3.12 阳台

调用阳台命令，可以直接绘制阳台或把预先绘制好的 PLINE 转换成阳台。如图 3-69 所示为该命令绘制的阳台效果。

阳台命令的执行方式有以下几种：

- 命令行：在命令行中输入 YT 命令按回车键。
- 菜单栏：单击“建筑”→“阳台”命令。

下面以如图 3-69 所示的图形为例，介绍调用阳台命令的方法。

01 按 Ctrl+O 组合键，打开配套光盘提供的“第 3 章/ 3.12　阳台.dwg”素材文件，结果如图 3-70 所示。

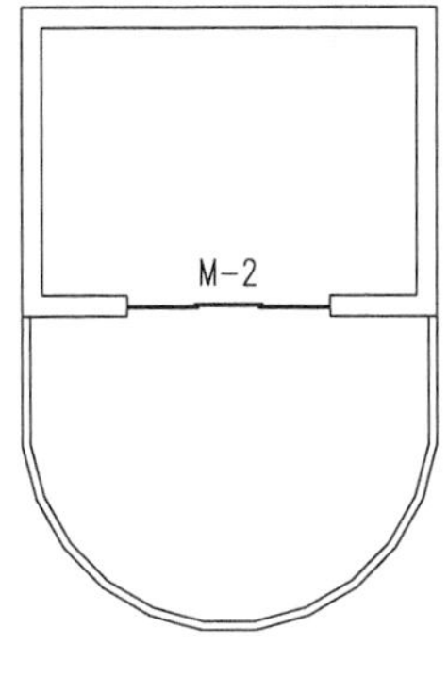

图 3-69　绘制阳台

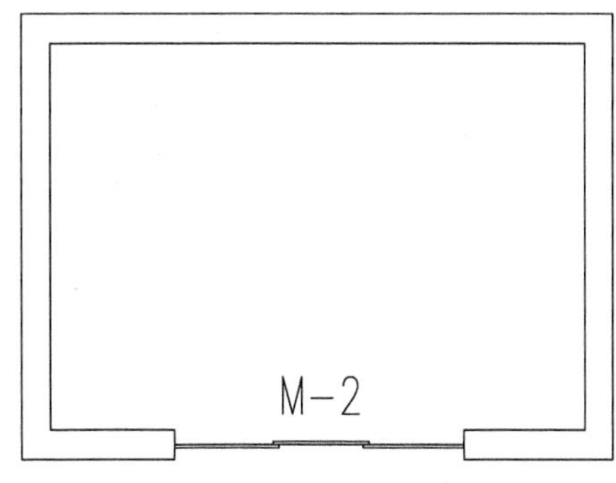

图 3-70　打开素材

02 单击“建筑”→“阳台”命令，系统弹出【绘制阳台】对话框，单击“任意绘制”按钮，设置参数如图 3-71 所示。命令行提示如下：

```
命令: T96_TBalcony
起点<退出>:                    //捕捉左墙体端点作为阳台起点，如图 3-72 所示。
```

图 3-71　【绘制阳台】对话框

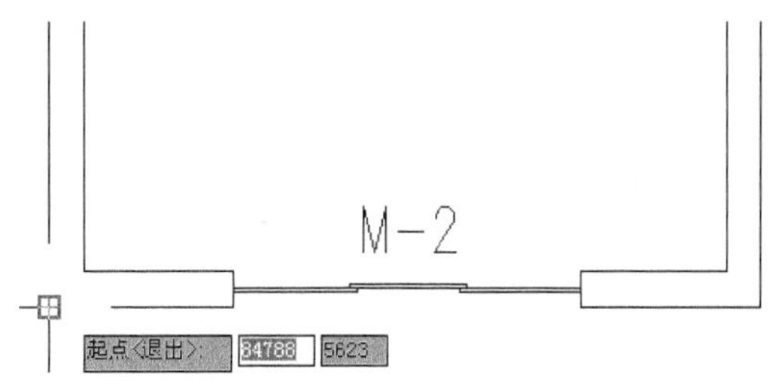

图 3-72　指定起点

```
直段下一点或 [弧段(A)/回退(U)]<结束>: 1500      //输入参数，如图 3-73 所示.
直段下一点或 [弧段(A)/回退(U)]<结束>: A
弧段下一点或 [直段(L)/回退(U)]<结束>:           //点取交点，如图 3-74 所示。
```

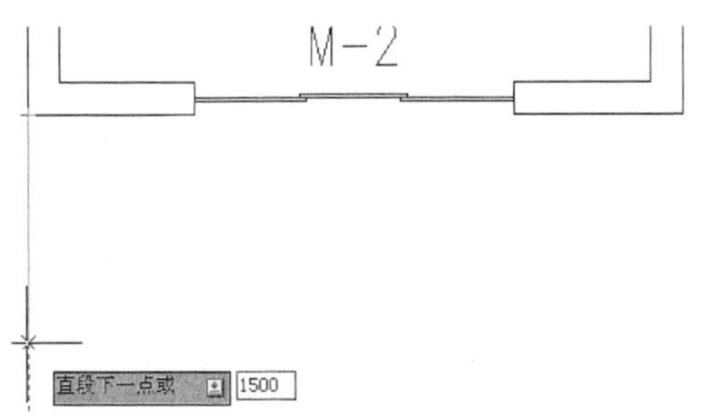

图 3-73　输入参数

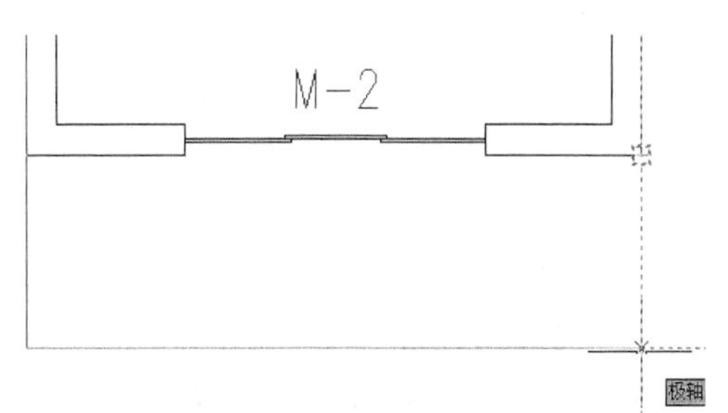

图 3-74　点取交点

点取弧上一点或 [输入半径(R)]:R

输入半径(光标位置确定弧的方向):2500　　　　　　　　//输入参数，如图 3-75 所示。

直段下一点或 [弧段(A)/回退(U)]<结束>:　　　　　　　//如图 3-76 所示。

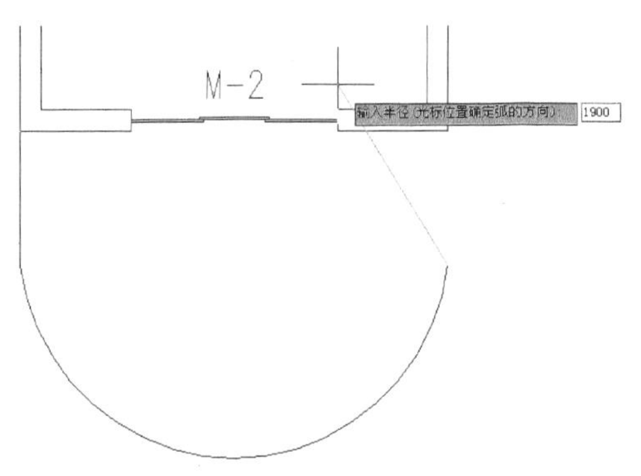

图 3-75　输入参数

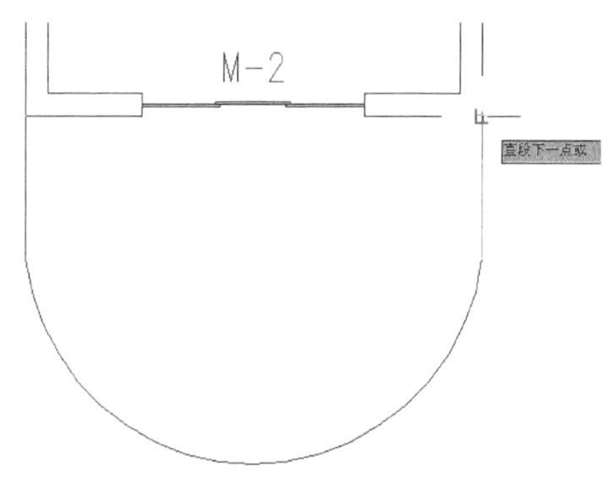

图 3-76　直段下一点

请选择邻接的墙(或门窗)和柱:指定对角点: 找到 2 个　//如图 3-77 所示。

请点取接墙的边:　　　　　　　　　　　　　　　　//如图 3-78 所示，按回车键，完成阳台的绘制结果如图 3-69 所示。

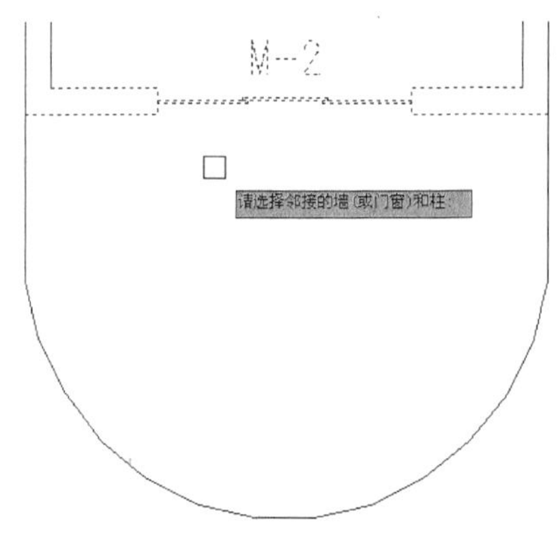

图 3-77　选择结果

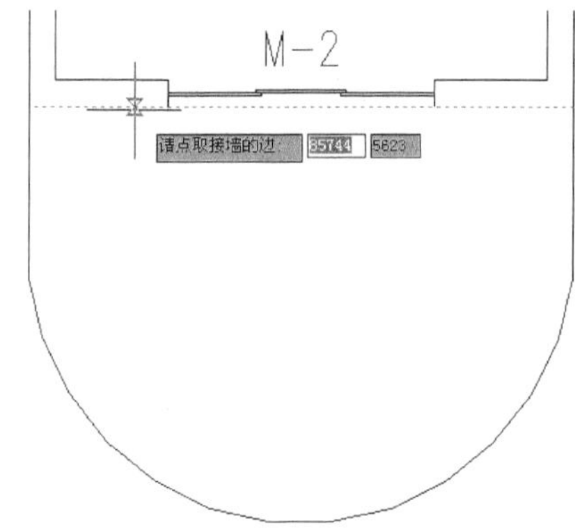

图 3-78　点取接墙边

【绘制阳台】对话框中各功能选项的含义如下：

- “伸出距离”选项：在该选项中可以定义阳台的宽度参数。
- “凹阳台”按钮：单击该按钮，在两段外突出的墙体之间分别指定阳台的起点和终点，即可绘制阳台图形。
- “阴角阳台”按钮：单击该按钮，可以绘制有两边靠墙，另外两边有阳台挡板的阴角阳台。
- “沿墙偏移绘制”按钮：单击该按钮，设置指定偏移距离，将所选的墙体轮廓线往外偏移，从而生成阳台图形。
- “任意绘制”按钮：单击该按钮，可以自定义路径绘制阳台图形。
- “选择已有路径生成”按钮：单击该按钮，可以在已有的路径基础上生成阳台图形。

3.13 台阶

调用台阶命令，可以直接绘制台阶或把预先绘制好的 PLINE 转成台阶。如图 3-79 所示为该命令的操作结果。

台阶命令的执行方式有以下几种:

- 命令行：在命令行中输入 TJ 命令按回车键。
- 菜单栏：单击“建筑”→“台阶”命令。

下面以如图 3-79 所示的图形为例，介绍调用台阶命令的方法。

01 按 Ctrl+O 组合键，打开配套光盘提供的“第 3 章/ 3.13 台阶.dwg”素材文件，结果如图 3-80 所示。

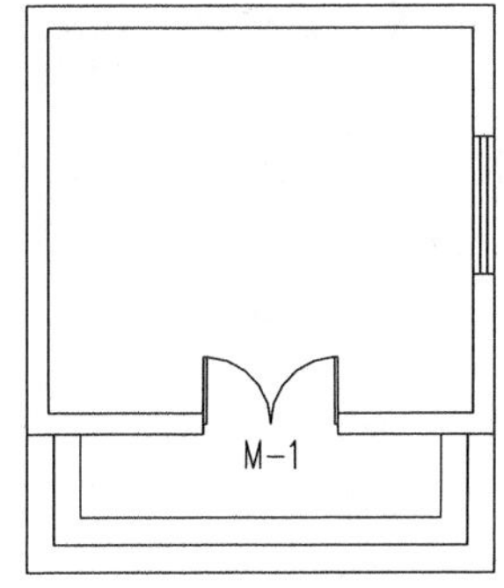

图 3-79 绘制台阶

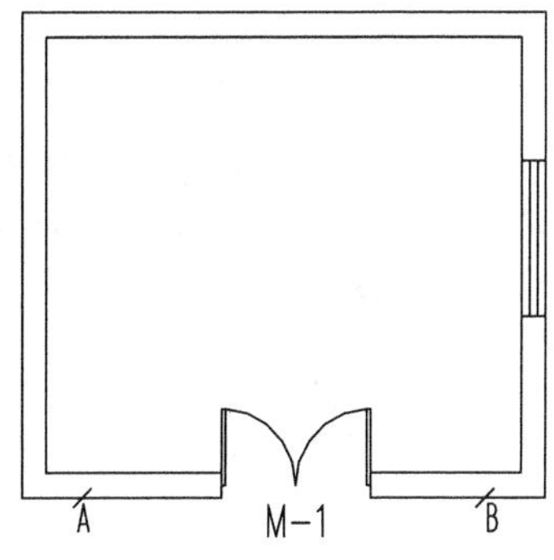

图 3-80 打开素材

02 在命令行中输入 TJ 命令按回车键，系统弹出【台阶】对话框，单击“矩形三面台阶”按钮，设置参数如图 3-81 所示，命令行提示如下:

```
命令：TJ↙
指定第一点或 [中心定位(C)/门窗对中(D)]<退出>:          //单击 A 点，如图 3-82 所示
```

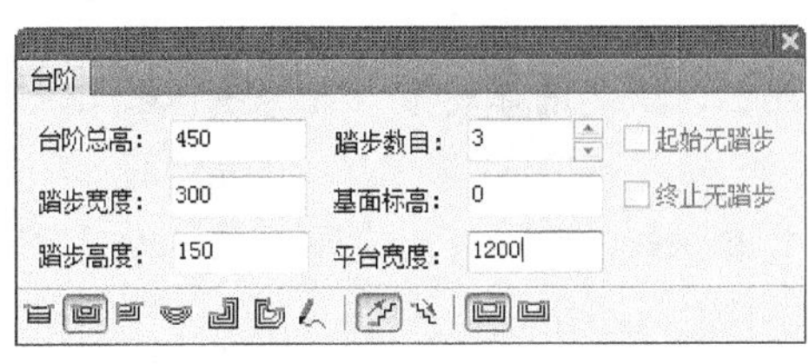

图 3-81 【台阶】对话框

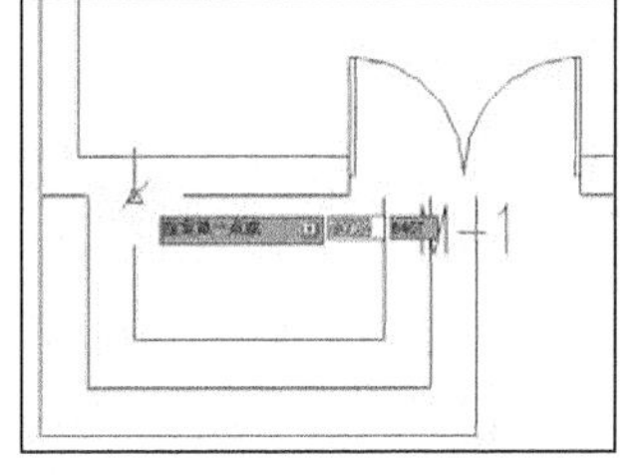

图 3-82 单击 A 点

```
第二点或 [翻转到另一侧(F)]<取消>:          //单击 B 点，如图 3-83 所示
```

03 此时完成台阶图形的绘制，结果如图 3-79 所示。

【台阶】对话框中各功能选项的含义如下：

➢ “矩形单面台阶”按钮：单击该按钮，在绘图区中分别指定台阶的起点和终点，即可创建台阶图形，结果如图 3-84 所示。

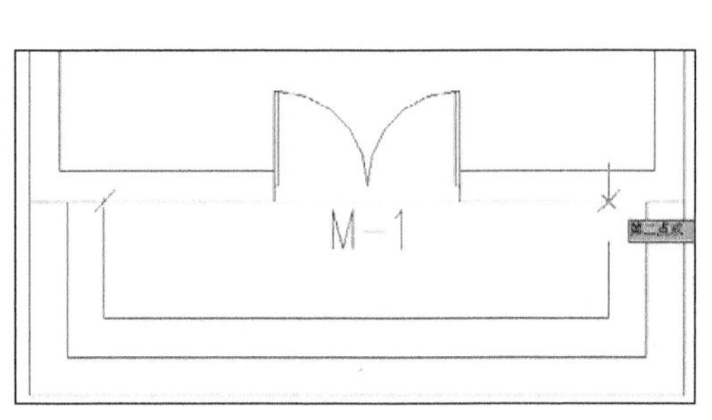

图 3-83　单击 B 点

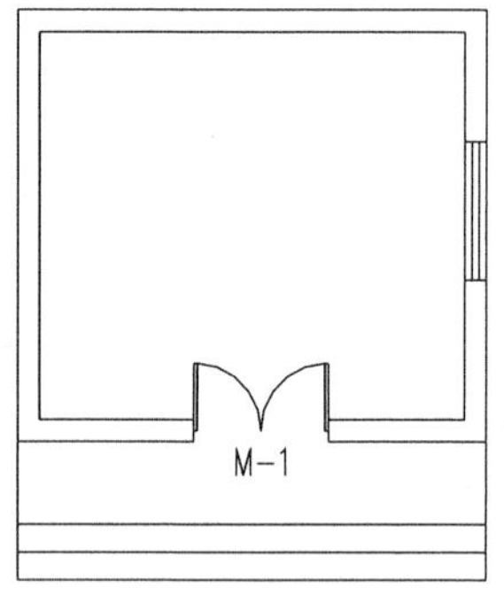

图 3-84　矩形单面台阶

➢ “矩形三面台阶”按钮：单击该按钮，在绘图区中分别指定台阶的起点和终点，可以创建矩形三面台阶。

➢ “矩形阴角台阶”按钮：单击该按钮，指定墙角点和表示台阶长度的点，即可完成矩形阴角台阶的创建，结果如图 3-85 所示。

➢ “圆弧台阶”按钮：单击该按钮，在分别指定台阶的起点和终点后，绘制弧形台阶，结果如图 3-86 所示。

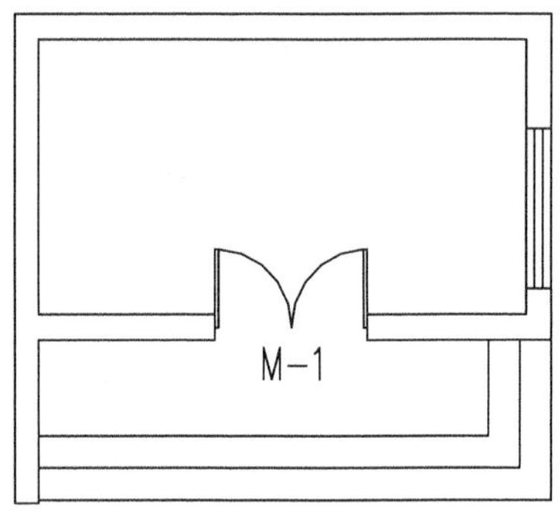

图 3-85　矩形阴角台阶

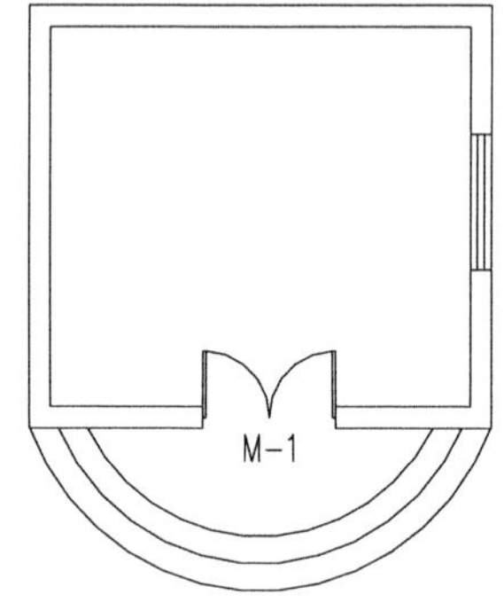

图 3-86　圆弧台阶

➢ “沿墙偏移绘制”按钮：单击该按钮，指定墙体轮廓，在分别选择相邻的门窗图形后生成台阶图形。

➢ “选择已有路径绘制”按钮：单击该按钮，可以在已有路径的基础上生成台阶图形。

➢ “任意绘制”按钮：单击该按钮，在指定台阶平台轮廓线的起点和终点后，分别选择相邻的门窗图形，即可往外生成台阶。

在执行“台阶”命令的过程中，命令行提示可通过以下三种方式来绘制台阶图形。

➢ “端点定位（R）”选项：输入 R，选择该选项，需要在绘图区中指定台阶的端点，方可绘制台阶图形。

➢ “中心定位（C）”选项：输入 C，选择该项，需要指定台阶的中心点，方可绘制台阶图形。

➢ “门窗对中（D）”选项：输入 D，选择该项，需要指定门窗图形，系统即可以所选的门窗中点为基点绘制台阶图形。

3.14 坡道

调用坡道命令，可以通过参数来构造单跑的入口道，多跑、曲边与圆弧坡道由各楼梯命令中“作为坡道”选项创建。如图 3-87 所示为该命令创建的坡道。

坡道命令的执行方式有以下几种：

➢ 命令行：在命令行中输入 PD 命令按回车键。

➢ 菜单栏：单击“建筑”→“坡道”命令。

下面以如图 3-87 所示的图形为例，介绍调用坡道命令的方法。

01 按 Ctrl+O 组合键，打开配套光盘提供的“第 3 章/ 3.14　坡道.dwg”素材文件，结果如图 3-88 所示。

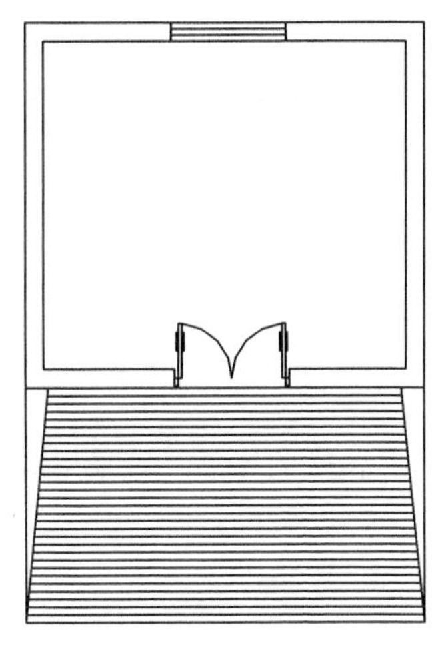

图 3-87　绘制坡道

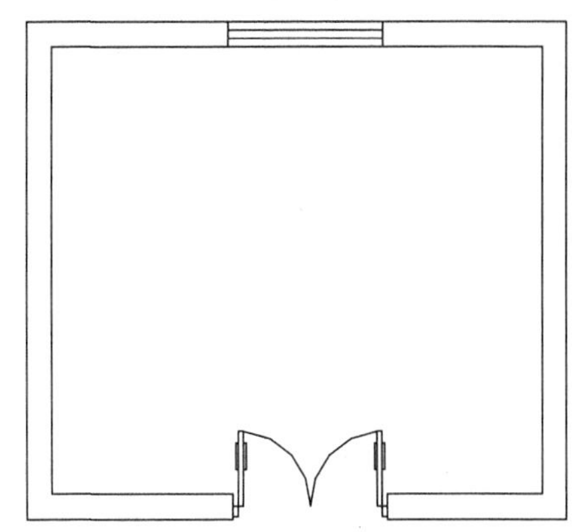

图 3-88　打开素材

02 单击“建筑”→“坡道”命令，系统弹出【坡道】对话框，设置参数如图 3-89 所示。

03 同时命令行提示如下：

```
命令： T96_TASCENT
点取位置或 [转 90 度(A)/左右翻(S)/上下翻(D)/对齐(F)/改转角(R)/改基点(T)]<退出>:T
                                        //输入 T，选择“改基点”选项；
输入插入点或 [参考点(R)]<退出>:           //点取坡道的左上角为插入点，绘制坡度图形的
```

结果如图 3-81 所示。

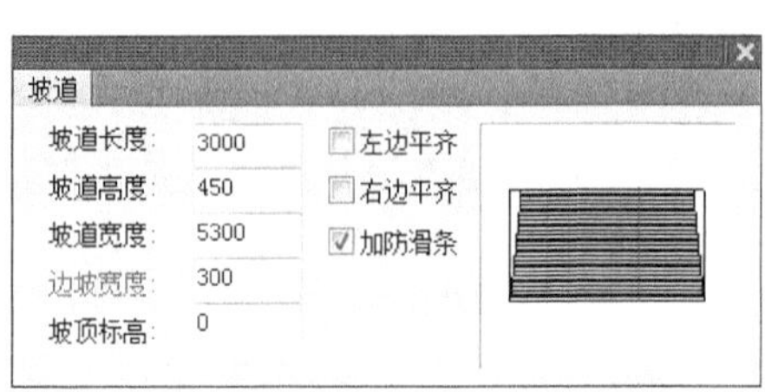

图 3-89 绘制坡道

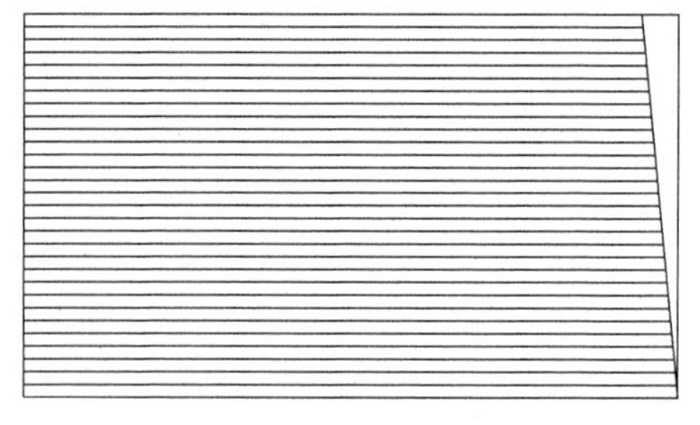

图 3-90 左边平齐

在【坡道】对话框中，提供了三种坡道的绘制方式，其含义分别如下。

- 左边平齐：勾选该项，左边边坡与坡道齐平，如图 3-90 所示。
- 右边平齐：勾选该项，右边边坡与坡道齐平，如图 3-91 所示。
- 加防滑条：勾选该项，则坡面添加防滑条，取消则不显示防滑条，如图 3-92 所示。

图 3-91 右边平齐

图 3-92 加防滑条

3.15 任意坡顶

调用任意坡顶命令，可以由封闭的多段线生成指定坡度的屋顶，可采用对象编辑单独修改每个边坡的坡度。如图 3-93 所示为该命令的操作结果。

任意坡顶命令的执行方式有以下几种：

- 命令行：在命令行中输入 RYPD 命令按回车键。
- 菜单栏：单击“建筑”→“任意坡顶”命令。

下面以如图 3-93 所示的图形为例，介绍调用任意坡顶命令的方法。

01 按 Ctrl+O 组合键，打开配套光盘提供的“第 3 章/ 3.15 任意坡顶.dwg”素材文件，结果如图 3-94 所示。

02 在命令行中输入 RYPD 命令按回车键，命令行提示如下：

```
命令: RYPD↙
选择一封闭的多段线<退出>:          //如图 3-95 所示.
请输入坡度角 <30>:
```

出檐长<600>:　　　　　　　　　　//分别按下回车键，默认系统指定的参数（也可自定义参数），绘制任意坡顶的结果如图 3-93 所示。

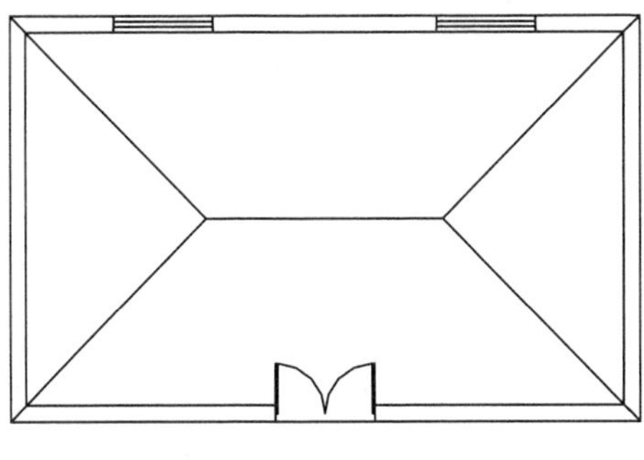

图 3-93　任意坡顶

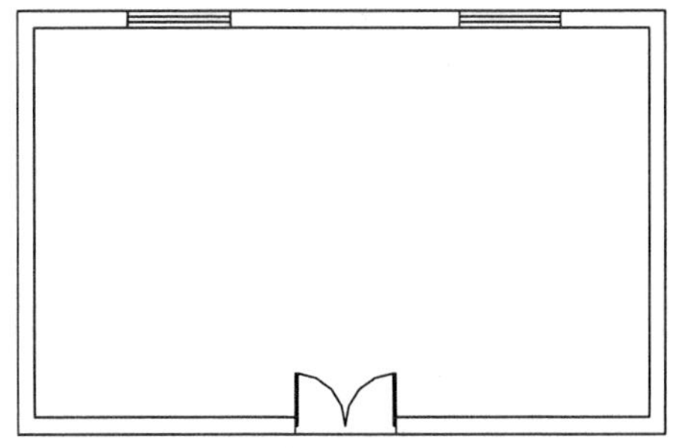

图 3-94　打开素材

双击绘制完成的任意坡顶图形，系统弹出如图 3-96 所示的【任意坡顶】对话框，在其中可以更改坡顶的各项参数，单击“确定”按钮，即可完成参数的修改。

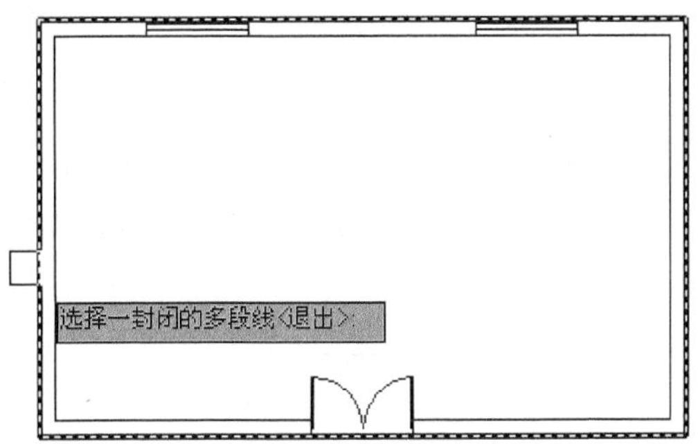

图 3-95　选择一封闭的多段线

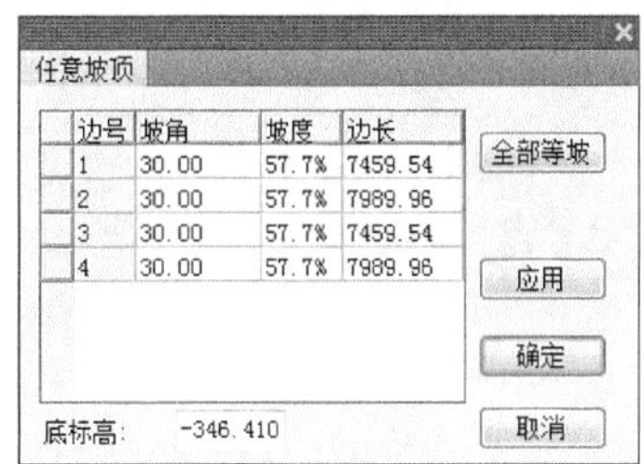

图 3-96　【任意坡顶】对话框

3.16 墙体工具

天正暖通提供了一系列的墙体工具，有倒墙角、修墙角、改墙厚等，可以对已绘制完成的各类墙体执行编辑操作。本节为读者介绍各类墙体工具命令的操作方法。

3.16.1 倒墙角

调用倒墙角命令，可以将转角墙按给定的半径倒圆角生成弧墙，也可以将断开的墙角连接好。如图 3-97 所示为该命令的操作结果。

倒墙角命令的执行方式有以下几种：

- 命令行：在命令行中输入 DQJ 命令按回车键。
- 菜单栏：单击“建筑”→“倒墙角”命令。

下面以如图 3-97 所示的图形为例，介绍调用倒墙角命令的方法。

01 按 Ctrl+O 组合键，打开配套光盘提供的“第 3 章/ 3.16.1　倒墙角.dwg”素材文件，结果如图 3-98 所示。

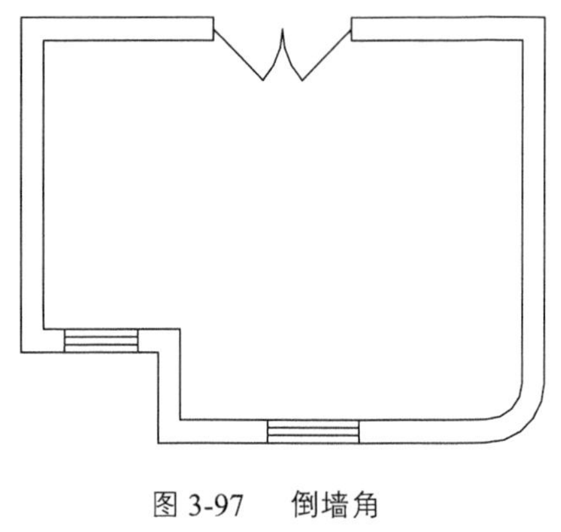

图 3-97　倒墙角

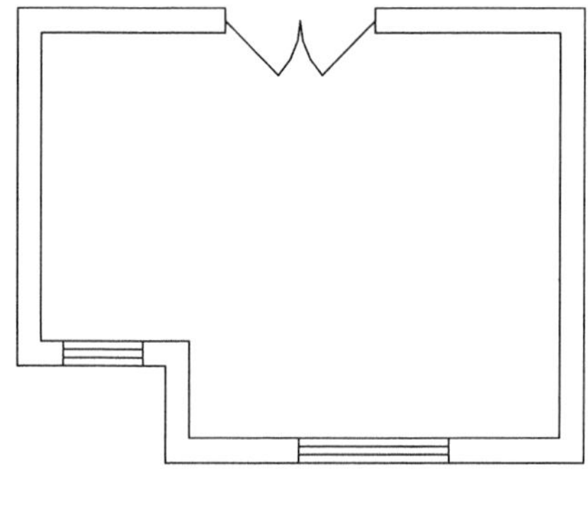

图 3-98　打开素材

02 在命令行中输入 DQJ 命令按回车键，命令行提示如下：

命令： DQJ↙

选择第一段墙或 [设圆角半径(R)，当前=0]<退出>：R

请输入圆角半径<0>:500

选择第一段墙或 [设圆角半径(R)，当前=500]<退出>：　　　　//如图 3-99 所示。

选择另一段墙<退出>：　　　　//如图 3-100 所示，完成倒墙角操作，结果如图 3-97 所示。

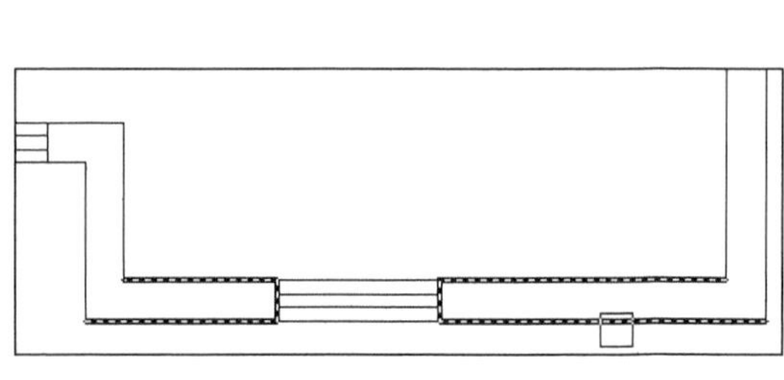

图 3-99　选择第一段墙

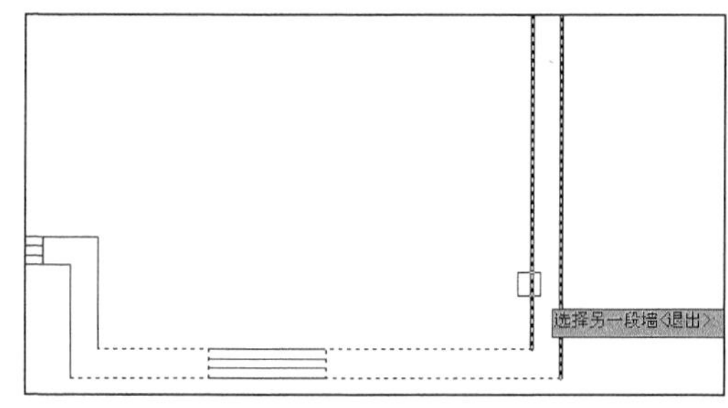

图 3-100　选择另一段

3.16.2 修墙角

调用修墙角命令，可将互相交叠的两道墙分别在交点处断开并修理墙角。如图 3-101 所示为该命令的操作结果。

修墙角命令的执行方式有以下几种：

- 命令行：在命令行中输入 XQJ 命令按回车键。
- 菜单栏：单击“建筑”→“修墙角”命令。

下面以如图 3-101 所示的图形为例，介绍调用修墙角命令的方法。

01 按 Ctrl+O 组合键，打开配套光盘提供的“第 3 章/ 3.16.2　修墙角.dwg”素材文件，结果如图 3-102 所示。

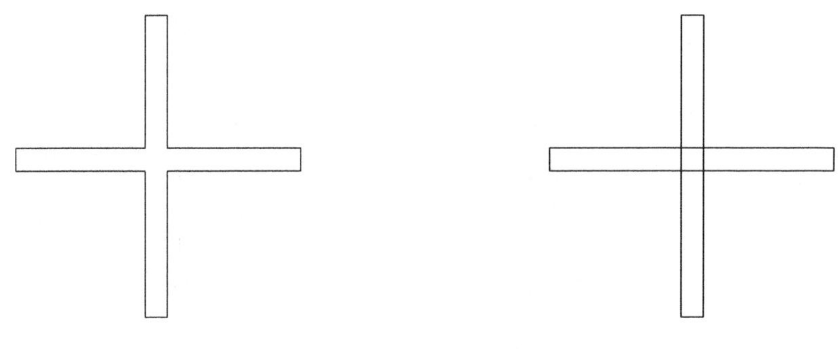

图 3-101　修墙角　　　　图 3-102　打开素材

(02) 在命令行中输入 XQJ 命令按回车键，命令行提示如下：

```
命令：XQJ↙
请框选需要处理的墙角、柱子或墙体造型.
请点取第一个角点或 [参考点(R)]<退出>:          //如图 3-103 所示。
点取另一个角点<退出>:                          //如图 3-104 所示，完成倒墙角命令的操作结果如图 3-101 所示。
```

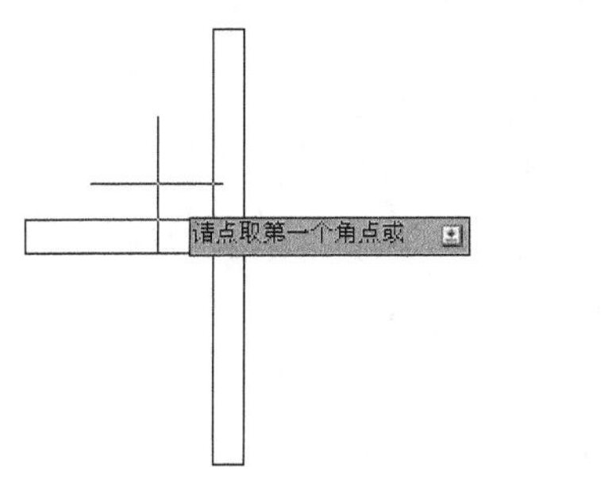

图 3-103　点取第一个角点

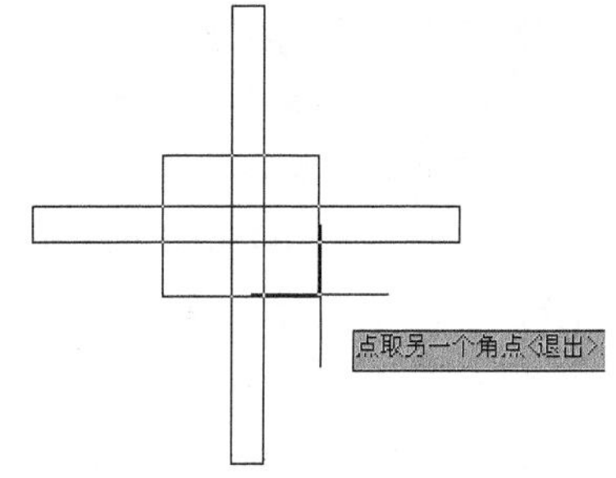

图 3-104　点取另一个角点

3.16.3 改墙厚

调用改墙厚命令，可以批量修改墙厚，且保持墙基线不变，墙线一律改为居中。如图 3-105 所示为该命令的操作结果。

改墙厚命令的执行方式有以下几种：

- 命令行：在命令行中输入 GQH 命令按回车键。
- 菜单栏：单击“建筑”→“改墙厚”命令。

下面以如图 3-105 所示的图形为例，介绍调用改墙厚命令的方法。

(01) 按 Ctrl+O 组合键，打开配套光盘提供的“第 3 章/ 3.16.3 改墙厚.dwg”素材文件，结果如图 3-106 所示。

(02) 在命令行中输入 GQH 命令按回车键，命令行提示如下：

```
命令：GQH↙
```

选择墙体：指定对角点：找到 12 个

新的墙宽<360>: //按回车键默认系统给予的墙厚参数（也可自定义参数），完成改墙厚操作的结果如图 3-105 所示。

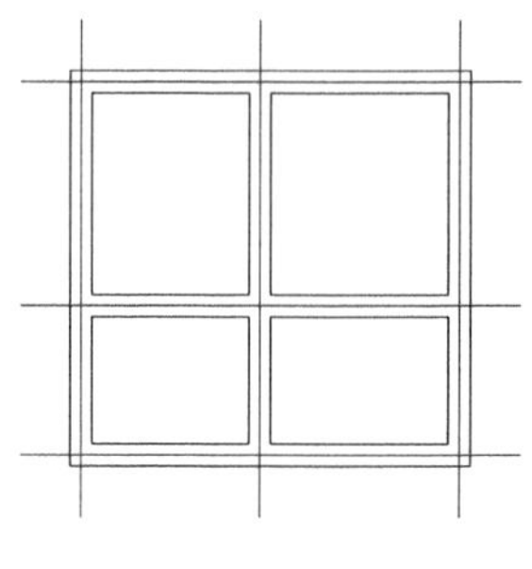

图 3-105 改墙厚

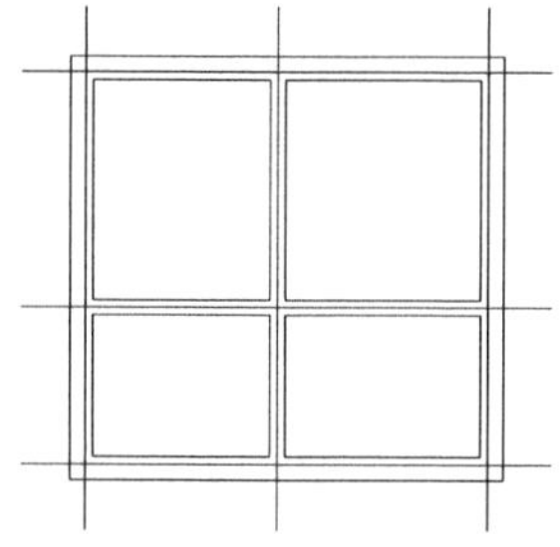

图 3-106 打开素材

3.16.4 改外墙厚

调用改外墙厚命令，可以修改外墙的厚度参数；注意在执行修改操作前，应先进行外墙识别，否则命令不会被执行。如图 3-107 所示为该命令的操作结果。

改外墙厚命令的执行方式有以下几种：

- 命令行：在命令行中输入 GWQH 命令按回车键。
- 菜单栏：单击“建筑”→“改外墙厚”命令。

下面以如图 3-107 所示的图形为例，介绍调用改外墙厚命令的方法。

01 按 Ctrl+O 组合键，打开配套光盘提供的“第 3 章/ 3.16.4 改外墙厚.dwg”素材文件，结果如图 3-108 所示。

02 在命令行中输入 GWQH 命令按回车键，命令行提示如下：

命令：GWQH↙

请选择外墙:指定对角点：找到 12 个 //如图 3-109 所示。

内侧宽<240>:250

外侧宽<120>:300 //分别定义内外侧的宽度参数，完成改外墙命令的操作结果如图 3-107 所示。

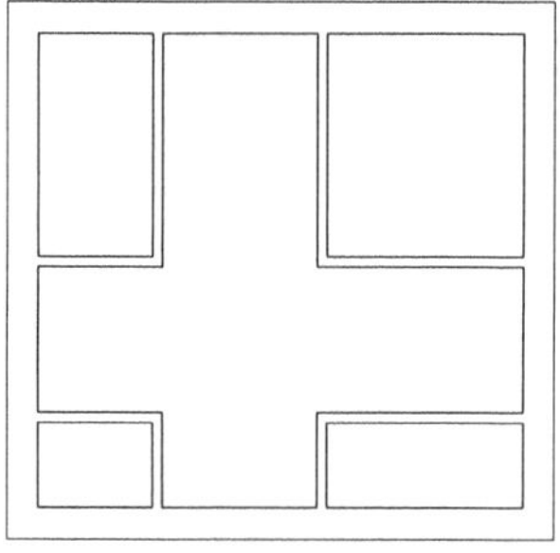

图 3-107 改外墙厚

图 3-108 打开素材

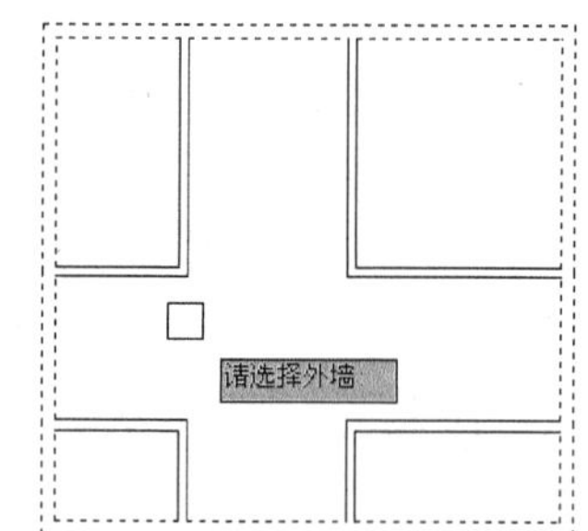

图 3-109 选择外墙

3.16.5 改高度

调用改高度命令，可对选中的柱、墙体及其造型的高度和底标高成批进行修改，是改变这些构件竖向位置的主要手段。修改底标高时，门窗底的标高可以和柱、墙联动修改。如图 3-110 所示为改高度命令的操作结果。

改高度命令的执行方式有以下几种：

- ➢ 命令行：在命令行中输入 GGD 命令按回车键。
- ➢ 菜单栏：单击“建筑”→“改高度”命令。

下面以如图 3-110 所示的图形为例，介绍调用改高度命令的方法。

01 按 Ctrl+O 组合键，打开配套光盘提供的“第 3 章/ 3.16.5　改高度.dwg”素材文件，结果如图 3-111 所示。

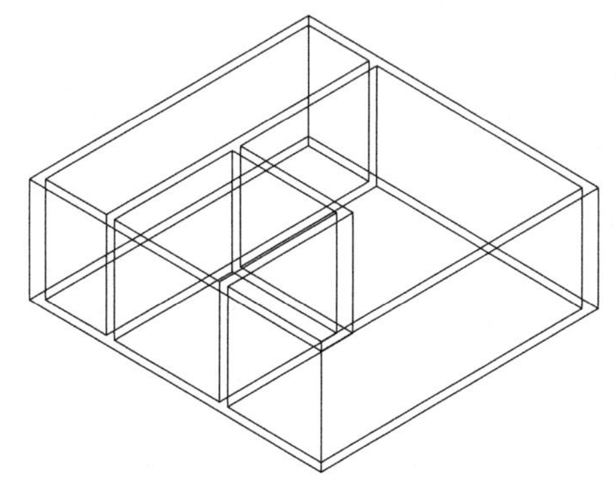

图 3-110　改高度

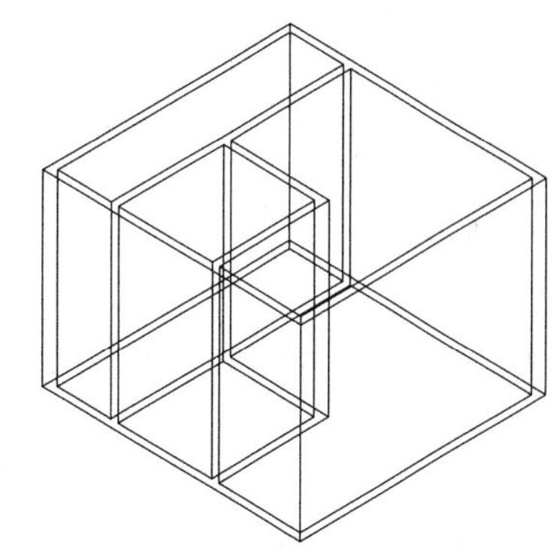

图 3-111　打开素材

02 在命令行中输入 GGD 命令按回车键，命令行提示如下：

```
命令：GGD↙
请选择墙体、柱子或墙体造型:指定对角点：找到 11 个
新的高度<6000>:3000                                    //定义新高度参数。
新的标高<0>:
是否维持窗墙底部间距不变?[是(Y)/否(N)]<N>:              //分别按回车键默认系统的设置，完成改高度命令的操作，结果如图 3-110 所示。
```

3.16.6 改外墙高

调用改外墙高命令，可以修改图中已定义的外墙高度与底标高，且自动忽略内墙。如图 3-112 所示为改外墙高命令的操作结果。

改外墙高命令的执行方式有以下几种：

- ➢ 命令行：在命令行中输入 GWQG 命令按回车键。
- ➢ 菜单栏：单击“建筑”→“改外墙高”命令。

下面以如图 3-112 所示的图形为例，介绍调用改外墙高命令的方法。

01 按 Ctrl+O 组合键，打开配套光盘提供的“第 3 章/ 3.16.6 改外墙高.dwg”素材文件，结果如图 3-113 所示。

02 在命令行中输入 GWQG 命令按回车键，命令行提示如下：

```
命令: GWQG↙
请选择外墙:指定对角点: 找到 9 个                                //如图 3-114 所示。
新的高度<3000>:5000                                            //定义新的标高参数。
新的标高<0>:
是否保持墙上门窗到墙基的距离不变?[是(Y)/否(N)]<N>:            //分别按回车键默认系统的设置，完成改外墙高命令的操作，结果如图 3-112 所示。
```

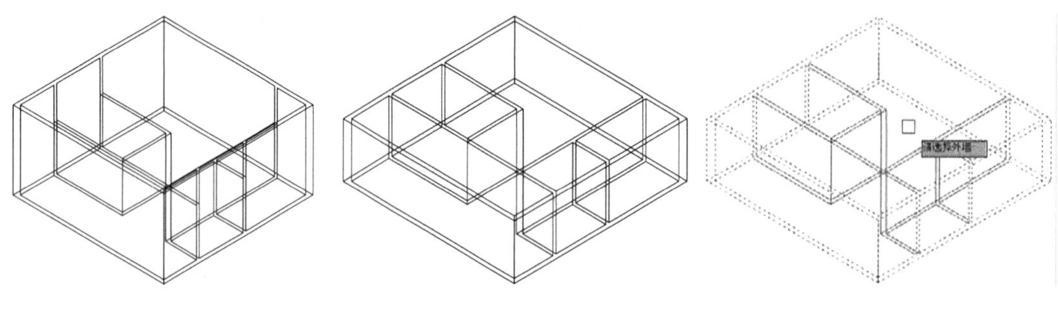

图 3-112 改外墙高　　图 3-113 打开素材　　图 3-114 选定外墙

> **提示**
> 在执行本命令前，需要进行内外墙的识别。

3.16.7 边线对齐

调用边线对齐命令，可以保持墙基线不变，将墙线偏移到指定点。如图 3-115 所示为该命令的操作结果。

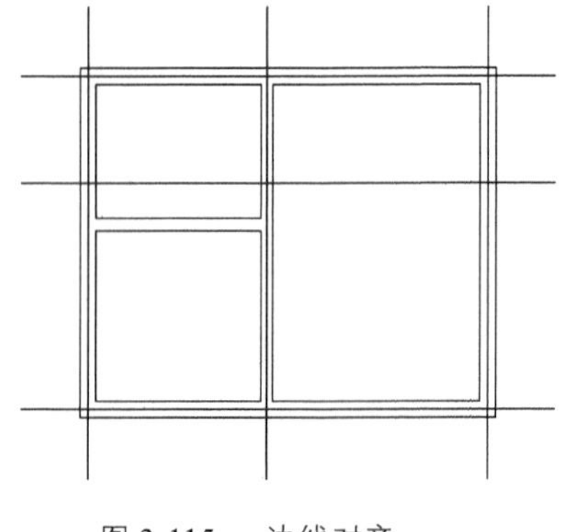

图 3-115 边线对齐

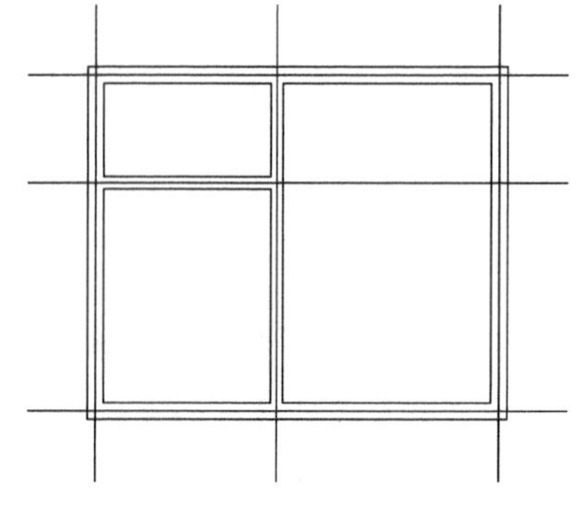

图 3-116 打开素材

边线对齐命令的执行方式有以下几种：

➢ 命令行：在命令行中输入 BXDQ 命令按回车键。
➢ 菜单栏：单击“建筑”→“边线对齐”命令。

下面以如图 3-115 所示的图形为例，介绍调用边线对齐命令的方法。

01 按 Ctrl+O 组合键，打开配套光盘提供的“第 3 章/ 3.16.7　边线对齐.dwg”素材文件，结果如图 3-116 所示。

02 在命令行中输入 BXDQ 命令按回车键，命令行提示如下：

```
命令：BXDQ↙
请点取墙边应通过的点或 [参考点(R)]<退出>:2500        //光标置于待偏移的墙体下方，定义距离参数，如图 3-117 所示。
请点取一段墙<退出>:                                  //选择墙体，如图 3-118 所示。
```

03 系统弹出如图 3-119 所示【请您确认】对话框，单击“是”按钮；完成边线对齐命令的操作结果如图 3-115 所示。

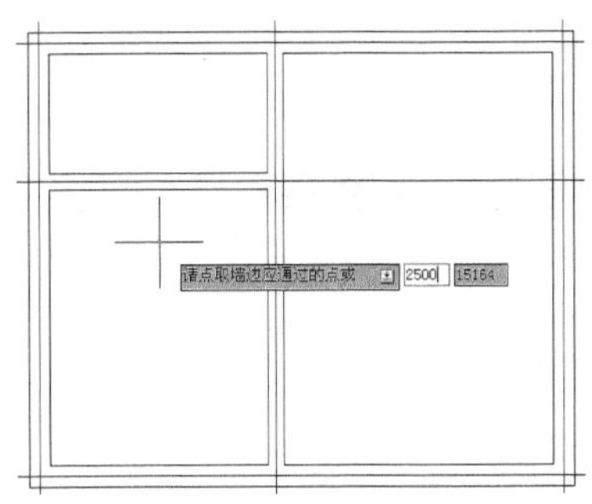

图 3-117　定义距离参数

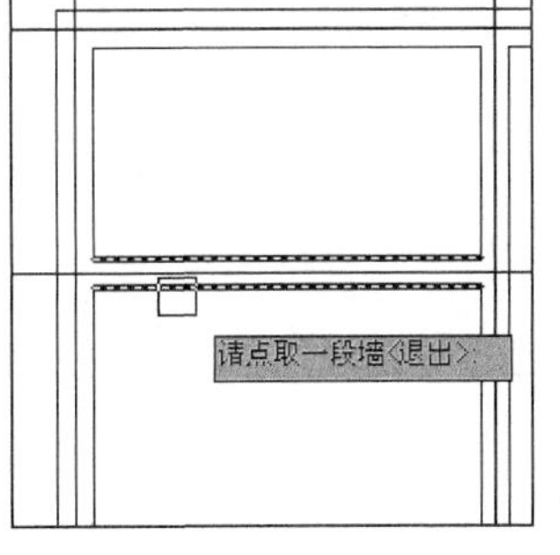

图 3-118　点取一段墙

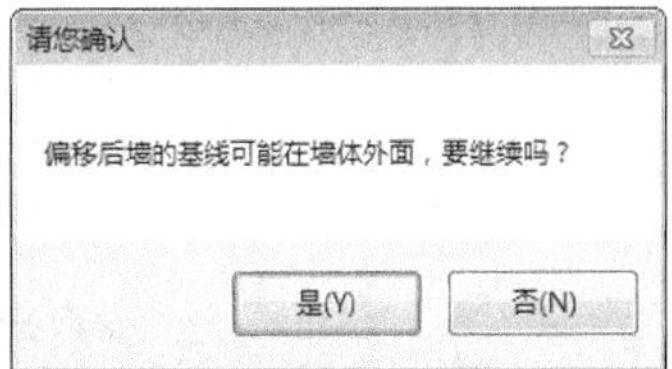

图 3-119　【请您确认】对话框

3.16.8 基线对齐

调用基线对齐命令，可以保持墙边线不变，将墙基线偏移过给定的点。如图 3-120 所示为该命令的操作结果。

基线对齐命令的执行方式有以下几种：

➢ 命令行：在命令行中输入 JXDQ 命令按回车键。
➢ 菜单栏：单击“建筑”→“基线对齐”命令。

下面以如图 3-120 所示的图形为例，介绍调用基线对齐命令的方法。

01 按 Ctrl+O 组合键，打开配套光盘提供的“第 3 章/ 3.16.8　基线对齐.dwg”素材文件，结果如图 3-121 所示。

02 在命令行中输入 JXDQ 命令按回车键，命令行提示如下：

```
命令：JXDQ↙
T96_TADJWALLBASE <墙基线开>
请点取墙基线的新端点或新连接点或 [参考点(R)]<退出>:             //如图 3-122 所示。
请选择墙体（注意:相连墙体的基线会自动联动!）<退出>:找到 1 个     //如图 3-123 所示，
```

按回车键即可完成基线对齐的操作，结果如图 3-120 所示。

图 3-120　基线对齐

图 3-121　打开素材

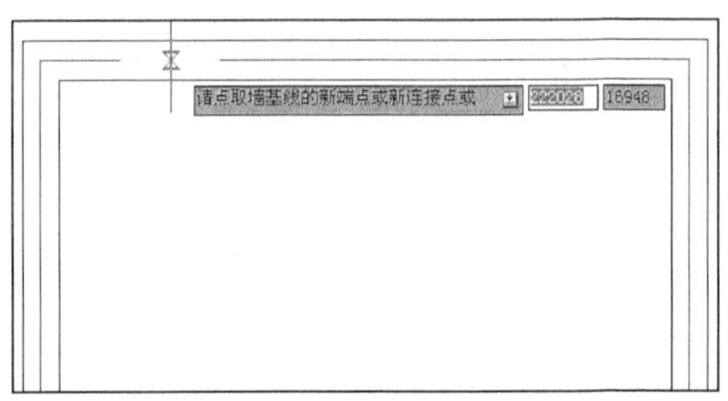

图 3-122　点取端点

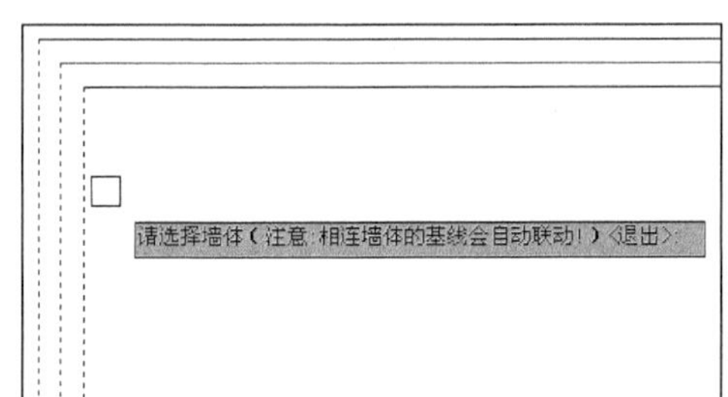

图 3-123　选择墙体

3.16.9 净距偏移

调用净距偏移命令，可以按指定的墙边净距，偏移创建新墙。如图 3-124 所示为该命令的操作结果。

净距偏移命令的执行方式有以下几种：

- 命令行：在命令行中输入 JJPY 命令按回车键。
- 菜单栏：单击“建筑”→“净距偏移”命令。

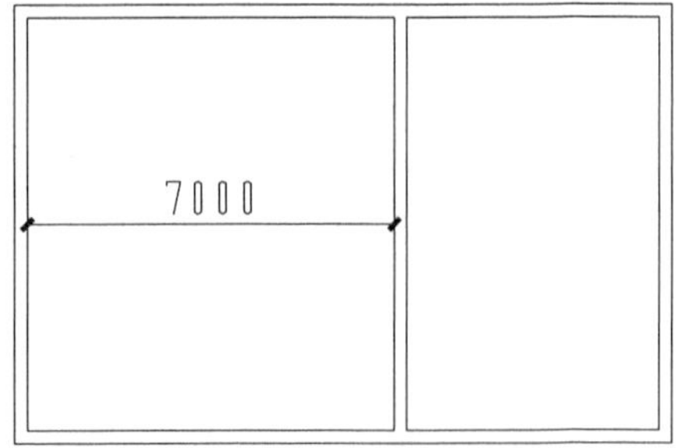

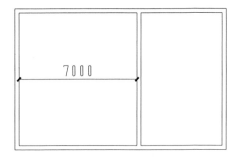

图 3-124　净距偏移

图 3-125　打开素材

下面以如图 3-124 所示的图形为例，介绍调用净距偏移命令的方法。

01 按 Ctrl+O 组合键，打开配套光盘提供的“第 3 章/ 3.16.9 净距偏移.dwg”素材文件，结果如图 3-125 所示。

02 在命令行中输入 JJPY 命令按回车键，命令行提示如下：

命令：JJPY↙

输入偏移距离<4000>:7000

请点取墙体一侧<退出>: //点取内墙线，如图 3-126 所示；完成净距偏移，结果如图 3-124 所示。

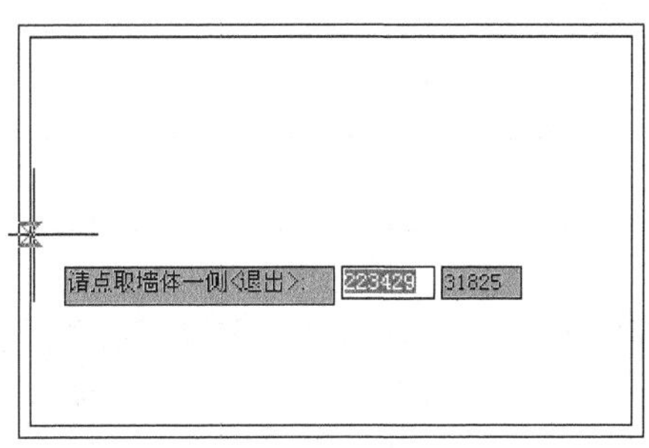

图 3-126 点取内墙线

3.17 删门窗名

调用删门窗名命令，可以把建筑条件图中的门窗标注删除。如图 3-127 所示为该名命令的操作结果。

删门窗名命令的执行方式有以下几种：

➢ 命令行：在命令行中输入 SMCM 命令按回车键。

➢ 菜单栏：单击“建筑”→“删门窗名”命令。

下面以如图 3-127 所示的图形为例，介绍调用删门窗名命令的方法。

01 按 Ctrl+O 组合键，打开配套光盘提供的“第 3 章/ 3.1,7 删门窗名.dwg”素材文件，结果如图 3-128 所示。

02 在命令行中输入 SMCM 命令按回车键，命令行提示如下：

命令：SMCM↙

请选择需要删除属性字的图块:<退出>指定对角点：找到 9 个 //框选门窗图块，按回车键即可完成操作，结果如图 3-127 所示。

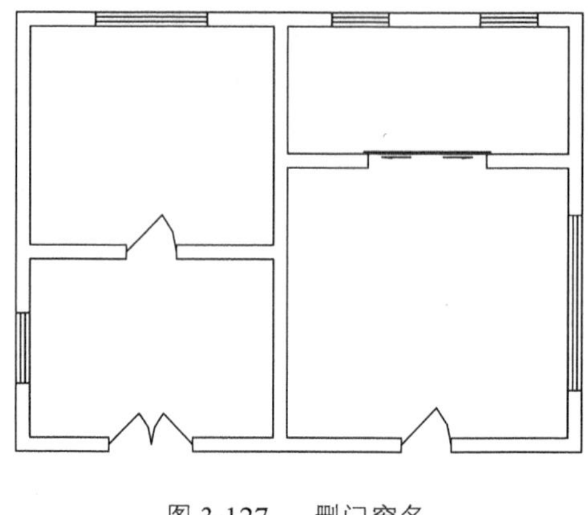

图 3-127 删门窗名

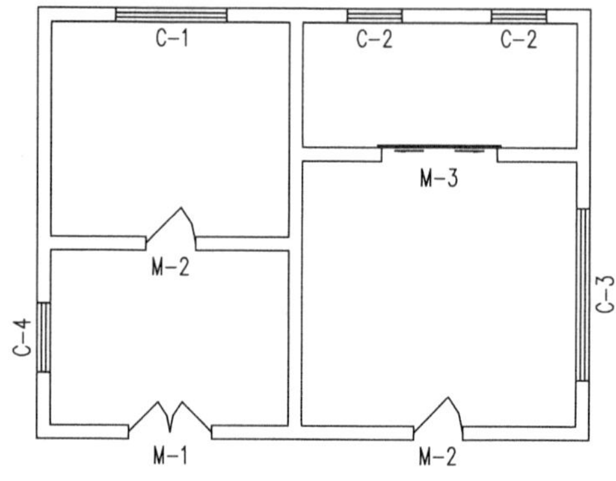

图 3-128 打开素材

3.18 转条件图

调用转条件图命令，可以对当前开启的建筑图根据需要进行暖通条件图的转换，在此基础上可以进行暖通平面图的绘制。如图 3-129 所示为该命令的操作结果。

转条件图命令的执行方式有以下几种：

- 命令行：在命令行中输入 ZTJT 命令按回车键。
- 菜单栏：单击"建筑"→"转条件图"命令。

下面以如图 3-129 所示的图形为例，介绍调用转条件图命令的方法。

01 按 Ctrl+O 组合键，打开配套光盘提供的"第 3 章/3.18 转条件图.dwg"素材文件，结果如图 3-130 所示。

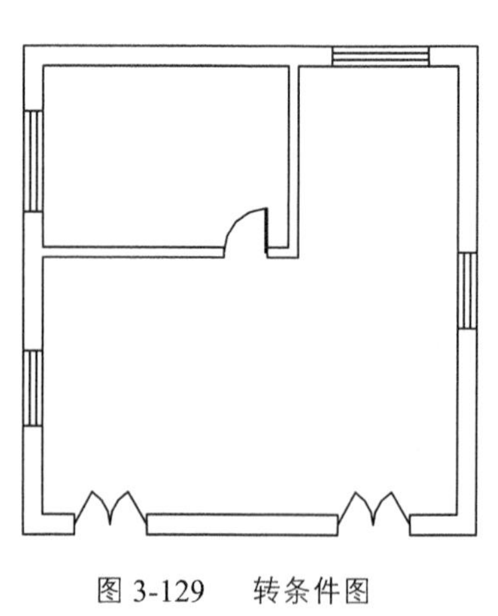

图 3-129 转条件图

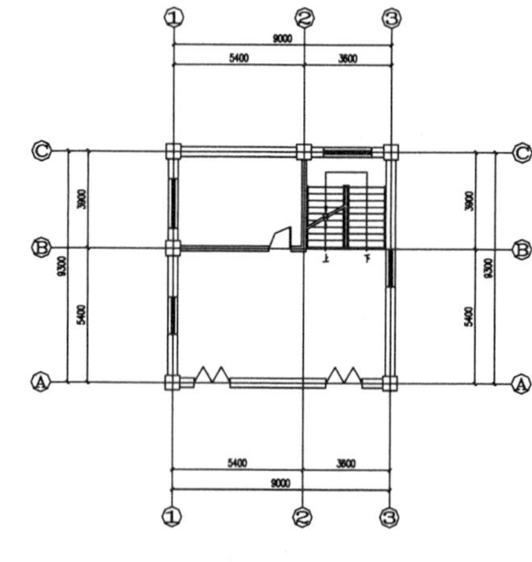

图 3-130 打开素材

02 在命令行中输入 ZTJT 命令按回车键，系统弹出【转条件图】对话框，定义参数如图 3-131 所示。

03 在对话框中单击"预演"按钮，命令行提示如下：

命令：ZTJT↙

请选择建筑图范围<整张图>指定对角点：找到 38 个　　//框选待转换的建筑图。

按右键或回车键返回对话框。　　//预演转换的结果如图 3-132 所示。

请选择建筑图范围<整张图>指定对角点：找到 38 个　　//按回车键返回对话框，单击“转条件图”按钮；框选建筑图，按回车键即可完成转换，结果如图 3-129 所示。

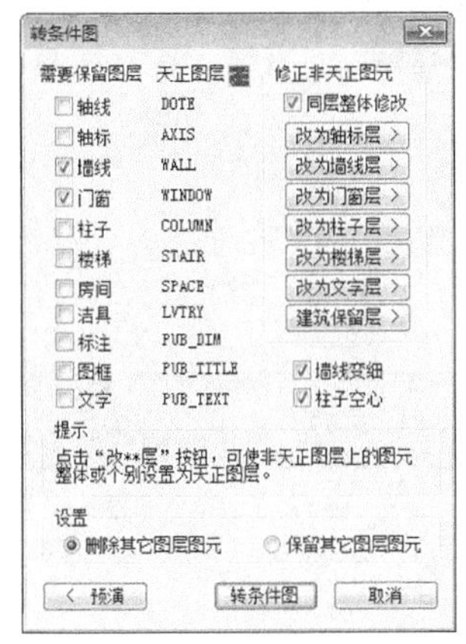

图 3-131　【转条件图】对话框

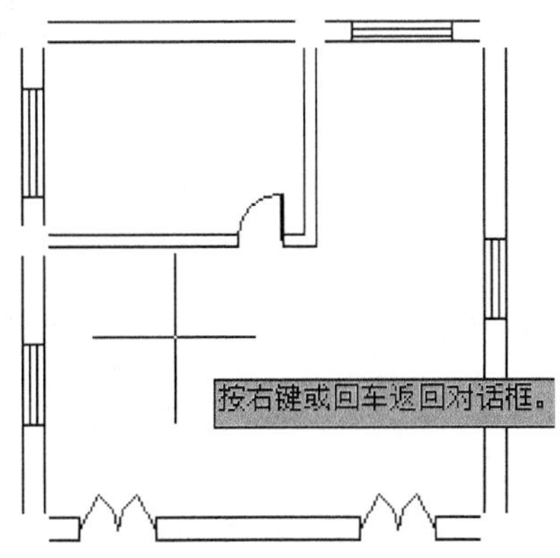

图 3-132　预演转换的结果

3.19 柱子空心

调用柱子空心命令，可以把建筑条件图中的实心柱子改为空心柱子。

柱子空心命令的执行方式有以下几种：

- 命令行：在命令行中输入 ZZKX 命令按回车键。
- 菜单栏：单击“建筑”→“柱子空心”命令。

第 4 章
采　暖

本章导读

本章介绍绘制采暖设备各类命令以及进行材料统计命令的操作方法。

本章重点

- 管线初始设置
- 散热器采暖
- 材料统计
- 地沟绘制

4.1 管线初始设置

在绘制暖通设计图纸之前，可以先对管线的属性进行设置，比如颜色、线型、线宽以及管线的显示样式等。

管线设置命令的执行方式有以下几种：

- ➢ 命令行：在命令行中输入 OPTIONS 命令按回车键。
- ➢ 菜单栏：单击“设置”→“初始设置”命令。

下面介绍管线初始设置的操作方法。

单击“设置”→“初始设置”命令，系统弹出如图 4-1 所示的【选项】对话框。在其中选定“天正设置”选项卡，单击“管线及显示设置”选项组下的“管线设置”按钮；系统弹出如图 4-2 所示的【管线样式设定】对话框。

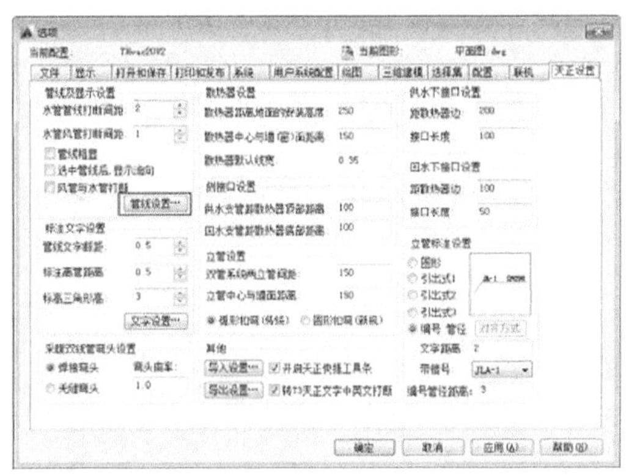

图 4-1　【选项】对话框

图 4-2　【管线样式设定】对话框

在【管线样式设置】对话框中提供了多种类型管线的属性设置，包括管线的颜色、管材类型等。

对话框中各功能选项的含义如下：

- ➢ “颜色”选项：单击“颜色”图标，系统可弹出【选择颜色】对话框，在其中可以更改管线的颜色。
- ➢ “线宽”选项：在选项文本框中定义线宽参数，或者单击右边的调整按钮对参数进行调整操作。
- ➢ “线型”选项：单击选项文本框，在弹出的下拉列表中可以选择管线的线型，如图 4-3 所示。
- ➢ “标注”选项：在文本框中可以定义管线的标注文字。
- ➢ “管材”选项：单击选项文本框，在弹出的下拉列表中可以选择管线的材料，如图 4-4 所示。
- ➢ “立管”选项：通过勾选或取消勾选选项前的复选框，可以控制所绘立管的显示状态。

➢ “绘制半径”选项：控制所绘立管的半径。以1:100的绘图比例为例，定义参数为0.5，则所绘立管的半径为50，依此类推。

➢ “颜色”选项：控制立管的绘制颜色。

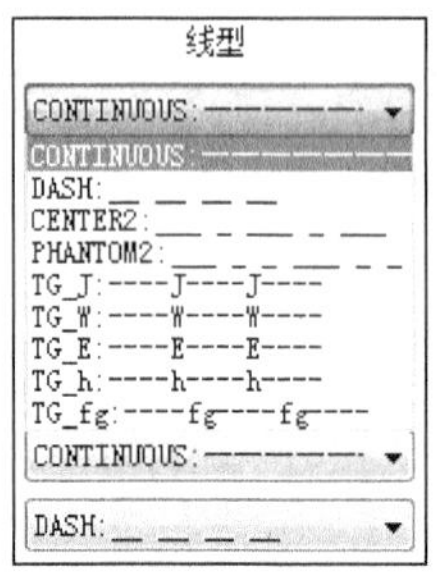

图4-3 “线型”选项

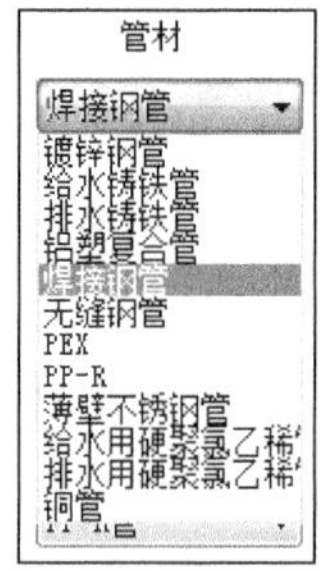

图4-4 “管材”选项

4.2 散热器采暖

本节介绍关于散热器命令的操作方法，包括绘制散热器命令、编辑散热器与立管命令以及绘制采暖设备和阀件的命令。

4.2.1 采暖管线

调用采暖管线命令，可以绘制多种类型的平面管线。

采暖管线命令的执行方式有以下几种：

➢ 命令行：在命令行中输入CNGX命令按回车键。

➢ 菜单栏：单击“采暖”→“采暖管线”命令。

下面介绍采暖管线命令的调用方法。

在命令行中输入CNGX命令按回车键，系统弹出如图4-5所示的【采暖管线】对话框。

【采暖管线】对话框中各功能选项的含义如下：

“管线设置”按钮：单击该按钮，系统弹出【管线样式设定】对话框，在其中可以对管线的各属性进行编辑修改。

“管线类型”选项组：系统提供了六种类型的管线样式，单击相对应的按钮，即可根据命令行的提示绘制相对应类型的管线。

“系统图”复选框：勾选选项，则所绘制的管线均显示为单线管，没有三维效果。

“标高”选项：在选项文本框中可以定义所绘管线的标高。在绘制管线的时候，标高可以按照默认值来绘制；因为在绘制完成后可以调用“单管标高”或者“修改管线”命令来修改。

“管径”选项：在选项文本框中可以定义所绘管线的半径，也单击选项文本框，在弹出的下拉菜单中选择系统提供的管径参数，如图4-6所示。可使用默认管径来绘制管线，调用“标注管径”或“修改管径”命令可以对管径进行修改或赋值。

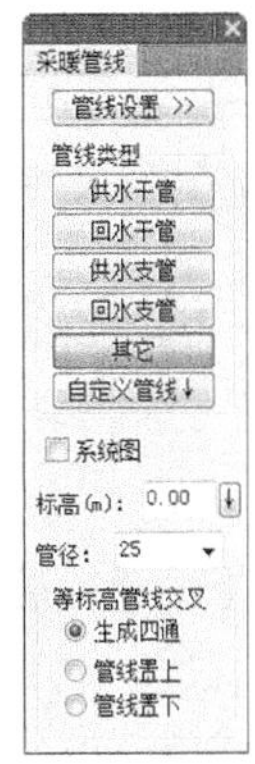

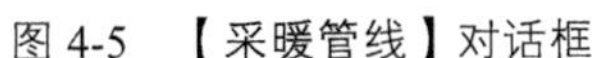
图 4-5 【采暖管线】对话框

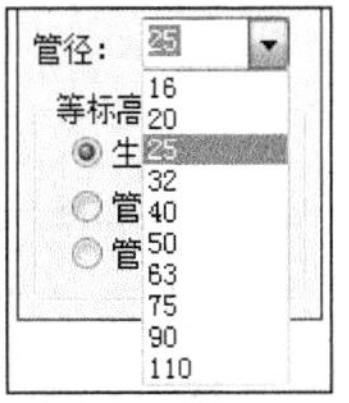

图 4-6 “管径”选项列表

“等标高管线交叉”选项组：

➢ “生成四通”选项：单击选定该按钮，则管线的绘制效果如图 4-7 所示。

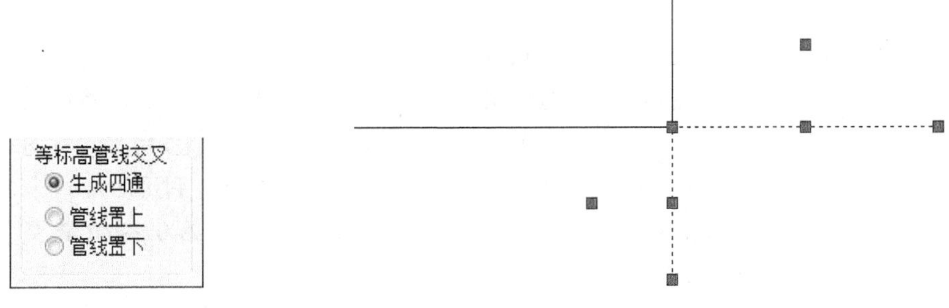

图 4-7 生成四通

➢ “管线置上”选项：单击选定该按钮，先绘制横向管线，再绘制竖向管线，则所绘制的管线被置于先绘管线之上，如图 4-8 所示。

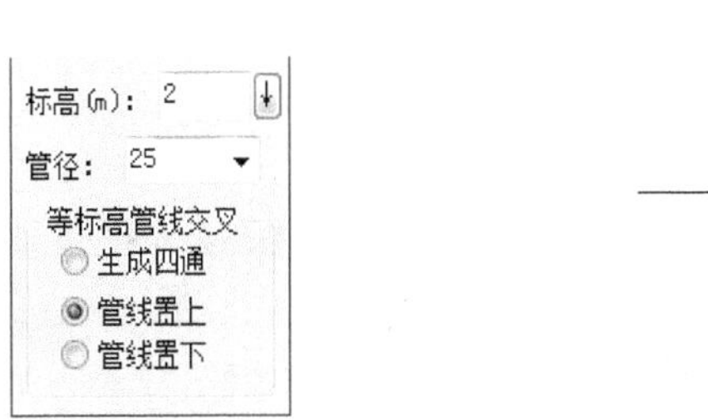

图 4-8 管线置上

➢ “管线置下”选项：单击选定该按钮，先绘制横向管线，再绘制竖向管线，则先绘制的管线被置于后绘制的管线之上，如图 4-9 所示。

图 4-9　管线置下

在管线标高不同的情况下，标高较高的管线可自动遮挡标高较低的管线，不管是选择“管线置上”还是“管线置下”的管线交叉方式都可以绘制。

调用命令后，命令行提示如下：

命令：CNGX↙

请点取起点[参考点(R)/距线(T)/两线(G)/墙角(C)]<退出>:

请点取终点[参考点(R)/沿线(T)/两线(G)/墙角(C)/轴锁度数[0(A)/30(S)/45(D)]/回退(U)]<结束>:　　//分别点取管线的起点和终点，即可完成采暖管线的绘制。

命令行中各选项的含义如下：

- 参考点(R)：输入 R 选择该项；则可在绘图区中点取任意参考点为定位点。
- 沿线(T)选项：输入 T 选择该项，则可通过选取参考线来定距布置管线。
- 两线(G)选项：输入 G 选择该项，则可通过选取两条参考线来定距布置管线。
- 墙角(C)选项：输入 C 选择该项，则可提供选取墙角利用两墙线来定距布置管线。
- 轴锁度数 0(A)选项：输入 A 选择该项，则可进入轴锁 0°；在正交关闭的情况下，可以任意角度来绘制管线。
- 轴锁度数 30(S)选项：输入 S 选择该项，则可在轴锁 30° 的方向上绘制管线。
- 轴锁度数 45(D)选项：输入 D 选择该项，则可在轴锁 45° 的方向上绘制管线。
- 回退(U)选项：输入 U 选择该项，可退回上一次操作；重新绘制出错的管线，却不用退出命令。

在绘制管线的情况下，随着鼠标的拖动，会显示管线的距离预演，如图 4-10 所示。

图 4-10　距离预演

4.2.2 采暖双线

调用采暖双线命令，可以同时绘制采暖供水管和回水管。

采暖双线命令的执行方式有以下几种：

- 命令行：在命令行中输入 CNSX 命令按回车键。

➢ 菜单栏：单击“采暖”→“采暖双线”命令。

下面介绍采暖双线命令的操作方法。

01 在命令行中输入 CNSX 命令按回车键，系统弹出如图 4-11 所示的【采暖双线】对话框；在对话框中的“间距”文本框中可定义两根管线之间的间距参数。

02 同时命令行提示如下：

命令：CNSX↙

请点取管线的起始点[参考点(R)/距线(T)/两线(G)/墙角(C)]<退出>:

请输入终点[参考点(R)/距线(T)/两线(G)/墙角(C)/轴锁度数[0(A)/30(S)/45(D)]/回退(U)]<退出>:

请输入终点[参考点(R)/距线(T)/两线(G)/墙角(C)/轴锁度数[0(A)/30(S)/45(D)]/回退(U)]<退出>:

//在命令行中分别点取管线的起点和终点，完成采暖双线的绘制，结果如图 4-12 所示。

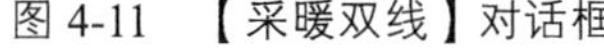
图 4-11 【采暖双线】对话框

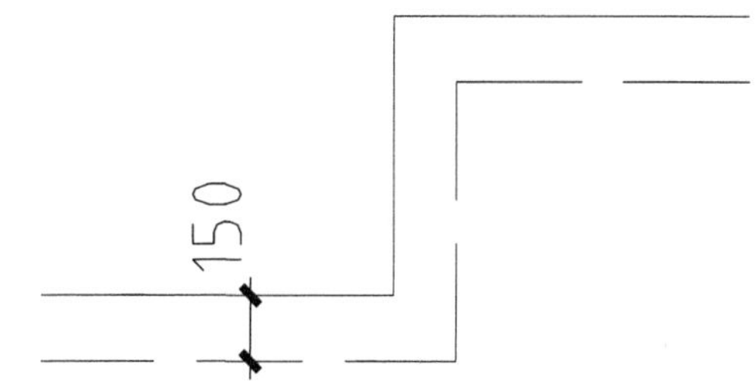

图 4-12 采暖双线

4.2.3 散热器

调用散热器命令，可以布置平面散热器，布置方式分为：任意、沿墙、沿窗。如图 4-13 所示为该命令的操作结果。

散热器命令的执行方式有以下几种：

➢ 命令行：在命令行中输入 SRQ 命令按回车键。

➢ 菜单栏：单击“采暖”→“散热器”命令。

下面以如图 4-13 所示的图形为例，介绍调用散热器命令的方法。

01 按 Ctrl+O 组合键，打开配套光盘提供的“第 4 章/ 4.2.3 散热器.dwg”素材文件，结果如图 4-14 所示。

02 在命令行中输入 SRQ 命令按回车键，系统弹出如图 4-15 所示的【布置散热器】对话框，在其中定义散热器的各项参数。

03 同时命令行提示如下：

命令：SRQ↙

请拾取靠近散热器的墙线<退出>　　　　　　　　　　//在绘图区中点取墙线，如图 4-16 所示；

即可完成散热器的绘制，结果如图 4-13 所示。

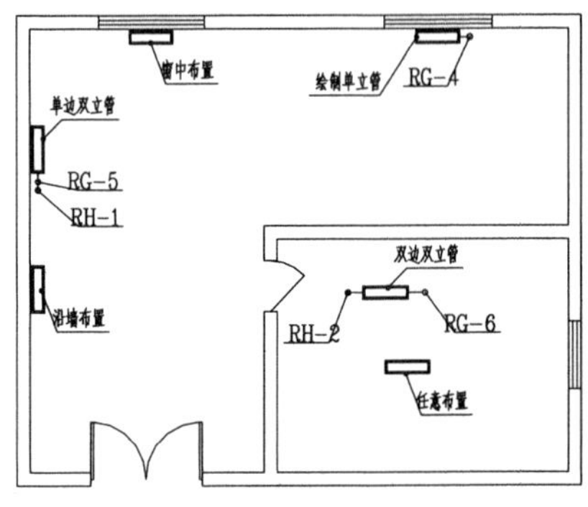

图 4-13　散热器

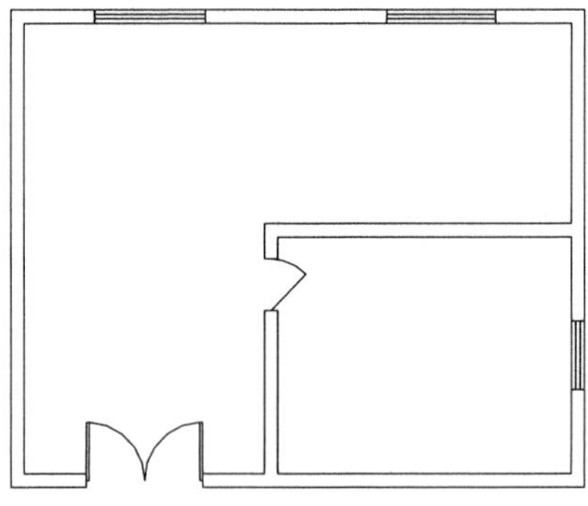

图 4-14　打开素材

图 4-15　【布置散热器】对话框

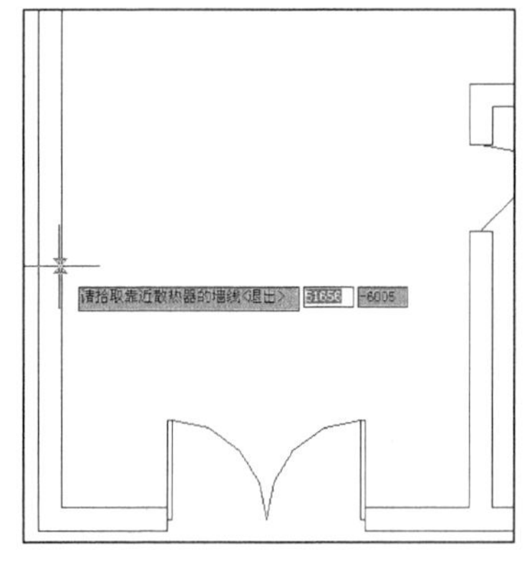

图 4-16　打开素材

【布置散热器】对话框中各选项的含义如下：

“布置方式”选项组：

“任意布置”按钮：单击该按钮，散热器可随意布置在任何指定位置；对话框中间的参数栏可以定义散热器的插入角度以及散热器的参数。

“沿墙布置”按钮：单击该按钮，可以选取要布置散热器的墙线，进行沿墙布置。

“窗中布置”按钮：单击该按钮，可以选取要布置散热器的窗户，沿窗中布置；命令行提示如下：

命令：SRQ↙

请拾取窗<退出>:找到 1 个

点取窗户内侧任一点<退出>:

“绘制立管样式”选项组：

“不绘制立管”按钮：单击该按钮，则只单纯布置散热器，不绘制立管。

“绘制单立管”按钮：单击该按钮，可以在绘制散热器的时候连带绘制单立管，分为跨越式和顺流式。命令行提示如下：

```
命令： SRQ↙
请指定散热器的插入点<退出>:
当前模式:[顺流式],按[S]键更改为[跨越式],或直接点取立管位置<退出>:
                    //系统默认的布置方式为顺流式，输入 S，可切换为跨越式的布置方法。
```

“单边双立管”按钮：单击该按钮，可以在绘制散热器的时候连带绘制双立管，立管布置在散热器的同侧。命令行提示如下：

```
命令： SRQ↙
请指定散热器的插入点<退出>:
交换供回管位置[是(S)]<退出>:
```

“双边双立管”按钮：单击该按钮，可以在绘制散热器的时候连带绘制双立管，立管布置在散热器的两侧。命令行提示如下：

```
命令：SRQ↙
请指定散热器的插入点<退出>:
请点取供水立管位置<退出>:
请点取回水立管位置<788>:
```

在选定不同的立管布置样式后，在下方的预览框中可以显示该样式的绘制结果。

调用各种方式绘制散热器及立管的结果如图 4-13 所示。

4.2.4 采暖立管

调用采暖立管命令，可以绘制平面立管。如图 4-17 所示为采暖立管命令的操作方法。

采暖立管命令的执行方式有以下几种：

- 命令行：在命令行中输入 CNLG 命令按回车键。
- 菜单栏：单击“采暖”→“采暖立管”命令。

下面以如图 4-17 所示的图形为例，介绍调用采暖立管命令的方法。

01 按 Ctrl+O 组合键，打开配套光盘提供的“第 4 章/ 4.2.4　采暖立管.dwg”素材文件，结果如图 4-18 所示。

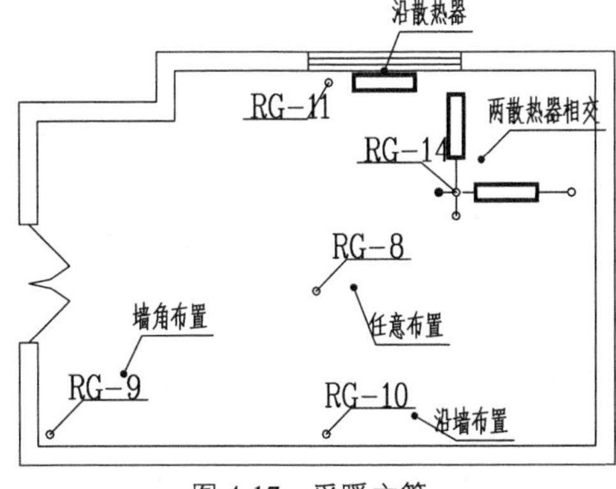

图 4-17　采暖立管

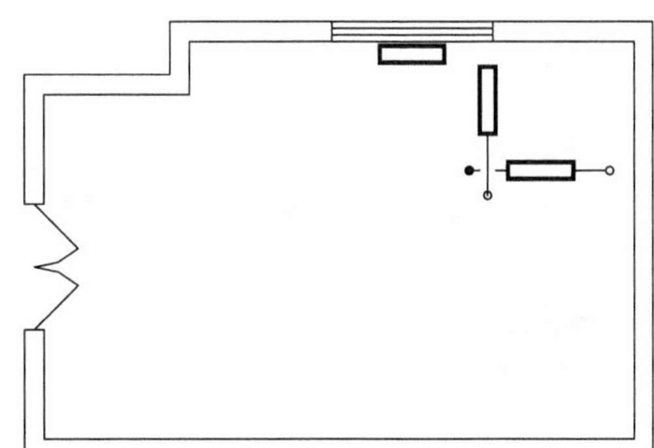

图 4-18　打开素材

02 在命令行中输入 CNLG 命令按回车键，系统弹出【采暖立管】对话框，设置参数如图 4-19 所示。

03 同时命令行提示如下:

命令: CNLG↙

请选择散热器<退出>:指定对角点: 找到 2 个 //选定散热器, 拖动鼠标指定立管的标注位置, 如图 4-20 所示; 完成立管的绘制, 结果如图 4-17 所示。

图 4-19 【采暖立管】对话框

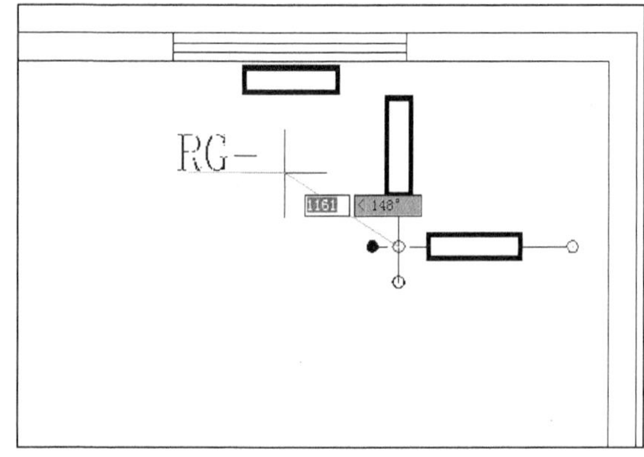

图 4-20 指定立管的标注位置

【采暖立管】对话框中各功能选项的含义如下:

"管线类型"选项组: 在该选项组下包含了系统所提供的各类型管线, 单击相应的按钮, 即可绘制该类型的采暖立管。

"管径"、"编号"选项: 在各选项文本框中分别设置管径参数和立管标注编号参数。

"距离"选项: 在选定"墙角布置""沿墙布置"布置方式时可以亮显, 在文本框中可定义立管的离墙距离参数。

"布置方式"选项组:

"任意布置"按钮: 单击该按钮, 则可在任意位置布置采暖立管; 命令行提示如下:

命令: CNLG↙

请指定立管的插入点[参考点(R)/距线(T)/两线(G)/墙角(C)]<退出>:

"墙角布置"按钮: 单击该按钮, 可以通过点取要布置立管的墙角, 根据指定的距离布置立管; 命令行提示如下:

命令: CNLG↙

请拾取靠近立管的墙线<退出>:

"沿墙布置"按钮: 单击该按钮, 可以在指定的墙线布置立管; 命令行提示如下:

命令: CNLG↙

请拾取靠近立管的墙线<退出>:

"沿散热器"按钮: 单击该按钮, 可以在选定的散热器周围布置立管; 命令行提示如下:

命令: CNLG↙

请选取散热器<退出>:

```
连接模式:[不画支管];按[D]键画散热器支管<退出>:
```

"两散热器相交"按钮：单击该按钮，选取两个散热器，在其管线的相交处布置立管。

4.2.5 系统散热器

调用系统散热器命令，可以插入系统散热器，并连接管线。

系统散热器命令的执行方式有以下几种：

- 命令行：在命令行中输入 XTSRQ 命令按回车键。
- 菜单栏：单击"采暖"→"系统散热器"命令。

下面介绍系统散热器命令的调用方法：

在命令行中输入 XTSRQ 命令按回车键，系统弹出如图 4-21 所示的【系统散热器】对话框。在对话框中提供了四种类型的系统散热器以供绘制，分别是传统单管、传统双管、分户单管、分户双管，单击选定指定的绘制类型，根据命令行的提示绘制该类型的系统散热器。

在【系统散热器】对话框中：

"自由插入"选项：勾选该选项，则可以自由插入散热器图形；

"有排气阀"选项：勾选该选项，选择在布置散热器图形的过程中是否一起绘制排气阀。

在执行"系统散热器"命令的过程中，当命令行提示"请点取系统散热器插入位置[右(A)/左(B)/上(C)/下(D)]<完成>"时；在命令行中输入对应的方向字母，则可在管线的对应侧布置散热器图形，结果如图 4-22 所示。

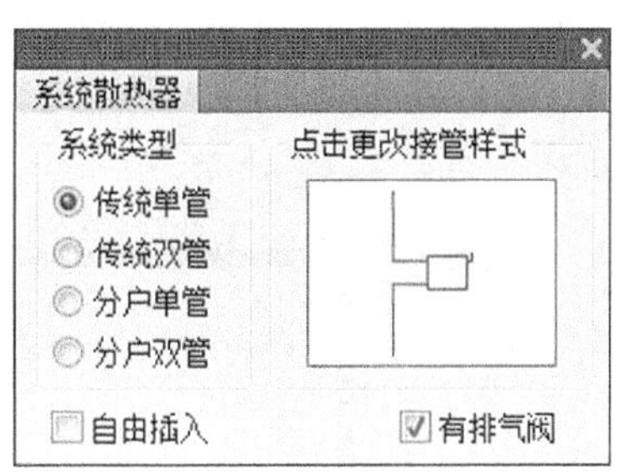

图 4-21 【系统散热器】对话框

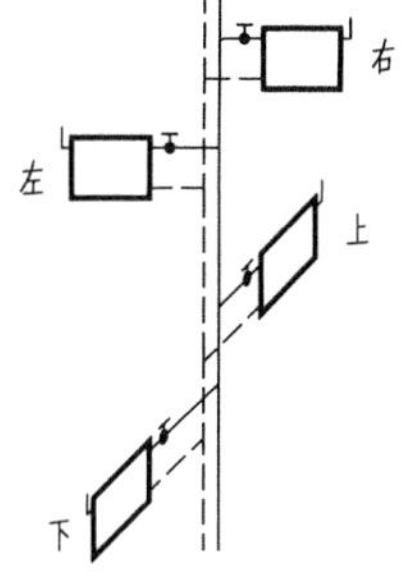

图 4-22 绘制结果

在【系统散热器】对话框中的"系统选项"选项组下，选定"传统单管"选项；即在右边的预览框可以显示该样式绘制系统散热器的方式，单击预览框，系统弹出如图 4-23 所示的【选择散热器接管形式】对话框，在其中可以选定散热器的接管方式，同时命令行提示如下：

```
命令: XTSRQ↙
请选择供水管<退出>:                //点取事先绘制完成的供水管线;
请点取系统散热器插入位置[右(A)/左(B)/上(C)/下(D)]<完成>:
                                  //在管线上点取散热器的插入点，绘制结果如图 4-24 所示。
```

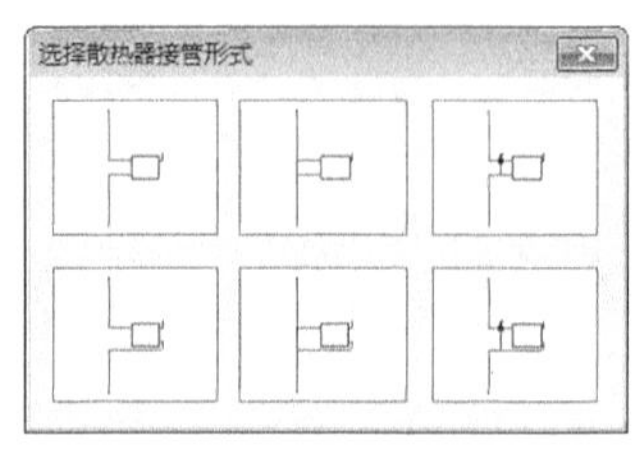

图 4-23 【选择散热器接管形式】对话框

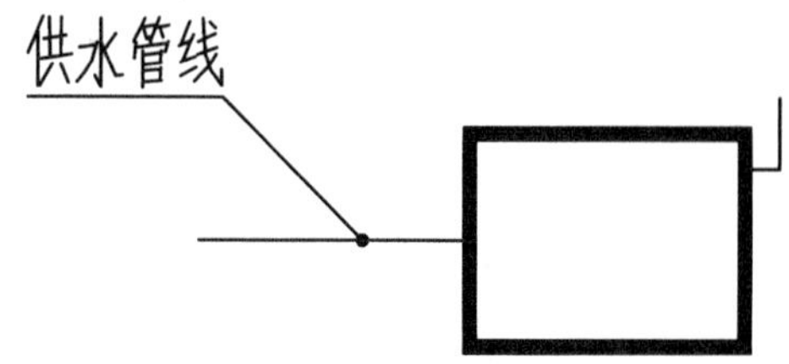

图 4-24 传统单管

选定“传统双管”选项；单击右边的预览框，系统弹出如图 4-25 所示的【选择散热器接管形式】对话框；命令行提示如下：

```
命令：XTSRQ↙
请选择供水管和回水管<退出>:                              //选定双管。
请点取系统散热器插入位置[右(A)/左(B)/上(C)/下(D)]<完成>:    //绘制散热器的结果如图 4-26 所示。
```

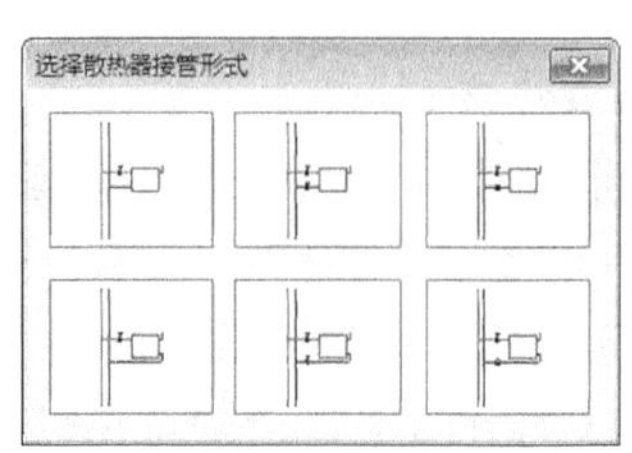

图 4-25 传统双管散热器接管形式

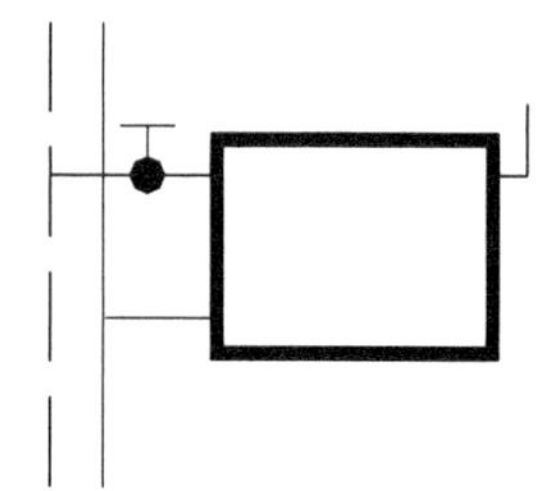

图 4-26 传统双管

选定“分户单管”选项；单击右边的预览框，系统弹出如图 4-27 所示的【选择散热器接管形式】对话框；绘制散热器的结果如图 4-28 所示。

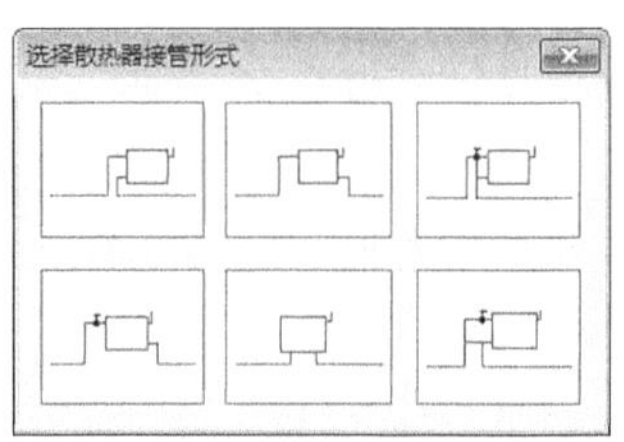

图 4-27 分户单管散热器接管形式

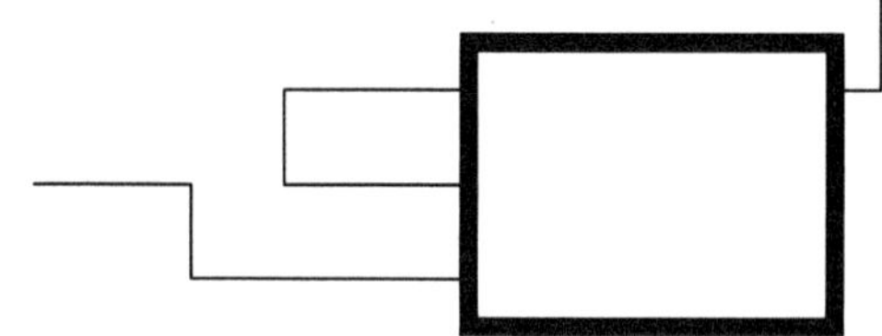

图 4-28 分户单管

选定“分户双管”选项，单击右边的预览框，系统弹出如图 4-29 所示的【选择散热器接管形式】对话框；绘制散热器的结果如图 4-30 所示。

4.2.6 改散热器

调用改散热器命令，可以修改平面或系统散热器的属性。如图 4-31 所示为该命令的操作结果。

改散热器命令的执行方式有以下几种：

➢ 命令行：在命令行中输入 GSRQ 命令按回车键。
➢ 菜单栏：单击“采暖”→“改散热器”命令。

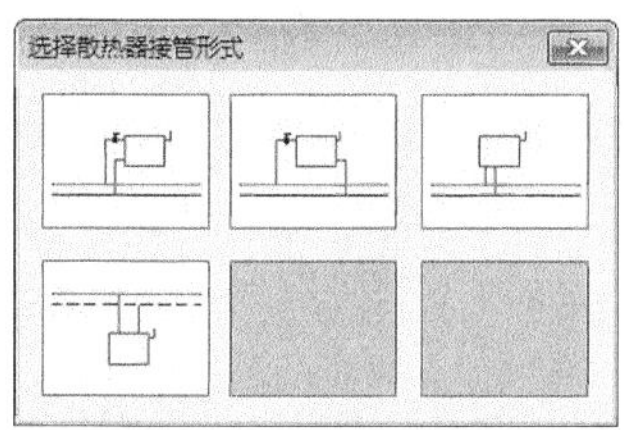

图 4-29 分户双管散热器接管形式

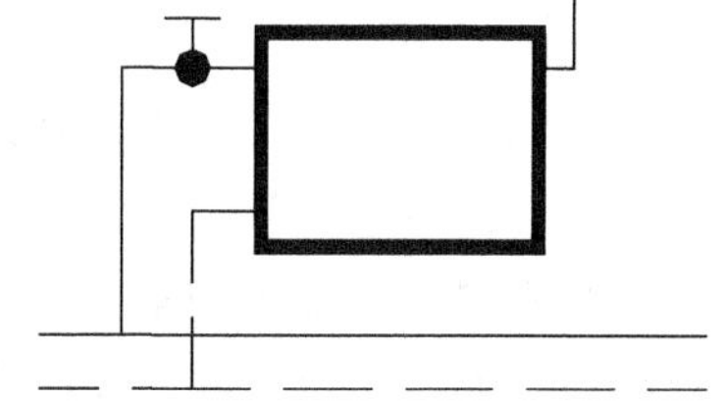

图 4-30 分户双管

下面以如图 4-31 所示的结果为例，介绍调用改散热器命令的方法。

01 按 Ctrl+O 组合键，打开配套光盘提供的“第 4 章/ 4.2.6 改散热器.dwg”素材文件，结果如图 4-32 所示。

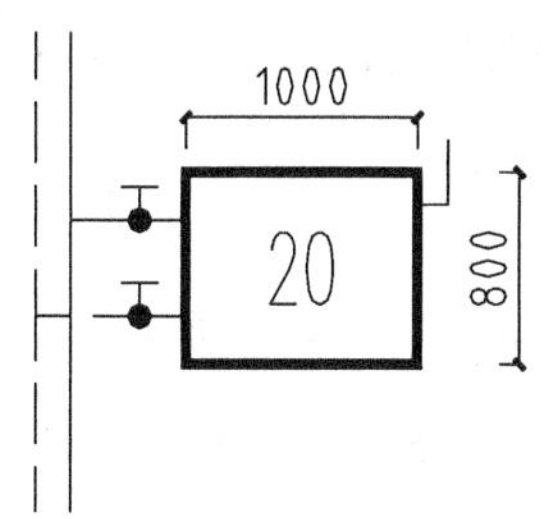

图 4-31 改散热器

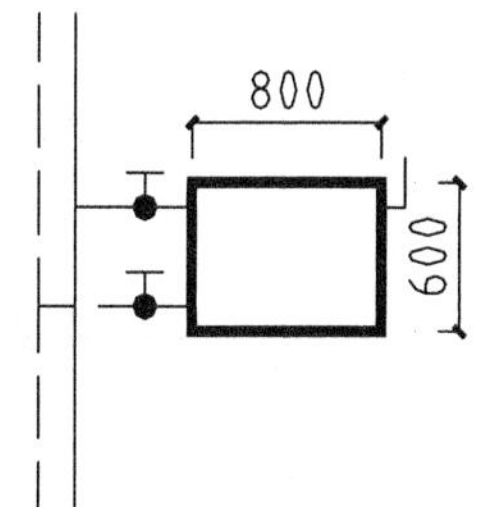

图 4-32 打开素材

02 在命令行中输入 GSRQ 命令按回车键，命令行提示如下：

命令：GSRQ↙

请选择要修改的散热器<退出>:找到 1 个 //选定待修改的散热器，系统弹出【散热器参数修改】对话框。

03 在对话框中修改参数，如图 4-33 所示。

修改前

修改后

图 4-33 【散热器参数修改】对话框

04 单击“确定”按钮关闭对话框，即可完成修改，结果如图 4-31 所示。

4.2.7 立干连接

调用立干连接命令，可以自动连接采暖立管与干管。如图 4-34 所示为该命令的操作结果。

立干连接命令的执行方式有以下几种：

- 命令行：在命令行中输入 LGLJ 命令按回车键。
- 菜单栏：单击“设置”→“立干连接”命令。

下面以如图 4-34 所示的图形为例，介绍调用立干连接命令的方法。

01 按 Ctrl+O 组合键，打开配套光盘提供的“第 4 章/ 4.2.7　立干连接.dwg”素材文件，结果如图 4-35 所示。

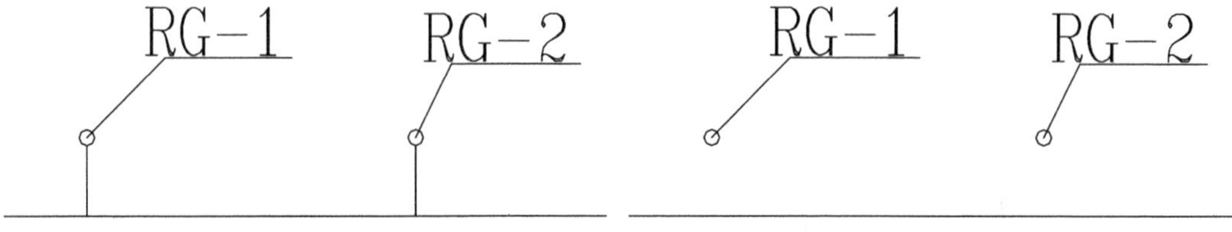

图 4-34　立干连接　　　　图 4-35　打开素材

02 在命令行中输入 LGLJ 命令按回车键，命令行提示如下：

```
命令：LGLJ↙
请选择要连接的干管及附近的立管<退出>:指定对角点：找到 2 个，总计 3 个
            //分别选定干管及立管，按下回车键即可完成立干连接操作，结果如图 4-34 所示。
```

采暖双管也可执行立干连接操作，结果如图 4-36 所示。

图 4-36　采暖双管的立干连接

4.2.8 散立连接

调用散立连接命令，可以自动连接散热器和立管。如图 4-37 所示为该命令的操作结果。

散立连接命令的执行方式有以下几种：

- 命令行：在命令行中输入 SLLJ 命令按回车键。

➢　菜单栏：单击“采暖”→“散立连接”命令。

下面以如图 4-34 所示的图形为例，介绍调用散立连接命令的方法。

01 按 Ctrl+O 组合键，打开配套光盘提供的“第 4 章/ 4.2.8　散立连接.dwg”素材文件，结果如图 4-38 所示。

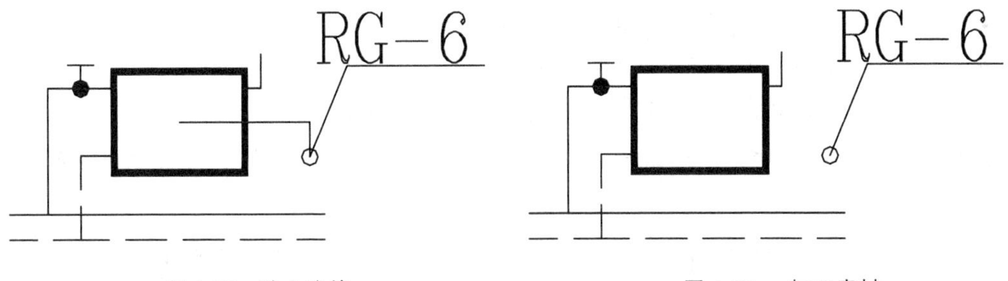

图 4-37　散立连接　　　　图 4-38　打开素材

02 在命令行中输入 SLLJ 命令按回车键，系统弹出【散立连接】对话框，在其中选择系统形式和接口形式，如图 4-39 所示。

03 同时命令行提示如下：

```
命令： SLLJ↙
请选择要连接的散热器及立管<退出>:找到 1 个，总计 2 个                //分别选定散热器及立管，按回车键即可完成连接操作，结果如图 4-39 所示。
```

在【散立连接】对话框中，提供了三种系统系统形式的连接方式，以及两种接口形式；单击选中其中的一种连接方式，则系统可按照该方式连接散热器和立管。

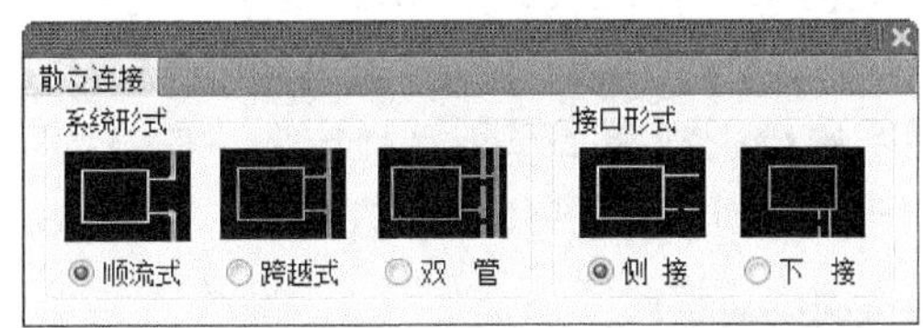

图 4-39　【散立连接】对话框

选择系统形式为“跨越式”连接，接口形式为“侧接”，执行散立连接的操作，结果如图 4-40 所示；在【散立连接】对话框中单击“跨越式”系统形式图标，可弹出如图 4-41 所示的【单管跨越设置】对话框；在其中勾选“更改跨越管位置”选项，可以设置“跨越管与散热器距离”的参数。

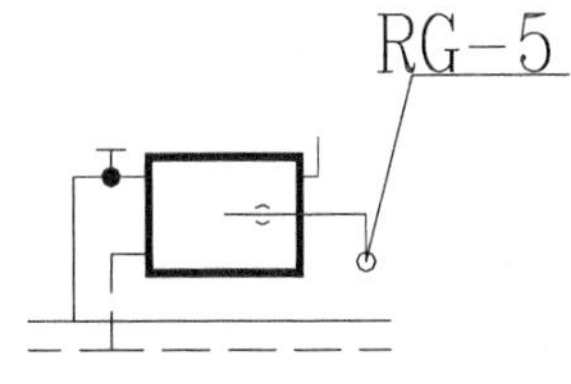

图 4-40　“跨越式”连接

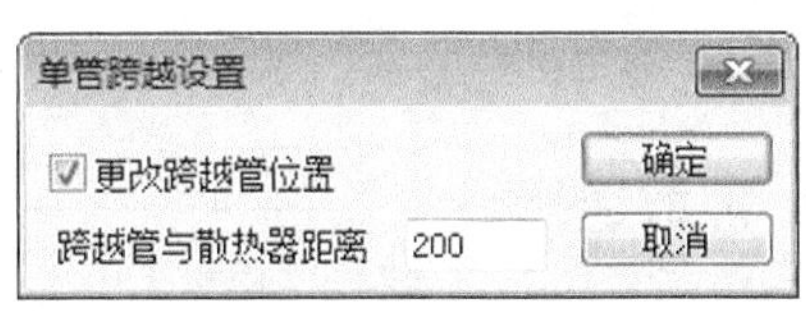

图 4-41　【单管跨越设置】对话框

4.2.9 散干连接

调用散干连接命令，可以自动连接散热器和干管。如图 4-42 所示为该命令的操作结果。

散干连接命令的执行方式有以下几种：

- 命令行：在命令行中输入 SGLJ 命令按回车键。
- 菜单栏：单击“采暖”→“散干连接”命令。

下面以如图 4-42 所示的图形为例，介绍调用散干连接命令的方法。

[01] 按 Ctrl+O 组合键，打开配套光盘提供的“第 4 章/ 4.2.9　散干连接.dwg”素材文件，结果如图 4-43 所示。

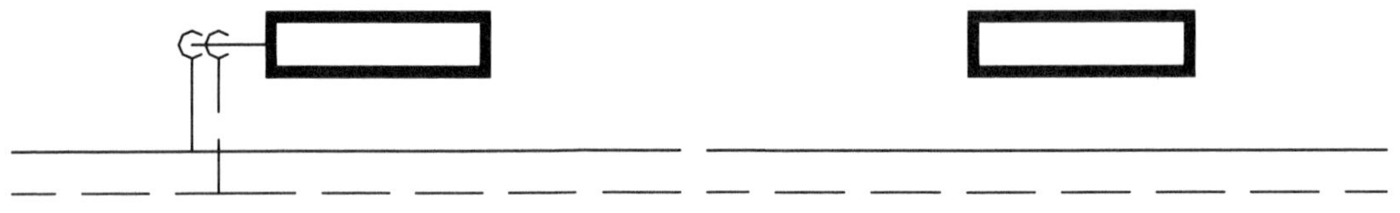

图 4-42　散干连接　　　　图 4-43　打开素材

[02] 在命令行中输入 SGLJ 命令按回车键，系统弹出【散干连接】对话框，设置参数如图 4-44 所示。

[03] 同时命令行提示如下：

```
命令：SGLJ↙
请选择要连接的散热器以及附近的干管<退出>:指定对角点：找到 3 个
                    //分别选定散热器和干管，按回车键即可完成操作，结果如图 4-42 所示。
```

在【散干连接】对话框中分别提供了三种接口方向，单击选定其中的一种，则系统可按照该样式连接散热器和干管，连接结果分别如图 4-45、图 4-46、图 4-47 所示。

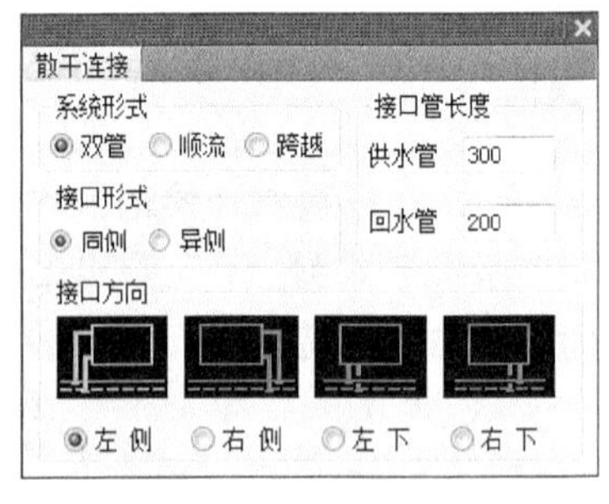

图 4-44　【散干连接】对话框

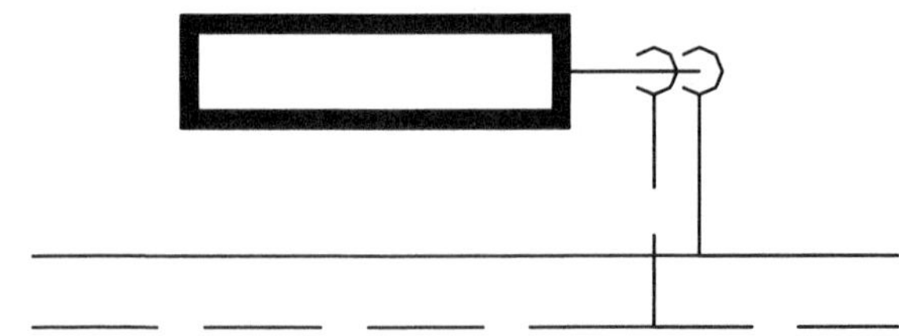

图 4-45　右侧连接

4.2.10 散散连接

调用散散连接命令，完成散热器与散热器之间的连接。如图 4-48 所示为该命令的操作结果。

图 4-46　左下连接　　　　图 4-47　右下连接

散散连接命令的执行方式有以下几种：

➢ 命令行：在命令行中输入 SSLJ 命令按回车键。
➢ 菜单栏：单击“采暖”→“散散连接”命令。

下面以如图 4-48 所示的图形为例，介绍调用散散连接命令的方法。

01 按 Ctrl+O 组合键，打开配套光盘提供的“第 4 章/ 4.2.10　散散连接.dwg”素材文件，结果如图 4-49 所示。

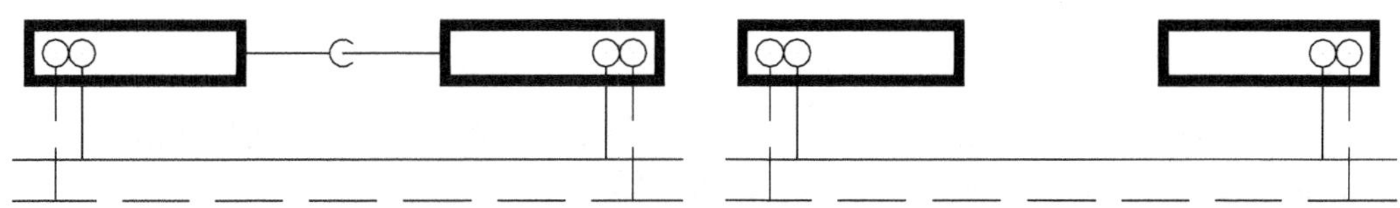

图 4-48　散散连接　　　　图 4-49　打开素材

02 在命令行中输入 SSLJ 命令按回车键，命令行提示如下：

```
命令：SSLJ↙
请选择平行或者在一条直线上的散热器<退出>:指定对角点：找到 2 个
当前模式:[单管连接],按[C]键改为[双管连接]<单管连接>:          //按回车键即可完成散散连接操作，结果如图 4-48 所示。（输入 C，可以切换连接方式）
```

输入 C 键，可切换为“双管连接”方式，连接结果如图 4-50 所示。

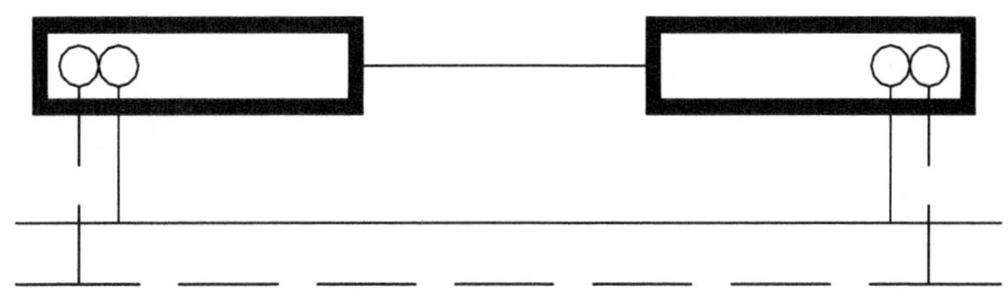

图 4-50　双管连接

4.2.11 水管阀件

调用水管阀件命令，可以在采暖管线上布置水管阀件。如图 4-51 所示为该命令的操作结果。

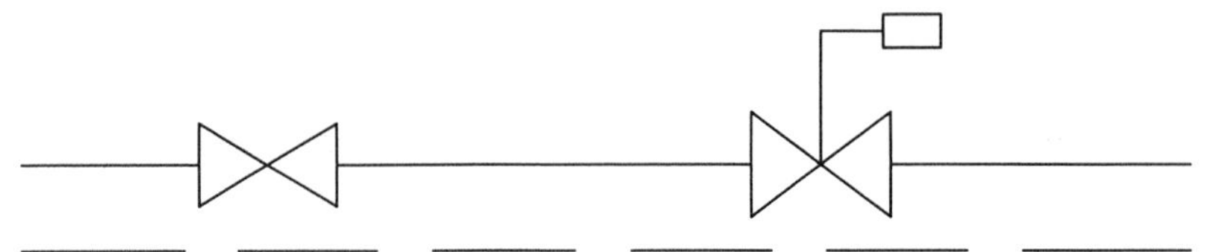

图 4-51　水管阀件

水管阀件命令的执行方式有以下几种：

- ➢ 命令行：在命令行中输入 SGFJ 命令按回车键。
- ➢ 菜单栏：单击"采暖"→"水管阀件"命令。

下面以如图 4-51 所示的图形为例，介绍调用水管阀件命令的方法。

01 按 Ctrl+O 组合键，打开配套光盘提供的"第 4 章/ 4.2.11　水管阀件.dwg"素材文件，结果如图 4-52 所示。

图 4-52　打开素材

02 在命令行中输入 SGFJ 命令按回车键，系统弹出【T20 天正暖通软件图块】对话框，在其中选择"平衡锤安全阀"图块，如图 4-53 所示。

03 同时命令行提示如下：

```
命令：SGFJ
请指定对象的插入点 [放大(E)/缩小(D)/左右翻转(F)]<退出>:          //在管线上指定阀件的插入点，按回车键结束命令，结果如图 4-51 所示。
```

双击插入的阀件图块，弹出【编辑阀件】对话框，如图 4-54 所示，在对话框中可以修改阀件的参数。单击对话框左边的阀件预览框，系统可弹出如图 4-55 所示的【天正图库管理系统】对话框，在其中可以选择待插入的采暖阀件图形。

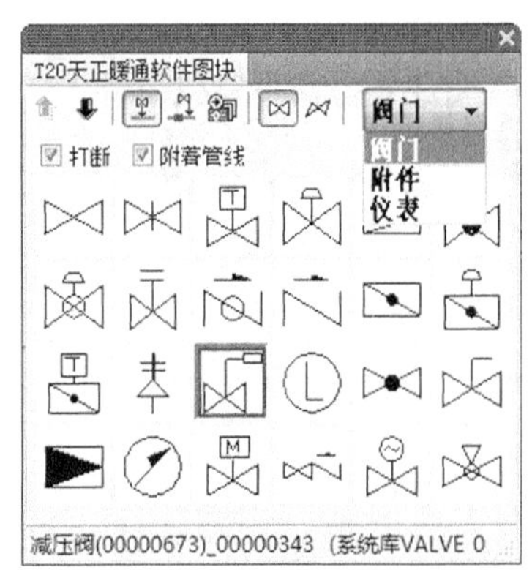

图 4-53　【T20 天正暖通软件图块】对话框

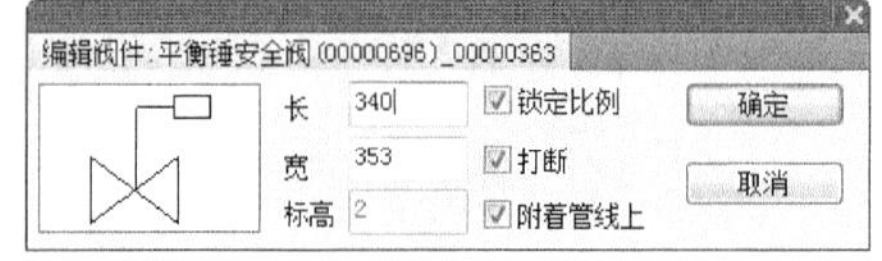

图 4-54　【编辑阀件】对话框

在执行命令的过程中，当命令行提示"请指定对象的插入点 [放大(E)/缩小(D)/左右翻转(F)]<退出>:”时，输入指定的字母代号，可以对采暖阀门执行相应的操作，比如输入 E，可放大阀门图形，再将其插入至管线中。

【编辑阀件】对话框中各功能选项的含义如下：

> “锁定比例”选项：勾选该选项，更改“长”、“宽”其中一项参数后，另一项参数则可联动修改；取消勾选只改变选中的选项参数。
>
> “打断”选项：勾选该选项，在插入阀门图形的时候，可以打断管线；取消勾选则保持管线的连续性。
>
> “附着管线上”选项：勾选该选项，则阀件将自动附着安装在管线上；取消勾选，即可设置新的阀件标高。

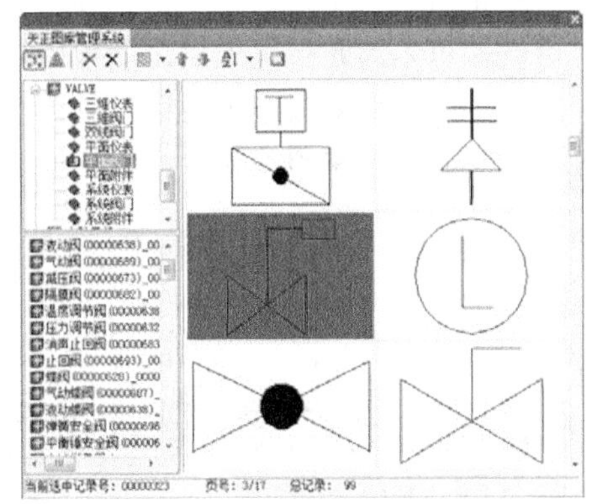

图 4-55 【天正图库管理系统】对话框

4.2.12 采暖设备

调用采暖设备命令，可以在采暖管线上布置采暖设备。如图 4-56 所示为该命令的操作结果。

采暖设备命令的执行方式有以下几种：

> 命令行：在命令行中输入 CNSB 命令按回车键。
>
> 菜单栏：单击“采暖”→“采暖设备”命令。

下面以如图 4-56 所示的图形为例，介绍调用采暖设备命令的方法。

01 按 Ctrl+O 组合键，打开配套光盘提供的“第 4 章/ 4.2.12 采暖设备.dwg”素材文件，结果如图 4-57 所示。

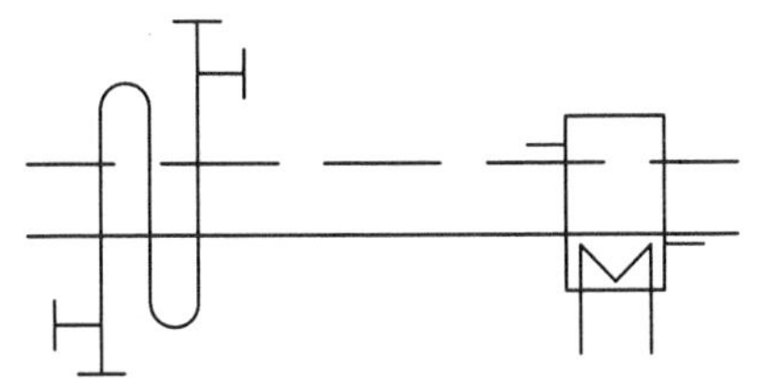

图 4-56 采暖设备

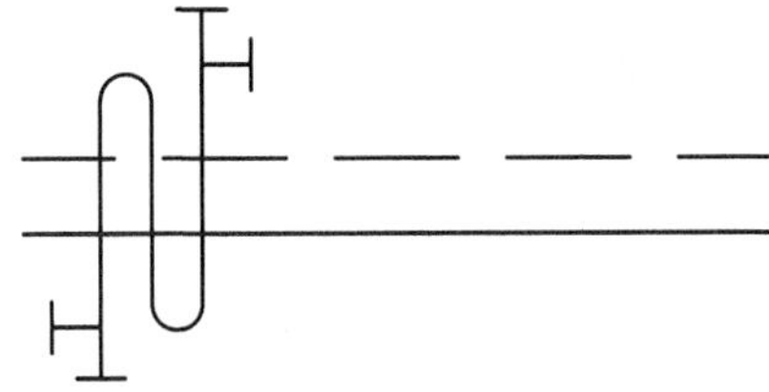

图 4-57 打开素材

02 在命令行中输入 CNSB 命令按回车键，系统弹出【布置采暖设备】对话框，定义参数如图 4-58 所示。

03 同时命令行提示如下：

```
命令：CNSB↙
请指定对象的插入点 {放大[E]/缩小[D]/左右翻转[F]/上下翻转[S]/换设备[C]}<退出>:
                          //在采暖管线上插入采暖设备，结果如图 4-56 所示。
```

单击对话框中采暖设备的预览框，系统可弹出如图 4-59 所示的【天正图库管理系统】对话框，可以选定待插入的采暖设备。

在【布置采暖设备】对话框中的“角度”选项框中，定义角度参数，可以按照所定义的角度参数插入采暖设备。

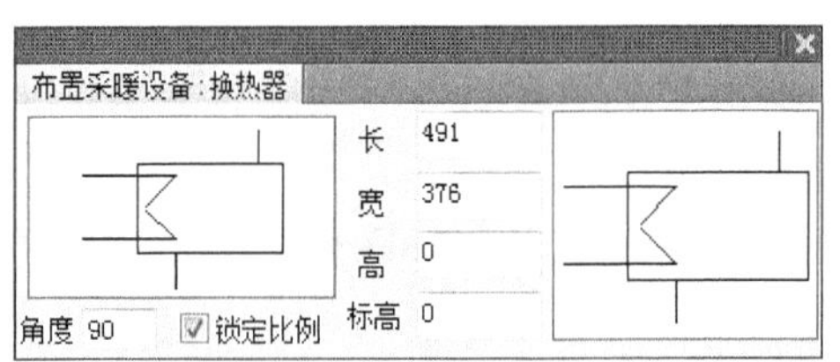

图 4-58 【布置采暖设备】对话框

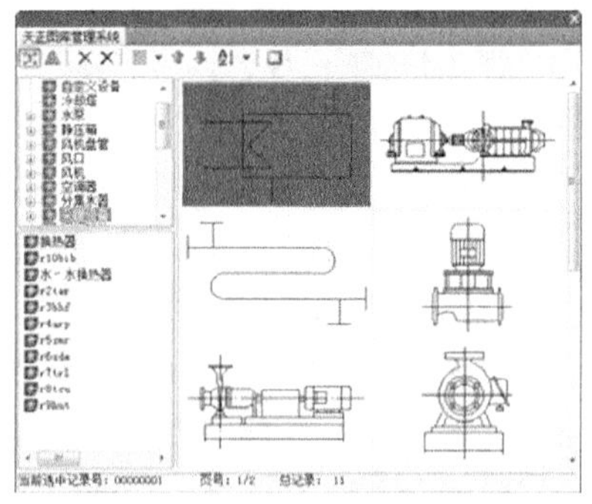

图 4-59 【天正图库管理系统】对话框

4.2.13 采暖原理

调用采暖原理命令，可以绘制采暖原理图。

采暖原理命令的执行方式有：

- ➢ 命令行：在命令行中输入 CNYL 命令按回车键。
- ➢ 菜单栏：单击“设置”→“采暖原理”命令。

下面介绍调用采暖原理命令的方法：

01 在命令行中输入 CNYL 命令按回车键，系统弹出【采暖原理】对话框，设置参数如图 4-60 所示。

02 同时命令行提示如下：

命令：CNYL↙

请点取原理图位置<退出>： //在绘图区中点取原理图的插入位置，绘制原理图，结果如图 4-61 所示。

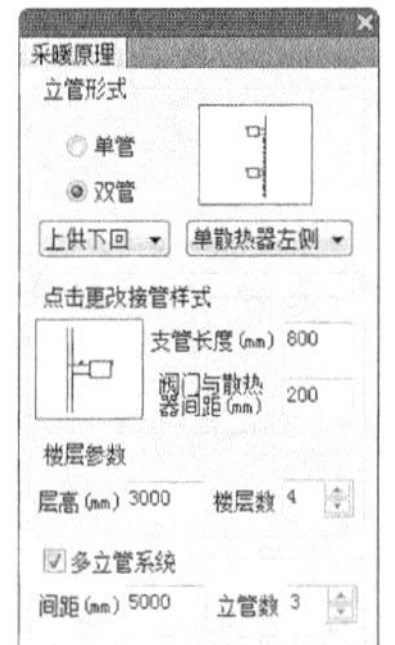

图 4-60 【采暖原理】对话框

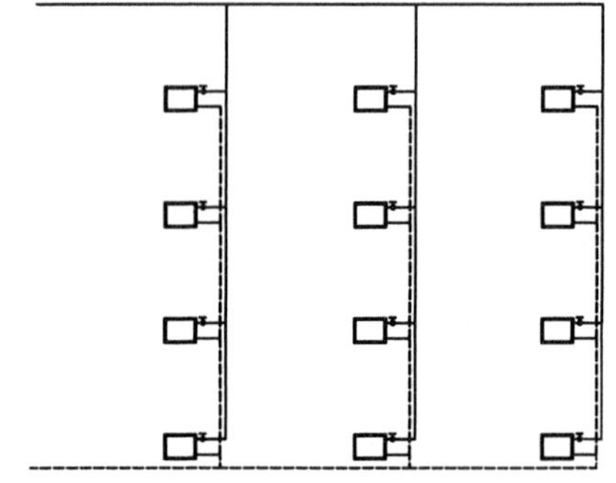

图 4-61 采暖原理图

【采暖原理】对话框中各功能选项的含义如下：

“立管形式”选项组：

系统提供了两种立管形式供绘制，分别是“单管”、“双管”；单击选定其中的一种，即可绘制该样式的采暖系统图。绘制“单管”形式的采暖原理图结果如图 4-62 所示。

选定“双管”形式，可以选定供水管和回水管的位置；单击选项文本框，在弹出的下拉列表中可以选择水管的样式。如图 4-63 所示为“下供下回”样式的双管采暖原理图的绘制结果。

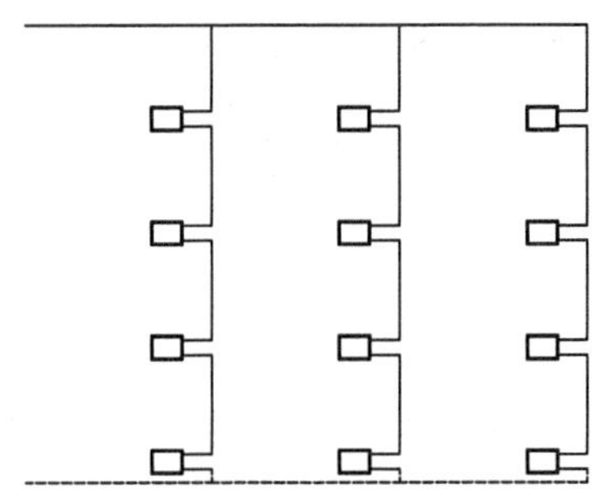

图 4-62　“单管”形式的采暖原理图

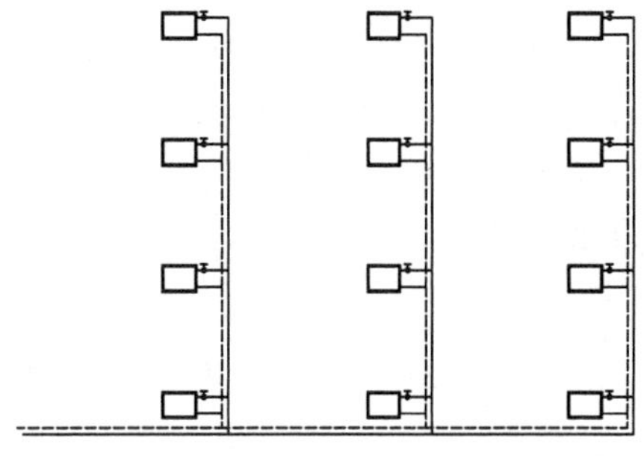

图 4-63　“下供下回”样式

系统提供了 6 种散热器的布置位置供用户选择，单击选项文本框，在弹出的下拉列表中可以改变布置位置，如图 4-64 所示。

“点击更改接管样式”选项组：

“支管长度”选项：在文本框中可以定义支管的长度参数。

“阀门与散热器间距”选项：在文本框中可定义阀门与散热器间距参数。

“楼层参数”选项组：

“层高”选项：在文本框中可定义层高参数。

“楼层数”选项：在文本框中可自定义楼层数，也可通过单击文本框右边的调整按钮来定义。

“多立管系统”选项：勾选该选项，则可绘制多立管系统的采暖原理图；取消勾选，则可绘制单立管的采暖原理图，结果如图 4-65 所示。

图 4-64　散热器的布置位置列表

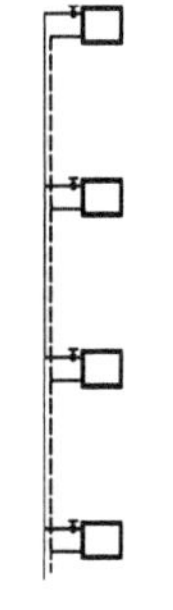

图 4-65　单立管的采暖原理图

“间距”选项：在文本框中定义立管间的间距参数。

“立管数”选项：在文本框中定义立管的数目。

4.2.14 大样图库

调用大样图库命令，可以在图中插入指定的大样图。如图 4-66 所示为该命令的操作结果。

大样图库命令的执行方式有：

- ➢ 命令行：在命令行中输入 DYTK 命令按回车键。
- ➢ 菜单栏：单击“采暖”→“大样图库”命令。

下面以如图 4-66 所示的图形为例，介绍调用大样图库命令的操作方法。

01 在命令行中输入 DYTK 命令按回车键，系统弹出【大样图库】对话框，选定插入的大样图，如图 4-67 所示。

02 同时命令行提示如下：

命令：DYTK↙

请输入插入点<退出>：　//在对话框中单击“插入”按钮，插入大样图的结果如图 4-66 所示。

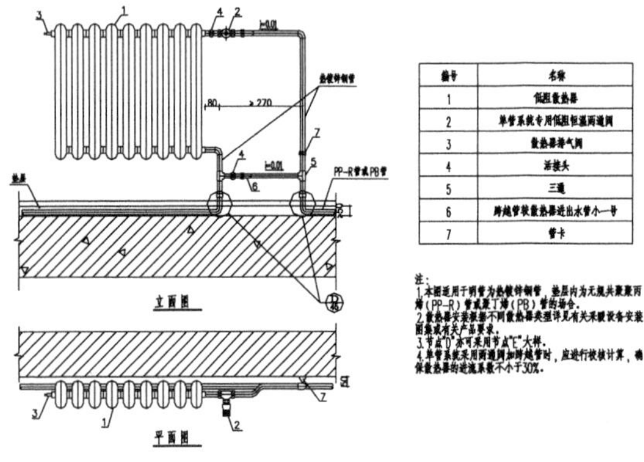

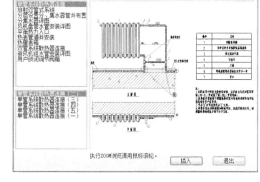

图 4-66　大样图

图 4-67　【大样图库】对话框

4.3 材料统计

调用材料统计命令，可以对当前图进行材料统计，并按照管线、附件、设备排序。如图 4-68 所示为材料统计命令的操作结果。

材料表

序号	图例	名称	规格	单位	数量	备注
1		水管三通	DN25×DN25×DN25	个	46	
2		采暖水管	焊接钢管 DN25	米	199	
3		水管弯头	DN25×DN25	个	8	
4		系统散热器	800×600×200×20片	个	24	长×高×宽×片数
5		截止阀	采暖水阀 DN25	个	24	

图 4-68　材料统计表

材料统计命令的执行方式有：

➢ 命令行：在命令行中输入 CLTJ 命令按回车键。

➢ 菜单栏：单击“设置”→“材料统计”命令。

下面介绍材料统计命令的操作方法。

01 按 Ctrl+O 组合键，打开配套光盘提供的“第 4 章/ 4.3　材料统计.dwg”素材文件，结果如图 4-69 所示。

02 在命令行中输入 CLTJ 命令按回车键，系统弹出如图 4-70 所示的【材料统计】对话框，勾选待统计的选项。

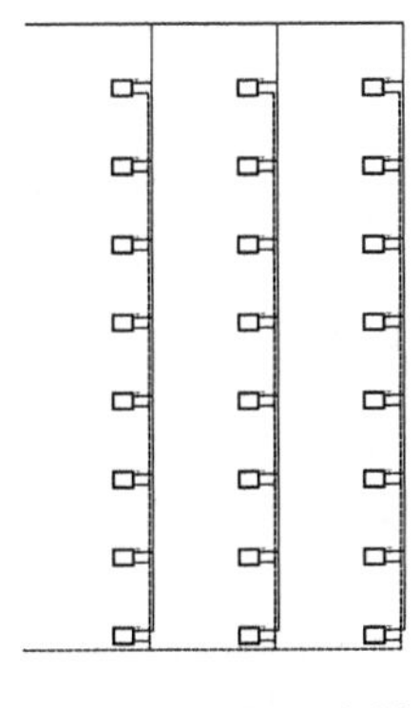

图 4-69　打开素材

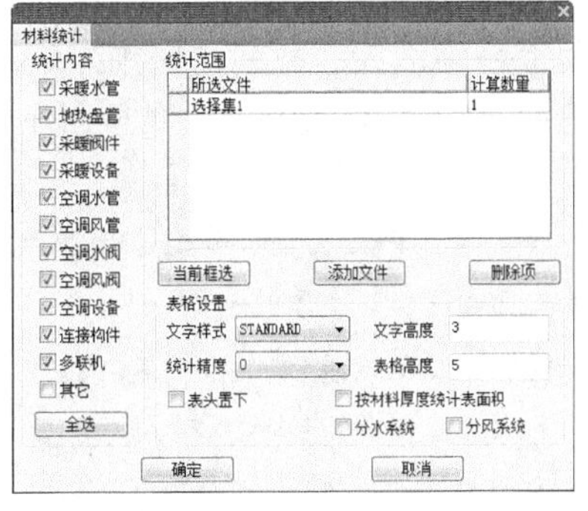

图 4-70　【材料统计】对话框

03 单击“当前框选按钮”，同时命令行提示如下：

```
命令：CLTJ↙
请选择要统计的内容后按确定[选取闭合 PLINE(P)]<整张图>:指定对角点：找到 10 个
                    //选定待统计的内容，返回【材料统计】对话框，单击“确定”按钮.
请点取表格左上角位置[输入参考点(R)]<退出>:                    //在绘图区中点取表格的插入点，绘制统计表格的结果如图 4-68 所示。
```

【材料统计】对话框中各功能选项的含义如下：

➢ “统计内容”选项组：在选项组下被勾选的项目，可以对其执行统计。

➢ “统计范围”列表框：选定统计范围后，在列表框中可以显示所统计的内容。

➢ “添加文件”按钮：单击该按钮，可以添加.dwg 图纸。

➢ “删除项”按钮：在 “统计范围”列表框中选定待删除的选项，单击该按钮即可对其执行删除操作。

➢ “表格设置”选项组：在选项组下可以对表格的文字样式、文字高度、统计精度等属性进行设置。

4.4 地沟绘制

调用地沟绘制命令，可以自定义地沟参数绘制地沟图形。如图 4-71 所示为地沟绘制命令的操作结果。

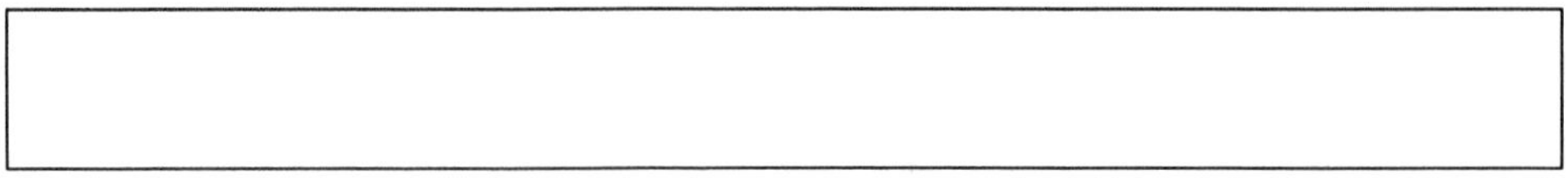

图 4-71 地沟绘制

地沟绘制命令的执行方式有：

- ➢ 命令行：在命令行中输入 HZDG 命令按回车键。
- ➢ 菜单栏：单击“采暖”→“地沟绘制”命令。

下面介绍地沟绘制命令的操作方法：

在命令行中输入 HZDG 命令按回车键，命令行提示如下：

```
命令：HZDG↙
请输入地沟宽度<600(mm)>:1000              //定义地沟的宽度参数。
请输入地沟绘制线宽度<2.0(mm)>:             //按下回车键。
请选择地沟绘制线形[实线(C)/虚线(D)]<实线>:C            //输入C，选择“实线”选项。
请输入地沟起始点[参考点(R)/距线(T)/两线(G)]<退出>:
请输入地沟下一点[参考点(R)/沿线(T)/两线(G)/换定位点(E)/回退(U)]<退出>:
                                          //分别点取地沟的起点和终点，绘制地沟的结果
如图 4-71 所示。
```

在命令行提示“请选择地沟绘制线形[实线(C)/虚线(D)]<实线>”时，输入 D，选择“虚线”选项，可以绘制线型为虚线的地沟，结果如图 4-72 所示。

图 4-72 虚线地沟

第 5 章 地 暖

● **本章导读**

地暖是“低温地板辐射采暖系统”的简称，就是将地暖专用管材按一定规程铺设在地板或地砖下，实现向室内供暖的目的。本章介绍绘制地热盘管和编辑盘管命令的操作方法，包括地热盘管、手绘盘管等绘制盘管命令的调用，也包括盘管倒角、盘管转 PL 等编辑盘管命令的调用。

● **本章重点**

◈ 地热计算
◈ 地热盘管
◈ 手绘盘管
◈ 异形盘管
◈ 分集水器
◈ 盘管倒角
◈ 盘管转 PL
◈ 盘管复制
◈ 盘管连接
◈ 盘管移动
◈ 盘管统计
◈ 供回区分
◈ 盘管加粗

5.1 地热计算

调用地热计算命令，可以计算地热盘管散热量及盘管的间距。

地热计算命令的执行方式有以下几种：

➢ 命令行：在命令行中输入 DRJS 命令按回车键。

➢ 菜单栏：单击“地暖”→“地热计算”命令。

下面介绍执行地热计算命令的操作方法。

执行“地热计算”命令，在如图 5-1 所示的【地热盘管计算】对话框中单击选择“计算有效散热量”选项，并在其中定义参数，如图 5-2 所示。

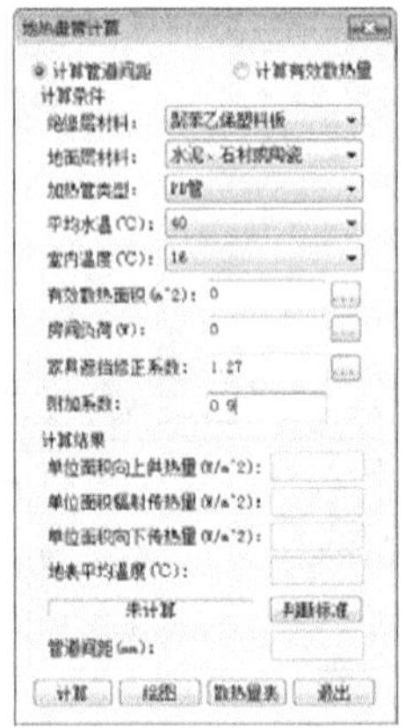

图 5-1 【地热盘管计算】对话框

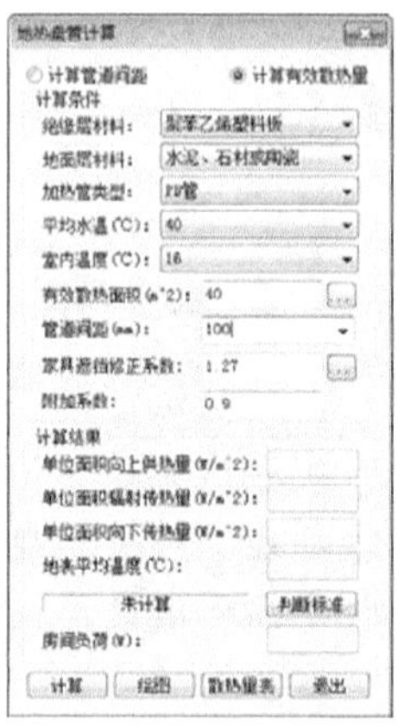

图 5-2 定义参数

单击“计算”按钮，即可按照所定义的条件进行计算，结果如图 5-3 所示。选择“计算管道间距”按钮，结果如图 5-4 所示。

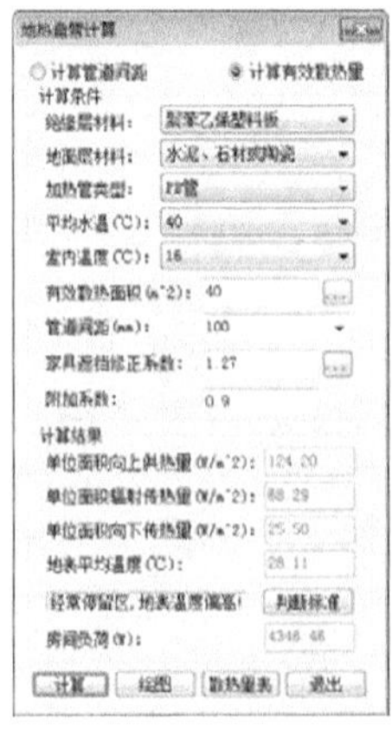

图 5-3 计算结果

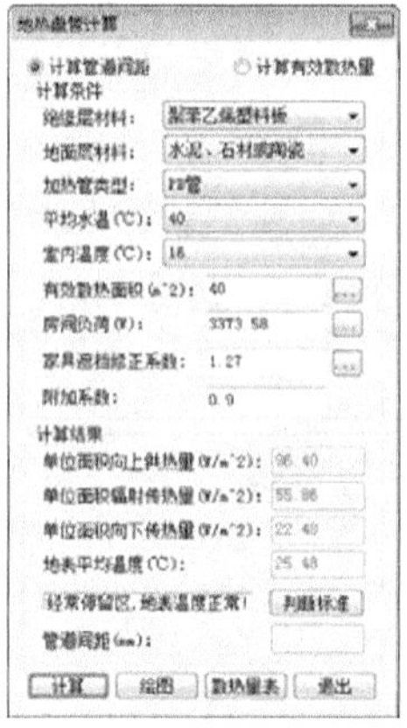

图 5-4 “计算管道间距”选项

单击“计算”按钮，“管道间距”参数的计算结果如图 5-5 所示。单击“判断标准”按钮，弹出如图 5-6 所示的【地表平均温度参考】对话框，根据计算所得到的参数与对话框中的参数进行对比，查看计算得到的地表温度是否适宜。

所设定的参数不合理的时候，单击“计算”按钮后，系统弹出提示对话框，提示用户更改参数，如图 5-7 所示。

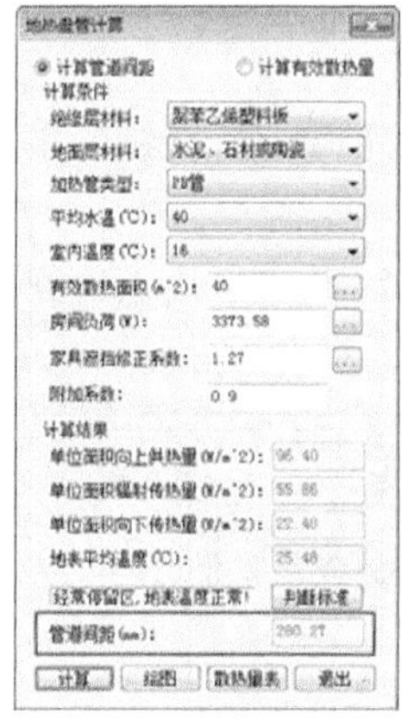

图 5-5 “管道间距”计算结果

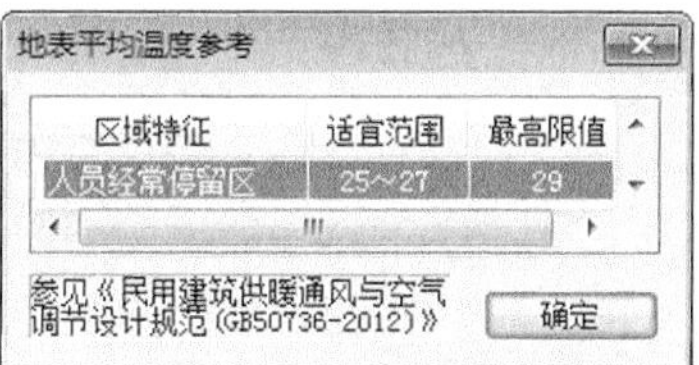

图 5-6 【地表平均温度参考】对话框

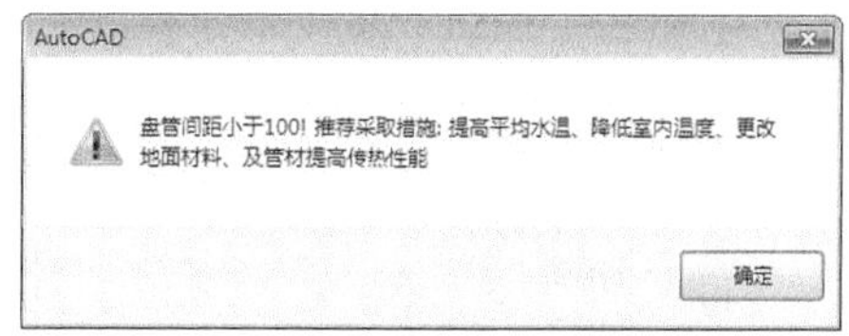

图 5-7 提示对话框

单击“散热量表”按钮，系统弹出如图 5-8 所示的【单位地面面积的向上供热量和向下传热量】对话框，方便查找各项参数。

【地热盘管计算】对话框中各项功能选项的含义如下：

“计算条件”选项组：

“绝缘层材料”选项：在选项列表中显示了两种材料，分别是“聚苯乙烯塑料板”、“发泡水泥”，单击可以更改材料的类型，如图 5-9 所示。

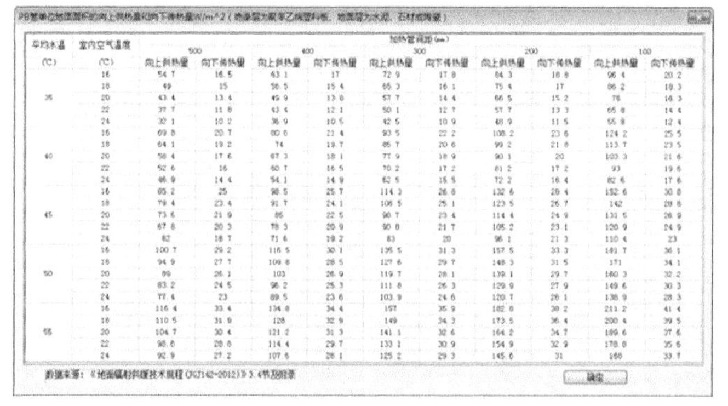

PB管单位地面面积的向上供热量和向下传热量W/m^2（绝缘层为聚苯乙烯塑料板、地面层为水泥、石材或陶瓷）

平均水温(℃)	室内空气温度(℃)	500 向上供热量	500 向下传热量	400 向上供热量	400 向下传热量	300 向上供热量	300 向下传热量	200 向上供热量	200 向下传热量	100 向上供热量	100 向下传热量
35	16	54.7	16.5	63.1	17	72.9	17.8	84.3	18.8	96.4	20.2
	18	49	15	56.5	15.4	65.3	16.1	75.4	17	86.2	18.3
	20	43.4	13.4	49.9	13.8	57.7	14.4	66.5	15.2	76	16.3
	22	37.7	11.8	43.4	12.1	50.1	12.7	57.7	13.3	65.8	14.4
	24	32.1	10.2	36.9	10.5	42.5	10.9	48.9	11.5	55.8	12.4
40	16	69.8	20.7	80.6	21.4	93.5	22.2	108.2	23.6	124.2	25.5
	18	64.1	19.2	74	19.7	85.7	20.6	99.2	21.8	113.7	23.5
	20	58.4	17.6	67.3	18.1	77.9	18.9	90.1	20	103.3	21.6
	22	52.6	16	60.7	16.5	70.2	17.2	81.2	17.2	93	19.6
	24	46.9	14.4	54.1	14.9	62.5	15.5	72.2	16.4	82.6	17.6
45	16	85.2	25	98.5	25.7	114.3	26.8	132.6	28.4	152.6	30.8
	18	79.4	23.4	91.7	24.1	106.5	25.1	123.5	26.7	142	28.8
	20	73.6	21.9	85	22.5	98.7	23.4	114.4	24.9	131.5	26.9
	22	67.8	20.3	78.3	20.9	90.8	21.7	105.2	23.1	120.9	24.9
	24	62	18.7	71.6	19.2	83	20	96.1	21.3	110.4	23
50	16	100.7	29.2	116.5	30.1	135.5	31.3	157.5	33.3	181.7	36.1
	18	94.9	27.7	109.8	28.5	127.6	29.7	148.3	31.5	171	34.1
	20	89	26.1	103	26.9	119.7	28.1	139.1	29.7	160.3	32.2
	22	83.2	24.5	96.2	25.3	111.8	26.3	129.9	27.9	149.6	30.3
	24	77.4	23	89.5	23.6	103.9	24.6	120.7	26.1	138.9	28.3
55	16	116.4	33.4	134.8	34.4	157	35.9	182.8	38.2	211.2	41.4
	18	110.5	31.9	128	32.9	149	34.3	173.5	36.4	200.4	39.5
	20	104.7	30.4	121.2	31.3	141.1	32.6	164.2	34.7	189.6	37.6
	22	98.6	28.8	114.4	29.7	133.1	30.9	154.9	32.9	178.8	35.6
	24	92.9	27.2	107.6	28.1	125.2	29.3	145.6	31	168	33.7

数据来源：《地面辐射供暖技术规程（JGJ142-2012）》3.4节及附录

确定

图 5-8 【单位地面面积的散热量和向下传热损失】对话框

计算条件
绝缘层材料：聚苯乙烯塑料板
聚苯乙烯塑料板
地面层材料：发泡水泥

图 5-9 “绝缘层材料”列表

“地面层材料”选项：单击选项文本框，在弹出的下拉列表中可以选定系统所提供的各类地面层材料，如图 5-10 所示。

“加热管类型”选项：单击选项文本框，在弹出的下拉列表中可以选定系统所提供的各类加热管，如图 5-11 所示。

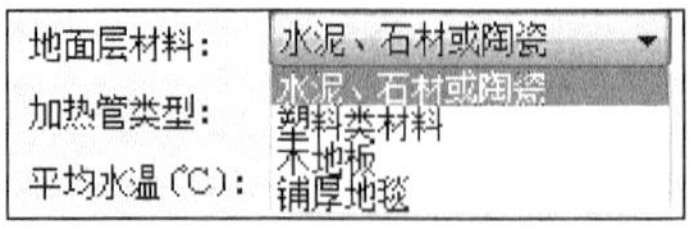

图 5-10 “地面层材料”选项列表

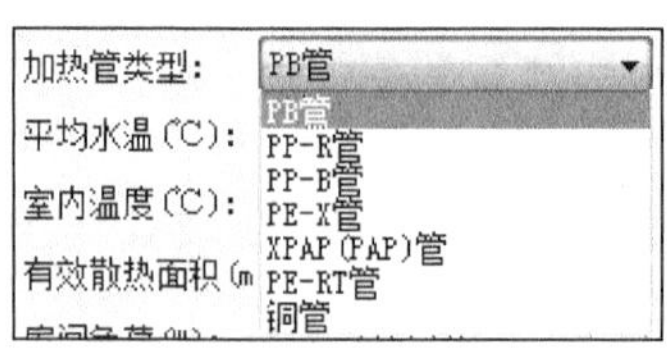

图 5-11 “加热管类型”选项列表

“平均水温”选项：单击选项文本框，在弹出的下拉列表中可以选定系统所提供的水温，如图 5-12 所示。

“室内温度”选项：单击选项文本框，在弹出的下拉列表中可以选定系统所提供的室内温度，如图 5-13 所示。

“绘图”按钮：单击该按钮，可以进入地热盘管的绘制。

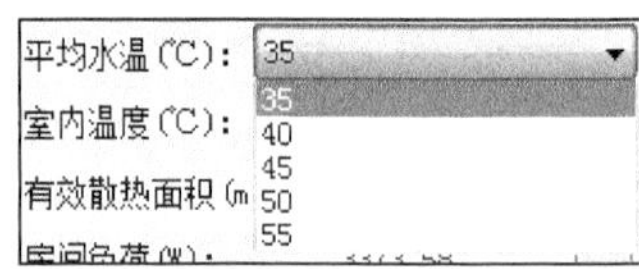

图 5-12 “平均水温”选项列表

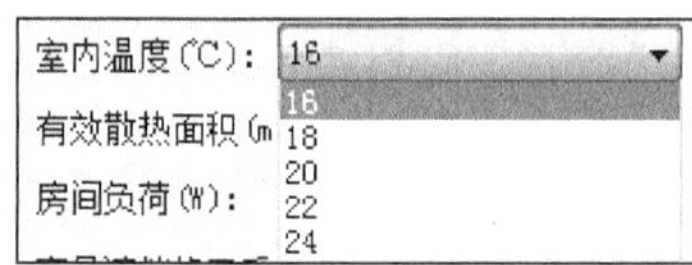

图 5-13 “室内温度”选项列表

5.2 地热盘管

调用地热盘管命令，可以绘制地热盘管图形。如图 5-14 所示为该命令的操作结果。

地热盘管命令的执行方式有以下几种：

- 命令行：在命令行中输入 DRPG 命令按回车键。
- 菜单栏：单击“地暖”→“地热盘管”命令。

下面以如图 5-14 所示的结果为例，介绍调用地热盘管命令的方法。

01 在命令行中输入 DRPG 命令按回车键，系统弹出【地热盘管】对话框，定义参数如图 5-15 所示。

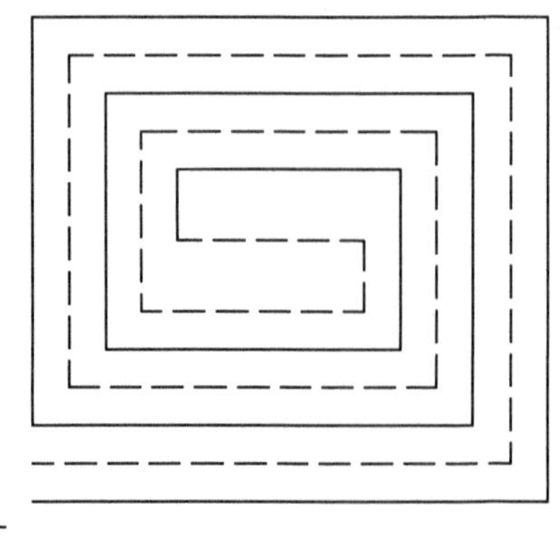

图 5-14 地热盘管

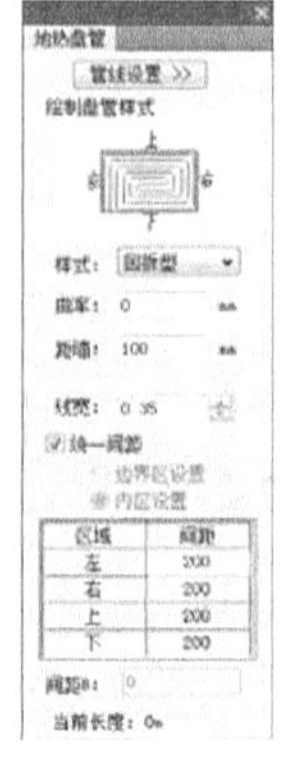

图 5-15 【地热盘管】对话框

02 同时命令行提示如下：

```
命令：DRPG↙
请输入盘管起点<退出>:                    //指定盘管的起点，如图 5-16 所示。
请输入终点<角度为 0>[修改角度(A)/修改方向:正向(S)/逆向(F)]:
                                         //指定盘管的终点，如图 5-17 所示；绘制盘管的结果如图 5-12 所示。
```

图 5-16　指定起点　　　　图 5-17　指定终点

在执行地热盘管命令的过程中，可以自定义盘管的绘制方向，命令行提示如下：

```
命令：DRPG↙
请输入盘管起点<退出>:
请输入终点<角度为 0>[修改角度(A)/修改方向:正向(S)/逆向(F)]:A  //输入 A，选择“修改角度”选项。
请输入盘管角度<0>:45
请输入终点<角度为 45>[修改角度(A)/修改方向:正向(S)/逆向(F)]:  //指定角度后，绘制盘管的结果如图 5-18 所示。
```

在执行地热盘管命令的过程中，可临时更改盘管的出口方向。输入 S 或者 A，可以更改盘管的出口方向。

【地热盘管】对话框中各功能选项的含义如下：

“管线设置”按钮：单击该按钮，系统弹出【管线样式设定】对话框，在其中可以对采暖管线的属性进行更改。

“绘制盘管样式”选项组：

“样式”选项：单击选项文本框，在弹出的下拉列表中可以选定系统给定的几种管线样式进行绘制，如图 5-19 所示。

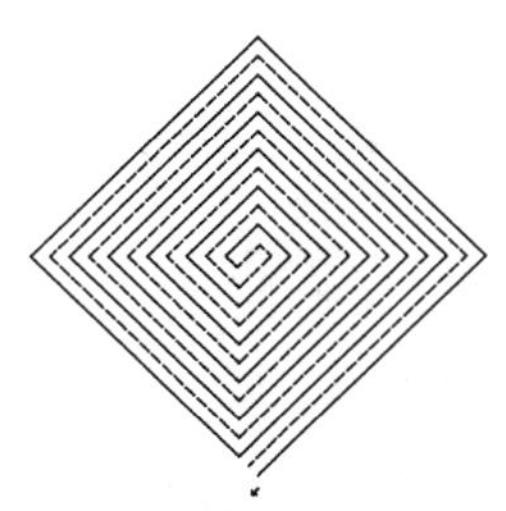

图 5-18　定义角度

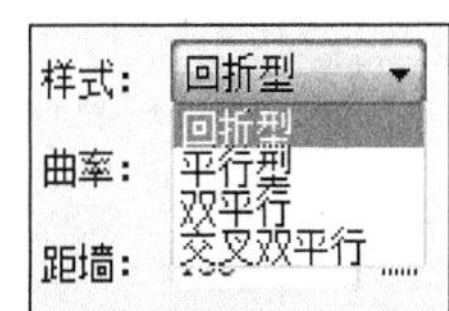

图 5-19　“样式”选项列表

“曲率”选项：根据盘管的间距，在文本框中定义曲率半径。

“距墙”选项：定义盘管的离墙距离。

“线宽”选项：控制加粗后的线的宽度参数。

“统一间距”选项：勾选该项，间距参数列表中的参数不可更改；取消勾选，则各区域的参数可随意更改，如图 5-20 所示；绘制盘管的结果如图 5-21 所示。

双击绘制完成的地热盘管，系统弹出如图 5-22 所示的【地热盘管】对话框，在其中修改盘管的各项参数，单击“确定”按钮关闭对话框，即可完成盘管的修改。

图 5-20 间距参数列表

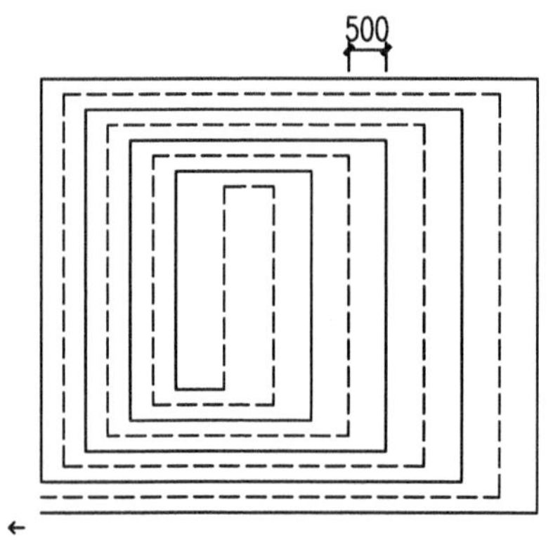

图 5-21 绘制盘管

图 5-22 【地热盘管】对话框

5.3 手绘盘管

调用手绘盘管命令，可绘制双线地热盘管，也可连接盘管与分集水器。如图 5-23 所示为手绘盘管命令的操作结果。

手绘盘管命令的执行方式有以下几种：

➢ 命令行：在命令行中输入 SHPG 命令按回车键。

➢ 菜单栏：单击“地暖”→“手绘盘管”命令。

下面介绍手绘盘管命令的操作方法：

01 在命令行中输入 SHPG 命令按回车键，系统弹出【手绘盘管】对话框，定义参数如图 5-24 所示。

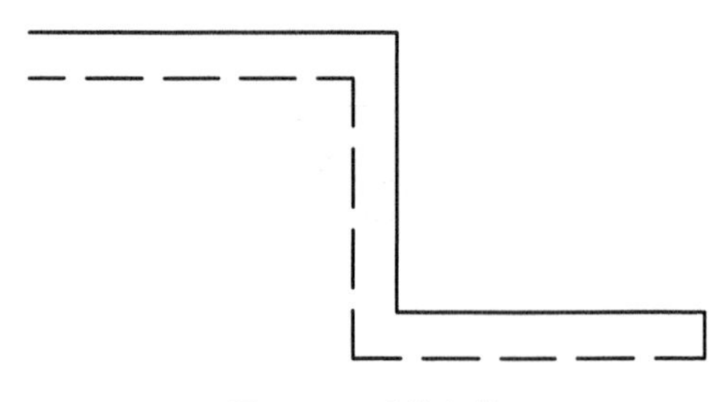

图 5-23 手绘盘管

图 5-24 【手绘盘管】对话框

02 同时命令行提示如下：

```
命令: SHPG↙
请点取管线起点[盘管间距(W)/倒角半径(R)/距线距离(T)]<退出>:    //点取盘管的起点。
请输入下一点[弧线(A)/沿线(T)/换定位管(E)/供回切换(G)/盘管间距(W)/连接(L)/回退(U)]<退出>:
                    //指定盘管的下一点。
是否闭合管线<Y>/N:                //按回车键默认闭合管线，绘制结果如图 5-23 所示。
```

【手绘盘管】对话框中各功能选项的含义如下：

“单线盘管”按钮：单击该按钮，则所绘制的盘管为单线，绘制结果如图 5-25 所示。

“双线盘管”按钮：单击该按钮，则所绘制的盘管为双线。

“盘管间距”按钮：在选定“双线盘管”时亮显，可定义双线盘管之间的间距。

“倒角半径”按钮：定义盘管转折处的半径，如图 5-26 所示为倒角半径为 60 的双线盘管的绘制结果。

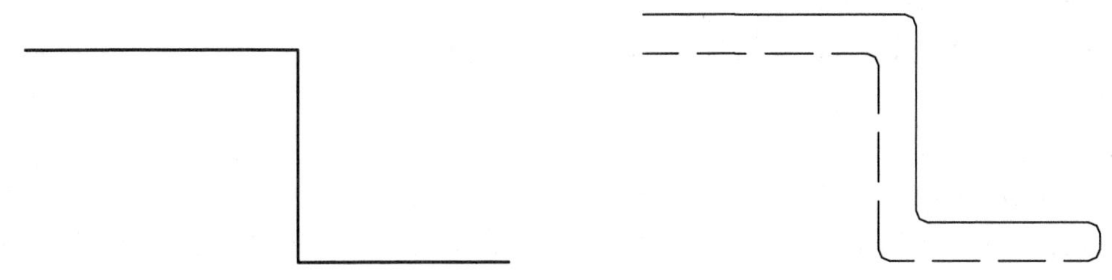

图 5-25　单线盘管　　　　图 5-26　倒角半径

在执行“手绘盘管”命令过程中，当命令行提示“[弧线(A)/沿线(T)/换定位管(E)/供回切换(G)/盘管间距(W)/连接(L)/回退(U)]”时；输入 A，可绘制弧形盘管；输入 T，可指定参考线绘制盘管；输入 E，在供回管之间切换定位管线；输入 W，可以定义盘管间距；输入 L，可连接选中的管线。

5.4 异形盘管

调用异形盘管命令，可以绘制异形房间地热盘管，可连接盘管与分集水器。如图 5-27 所示为该命令的操作结果。

异形盘管命令的执行方式有以下几种：

➢　命令行：在命令行中输入 YXPG 命令按回车键。

➢　菜单栏：单击“地暖”→“异形盘管”命令。

下面以如图 5-27 所示的图形为例，介绍调用异形盘管命令的方法。

01 按 Ctrl+O 组合键，打开配套光盘提供的“第 5 章/ 5.4　异形盘管.dwg”素材文件，结果如图 5-28 所示。

02 在命令行中输入 YXPG 命令按回车键，系统弹出【异型盘管】对话框，定义参数如图 5-29 所示。

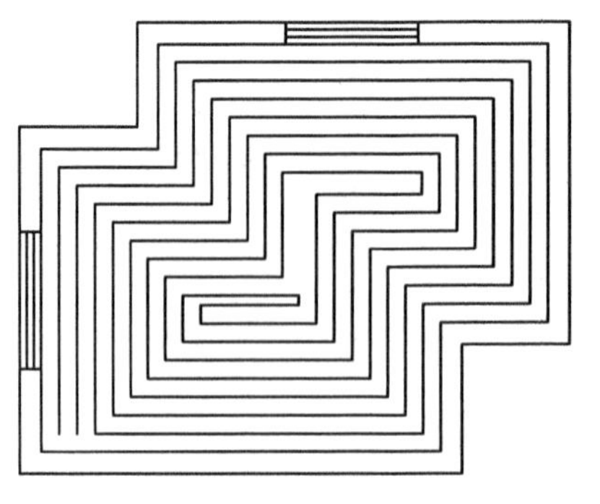

图 5-27　异形盘管

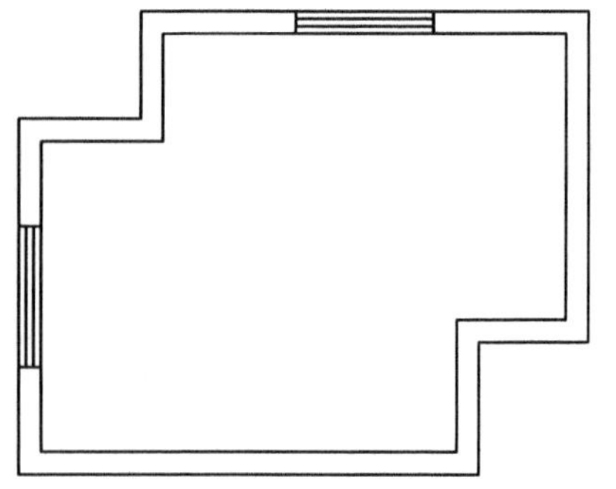

图 5-28　打开素材

03 同时命令行提示如下：

命令：YXPG↙

不规则地热盘管<双线模式>

请指定多边区域的第一点或[选择闭合多段线(S)]<退出>:

请输入下一点[弧段(A)]<退出>:

请输入下一点[弧段(A)/回退(U)]<退出>:　　　　//分别在异形房间内点取各点，按回车键即可完成异形盘管的绘制，结果如图 5-27 所示。

在执行命令的过程中，输入 S；选择“选择闭合多段线(S)”选项，命令行提示如下：

命令：YXPG↙

不规则地热盘管<双线模式>

请指定多边区域的第一点或[选择闭合多段线(S)]<退出>:S

请选择多段线<退出>:找到 1 个　　　　//选定多段线，如图 5-30 所示。

请指定入口方向：　　　　//指定入口方向，如图 5-31 所示；按回车键即可完成异形盘管的绘制，结果如图 5-32 所示。

图 5-29　【异型盘管】对话框

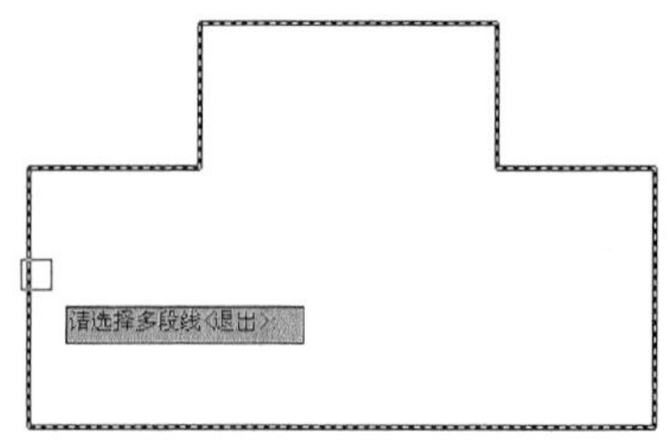

图 5-30　选定多段线

【异型盘管】对话框中，在“距墙间距”选项中可以定义盘管距墙的参数，默认为 200。

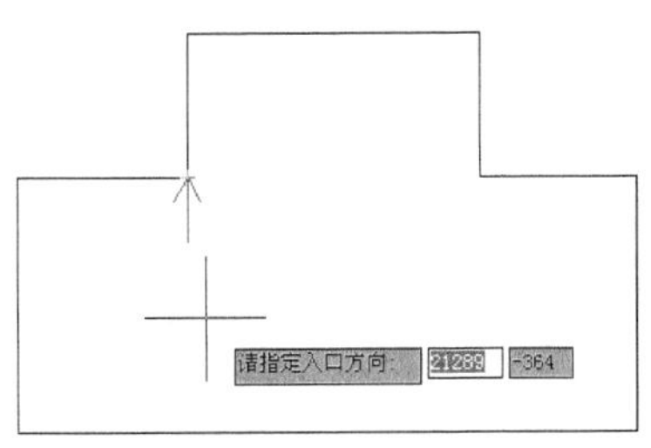

图 5-31　指定入口方向

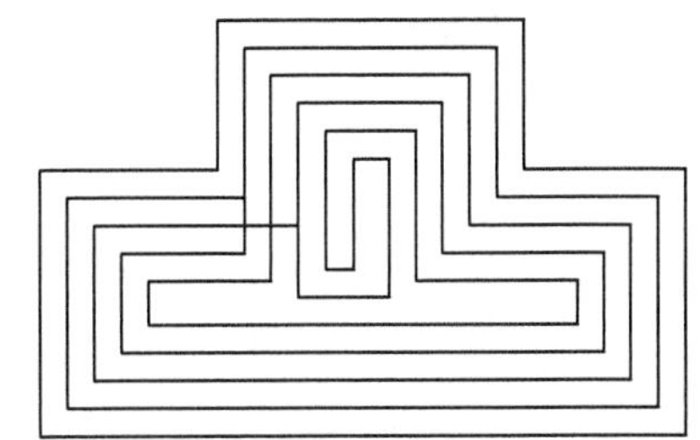

图 5-32　指定入口方向

5.5 分集水器

调用分集水器命令，可以在图上插入分集水器。如图 5-33 所示为分集水器命令的操作结果。

分集水器命令的执行方式有以下几种：

➢　命令行：在命令行中输入 HFSQ 命令按回车键。

➢　菜单栏：单击“地暖”→“分集水器”命令。

下面以如图 5-33 所示的分集水器绘制结果为例，介绍调用分集水器命令的方法。

01 在命令行中输入 HFSQ 命令按回车键，系统弹出【布置分集水器】对话框，定义参数如图 5-34 所示。

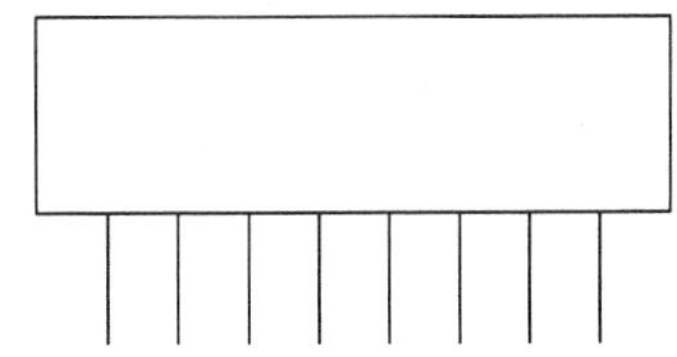

图 5-33　分集水器

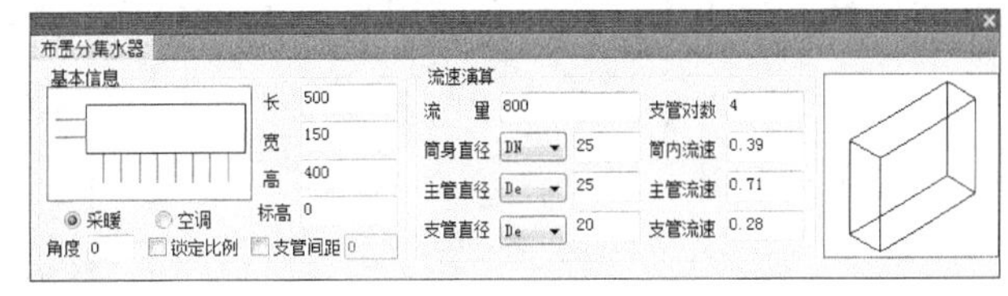

图 5-34　【布置分集水器】对话框

02 同时命令行提示如下：

```
命令：HFSQ↙
请指定对象的插入点 {放大[E]/缩小[D]/左右翻转[F]/上下翻转[S]/换设备[C]}<退出>:
                         //在绘图区中点取分集水器的插入点，绘制结果如图 5-33 所示。
```

03 将视图转换为西南等轴测视图，可查看分集水器的三维效果，如图 5-35 所示。

选中绘制完成的分集水器图形，鼠标置于主供水口上，如图 5-36 所示；单击主供水口，在相应弹出的【手绘盘管】对话框中定义所绘管线的类型以及绘制参数，如图 5-37 所示。同时命令行提示如下：

```
命令：SHPG↙
请输入下一点[弧线(A)/沿线(T)/换定位管(E)/供回切换(G)/盘管间距(W)/连接(L)/回退(U)]<退出>:              //向左移动鼠标并单击指定下一点，如图 5-38 所示；
```

是否闭合管线<Y>/N:　　　　　　//按下回车键，默认闭合管线，结果如图 5-39 所示。

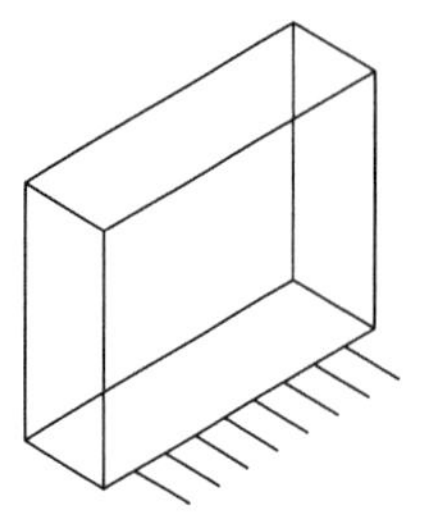

图 5-35　三维效果

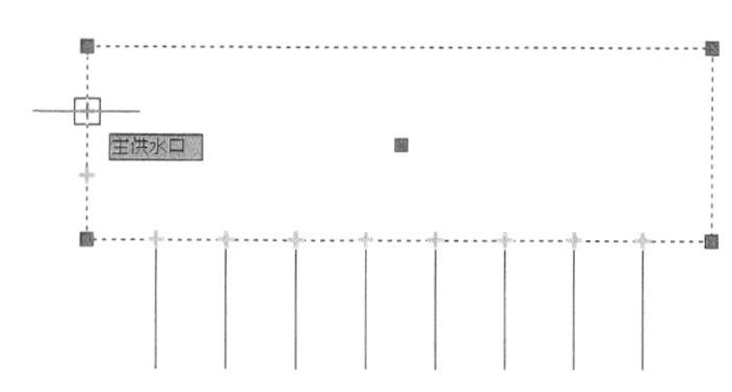

图 5-36　鼠标置于主供水口上

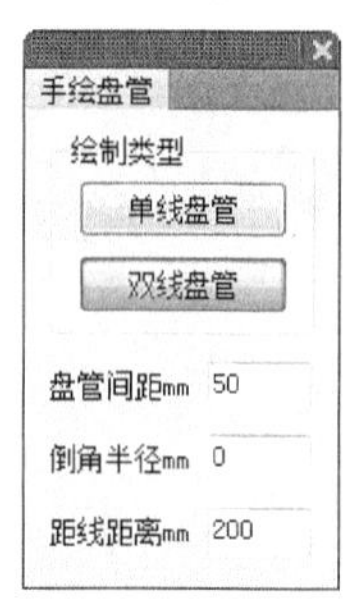

图 5-37　【手绘盘管】对话框

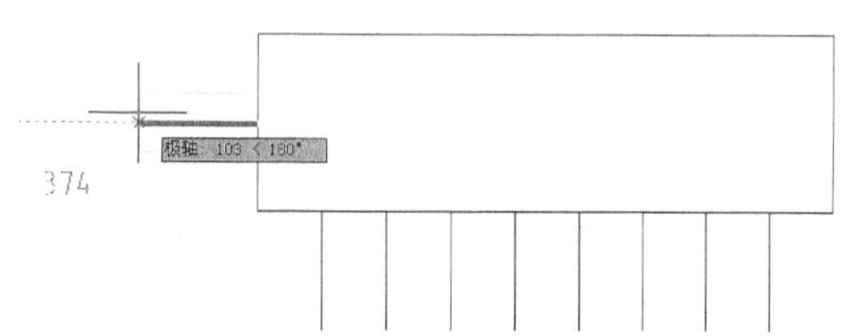

图 5-38　绘制盘管

单击【布置分集水器】对话框中的分集水器预览框，系统可弹出如图 5-40 所示的【天正图库管理系统】对话框，在其中可以选择分集水器的样式。

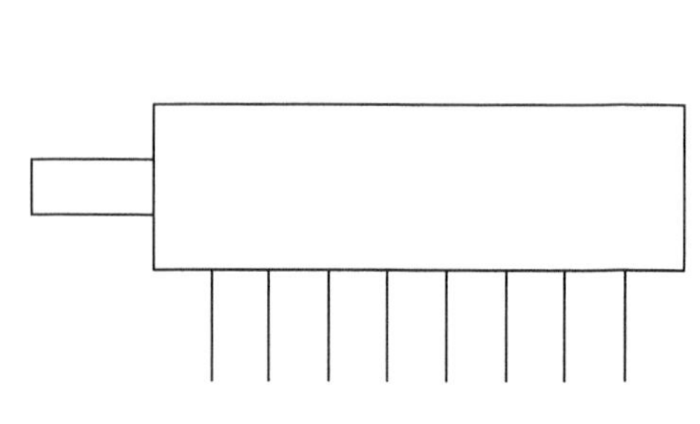

图 5-39　绘制结果

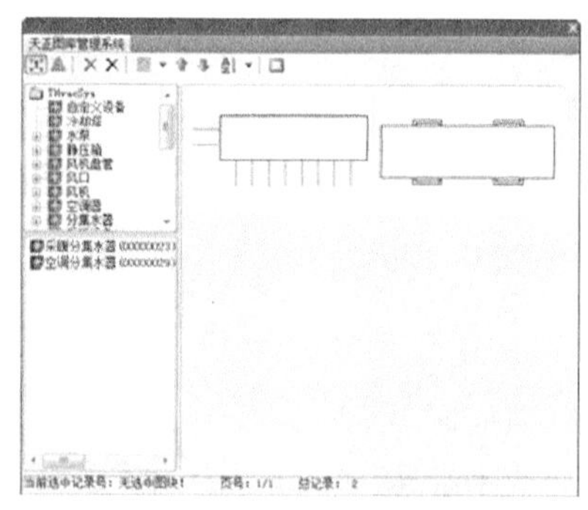

图 5-40　【天正图库管理系统】对话框

5.6 盘管倒角

调用盘管倒角命令，可以对指定的盘管执行倒角操作。如图 5-41 所示为该命令的操作结果。盘管倒角命令的执行方式有以下几种：

- 命令行：在命令行中输入 PGDJ 命令按回车键。
- 菜单栏：单击“地暖”→“盘管倒角”命令。

下面以如图 5-41 所示的图形为例，介绍调用盘管倒角命令的方法。

01 按 Ctrl+O 组合键，打开配套光盘提供的“第 5 章/ 5.6　盘管倒角.dwg”素材文件，结果如图 5-42 所示。

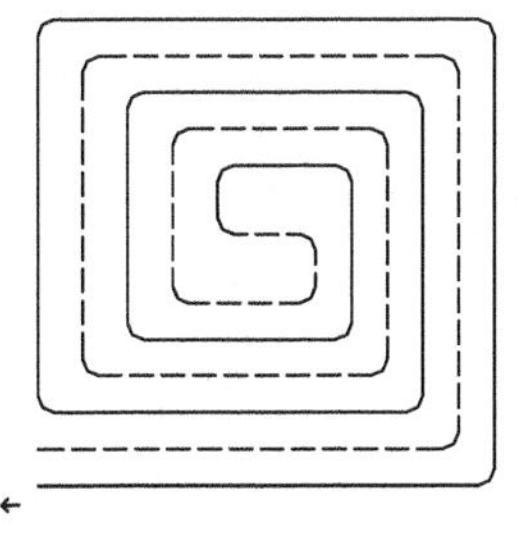

图 5-41　盘管倒角

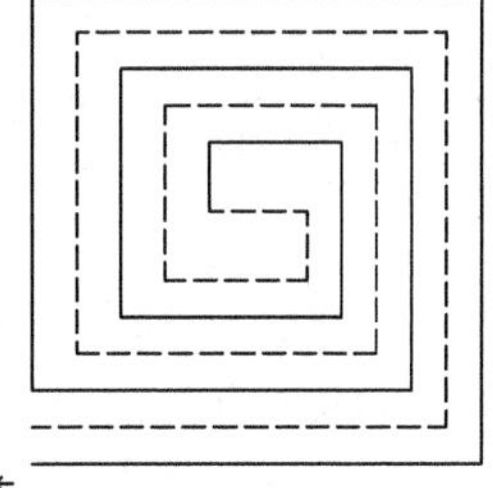

图 5-42　打开素材

02 在命令行中输入 PGDJ 命令按回车键，命令行提示如下：

```
命令：PGDJ↙
请选择一组地热盘管<退出>:指定对角点：找到 1 个          //选定待进行倒角操作的盘管；
请输入曲率半径值<60>:180                                //输入半径值，按回车键即可完成操作，结果如图 5-41 所示。
```

5.7 盘管转 PL

调用盘管转 PL 命令，可以实现盘管转换为 PL 线。如图 5-43 所示为该命令的操作结果。

盘管转 PL 命令的执行方式有以下几种：

- 命令行：在命令行中输入 PGZP 命令按回车键。
- 菜单栏：单击“地暖”→“盘管转 PL”命令。

下面以如图 5-43 所示的图形为例，介绍调用盘管转 PL 命令的方法。

01 按 Ctrl+O 组合键，打开配套光盘提供的“第 5 章/ 5.7 盘管转 PL.dwg”素材文件，结果如图 5-44 所示。

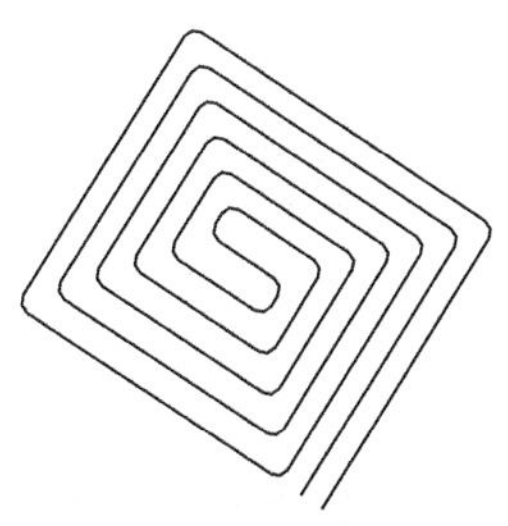

图 5-43　盘管转 PL

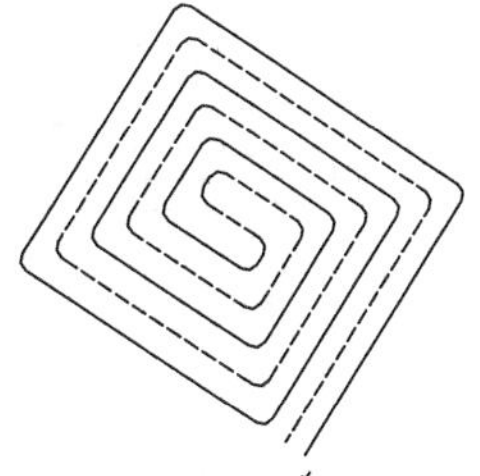

图 5-44　打开素材

02 在命令行中输入 PGZP 命令按回车键，命令行提示如下：

```
命令: PGZP↙
请选择管线<退出>:                    //选定待转换的盘管，按回车键即可完成转换操作，结果如图 5-43 所示;
```

5.8 盘管复制

调用盘管复制命令，可以带基点复制盘管。

盘管复制命令的执行方式有以下几种：

- 命令行：在命令行中输入 PGFZ 命令按回车键。
- 菜单栏：单击“地暖”→“盘管复制”命令。

下面介绍盘管复制命令的调用方法。

在命令行中输入 PGFZ 命令按回车键，命令行提示如下：

```
命令: PGFZ↙
请指定基点:                          //指定复制基点。
选择对象<确定>:找到 1 个              //选定待复制的对象。
指定插入点<退出>:                     //指定插入点，即可完成盘管复制操作。
```

5.9 盘管连接

调用盘管连接命令，可以完成盘管与盘管、盘管与分集水器之间的连接。如图 5-45 所示为该命令的操作结果。

盘管连接命令的执行方式有以下几种：

- 命令行：在命令行中输入 PGLJ 命令按回车键。
- 菜单栏：单击“地暖”→“盘管连接”命令。

下面以如图 5-45 所示的图形为例，介绍调用盘管连接命令的方法。

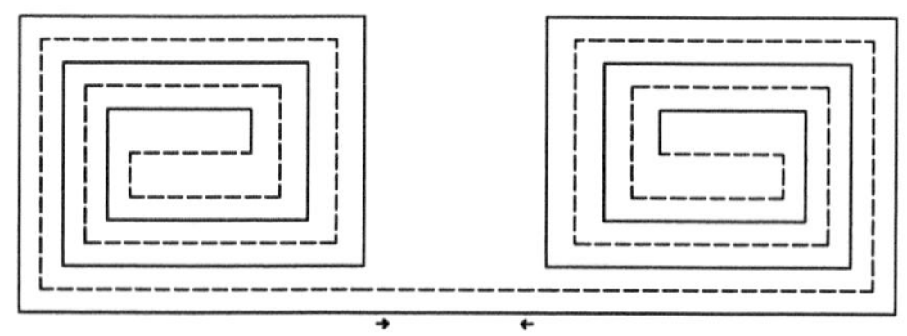

图 5-45　盘管连接

01 按 Ctrl+O 组合键，打开配套光盘提供的“第 5 章/ 5.9　盘管连接.dwg”素材文件，结果如图 5-46 所示。

02 在命令行中输入 PGLJ 命令按回车键，命令行提示如下：

```
命令: PGLJ↙
```

```
请选取要连接的管线<退出>:指定对角点: 找到 2 个        //选择待连接的盘管管线。
请选取要连接的管线<退出>:                            //按回车键。
是否继续选择管线<N>/Y:                               //按回车键。
请输入曲率半径值<0>:                                 //按回车键默认系统曲率半径值。
直线退化成点。
直线退化成点。                                       //完成盘管连接的结果如图 5-45 所示。
```

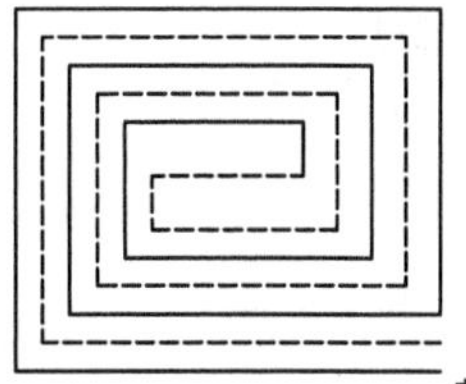
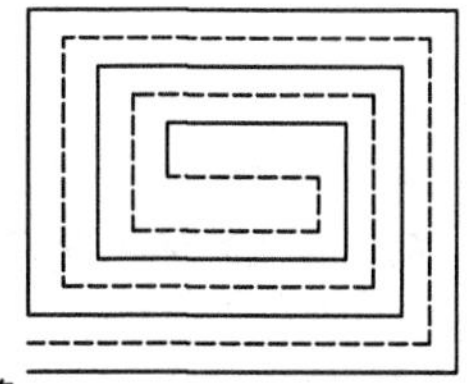

图 5-46 打开素材

执行盘管连接命令，还可在盘管与分集水器之间绘制连接管线，命令操作如下所示：

```
命令: PGLJ
请选取要连接的管线<退出>:找到 1 个                    //选择待连接的盘管。
请选取要连接的管线<退出>:指定对角点: 找到 2 个，总计 3 个  //选择分集水器上的支管。
请选取要连接的管线<退出>:                            //按回车键。
请输入曲率半径值<0>:                                 //按回车键默认曲率半径值，即可完成盘管连接的操作；重复执行该命令，最后结果如图 5-47 所示。
```

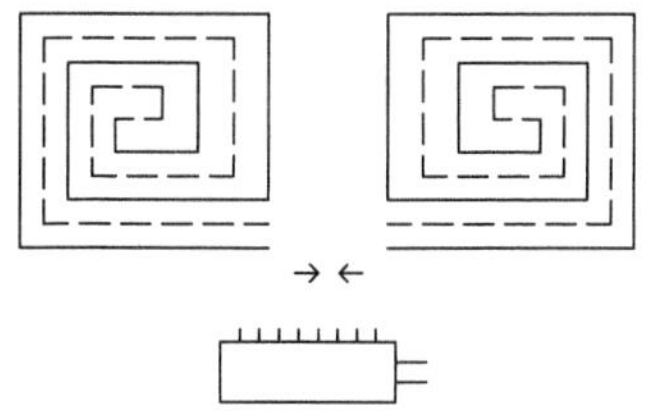
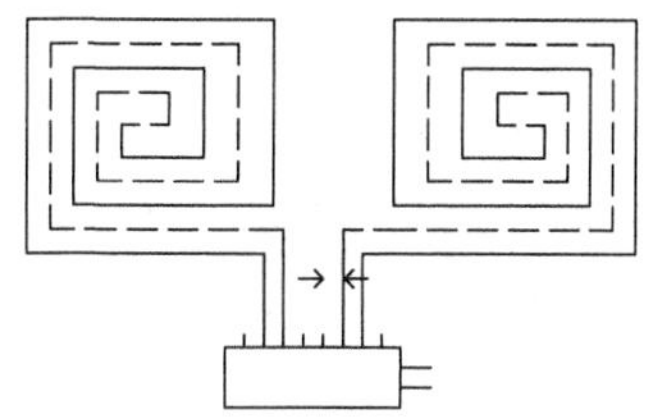

图 5-47 连接结果

5.10 盘管移动

调用盘管移动命令，可以实现平行型盘管在 L 形房间的布置。如图 5-48 所示为该命令的操作结果。

盘管移动命令的执行方式有以下几种：

- 命令行：在命令行中输入 PGYD 命令按回车键。
- 菜单栏：单击“地暖”→“盘管移动”命令。

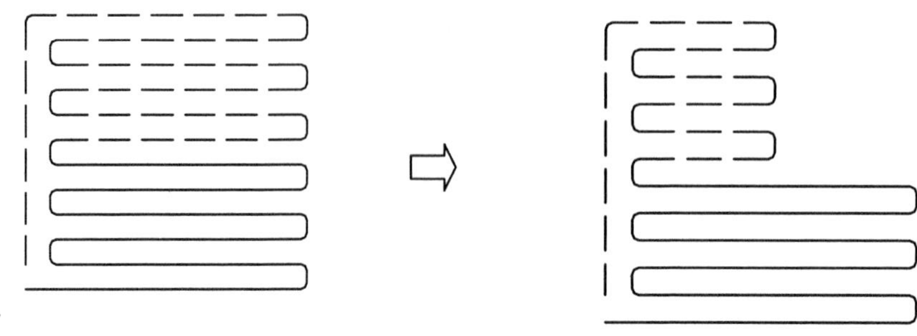

图 5-48 盘管移动

调用 X【分解】命令，将平行型盘管打散。

执行“盘管移动”命令，命令行提示如下：

```
命令：PGYD↙
请选取要移动的管线<退出>:指定对角点：找到 9 个    //选择要移动的管线;
请选取要移动的管线<退出>:                          //按回车键;
指定基点<退出>:                                    //在绘图区任意指定一点;
指定第二个点<退出>:                                //指定第二个点，绘制结果如图 5-48 所示。
```

5.11 盘管统计

调用盘管统计命令，可以选择已经打散的地热盘管，并给出总长度。如图 5-49 所示为该命令的操作结果。

盘管统计命令的执行方式有以下几种：

➢ 命令行：在命令行中输入 PGTJ 命令按回车键。

➢ 菜单栏：单击“地暖”→“盘管统计”命令。

下面以如图 5-49 所示的图形为例，介绍调用盘管统计命令的方法。

01 按 Ctrl+O 组合键，打开配套光盘提供的“第 5 章/ 5.11　盘管统计.dwg”素材文件，结果如图 5-50 所示。

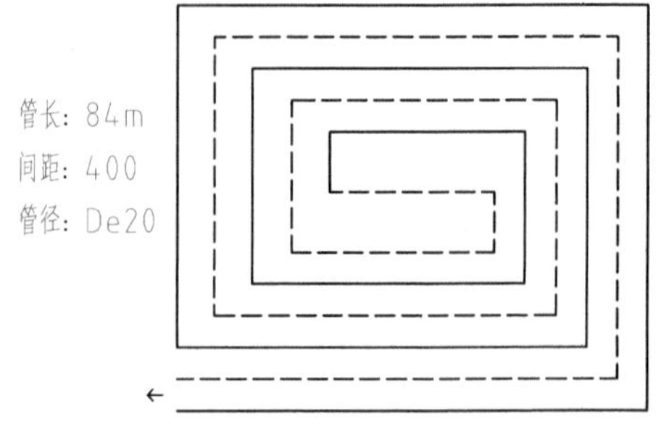

图 5-49 盘管统计

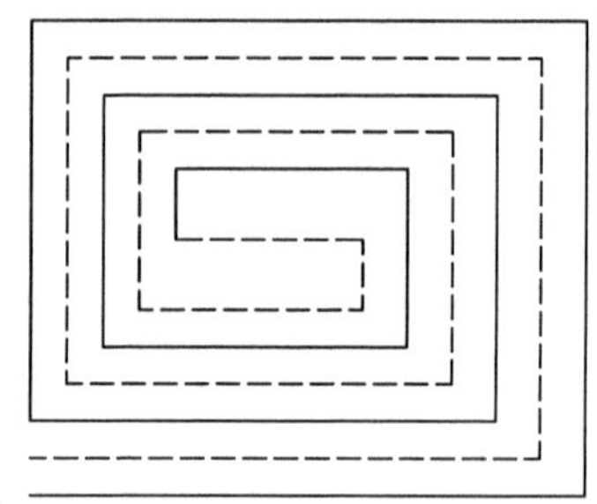

图 5-50 打开素材

02 在命令行中输入 PGTJ 命令按回车键，系统弹出【盘管统计】对话框，在其中勾选待统计的选项，结果如图 5-51 所示。

03 同时命令行提示如下：

```
命令：PGTJ↙
请选择盘管<退出>:          //点取待标注的盘管，则计算结果显示于【盘管统计】对话框中，如图 5-52 所示;
盘管总长度为:82.838m
请点取标注点<取消>:        //点取标注点，绘制结果如图 5-49 所示。
```

图 5-51 【盘管统计】对话框

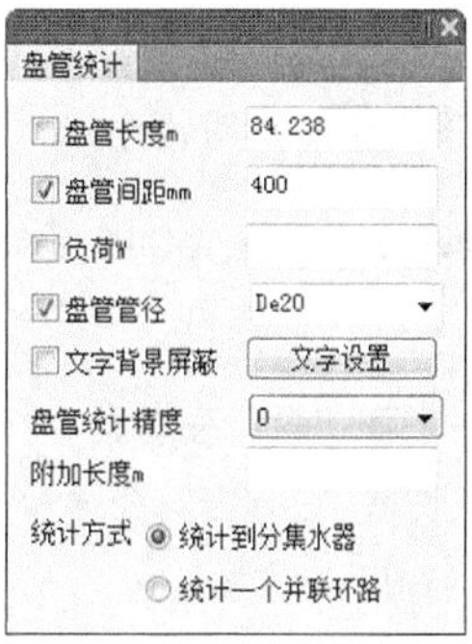

图 5-52 计算结果

在【盘管统计】对话框中单击“文字设置”按钮，系统弹出如图 5-53 所示的【标注文字设置】对话框，在其中可以对标注文字的各项属性进行设置。

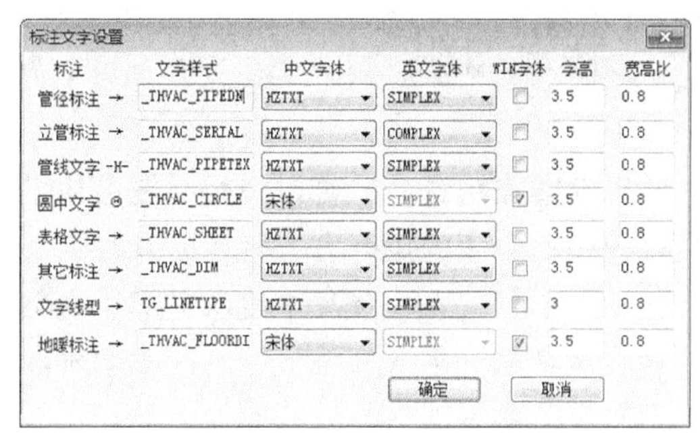

图 5-53 【标注文字设置】对话框

5.12 供回区分

调用供回区分命令，可以设置供、回水的分离点。如图 5-54 所示为该命令的操作结果。

供回区分命令的执行方式有以下几种：

- ➢ 命令行：在命令行中输入 GHQF 命令按回车键。
- ➢ 菜单栏：单击“地暖”→“供回区分”命令。

下面以如图 5-54 所示的图形为例，介绍调用供回区分命令的方法。

01 按 Ctrl+O 组合键，打开配套光盘提供的“第 5 章/ 5.12 供回区分.dwg”素材文件，结果如图 5-55 所示。

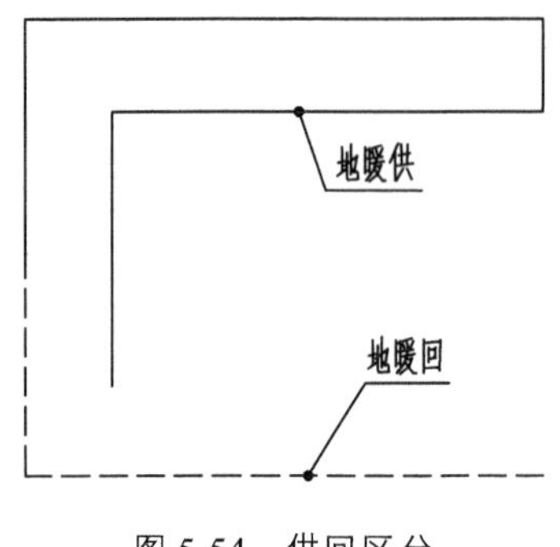

图 5-54 供回区分

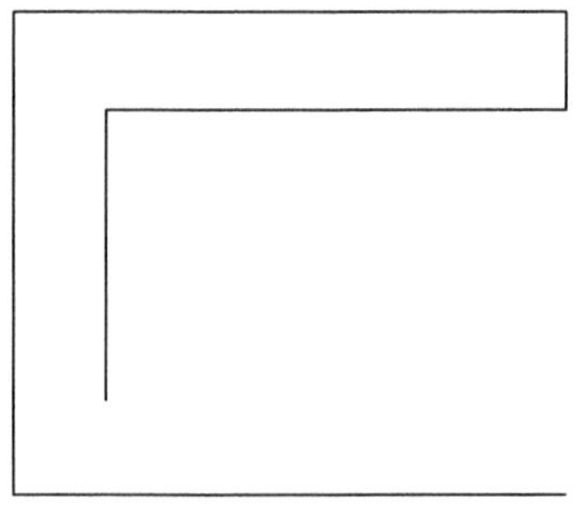
图 5-55 打开素材

02 在命令行中输入 GHQF 命令按回车键，命令行提示如下：

命令：GHQF↙

请选取一条直线、多段线或弧线<退出>: //选定待区分的多段线。

请选择供水图层管段<当前闪烁管段>:指定对角点: //根据命令行的提示进行框选（当前虚线显示的表示供水图层管段）。

设置供回成功！ //按回车键即可完成供回区分的操作，结果如图 5-54 所示

5.13 盘管加粗

调用盘管加粗命令，可以加粗绘图区中的所有盘管。

盘管加粗命令的执行方式有以下几种：

- 命令行：在命令行中输入 PGJC 命令按回车键。
- 菜单栏：单击“地暖”→“盘管加粗”命令。

下面介绍盘管加粗命令的操作方法。

在命令行中输入 PGJC 命令按回车键，即可将位于绘图区中的所有盘管执行加粗操作。

第 6 章 多联机

● **本章导读**

空调系统分内机和外机两部分，内外机通过与管线进行连接，可以执行排风或送风的运转。本章介绍机器与水管图形的绘制命令的操作，以及执行相应的命令对设备执行维护，以便扩充设备的数据库。

● **本章重点**

- ◈ 设置
- ◈ 室内机
- ◈ 室外机
- ◈ 绘制管线
- ◈ 系统计算
- ◈ 维护

6.1 设置

调用设置命令，可以对多联机的各项参数进行预先设置；包括厂商设置、自动连管设置以及标注设置等。

设置命令的执行方式有以下几种：

➢ 命令行：在命令行中输入 DLJSZ 命令按回车键。

➢ 菜单栏：单击“多联机”→“设置”命令。

执行“设置”命令，在如图 6-1 所示的【多联机设置】对话框中单击“分歧管长度”选项，在列表中可以选择系统所提供的长度参数，如图 6-2 所示。此外，也可直接在选项框中设定长度参数。

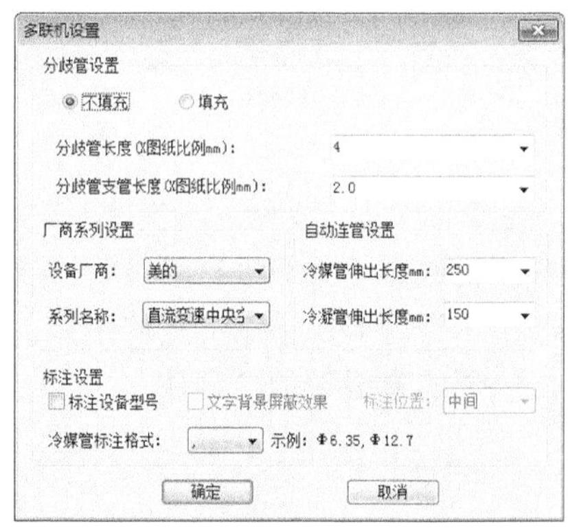

图 6-1 【多联机设置】对话框

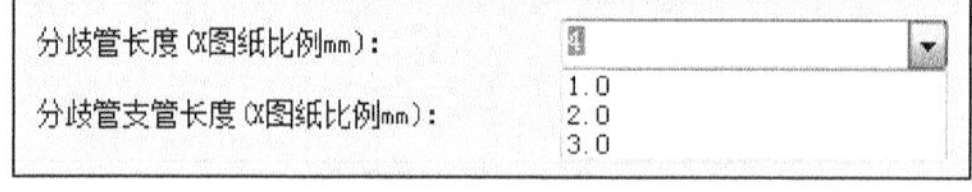

图 6-2 下拉列表

在“厂商系列设置”选项组中，可以设置设备厂商与系列名称的参数。单击“设备厂商”选项框，在弹出的下拉列表中可以选择系统所提供的厂商类别，如图 6-3 所示。

改变了设备厂商参数后，“系列名称”参数也会相应的发生变化。如图 6-4 所示为选择“海信日立”设备厂商后，“系列名称”参数的变化结果。

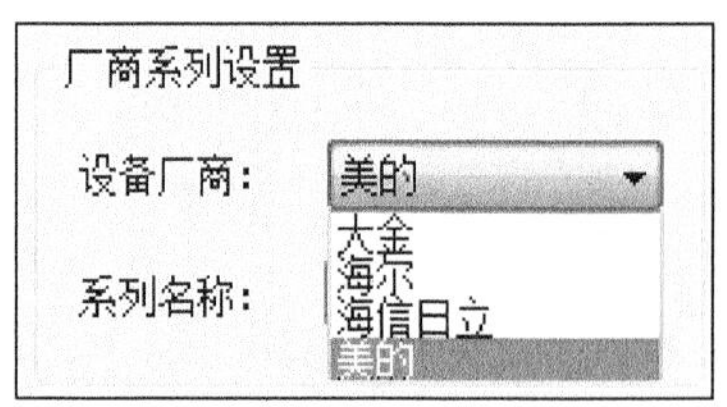

图 6-3 选择厂商

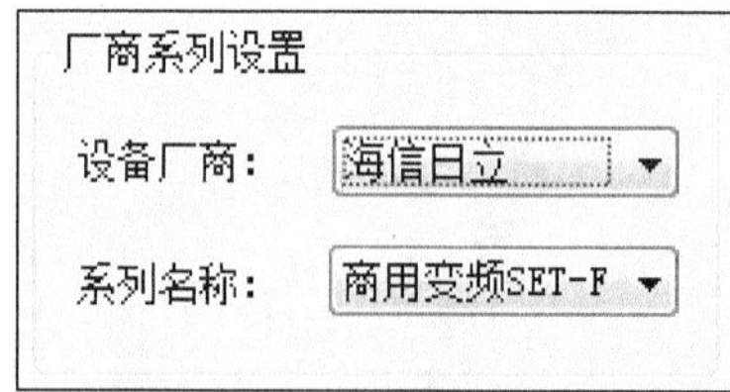

图 6-4 变化结果

勾选“标注设置”选项组下的“标注设备型号”选项，可以亮显后面的两个选项（“标注位置”、“文字背景屏蔽效果”），在其中设置或修改原有参数，如图 6-5 所示。

单击“冷媒管标注样式”选项，在列表中显示了三种标注格式，单击可以选择其中的一种，在选项后方系统显示了各类标注样式的标注结果，如图 6-6 所示。

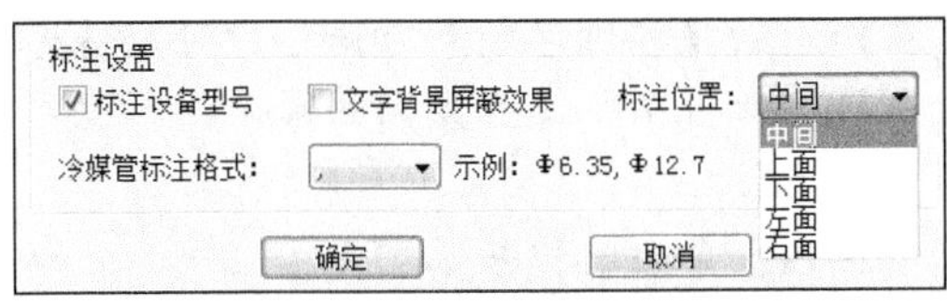

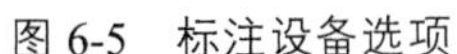
图 6-5　标注设备选项

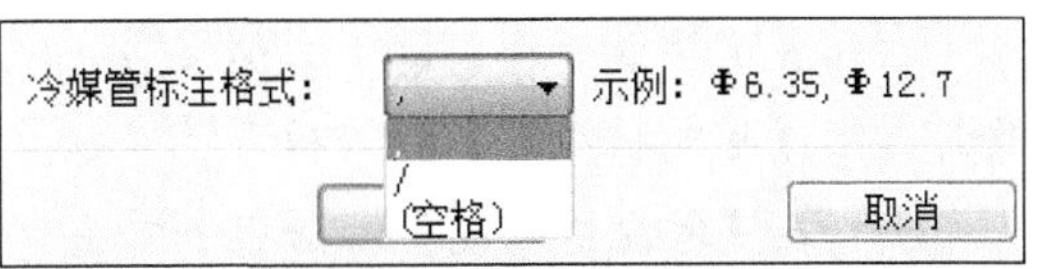

图 6-6　冷媒管标注样式

6.2 室内机

调用室内机命令，可以布置指定样式的室内机图形。如图 6-7 所示为室内机命令的操作结果。

室内机命令的执行方式有以下几种：

- 命令行：在命令行中输入 SNJBZ 命令按回车键。
- 菜单栏：单击“多联机”→“室内机”命令。

下面以如图 6-7 所示的室内机绘制结果为例，介绍调用室内机命令的方法。

01 按 Ctrl+O 组合键，打开配套光盘提供的“第 6 章/ 6.2　室内机.dwg”素材文件，结果如图 6-8 所示。

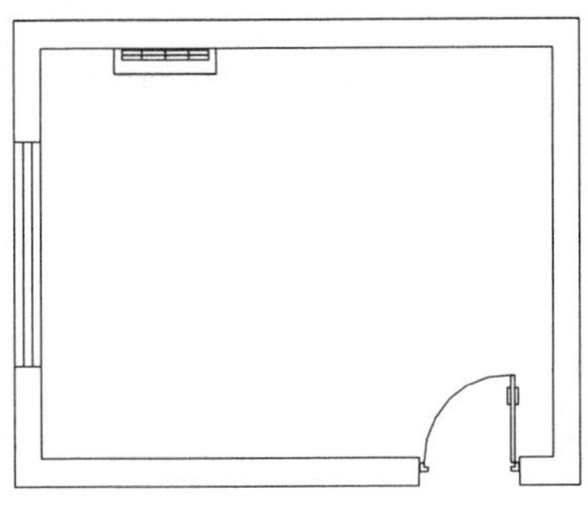
图 6-7　绘制室内机

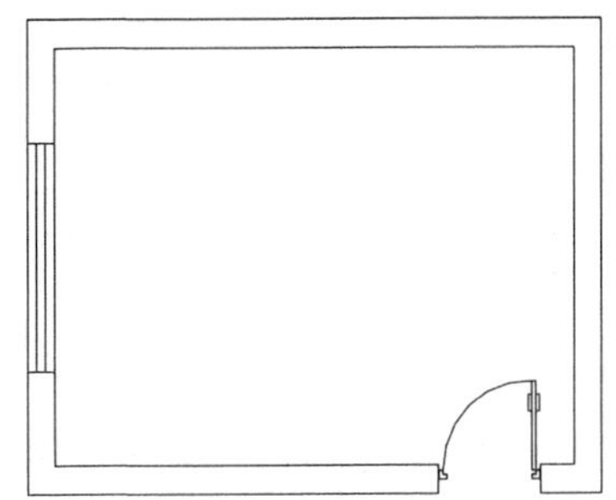
图 6-8　打开素材

02 在命令行中输入 SNJBZ 命令按回车键，系统弹出【室内机布置】对话框，设置参数如图 6-9 所示。

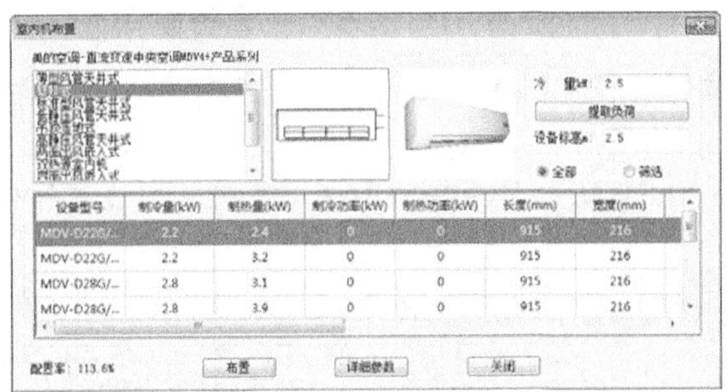

图 6-9　【室内机布置】对话框

03 单击对话框下方的“详细参数”按钮，在弹出的【详细参数】对话框中可以查看所选定的室内机的具体参数，如图 6-10 所示。（在该对话框中不支持数据的修改，若要修改需返回【室内机布置】对话框）

04 在【室内机布置】对话框中单击“布置”按钮，命令行提示如下：

```
命令：SNJBZ↙
请指定多联机设备的插入点 {沿墙布置[W]/转 90 度(A)/改转角[R]/左右翻转[F]/上下翻转[S]}<退出>:W                    //输入 W，选择“沿墙布置”选项。
请输入设备边距离墙线的距离<0>:                    //按下回车键。
请拾取靠近室内机的墙线{距墙[D]}<退出>:                    //如图 6-11 所示。
```

05 单击鼠标左键，完成室内机的布置，结果如图 6-7 所示。

图 6-10 【详细参数】对话框

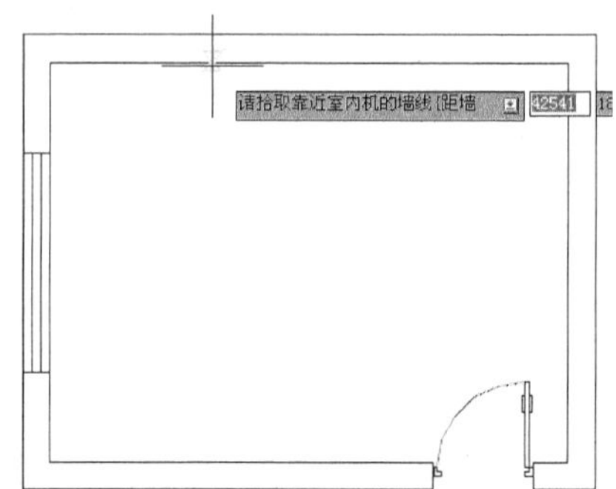

图 6-11 拾取靠近室内机的墙线

6.3 室外机

调用室外机命令，可以布置指定样式的室内外机图形。如图 6-12 所示为室外机命令的操作结果。

室外机命令的执行方式有以下几种：

命令行：在命令行中输入 SWJBZ 命令按回车键。

➢ 菜单栏：单击“多联机”→“室外机”命令。

下面以如图 6-12 所示的室外机绘制结果为例，介绍调用室外机命令的方法。

01 按 Ctrl+O 组合键，打开配套光盘提供的“第 6 章/6.3 室外机.dwg”素材文件，结果如图 6-13 所示。

02 在命令行中输入 SWJBZ 命令按回车键，系统弹出【室外机布置】对话框，设置参数如图 6-14 所示。

03 单击“布置”按钮，命令行提示如下：

```
命令：SWJBZ↙
请指定多联机设备的插入点 {沿墙布置[W]/转 90 度(A)/改转角[R]/左右翻转[F]/上下翻转[S]}<退出>:                    //如图 6-15 所示。
```

04 布置室外机的结果如图 6-12 所示。

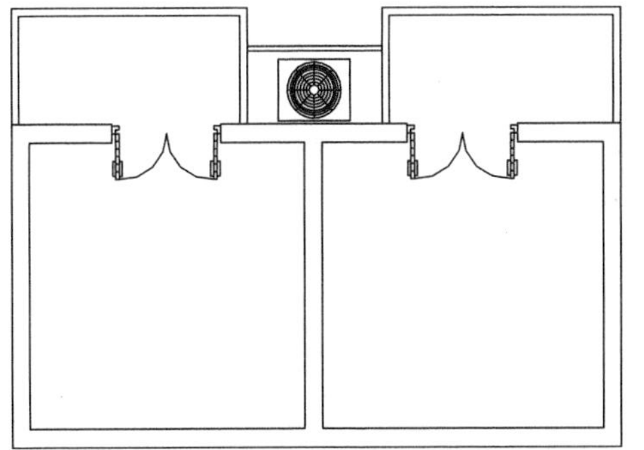

图 6-12 绘制室外机

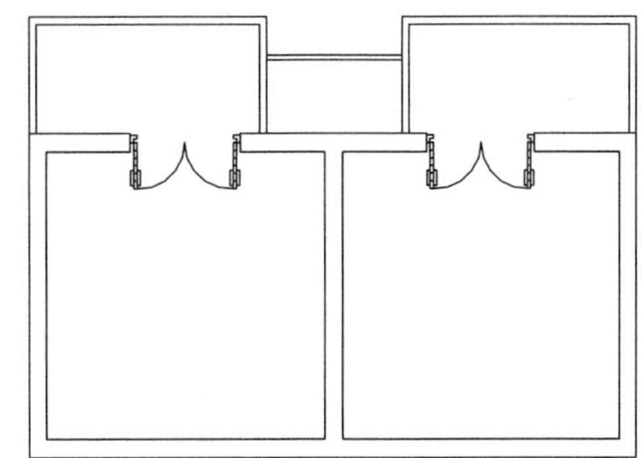

图 6-13 打开素材

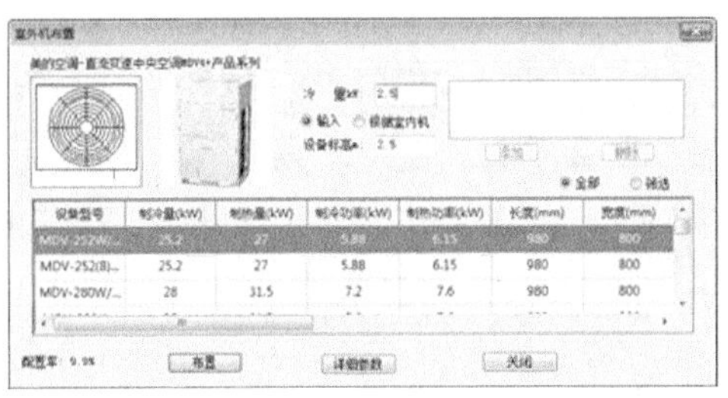

图 6-14 【室外机布置】对话框

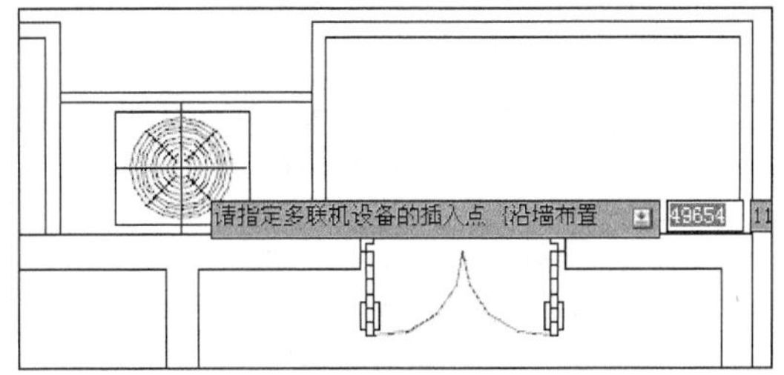

图 6-15 指定多联机设备的插入点

6.4 绘制管线

多联机需要与管线相连才能辅助使用，本节介绍管线的绘制；包括冷媒管与冷凝水管的绘制，以及管线与设备的连接方法。

6.4.1 冷媒管绘制

调用冷媒管绘制命令，可以通过指定管线的起点和终点来布置冷媒管。如图 6-16 所示为冷媒管的绘制结果。

冷媒管绘制命令的执行方式有以下几种：

- 命令行：在命令行中输入 LMBZ 命令按回车键。
- 菜单栏：单击“多联机”→“冷媒管绘制”命令。

下面以如图 6-16 所示的冷媒管绘制结果为例，介绍调用冷媒管命令的方法。

01 按 Ctrl+O 组合键，打开配套光盘提供的“第 6 章/ 6.4.1 冷媒管绘制.dwg”素材文件，结果如图 6-17 所示。

02 在命令行中输入 LMBZ 命令按回车键，系统弹出【冷媒管布置】对话框，设置参数如图 6-18 所示。

03 在对话框中单击“管线设置”按钮，在弹出的【管线样式设定】对话框中可以设定该管线的各项参数，如图 6-19 所示。

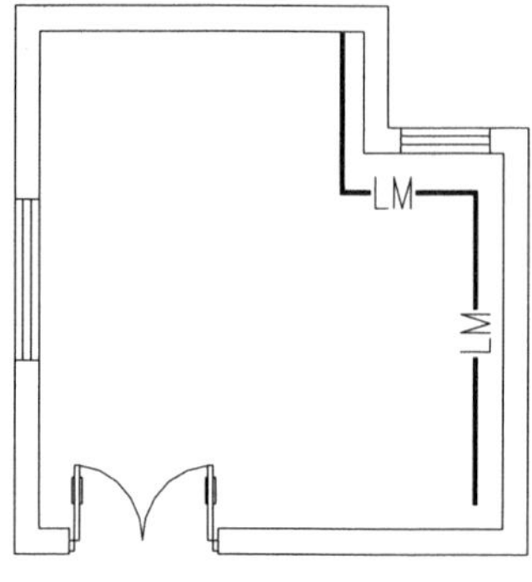

图 6-16 绘制冷媒管

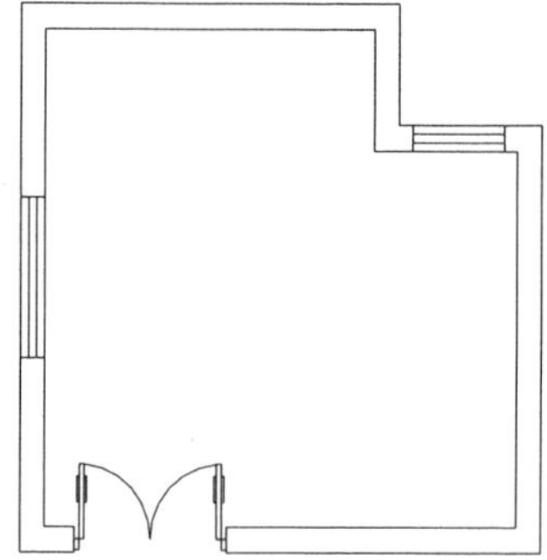

图 6-17 打开素材

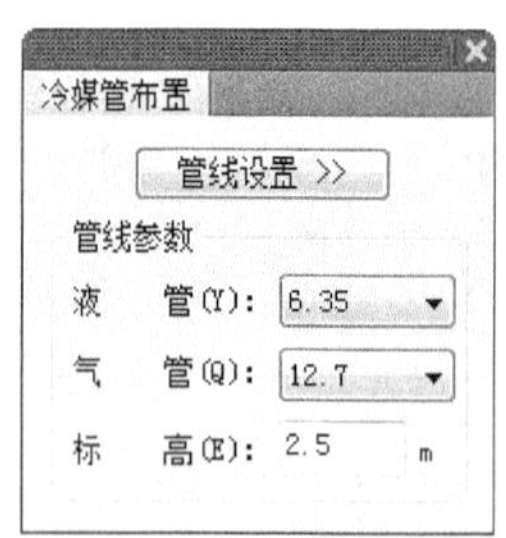

图 6-18 【冷媒管布置】对话框

图 6-19 【管线样式设定】对话框

04 单击“确定”按钮关闭对话框，此时命令行提示如下：

命令：LMBZ↙

请点取管线的起始点[参考点(R)/距线(T)/两线(G)/墙角(C)]<退出>： //如图 6-20 所示。

请点取终点[参考点(R)/沿线(T)/两线(G)/墙角(C)/轴锁度数[0(A)/30(S)/45(D)]/回退(U)]<结束>： //如图 6-21 所示。

05 重复指定管线的各点，完成冷媒管的绘制，结果如图 6-16 所示。

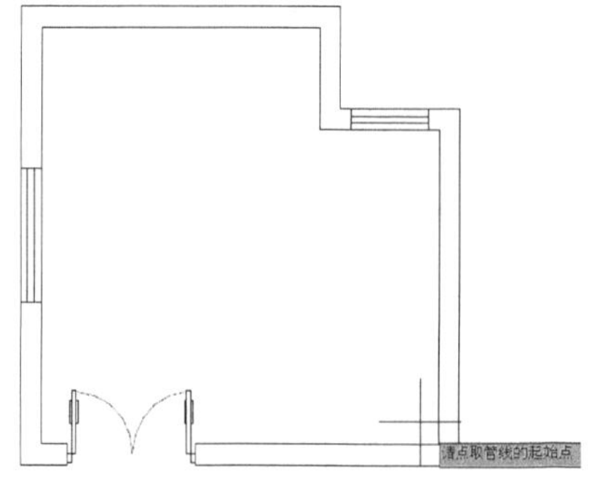

图 6-20 点取管线的起始点

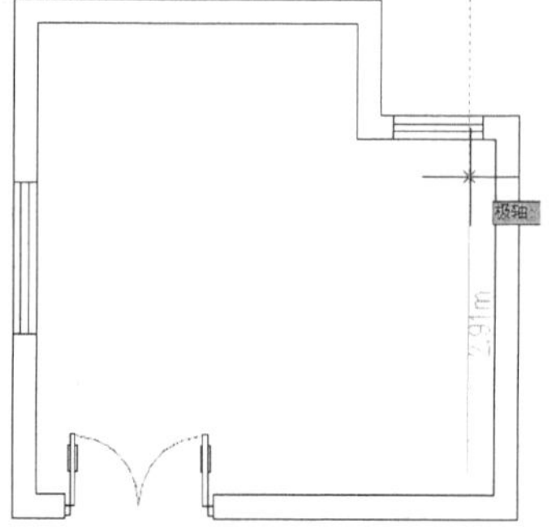

图 6-21 点取下一点

6.4.2 冷凝水管

调用冷凝水管命令，可以绘制空调冷凝水管。如图 6-22 所示为冷凝水管的绘制结果。

冷凝水管绘制命令的执行方式有以下几种：

➢ 命令行：在命令行中输入 LNSG 命令按回车键。

➢ 菜单栏：单击“多联机”→“冷凝管绘制”命令。

下面以如图 6-22 所示的冷凝水管绘制结果为例，介绍调用冷凝水管命令的方法。

01 按 Ctrl+O 组合键，打开配套光盘提供的“第 6 章/ 6.4.2　冷凝水管绘制.dwg”素材文件，结果如图 6-23 所示。

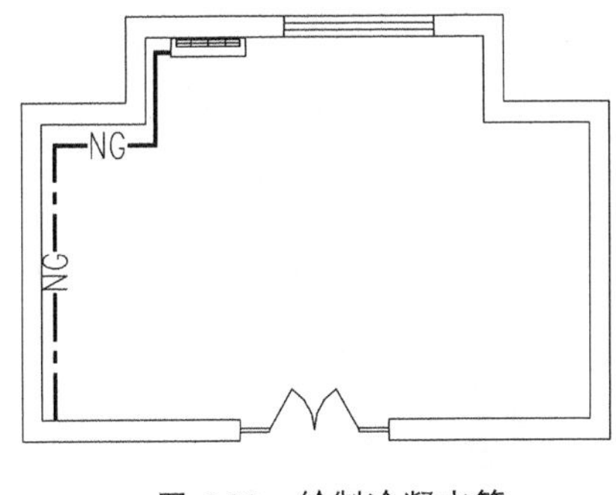

图 6-22　绘制冷凝水管

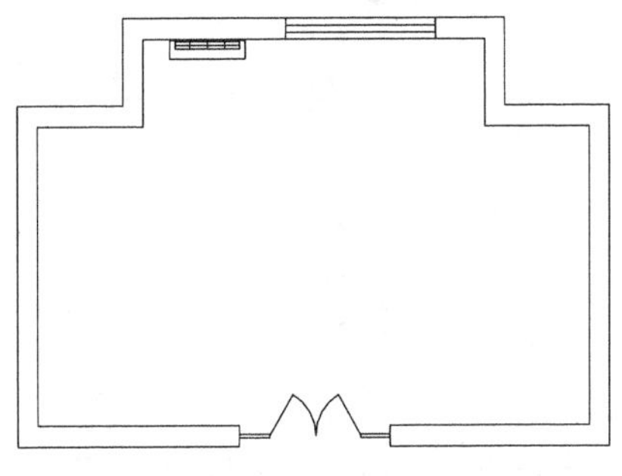

图 6-23　打开素材

02 在命令行中输入 LNSG 命令按回车键，系统弹出如图 6-24 所示的【空水管线】对话框。

图 6-24　【空水管线】对话框

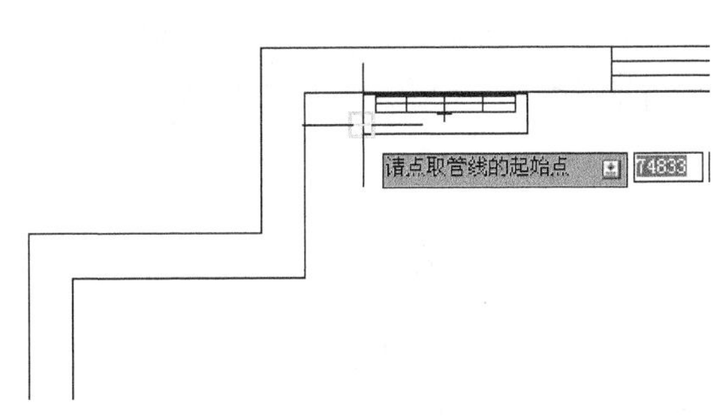

图 6-25　点取管线的起始点

03 在对话框中单击“冷凝水”管线按钮，命令行提示如下：

```
命令：LNSG↙
请点取管线的起始点[参考点(R)/距线(T)/两线(G)/墙角(C)]<退出>：//如图 6-25 所示。
请点取终点[参考点(R)/沿线(T)/两线(G)/墙角(C)/轴锁度数[0(A)/30(S)/45(D)]/回退(U)]<结束>：                //分别指定管线的各点，绘制管线，结果如图 6-22 所示。
```

6.4.3 冷媒立管

调用冷媒立管命令，可以选择系统所提供的样式来完成立管图形的布置。如图 6-26 所示为冷媒立管的绘制结果。

冷媒立管绘制命令的执行方式有以下几种：

- 命令行：在命令行中输入 LMLG 命令按回车键。
- 菜单栏：单击“多联机”→“冷媒立管”命令。

下面以如图 6-26 所示的冷媒立管绘制结果为例，介绍调用冷媒立管命令的方法。

01 按 Ctrl+O 组合键，打开配套光盘提供的“第 6 章/ 6.4.3 冷媒立管.dwg”素材文件，结果如图 6-27 所示。

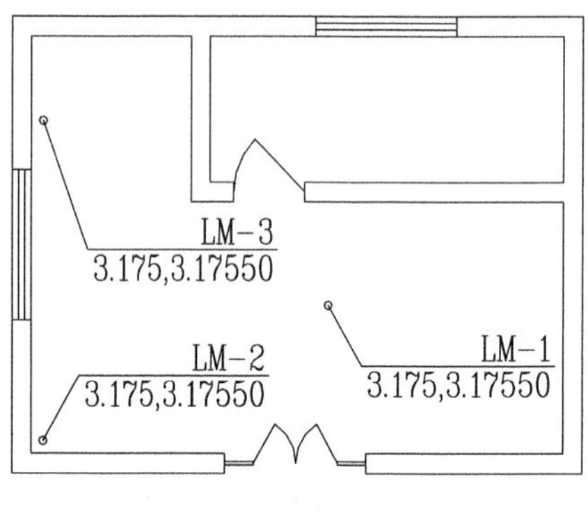

图 6-26 绘制冷媒立管

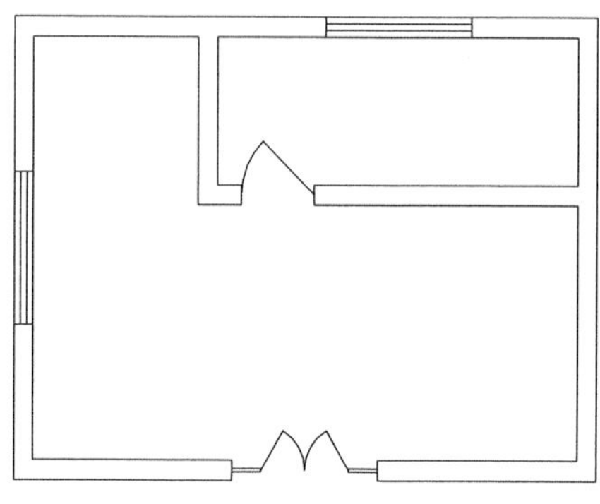

图 6-27 打开素材

02 在命令行中输入 LMLG 命令按回车键，系统弹出如图 6-28 所示的【冷媒立管】对话框。

03 此时命令行提示如下：

```
命令： LMLG↙
请指定立管的插入点[参考点(R)/距线(T)/两线(G)/墙角(C)]<退出>:*取消*
                                  //点取立管的插入点，完成立管的布置，结果如图 6-29 所示。
```

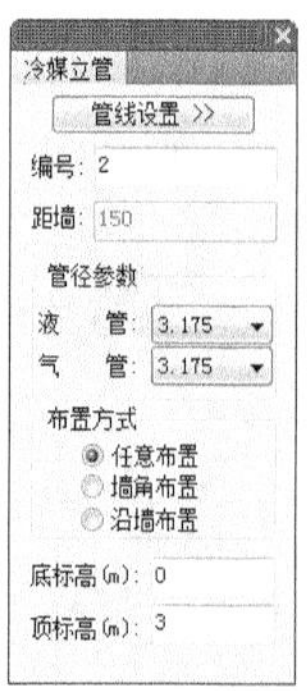

图 6-28 【冷媒立管】对话框

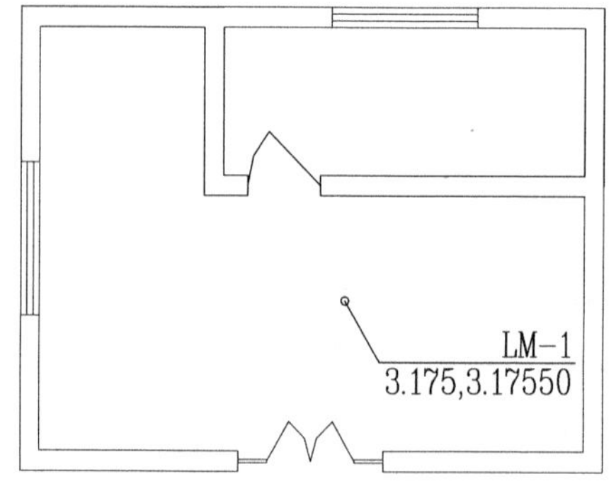

图 6-29 布置立管

04 在【冷媒立管】对话框中选择“墙角布置”选项，设置“距墙”参数，如图 6-30 所示。

05 命令行提示如下：

```
命令：LMLG↙
请拾取靠近立管的墙角<退出>:        //如图 6-31 所示。
```

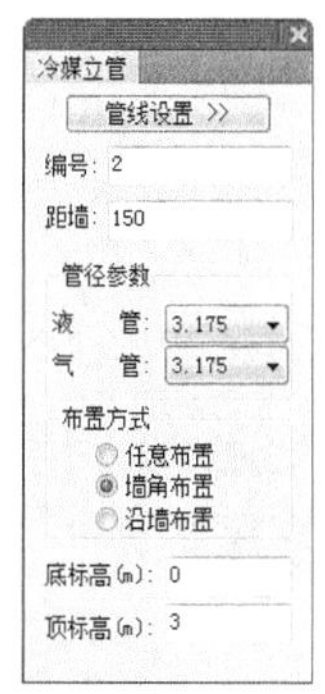

图 6-30　选择“墙角布置”选项

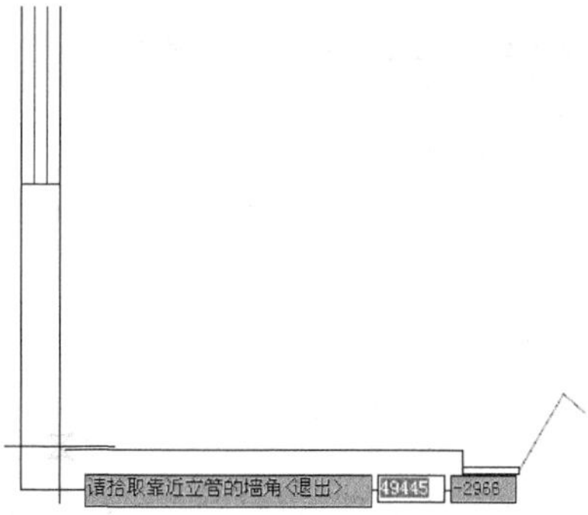

图 6-31　拾取靠近立管的墙角

06 立管的布置结果如图 6-32 所示。

07 在【冷媒立管】对话框中选择“沿墙布置”选项，命令行提示如下：

```
命令：LMLG↙
请拾取靠近立管的墙线<退出>:            //点取墙线，完成立管的布置，结果如图 6-26 所示。
```

6.4.4 分歧管

调用分歧管命令，可以绘制分歧管图形。如图 6-33 所示为分歧管的绘制结果。

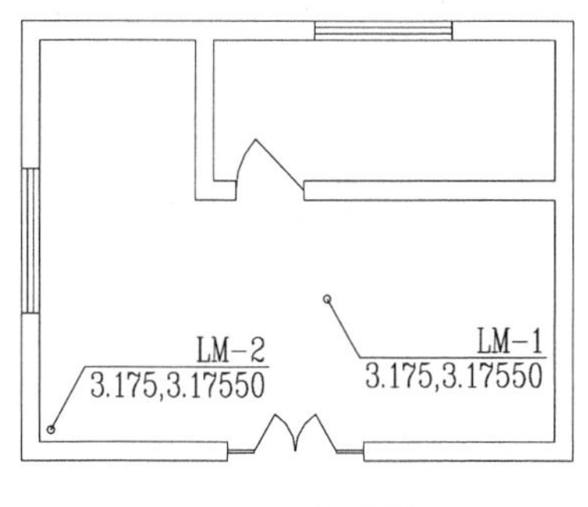

图 6-32　操作结果

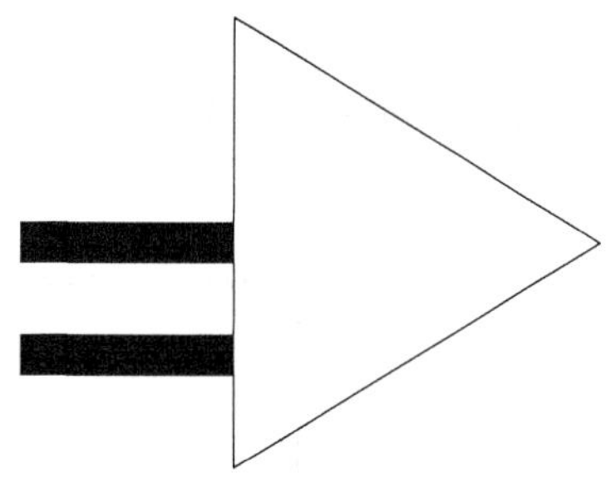

图 6-33　分歧管

分歧管绘制命令的执行方式有以下几种：

- 命令行：在命令行中输入 FQGBZ 命令按回车键。
- 菜单栏：单击“多联机”→“分歧管”命令。

下面以如图 6-33 所示的分歧管绘制结果为例，介绍调用分歧管命令的方法。

01 在命令行中输入 FQGBZ 命令按回车键，在弹出的【分歧管绘制】对话框中设置参数，如图 6-34 所示。

02 此时命令行提示如下：

命令：FQGBZ↙

请指定分歧管的插入点 {[基点变换(T)/转 90 度(A)/左右翻(S)/上下翻(D)/改转角(R)]} <退出>: //在绘图区中点取分歧管的插入点，绘制结果如图 6-33 所示；

03 选中分歧管，可以显示水管的接入口和输出口，如图 6-35 所示。

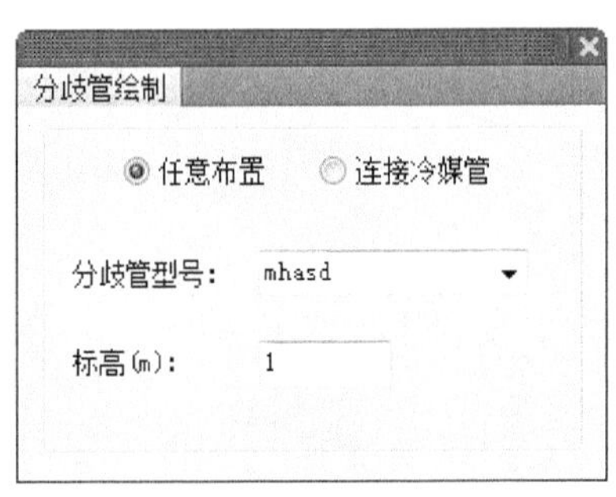

图 6-34 【分歧管绘制】对话框

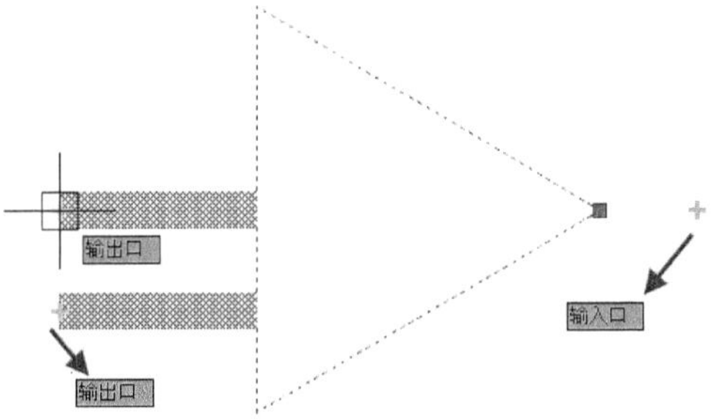

图 6-35 接线口

04 单击激活其中的一个管线接口，可以引出管线，如图 6-36 所示。

05 松开鼠标，即可完成引出管线的操作，结果如图 6-37 所示。

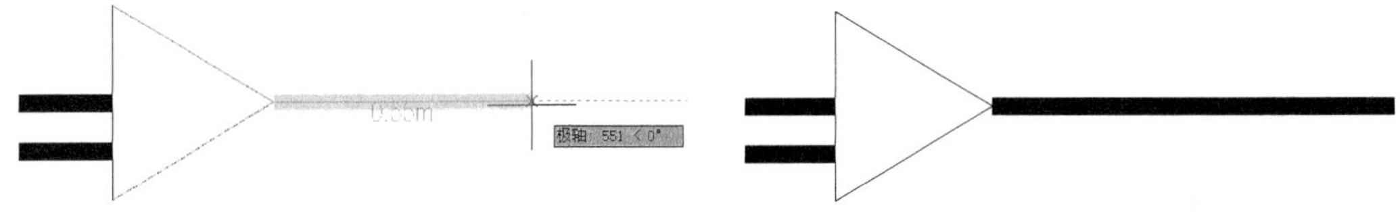

图 6-36 激活接线口

图 6-37 引出管线

06 按 Ctrl+O 组合键，打开配套光盘提供的“第 6 章/ 6.4.4 分歧管.dwg”素材文件，结果如图 6-38 所示。

07 在【分歧管绘制】对话框中选择“连接冷媒管”选项，如图 6-39 所示。

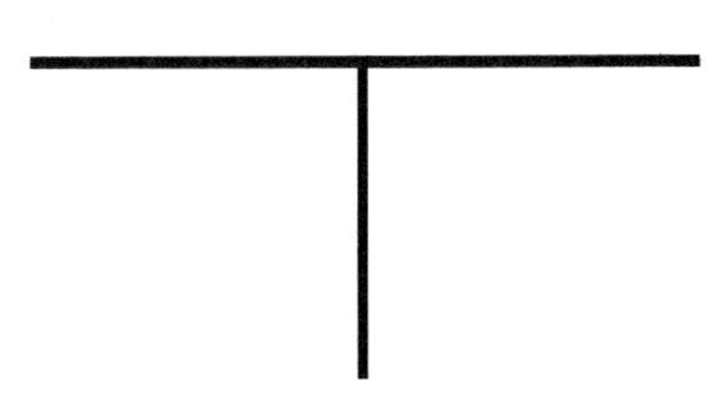

图 6-38 打开素材

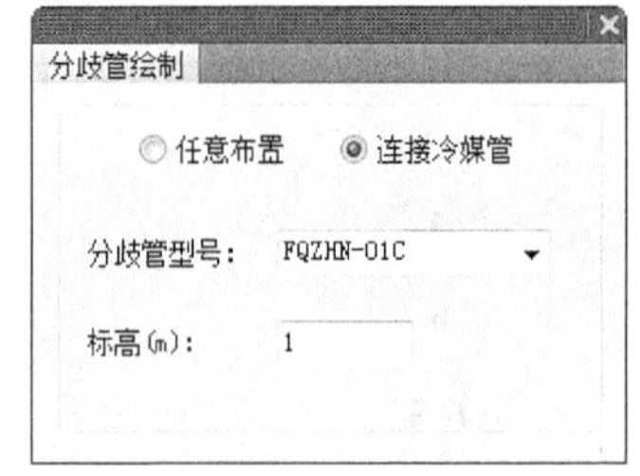

图 6-39 选择“连接冷媒管”选项

08 此时命令行提示如下：

命令：FQGBZ↙

请选择主管： //如图 6-40 所示。

请选择支管： //如图 6-41 所示。

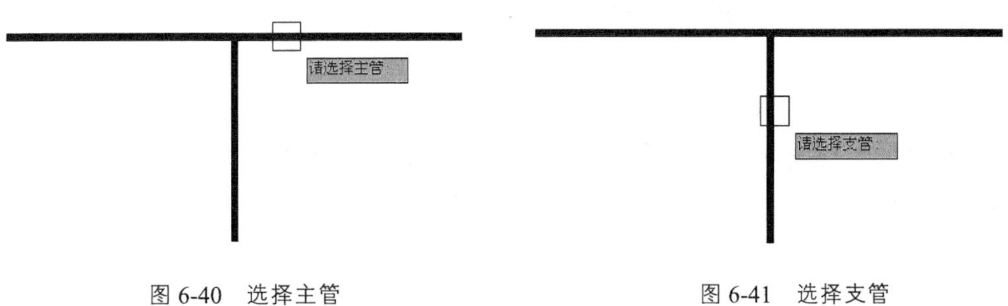

图 6-40　选择主管　　　　图 6-41　选择支管

[09] 绘制分歧管来连接冷媒管，结果如图 6-42 所示。

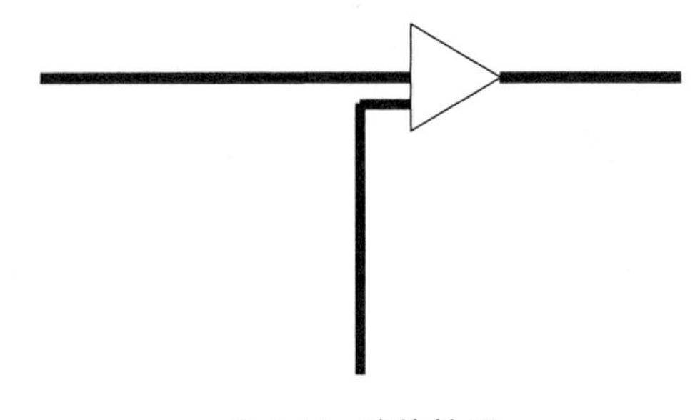

图 6-42　连接结果

6.4.5 连接 VRV

调用连接 VRV 命令，可以自动连接多联机设备与管线。如图 6-43 所示为连接 VRV 的结果。

连接 VRV 命令的执行方式有以下几种：

➢ 命令行：在命令行中输入 DLJLG 命令按回车键。

➢ 菜单栏：单击“多联机”→“连接 VRV”命令。

下面以如图 6-43 所示的连接 VRV 操作结果为例，介绍调用连接 VRV 命令的方法。

[01] 按 Ctrl+O 组合键，打开配套光盘提供的“第 6 章/ 6.4.5　连接 VRV.dwg”素材文件，结果如图 6-44 所示。

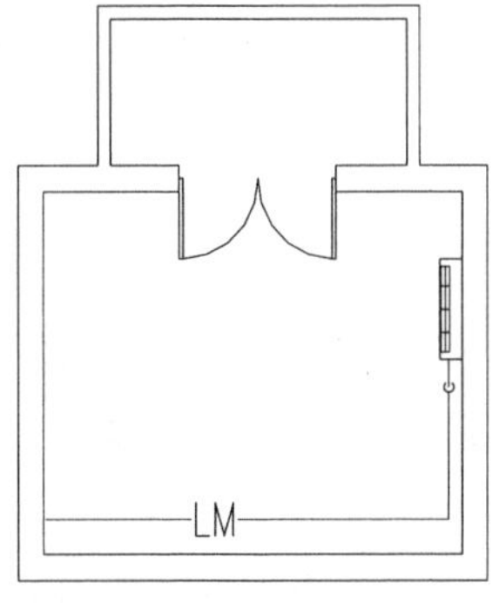

图 6-43　连接 VRV

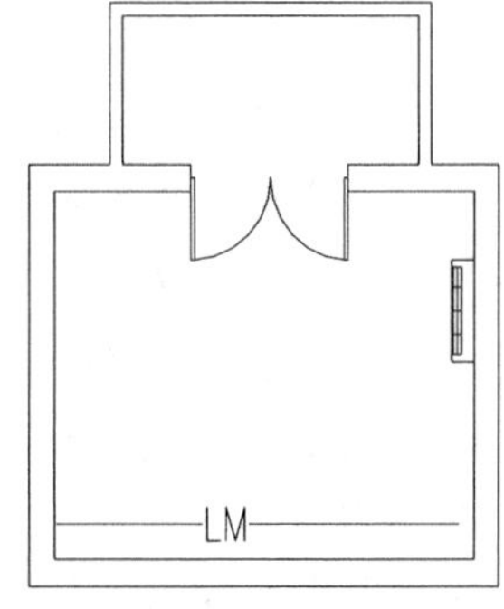

图 6-44　打开素材

02 在命令行中输入 DLJLG 命令按回车键，命令行提示如下：

```
命令：DLJLG↙
请框选多联机对象:找到 1 个，总计 2 个              //如图 6-45 所示。
请框选多联机对象：请选择分歧管方向点：             //如图 6-46 所示。
```

03 单击鼠标左键，完成连接操作，结果如图 6-43 所示。

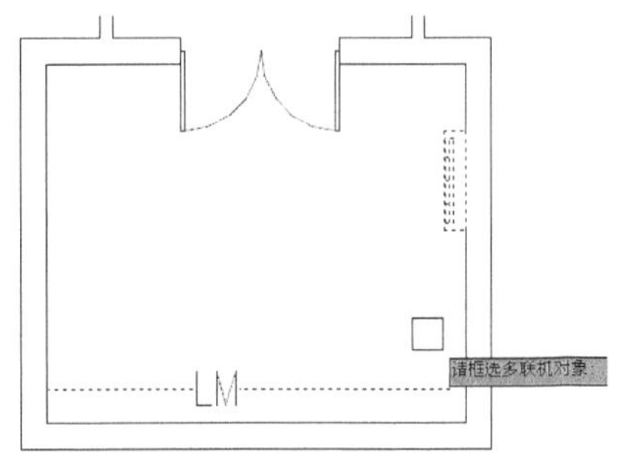

图 6-45　框选多联机对象

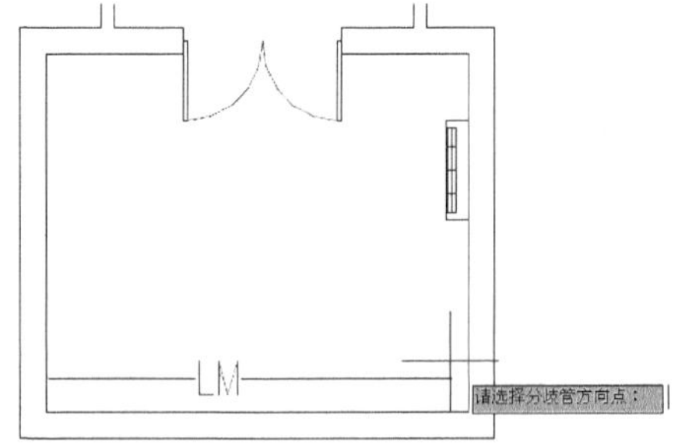

图 6-46　选择分歧管方向点

6.4.6 设备连管

调用设备连管命令，可以自动连接设备与管线。如图 6-47 所示为绘制设备连管的操作结果。

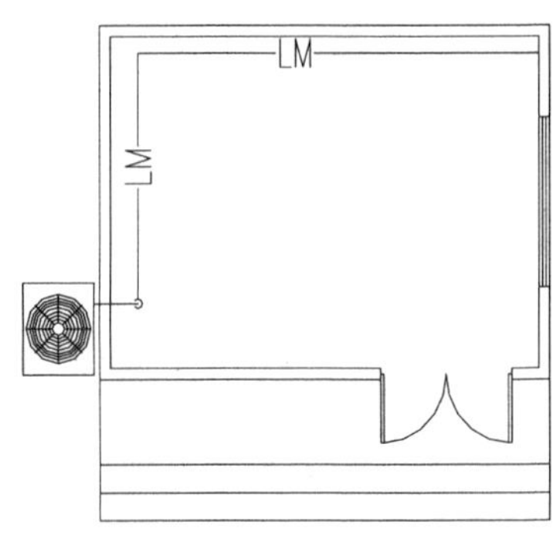

图 6-47　设备连管

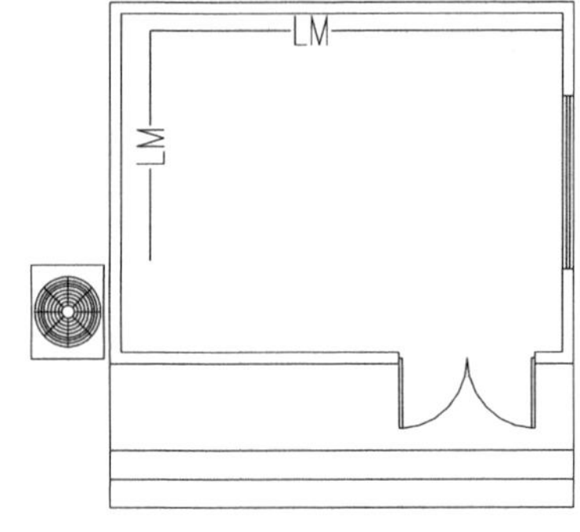

图 6-48　打开素材

设备连管命令的执行方式有以下几种：

- 命令行：在命令行中输入 SBLG 命令按回车键。
- 菜单栏：单击“多联机”→“设备连管”命令。

下面以如图 6-47 所示的设备连管操作结果为例，介绍调用设备连管命令的方法。

01 按 Ctrl+O 组合键，打开配套光盘提供的“第 6 章/ 6.4.6　设备连管.dwg”素材文件，结果如图 6-48 所示。

02 在命令行中输入 SBLG 命令按回车键，在弹出的【设备连管设置】对话框中设置参数，如图 6-49 所示。

03 此时命令行提示如下：

```
命令: SBLG↙
请选择要连接的设备及管线<退出>:找到 2 个，总计 2 个            //如图 6-50 所示;
```

04 按下回车键，完成设备连管的操作结果如图 6-47 所示。

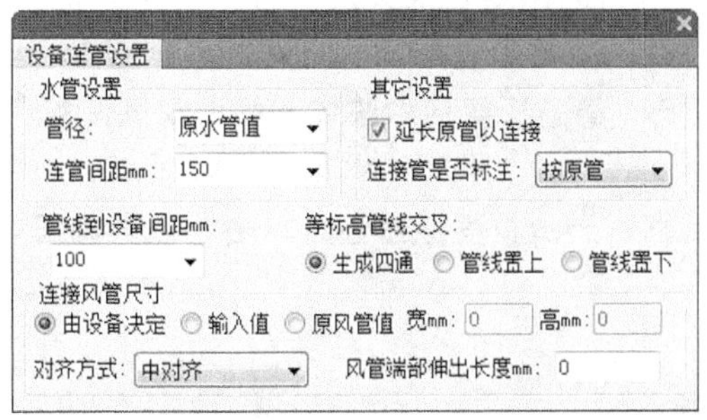

图 6-49 【设备连管设置】对话框

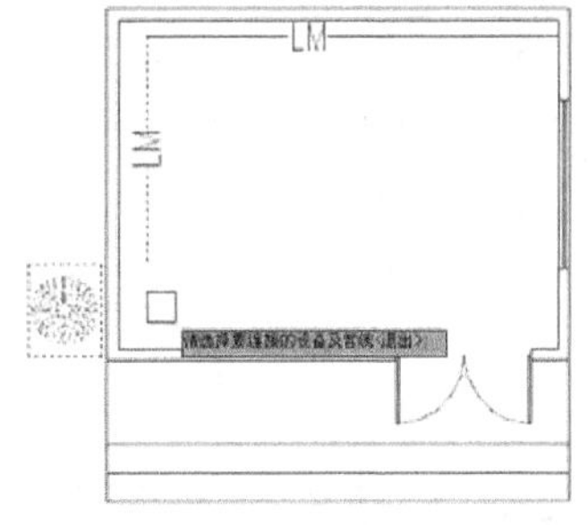

图 6-50 选择要连接的设备及管线

6.5 系统划分

调用系统划分命令，可根据图纸中负荷计算结果，进行系统划分，支持编辑、删除等操作，可以统计出每个系统中所有房间冷负荷、热负荷的汇总结果。

系统划分命令的执行方式有以下几种：

- 命令行：在命令行中输入 XTHF 命令按回车键。
- 菜单栏：单击“多联机”→“系统划分”命令。

执行“系统划分”命令，调出【系统划分】对话框。在对话框中显示了对当前图形的统计及计算结果，如图 6-51 所示。此时，计算对象即设备在图中不停闪烁，直至退出命令操作为止。

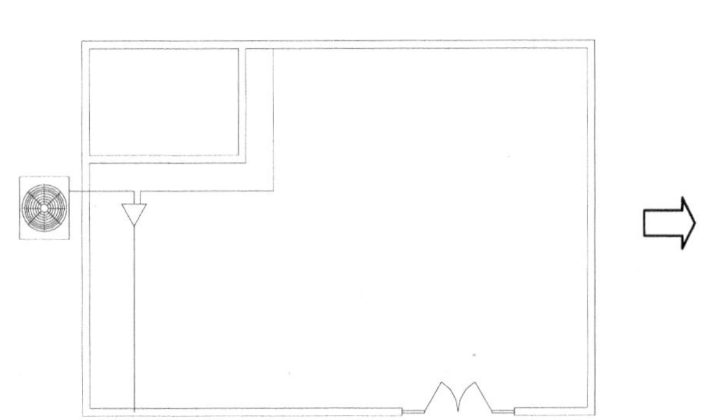

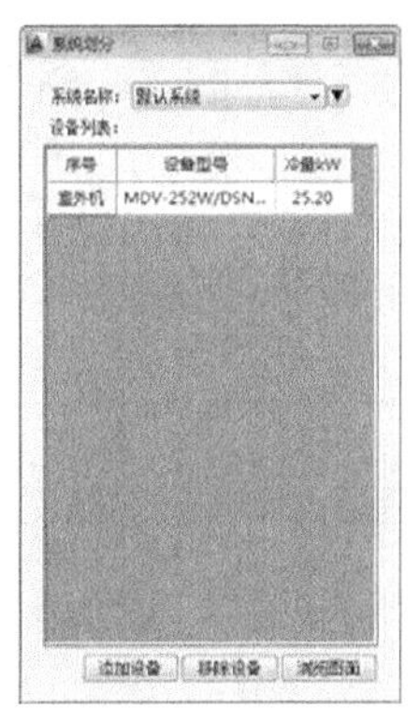

图 6-51 系统划分

“系统名称”选项：在列表中显示已有系统的名称，单击选项后的向下箭头，在调出的列表中可以对系统执行“新建”“删除”“重命名”操作，如图 6-52 所示。

"序号"列表：显示设备的名称。

"设备型号"列表：显示被统计设备的型号。

"冷量 kW"列表：显示对设备的统计结果。

"添加设备"按钮：单击按钮，命令行提示"请选择要划入该系统的多联机设备:"，接着在绘图区中拾取设备。

"移除设备"按钮：单击按钮，此时命令行提示"请选择要移除该系统的多联机设备:"，选中设备可将其移除。

"浏览图面"按钮：单击按钮暂时关闭对话框，浏览页面结束后，单击右键可返回对话框。

6.6 系统计算

调用系统计算命令，可以提供落差、冷媒管、分歧管、充注量计算，并可输出原理图及计算书。

系统计算命令的执行方式有以下几种：

- 命令行：在命令行中输入 XTJS 命令按回车键。
- 菜单栏：单击"多联机"→"系统计算"命令。

下面介绍调用系统计算命令的方法：

01 按 Ctrl+O 组合键，打开配套光盘提供的"第 6 章/ 6.6　系统计算.dwg"素材文件，结果如图 6-53 所示。

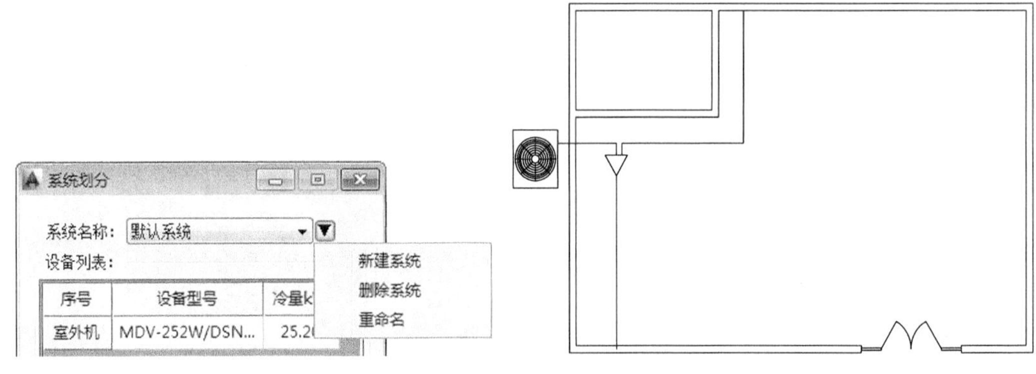

图 6-52　操作列表

图 6-53　打开素材

02 在命令行中输入 XTJS 命令按回车键，系统弹出如图 6-54 所示的【楼层维护】对话框。

03 单击"新建"按钮，命令行提示如下：

```
命令：XTJS↙
请选择该楼层区域左上角点：                //如图 6-55 所示。
请选择该楼层区域右下角点：                //如图 6-56 所示。
```

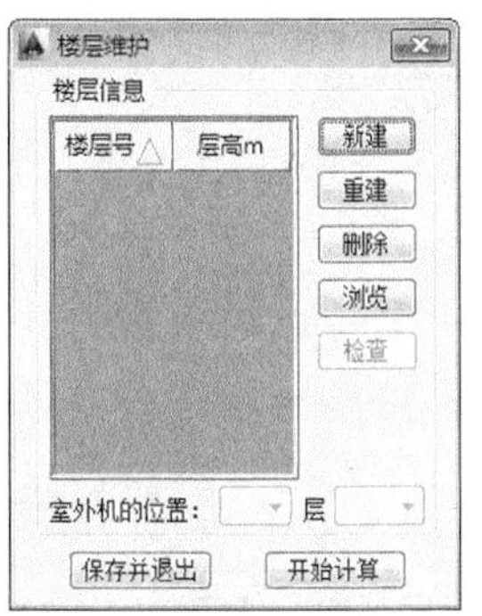

图 6-54 【楼层维护】对话框

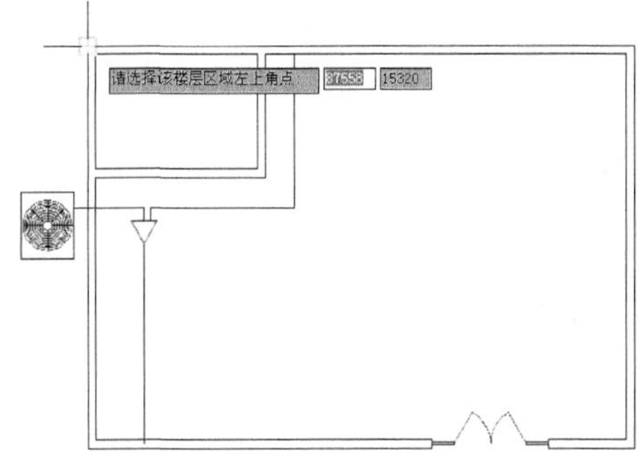

图 6-55 选择该楼层区域左上角点

04 新建楼层的结果如图 6-57 所示。

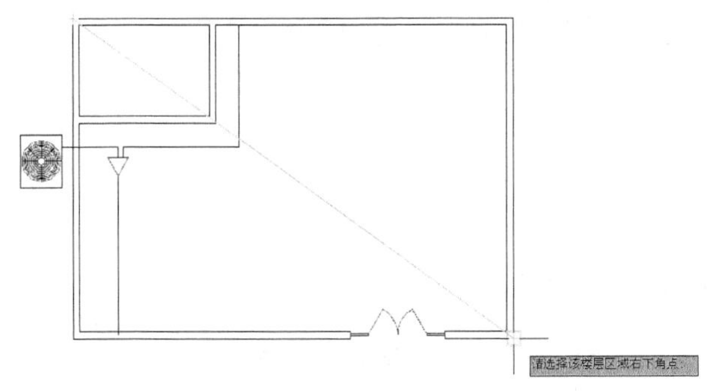

图 6-56 选择该楼层区域右下角点

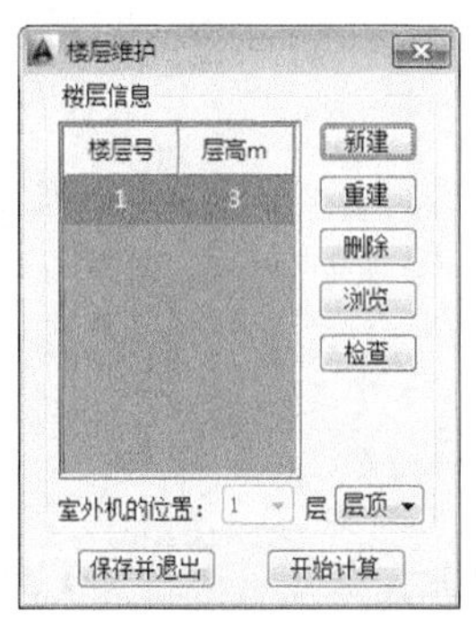

图 6-57 新建楼层

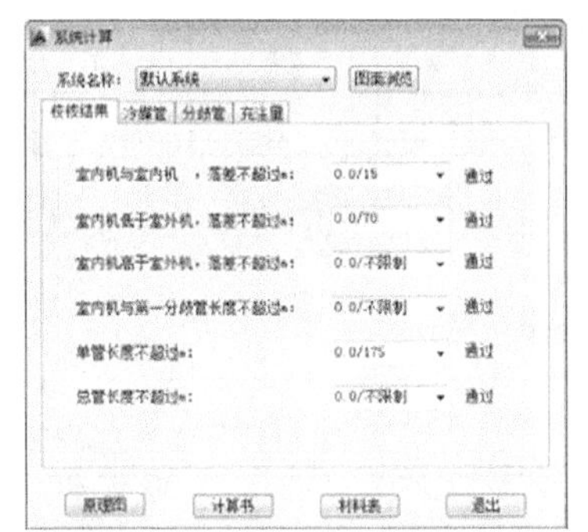

图 6-58 【系统计算】对话框

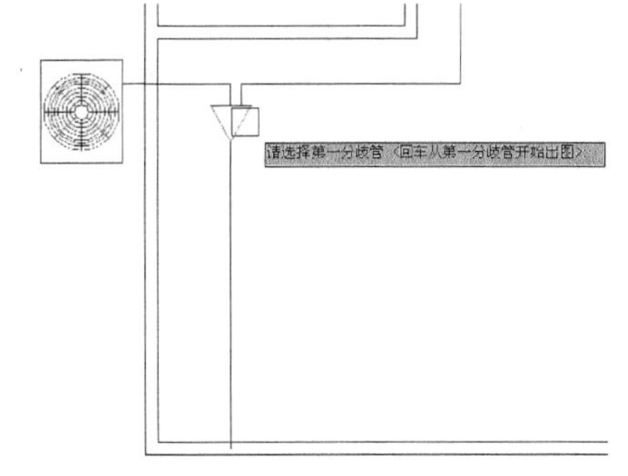

图 6-59 选择第一分歧管

05 单击“开始计算”按钮，系统弹出如图 6-58 所示的【系统计算】对话框。

06 单击“原理图”按钮，命令行提示如下：

请选择第一分歧管 <回车从第一分歧管开始出图>: //如图 6-59 所示。
请选择原理图起点: //点取起点，绘制原理图，结果如图 6-60 所示；

07 在【系统计算】对话框中单击“计算书”按钮，系统弹出【另存为】对话框，在其中设定计算书的存储路径和名称，如图 6-61 所示。

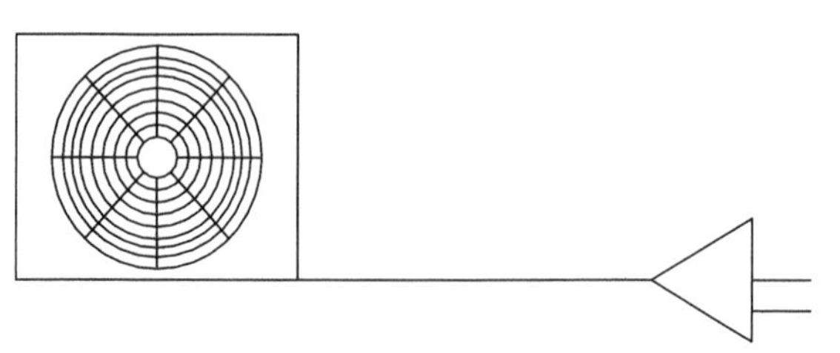

图 6-60　绘制原理图

图 6-61　【另存为】对话框

08 单击“保存”按钮，即可完成计算书的输出，如图 6-62 所示。

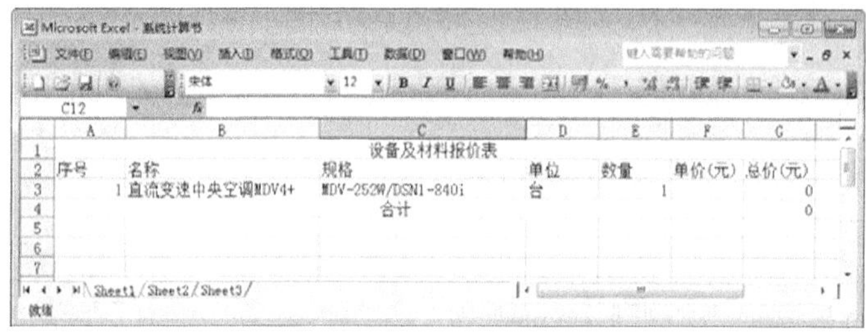

图 6-62　计算书

09 在【系统计算】对话框中单击“材料表”按钮，命令行提示如下：

请点取表格左上角点<退出>:　　　　　　　　//绘制材料表的结果如图 6-63 所示。

设备及材料表

序号	名称	规格	单位	数量	备注
1	直流变速中央空调MDV4+	MDV-252W/DSN1-840i	台	1	

图 6-63　材料表

6.7 维护

本节介绍各类设备维护命令的调用方法，包括厂商维护、设备维护以及系列维护等命令。

6.7.1 厂商维护

调用厂商维护命令，用于厂商维护操作，可以扩充厂商的数据库。

厂商维护命令的执行方式有以下几种：

- 命令行：在命令行中输入 CSWH 命令按回车键。
- 菜单栏：单击“多联机”→“厂商维护”命令。

执行“厂商维护”命令，在【厂商表结构维护】对话框中的“设备厂商”“英文简写”选项框中设置名称，如图 6-64 所示。单击“添加厂商表”按钮，在如图 6-65 所示的 AutoCAD 信息提示对话框中单击“是”按钮。

图 6-64 【厂商表结构维护】对话框

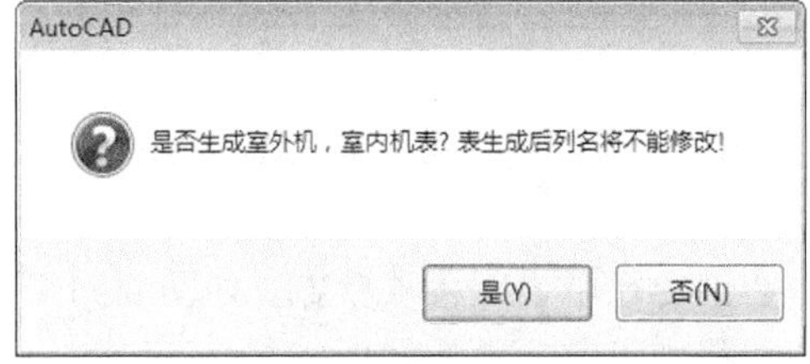

图 6-65 AutoCAD 信息提示对话框

系统提示创建成功，如图 6-66 所示。如图 6-67 所示为新建厂商表。

单击“保存”按钮，系统弹出如图 6-68 所示的 AutoCAD 信息提示对话框，提示厂商表保存成功。

图 6-66 创建成功

图 6-67 新建厂商表

图 6-68 保存成功

6.7.2 设备维护

调用设备维护命令，可以扩充设备数据库。

设备维护命令的执行方式有以下几种：

➢ 命令行：在命令行中输入 SJWH 命令按回车键。

➢ 菜单栏：单击“多联机”→“设备维护”命令。

执行“设备维护”命令，在图 6-69 所示的【多联机设备库维护】对话框中单击“添加”按钮，即可在设备数据列表中新增空白行，如图 6-70 所示。

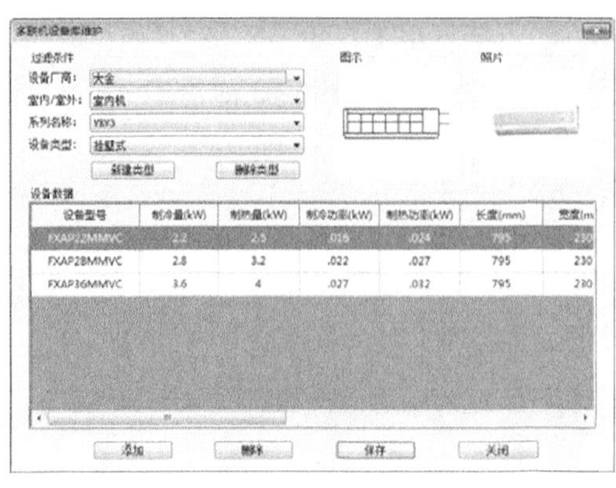

图 6-69 【多联机设备库维护】对话框

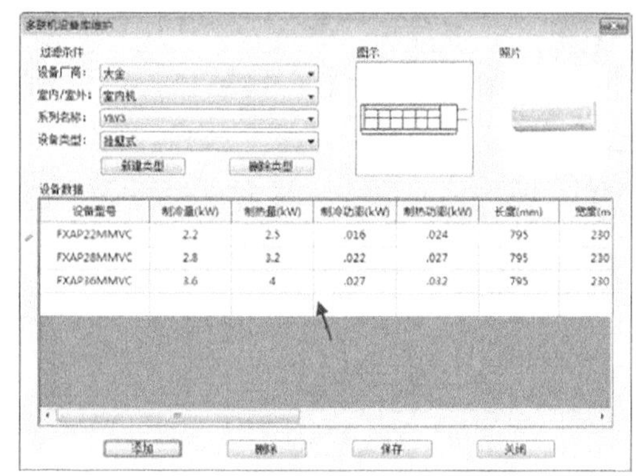

图 6-70 新增空白行

在空白行中设定各项参数，如图 6-71 所示。单击并移动数据列表下的滑动轴，在后面的空白行中设定参数，如图 6-72 所示。

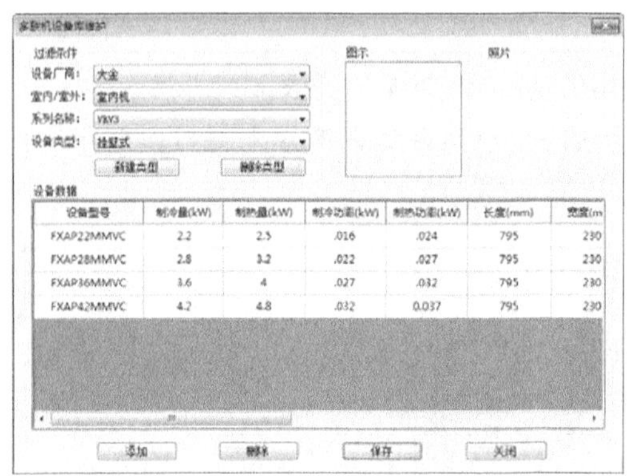

图 6-71 设定各项参数

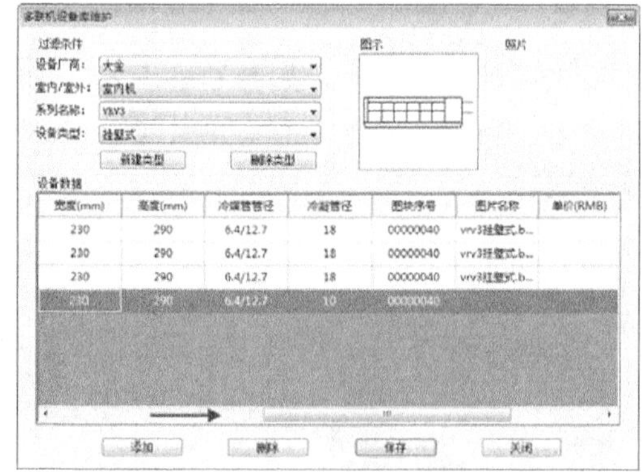

图 6-72 操作结果

单击对话框右上角的设备图片预览框，如图 6-73 所示。在【打开】对话框中选择设备的图片，如图 6-74 所示。

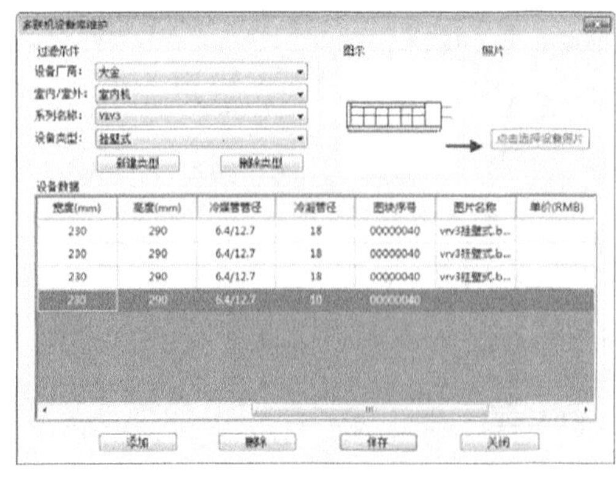

图 6-73 单击以选择图片

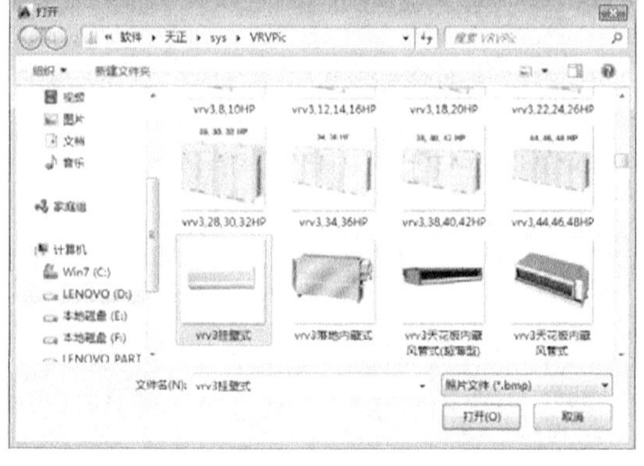

图 6-74 【打开】对话框

单击“打开”按钮，可将图片返回【多联机设备库维护】对话框，如图 6-75 所示。单击“保存”按钮，系统提示保存成功，如图 6-76 所示。单击“关闭”按钮关闭对话框，即可完成设备数据库的扩充操作。

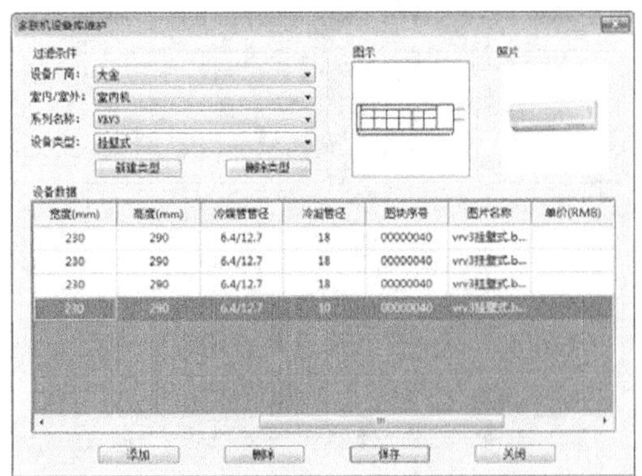

图 6-75　选择结果

图 6-76　保存成功

6.7.3 系列维护

调用系列维护命令，可以为用户室外机、室内机系列的数据库扩充。可以为指定的室内机、室外机系列更改配管计算规则、长度及落差规则等参数。

系列维护命令的执行方式有以下几种：

- 命令行：在命令行中输入 XLWH 命令按回车键。
- 菜单栏：单击“多联机”→“系列维护”命令。

执行“系列维护”命令，在如图 6-77 所示的【多联机系列维护】对话框中单击“室外机系列”选项，在列表中选择其他系列名称，如图 6-78 所示。

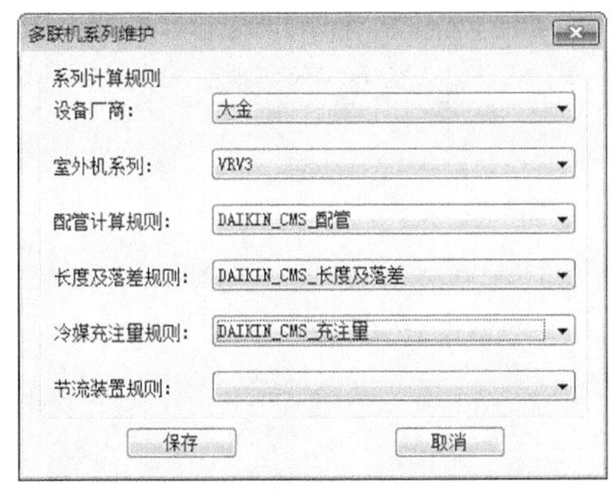

图 6-77　【多联机系列维护】对话框

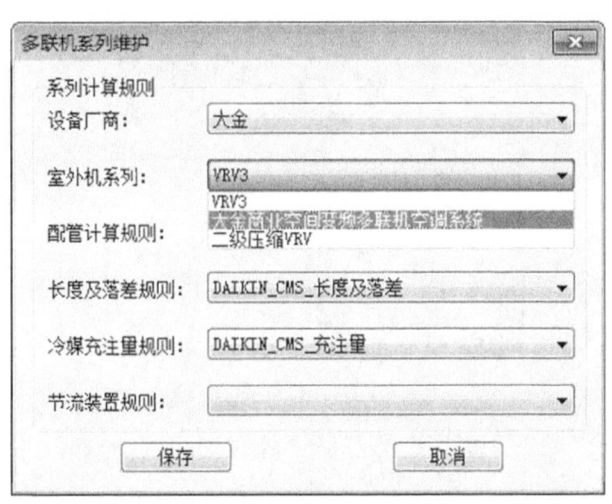

图 6-78　单击“室外机系列”选项

单击“配管计算规则”选项，在列表中选择配管类型，如图 6-79 所示。在“长度及落差规则”列表中选择长度及落差类别，如图 6-80 所示。

单击“冷媒充注量规则”选项，在列表中选择充注量类型，如图 6-81 所示。为指定的室外机系列设定参数的结果如图 6-82 所示。

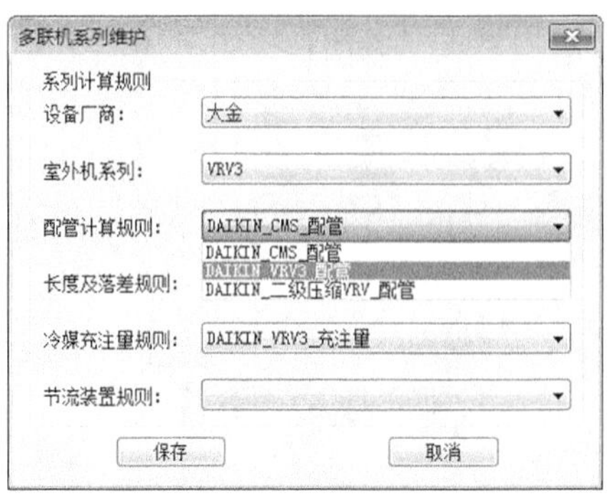

图 6-79 单击“配管计算规则”选项

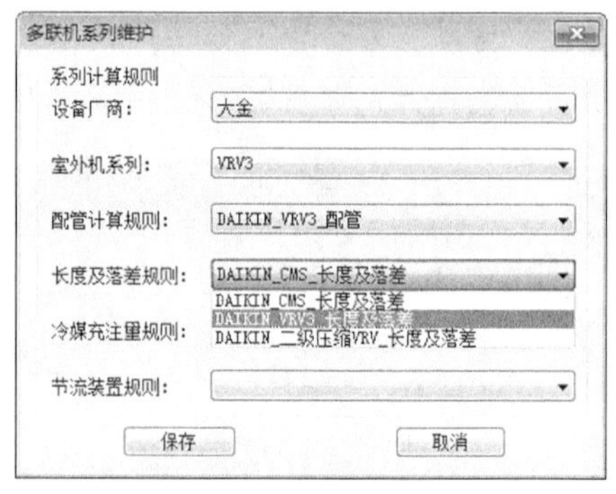

图 6-80 单击“长度及落差规则”选项

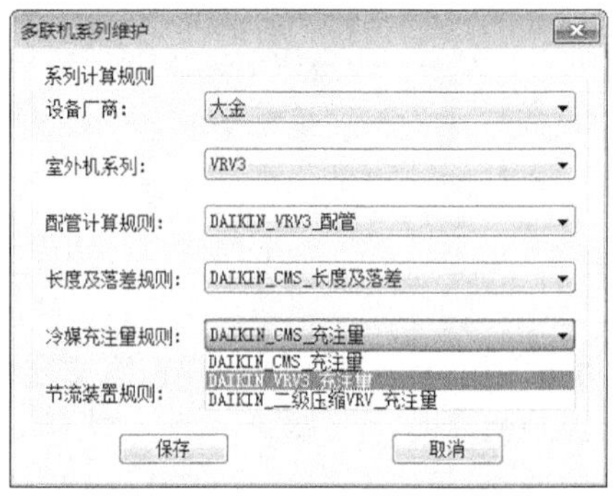

图 6-81 单击“冷媒充注量规则”选项

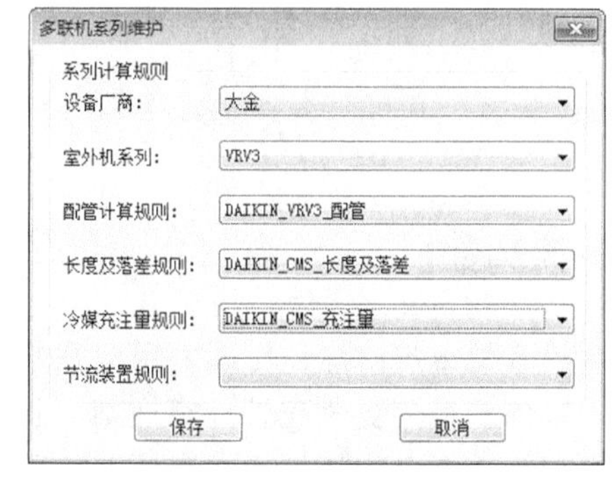

图 6-82 操作结果

单击“保存”按钮，系统提示是否对刚才的操作进行保存，如图 6-83 所示。单击“是”按钮，系统提示已成功保存，如图 6-84 所示。

单击【多联机系列维护】对话框右上角的关闭按钮，即可完成系列维护的操作。

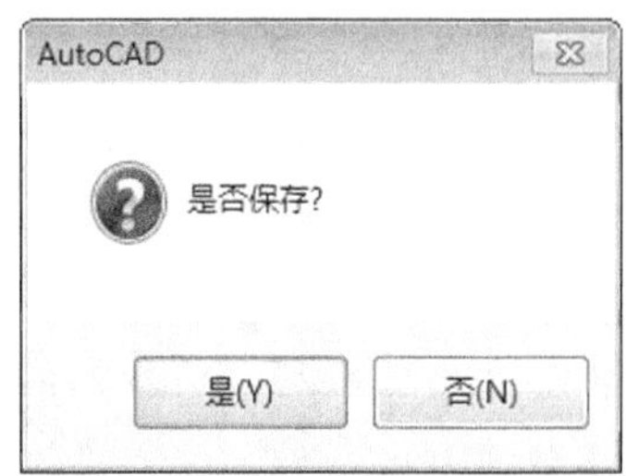

图 6-83 提示操作

图 6-84 操作成功

6.7.4 计算规则

调用计算规则命令，可以对计算规则执行制定或扩充。

计算规则命令的执行方式有以下几种：

- 命令行：在命令行中输入 JSGZWH 命令按回车键。
- 菜单栏：单击“多联机”→“计算规则”命令。

执行“计算规则”命令，在如图 6-85 所示的【计算规则维护】对话框中单击“插入”按钮，即可在数据列表的末尾新增一行与末尾行数据一致的表格行，如图 6-86 所示。

图 6-85　【计算规则维护】对话框

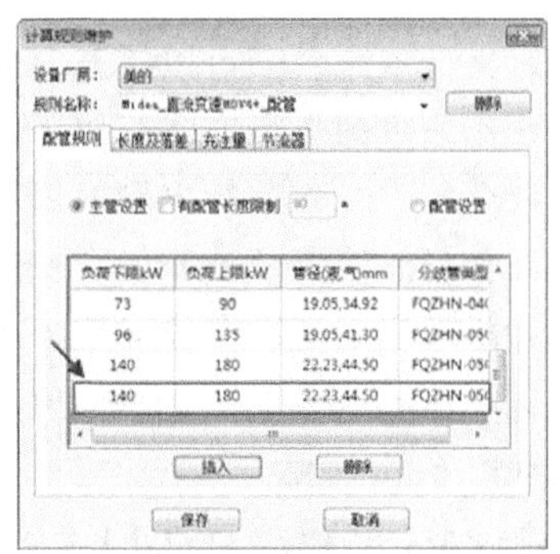

图 6-86　新增一行

双击新增行，可以修改其各项参数，如图 6-87 所示。单击选择“长度及落差”选项卡，如图 6-88 所示。在其中所显示的各项参数可以对其进行修改，或者直接在选项卡中输入新参数，或者单击选项卡，在弹出的列表中选择默认参数。

图 6-87　修改结果

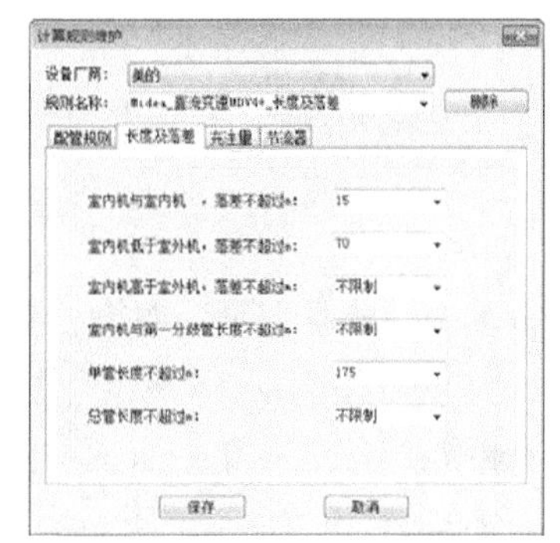

图 6-88　选择“长度及落差”选项卡

单击选择“充注量”选项卡，单击“插入”按钮，可在列表中新增一行；在新增行的基础上修改参数，结果如图 6-89 所示。

单击“保存”按钮，即可将刚才所设定的参数进行保存。

图 6-89　选择“充注量”选项卡

6.7.5 定义设备

调用定义设备命令，可以扩充室内机、室外机图库。

定义设备命令的执行方式有以下几种：

➢ 命令行：在命令行中输入 DYDLJ 命令按回车键。

➢ 菜单栏：单击“多联机”→“定义设备”命令。

下面介绍调用定义设备命令的方法：

01 按 Ctrl+O 组合键，打开配套光盘提供的“第 6 章/ 6.7.5 定义设备.dwg”素材文件，结果如图 6-53 所示。

02 在命令行中输入 DYDLJ 命令按回车键，系统弹出如图 6-90 所示的【定义多联机设备】对话框。

图 6-90 【定义多联机设备】对话框

03 单击“选择图形”按钮，命令行提示如下：

```
命令：DYDLJ↙
请选择要做成图块的图元<退出>:指定对角点：找到 13 个          //如图 6-91 所示。
请点选插入点 <中心点>:                                        //如图 6-92 所示。
```

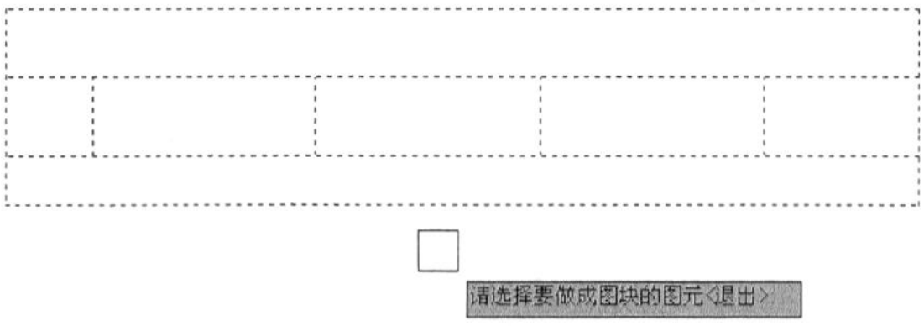

请选择要做成图块的图元<退出>

图 6-91 选择要做成图块的图元

图 6-92 点选插入点

04 拾取图形的结果如图 6-93 所示。

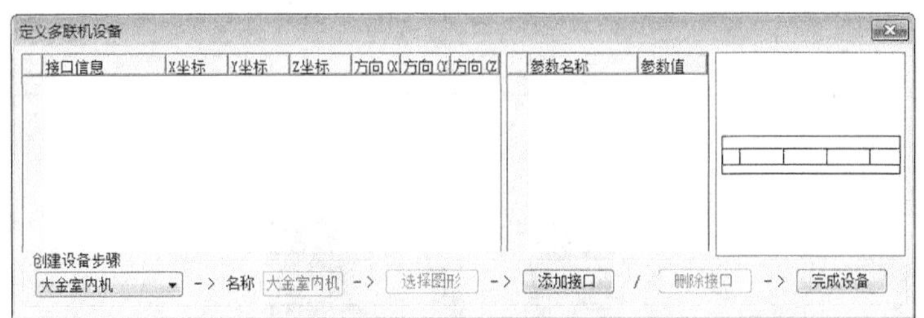

图 6-93 拾取结果

05 单击“完成设备”按钮，系统弹出存储成功的提示对话框，如图 6-94 所示。

06 执行“图库图层”→“通用图库”命令，在弹出的【天正图库管理系统】对话框中可以查看刚才所定义的设备图形，如图 6-95 所示。

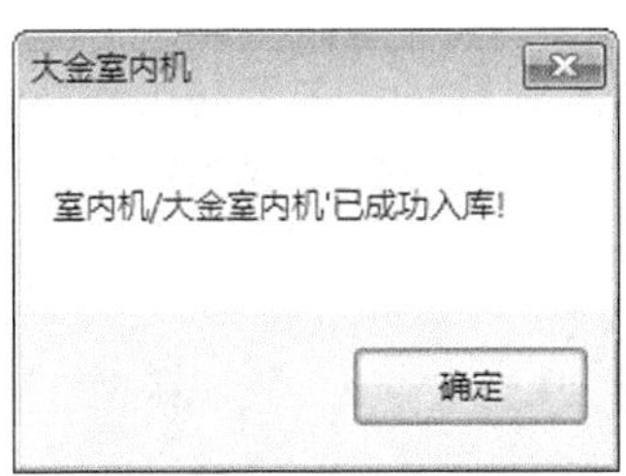

图 6-94 提示对话框

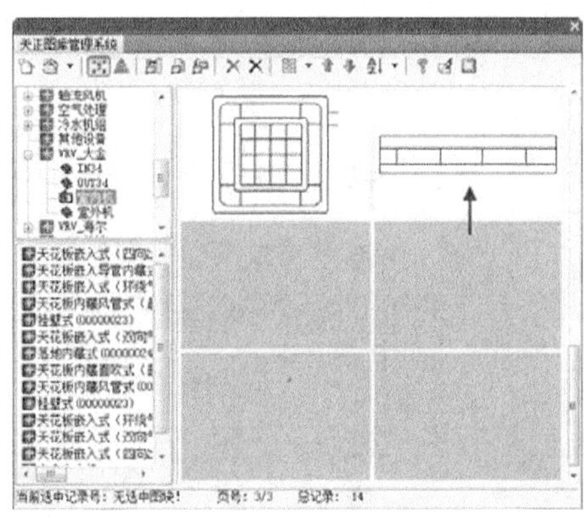

图 6-95 【天正图库管理系统】对话框

第 7 章
空调水路

● 本章导读

本章介绍空调水路命令的调用，包括水管管线、多管线绘制等管线的绘制命令的调用，也包括水管阀件、布置设备等绘制水管附件命令的调用。

● 本章重点

◈ 水管管线
◈ 多管线绘制
◈ 水管立管
◈ 水管阀件
◈ 布置设备
◈ 分集水器
◈ 设备连管

7.1 水管管线

调用水管管线命令，可以绘制空调水管管线。

水管管线命令的执行方式有以下几种：

➢ 命令行：在命令行中输入SGGX命令按回车键。

➢ 菜单栏：单击“空调水路”→“水管管线”命令。

下面介绍水管管线命令的操作方法。

在命令行中输入SGGX命令按回车键，系统弹出如图7-1所示的【空水管线】对话框。在对话框中提供了包括冷水供水、冷水回水、热水供水等11种类型的管线以供绘制。

单击“自定义管线”按钮，在弹出的下拉列表中可以选择其中一项来绘制管线，如图7-2所示。单击“管线设置”按钮，在弹出的【管线样式设定】对话框中对自定义管线的名称、颜色、线宽、线型等进行设置。

同时命令行提示如下：

```
命令：SGGX↙
请点取管线的起始点[参考点(R)/距线(T)/两线(G)/墙角(C)]<退出>:
请点取终点[参考点(R)/沿线(T)/两线(G)/墙角(C)/轴锁度数[0(A)/30(S)/45(D)]/回退(U)]<结束>:                //分别指定管线的起点和终点，即可完成指定类型的管线的绘制。
```

图7-1 【空水管线】对话框

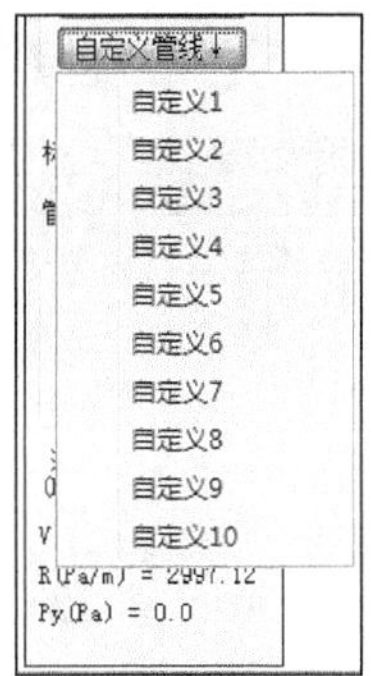

图7-2 下拉列表

7.2 多管线绘制

调用多管线绘制命令，可以在图中同时绘制多条空调水管管线。如图7-3所示为该命令的操作结果。

多管线绘制命令的执行方式有以下几种：

- 命令行：在命令行中输入 DGHZ 命令按回车键。
- 菜单栏：单击"空调水路"→"多管线绘制"命令。

下面以如图 7-3 所示的图形为例，介绍调用多管线绘制命令的方法。

01 按 Ctrl+O 组合键，打开配套光盘提供的"第 7 章/ 7.2　多管绘制.dwg"素材文件，结果如图 7-4 所示。

02 在命令行中输入 DGHZ 命令按回车键，系统弹出【多管线绘制】对话框，在其中设置管线的参数，如图 7-5 所示。

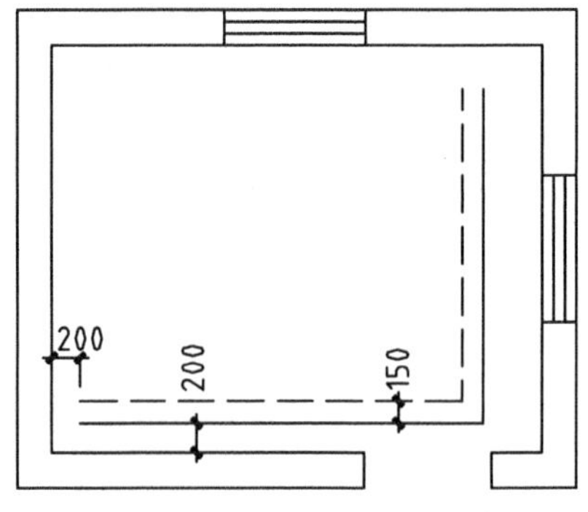

图 7-3　多管线绘制

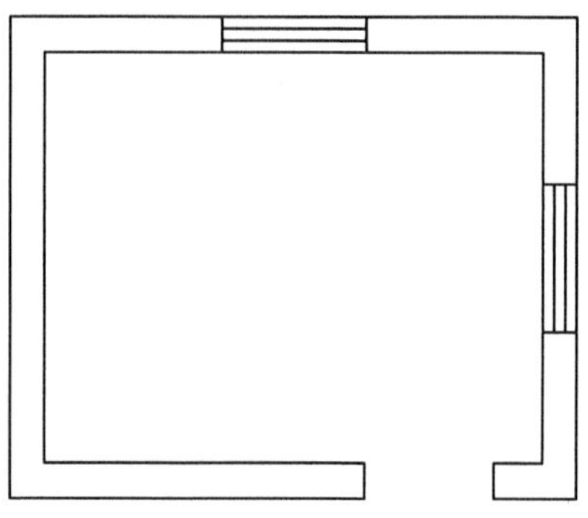
图 7-4　打开素材

03 同时命令行提示如下：

```
命令：DGHZ↙
请点取管线的起始点[参考点(R)/距线(T)/两线(G)/墙角(C)/管线引出(F)/沿线(E)]<退出>:C                                //输入 C，选择"墙角"选项；
请点取房间内墙角处一点<退出>:          //如图 7-6 所示；
```

多管线绘制

	管线	管径	管线间距	标高（米
	冷水供水	20	0	0
	冷水回水	20	150	0

增加　删除　从管线引出

沿线偏移　距线距离：1000

图 7-5　【多管线绘制】对话框

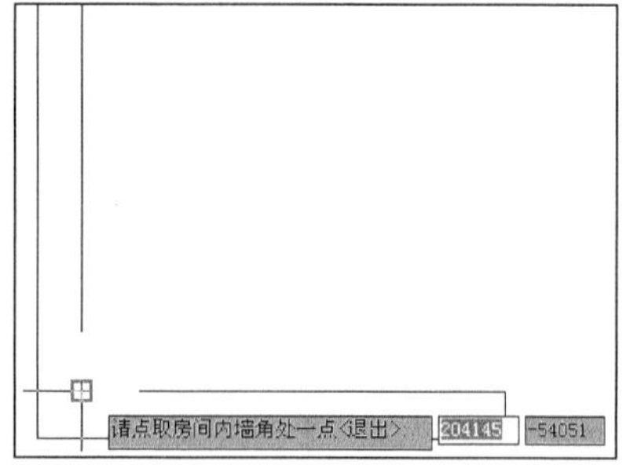

图 7-6　点取墙角

```
请输入距墙 1 的距离<300>:200
请输入距墙 2 的距离<200>:200
请输入终点[生成四通(S)/管线置上(D)/管线置下(F)/换定位管(E)]::(当前状态:四通)<退出>                                     //如图 7-7 所示.
请输入终点[生成四通(S)/管线置上(D)/管线置下(F)/换定位管(E)]::(当前状态:四通)<退出>                                     //如图 7-8 所示，绘制多管的结果如图 7-3 所示。
```

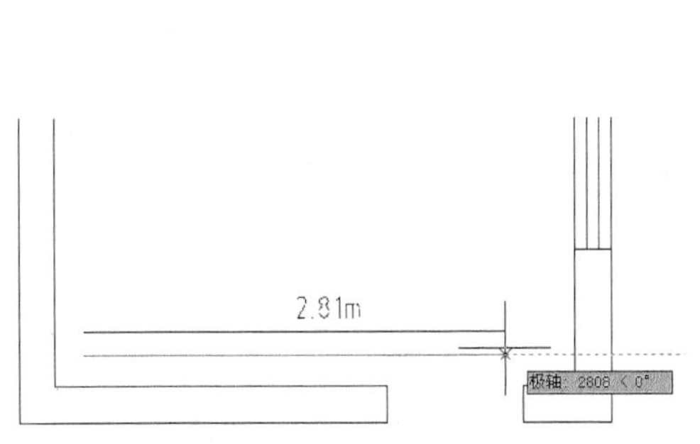

图 7-7　向右点取终点

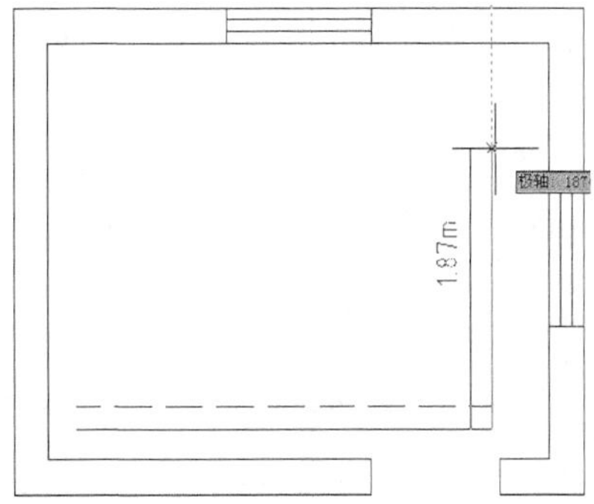

图 7-8　点取终点

【多管线绘制】对话框中各功能选项的含义如下：

“管线”选项：单击管线名称栏，在弹出的下拉菜单中可以更改管线的类型，如图 7-9 所示。

“管径”选项：单击管径参数栏，在弹出的下拉菜单中可以更改管径的参数，如图 7-10 所示。

图 7-9　“管线”选项列表

图 7-10　“管径”选项列表

“管线间距”选项：在其中定义多管之间的间距。

“标高”选项：定义管线的标高参数。

“增加”按钮：单击该按钮，可以在对话框中新增管线，如图 7-11 所示，在绘图区中分别点取管线的起点和终点，绘制多管线,结果如图 7-12 所示。

多管线绘制

管线	管径	管线间距	标高（米
冷水供水	20	0	0
冷水回水	20	150	0
热水供水	20	150	0
热水回水	20	150	0
冷(热)供水	20	150	0
冷(热)回水	20	150	0

增加　删除　从管线引出

沿线偏移　距线距离：1000

图 7-11　新增管线

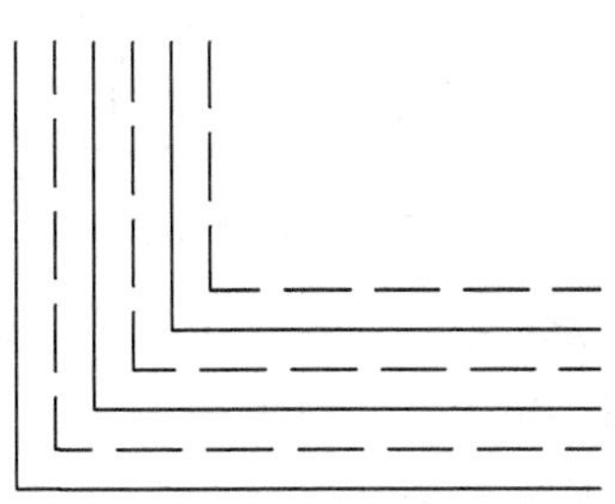

图 7-12　绘制结果

"删除"按钮：单击该按钮，可以删除选中的管线。

"从管线引出"按钮：单击该按钮，可以从管线中引出与所选管线类型一致的管线，命令行提示如下：

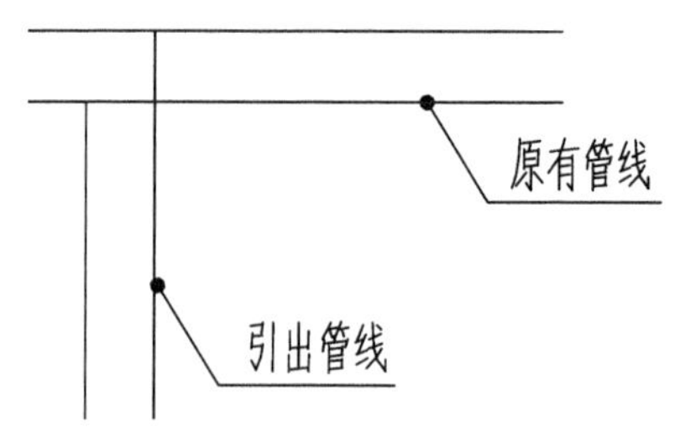

图 7-13　引出结果

命令：DGHZ↙

请点取管线的起始点[参考点(R)/距线(T)/两线(G)/墙角(C)/管线引出(F)/沿线(E)]<退出>:

请选择需要引出的管线：指定对角点：找到 2 个

请选取要引出管线的位置<退出>:　　//在选中的管线上单击点取引出位置.

请输入引出管的统一间距值<随主管间距>:　　//按下回车键，移动并单击鼠标，引出结果如图 7-13 所示。

7.3 水管立管

调用水管立管命令，可以在图中布置空调水管立管。如图 7-14 所示为该命令的操作结果。

水管立管命令的执行方式有以下几种：

- 命令行：在命令行中输入 SGLG 命令按回车键。
- 菜单栏：单击"空调水路"→"水管立管"命令。

下面以如图 7-14 所示的图形为例，介绍调用水管立管命令的方法。

01 按 Ctrl+O 组合键，打开配套光盘提供的"第 7 章/7.3　水管立管.dwg"素材文件，结果如图 7-15 所示。

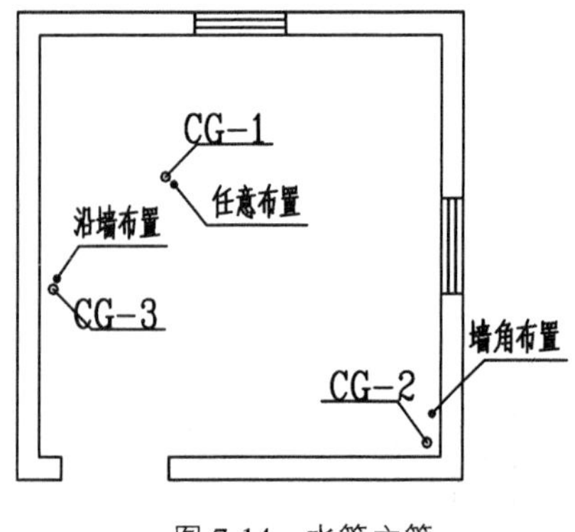

图 7-14　水管立管

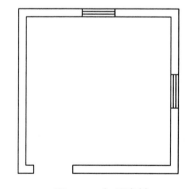

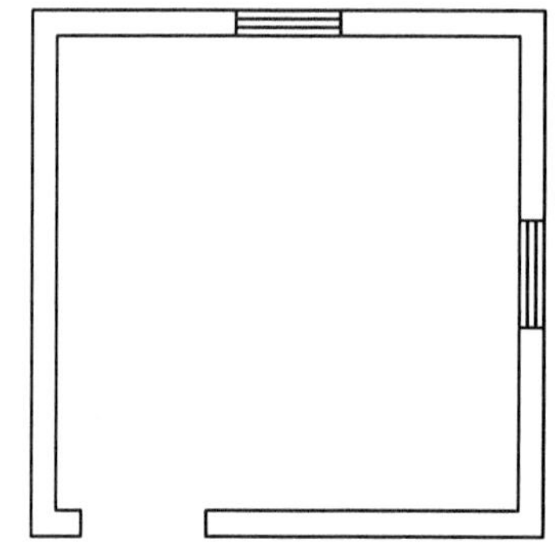
图 7-15　打开素材

02 在命令行中输入 SGLG 命令按回车键，系统弹出如图 7-16 所示的【空水立管】对话框，在其中定义立管的参数。

03 同时命令行提示如下：

命令：SGLG↙

请指定立管的插入点[参考点(R)/距线(T)/两线(G)/墙角(C)]<退出>:
//在绘图区中单击立管的插入点，绘制立管，结果如图 7-14 所示。

在【空水立管】对话框中选择“墙角布置”选项，命令行提示如下：

命令：SGLG↙
请拾取靠近立管的墙角<退出>: //点取墙角，布置立管，结果如图 7-14 所示。

在【空水立管】对话框中选择线“沿墙布置”选项，命令行提示如下：

命令：SGLG↙
请拾取靠近立管的墙线<退出>: //点取墙线，布置立管，结果如图 7-14 所示。

单击“空调水路”→“初始设置”命令，打开【选项】对话框，在“天正设置”选项卡中的 “立管设置”选项组下，可以设置立管各属性，如图 7-17 所示。

图 7-16 【空水立管】对话框

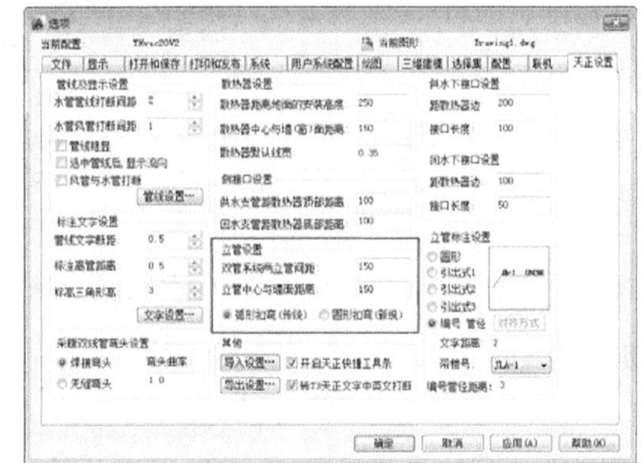

图 7-17 【选项】对话框

【布置方式】分为三种，如图 7-16 所示。

- 任意布置：立管可以随意放置在任何位置；
- 墙角布置：选取要布置立管的墙角，在墙角布置立管；
- 沿墙布置：选取要布置立管的墙线，靠墙布置立管。

7.4 水管阀件

调用水管阀件命令，可以布置水管阀件。如图 7-18 所示为该命令的操作结果。

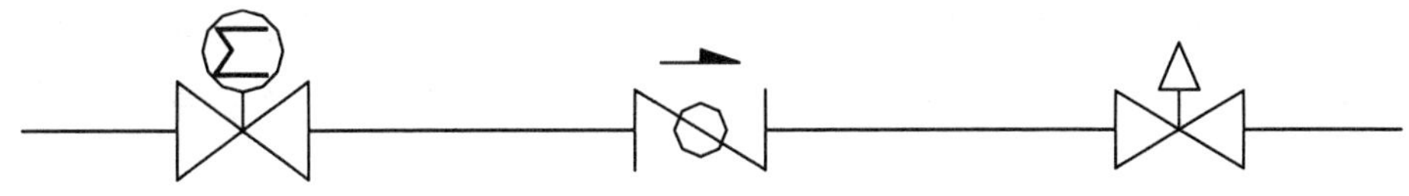

图 7-18 水管阀件

水管阀件命令的执行方式有以下几种：

➢ 命令行：在命令行中输入 SGFJ 命令按回车键。

➢ 菜单栏：单击“空调水路”→“水管阀件”命令。

下面介绍水管阀件命令的操作方法。

01 按 Ctrl+O 组合键，打开配套光盘提供的“第 7 章/ 7.4 水管阀件.dwg”素材文件。

02 在命令行中输入 SGFJ 命令按回车键，系统弹出如图 7-19 所示的【T20 天正暖通软件图块】对话框。

03 同时命令行提示如下：

```
命令：SGFJ↙
请指定对象的插入点 {放大[E]/缩小[D]/左右翻转[F]}<退出>:
                              //在对话框中选择阀件图块，然后在管线上点取一点，即可插入水管阀件，
结果如图 7-18 所示。
```

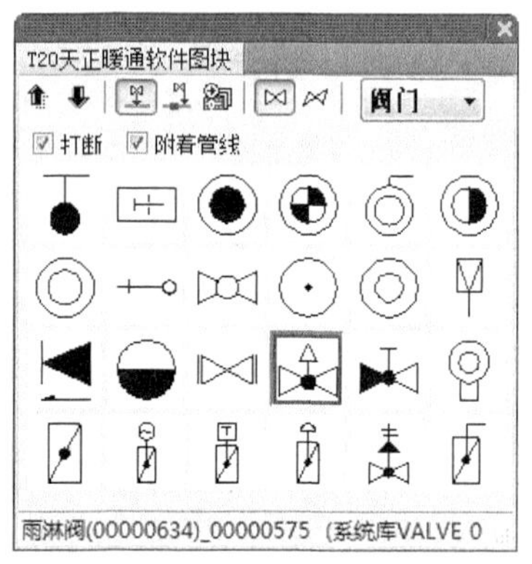

图 7-19 【T20 天正暖通软件图块】对话框

双击已插入的水管阀件，可弹出如图 7-20 所示的【编辑阀件】对话框，修改阀件的参数，单击“确定”按钮关闭对话框，即可完成修改。

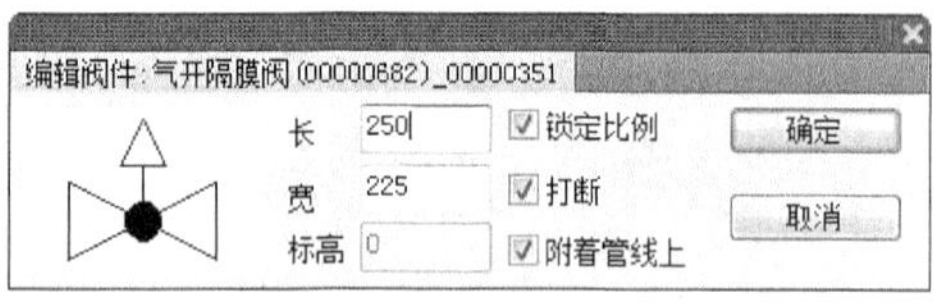

图 7-20 【编辑阀件】对话框

单击【编辑阀件】对话框左边的预览框，系统弹出如,图 7-21 所示的【天正图库管理系统】对话框，在其中可以选择其他的水管阀件进行插入替换。

单击选择已插入的阀件图块，显示出两个蓝色夹点，如图 7-22 所示；单击夹点 1 可以改变阀件开启方向，如图 7-23 所示；单击夹点 2 可以移动改变阀件插入位置，结果如图 7-24 所示。

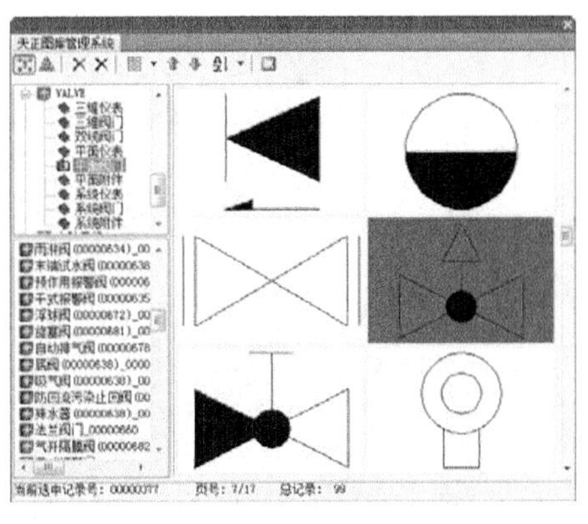

,图 7-21 【天正图库管理系统】对话框

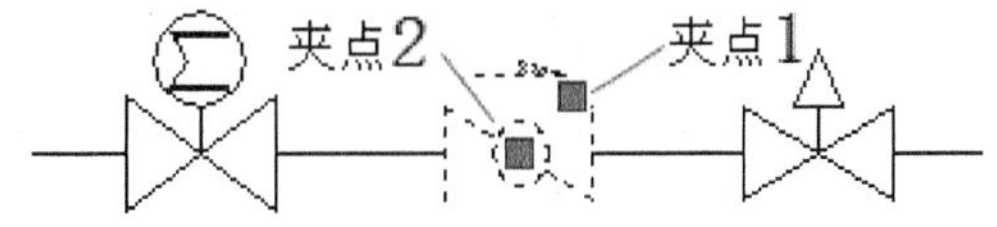

图 7-22 显示夹点

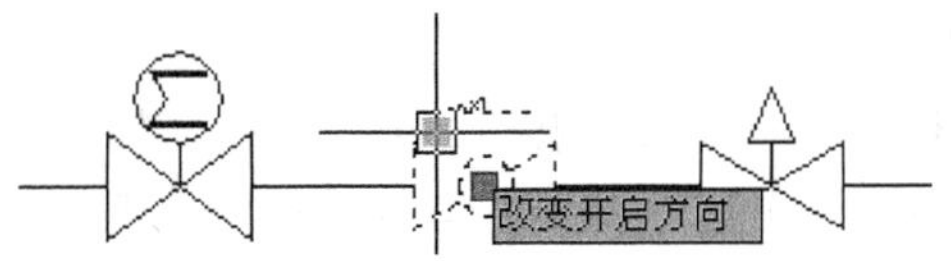

图 7-23 改变开启方向

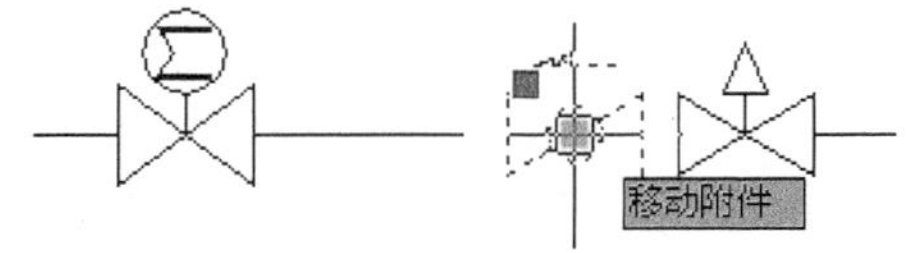

图 7-24 移动附件

7.5 布置设备

调用布置设备命令，可以在图中布置指定类型的空调设备。如图 7-25 所示为该命令的操作结果。

布置设备命令的执行方式有以下几种：

- 命令行：在命令行中输入 BZSB 命令按回车键。
- 菜单栏：单击“空调水路”→“布置设备”命令。

下面介绍布置设备命令的操作方法：

01 在命令行中输入 BZSB 命令按回车键，系统弹出【设备布置】对话框，在其中定义空调设备的参数，如图 7-26 所示。

02 单击“布置”按钮，返回到绘图区，同时命令行提示如下：

```
命令: BZSB↙
请指定设备的插入点 [沿线(T)/两线(G)/放大(E)/缩小(D)/左右翻转(F)/上下翻转(S)]<退出>:                    //指定设备的插入点;
请输入旋转角度<0.0>:                    //按下回车键，以 0 度插入设备的结果如图 6-23 所示。
```

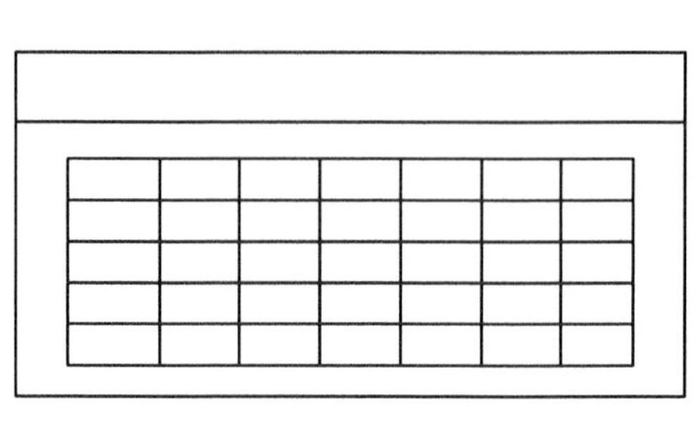

图 7-25　布置设备

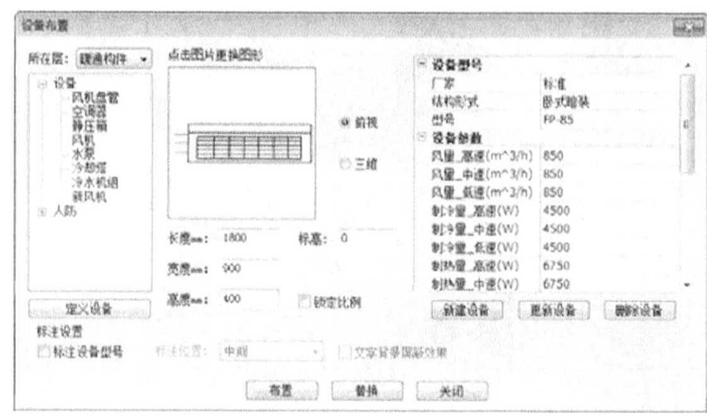

图 7-26　【设备布置】对话框

选中空调设备，将鼠标置于管线接口上，可相应的显示每个接口的类型，结果如图 7-27 所示。单击选定其中的接口，系统可弹出【空水管线】对话框，并可绘制相应的管线。

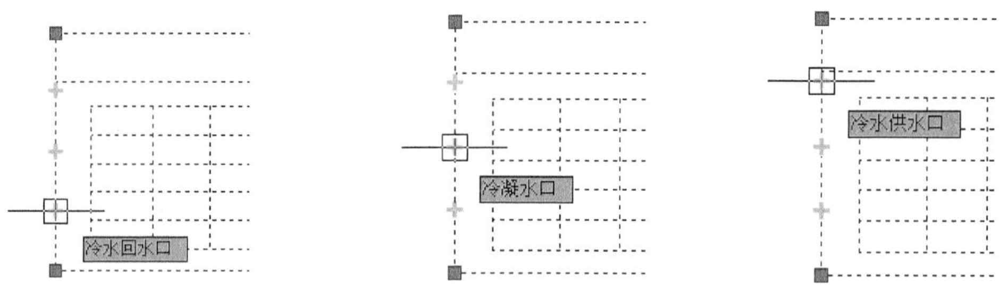

图 7-27　接口类型

【设备布置】对话框中各功能选项的含义如下：

- "所在层"选项：单击选项文本框，在弹出的下拉菜单中可以选定需要绘制的设备层，如图 7-28 所示。
- 图片预览框：显示选定的设备的图片，单击预览框，系统可弹出【天正图库管理系统】对话框，在其中可以更换图片。
- "俯视"选项：选中该选项，则在预览框中以俯视的角度显示设备图片。
- "三维"按钮：选中该选项，显示在三维状态下的设备状态。
- "定义设备"选项：单击该选项，则可弹出如图 7-29 所示的【定义设备】对话框，在其中可创建新设备。
- "锁定比例"选项：勾选该项，则设备的各尺寸参数被锁定；改变其中一项尺寸参数，则其他的尺寸参数也会联动修改。
- "标注设备型号"选项：勾选选项，可标注所绘设备的型号。

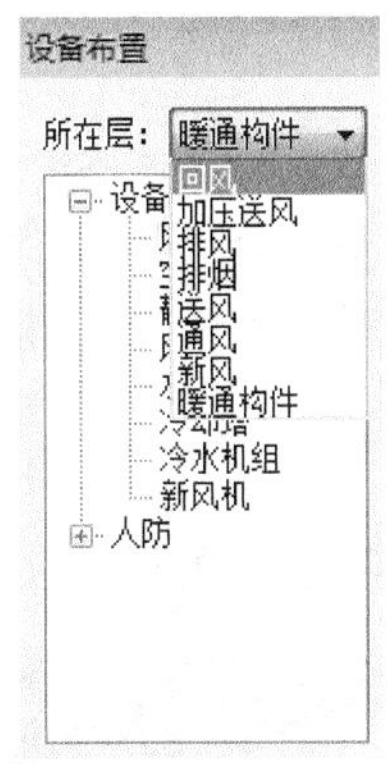

图 7-28　下拉菜单

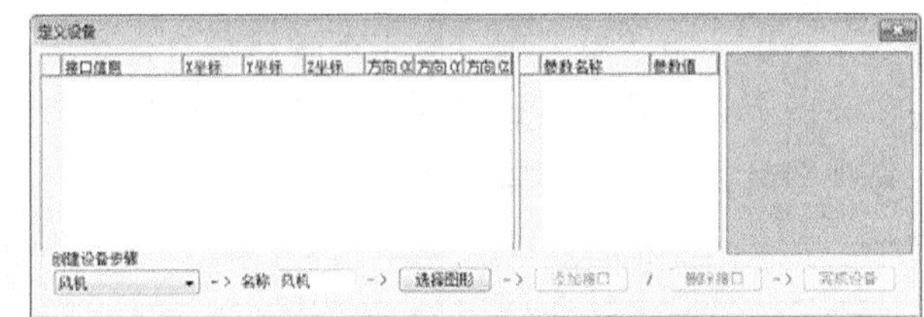

图 7-29　【定义设备】对话框

7.6 分集水器

调用分集水器命令，可以在图中布置指定型号的分集水器图形。如图 7-30 所示为该命令的操作结果。

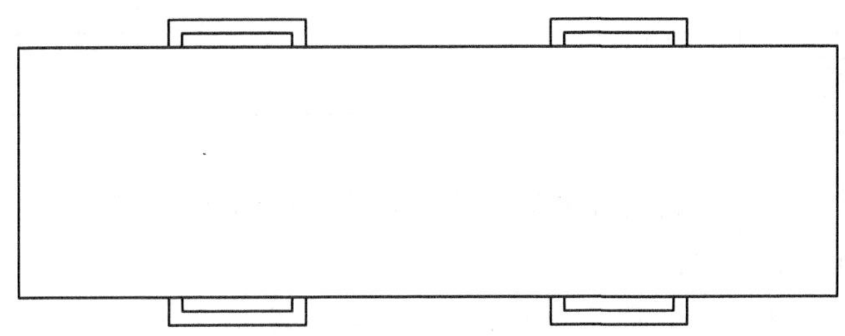

图 7-30　分集水器

分集水器命令的执行方式有以下几种：

➢ 命令行：在命令行中输入 AFSQ 命令按回车键。

➢ 菜单栏：单击“空调水路”→“分集水器”命令。

下面介绍分集水器命令的操作结果。

01 在命令行中输入 AFSQ 命令按回车键，系统弹出【布置分集水器】对话框，在对话框内定义参数，如图 7-31 所示。

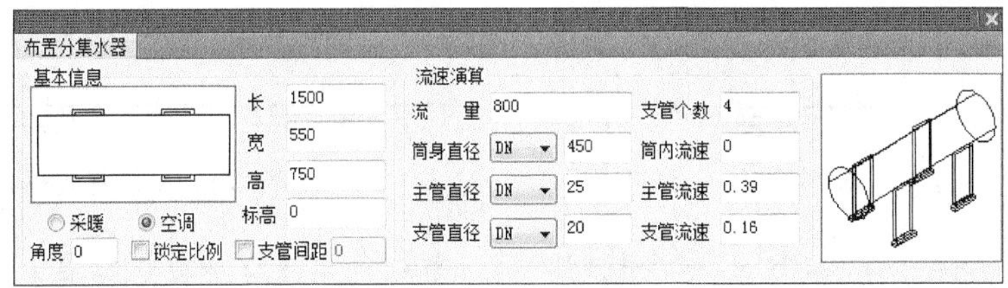

图 7-31　【布置分集水器】对话框

02 同时命令行提示如下：

```
命令：AFSQ↙
请指定对象的插入点 {放大[E]/缩小[D]/左右翻转[F]/上下翻转[S]/换设备[C]}<退出>:
                    //在绘图区中点取分集水器的插入点，绘制分集水器。
```

选定分集水器图形，则可显示各管线接口，如图 7-32 所示，单击其中一个管线接口，系统可弹出【空水管线】对话框，并可绘制相应的管线。

将视图转换为三维实体视图，可以查看所绘制的分集水器的三维效果，如图 7-33 所示。

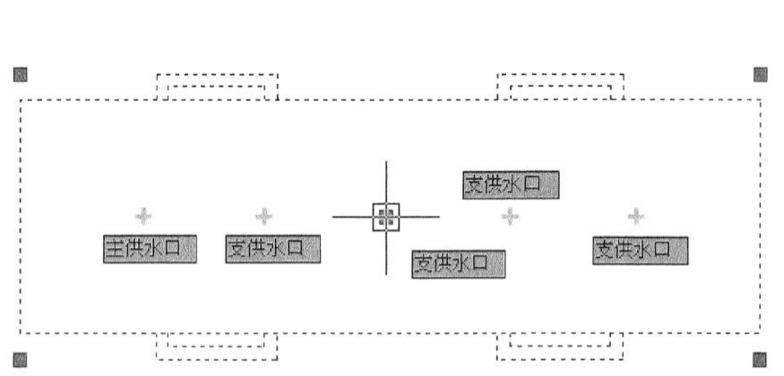

图 7-32　管线接口

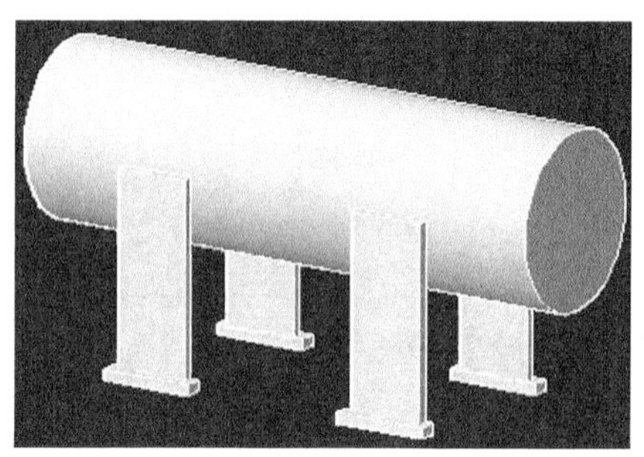

图 7-33　三维效果

7.7 设备连管

调用设备连管命令，可以自动连接设备和管线。如图 7-34 所示为该命令的操作结果。

设备连管命令的执行方式有以下几种：

- 命令行：在命令行中输入 SBLG 命令按回车键。
- 菜单栏：单击“空调水路”→“设备连管”命令。

下面以如图 7-34 所示的图形为例，介绍设备连管命令的调用方法。

01 按 Ctrl+O 组合键，打开配套光盘提供的“第 7 章/ 7.7　设备连管.dwg”素材文件，结果如图 7-35 所示。

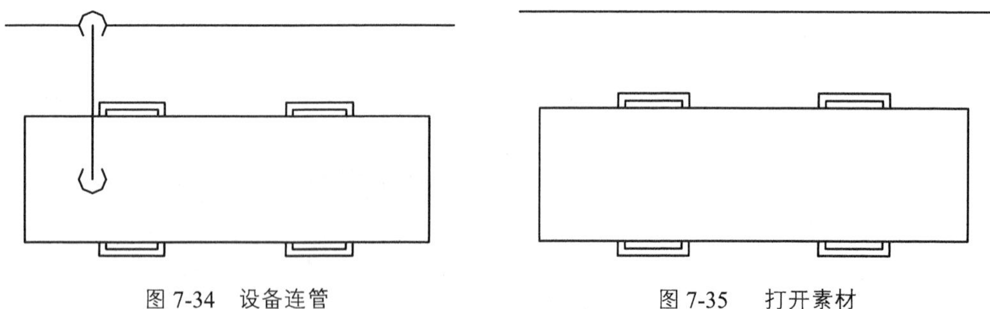

图 7-34　设备连管　　　　图 7-35　打开素材

02 在命令行中输入 SBLG 命令按回车键，系统弹出【设备连管设置】对话框，在对话框内定义参数，如图 7-36 所示。

03 同时命令行提示如下：

命令：SBLG↙

请选择要连接的设备及管线<退出>:指定对角点：找到 2 个　　//分别选定待连接的设备和管线，按下回车键即可完成命令的操作，结果如图 7-34 所示。

将视图转换为三维视图，可以查看所绘制的分集水器的三维效果，如图 7-37 所示。

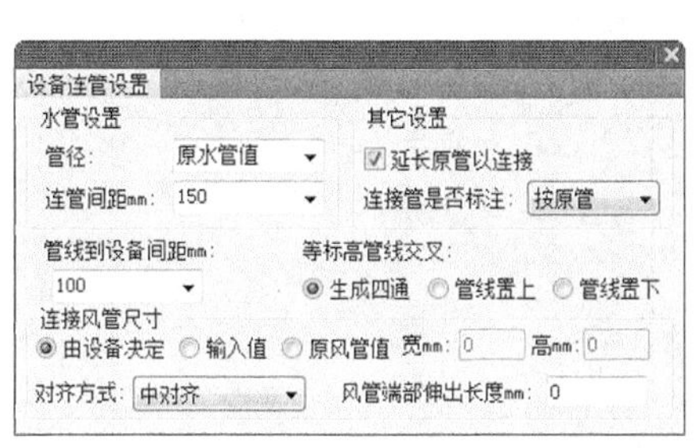

图 7-36　【设备连管设置】对话框

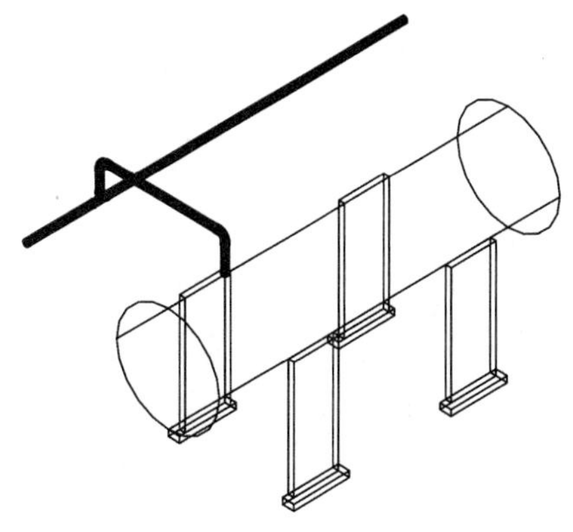

图 7-37　三维效果

7.8 分水器

调用分水器命令，可以计算并绘制机房用分水器。

分水器命令的执行方式有以下几种：

- 命令行：在命令行中输入 FSQ 命令按回车键。
- 菜单栏：单击“空调水路”→“分水器”命令。

调用 FSQ 命令，系统调出如图 7-38 所示【分水器】对话框。在“计算条件”选项组中设置参数，系统可根据所设定的参数来计算分水器图形的参数，如“主材”、“筒体直径”、“筒体长度”等，并绘制分水器图形，在右下角的预览框可以预览图形，如图 7-39 所示。

单击“绘制”按钮，指定图形的位置，绘制图形如图 7-40 所示。

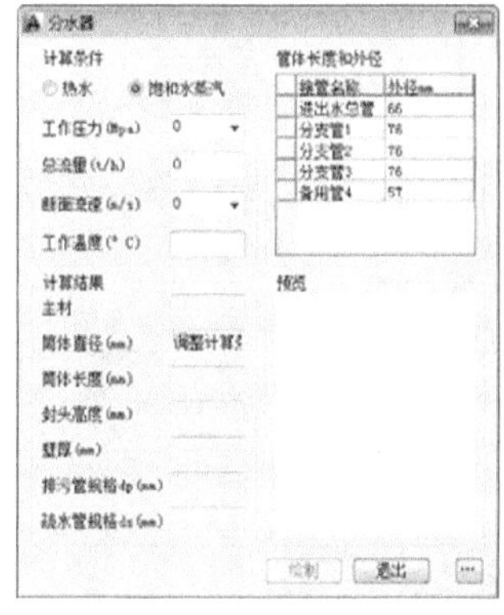

图 7-38　【分水器】对话框

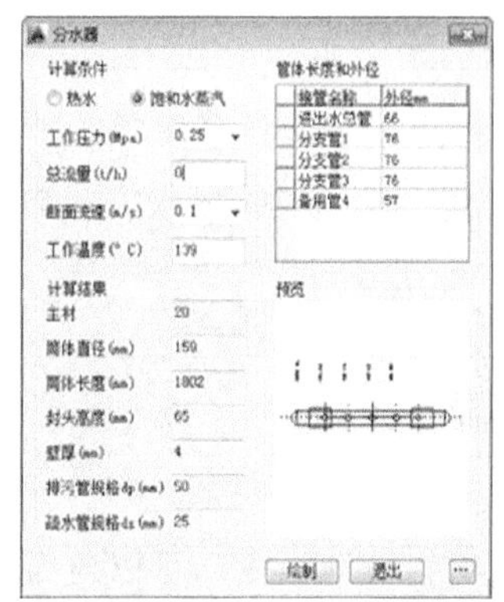

图 7-39　设置参数

假如在“工作温度”选项中所设定的温度值不符合计算要求，则系统以红色显示所输入的温度参数值，并在对话框的左下角显示提示信息“温度参数不合理”，如图 7-41 所示。此时需要重新定义温度值，假如所设定的参数正确，则系统会自动进行计算操作并显示图形的绘制结果。

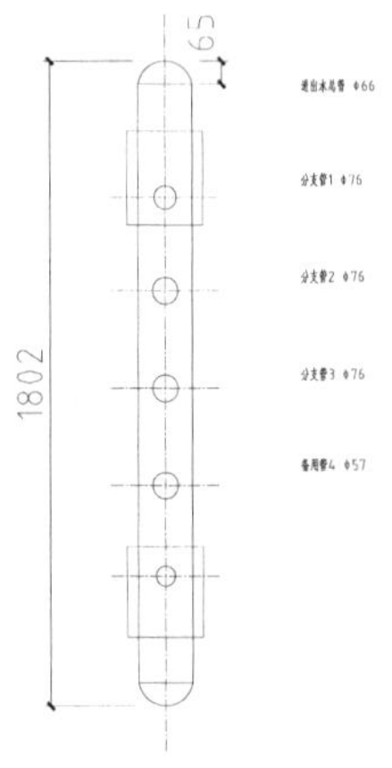

图 7-40　绘制图形

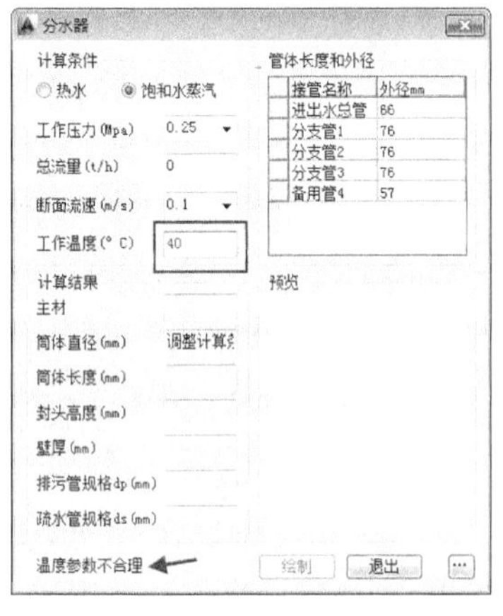

图 7-41　参数设置不合理

选择“热水”选项，转换计算条件，通过设置参数来绘制分水器图形，如图 7-42 所示。在“管体长度和外径”列表中显示了“接管名称”及“外径”参数，单击可修改其参数值。

单击右下角的矩形按钮[…]，调出【注意】对话框，显示当前的计算标准，如图 7-43 所示。

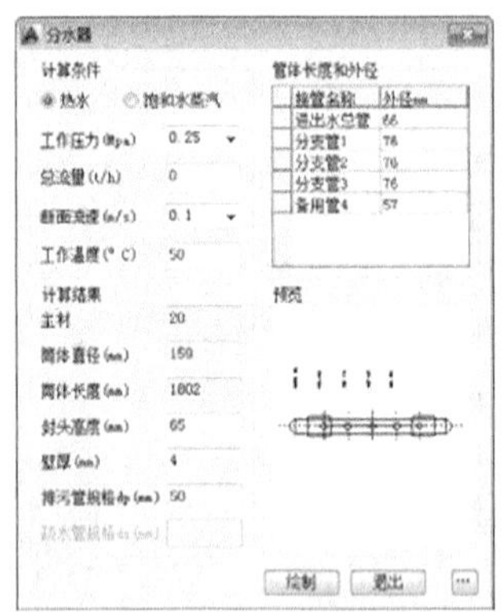

图 7-42　选择“热水”选项

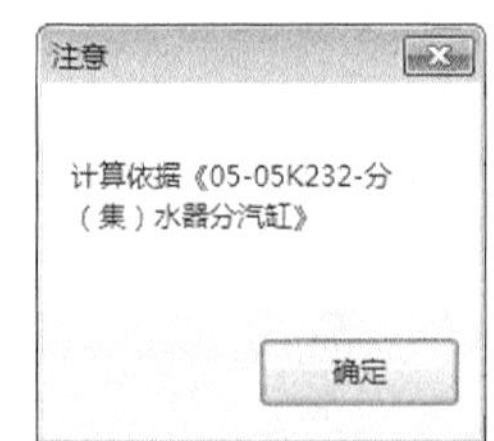

图 7-43　【注意】对话框

7.9 材料统计

调用材料统计命令，可以对当前图形进行材料统计。

材料统计命令的执行方式有以下几种：

➢ 命令行：在命令行中输入 CLTJ 命令按回车键。

➢ 菜单栏：单击“空调水路”→“材料统计”命令。

执行“材料统计”命令，系统调出如图 7-44 所示的【材料统计】对话框。

在“统计内容”选项组下选择待统计的内容，单击“全选”按钮，可以全部选中各选项。全选各选项后，单击“全空”按钮，可以清空选择。

单击“当前框选”按钮，命令行提示“请选择要统计的内容后按确定[选取闭合PLINE(P)]<整张图>:”，选择待统计的图形，按下回车键返回对话框。

在“统计范围”列表中显示选择的结果，如图 7-45 所示。在“表格设置”选项组下设置表格样式参数，如“文字样式”、“文字高度”、“统计精度”等。

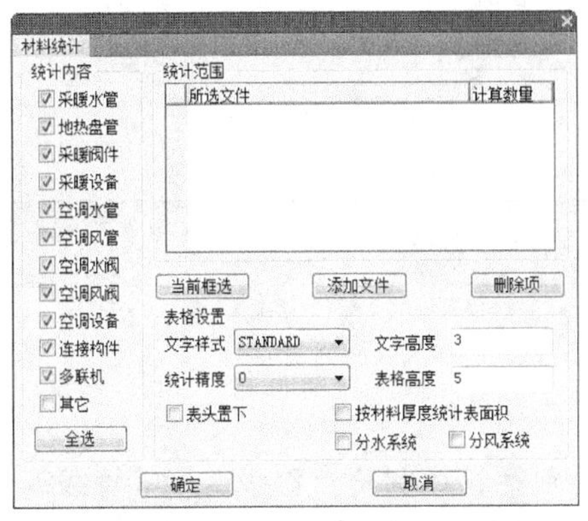

图 7-44 【材料统计】对话框

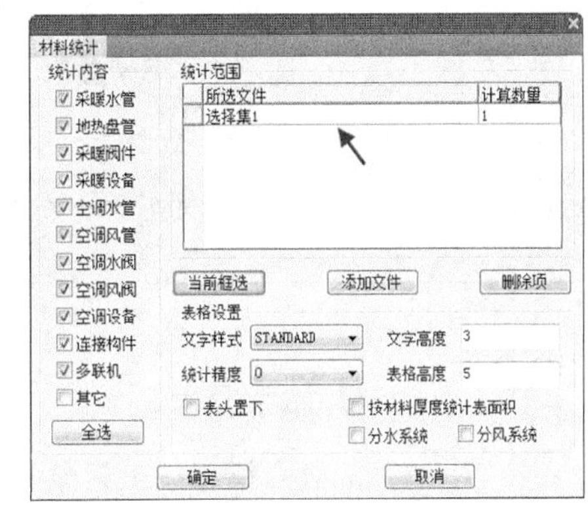

图 7-45 选择图形

单击“确定”按钮，系统可进行统计操作，当命令行提示“请点取表格左上角位置[输入参考点(R)]<退出>:”时，单击左键绘制表格，统计结果如图 7-46 所示。

材料表

序号	图例	名称	规格	单位	数量	备注
1		系统散热器	800×600×200×20片	个	6	长×高×宽×片数
2		水管三通	DN25×DN25×DN25	个	12	
3		水管四通	DN25×DN25×DN25×DN25	个	4	
4		采暖水管	焊接钢管 DN20	米	27	
5		采暖水管	焊接钢管 DN25	米	47	
6		水管弯头	DN20×DN25	个	4	
7		水管弯头	DN25×DN20	个	5	
8		水管弯头	DN25×DN25	个	35	

图 7-46 绘制表格

第 8 章
水管工具

● 本章导读

本章介绍管线工具命令的调用，包括管线倒角、管线连接等管线编辑命令的调用，也包括管线置上、管线置下等编辑管线位置命令的调用。

● 本章重点

◈ 上下扣弯
◈ 双线水管
◈ 双线阀门
◈ 管线打断
◈ 管线倒角
◈ 管线连接
◈ 管线置上
◈ 管线置下
◈ 更改管径
◈ 单管标高
◈ 断管符号
◈ 修改管线
◈ 管材规格
◈ 管线粗细

8.1 上下扣弯

调用上下扣弯命令，可以在管线的指定点插入扣弯。天正暖通提供了几种插入扣弯的方法，分别是在一段完整的管线上插入扣弯，或者在标高不同的管线接点处插入扣弯等。

上下扣弯命令的执行方式有以下几种：

- 命令行：在命令行中输入 SXKW 命令按回车键。
- 菜单栏：单击“水管工具”→“上下扣弯”命令。

下面为读者介绍插入扣弯的方法。

8.1.1 在一段完整的管线上插入扣弯

在执行命令的过程中，根据命令行的提示，分别指定扣弯前后两段管线的标高，然后在改变标高后成为不同的两段管线上插入扣弯图形。

01 按 Ctrl+O 组合键，打开配套光盘提供的“第 8 章/ 8.1.1　管线素材.dwg”素材文件。管线信息的查询结果如图 8-1 所示，从中可以查看到该管线的标高为 0。

02 在命令行中输入 SXKW 命令按回车键，命令行提示如下：

```
命令：SXKW↙
请点取插入扣弯的位置<退出>:                    //如图 8-2 所示。
请输入管线的标高(米)<0.000>:1
请输入管线的标高(米)<0.000>:2                  //分别输入管线标高。
```

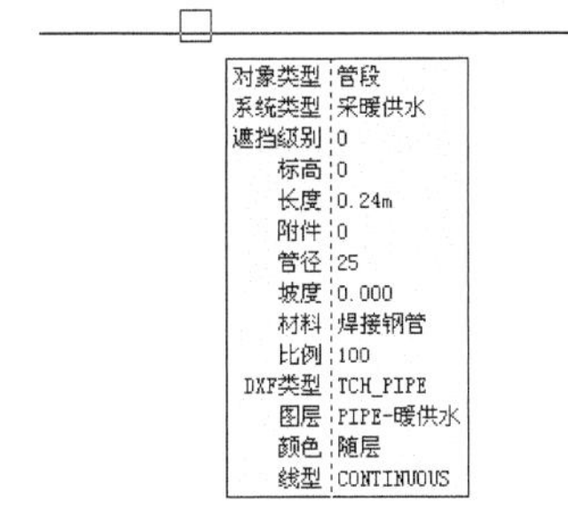

图 8-1　打开素材

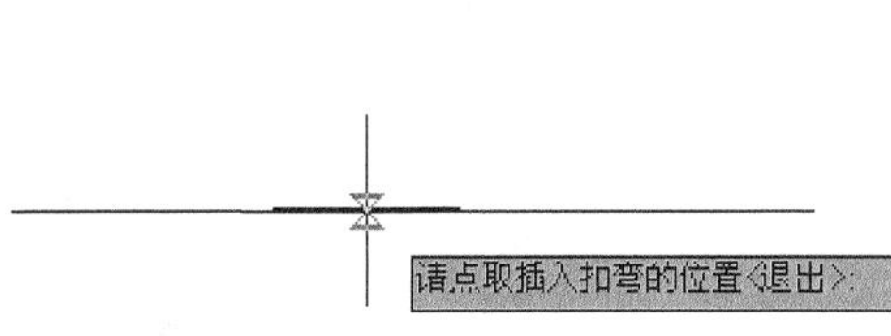

图 8-2　点取插入扣弯的位置

03 生成扣弯的结果如图 8-3 所示。

04 将视图转换为前视图，视觉样式设置设为灰度，查看扣弯生成的结果，如图 8-4 所示。

8.1.2　在标高不同的管线接点处插入扣弯

调用上下扣弯命令，可以在标高不同的管线接点上插入扣弯图形。

01 按 Ctrl+O 组合键，打开配套光盘提供的“第 8 章/ 8.1.2 管线素材.dwg”素材文件，结果如图 8-5 所示。

02 在命令行中输入 SXKW 命令按回车键，在管线接点处单击，指定该处为扣弯的插入位置；插入扣弯的结果如图 8-6 所示。

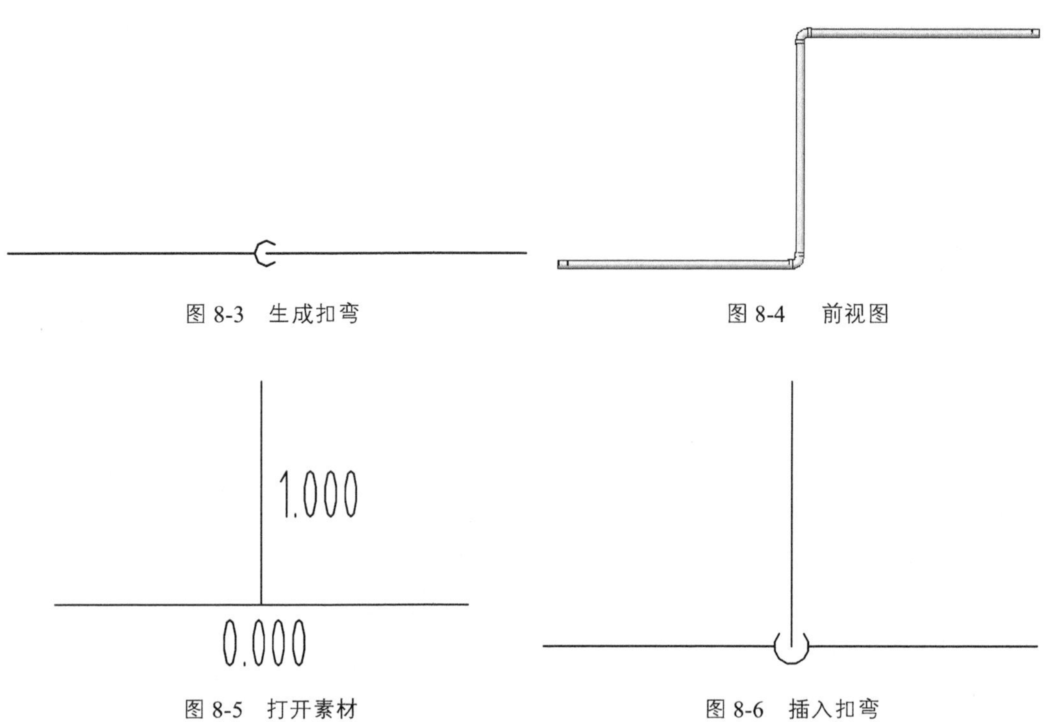

图 8-3 生成扣弯

图 8-4 前视图

图 8-5 打开素材

图 8-6 插入扣弯

03 将视图转换为前视图，查看扣弯生成的结果如图 8-7 所示。

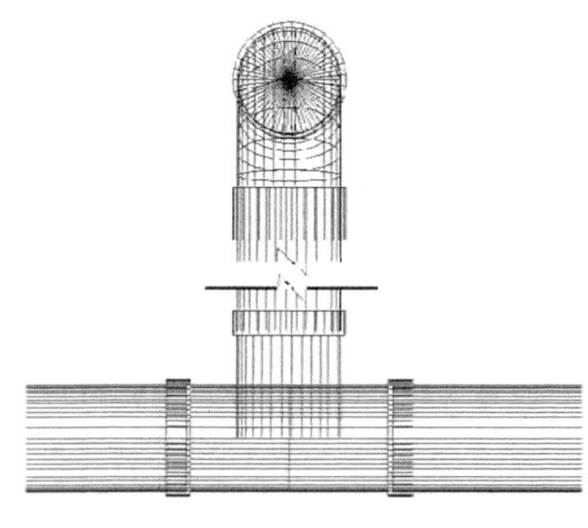

图 8-7 前视图

8.1.3 在管线的端点插入扣弯

调用上下扣弯命令，通过指定竖管线的另一标高参数，可以在独立管线的端点插入扣弯图形。

01 按 Ctrl+O 组合键，打开配套光盘提供的“第 8 章/ 8.1.3 管线素材.dwg”素材文件，结果如图 8-8 所示。

02 在命令行中输入 SXKW 命令按回车键，命令行提示如下：

```
命令: SXKW↙
请点取插入扣弯的位置<退出>:                          //在管线的端点单击。
请输入竖管线的另一标高(米)，当前标高=0.000<退出>:4   //指定标高参数，插入弯头的结果如图 8-9 所示。
```

03 将视图转换为右视图，查看扣弯生成的结果如图 8-10 所示。

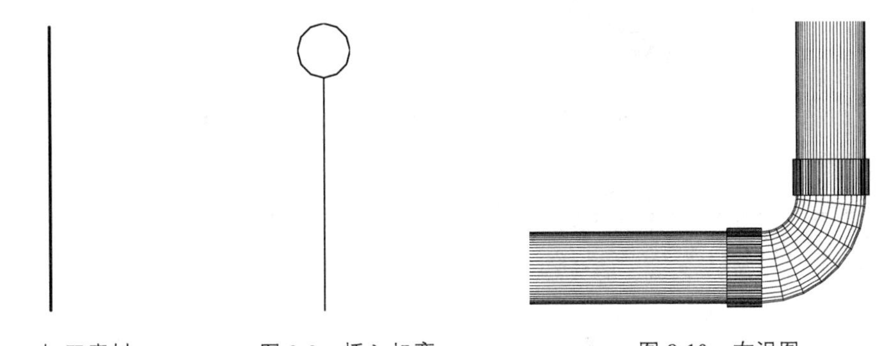

图 8-8　打开素材　　图 8-9　插入扣弯　　图 8-10　右视图

8.1.4 在管线拐弯点处插入扣弯

调用上下扣弯命令，在点取扣弯的插入位置后，分别指定红显管线的标高值，可以生成扣弯图形。

01 按 Ctrl+O 组合键，打开配套光盘提供的“第 8 章/ 8.1.4　管线素材.dwg”素材文件，结果如图 8-11 所示。

02 在命令行中输入 SXKW 命令按回车键，命令行提示如下：

```
命令: SXKW↙
请点取插入扣弯的位置<退出>:                 //单击管线交点为扣弯的插入点。
请输入管线的标高(米)<0.000>:1
请输入管线的标高(米)<0.000>:2               //分别定义管线的标高参数，绘制扣弯图形的结果如图 8-12 所示。
```

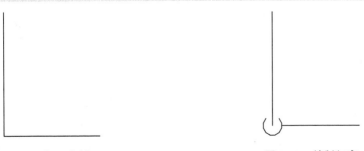

图 8-11　打开素材　　图 8-12　绘制扣弯

03 将视图转换为西南等轴测视图，视觉样式设置为概念，查看扣弯生成的前后对比结果如图 8-13、图 8-14 所示。

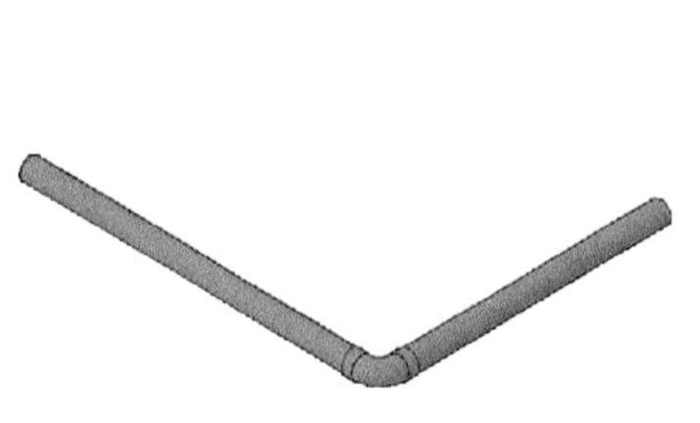
图 8-13　生成扣弯前

图 8-14　生成扣弯后

8.2 双线水管

调用双线水管命令，可以把水管的直径也画出来，可自动生成弯头、3 通、法兰、变径。

双线水管命令的执行方式有以下几种：

- 命令行：在命令行中输入 SXSG 命令按回车键。
- 菜单栏：单击“水管工具”→“双线水管”命令。

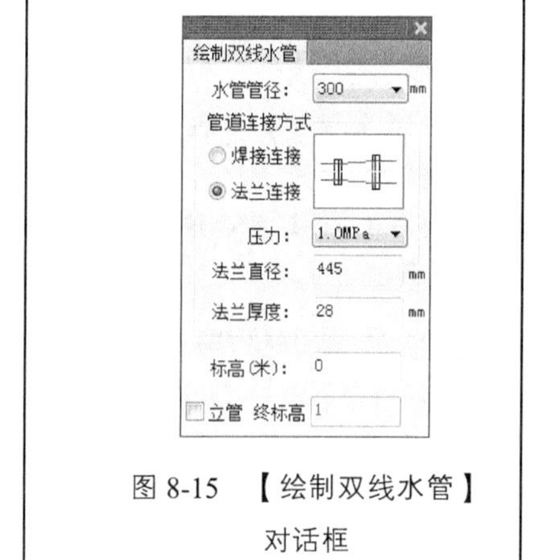

图 8-15　【绘制双线水管】对话框

执行“双线水管”命令，在【绘制双线水管】对话框中设置参数，如图 8-15 所示。在绘图区中指定双线水管的起点和终点，按回车键结束命令，绘制结果如图 8-16 所示。

将视图转换为西南等轴测视图，视觉样式设置为概念，查看双线水管的三维效果，如图 8-17 所示。

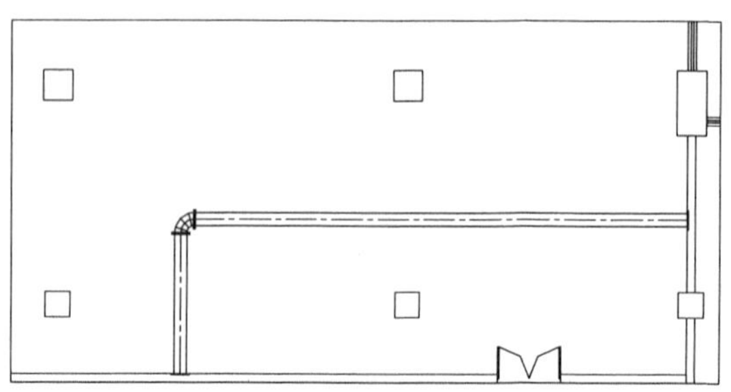
图 8-16　绘制双线水管

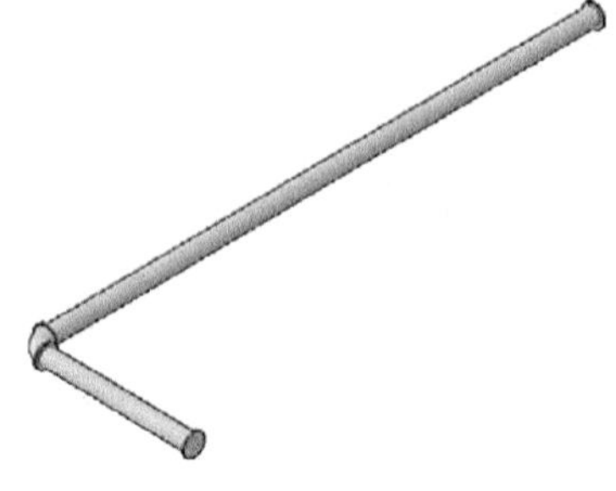
图 8-17　西南等轴测视图

8.3 双线阀门

调用双线阀门命令，可以在双线水管上插入阀门阀件，并可以设置打断水管。

双线阀门命令的执行方式有以下几种：

- 命令行：在命令行中输入 SXFM 命令按回车键。
- 菜单栏：单击“水管工具”→“双线阀门”命令。

执行“双线阀门”命令，在【双线阀门】对话框选择阀门如图 8-18 所示。在绘图区中指定阀门的插入点，绘制结果如图 8-19 所示。

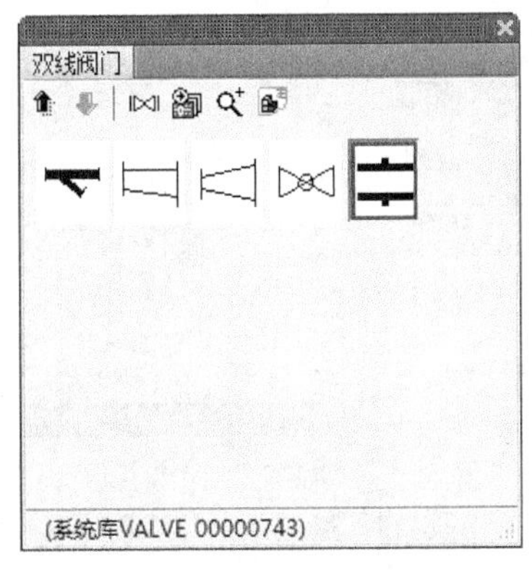

图 8-18 【双线阀门】对话框

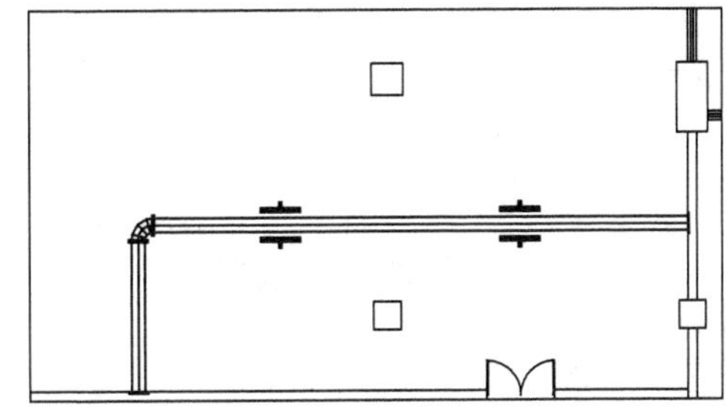

图 8-19 布置阀门

双击绘制好的双线阀门，在【编辑阀件】对话框中勾选“打断”选项，如图 8-20 所示，打断管线的结果如图 8-21 所示。

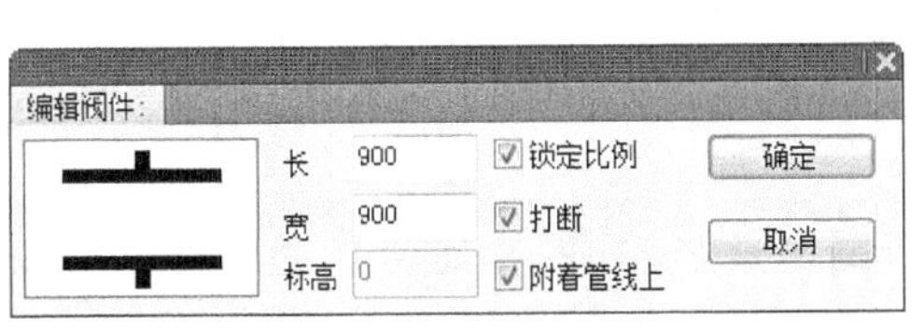

图 8-20 【编辑阀件】对话框

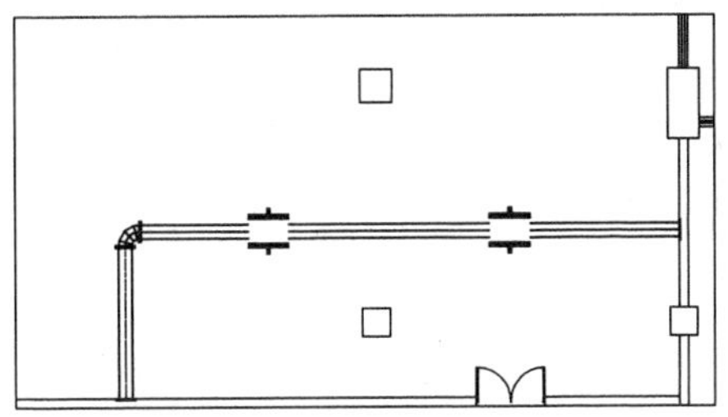

图 8-21 打断管线

8.4 管线打断

调用管线打断命令，可以将选定的管线打断成两根管线。如图 8-22 所示为该命令的操作结果。

管线打断命令的执行方式有以下几种：

➢ 命令行：在命令行中输入 GXDD 命令按回车键。

➢ 菜单栏：单击“水管工具”→“管线打断”命令。

下面以如图 8-22 所示的图形为例，介绍调用管线打断命令的操作方法。

01 按 Ctrl+O 组合键，打开配套光盘提供的“第 8 章/ 8.4　管线打断.dwg”素材文件，结果如图 8-23 所示。

图 8-22　管线打断

图 8-23　打开素材

02 在命令行中输入 GXDD 命令按回车键，命令行提示如下：

命令：GXDD↙

请选取要打断管线的第一截断点<退出>：　　　　　//如图 8-24 所示；

再点取该管线上另一截断点<退出>：　　　　　//如图 8-25 所示，完成管线打断操作的结果如图 8-22 所示。

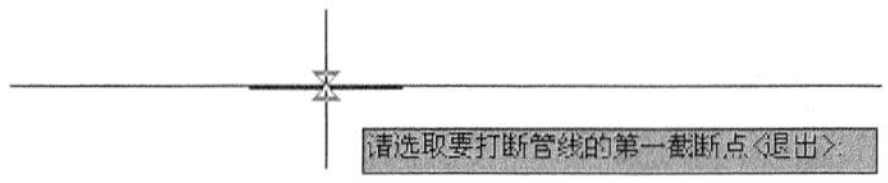

图 8-24　点取第一截断点

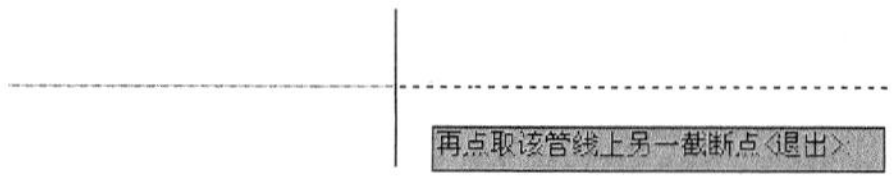

图 8-25　点取另一 截断点

提示

使用管线打断命令打断的管线为两段相互独立的管线；而管线交叉处的打断只是优先级别或者标高所决定的遮挡，管线并没有被打断。

8.5 管线倒角

调用管线倒角命令，可以对天正水管管线执行倒角操作。如图 8-26 所示为管线倒角命令的操作结果。

管线倒角命令的执行方式有以下几种：

➢ 命令行：在命令行中输入 GXDJ 命令按回车键。

➢ 菜单栏：单击“水管工具”→“管线倒角”命令。

下面以如图 8-26 所示的图形为例，介绍调用管线倒角命令的操作方法。

01 按 Ctrl+O 组合键，打开配套光盘提供的“第 8 章/ 8.5　管线倒角.dwg”素材文件，结果如图 8-27 所示。

02 在命令行中输入 GXDJ 命令按回车键，命令行提示如下：

命令：GXDJ↙

请选择第一根管线:<退出>

请选择第二根管线:<退出>　　　　//分别单击水平管线和垂直管线;

请输入倒角半径:<30.0>200　　　　//定义倒角半径，完成管线倒角操作的结果如图 8-26 所示。

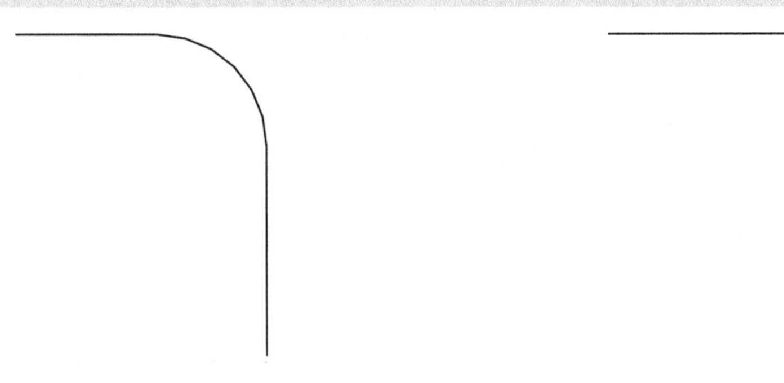

图 8-26　管线倒角　　　　图 8-27　打开素材

8.6 管线连接

调用管线连接命令，可以将水平方向或垂直方向上的两根管线合并成一根完整的管线如图 8-28 所示为该命令的操作结果。

管线连接命令的执行方式有以下几种:

- 命令行：在命令行中输入 GXLJ 命令按回车键。
- 菜单栏：单击“水管工具”→“管线连接”命令。

下面以如图 8-28 所示的图形为例，介绍调用管线连接命令的操作方法。

01 按 Ctrl+O 组合键，打开配套光盘提供的“第 8 章/ 8.6　管线连接.dwg”素材文件，结果如图 8-29 所示。

图 8-28　管线连接　　　　图 8-29　打开素材

02 在命令行中输入 GXLJ 命令按回车键，命令行提示如下:

命令：GXLJ↙

请拾取要连接的第一根管线 <退出>:

请拾取要连接的第二根管线 <退出>:　　　　//分别单击点取水平管线和垂直管线，完成管线连接命令的操作，结果如图 8-28 所示。

对已执行管线打断命令打断的管线，可以调用管线连接命令来对其进行连接。调用管线连接命令后，分别单击点取两段待连接的管线，即可完成连接操作，结果如图 8-30 所示。

图 8-30　连接操作

已生成四通的管线，在水平管线或垂直管线上执行管线连接命令时，该管线被连接，则另一管线被遮挡，结果如图 8-31 所示。

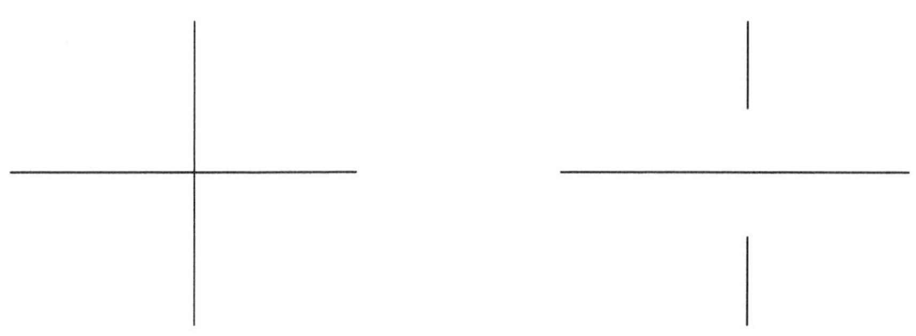

图 8-31　遮挡结果

8.7 管线置上

调用管线置上命令，可以在同标高条件下，选定管线打断其他所连管线。如图 8-32 所示为该命令的操作结果。

管线置上命令的执行方式有以下几种：

➢ 命令行：在命令行中输入 GXZS 命令按回车键。

➢ 菜单栏：单击“水管工具”→“管线置上”命令。

下面以如图 8-32 所示的图形为例，介绍调用管线置上命令的操作方法。

01 按 Ctrl+O 组合键，打开配套光盘提供的“第 8 章/ 8.7 管线置上.dwg”素材文件，结果如图 8-33 所示。

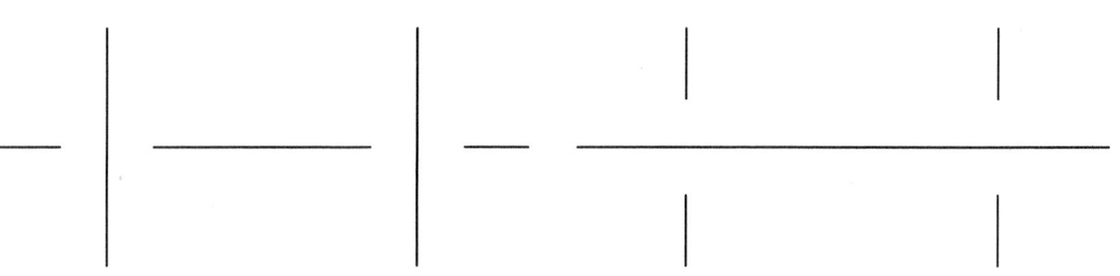

图 8-32　管线置上　　图 8-33　打开素材

02 在命令行中输入 GXZS 命令按回车键，命令行提示如下：

命令：GXZS↙

请选择需要置上的管线<退出>:找到 1 个，总计 2 个　　　　//分别选定待编辑的管线，按回车键，完成管线置上的操作结果如图 8-32 所示。

8.8 管线置下

调用管线置下命令，可以在同标高的条件下，使选定的管线被其他所连管线打断。如图 8-34 所示为该命令的操作结果。

管线置下命令的执行方式有以下几种：

- 命令行：在命令行中输入 GXZX 命令按回车键。
- 菜单栏：单击“水管工具”→“管线置下”命令。

下面以如图 8-34 所示的图形为例，介绍调用管线置下命令的操作方法。

01 按 Ctrl+O 组合键，打开配套光盘提供的“第 8 章/ 8.8　管线置下.dwg”素材文件，结果如图 8-35 所示。

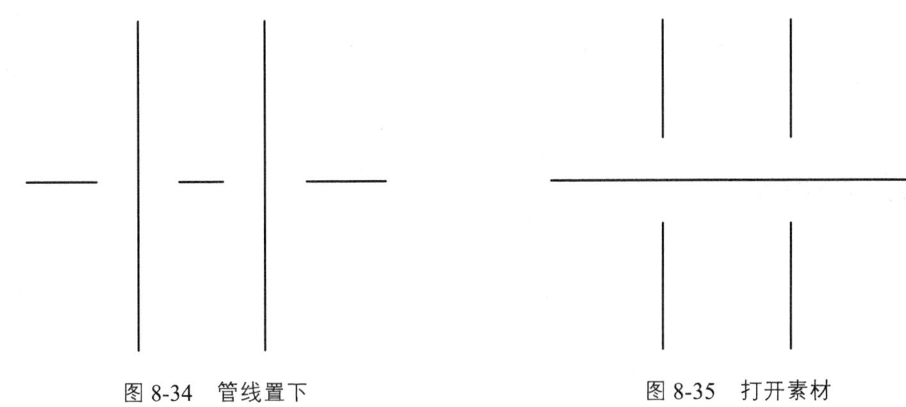

图 8-34　管线置下　　　　图 8-35　打开素材

02 在命令行中输入 GXZX 命令按回车键，命令行提示如下：

命令：GXZX↙

请选择需要置下的管线<退出>:指定对角点：找到 1 个　　　　//选定待编辑的管线，按回车键，完成管线置下操作，结果如图 8-34 所示。

8.9 更改管径

调用更改管径命令，可以更改选定管线的管径参数。如图 8-36 所示为该命令的操作结果。

更改管径命令的执行方式有以下几种：

- 命令行：在命令行中输入 GGGJ 命令按回车键。

➢ 菜单栏：单击“水管工具”→“更改管径”命令。

下面以如图 8-36 所示的图形为例，介绍调用更改管径命令的操作方法。

01 按 Ctrl+O 组合键，打开配套光盘提供的“第 8 章/ 8.9　更改管径.dwg”素材文件，结果如图 8-37 所示。

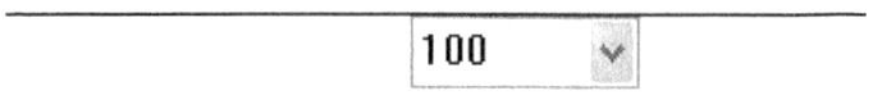

图 8-36　更改管径

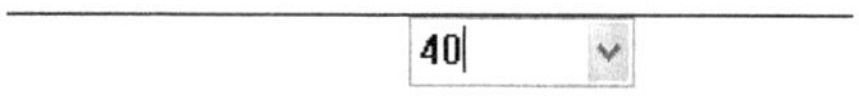

图 8-37　打开素材

02 在命令行中输入 GGGJ 命令按回车键，命令行提示如下：

命令：GGGJ↙

请选取要更改管径的管线<退出>：

//点取待更改管径的管线；

请在编辑框内输入文字<回车键或鼠标右键完成，ESC 键退出>：//单击编辑框右边的向下箭头，在弹出的下拉列表中选择管径标注文字，如图 8-38 所示。

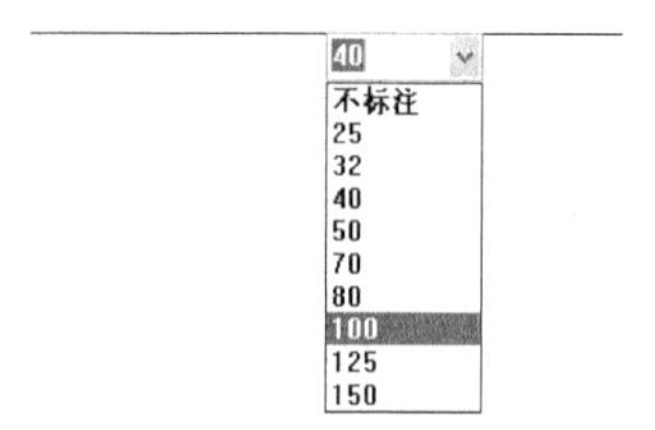

图 8-38　选择管径标注文字

03 按回车键，完成更改管径标注的操作，结果如图 8-36 所示。

8.10 单管标高

调用单管标高命令，可以修改选中的单根管线或者立管的标高。如图 8-39 所示为该命令的操作结果。

单管标高命令的执行方式有以下几种：

➢ 命令行：在命令行中输入 DGBG 命令按回车键。

➢ 菜单栏：单击“水管工具”→“单管标高”命令。

下面以如图 8-39 所示的图形为例，介绍调用单管标高命令的操作方法。

01 按 Ctrl+O 组合键，打开配套光盘提供的“第 8 章/ 8.10　单管标高.dwg”素材文件，结果如图 8-40 所示。

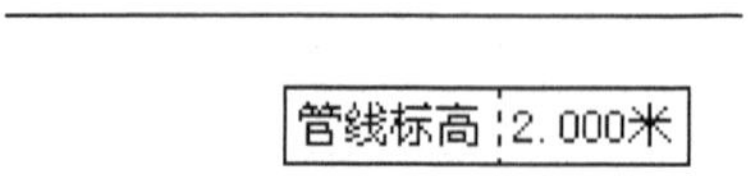

图 8-39　单管标高

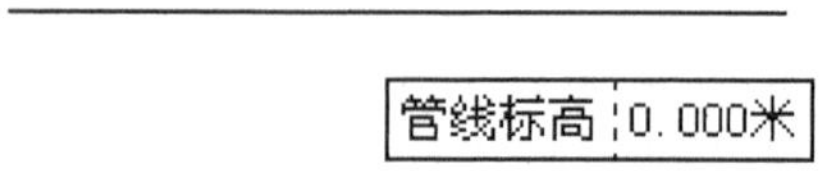

图 8-40　打开素材

02 在命令行中输入 DGBG 命令按回车键，命令行提示如下：

命令：DGBG↙

请选择管线<退出>:

请在编辑框内输入新的管线标高<回车键完成，ESC 键退出>: //定义标高参数，如图 8-41 所示。

03 按下回车键，即可完成单管标高的操作，结果如图 8-39 所示。

按 Ctrl+O 组合键，打开配套光盘提供的“第 8 章/ 8.10 单管标高.dwg”素材文件，结果如图 8-42 所示。

2.000

图 8-41 输入标高参数

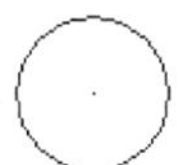

起点标高 0.000米
终点标高 3.000米

图 8-42 打开素材

执行 DGBG 命令，单击选定待编辑标高的立管，在弹出的【立管标高】对话框中修改标高参数，如图 8-43 所示。

单击“确定”按钮关闭对话框，即可完成立管标高的操作，结果如图 8-44 所示。

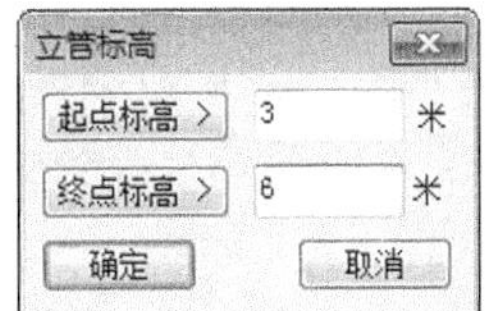

图 8-43 【立管标高】对话框

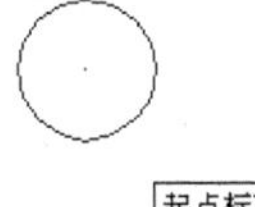

起点标高 3.000米
终点标高 6.000米

图 8-44 立管标高

8.11 断管符号

调用断管符号命令，可以在管线的末端插入断管符号。如图 8-45 所示为该命令的操作结果。

断管符号命令的执行方式有以下几种：

- 命令行：在命令行中输入 DGFH 命令按回车键。
- 菜单栏：单击“水管工具”→“断管符号”命令。

下面以如图 8-45 所示的图形为例，介绍调用断管符号命令的操作方法。

01 按 Ctrl+O 组合键，打开配套光盘提供的“第 8 章/ 8.11 断管符号.dwg”素材文件，结果如图 8-46 所示。

02 在命令行中输入 DGFH 命令按回车键，命令行提示如下：

命令：DGFH↙

请选择需要插入断管符号的管线<退出>:指定对角点：找到 4 个 //框选管线，按回车键即可完成断管符号命令的操作，结果如图 8-45 所示。

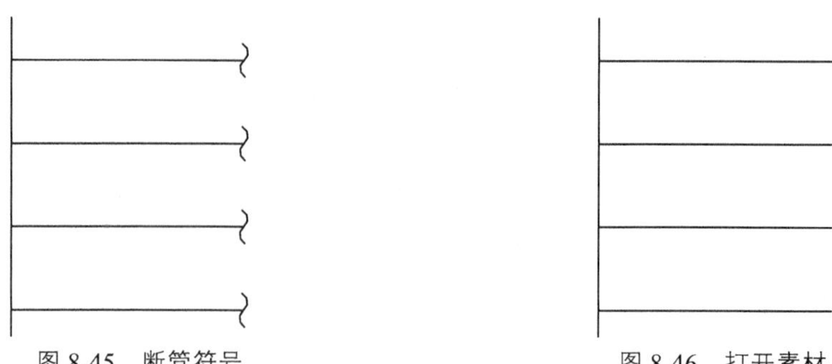

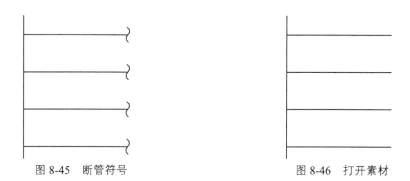

图 8-45　断管符号　　　　图 8-46　打开素材

8.12 修改管线

调用修改管线命令，可以修改指定管线的各项属性，如颜色、线型、线宽等。如图 8-47 所示为更改管线线型的操作结果。

修改管线命令的执行方式有以下几种：

- ➢ 命令行：在命令行中输入 XGGX 命令按回车键。
- ➢ 菜单栏：单击“水管工具”→“修改管线”命令。

下面以如图 8-47 所示的图形为例，介绍调用修改管线命令的操作方法。

01 按 Ctrl+O 组合键，打开配套光盘提供的“第 8 章/ 8.12　修改管线.dwg”素材文件，结果如图 8-48 所示。

图 8-47　修改管线线型　　　　图 8-48　打开素材

02 在命令行中输入 XGGX 命令按回车键，命令行提示如下：

```
命令：XGGX↙
请选择要修改的管线<退出>:找到 1 个          //选定待编辑的管线，按下回车键。
```

03 系统弹出【修改管线】对话框，在其中勾选“更改线型”复选框；单击选框右边的向下箭头，在其下拉列表中选定待更改的线型，如图 8-49 所示。

图 8-49　【修改管线】对话框

04 单击“确定”按钮关闭对话框，修改结果如图 8-47 所示。

在【修改管线】对话框中，勾选相对应的选项，可以对该选项的参数进行更改；参数设置完成后，单击“确定”按钮关闭对话框即可完成管线属性的更改。

8.13 管材规格

调用管材规格命令，可以设置系统管材的管径。

管材规格命令的执行方式有以下几种：

➢ 命令行：在命令行中输入 GCGG 命令按回车键。

➢ 菜单栏：单击“水管工具”→“管材规格”命令。

在命令行中输入 GCGG 命令按回车键，系统弹出如图 8-50 所示的【管材规格】对话框。

【管材规格】对话框中各功能选项的含义如下：

“采暖/空调水管”选项框：列举了水管和风管的管材名称。

在选框下的空白文本框中输入新的管材名称，单击“添加”按钮，可以将其添加至选项框中；单击“删除”按钮，可以将选项框中选中的管材名称删除。

“定义标注前缀”按钮：单击该按钮，系统弹出如图 8-51 所示的【定义各管材标注前缀】对话框。在其中选定管材的标注前缀，单击“确定”按钮可以完成定义。单击选中其中的标注前缀，在“标注类型”文本框中即可显示并更改标注前缀，单击“修改类型”按钮，即可将修改结果显示在标注前缀列表框中。

“管材数据”选项表：在其中罗列了不同管材的管径值。在“新公称直径”文本框中定义新的管径，单击“添加新规格”按钮，即可将管径添加至列表中。

选定其中的一组管径，单击“删除”按钮，即可将所选的管径删除。

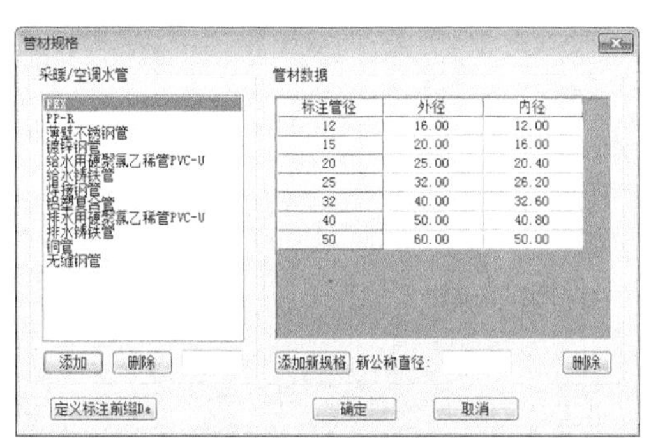

图 8-50 【管材规格】对话框

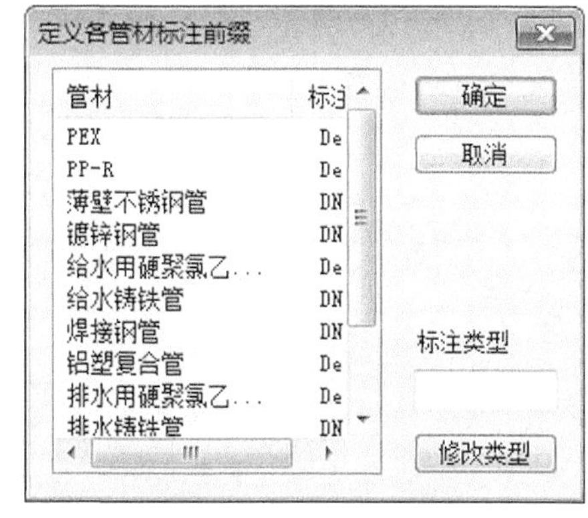

图 8-51 【定义各管材标注前缀】对话框

> **提示**
>
> 内径指的是在计算流速时用到的内径参考值，在【管材规格】对话框中定义的管径值在后续的计算中会被调用。

8.14 管线粗细

调用管线粗细命令，可以设置当前图所有管线是否进行加粗。如图 8-52 所示为管线粗细命令的操作结果。

管线粗细命令的执行方式有以下几种：

- 命令行：在命令行中输入 GXCX 命令按回车键。
- 菜单栏：单击"水管工具"→"管线粗细"命令。

下面以如图 8-52 所示的图形为例，介绍调用管线粗细命令的操作方法。

01 按 Ctrl+O 组合键，打开配套光盘提供的"第 8 章/ 8.14　管线粗细.dwg"素材文件，结果如图 8-53 所示。

图 8-52　管线粗细　　　　图 8-53　打开素材

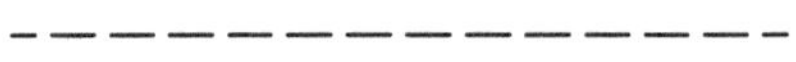

02 在命令行中输入 GXCX 命令按回车键，即可将当前视图中的所有管线执行加粗操作，结果如图 8-52 所示。

第 9 章
风　管

● **本章导读**

本章介绍关于风管命令的调用方法，主要包括四个方面：风管、立风管等绘制命令的调用；弯头、变径等构件命令的调用；平面对齐、竖向调整等调整命令的调用；编辑风口、编辑风管等编辑命令的调用。

● **本章重点**

- ◈ 工程管理
- ◈ 设置
- ◈ 风管绘制
- ◈ 弯头
- ◈ 乙字弯
- ◈ 四通
- ◈ 变高弯头
- ◈ 构件换向
- ◈局部改管
- ◈ 竖向对齐
- ◈ 打断合并
- ◈ 编辑立管
- ◈ 初始设置
- ◈ 更新关系
- ◈ 立风管
- ◈ 变径
- ◈ 三通
- ◈ 法兰
- ◈ 空间搭接
- ◈ 系统转换
- ◈ 平面对齐
- ◈ 竖向调整
- ◈ 编辑风管

9.1 设置

调用设置命令，可以对法兰、连接件、计算、标注等与风系统相关的各项进行初始设置。下面分别介绍各项初始设置操作的方法。

设置命令的执行方式有以下几种：

- 命令行：在命令行中输入 THVACCFG 命令按回车键。
- 菜单栏：单击“风管”→“设置”命令。

单击“风管”→“设置”命令，系统弹出如图 9-1 所示为【风管设置】对话框，在其中可以对风管的各项进行初始设置。

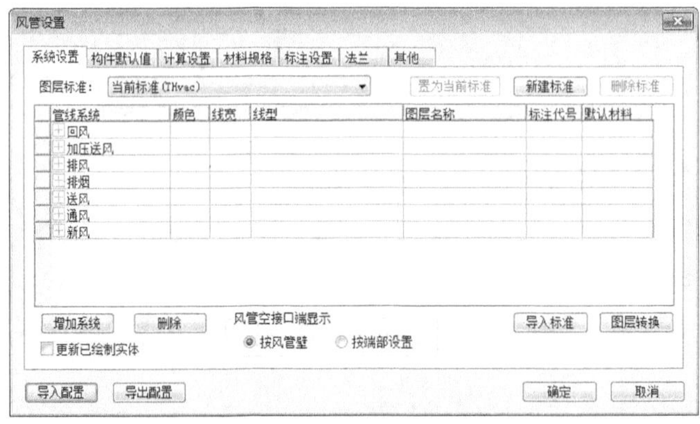

图 9-1 【风管设置】对话框

9.1.1 系统设置

打开【风管设置】对话框，默认的选项卡为“系统设置”，在该选项卡中可以重定义管线系统。

下面介绍“系统设置”选项卡中各功能选项的含义：

- “图层标注”选项：单击选项文本框，在弹出的下拉列表中选定图层标准。
- “置为当前标准”按钮：选定图层标准，单击该按钮即可将其设置为当前图层标准。
- “新建标准”按钮：单击该按钮，系统弹出如图 9-2 所示的【请输入图层标准名称】对话框，在其中输入新图层标准的名称，单击“确定”按钮即可完成新建标准的操作。
- “删除标准”按钮：选定图层标准，单击该按钮即可将其删除；另外，当前图层标准不能执行删除操作。
- “增加系统”按钮：单击该按钮，系统可弹出如图 9-3 所示的【请输入系统名称】对话框，在其中输入新系统的名称，单击“确定”按钮即可完成新系统的增加。

图 9-2　【请输入图层标准名称】对话框

图 9-3　【请输入系统名称】对话框

- “删除”按钮：单击该按钮，即可删除选定的系统。
- “风管空接口端显示”选项组：选择“按风管壁”选项或者“按端部设置”选项，可以控制风管的接口位置。
- “导入标准”按钮：单击该按钮，系统弹出如图 9-4 所示的【导入图层标准】对话框，单击“选择文件”选项后的⋯按钮，系统可弹出【打开】对话框，在其中可选定待导入的图层标准导入。
- “图层转换”按钮：单击该按钮，系统弹出如图 9-5 所示的【风管设置】对话框，选中任一选项，系统弹出如图 9-6 所示的【风系统图层转换】对话框，在其中选择图层转换的原图层标准和目标图层标准。

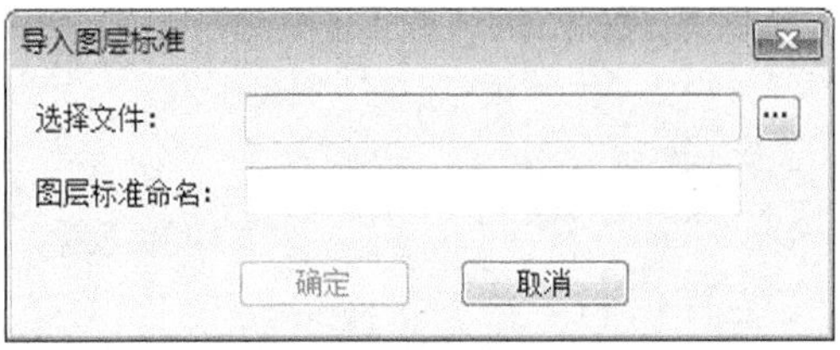

图 9-4　【导入图层标准】对话框

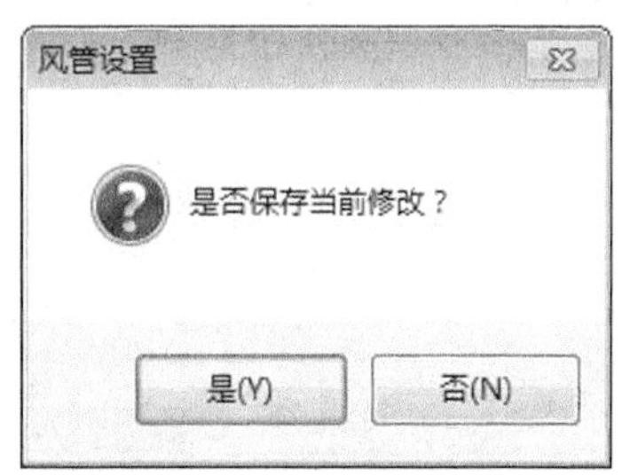

图 9-5　【风管设置】对话框

“导入配置”“导出配置”按钮：单击“导出配置”按钮，可以将【风管设置】中做的设置生成配置文件；单击“导入配置”按钮，可以在重装系统或更换计算机时直接导入设置。

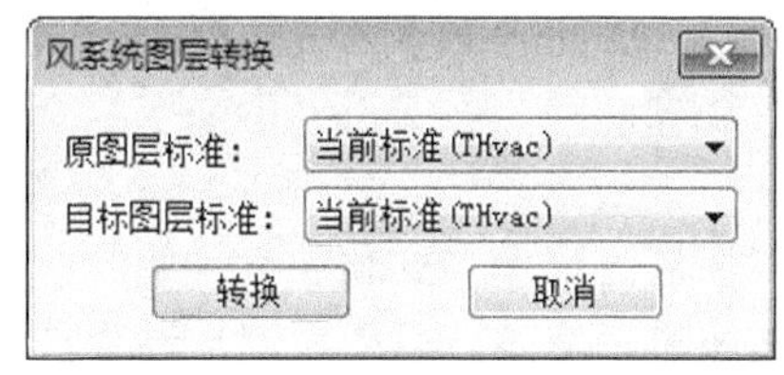

图 9-6　【风系统图层转换】对话框

9.1.2 构件默认值

在【风管设置】对话框中，选择“构件默认值”选项卡，对话框显示如图 9-7 所示。

下面介绍“构件默认值”选项卡中各功能选项的含义：

对话框的左边为构件类型的显示列表，列表右边为所选构件的不同样式，被红色边框框选的样式为连接和布置时的默认样式。

“构件参数项目”列表：该列表显示被红色边框框选的构件样式的各项参数，可以对其进行更改。

右边的各构件样式，可以通过单击预览框来选择样式，如图 9-8 所示为单击“风口连接形式”下的预览框所弹出的图片列表，单击可选定其中的一个。

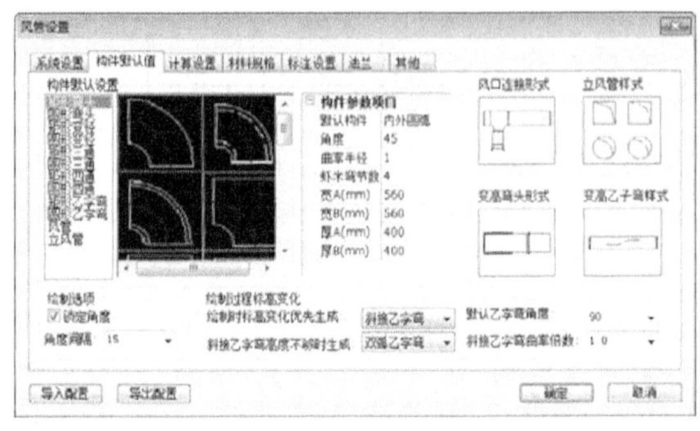

图 9-7 “构件默认值”选项卡

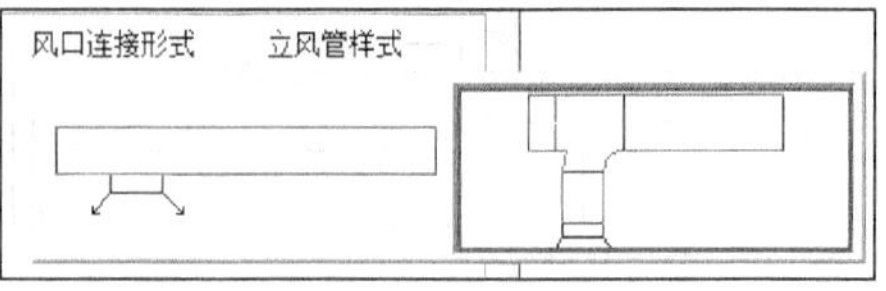

图 9-8 图片列表

“绘制选项”选项组：

“锁定角度”选项：勾选该项，在绘制风管的时候可提示角度辅助，如图 9-9 所示为在勾选该项的与取消勾选该项时，执行“风管绘制”命令时所呈现的状态。

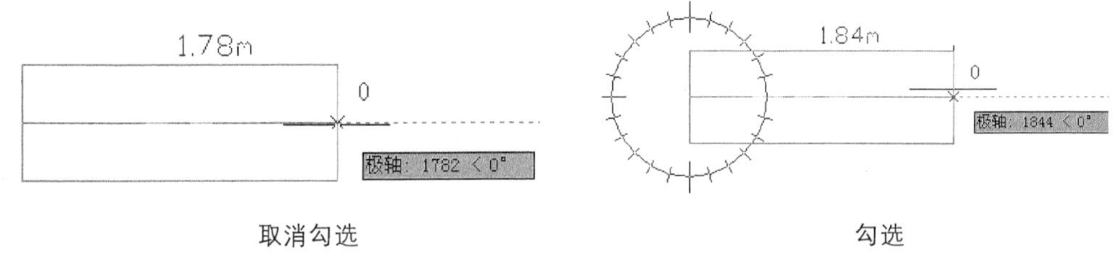

取消勾选　　　　勾选

图 9-9 “锁定角度”选项

“角度间隔”选项：单击选项文本框，在弹出的下拉菜单中可以选择系统给定的间隔参数。

“绘制过程标高变化”选项组：

在该选项组下，用来设定自动生成变高弯头与乙字弯头的相关设置。各选项均有系统给予的参数供选择，单击各选项文本框，在其下拉列表中可提取系统参数。

9.1.3 计算设置

在【风管设置】对话框中，选择“计算设置”选项卡，对话框显示如图 9-10 所示，在其中可以对流动介质参数进行设置。

在“流动介质”选项组中，“压力”、“流体介质”选项的参数通过其下拉菜单选择；其他选项的参数可以自定义设置。

在“管径颜色标识”选项组下，可以定义各项的表示颜色；单击颜色列表框右边的按钮，系统可弹出【选择颜色】对话框，在其中可以更改标识颜色。

“增加一行”、“删除一行”按钮：单击这两个按钮，可以相应的增加或删除表行。

9.1.4 材料规格

在【风管设置】对话框中，选择“材料规格”选项卡，对话框显示如图 9-11 所示。

“风管尺寸规格”选项组：

“截面形状”选项：单击选项文本框，在下拉列表中可以更改截面形状为圆形。截面形状被更改后，下方的参数列表相应的进行更改。

“矩形/圆形中心线显示”选项：勾选选项，则风管和各类连接件显示中心线，取消勾选则不显示；单击“更新图中实体”按钮，对已绘制部分进行中心线显示与否进行更新。

“材料扩充及对应粗糙度的设置”列表：设置各材料以及对应的粗糙度。单击“增加一行”或“删除一行”按钮，可以增加或删除表行。

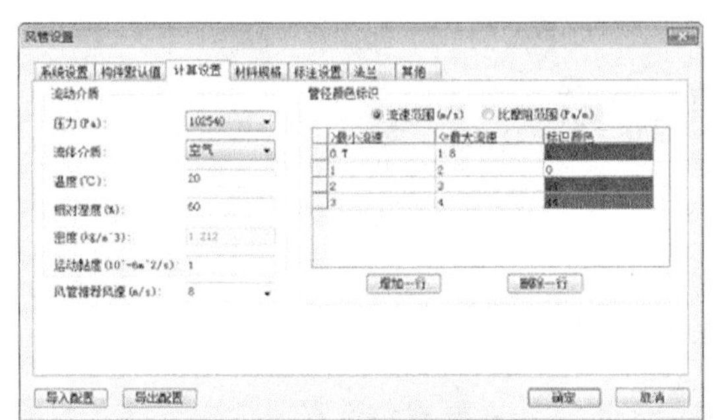

图 9-10　“计算设置”选项卡

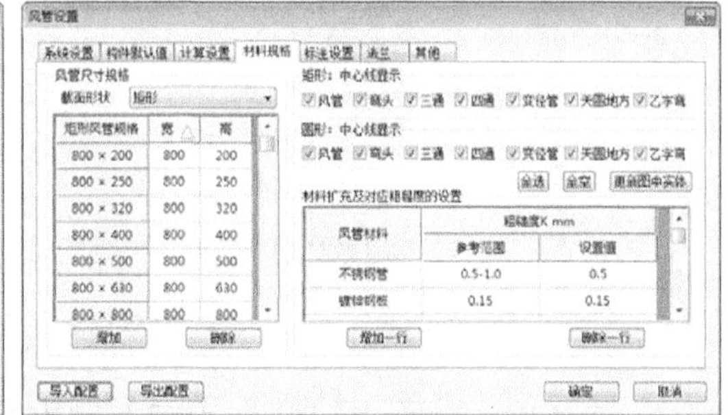

图 9-11　“材料规格”选项卡

9.1.5 标注设置

在【风管设置】对话框中，选择“标注设置”选项卡，对话框显示如图 9-12 所示。

➢ “标注基准设置”选项组：单击“标高基准”、“自动标注位置”选项文本框，在弹出的下拉菜单中可以选定系统参数，从而确定标高的基准以及标注的位置。

➢ “标注样式”选项组：可以分别对文字样式、箭头样式、文字高度以及箭头大小进行定义，各选项的参数可通过选项下拉列表类来获得。

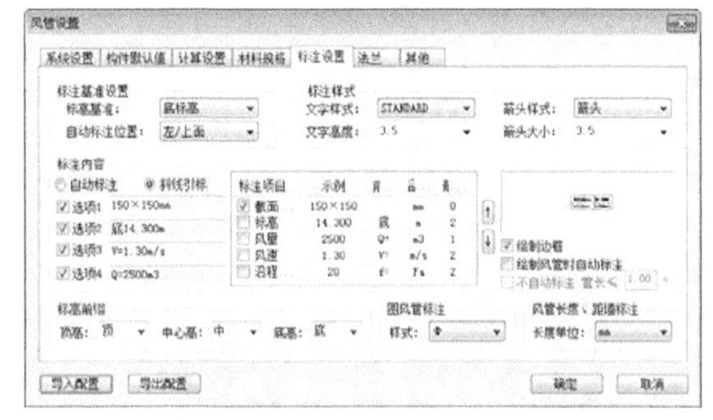

图 9-12　“标注设置”选项卡

➢ “标注内容”选项组：分为“自动标注”和“斜线引标”两种方式，通过勾选下面的四个复选框来定义标注的项目。

➢ “标高前缀”选项组：可分别定义顶高、中心高、底高这三种标注类型的标注前缀，可在各选项列表中选择标注前缀参数。

➢ “圆风管标注”选项：系统提供了两种标注样式，可在选项列表中选择。

➢ “风管长度”、“距墙标注”选项：系统提供了 m、mm 两种单位供用户选择，通过选项下拉列表更改标注单位。

9.1.6 法兰

在【风管设置】对话框中，选择“法兰”选项卡，对话框显示如图 9-13 所示。

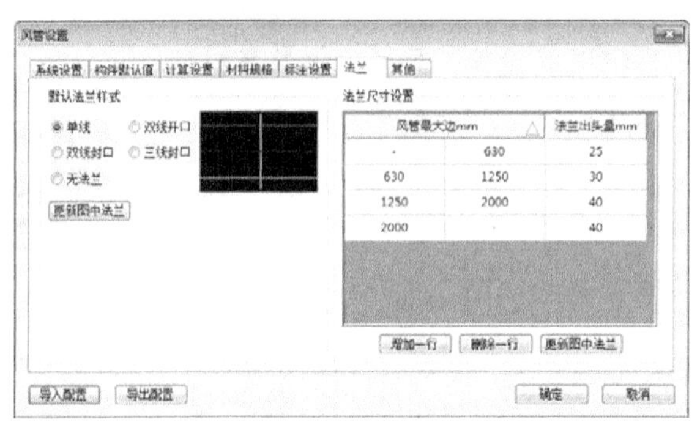

图 9-13 “法兰”选项卡

“默认法兰样式”选项组：在选项组中提供了五种法兰样式供选择，单击选择其中的一种，在右边的预览框中可以预览该样式。单击“更新图中法兰”按钮，可以对已有的法兰进行更新。

“法兰尺寸设置”列表：在“风管最大边 mm”选项列表下，“-”表示无穷大或无穷小。单击“增加一行”“删除一行”按钮，可以增加或删除表行。单击“更新图中法兰”按钮，可以对已有的法兰进行更新。

9.1.7 其他

在【风管设置】对话框中，选择“其他”选项卡，对话框显示如图 9-14 所示。

“风管厚度设置”选项组：

在“风管最大边 b”选项列表下，“-”表示无穷大或无穷小。单击“增加一行”“删除一行”按钮，可以增加或删除表行。单击“更新图中风管”按钮，可以对已有的风管进行更新。

“联动设置”选项组：

“位移联动”复选框：勾选复选框，在拖动风管夹点时，可实现构件与风管的联动。

“尺寸联动”选项：勾选复选框，在更改风管尺寸或拖动调整尺寸夹点时，与其有连接关系的构件及风管尺寸会自动随之变化。

“自动连接/断开” 复选框：勾选复选框，在移动、复制阀门到新管时，原风管可自动闭合、新风管可自动打断。

“单双线设置”选项组：定义所绘风管的样式，单击“更新图中实体”按钮，可以更新已绘制的图形。

“遮挡设置”选项组：勾选“显示被遮挡图形” 复选框，则被遮挡的图形也被显示在绘图区中；取消勾选则不显示。

在“风管标注中界面尺寸的连接样式”选项中，更改方框中的符号即可更改连接符号。

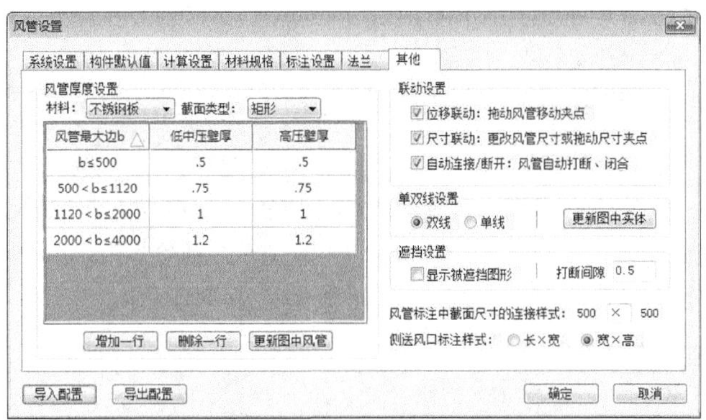

图 9-14　“其他”选项卡

9.2 更新关系

调用更新关系命令，可以更新风管管线的关系；主要是针对于使用天正命令绘制出来的图形对象，偶尔由于管线间的连接处理不到位而造成的提图识别不正确，此时可以执行该命令进行处理后，再进行提图。

更新关系命令的执行方式有：

➢ 命令行：在命令行中输入 RCOV 命令按回车键。

➢ 菜单栏：单击“风管”→“更新关系”命令。

下面介绍更新关系命令的调用方法。

在命令行中输入 RCOV 命令按回车键，命令行提示如下：

命令：RCOV↙

请选择需要更新遮挡效果的管件：

选择对象：指定对角点：找到 7 个　　　　　　//框选待更新的图形对象，按下回车键即可完成操作。

9.3 风管绘制

调用风管绘制命令，可以在图中绘制空调系统管线。

风管绘制命令的执行方式有：

➢ 命令行：在命令行中输入 FGHZ 命令按回车键。

➢ 菜单栏：单击“风管”→“风管绘制”命令。

下面介绍风管绘制命令的操作方法。

01 在命令行中输入 FGHZ 命令按回车键，系统弹出【风管布置】对话框，定义参数如图 9-15 所示。

02 同时命令行提示如下：

命令：FGHZ↙

请输入管线起点[宽(直径)(W)/高(H)/标高(E)/参考点(R)/两线(G)/墙角(C)/弯头曲率(Q)]<退出>:　　　　　　　　//指定管线的起点，如图 9-16 所示。

请输入管线终点[宽(直径)(W)/高(H)/标高(E)/弧管(A)/参考点(R)/两线(G)/墙角(C)/弯头曲率(Q)/插立管(L)/回退(U)]:　　　　　　　　//指定管线的终点，如图 9-17 所示。

03 按下回车键即可完成管线的绘制，结果如图 9-18 所示。

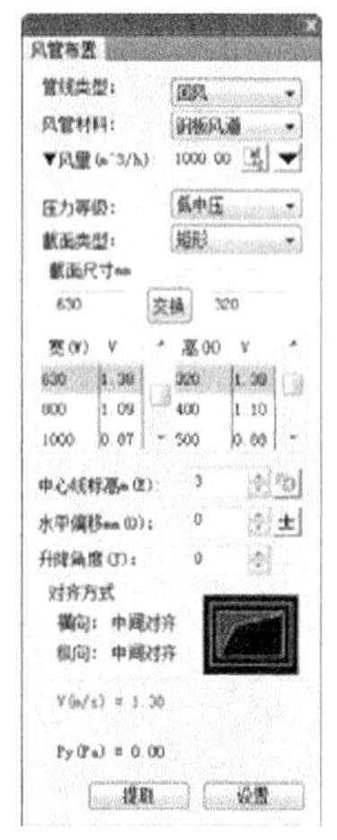

图 9-15　【风管布置】对话框

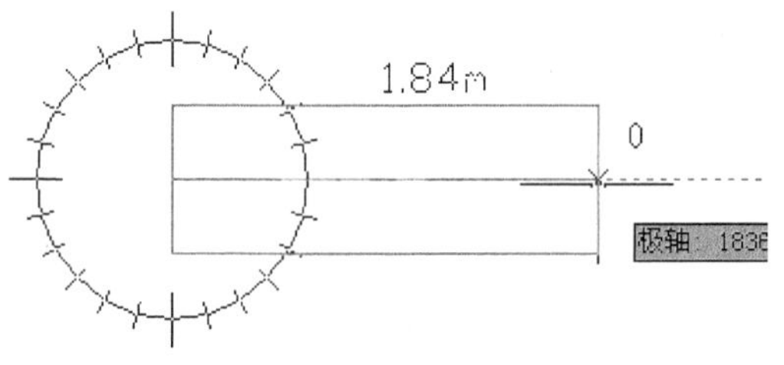

图 9-16　指定管线的起点

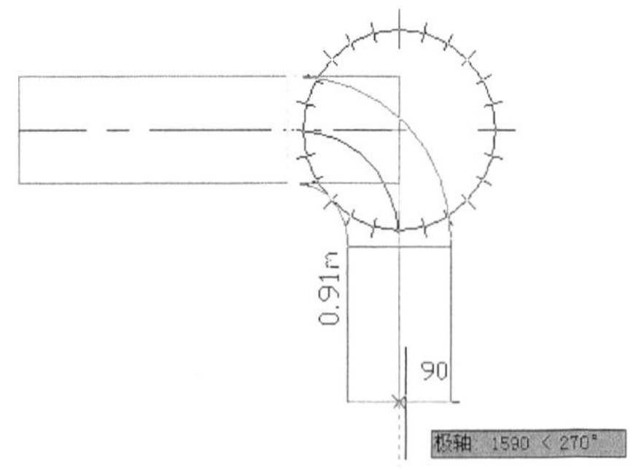

图 9-17　指定管线的终点

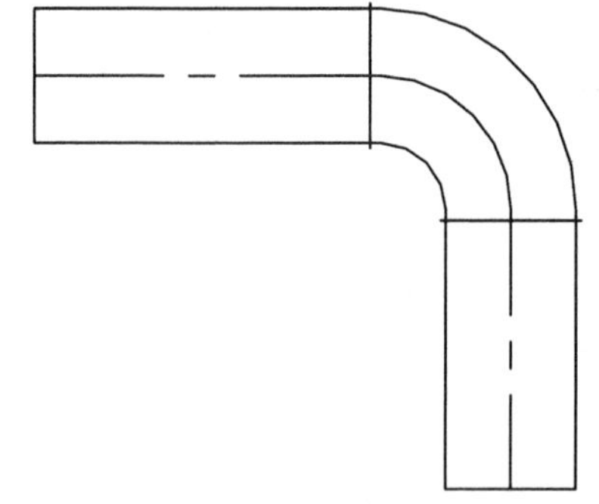

图 9-18　绘制风管

【风管布置】对话框中各功能选项的含义如下：

➢ "管线类型"选项：单击选项文本框，在其下拉列表中可选定系统所提供的管线类型，如图 9-19 所示。

➢ "风管材料"选项：单击选项文本框，在其下拉列表中可选定系统所提供的管线材料，如图 9-20 所示。

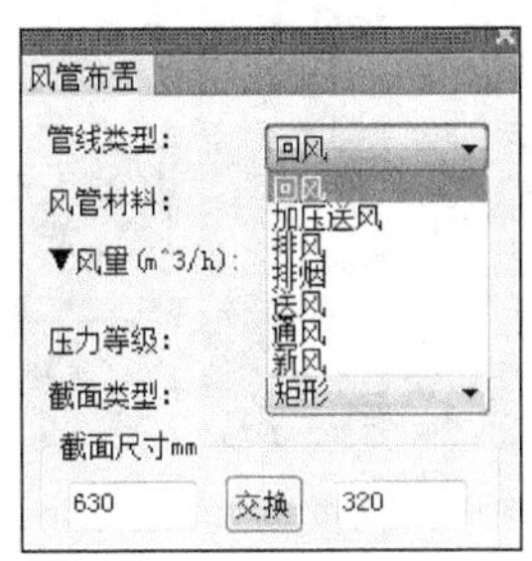

图 9-19　“管线类型”选项列表

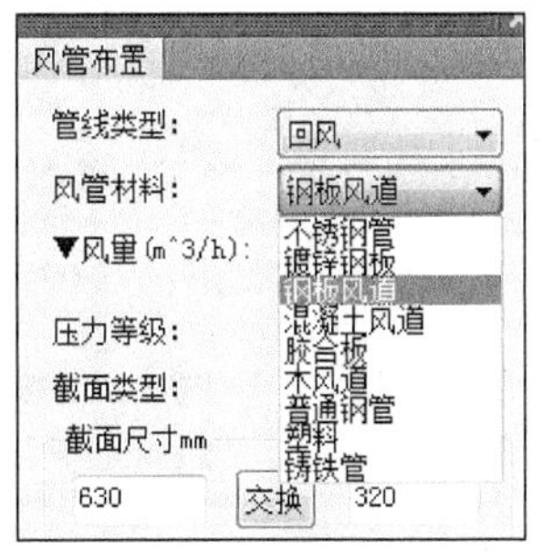

图 9-20　“风管材料”选项列表

- “风量”选项：单击选项框右边的▼，在弹出的下拉菜单中可以改变风量的单位，如图 9-21 所示；单击，可以在绘图区中点取风口或者除尘器进行风量的计算。
- “截面类型”选项：系统提供了两种截面类型，分别是圆形和矩形，单击选项文本框，在弹出的下拉列表中可以更改截面类型。
- “截面尺寸”选项：可以在左右两边的文本框中定义尺寸参数，也可从下方的列表框中选择参数；单击“交换”按钮，可以将风管宽高值进行对换。
- “中心线标高”选项：可以自定义参数，也可通过单击文本框右边的调整按钮调整参数，单击文本框后面的功能按钮，可以将中心线标高参数锁定。
- “水平偏移”选项：如图 9-22 所示为水平偏移参数为 0 时的绘制过程，如图 9-23 所示为水平偏移距离为 500 的绘制过程。
- “升降角度”选项：在绘制带升降角度的风管时在此设置参数，表示风管与水平方向的夹角。

图 9-21　“风量”选项列表

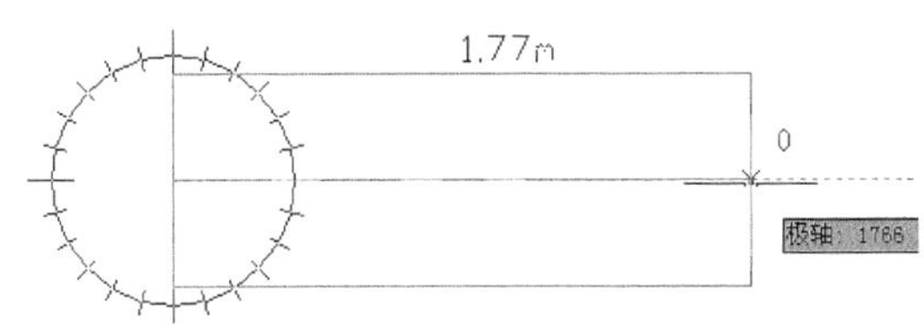

图 9-22　参数为 0

- “对齐方式”选项“单击右边的预览框，弹出如图 9-24 所示的【对齐方式】对话框，在其中显示了九种对齐方式。
- “V、R、Py”：提供风速、比摩阻、沿程阻力的即时计算值以供参考。
- “提取”按钮：可提取管线的信息，将对话框的参数自动设置成所提取管线的信息，方便绘制。
- “设置”按钮：单击该按钮，可以调出【风管设置】对话框，在其中可以设置风管的各项参数。

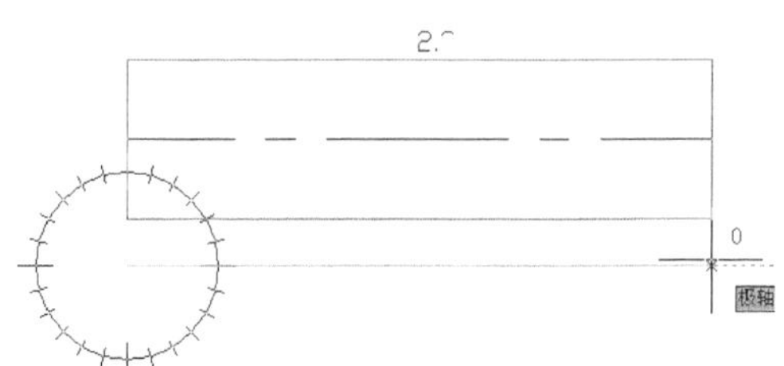

图 9-23　参数为 500

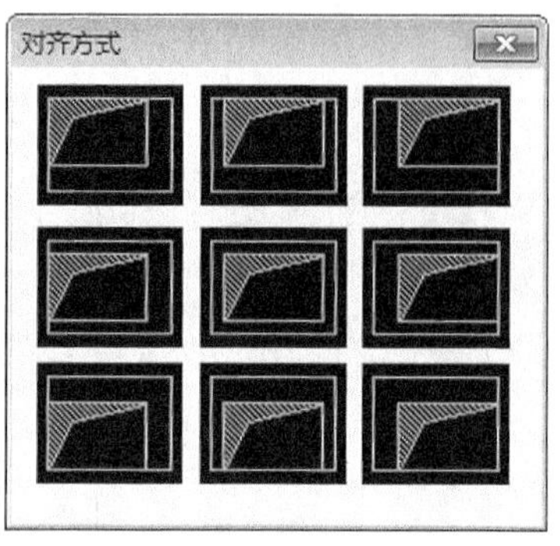

图 9-24　【对齐方式】对话框

9.4 立风管

调用立风管命令，可以绘制空调系统立管。

立风管命令的执行方式有：

- 命令行：在命令行中输入 LFG 命令按回车键。
- 菜单栏：单击“风管”→“立风管”命令。

下面介绍立风管命令的操作方法。

执行“立风管”命令，在【立风管布置】对话框中设置参数，如图 9-25 所示。

同时命令行提示如下：

命令：LFG↙

请输入位置点[基点变换(T)/转 90 度(S)/参考点(R)/距线(D)/两线(G)/墙角(C)]<退出>:

//在绘图区中点取立风管的插入位置，绘制立风管的结果如图 9-26 所示。

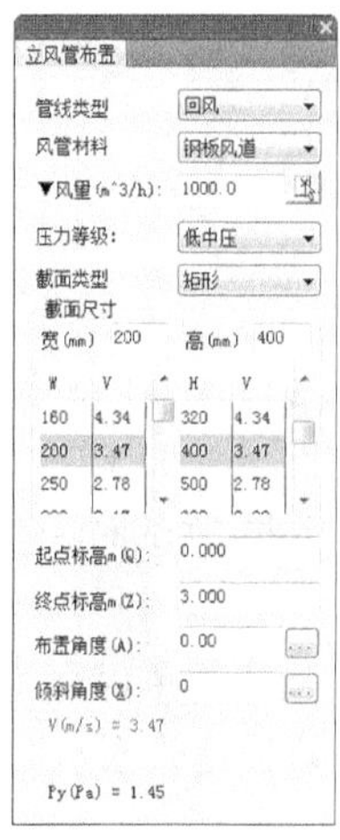

图 9-25　【立风管】对话框

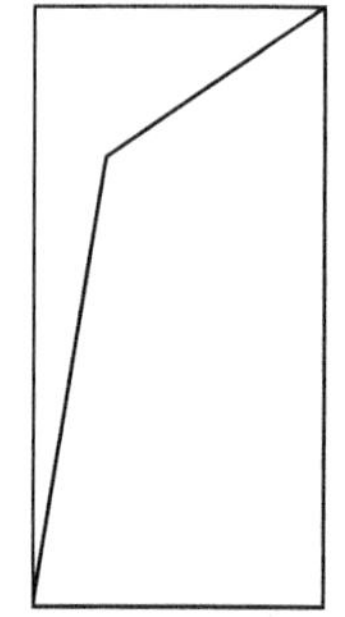

图 9-26　绘制立风管

9.5 弯头

调用弯头命令，可以在选定的风管上插入弯头。如图 9-27 所示为该命令的操作结果。

弯头命令的执行方式有：

- 命令行：在命令行中输入 WT 命令按回车键。
- 菜单栏：单击“风管”→“弯头”命令。

下面以如图 9-27 所示的图形为例，介绍弯头命令的操作结果。

01 按 Ctrl+O 组合键，打开配套光盘提供的“第 9 章/ 9.5　弯头.dwg”素材文件，结果如图 9-28 所示。

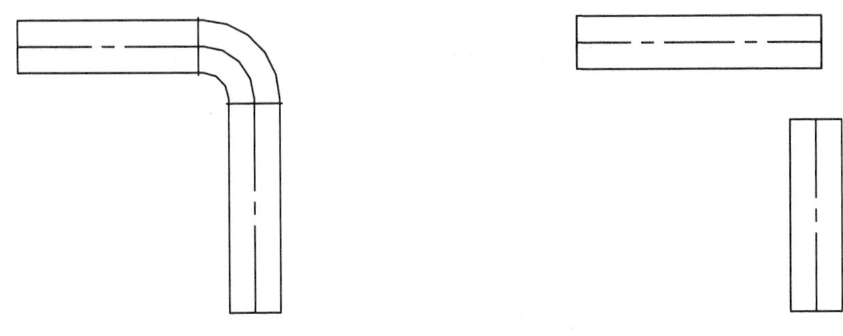

图 9-27　插入弯头　　　　图 9-28　打开素材

02 在命令行中输入 WT 命令按回车键，系统弹出【弯头】对话框，设置参数如图 9-29 所示。

03 双击左上角的弯头图形，同时命令行提示如下：

```
命令: WT↙
请选择要插入弯头的两根风管<退出>:指定对角点: 找到 2 个            //框选待连接的风管，
按回车键即可完成插入弯头的操作，结果如图 9-27 所示。
```

【弯头】对话框中各功能选项的含义如下：

- “截面设置”选项：打开【弯头】对话框时，系统默认当前截面形状为矩形，如图 9-29 所示，单击选定“圆形”选项，则对话框显示如图 9-30 所示。
- “系统类型”选项：单击选项文本框，在弹出的下拉列表中可以选择风系统。在两段风管之间插入弯头的时候，不需要选定系统，因为系统会根据所选的风管自行设定弯头的系统类型。
- “默认连接件”选项框：在下方显示默认样式的名称。
- “弯头样式预览”区：在其中显示各弯头的样式，被选中的弯头以红色方框显示。
- “弯头参数”表：在其中显示弯头的参数。
- “连接”按钮：单击该按钮，在选中的两段风管中插入弯头。双击预览区中的弯头，也可实现在所选的风管中插入弯头。
- “任意布置”按钮：单击该按钮，可以在绘图区中任意布置弯头。
- “替换”按钮：单击该按钮，可以替换已绘制的弯头样式。

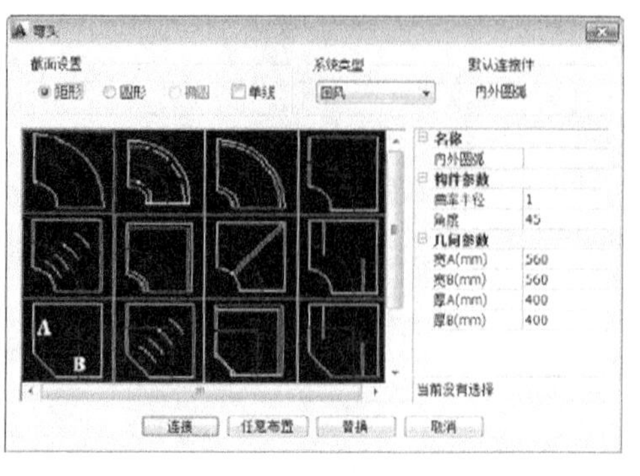

图 9-29 【弯头】对话框

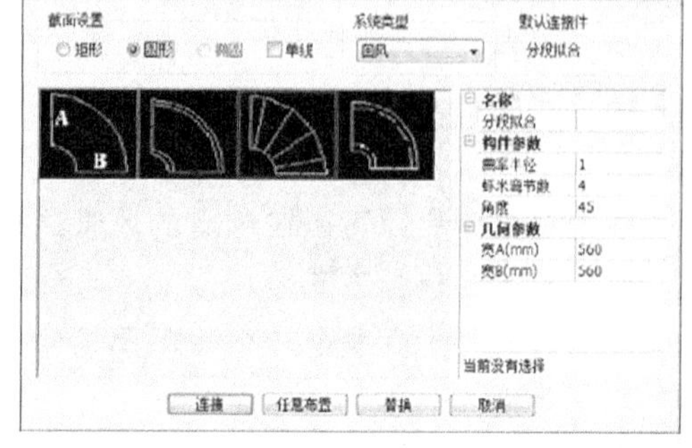

图 9-30 选定“圆形”选项

选定插入的弯头，可显示蓝色的夹点，如图 9-31 所示，选定该夹点可以拖曳移动弯头的位置。

选定弯头左右两边的启动绘制命令符号“+”，拖曳时可弹出【风管绘制】对话框；在其中设定风管的参数，可以绘制风管，分别如图 9-32、图 9-33 所示。

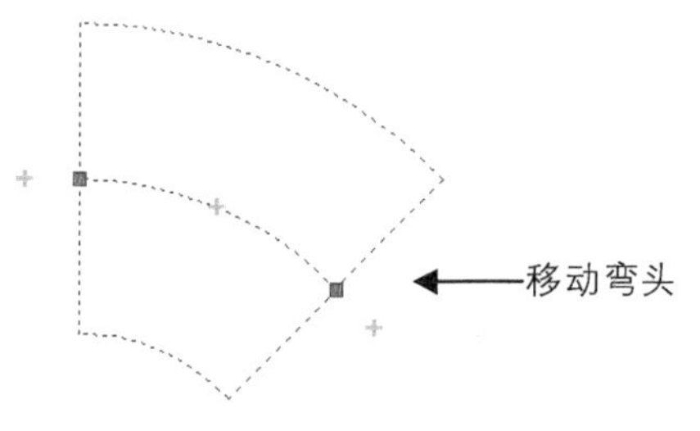

图 9-31 【弯头】对话框

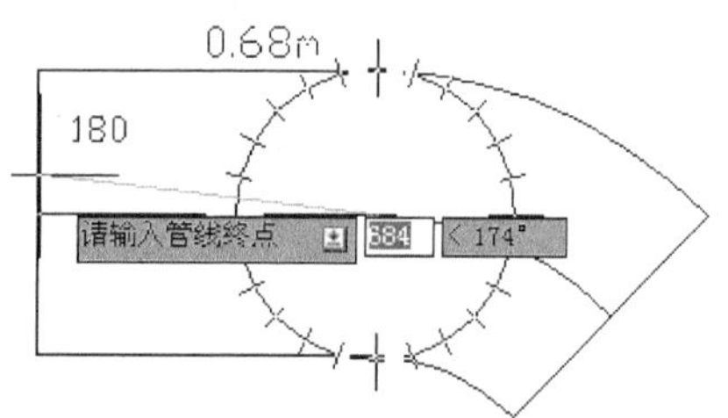

图 9-32 拖动“+”

选定弯头中间的启动绘制命令符号“+”，拖动可绘制三通风管，如图 9-34 所示。

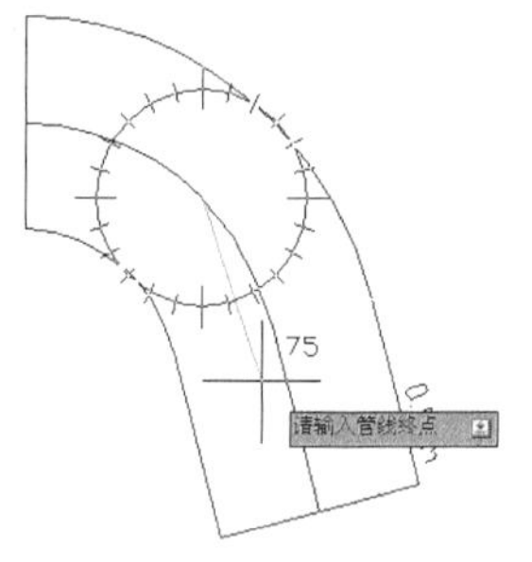

图 9-33 绘制风管

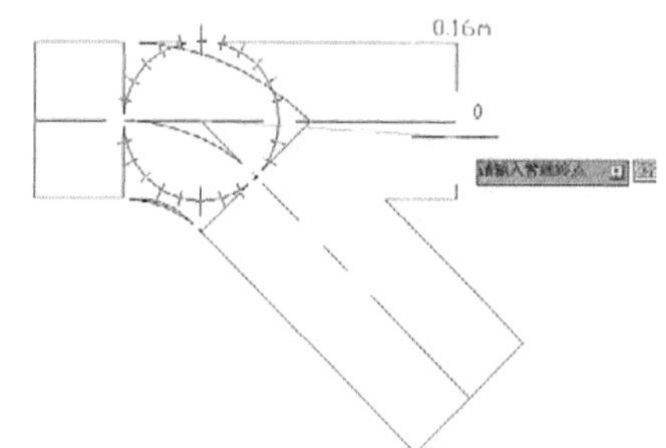

图 9-34 绘制三通风管

9.6 变径

调用变径命令，可以将两段管径不同的风管进行连接。如图 9-35 所示为该命令的操作结果。

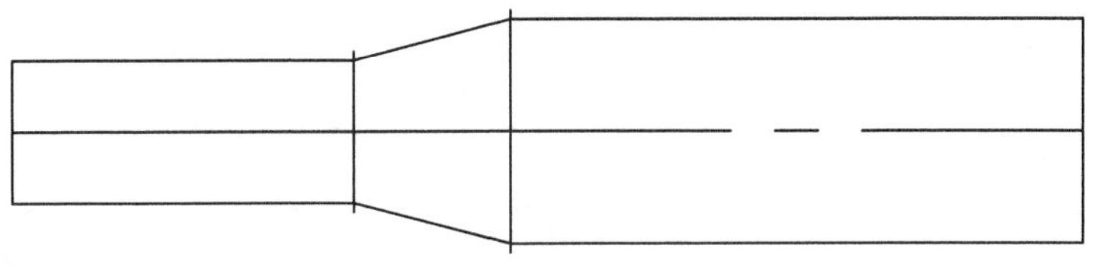

图 9-35 变径

变径命令的执行方式有：

➢ 命令行：在命令行中输入 BJ 命令按回车键。

➢ 菜单栏：单击“风管”→“变径”命令。

下面以如图 9-35 所示的图形为例，介绍变径命令的操作结果。

01 按 Ctrl+O 组合键，打开配套光盘提供的“第 9 章/ 9.6 变径.dwg”素材文件，结果如图 9-36 所示。

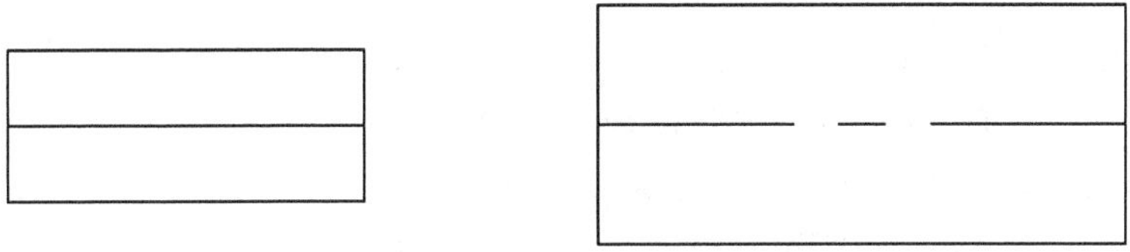

图 9-36 打开素材

02 在命令行中输入 BJ 命令按回车键，系统弹出【变径】对话框，定义参数如图 9-37 所示。

03 在对话框中单击“连接”按钮，命令行提示如下：

命令：BJ↙

请框选两个平行的风管或一个风管和一个管件(不包括变径和法兰)<退出>:指定对角点：找到 2 个 //选定待连接的管线，按回车键即可完成变径操作，结果如图 9-35 所示。

选中绘制完成的变径截面图形，分别选中其左右两边的“+”，按住鼠标左键拖曳该夹点，如图 9-38、图 9-39 所示；可以在变径截面图形的基础上引出两段管径不同的风管，结果如图 9-40 所示。

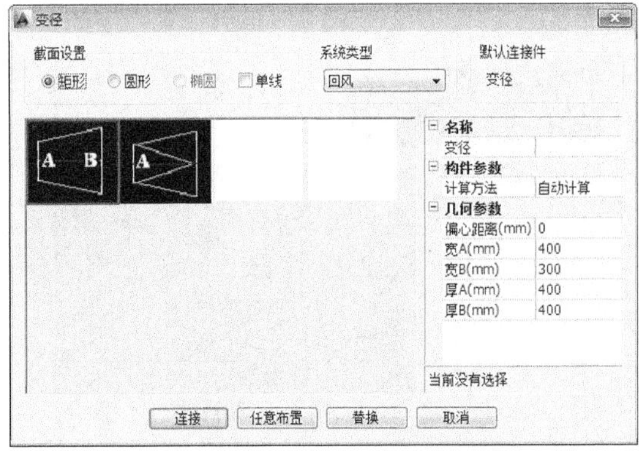

图 9-37 【变径】对话框

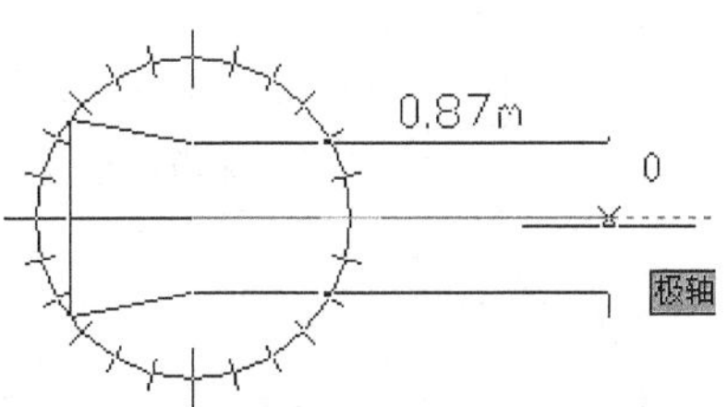

图 9-38 拖曳左边夹点

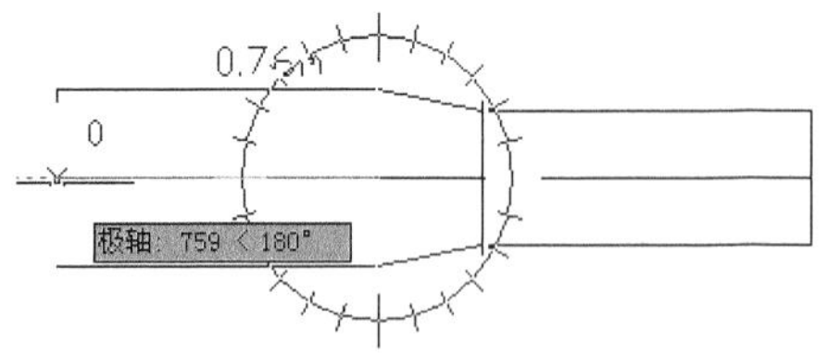

图 9-39　拖曳右边夹点

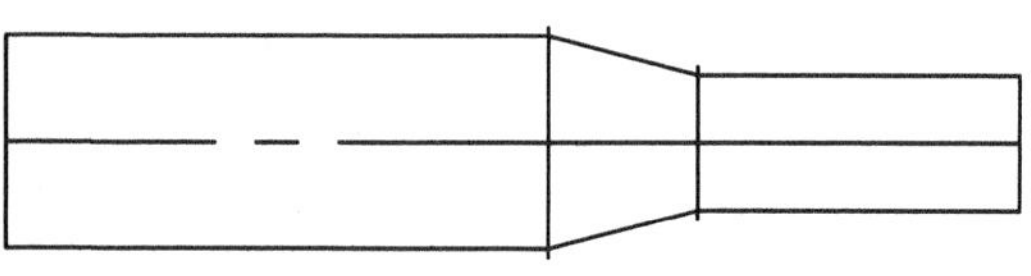

图 9-40　绘制结果

9.7 乙字弯

调用乙字弯命令，可以将选中的两段管线以乙字弯进行连接。如图 9-41 所示为该命令的操作结果。

乙字弯命令的执行方式有：

- 命令行：在命令行中输入 YZW 命令按回车键。
- 菜单栏：单击“风管”→“乙字弯”命令。

下面以如图 9-41 所示的图形为例，介绍乙字弯命令的操作结果。

01 按 Ctrl+O 组合键，打开配套光盘提供的“第 9 章/9.7　乙字弯.dwg”素材文件，结果如图 9-42 所示。

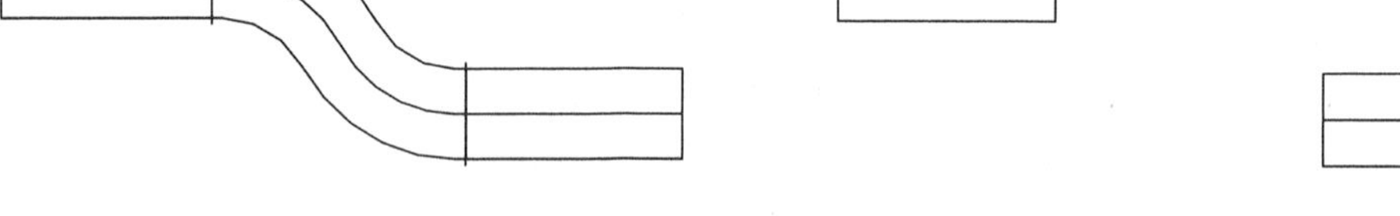

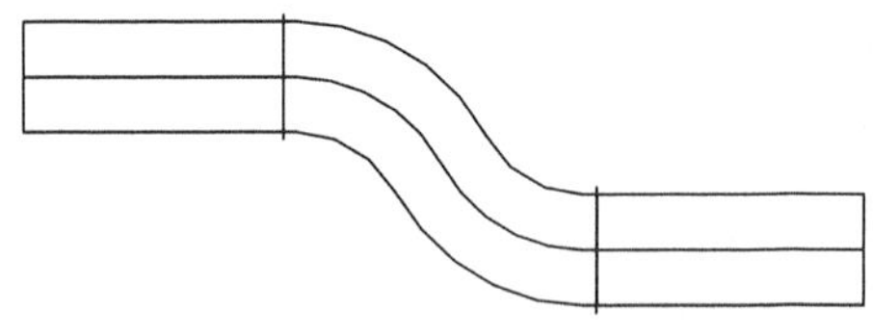

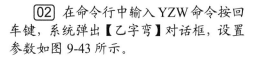

图 9-41　绘制乙字弯

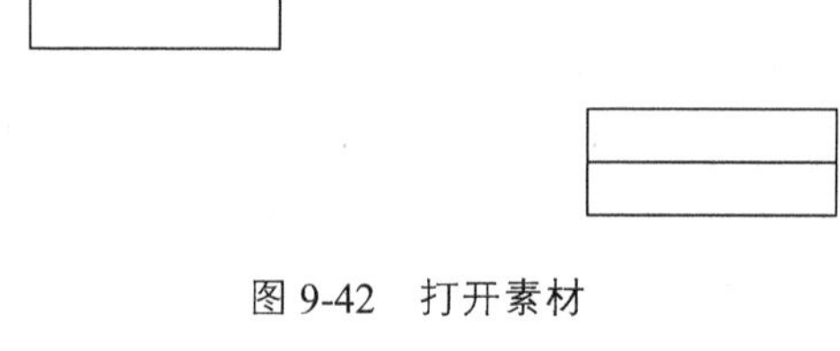

图 9-42　打开素材

02 在命令行中输入 YZW 命令按回车键，系统弹出【乙字弯】对话框，设置参数如图 9-43 所示。

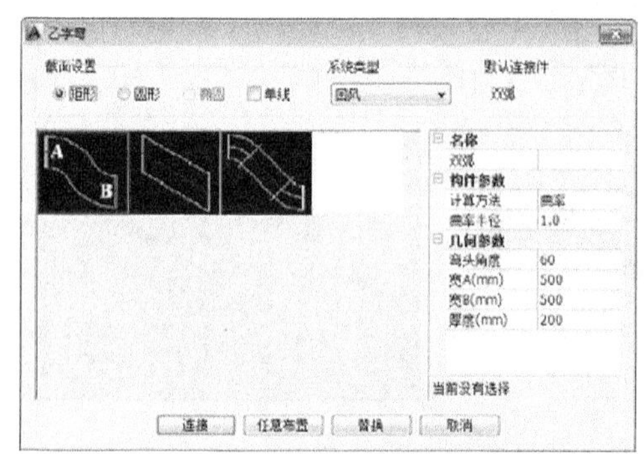

图 9-43　【乙字弯】对话框

03 单击“连接”按钮，命令行提示如下：

```
命令：YZW↙
请点取基准风管(点取位置决定连接方向)<退出>:              //如图 9-44 所示。
请点取第二根风管<退出>:
//如图 9-45 所示，绘制乙字弯，结果如图 9-41 所示。
```

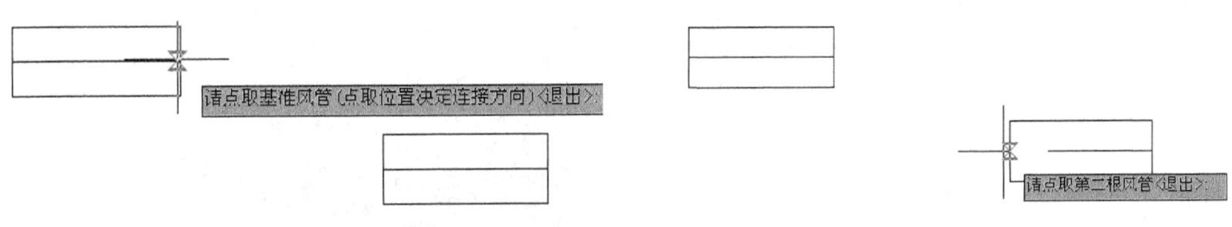

图 9-44　点取基准风管　　　　图 9-45　点取第二根风管

选中绘制完成的乙字弯截面图形，分别选中其左右两边的“+”，按住左键拖曳该夹点，如图 9-46 所示；可以在乙字弯截面图形的基础上引出两段管径不同的风管，结果如图 9-47 所示。

图 9-46　拖曳夹点

9.8 三通

调用三通命令，可以将选中的三段管线以三通构件进行连接。如图 9-48 所示为该命令的操作结果。

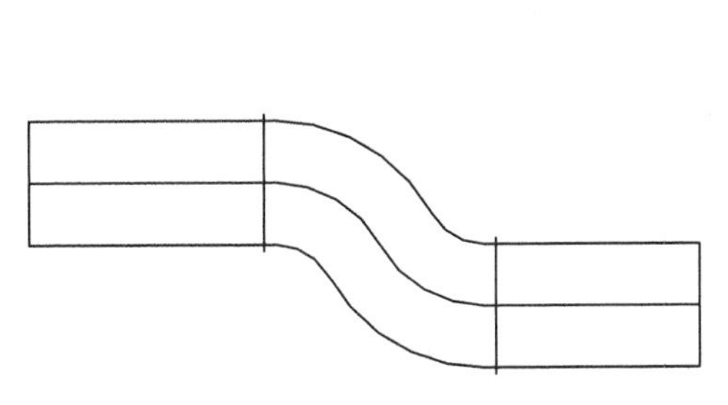

图 9-47　拖曳结果

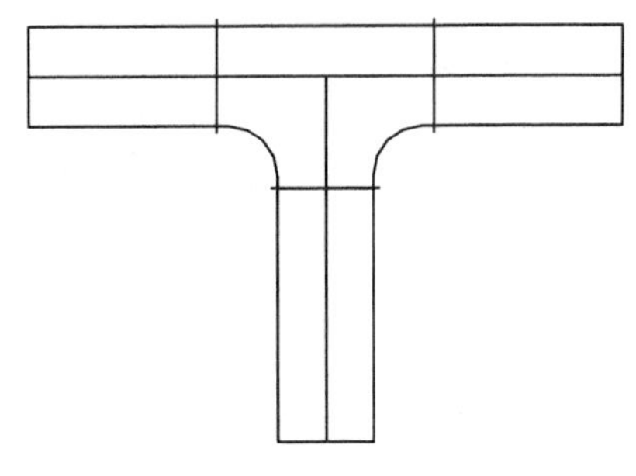

图 9-48　三通连接

三通命令的执行方式有：

- 命令行：在命令行中输入 3T 命令按回车键。
- 菜单栏：单击“风管”→“三通”命令。

下面以如图 9-48 所示的图形为例，介绍三通命令的操作结果。

01 按 Ctrl+O 组合键，打开配套光盘提供的“第 9 章/ 9.8　三通.dwg”素材文件，结果如图 9-49 所示。

02 在命令行中输入 3T 命令按回车键，系统弹出【三通】对话框，设置参数如图 9-50 所示。

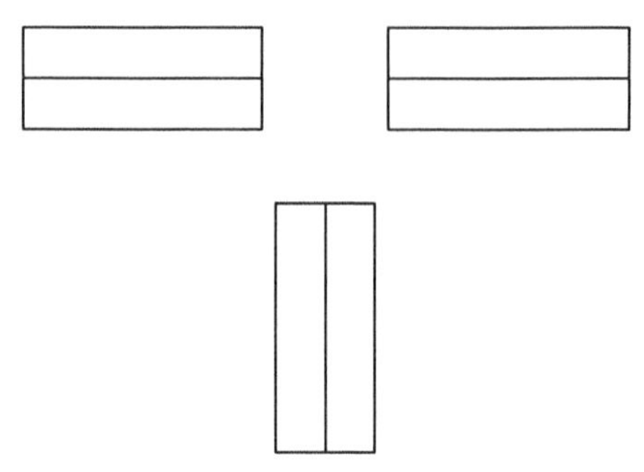
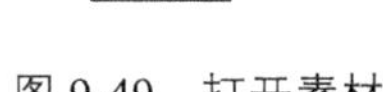

图 9-49　打开素材

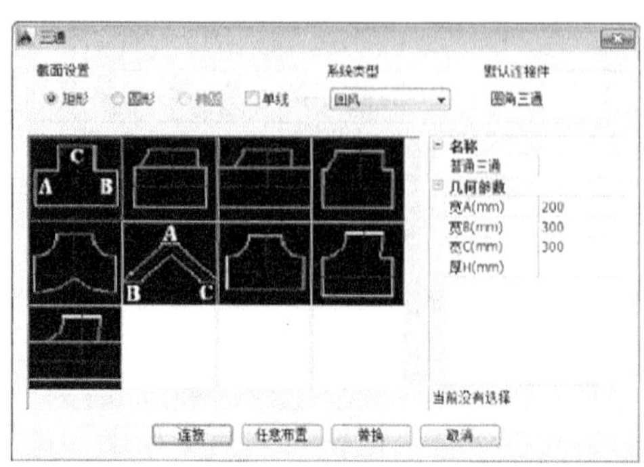

图 9-50　【三通】对话框

03 在对话框中单击“连接”按钮，命令行提示如下：

命令：3T↙

请选择三通连接的风管：指定对角点：找到 3 个　　　　　//框选待连接的风管，按回车键即可完成连接操作，结果如图 9-48 所示。

选中已绘制完成的三通构件，拖曳其“+”夹点，可以绘制连接风管，绘制结果如图 9-51 所示。

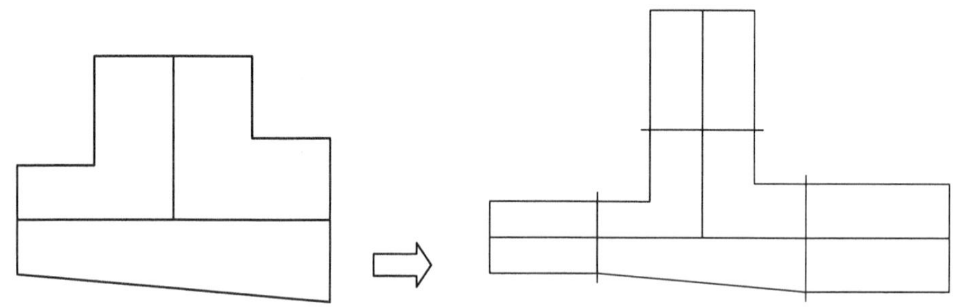

图 9-51　拖曳夹点绘制风管

9.9 四通

调用四通命令，可以将选中的风管管线以四通构件进行连接。如图 9-52 所示为四通命令的操作结果。

四通命令的执行方式有：

- 命令行：在命令行中输入 4T 命令按回车键。
- 菜单栏：单击“风管”→“四通”命令。

下面以如图 9-52 所示的图形为例，介绍四通命令的操作结果。

01 按 Ctrl+O 组合键，打开配套光盘提供的“第 9 章/9.9　四通.dwg”素材文件，结果如图 9-53 所示。

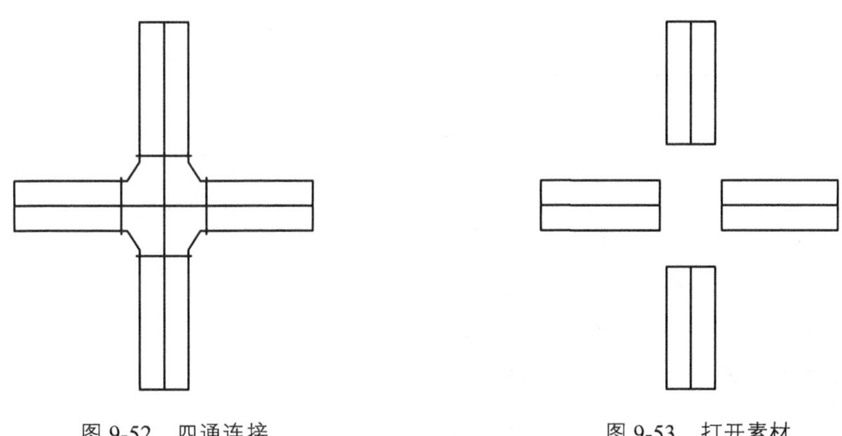

图 9-52　四通连接　　　　图 9-53　打开素材

[02] 在命令行中输入 4T 命令按回车键，系统弹出【四通】对话框，设置参数如图 9-54 所示。

[03] 在对话框中单击“连接”按钮，命令行提示如下：

命令：4T↙

请选择要连接的风管<退出>:指定对角点：找到 4 个

选取了 4 根风管！

请选择主管要连接的风管<退出>:

//单击选取右边的风管，完成四通命令的操作结果如图 9-52 所示。

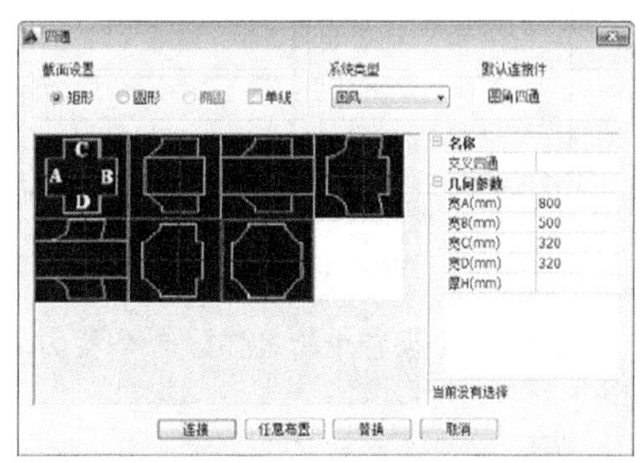

图 9-54　【四通】对话框

选中已绘制完成的四通构件，拖曳其“+”夹点，可以绘制连接风管，绘制结果如图 9-55 所示。

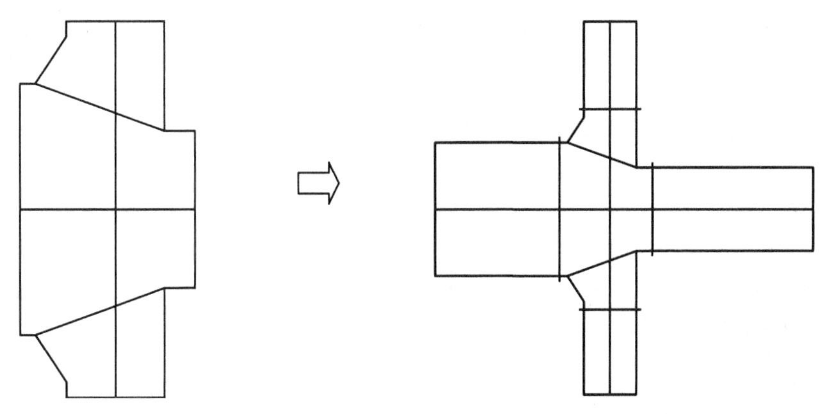

图 9-55　拖曳夹点绘制风管

9.10 法兰

调用法兰命令，可以插入、删除法兰或更新法兰样式等。如图 9-56 所示为该命令的操作结果。

法兰命令的执行方式有：

- 命令行：在命令行中输入 FL 命令按回车键。
- 菜单栏：单击“风管”→“法兰”命令。

下面以如图 9-56 所示的图形为例，介绍法兰命令的操作结果。

01 按 Ctrl+O 组合键，打开配套光盘提供的“第 9 章/ 9.10　法兰.dwg”素材文件，结果如图 9-57 所示。

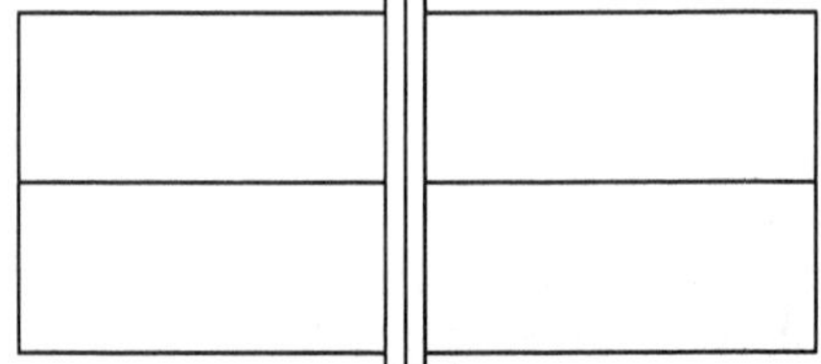

图 9-56　插入法兰

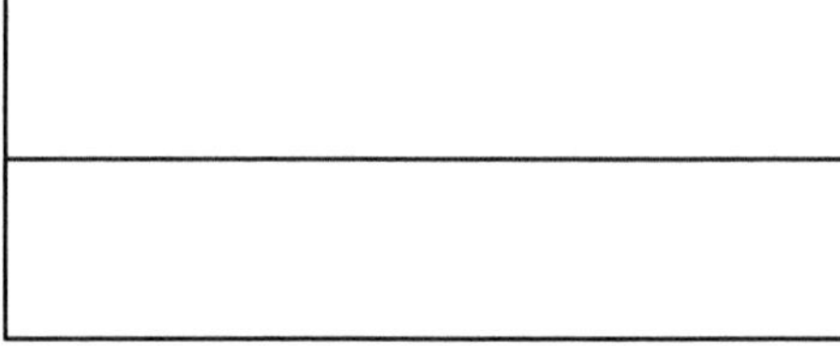

图 9-57　打开素材

02 在命令行中输入 FL 命令按回车键，系统弹出【法兰布置】对话框，设置参数如图 9-58 所示。

03 同时命令行提示如下：

命令：FL↙

请选择插入位置[连接端布置(D)]<退出>：　　//在对话框中单击“管上布置”按钮，在风管上单击法兰的插入位置，绘制法兰的结果如图 9-56 所示。

按 Ctrl+O 组合键，打开配套光盘提供的“第 9 章/ 9.10.2　法兰替换.dwg”素材文件，结果如图 9-59 所示。

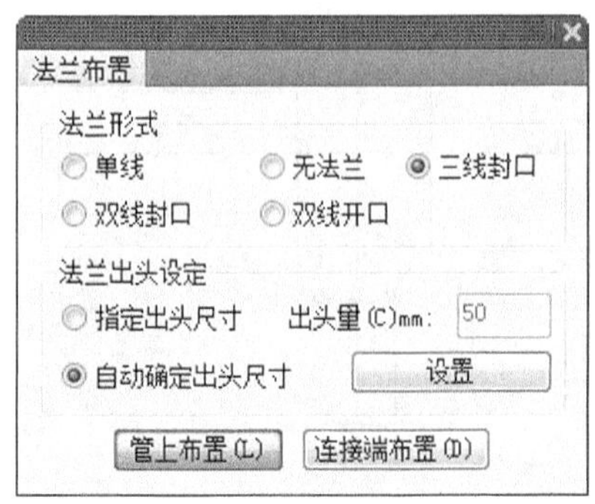

图 9-58　【法兰布置】对话框

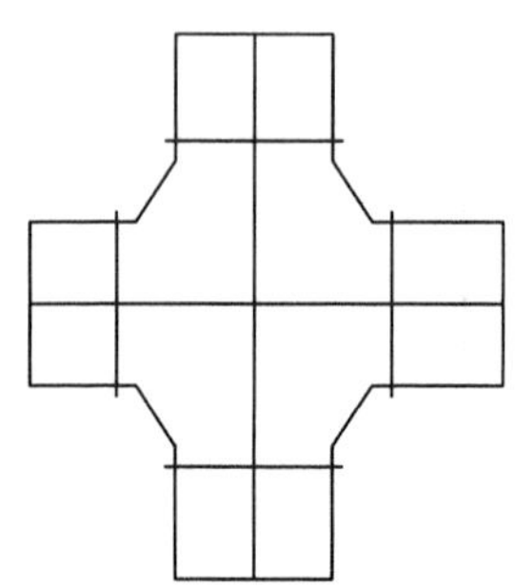

图 9-59　打开素材

在命令行中输入 FL 命令按回车键，系统弹出【法兰布置】对话框，在命令行提示“请选择插入位置[连接端布置(D)]”时，输入 D，选择“连接端布置”选项；命令行提示如下：

命令： FL↙

请选择插入位置[连接端布置(D)]<退出>:D

请框选连接端头[管上布置(L)]<退出>:找到 1 个，总计 4 个　　//如图 9-60 所示．

成功替换了 4 个法兰，成功生成了 0 个法兰。　　//按回车键，即可将法兰替换，结果如图 9-61 所示。

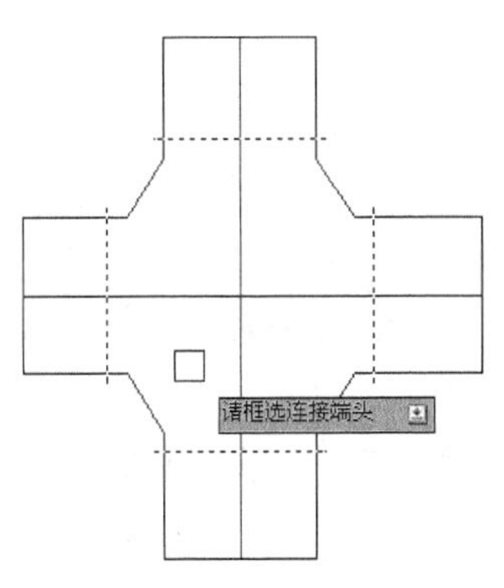

图 9-60　框选连接端头

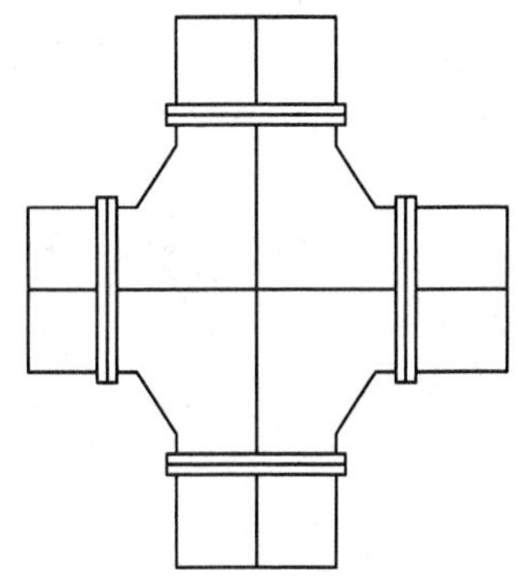

图 9-61　替换结果

【法兰布置】对话框中各功能选项的含义如下：

“法兰形式”选项组：系统提供了四种形式的法兰及无法兰以供绘制，各样式的法兰绘制结果如图 9-62 所示。

单击“无法兰”按钮，可以将选中的法兰删除。

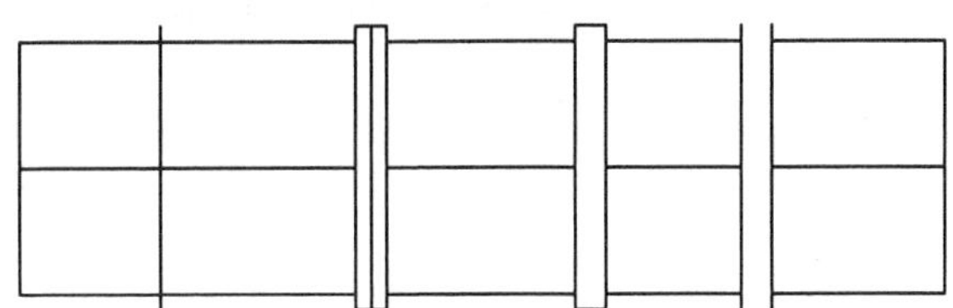

图 9-62　各样式的法兰绘制结果

“法兰出头设定”选项组：

- “指定出头尺寸”选项：选中该选项，“出头量”文本框亮显，在其中可以定义法兰的出头参数。
- “自动确定出头尺寸”选项：选中该选项，单击后面的“设置”按钮；可打开“风管设置”对话框，在其中可以定义法兰的出头尺寸。
- “管上布置”按钮：单击该按钮，可以在指定的风管上布置法兰。
- “连接端布置”按钮：单击该按钮，可以在风管连接端口绘制法兰，也可替换选中的法兰。

9.11 变高弯头

调用变高弯头命令，可以在风管上插入向上或向下的变高、变低弯头，以及自动生成立风管。

变高弯头命令的执行方式有：

- 命令行：在命令行中输入 BGWT 命令按回车键。
- 菜单栏：单击“风管”→“变高弯头”命令。

下面介绍变高弯头命令的操作方法：

在命令行中输入 BGWT 命令按回车键，命令行提示如下：

```
命令：bgwt
请点取水平风管上要插入弯头的位置<退出>:                //点取弯头插入位置。
请输入原风管的新标高(米)<0.000>:                       //输入原风管标高或按回车键默认。
请输入新生成风管的新标高(米)，当前标高=0.000<退出>:1
                                                      //输入新生成风管标高按回车键，结果如图 9-63 所示。
```

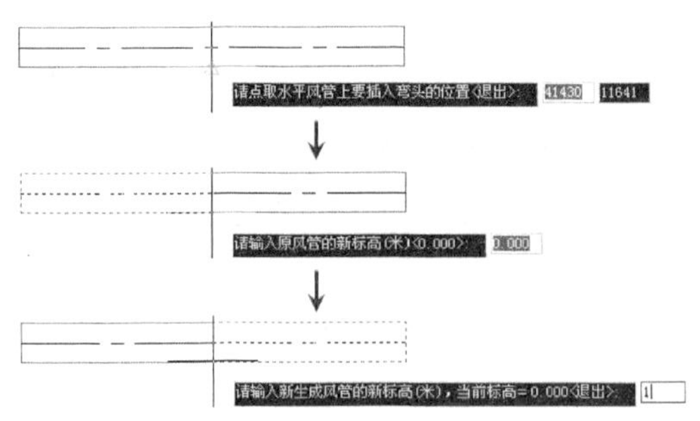

图 9-63　变高弯头

9.12 空间搭接

调用空间搭接命令，可以对标高不同的两根风管实现空间连接。

空间搭接命令的执行方式有：

- 命令行：在命令行中输入 KJDJ 命令按回车键。
- 菜单栏：单击“风管”→“空间搭接”命令。

执行“空间搭接”命令，命令行提示如下：

```
命令：KJDJ↙
请选择两根风管进行空间搭接<退出>:指定对角点：找到 2 个    //选择待搭接的风管。
请选择两根风管进行空间搭接<退出>:                          //按下回车键。
```

再次按回车键完成空间搭接命令的操作，结果如图 9-64 所示。

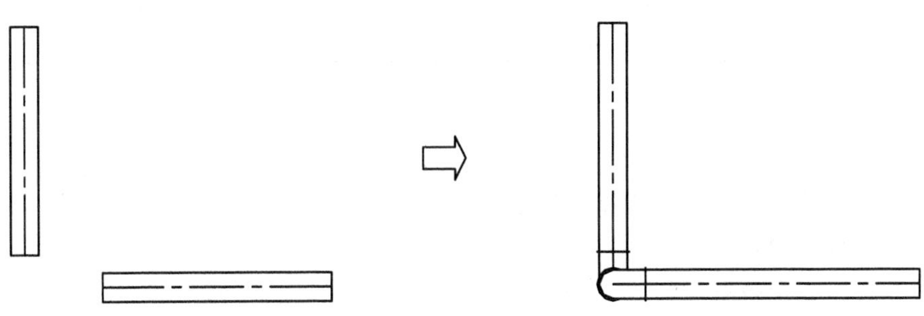

图 9-64　空间搭接

9.13 构件换向

调用构件换向命令，可以转换三通、四通的方向。如图 9-65 所示为该命令的操作结果。

构件换向命令的执行方式有：

➢ 命令行：在命令行中输入 GJHX 命令按回车键。

➢ 菜单栏：单击"风管"→"构件换向"命令。

下面以如图 9-65 所示的图形为例，介绍构件换向命令的操作结果。

01 按 Ctrl+O 组合键，打开配套光盘提供的"第 9 章/ 9.13　构件换向.dwg"素材文件，结果如图 9-66 所示。

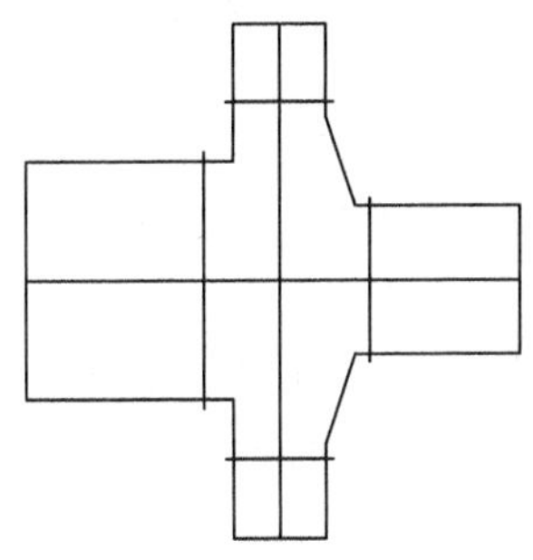

图 9-65　构件换向

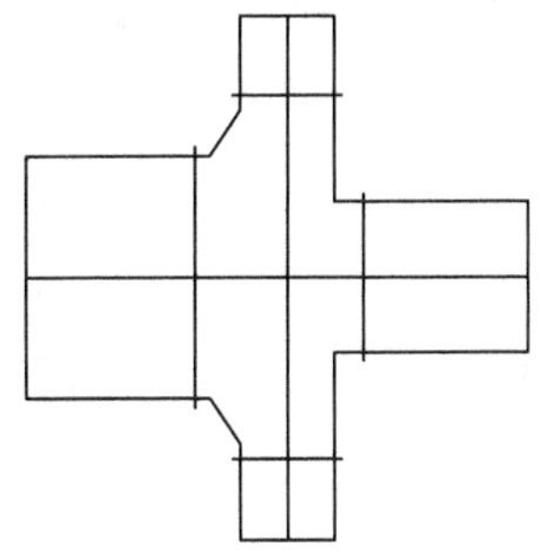

图 9-66　打开素材

02 在命令行中输入 GJHX 命令按回车键，命令行提示如下：

命令：GJHX↙

请选择要换向的矩形三通或四通或[整个系统换向(H)]:找到 1 个　　　　//如图 9-67 所示；按回车键即可完成操作，结果如图 9-65 所示。

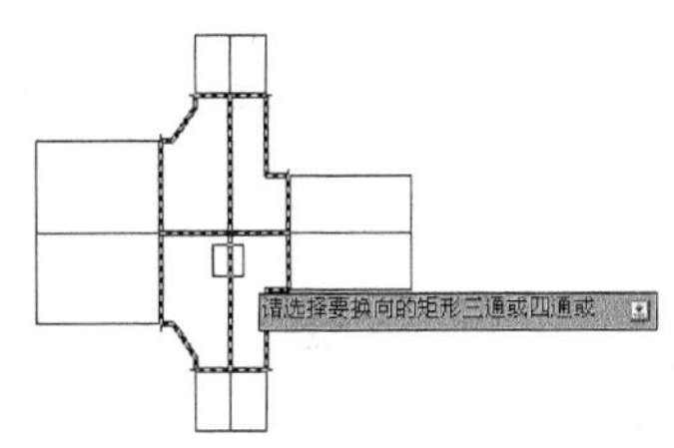

图 9-67　选中构件

9.14 系统转换

调用系统转换命令，可以实现不同风系统间的整体转换，或整体选中某一风系统。

系统转换命令的执行方式有：

➢ 命令行：在命令行中输入 XTZH 命令按回车键。

➢ 菜单栏：单击“风管”→“系统转换”命令。

下面介绍系统转换命令的操作方法：

在命令行中输入 XTZH 命令按回车键，系统弹出如图 9-68 所示的【风系统转换】对话框，在其中设置参数，单击【确定】按钮，然后在绘图区中选择待转换的系统，命令行提示如下：

```
命令：xtzh
您准备将排风系统转换为回风系统,请选择转换范围<整张图>:指定对角点：找到 75 个
您准备将排风系统转换为回风系统,请选择转换范围<整张图>:
转换完毕!
```

“选择系统”选项框：在该选项框中选择原风管系统。

“类别”选项框：在该选项框中选择需转换的对象，通过“全选”和“全空”单选 按钮控制，也可单独选择其中几项。

“转换为”选项：选择该项后，可在右侧的下拉列表中选择目标系统，如图 9-69 所示。

“选中状态”选项：选择该项后，即可整体选择某一风管系统，使其处于选中状态。

图 9-68 【风系统转换】对话框

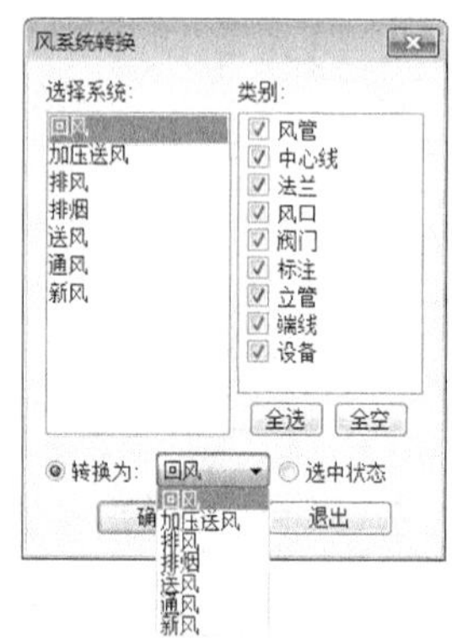

图 9-69 “转换为”选项

9.15 局部改管

调用局部改管命令，可以辅助风管的绘制，实现绕梁绕柱的效果。如图 9-70 所示局部改管命令的操作结果。

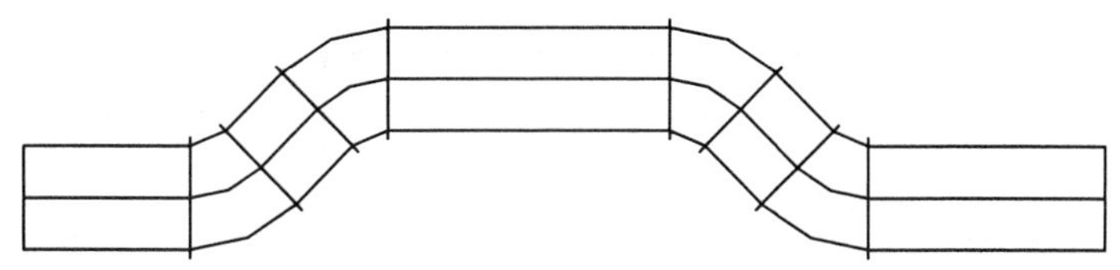

图 9-70 局部改管

局部改管命令的执行方式有：

- 命令行：在命令行中输入 JBGG 命令按回车键。
- 菜单栏：单击“风管”→“局部改管”命令。

下面以如图 9-70 所示的图形为例，介绍局部改管命令的操作结果。

01 按 Ctrl+O 组合键，打开配套光盘提供的“第 9 章/9.15 局部改管.dwg”素材文件，结果如图 9-71 所示。

02 在命令行中输入 JBGG 命令按回车键，系统弹出【局部改管】对话框，定义参数如图 9-72 所示。

图 9-71 打开素材

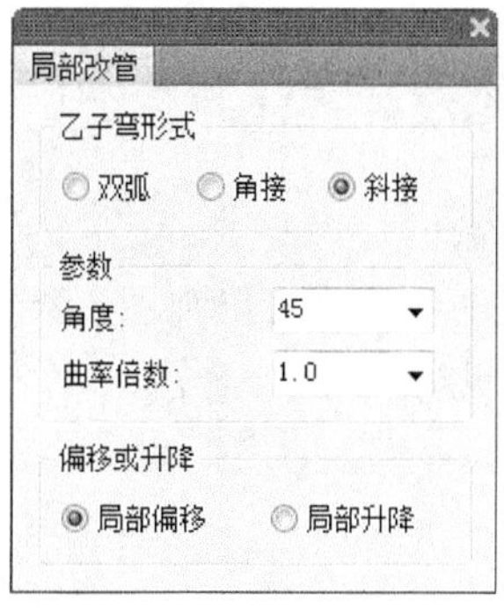

图 9-72 【局部改管】对话框

03 同时命令行提示如下：

```
命令：JBGG↙
请选择风管上第一点<退出>
请选择该风管上第二点<取消>
请输入偏移点位置<取消>        //鼠标在风管的上方空白处单击，完成局部改管操作，结果如图9-70 所示。
修改成功!
```

【局部改管】对话框中各功能选项的含义如下：

“乙字弯形式”选项组：

系统提供了三种乙字弯形式供选择，分别是双弧、角接以及斜接。双弧样式的绘制与斜接样式的绘制大致相同，角接样式的绘制结果如图 9-73 所示。

“参数”选项组：

“角度”选项：单击选项文本框，在弹出的下拉菜单中可以选择系统所给予的各角度参数。

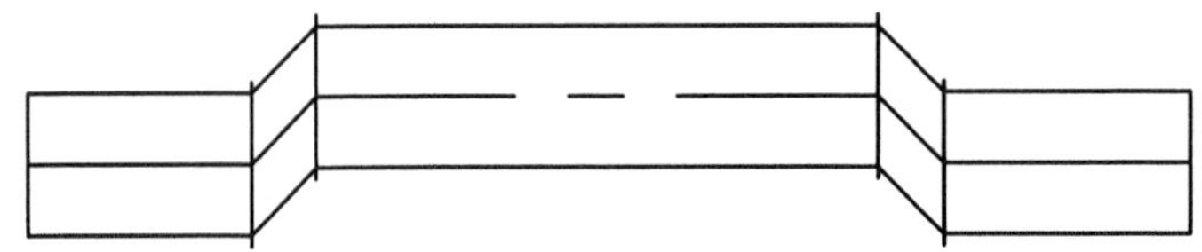

图 9-73　角接样式的绘制结果

“曲率倍数”选项：只有在选定“斜接”样式的时候，该选项才能亮显，在此定义斜接圆弧圆滑程度。

“偏移或升降”选项组：“局部偏移”选项：选定该项，可将选定的局部风管进行偏移，并使用乙字弯将被偏移的风管与主风管相连接。选定该项的操作结果是风管的标高没有被改变。

“局部升降”选项：选定该项，命令行提示如下：

命令：JBGG↙

请选择风管上第一点<退出>

请选择该风管上第二点<取消>

请输入升降高差[当前中心线标高:0.000m,管底标高:-0.250m]<取消>1　　//定义高差参数。

修改成功!

将视图转换为三维视图，查看局部升降的结果，如图 9-74 所示。此时发现风管的标高发生了变化。

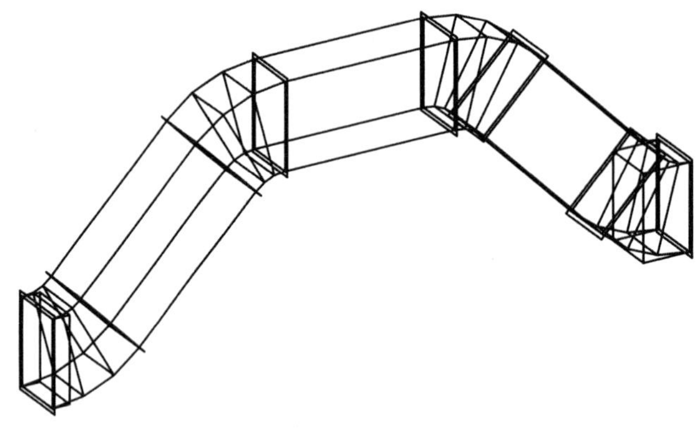

图 9-74　局部升降

9.16 平面对齐

调用平面对齐命令，可以将选定的风管或者连接件与指定的基准线进行平面对齐。

平面对齐命令的执行方式有：

- 命令行：在命令行中输入 PMDQ 命令按回车键。

➢ 菜单栏：单击“风管”→“平面对齐”命令。

下面介绍平面对齐命令的操作方法。

9.16.1 对齐基准

下面分别介绍“中心线”、“近侧边线”、“远侧边线”对齐方式的操作方法。

1. 中心线对齐

01 按 Ctrl+O 组合键，打开配套光盘提供的“第 9 章/9.16 平面对齐.dwg”素材文件，结果如图 9-75 所示。

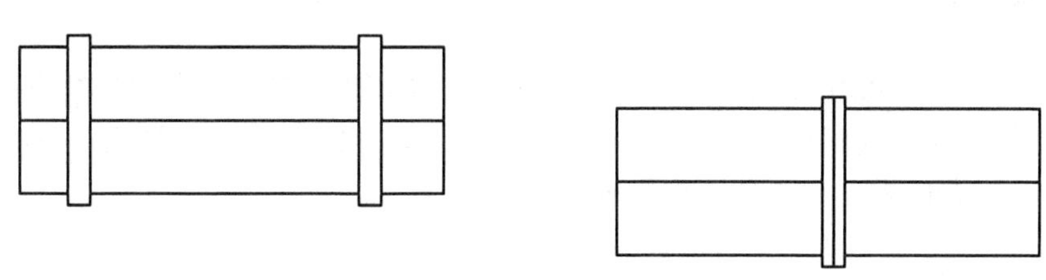

图 9-75 打开素材

02 在命令行中输入 PMDQ 命令按回车键，系统弹出【平面对齐调整】对话框，定义参数如图 9-76 所示。

03 同时命令行提示如下：

命令：PMDQ↙

请输入基线第一点<退出>:

请输入基线第二点<退出>: //分别单击风管上基准线的起点和端点。

请选择要调整的风管及其构件:指定对角点：找到 8 个 //框选待对齐的管线即构件，按回车键即可完成对齐操作，结果如图 9-77 所示。

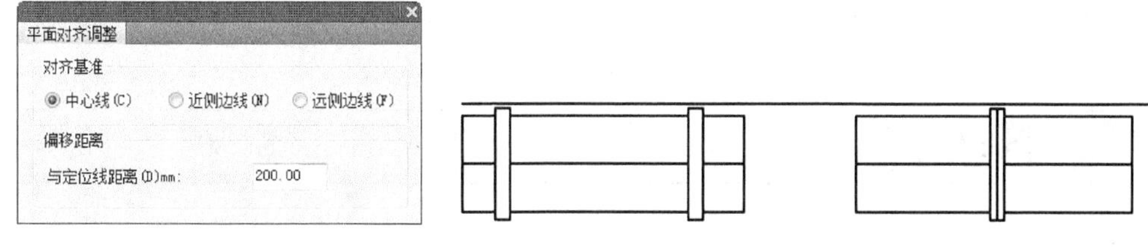

图 9-76 【平面对齐调整】对话框　　图 9-77 中心线对齐

2. 近侧边线对齐

在命令行中输入 PMDQ 命令按回车键，在弹出【平面对齐调整】对话框中选定“近侧边线”对齐方式。根据命令行的提示，分别指定基准线和框选风管及其构件，完成“近侧边线”对齐的操作结果如图 9-78 所示。

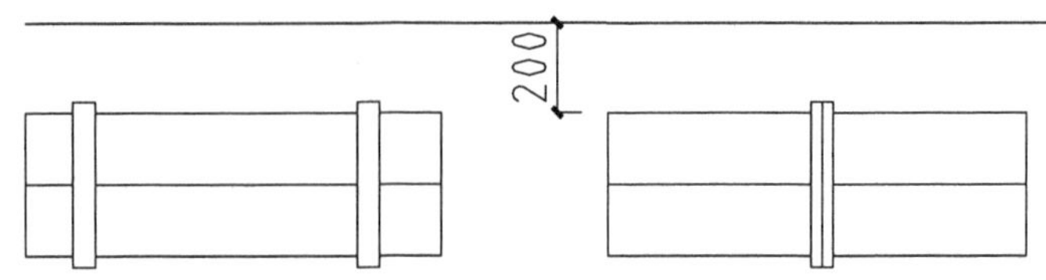

图 9-78　近侧边线对齐

3. 远侧边线对齐

在命令行中输入 PMDQ 命令按回车键，在弹出【平面对齐调整】对话框中选定“远侧边线”对齐方式。根据命令行的提示，分别指定基准线和框选风管及其构件，完成“远侧边线”对齐的操作，结果如图 9-79 所示。

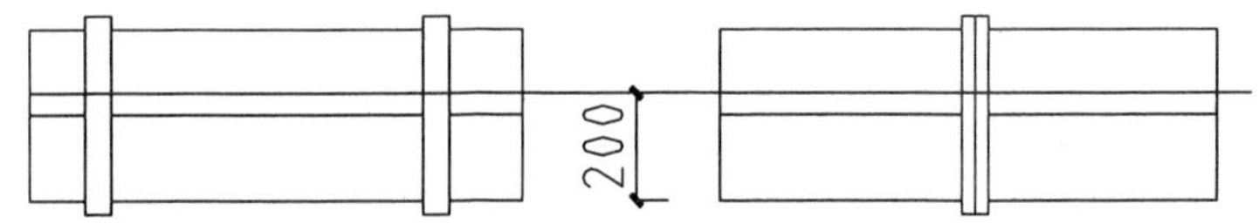

图 9-79　远侧边线对齐

9.16.2 偏移距离

在【平面对齐调整】对话框中的“偏移距离”选项组下，可以定义所对齐构件与基准定位线的距离；在选项文本框中输入参数即可完成定义，系统默认的距离参数为 200。

如图 9-80 所示为偏移距离为 600 的“近侧边线对齐”结果。

9.17 竖向对齐

调用竖向对齐命令，可以批量操作风管及连接件，按照给定标高或者基准管标高，实现顶边、底边或中线的对齐。竖向对齐命令的执行方式有：

- 命令行：在命令行中输入 SXDQ 命令按回车键。
- 菜单栏：单击“风管”→“竖向对齐”命令。

执行“竖向对齐”命令，在【竖向对齐】对话框中设置参数，如图 9-81 所示。

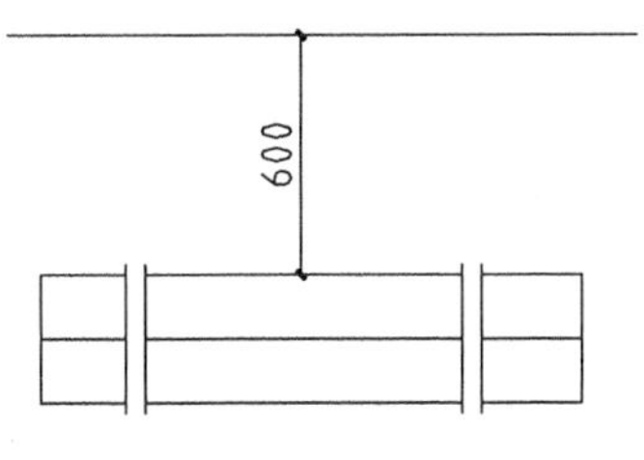

图 9-80 定义偏移距离

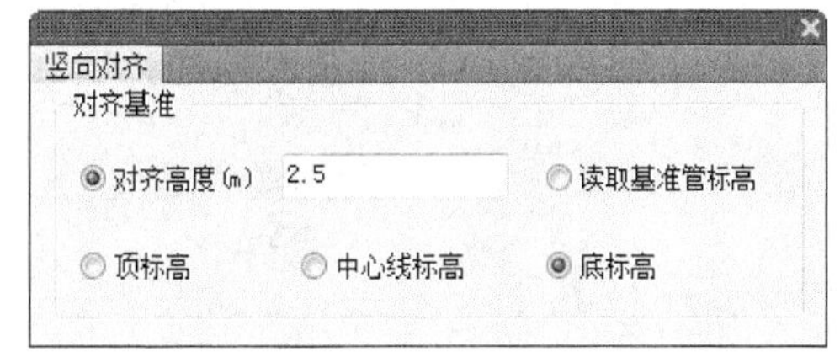

图 9-81 【竖向对齐】对话框

同时命令行提示如下：

```
命令：SXDQ
请选择要调整的风管和管件<确定>:指定对角点：找到 9 个          //选择待调整的风管
请选择要调整的风管和管件<确定>:                              //按回车键，完成竖向对齐
命令操作的结果如图 9-82 所示。
```

图 9-82 竖向对齐

9.18 竖向调整

调用竖向调整命令，可以整体升降设定区间范围内的风管及管件。

竖向调整命令的执行方式有：

➢ 命令行：在命令行中输入 SXTZ 命令按回车键。

➢ 菜单栏：单击“风管”→“竖向调整”命令。

下面介绍竖向调整命令的操作方法。

9.18.1 升降下列范围内风管和管件

在命令行中输入 SXTZ 命令按回车键，系统弹出如图 9-83 所示的【竖向调整】对话框，定义参数后，命令行提示如下：

```
命令：SXTZ↙
请选择要调整的风管和管件:指定对角点：找到 5 个
确认竖向调整(Y)或[放弃(N)]：Y          //输入 Y，则被选中的风管被整体升、降。
```

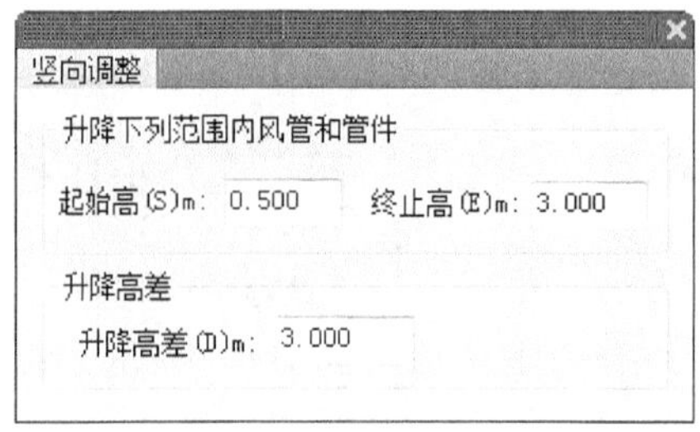

图 9-83 【竖向调整】对话框

9.18.2 升降高差

在【竖向调整】对话框中的“升降高差”选项中设置高差参数，可以对选中的风管执行提升或降低操作。

输入正值，则风管被提升；输入负值，则风管被降低。

9.19 打断合并

调用打断合并命令，可以实现风管的打断与合并。

打断合并命令的执行方式有：

- 命令行：在命令行中输入 DDHB 命令按回车键。
- 菜单栏：单击“风管”→“打断合并”命令。

下面介绍打断合并命令的操作方法。

9.19.1 风管处理

打断：一段风管可通过打断处理，变为两根或多根管段。

合并：将平行或在一直线上的两段风管合并为一根管段。

1. 打断风管

01 按 Ctrl+O 组合键，打开配套光盘提供的“第 9 章/9.19.1 风管处理.dwg”素材文件，结果如图 9-84 所示。

02 在命令行中输入 DDHB 命令按回车键，系统弹出【风管打断/合并】对话框，设置参数如图 9-85 所示。

03 同时命令行提示如下：

```
命令：DDHB↙
请在风管上选取打断点<取消>*取消*          //点取打断点，打断风管的结果如图 9-86 所示。
```

2. 合并风管

01 按 Ctrl+O 组合键，打开配套光盘提供的“第 9 章/9.19.1 风管处理.dwg”素材文件，结果如图 9-87 所示。

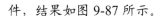

图 9-84　打开素材

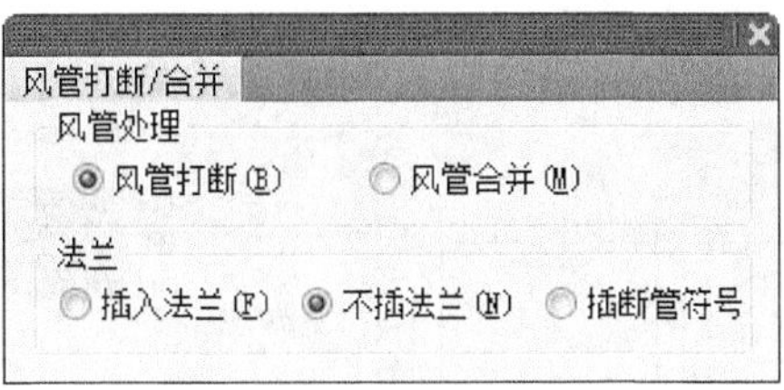

图 9-85　【风管打断/合并】对话框

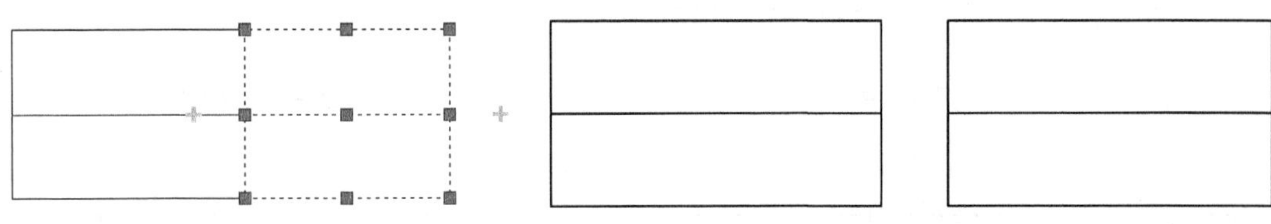

图 9-86　打断风管

图 9-87　打开素材

02 在命令行中输入 DDHB 命令按回车键，在弹出的【风管打断/合并】对话框中选定“风管合并”选项。

03 同时命令行提示如下：

命令：DDHB↙

请选取需要合并的第一根风管(若需要合并弧管，请先选取逆时针方向的第一段弧管)<取消>

请选取需要合并的第二根风管<取消>　　//分别点取待合并的风管，合并的结果如图 9-88 所示。

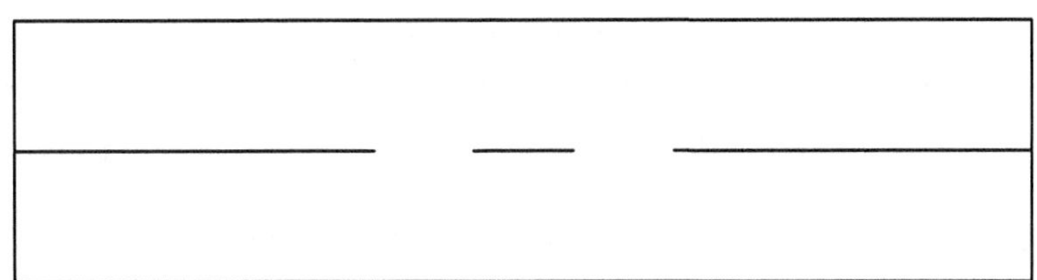

图 9-88　风管合并

9.19.2 法兰

在命令行中输入 DDHB 命令按回车键，在弹出的【风管打断/合并】对话框中的“风管处理”选项组中选定“风管打断”选项；在“法兰”选项中选定“插入法兰”选项。根据命令行的提示，在待打断的风管上单击打断点，在打断点插入法兰，结果如图 9-89 所示。

所插入的法兰样式可以通过单击“风管”→“设置”命令，在弹出的【风管设置】对话框中的“法兰”选项卡中进行设置，如图 9-90 所示。

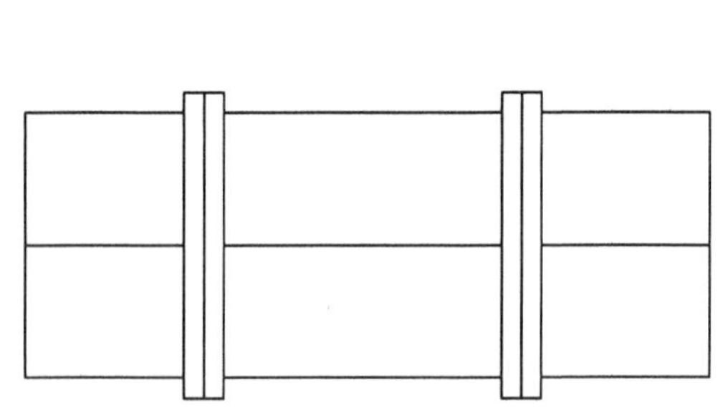

图 9-89 插入法兰

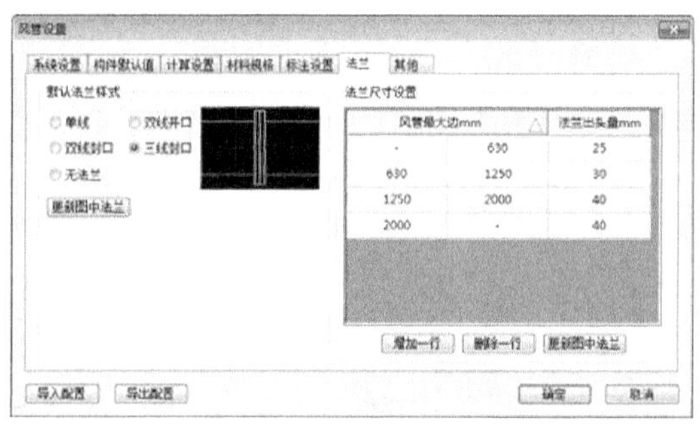

图 9-90 “法兰”选项卡

9.20 编辑风管

调用编辑风管命令，可以修改风管的管材、管径、标高、坡度等参数，可实现批量修改。如图 9-91 所示为编辑风管命令的操作结果。

编辑风管命令的执行方式有：

➢ 命令行：在命令行中输入 BJFG 命令按回车键。

➢ 菜单栏：单击“风管”→“编辑风管”命令。

下面以如图 9-91 所示的图形为例，介绍编辑风管命令的操作方法。

01 按 Ctrl+O 组合键，打开配套光盘提供的“第 9 章/9.20 编辑风管.dwg”素材文件，结果如图 9-92 所示。

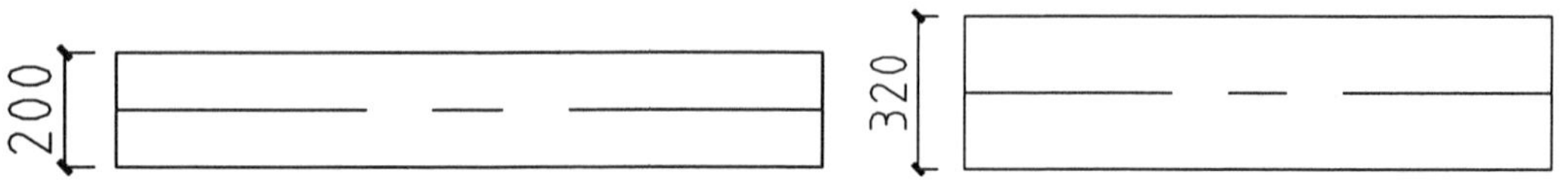

图 9-91 编辑风管　　图 9-92 打开素材

02 在命令行中输入 BJFG 命令按回车键，命令行提示如下：

```
命令：BJFG↙
请选择风管:找到 1 个                //单击待修改的风管，系统弹出如图 9-93 所示的【风
```

管编辑】对话框。

03 在对话框中修改风管参数，如图 9-94 所示。

04 单击“确定”按钮关闭对话框，即可完成风管的编辑操作，结果如图 9-91 所示。

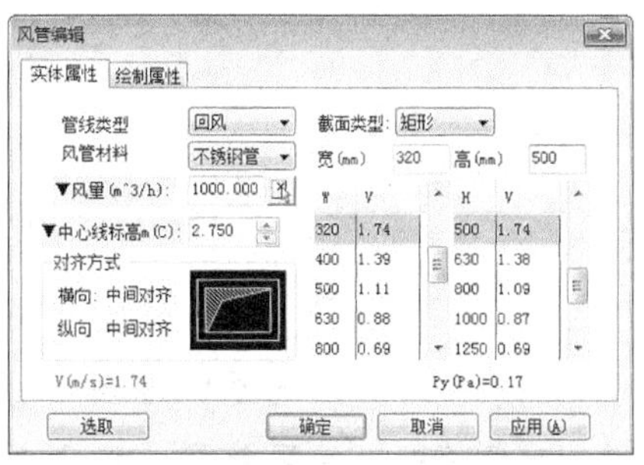

图 9-93 【风管编辑】对话框

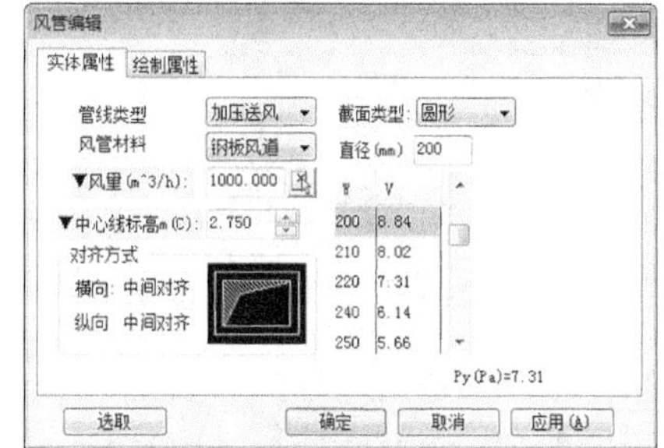

图 9-94 修改参数

9.21 编辑立管

调用编辑立管命令，可以对已绘制完成的立管的参数进行编辑修改，支持批量编辑。如图 9-95 所示为编辑立管命令的操作结果。

编辑立管命令的执行方式有：

➢ 命令行：在命令行中输入 BJLG 命令按回车键。

➢ 菜单栏：单击“风管”→“编辑立管”命令。

下面以如图 9-95 所示的图形为例，介绍编辑立管命令的操作方法。

01 按 Ctrl+O 组合键，打开配套光盘提供的“第 9 章/9.21 编辑立管.dwg”素材文件，结果如图 9-96 所示。

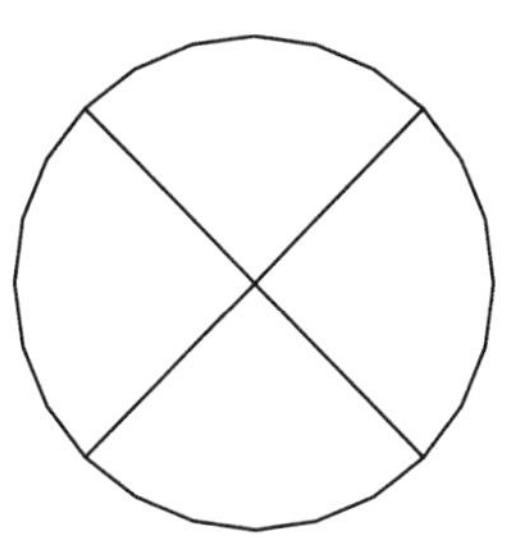

图 9-95 编辑立管

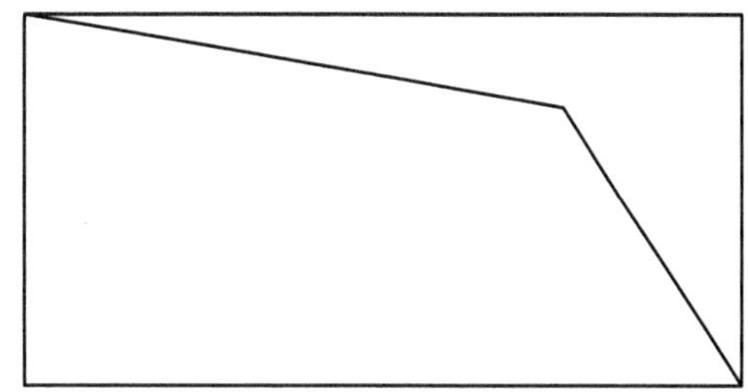

图 9-96 打开素材

02 在命令行中输入 BJLG 命令按回车键，命令行提示如下：

命令：BJLG↙

请选择立风管：找到 1 个 //单击待编辑的立风管，系统弹出如图 9-97 所示的【立风管编辑】对话框。

03 在对话框中修改立风管的实体属性参数，如图 9-98 所示。

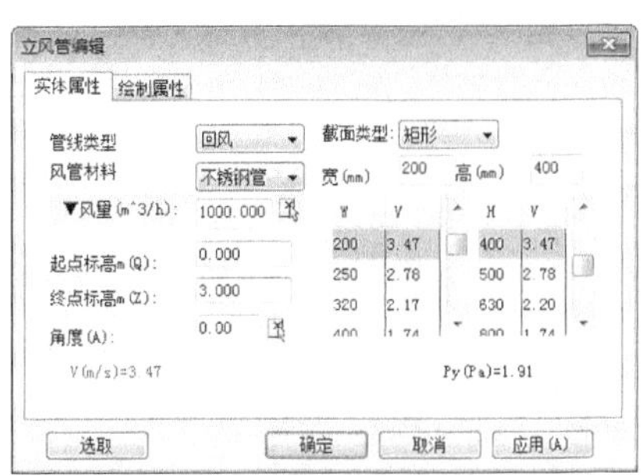

图 9-97 【立风管编辑】对话框

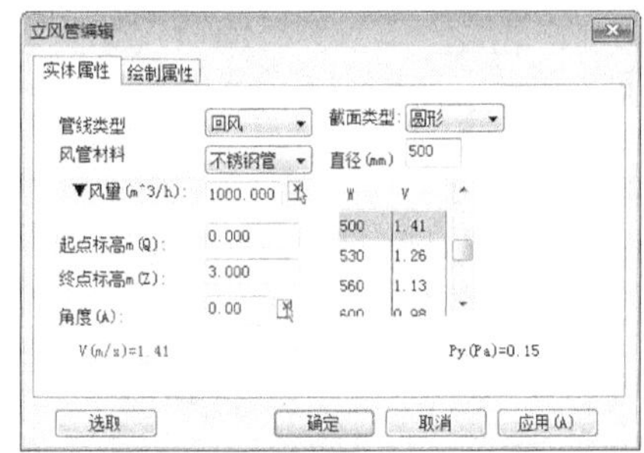

图 9-98 修改参数

04 选择“绘制属性”选项卡，在其中修改立风管的表示样式，如图 9-99 所示。

05 单击“确定”按钮关闭对话框，完成立风管的编辑修改，结果如图 9-95 所示。

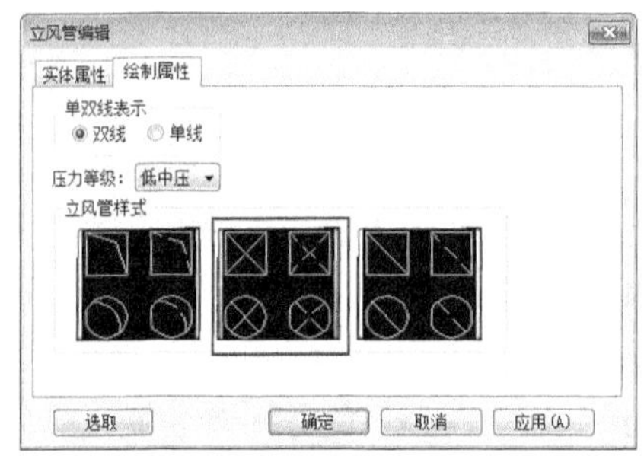

图 9-99 “绘制属性”选项卡

第 10 章
风管设备

● 本章导读

排风设备包括风口、风管、阀门以及风机、吊架等，本章介绍这些图形的绘制及布置。主要涉及风口、阀门的布置，风管吊架、支架图形的绘制等。通过本章的学习，希望读者初步了解风管设备的种类及布置。

● 本章重点

◈ 布置设备
◈ 风系统图
◈ 碰撞检查
◈ 三维观察
◈ 编辑
◈ 剖面图
◈ 平面图

10.1 布置设备

本节介绍排风设备的布置方法，讲解“布置风口”、“布置阀门”以及“定制阀门”等命令的操作方法。

10.1.1 布置风口

调用布置风口命令，可以布置各种样式的空调风口。如图 10-1 所示为布置风口的操作结果。

布置风口命令的执行方式有以下几种。

- 命令行：在命令行中输入 BZFK 命令按回车键。
- 菜单栏：单击“风管设备”→“布置风口”命令。

下面以如图 10-1 所示的布置风口结果为例，介绍调用布置风口命令的方法。

01 按 Ctrl+O 组合键，打开配套光盘提供的“第 10 章/10.1.1　布置风口.dwg”素材文件，结果如图 10-2 所示。

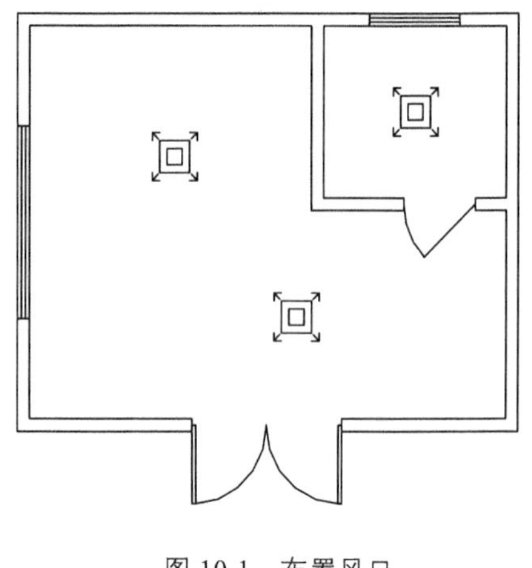

图 10-1　布置风口

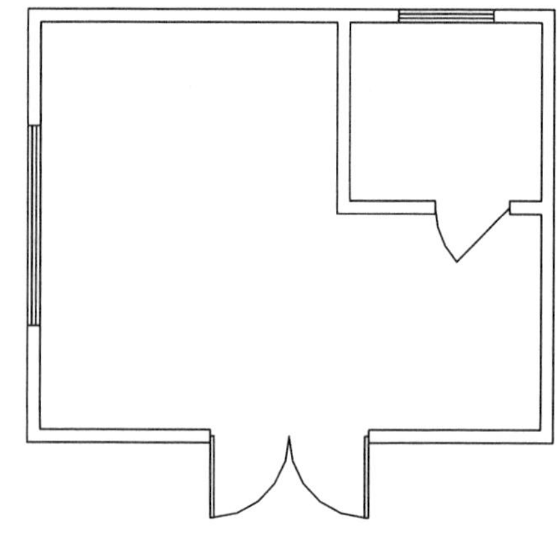

图 10-2　打开素材

02 在命令行中输入 BZFK 命令按回车键，系统弹出如图 10-3 所示的【布置风口】对话框。

03 单击左边的风口预览框，系统弹出【天正图库管理系统】对话框，选择风口的样式，如图 10-4 所示。

04 双击风口样式图标，返回【布置风口】对话框，设置参数如图 10-5 所示。

05 此时命令行提示如下：

```
命令：BZFK↙
请点取风口位置[参考点(R)/沿线(T)/两线(G)/放大(E)/缩小(D)/左右翻转(F)/上下翻转(S)/换设备(C)<退出>:                //如图 10-6 所示;
```

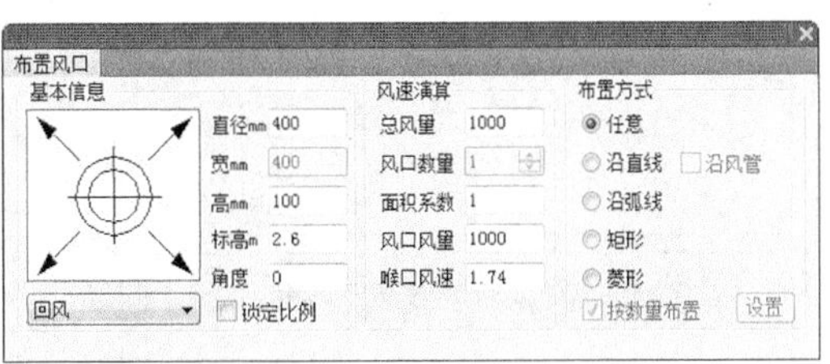

图 10-3 【布置风口】对话框

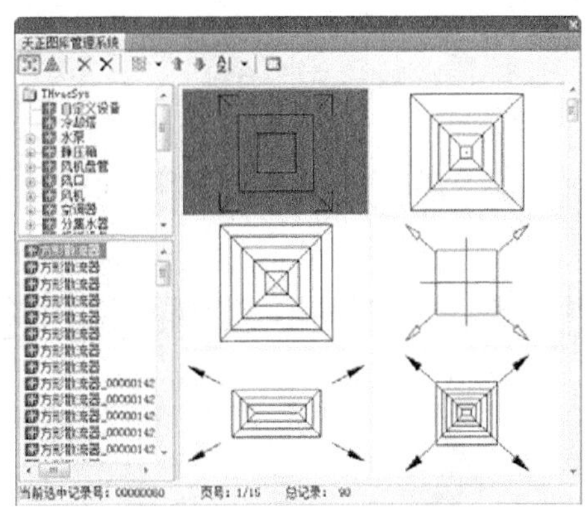

图 10-4 【天正图库管理系统】对话框

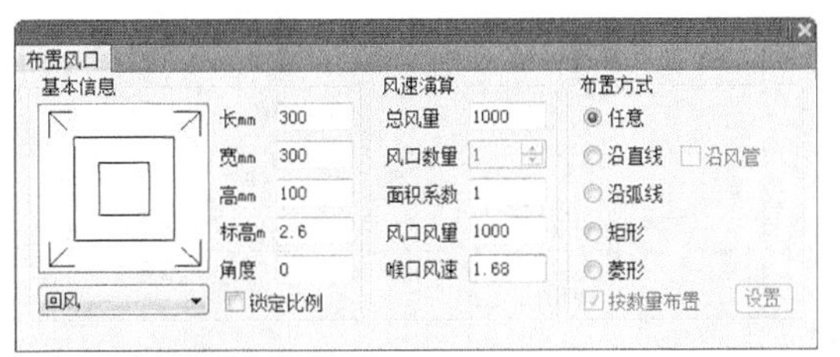

图 10-5 设置参数

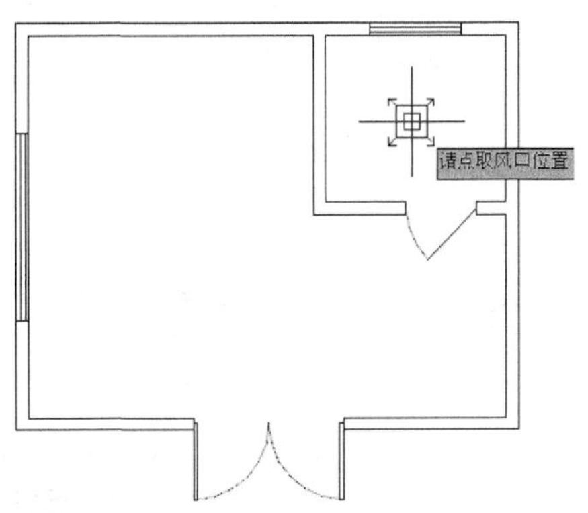

图 10-6 点取风口位置

06 单击鼠标左键，完成布置风口的操作，结果如图 10-7 所示。

07 重复操作，继续根据命令行的提示布置风口图形，结果如图 10-8 所示。

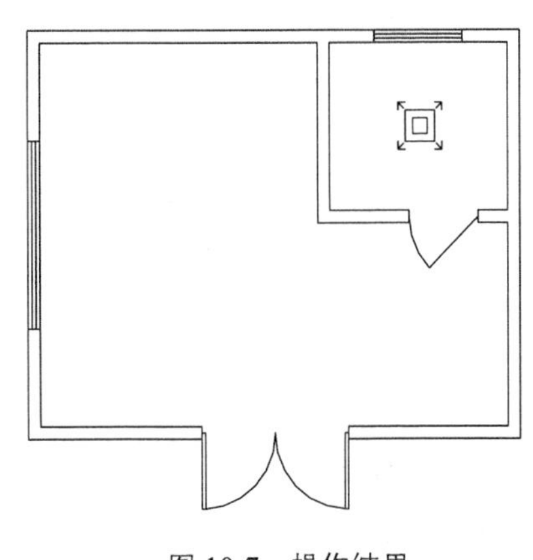

图 10-7 操作结果

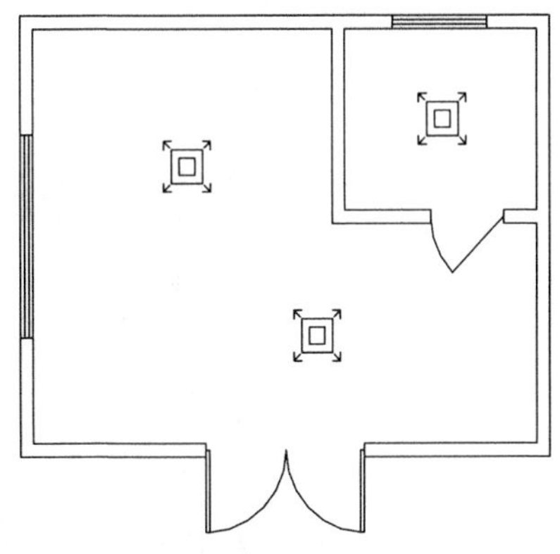

图 10-8 布置风口

在【布置风口】对话框中选择“沿直线”选项，并勾选“沿风管”选项，如图 10-9 所示。

命令行提示如下：

命令：BZFK↙

请点取风管上布置起始点<退出>: //如图 10-10 所示。

请点取风管上布置结束点[偏移方向(X)/风口角度切换(A)]<退出>: //如图 10-11 所示。

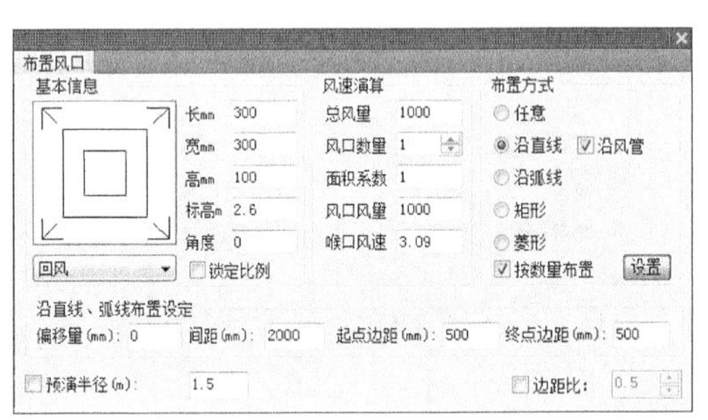

图 10-9 选择“沿直线”选项

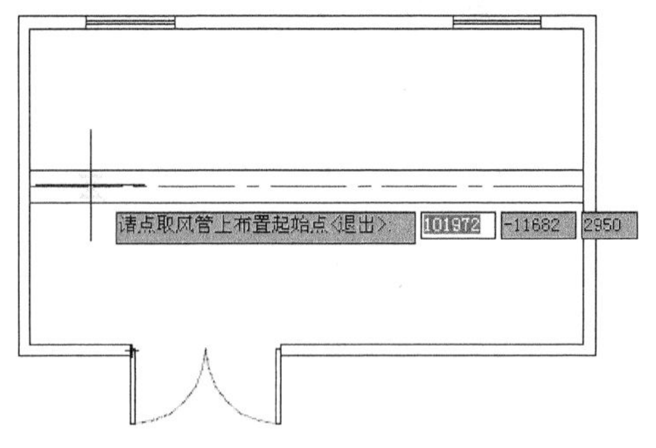

图 10-10 点取风管上布置起始点

“沿风管”布置风管的结果如图 10-12 所示。

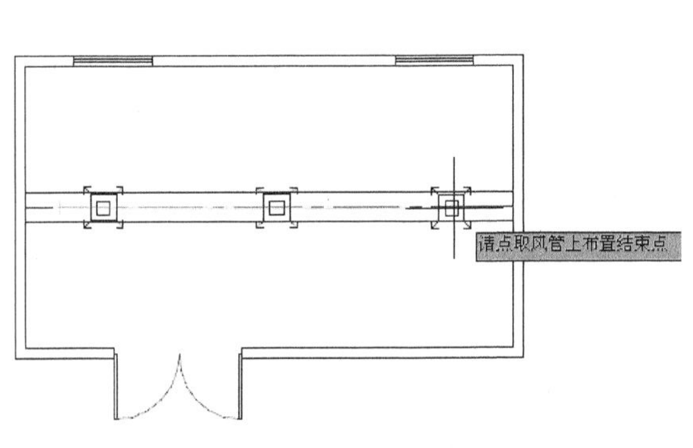

图 10-11 点取风管上布置结束点

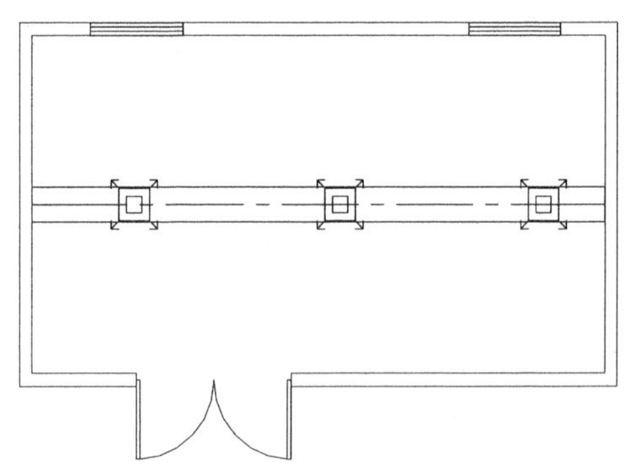

图 10-12 “沿风管”布置风管

在【布置风口】对话框中选择“沿弧线”选项，如图 10-13 所示。

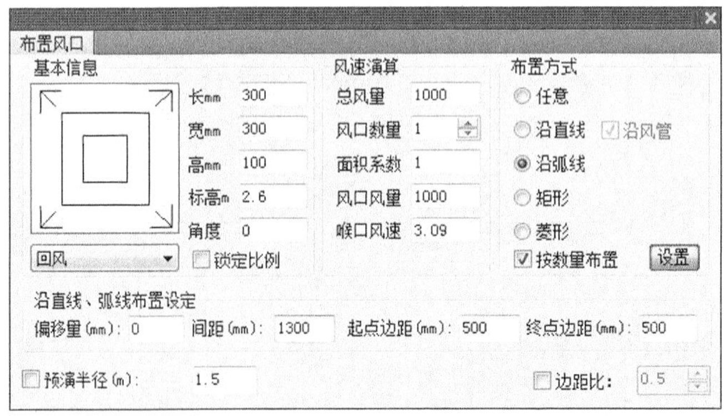

图 10-13 选择“沿弧线”选项

命令行提示如下：

命令：BZFK↙

请输入弧起始点[参考点(R)/距线(T)/两线(G)/墙角(C)]<退出>:　　//如图 10-14 所示。

请输入弧终止点[参考点(R)/距线(T)/两线(G)/墙角(C)]<退出>:　　//如图 10-15 所示。

请输入弧上一点[偏移方向(X)/风口角度切换(A)]<退出>:　　//如图 10-16 所示。

"沿弧线"布置风口的结果如图 10-17 所示。

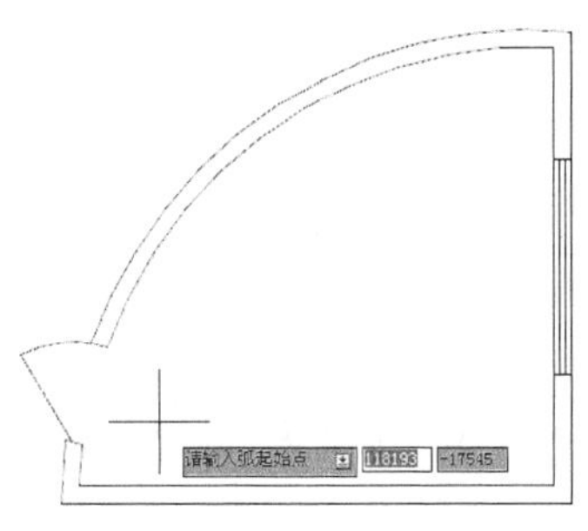

图 10-14　输入弧起始点

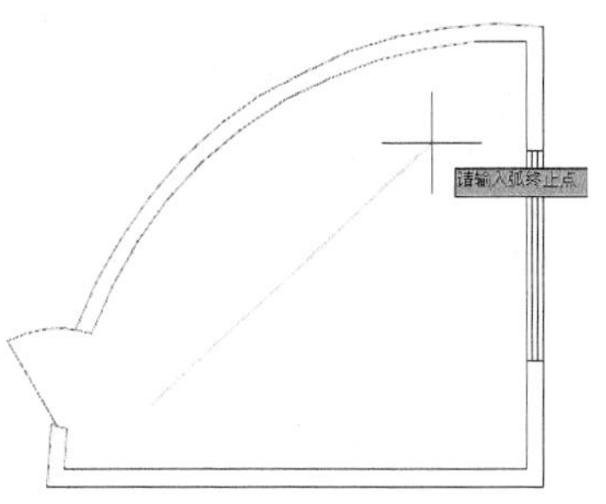

图 10-15　输入弧终止点

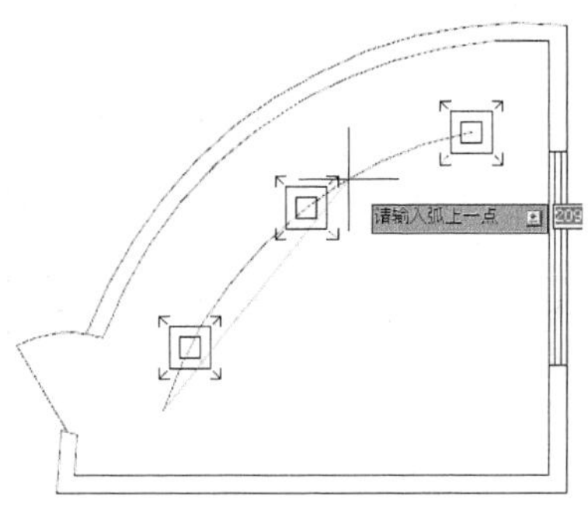

图 10-16　输入弧上一点

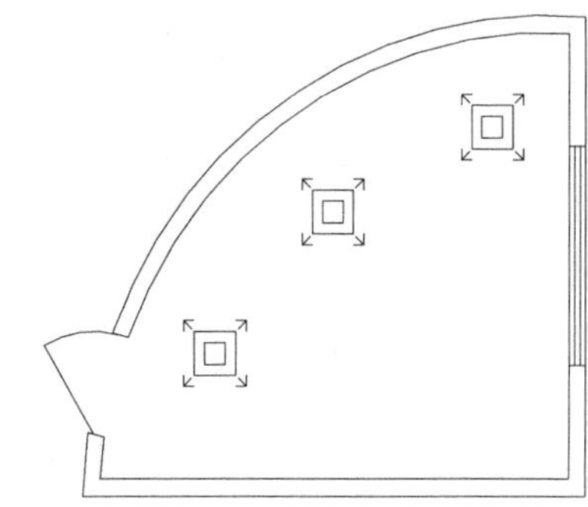

图 10-17　"沿弧线"布置风口

在【布置风口】对话框中选择"矩形"选项，勾选"按行列数布置"选项；在"矩形、菱形布置设定"选项组下设置参数，如图 10-18 所示。

命令行提示如下：

命令：BZFK↙

请点取矩形布置起始点[参考点(R)/距线(T)/两线(G)/墙角(C)]<退出>://如图 10-19 所示；

请点取矩形布置终止点[参考点(R)/沿线(T)/两线(G)/墙角(C)/0度(A)/30度(S)/45度(D)/任意角度(Q)]<退出>:　　//如图 10-20 所示；

使用"矩形"布置方式绘制风口的结果如图 10-21 所示。

在【布置风口】对话框中选择"菱形"选项，取消勾选"按行列数布置"选项，如图 10-22 所示。

命令行提示如下：

命令：BZFK↙

请点取菱形布置起始点[参考点(R)/距线(T)/两线(G)/墙角(C)]<退出>: //如图10-23所示;

请点取菱形布置终止点[参考点(R)/沿线(T)/两线(G)/墙角(C)/菱形切换(X)/0 度(A)/30 度(S)/45 度(D)/任意角度(Q)]<退出>: //如图10-24所示;

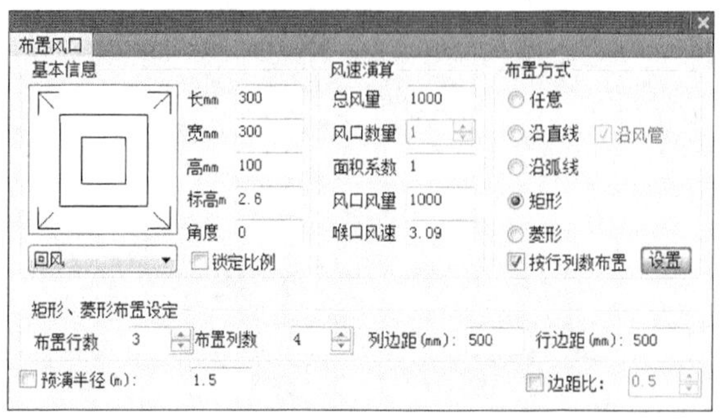

图 10-18 选择“矩形”选项

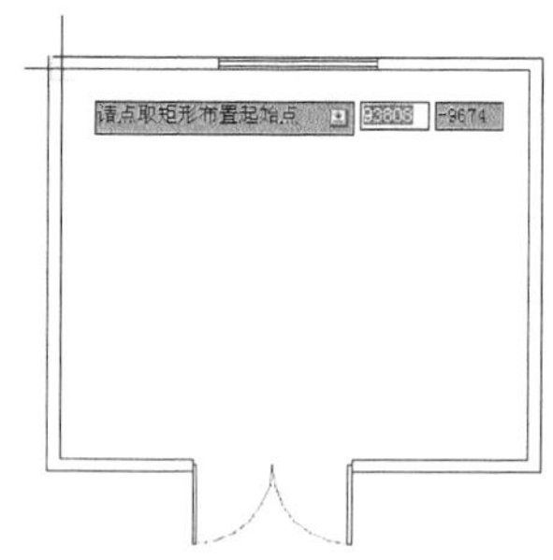

图 10-19 点取矩形布置起始点

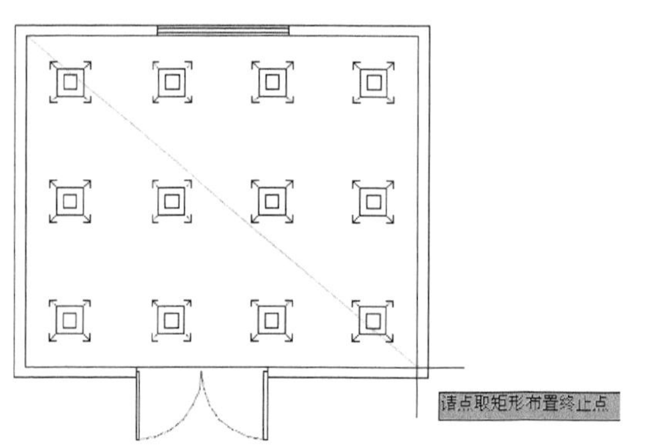

图 10-20 点取矩形布置终止点

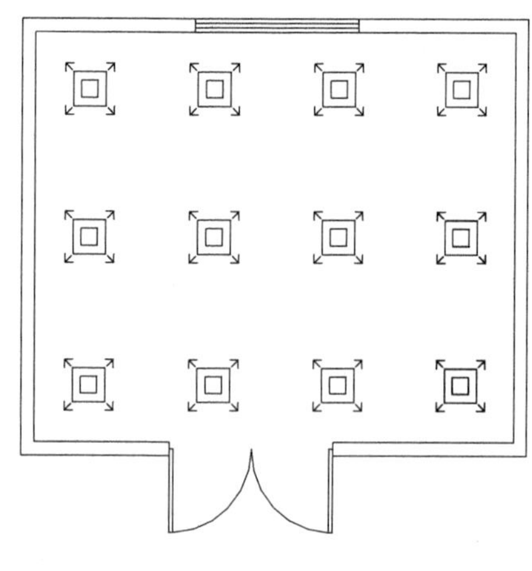

图 10-21 “矩形”布置方式结果

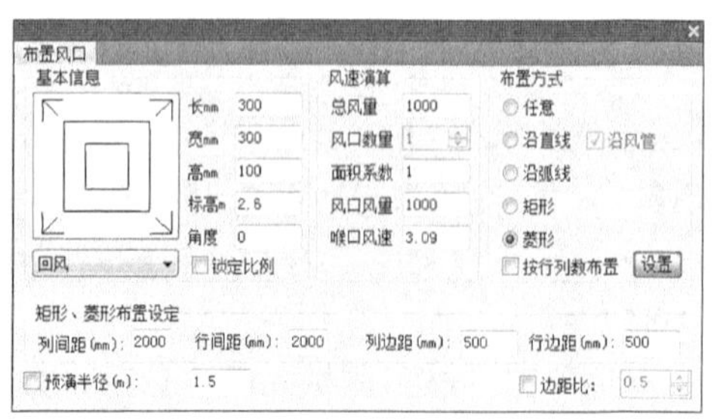

图 10-22 选择“菱形”选项

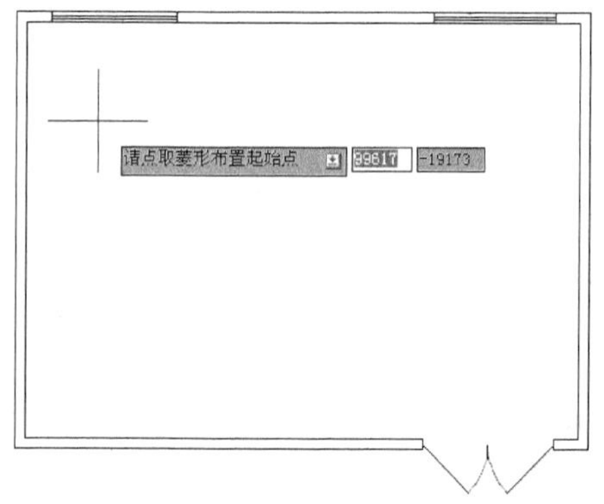

图 10-23 点取菱形布置起始点

使用“菱形”布置方式绘制风口的结果如图 10-25 所示。

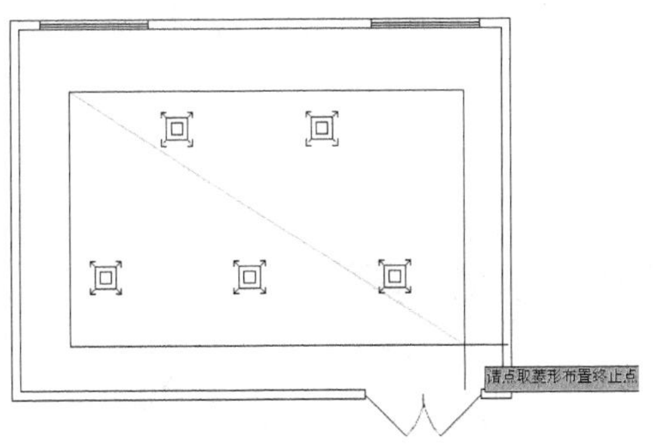

图 10-24　点取菱形布置终止点

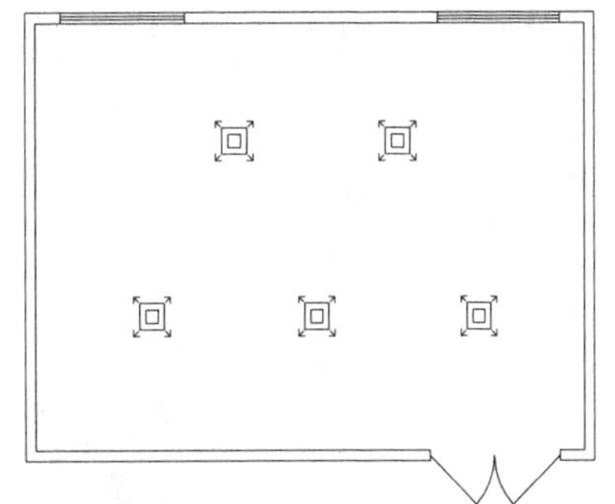

图 10-25　“菱形”布置方式结果

10.1.2 布置阀门

调用布置阀门命令，可以布置各种样式的风管阀件图形。如图 10-26 所示为布置阀门的操作结果。

布置阀门命令的执行方式有以下几种。

- 命令行：在命令行中输入 BZFM 命令按回车键。
- 菜单栏：单击“风管设备”→“布置阀门”命令。

下面以如图 10-26 所示的布置阀门结果为例，介绍调用布置阀门命令的方法。

01 按 Ctrl+O 组合键，打开配套光盘提供的“第 10 章/10.1.2　布置阀门.dwg”素材文件，结果如图 10-27 所示。

02 在命令行中输入 BZFM 命令按回车键，调出【风阀布置】对话框，单击左边的风阀预览框；在弹出的【天正图库管理系统】对话框中选择风阀样式，如图 10-28 所示。

03 双击风阀样式图标，返回【风阀布置】对话框，设置参数如图 10-29 所示。

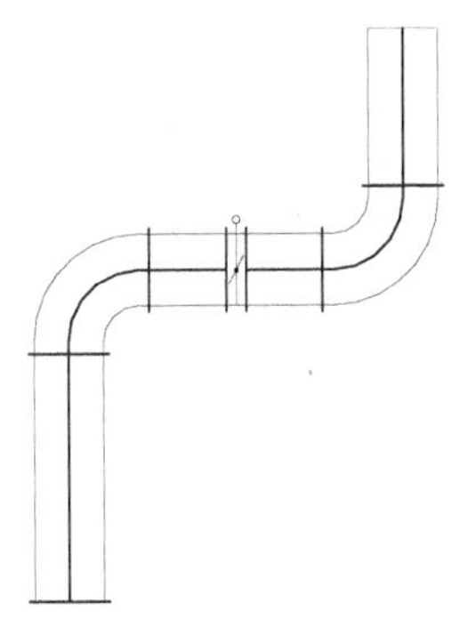

图 10-26　布置阀门

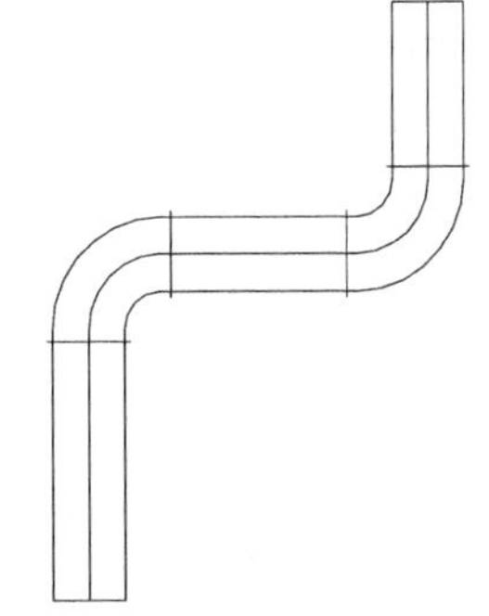

图 10-27　打开素材

04 此时命令行提示如下：

命令：BZFM↙

请指定风阀的插入点{旋转 90 度[A]/换阀门[C]/名称[N]/长[L]/宽[K]/高[H]/标高[B]/左右翻转[F]/上下翻转[S]}<退出>:　　　　//在风管上点取阀门的插入点。

请选择布置方式{管端[E]/近端距离[Q]}<当前位置>: //按下回车键，完成布置阀门的结果如图 10-26 所示。

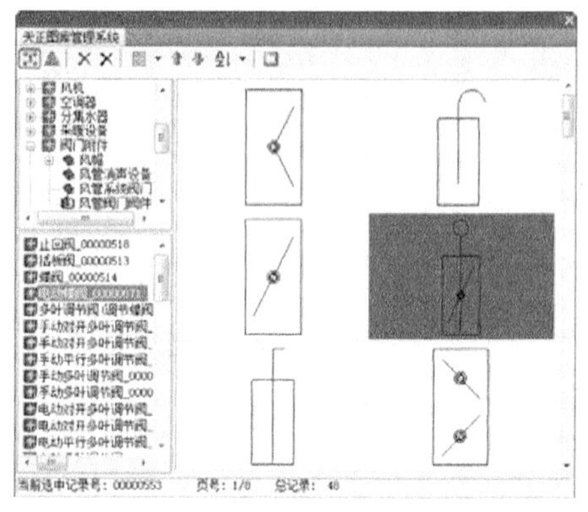

图 10-28 【天正图库管理系统】对话框

图 10-29 设置参数

在命令行提示“请选择布置方式{管端[E]/近端距离[Q]}<当前位置>:”时，输入 E，命令行提示如下：

命令：BZFM↙

请指定风阀的插入点{换阀门[C]/名称[N]/长[L]/左右翻转[F]/上下翻转[S]}<退出>:

//在风管上点取阀门的插入点。

请选择布置方式{管端[E]/近端距离[Q]}<当前位置>:E

//输入 E，选择“管端”选项。

请指定风阀的插入点{换阀门[C]/名称[N]/长[L]/左右翻转[F]/上下翻转[S]}<退出>:*取消*

//按下回车键，完成布置阀门的操作结果如图 10-30 所示。

在命令行提示“请选择布置方式{管端[E]/近端距离[Q]}<当前位置>:”时，输入 Q，命令行提示如下：

命令：BZFM↙

请指定风阀的插入点{换阀门[C]/名称[N]/长[L]/左右翻转[F]/上下翻转[S]}<退出>:

//在风管上点取阀门的插入点。

请选择布置方式{管端[E]/近端距离[Q]}<当前位置>:Q //输入 Q，选择“近端距离”选项；

输入与最近端距离(mm)350

请指定风阀的插入点{换阀门[C]/名称[N]/长[L]/左右翻转[F]/上下翻转[S]}<退出>:*取消*

//按下回车键，完成布置阀门的操作结果如图 10-31 所示。

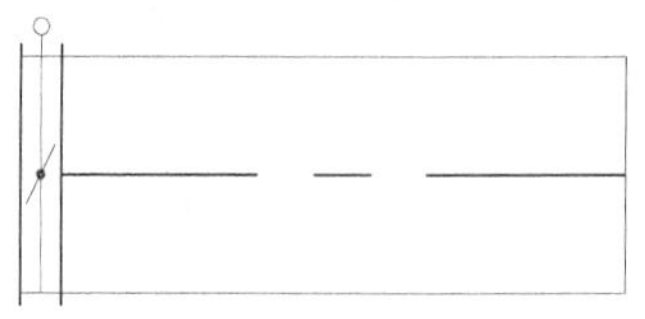

图 10-30 “管端”布置

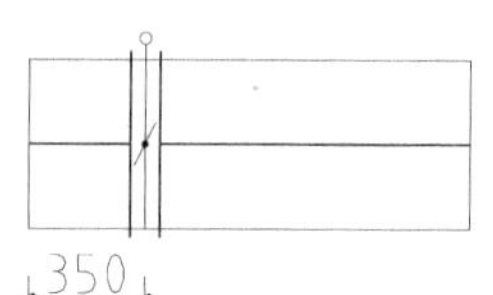

图 10-31 布置结果

10.1.3 定制阀门

调用定制阀门命令，可以将选定的图形制作成阀门图形，并存储到天正风管设备图库中。

定制阀门命令的执行方式有以下几种。

➢ 命令行：在命令行中输入 DZFM 命令按回车键。

➢ 菜单栏：单击“风管设备”→“定制阀门”命令。

下面介绍调用定制阀门命令的方法。

01 按 Ctrl+O 组合键，打开配套光盘提供的“第 10 章/10.1.3　定制阀门.dwg”素材文件，结果如图 10-27 所示。

02 在命令行中输入 DZFM 命令按回车键，命令行提示如下：

```
命令: DZFM↙
请输入名称<新阀门>:电动多叶调节阀
请选择要做成阀门的图元<退出>:指定对角点: 找到 70 个          //如图 10-32 所示。
请点选阀门插入点 <中心点>:                                  //如图 10-33 所示。
请选择阀心的图元<不定制阀心>:                               //按下回车键;
请选择手柄的图元<不定制手柄>: 阀门成功入库!                 //按下回车键，即可完成定制阀门的操作。
```

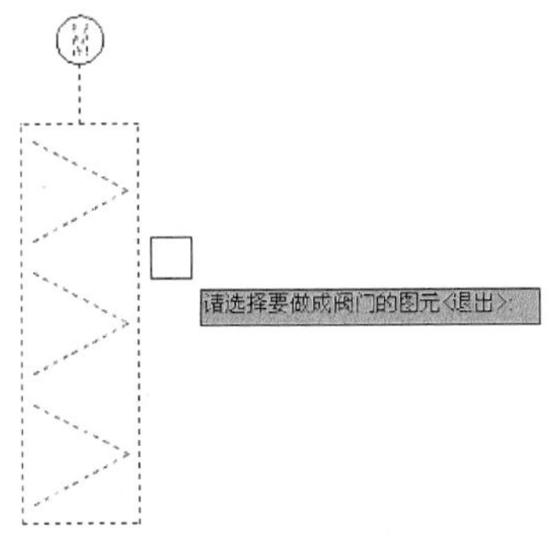

图 10-32　选择要做成阀门的图元

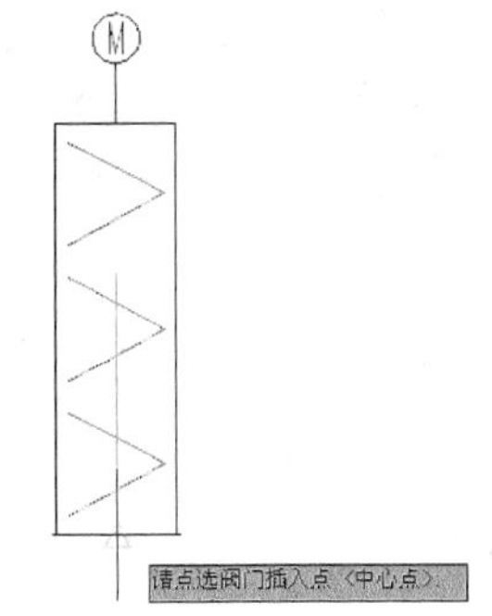

图 10-33　点选阀门插入点

03 在命令行中输入 TKW 命令按回车键，弹出【天正图库管理系统】对话框；选择“自定义设备”选项下的“风管阀门阀件”选项，在其中可以查看所定义的新阀门图形，如图 10-34 所示。

10.1.4 管道风机

调用管道风机命令，可以布置各种样式的管道风机。如图 10-35 所示为管道风机的绘制结果。

管道风机命令的执行方式有以下几种。

➢ 命令行：在命令行中输入 GDFJ 命令按回车键。

➢ 菜单栏：单击“风管设备”→“管道风机”命令。

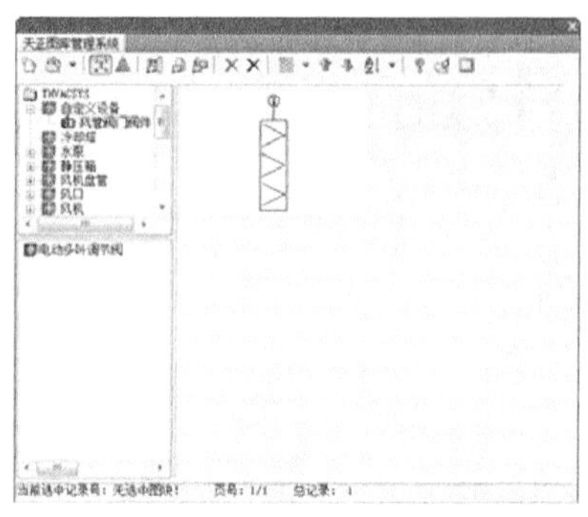

图 10-34 【天正图库管理系统】对话框

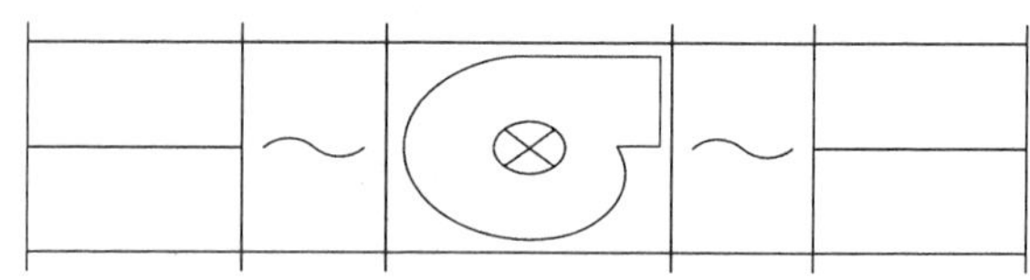

图 10-35 绘制管道风机

下面以如图 10-35 所示的管道风机绘制结果为例，介绍调用管道风机命令的方法。

01 在命令行中输入 GDFJ 命令按回车键，系统弹出【管道风机布置】对话框，设置参数如图 10-36 所示。

02 此时命令行提示如下：

```
命令：GDFJ↙
请指定对象的插入点<退出>:          //指定图形的插入点，完成图形的布置如图 10-37 所示。
```

图 10-36 【管道风机布置】对话框

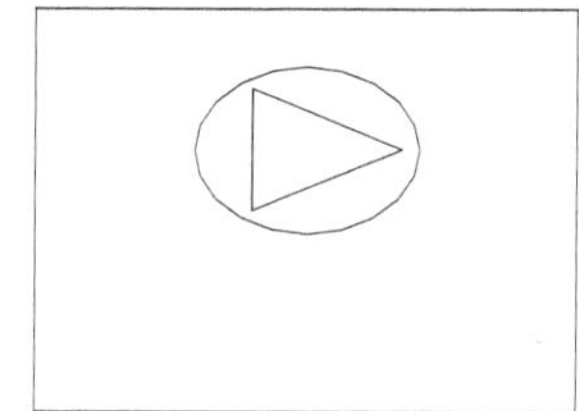

图 10-37 布置结果

03 选中风机图形，在其上可以显示绘制风管的接口，如图 10-38 所示。

04 单击选中其中的一个接口，系统弹出【风管布置】对话框，如图 10-39 所示。

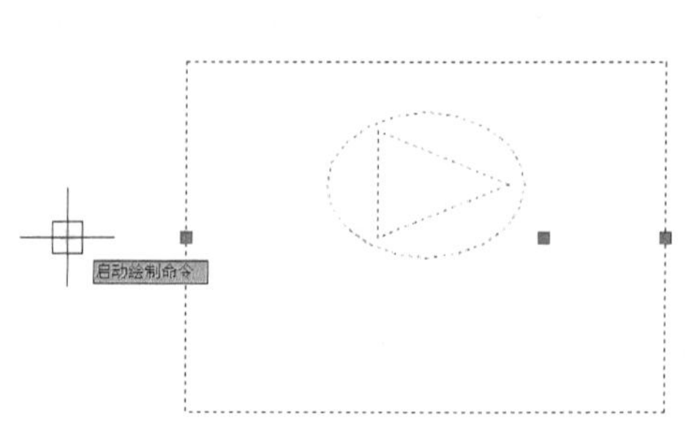

图 10-38 管道接口

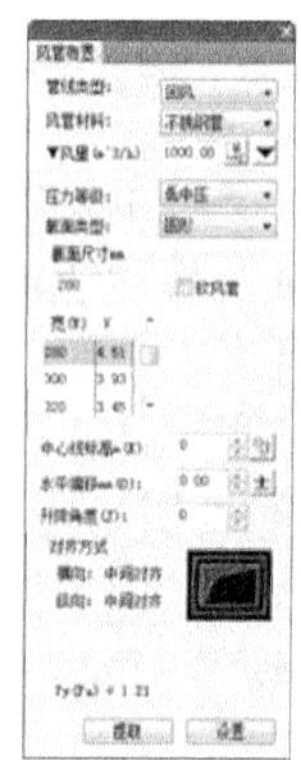

图 10-39 【风管布置】对话框

05 移动鼠标，可以绘制风管，如图 10-40 所示。

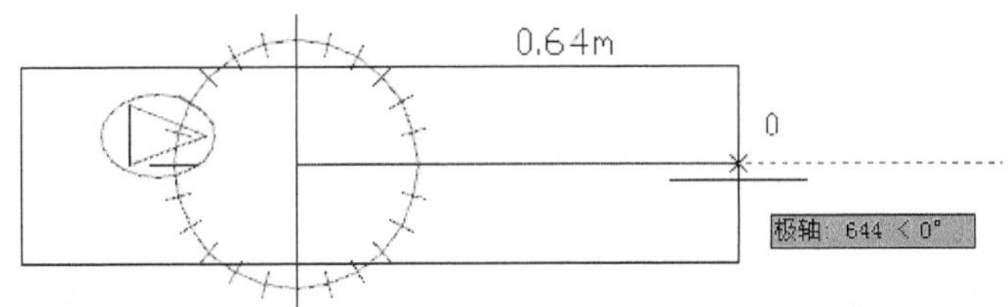

图 10-40 引出风管

06 从风机中引出风管的操作，结果如图 10-41 所示。

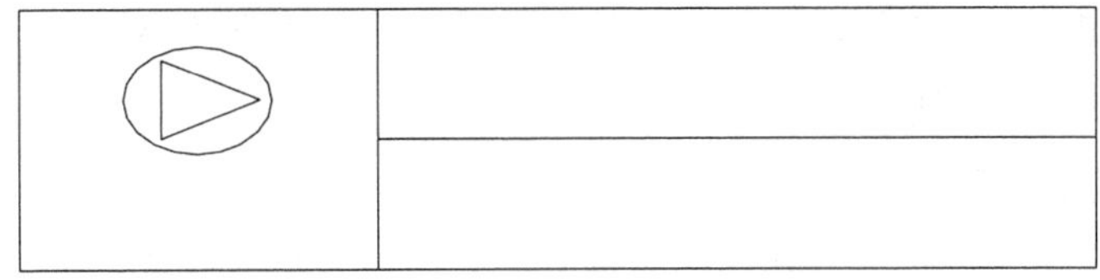

图 10-41 绘制风管

07 重新调出【管道风机布置】对话框，双击左边的风机预览框；在弹出的【天正图库管理系统】对话框中选择风机样式，如图 10-42 所示。

08 双击样式图标，返回【管道风机布置】对话框，设置参数如图 10-43 所示。

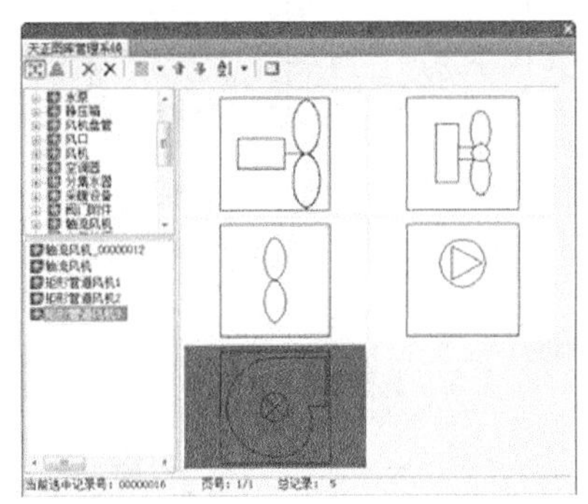

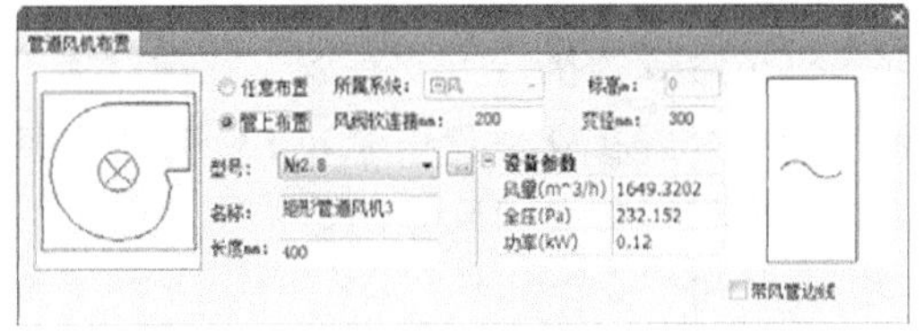

图 10-42 【天正图库管理系统】对话框　　　　图 10-43 设置参数

09 在风管上点取风机的插入点，完成图形的布置，结果如图 10-44 所示。

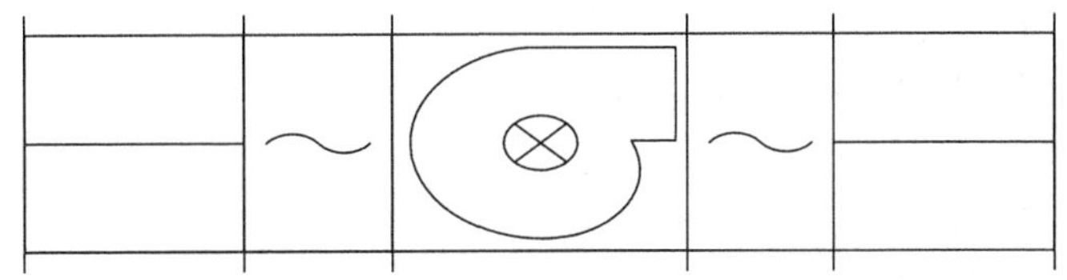

图 10-44 布置结果

10 选中风管及风机图形，可以看到图形上有很多风管接口，如图 10-45 所示。

11 从接口中可以引出风管，如图 10-46 所示。

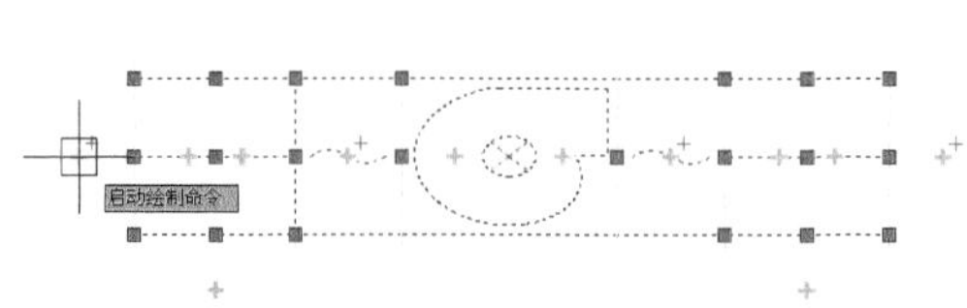

图 10-45　风管接口

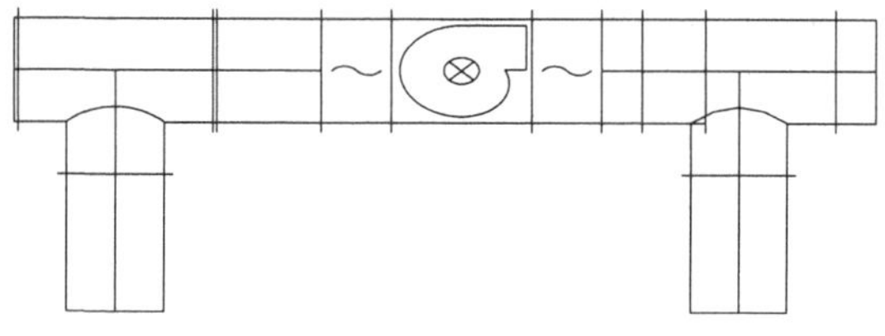

图 10-46　绘制风管

10.1.5 空气机组

调用空气机组命令，可以绘制指定箱体段的立面图和俯视图以及详图。如图 10-47、图 10-48 所示为空气机组命令的操作结果。

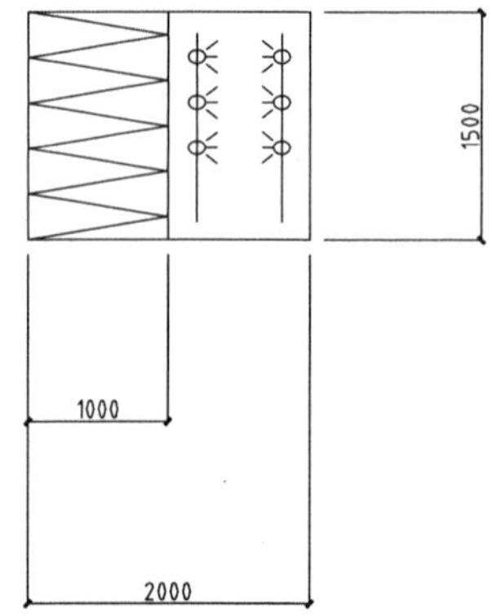

图 10-47　箱体立面图

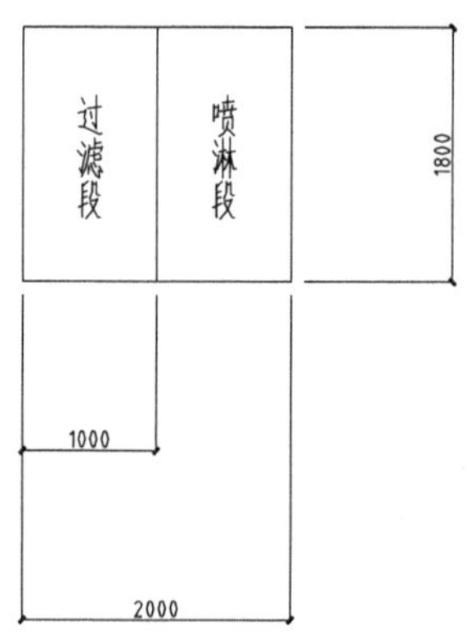

图 10-48　箱体俯视图

空气机组命令的执行方式有以下几种：

- 命令行：在命令行中输入 KQJZ 命令按回车键。
- 菜单栏：单击“风管设备”→“空气机组”命令。

下面以如图 10-47、图 10-48 所示的空气机组图例的绘制结果为例，介绍调用空气机组命令的方法。

01 在命令行中输入 KQJZ 命令按回车键，系统弹出如图 10-49 所示的【组合式空气处理机组】对话框。

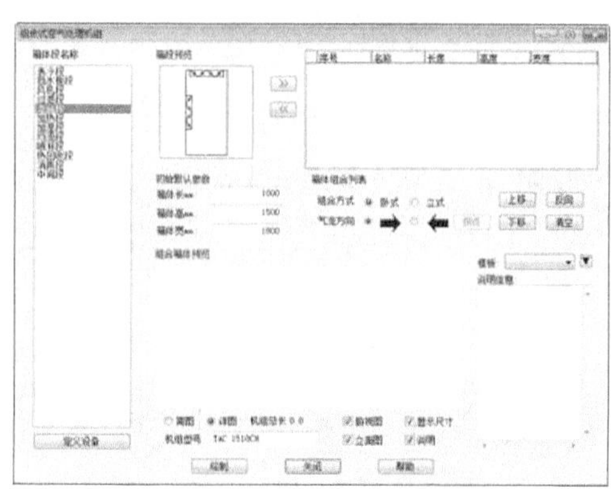

图 10-49　【组合式空气处理机组】对话框

02 在“箱体段名称”选项列表中选择箱体名称，单击中间的向右矩形按钮，即可将所选箱体段的参数反馈至列表中，结果如图 10-50 所示。

03 重复操作，继续将另一箱体的参数反馈至列表中，结果如图 10-51 所示。

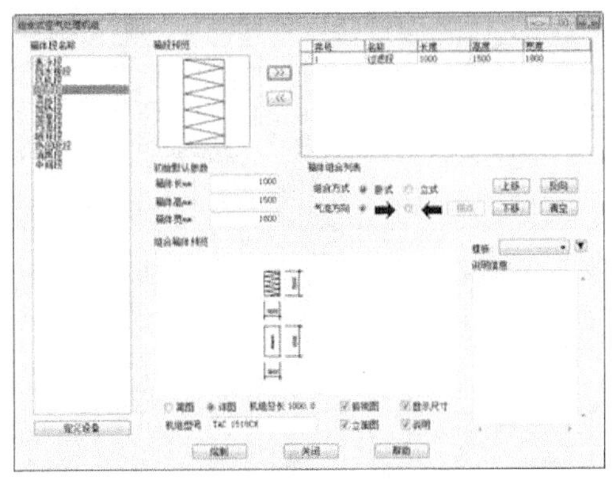
图 10-50　反馈参数

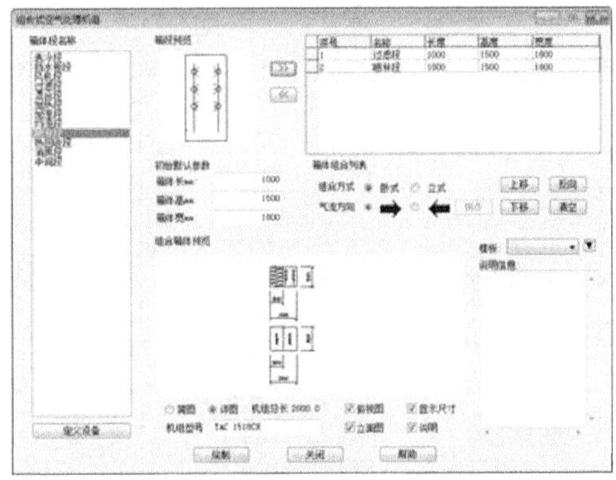
图 10-51　操作结果

[04] 在对话框中单击“绘制”按钮，命令行提示如下：

命令：KQJZ↙

点取立面图基点位置或[转 90 度(A)/改转角(R)/改基点(T)]<退出>:　　//点取立面图形的插入点。

请输入箱体的底部标高<0.00m>:　　//按下回车键。

点取俯视图基点位置或[转 90 度(A)/改转角(R)/改基点(T)]<退出>:　　//点取俯视图的插入点。

查看空气处理机组<退出>:　　//按下回车键，返回【组合式空气处理机组】对话框中，单击“关闭”按钮，关闭对话框即可完成操作，结果如图 10-47、图 10-48 所示。

10.1.6 布置设备

调用布置设备命令，可以布置暖通构件设备。如图 10-52 所示为设备的布置结果。

布置设备命令的执行方式有以下几种：

- 命令行：在命令行中输入 BZSB 命令按回车键。
- 菜单栏：单击“风管设备”→“布置设备”命令。

下面以如图 10-52 所示的布置设备的绘制结果为例，介绍调用布置设备命令的方法。

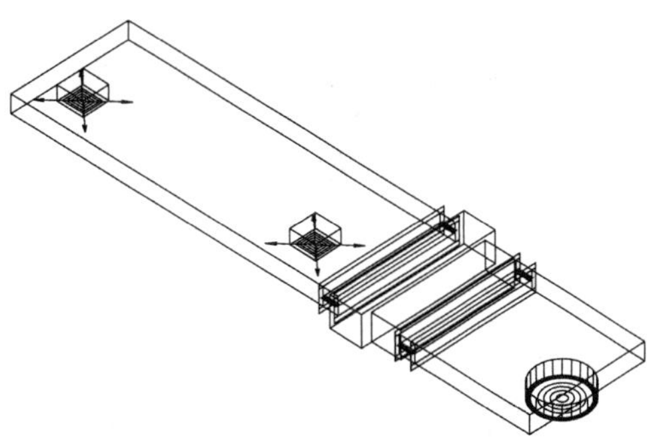
图 10-52　三维样式

[01] 在命令行中输入 BZSB 命令按回车键，在弹出的【设备布置】对话框中设置参数，如图 10-53 所示。

[02] 在对话框中单击“布置”按钮，命令行提示如下：

命令：　BZSB↙

请指定设备的插入点 [沿线(T)/两线(G)/放大(E)/缩小(D)/左右翻转(F)/上下翻转(S)]<退出>:　　//点取图形的插入点；

请输入旋转角度<0.0>: //按下回车键，完成设备布置的结果如图 10-54 所示。

[03] 将视图转换为“西南等轴测”视图，可以查看风机盘管的三维效果，结果如图 10-52 所示。

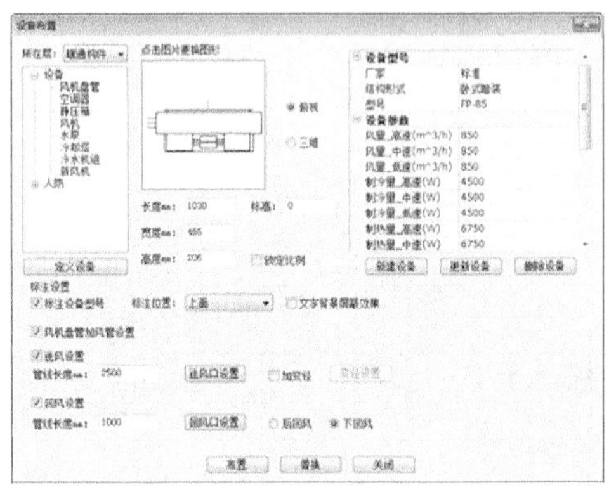

图 10-53 【设备布置】对话框

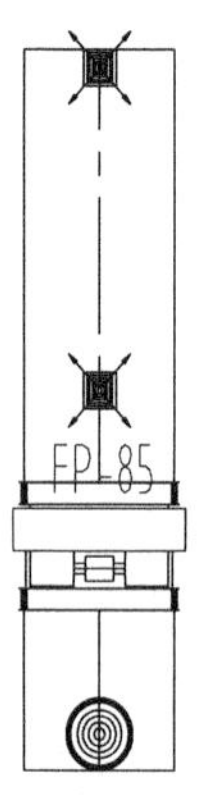

图 10-54 设备布置

10.1.7 风管吊架

调用风管吊架命令，可以绘制指定类型的风管吊架。如图 10-55 所示为风管吊架的绘制结果。

风管吊架命令的执行方式有以下几种：

- 命令行：在命令行中输入 FGDJ 命令按回车键。
- 菜单栏：单击“风管设备”→“风管吊架”命令。

下面以如图 10-55 所示的风管吊架绘制结果为例，介绍调用风管吊架命令的方法。

[01] 按 Ctrl+O 组合键，打开配套光盘提供的“第 10 章/10.1.7 风管吊架.dwg”素材文件，结果如图 10-56 所示。

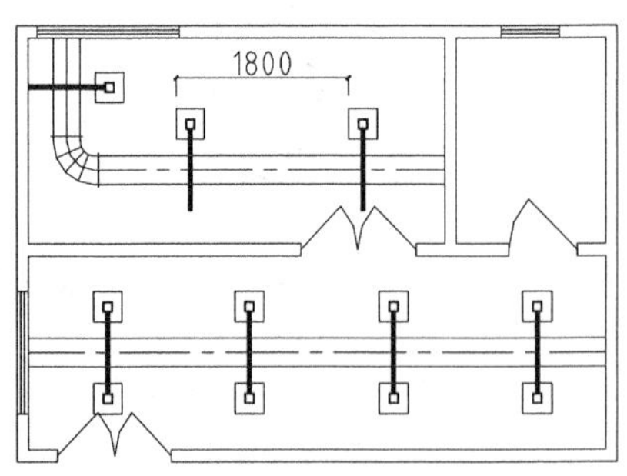

图 10-55 绘制风管吊架

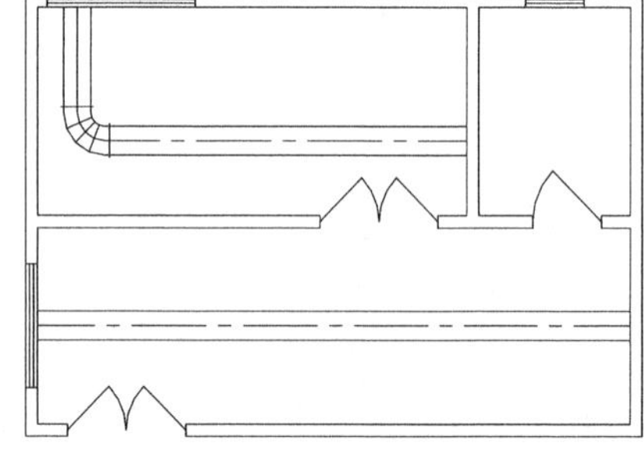

图 10-56 打开素材

[02] 在命令行中输入 FGDJ 命令按回车键，在弹出的【绘制吊架】对话框中设置参数，如图 10-57 所示。

[03] 此时命令行提示如下：

```
命令：FGDJ↙
请点取风管上一点:<退出>                    //如图 10-58 所示；
```

04 绘制吊架的结果如图 10-59 所示。

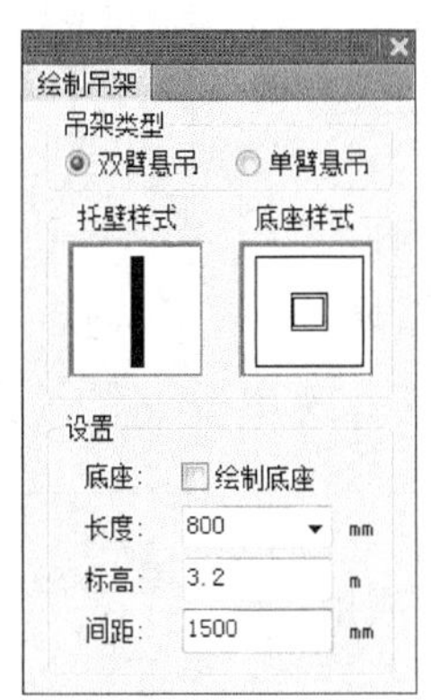

图 10-57 【绘制吊架】对话框

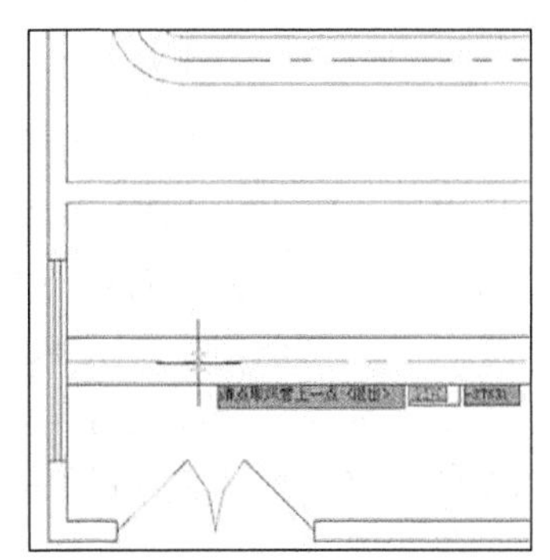

图 10-58 点取风管上一点

05 向右移动鼠标，命令行提示如下：

```
在预览位置插入吊架<退出>                    //如图 10-60 所示；
```

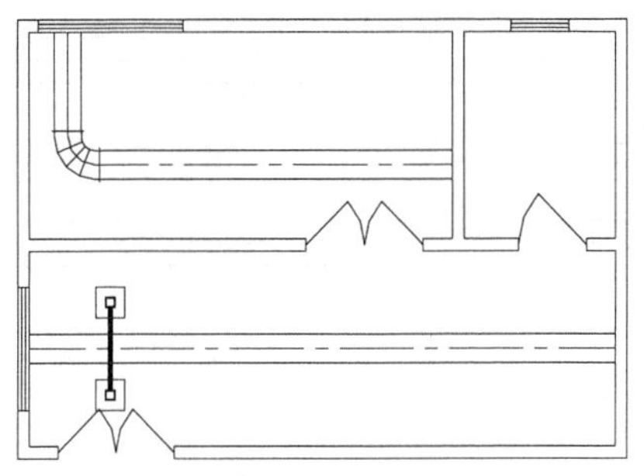

图 10-59 布置结果

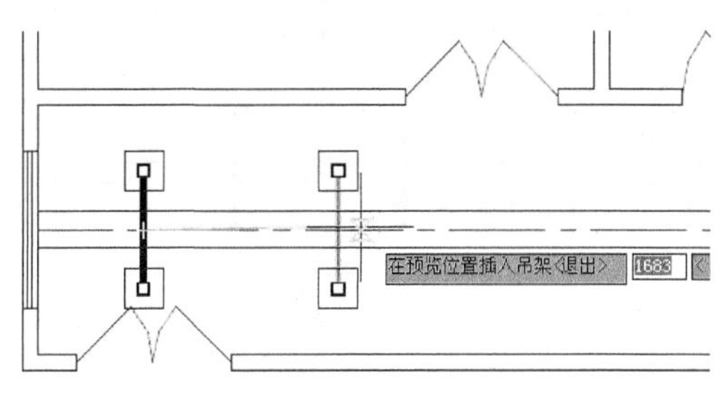

图 10-60 点取预览位置

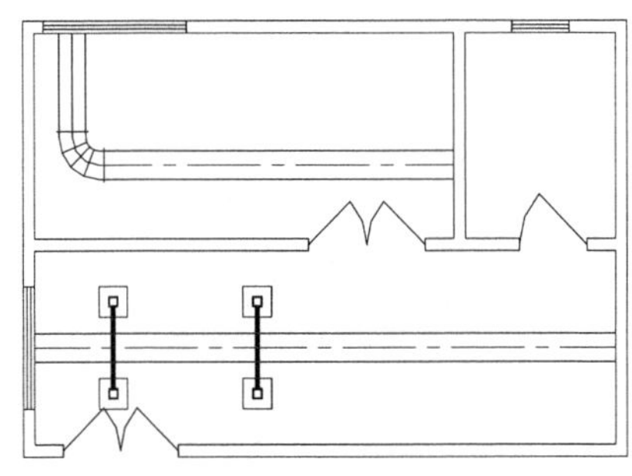

图 10-61 插入结果

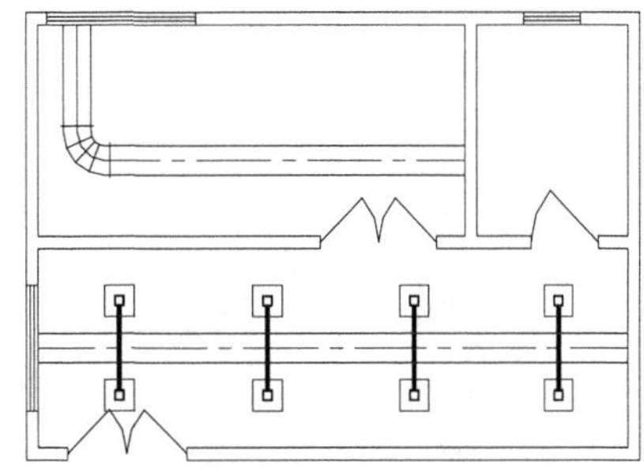

图 10-62 操作结果

06 单击鼠标左键，操作结果如图 10-61 所示。

07 重复操作，根据所定义的距离参数来布置吊架图形，结果如图 10-62 所示。

08 重新调出【绘制吊架】对话框，选择“单臂悬吊”选项，设置“间距”参数，如

图 10-63 所示。

09 根据命令行的提示，指定吊架的插入点，完成“单臂”吊架的插入结果如图 10-55 所示。

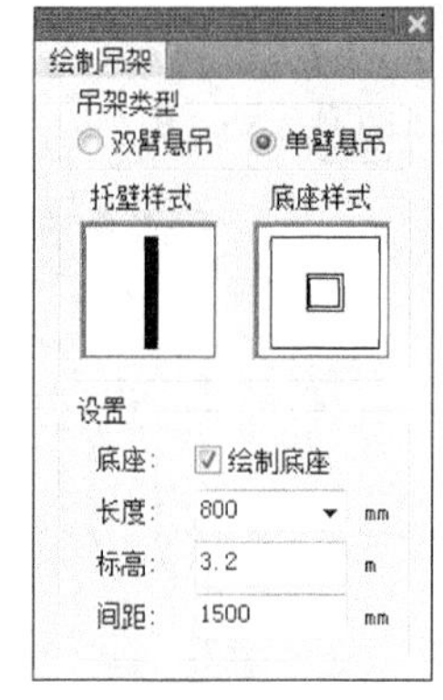

图 10-63 设置参数

10.1.8 风管支架

调用风管支架命令，可以通过设定支架的长度和间距参数来布置支架图形。如图 10-64 所示为风管支架图形的绘制结果。

风管支架命令的执行方式有以下几种：

- 命令行：在命令行中输入 FGZJ 命令按回车键。
- 菜单栏：单击“风管设备”→“风管支架”命令。

下面以如图 10-64 所示的风管支架绘制结果为例，介绍调用风管支架命令的方法。

01 按 Ctrl+O 组合键，打开配套光盘提供的“第 10 章/10.1.8 风管支架.dwg”素材文件，结果如图 10-65 所示。

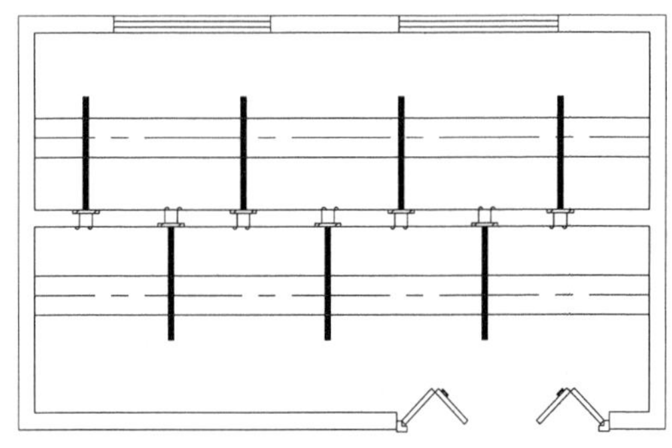
图 10-64 风管支架

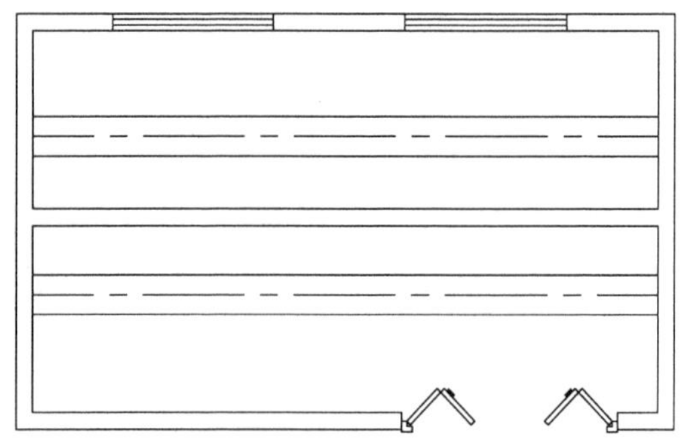
图 10-65 打开素材

02 在命令行中输入 FGZJ 命令按回车键，在弹出的【绘制支架】对话框中设置参数，如图 10-66 所示。

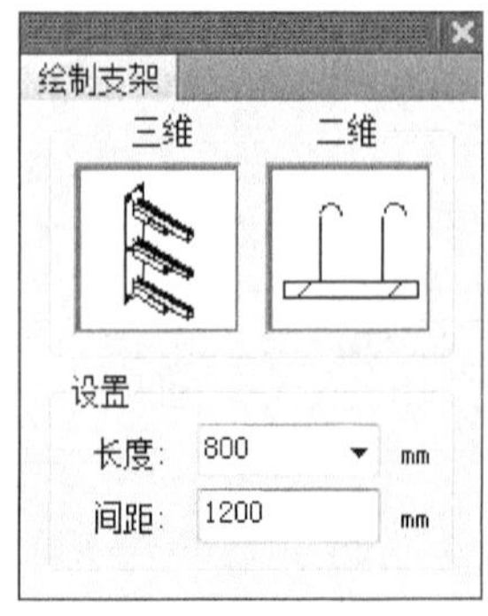

图 10-66 【绘制支架】对话框

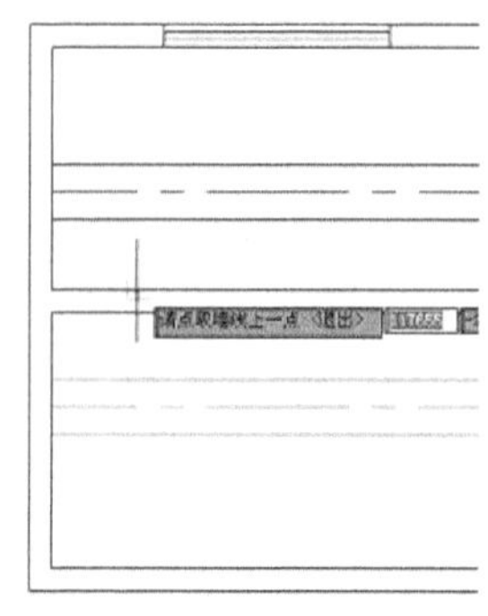
图 10-67 点取墙线上一点

03 此时命令行提示如下：

命令： FGZJ↙
请点取墙线上一点:<退出>　　　　//如图 10-67 所示。
请确定支架方向:<退出>　　　　//如图 10-68 所示。

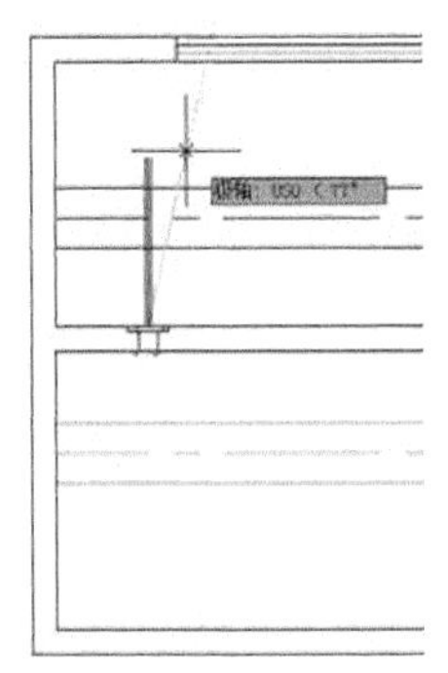

图 10-68　确定支架方向

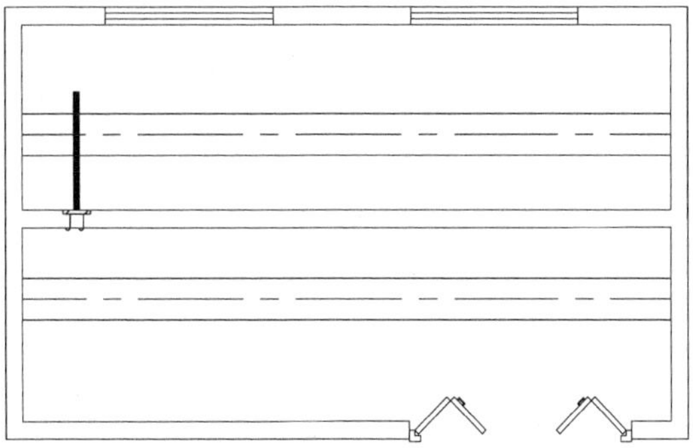

图 10-69　布置结果

04 单击鼠标左键，完成支架图形的布置，结果如图 10-69 所示。

05 向右移动鼠标，命令行提示如下：

在预览位置插入吊架<退出>　　　　//如图 10-70 所示。

06 布置结果如图 10-71 所示。

07 重复操作，继续在墙体上布置风管支架图形，结果如图 10-64 所示。

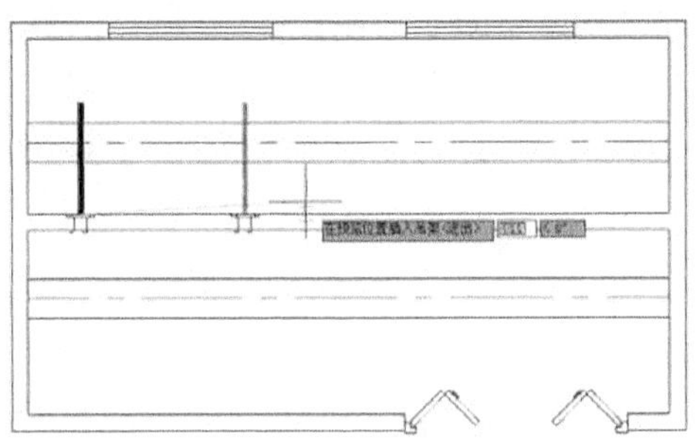

图 10-70　点取预览位置

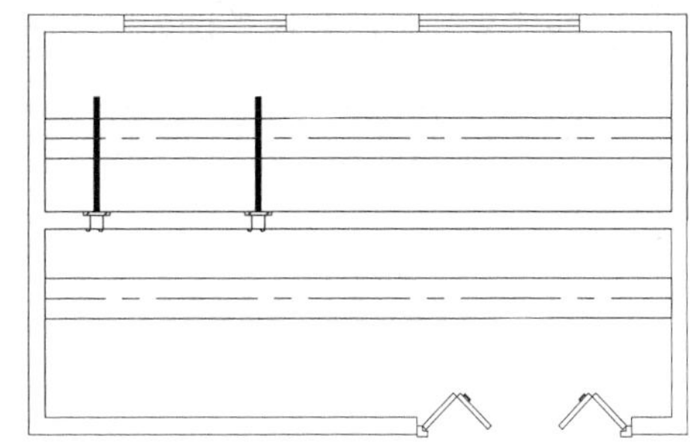

图 10-71　操作结果

10.2 编辑

本节介绍编辑风口、设备连管以及删除阀门这三种编辑命令的调用方法。

10.2.1 编辑风口

调用编辑风口命令，可以修改选定的风口的各项参数。如图 10-72 所示为编辑风口的操作结果。

编辑风口命令的执行方式有以下几种：

➢ 命令行：在命令行中输入 BJFK 命令按回车键。
➢ 菜单栏：单击“风管设备” → “编辑风口”命令。

下面以如图 10-72 所示的编辑风口的操作结果为例，介绍调用编辑风口命令的方法。

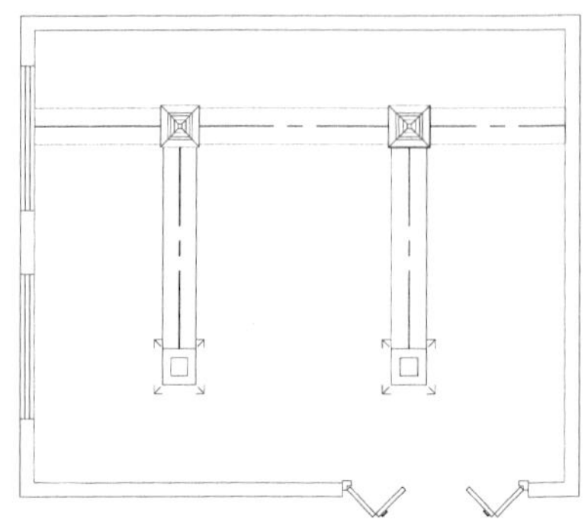
图 10-72　编辑风口

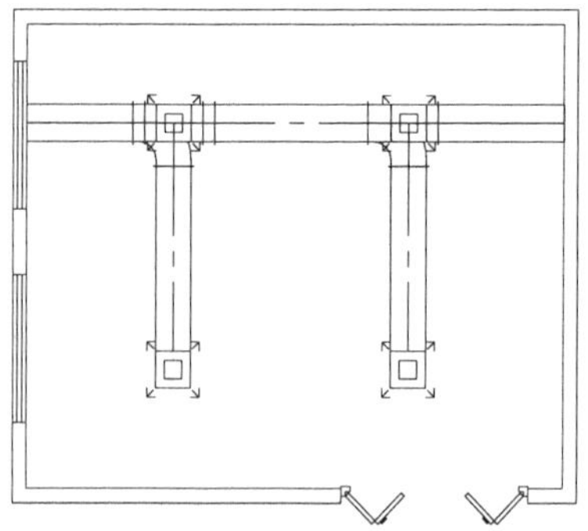
图 10-73　打开素材

01 按 Ctrl+O 组合键，打开配套光盘提供的“第 10 章/10.2.1　编辑风口.dwg”素材文件，结果如图 10-73 所示。

02 在命令行中输入 BJFK 命令按回车键，命令行提示如下：

```
命令：BJFK↙
请选择修改的风口:找到 1 个                //如图 10-74 所示。
```

03 按下回车键，系统弹出如图 10-75 所示的【编辑风口】对话框。

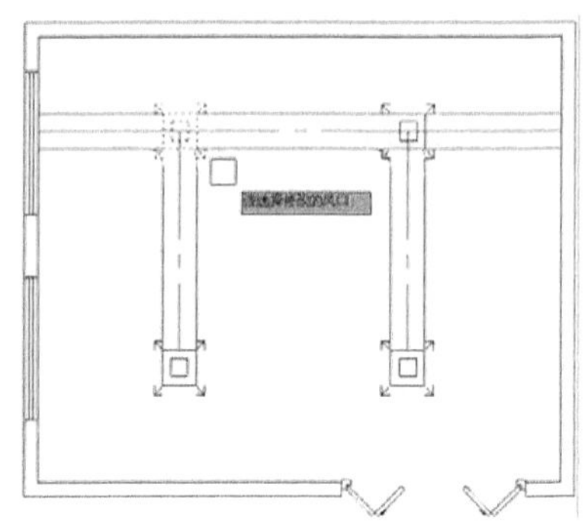
图 10-74　选择修改的风口

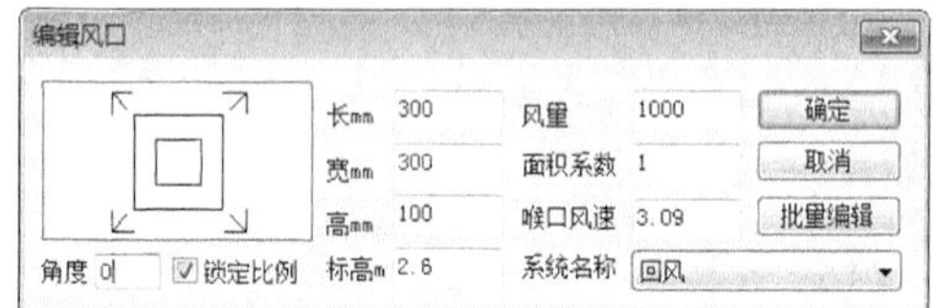

图 10-75　【编辑风口】对话框

04 单击对话框左边的风口预览框，在弹出的【天正图库管理系统】对话框中重新选择风口样式，如图 10-76 所示。

05 双击样式图标，返回【编辑风口】对话框，修改参数如图 10-77 所示。

06 单击“确定”按钮关闭对话框，完成编辑修改的操作结果如图 10-78 所示。

07 删除连接风口的三通构件图形，如图 10-79 所示。

08 选中风管，将鼠标置于管线接口上，如图 10-80 所示。

09 向上移动鼠标，完成管线的延长操作如图 10-81 所示。

10 重复操作，继续编辑其他的风口图形，结果如图 10-72 所示。

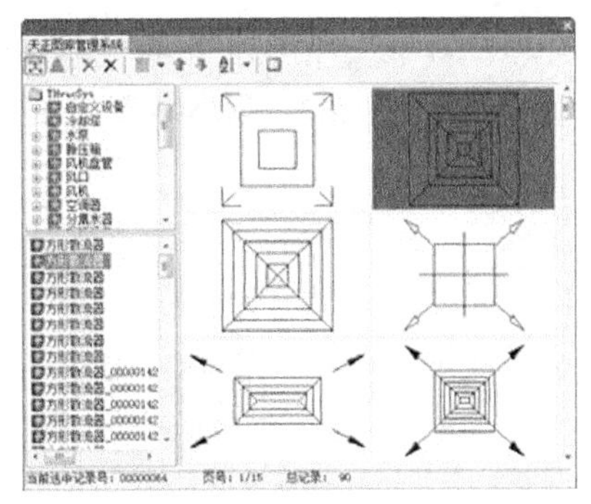

图 10-76 【天正图库管理系统】对话框

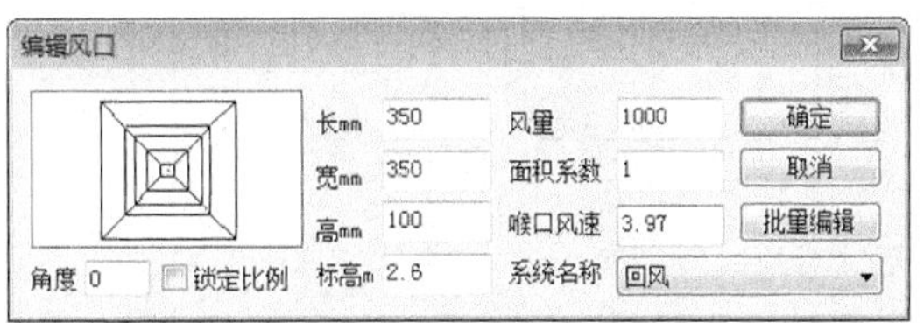

图 10-77 修改参数

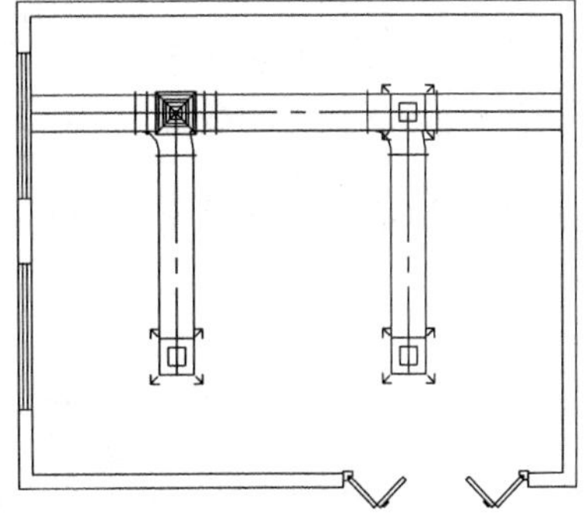

图 10-78 修改结果

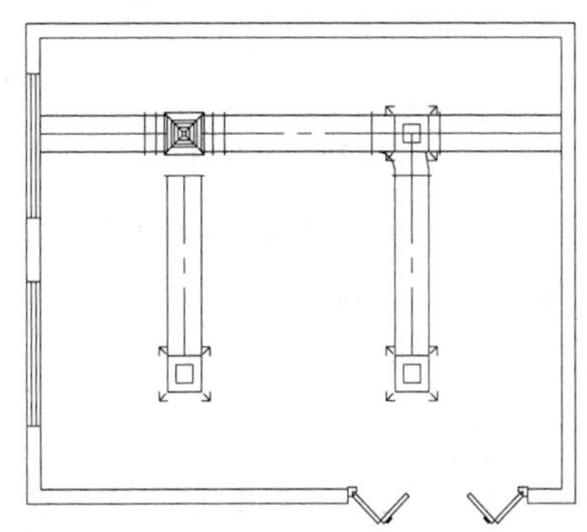

图 10-79 删除结果

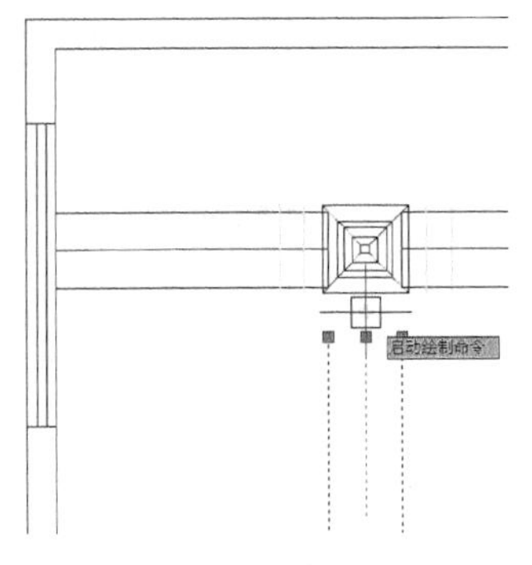

图 10-80 将鼠标置于管线接口上

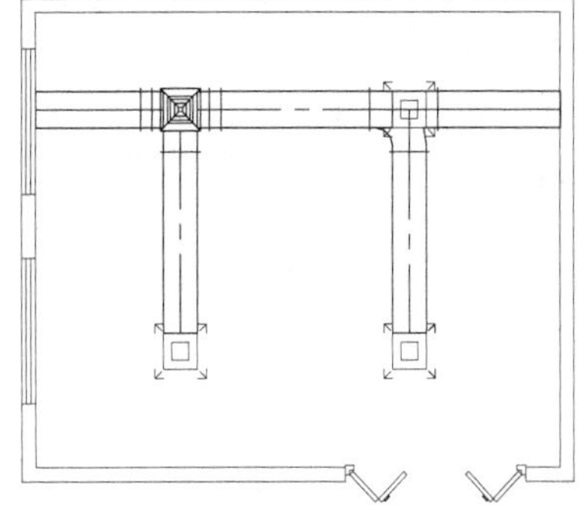

图 10-81 延长管线

10.2.2 设备连管

调用设备连管命令，可以将选定的设备与管线相连。如图 10-82 所示为设备连管命令的操作结果。

设备连管命令的执行方式有以下几种：

- 命令行：在命令行中输入 SBLG 命令按回车键。
- 菜单栏：单击“风管设备”→“设备连管”命令。

下面以如图 10-82 所示的设备连管的操作结果为例，介绍调用设备连管命令的方法。

01 按 Ctrl+O 组合键，打开配套光盘提供的“第 10 章/10.2.2 设备连管.dwg”素材文件，结果如图 10-83 所示。

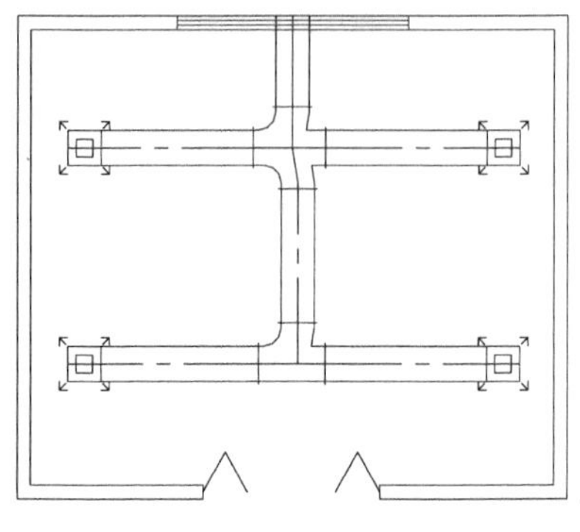

图 10-82 设备连管

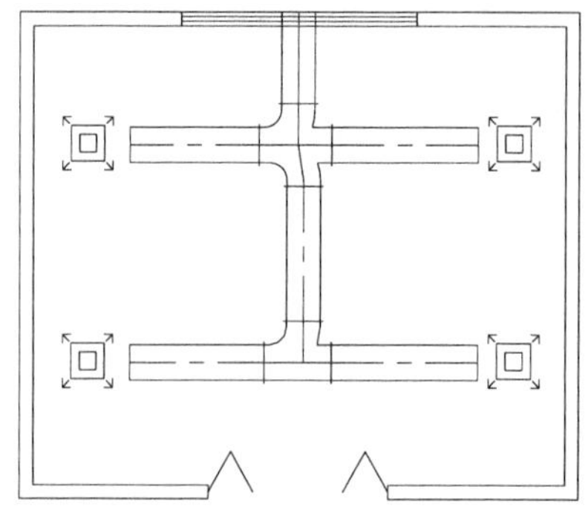

图 10-83 打开素材

02 在命令行中输入 SBLG 命令按回车键，系统弹出【设备连管设置】对话框，设置参数如图 10-84 所示。

03 此时命令行提示如下：

```
命令: SBLG↙
请选择要连接的设备及管线<退出>:找到 2 个，总计 2 个                //如图 10-85 所示。
```

图 10-84 【设备连管设置】对话框

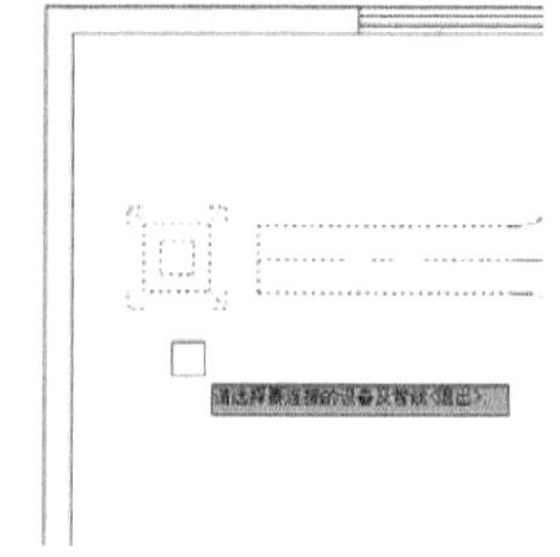

图 10-85 选择要连接的设备及管线

04 按下回车键，完成设备连接的操作结果如图 10-86 所示。

05 重复操作，继续执行“设备连管”操作，结果如图 10-82 所示。

10.2.3 删除阀门

调用删除阀门命令，可以删除选定的阀门图形。如图 10-87 所示为删除阀门的操作结果。

删除阀门命令的执行方式有以下几种：

- 命令行：在命令行中输入 SCFM 命令按回车键。
- 菜单栏：单击“风管设备”→“删除阀门”命令。

下面以如图 10-87 所示的删除阀门的操作结果为例，介绍调用删除阀门命令的方法。

01 按 Ctrl+O 组合键，打开配套光盘提供的“第 10 章/10.2.3 删除阀门.dwg”素材文件，结果如图 10-88 所示。

02 在命令行中输入 SCFM 命令按回车键，命令行提示如下：

```
命令: SCFM↙
请选择要删除的风阀:找到 1 个                //如图 10-89 所示;
```

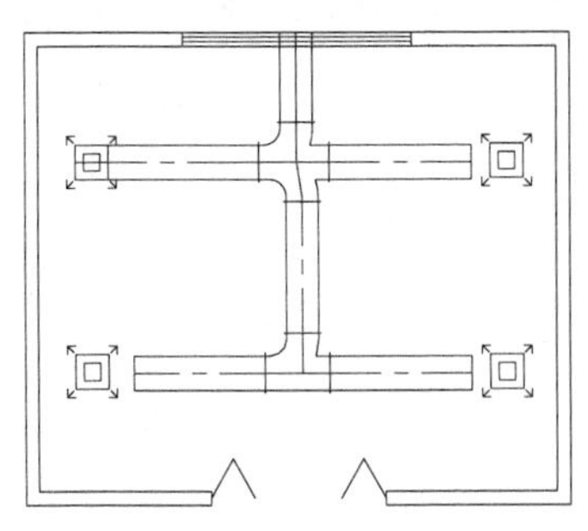

图 10-86 连接操作

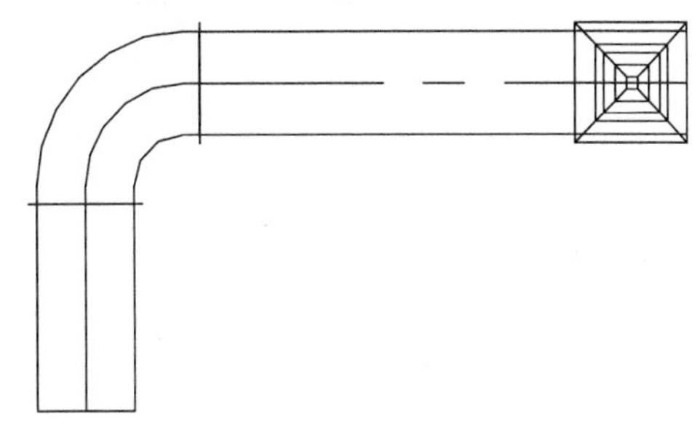

图 10-87 删除阀门

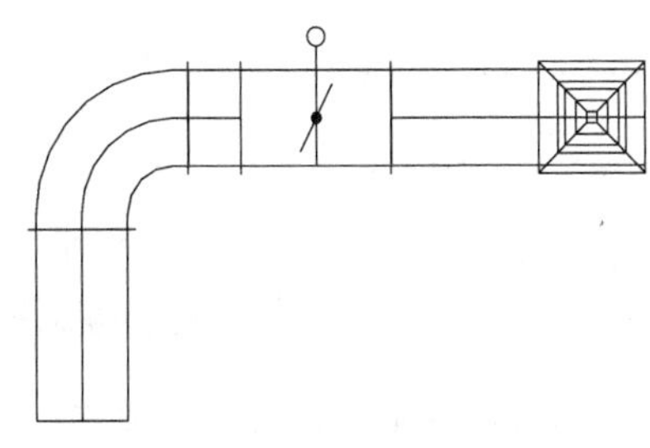

图 10-88 打开素材

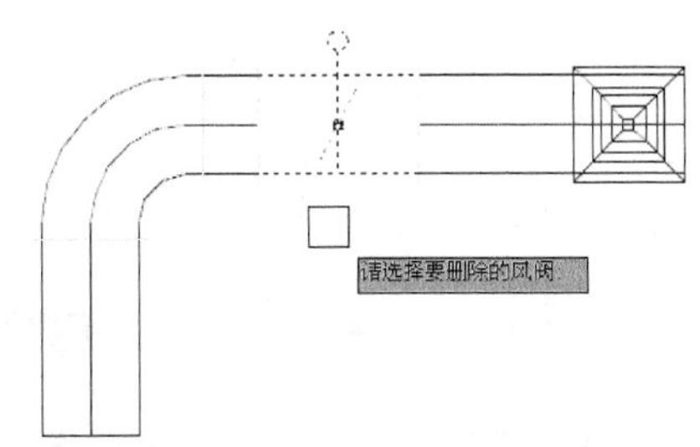

图 10-89 选择阀门

03 按下回车键即可完成删除操作，结果如图 10-87 所示。

10.3 风系统图

调用风系统图命令，可以根据所提供的风管设备平面图生成风系统图。如图 10-90 所示为风系统图的生成结果。

风系统图命令的执行方式有以下几种：

➢ 命令行：在命令行中输入 FXTT 命令按回车键。

➢ 菜单栏：单击“风管设备”→“风系统图”命令。

下面以如图 10-90 所示的风系统图的绘制结果为例，介绍调用风系统图命令的方法。

01 按 Ctrl+O 组合键，打开配套光盘提供的“第 10 章/10.3 风系统图.dwg”素材文件，结果如图 10-91 所示。

02 在命令行中输入 FXTT 命令按回车键，命令行提示如下：

```
命令: FXTT↙
```

请选择该层中所有平面图管线<上次选择>:指定对角点: 找到 15 个　　　　//如图 10-92 所示。

请点取该层管线的对准点{输入参考点[R]}<退出>:　　　　//如图 10-93 所示。

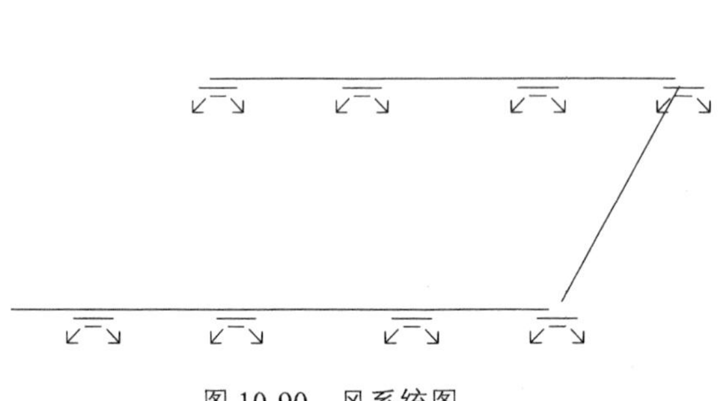

图 10-90　风系统图

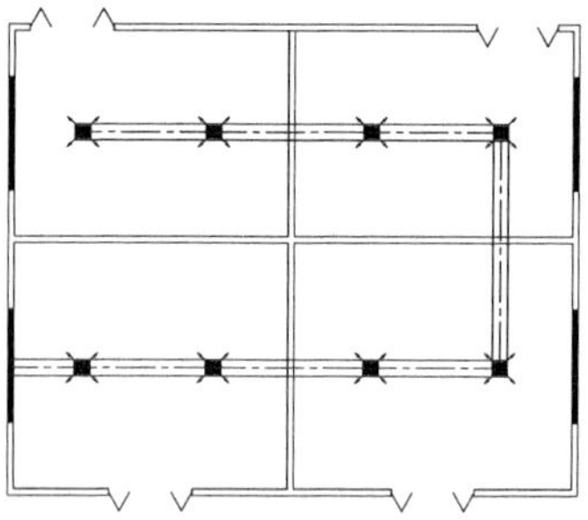

图 10-91　打开素材

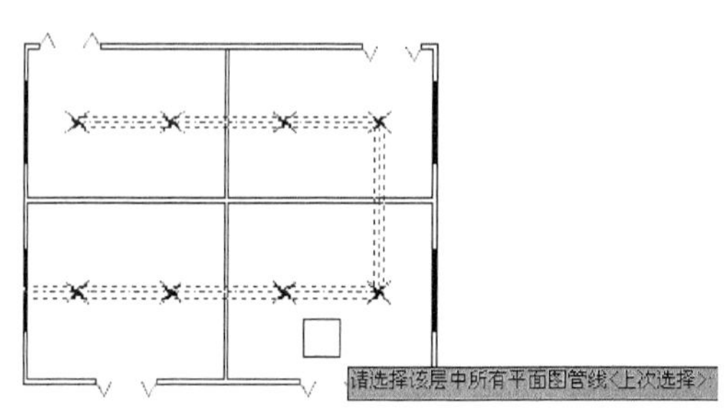

图 10-92　选择该层中所有平面图管线

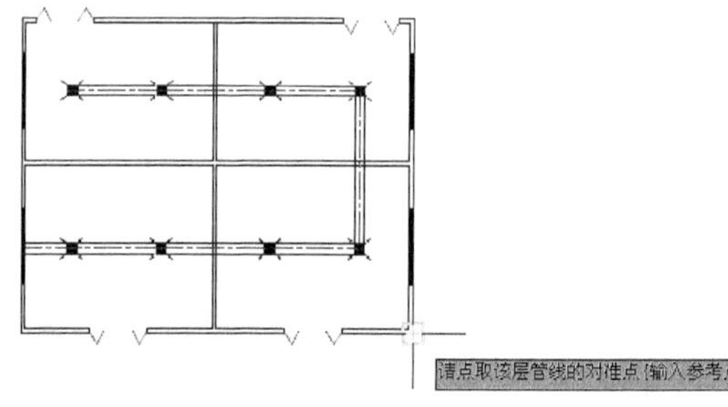

图 10-93　点取该层管线的对准点

03 系统弹出【自动生成系统图】对话框，设置参数如图 10-94 所示。

请点取系统图布置点(左下点)<取消>　　　　//单击“确定”按钮，点取图形的插入点，操作结果如图 10-90 所示。

10.4 剖面图

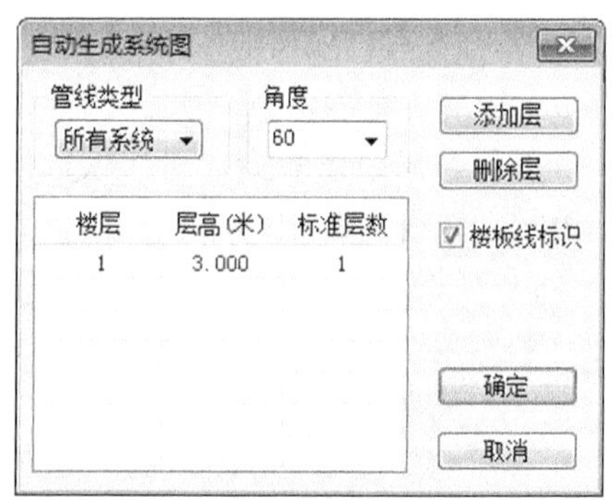

图 10-94　【自动生成系统图】对话框

调用剖面图命令，可以在指定的风管平面图上生成风管剖面图。如图 10-95 所示为风管剖面图的生成结果。

剖面图命令的执行方式有以下几种：

- 命令行：在命令行中输入 PMT 命令按回车键。
- 菜单栏：单击“风管设备”→“剖面图”命令。

下面以如图 10-95 所示的剖面图的绘制结果为例，介绍调用剖面图命令的方法。

01 按 Ctrl+O 组合键，打开配套光盘提供的“第 10 章/10.4　剖面图.dwg”素材文件，结果如图 10-96 所示。

02 在命令行中输入 PMT 命令按回车键，系统弹出【生剖面图】对话框，设置参数如图 10-97 所示。

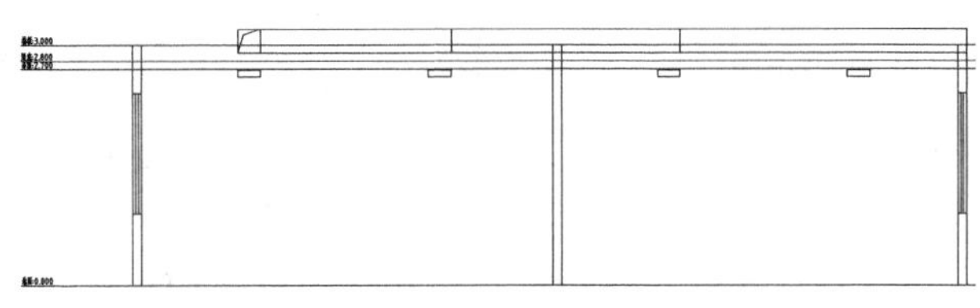

图 10-95　剖面图

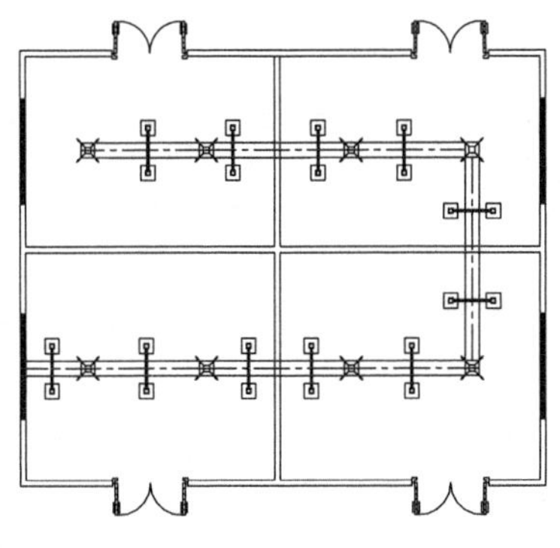

图 10-96　打开素材

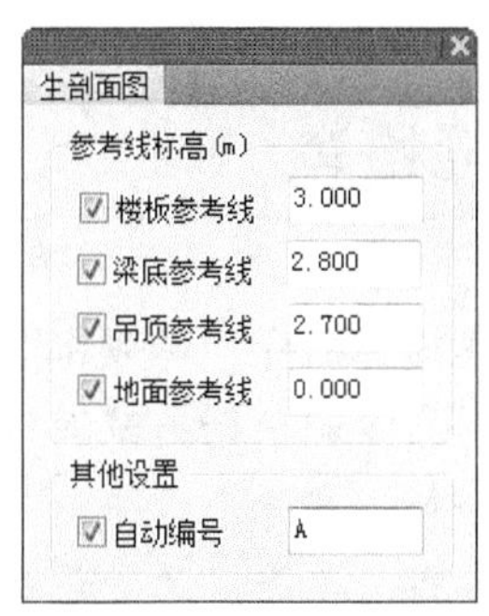

图 10-97　【生剖面图】对话框

03 同时命令行提示如下：

```
命令：PMT↙
请点取第一个剖切点[按 S 点取剖切符号]<退出>          //如图 10-98 所示。
请点取第二个剖切点<退出>:                            //如图 10-99 所示。
```

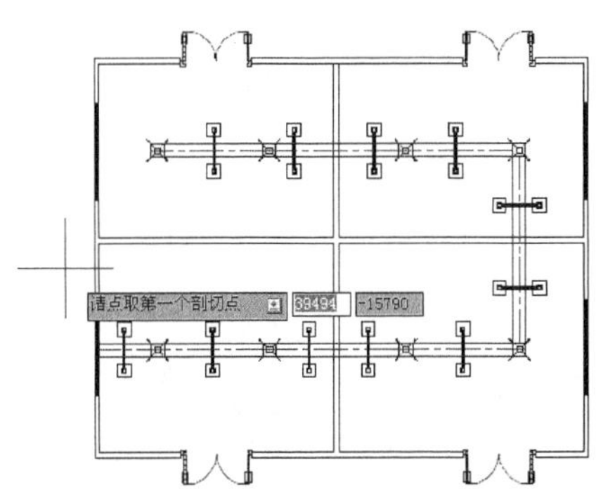

图 10-98　点取第一个剖切点

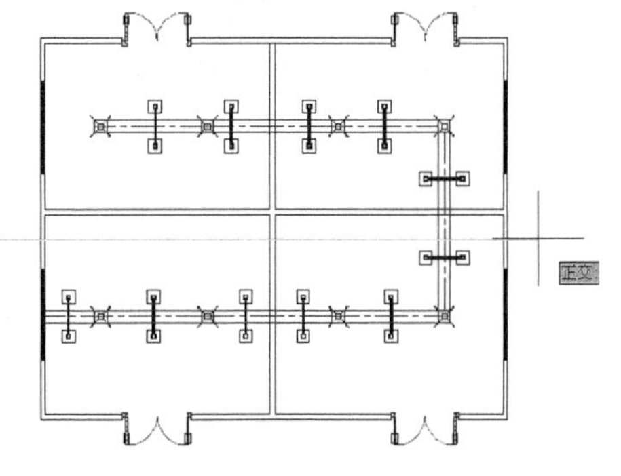

图 10-99　点取第二个剖切点

```
请点取剖视方向<当前>:                                //如图 10-100 所示。
```

04 绘制剖切符号的结果如图 10-101 所示。

05 同时命令行提示如下：

请点取剖面图位置<取消>: //绘制剖面图的结果如图 10-95 所示。

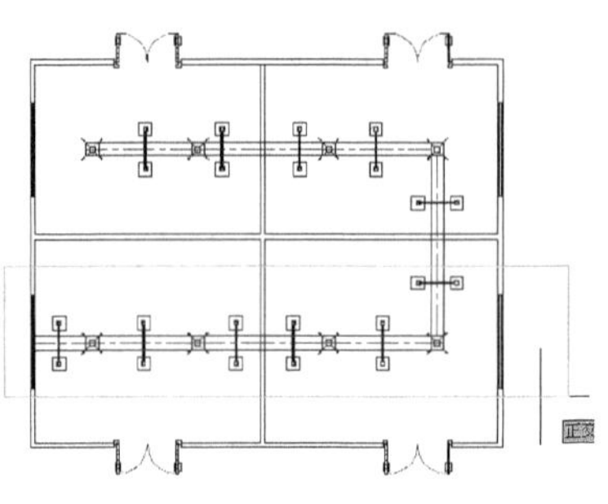

图 10-100 点取剖视方向

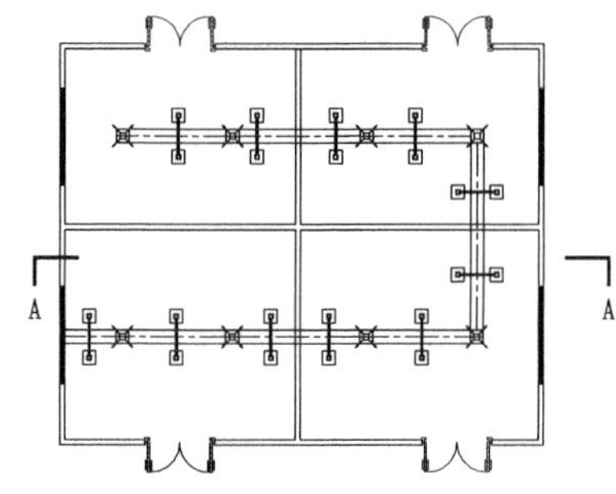

图 10-101 绘制剖切符号

10.5 碰撞检查

调用碰撞检查命令，可以将图中管线交叉的地方用红圈表示出来，提醒用户修改管线标高。剖面图命令的执行方式有以下几种：

- 命令行：在命令行中输入 PZJC/3WPZ 命令按回车键。
- 菜单栏：单击“风管设备”→“碰撞检查”命令。

下面介绍碰撞检查命令的操作方法：

在命令行中输入 PZJC 命令按回车键，系统弹出如图 10-102 所示的【碰撞检查】对话框。单击“设置”按钮，在如图 10-103 所示的【设置】对话框中勾选需要设置的选项，并在选项文本框中设置参数。

单击“确定”按钮返回【碰撞检查】对话框，单击“开始碰撞检查”按钮，命令行提示如下：

命令: 3wpz

请选择碰撞检查的对象(对象类型:土建 桥架 风管 水管)<退出>:指定对角点: 找到 21 个 //框选对象，按下回车键返回对话框。

此时碰撞检查结果已显示到【碰撞检查】对话框中，结果如图 10-104 所示。

图 10-102 【碰撞检查】对话框

图 10-103 【设置】对话框

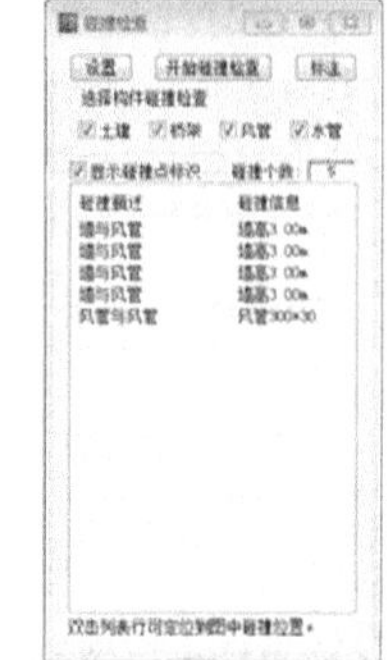

图 10-104 碰撞结果

10.6 平面图

在使用天正绘图软件创建图二维形时，可以同步生成三维图形。通过将视图转换为三维视图，可以查看图形的三维样式。

单击绘图区左上角的视图控件按钮，在调出的列表中选择“西南等轴测”选项，如图10-105 所示；可以将当前视图转换为“西南等轴测”视图，即三维视图的一种样式，在其中可以查看图形的三维样式。

如图 10-106 所示为墙体以及阳台图形的三维样式。

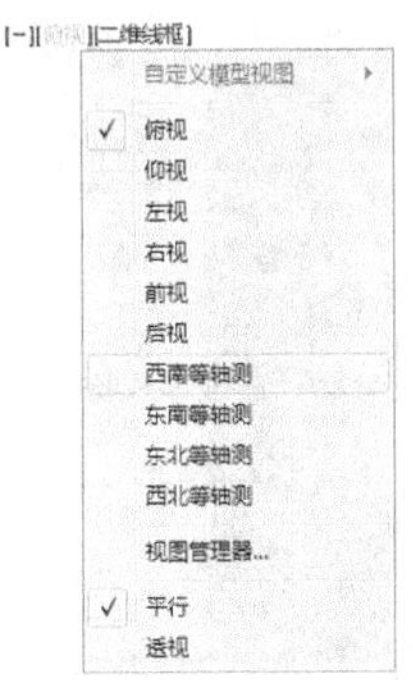

图 10-105　执行命令

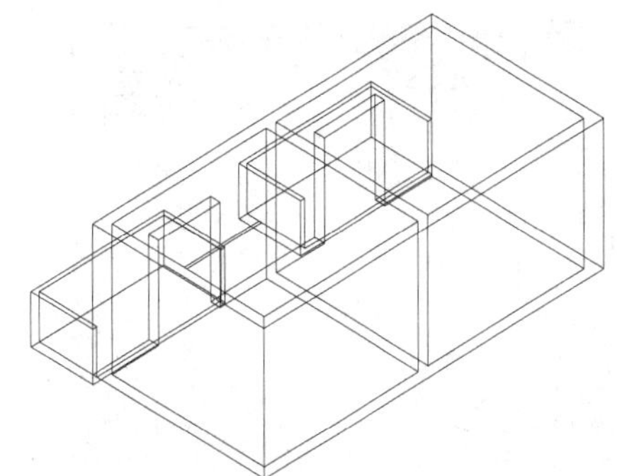

图 10-106　三维样式

调用平面图命令，可以快速的讲三维视图转换为二维视图。

平面图命令的执行方式有以下几种：

➢　菜单栏：单击“风管设备”→“平面图”命令。

执行上述操作后，即可将三维视图转换为二维视图。

10.7 三维观察

众所周知，天正软件可以同步绘制三维图形。将视图转换为三维视图，仅仅能查看图形的线框三维样式。本节介绍的“三维观察”命令，可以在三维状态下查看已着色的三维图形，更富有真实性。

三维观察命令的执行方式有以下几种：

➢　菜单栏：单击“风管设备”→“三维观察”命令。

执行上述操作后，即可将二维视图转换为三维视图，如图 10-107 所示。

单击并鼠标左键，即视图中出现了可旋转视图的圆圈，如图 10-108 所示。

按住鼠标左键不放，旋转视图，可以查看图形的三维样式，如图 10-109 所示。

单击绘图区左上角的视觉样式控件，在弹出的下拉列表中选择“二维线框”选项，如图 10-110 所示。

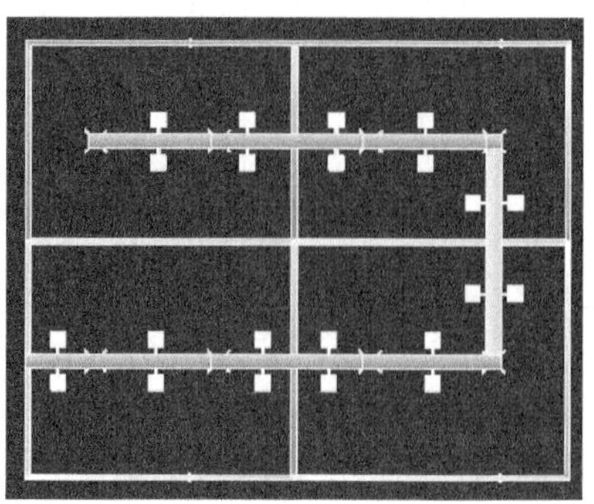

图 10-107　三维视图

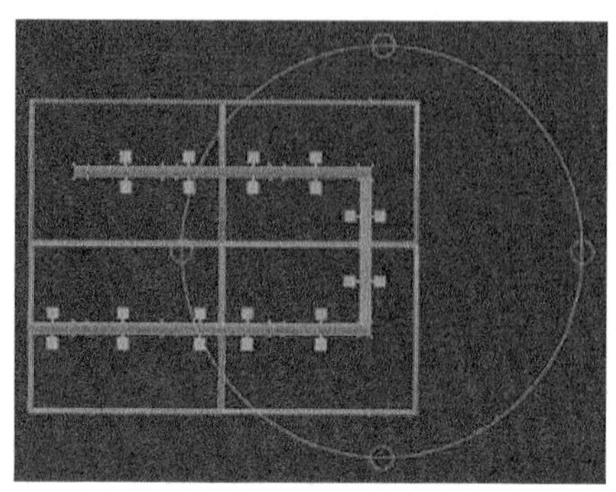

图 10-108　可旋转视图的圆圈

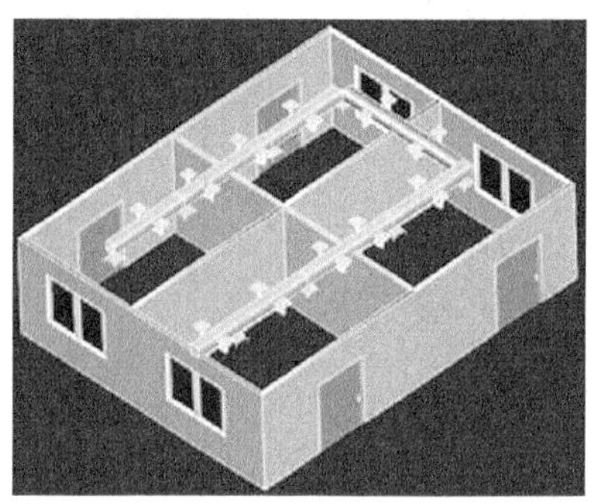

图 10-109　旋转视图

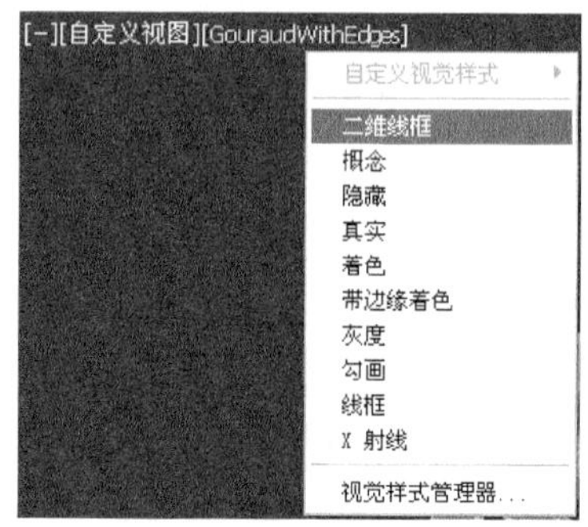

图 10-110　选择“二维线框”选项

即视图转换为三维视图下的线框样式，如图 10-111 所示。

单击绘图区左上角的视图控件，在弹出的下拉列表中选择“俯视”选项，如图 10-112 所示；即可将图形转化为二维视图下的线框样式。

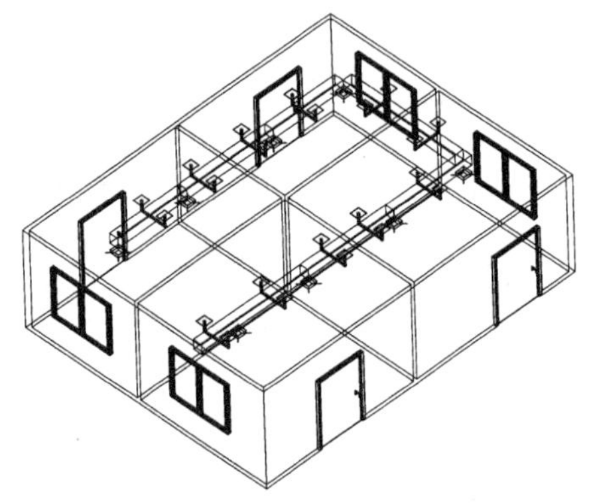

图 10-111　线框样式

图 10-112　选择“俯视”选项

第 11 章
计 算

● **本章导读**

本章介绍编辑房间以及统计房间面积的命令的调用，工程材料库的使用与编辑，以及暖通绘图中各方面的计算，包括负荷计算、采暖水力计算以及水管水力计算等。

● **本章重点**

- ◈ 房间
- ◈ 负荷计算
- ◈ 负荷分配
- ◈ 采暖水力
- ◈ 水力计算
- ◈ 结果预览
- ◈ 计算器
- ◈ 工程材料
- ◈ 房间负荷
- ◈ 算暖气片
- ◈ 水管水力
- ◈ 风管水力
- ◈ 焓湿图分析
- ◈ 单位换算

11.1 房间

本节介绍的命令属于天正建筑中的命令，在天正暖通中将其延伸过来，以配合暖通计算操作。主要介绍识别内外、指定内/外墙等识别和指定墙体命令的操作，以及编辑房间并对房间面积进行查询等操作。

11.1.1 识别内外

调用识别内外命令，可以自动识别内外墙，适用于一般情况。如图 11-1 所示为该命令的操作结果。

识别内外命令的执行方式有以下几种：

- ➢ 命令行：在命令行中输入 SBNW 命令按回车键。
- ➢ 菜单栏：单击“计算”→“房间”→“识别内外”命令。

下面介绍识别内外命令的操作方法。

在命令行中输入 SBNW 命令按回车键，命令行提示如下：

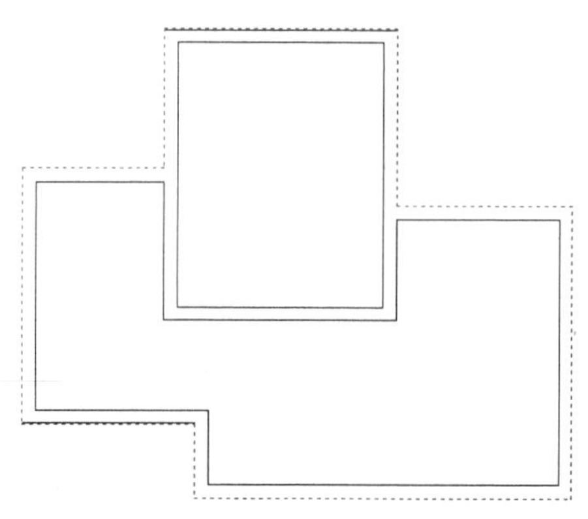

图 11-1　识别内外

```
命令：SBNW↙
T96_TMARKWALL
请选择一栋建筑物的所有墙体(或门窗):指定对角点：找到 29 个
识别出的外墙用红色的虚线示意。　　　　//框选图形，按下回车键即可完成识别操作，如图 11-1 所示。
```

11.1.2 指定内墙

调用指定内墙命令，可以人工识别内墙，用于内天井、局部平面等无法自动识别的情况。

指定内墙命令的执行方式有以下几种：

- ➢ 命令行：在命令行中输入 ZDNQ 命令按回车键。
- ➢ 菜单栏：单击“计算”→“房间”→“指定内墙”命令。

下面介绍指定内墙命令的操作方法。

在命令行中输入 ZDNQ 命令按回车键，命令行提示如下：

```
命令：ZDNQ↙
T96_TMARKINTWALL
选择墙体：找到 1 个　　　　//选定墙体，则该墙体被指定为内墙。
```

由于内墙在三维组合中不参与建模，因此该命令可以减少三维渲染模型的大小与内存的占用。

11.1.3 指定外墙

调用指定外墙命令，可以人工识别外墙，用于内天井、局部平面等无法自动识别的情况。

指定外墙命令的执行方式有以下几种：

- 命令行：在命令行中输入 ZDWQ 命令按回车键。
- 菜单栏：单击“计算”→“房间”→“指定外墙”命令。

下面介绍指定外墙命令的操作方法。

在命令行中输入 ZDWQ 命令按回车键，命令行提示如下：

```
命令：ZDWQ↙
T96_TMARKEXTWALL
请点取墙体外皮<退出>:                    //点取墙体的外墙皮，则该墙的外墙线以红色的虚线显示，该墙也相应的被指定为外墙。
```

11.1.4 加亮墙体

调用加亮墙体命令，可以亮显已被指定类型的墙体。

加亮墙体命令的执行方式有以下几种：

- 命令行：在命令行中输入 JLQT 命令按回车键。
- 菜单栏：单击“计算”→“房间”→“加亮墙体”命令。

在命令行中输入 JLQT 命令按回车键，命令行提示如下。

```
命令：JLQT
请选择墙体种类[外墙(W)/分户墙(F)/隔墙(G)]:W          //选择墙体种类后，即可将相应墙体亮显。
点击鼠标右键退出<退出>:
```

11.1.5 改分户墙

调用改分户墙命令，可以用点选的方式将内墙指定为分户墙，分户墙负荷计算时自动按户间传热来计算。

改分户墙命令的执行方式有以下几种：

- 命令行：在命令行中输入 GFHQ 命令按回车键。
- 菜单栏：单击“计算”→“房间”→“改分户墙”命令。

下面介绍改分户墙命令的操作方法。

在命令行中输入 GFHQ 命令按回车键，命令行提示如下：

```
命令：GFHQ↙
请框选要设为分户墙的内墙<退出>:找到 1 个，总计 3 个          //选定墙体，按回车键即可
```

完成操作。

共修改了 3 面墙体为分户墙

调用取消分户墙命令，可以取消已指定的分户墙，使其恢复内墙的属性。

取消分户墙命令的执行方式有以下几种。

➢ 命令行：在命令行中输入 QXFHQ 命令按回车键。

下面介绍取消分户墙命令的操作方法。

在命令行中输入 QXFHQ 命令按回车键，命令行提示如下：

命令：QXFHQ↙

请框选要取消分户墙属性的内墙<退出>:指定对角点：找到 3 个

共取消了 3 面分户墙　　//选定墙体，按下回车键即可完成操作。

11.1.6 指定隔墙

调用指定隔墙命令，可以将内墙直接转化为隔墙。

指定隔墙命令的执行方式有以下几种：

➢ 命令行：在命令行中输入 ZDGQ 命令按回车键。

➢ 菜单栏：单击“计算”→“房间”→“指定隔墙”命令。

下面介绍指定隔墙命令的操作方法。

在命令行中输入 ZDGQ 命令按回车键，命令行提示如下：

命令：ZDGQ

请框选要设为隔墙的内墙<退出>:指定对角点：找到 2 个　　//选择待转为隔墙的内墙，按回车键即可完成操作。

请框选要设为隔墙的内墙<退出>:

共修改了 2 面墙体为隔墙

11.1.7 搜索房间

调用搜索房间命令，可以新生成或更新已有的房间信息对象，同时生成房间地面。如图 11-2 所示为该命令的操作结果。

搜索房间命令的执行方式有以下几种：

➢ 命令行：在命令行中输入 SSFJ 命令按回车键。

➢ 菜单栏：单击“计算”→“房间”→“搜索房间”命令。

下面以如图 11-2 所示的图形为例，介绍调用搜索房间命令的操作结果。

01 按 Ctrl+O 组合键，打开配套光盘提供的“第 11 章/ 11.1.7 搜索房间.dwg”素材文件，结果如图 11-3 所示。

02 在命令行中输入 SSFJ 命令按回车键，系统弹出【搜索房间】对话框，设置参数如图 11-4 所示。

03 同时命令行提示如下：

命令：SSFJ↙

请选择构成一完整建筑物的所有墙体(或门窗):指定对角点：找到 19 个

请点取建筑面积的标注位置<退出>：　　　　　　//点取标注位置，完成所示房间命令的操作结果如图 11-2 所示。

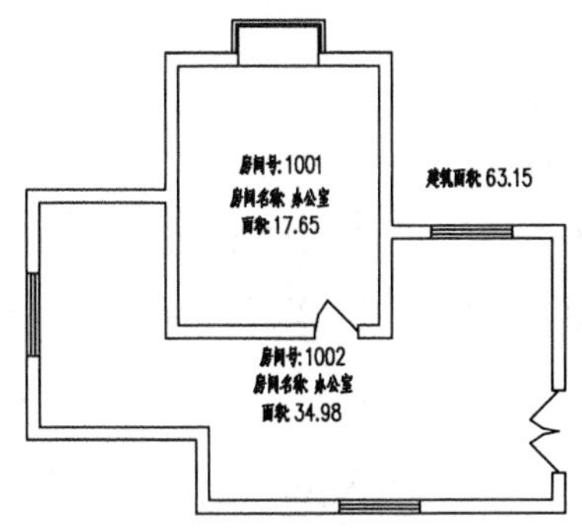

图 11-2　搜索房间

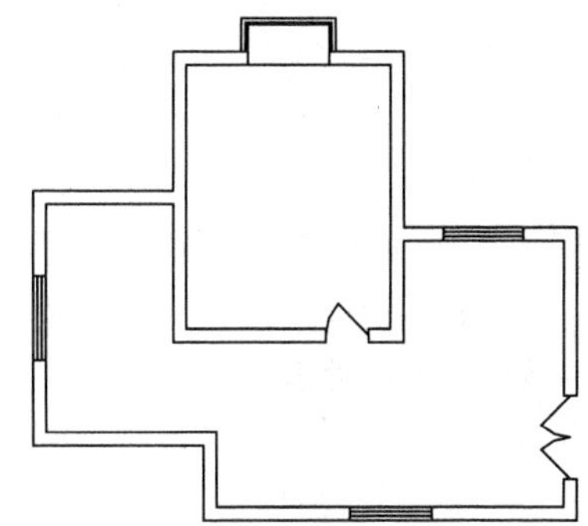

图 11-3　打开素材

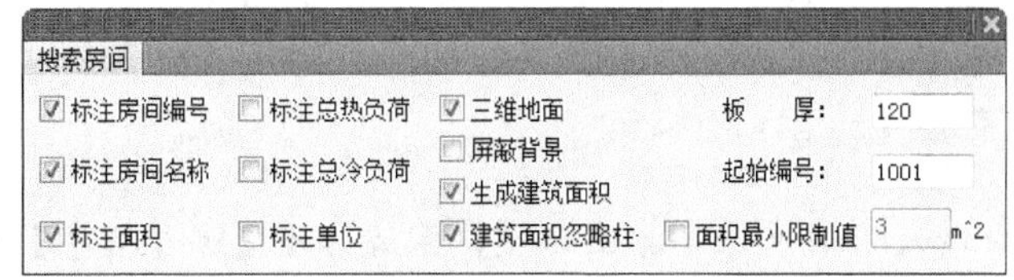

图 11-4　【搜索房间】对话框

【搜索房间】对话框中各功能选项的含义如下：

- “标注房间编号/名称”选项：勾选选项，则可标注房间的编号/名称。
- “标注面积”选项：勾选该项，可标注房间的面积大小。
- “标注总热/冷负荷”选项：勾选选项，可标注指定类型负荷的参数。
- “标注单位”选项：勾选该项，可以在标注面积、负荷的同时标注该单位；系统默认面积以平方（m^2）为单位，负荷以瓦（W）为单位。
- “三维地面”选项：勾选该项，可同步沿房间对象边界生成三维地面。
- “屏蔽背景”选项：勾选该项，可以屏蔽房间标注下的填充图案。
- “生成建筑面积”选项：勾选该项，可以同步生成所框选的建筑物的总面积。
- “建筑面积忽略柱子”选项：勾选该项，则所计算的建筑面积忽略凸出墙面的柱子或墙垛。
- “板厚”选项：定义三维地面的厚度。
- “起始编号”选项：定义房间名称的起始编号。
- “面积最小限制值”选项：勾选该项，设置搜索房间的最小面积值，可将一些不参与计算的房间排除在外。

11.1.8 编号排序

调用编号排序命令，可以将已绘制的房间编号进行重新排序。如图 11-5 所示为该命令的操作结果。

编号排序命令的执行方式有以下几种：

➢ 命令行：在命令行中输入 BHPX 命令按回车键。

➢ 菜单栏：单击“计算”→“房间”→“编号排序”命令。

下面以如图 11-5 所示的图形为例，介绍调用编号排序命令的操作结果。

01 按 Ctrl+O 组合键，打开配套光盘提供的“第 11 章/11.1.8 编号排序.dwg”素材文件，结果如图 11-6 所示。

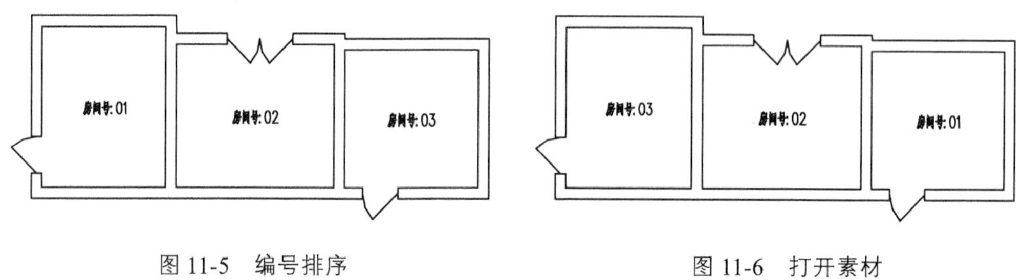

图 11-5 编号排序　　　图 11-6 打开素材

02 在命令行中输入 BHPX 命令按回车键，系统弹出【编号排序】对话框，定义参数如图 11-7 所示。

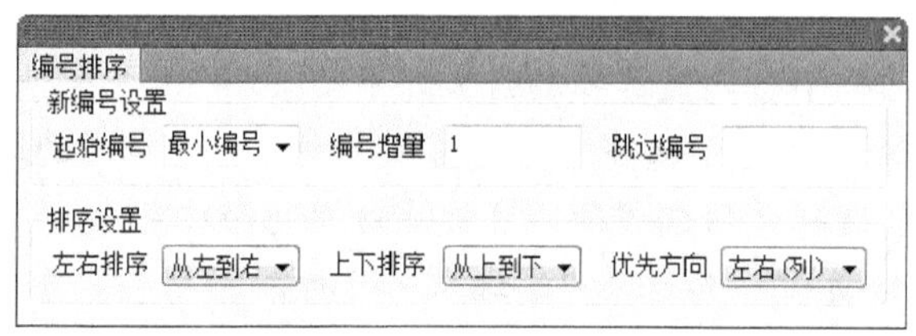

图 11-7 【编号排序】对话框

03 同时命令行提示如下：

命令：BHPX↙

请框选要排序的房间对象<退出>:指定对角点：找到 3 个　　//框选待排序的已编号的房间对象，按回车键即可完成操作，结果如图 11-5 所示。

11.1.9 房间编辑

调用房间编辑命令，可以编辑由搜索房间形成的房间信息，包括房间编号、名称、面积等。如图 11-8 所示为该命令的操作结果。

房间编辑命令的执行方式有以下几种：

➢ 命令行：在命令行中输入 FJBJ 命令按回车键。

➢ 菜单栏：单击“计算”→“房间”→“房间编辑”命令。

下面以如图 11-8 所示的图形为例，介绍调用房间编辑命令的操作结果。

01 按 Ctrl+O 组合键，打开配套光盘提供的“第 11 章/11.1.9 房间编辑.dwg”素材文件，结果如图 11-9 所示。

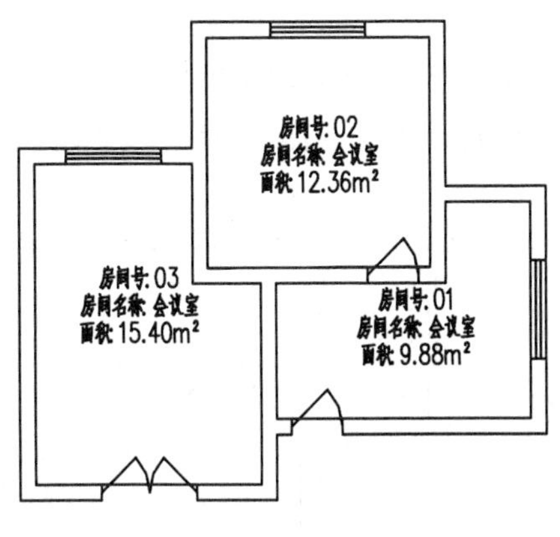

图 11-8 房间编辑

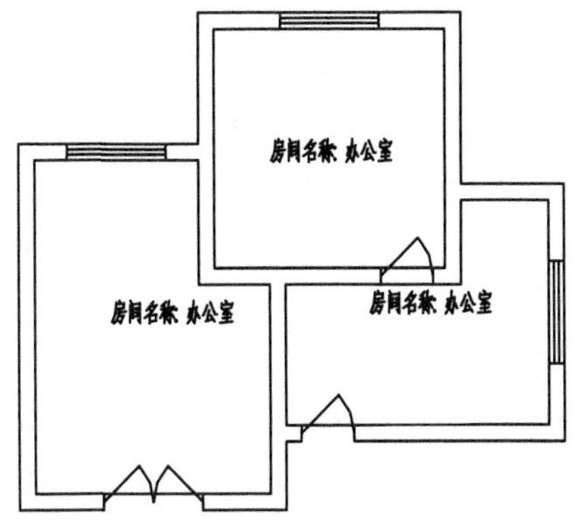

图 11-9 打开素材

02 在命令行中输入 FJBJ 命令按回车键，在绘图区中选择待编辑的房间按回车键，系统弹出如图 11-10 所示的【编辑房间】对话框。

03 勾选“名称”选项，单击“编辑名称”按钮；系统弹出如图 11-11 所示的【编辑房间名称】对话框，单击“确定”按钮返回到【编辑房间】对话框。

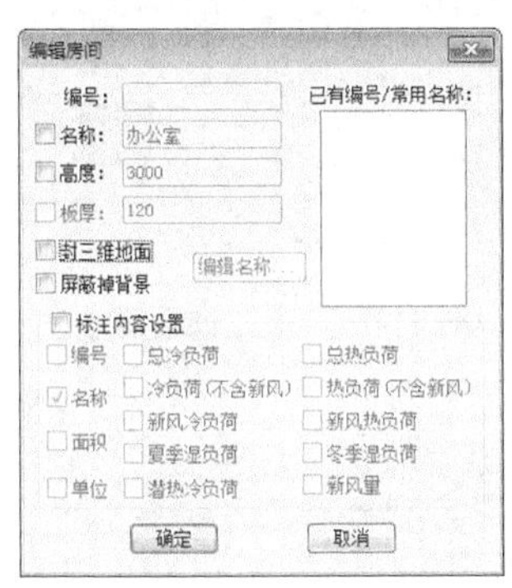

图 11-10 【编辑房间】对话框

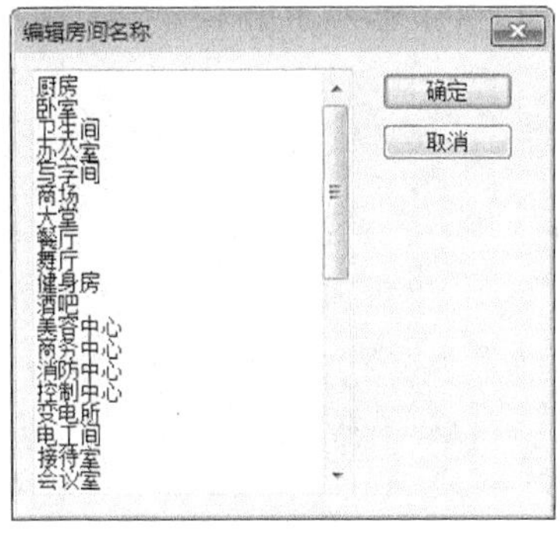

图 11-11 【编辑房间名称】对话框

04 在右侧的“已有编号/常用名称”选项下选择“会议室”选项，再勾选其他编辑选项，结果如图 11-12 所示。

05 单击“确定”按钮，即可完成房间编辑命令的操作，同时命令行提示如下：

```
命令: FJBJ↙
请选择要编辑的房间<退出>:指定对角点: 找到 3 个            //框选待编辑的房间，按回车键即可完成编辑房间的操作，结果如图 11-8 所示。
```

11.1.10 查询面积

调用查询面积命令，可以查询房间面积，并以单行文字的方式标注在图上。如

图 11-13 所示为该命令的操作结果。

查询面积命令的执行方式有以下几种：

- 命令行：在命令行中输入 CXMJ 命令按回车键。
- 菜单栏：单击“计算”→“房间”→“查询面积”命令。

下面以如图 11-13 所示的图形为例，介绍调用查询面积命令的操作结果。

01 按 Ctrl+O 组合键，打开配套光盘提供的“第 11 章/ 11.1.10 查询面积.dwg”素材文件，结果如图 11-14 所示。

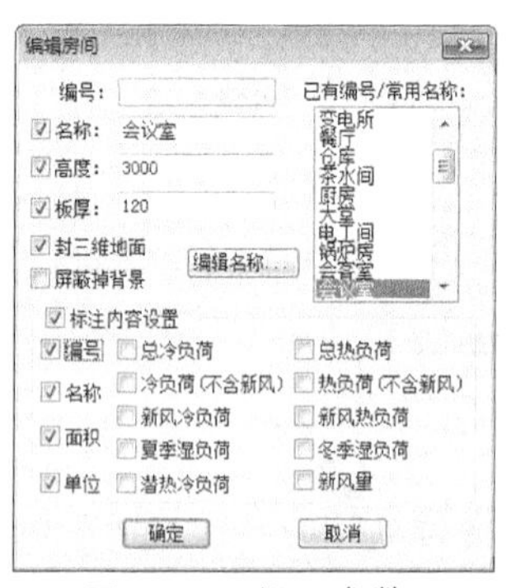

图 11-12 设置参数

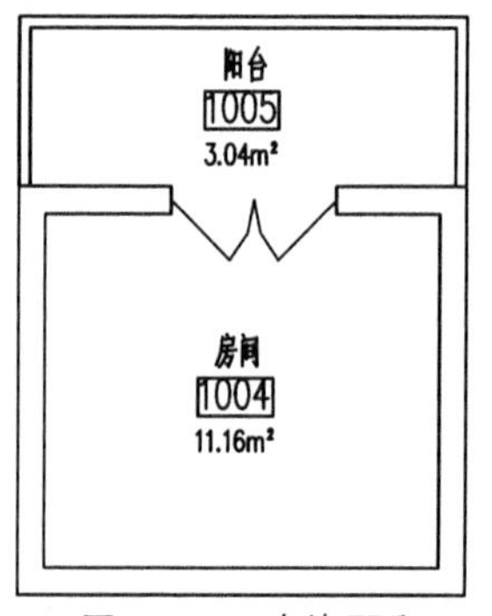

图 11-13 查询面积

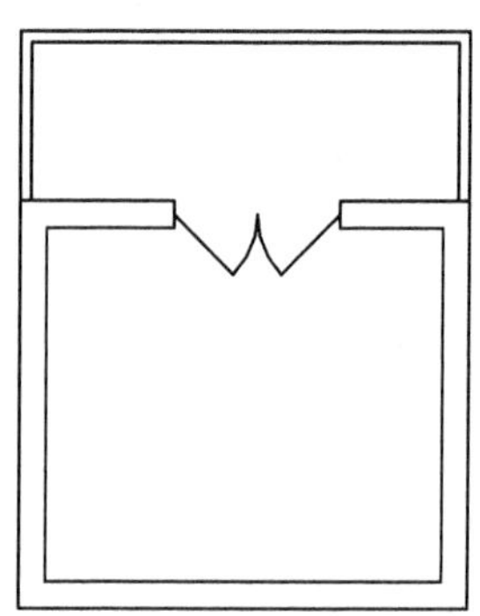

图 11-14 打开素材

02 单击“计算”→“房间”→“查询面积”命令，系统弹出【查询面积】对话框，定义参数如图 11-15 所示。

03 同时命令行同时如下：

```
命令：T96_TSpArea
提示：空选即为全选！
请选择查询面积的范围：找到 1 个，总计 4 个
        //如图 11-16 所示。
请在屏幕上点取一点<返回>:
        //点取面积标注位置，查询结果如图 11-17 所示。
面积=11.1644 m²
```

查询面积
显示房间名称 标注面积 三维地面 显示填充 颜色：ByLayer
显示房间编号 面积单位 屏蔽背景 比例：100
生成房间对象 计一半面积 板厚：120 转角：0

图 11-15 【查询面积】对话框

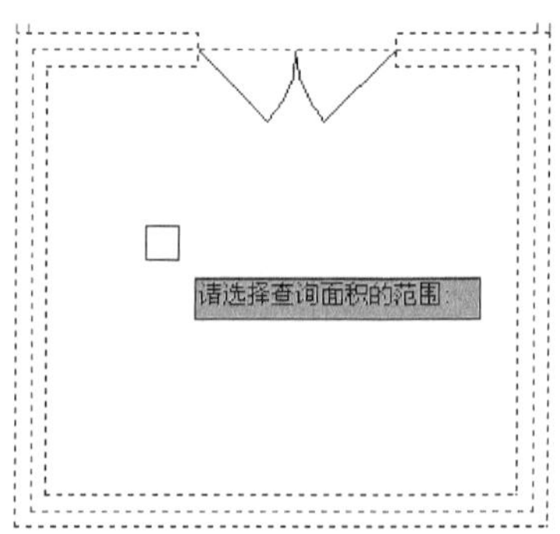

图 11-16 选择查询面积的范围

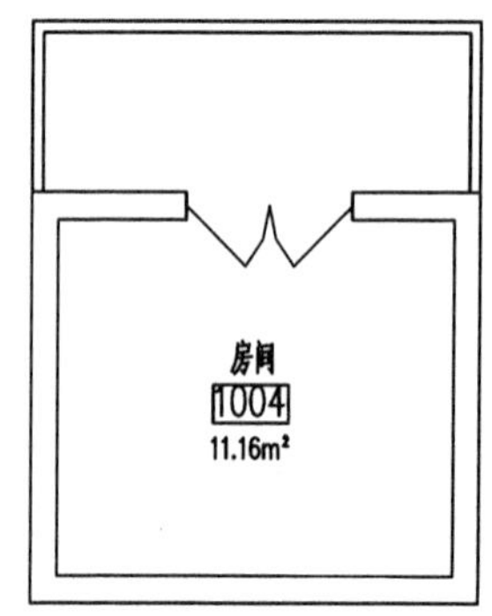

图 11-17 查询结果

04 在对话框中的单击“阳台面积查询”按钮，命令行提示如下：

```
命令：T96_TSpArea
提示：空选即为全选！
选择阳台<退出>:
面积=3.04183 m²
请点取面积标注位置<中心>:                //点取面积的标注位置，查询结果如图 11-13 所示。
```

在【查询面积】对话框中单击“封闭曲线面积查询”按钮，可以查询指定曲线的面积，结果如图 11-18 所示。

单击“绘制任意多边形面积查询”按钮，可以通过指定多边形的各个点，然后点取面积标注位置完成查询操作，结果如图 11-19 所示。

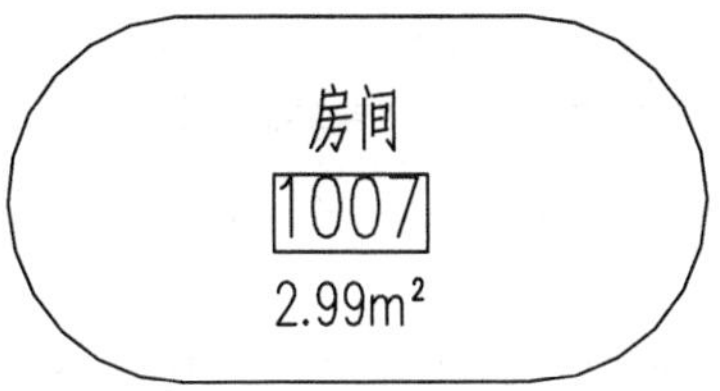

图 11-18　封闭曲线面积查询

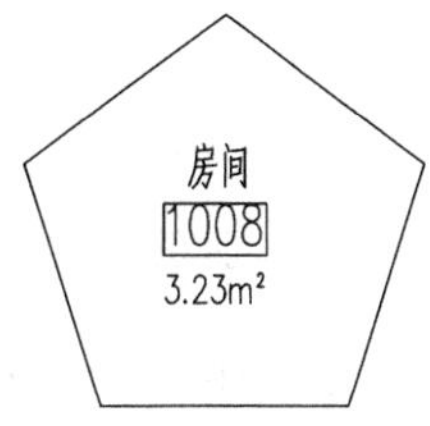

图 11-19　绘制任意多边形面积查询

> **提示**
>
> 执行本命令查询得到的面积，同样不包括墙垛和柱子凸出的部分；与执行“搜索房间”命令查询得到的建筑面积相一致。

11.1.11 面积累加

调用面积累加命令，可以对选取的一组表示面积的数值型文字进行求和。如图 11-20 所示为该命令的操作结果。

面积累加命令的执行方式有以下几种：

➢ 命令行：在命令行中输入 MJLJ 命令按回车键。

➢ 菜单栏：单击“计算”→“房间”→“面积累加”命令。

下面以如图 11-20 所示的图形为例，介绍调用面积累加命令的操作结果。

01 按 Ctrl+O 组合键，打开配套光盘提供的“第 11 章/ 11.1.11 面积累加.dwg”素材文件，结果如图 11-21 所示。

02 在命令行中输入 MJLJ 命令按回车键，命令行提示如下：

```
命令：MJLJ↙
T96_TPLUSTEXT
请选择求和的房间面积对象或面积数值文字或[对话框模式(Q)]<退出>：指定对角点：
                                        //选择待查询的面积数值文字；
共选中了 4 个对象，求和结果=44.11
点取面积标注位置<退出>:                 //按回车键可完成查询操作，点取标注位置，结
```

果如图 11-20 所示。

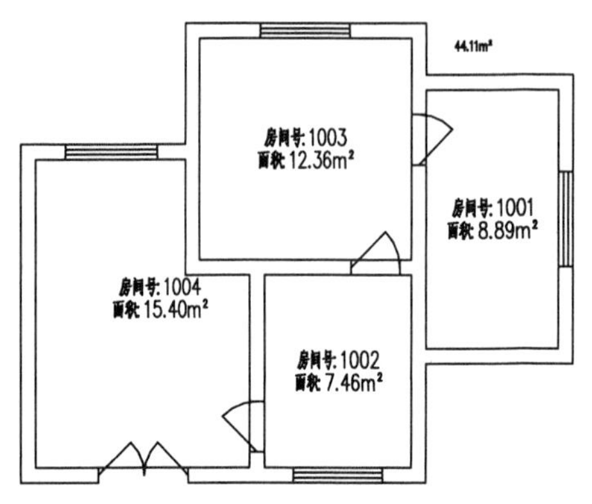

图 11-20　面积累加

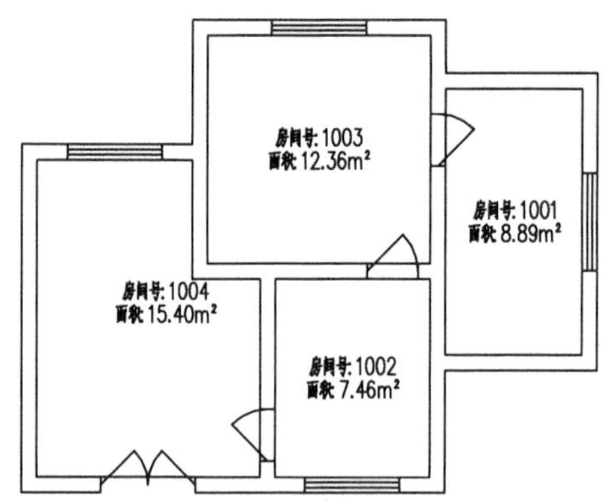

图 11-21　打开素材

在执行命令的过程中，输入 Q，选择“对话框模式(Q)”选项，系统弹出【面积计算】对话框。在对话框中单击“面积对象”按钮，在绘图区中单击待查询的面积数值文字，按回车键，结果如图 11-22 所示。

单击“标在图上”按钮，即可完成面积的计算，如图 11-23 所示，此时单击左键将计算结果置于绘图区上即可。

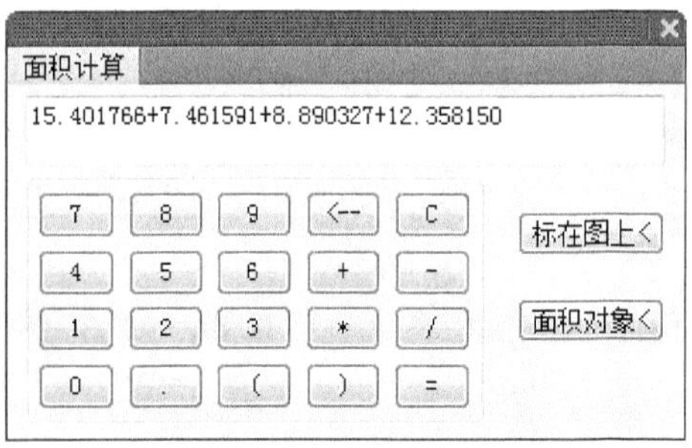

图 11-22　点取待相加的数值文字

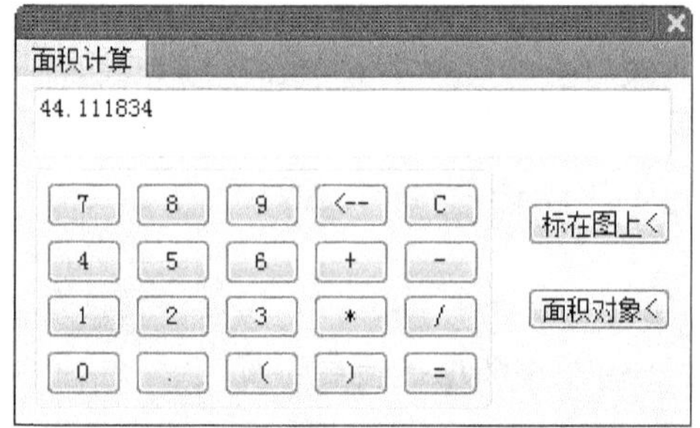

图 11-23　计算结果

11.2 工程材料

本节介绍材料库和构造库的知识。在材料库中可以查询指定材料的细部数据，在构造库中可以查询各构造的做法，包括使用材料和施工工艺等。

材料库和构造库都可以进行编辑修改和扩充。

11.2.1 材料库

调用材料库命令，可以编辑、维护外部材料数据库。

材料库命令的执行方式有以下几种：

➢ 命令行：在命令行中输入 CLK 命令按回车键。

➢ 菜单栏：单击“计算”→“工程材料”→“材料库”命令。

在命令行中输入 CLK 命令按回车键，系统弹出如图 11-24 所示的【天正材料库】对话框。

单击材料名称前的“+”，可以展开子菜单，如图 11-25 所示；在子菜单中包含了该类材料下细分的各种材料名称。

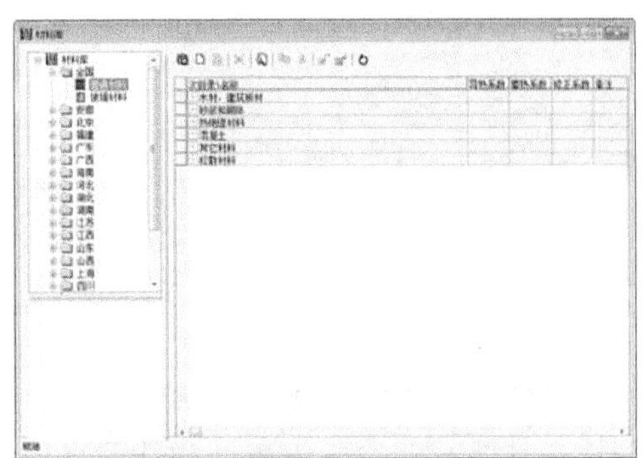

图 11-24　【天正材料库】对话框

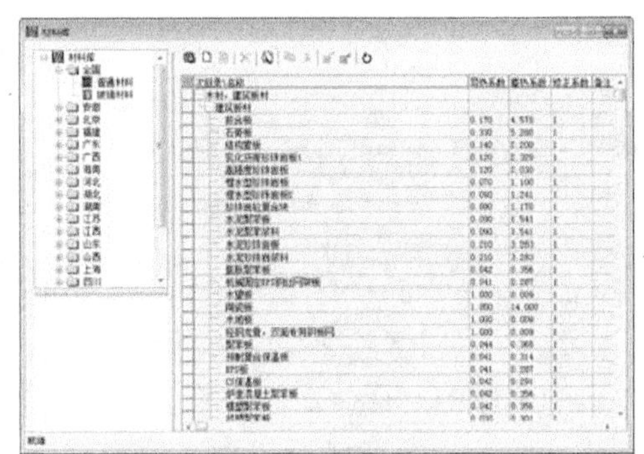

图 11-25　展开子菜单

选中其中一行，在行首单击右键，在弹出的快捷菜单中选定某项，即可对该行进行编辑，如图 11-26 所示。

单击选中“新建类别”选项，可以新建一个空白的行。在该行中用户需要定义材料的名称、编号、密度、导热系数、定压比热等对应的数值。

其中，蓄热系数值可由软件根据材料的密度、导热系数和比热的值通过公式计算得到。

单击“颜色”列下的颜色填充框，进入在位编辑状态，通过更改颜色代号，可以改变填充颜色。

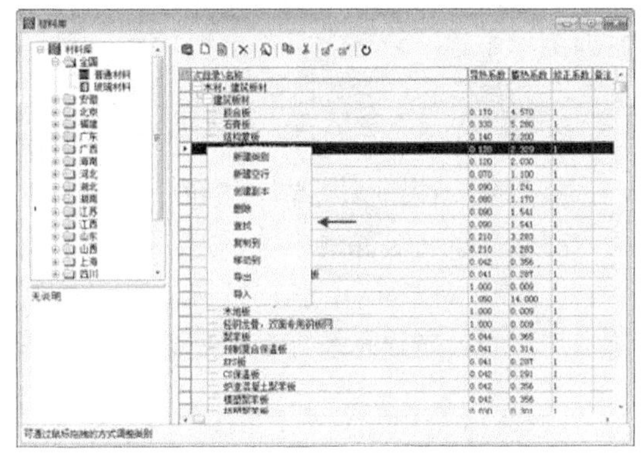

图 11-26　快捷菜单

11.2.2 构造库

调用构造库命令，可以编辑、维护外部构造材料库。在打开的构造库对话框中，可以修改构造属性，或者增加、删除构造做法。

构造库命令的执行方式有以下几种：

➢ 命令行：在命令行中输入 GZK 命令按回车键。

➢ 菜单栏：单击“计算”→“工程材料”→“构造库”命令。

在命令行输入 GZK 命令按回车键，系统弹出如图 11-27 所示的【天正构造库】对话框。

单击材料名称前的“+”，可以展开子菜单，如 11-28 所示。在其中显示各个构造做法的名称。单击选定其中某个构造名称，在对话框下方显示该构造的做法以及大样图预览，还可相应的显示传热系数和热惰性指标等计算参数值。

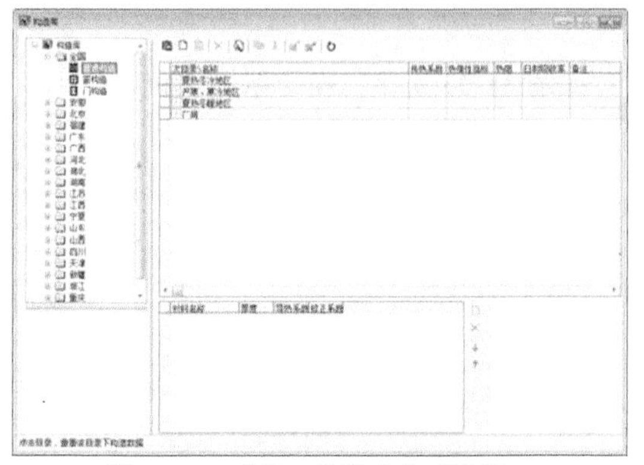

图 11-27 【天正构造库】对话框

图 11-28 展开子菜单

选中其中的一行，在行首单击右键，在弹出的快捷菜单中选择“新建类别”选项，可以新建一个空白行在该行中定义新构造的名称，并在其他单元格内设置新构造的各项参数，如“传热系数”、“热惰性指标”、“热阻”、“日射吸收率”。

对话框上方各按钮含义如下：

“新建类别”按钮：单击按钮，可以在对话框中创建新的类别，与单击表行调出的右键菜单中的“新建类别”选项功能一致。

“新建空行”按钮：单击按钮，可以在选定的类别下新建空白表行。

“创建副本”按钮：单击按钮，可以复制选定的表行。

“删除”按钮：单击按钮，系统调出如图 11-29 所示的【AutoCAD】信息提示对话框，提示确认将删除的内容。

“查找”按钮：单击按钮，调出如图 11-30 所示的【查找】对话框，设置查找参数，单击“查找”按钮系统即按照所设定的条件查找信息。

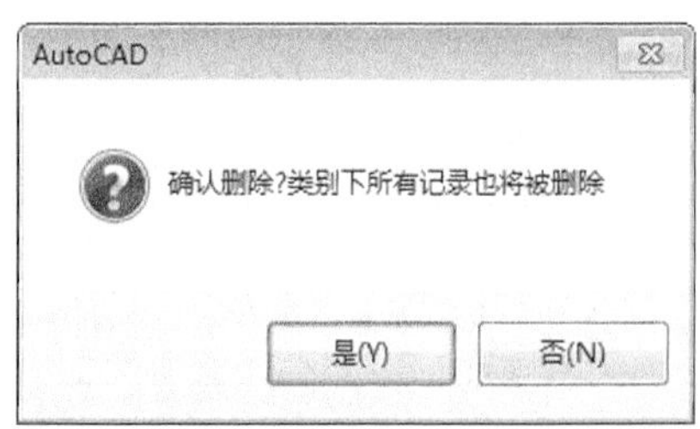

图 11-29 【AutoCAD】信息提示对话框

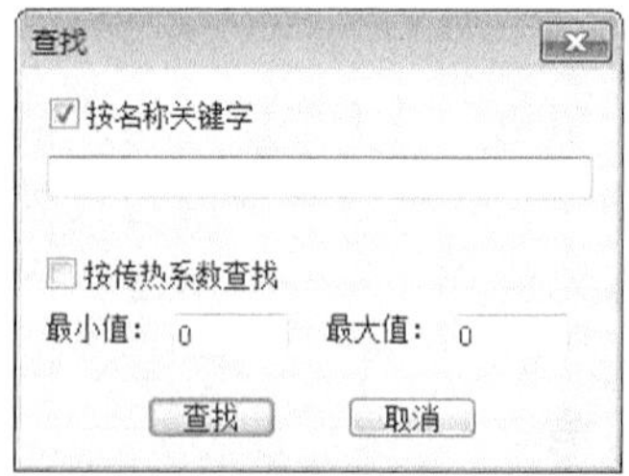

图 11-30 【查找】对话框

“复制到”按钮：单击按钮，调出如图 11-31 所示的【复制到...】对话框，单击展开“构造库”菜单，勾选其中的选项，可以将内容复制到其中。

“移动到”按钮：单击按钮。调出如图 11-32 所示【移动到...】对话框，单击展开“构造库”菜单，选择其中的子选项，可以将选中的内容移动到选项中去。

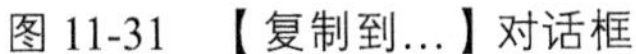
图 11-31　【复制到…】对话框

图 11-32　【移动到…】对话框

"导出"按钮：单击按钮，调出如图 11-33 所示的【另存为】对话框，在其中设置文件名称及保存路径，单击"保存"按钮，系统调出如图 11-34 所示的【AutoCAD】信息提示对话框，表示已成功将构造内容导出。

图 11-33　【另存为】对话框

图 11-34　【AutoCAD】信息提示对话框

"导入"按钮：单击按钮，调出如图 11-35 所示的【打开】对话框，选择文件后单击"打开"按钮，在如图 11-36 所示的【导入…】对话框中勾选需要导入的信息，单击"确定"按钮，调出如图 11-37 所示【AutoCAD】对话框，单击"确定"按钮可以完成导入操作。

"刷新"按钮：单击按钮以刷新表格内容。

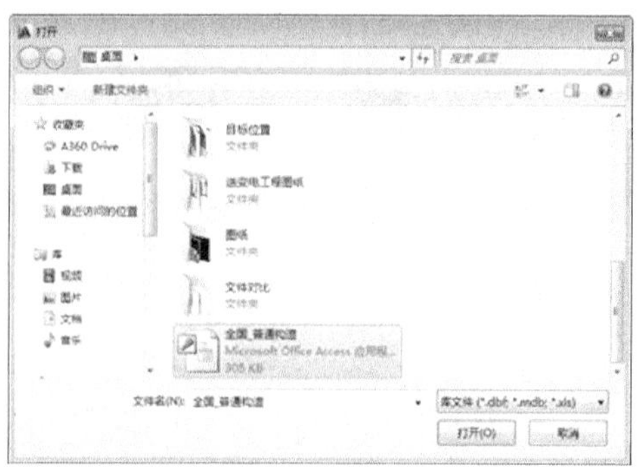

图 11-35 【打开】对话框

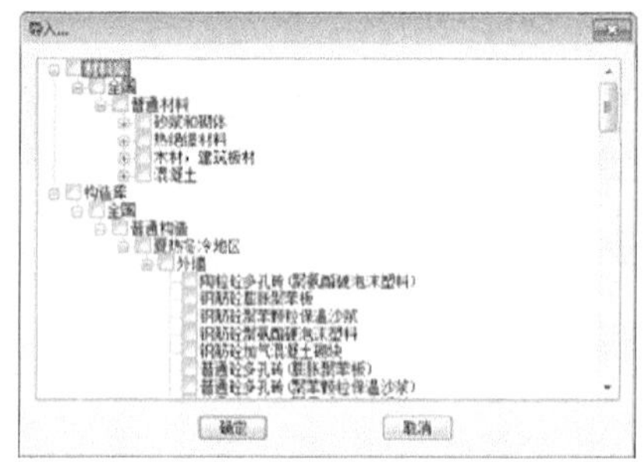

图 11-36 【导入...】对话框

图 11-37 【AutoCAD】对话框

11.3 负荷计算

调用负荷计算命令，可以同时进行冷、热负荷计算。其中热负荷可以计算非空调房间采暖和空调房间采暖，冷负荷有冷负荷系数法、负荷系数法和谐波法三种计算方式可供选择。

负荷计算命令的执行方式有以下几种:

- 命令行：在命令行中输入 LCAL/FHJS 命令按回车键。
- 菜单栏：单击“计算”→“负荷计算”命令。

下面介绍【天正负荷计算】对话框的含义、使用方法以及具体的计算步骤等。

11.3.1 对话框界面的介绍

在命令行中输入 LCAL 命令按回车键，系统弹出如图 11-38 所示的【天正负荷计算】对话框。

对话框中各功能选项的含义如下:

此对话框页面显示了“新建工程 1”的信息页面，在此可以定义新工程的各项参数。

“工程名称”选项：在此定义新工程的名称。单击选项文本框后面的“更多参数”按钮，系统弹出如图 11-39 所示的【工程参数设置】对话框，在其中可以定义新工程的基本信息。

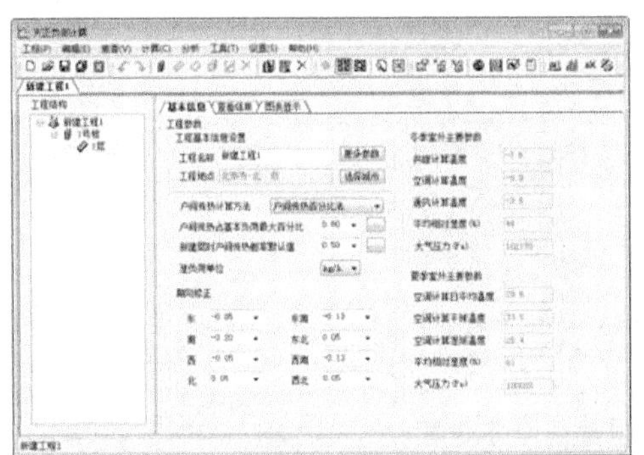

图 11-38 【天正负荷计算】对话框

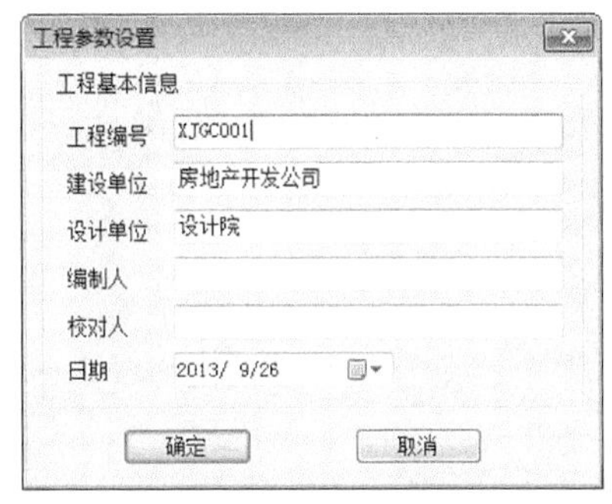

图 11-39 【工程参数设置】对话框

“工程地点”选项：定义新工程所在的地点。单击选项文本框后面的“选择城市”按钮，系统弹出如图 11-40 所示的【气象参数管理】对话框；在其中选定城市名称，单击“确定”按钮可以即可选定该城市。

“户间传热占基本负荷最大百分比”选项：单击选项文本框，在弹出的下拉列表中可以选择参数。单击选项文本框后面的按钮，系统弹出如图 11-41 所示的【AutoCAD】信息提示对话框，在其中显示了该参数设置规范。

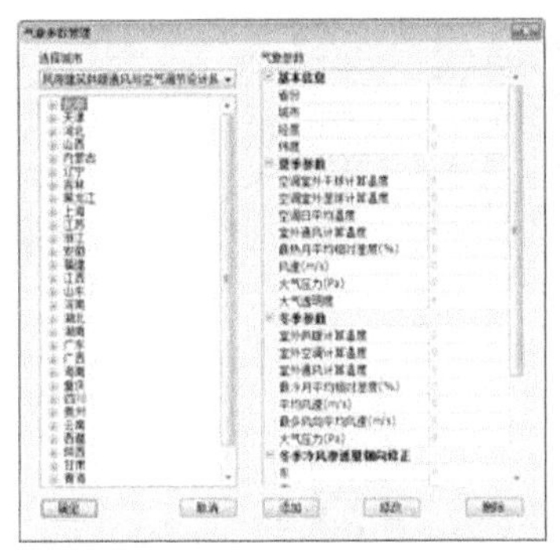

图 11-40 【气象参数管理】对话框

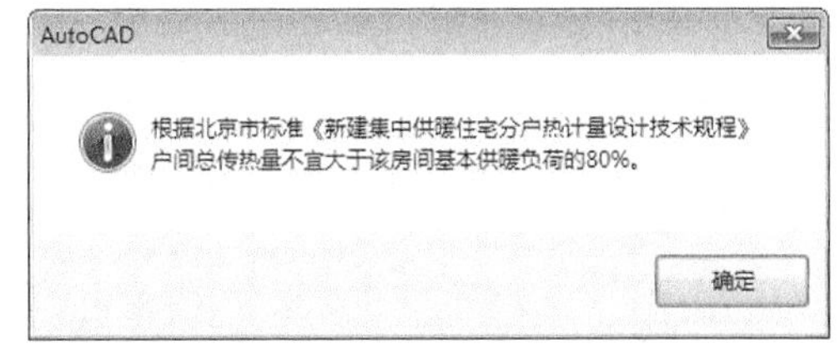

图 11-41 【AutoCAD】信息提示对话框

“新建层时户间传热概率默认值”选项：单击选项文本框，在弹出的下拉列表中可以选择参数。单击选项文本框后面的按钮，系统弹出如图 11-42 所示的【AutoCAD】信息提示对话框，在其中显示了该参数设置规范。

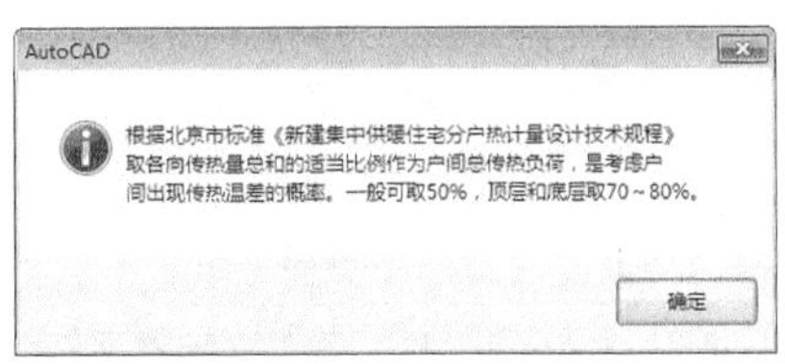

图 11-42 设置规范

单击左侧“工程结构”列表下的“1 号楼”选项，系统弹出如图 11-43 所示的对话框页面。

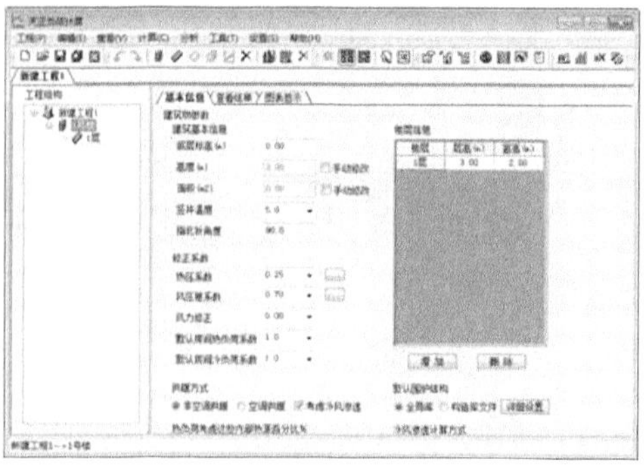

图 11-43　建筑物基本信息页面

"建筑物基本信息"选项组：设置底层标高、竖井温度等参数。其中勾选"手动修改"选项，可以定义建筑物的高度以及面积参数。

"修正系数"选项组：

该选项组下的五个类型的系数可自定义参数，也可通过选项的下拉列表来选择。其中"热压系数"选项可以通过单击选项后的按钮，系统弹出如图 11-44 所示的【参考数据查询】对话框，可以根据其中的参考数值，确定该系数。

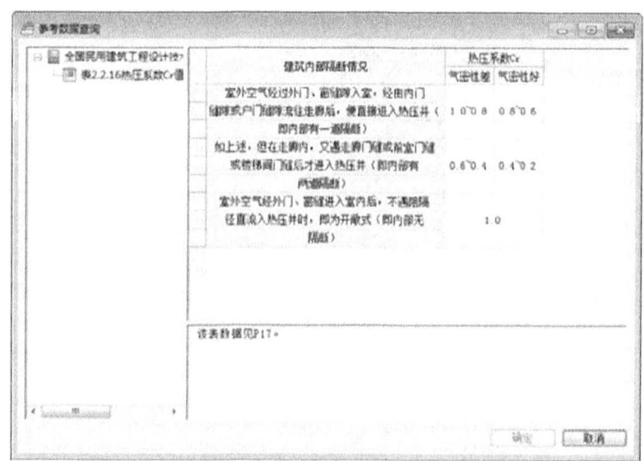

图 11-44　【参考数据查询】对话框

"风压差系数"可以通过单击选项后的按钮，系统弹出如图 11-45 所示的【AutoCAD】信息提示对话框，根据该提示来定义该系数。

图 11-45　【AutoCAD】信息提示对话框

"采暖方式"选项组：提供了两种采暖方式以供计算，分别是"非空调采暖"、"空调采暖"两种，勾选"考虑冷风渗透"选项，则在计算的时候会考虑该参数。

“热负荷考虑这些内部热源百分比”选项组：在所提供各内部热源定义百分比，以使其参与到计算中。

“楼层信息”列表：定义楼层的层高与窗高参数。单击“增加”、“删除”按钮，可以对指定的楼层执行相应的操作。

“默认维护结构”选项组：定义维护结构的传热系数值，比如墙体、屋面、门窗等。单击“详细设置”按钮，系统弹出如图 11-46 所示的【全局库】对话框，在其中显示指定围护结构的传热系数。

单击名称按钮，系统可弹出【天正构造库】对话框，在其中定义指定构造组成，也可在对话框中更改指定维护结构的组成材料。

假如临时改变已绘制完成的维护结构的材料，需要同步更改该维护结构的传热系数，然后单击“应用到已有维护”按钮，即可将原先添加的维护结构传热系数值更新为新改的数值；并重新进行计算，同样对接下来新添加的维护结构生效。

单击左边“工程结构”列表下“1 层”选项，系统弹出如图 11-47 所示的对话框页面。

图 11-46 【全局库】对话框

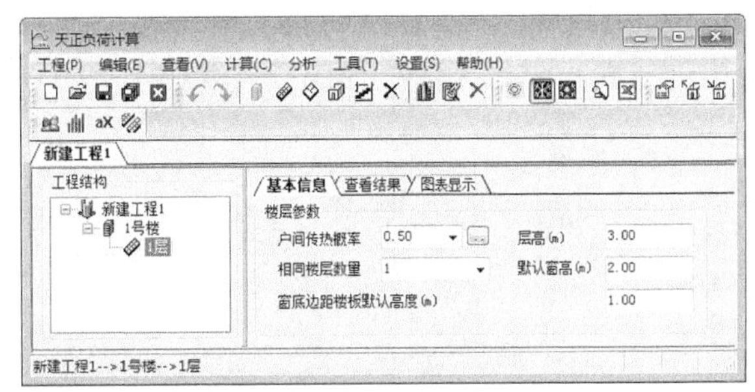

图 11-47 楼层基本信息对话框

对话框中各功能选项的含义如下：

➤ “户间传热概率”选项：单击选项文本框，在弹出的下拉菜单中可以选定该参数。单击选项后面的矩形按钮，弹出如图 11-48 所示的【AutoCAD】信息提示对话框，在其中显示定义该参数所依据的规范以及参数的设计范围。

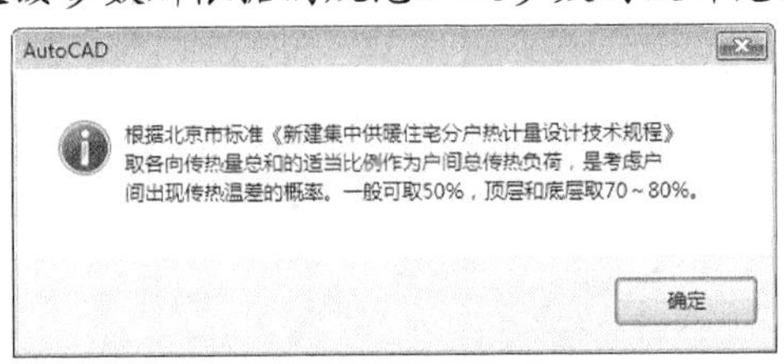

图 11-48 【AutoCAD】信息提示对话框

➤ “相同楼层数量”选项：单击选项文本框，在弹出的下拉菜单中可以选定该参数。仅考虑单纯的累加负荷值，不考虑不同楼层的冷风渗透量有所差别等因素。

➤ “层高”、“默认窗高”选项：系统给定一个默认值，在添加房间、窗户后，会按照此默认值加载参数，对已添加的房间无影响，仅对新建的房间生效。

➤ “所属模板”选项：单击选项文本框，可以显示已建立的楼层模板。

在左边“工程结构”列表下的“1层”选项上单击右键，在弹出的快捷菜单中选择“添加房间”选项，如图11-49所示。

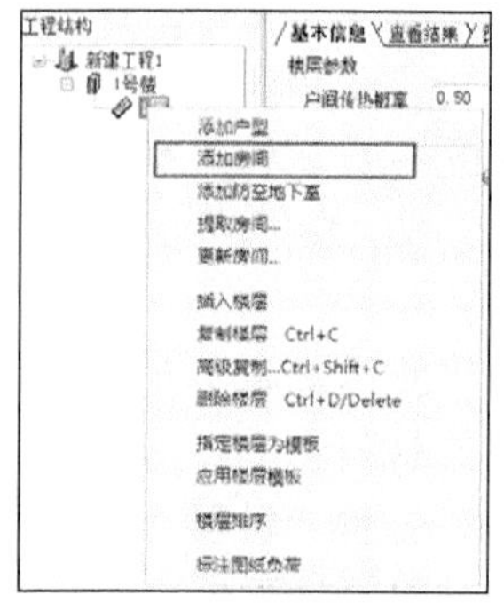

图11-49　快捷菜单

此时可弹出房间的基本信息界面，如图11-50所示。

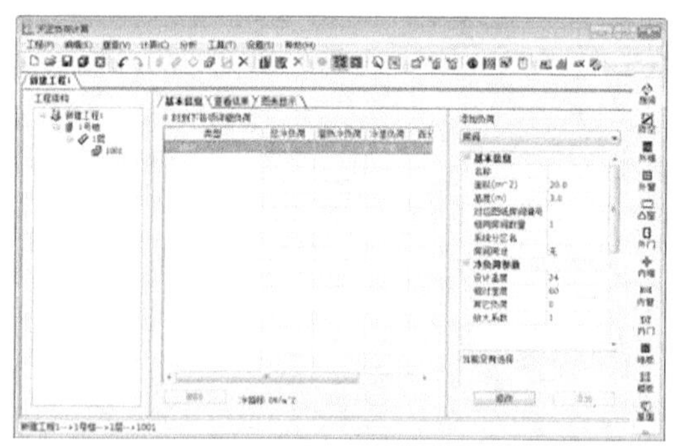

图11-50　房间的基本信息界面

对话框中各功能选项的含义如下：

“添加负荷”选项表：单击选项文本框，在弹出的下拉列表中选择待添加的维护结构，如图11-51所示，在列表下方单击“添加”按钮，即可将指定的维护结构添加到房间基本信息列表中，如图11-52所示。

图11-51　下拉列表

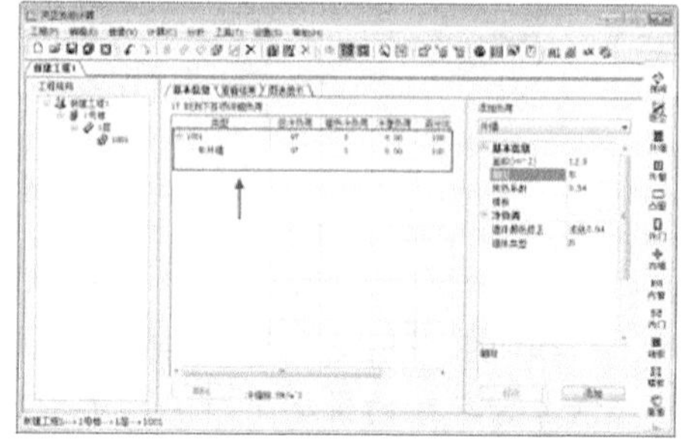

图11-52　房间基本信息列表

已添加的维护结构的信息显示在对话框右边的列表中，在其中更改某项参数，单击“修改”按钮，即可完成修改。

在房间信息列表中，选中待删除的维护结构，单击列表下方的“删除”按钮，即可将其删除。

11.3.2 菜单的介绍

【天正负荷计算】对话框中的菜单栏如图 11-53 所示，下面介绍菜单栏的使用方法。

图 11-53　菜单栏

【工程】选项菜单，在其下拉列表中提供了保存工程、新建工程、打开工程等命令，如图 11-54 所示。

“新建”选项：选中该选项，可以同时建立多个计算工程文档。

“打开”选项：选中该选项，打开已保存的水力计算工程，文件的后缀名称为.ldb。

“从图纸打开工程”选项：选中该选项，可以在打开图纸后，调出【天正负荷计算】对话框，可实现直接从图纸打开工程。

“保存”选项：将指定的水力计算工程保存，文件后缀名称为.ldb。

“保存工程到图纸”选项：从图纸中提取信息，建立负荷计算工程，可直接存储到图纸上。

【编辑】选项菜单：在其下拉列表中提供了计算工程结构时的一些编辑命令，如图 11-55 所示。

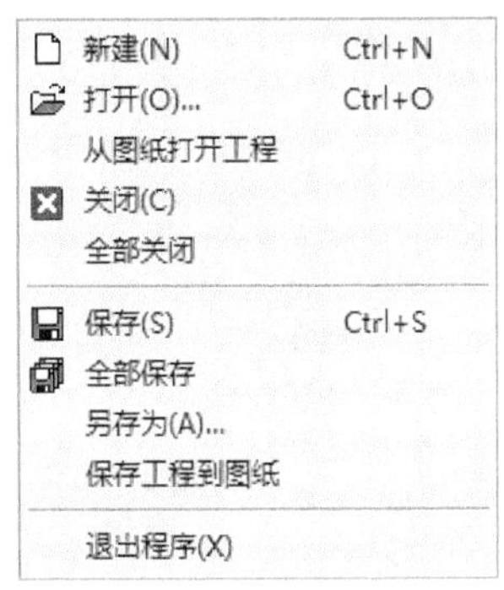

图 11-54　【工程】选项菜单

图 11-55　【编辑】选项菜单

“新建建筑/楼层/户型/房间/防空地下室”选项：选中这些选项，可以添加相应的建筑、楼层、房间等信息。

“批量添加”选项：选中该选项，系统弹出如图 11-56 所示的【批量添加】对话框；在对话框左边勾选待添加维护结构的房间，在右边“添加内容”选项组下选定待添加的维护结构的类型（比如，外墙）；单击“添加”按钮，即可完成添加操作。

“批量修改”选项：选中该项，系统弹出如图 11-57 所示的【批量修改】对话框；在对话框左边勾选待修改维护结构的房间，在右边显示了所修改的围护结构的过滤条件，系统可以按照用户选定的条件修改指定的维护结构。

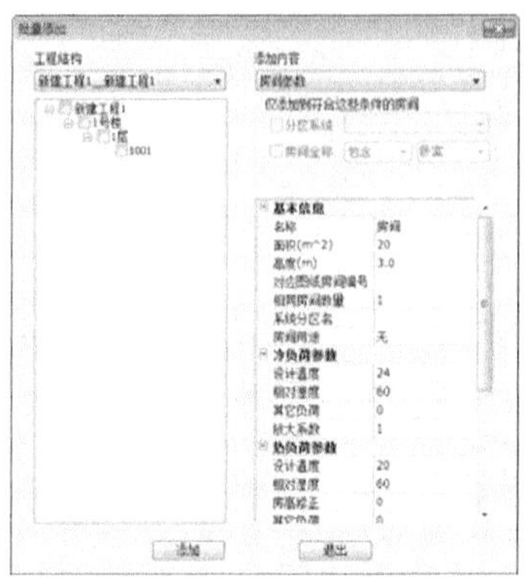

图 11-56 【批量添加】对话框

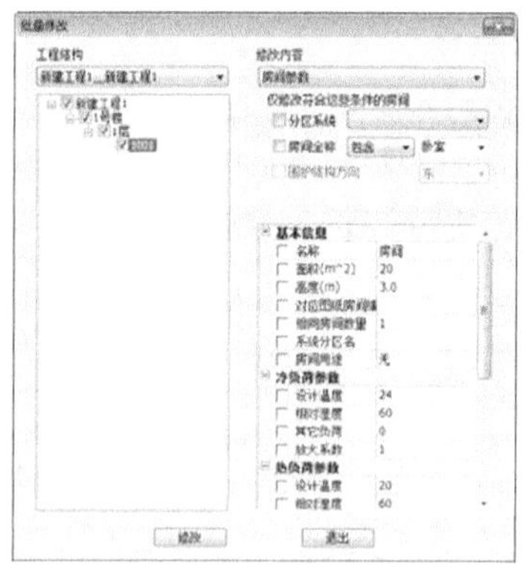

图 11-57 【批量修改】对话框

“批量删除”选项：选中该选项，系统弹出如图 11-58 所示的【批量删除】对话框；在对话框的左边可勾选待删除的维护结构的房间名称；在右边提供了删除维护结构的条件，系统可以按照用户选定的条件删除符合条件的维护结构。

【查看】选项菜单：在其下拉列表中提供了工具条中的所有命令，勾选或取消勾选其中的某项，可以控制其是否显示在工具条上，如图 11-59 所示。

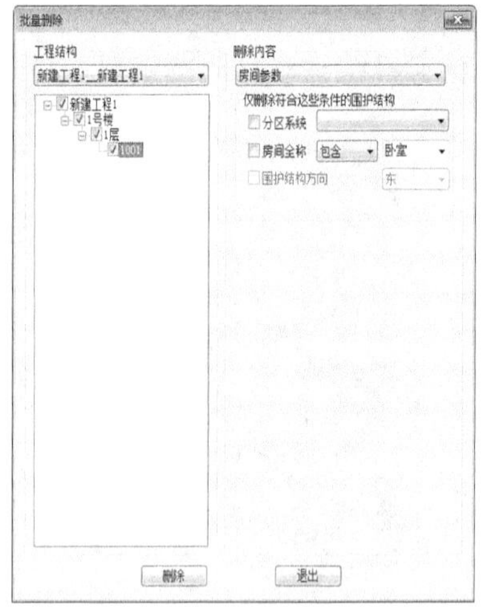

图 11-58 【批量删除】对话框

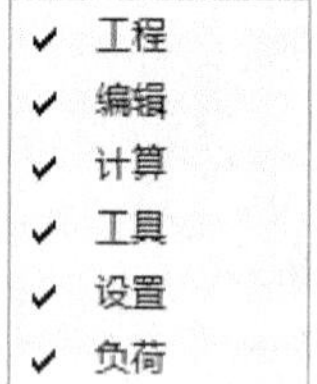

图 11-59 【查看】选项菜单

【计算】选项菜单：在其下拉列表中提供了计算冷负荷、热负荷的方法，如图 11-60 所示。

“计算模式”选项：选择该项，在弹出的快捷菜单中显示了三种计算模式，分别如图 11-61 所示。

“冷负荷算法”选项：选择该项，在弹出的快捷菜单中可以显示算法，如图 11-62 所示。

“快速查看结构”选项：选择该项，可以弹出如图 11-63 所示的【文本计算书】对话框，以记事本的方式显示计算结果。

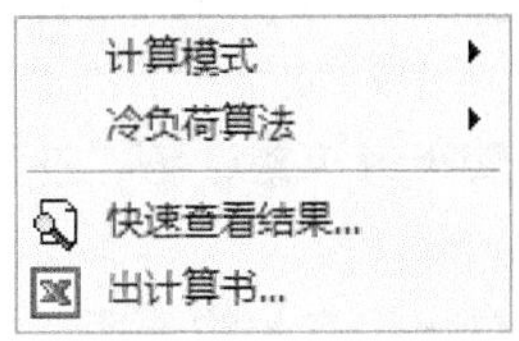

图 11-60 【计算】选项菜单

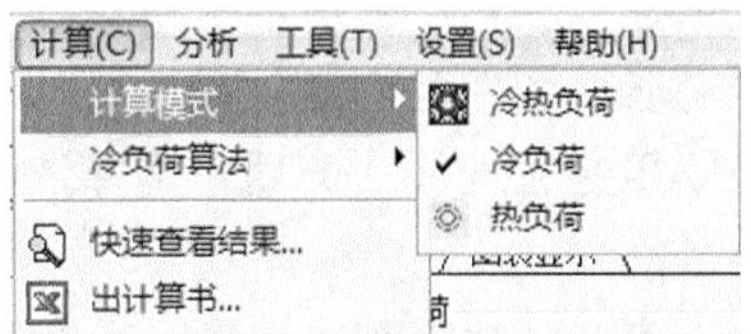

图 11-61 “计算模式”选项

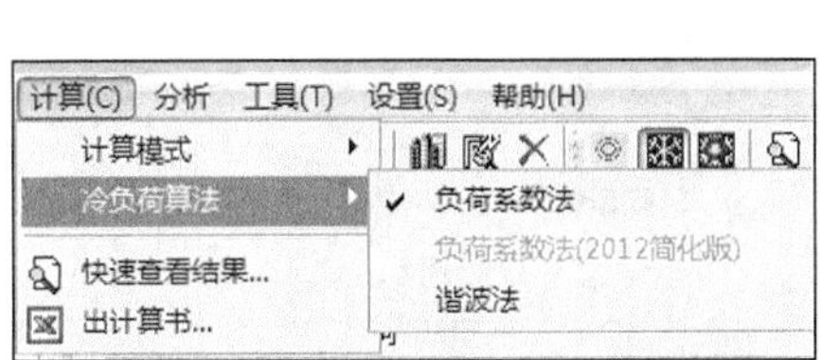

图 11-62 “冷负荷算法”选项

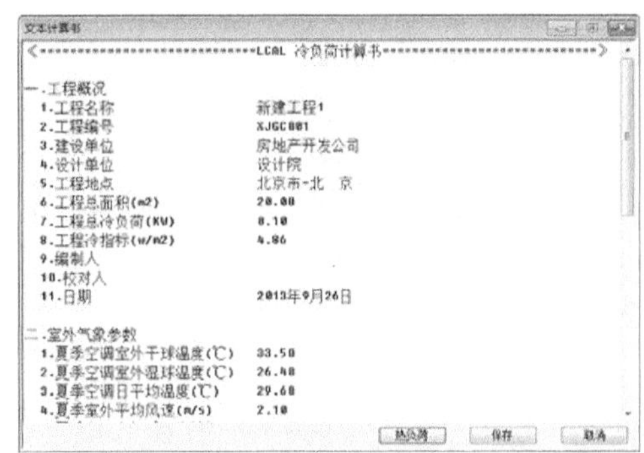

图 11-63 【文本计算书】对话框

“出计算书”选项：选中该项，系统弹出如图 11-64 所示的【输出计算书】对话框，在其中可以设置计算书的输出范围和输出格式。

在对话框中单击“计算书内容设置”按钮，系统弹出如图 11-65 所示的【计算书设置】对话框，在其中可以详细的设置计算书的内容。

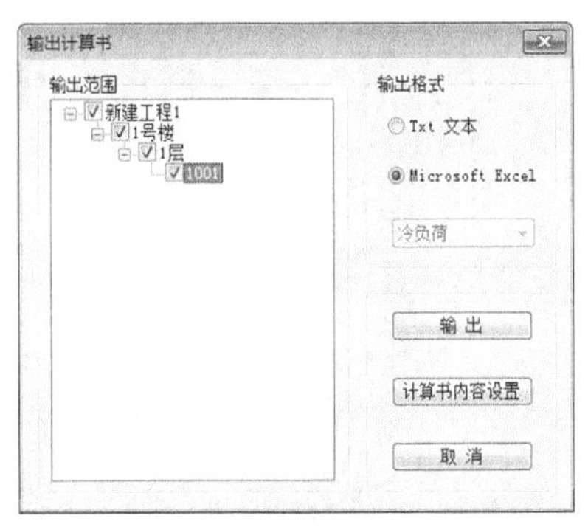

图 11-64 【输出计算书】对话框

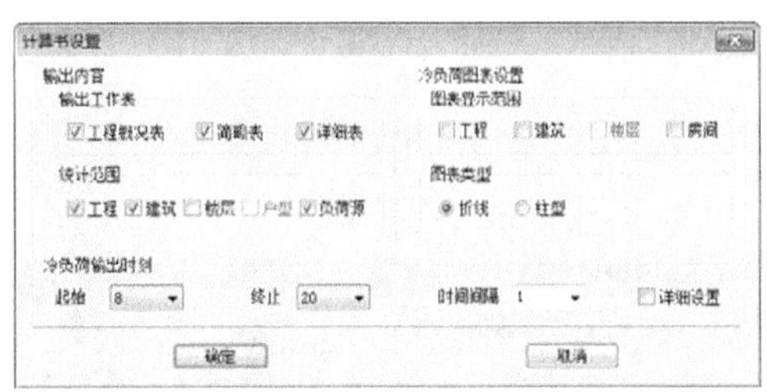

图 11-65 【计算书设置】对话框

【工具】选项菜单：在其下拉列表中可以对房间、气象参数等进行编辑，如图 11-66 所示。

“提取房间”选项：选择该项，可以直接提取使用天正建筑软件 5.0 版本以上所绘制的建筑底图。

“更新当前建筑房间”选项：选择该项，可以更新被选中的房间信息到图纸上。

"标注房间负荷"选项：在执行负荷计算后，将负荷值赋在建筑图上。

"气象参数管理"选项：选中该项，系统弹出【气象参数管理】对话框，在其中可以扩充气象参数库信息。

"气象数据查询"选项：选中该项，系统弹出【参考资料汇总】对话框，在其中显示了所有参考表格的书目汇总。

"房间用途管理器"选项：选择选项调出【房间用途管理器】对话框，在其中可以设置房间参数。

"构造库"、"材料库"选项：分别选中这两项，可以弹出相应的构造库、材料库对话框，可以显示外墙、外窗等维护结构调用的 K 值等数据。

【设置】选项菜单：在下拉列表中提供了各类型的参数设置，如图 11-67 所示。

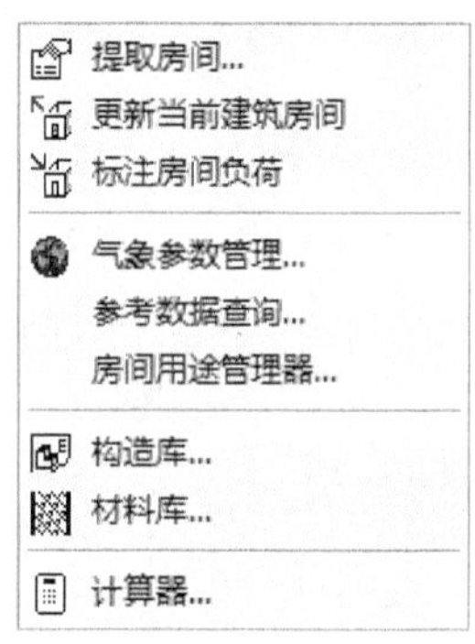

图 11-66 【工具】选项菜单

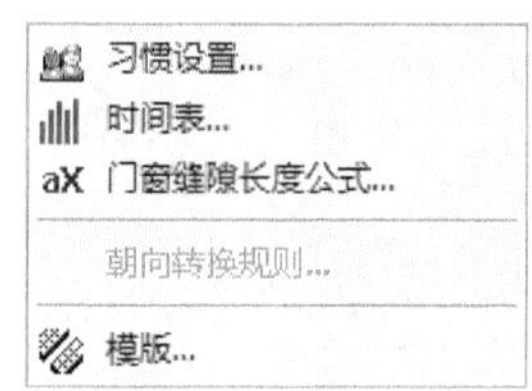

图 11-67 【设置】选项菜单

"习惯设置"选项：选中该项，系统弹出如图 11-68 所示的【习惯设置】对话框，可以根据个人的使用习惯进行设置。

"时间表"选项：选中该项，系统弹出如图 11-69 所示的【时间表设置】对话框，显示了使用谐波法计算冷负荷时的参考数据，用户可对其进行修改。

图 11-68 【习惯设置】对话框

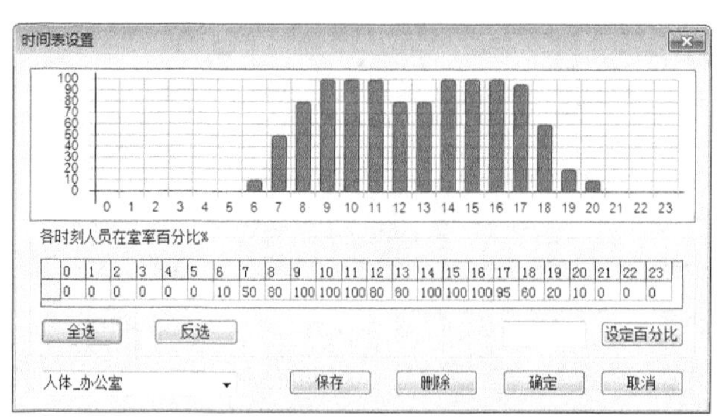

图 11-69 【时间表设置】对话框

"门窗缝隙长度公式"选项：选中该项，系统弹出如图 11-70 所示的【门窗缝隙长度计算公式设置】对话框；在其中显示了一个默认的公式，用户可以在首行单击右键，在弹出的快捷菜单中选择"新建行"选项；新建一个空白行后，用户可建立一个常用的计算公式；假如设为默认，则系统会按照所定义的公式来计算门窗缝隙的长度。

“模板”选项：选中该项，系统弹出如图 11-71 所示的【模板管理】对话框；单击“新模板”按钮，系统弹出如图 11-72 所示的【请输入模板名称】对话框，在其中定义新模板的名称，单击“确定”按钮即可完成新建操作；单击“模板类型”选项文本框，在下拉列表中可以选择已定义的模板。

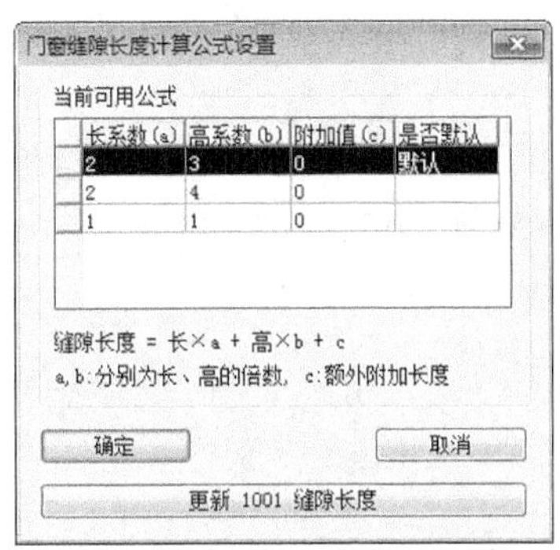

图 11-70 【门窗缝隙长度计算公式设置】对话框

图 11-71 【模板管理】对话框

图 11-72 【请输入模板名称】对话框

11.3.3 计算步骤示意

使用天正建筑软件 5.0 版本以上所绘制的建筑底图，在执行负荷计算命令的时候，可以直接从底图中提取维护结构的信息。

负荷计算的操作步骤如下：

1）在已打开的建筑底图上执行“识别内外”、“搜索房间”操作，以实现对房间的自动编号。

2）执行“负荷计算”命令，在【天正负荷计算】对话框中的“新建工程”基本信息界面中定义新工程的参数；包括新工程的名称、所在的城市等。

3）在【天正负荷计算】对话框中的“楼层设置”基本信息界面中定义楼层参数，也可在“工程结构”列表中执行“添加楼层”的操作。

4）在所添加的楼层中选中其中的一层，单击右键，在弹出的快捷菜单中选择“提取房间”选项；此时系统弹出【提取房间设置】对话框。

5）根据实际的计算需求来提取围护结构的信息，假如需要计算户间传热，则可把相应的维护结构勾选，比如内墙、内门等；在【提取房间设置】对话框中单击“提取房间”按钮。

6）此时命令行提示如下：

```
选择对象，框选建筑平面图
```

7）在【天正负荷计算】对话框中单击“确定”按钮，则房间的信息被自动加载至楼层下。

8）执行“计算”→“快速查看结构”命令，可以查看计算结果；执行“计算”→“出计算书”命令，可以打印输出计算书。

下面举例介绍负荷计算的具体操作步骤。

01 按 Ctrl+O 组合键，打开配套光盘提供的“第 11 章/ 11.3.3 负荷计算.dwg”素材文件，结果如图 11-73 所示。

02 在命令行中输入 FHJS 命令按回车键，在弹出的【天正负荷计算】对话框中定义新工程的名称，指定工程的地点为北京市，结果如图 11-74 所示。

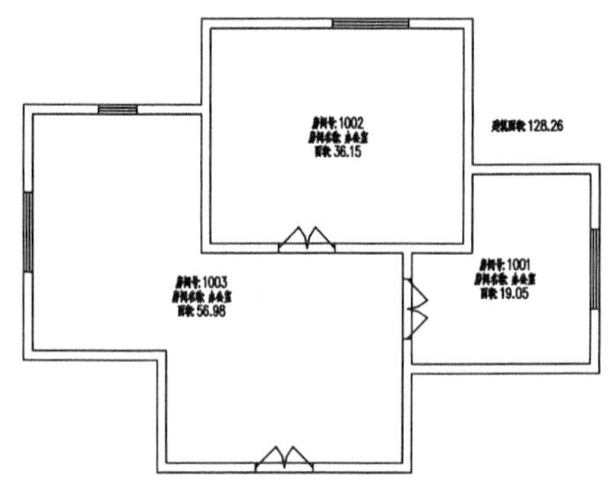

图 11-73 打开素材

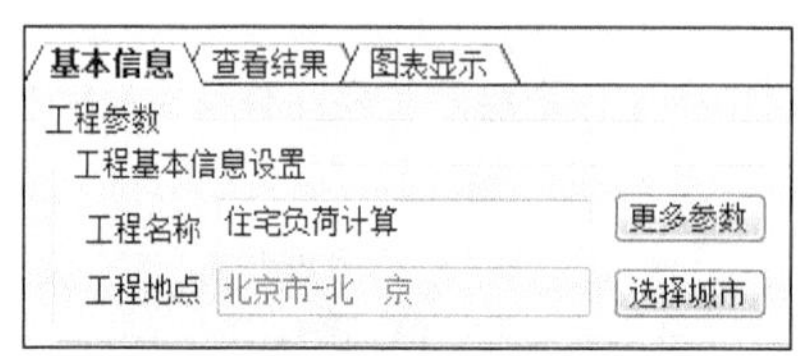

图 11-74 新建工程

03 在“工程结构”列表下，在“1 层”上单击右键，在弹出的快捷菜单中选择“提取房间”选项，如图 11-75 所示。

04 系统弹出【提取房间设置】对话框， 参数如图 11-76 所示。

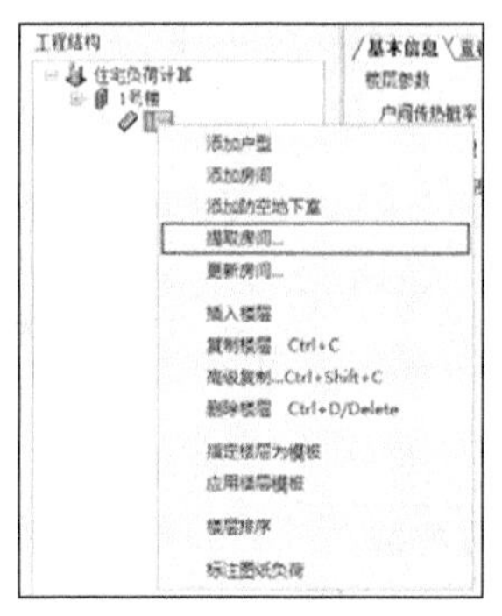

图 11-75 快捷菜单

图 11-76 【提取房间设置】对话框

05 在【提取房间设置】对话框中单击“提取房间”按钮，命令行提示如下：

```
请框选要提取的房间对象<退出>:指定对角点: 找到 4 个
```

06 此时可以查看到，被提取的房间信息加载至楼层下，结果如图 11-77 所示。

07 执行“计算”→“快速查看结果”命令，弹出【文本计算书】对话框，查看“冷负荷”的计算结果，如图 11-78 所示，单击对话框下方的“热负荷”按钮，对话框即可显示“热负荷”的计算结果。

08 执行“计算”→“出计算书”命令，可以将计算书输出至指定的位置。

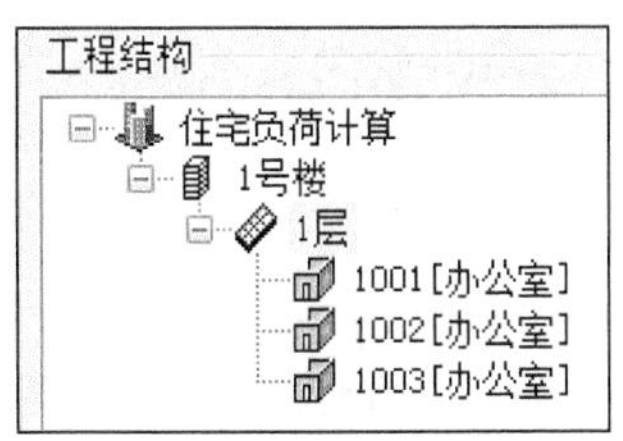

图 11-77　房间信息

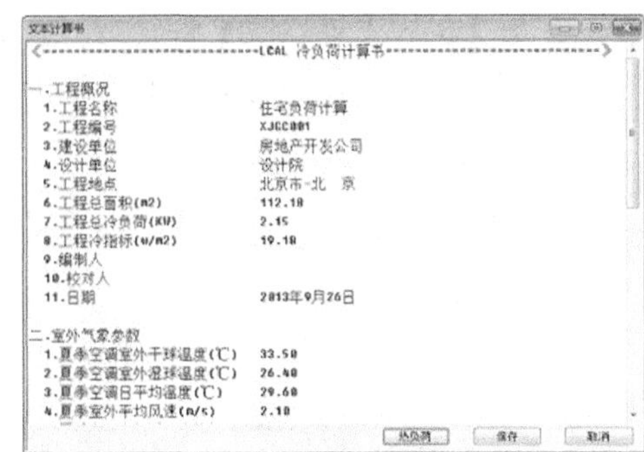

图 11-78　【文本计算书】对话框

11.4 房间负荷

调用房间负荷命令，可单独修改某个房间下的围护结构参数。

房间负荷命令的执行方式有以下几种：

➢　命令行：在命令行中输入 FJFH 命令按回车键。

➢　菜单栏：单击“计算”→“房间负荷”命令。

下面介绍房间负荷命令的操作方法。

在命令行中输入 FJFH 命令按回车键，命令行提示如下：

01 按 Ctrl+O 组合键，打开配套光盘提供的“第 11 章/ 11.3.3　负荷计算.dwg”素材文件，结果如图 11-79 所示。

02 参照上一小节的负荷计算命令的操作步骤，完成房间信息的提取，结果如图 11-80 所示。

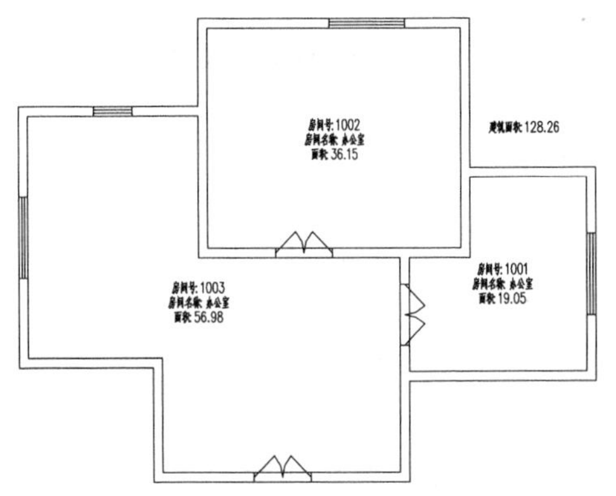

图 11-79　打开素材

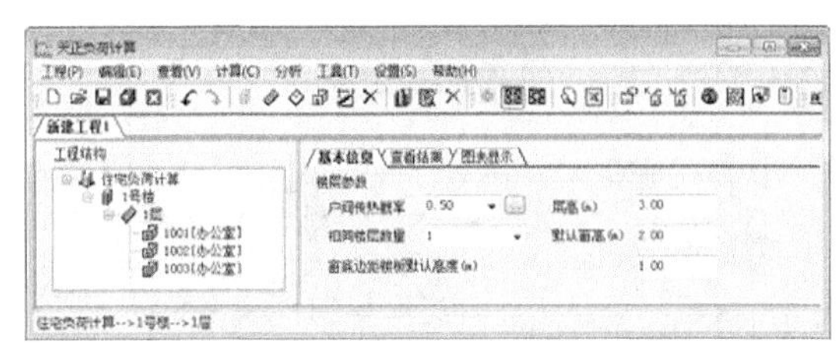

图 11-80　房间信息提取结果

03 执行【工程】|【保存工程到图纸】命令，如图 11-81 所示，系统弹出如图 11-82 所示的 AutoCAD 信息提示对话框，单击“是”按钮。

04 系统提示保存工程成功，如图 11-83 所示。

05 关闭【天正负荷计算】对话框。在命令行中输入 FJFH 命令按回车键，系统弹出如图 11-84 所示的【单独房间负荷】对话框。

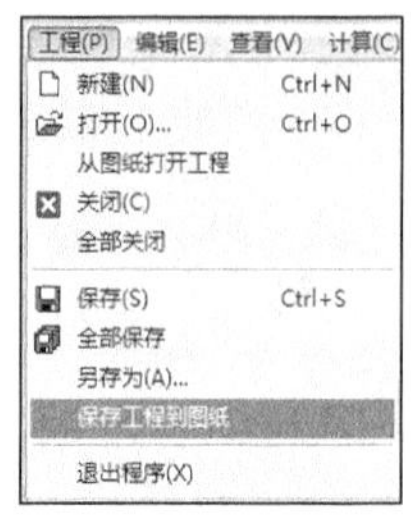

图 11-81 保存工程到图纸

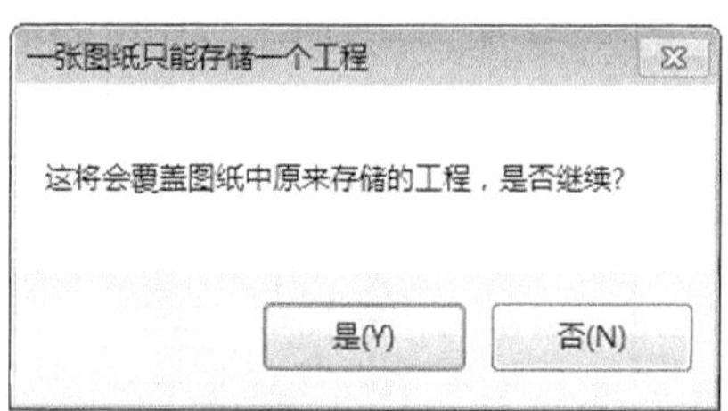

图 11-82 信息提示对话框

图 11-83 【AutoCAD】对话框

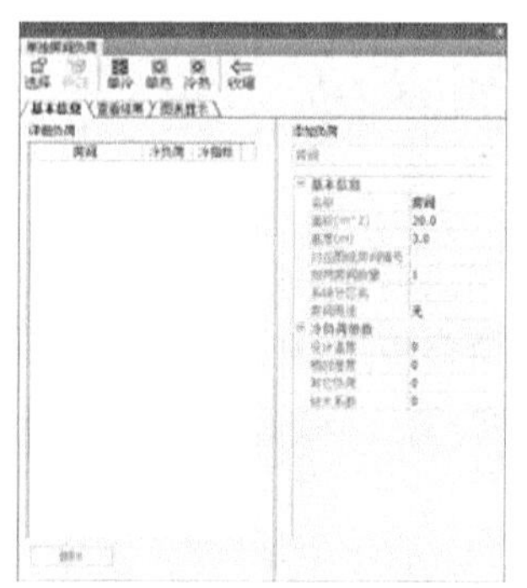

图 11-84 【单独房间负荷】对话框

06 在对话框的左上角单击“选择”按钮，系统提示选择“房间对象”，如图 11-85 所示。

07 在房间对象上单击鼠标左键，返回【单独房间负荷】对话框；在其中可以显示所拾取房间的详细负荷参数，如图 11-86 所示。

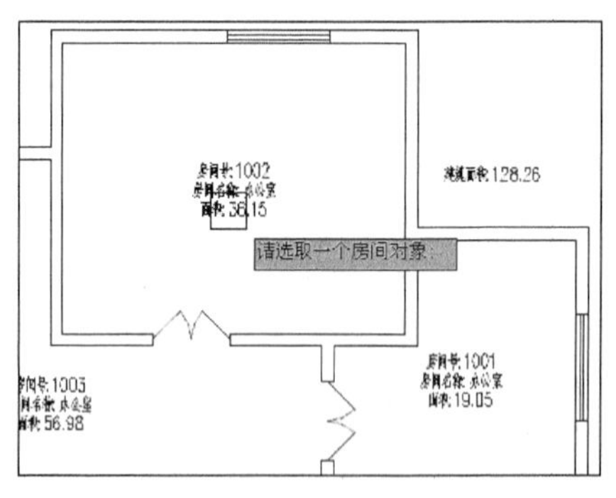

图 11-85 选择房间对象

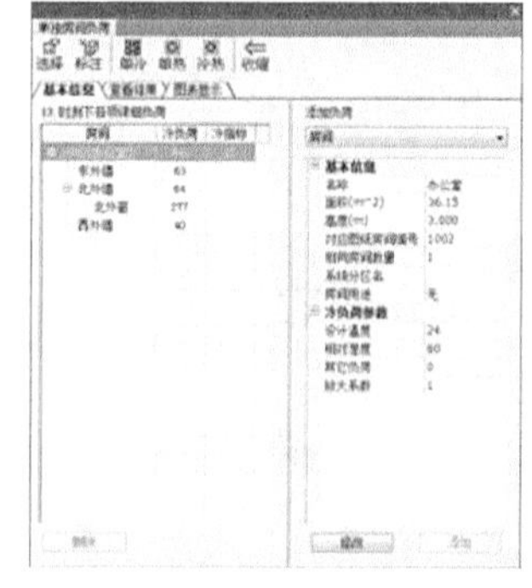

图 11-86 提取房间负荷参数

08 此时被拾取的房间对象的文字标注在闪烁，单击对话框上方的“单热”按钮，则可显示该房间对象的总热负荷值，如图 11-87 所示。

09 单击“冷热”按钮，则可在参数列表中同时显示房间对象的冷负荷、热负荷值，如 图 11-88 所示。

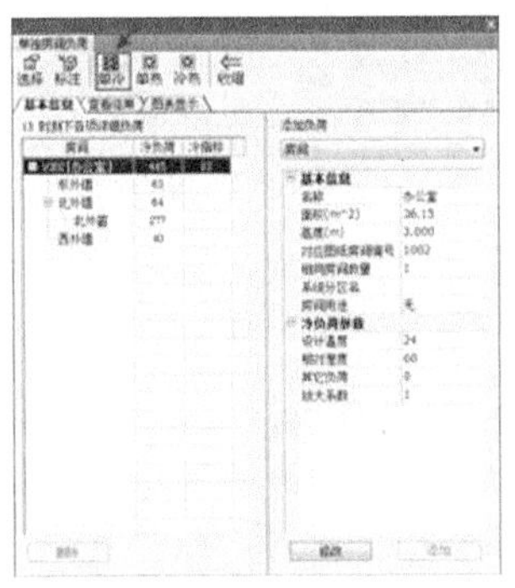

图 11-87　显示总热负荷值

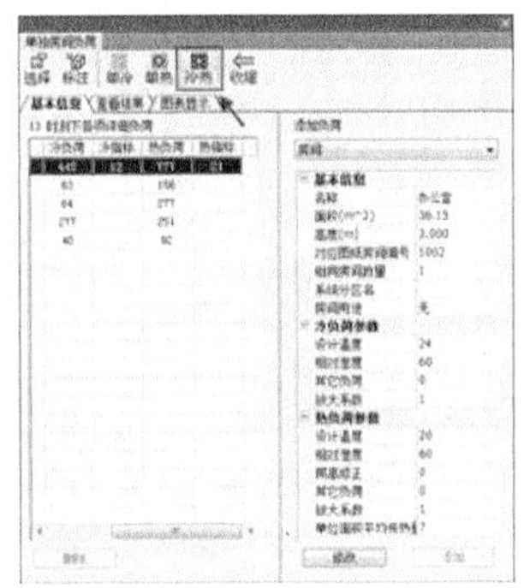

图 11-88　显示冷、热负荷值

10 单击“收缩”按钮，则可将右边的房间详细参数列表隐藏，如图 11-89 所示；单击“展开”按钮，则可重新展开参数列表。

11 单击“标注”按钮，则可将所得到的冷热负荷参数标注至房间对象中，如图 11-90 所示。

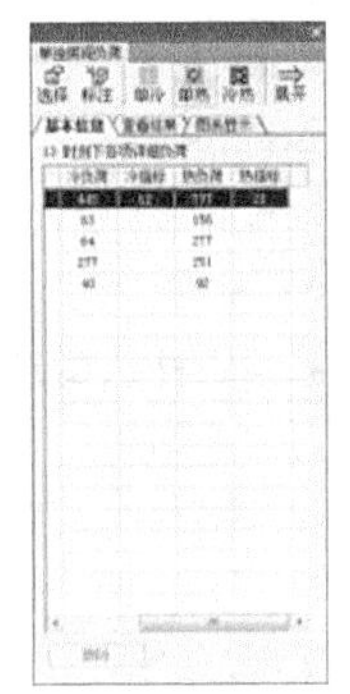

图 11-89　隐藏详细参数列表

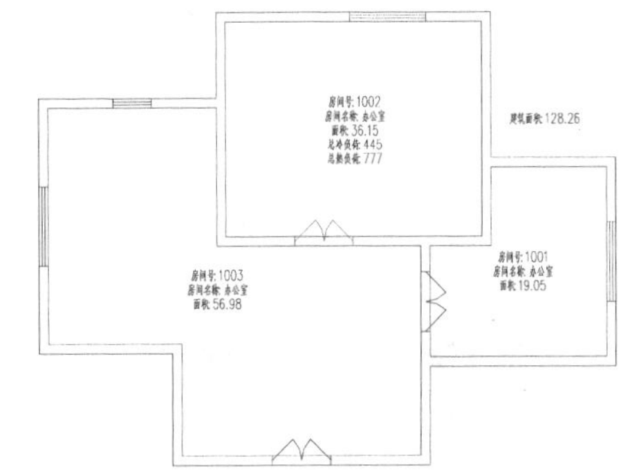

图 11-90　标注负荷参数

12 在选中相应的房间构件名称后，绘图区中相对应的房间构件图形会闪烁，以提醒用户构件名称所对应的图形部位。在列表中选中其中的一个房间构件名称，单击对话框下方的“删除”按钮，即可将其删除。选中“西外墙”选项，单击“删除”按钮，即可将其删除，结果如图 11-91 所示。

13 单击“查看结果”选项卡，可以显示所选房间各墙体的负荷值（西外墙已被删除），如图 11-92 所示。

14 单击选中“图表显示”选项卡，可以折线的方式显示计算结果，如图 11-93 所示。

15 单击“图表类型”选项卡，在弹出的下拉列表中选择“柱状”选项，显示结果如图 11-94 所示。

16 单击“图表类型”选项卡，在弹出的下拉列表中选择“柱状”选项，选择“饼状”选项，显示结果如图 11-95 所示。

17 单击对话框右上角的关闭按钮，系统弹出如图 11-96 所示的 AutoCAD 信息提示对话框；单击“是”按钮，即可完成房间负荷命令的操作。

图 11-91　删除西外墙

图 11-92　显示墙体负荷值

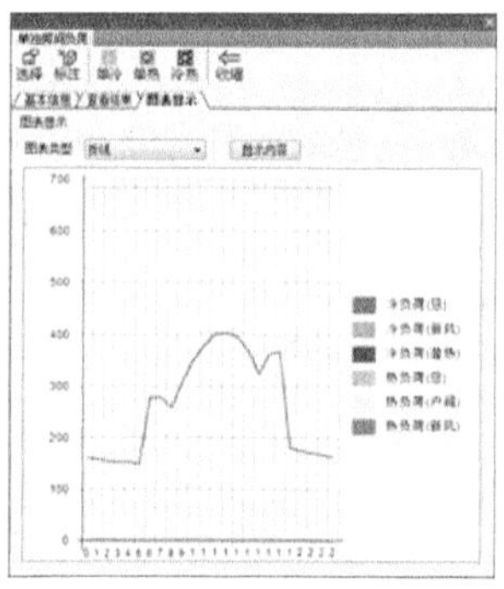

图 11-93　折线显示

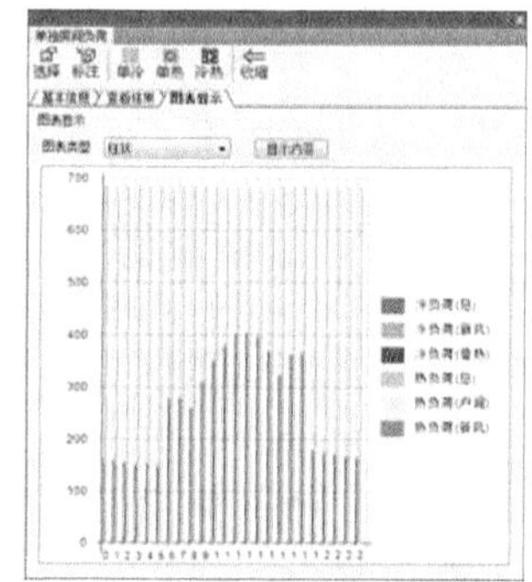

图 11-94　柱状显示

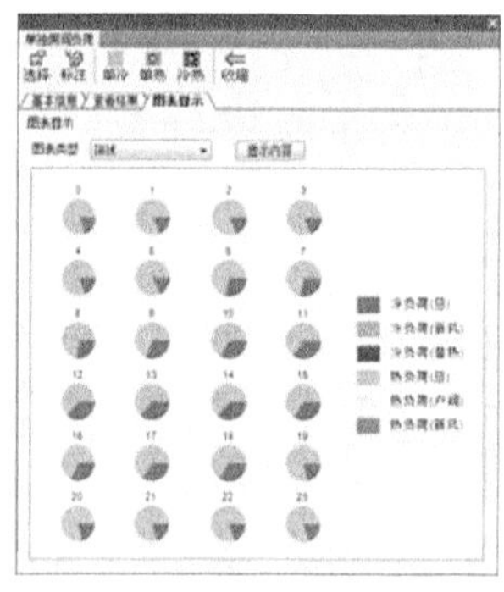

图 11-95　饼状显示

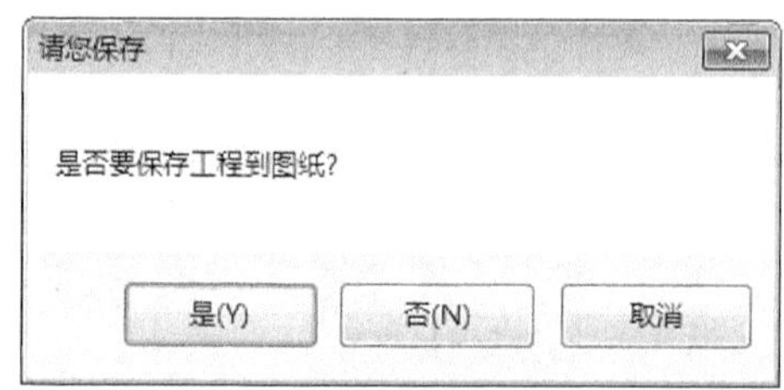

图 11-96　【请您保存】对话框

11.5 负荷分配

调用负荷分配命令，可以将房间负荷按照平均或者非平均的方式分配给房间内布置的散热器。

负荷分配命令的执行方式有以下几种：

➢　命令行：在命令行中输入 FHFP 命令按回车键。

➢ 菜单栏：单击“计算”→“负荷分配”命令。

下面介绍负荷分配命令的操作方法。

01 按 Ctrl+O 组合键，打开配套光盘提供的“第 11 章/ 11.5　负荷分配.dwg”素材文件，结果如图 11-97 所示。

02 在命令行中输入 FHFP 命令按回车键，系统弹出如图 11-98 所示的【散热器负荷分配】对话框。

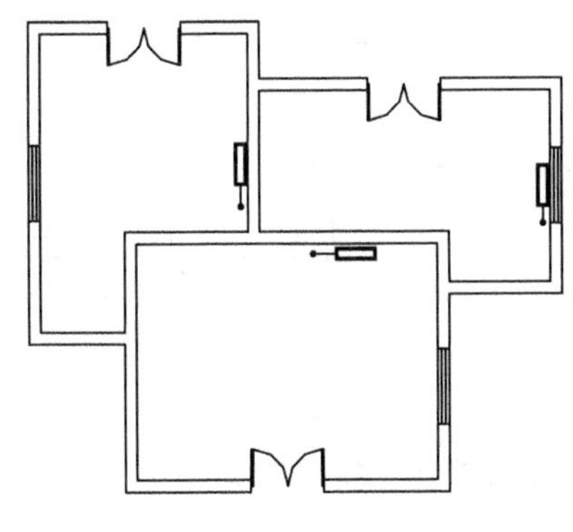

图 11-97　打开素材

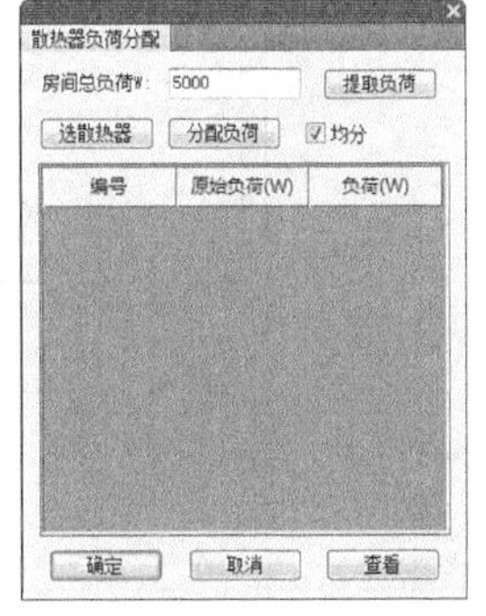

图 11-98　【散热器负荷分配】对话框

03 在“房间总负荷”选项框中定义负荷参数，单击“选散热器”按钮，在绘图区中框选散热器图形；按下回车键返回对话框中，单击“分配负荷”按钮，即可查看均分负荷的结果，如图 11-99 所示。

单击“提取负荷”按钮可以在绘图区中直接提取已进行了房间负荷计算的天正建筑房间对象。

取消勾选“均分”选项，单击“分配负荷”按钮，可以将“房间总负荷 W”中所设定的负荷参数赋予各房间的散热器，如图 11-100 所示。

图 11-99　均分负荷

图 11-100　定义负荷参数

11.6 算暖气片

调用算暖气片命令，可以计算单组散热器的片数。如图 11-101 所示为该命令的操作结果。

算暖气片命令的执行方式有以下几种：

- 命令行：在命令行中输入 SNQP 命令按回车键。
- 菜单栏：单击“计算”→“算暖气片”命令。

下面以如图 11-101 所示的图形为例，介绍调用算暖气片命令的方法。

01 按 Ctrl+O 组合键，打开配套光盘提供的“第 11 章/ 11.6 算暖气片.dwg”素材文件，结果如图 11-102 所示。

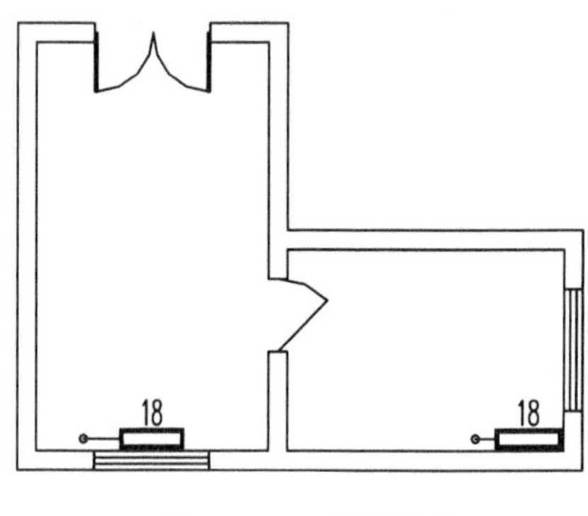

图 11-101 算暖气片

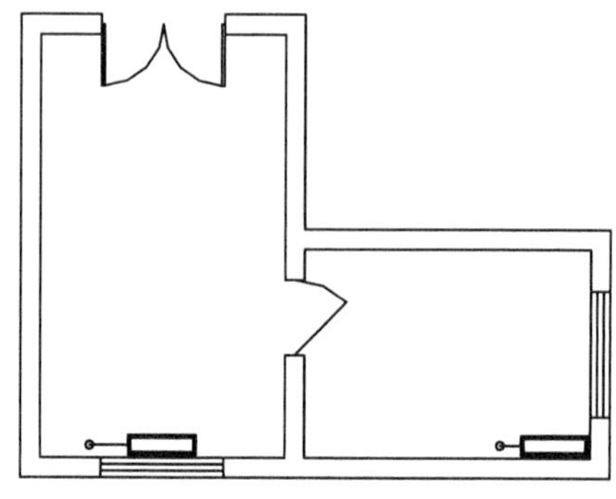

图 11-102 打开素材

02 在命令行中输入 SNQP 命令按回车键，系统弹出【散热器片数计算】对话框，结果如图 11-103 所示。

03 单击“选择散热器”按钮，系统弹出如图 11-104 所示的【天正散热器库】对话框，在其中选择散热器类型。

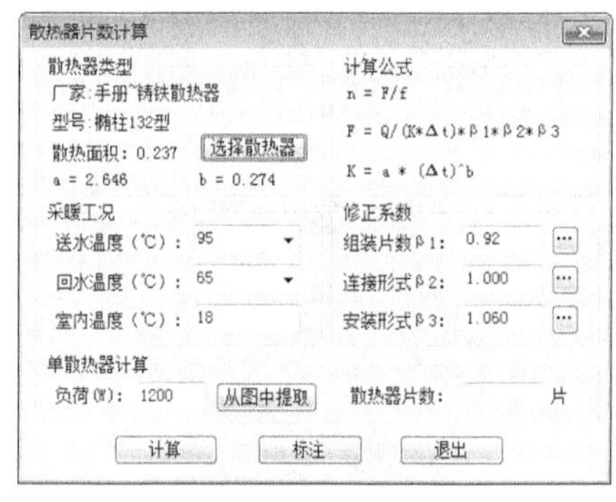

图 11-103 【散热器片数计算】对话框

图 11-104 【天正散热器库】对话框

04 单击“确定”按钮，返回【散热器片数计算】对话框，定义参数如图 11-105 所示。

05 单击“计算”按钮，在“单散热器计算”选项组中的“散热器片数”文本框中可以查看计算得到的散热器片数，结果如 11-106 所示。

06 单击“标注”按钮，根据命令行的提示，在绘图区中选择待标注的散热器，即可完成算暖气片的操作，结果如图 11-101 所示。

双击已标注片数的散热器，系统弹出如图 11-107 所示的【散热器参数修改】对话框，在其中可以更改相应的散热器参数。

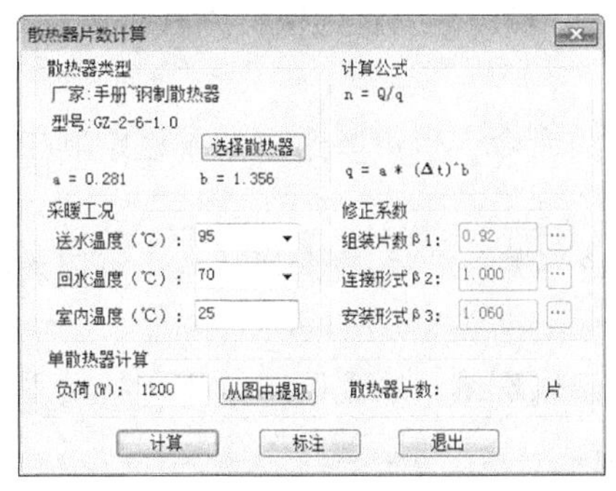

图 11-105　定义参数

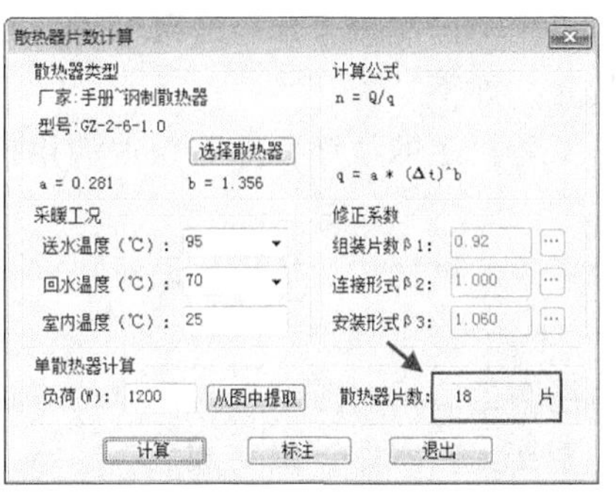

图 11-106　计算结果

图 11-107　【散热器参数修改】对话框

11.7 采暖水力

调用采暖水力命令，可以计算系统的采暖水力。

采暖水力命令的执行方式有以下几种：

➢　命令行：在命令行中输入 CNSL 命令按回车键。

➢　菜单栏：单击“计算”→“采暖水力”命令。

下面介绍采暖水力命令的操作方法：

在命令行中输入 CNSL 命令按回车键，系统弹出如图 11-108 所示的【天正采暖水力计算】对话框。

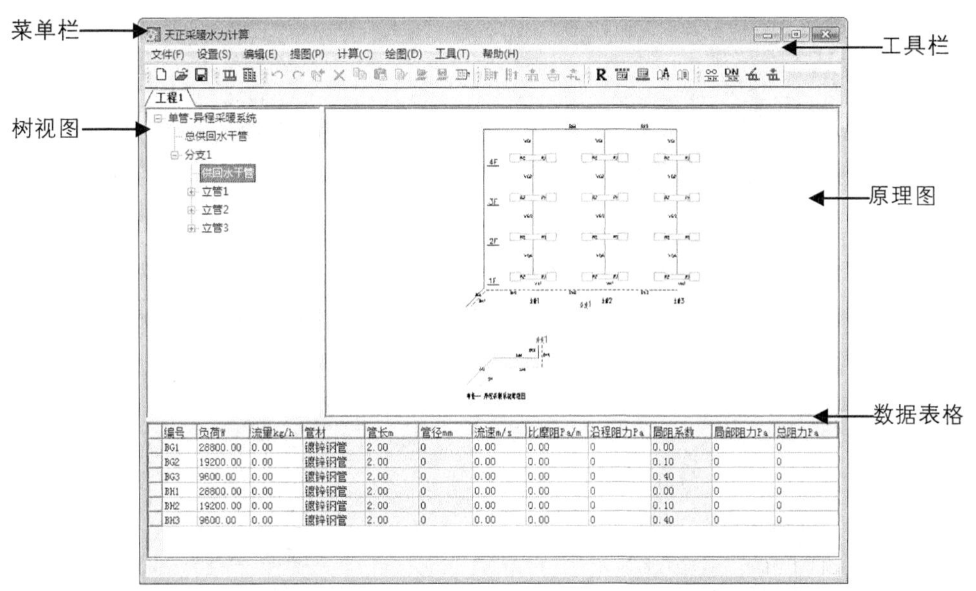

编号	负荷W	流量kg/h	管材	管长m	管径mm	流速m/s	比摩阻Pa/m	沿程阻力Pa	局阻系数	局部阻力Pa	总阻力Pa
BG1	28800.00	0.00	镀锌钢管	2.00	0	0.00	0.00	0	0.00	0	0
BG2	19200.00	0.00	镀锌钢管	2.00	0	0.00	0.00	0	0.10	0	0
BG3	9600.00	0.00	镀锌钢管	2.00	0	0.00	0.00	0	0.40	0	0
BH1	28800.00	0.00	镀锌钢管	2.00	0	0.00	0.00	0	0.00	0	0
BH2	19200.00	0.00	镀锌钢管	2.00	0	0.00	0.00	0	0.10	0	0
BH3	9600.00	0.00	镀锌钢管	2.00	0	0.00	0.00	0	0.40	0	0

图 11-108　【天正采暖水力计算】对话框

对话框分别有五个部分组成，分别是菜单栏、工具条、树视图、原理图以及数据表格。

各组成部分的含义如下：

工具栏：单击工具栏上的按钮，即可快速调用相应的命令；也可以通过菜单栏定制工具栏。

树视图：计算系统的结构树。执行“设置”→“系统形式”/“生成框架”命令可以对其进行设置。

原理图：与树视图信息相对应，在对话框的右边显示原理图；原理图可以随着树视图信息的改变而时时更新；在水力计算完成后，执行“绘图”→“绘原理图”命令，可将其插入至指定的.dwg 文件中；并可根据计算结果进行标注。

数据表格：显示水力计算所需的必要参数和计算结果；在水力计算完成后，执行“计算”→“输出计算书”命令，可以选择内容输出计算书。

菜单栏：单击菜单栏上的各选项，在其下拉列表中包含了关于水力计算的所有命令。

【文件】选项菜单：在其下拉列表中提供了新建、打开、保存工程文档的命令，水力计算工程文档的后缀为.csl。

【设置】选项菜单：在其下拉列表中提供了系统结构设置的各项命令，包括系统形式、生成框架等，如图 11-109 所示。

【编辑】选项菜单：在其下拉列表中提供了编辑树视图的各项命令，包括“批量修改立管”、“批量修改散热器”等，如图 11-110 所示。

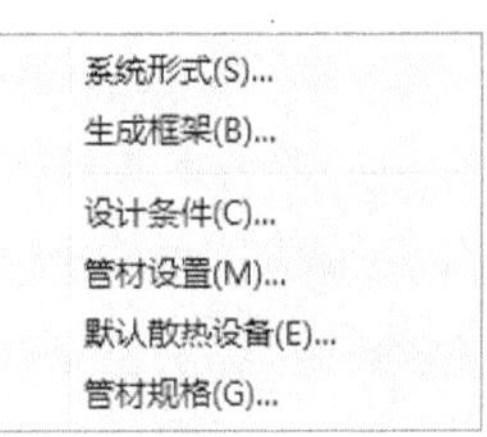

图 11-109 【设置】选项菜单

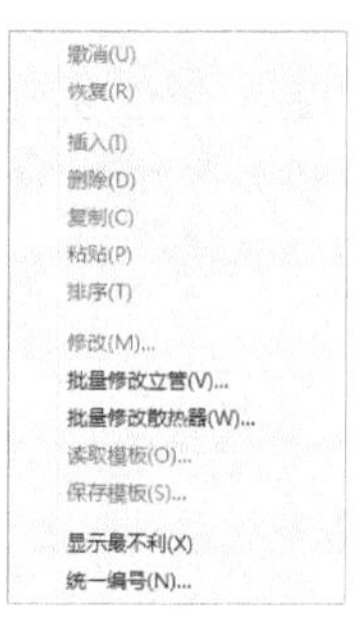

图 11-110 【编辑】选项菜单

【提图】选项菜单：在其下拉列表中提供了提图功能，包括提取分支、提取立管等，如图 11-111 所示。

【计算】选项菜单：在其下拉列表中提供了各类计算功能，包括计算控制、设计计算等，如图 11-112 所示。

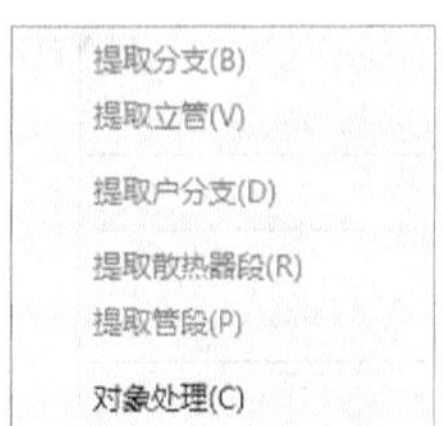

图 11-111 【提图】选项菜单

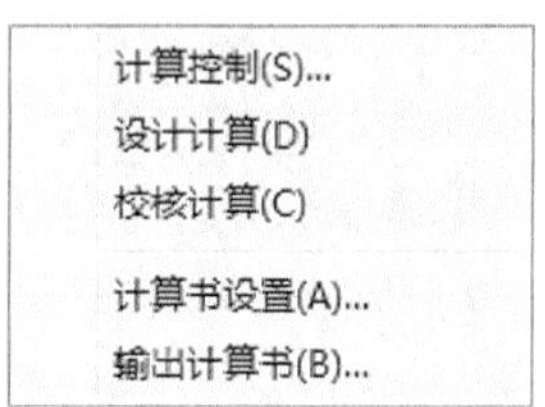

图 11-112 【计算】选项菜单

【绘图】选项菜单：在其下拉列表中提供了各绘图工具，包括隐藏窗口、更新原图等，如图 11-113 所示。

【工具】选项菜单：在其下拉列表中显示了工具栏上的所有命令，勾选或取消勾选其中的选项，可以控制其是否在工具栏上显示，如图 11-114 所示。

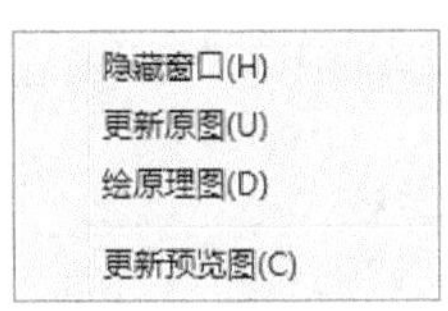

图 11-113　【绘图】选项菜单

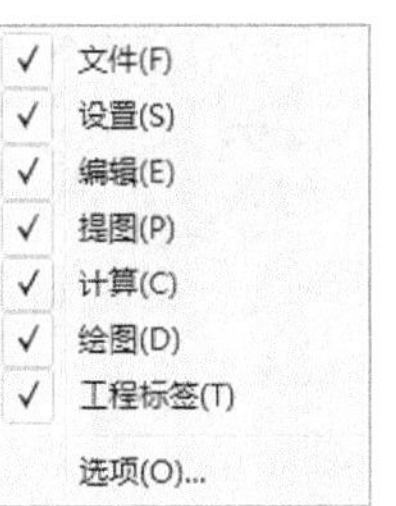

图 11-114　【工具】选项菜单

采暖水力计算的具体操作步骤如下：

1. 设置系统结构

❑ 系统形式

执行"设置"→"系统形式"命令，系统弹出如图 11-115 所示的【系统形式】对话框。在对话框中可以计算几种采暖和分户计量（即散热器采暖、地板采暖），根据所设计的条件，调整供回水方式、立管形式、立管关系等。

分户计量系统的设置如图 11-116 所示，在"立管形式"选项组中选择"双管"选项；在"立管关系"选项组中选择"同程"选项，勾选"分户计量"选项。

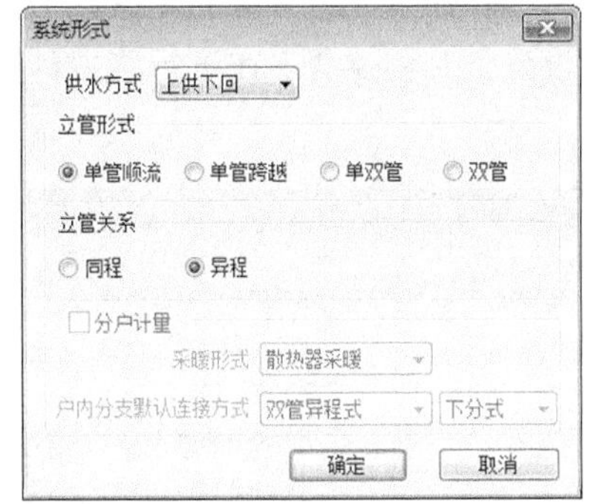

图 11-115　【系统形式】对话框

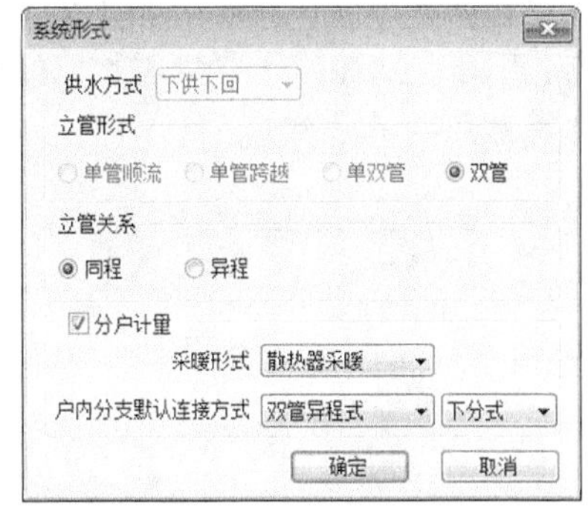

图 11-116　分户计量系统的设置

❑ 生成框架

执行"设置"→"生成框架"命令，系统弹出如图 11-117 所示的【快速生成系统框架】对话框。在对话框中可以定义楼层的数目、层高，系统的分支数、分支立管数以及每层用户数。

在设置分户系统的同时还需要调整每用户分支数和分支散热器组数，楼层数目没有限制，但系统分支数最大为 2。

假如是单双管系统，可以设置单双管每段所包含的楼层数。在自定义供回水方式的情况下，用户可以按照需要设置供回水管所在的楼层。

❑ 设计条件

执行“设置”→“设计条件”命令，系统弹出如图 11-118 所示的【设计条件】对话框。在对话框中可以根据设计要求，定义供回水的温度参数；以及平均温度、平均密度等参数。

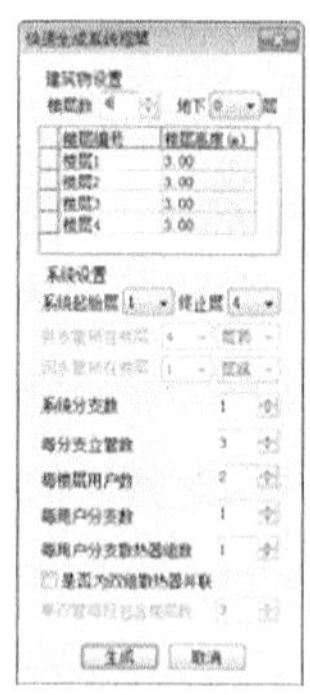

图 11-117 【快速生成系统框架】对话框

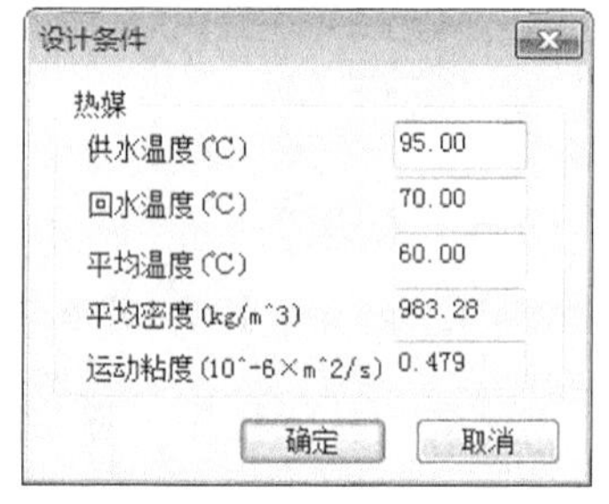

图 11-118 【设计条件】对话框

❑ 管材设置

执行“设置”→“管材设置”命令，系统弹出如图 11-119 所示的【管材设置】对话框。在对话框中可以选取各种管材，并定义其粗糙度。其中，只有在分户计量系统计算中才设计“埋设管道”选项。

❑ 默认散热器设备

执行“设置”→“默认散热器设备”命令，系统弹出如图 11-120 所示的【默认散热器】对话框。在进行散热器采暖计算时，可以在对话框中设置散热器类型；在进行水力计算时，可以计算散热器的片数。

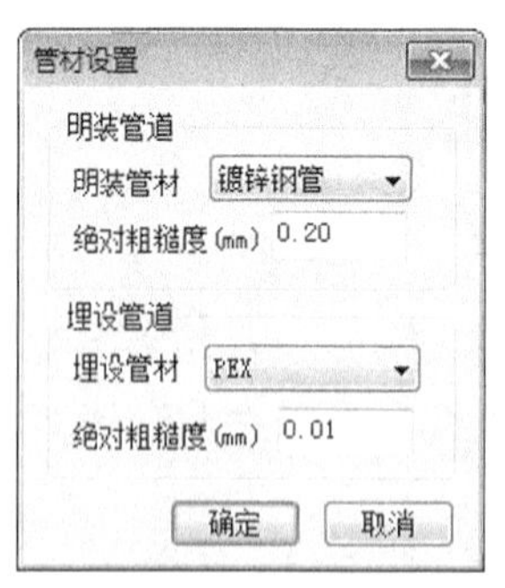

图 11-119 【管材设置】对话框

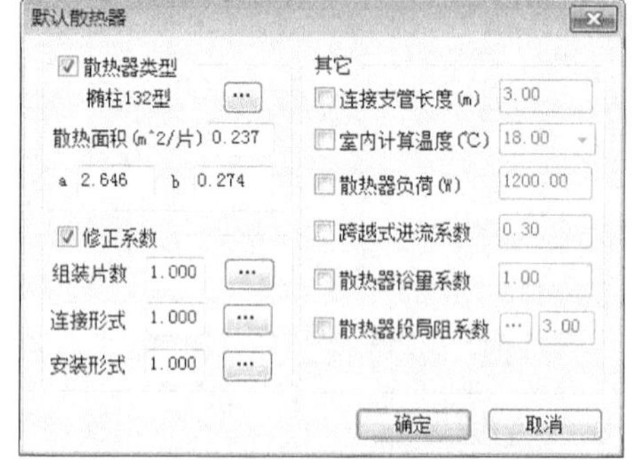

图 11-120 【默认散热器】对话框

“散热器类型”选项：勾选该项，可以在选项组下定义散热器的设计参数以供计算；也可以单击选项组下的[...]，系统弹出【天正散热器库】对话框，在对话框中选择系统给予的散热器来进行计算。

【天正散热器库】对话框中的散热器参数都是系统定义好的，用户也可自定义散热器的参数，扩充到散热器库中。在对话框中选定一行，在首行单击右键，在弹出的快捷菜单中选择“新建行”选项，如图 11-121 所示；即可新建一个空白行，用户在此定义散热器的参数，即可将其扩充至散热器库中。

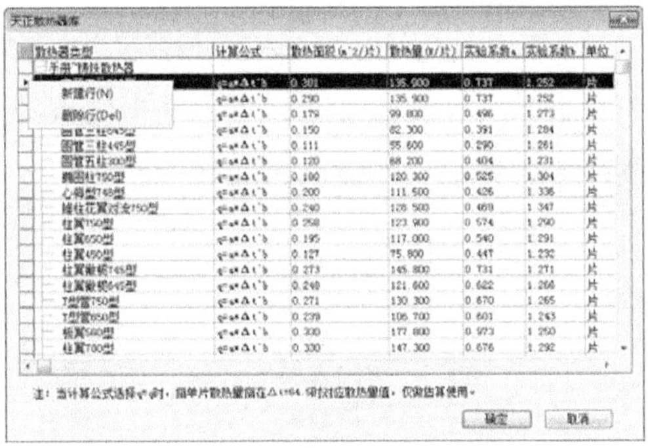

“修正系数”选项：

在【默认散热器】对话框中勾选“修正系数”选项，单击“组装片数”选项后的[…]；系统弹出如图 11-122 所示的【组装片数修正系数】对话框，在其中显示了该类型修正系数的设置范围。

图 11-121 【天正散热器库】对话框

单击“连接形式”选项后的[…]，系统弹出如图 11-123 所示的【连接形式修正系数】对话框，在其中显示了该类型修正系数的设置范围。

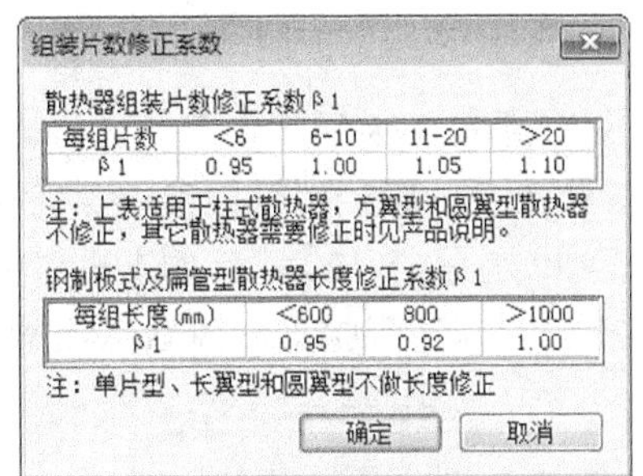

图 11-122 【组装片数修正系数】对话框

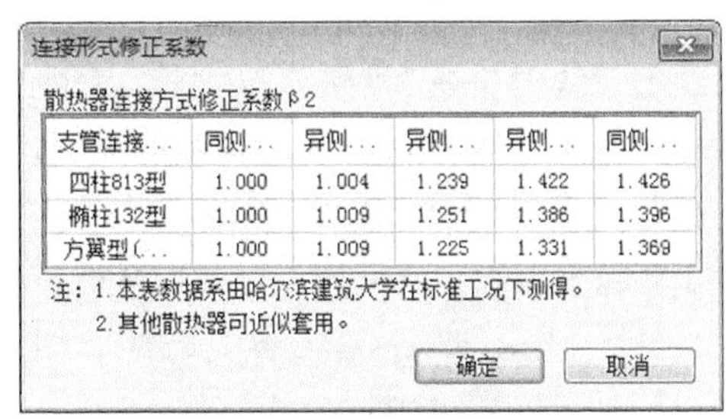

图 11-123 【连接形式修正系数】对话框

单击“安装形式”选项后的[…]，系统弹出如图 11-124 所示的【安装形式修正系数】对话框，在其中显示各种安装方式的修正系数。

2. 修改完善系统模型

在“编辑”选项菜单中，提供了各类编辑功能，包括删除、复制、粘贴等；在树视图中单击右键，也可执行相应的编辑命令，如图 11-125、图 11-126 所示。

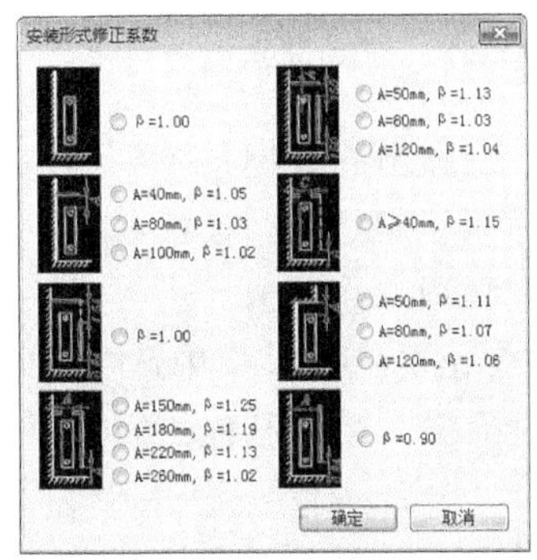

图 11-124 【安装形式修正系数】对话框

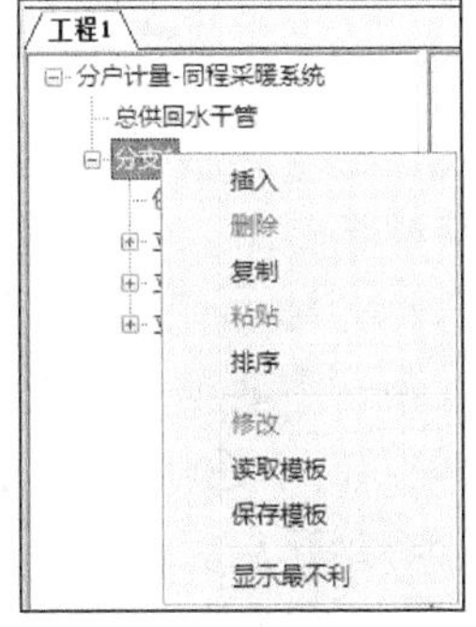

图 11-125 编辑命令

❑ 修改

执行“编辑”→“修改”命令，系统弹出如图 11-127 所示的【修改楼层】对话框。在对话框中可单独修改指定立管的供回水管所在楼层层号，也可以统一修改立管上各个楼层散热器的参数，如方式及连接方式。

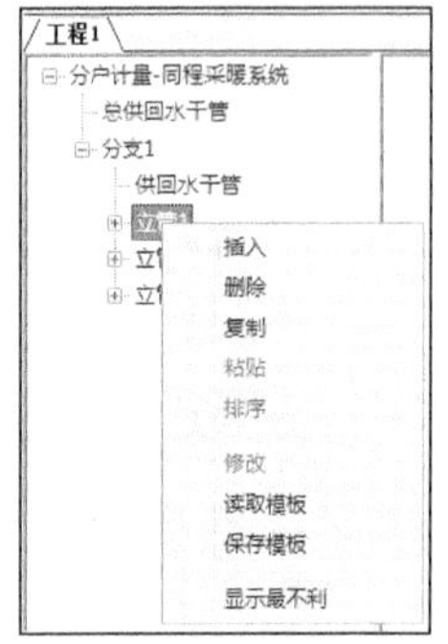

图 11-126 右键菜单

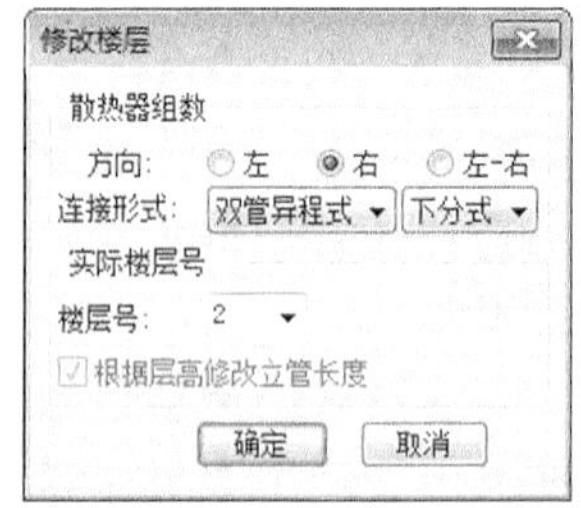

图 11-127 【修改楼层】对话框

执行“编辑”→“批量修改立管”命令，系统弹出如图 11-128 所示的【批量编辑立管】对话框。在对话框中，勾选待修改的立管，可以批量修改立管管径以及散热器支管管径。

执行“编辑”→“批量修改散热器”命令，系统弹出如图 11-129 所示的【批量编辑散热器】对话框。在对话框中，勾选待修改散热器的立管，可以实现批量修改散热器的操作。

图 11-128 【批量编辑立管】对话框

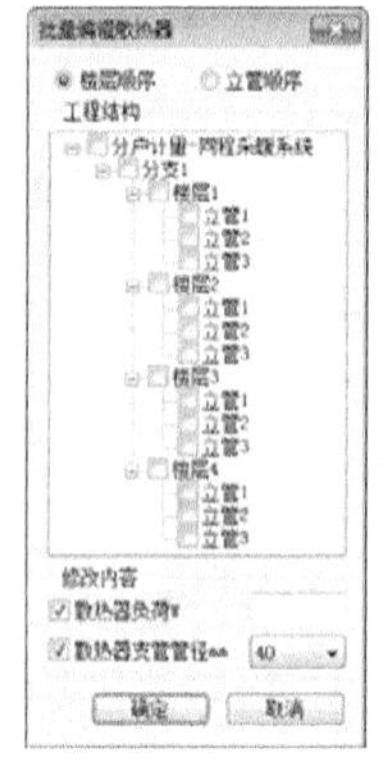

图 11-129 【批量编辑散热器】对话框

在树视图中选中要保存成模板的分支，单击右键，在弹出的快捷菜单中选中“保存模板”选项；系统弹出如 图 11-130 所示的【模板设置】对话框，在“模板名称”文本框中设置模板的名称，单击“保存”按钮即可以该名称保存模板。

在树视图中选中要读取模板的分支，单击右键，在弹出的快捷菜单中选中“读取模板”选项；系统弹出如 图 11-131 所示的【模板设置】对话框，选中已存的模板，单击“打开”按钮即可将其开启。

执行“编辑”→“显示最不利”命令，可以在原理图上显示最不利的环路；以如图 11-132 所示的原理图为例，外围的环路以红色显示，所以为最不利的环路。

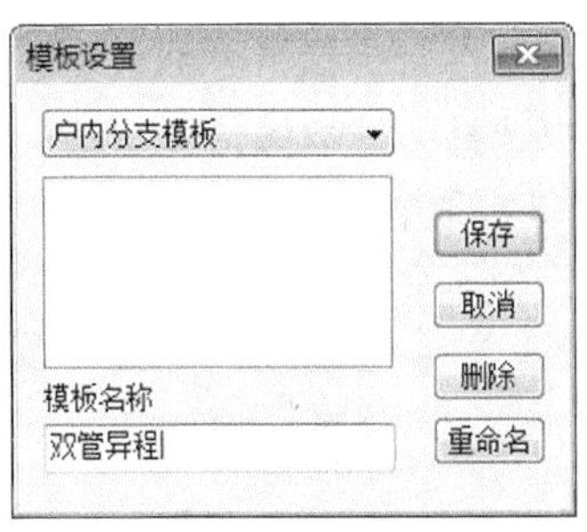

图 11-130　设置模板的名称

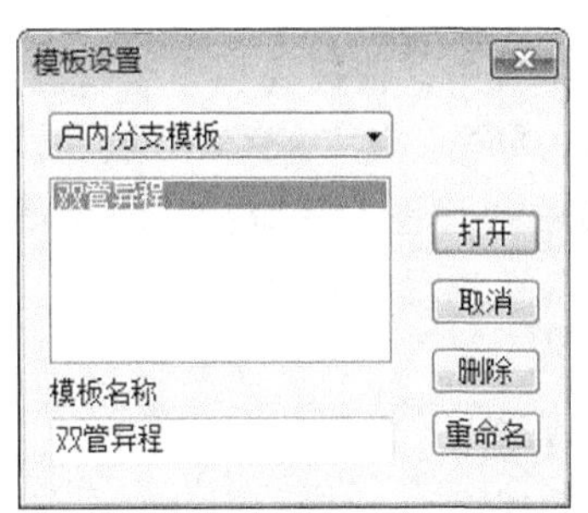

图 11-131　【模板设置】对话框

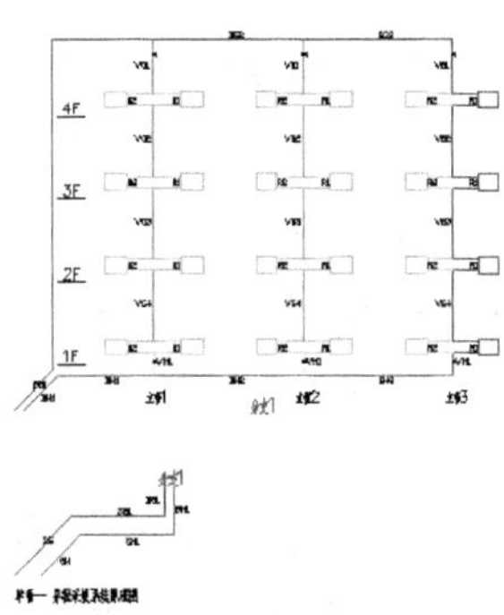

图 11-132　显示最不利的环路

执行“提图”选项菜单中的命令，可以在天正平面图、系统图以及原理图的基础上，提取系统的结构以及管长、局阻、负荷等数据信息。

假如平面图、系统图以及原理图不是使用天正绘图软件绘制，可以自定义数据，然后进行计算操作。

❑　提取分支

在树视图上选中点取分支，单击右键，在弹出的快捷菜单中选中“提取分支”选项，可以在系统图或者原理图中提取；命令行提示如下：

```
命令：
请选择分支供水管起始端：
请选择分支回水管终止端(选中回水管后可能需要一定的处理时间，请耐心等待)：
确认选择(Y)或[重新选择(N)]:Y
已成功提取!
```

❑　提取立管

在树视图上选中立管，单击右键，在弹出的快捷菜单中选择“提取立管”选项，可以在系统图或者原理图中直接提取；命令行提示如下：

```
命令：
请选择立管供水管起始端：
请选择立管回水管终止端(选中回水管后可能需要一定的处理时间，请耐心等待)：
确认选择(Y)或[重新选择(N)]:Y
已成功提取!
```

❑　提取分户支

在分户计量采暖系统中，在树视图中右键选中户内分支后；单击右键，在弹出的快捷菜单中选择“提取户分支”选项，可以在平面图、系统图或原理图中直接提取。

选中户内分支，选择“提取户分支”选项后，命令行提示如下：

```
请选择分支供水管起始端：
请选择分支回水管终止端(选中回水管后可能需要一定的处理时间，请耐心等待)：
确认选择(Y)或[重新选择(N)]:
已成功提取!
```

- 提取散热器管段

在分户计量散热器采暖系统中，在树视图中选取散热器后；在对话框下方的数据表格中，选择需要修改的散热器，单击右键，在弹出的快捷菜单中选择“提取散热器管段”选项，如图 11-133 所示；可以在平面图、系统图或原理图中直接提取。

选择“提取散热器管段”选项后，对话框被隐藏，命令行提示如下：

```
请选择散热器分支供水管起始端:
请选择散热器分支回水管终止端:
确认选择(Y)或[重新选择(N)]:
已成功提取!
```

- 提取管段

在分户计量采暖系统中，在树视图中选取管段后；在对话框下方的数据表格中，选择需要修改的管段；单击右键，在弹出的快捷菜单中选择“提取管段”选项，如图 11-134 所示；可以在平面图、系统图或原理图中直接提取。

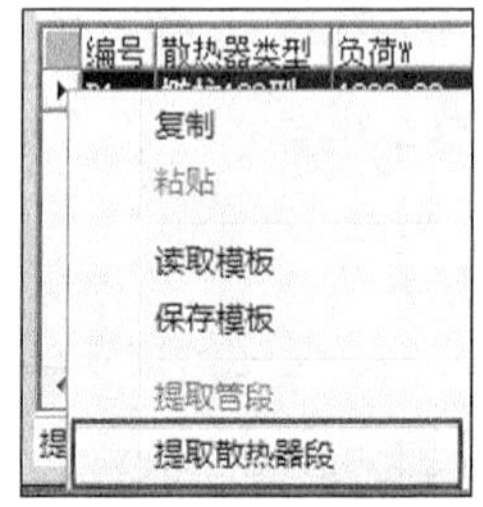

图 11-133　选择“提取散热器管段”选项

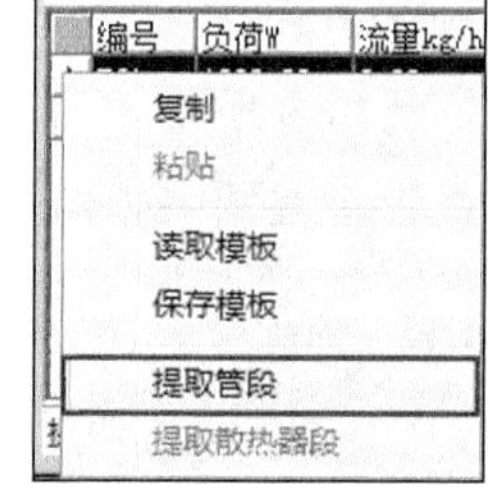

图 11-134　选择“提取管段”选项

选择“提取管段”选项后，对话框被隐藏，命令行提示如下：

```
请选择提取水管起始端:
确认选择(Y)或[重新选择(N)]:
已成功提取!
```

3. 完善图形数据，进行计算准备

在如图 11-135 所示的对话框下方的表格中，有底纹的表列可以编辑数据，白色的表列为系统计算得到的数据，不可更改。其中，三通、四通、弯头和散热器等局部阻力系数可由系统正确默认，可以不修改。其他类型局部阻力系数则需要手动修改。在“局阻系数”表列下单击单元格内右边的矩形按钮，系统弹出如图 11-136 所示的【局部阻力设置】对话框，在其中可以更改局部阻力参数。

编号	负荷W	流量kg/h	管材	管长m	管径mm	流速m/s	比摩阻Pa/m	沿程阻力Pa	局阻系数	局部阻力Pa	总阻力Pa
VG1	9600.00	0.00	镀锌钢管	2.00	0	0.00	0.00	0	1.50	0	0
VG2	7200.00	0.00	镀锌钢管	3.00	0	0.00	0.00	0	2.00	0	0
VG3	4800.00	0.00	镀锌钢管	3.00	0	0.00	0.00	0	2.00	0	0
VG4	2400.00	0.00	镀锌钢管	3.00	0	0.00	0.00	0	2.00	0	0
VH1	9600.00	0.00	镀锌钢管	2.00	0	0.00	0.00	0	1.50	0	0
VH2	7200.00	0.00	镀锌钢管	3.00	0	0.00	0.00	0	2.00	0	0
VH3	4800.00	0.00	镀锌钢管	3.00	0	0.00	0.00	0	2.00	0	0
VH4	2400.00	0.00	镀锌钢管	3.00	0	0.00	0.00	0	2.00	0	0

图 11-135　数据表格

单击【局部阻力设置】对话框中“连接构件”选项后的□，系统弹出如图 11-137 所示的【连接构件】对话框，可以更改连接构件的参数。

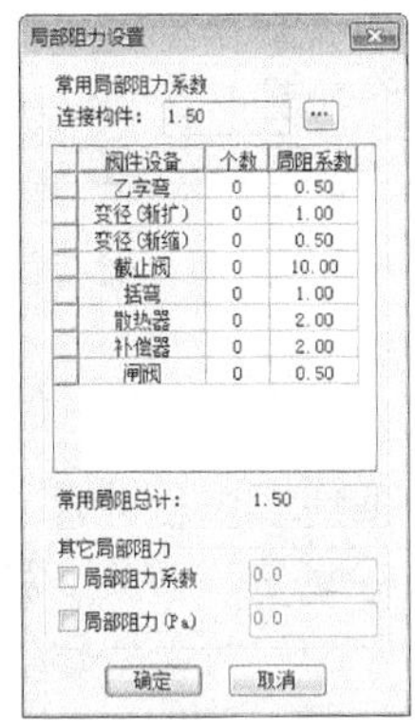

图 11-136 【局部阻力设置】对话框

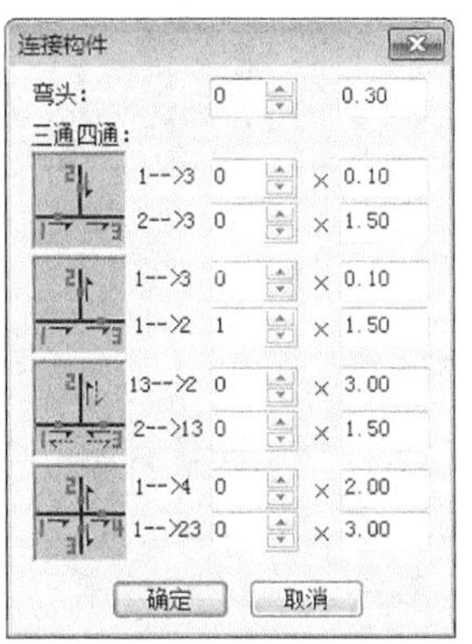

图 11-137 【连接构件】对话框

□ 计算控制

执行“计算”→“计算控制”命令，系统弹出如图 11-138 所示的【计算控制设置】对话框，可以选择计算方法、比摩阻、公称直径、流速控制等参数。

➢ 计算方法有两种，分别是等温降法和不等温降法，只有单管异程系统可以选择计算方法。
➢ 经济比摩阻参数和公称直径控制参数对于干管、立管和户内支路可分别设置。
➢ 流速控制可对于给定公称直径范围内的一系列管径统一设置。选中表行，右键单击首行；在弹出的快捷菜单中可以对表行进行编辑修改，如图 11-139 所示。

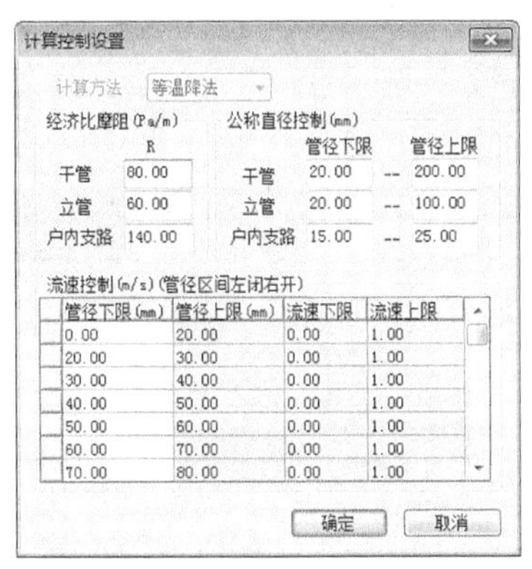

图 11-138 【计算控制设置】对话框

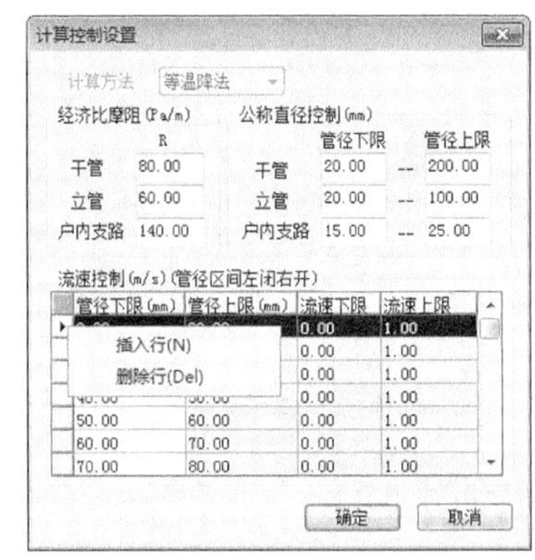

图 11-139 快捷菜单

□ 设计计算

执行“计算”→“设计计算”命令，系统可以在管径未知的条件下进行计算。根据已知条件，计算流量、管径、流速、沿程阻力、局部阻力、总阻力和不平衡率等；计算结果显示在对话框下方的数据表格中，结果如图 11-140 所示。

编号	负荷W	流量kg/h	管材	管长m	管径mm	流速m/s	比摩阻Pa/m	沿程阻力Pa	局阻系数	局部阻力Pa	总阻力Pa
VG1	9600.00	330.24	镀锌钢管	2.00	20	0.26	66.99	134	1.50	51	185
VG2	7200.00	247.68	镀锌钢管	3.00	20	0.20	38.88	117	2.00	38	155
VG3	4800.00	165.12	镀锌钢管	3.00	20	0.13	18.25	55	2.00	17	72
VG4	2400.00	82.56	镀锌钢管	3.00	20	0.07	5.17	16	2.00	4	20
VH1	9600.00	330.24	镀锌钢管	2.00	20	0.26	66.99	134	1.50	51	185
VH2	7200.00	247.68	镀锌钢管	3.00	20	0.20	38.88	117	2.00	38	155
VH3	4800.00	165.12	镀锌钢管	3.00	20	0.13	18.25	55	2.00	17	72
VH4	2400.00	82.56	镀锌钢管	3.00	20	0.07	5.17	16	2.00	4	20

图 11-140　设计计算

❑　校核计算

执行“计算”→“校核计算”命令，可以在管径已知的条件下进行计算。根据设计计算的结果，调整管径等参数后，可进行校核计算，功能类似于复算。此外，校核计算命令还可以用来对系统的调试和诊断。

4．绘制原理图和输出计算书

执行“绘图”→“绘原理图”命令，在绘图区中指定原理图的插入点，即可完成原理图的绘制，结果如图 11-141 所示。

执行“计算”→“输出计算书”命令，系统弹出【另存为】对话框；选择计算书的存储路径，即可将计算结果以.xls 的格式输出，结果如图 11-142 所示。

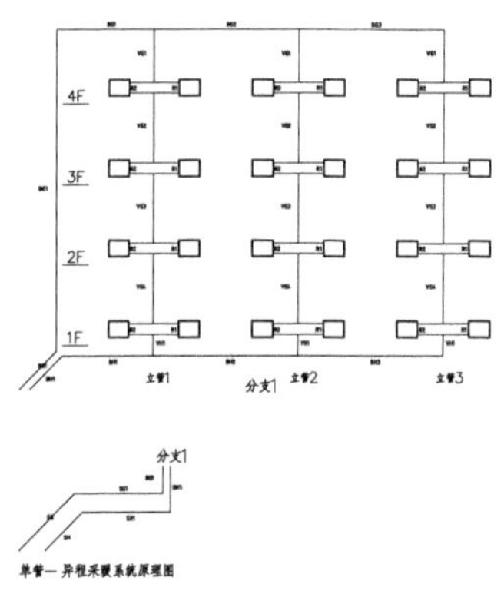

图 11-141　绘制原理图

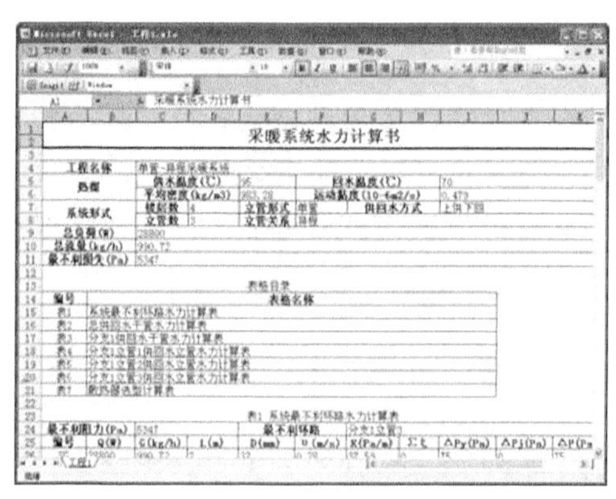

图 11-142　输出计算书

11.8 水管水力

调用水管水力命令，可以计算空调水管水力。

水管水力命令的执行方式有以下几种：

➢　命令行：在命令行中输入 SGSL 命令按回车键。

➢　菜单栏：单击“计算”→“水管水力”命令。

下面介绍水管水力命令的操作方法。

在命令行中输入 SGSL 命令按回车键，系统弹出如图 11-143 所示的【天正空调水路水力计算】对话框。

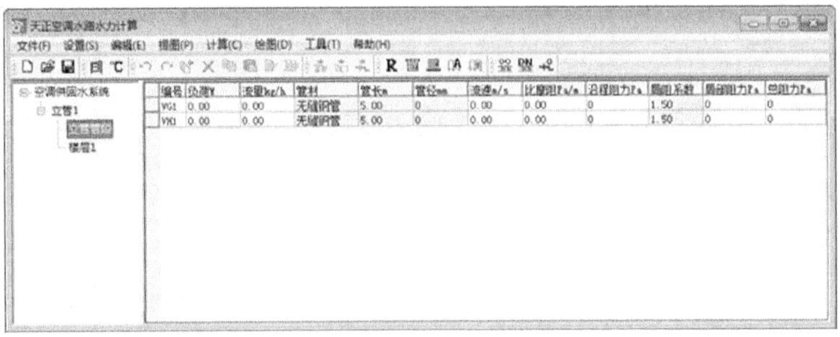

图 11-143 【天正空调水管水力计算】对话框

对话框界面介绍如下：

菜单栏：单击菜单栏上相应的选项，在弹出的下拉列表中可以调用选中的命令，通过单击工具栏上的命令按钮，可调用相应的命令。

工具栏：显示常用命令的按钮，可以通过工具菜单调整需要在工具栏上显示的命令。

树视图：显示计算系统的结构树，可以执行“设置”→“系统形式”命令进行设置。

数据表格：显示计算所需的参数和计算结果，计算完成后，执行“计算”→“计算书设置”命令选择计算书的内容并输出计算书。

【文件】菜单：该选项菜单提供了工程保存、打开等多项命令：

“新建”选项：选择该项，可以同时建立多个计算工程文档。

“打开”选项：打开文件中的水力计算工程，文件后缀名为.ssl。

“保存”选项：将选中的水力计算工程保存下来。

【设置】菜单：在执行水力计算前，设置水力系统的各项参数（如系统形式、设计风格、管材规格等），如图 11-144 所示。

“系统形式”选项：选择该项，系统弹出如图 11-145 所示的【系统形式】对话框，在对话框中可以设置楼层数目、高度，调整供回水方式、立管数等。

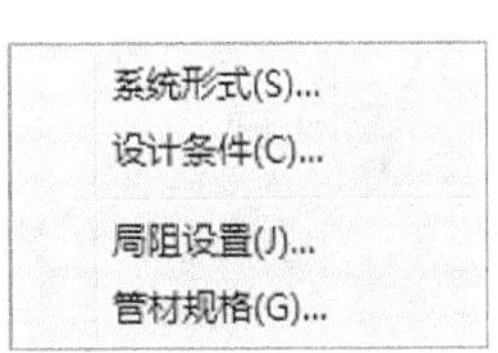

图 11-144 【设置】菜单

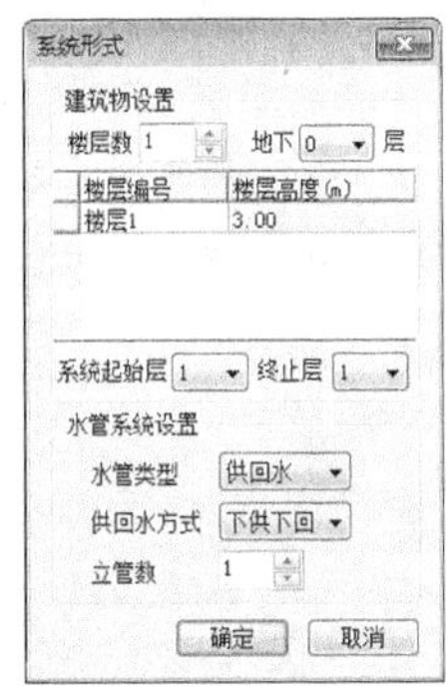

图 11-145 【系统形式】对话框

“局阻设置”选项：选择该项，系统调出如图 11-146 所示的【局部阻力设置】对话框，在其中设置各种类型水力设备的局阻数值。单击“三通 四通”选项后的矩形按钮□，在【连接构件】对话框中设置构件参数，如图 11-147 所示。

图 11-146 【局部阻力设置】对话框

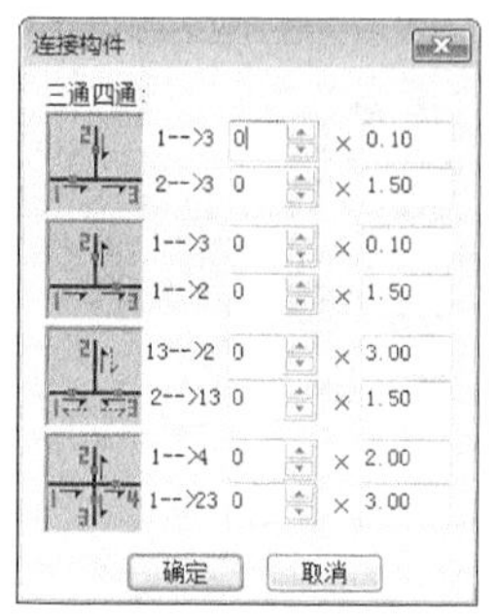

图 11-147 【连接构件】对话框

“设计条件”选项：选择该项，系统弹出如图 11-148 所示的【设计条件】对话框，在对话框中可以设置“热媒”、“管材”、“默认设备”的各项参数。

“管材规格”选项：选择该项，系统弹出如图 11-149 所示的【管材规格】对话框，在对话框中可设置系统管材的管径，可定义计算中用到的内外径参数，可以扩充管材规格表。

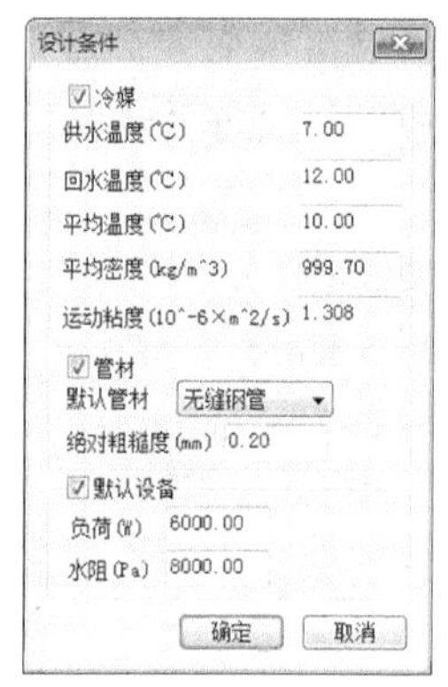

图 11-148 【设计条件】对话框

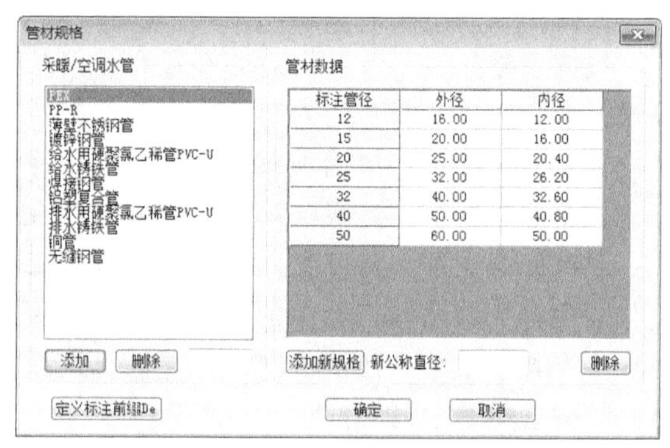

图 11-149 【管材规格】对话框

【编辑】菜单：菜单选项表中提供了一些编辑树视图的功能。

【提图】菜单：单击该项，在弹出的列表中可以提取相应的图形，如图 11-150 所示；在树视图上选中“楼层”结构，在弹出的右键菜单中可以选择提图命令，如图 11-151 所示；相应的结构所弹出的右键菜单中的提图命令是不同的。

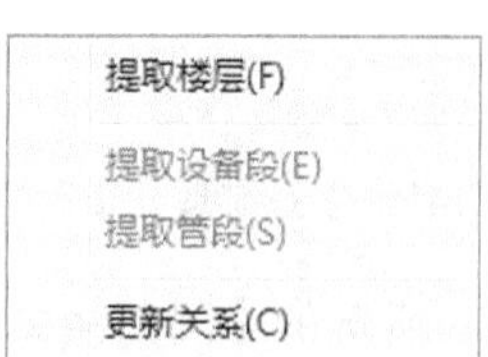

图 11-150 【提图】菜单

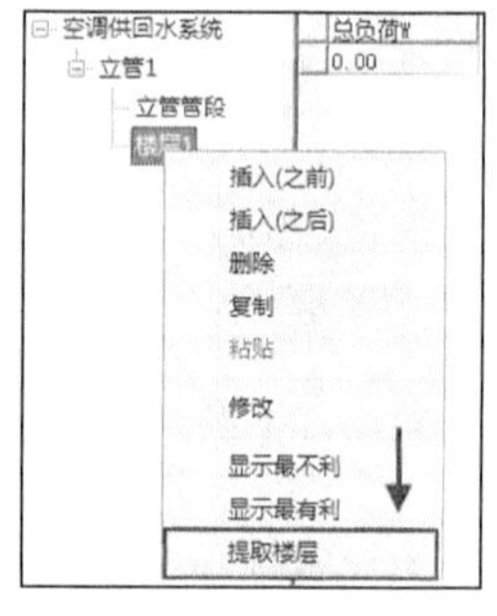

图 11-151 右键菜单

【计算】菜单：在菜单中提供了各种计算命令，如图 11-152 所示。

“计算控制”选项：选择该项，系统弹出如图 11-153 所示的【计算控制】对话框，在对话框中可以设置计算的各项参数。

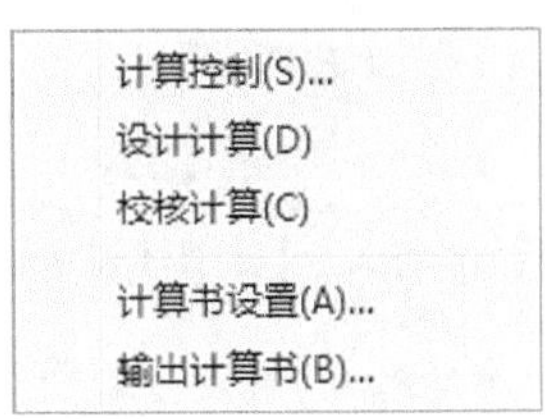

图 11-152　【计算】菜单

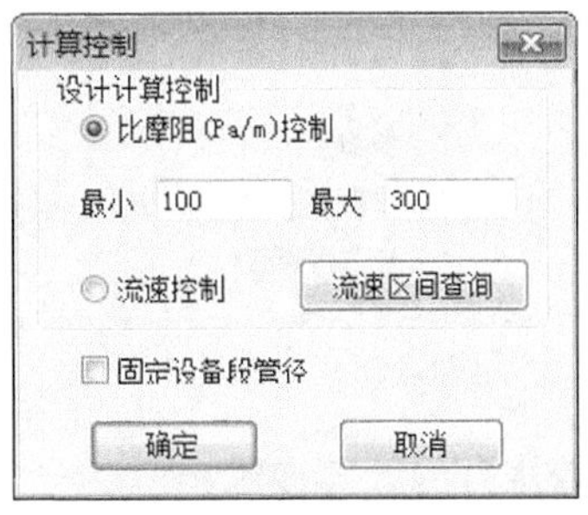

图 11-153　【计算控制】对话框

“设计计算”选项：选择该项，进行的是在管径未知的条件下的计算，可根据已知的条件，计算流量、管径、流速、沿程阻力、局部阻力、总阻力和不平衡率等。

“校核计算”选项：选择该项，进行的是在管径已知的条件下的计算，根据计算得到的结果，调整管径参数后，进行校核计算，类似于复算，校核计算同样可用于对系统的调试和诊断。

“计算书设置”选项：选择该项，系统弹出如图 11-154 所示的【计算书设置】对话框，在对话框中可以设置计算书的样式和所输出的内容。

“输出计算书”选项：选择该项，系统弹出如图 11-155 所示的【另存为】对话框，在其中定义计算书的存储文件夹，单击“保存”按钮即可输出计算书。

图 11-154　【计算书设置】菜单

图 11-155　【另存为】对话框

【绘图】菜单：可将计算同时建立的原理图，绘制到.dwg 图上；也可将计算得到的数据赋回原理图上，如图 11-156 所示。

“更新原图”选项：选择该项，可将计算后的管径等参数赋回到原图上，可直接进行管径标注等工作。

“选取管段”选项：选择该项，可以在选取图上的管段后，在计算的数据表格中对应亮显相应的数据。

【工具】菜单：选择该项，在弹出的快捷菜单中显示了各种快捷命令选项，如图 11-157

所示；勾选或取消其中的选项，可以控制其是否在工具栏上显示。

隐藏窗口(L)
更新原图(U)
选取管段(S)

图 11-156 【绘图】菜单

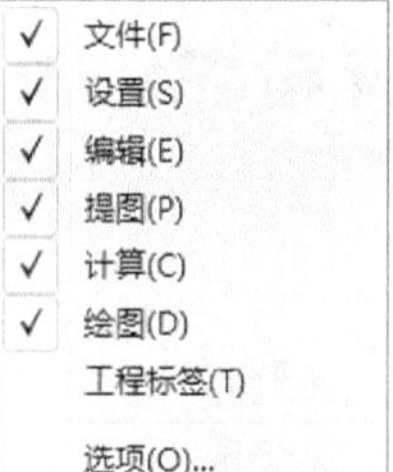

图 11-157 【工具】菜单

水管水力的计算步骤：

1、执行“设置”→“系统形式”命令，设置系统结构。

2、执行【编辑】菜单和【提图】菜单中的相应命令，修改并完善系统模型。

3、完善数据，着手进行计算。

4、执行“计算”→“输出计算书”命令，输出计算书。

11.9 水力计算

调用水力计算命令，可以计算风管水力和水管水力。

水力计算命令的执行方式有以下几种：

➢ 命令行：在命令行中输入 SLJS 命令按回车键。

➢ 菜单栏：单击“计算”→“水力计算”命令。

下面介绍水力计算命令的操作方法。

在命令行中输入 SLJS 命令按回车键，系统弹出如图 11-158 所示的【天正水力计算工具】对话框。

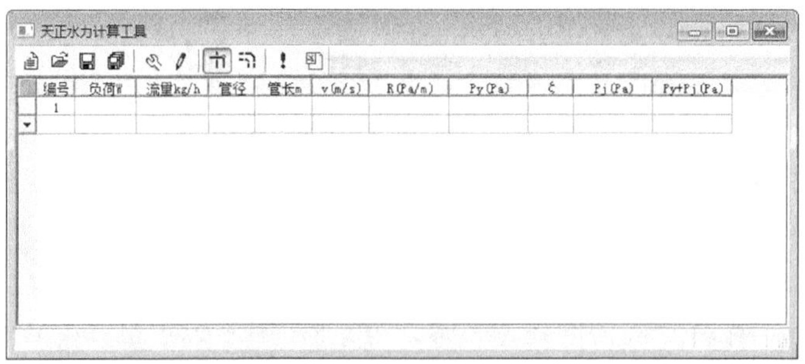

图 11-158 【天正水力计算工具】对话框

双击表格行首的▼，命令行提示如下：

选择提取的水管段：　　//在绘图区中框选待计算的水管管段，系统可将数据返回对话框中。

单击 ! 按钮，即可计算出其他未知的参数，结果如图 11-159 所示。

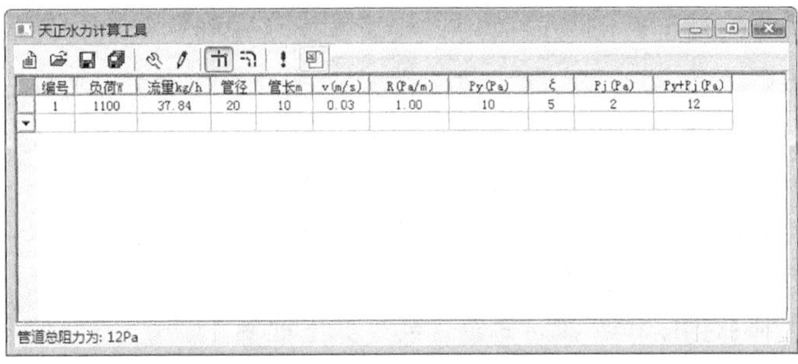

图 11-159　计算结果

【天正水力计算工具】对话框中各功能选项的含义如下：

- "新建工程"按钮：单击该按钮，可将计算的工程保存至指定位置，文件后缀名为.slc。
- "打开工程"按钮：单击该按钮，可以打开已存储的工程。
- "参数设置"按钮：单击该按钮，系统弹出如图 11-160 所示的【参数设置】对话框，在其中可以定义计算的各项参数。
- "统计"按钮：单击该按钮，在对话框的左侧弹出列表，如图 11-161 所示，在其中可以统计每个管段的总阻力。
- "水管计算"按钮：单击该按钮，可以计算水管的水力。
- "风管计算"按钮：单击该按钮，可以计算风管的水力；命令行提示"选择提取的风管段:"，在绘图区中选定待计算的风管，即可在对话框中根据风管的参数来计算其他各项参数。
- "计算"按钮：单击该按钮，可以通过给出的已知数据，来计算出其他的未知参数。
- "计算书输出"按钮：单击该按钮，可将计算结果以.xls 的格式输出。

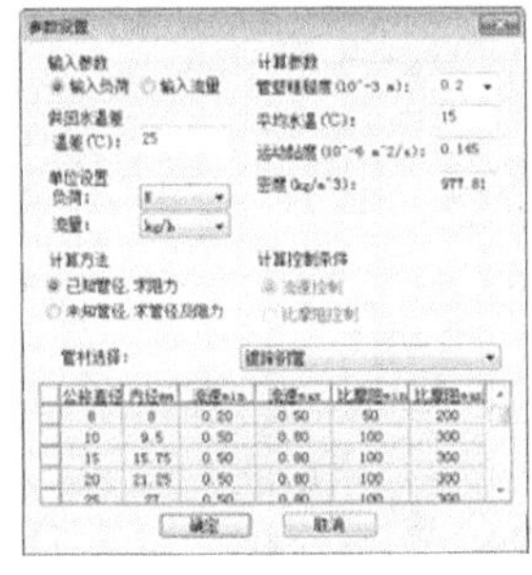

图 11-160　【参数设置】菜单

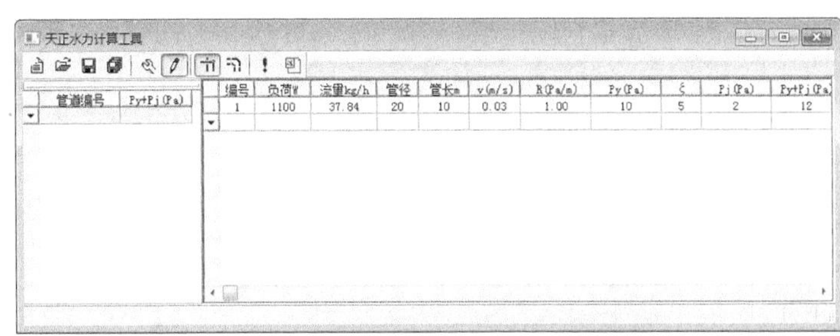

图 11-161　计算列表

11.10 风管水力

调用风管水力命令，可以计算风管的水力。通过提取风管平面图或系统图的信息进行计算，在编辑数据的同时可对应亮显管段，实现数据与图形相结合，同时计算结果可赋值到图形上进行标注。

风管水力命令的执行方式有以下几种：

- 命令行：在命令行中输入 FGSL 命令按回车键。
- 菜单栏：单击“计算”→“风管水力”命令。

下面介绍风管水力命令的操作方法。

在命令行中输入 FGSL 命令按回车键，系统弹出如图 11-162 所示的【天正风管水力计算】对话框。

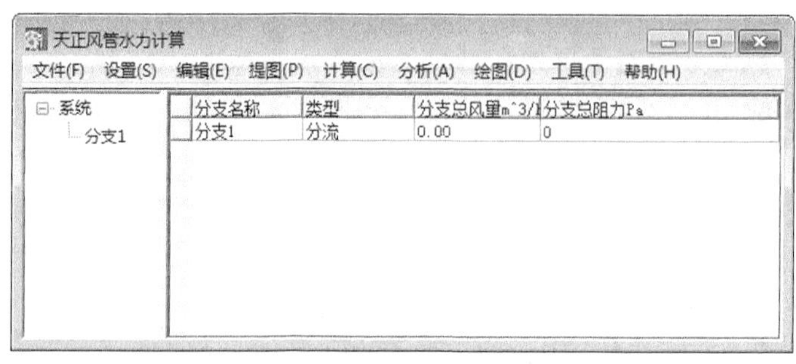

图 11-162 【天正风管水力计算】对话框

【天正风管水力计算】对话框界面介绍如下：

【文件】菜单：在该菜单中可实现新建工程、打开工程、保存工程等操作，其中工程名称的后缀为.fsl。

选择菜单中的“退出”选项，可以退出风管水力计算程序。

【设置】菜单：在菜单中设置计算中用到的参数、单位等默认数据，如图 11-163 所示；

“设计条件”选项：选择该项，系统弹出如图 11-164 所示的【设计条件】对话框，可以设置工程计算所需要的参数，其中包括：

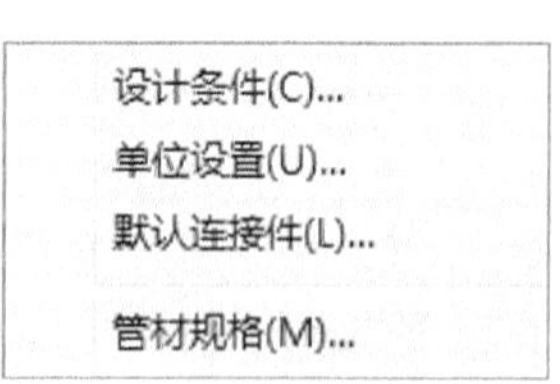

图 11-163 【设置】菜单

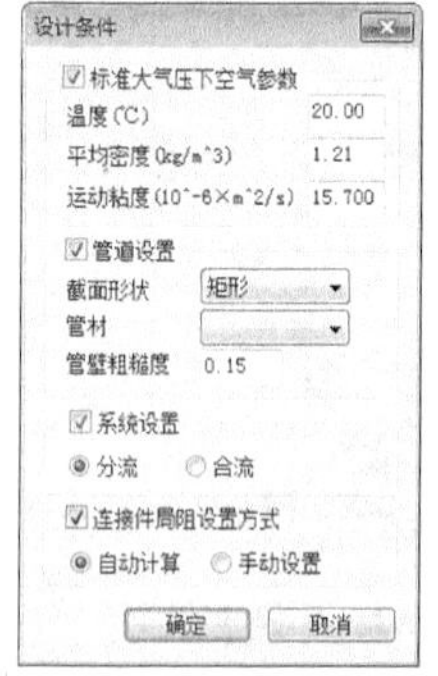

图 11-164 【设计条件】对话框

- “标准大气压下空气参数”选项：该参数由于是计算中需要用到的参数，需要在计算前进行设置。
- “管道设置”选项：该项参数可以不预先设置，因为在程序进行提图操作时，可以自动识别管道的截面。

➢ “系统设置”选项：设置系统样式，有分流、合流两种方式，由于是计算中需要用到的参数，需要在计算前进行设置。
➢ “连接件局阻设置方式”选项：默认为“自动计算”方式，即在提图后，可以根据图形自动判断连接关系，同时进行局阻系数计算，选定“手动设置”方式，在提图后，需要手动逐个管段进行局阻系数设置来完成计算。

“单位设置”选项：选择该项，弹出如图 11-165 所示的【单位设置】对话框，在其中可以设置涉及计算的各单位。

“默认连接件”选项：选择该项，弹出如图 11-166 所示的【默认连接件】对话框，在其中可以选择默认连接件样式，有矩形和圆形两种样式；自动计算可直接根据设置计算出局阻系数。

图 11-165 【单位设置】菜单

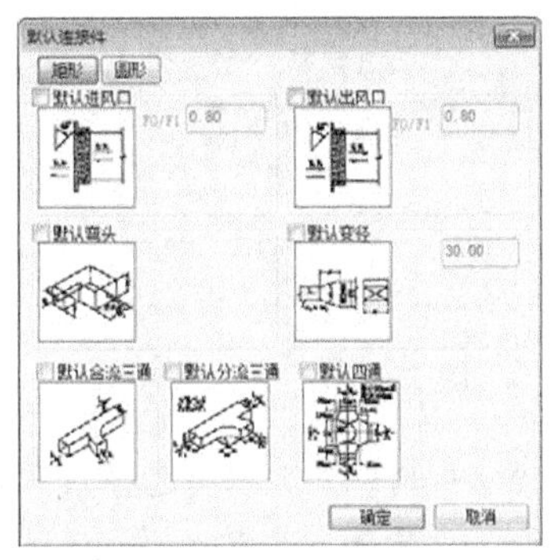

图 11-166 【默认连接件】对话框

“管材规格”选项：选择该项，系统弹出如图 11-167 所示的【风管设置】对话框，在其中可以扩充管材及规格等。

【编辑】菜单：在其中包括了常用的编辑功能，如：

➢ “撤销”选项：选择该项，可以撤销上一步的操作。
➢ “恢复”选项：选择该项，可以恢复已做操作。
➢ “插入”选项：选择该项，可以插入分支。
➢ “删除”选项：选择该项，可以删除选中的分支。
➢ “复制”选项：选择该项，可以复制系统或分支。
➢ “粘贴”选项：选择该项，可以粘贴或复制选中的系统或分支。
➢ “统一编号”选项，选择该项，系统弹出如图 11-168 所示的【统一编号】对话框；在其中可以将序号重新排列。

【提图】菜单：执行提取相应图形的命令，如图 11-169 所示。

➢ “提取分支”选项：选择该项，可以在绘图区中提取风管，在树视图中选中分支，单击右键，在弹出的快捷菜单中选中“提取分支”选项，也可执行提取风管的操作。
➢ “提取管段”选项：选择该项，则与参数相对应的管段可以在绘图中闪烁，表明已被提取；在参数行首单击右键，在弹出的快捷菜单中也可选择“提取管段”命令，如图 11-170 所示。

【计算】菜单：提图操作完成后，表明数据信息建立完毕，可以通过菜单中所包含的命令来进行计算，如图 11-171 所示。

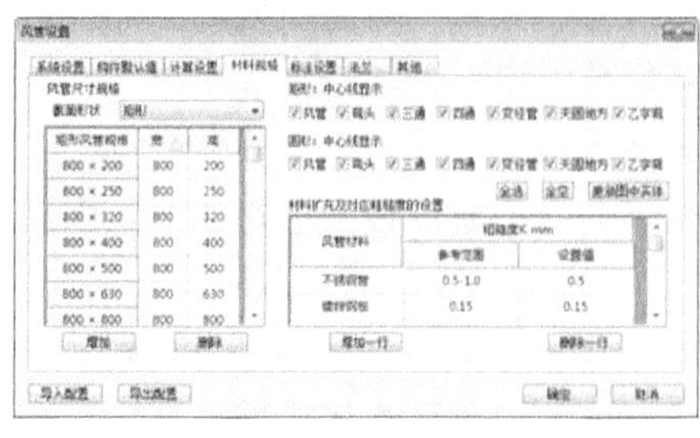

图 11-167 【风管设置】对话框

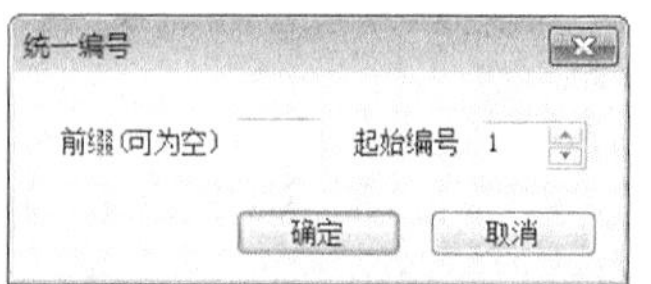

图 11-168 【统一编号】对话框

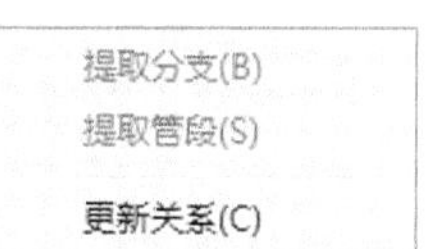

图 11-169 【提图】菜单

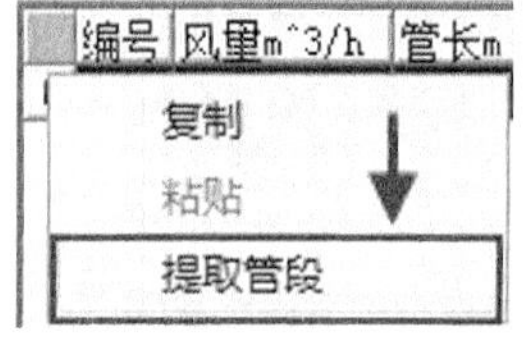

图 11-170 快捷菜单

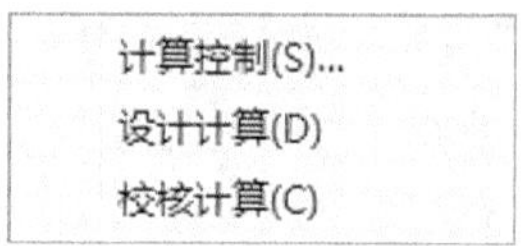

图 11-171 【计算】菜单

- “计算控制”选项：选择该项，系统弹出如图 11-172 所示的【计算控制】对话框，可以选择计算方法，设置经济比摩阻以及定义管径的参数和流速参数。
- “设计计算”选项：选择该项，在管径未知的条件下的计算，可根据已知的条件，计算流量、管径、流速、沿程阻力、局部阻力、总阻力和不平衡率等。
- “校核计算”选项：选择该项，进行的是在管径已知的条件下的计算；根据计算的结果，调整管径参数后，进行校核计算，类似于复算；校核计算同样可用于对系统的调试和诊断。

【分析】菜单：可执行显示最不利管线与输出计算书的操作，如图 11-173 所示。

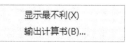

图 11-172 【计算控制】对话框

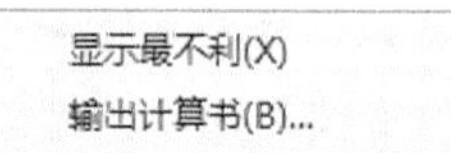

图 11-173 【分析】菜单

- “显示最不利”选项：在计算完成后，选择该项，可以显示最不利的管路，在树视图上选中分支，在其右键菜单中也可选中该命令。
- “输出计算书”选项：选择该项，系统弹出【另存为】对话框；指定存储路径，即可将计算结果以.xls 的格式输出。

【绘图】菜单：可以将计算得到的数据赋到原图中，如图 11-174 所示。

➢ “隐藏窗口”选项：选择该项，可以暂时隐藏【天正风管水力计算】对话框，以便查看.dwg 图纸的信息。
➢ “更新原图”选项：计算后选择该项，可以将计算后的数据赋回图上。
➢ “选取管段”选项：在编辑管段数据时，可通过此命令选择.dwg 图纸上的管段，则对话框界面上与被选管段对应的数据会被选中。

【工具】菜单：包括工程标签和选项两个命令，可以对文档的显示和提图的参数进行设置，如图 11-175 所示。

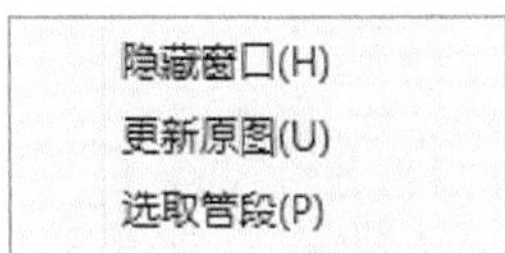

图 11-174　【绘图】菜单

图 11-175　【工具】菜单

➢ “工程标签”选项：选择该项，工程可以文档标签显示，如图 11-176 所示。
➢ “选项”选项：选择该项，系统弹出如图 11-177 所示的【选项】对话框,在其中可以设置提图的参数、赋回原图的参数以及数据表格的参数。

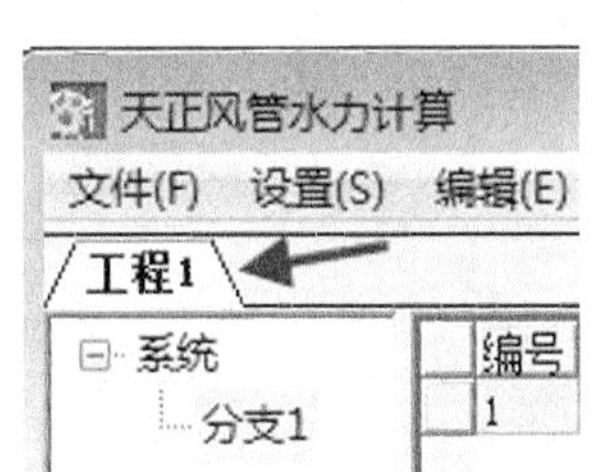

图 11-176　文档标签

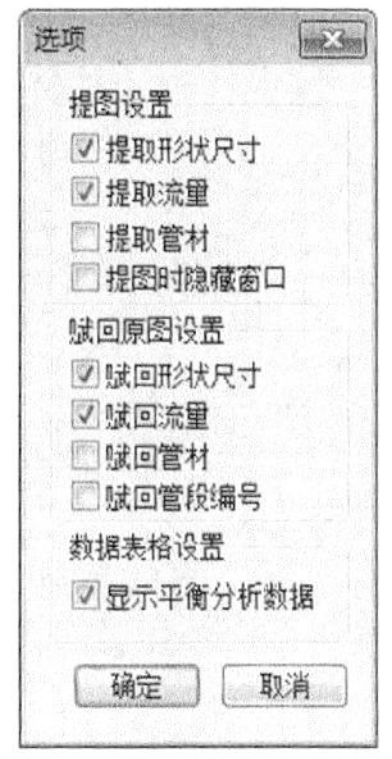

图 11-177　【选项】对话框

以下举例说明风管水力计算的方法：

01 按 Ctrl+O 组合键，打开配套光盘提供的“第 11 章/ 11.10　风管水力.dwg”素材文件，结果如图 11-178 所示。

02 在命令行中输入 FGSL 命令按回车键，系统弹出【天正风管水力计算】对话框，结果如图 11-179 所示。

03 在树视图上选择“分支 1”选项并单击鼠标右键，在弹出的快捷菜单中选择“提取分支”选项，如图 11-180 所示。

04 在绘图区中选择风管起始端，命令行的提示如下：

```
请选择风管起始端：                    //如图 11-181 所示。
```

确认选择(Y)或[重新选择(N)]:　　　　//按下回车键完成提取操作。
已成功提取!

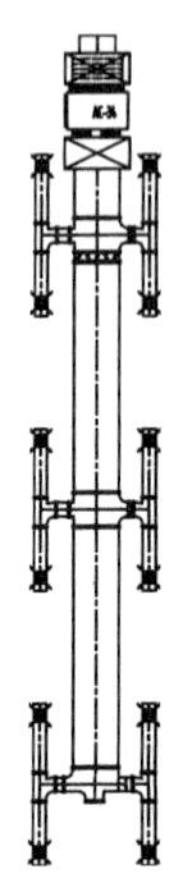
图 11-178　打开素材

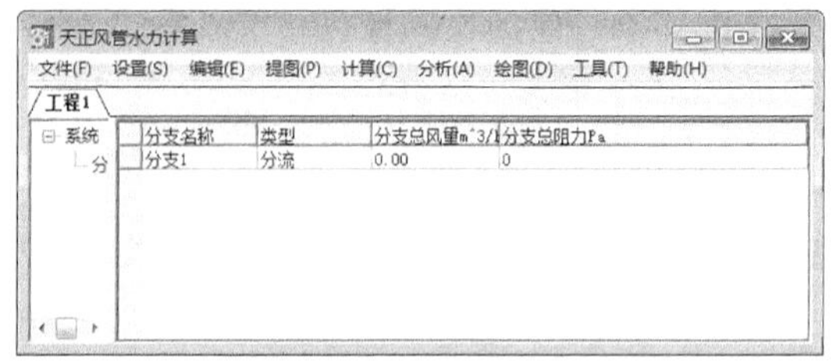
图 11-179　【天正风管水力计算】对话框

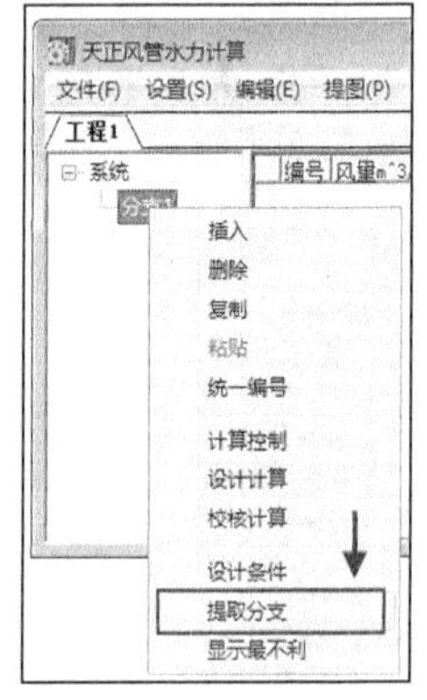

图 11-180　快捷菜单

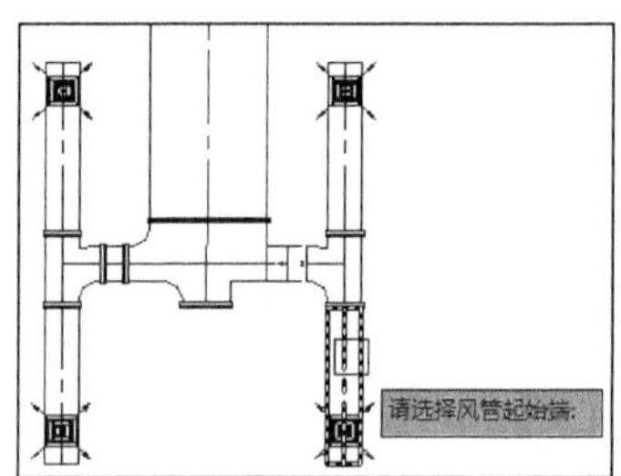

图 11-181　选择风管起始端

05 此时所提取的风管的参数返回至【天正风管水力计算】对话框中，如图 11-182 所示。

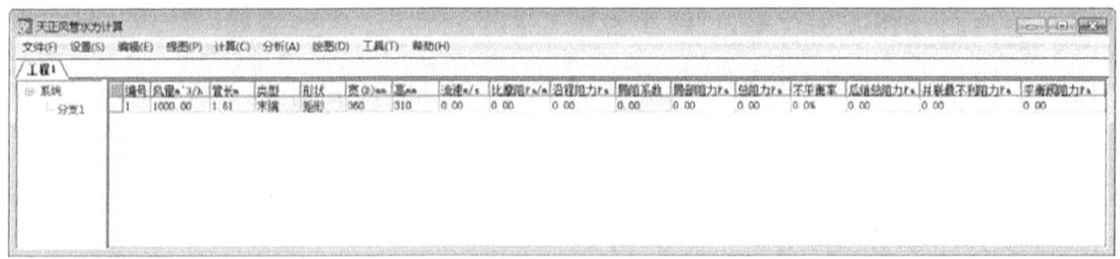
图 11-182　提取结果

06 执行“计算”→“设计计算”命令，则系统根据所提取的参数进行水力计算，结果如图 11-183 所示。

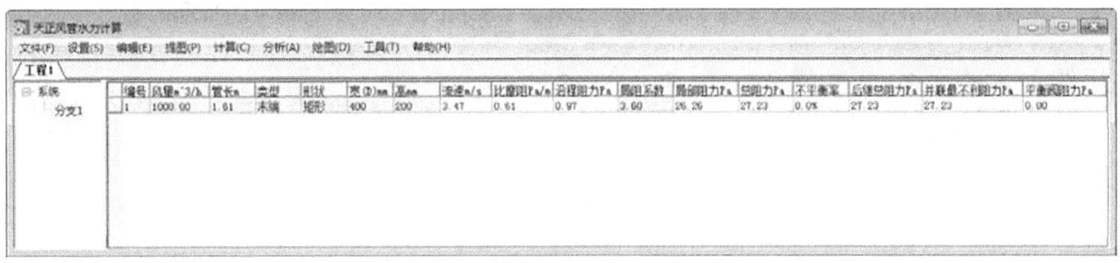

图 11-183　设计计算

07 执行“分析”→“输出计算书”命令，调出【另存为】对话框，在其中设置文件名称及保存路径，如图 11-184 所示。

08 计算结果以.xls 的格式输出，结果如图 11-185 所示。

图 11-184　【另存为】对话框

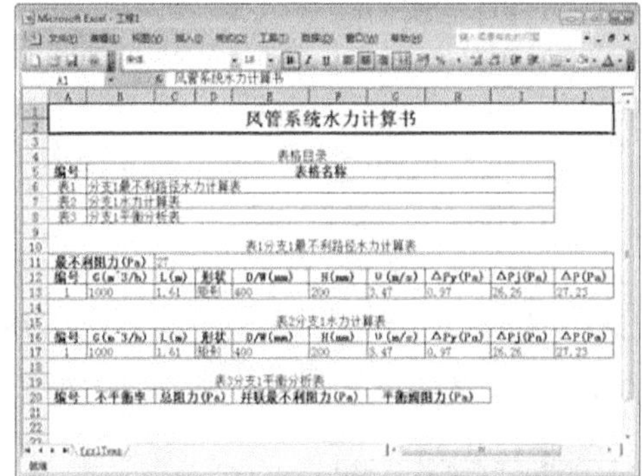

图 11-185　计算书

11.11 结果预览

执行风管水力计算后，计算数据会赋回图上；可通过结果预览命令预览各个管段的流速预计比摩阻参数。

结果预览命令的执行方式有以下几种：

➢ 命令行：在命令行中输入 JGYL 命令按回车键。

➢ 菜单栏：单击“计算”→“结果预览”命令。

下面介绍结果预览命令的操作方法：

在命令行中输入 JGYL 命令按回车键，系统弹出如图 11-186 所示的【结果预览】对话框；系统默认显示“流速范围”参数，此时图中风管根据对话框上设定的颜色范围，来显示指定流速的颜色，如图 11-187 所示。

切换至“比摩阻范围”选项，即可显示比摩阻的范围参数，如图 11-188 所示。

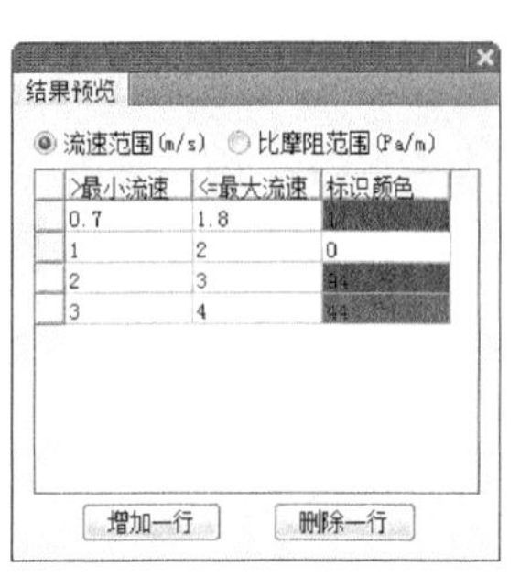

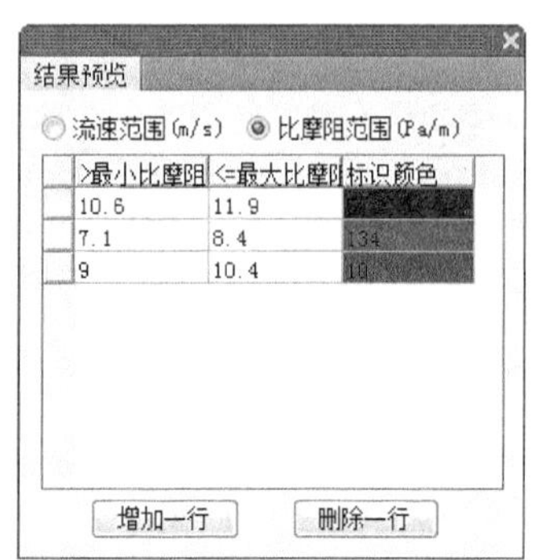

图 11-186 【结果预览】对话框　　图 11-187 显示结果　　图 11-188 选择“比摩阻范围”选项

11.12 定压补水

调用定压补水命令，可以为定压补水系统选择适合的水箱或气压罐。

定压补水命令的执行方式有以下几种：

➢ 命令行：在命令行中输入 DYBS 命令按回车键。

➢ 菜单栏：单击“计算”→“定压补水”命令。

执行“定压补水”命令，系统调出如图 11-189 所示的【定压补水】对话框。

1. 选择水箱

在“初始参数”选项组下设置“供水温度”、“回水温度”，并选择水箱的类型，有“圆型水箱”、“方型水箱”两种类型。在“建筑面积”选项中设置面积参数，单击“单位水容量”选项后的矩形按钮[...]，调出【系统的水容量】对话框，在其中提供了在不同的运行制式下，水容量的参数值范围，如图 11-190 所示。

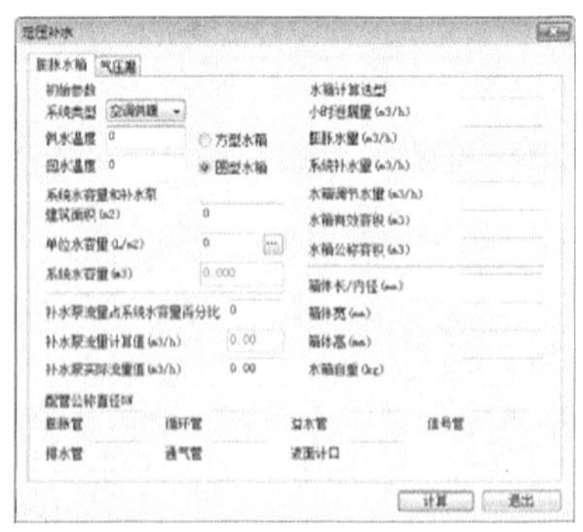

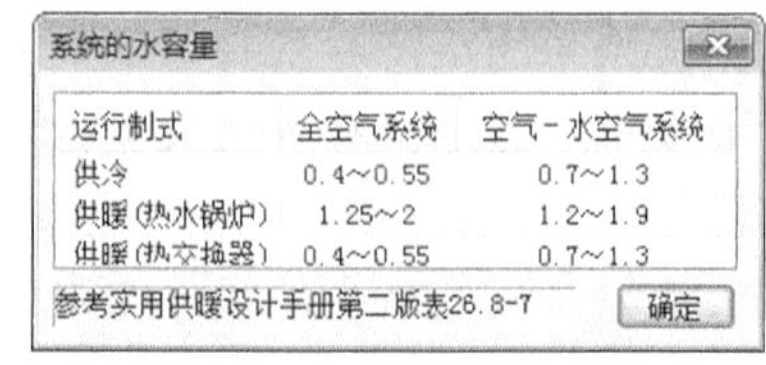

图 11-189 【定压补水】对话框　　图 11-190 【系统的水容量】对话框

分别在“初始参数”、“系统水容量和补水泵”选项组中设置参数后，单击“计算”按钮，即可执行计算操作，结果如图 11-191 所示。

选择“方型水箱”选项，各项参数保持不变，单击“计算”按钮，系统调出【膨胀水箱尺寸】对话框，提示用户选择与容积相对应的水箱尺寸，如图 11-192 所示。单击选择水箱尺寸，双击左键可将尺寸反映至对话框中。

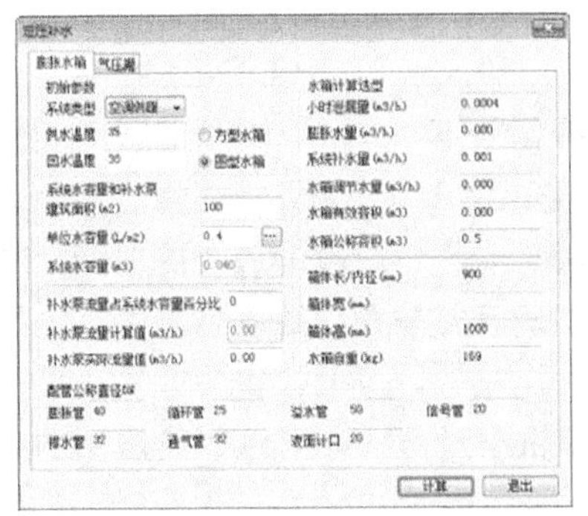

图 11-191 计算结果

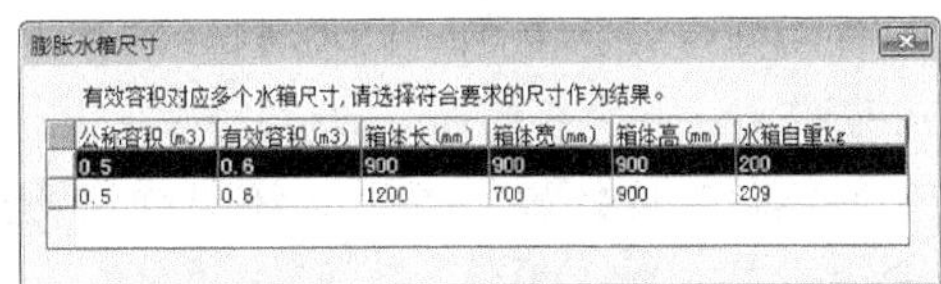

图 11-192 【膨胀水箱尺寸】对话框

2. 选择气压罐

选择“气压罐”选项卡，分别设置“初始参数”、“系统水容量和补水泵”选项组中的参数，单击“计算”按钮可执行计算操作，如图 11-193 所示。

在“系统类型”选项中选择其他类型的系统，如选择“空调供暖”系统，需要修改“供水温度”、“回水温度”参数，否则系统会调出【注意】对话框，提示用户修改参数，如图 11-194 所示。

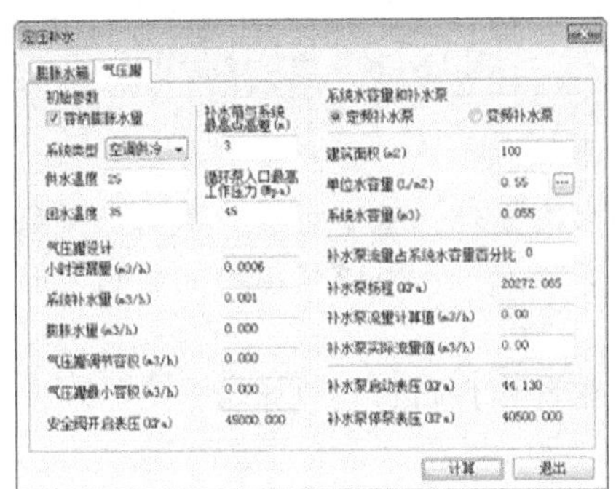

图 11-193 选择“气压罐”选项卡

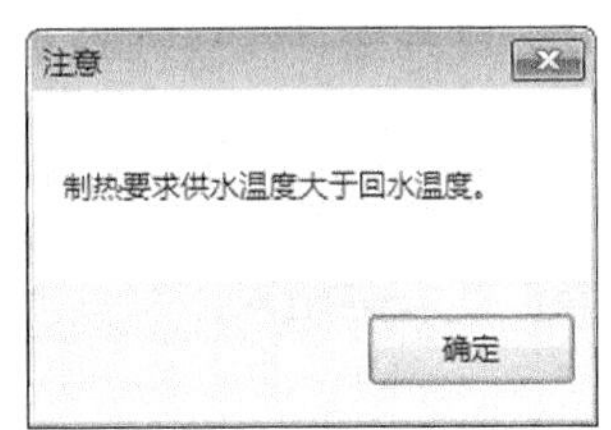

图 11-194 【注意】对话框

11.13 焓湿图分析

本章介绍关于焓湿图的知识。包括如何绘制焓湿图的方法，在焓湿图上创建状态点的操作，以及进行风盘计算和回风计算的方法等。

11.13.1 绘焓湿图

调用绘焓湿图命令，可以自定义参数来绘制焓湿图。

绘焓湿图命令的执行方式有以下几种：

- 命令行：在命令行中输入 HHST 命令按回车键。
- 菜单栏：单击“计算”→“绘焓湿图”命令。

下面介绍绘焓湿图命令的操作方法：

在命令行中输入 HHST 命令按回车键，命令行提示如下：

```
命令：HHST↙
输入插入点：            //在绘图区中点取焓湿图的插入点，系统弹出【焓湿图编辑】对话框。
```

在对话框中设置参数，如图 11-195 所示，单击“确定”按钮，绘制焓湿图，结果如图 11-196 所示。

双击绘制完成的焓湿图，系统可弹出【焓湿图编辑】对话框，可以对焓湿图的参数进行编辑修改。

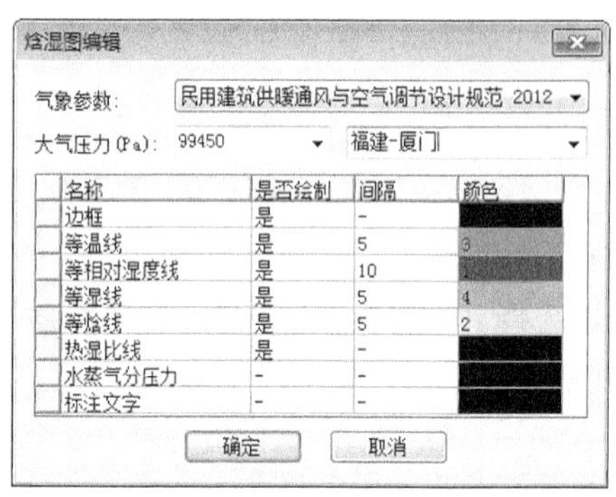

图 11-195　【焓湿图编辑】对话框

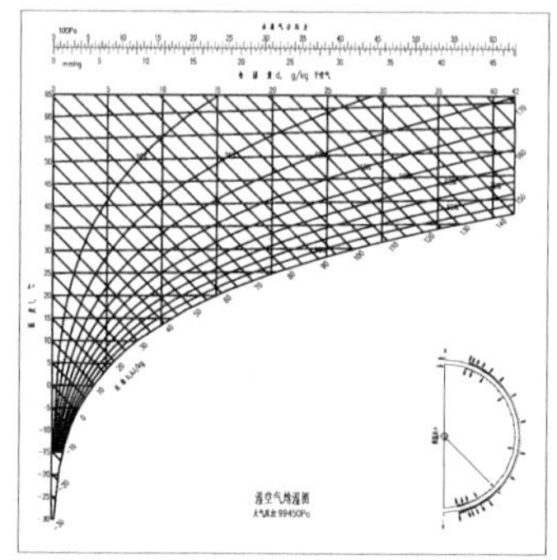

图 11-196　绘制焓湿图

【焓湿图编辑】对话框中各功能选项的含义如下：

“大气压力”选项：单击选项文本框，可在弹出的下拉列表中选择数值，也可自行输入数值；单击后面的选项文本框，在弹出的列表中选择城市，系统可自动加载相应的大气压力值。

列表中等温线、等相对湿度线等的间隔、颜色参数用户可进行自定义。

11.13.2 建状态点

调用建状态点命令，可以在焓湿图上新建状态点。

建状态点命令的执行方式有以下几种：

- 命令行：在命令行中输入 JZTD 命令按回车键。
- 菜单栏：单击“计算”→“建状态点”命令。

下面介绍建状态点命令的操作方法：

01 按 Ctrl+O 组合键，打开配套光盘提供的“第 11 章/ 11.13.2　建状态点.dwg”素材文件，结果如图 11-197 所示。

02 在命令行中输入 JZTD 命令按回车键，系统弹出【新建状态点】对话框，设置参数如图 11-198 所示。

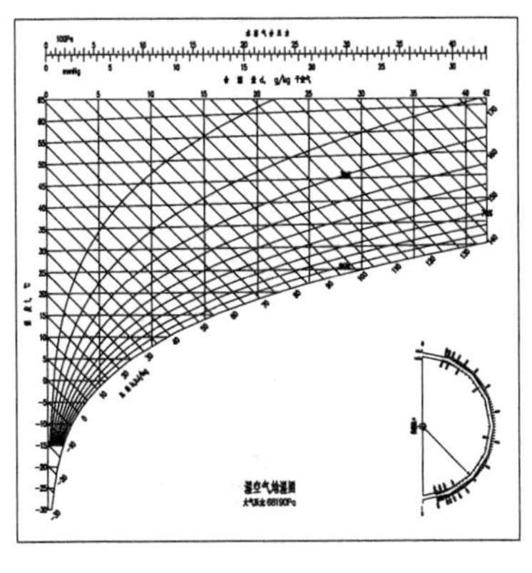

图 11-197 打开素材

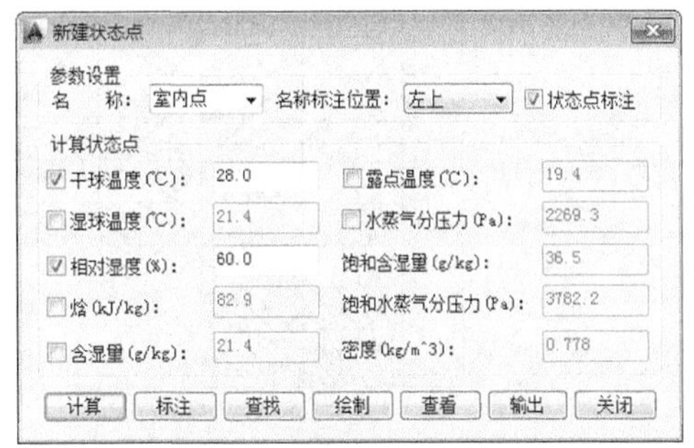

图 11-198 【新建状态点】对话框

03 在绘图区中单击“绘制”按钮，即可按照所定义的参数在焓湿图上绘制状态点，结果如图 11-199 所示。

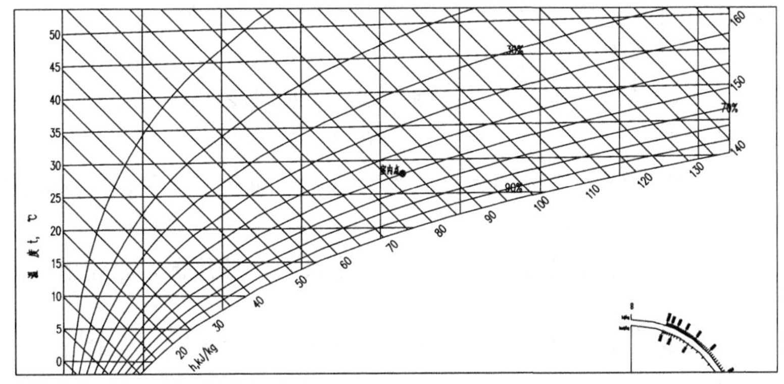

图 11-199 绘制结果

04 此时，【新建状态点】对话框不会关闭，在其中定义另一状态点的参数，如图 11-200 所示。

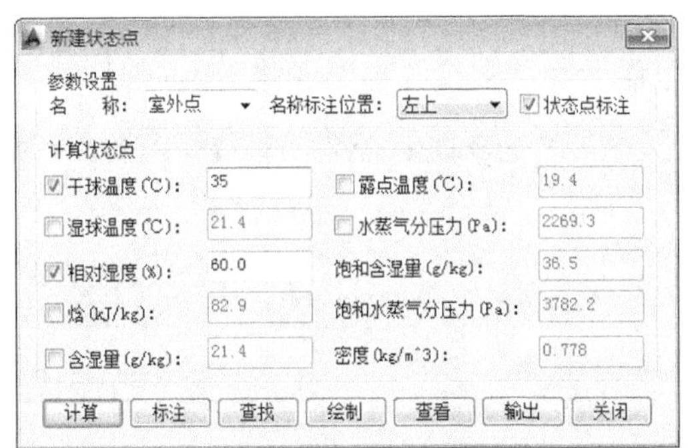

图 11-200 设置参数

05 在绘图区中单击“绘制”按钮，即可按照所定义的参数在焓湿图上绘制状态点，结果如图 11-201 所示。

图 11-201　绘制状态点

【新建状态点】对话框中各功能选项的含义如下：

“参数设置”选项组：

- “名称”选项：单击选项文本框，在弹出的下拉列表中可以选择状态点的名称；系统默认新状态点的名称为“新建点”，假如绘制的第一个点以“新建点”命名；第二个状态点没有自定义名称的话，则以“新建点 1”命名。
- “名称标注位置”选项：单击选项文本框，定义名称的标注位置；状态点的形状为实心的圆形，以其为基点来定义名称的标注位置。

“计算状态点”选项组：勾选待计算的状态点，即可亮显其后面的文本框，在其中定义或计算参数。

“计算”按钮：在“计算状态点”选项组中定义两个任意值，单击该按钮，可以计算其他参数值。

“标注”按钮：单击该按钮，可以将所建立的状态点参数标注到图上。

“查找”按钮：单击该按钮，命令行提示“请点取焓湿图上查询点:<退出>”；单击待查询的状态点，即可在【新建状态点】对话框中显示参数。

“绘制”按钮：定义状态点参数后，单击该按钮，可以在焓湿图中创建状态点。

“查看”按钮：单击该按钮，【新建状态点】对话框被关闭，用户可以在绘图区中查看图形。

“输出”按钮：单击该按钮，则状态点的参数以.xls 的格式输出，如图 11-202 所示。

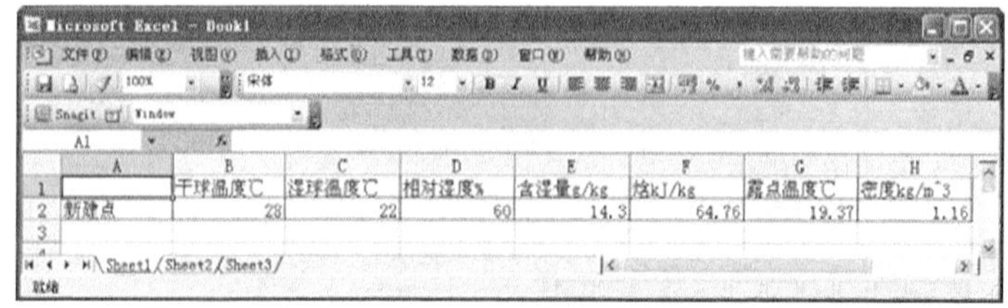

	A	B	C	D	E	F	G	H
1		干球温度℃	湿球温度℃	相对湿度%	含湿量g/kg	焓kJ/kg	露点温度℃	密度kg/m^3
2	新建点	28	22	60	14.3	64.76	19.37	1.16

图 11-202　输出结果

提示

双击绘制完成的状态点，系统可弹出【编辑状态点】对话框，在其中可以更改状态点的参数。

11.13.3 绘过程线

调用绘过程线命令，可以在选定两个状态点之间绘制过程线。

绘过程线命令的执行方式有以下几种：

➢ 命令行：在命令行中输入 HGCX 命令按回车键。

➢ 菜单栏：单击“计算”→“绘过程线”命令。

下面介绍绘过程线命令的操作方法：

01 按 Ctrl+O 组合键，打开配套光盘提供的“第 11 章/ 11.13.3 绘过程线.dwg”素材文件，结果如图 11-203 所示。

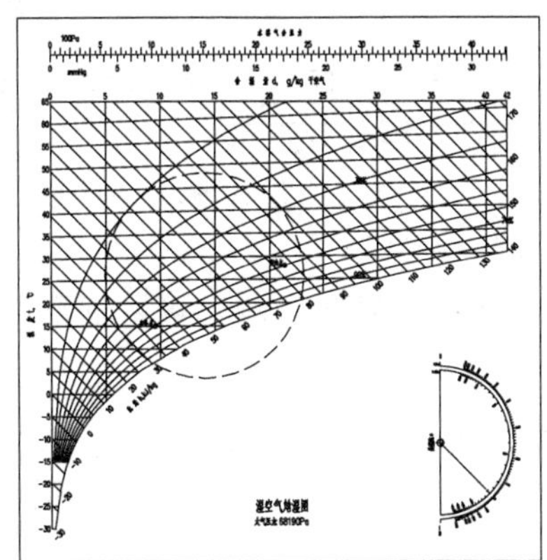

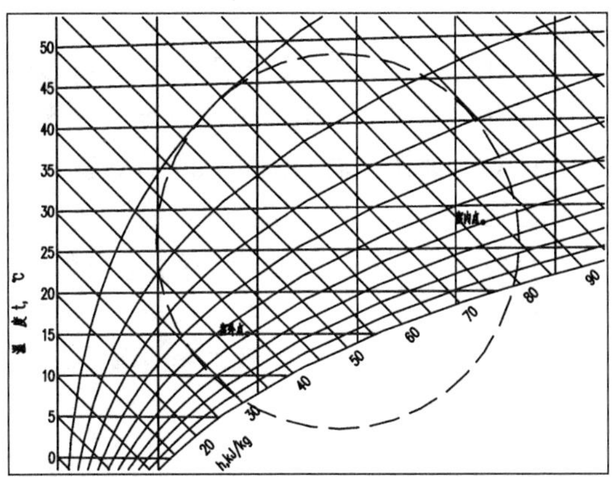

图 11-203 打开素材

02 在命令行中输入 HGCX 命令按回车键，命令行提示如下：

```
命令：HGCX↙
选择起始状态点<退出>:
起始点：室内点
选择下一状态点<退出>:
下一点：室外点            //分别选定起始点和终止点，绘制过程线，结果如图 11-204 所示。
```

11.13.4 空气处理

调用空气处理命令，可以根据指定的焓湿图，进行空气处理过程的计算。

空气处理命令的执行方式有以下几种：

➢ 命令行：在命令行中输入 KQCL 命令按回车键。

➢ 菜单栏：单击“计算”→“空气处理”命令。

在命令行中输入 KQCL 命令按回车键，选择已绘制完成的焓湿图，系统弹出如图 11-205 所示的【空气处理过程计算】对话框。

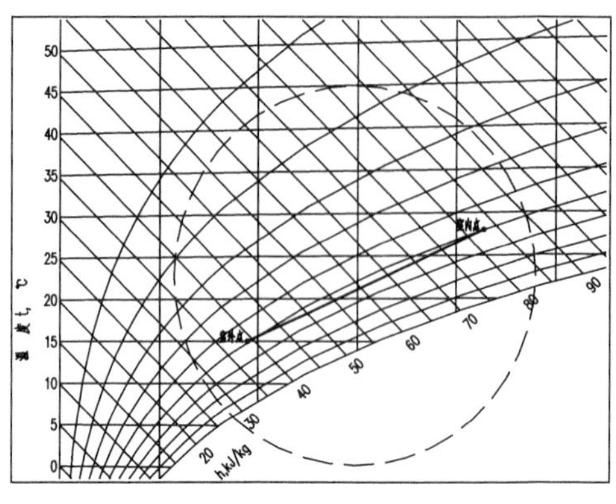

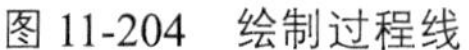
图 11-204　绘制过程线

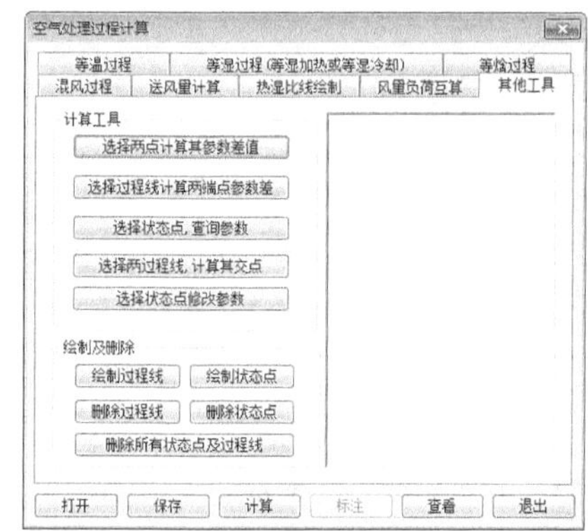

图 11-205　【空气处理过程计算】对话框

“打开”按钮：单击该按钮，可以打开先前保存的空气处理工程，工程的后缀名为.kqcl。

“保存”按钮：单击该按钮，可以将建立的空气处理过程保存下来。

“计算”按钮：输入已知状态点的参数，单击该按钮，可以计算其他状态的参数。

“标注”按钮：单击该按钮，将计算参数标注在图中。

“查看”按钮：单击该按钮，【空气处理过程计算】对话框被隐藏，可以查看绘图区中的图形。

下面分别介绍【空气处理过程计算】对话框中各选项卡的含义和用法：

1．等温过程

“等温过程”选项卡界面如图 11-206 所示。

在“初状态点参数”选项下单击“增加”按钮，系统弹出【新建状态点】对话框，设置参数如图 11-207 所示。

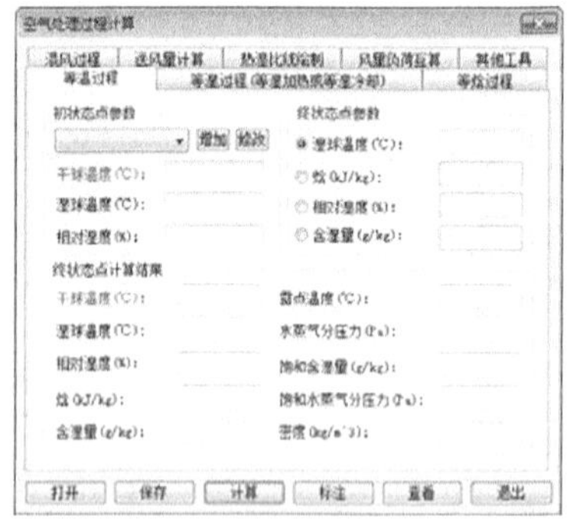

图 11-206　“等温过程”选项卡

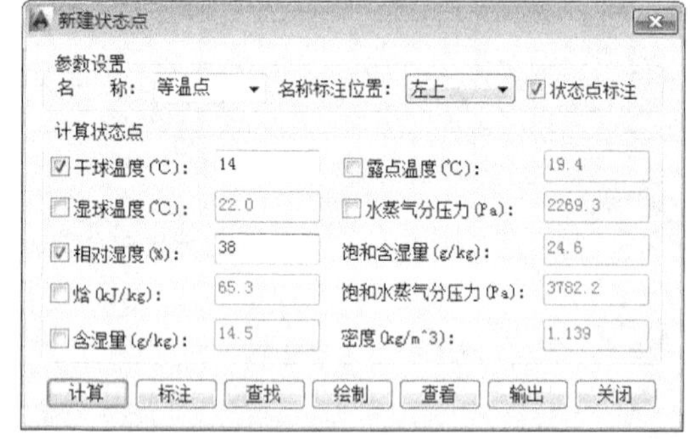

图 11-207　【新建状态点】对话框

在对话框中单击“绘制”按钮，即可在焓湿图上创建新状态点；单击“关闭”按钮返回【空气处理过程计算】对话框，单击对话框下方的“计算”按钮，计算结果即可显示在对话框的各选项中，结果如图 11-208 所示。

单击“标注”按钮，根据命令行的提示在绘图区中点取标注位置，即可将状态点的参数标注在图纸上，结果如图 11-209 所示。

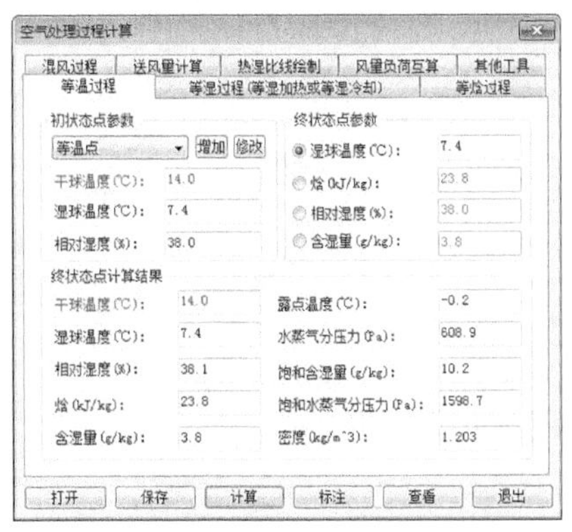

图 11-208　计算结果

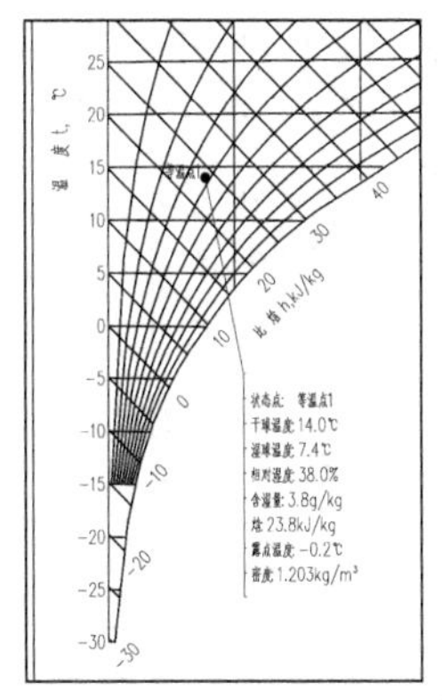

图 11-209　标注结果

2. 等湿过程

选择“等湿过程（等湿加热或等湿冷却）”选项卡，在“初状态点参数”选项下单击“增加”按钮，系统弹出【新建状态点】对话框，设置参数如图 11-210 所示。

在对话框中单击“绘制”按钮，即可在焓湿图上创建新状态点；单击“关闭”按钮返回【空气处理过程计算】对话框，单击对话框下方的“计算”按钮，计算结果即可显示在对话框的各选项中，结果如图 11-211 所示。

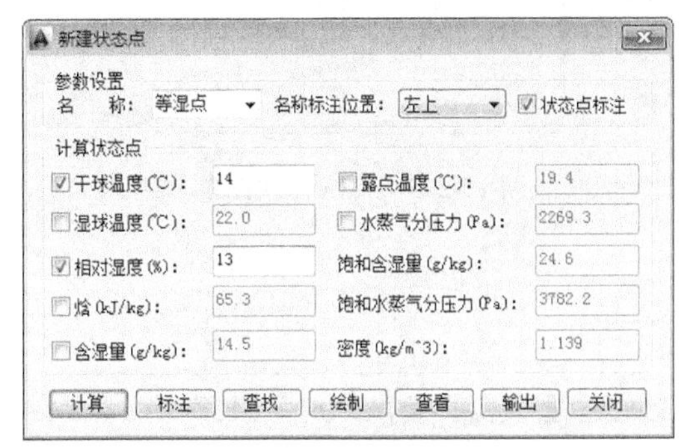

图 11-210　设置参数

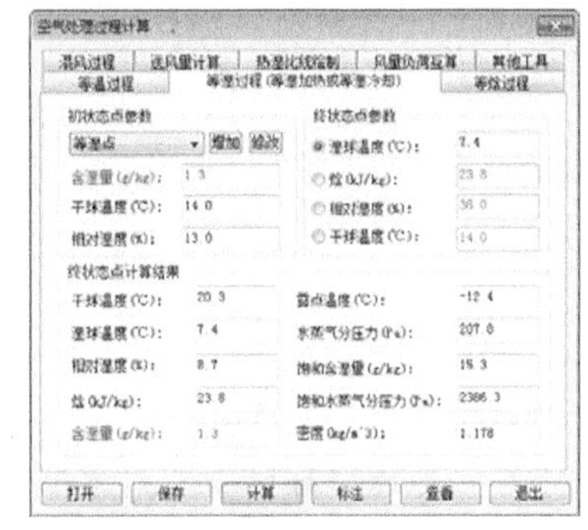

图 11-211　计算结果

单击“标注”按钮，根据命令行的提示在绘图区中点取标注位置，即可将状态点的参数标注在图纸上，结果如图 11-212 所示。

3. 等焓过程

选择“等焓过程”选项卡，在“初状态点参数”选项下单击“增加”按钮，系统弹出【新建状态点】对话框，设置参数如图 11-213 所示。

在对话框中单击“绘制”按钮，即可在焓湿图上创建新状态点；单击“关闭”按钮返回【空气处理过程计算】对话框，单击对话框下方的“计算”按钮，计算结果即可显示在对话框的各选项中，结果如图 11-214 所示。

单击“标注”按钮，根据命令行的提示在绘图区中点取标注位置，即可将状态点的参数标注在图纸，结果如图 11-215 所示。

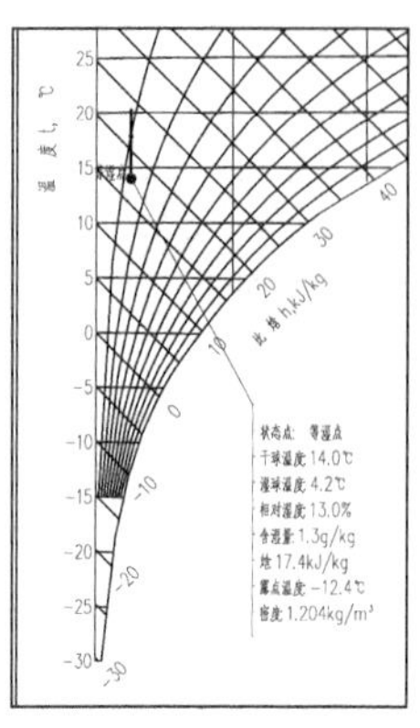

图 11-212　标注结果

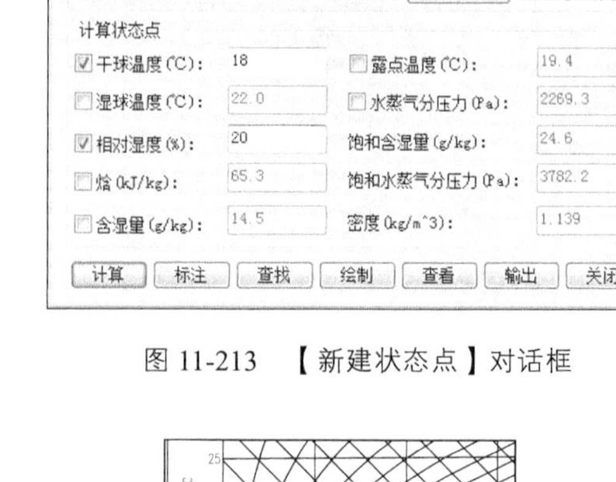

图 11-213　【新建状态点】对话框

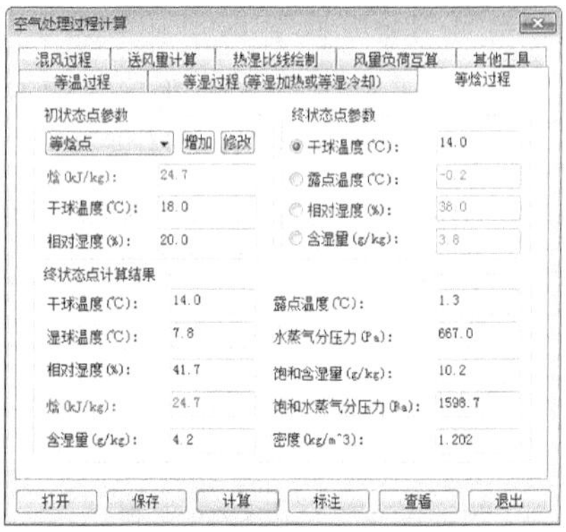

图 11-214　计算结果

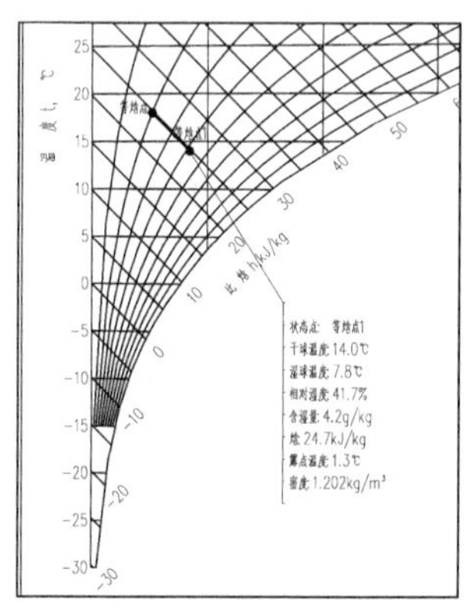

图 11-215　点取标注位置

4. 混风过程

打开素材文件，结果如图 11-216 所示。

在【空气处理过程计算】对话框中选项“混风过程”选项卡，分别定义第一点参数和第二点参数；单击对话框下方的“标注”按钮，计算结果则可显示在对话框的各选项中，结果如图 11-217 所示。

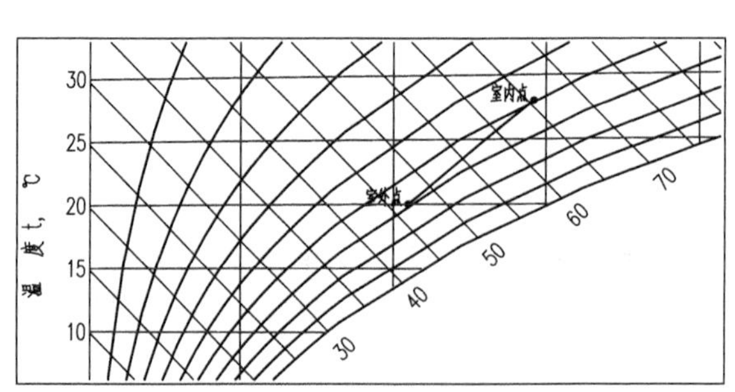

图 11-216　打开素材

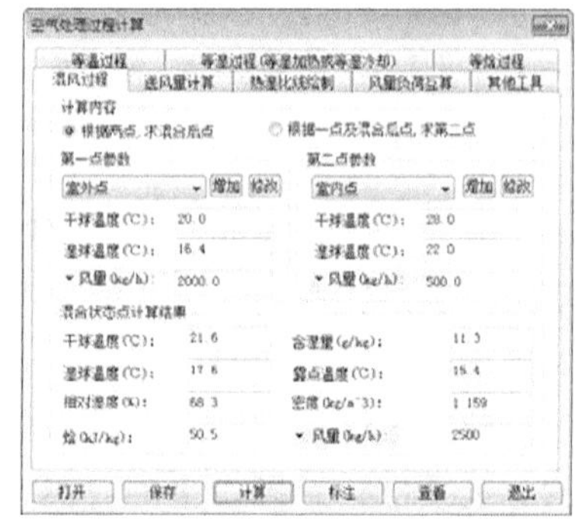

图 11-217　计算结果

单击“标注”按钮，根据命令行的提示在绘图区中点取标注位置，即可将状态点的参数标注在图纸，结果如图 11-218 所示。

5. 送风量计算

选择“送风量计算”选项卡，在“室内点参数”选项下单击“增加”按钮，系统弹出【新建状态点】对话框，设置参数如图 11-219 所示。

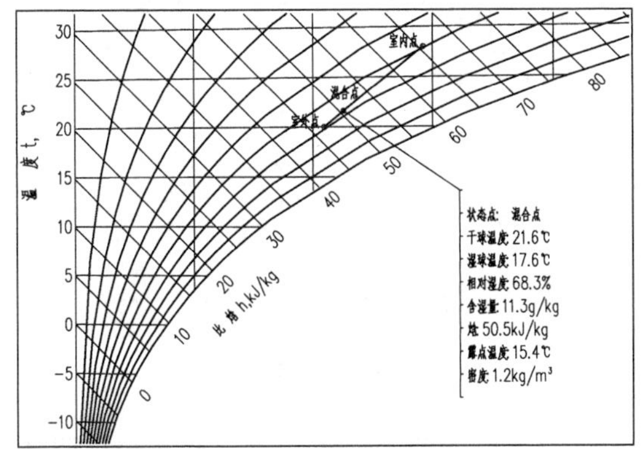

图 11-218 标注结果

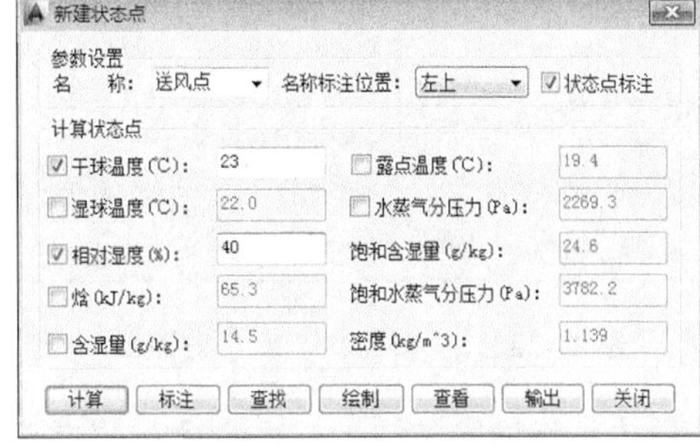

图 11-219 设置参数

在对话框中单击“绘制”按钮，即可在焓湿图上创建新状态点；单击“关闭”按钮返回【空气处理过程计算】对话框，单击对话框下方的“计算”按钮，计算结果即可显示在对话框的各选项中，结果如图 11-220 所示。

单击“标注”按钮，根据命令行的提示在绘图区中点取标注位置，即可将状态点的参数标注在图纸，结果如图 11-221 所示。

图 11-220 计算结果

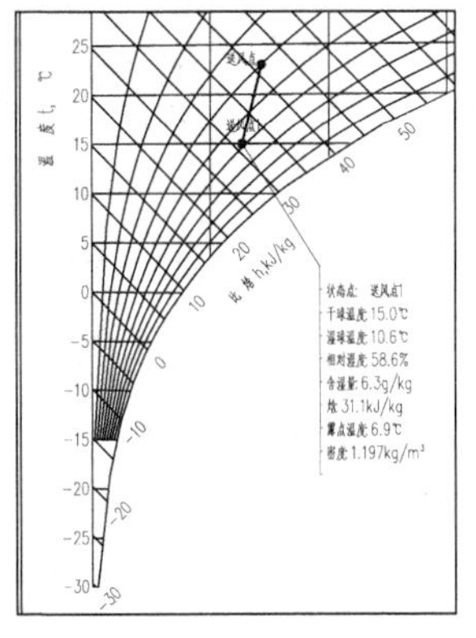

图 11-221 标注结果

6. 热湿比线绘制

选择“热湿比线绘制”选项卡，在“起点参数”选项下单击“增加”按钮，系统弹出【新建状态点】对话框，设置参数如图 11-222 所示。

在对话框中单击“绘制”按钮，即可在焓湿图上创建新状态点；单击“关闭”按钮返回【空气处理过程计算】对话框，在“计算参数”选项组下的“热湿比”下拉列表框中选择参数，再单击对话框下方的“计算”按钮，计算结果即可显示在对话框的各选项中，结果如图 11-223 所示。

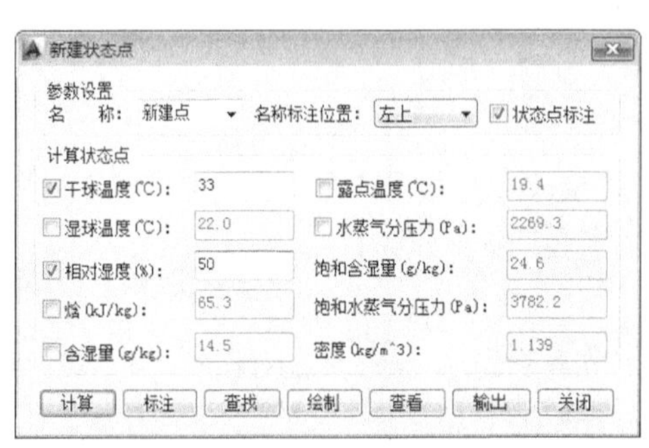

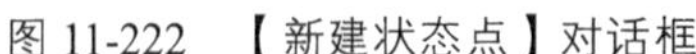
图 11-222 【新建状态点】对话框

图 11-223 计算结果

单击“标注”按钮，根据命令行的提示在绘图区中点取标注位置，即可将状态点的参数标注在图纸，结果如图 11-224 所示。

7. 风量负荷互算

在“第一点参数”选项组和“第二点参数”选项组下分别设置状态点参数，单击“计算”按钮可以按照所设定的值来计算风量。

单击“标注”按钮，可将状态点的参数标注在焓湿图上。

8. 其他工具

选择“其他工具”选项卡，对话框界面显示如图 11-225 所示。单击“计算工具”选项组下的各按钮，可以使用不同的计算方法得到想要的参数，对话框右边的预览框可以显示计算结果。

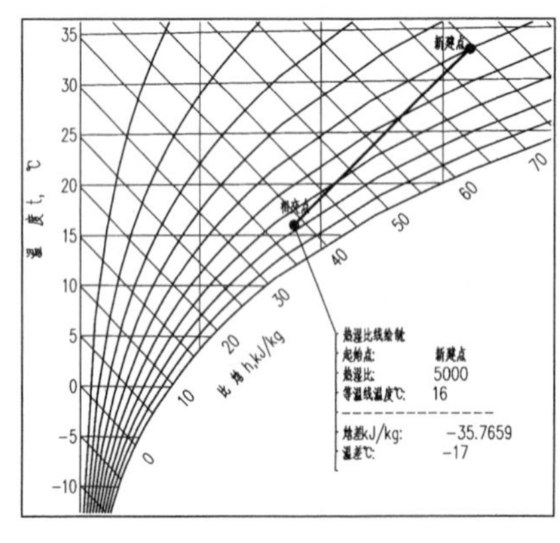

图 11-224 标注结果

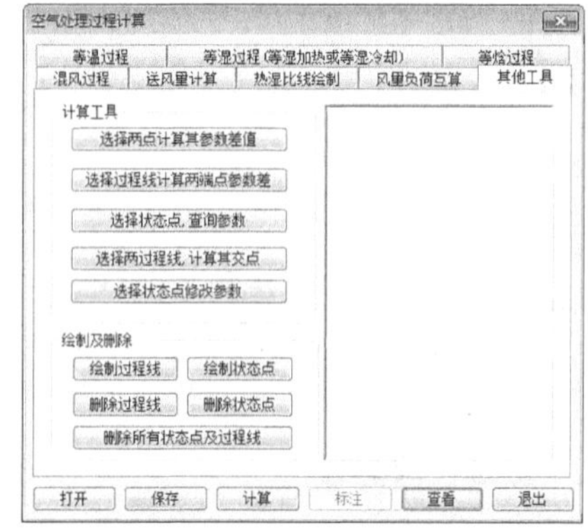

图 11-225 “其他工具”选项卡

单击“绘制及删除”选项组下的各按钮，可以绘制或者删除过程线或状态点。

11.13.5 风盘计算

调用风盘计算命令，可以对风机盘管系统进行计算。

风盘计算命令的执行方式有以下几种：

➢ 命令行：在命令行中输入 FPJS 命令按回车键。

➢ 菜单栏：单击“计算”→“风盘计算”命令。

下面介绍风盘计算命令的操作方法。

01 在命令行中输入 FPJS 命令按回车键，根据命令行的提示，选择已绘制完成的焓湿图，系统弹出如图 11-226 所示的【风机盘管加新风系统】对话框。

02 在对话框中单击“计算”按钮，计算结果则显示在对话框右边的预览框中，结果如图 11-227 所示。

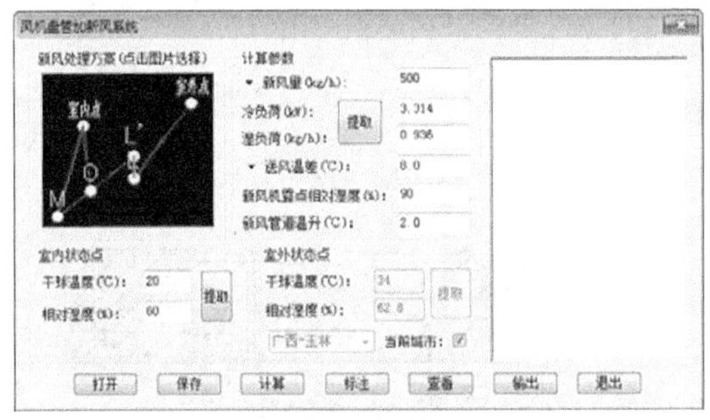

图 11-226 【风机盘管加新风系统】对话框

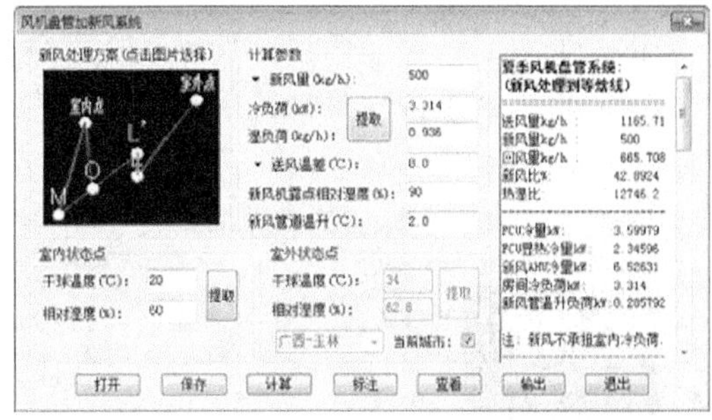

图 11-227 计算结果

03 在对话框中单击“输出”按钮，计算结果即可以.doc 的格式输出，结果如图 11-228 所示。

04 在对话框中单击“标注”按钮，在绘图区中点取标注点，结果如图 11-229 所示。

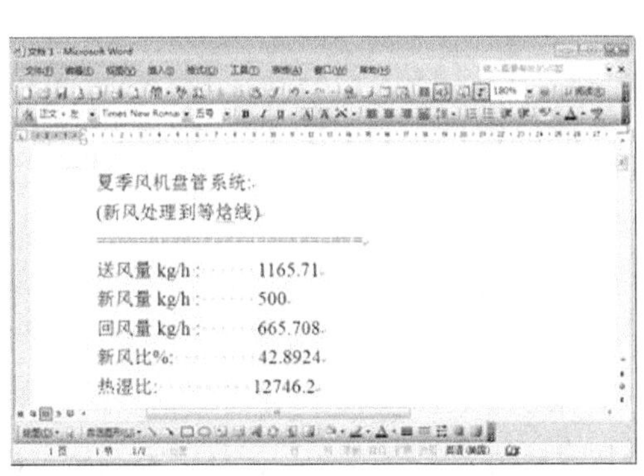

夏季风机盘管系统:
(新风处理到等焓线)

送风量 kg/h : 1165.71
新风量 kg/h : 500
回风量 kg/h : 665.708
新风比%: 42.8924
热湿比: 12746.2

图 11-228 输出结果

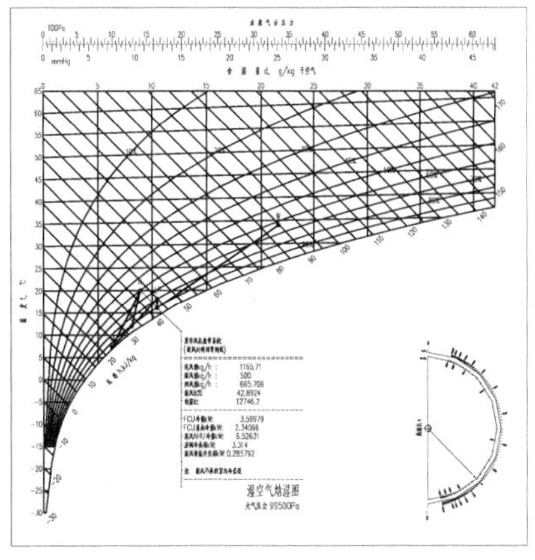

图 11-229 标注结果

11.13.6 一次回风

调用一次回风命令，可以对一次回风系统进行计算。

一次回风命令的执行方式有以下几种：

➢ 命令行：在命令行中输入 YCHF 命令按回车键。

➢ 菜单栏：单击“计算”→“一次回风”命令。

下面介绍一次回风命令的操作方法：

01 在命令行中输入 YCHF 命令按回车键，根据命令行的提示，选择已绘制完成的焓湿图；系统弹出【一次回风系统】对话框，单击“计算”按钮，即可在对话框中显示计算结果，结果如图 11-230 所示。

02 单击“标注”按钮，在绘图区中点取标注位置，即可将计算结果标注在焓湿图上，结果如图 11-231 所示。

03 单击“输出”按钮，可以将计算结果以.doc 文档的格式输出。

04 单击“退出”按钮关闭对话框以完成计算操作。

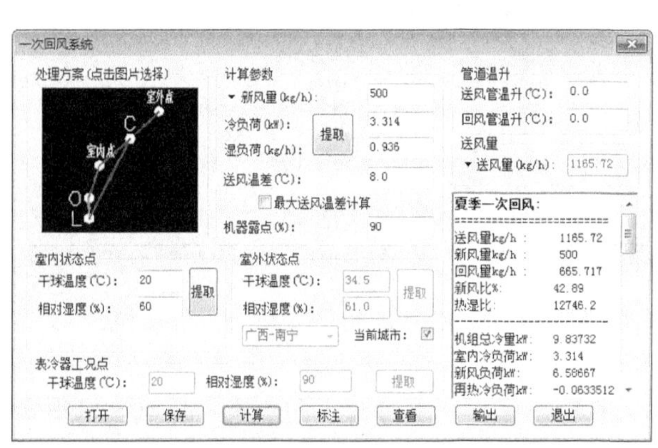

图 11-230 计算结果

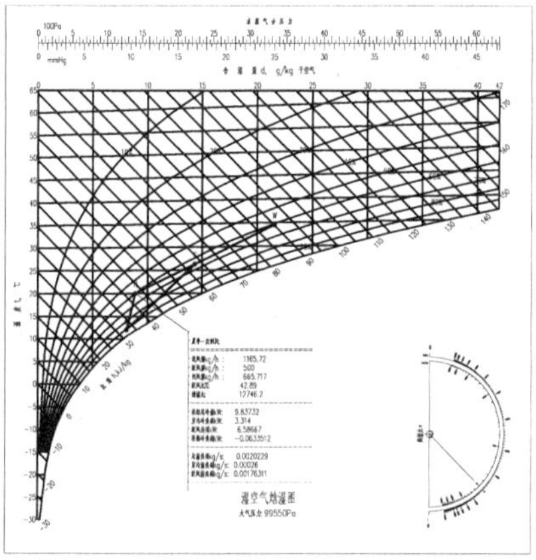

图 11-231 标注结果

11.13.7 二次回风

调用二次回风命令，可以对一次回风系统进行计算。

二次回风命令的执行方式有以下几种：

➢ 命令行：在命令行中输入 ECHF 命令按回车键。

➢ 菜单栏：单击“计算”→“二次回风”命令。

下面介绍二次回风命令的操作方法。

01 在命令行中输入 ECHF 命令按回车键，根据命令行的提示，选择已绘制完成的焓湿图；系统弹出【二次回风系统】对话框，单击“计算”按钮，即可在对话框中显示计算结果，结果如图 11-232 所示。

02 单击“标注”按钮，在绘图区中点取标注位置，即可将计算结果标注在焓湿图上，结果如图 11-233 所示。

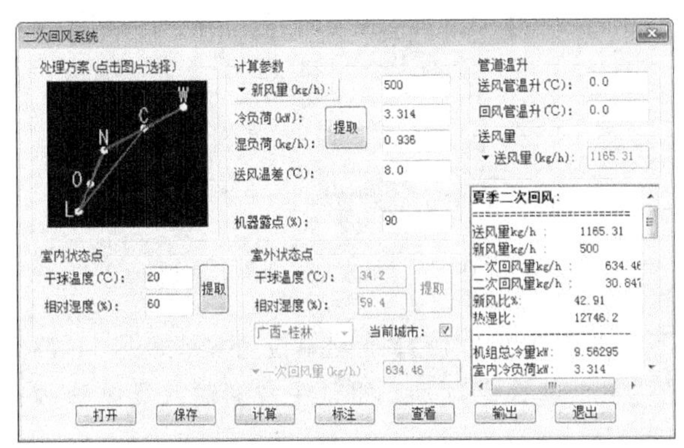

图 11-232　计算结果

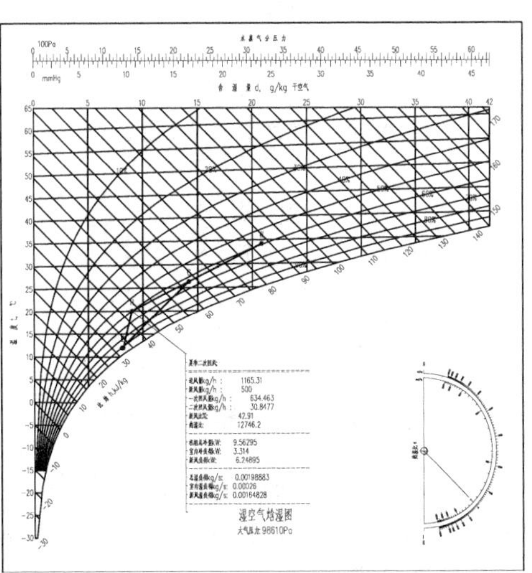

图 11-233　标注结果

11.14 计算器

调用计算器命令，可以调用 windows 计算器进行一般算术计算。

计算器命令的执行方式有以下几种：

- 命令行：在命令行中输入 CALC 命令按回车键。
- 菜单栏：单击“计算”→“计算器”命令。

下面介绍计算器命令的操作方法。

在命令行中输入 CALC 命令按回车键，系统弹出如图 11-234 所示的【计算器】对话框，接下来即可在其中进行算术运算。

11.15 单位换算

调用单位换算命令，可以完成同一性质的不同单位之间的数值换算。

单位换算命令的执行方式有以下几种：

- 命令行：在命令行中输入 DWHS 命令按回车键。
- 菜单栏：单击“计算”→“单位换算”命令。

下面介绍单位换算命令的操作方法。

在命令行中输入 DWHS 命令按回车键，系统弹出如图 11-235 所示的【单位换算工具】对话框。

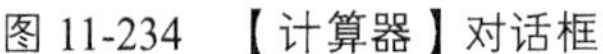
图 11-234 【计算器】对话框

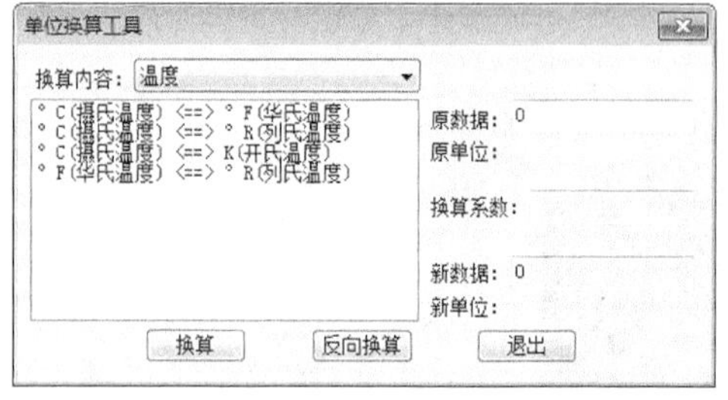

图 11-235 【单位换算工具】对话框

“换算内容”选项：选择该项，在弹出的下拉列表中可以选择不同单位类型，如图 11-236 所示，在其下的选项框中可以显示具体单位内容。选择某项后，即可在右侧输入具体参数，如图 11-237 所示。

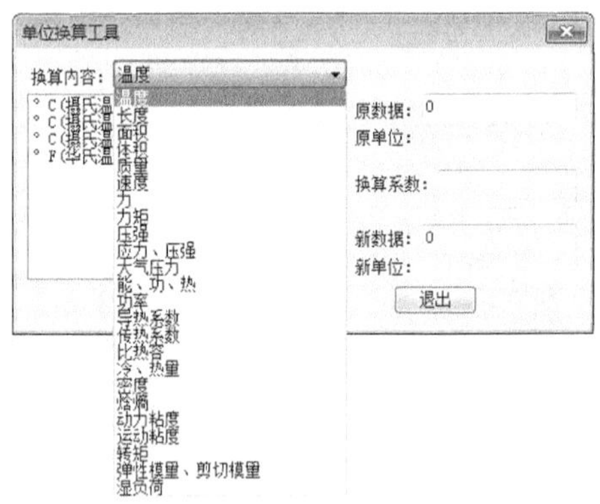

图 11-236 下拉列表

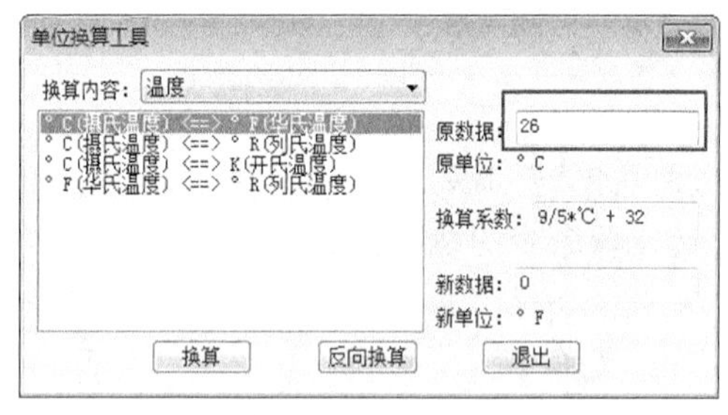

图 11-237 设置参数

“换算”按钮：单击该按钮，即可进行单位换算，结果如图 11-238 所示。

“反向换算”按钮：单击该按钮，可以互换原单位和新单位进行单位换算操作，如图 11-239 所示。

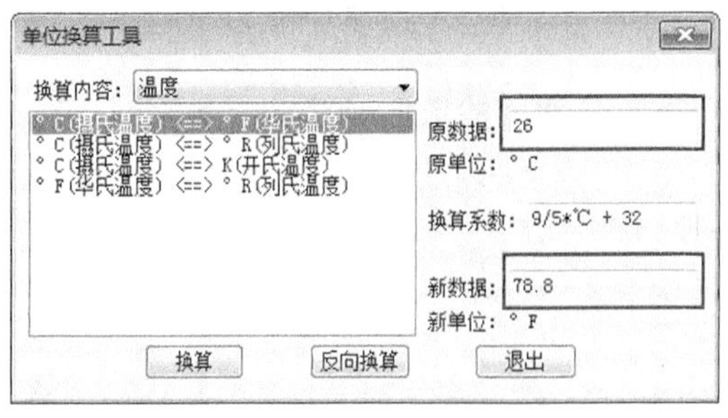

图 11-238 单位换算结果

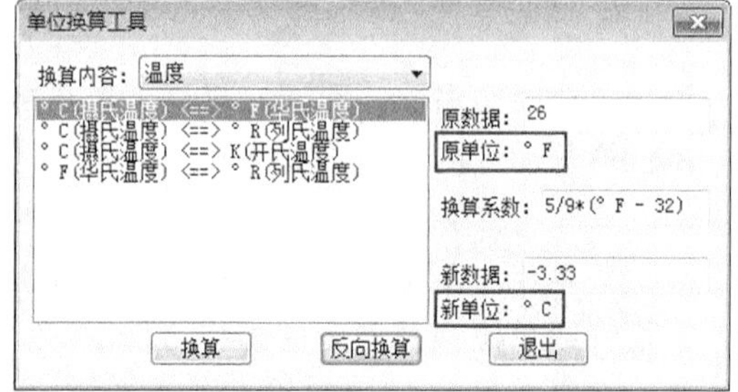

图 11-239 反向换算

第 12 章 专业标注

● **本章导读**

本章介绍天正暖通中各类专业标注命令的操作，包括立管标注、入户管号以及入户排序等命令的调用方法。

● **本章重点**

◈ 立管标注
◈ 入户管号
◈ 标散热器
◈ 管道坡度
◈ 多管管径
◈ 管径复位
◈ 单注标高
◈ 风管标注
◈ 删除标注
◈ 立管排序
◈ 入户排序
◈ 管线文字
◈ 单管管径
◈ 多管标注
◈ 管径移动
◈ 标高标注
◈ 设备标注

12.1 立管标注

调用立管标注命令，可以对立管进行编号标注或者修改立管编号。如图 12-1 所示为立管标注命令的操作结果。

立管标注命令的执行方式有以下几种：

- 命令行：在命令行中输入 LGBZ 命令按回车键。
- 菜单栏：单击“专业标注”→“立管标注”命令。

下面以如图 12-1 所示的图形为例，介绍立管标注命令的操作结果。

01 按 Ctrl+O 组合键，打开配套光盘提供的“第 12 章/ 12.1 立管标注.dwg”素材文件，结果如图 12-2 所示。

02 在命令行中输入 LGBZ 命令按回车键，命令行提示如下：

```
命令：LGBZ↙
请选择自动编号方案[自左至右(1)]/自右至左(2)/自上至下(3)/自下至上(4)/自动读取(5)]<1>:          //按回车键，再选定待标注的立管。
请输入新的立管编号 RG<2>:          //按回车键，单击指定标注点，完成立管标注，结果如图 12-1 所示。
```

双击绘制完成的立管标注，系统弹出如图 12-3 所示的编辑对话框，在其中可以对立管标注的各项参数进行修改。

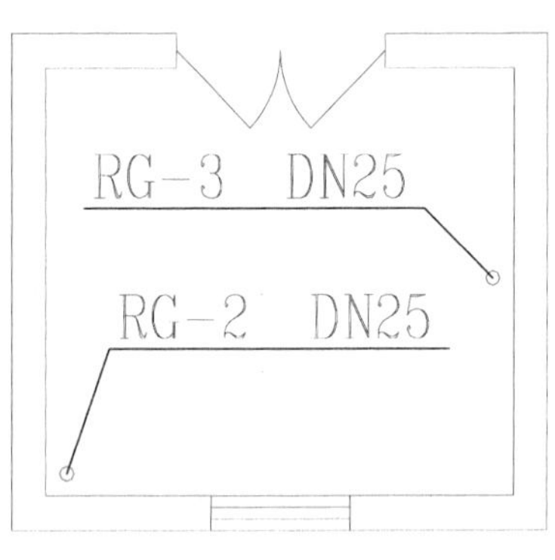

图 12-1 立管标注

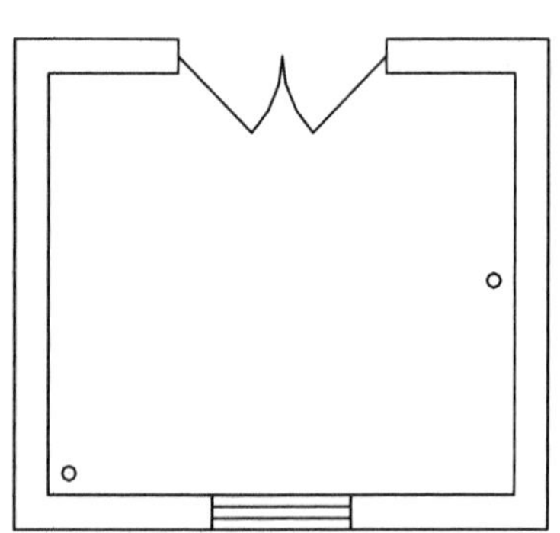

图 12-2 打开素材

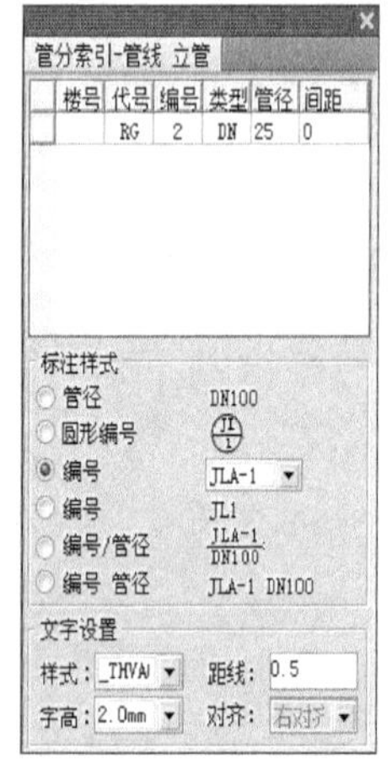

图 12-3 修改立管标注

单击“设置”→“初始设置”命令，系统弹出【选项】对话框，在“天正设置”选项卡中单击“管线设置”按钮，系统弹出如图 12-4 所示的【管线样式设定】对话框，在其中可以更改立管标注的前缀。单击“文字设置”按钮，系统弹出如图 12-5 所示的【标注文字设置】对话框，在其中可以更改标注文字的样式以及字高等参数。

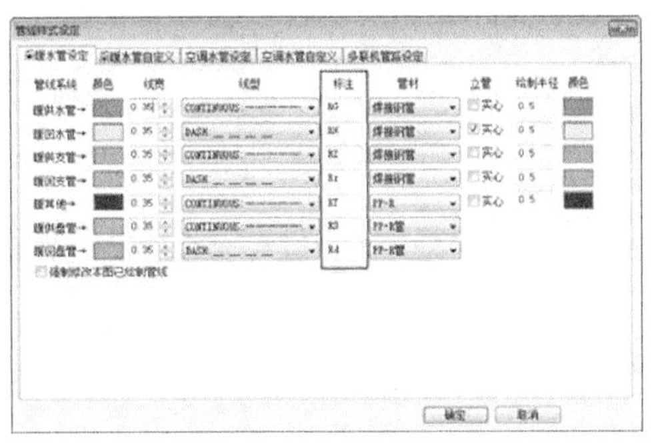

图 12-4 【管线样式设定】对话框

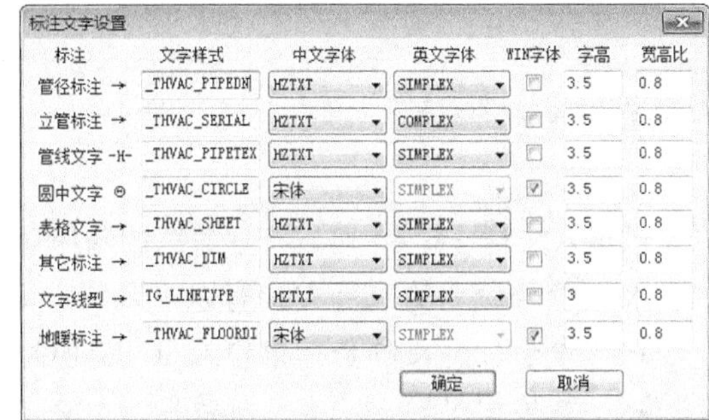

图 12-5 【标注文字设置】对话框

12.2 立管排序

调用立管排序命令，可以将立管编号按左右或者上下进行排序。如图 12-6 立管排序所示为立管排序命令的操作结果。

立管排序命令的执行方式有以下几种：

➢ 命令行：在命令行中输入 LGPX 命令按回车键。

➢ 菜单栏：单击“专业标注”→“立管排序”命令。

下面介绍立管排序命令的操作方法：

“立管排序”命令，命令行提示如下：

命令：LGPX↙

请选择立管:<退出>指定对角点：找到 2 个 //选择立管

请选择自动编号方案:{自左至右[1]/自右至左[2]/自上至下[3]/自下至上[4]}<1>:2 //选择编号方案

请输入起始编号:<2>: //按回车键默认起始编号

请输入立管所属楼号:2 //输入立管所属楼层号按回车键，结果如图 12-6 所示。

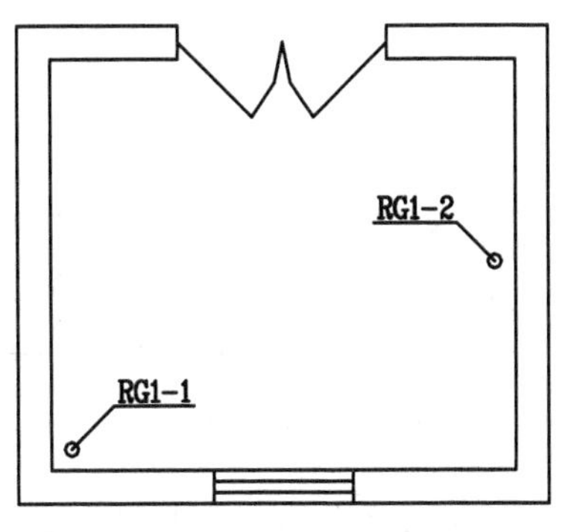

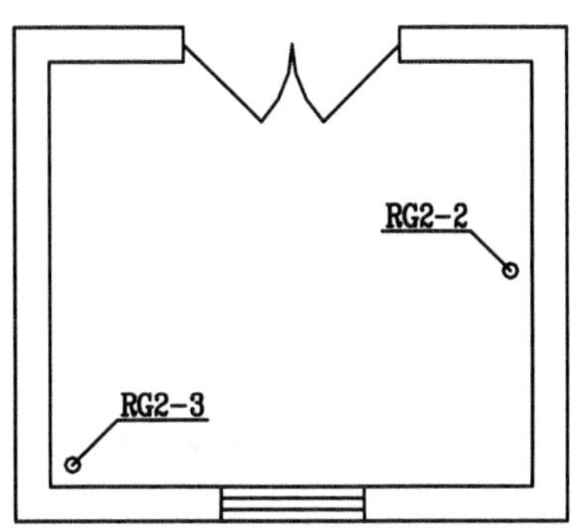

图 12-6 立管排序

12.3 入户管号

调用入户管号命令，可以标注管线的入户管号。如图 12-7 所示为入户管号命令的操作结果。

入户管号命令的执行方式有以下几种：

- 命令行：在命令行中输入 RHGH 命令按回车键。
- 菜单栏：单击“专业标注”→“入户管号”命令。

下面以如图 12-7 所示的图形为例，介绍入户管号命令的操作结果。

01 按 Ctrl+O 组合键，打开配套光盘提供的“第 12 章/ 12.3 入户管号.dwg”素材文件，结果如图 12-8 所示。

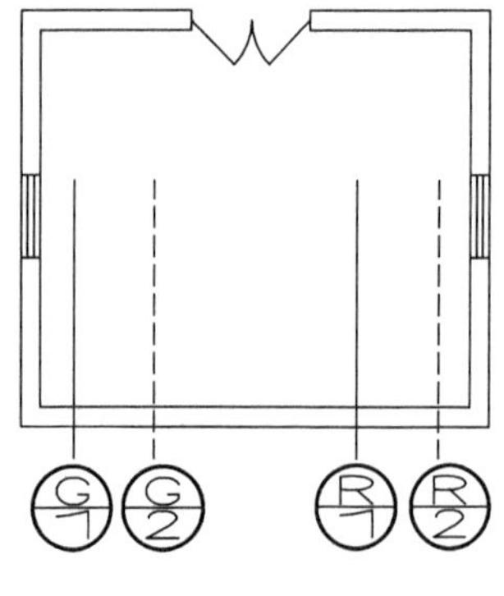

图 12-7 入户管号

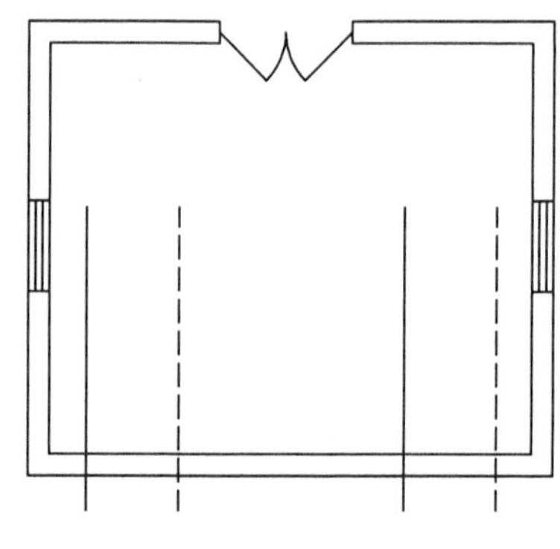

图 12-8 打开素材

02 在命令行中输入 RHGH 命令按回车键，系统弹出【入户管号标注】对话框，设置参数如图 12-9 所示。

03 同时命令行提示如下：

命令：RHGH↙

请给出标注位置<退出>：　　　　//在绘图区中点取标注位置，绘制入户管的管号标注结果如图 12-7 所示。

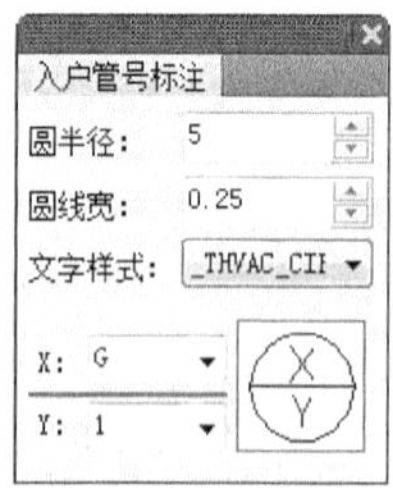

图 12-9 【入户管号标注】对话框

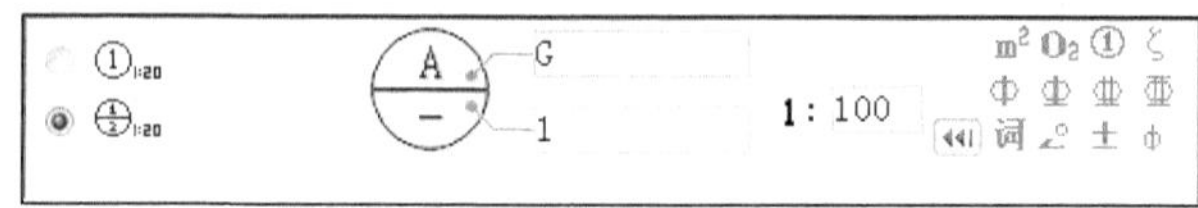

图 12-10 编辑选项板

双击绘制完成的管号标注，系统弹出如图 12-10 所示的编辑选项板，在其中可以更改标注的各项参数。

12.4 入户排序

调用入户排序命令，可以将入户管号按照左右或者上下进行排序。如图 12-11 所示为入户排序命令的操作结果。

入户排序命令的执行方式有以下几种：

- 命令行：在命令行中输入 RHPX 命令按回车键。
- 菜单栏：单击“专业标注”→“入户排序”命令。

下面以如图 12-11 所示的图形为例，介绍入户排序命令的操作结果。

01 按 Ctrl+O 组合键，打开配套光盘提供的“第 12 章/ 12.4 入户排序.dwg”素材文件，结果如图 12-12 所示。

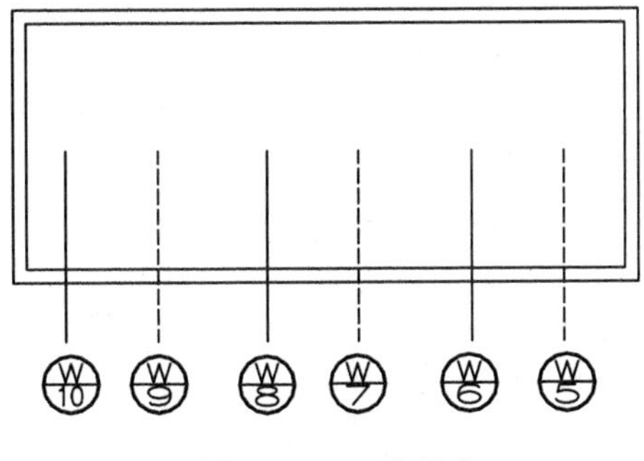

图 12-11　入户排序

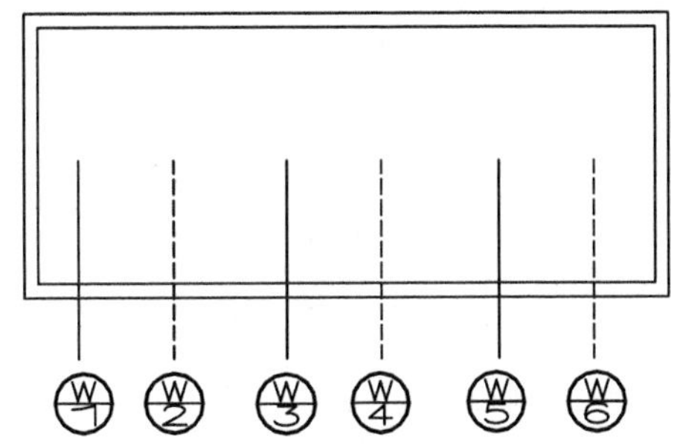

图 12-12　打开素材

02 在命令行中输入 RHPX 命令按回车键，命令行提示如下：

```
命令：RHPX↙
请选择入户管号标注<退出>:指定对角点：找到 6 个
请选择自动编号方案[自左至右(1)]/自右至左(2)/自上至下(3)/自下至上(4)]<1>:2
                                        //输入 2，选择“自右至左(2)”选项。
请输入 W 起始编号:<1>5                  //定义起始编号，按回车键即可完成入户排序操作，结
果如图 12-11 所示。
```

在执行命令的过程中，输入 4，选择“自下至上(4)”选项；定义起始编号为 9，完成入户排序命令的操作结果如图 12-13、图 12-14 所示。

12.5 标散热器

调用标散热器命令，可以对已绘制完成的系统图散热器的散热片数进行标注。如图 12-15 所示为标散热器命令的操作结果。

标散热器命令的执行方式有以下几种：

- 命令行：在命令行中输入 BSRQ 命令按回车键。

➢ 菜单栏：单击“专业标注”→“标散热器”命令。

下面以如图 12-15 所示的图形为例，介绍标散热器命令的操作结果。

01 按 Ctrl+O 组合键，打开配套光盘提供的“第 12 章/ 12.5 标散热器.dwg”素材文件，结果如图 12-16 所示。

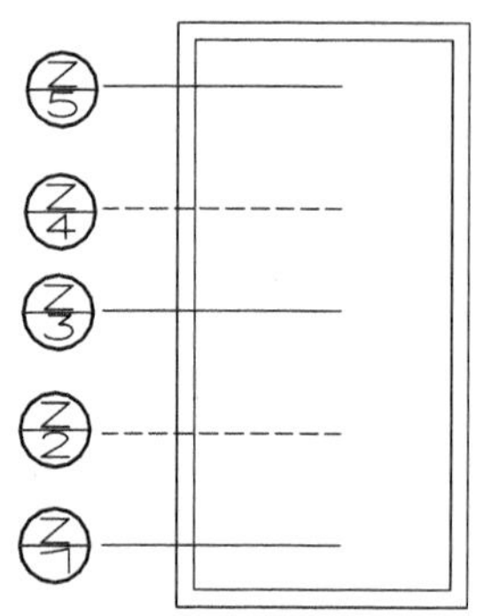

图 12-13 入户排序前

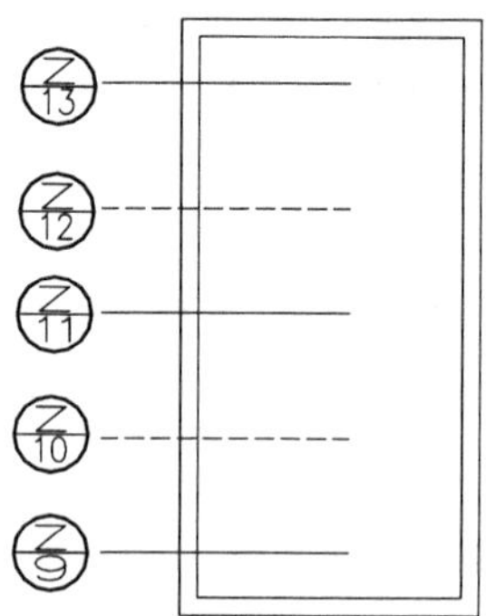

图 12-14 入户排序后

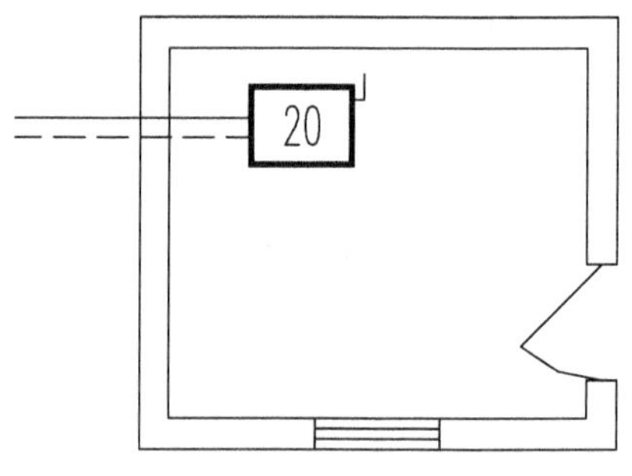

图 12-15 标散热器

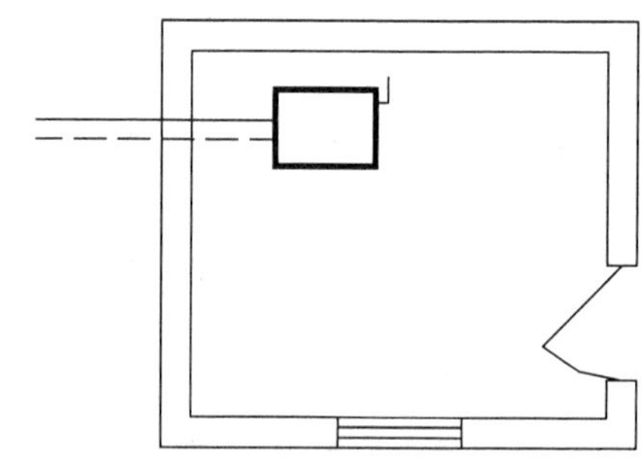

图 12-16 打开素材

02 在命令行中输入 BSRQ 命令按回车键，命令行提示如下：

命令：BSRQ↙

请选择要标注的散热器<退出>:找到 1 个

请输入散热器片数[读原片数(R)/换单位(C)/标负荷(H)]<10>:R //输入 R，选择“读原片数(R)”选项。

请指定布置点<默认>: //按回车键即可完成标注操作，结果如图 12-15 所示。

在执行命令的过程中，输入 C，选择“换单位(C)”选项，命令行提示如下：

命令：BSRQ↙

请选择要标注的散热器<退出>:找到 1 个

请输入散热器片数[读原片数(R)/换单位(C)/标负荷(H)]<10>:C

请输入散热器米数[读原米数(R)]<10.0>: //按回车键。

请指定布置点<默认>: //按回车键即可完成标注操作，结果如图 12-17 所示。

在执行命令的过程中，输入 H，选择“标负荷(H)”选项，命令行提示如下：

```
命令：BSRQ↙
请选择要标注的散热器<退出>:找到 1 个
请输入散热器米数[读原米数(R)/换单位(C)/标负荷(H)]<10.0>:H
请输入散热器负荷[读原负荷(R)]<1000.00>:                    //按下回车键。
请指定布置点<默认>:                                          //按回车键即可完成标注操作，结果如图 12-18 所示。
```

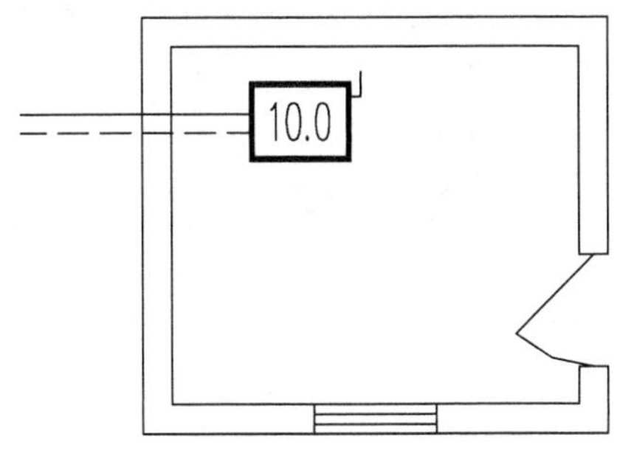

图 12-17　换单位

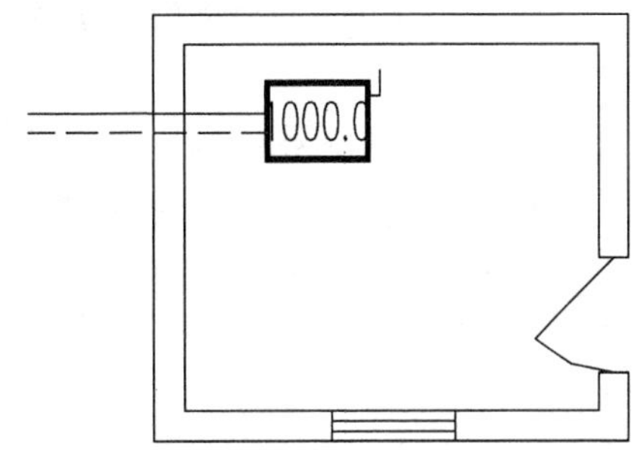

图 12-18　标负荷

12.6 管线文字

调用管线文字命令，可以在管线上标注管线类型的文字，执行命令后，管线被文字遮挡。如图 12-19 所示为管线文字命令的操作结果。

图 12-19　管线文字

管线文字命令的执行方式有以下几种：

➢ 命令行：在命令行中输入 GXWZ 命令按回车键。

➢ 菜单栏：单击“专业标注”→“管线文字”命令。

下面以如图 12-19 所示的图形为例，介绍管线文字命令的操作结果。

01 按 Ctrl+O 组合键，打开配套光盘提供的“第 12 章/ 12.6 管线文字.dwg”素材文件，结果如图 12-20 所示。

图 12-20　打开素材

02 在命令行中输入 GXWZ 命令按回车键，命令行提示如下：

```
命令：GXWZ↙
```

请输入文字<自动读取>:　　　　　　　　　　　　　　　//按下回车键;

请点取要插入文字管线的位置[多选管线(M)/多选指定层管线(N)/两点栏选(T)/修改文字(F)]<退出>:　　　　　　　　　　　　　　//在待标注的管线点取文字的插入位置，完成管线文字命令的操作，结果如图 12-19 所示。

在执行命令的过程中，输入 M；选择“多选管线(M)”选项，命令行提示如下：

命令：GXWZ↙

请输入文字<自动读取>:　　　　　　　　　　　　　　　//按下回车键。

请点取要插入文字管线的位置[多选管线(M)/多选指定层管线(N)/两点栏选(T)/修改文字(F)]<退出>:M　　　　　　　　　　　　//输入 M，选择“多选管线(M)”选项;

请选择管线<退出>:指定对角点：找到 4 个　　　　　　//框选管线。

请输入文字最小间距<5000>:2000　　　　　　　　//定义间距参数，按回车键即可完成管线文字标注，结果如图 12-21 所示。

在执行命令的过程中，输入 F；选择“修改文字(F)”选项，命令行提示如下：

命令：GXWZ↙

请输入文字<自动读取>:　　　　　　//按回车键;

请点取要插入文字管线的位置[多选管线(M)/多选指定层管线(N)/两点栏选(T)/修改文字(F)]<退出>:F　　　　　　//输入 F；选择“修改文字(F)”选项;

请输入新的标注内容<退出>:F

请选择要修改的管线<退出>:指定对角点：找到 4 个

请点取要插入文字管线的位置[多选管线(M)/多选指定层管线(N)/两点栏选(T)/修改文字(F)]<退出>:　　　　　　//按回车键，完成修改文字的操作结果如图 12-22 所示。

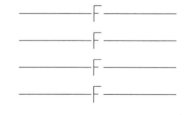

图 12-21　多选管线标注　　　　图 12-22　修改文字

在执行命令的过程中，输入 N；选择“多选指定层管线(N)”选项，命令行提示如下：

命令：GXWZ↙

请输入文字<自动读取>:

请点取要插入文字管线的位置[多选管线(M)/多选指定层管线(N)/两点栏选(T)/修改文字(F)]<退出>:N　　　　　　//输入 N；选择“多选指定层管线(N)”选项。

请选择要标注的其中一根管线<退出>:　　　　　　//选定位于同一图层上的其中一根管线。

请选择要标注的管线的范围<退出>:指定对角点：找到 3 个

//框选同图层上所有的待标注的管线范围。

请输入文字最小间距<5000>:　　　　　　//按回车键，即可完成管线文字标注。

在执行命令的过程中，输入 T；选择“两点栏选(T)”选项，命令行提示如下：

```
命令：GXWZ↙
请输入文字<自动读取>:
请点取要插入文字管线的位置[多选管线(M)/多选指定层管线(N)/两点栏选(T)/修改文字(F)]
<退出>:T                                          //输入T；选择“两点栏选(T)”选项。
多管文字标注，与管线相交处进行标注：
起点：
终点：                                            //通过鼠标划线与管线相交。
多管文字标注，与管线相交处进行标注：              //单击左键，即可完成管线文字标注。
```

提示

删除管线文字标注，管线可以自动闭合。

12.7 管道坡度

调用管道坡度命令，可以标注管道坡度，并动态决定箭头方向。如图 12-23 所示为管道坡度命令的操作结果。

管道坡度命令的执行方式有以下几种：

- 命令行：在命令行中输入 GDPD 命令按回车键。
- 菜单栏：单击“专业标注”→“管道坡度”命令。

下面以如图 12-19 所示的图形为例，介绍管道坡度命令的操作结果。

01 按 Ctrl+O 组合键，打开配套光盘提供的“第 12 章/ 12.7 管道坡度.dwg”素材文件，结果如图 12-24 所示。

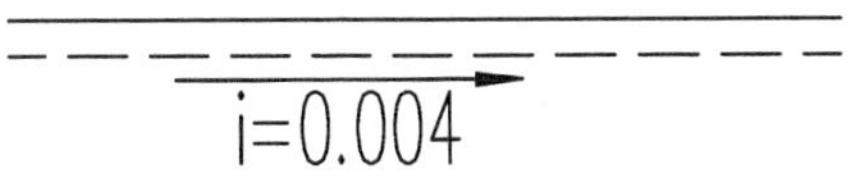

i=0.004

图 12-23 管道坡度

图 12-24 打开素材

02 在命令行中输入 GDPD 命令按回车键，系统弹出【管道坡度】对话框，设置参数如图 12-25 所示。

03 同时命令行提示如下：

```
命令：GDPD↙
请选择要标注坡度的管线<退出>:          //点取待标注的管线，单击指定标注方向，完成坡度标
注的结果如图 12-23 所示。
```

【管道坡度】对话框中各功能选项的含义如下：

“坡度”选项：单击选项文本框，在其下拉列表中可以选定坡度参数来进行标注，如图 12-26 所示；系统默认为自动读取管线坡度进行标注。

- “逐个标注”按钮：单击该按钮，可逐个点取管线来进行坡度标注。

➢ “多选标注”按钮：单击该按钮，框选待标注的管线，看完成管线坡度标注操作。

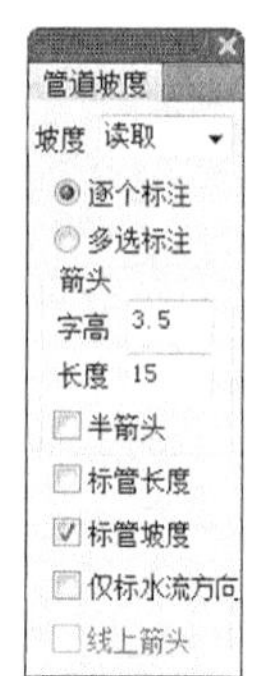

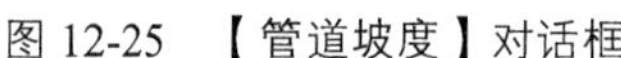

图 12-25 【管道坡度】对话框

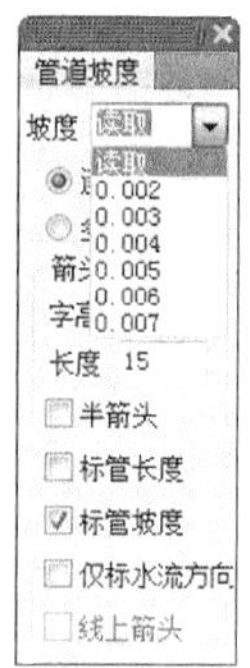

图 12-26 下拉列表

“箭头”选项组：其中的“字高”、“长度”选项表示定义标注的字高以及箭头的长度。

“半箭头”选项：勾选该选项，则坡度标注的箭头样式为半箭头，标注结果如图 12-27 所示；系统默认为全箭头标注样式。

“标管长度”选项：勾选该选项，在绘制坡度标注的同时标注管线的长度，标注结果如图 12-28 所示。

“仅标水流方向”选项：勾选该项后，仅标注出水流方向。

“线上箭头”选项：勾选“仅标水流方向”选项后再勾选该项，可以直接在管线上标注坡度方向箭头。

图 12-27 半箭头标注结果

图 12-28 标管长度

12.8 单管管径

调用单管管径命令，可以单选管线，并标注管径。如图 12-29 所示为单管管径命令的操作结果。

单管管径命令的执行方式有以下几种：

➢ 命令行：在命令行中输入 DGGJ 命令按回车键。

➢ 菜单栏：单击“专业标注”→“单管管径”命令。

下面以如图 12-29 所示的图形为例，介绍单管管径命令的操作结果。

01 在命令行中输入 DGGJ 命令按回车键，系统弹出如图 12-30 所示【单标】对话框。

02 同时命令行提示如下：

```
命令：DGGJ↙
请选取要标注管径的管线(标注位置参照光标与管线的相对位置)<退出>:        //点取待标注的
```

管线，即可完成管径标注，结果如图 12-29 所示。

图 12-29　单管管径

图 12-30　【单标】对话框

【单标】对话框中各功能选项的含义如下：

"历史记录"列表框：在列表框中显示前几次的管径标注记录，也可选中其中的某项进行标注。

"删除记录"按钮：在"历史记录"列表框中选定某项记录，单击该按钮，即可将记录删除。

"管径设置"选项组：

- "自动读取"选项：勾选该项，在标注管径的时候为自动读取管线本身的管径进行标注。
- "管径"选项：取消勾选"自动读取"选项，则该项亮显，在文本框中可定义管径参数来完成标注。
- "类型"按钮：单击该按钮，系统弹出如图 12-31 所示的【定义各管材标注前缀】对话框，在其中可以定义管径标注的前缀。

"标注样式"选项组：

- "字高"选项：定义管径标注的字高，单击右边的调整按钮可以对参数进行调整。
- "位置"选项：定义标注数字的位置，单击选框右边的↓，可以更改标注数字的位置。在对话框的下方有各管径标注类型的预览框，单击即可选中指定的类型进行管径标注；如图 12-32 所示为各类型管径标注的结果。

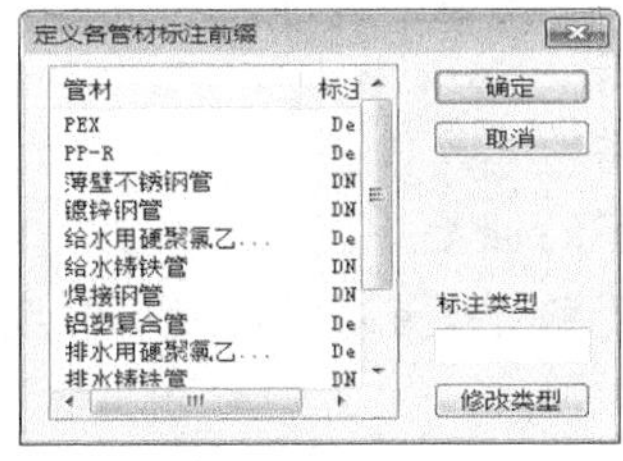

图 12-31　【定义各管材标注前缀】对话框

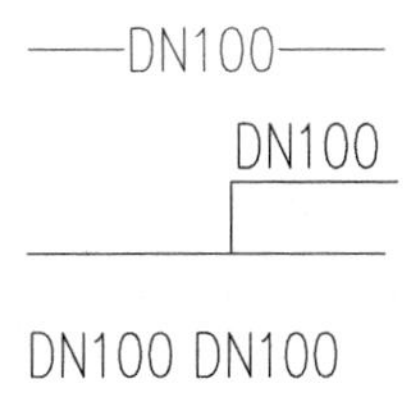

图 12-32　各类型管径标注

12.9 多管管径

调用多管管径命令，可以多选管线，并标注管径。如图 12-33 所示为多管管径命令的操作结果。

多管管径命令的执行方式有以下几种：

- 命令行：在命令行中输入 GJBZ 命令按回车键。
- 菜单栏：单击“专业标注”→“多管管径”命令。

下面以如图 12-33 所示的图形为例，介绍多管管径命令的操作结果。

01 按 Ctrl+O 组合键，打开配套光盘提供的“第 12 章/ 12.9 多管管径.dwg”素材文件，结果如图 12-34 所示。

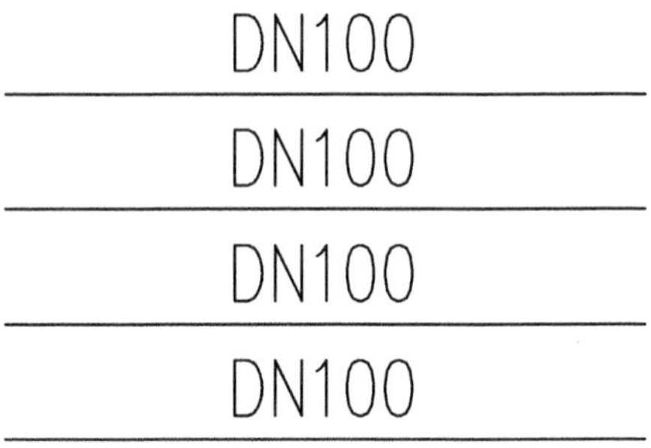

DN100

DN100

DN100

DN100

图 12-33 多管管径

图 12-34 打开素材

02 在命令行中输入 GJBZ 命令按回车键，系统弹出如图 12-35 所示的【多管管径】对话框。

03 同时命令行提示如下：

命令：GJBZ↙

请选取要标注管径的管线(多选，标注在管线中间)<退出>:指定对角点：找到 4 个

//框选待标注的管线，按回车键即可完成管径标注，结果如图 12-33 所示。

【多管管径】对话框中各功能选项的含义如下：

- “常用管径”选项组：单击指定管径参数按钮，可以对该参数指定的管径进行标注。
- “管径”选项：在文本框中定义没有提供的管径值。
- “左上”选项：系统默认的管径标注数字的位置。
- “右下”选项：选择该项，则管径标注数字的位置在被标注的管线下方，结果如图 12-36 所示。
- “仅标空白管线”选项：勾选该项，只在管线宽松的位置标注，图形比较复杂的情况下就不进行管径标注。
- “修改指定管径”选项：勾选该项，可统一修改管径值相同的管线。

➢ “带标高”选项：选择该项，可以标注管线的管径及标高，如图 12-37 所示。

DN100
DN100
DN100
DN100

DN100 (0.00)
DN100 (0.00)
DN100 (0.00)
DN100 (0.00)

图 12-35 【多管管径】对话框　　图 12-36 “右下”标注结果　　图 12-37 标注标高

> **提示**
>
> 双击绘制完成的管径标注，弹出【修改管线】对话框，在其中可以更改管径标注。

12.10 多管标注

调用多管标注命令，可以在多根管线上标注管径。如图 12-38 所示为多管标注命令的操作结果。

多管标注命令的执行方式有以下几种：

➢ 命令行：在命令行中输入 DGBZ 命令按回车键。

➢ 菜单栏：单击“专业标注”→“多管标注”命令。

下面以如图 12-38 所示的图形为例，介绍多管标注命令的操作结果。

01 按 Ctrl+O 组合键，打开配套光盘提供的“第 12 章/ 12.10 多管标注.dwg”素材文件，结果如图 12-39 所示。

02 在命令行中输入 DGBZ 命令按回车键，命令行提示如下：

```
命令: DGBZ↙
多管标注:
确定一直线的起点与终点
用该直线与待标注的管线(可以是多根)相交
起点:
终点[斜线样式(L)/点样式(D)/不标注(N)](当前:斜线样式)<退出>:
                                //确定一直线的起点和终点，该直线必须与待标注的管线相交。
```

```
请给出标注点<退出>:          //点取标注点，完成多管标注，结果如图 12-38 所示。
```

在执行命令的过程中，输入 D，选择“点样式(D)”选项；输入 N，选择“不标注(N)”选项，绘制管径标注的结果分别如图 12-40、图 12-41 所示。

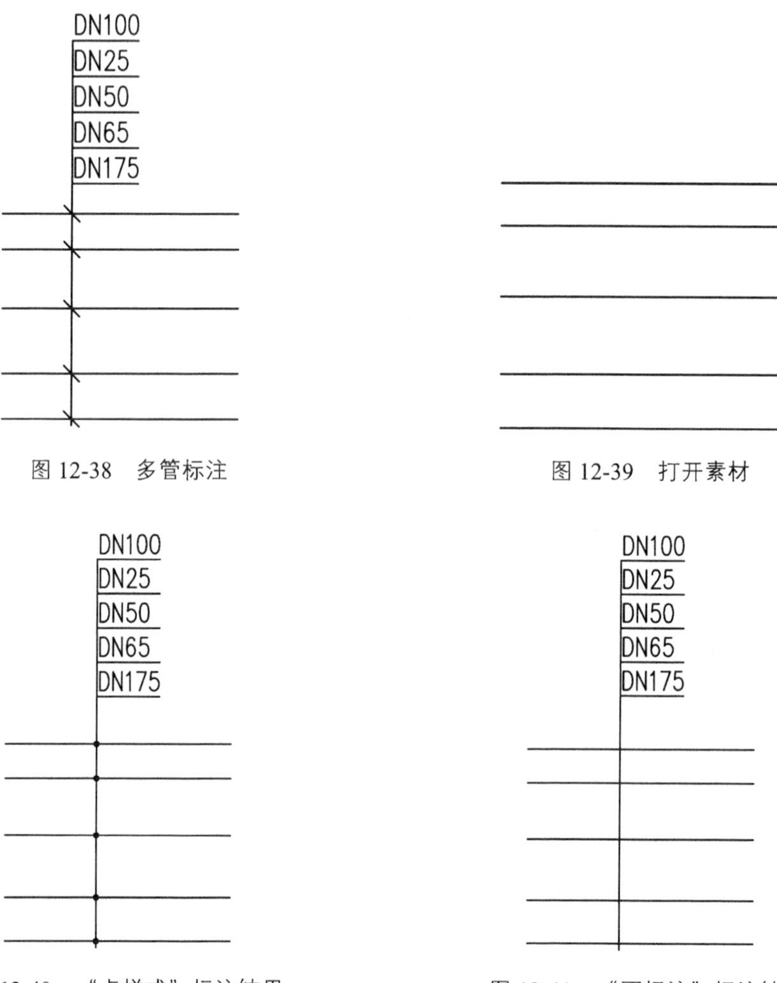

图 12-38　多管标注

图 12-39　打开素材

图 12-40　“点样式”标注结果

图 12-41　“不标注”标注结果

双击绘制完成的多管标注，系统弹出如图 12-42 所示的编辑对话框，在其中可以对多管标注进行修改。

对话框中各功能选项的含义如下：

- “样式”选项：单击选项文本框，在弹出的下拉列表中可以选择系统所提供的文字样式。
- “字高”选项：在其中修改多管标注的字高。
- “距线”选项：设置标注文字从标注线段所偏移的距离。
- “对齐”选项：设置管径标注的对齐方式，有左对齐、居中、右对齐三种对齐方式。
- “管径”选项：选择该项，为选中的管线标注管径。

➤ “编号”选项：选择该项，标注管线的编号，如图 12-43 所示。

图 12-42 编辑对话框

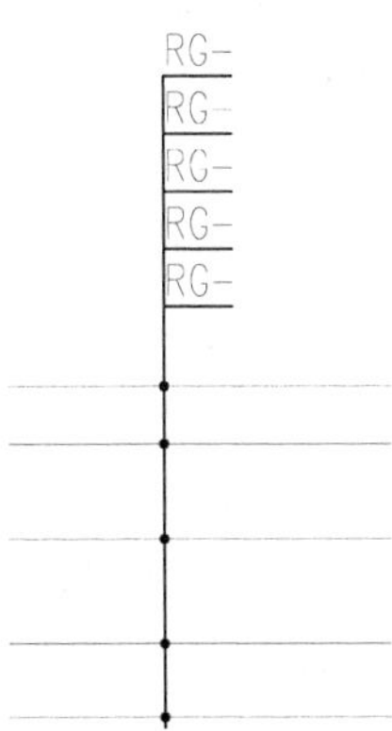

图 12-43 标注编号

➤ “标高”选项：该项用来标注管线的标高，同时单击右侧的“代号”选项，可以在列表中选择标高标注的代号，标注结果如图 12-44 所示。

➤ “管径 标高”选项：同时标注管线的管径和标高，如图 12-45 所示。

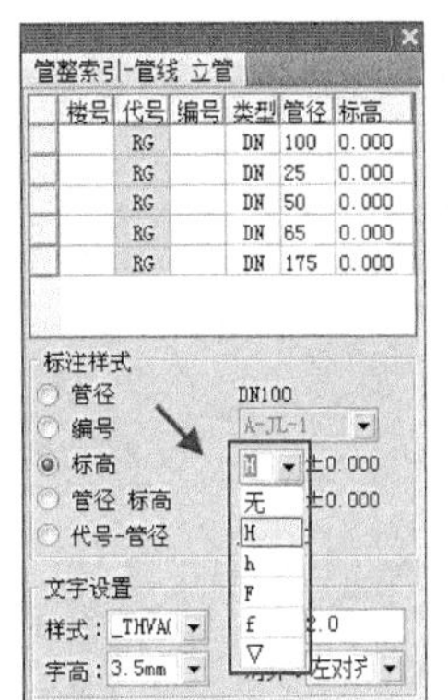

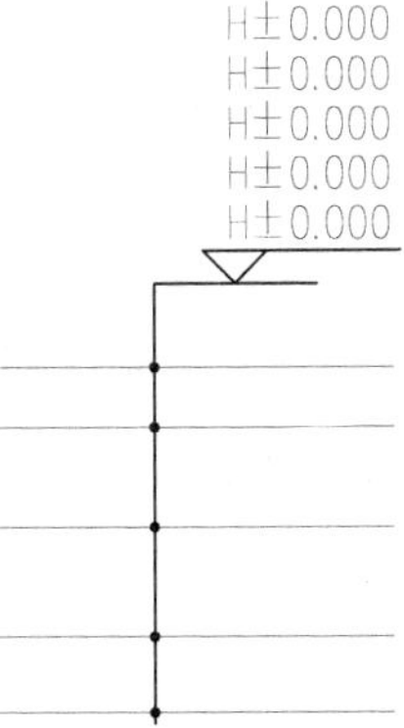

图 12-44 标注标高

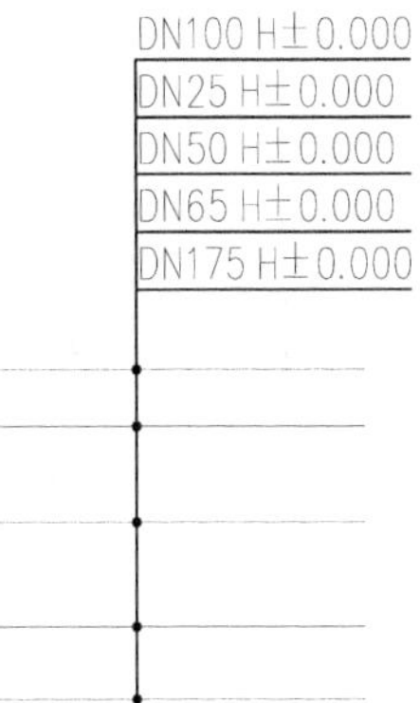

图 12-45 标注管径和标高

➤ “代号—管径”选项：同时标注管线的代号和管径，如图 12-46 所示。

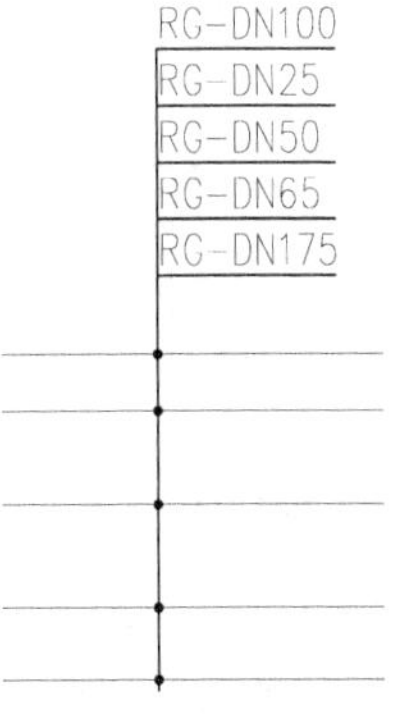

图 12-46 标注代号和管径

12.11 管径复位

由于更改比例等原因使管径标注位置不合适，调用管径复位命令，可以使标注回到默认位置。如图 12-47 所示为管径复位命令的操作结果。

管径复位命令的执行方式有以下几种：

➢ 命令行：在命令行中输入 GJFW 命令按回车键。

➢ 菜单栏：单击“专业标注”→“管径复位”命令。

下面以如图 12-47 所示的图形为例，介绍管径复位命令的操作结果。

01 按 Ctrl+O 组合键，打开配套光盘提供的“第 12 章/ 12.11 管径复位.dwg”素材文件，结果如图 12-48 所示。

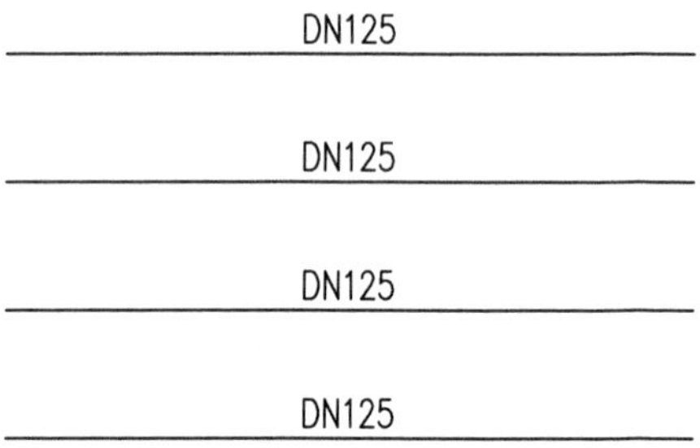

DN125
DN125
DN125
DN125

图 12-47 管径复位

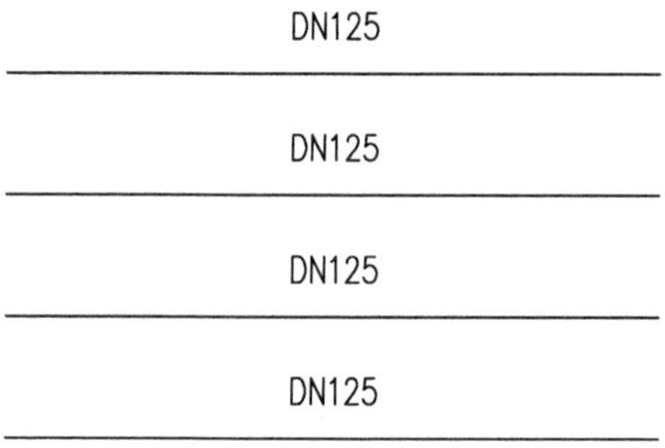

DN125
DN125
DN125
DN125

图 12-48 打开素材

02 在命令行中输入 GJFW 命令按回车键，命令行提示如下：

命令：GJFW↙

BZFW

请选择要复位的管径标注、坡度标注<退出>:指定对角点：找到 4 个 //框选待复位的管径标注，按回车键即可完成复位操作，结果如图 12-47 所示。

12.12 管径移动

调用管径移动命令，可以批量移动、复位管径标注。

管径移动命令的执行方式有以下几种：

➢ 命令行：在命令行中输入 GJYD 命令按回车键。

➢ 菜单栏：单击“专业标注”→“管径移动”命令。

执行“管径移动”命令，命令行提示如下：

命令：GJYD↙

请选择需要移动管径标注的管线：<退出>指定对角点：找到 4 个 //选择要移动的管径

选择移动的参考点[管径向上复位(F)/管径向下复位(R)]<退出> //指定移动的参考点

选择移动的目标点<退出>　　//指定移动的目标点，按回车键完成绘制，结果如图 12-49 所示。

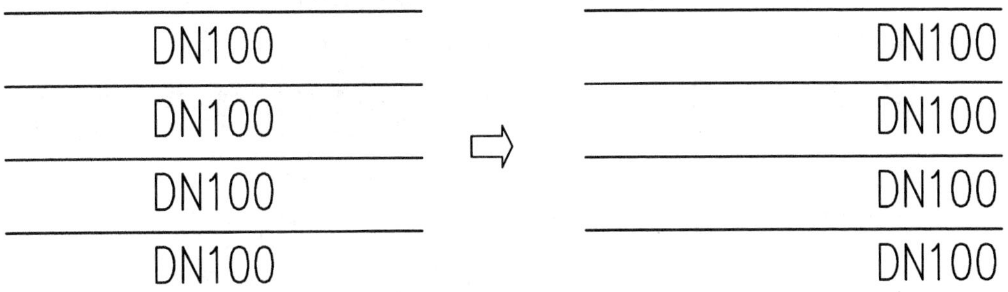

DN100　DN100
DN100　DN100
DN100　DN100
DN100　DN100

图 12-49　管径移动

12.13 单注标高

调用单注标高命令，可以一次只标注一个标高，通常用于平面标高标注。如图 12-50 所示为单注标高命令的操作结果。

单注标高命令的执行方式有以下几种：

- 命令行：在命令行中输入 DZBG 命令按回车键。
- 菜单栏：单击“专业标注”→“单注标高”命令。

下面以如图 12-50 所示的图形为例，介绍单注标高命令的操作结果。

01 按 Ctrl+O 组合键，打开配套光盘提供的“第 12 章/ 12.13　单注标高.dwg”素材文件，结果如图 12-51 所示。

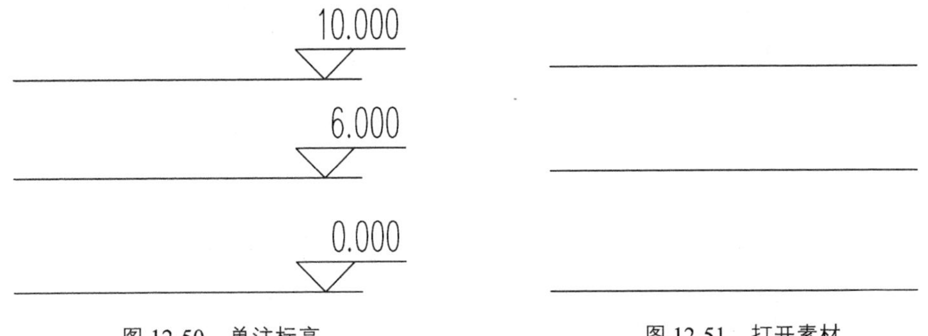

图 12-50　单注标高　　图 12-51　打开素材

02 在命令行中输入 DZBG 命令按回车键，系统弹出【单注标高】对话框，设置参数如图 12-52 所示。

03 同时命令行提示如下：

命令：DZBG↙
请点取标高点或 [参考标高(R)]<退出>:
请点取引出点<不引出>:

请点取标高方向<当前>: //分别点取标高标注的各个点，完成单注标高操作，结果如图 12-50 所示。

双击绘制完成的单注标高，系统弹出如图 12-53 所示的【标高标注】对话框，在其中可以更改标高标注的各项参数，比如标注参数、标注样式、字高、精度等。

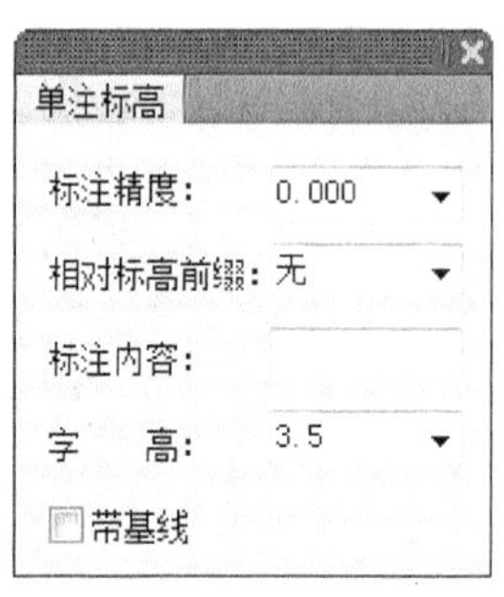

图 12-52 【单注标高】对话框

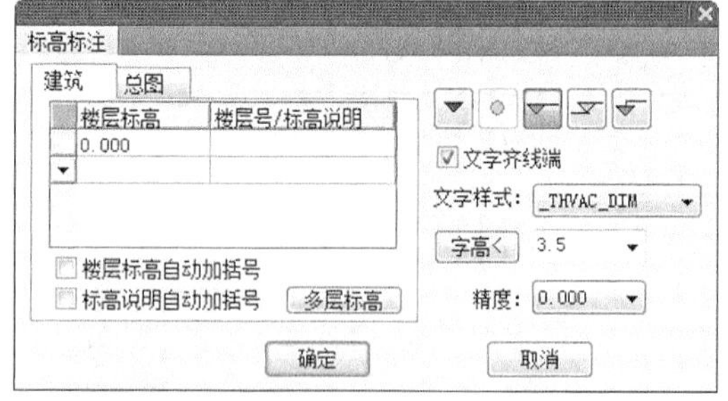

图 12-53 【标高标注】对话框

12.14 标高标注

调用标高标注命令，可以连续标注标高，通常用于立剖面标高标注。如图 12-54 所示为标高标注命令的操作结果。

标高标注命令的执行方式有以下几种:

- 命令行: 在命令行中输入 BGBZ 命令按回车键。
- 菜单栏: 单击“专业标注”→“标高标注”命令。

下面以如图 12-54 所示的图形为例，介绍标高标注命令的操作结果。

01 按 Ctrl+O 组合键，打开配套光盘提供的“第 12 章/ 12.14 标高标注.dwg”素材文件，结果如图 12-55 所示。

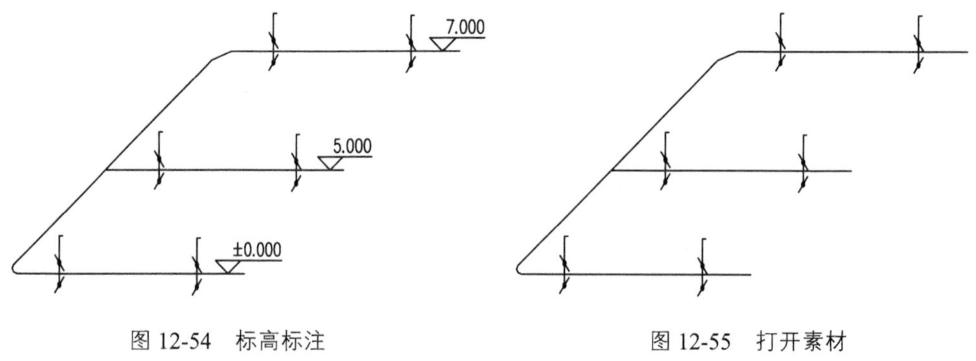

图 12-54 标高标注 图 12-55 打开素材

02 在命令行中输入 BGBZ 命令按回车键，系统弹出【标高标注】对话框；勾选“手工输入”选项，在“楼层标高”选项下输入标高参数，如图 12-56 所示。

03 同时命令行提示如下:

命令: BGBZ↙

```
T96_TMELEV
请点取标高点或 [参考标高(R)]<退出>:
请点取标高方向<退出>:                //分别点取标高点和标高方向，绘制标高标注的结果如图 12-54 所示。
```

每绘制一次标高标注，就需要在【标高标注】对话框中的“楼层标高”选项下输入标高参数；再根据命令行的提示分别指定标高点和标高方向，可以绘制参数不一的标高标注。

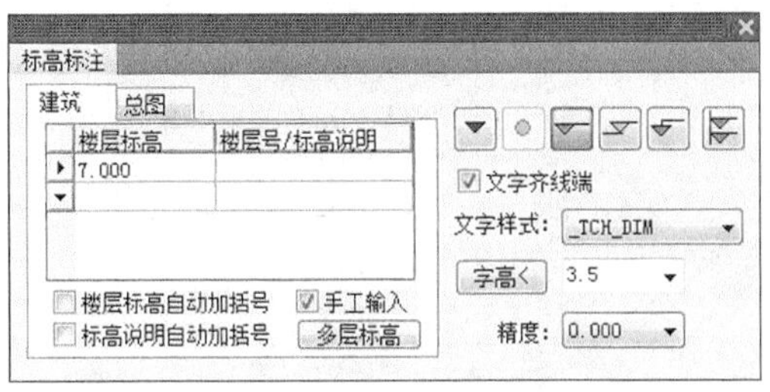

图 12-56 【标高标注】对话框

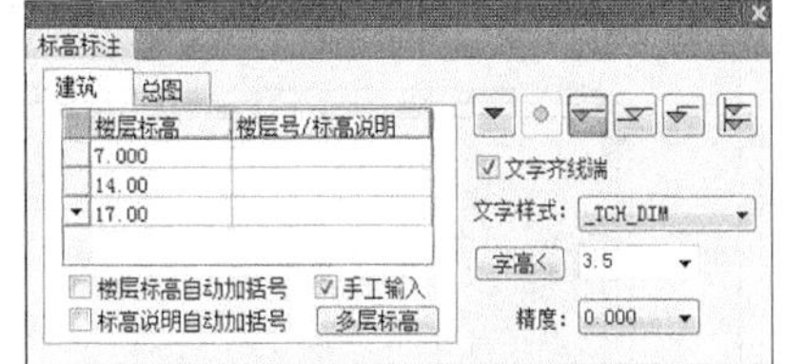

图 12-57 输入标注参数

在“楼层标高”选项下输入多个标高标注，如图 12-57 所示，可以绘制表示楼层地坪的标高标注，结果如图 12-58 所示。

12.15 风管标注

调用风管标注命令，可以标注风管。如图 12-59 所示为风管标注命令的操作结果。

风管标注命令的执行方式有以下几种：

- 命令行：在命令行中输入 FGBZ 命令按回车键。
- 菜单栏：单击“专业标注”→“风管标注”命令。

下面以如图 12-59 所示的图形为例，介绍风管标注命令的操作结果。

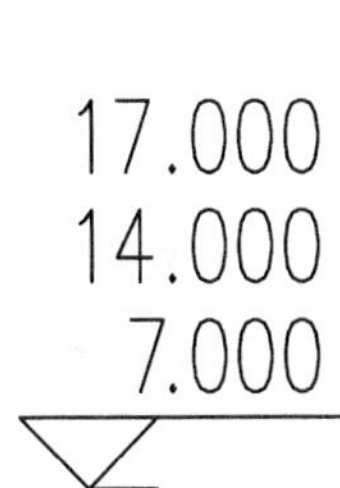

图 12-58 地坪标高标注

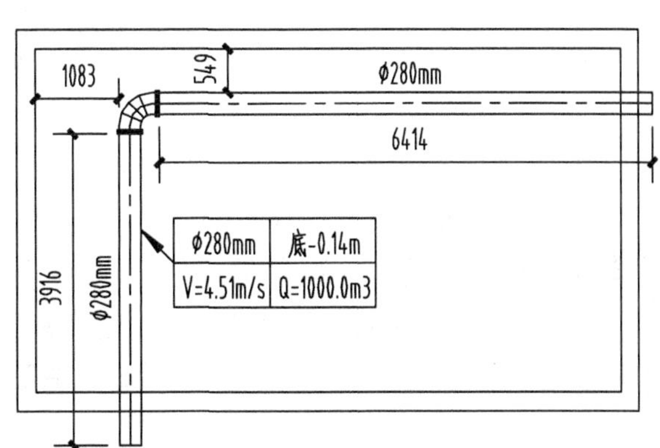

图 12-59 风管标注

01 按 Ctrl+O 组合键，打开配套光盘提供的“第 12 章/ 12.15 风管标注.dwg”素材文件，结果如图 12-60 所示。

02 在命令行中输入 FGBZ 命令按回车键，系统弹出如图 12-61 所示的【风管标注】对话框。

03 同时命令行提示如下：

命令：FGBZ↙

请框选要标注的风管<退出>找到 1 个　　　//框选待标注的风管，即可完成风管管径的标注，结果如图 12-59 所示。

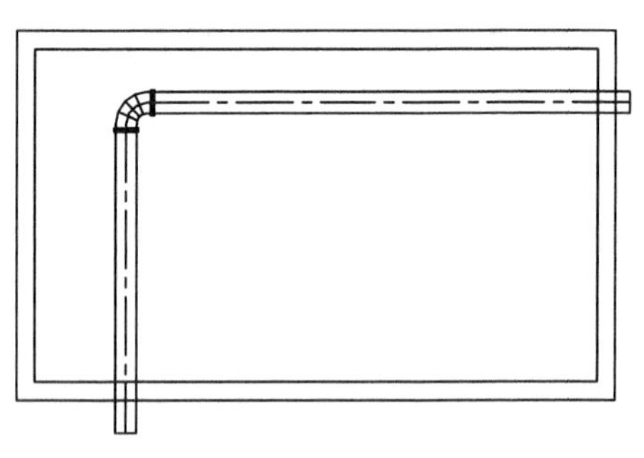

图 12-60　打开素材

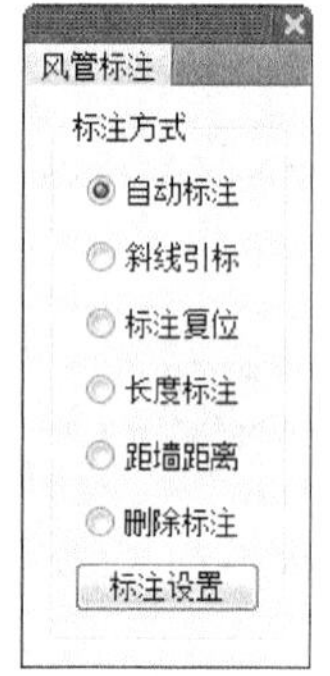

图 12-61　【风管标注】对话框

04 在【风管标注】对话框中单击选定“斜线引标”选项，命令行提示如下：

命令：FGBZ↙

请点选要标注的风管<退出>

请点取引线位置　　　//分别点取待标注的风管以及引线的位置，完成风管标注的结果如图 12-59 所示。

05 在【风管标注】对话框中单击选定“长度标注”选项，命令行提示如下：

命令：FGBZ↙

请点选要标注的风管<退出>　　　//点取待标注的风管，完成风管长度标注的结果如图 12-59 所示。

06 在【风管标注】对话框中单击选定“距墙距离”选项，命令行提示如下：

命令：FGBZ↙

请点选要标注的风管<退出>

请点取墙线上要标注的点<取消>　　　//分别点取待标注的风管以及墙线上的某点，绘制风管距墙标注，结果如图 12-59 所示。

在【风管标注】对话框中单击“标注设置”按钮，系统弹出如图 12-62 所示的【风管设置】对话框；在其中可以定义风管标注的各项参数，包括标注内容、标注前缀等。

12.16 风口间距

调用风口间距命令，可以标注风口的间距。

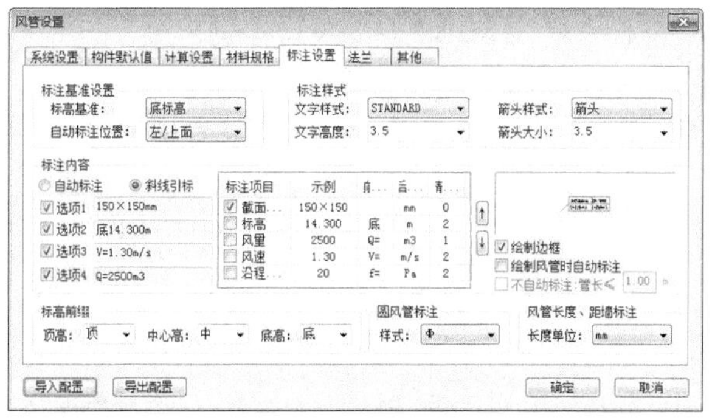

图 12-62 【风管设置】对话框

风口间距命令的执行方式有以下几种：

➢ 命令行：在命令行中输入 FKJJ 命令按回车键。
➢ 菜单栏：单击“专业标注”→“风口间距”命令。

执行“风口间距”命令，命令行提示如下：

```
命令：FKJJ↙
请框选需要标注的风口<退出>指定对角点：找到 12 个
                    //选择风口按下回车键，向上移动鼠标，单击左键指定尺寸线的位置，
标注风口间距的结果如图 12-63 所示。
```

按下回车键重复调用命令，向右移动鼠标并单击指定尺寸线的位置，标注结果如图 12-64 所示。

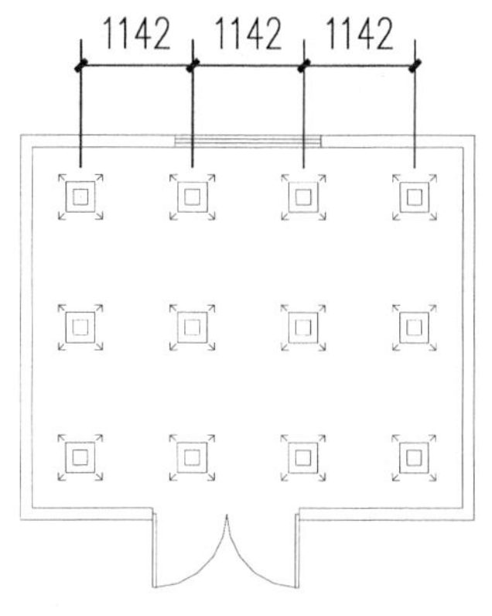

图 12-63 标注风口间距

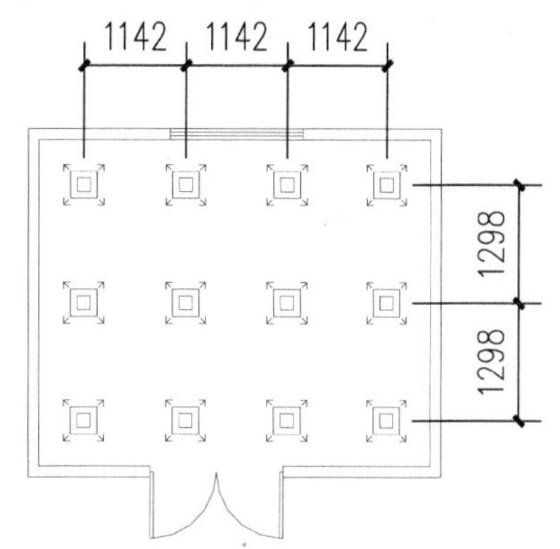

图 12-64 操作结果

12.17 设备标注

调用设备标注命令，可以标注设备。如图 12-65 所示为设备标注命令的操作结果。

设备标注命令的执行方式有以下几种：

➢ 命令行：在命令行中输入 SBBZ 命令按回车键。
➢ 菜单栏：单击“专业标注”→“设备标注”命令。

下面以如图 12-65 所示的图形为例，介绍设备标注命令的操作结果。

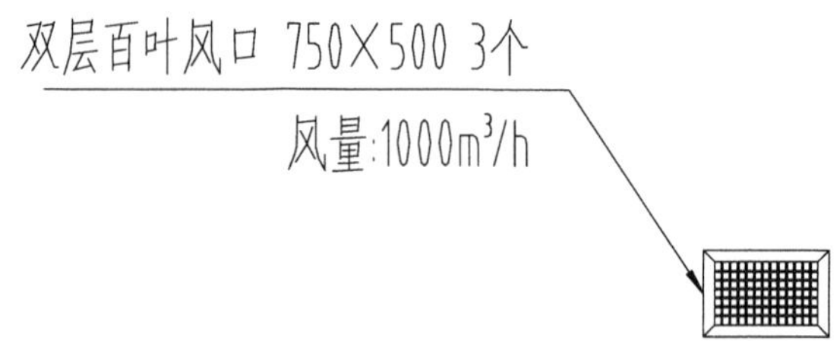

图 12-65　设备标注

01 按 Ctrl+O 组合键，打开配套光盘提供的“第 12 章/ 12.16　设备标注.dwg”素材文件，结果如图 12-66 所示。

02 在命令行中输入 SBBZ 命令按回车键，命令行提示如下：

命令：SBBZ↙

请点取要标注的设备、风口或风阀<退出>　　//点取风口图形，系统弹出如图 12-67 所示的【设备标注】对话框。

请点取引线点<返回>　　//点取引线点，绘制设备标注，结果如图 12-65 所示。

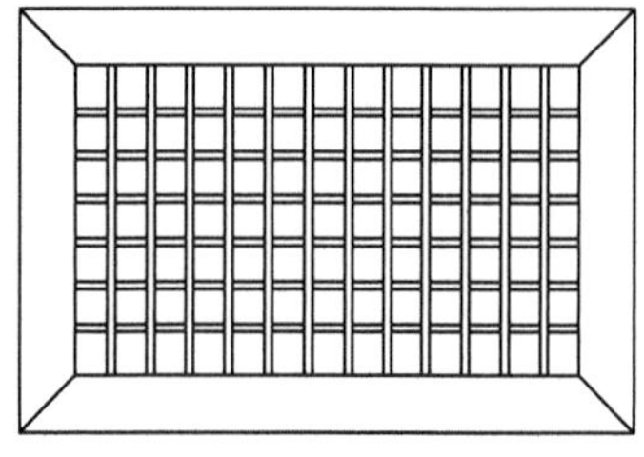

图 12-66　打开素材

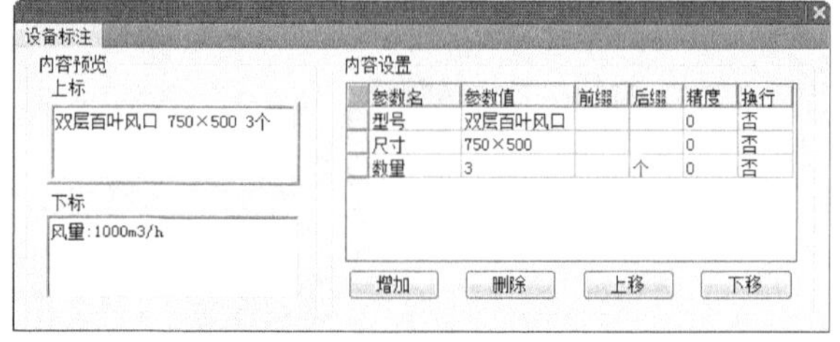

图 12-67　【设备标注】对话框

双击绘制完成的设备标注，系统弹出如图 12-68 所示的编辑选项板，在其中可以更改设备标注的各项参数，包括标注文字、文字样式以及箭头的样式和大小等。

同理，设备标注命令可以对风阀、设备等进行标注，标注结果如图 12-69 所示。

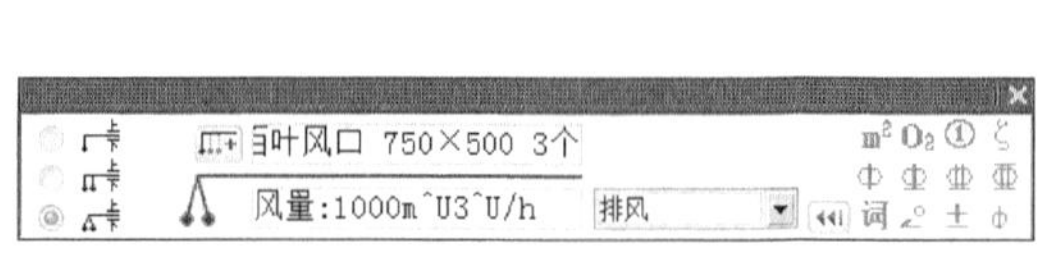

图 12-68　编辑选项板

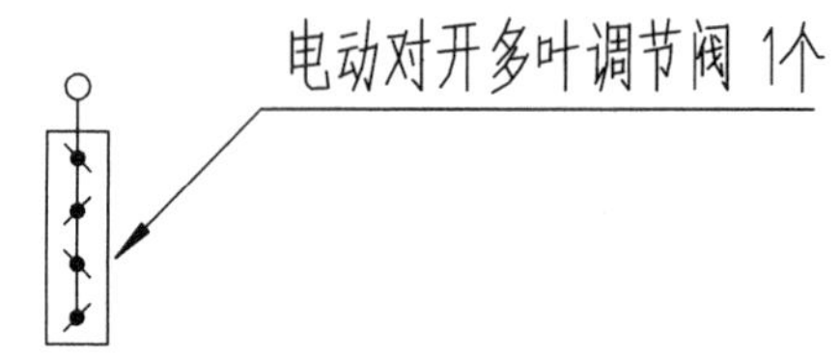

图 12-69　风阀标注

12.18 删除标注

调用删除标注命令，可以删除标注，包括管径标注、标高标注、箭头引注等。

删除标注命令的执行方式有以下几种：

➢ 命令行：在命令行中输入 SCBZ 命令按回车键。

➢ 菜单栏：单击“专业标注”→“删除标注”命令。

下面介绍删除标注命令的操作结果。

在命令行中输入 SCBZ 命令按回车键，命令行提示如下：

```
命令：SCBZ↙
请选择要删除的对象(管线、风阀、管径、标高、箭头等)<退出>:找到 1 个
                                //选定待删除的标注，按回车键即可完成删除操作。
```

第 13 章
符号标注

● 本章导读

本章介绍天正暖通中各类符号标注命令的操作。包括坐标标注、索引符号以及索引图名等命令的调用方法。

● 本章重点

- ◈ 静态/动态标注
- ◈ 坐标标注
- ◈ 索引符号
- ◈ 索引图名
- ◈ 剖面剖切
- ◈ 断面剖切
- ◈ 加折断线
- ◈ 箭头引注
- ◈ 引出标注
- ◈ 做法标注
- ◈ 绘制云线
- ◈ 画对称轴
- ◈ 画指北针
- ◈ 图名标注

13.1 静态/动态标注

调用静态、动态标注命令，可以将坐标标注和标高标注由静态变为动态。

静态、动态标注命令的执行方式如下：

➢ 菜单栏：单击“符号标注”→“静态、动态标注”命令。

下面介绍静态、动态标注命令的使用方法。

单击“符号标注”→选择“静态标注”命令，则可在静态或动态标注之间进行自由切换。执行移动或复制后的坐标符号受标注状态的控制，系统默认标注状态为静态，坐标符号在执行移动、复制编辑操作后，数据不改，保持原值。所以在一个.dwg 文件上复制同一总平面图，或者绘制绿化、排水、交通等不同类型的图纸时，需将标注状态切换为静态。

单击“符号标注”→“静态标注”命令，可将标注状态由静态标注切换为动态标注。在动态标注情况下，菜单命令前的灯泡符号💡显示。此时，坐标符号执行移动、复制操作之后，数据将与世界坐标系一致；适用于整个.dwg 文件仅布置一个总平面图的情况。

13.2 坐标标注

调用坐标标注命令，可以对总平面图进行坐标标注。如图 13-1 所示为坐标标注命令的操作结果。

坐标标注命令的执行方式有以下几种：

➢ 命令行：在命令行中输入 ZBBZ 命令按回车键。

➢ 菜单栏：单击“符号标注”→“坐标标注”命令。

下面以如图 13-1 所示的图形为例，介绍坐标标注命令的操作结果。

01 按 Ctrl+O 组合键，打开配套光盘提供的“第 13 章/ 13.2 坐标标注.dwg”素材文件，结果如图 13-2 所示。

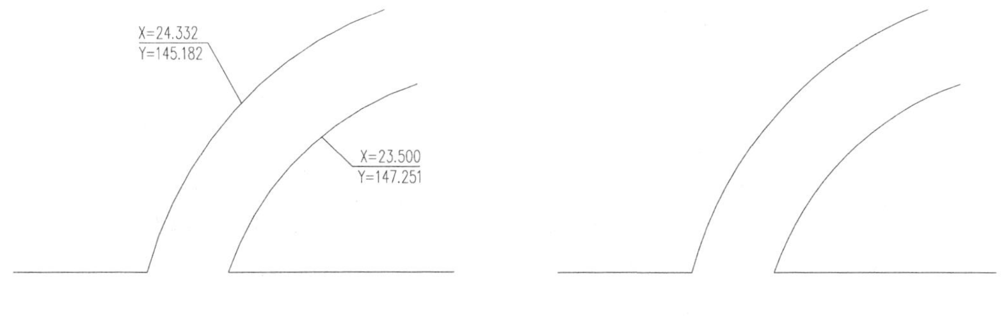

图 13-1 坐标标注　　图 13-2 打开素材

02 在命令行中输入 ZBBZ 命令按回车键，命令行提示如下：

```
命令：ZBBZ↙
T96_TCOORD
当前绘图单位:mm,标注单位:M;以世界坐标取值;北向角度 90 度
请点取标注点或 [设置(S)\批量标注(Q)]<退出>:                    //点取坐标点;
点取坐标标注方向<退出>:                                      //移动鼠标点取坐标方向，
绘制坐标标注的结果如图 13-1 所示。
```

在执行命令的过程中，输入 S，选择“设置(S)”选项，系统弹出如图 13-3 所示的【坐标标注】对话框。对话框中各功能选项的含义如下：

- “绘图单位”选项：显示当前的绘图单位与标注单位。单击选项文本框，在弹出的下拉列表中可以更改单位。
- “标注精度”选项：显示坐标标注的标注精度。单击选项文本框，在弹出的下拉列表中可以更改标注精度。
- “箭头样式”选项：显示坐标标注的标注样式。单击选项文本框，在弹出的下拉列表中可以选择坐标标注的箭头样式。
- “坐标取值”选项组：在选项组中有“世界坐标”、“用户坐标”、“场地坐标”三个选项，默认使用“世界坐标”进行坐标标注。
- “坐标类型”选项组：分为“测量坐标”、“施工坐标”两种类型，系统默认使用“测量坐标”进行坐标标注。
- “设坐标系”按钮：在已知坐标基准点的图形，单击该按钮，可以为坐标基准点设置坐标值。
- “选指北针”按钮：在图中已有指北针的情况下，单击该按钮；在图中选择指北针后，系统即以指北针为指向，为 X（A）方向标注新的坐标标注。
- “固定角度”选项：勾选该选项，则选项文本框亮显，在其中定义坐标标注引线的折角角度。

在执行命令的过程中，输入 Q，选择“批量标注(Q)”选项，系统弹出如图 13-4 所示的【批量标注】对话框。在对话框中选定指定的标注位置，根据命令行的提示，选定该标注位置，即可完成所选标注位置的坐标标注。

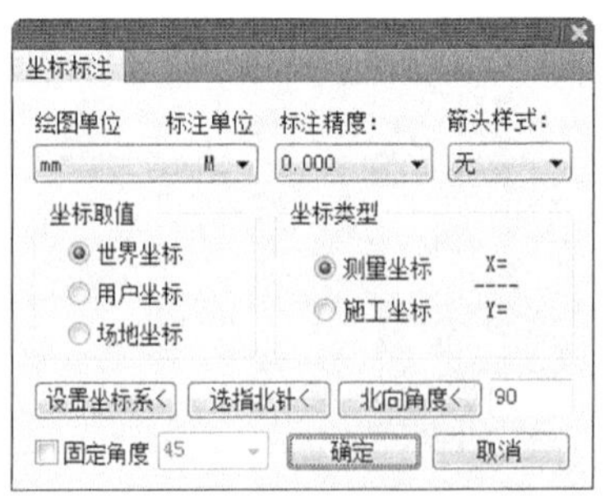

图 13-3 【坐标标注】对话框

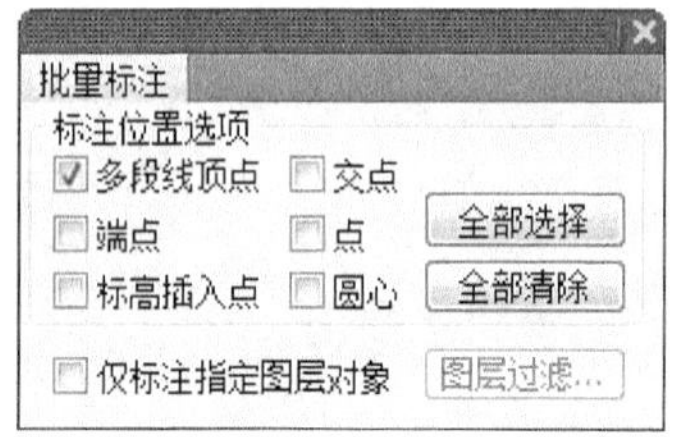

图 13-4 【批量标注】对话框

双击绘制完成坐标标注，可进入文字在位编辑状态，如图 13-5 所示；输入新的坐标标注参数，按回车键即可完成修改，如图 13-6 所示。

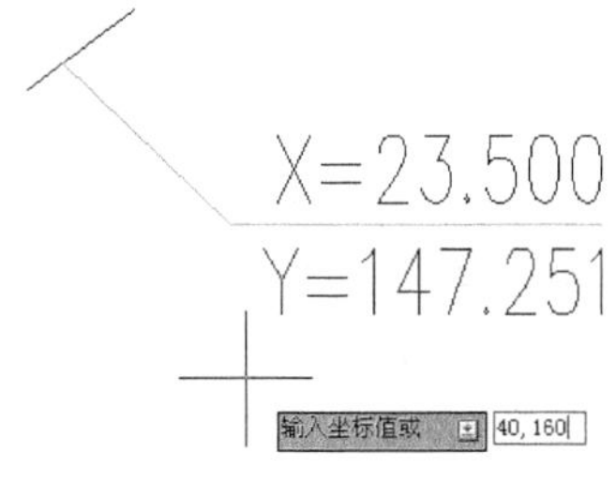

图 13-5　在位编辑状态

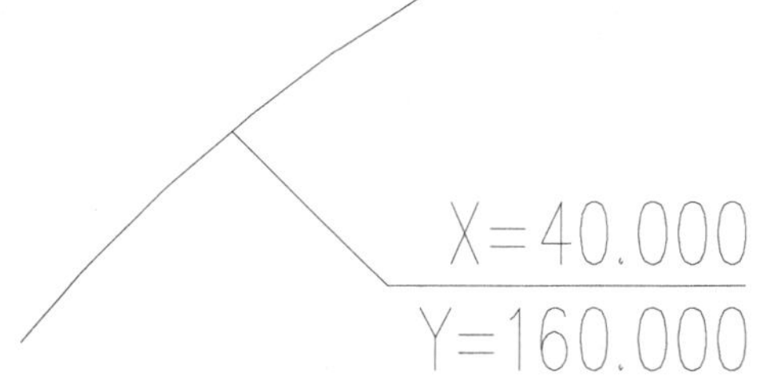

图 13-6　修改结果

13.3 索引符号

调用索引符号命令，可以为图中详图的某一部分标注索引号，指出表示这些部分的详图在哪张图上，分为“指向索引”、“剖切索引”两类，索引符号的对象编辑新提供了增加索引号与改变剖切长度的功能。

索引符号命令的执行方式有以下几种：

➢ 命令行：在命令行中输入 SYFH 命令按回车键。

➢ 菜单栏：单击“符号标注”→“索引符号”命令。

下面以如图 13-7 所示的图形为例，介绍索引符号命令的操作结果。

01 按 Ctrl+O 组合键，打开配套光盘提供的“第 13 章/ 13.3　索引符号.dwg”素材文件，结果如图 13-8 所示。

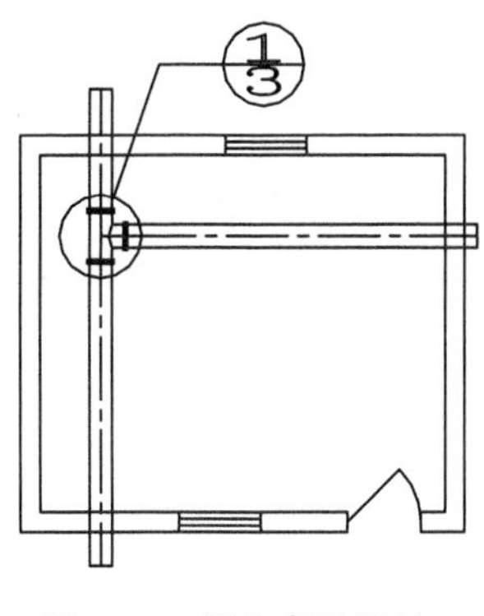

图 13-7　指向索引符号

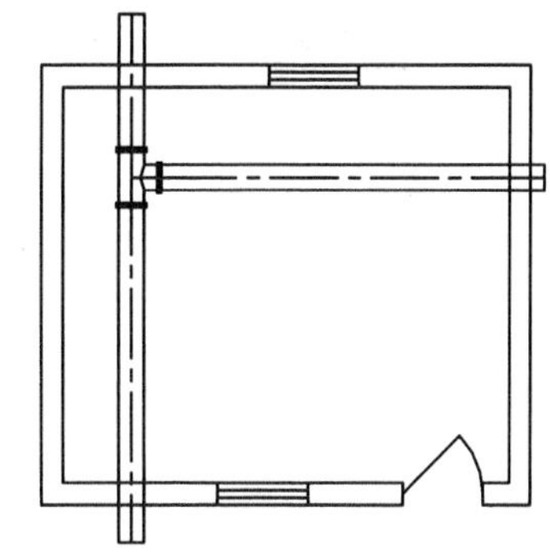

图 13-8　打开素材

02 在命令行中输入 SYFH 命令按回车键，系统弹出【索引符号】对话框，设置参数如图 13-9 所示。

03 同时命令行提示如下：

```
命令: SYFH↙
T96_TINDEXPTR
请给出索引节点的位置<退出>:
请给出索引节点的范围<0.0>:
```

请给出转折点位置<退出>:

请给出文字索引号位置<退出>: //分别指定符号的各点，绘制指向索引符号，结果如图 13-7 所示。

在【索引符号】对话框中选定“剖切索引”按钮，命令行提示如下：

命令: T96_TINDEXPTR

请给出索引节点的位置<退出>:

请给出转折点位置<退出>:

请给出文字索引号位置<退出>:

请给出剖视方向<当前>: //指定索引符号的各点，绘制剖切索引符号的结果如图 13-10 所示。

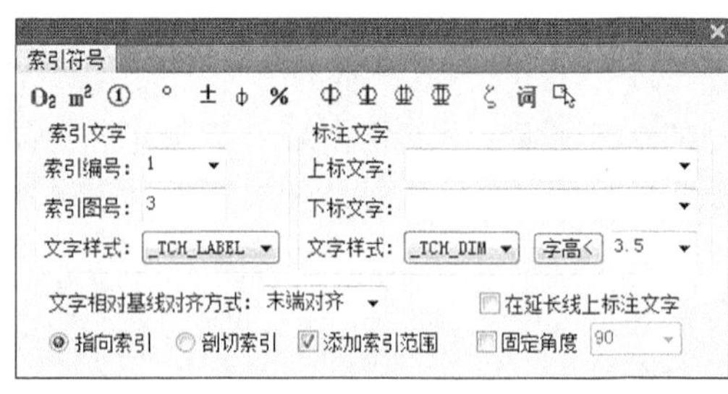

图 13-9 【索引符号】对话框

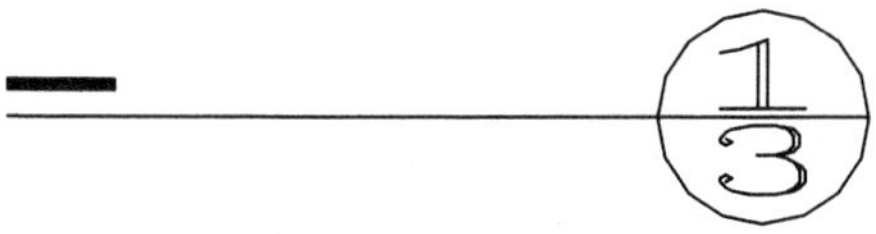

图 13-10 剖切索引符号

双击绘制完成的索引符号，系统弹出如图 13-11 所示的编辑选项板，可以对索引符号的各项参数进行修改。

双击索引符号的标注文字，可进入在位编辑状态，如图 13-12 所示；输入待修改的文字，按回车键即可完成修改。

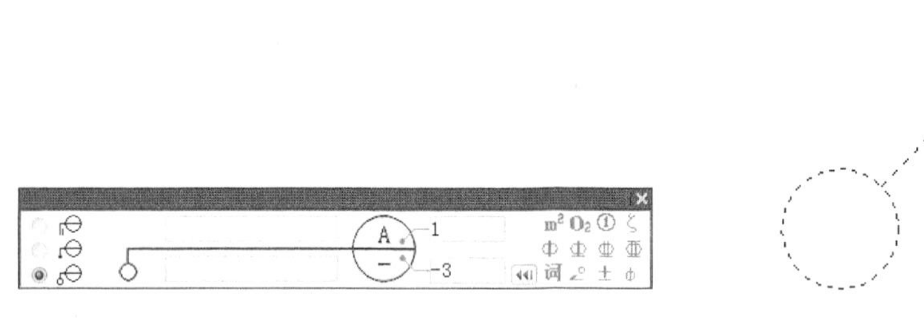

图 13-11 编辑选项板

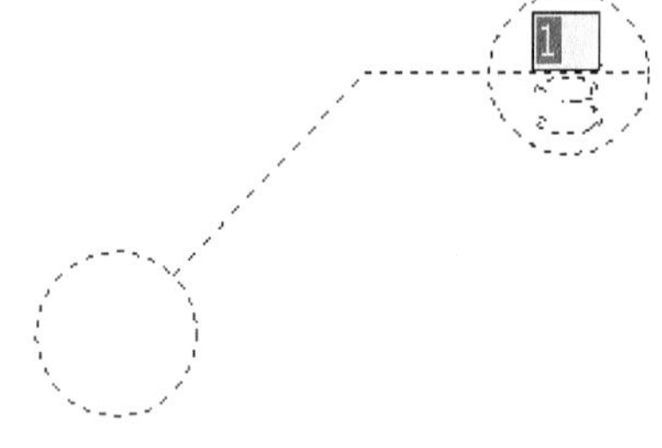

图 13-12 在位编辑状态

13.4 索引图名

调用索引图名命令，可以为图中局部详图标注索引图号。如图 13-13 所示为该命令的操作结果。

索引图名命令的执行方式有以下几种：

➢ 命令行：在命令行中输入 SYTM 命令按回车键。

➢ 菜单栏：单击“符号标注”→“索引图名”命令。

下面以如图 13-13 所示的图形为例，介绍索引图名命令的操作结果。

01 在命令行中输入 SYTM 命令按回车键，系统弹出【索引图名】对话框，定义参数如图 13-14 所示。

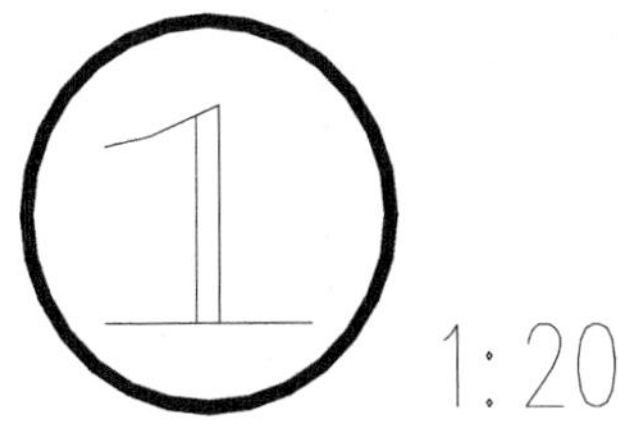

图 13-13 索引图名

图 13-14 【索引图名】对话框

02 同时命令行提示如下：

```
命令：SYTM↙
T96_TINDEXDIM
请点取标注位置<退出>:            //在绘图区中点取图名的标注位置，绘制索引图名，结果如图 13-13 所示。
```

03 在【索引图名】对话框中“索引图号”选框中定义图号参数，可绘制表示被索引图在其他图的索引图名，结果如图 13-15 所示。

双击绘制完成的索引图名，系统可弹出如图 13-16 所示的编辑选项板，在其中可以对索引图名的各项参数进行更改。

图 13-15 被索引图在其他图的索引图名

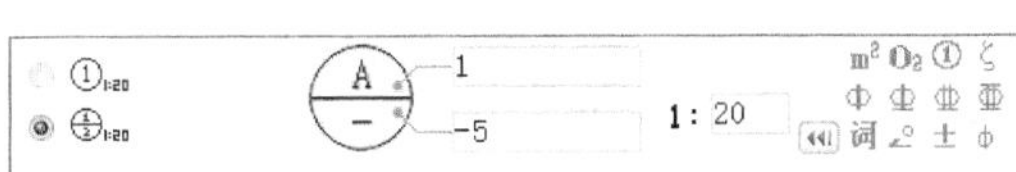

图 13-16 编辑选项板

13.5 剖面剖切

调用剖面剖切命令，可以在图中标注剖面剖切符号。如图 13-17 所示为该命令的操作结果。

剖面剖切命令的执行方式有以下几种：

➢ 命令行：在命令行中输入 PMPQ 命令按回车键。

➢ 菜单栏：单击“符号标注”→“剖面剖切”命令。

下面以如图 13-17 所示的图形为例，介绍剖面剖切命令的操作结果。

01 按 Ctrl+O 组合键，打开配套光盘提供的“第 13 章/ 13.5 剖面剖切.dwg”素材文件，结果如图 13-18 所示。

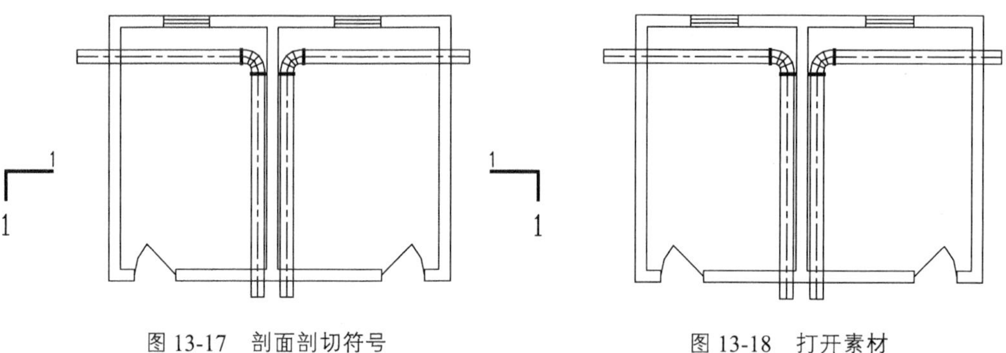

图 13-17 剖面剖切符号　　图 13-18 打开素材

02 在命令行中输入 PMPQ 命令按回车键，系统弹出【剖切符号】对话框，定义参数如图 13-19 所示。

03 同时命令行提示如下：

```
命令：PMPQ↙
T96_TSECTION
点取第一个剖切点<退出>:
点取第二个剖切点<退出>:                    //在待剖切图形的左右两边分别单击鼠标左键。
点取剖视方向<当前>:                        //向下移动鼠标，单击左键定义剖切方向即可完
成剖切符号的绘制，结果如图 13-17 所示。
```

双击绘制完成的剖切符号，系统弹出如图 13-20 所示的编辑选项板；在其中可以修改剖切符号各项参数，按下 Esc 键关闭选项板即可完成修改。

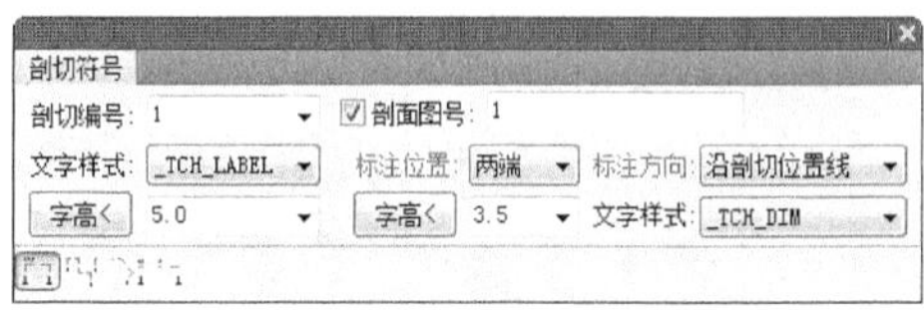

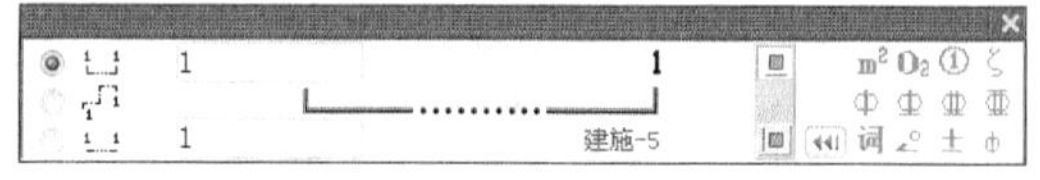

图 13-19 【剖切符号】对话框　　图 13-20 编辑选项板【剖切符号】对话框

在【剖切符号】对话框中单击“正交转折剖切”按钮，根据命令行的提示绘制该类型的剖切符号的结果如图 13-21 所示。

在【剖切符号】对话框中单击“非正交转折剖切”按钮，根据命令行的提示绘制该类型的剖切符号，结果如图 13-22 所示。

13.6 断面剖切

调用断面剖切命令，可以在图中标注断面剖切符号。如图 13-23 所示为该命令的操作结果。

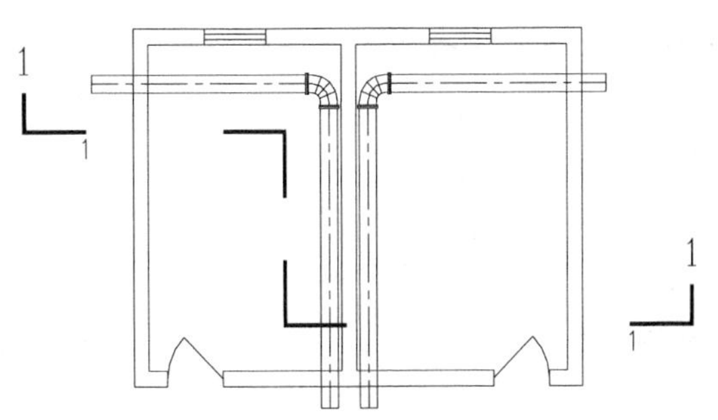

图 13-21　正交转折剖切符号

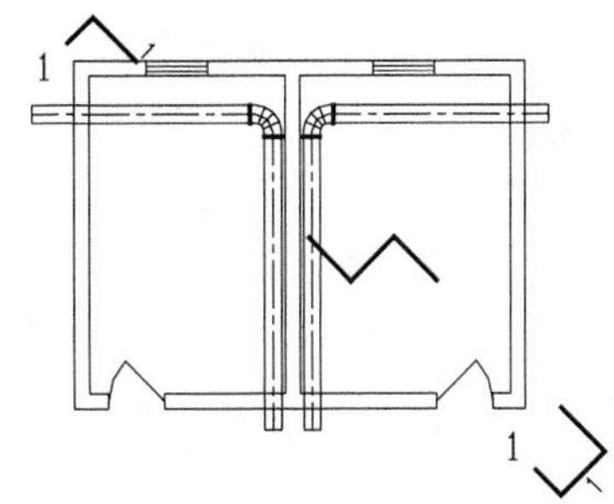

图 13-22　非正交转折剖切符号

断面剖切命令的执行方式有以下几种：

➢ 命令行：在命令行中输入 DMPQ 命令按回车键。
➢ 菜单栏：单击"符号标注"→"断面剖切"命令。

下面以如图 13-23 所示的图形为例，介绍断面剖切命令的操作结果。

01 按 Ctrl+O 组合键，打开配套光盘提供的"第 13 章/ 13.6　断面剖切.dwg"素材文件，结果如图 13-24 所示。

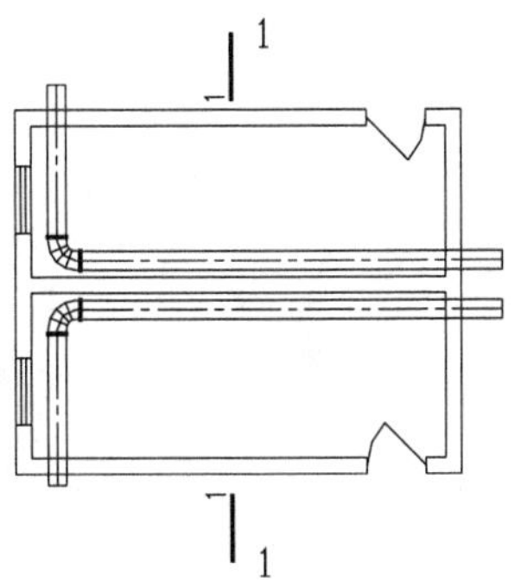

图 13-23　断面剖切符号

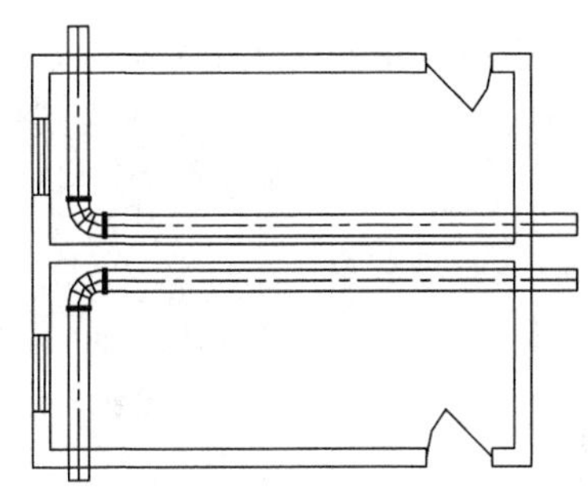

图 13-24　打开素材

02 在命令行中输入 DMPQ 命令按回车键，系统弹出【剖切符号】对话框；分别设置"剖切编号"、"剖面图号"均为 1。

03 同时命令行提示如下：

```
命令：DMPQ↙
T96_TSECTION1
点取第一个剖切点<退出>:
点取第二个剖切点<退出>：//在待剖切图形的上方和下方分别单击鼠标左键。
点取剖视方向<当前>：//按回车键确定剖视方向，绘制断面剖切符号，结果如图 13-23 所示。
```

13.7 加折断线

调用加折断线命令，可以在图中加入折断线图形，形式符合制图规范要求；可依照当前比例，选择对象更新其大小。如图 13-25 所示为该命令的操作结果。

加折断线命令的执行方式有以下几种：

- 命令行：在命令行中输入 JZDX 命令按回车键。
- 菜单栏：单击“符号标注”→“加折断线”命令。

下面以如图 13-25 所示的图形为例，介绍加折断线命令的操作结果。

01 按 Ctrl+O 组合键，打开配套光盘提供的“第 13 章/ 13.7　加折断线.dwg”素材文件，结果如图 13-26 所示。

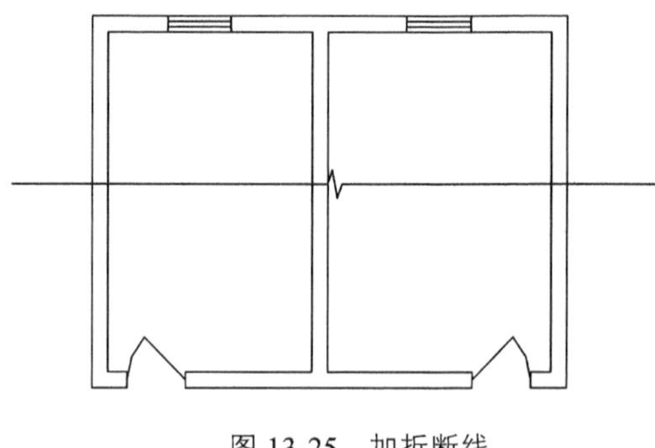

图 13-25　加折断线

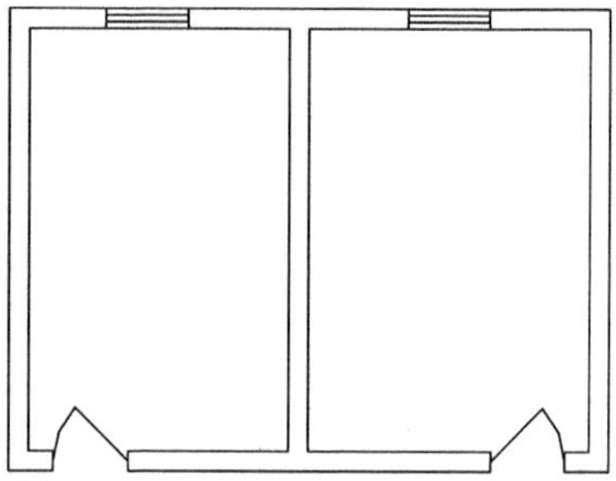

图 13-26　打开素材

02 在命令行中输入 JZDX 命令按回车键，命令行提示如下：

```
命令：JZDX↙
T96_TRUPTURE
点取折断线起点<退出>:
点取折断线终点或 [折断数目,当前=1(N)/自动外延,当前=开(O)]<退出>:
                    //分别指定折断线的起点和终点，绘制折断线，结果如图 13-25 所示。
```

在执行命令的过程中，输入 O，选择“自动外延，当前=开(O)”选项，自动外延被关闭，折断线的绘制结果如图 13-27 所示。

双击绘制完成的折断线，命令行提示“折断数目<1>:”，输入待增加的折断数目，按回车键即可完成添加折断符号的操作，结果如图 13-28 所示。

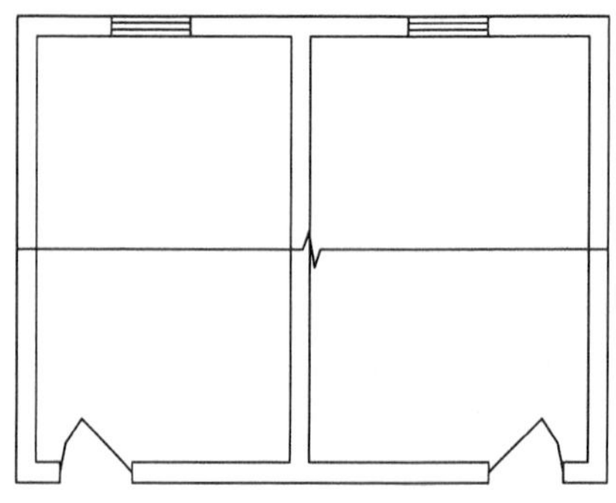

图 13-27　自动外延被关闭

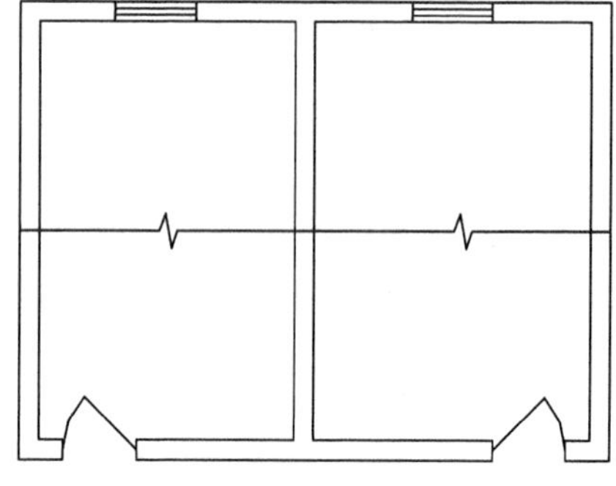

图 13-28　添加折断符号

13.8 箭头引注

调用箭头引注命令，可以绘制带有箭头的引出标注，文字可从线端标注也可从线上标注，引线可以转折多次，用于楼梯方向线，新添箭头用于国标的坡度符号。如图 13-29 所示为该命令的操作结果。

箭头引注命令的执行方式有以下几种：

- 命令行：在命令行中输入 JTYZ 命令按回车键。
- 菜单栏：单击“符号标注”→“箭头引注”命令。

下面以如图 13-29 所示的图形为例，介绍箭头引注命令的操作结果。

01 按 Ctrl+O 组合键，打开配套光盘提供的“第 13 章/ 13.8　箭头引注.dwg”素材文件，结果如图 13-30 所示。

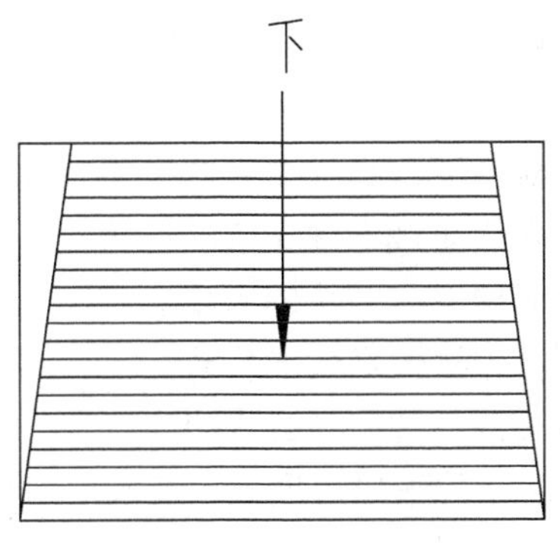

图 13-29　箭头引注

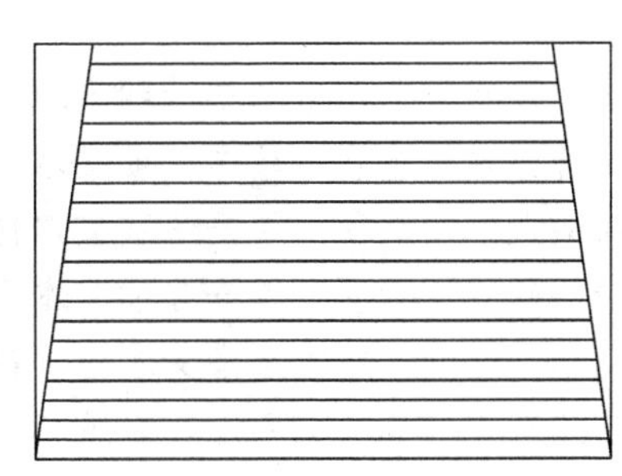

图 13-30　打开素材

02 在命令行中输入 JTYZ 命令按回车键，系统弹出【箭头引注】对话框，定义参数如图 13-31 所示。

03 同时命令行提示如下：

```
命令：JTYZ↙
T96_TARROW
箭头起点或 [点取图中曲线(P)/点取参考点(R)]<退出>:
直段下一点或 [弧段(A)/回退(U)]<结束>:            //分别指定标注的各点，按回车键，即可完成箭头引注的标注，结果如图 13-29 所示。
```

在执行命令的过程中，输入 A，选择“弧段(A)”选项，命令行提示如下：

```
命令：JTYZ↙
T96_TARROW
箭头起点或 [点取图中曲线(P)/点取参考点(R)]<退出>://单击起点。
直段下一点或 [弧段(A)/回退(U)]<结束>:A           //输入 A，选择“弧段(A)”选项；
弧段下一点或 [直段(L)/回退(U)]<结束>:            //点取弧段的终点。
点取弧上一点或 [输入半径(R)]:                    //点取弧上的一点。
```

直段下一点或［弧段(A)/回退(U)]<结束>:　　　　　　//按回车键即可完成标注，结果如图 13-32 所示。

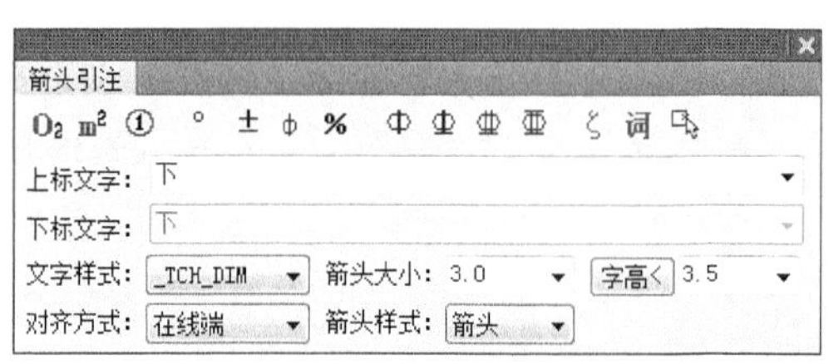

图 13-31　【箭头引注】对话框

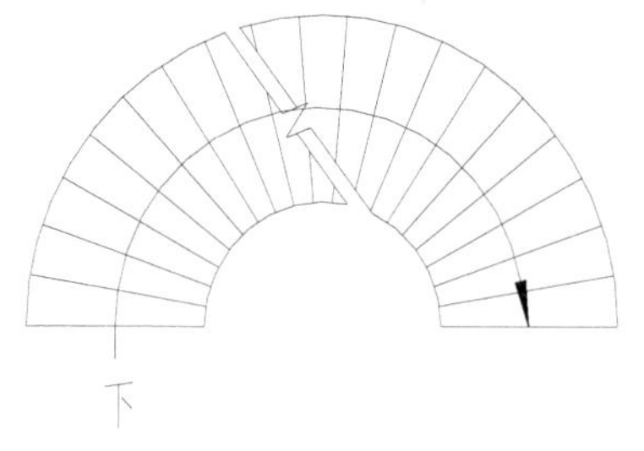

图 13-32　弧线标注

【箭头引注】对话框中各功能选项的含义如下：

单击对话框上方的符号栏中对应的符号，可以插入指定的符号至标注文字中。

“上标文字”选项：定义箭头上方的标注文字，文字的位置可以在“对齐方式”选项中更改。单击右边的向下箭头，在弹出的下拉列表中保存了前几次箭头引注的参数，可以选择其中的参数进行标注。

“文字样式”选项：单击选项文本框，在下拉列表中更改标注文字的文字样式。

“对齐方式”选项：单击选项文本框，在下拉列表中更改标注文字的位置。

“箭头大小”选项：单击选项文本框，在下拉列表中定义箭头的大小。

“箭头样式”选项：单击选项文本框，在下拉列表中更改箭头的样式。

“字高”选项：单击选项文本框，在下拉列表中更改标注字体的大小。

双击绘制完成的箭头引注，系统弹出如图 13-33 所示的编辑选项板，在其中可以更改箭头引注的标注参数，按下 Esc 键关闭对话框可完成修改操作。

双击标注文字，进入在位编辑状态，如图 13-34 所示；输入待修改的文字，按回车键即可完成修改操作。

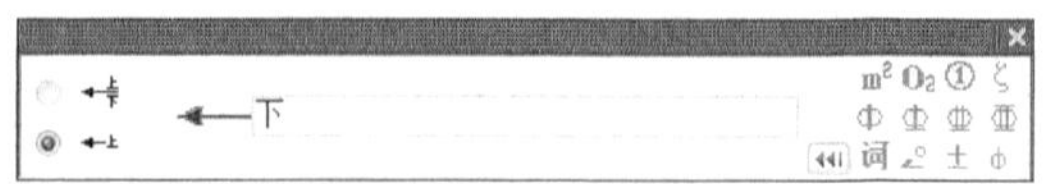

图 13-33　【箭头引注】对话框

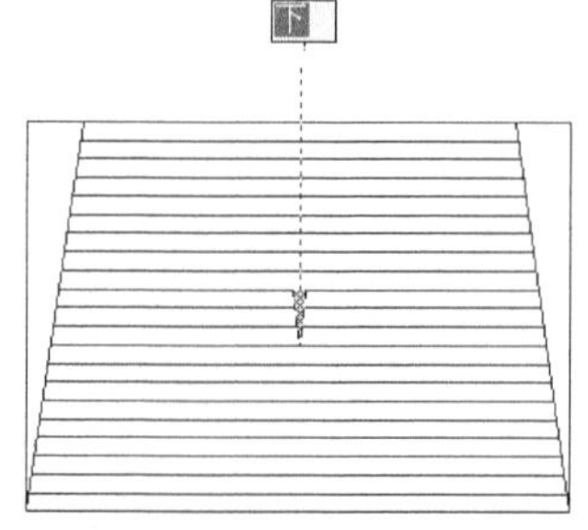

图 13-34　在位编辑状态

13.9 引出标注

调用引出标注命令，可以使用引线引出来对多个标注点做同一内容的标注。如图 13-35

所示为该命令的操作结果。

引出标注命令的执行方式有以下几种：

- ➢ 命令行：在命令行中输入 YCBZ 命令按回车键。
- ➢ 菜单栏：单击“符号标注”→“引出标注”命令。

下面以如图 13-35 所示的图形为例，介绍引出标注命令的操作结果。

01 按 Ctrl+O 组合键，打开配套光盘提供的“第 13 章/ 13.9　引出标注.dwg”素材文件，结果如图 13-36 所示。

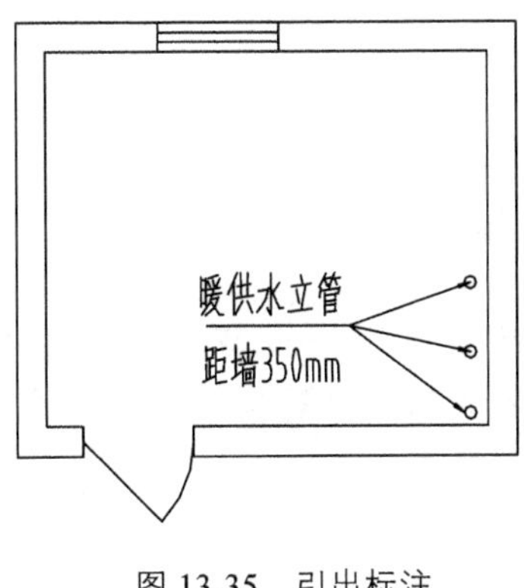

图 13-35　引出标注

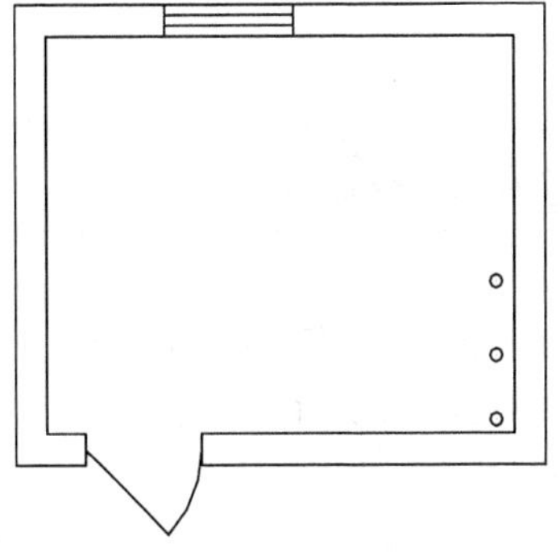

图 13-36　打开素材

02 在命令行中输入 YCBZ 命令按回车键，系统弹出【引出标注】对话框，定义参数如图 13-37 所示。

```
命令：YCBZ↙
T96_TLEADER
请给出标注第一点<退出>:
输入引线位置或 [更改箭头型式(A)]<退出>:
点取文字基线位置<退出>:
输入其他的标注点<结束>:          //指定标注各点，按回车键即可完成引出标注的操作，结果如图 13-38 所示。
```

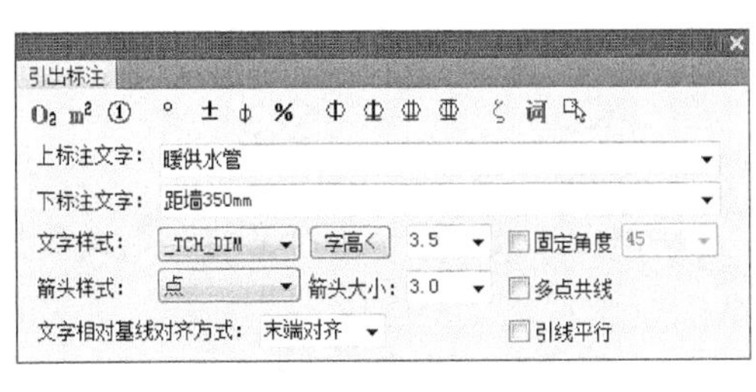

图 13-37　【引出标注】对话框

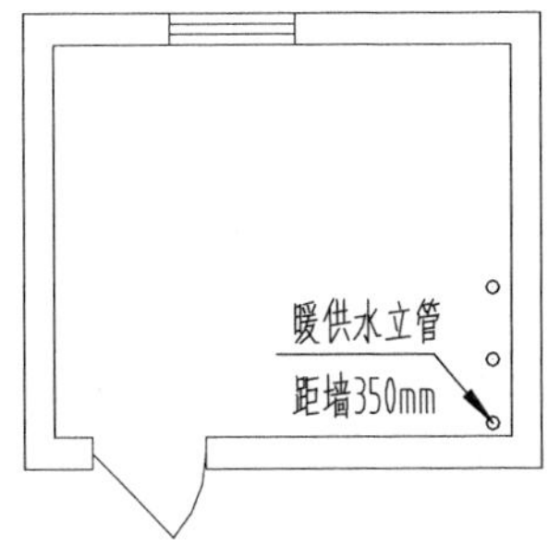

图 13-38　标注结果

双击绘制完成的引出标注，系统弹出如图 13-39 所示的编辑选项板，在其中可以更改引出标注的各项参数。

在选项板中单击“增加标注点”按钮，命令行提示如下：

```
命令: T96_TObjEdit
请点取要增加的标注点<退出>:
请点取要增加的标注点<退出>:                //点取标注点，结果如图 13-35 所示。
```

图 13-39　编辑选项板

13.10 做法标注

在施工图纸上标注工程的材料做法，通过专业词库预设有北方地区常用的 88J1-X1(2000 版)的墙面、地面、楼面、顶棚和屋面标准做法。如图 13-40 所示为该命令的操作结果。

做法标注命令的执行方式有以下几种：

- 命令行：在命令行中输入 ZFBZ 命令按回车键。
- 菜单栏：单击“符号标注”→“做法标注”命令。

下面以如图 13-40 所示的图形为例，介绍做法标注命令的操作结果。

[01] 按 Ctrl+O 组合键，打开配套光盘提供的“第 13 章/ 13.10　做法标注.dwg”素材文件，结果如图 13-41 所示。

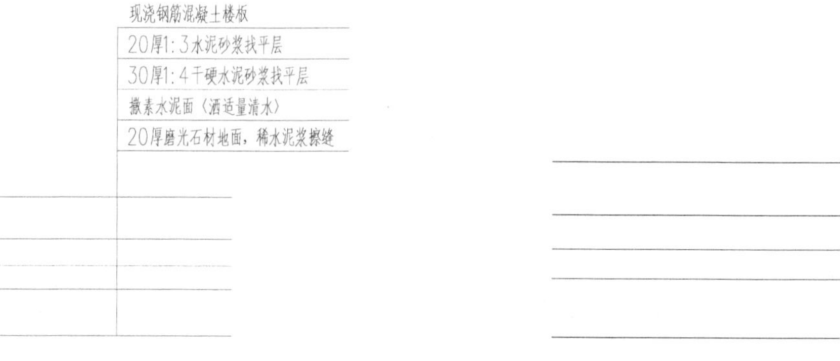

图 13-40　做法标注　　　　图 13-41　打开素材

[02] 在命令行中输入 ZFBZ 命令按回车键，系统弹出【做法标注】对话框，定义参数如图 13-42 所示。

[03] 同时命令行提示如下：

```
命令: ZFBZ↙
T96_TCOMPOSING
请给出标注第一点<退出>:            //指定标注的起点。
请给出文字基线位置<退出>:          //向上移动鼠标。
```

```
请给出文字基线方向和长度<退出>:  //向左移动鼠标，单击指定长度。
请输入其他标注点<结束>:
请输入其他标注点<结束>:
请输入其他标注点<结束>:           //分别点取标注点，绘制做法标注，结果如图 13-40 所示。
```

双击绘制完成做法标注，系统弹出如图 13-43 所示的编辑选项板；在其中可以更改做法标注的标注样式，单击“确定”按钮关闭对话框，即可完成修改操作。

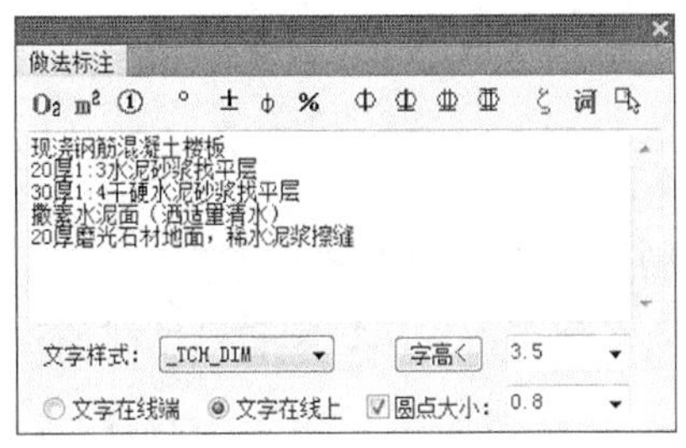

图 13-42 【做法标注】对话框

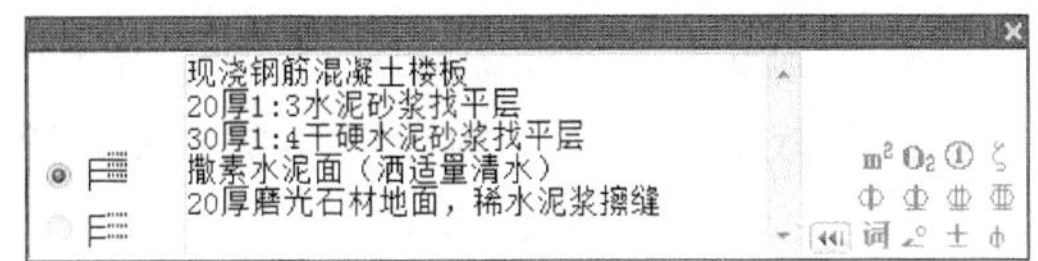

图 13-43 编辑选项板

13.11 绘制云线

调用绘制云线命令，绘制出云线，用于在设计过程中表示审校后需要修改的范围。

绘制云线命令的执行方式有以下几种：

- 命令行：在命令行中输入 HZYX 命令按回车键。
- 菜单栏：单击“符号标注”→“绘制云线”命令。

下面介绍绘制云线命令的操作方法。

在命令行中输入 HZYX 命令按回车键，系统弹出【云线】对话框，设置参数如图 13-44 所示，单击“任意绘制”按钮，然后在绘图区中指定云线的起点和终点。命令行提示如下：

```
命令:TREVCLOUD
指定起点 <退出>:            //指定云线绘制起点。
沿云线路径引导十字光标...   //沿十字光标移动路径绘制云线，再单击指定终点。
修订云线完成
请指定版次标志的位置<取消>://指定版次标志位置后按回车键，绘制结果如图 13-45 所示。
```

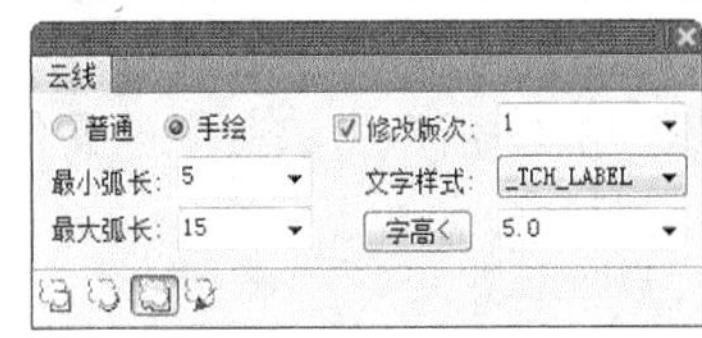

图 13-44 【云线】对话框

图 13-45 绘制结果

“普通”“手绘”按钮：用于选择云线类型，手绘云线效果比较突出，但比较耗费图形资源。两种类型的云线绘制效果如图 13-46 所示。

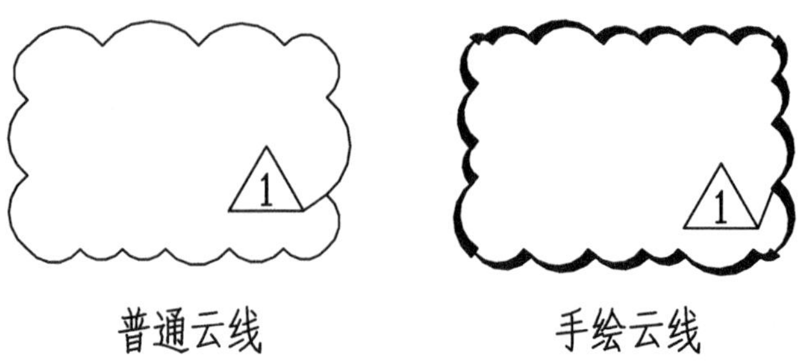

图 13-46　云线类型

"最小弧长"、"最大弧长"选项：用于设置绘制云线的规则程度。

"修改版次"选项：勾选该选项，会在绘制云线时给定一个角位处标注一个表示图纸修改版本号的三角形版次标志。

"文字样式"、"字高"选项：勾选"修改版次"选项后亮显，此时可以对版次标志的文字样式以及字高进行设置。

"矩形云线"、"圆形云线"、"任意绘制"、"选择已有对象生成"按钮：用于选择绘制云线的方式，绘制结果如图 13-47 所示。

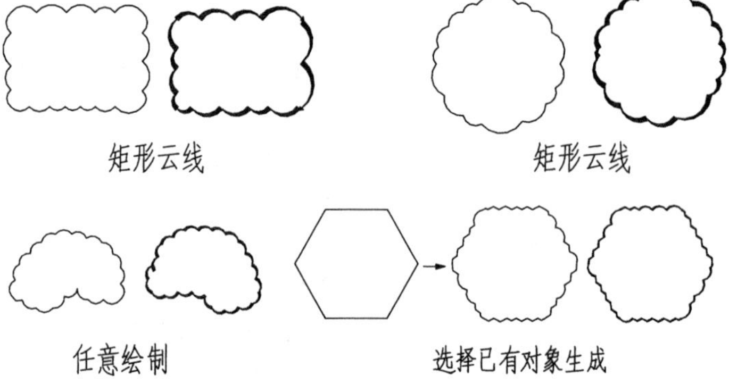

图 13-47　绘制云线方式

13.12 画对称轴

调用画对称轴命令，可以绘制对称轴及符号。如图 13-48 所示为该命令的操作结果。

画对称轴命令的执行方式有以下几种：

- 命令行：在命令行中输入 HDCZ 命令按回车键。
- 菜单栏：单击"符号标注"→"画对称轴"命令。

下面以如图 13-48 所示的图形为例，介绍画对称轴命令的操作结果。

01 按 Ctrl+O 组合键，打开配套光盘提供的“第 13 章/ 13.12　画对称轴.dwg”素材文件，结果如图 13-49 所示。

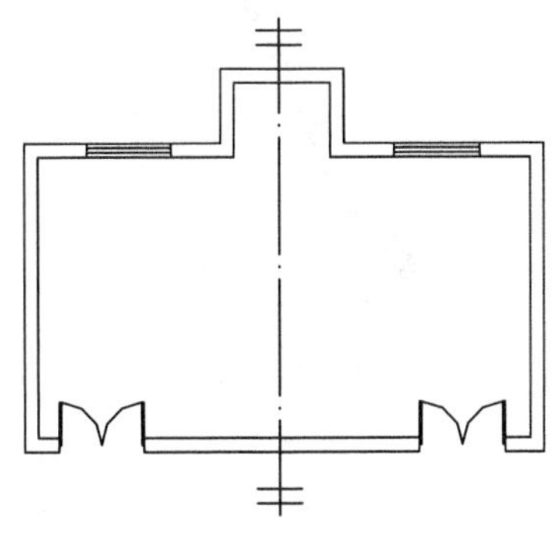

图 13-48　画对称轴

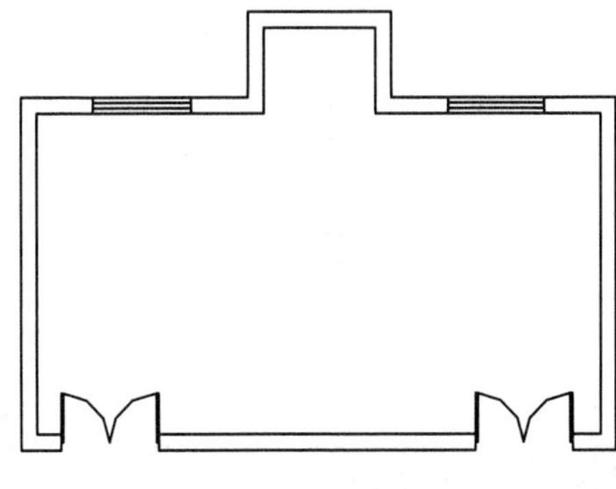

图 13-49　打开素材

02 在命令行中输入 HDCZ 命令按回车键，命令行提示如下：

```
命令：HDCZ↙
T96_TSYMMETRY
起点或 [参考点(R)]<退出>:
终点<退出>:                    //分别指定对称轴的起点和终点，绘制结果如图 13-48 所示。
```

提示

选中对称轴，拖动其夹点，可将对称轴执行拉长、移位等操作。

13.13 画指北针

调用画指北针命令，可以在图中直接绘制指北针符号。如图 13-50、图 13-51 所示为该命令的操作结果。

画指北针命令的执行方式有以下几种：

➢ 命令行：在命令行中输入 HZBZ 命令按回车键。

➢ 菜单栏：单击“符号标注”→“画指北针”命令。

下面以如图 13-50、图 13-51 所示的图形为例，介绍画指北针命令的操作结果。

在命令行中输入 HZBZ 命令按回车键，命令行提示如下：

```
命令：HZBZ↙
T96_TNORTHTHUMB
指北针位置<退出>:              //单击指定指北针的位置;
指北针方向<90.0>:              //按回车键默认指北针的方向为 90°，绘制结果如图 13-50 所示。
```

在执行命令的过程中，当命令行提示“指北针方向<90.0>”时；输入 60，按回车键，即可完成方向为 60° 的指北针的绘制，结果如图 13-51 所示。

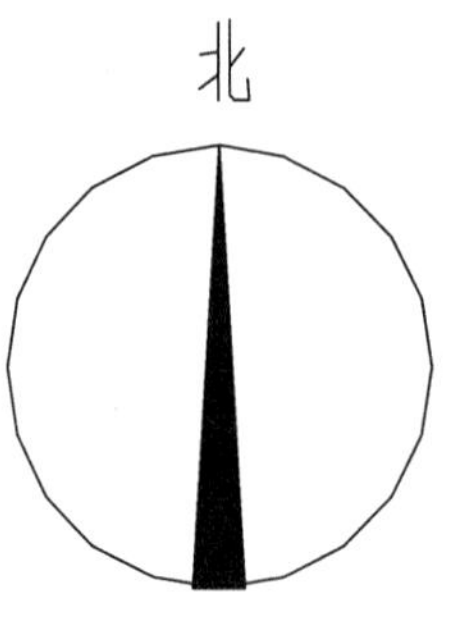

图 13-50　90°指北针

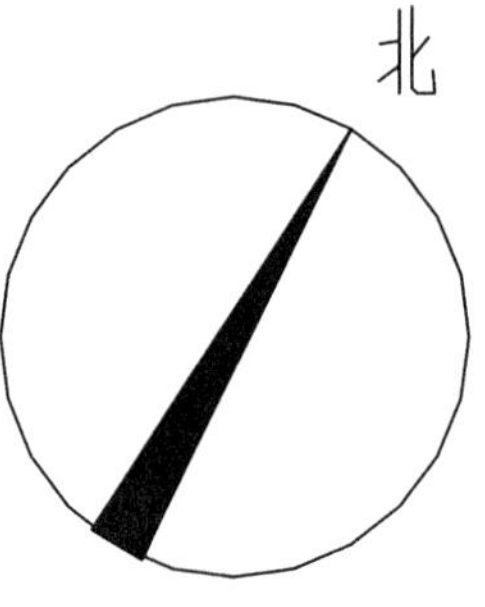

图 13-51　60°指北针

13.14 图名标注

一个图形中绘有多个图形或详图时，需要在每个图形下方标出该图的图名，并且同时标注比例，比例变化时会自动调整其中文字的合理大小。如图 13-52 所示为该命令的操作结果。

一层暖通设计图 1:100

图 13-52　图名标注

图名标注命令的执行方式有以下几种：

- 命令行：在命令行中输入 TMBZ 命令按回车键。
- 菜单栏：单击“符号标注”→“图名标注”命令。

下面以如图 13-52 所示的图形为例，介绍图名标注命令的操作结果。

01 在命令行中输入 TMBZ 命令按回车键，系统弹出【图名标注】对话框，设置参数如图 13-53 所示。

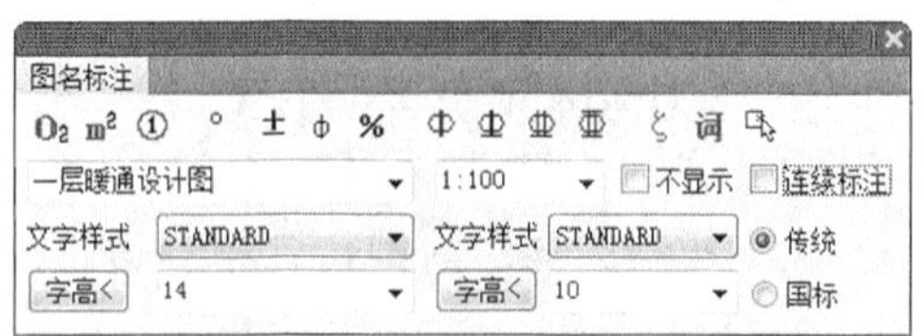

图 13-53　【图名标注】对话框

02 同时命令行提示如下：

命令：TMBZ↙

T96_TDRAWINGNAME

请点取插入位置<退出>：　　　　//在绘图区中点取图名标注的插入位置，绘制图名标注的结果如图 13-52 所示。

第 14 章
尺寸标注

● **本章导读**

本章介绍天正尺寸标注与编辑的命令，包括快速标注、逐点标注等尺寸标注命令的调用，还包括剪裁、延伸、取消尺寸等编辑尺寸命令的操作。

● **本章重点**

- ◈ 天正尺寸标注的特征
- ◈ 逐点标注
- ◈ 直径标注
- ◈ 弧长标注
- ◈ 文字复位
- ◈ 裁剪延伸
- ◈ 尺寸打断
- ◈ 连接尺寸
- ◈ 尺寸转化
- ◈ 快速标注
- ◈ 半径标注
- ◈ 角度标注
- ◈ 更改文字
- ◈ 文字复值
- ◈ 取消尺寸
- ◈ 合并区间
- ◈ 增补尺寸
- ◈ 尺寸自调

14.1 天正尺寸标注的特征

尺寸标注是设计图纸中的重要组成部分，图纸中的尺寸标注在国家颁布的建筑制图标准中有严格的规定，为此天正提供了自定义的尺寸标注系统，完全取代了 AutoCAD 的尺寸标注。

天正尺寸标注与 AutoCAD 中的标注是不同的自定义对象，在使用方法上也有明显的区别。

天正尺寸标注包含连续标注和半径标注两部分，其中连续标注包括线性标注和角度标注。

14.1.1 天正尺寸标注的基本单位

天正的尺寸标注以区间为基本单位。单击绘制完成的天正尺寸标注，可以看到多个相邻的尺寸标注区间同时显示；在显示的尺寸标注中会出现一系列的夹点，这些夹点与 AutoCAD 尺寸标注中一次仅亮显一个的夹点的意义不同。

14.1.2 转化和分解天正尺寸标注

在天正软件与 AutoCAD 软件之间，有时候需要互相转化图形。比如，在利用旧图资源的时候，需要将原图的 AutoCAD 尺寸标注转化为等效的天正尺寸标注对象。在将图形对象输出至天正环境不支持的其他建筑软件时，需要分解天正尺寸标注对象。

调用 X【分解】命令，可直接分解天正尺寸标注对象，生成与 AutoCAD 外观一致的尺寸标注。

14.1.3 修改天正尺寸标注的基本样式

基于 AutoCAD 是天正绘图软件运行的平台，所以天正的尺寸标注对象是基于 AutoCAD 的标注样式发展而成的。用户可以在【标注样式管理器】对话框中对天正的某些尺寸标注样式执行修改操作，执行 RCGEN【重生成】命令，即可将已有的标注按新的设定更改过来。

因为建筑制图规范的规定，只有部分标注样式的设定在天正尺寸标注中才能体现。对天正尺寸有效的 AutoCAD 标注设定的范围见表 14-1。

表 14-1　对天正尺寸有效的 AutoCAD 标注设定的范围

中文含义	英文名称	标注变量	默认值
尺寸线（Dimension Line）			
尺寸线颜色	Color	Dimclrd	随块
尺寸界线（Extension Line）			

中文含义	英文名称	标注变量	默认值
尺寸线颜色	Color	Dimclre	随块
超出尺寸线	Extend Beyond	Dimexe	2.5
起点偏移量	Offset	Dimexo	3
文字外观(Text Appearance)			
文字样式	Text Style	Dimtxsty	_TCH_DIM
文字颜色	Color	Dimclrt	黑色
文字高度	Text Height	Dimtxt	3.5
箭头（Arrow）			
第一个	1st	Dimblkl	建筑标记
第二个	2nd	dimblk2	建筑标记
箭头大小	Size	Dimase	1
主单位（Primary Unit）			
线性标注精度	Precision	dimdec	0
角度标注精度	Precision	dimadec	0

14.1.4 尺寸标注的快捷菜单

在绘制完成的天正尺寸标注上单击鼠标右键，系统可弹出尺寸标注命令的快捷菜单，如图 14-1 所示。用户可以在快捷菜单中单击选定其中的任何一个菜单项，来调用该尺寸标注命令。

14.2 快速标注

调用快速标注命令，可以快速识别天正对象的外轮廓和基线点，沿着对象的长宽方向标注对象的几何特征尺寸。如图 14-2 所示为该命令的操作结果。

快速标注命令的执行方式有以下几种：

- ➢ 命令行：在命令行中输入 KSBZ 命令按回车键。
- ➢ 菜单栏：单击“尺寸标注”→“快速标注”命令。

下面以如图 14-2 所示的图形为例，介绍快速标注命令的操作结果。

01 按 Ctrl+O 组合键，打开配套光盘提供的“第 14 章/ 14.2　快速标注.dwg”素材文件，结果如图 14-3 所示。

02 在命令行中输入 KSBZ 命令按回车键，命令行提示如下：

```
命令：KSBZ↙
T96_TQUICKDIM
选择要标注的几何图形:指定对角点：找到 16 个
                              //如图 14-4 所示。
```

请指定尺寸线位置(当前标注方式:整体)或 [整体(T)/连续(C)/连续加整体(A)]<退出>:A

//输入 A，选择“连续加整体(A)”选项。

请指定尺寸线位置(当前标注方式:连续加整体)或 [整体(T)/连续(C)/连续加整体(A)]<退出:

//指定尺寸线位置，完成标注操作，结果如图 14-2 所示。

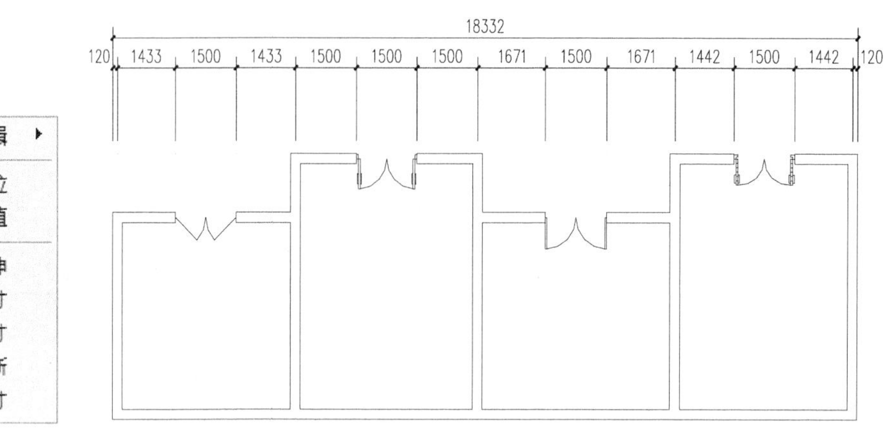

图 14-1　快捷菜单　　　图 14-2　快速标注

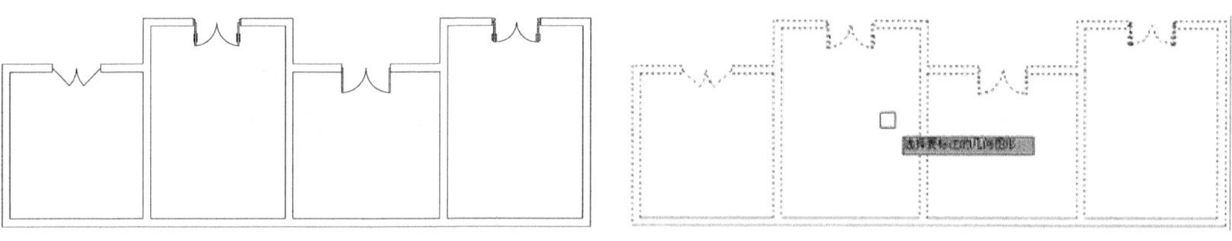

图 14-3　打开素材　　　图 14-4　选择图形

在执行命令的过程中，在命令行提示“请指定尺寸线位置(当前标注方式:整体)或 [整体(T)/连续(C)/连续加整体(A)]”时；输入 T，选择“整体(T)”选项，标注结果如图 14-5 所示。

在执行命令的过程中，在命令行提示“请指定尺寸线位置(当前标注方式:整体)或 [整体(T)/连续(C)/连续加整体(A)]”时，输入 C，选择“连续(C)”选项，标注结果如图 14-6 所示。

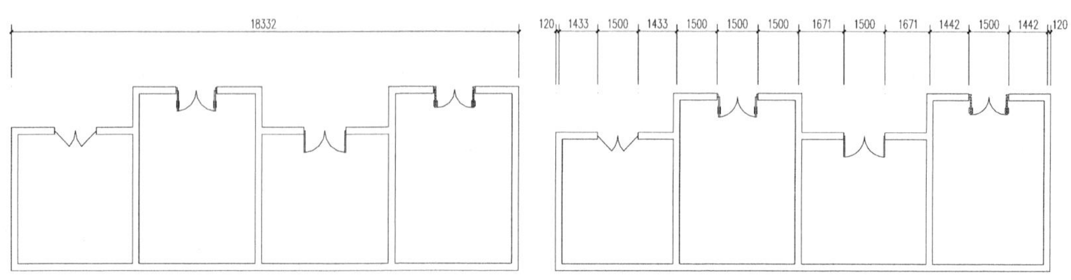

图 14-5　整体标注　　　图 14-6　连续标注

14.3 逐点标注

逐点标注是通用的灵活标注工具，对选取的一串给定点沿指定方向和选定的位置标注尺寸。该命令特别适用于没有指定天正对象特征，需要取点定位标注的情况，以及其他标注命令难以完成的尺寸标注。如图 14-7 所示为该命令的操作结果。

逐点标注命令的执行方式有以下几种：

➢ 命令行：在命令行中输入 ZDBZ 命令按回车键。

➢ 菜单栏：单击“尺寸标注”→“逐点标注”命令。

下面以如图 14-7 所示的图形为例，介绍逐点标注命令的操作结果。

01 按 Ctrl+O 组合键，打开配套光盘提供的“第 14 章/ 14.3　逐点标注.dwg”素材文件，结果如图 14-8 所示。

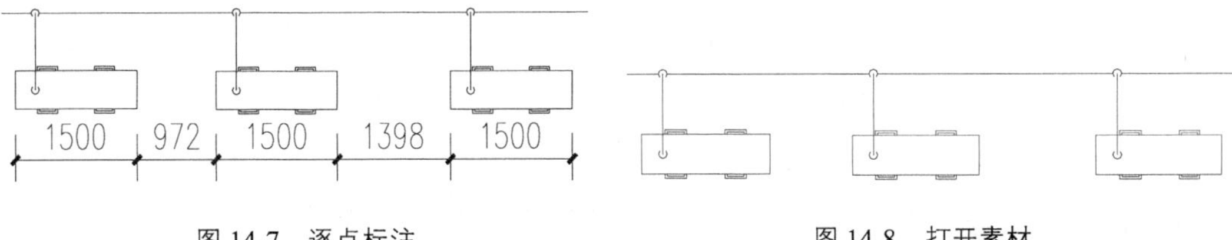

图 14-7　逐点标注　　　　图 14-8　打开素材

02 在命令行中输入 ZDBZ 命令按回车键，命令行提示如下：

```
命令：ZDBZ↙
T96_TDIMMP
起点或 [参考点(R)]<退出>:
第二点<退出>:                                        //指定标注的起点和终点。
请点取尺寸线位置或 [更正尺寸线方向(D)]<退出>:          //向下移动鼠标，单击指定尺寸线的位置，即可完成一个区间的尺寸标注。
请输入其他标注点或 [撤消上一标注点(U)]<结束>:          //继续点取其他的标注点，完成逐点标注的操作结果如图 14-7 所示。
```

14.4 半径标注

调用半径标注命令，可以对弧墙或弧线进行尺寸标注；在尺寸文字容纳不下时，可按照制图标准的规定，自动引出标注在尺寸线的外侧。如图 14-9 所示为该命令的操作结果。

半径标注命令的执行方式有以下几种：

➢ 命令行：在命令行中输入 BJBZ 命令按回车键。

➢ 菜单栏：单击“尺寸标注”→“半径标注”命令。

下面以如图 14-9 所示的图形为例，介绍半径标注命令的操作结果。

01 按 Ctrl+O 组合键，打开配套光盘提供的“第 14 章/ 14.4　半径标注.dwg”素材文件，结果如图 14-10 所示。

02 在命令行中输入 BJBZ 命令按回车键，命令行提示如下：

```
命令：BJBZ↙
T96_TDIMRAD
请选择待标注的圆弧<退出>:                    //点取圆弧，完成半径标注的结果如图 14-9 所示。
```

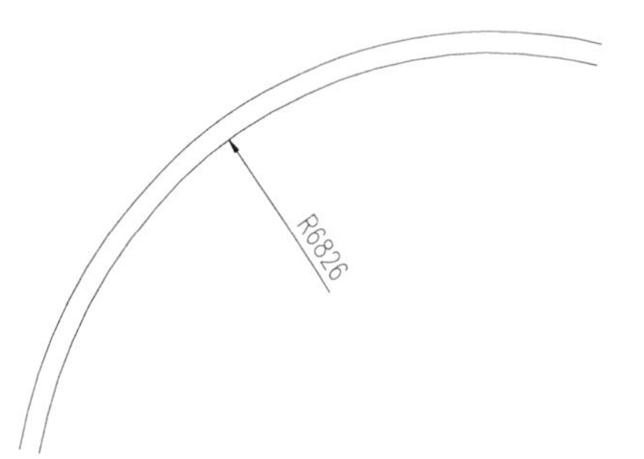

图 14-9　半径标注

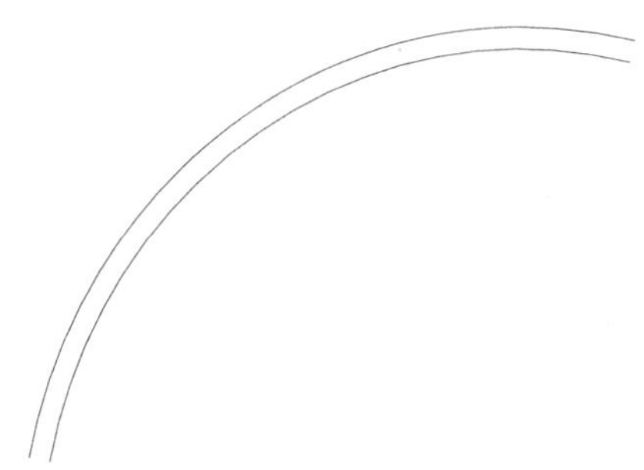
图 14-10　打开素材

14.5 直径标注

调用直径标注命令，可以对弧墙或弧线进行尺寸标注；在尺寸文字容纳不下时，可按照制图标准的规定，自动引出标注在尺寸线的外侧。如图 14-11 所示为该命令的操作结果。

直径标注命令的执行方式有以下几种：

- 命令行：在命令行中输入 ZJBZ 命令按回车键。
- 菜单栏：单击“尺寸标注”→“直径标注”命令。

下面以如图 14-11 所示的图形为例，介绍直径标注命令的操作结果。

01 按 Ctrl+O 组合键，打开配套光盘提供的“第 14 章/ 14.5　直径标注.dwg”素材文件，结果如图 14-12 所示。

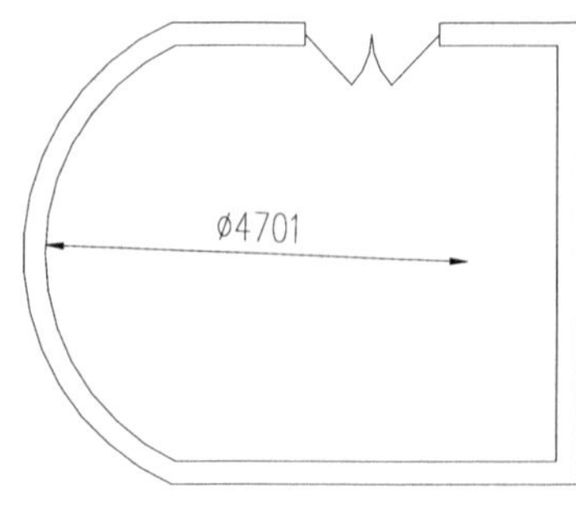

图 14-11　直径标注

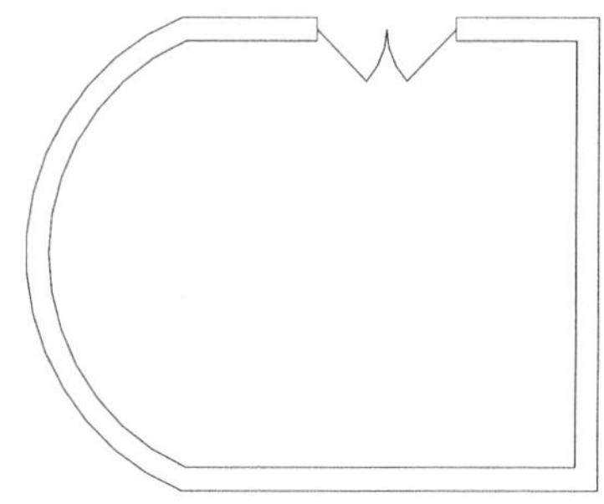
图 14-12　打开素材

02 在命令行中输入 ZJBZ 命令按回车键，命令行提示如下：

```
命令：ZJBZ↙
T96_TDIMDIA
请选择待标注的圆弧&lt;退出&gt;:                //点取弧墙，绘制直径标注的结果如图 14-11 所示。
```

14.6 角度标注

调用角度标注命令，可以基于两条线创建角度标注。如图 14-13 所示为该命令的操作结果。

角度标注命令的执行方式有以下几种：

➢ 命令行：在命令行中输入 JDBZ 命令按回车键。

➢ 菜单栏：单击“尺寸标注”→“角度标注”命令。

下面以如图 14-13 所示的图形为例，介绍角度标注命令的操作结果。

01 按 Ctrl+O 组合键，打开配套光盘提供的“第 14 章/ 14.6　角度标注.dwg”素材文件，结果如图 14-14 所示。

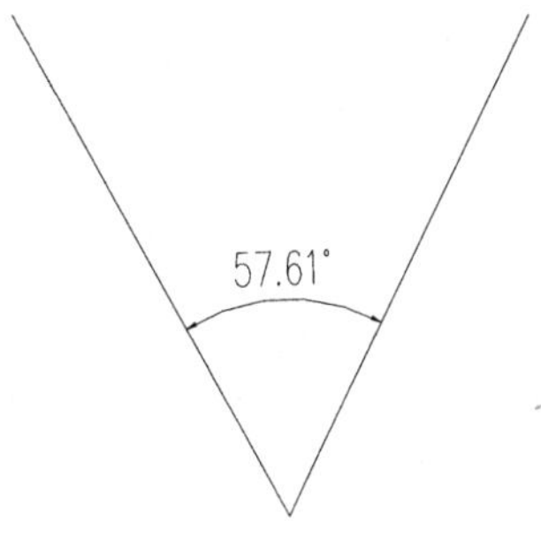

图 14-13　角度标注

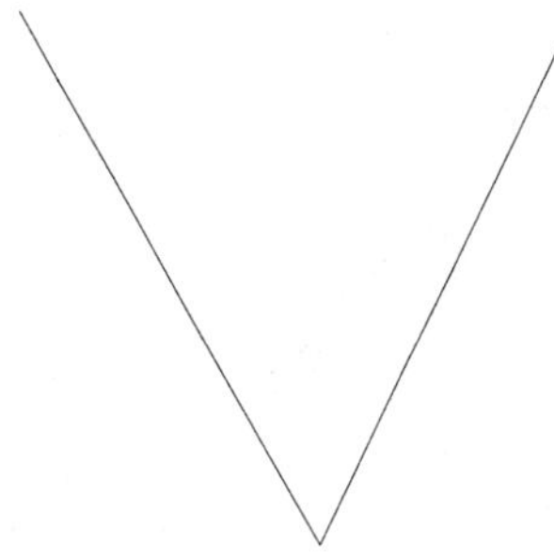

图 14-14　打开素材

02 在命令行中输入 JDBZ 命令按回车键，命令行提示如下：

```
命令：JDBZ↙
T96_TDIMANG
请选择第一条直线<退出>:
请选择第二条直线<退出>:                //分别点取左边的直线和右边的直线。
请确定尺寸线位置<退出>:                //鼠标向上移动，指定尺寸线位置，标注结果如图 14-13 所示。
```

14.7 弧长标注

弧长标注是以国家建筑制图标准规定的弧长标注画法分段标注弧长，保持整体的一个角度标注对象，可在弧长、角度和弦长三种状态下相互转换。如图 14-15 所示为该命令的操作结果。

弧长标注命令的执行方式有以下几种：

- 命令行：在命令行中输入 HCBZ 命令按回车键。
- 菜单栏：单击“尺寸标注”→“弧长标注”命令。

下面以如图 14-15 所示的图形为例，介绍弧长标注命令的操作结果。

01 按 Ctrl+O 组合键，打开配套光盘提供的“第 14 章/ 14.7　弧长标注.dwg”素材文件，结果如图 14-16 所示。

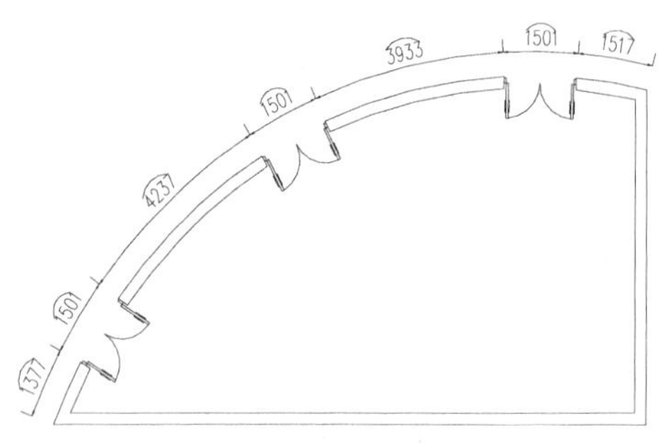

图 14-15　弧长标注

图 14-16　打开素材

02 在命令行中输入 HCBZ 命令按回车键，命令行提示如下：

```
命令：HCBZ↙
T96_TDIMARC
请选择要标注的弧段：
请点取尺寸线位置<退出>:                //向上移动鼠标，单击指定尺寸线的位置;
请输入其他标注点<结束>:                //继续点取标注点和尺寸线位置，完成弧长标注的结果
如图 14-15 所示。
```

14.8 更改文字

调用更改文字命令，可以更改尺寸标注的文字。如图 14-17 所示为更改文字命令的操作结果。

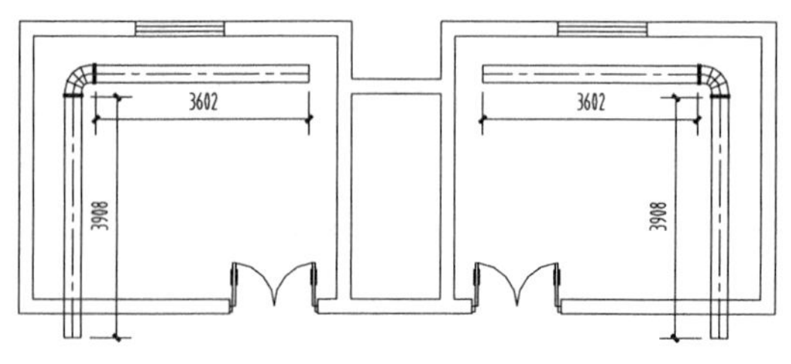

图 14-17　更改文字

更改文字命令的执行方式有以下几种：

➢ 命令行：在命令行中输入 GGWZ 命令按回车键。

➢ 菜单栏：单击“尺寸标注”→“更改文字”命令。

下面以如图 14-17 所示的图形为例，介绍更改文字命令的操作结果。

01 按 Ctrl+O 组合键，打开配套光盘提供的“第 14 章/ 14.8　更改文字.dwg”素材文件，结果如图 14-18 所示。

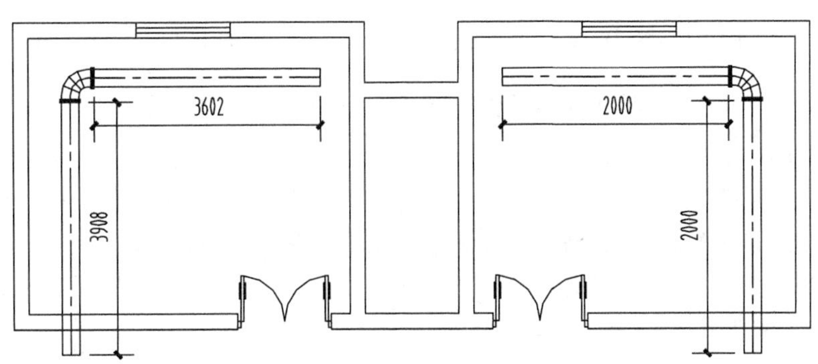

图 14-18　打开素材

02 在命令行中输入 GGWZ 命令按回车键，命令行提示如下：

```
命令：GGWZ↙
T96_TCHDIMTEXT
请选择尺寸区间<退出>:
输入标注文字<2000>: 3602                    //输入新的标注文字，按回车键即可完成更改文字的操作，结果如图 14-17 所示。
```

> 提示
>
> 双击标注文字，进入在位编辑状态，可实现对标注文字的更改。

14.9 文字复位

调用文字复位命令，可将尺寸标注中被拖动夹点移动过的文字恢复回原来的初始位置，可解决夹点拖动不当时与其他夹点合并的问题。如图 14-19 所示为该命令的操作结果。

文字复位命令的执行方式有以下几种：

➢ 命令行：在命令行中输入 WZFW 命令按回车键。

➢ 菜单栏：单击“尺寸标注”→“文字复位”命令。

下面以如图 14-19 所示的图形为例，介绍文字复位命令的操作结果。

01 按 Ctrl+O 组合键，打开配套光盘提供的“第 14 章/ 14.9　文字复位.dwg”素材文件，结果如图 14-20 所示。

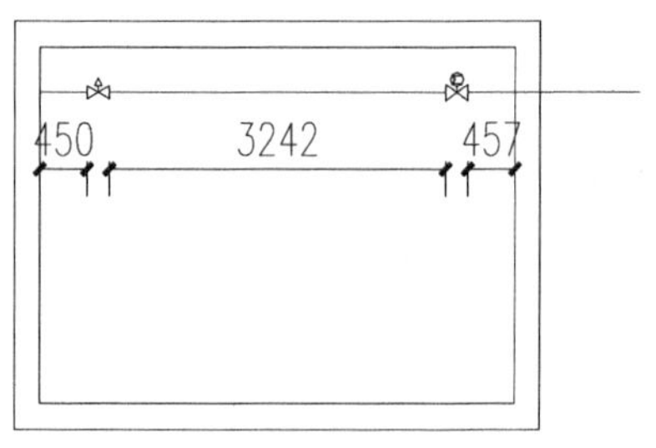

图 14-19　文字复位

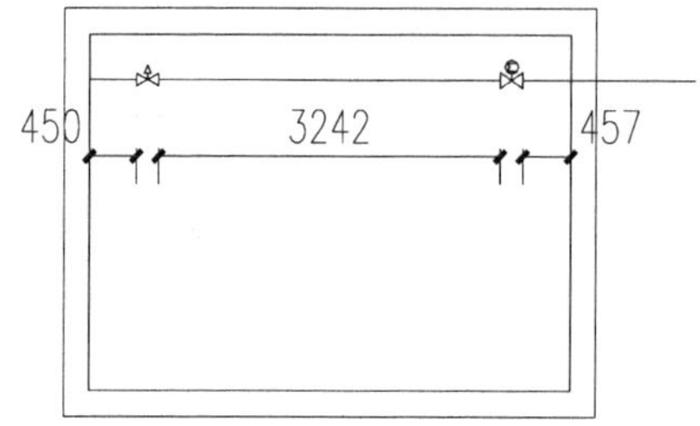

图 14-20　打开素材

02 在命令行中输入 WZFW 命令按回车键，命令行提示如下：

```
命令：WZFW↙
T96_TRESETDIMP
请选择需复位文字的对象：找到 1 个
请选择需复位文字的对象：找到 1 个，总计 2 个            //选定待复位的天正标注，按回车键即可完成复位操作，结果如图 14-19 所示。
```

14.10 文字复值

调用文字复值命令，可以将尺寸标注中被有意修改的文字恢复回尺寸的初始数值。有时为了方便起见，会把其中一些标注尺寸文字加以改动。为了校核或提取工程量等需要尺寸和标注文字一致的场合，可以使用本命令按实测尺寸恢复文字数值。如图 14-21 所示为该命令的操作结果。

文字复值命令的执行方式有以下几种：

- 命令行：在命令行中输入 WZFZ 命令按回车键。
- 菜单栏：单击“尺寸标注”→“文字复值”命令。

下面以如图 14-21 所示的图形为例，介绍文字复值命令的操作结果。

01 按 Ctrl+O 组合键，打开配套光盘提供的“第 14 章/ 14.10　文字复值.dwg”素材文件，结果如图 14-22 所示。

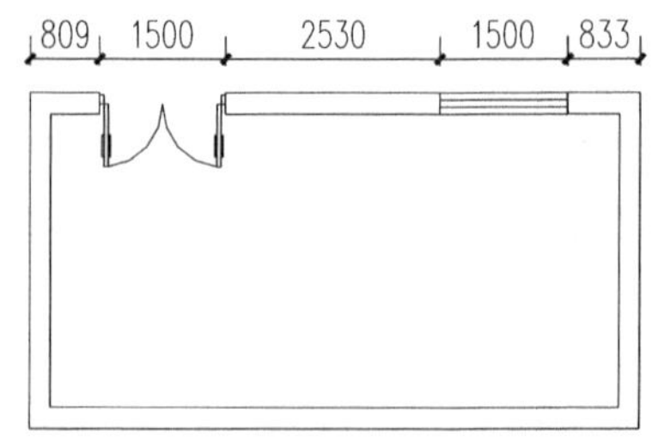

图 14-21　文字复值

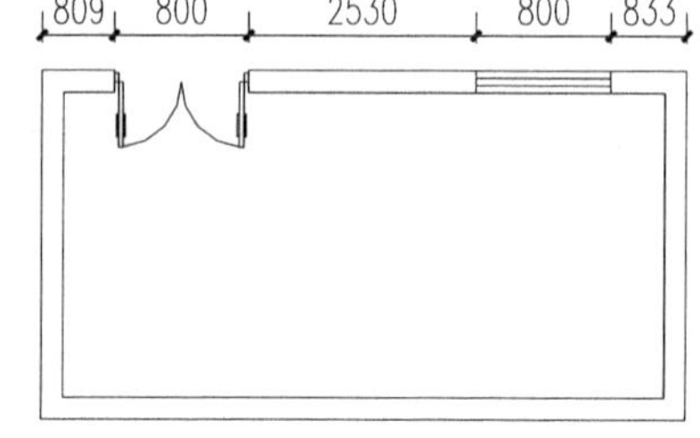

图 14-22　打开素材

02 在命令行中输入 WZFZ 命令按回车键，命令行提示如下：

```
命令：WZFZ↙
```

```
T96_TRESETDIMT
请选择天正尺寸标注：指定对角点：找到 1 个          //选定待复值的天正标注，按回车键即可完成复值操作，结果如图 14-21 所示。
```

14.11 裁剪延伸

裁剪延伸是指在尺寸的某一端，按指定点裁剪或延伸该尺寸线。本命令综合了 Trim(剪裁)和 Extend(延伸)两命令，自动判断对尺寸线的剪裁或延伸。如图 14-23 所示为该命令的操作结果。

裁剪延伸命令的执行方式有以下几种：

- 命令行：在命令行中输入 CJYS 命令按回车键。
- 菜单栏：单击“尺寸标注”→“裁剪延伸”命令。

下面以如图 14-23 所示的图形为例，介绍裁剪延伸命令的操作结果。

01 按 Ctrl+O 组合键，打开配套光盘提供的“第 14 章/ 14.11 裁剪延伸.dwg”素材文件，结果如图 14-24 所示。

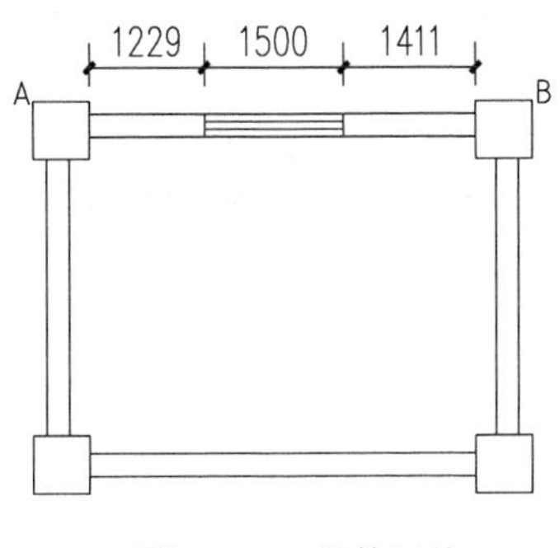

图 14-23　裁剪延伸

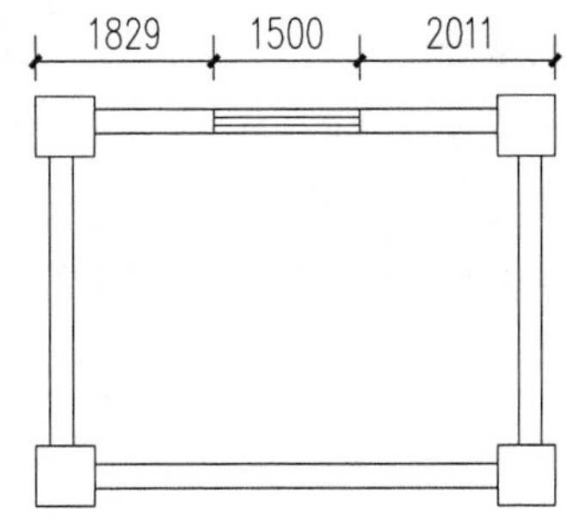

图 14-24　打开素材

02 在命令行中输入 CJYS 命令按回车键，命令行提示如下：

```
命令：CJYS↙
T96_TDIMTRIMEXT
请给出裁剪延伸的基准点或 [参考点(R)]<退出>:          //单击指定标准柱的 A(B)端点.
要裁剪或延伸的尺寸线<退出>:          //选定标注数字为 1229(1411)的尺寸标注区间，完成裁剪延伸的结果如图 14-23 所示。
```

14.12 取消尺寸

调用取消尺寸命令，可以取消连续标注的其中一个尺寸区间的尺寸标注。如图 14-25 所示为该命令的操作结果。

取消尺寸命令的执行方式有以下几种：

➢ 命令行：在命令行中输入 QXCC 命令按回车键。

➢ 菜单栏：单击"尺寸标注"→"取消尺寸"命令。

下面以如图 14-25 所示的图形为例，介绍取消尺寸命令的操作结果。

01 按 Ctrl+O 组合键，打开配套光盘提供的"第 14 章/ 14.12 取消尺寸.dwg"素材文件，结果如图 14-26 所示。

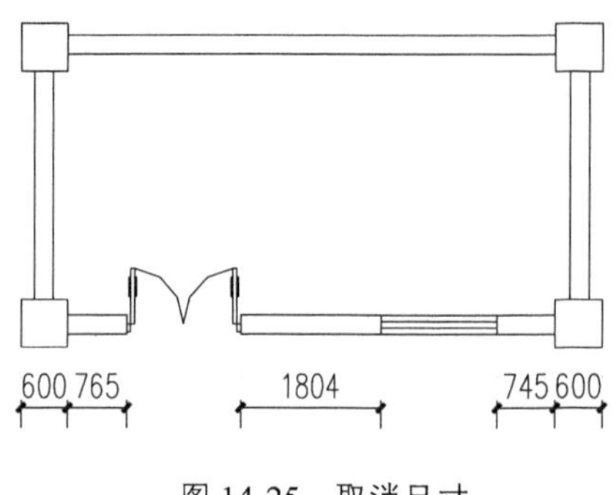

图 14-25 取消尺寸

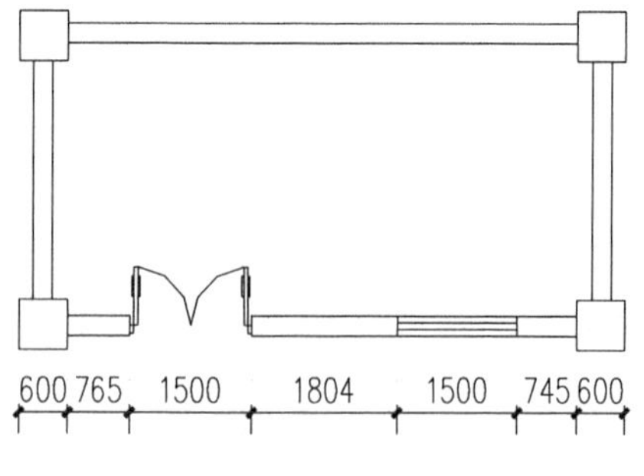

图 14-26 打开素材

02 在命令行中输入 QXCC 命令按回车键，命令行提示如下：

```
命令：QXCC↙
T96_TDIMDEL
请选择待取消的尺寸区间的文字<退出>:
请选择待取消的尺寸区间的文字<退出>:                //分别选定待取消的天正标注，按下回车键即可完成取消操作，结果如图 14-25 所示。
```

14.13 尺寸打断

天正尺寸标注在绘制完成后都是一个整体，执行尺寸打断命令，可以将作为整体的天正标注打断，以便进行独立编辑。如图 14-27 所示为该命令的操作结果。

尺寸打断命令的执行方式有以下几种：

➢ 命令行：在命令行中输入 CCDD 命令按回车键。

➢ 菜单栏：单击"尺寸标注"→"尺寸打断"命令。

下面以如图 14-27 所示的图形为例，介绍尺寸打断命令的操作结果。

01 按 Ctrl+O 组合键，打开配套光盘提供的"第 14 章/ 14.13 尺寸打断.dwg"素材文件，结果如图 14-28 所示。

02 在命令行中输入 CCDD 命令按回车键，命令行提示如下：

```
命令：TDimBreak
选择待拆分的尺寸区间<退出>:                //单击尺寸标注区间;
点取待增补的标注点的位置<退出>:
点取待增补的标注点的位置或[撤消(U)]<退出>:         //移动鼠标单击指定标注点，打断结果如图 14-27 所示。
```

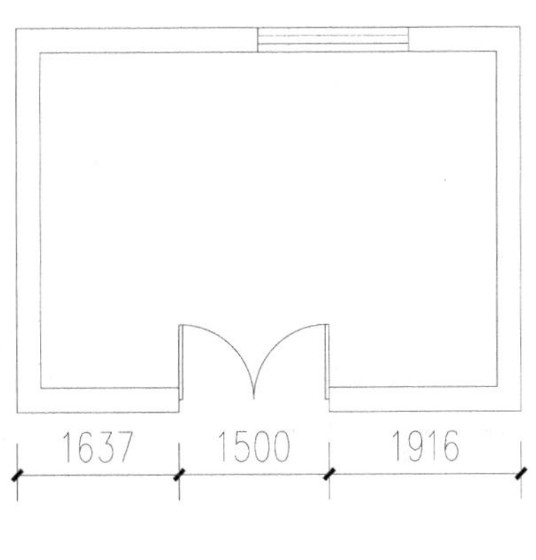

图 14-27　尺寸打断

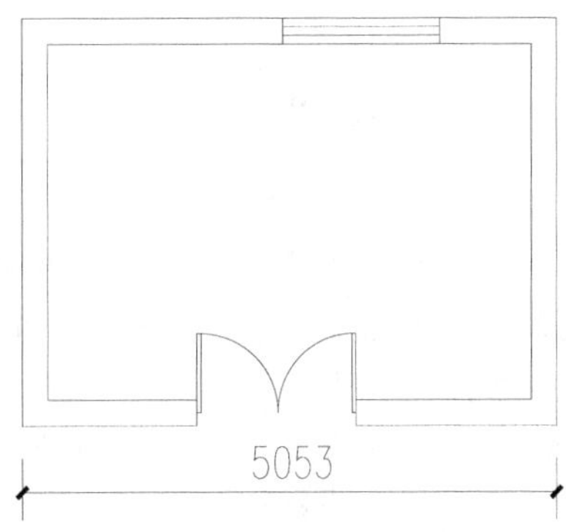

图 14-28　打开素材

提示

单击不同的尺寸区间，尺寸打断的结果是不同的。

14.14 合并区间

调用合并区间命令，可以把天正标注对象中的相邻区间合并为一个区间。

合并区间命令的执行方式有以下几种：

- 命令行：在命令行中输入 HBQJ 命令按回车键。
- 菜单栏：单击“尺寸标注”→“合并区间”命令。

执行“合并区间”命令，命令行提示如下：

命令：TConbineDim

请框选合并区间中的尺寸界线箭头<退出>：　　//在绘图区中框选尺寸界线箭头；

请框选合并区间中的尺寸界线箭头或［撤消(U)］<退出>：　　//按回车键结束命令，编辑结果如图 14-29 所示

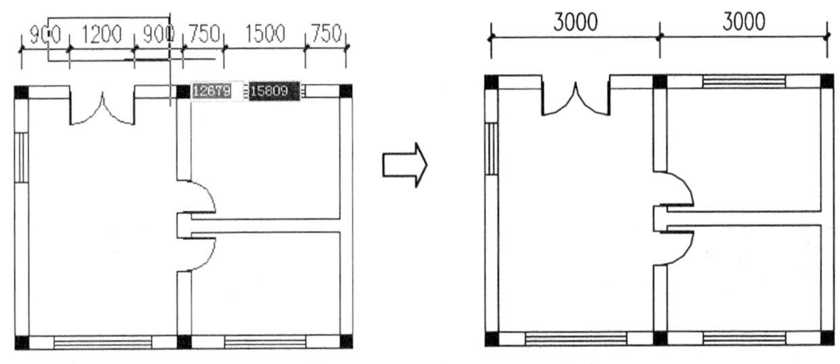

图 14-29　合并区间结果

14.15 连接尺寸

连接两个独立的天正自定义直线或圆弧标注对象，将点取的两尺寸线区间段加以连接，原来的两个标注对象合并成为一个标注对象，如果准备连接的标注对象尺寸线之间不共线，连接后的标注对象以第一个点取的标注对象为主标注尺寸并与之对齐，通常用于把AutoCAD 的尺寸标注对象转为天正尺寸标注对象。如图 14-30 所示为该命令的操作结果。

连接尺寸命令的执行方式有以下几种：

- 命令行：在命令行中输入 LJCC 命令按回车键。
- 菜单栏：单击“尺寸标注”→“连接尺寸”命令。

下面以如图 14-30 所示的图形为例，介绍连接尺寸命令的操作结果。

01 按 Ctrl+O 组合键，打开配套光盘提供的“第 14 章/ 14.15 连接尺寸.dwg”素材文件，结果如图 14-31 所示。

02 在命令行中输入 LJCC 命令按回车键，命令行提示如下：

命令：LJCC↙

T96_TMERGEDIM

请选择主尺寸标注<退出>: //选定左边第一个尺寸标注区间。

选择需要连接的其他尺寸标注(shift-取消对错误选中尺寸的选择)<结束>: 找到 1 个

选择需要连接的其他尺寸标注(shift-取消对错误选中尺寸的选择)<结束>: 找到 1 个，总计 2 个 //分别指定第二个、第三个尺寸标注区间，完成连接尺寸的操作结果如图 14-30 所示。

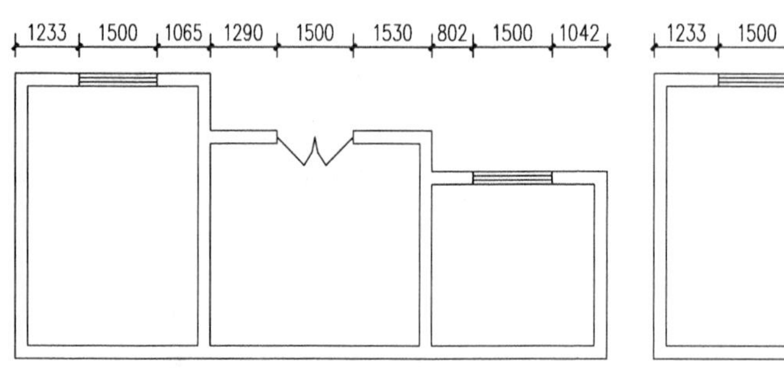

图 14-30 连接尺寸

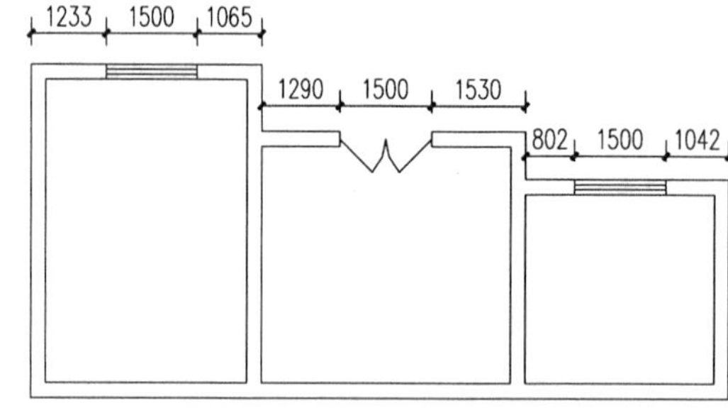

图 14-31 打开素材

14.16 增补尺寸

在一个天正自定义直线标注对象中增加区间，增补新的尺寸界线断开原有区间，但不增加新标注对象。如图 14-32 所示为该命令的操作结果。

增补尺寸命令的执行方式有以下几种：

- 命令行：在命令行中输入 ZBCC 命令按回车键。
- 菜单栏：单击“尺寸标注”→“增补尺寸”命令。

下面以如图 14-32 所示的图形为例，介绍增补尺寸命令的操作结果。

01 按 Ctrl+O 组合键，打开配套光盘提供的“第 14 章/ 14.16 增补尺寸.dwg”素材文件，结果如图 14-33 所示。

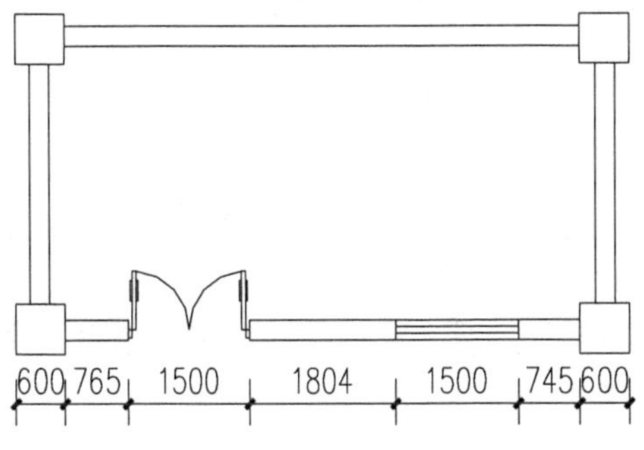

图 14-32　增补尺寸

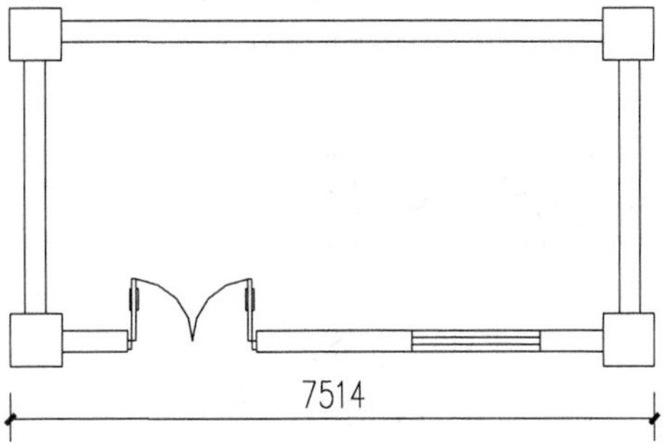

7514

图 14-33　打开素材

02 在命令行中输入 ZBCC 命令按回车键，命令行提示如下：

```
命令：ZBCC↙
T96_TBREAKDIM
请选择尺寸标注<退出>:                                    //选定原有的尺寸标注。
点取待增补的标注点的位置或 [参考点(R)]<退出>:              //如图 14-34 所示。
点取待增补的标注点的位置或 [参考点(R)/撤消上一标注点(U)]<退出>:      //如图 14-35 所示，继续点取待增补的标注点，增补尺寸命令的操作结果如图 14-32 所示。
```

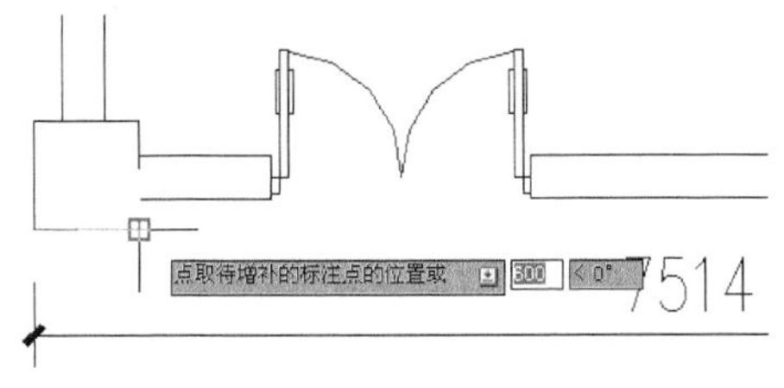

图 14-34　点取待增补的标注点

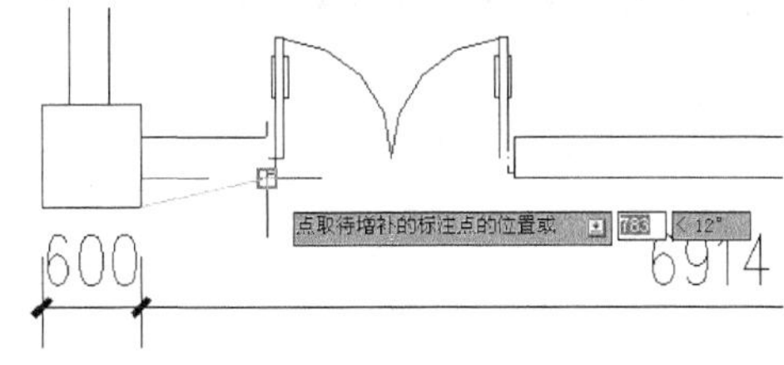

图 14-35　增补结果

14.17 尺寸转化

调用尺寸转化命令，可以将 AutoCAD 的尺寸标注转化为天正的尺寸标注。

尺寸转化命令的执行方式有以下几种：

- 命令行：在命令行中输 CCZH 命令按回车键。

➢ 菜单栏：单击“尺寸标注”→“尺寸转化”命令。

下面介绍尺寸转化命令的操作方法。

在命令行中输 CCZH 命令按回车键，命令行提示如下：

命令：CCZH↙

T96_TCONVDIM

请选择 ACAD 尺寸标注：找到 1 个

全部选中的 1 个对象成功的转化为天正尺寸标注！ //选中待转化的 AutoCAD 尺寸标注，按回车键即可完成转换操作。

14.18 尺寸自调

调用尺寸自调命令，可对天正尺寸标注文字的位置进行自动调整，做到不重叠文字。如图 14-36 所示为该命令的操作结果。

尺寸自调命令的执行方式有以下几种：

➢ 命令行：在命令行中输入 CCZT 命令按回车键。

➢ 菜单栏：单击“尺寸标注”→“尺寸自调”命令。

下面以如图 14-36 所示的图形为例，介绍尺寸自调命令的操作结果。

01 按 Ctrl+O 组合键，打开配套光盘提供的“第 14 章/ 14.18 尺寸自调.dwg”素材文件，结果如图 14-37 所示。

352 459 1659 468

图 14-36 尺寸自调

352 459 1659 468

图 14-37 打开素材

02 在命令行中输入 CCZT 命令按回车键，命令行提示如下：

命令：CCZT↙

T96_TDIMADJUST

请选择天正尺寸标注：找到 1 个 //选定待调整的天正尺寸标注，按回车键即可完成调整，结果如图 14-36 所示。

第 15 章
文字表格

● 本章导读

本章介绍绘制与编辑文字和表格的知识。在天正中，所绘制的文字与表格均为一个整体，在绘制完成后可以对其进行编辑修改。表格的内容可以输出至 Word 文档与 Excel 表格中，也可将 Excel 表格中选中的内容转换成天正表格。

● 本章重点

◈ 文字输入与编辑
◈ 表格的绘制与编辑
◈ 与 Excel 交换表格数据
◈ 自定义的文字对象

15.1 文字输入与编辑

本节介绍文字的输入与编辑命令的调用。包括单行文字、多行文字等输入命令的调用，也包括递增文字、文字转换等编辑命令的调用。

15.1.1 文字样式

调用文字样式命令，可以创建或修改命名天正扩展文字样式并设置图形中文字的当前样式。

文字样式命令的执行方式有以下几种：

- 命令行：在命令行中输入 WZYS 命令按回车键。
- 菜单栏：单击“文字表格”→“文字样式”命令。

下面介绍文字样式命令的调用方法。

01 单击“文字表格”→“文字样式”命令，系统弹出如图 15-1 所示的【文字样式】对话框，在其中可以新建或修改文字样式。

02 单击“新建”按钮，系统弹出【新建文字样式】对话框，在其中定义样式名称，结果如图 15-2 所示。

图 15-1 【文字样式】对话框

图 15-2 【新建文字样式】对话框

03 单击“确定”按钮返回【文字样式】对话框。在对话框的下方，提供了文字样式设置结果的预览框；在预览框右边的文本框中输入待预览的文字，单击“预览”按钮，即可在预览框中查看文字样式的设置结果，如图 15-3 所示。

【文字样式】对话框中各功能选项的含义如下：

“样式名”选项：单击选项文本框，在弹出的下拉列表中可以选定系统所给予的文字样式；单击右边的“新建”按钮，可以新建文字样式。

“重命名”按钮：单击该按钮，弹出如图 15-4 所示的【重命名文字样式】对话框，在其中可以重命名选定的文字样式名称。

“删除”按钮：单击该按钮，可以删除选定的文字样式，当前正在使用的文字样式不能执行删除操作。

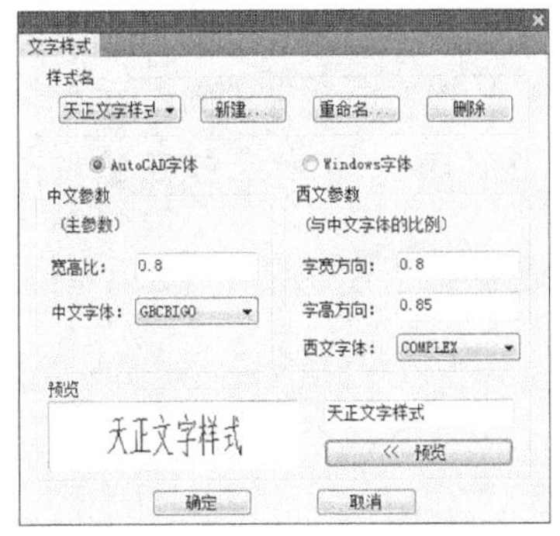

图 15-3 预览结果

图 15-4 【重命名文字样式】对话框

"中文参数"选项组：

- ➢ "宽高比"选项：定义中文字体宽与高之间的比值。
- ➢ "中文字体"选项：单击选项文本框，在弹出的下拉列表中可以设置组成文字样式的中文字体。

"西文参数"选项组：

- ➢ "字宽方向"选项：定义西文字宽与中文字宽之间的比值。
- ➢ "字高方向"选项：定义西文字高与中文字高之间的比值。
- ➢ "西文字体"选项：单击选项文本框，在弹出的下拉列表中可以设置组成文字样式的西文字体。

15.1.2 单行文字

调用单行文字命令，使用已经建立的天正文字样式，创建符合中国建筑制图标注的天正单行文字。如图 15-5 所示为该命令的操作结果。

天正暖通施工图设计实践与提高

图 15-5 单行文字

单行文字命令的执行方式如下：

- ➢ 菜单栏：单击"文字表格"→"单行文字"命令。

下面以如图 15-5 所示的图形为例，介绍调用单行文字命令的操作方法。

01 在命令行中输入 DHWZ 命令按回车键，系统弹出【单行文字】对话框，在其中定义待输入的文字参数，结果如图 15-6 所示。

02 同时命令行提示如下：

```
命令：DHWZ↙
T96_TTEXT
请点取插入位置<退出>:                    //在绘图区中点取单行文字的插入点，
绘制单行文字的结果如图 15-5 所示。
```

【单行文字】对话框中各功能选项的含义如下：

符号栏：对话框的上方有一个符号图标栏，单击其中的某个符号，即可在文字标注中插入该符号。如图 15-7、图 15-8 所示为选定“下标”按钮O_2、“上标”按钮m^2时，单行文字的标注结果。

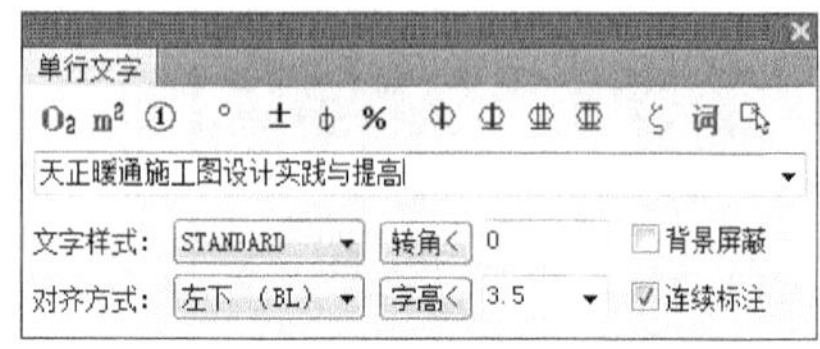

图 15-6 【单行文字】对话框

图 15-7 “下标”效果

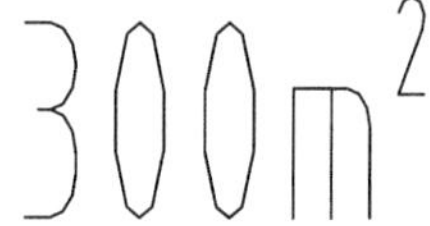

图 15-8 “上标”效果

“文字编辑”栏：可以输入待标注的单行文字，单击右边的向下箭头，在弹出的下拉列表中显示了前几次执行单行文字命令时所输入的文字标注参数；单击选定其中的一个可以进行单行文字标注。

“文字样式”选项：单击选项文本框，在弹出的下拉列表中可以选定天正文字样式。

“转角”选项：在可以定义文字的转角参数，可以绘制有角度的单行文字标注。

“对齐方式”选项：单击选项文本框，在弹出的下拉列表中可以选定文字的对齐方式。

“字高”选项：单击选项文本框，在弹出的下拉列表中可以选定文字的高度参数，也可自行输入文字的高度参数。

“背景屏蔽”复选框：勾选该复选框，则文字标注可以遮盖背景，比如已绘制完成的填充图案；且屏蔽会随着文字的移动而移动。

“连续标注”复选框：勾选该复选框，则可以连续进行单行文字标注。

选中绘制完成的单行文字，单击右键，在弹出的快捷菜单中选择“文字编辑”选项，如图 15-9 所示；此时系统会弹出【单行文字】对话框，在其中修改单行文字的参数后，单击“确定”按钮关闭对话框即可完成修改操作。

双击单行文字，即可进行单行文字的在位编辑状态，如图 15-10 所示；输入待修改的文字后，按回车键即可完成修改操作。

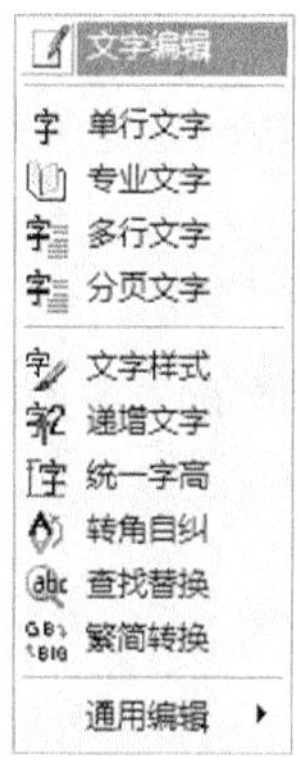

图 15-9 选择“文字编辑”选项

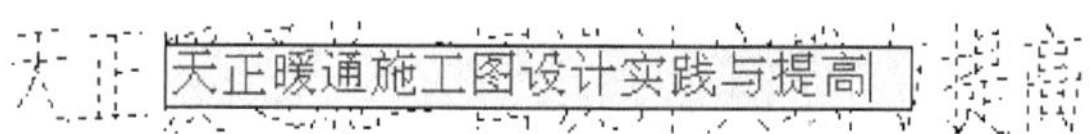

图 15-10 在位编辑状态

15.1.3 多行文字

调用多行文字命令，可以使用已经建立的天正文字样式，创建符合中国建筑制图标注的天正整段文字。如图 15-11 所示为该命令的操作结果。

多行文字命令的执行方式有以下几种：

- ➢ 命令行：在命令行中输入 DHWZ 命令按回车键。
- ➢ 菜单栏：单击“文字表格”→“多行文字”命令。

下面以如图 15-11 所示的图形为例，介绍调用多行文字命令的操作方法。

01 单击“文字表格”→“多行文字”命令，系统弹出【多行文字】对话框，在其中输入多行文字标注，结果如图 15-12 所示。

02 单击“确定”按钮，同时命令行提示如下：

```
命令：T96_TMText
左上角或 [参考点(R)]<退出>:            //在绘图区中点取多行文字的插入点，绘制多行文字标注的结果如图 15-11 所示。
```

自控设计：

1.组合式空调机组回水管上设动态流量平衡阀，通过调节表冷器的过水量以控制机组送风温度。

2. 风机盘管设三速开关，且由室温控制器控制回水管上的电动两通阀，以调节室内的温度在设定范围内。

3. 冬季组合式空调机组停机时，双通水阀应保留5%开度，以防加热器冻裂。机组新风管路的电动保温阀与风机联锁。

4. 循环水泵依据供回水总管压差进行调节。

5. 全空气系统设温度自控系统。

图 15-11 多行文字

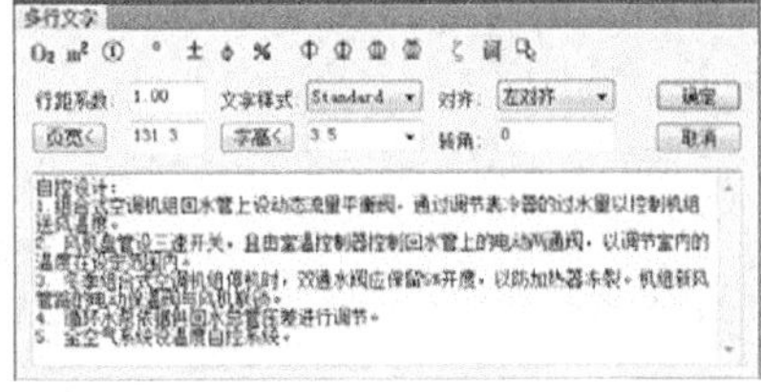

图 15-12 【多行文字】对话框

【多行文字】对话框中各功能选项的含义如下：

符号栏：在对话框的上方有一排符号的图标，单击选中其中的某个图标，可以在多行文字中绘制符号标注。

“行距系数”选项：在其中定义行与行之间的距离参数。系数为 1 的时候，则标明两行之间的间隔为一行的高度，依此类推。

“对齐”选项：单击选项文本框，在弹出的下拉列表中选定多行文字的对齐方式；如图 15-13、图 15-14 所示分别为中心对齐、右对齐的效果。

自控设计：

1.组合式空调机组回水管上设动态流量平衡阀，通过调节表冷器的过水量以控制机组送风温度。

2. 风机盘管设三速开关，且由室温控制器控制回水管上的电动两通阀，以调节室内的温度在设定范围内。

3. 冬季组合式空调机组停机时，双通水阀应保留5%开度，以防加热器冻裂。机组新风管路的电动保温阀与风机联锁。

4. 循环水泵依据供回水总管压差进行调节。

5. 全空气系统设温度自控系统。

图 15-13 中心对齐

“页宽”选项：指出图后的纸面单位。

“字高”选项：以毫米单位来表示打印出图后实际的文字高度。

“文字编辑”区：输入待插入的多行标注文字，可接受来自其他剪裁板的其他文本编辑内容；比如 Word 编辑的文本可以通过 Ctrl+C 组合键复制到剪裁板，然后再使用 Ctrl+V 组合键粘贴到文字编辑区。

复制得到的文字允许随意更改，允许回车换行，可由页宽来控制段落的宽度。

选中绘制完成多行文字，会出现左右两个夹点；左边的夹点用于移动多行文字，右边的夹点用来拖动改变段落的宽度。

在移动右边夹点来改变段落宽度时，当宽度小于设定时，文字会自动换行；而文字最后一行的对齐方式则会依据段落本身的对齐方式来决定。

双击绘制完成的多行文字，可以进入【多行文字】对话框；在其中编辑修改多行文字后，单击“确定”按钮关闭对话框即可完成修改操作。

15.1.4 专业词库

调用专业词库命令，可以输入或维护专业词库中的词条，在执行各种符号标注命令时还可以从词库中调用专业词汇。如图 15-15 所示为专业词库绘制文字标注的结果。

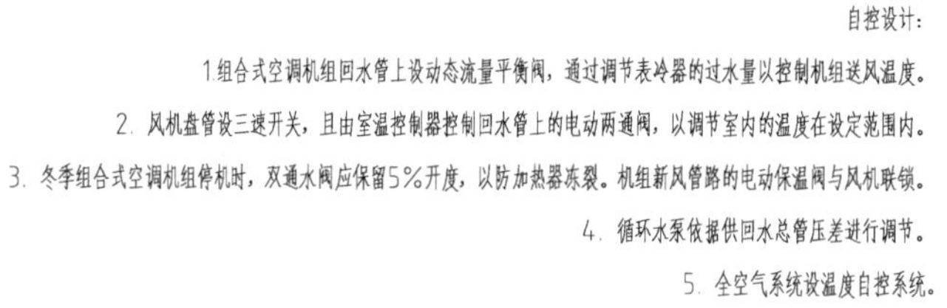

图 15-14　右对齐

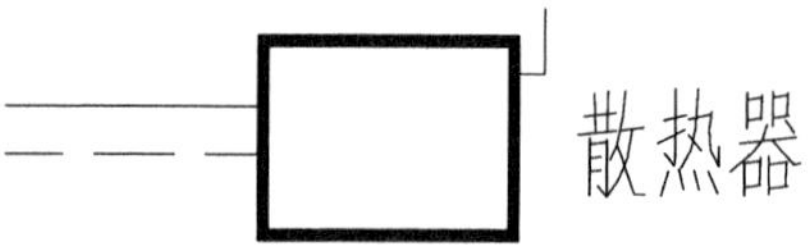

图 15-15　专业词库

专业词库命令的执行方式有以下几种：

- 命令行：在命令行中输入 ZYCK 命令按回车键。
- 菜单栏：单击“文字表格”→“专业词库”命令。

下面以如图 15-15 所示的图形为例，介绍调用专业词库命令的操作方法。

01 在命令行中输入 ZYCK 命令按回车键，系统弹出【专业词库】对话框，选定待插入的词汇，结果如图 15-16 所示。

02 同时命令行提示如下：

```
命令：ZYCK↙
T96_TWORDLIB
请指定文字的插入点<退出>:                //在绘图区中点取文字的插入点，绘制文字标注的结果如图 15-15 所示。
```

“专业词库”命令还可以提供常用的施工做法词汇；如选定“材料做法”/“地面楼面做法”选项，可绘制常规的墙面做法标注，结果如图 15-17 所示。

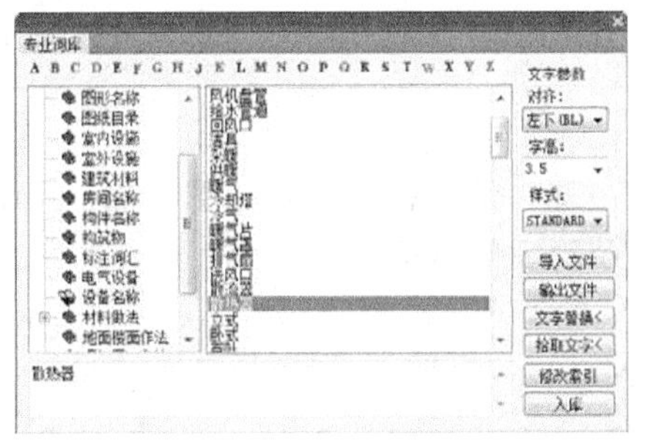

图 15-16 【专业词库】对话框

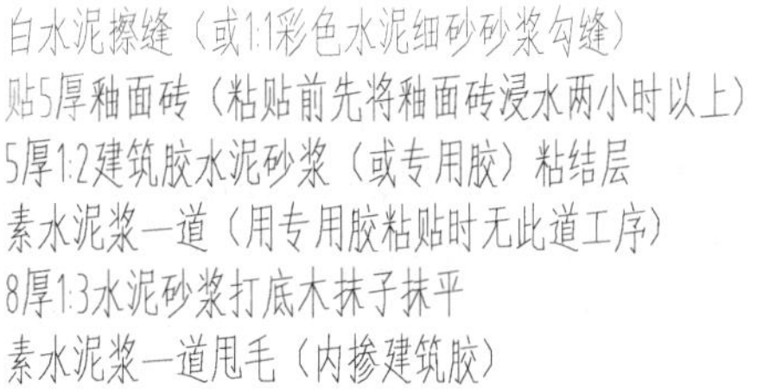

白水泥擦缝（或1:1彩色水泥细砂砂浆勾缝）
贴5厚釉面砖（粘贴前先将釉面砖浸水两小时以上）
5厚1:2建筑胶水泥砂浆（或专用胶）粘结层
素水泥浆一道（用专用胶粘贴时无此道工序）
8厚1:3水泥砂浆打底木抹子抹平
素水泥浆一道甩毛（内掺建筑胶）

图 15-17 墙面做法标注

【专业词库】对话框中各功能选项的含义如下：

“字母检索”行：在对话框的上方，有一行字母检索行；单击其中的某个字母，对话框中词汇列表则会相应的显示以该字母开头的词汇。

“分类”菜单：显示了各类词汇的类别名称。

“词汇”菜单：单击“分类”菜单中的一个词汇类别，“词汇”菜单中则会相应的显示该类别下所包含的所有词汇。

选定相应的词汇后，在对话框下方的空白文本框中可显示被选中的词汇。

“文字参数”选项组：在该选项组中，可以对文字的对齐方式、字高参数以及文字样式进行设置修改。

“导入文件”按钮：单击该按钮，可以将文件文本中按行作为词汇，导入到当前的类别中，可扩大词汇量。

“输出文件”按钮：单击该按钮，可以把当前类别中所有的词汇输出到一个文本文件中去。

“文字替换”按钮：选定目标文字，单击该按钮，根据命令行的提示选定待替换的文字，单击左键，即可将完成文字替换操作。

“拾取文字”按钮：单击该按钮，可以把图上的文字拾取到编辑框中进行修改或替换。

在左侧的类别菜单上单击鼠标右键，可弹出如图 15-18 所示的快捷菜单；选中其中的某项，可以对类别菜单进行修改。

在右侧的词汇菜单上单击右键，可弹出如图 15-19 所示的快捷菜单；选中其中的某项，可以对词汇菜单进行修改。

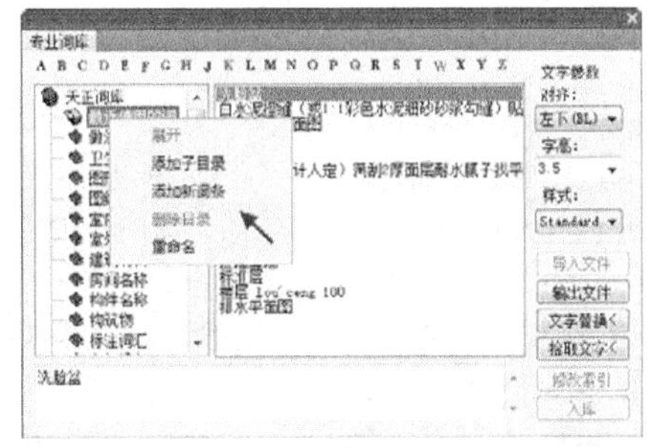

图 15-18 快捷菜单（类别菜单）

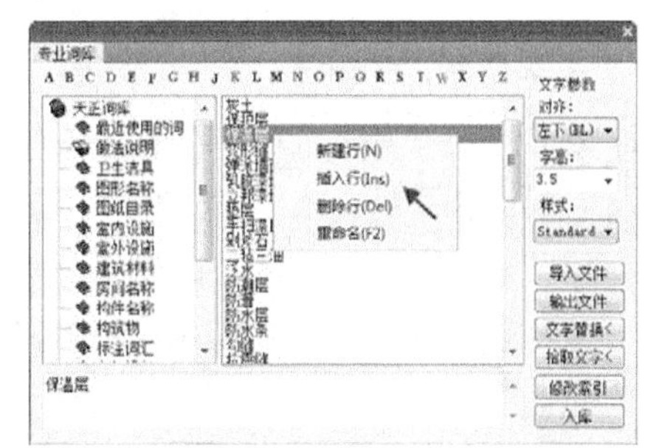

图 15-19 快捷菜单（词汇菜单）

15.1.5 转角自纠

调用转角自纠命令，可以调整图中单行文字的方向，使其符合建筑制图标准；可以一次选定多个文字一起纠正。如图 15-20 所示为该命令的操作结果。

转角自纠命令的执行方式有以下几种：

- 命令行：在命令行中输入 ZJZJ 命令按回车键。
- 菜单栏：单击“文字表格”→“转角自纠”命令。

下面以如图 15-20 所示的图形为例，介绍转角自纠命令的操作结果。

01 按 Ctrl+O 组合键，打开配套光盘提供的“第 15 章/ 15.1.5　转角自纠.dwg”素材文件，结果如图 15-21 所示。

转角自纠改变文字方向

图 15-20　转角自纠 　　　图 15-21　打开素材

02 在命令行中输入 ZJZJ 命令按回车键，命令行提示如下：

```
命令：ZJZJ↙
T96_TTEXTADJUST
请选择天正文字：指定对角点：找到 1 个　　　//选中待编辑的天正文字，按回车键即可完成转角自纠操作，结果如图 15-20 所示。
```

15.1.6 递增文字

调用递增文字命令，可以复制天正文字，对文字末尾的字符进行递增或递减操作。如图 15-22 所示为该命令的操作结果。

递增文字命令的执行方式有以下几种：

- 命令行：在命令行中输入 DZWZ 命令按回车键。
- 菜单栏：单击“文字表格”→“递增文字”命令。

下面以如图 15-22 所示的图形为例，介绍递增文字命令的操作结果。

01 按 Ctrl+O 组合键，打开配套光盘提供的“第 15 章/ 15.1.6　递增文字.dwg”素材文件，结果如图 15-23 所示。

02 在命令行中输入 DZWZ 命令按回车键，命令行提示如下：

```
命令：DZWZ↙
DZWZ2
请选择要递增复制的文字图元(同时按 Ctrl 键进行递减复制，注意点哪个字符对哪个字符进行递增)<退出>　　　//选定 1 为待递增的文字图元。
请点选基点：　　　//鼠标向下移动，点取基点，如图 15-24 所示。
请指定文字的插入点<退出>：　　　//单击左键点取文字的插入点，如图 15-25 所示。
```

请指定文字的插入点<退出>:*取消*　　　　//继续点取文字的插入点，完成轴流风机编号递增的操作结果如图 15-22 所示。

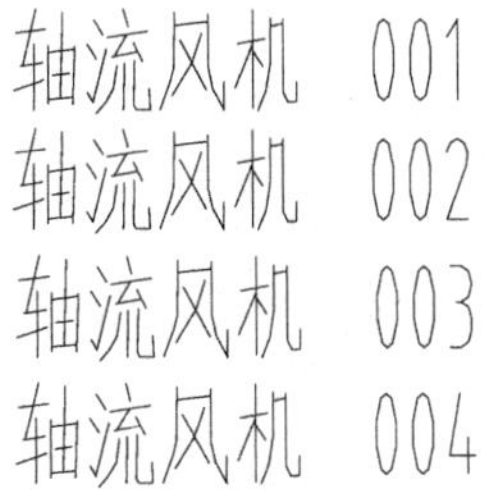

轴流风机　001
轴流风机　002
轴流风机　003
轴流风机　004

图 15-22　递增文字

轴流风机　001

图 15-23　打开素材

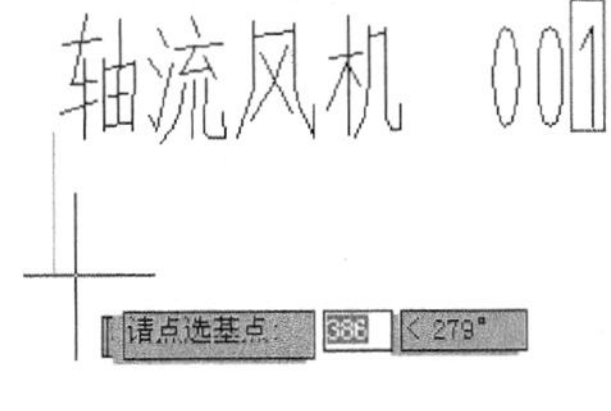

图 15-24　点选基点

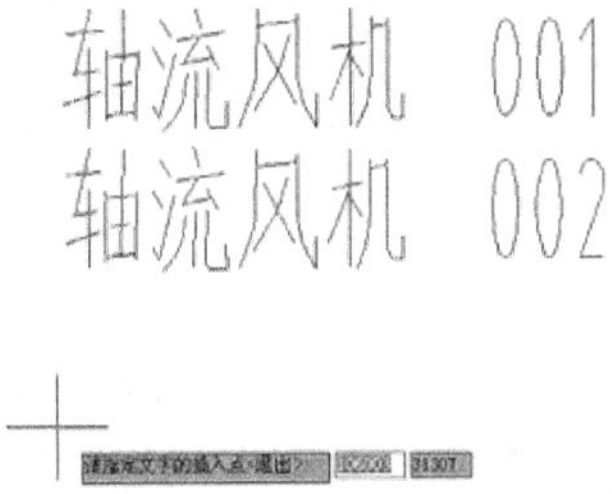

轴流风机　001
轴流风机　002

图 15-25　点取文字的插入点

在执行命令的过程中，按住 Ctrl 键，可以对文字执行递减操作，结果如图 15-26 所示。

水管系统阀件　006

⇨

水管系统阀件　006
水管系统阀件　005
水管系统阀件　004
水管系统阀件　003
水管系统阀件　002

图 15-26　递减操作

15.1.7 文字转化

调用文字转化命令，可以将 AutoCAD 文字转换为天正文字。值得注意的是，文字转化命令只对 ACAD 单行文字起作用，不能对多行文字执行该项操作。

文字转化命令的执行方式有以下几种：

- ➢ 命令行：在命令行中输入 WZZH 命令按回车键。
- ➢ 菜单栏：单击“文字表格”→“文字转化”命令。

下面介绍文字转化命令的操作方法：

在命令行中输入 WZZH 命令按回车键，命令行提示如下：

命令：WZZH↙

T96_TTEXTCONV

请选择 ACAD 单行文字：找到 1 个　　　　　　　　//选定待转化的天正文字，按回车键即可完成转化操作。

全部选中的 1 个 ACAD 文字成功的转化为天正文字。

15.1.8 文字合并

调用文字合并命令，可以将选中的多个天正单行文字执行合并操作，可自定义是合并生成多行文字还是单行文字。文字合并命令的操作结果如图 15-27 所示。

在需要设排烟设施但具备自然沿条件的房间、门厅、封闭楼梯间、休息厅、展廊等均采用可开启外窗的自然排烟式进项排烟。

图 15-27　文字合并

文字合并命令的执行方式有以下几种：

- 命令行：在命令行中输入 WZHB 命令按回车键。
- 菜单栏：单击"文字表格"→"文字合并"命令。

下面以如图 15-27 所示的文字合并的结果为例，介绍文字合并命令的操作结果。

01 按 Ctrl+O 组合键，打开配套光盘提供的"第 15 章/ 15.1.8　文字合并.dwg"素材文件，结果如图 15-28 所示。

在需要设排烟设施但具备自然沿条件的房间、门厅、

封闭楼梯间、休息厅、展廊等

均采用可开启外窗的自然排烟式进项排烟。

图 15-28　打开素材

02 在命令行中输入 WZHB 命令按回车键，命令行提示如下：

命令：WZHB↙

T96_TTEXTMERGE

请选择要合并的文字段落<退出>：指定对角点：找到 3 个　　　　//框选待合并的文字.

[合并为单行文字(D)]<合并为多行文字>:D　　　　//选定"合并为单行文字(D)"选项;

移动到目标位置<替换原文字>:　　　　//点取文字的插入点，完成文字合并命令的操作结果如图 15-27 所示。

文字较多的可以将其合并为多行文字，因为将其合并为单行文字的话，文字会非常长。双击合并得到的多行文字，可以进入【多行文字】对话框；在其中可以对文字的大小、行

距等进行调整。

15.1.9 统一字高

调用统一字高命令，可以将选定的文字字高统一为给定的字高。如图 15-29 所示为统一字高命令的操作结果。

天正暖通全套施工图设计与提高

图 15-29 统一字高

统一字高命令的执行方式有以下几种：

- 命令行：在命令行中输入 TYZG 命令按回车键。
- 菜单栏：单击“文字表格”→“统一字高”命令。

下面以如图 15-29 所示的统一字高的结果为例，介绍统一字高命令的操作结果。

01 按 Ctrl+O 组合键，打开配套光盘提供的“第 15 章/ 15.1.9 统一字高.dwg”素材文件，结果如图 15-30 所示。

天正暖通全套施工图设计与提高

图 15-30 打开素材

02 在命令行中输入 TYZG 命令按回车键，命令行提示如下：

```
命令：TYZG↙
TYZG2
请选择要修改的文字（ACAD 文字，天正文字，天正标注）<退出>找到 1 个，总计 2 个
                                           //选定待编辑修改的文字.
字高() <3.5mm>                             //按下回车键（也可定义字高参数），完成统一字高操作的结果如图 15-29 所示。
```

15.1.10 查找替换

调用查找替换命令，可以查找和替换当前图形中的文字。如图 15-31 所示为查找替换命令的操作结果。

查找替换命令的执行方式有以下几种：

- 命令行：在命令行中输入 CZTH 命令按回车键。
- 菜单栏：单击“文字表格”→“查找替换”命令。

下面以如图 15-31 所示的查找替换的结果为例，介绍查找替换命令的操作结果。

01 按 Ctrl+O 组合键，打开配套光盘提供的“第 15 章/ 15.1.10 查找替换.dwg”素材

文件，结果如图 15-32 所示。

各自然排烟口到最远点的水平距离小于30米

图 15-31　查找替换

各自然排烟口到最远点的垂直距离小于30米

图 15-32　打开素材

02 在命令行中输入 CZTH 命令按回车键，系统弹出【查找和替换】对话框，定义查找替换参数如图 15-33 所示。

03 参数设置完成后，单击“替换”按钮，在绘图区中被查找到的文字会被红色的方框框选，如图 15-34 所示。

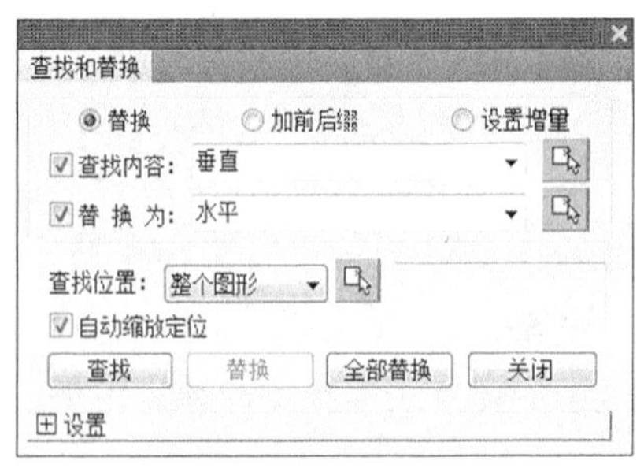

图 15-33　【查找和替换】对话框

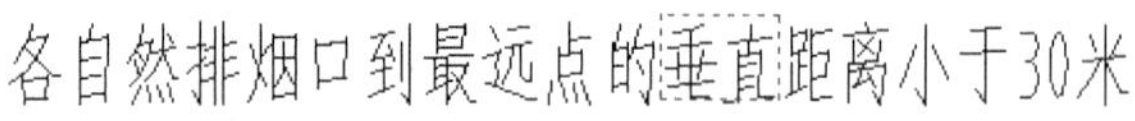

各自然排烟口到最远点的垂直距离小于30米

图 15-34　框选结果

04 按下回车键，系统弹出如图 15-35 所示的【查找替换】信息提示对话框，表示替换完成；单击“确定”按钮关闭对话框，结果如图 15-31 所示。

单击“设置”按钮，弹出查找条件选项列表，如图 15-36 所示。通过勾选或取消勾选某些选项，可以精确定义查找条件，以便快速准确的进行查找替换操作。

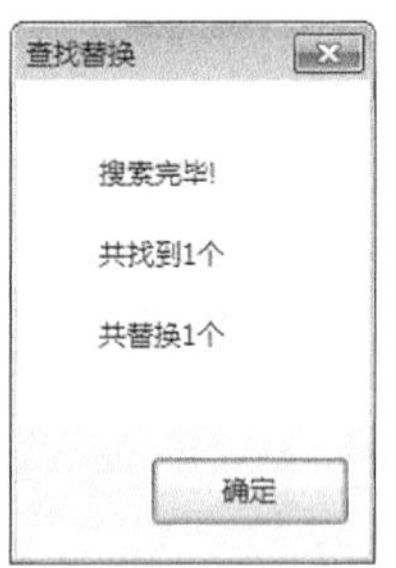

图 15-35　【查找替换】对话框

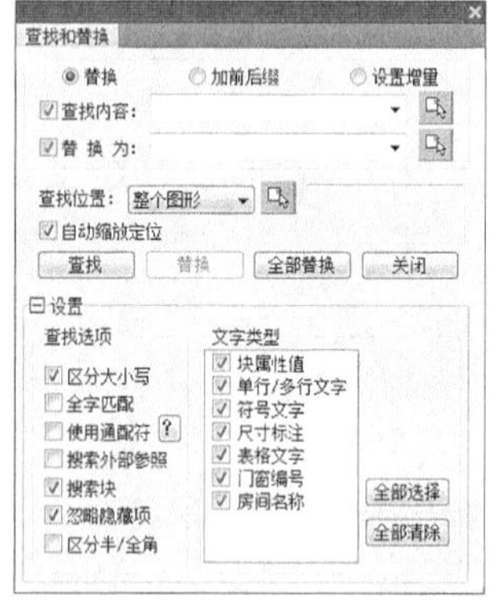

图 15-36　查找选项列表

15.1.11 繁简转化

调用繁简转化命令，可以将当前图档的内码在 Big5 与 GB 之间转换。为了能使用本命令顺利执行转换操作，应确保当前环境下的字体支持文件路径内，即 AutoCAD 的 fonts 或天正软件安装文件夹 sys 下存在内码 BIG5 的字体文件，才能获得正常的显示打印效果。

转换后重新设置文字样式中字体内码与目标内码一致。

如图 15-37 所示为繁简转化命令的操作结果。

繁简转换命令的执行方式有以下几种：

➢ 命令行：在命令行中输入 FJZH 命令按回车键。

➢ 菜单栏：单击“文字表格”→“繁简转换”命令。

下面以如图 15-37 所示的图形为例，介绍繁简转换命令的操作结果。

01 按 Ctrl+O 组合键，打开配套光盘提供的“第 15 章/ 15.1.11　繁简转化.dwg”素材文件，结果如图 15-38 所示。

集水器大样图

图 15-37　繁简转化

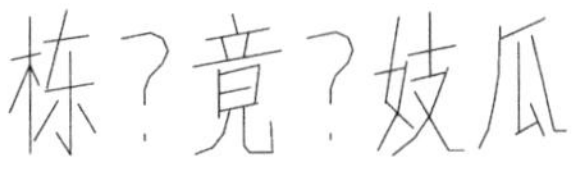

栋？竟？妓瓜

图 15-38　打开素材

02 在命令行中输入 FJZH 命令按回车键，系统弹出【繁简转换】对话框，设置参数如图 15-39 所示。

03 单击“确定”按钮，同时命令行提示如下：

```
命令：FJZH↙
T96_TBIG5_GB
选择包含文字的图元:找到 1 个                    //按回车键，即可完成繁简转化
的操作，结果如图 15-37 所示。
```

15.2 表格的绘制与编辑

本节介绍表格的绘制与编辑命令的调用。包括使用新建表格命令创建表格的操作方法，也包括全屏编辑、拆分表格等表格编辑命令的调用方法。

15.2.1 新建表格

调用新建表格命令，可以自定义表格的行数或列数来创建表格，使用该命令所创建的表格可以执行夹点编辑操作。如图 15-40 所示该命令的操作结果。

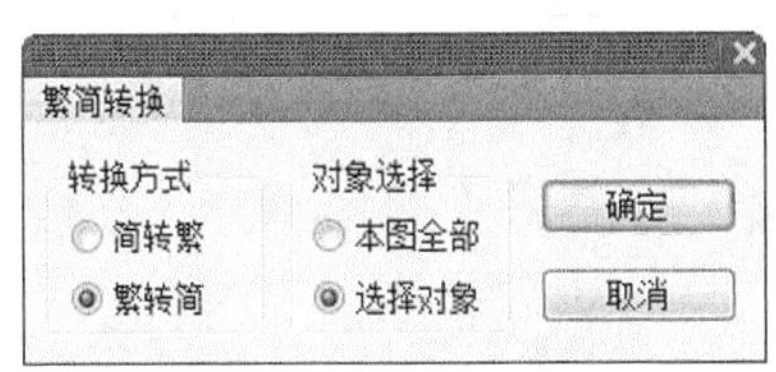

图 15-39　【繁简转换】对话框

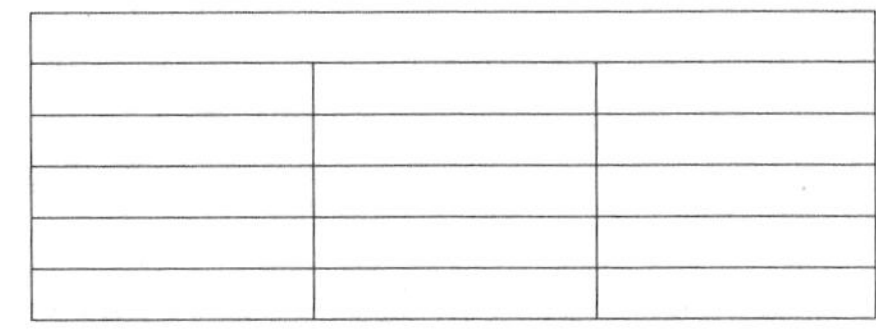

图 15-40　新建表格

新建表格命令的执行方式有以下几种：

➢ 命令行：在命令行中输入 XJBG 命令按回车键。

➢ 菜单栏：单击“文字表格”→“新建表格”命令。

下面以如图 15-40 所示的图形为例，介绍新建表格命令的操作结果。

01 在命令行中输入 XJBG 命令按回车键，系统弹出【新建表格】对话框，设置参数如图 15-41 所示。

02 单击“确定”按钮，命令提示如下：

```
命令：XJBG↙
T96_TNEWSHEET
左上角点或 [参考点(R)]<退出>:                //在绘图区中点取表格的插入点，新建表格的结果如图 15-40 所示。
```

选中表格，表格上显示一系列夹点，各夹点的功能如图 15-42 所示。

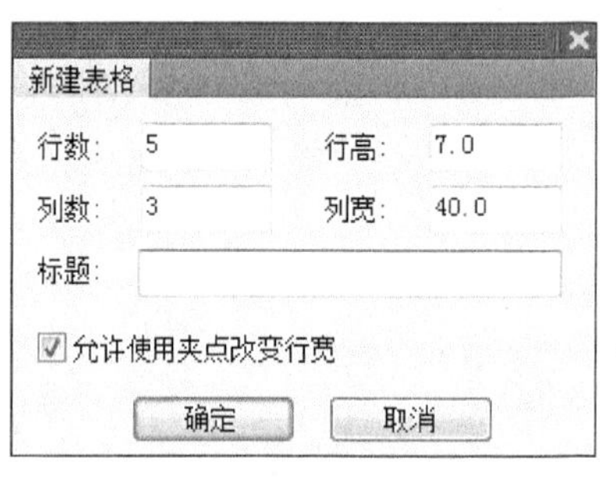

图 15-41 【新建表格】对话框

图 15-42 表格夹点

15.2.2 全屏编辑

调用全屏编辑命令，对选定的表格以对话框的形式来编辑其行列内容。如图 15-43 所示为全屏编辑命令的操作结果。

名称	数量	名称	数量
排烟阀	4	水泵	2
蝶阀	3	轴流风机	5
止回阀	5	风帽	3
插板阀	2	柔性风管	2

图 15-43 全屏编辑

全屏编辑命令的执行方式有以下几种：

➢ 命令行：在命令行中输入 QPBJ 命令按回车键。

➢ 菜单栏：单击“文字表格”→“表格编辑”→“全屏编辑”命令。

下面以如图 15-43 所示的结果为例，介绍全屏编辑命令的操作结果。

[01] 按 Ctrl+O 组合键，打开配套光盘提供的“第 15 章/ 15.2.2 全屏编辑.dwg”素材文件，结果如图 15-44 所示。

图 15-44 打开素材

[02] 在命令行中输入 QPBJ 命令按回车键，命令行提示如下：

```
命令：QPBJ↙
T96_TSHEETEDIT
选择表格：                    //选定待编辑的表格，系统弹出【表格内容】对话框，设置参数如图 15-45 所示。
```

[03] 单击“确定”按钮，关闭对话框即可完成编辑操作，结果如图 15-43 所示。

鼠标左键单击首行（列），系统会弹出如图 15-46 所示的快捷菜单，在其中可以对行、列进行删除、插入、新建等操作。

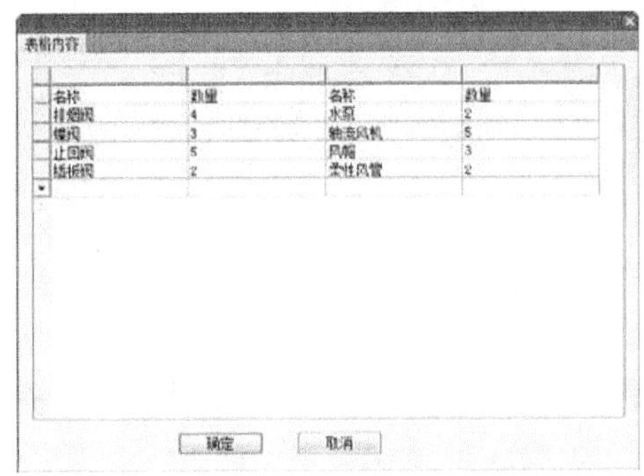

图 15-45 【表格内容】对话框

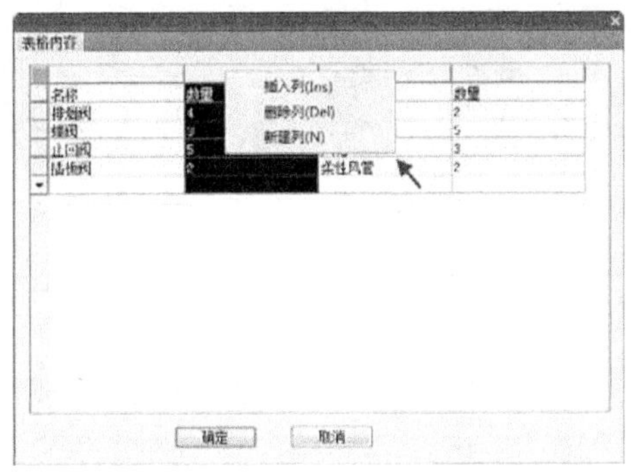

图 15-46 快捷菜单

15.2.3 拆分表格

调用拆分表格命令，可以按指定的行数、列数将选定的表格进行拆分。如图 15-47 所示为表格拆分命令的操作结果。

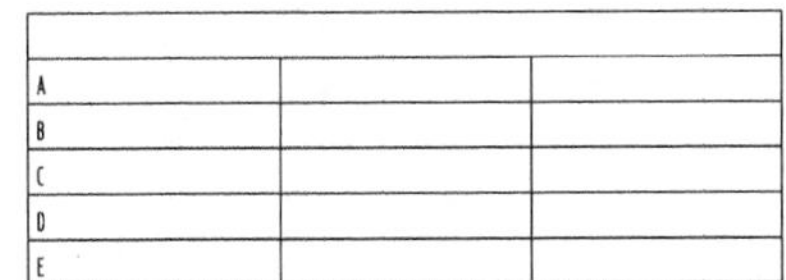

F		
G		
H		
I		
J		

图 15-47 拆分表格

拆分表格命令的执行方式有以下几种：

- 命令行：在命令行中输入 CFBG 命令按回车键。
- 菜单栏：单击“文字表格”→“表格编辑”→“拆分表格”命令。

下面以如图 15-47 所示的图形为例，介绍拆分表格命令的操作结果。

01 按 Ctrl+O 组合键，打开配套光盘提供的“第 15 章/ 15.2.3　拆分表格.dwg”素材文件，结果如图 15-48 所示。

02 在命令行中输入 CFBG 命令按回车键，系统弹出如所示的【拆分表格】对话框，定义参数如图 15-49 所示。

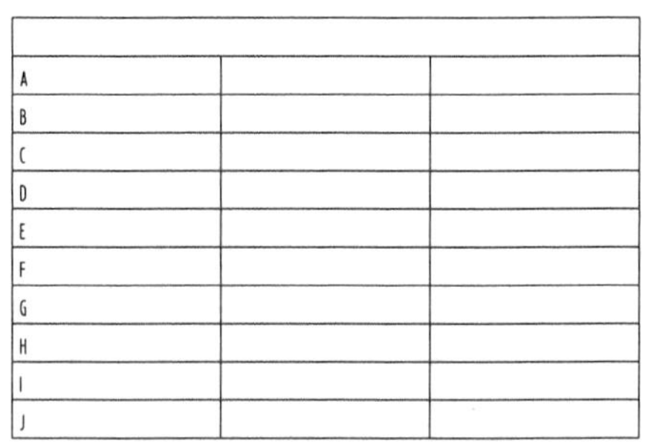

图 15-48　打开素材

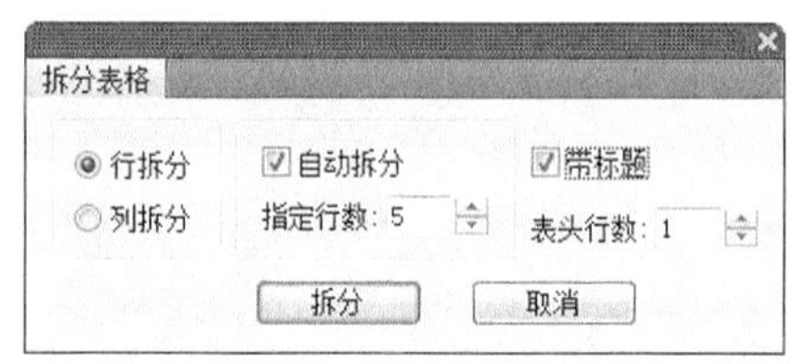

图 15-49　【拆分表格】对话框

03 单击“拆分”按钮，同时命令行提示如下：

```
命令：CFBG↙
T96_TSPLITSHEET
选择表格：                    //选定待拆分的表格，完成表格拆分操作的结果如图 15-47 所示。
```

15.2.4 合并表格

调用合并表格命令，可以将选定的多个表格合并为一个表格，分为行合并和列合并两种。如图 15-50 所示为该命令的操作结果。

合并表格命令的执行方式有以下几种：

- 命令行：在命令行中输入 HBBG 命令按回车键。
- 菜单栏：单击“文字表格”→“表格编辑”→“合并表格”命令。

下面以如图 15-50 所示的图形为例，介绍合并表格命令的操作结果。

01 按 Ctrl+O 组合键，打开配套光盘提供的“第 15 章/ 15.2.4　合并表格.dwg”素材文件，结果如图 15-51 所示。

02 在命令行中输入 HBBG 命令按回车键，命令行提示如下：

```
命令：HBBG↙
T96_TMERGESHEET
选择第一个表格或 [列合并(C)]<退出>:
选择下一个表格<退出>:                    //分别选定待合并的两个表格，完成合并表格操
```

作的结果如图 15-50 所示。

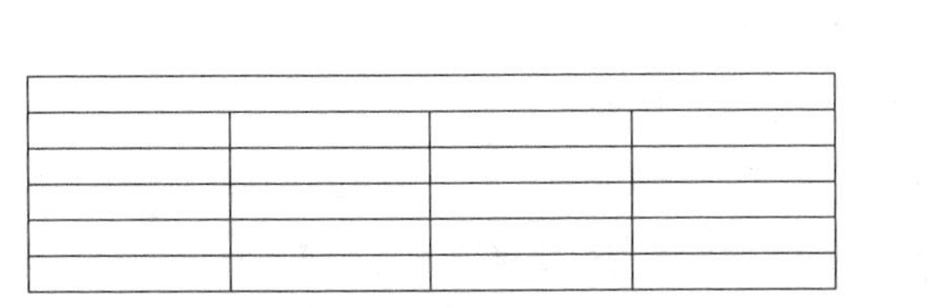

图 15-50　合并表格

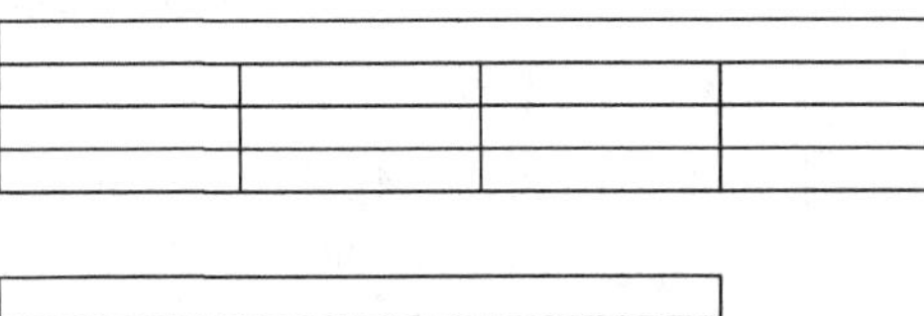

图 15-51　打开素材

在执行命令的过程中，当命令行提示“选择第一个表格或 [列合并(C)]”时；输入 C，选择“列合并”选项，则列合并的操作结果如图 15-52 所示。

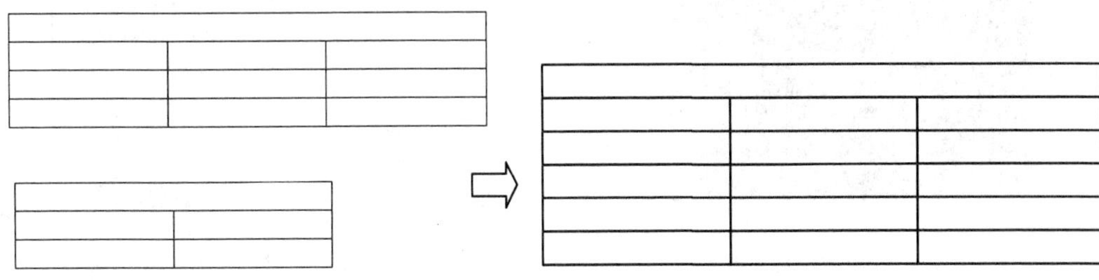

图 15-52　列合并

15.2.5 表列编辑

调用表列编辑命令，可以对选定的表格中某列进行编辑修改。如图 15-53 所示为该命令的操作结果。

表列编辑命令的执行方式有以下几种：

- 命令行：在命令行中输入 BLBJ 命令按回车键。
- 菜单栏：单击“文字表格”→“表格编辑”→“表列编辑”命令。

下面以如图 15-53 所示的图形为例，介绍表列编辑命令的操作结果。

01 按 Ctrl+O 组合键，打开配套光盘提供的“第 15 章/ 15.2.5　表列编辑.dwg”素材文件，结果如图 15-54 所示。

编号	阀门名称	数量
001	蝶阀	3
002	风帽	5
003	止回阀	6

图 15-53　表列编辑

编号	阀门名称	数量
001	蝶阀	3
002	风帽	5
003	止回阀	6

图 15-54　打开素材

02 在命令行中输入 BLBJ 命令按回车键，命令行提示如下：

```
命令：BLBJ↙
T96_TCOLEDIT
```

请点取一表列以编辑属性或 [多列属性(M)/插入列(A)/加末列(T)/删除列(E)/交换列(X)]<退出>:　　　　　　　　//点取待编辑的表列，如图 15-55 所示.

03 系统弹出【列设定】对话框，设定参数如图 15-56 所示。

04 单击“确定”按钮关闭对话框，即可完成表列编辑的操作。

请点取一表列以编辑属性或 [多列属性(M)/插入列(A)/加末列(T)/删除列(E)/交换列(X)]<退出>:　　　　　　　　//继续点取待编辑的表列，完成表列编辑的最终结果如图 15-53 所示。

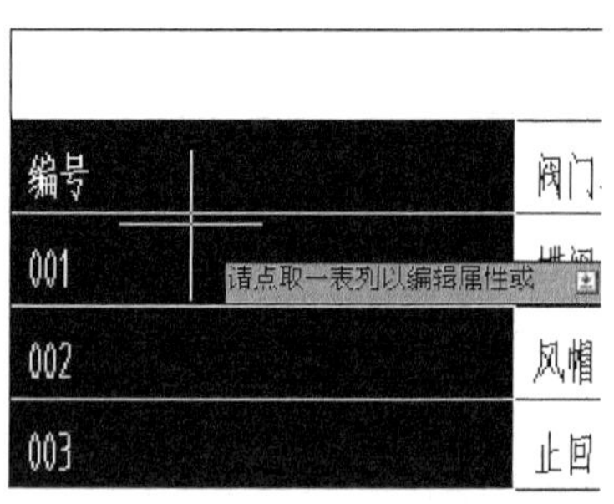

图 15-55　点取待编辑的表列

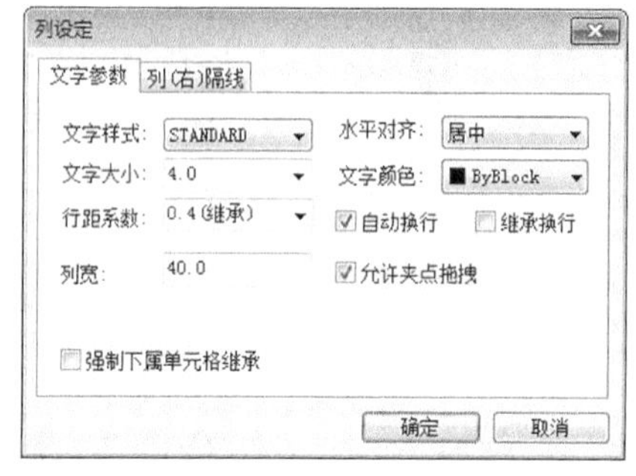

图 15-56　【列设定】对话框

在【列设定】对话框中选择“列（右）隔线”选项卡，设置参数如图 15-57 所示，表格不设竖线的结果如图 15-58 所示。

图 15-57　“列（右）隔线”选项卡

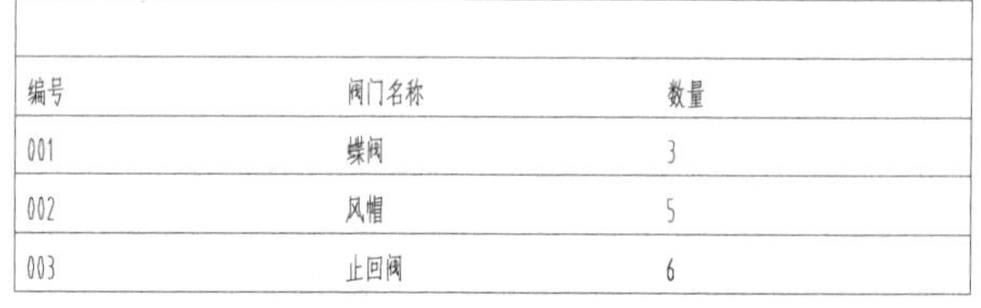

编号	阀门名称	数量
001	蝶阀	3
002	风帽	5
003	止回阀	6

图 15-58　不设竖线

在执行命令的过程中，输入 A，选择“插入列(A)”选项，命令行提示如下：

命令：BLBJ↙

T96_TCOLEDIT

请点取一表列以编辑属性或 [多列属性(M)/插入列(A)/加末列(T)/删除列(E)/交换列(X)]<退出>:A　　　　　　　　//输入 A，选择“插入列(A)”选项。

请点取一表列以插入新列或 [单列属性(S)/多列属性(M)/加末列(T)/删除列(E)/交换列(X)]<退出>:　　　　　　　　//点取表列。

输入要添加的空列的数目<1>:

请点取一表列以插入新列或 [单列属性(S)/多列属性(M)/加末列(T)/删除列(E)/交换列(X)]<

退出>:　　　　　　　　　　　//定义待添加的空列数目，即可在指定的列之前插入新列，结果如图 15-59 所示。

编号		阀门名称	数量
001		蝶阀	3
002		风帽	5
003		止回阀	6

图 15-59　插入列

在执行命令的过程中，输入 T，选择“加末列(T)”选项，命令行提示如下：

命令：BLBJ↙

T96_TCOLEDIT

请点取一表列以编辑属性或［多列属性(M)/插入列(A)/加末列(T)/删除列(E)/交换列(X)]<退出>:T　　　　　　　　　　//输入 T，选择“加末列(T)”选项。

请点取表格以加末列或［单列属性(S)/多列属性(M)/插入列(A)/删除列(E)/交换列(X)]<退出>:

输入要添加的空列的数目<1>:2　　　　　　　　//定义加空列的数目，按回车键即可完成加末列的操作，结果如图 15-60 所示。

编号	阀门名称	数量		
001	蝶阀	3		
002	风帽	5		
003	止回阀	6		

图 15-60　加末列

在执行命令的过程中，输入 X，选择“交换列(X)”选项，命令行提示如下：

命令：BLBJ↙

T96_TCOLEDIT

请点取一表列以编辑属性或［多列属性(M)/插入列(A)/加末列(T)/删除列(E)/交换列(X)]<退出>:X　　　　　　　　　　//输入 X，选择“交换列(X)”选项

请点取用于交换的第一列或［单列属性(S)/多列属性(M)/插入列(A)/加末列(T)/删除列(E)]<退出>:

请点取用于交换的第二列：　　　　　　　　　//分别点取待交换的两列，完成交换列的操作结果如图 15-61 所示。

编号	阀门名称	数量
001	蝶阀	3
002	风帽	5
003	止回阀	6

⇨

编号	数量	阀门名称
001	3	蝶阀
002	5	风帽
003	6	止回阀

图 15-61　交换列

15.2.6 表行编辑

调用表行编辑命令，可以对选定的表行进行编辑修改。如图 15-62 所示为该命令的操作结果。

表行编辑命令的执行方式有以下几种：

- 命令行：在命令行中输入 BHBJ 命令按回车键。
- 菜单栏：单击“文字表格”→“表格编辑”→“表行编辑”命令。

下面以如图 15-62 所示的图形为例，介绍表行编辑命令的操作结果。

层数	阀门名称	数量
1	蝶阀	3
2	风帽	5
3	止回阀	6

图 15-62 表行编辑

01 按 Ctrl+O 组合键，打开配套光盘提供的“第 15 章/ 15.2.6 表行编辑.dwg”素材文件，结果如图 15-63 所示。

层数	阀门名称	数量
1	蝶阀	3
2	风帽	5
3	止回阀	6

图 15-63 打开素材

02 在命令行中输入 BHBJ 命令按回车键，命令行提示如下：

```
命令：BHBJ↙
T96_TROWEDIT
请点取一表行以编辑属性或 [多行属性(M)/增加行(A)/末尾加行(T)/删除行(E)/复制行(C)/交换行(X)]<退出>:          //点取待编辑的表行，系统弹出【行设定】对话框，定义参数如图 15-64 所示。
```

03 单击“确定”按钮，完成表行编辑的结果如图 15-62 所示。

取消勾选“继承表格横线参数”复选框，可以对表格的横线进行重新设置，如图 15-65 所示。

在执行表行编辑命令的过程中，命令行各选项的含义如下：

- 多行属性(M)：输入 M，选择该项，通过选定多个表行，可以在【行设定】对话框中同时编辑所选多个表行的属性。

- 增加行(A)：输入 A，选择该项；可以在指定的表行前增加指定数目的表行。
- 末尾加行(T)：输入 T，选择该项；可以在指定的表格后增加指定数目的表行。
- 删除行(E)：输入 E，选择该项；可以删除指定的表行。
- 复制行(C)：输入 C，选择该项；可以复制指定的表行。
- 交换行(X)：输入 X，选择该项；可以将指定的两个表行的位置进行交换。

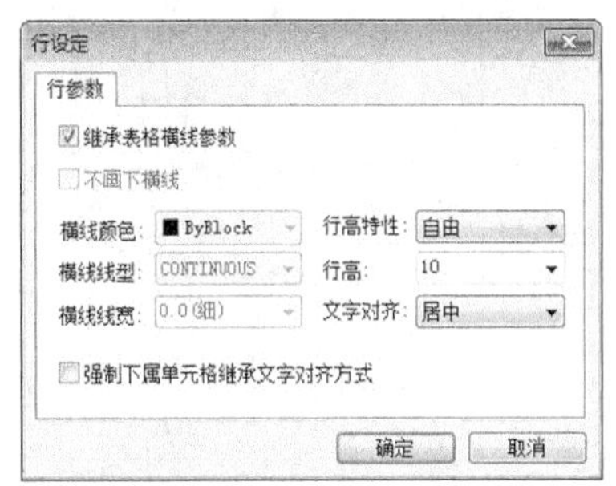

图 15-64 【行设定】对话框

图 15-65 设置横线参数

15.2.7 增加表行

调用增加表行命令，可以在指定的表行之前或之后增加一行或多行，执行“表行编辑”命令也可实现增加表行操作。如图 15-66 所示为该命令的操作结果。

楼层	编号	阀门名称	数量
一	001	蝶阀	3
二	002	风帽	5
三	003	止回阀	6

图 15-66 增加表行

增加表行命令的执行方式有以下几种：

- 命令行：在命令行中输入 ZJBH 命令按回车键。
- 菜单栏：单击“文字表格”→“表格编辑”→“增加表行”命令。

下面以如图 15-66 所示的图表为例，介绍增加表行命令的操作结果。

01 按 Ctrl+O 组合键，打开配套光盘提供的“第 15 章/ 15.2.7 增加表行.dwg”素材文件，结果如图 15-67 所示。

楼层	编号	阀门名称	数量
一	001	蝶阀	3
二	002	风帽	5
三	003	止回阀	6

图 15-67 打开素材

02 在命令行中输入 ZJBH 命令按回车键，命令行提示如下：

命令：ZJBH↙

T96_TSHEETINSERTROW

本命令也可以通过[表行编辑]实现！

请点取一表行以(在本行之前)插入新行或 [在本行之后插入(A)/复制当前行(S)]<退出>:A

//输入 A，选择"在本行之后插入(A)"选项；

请点取一表行以(在本行之后)插入新行或 [在本行之前插入(A)/复制当前行(S)]<退出>:

//点取表格的末行，增加表行的结果如图 15-66 所示。

在执行命令的过程中，输入 S，选择"复制当前行(S)"选项，增加表行的结果如图 15-68 所示。

楼层	编号	阀门名称	数量
一	001	蝶阀	3
二	002	风帽	5
三	003	止回阀	6
三	003	止回阀	6

图 15-68 复制当前行

15.2.8 删除表行

调用删除表行命令，可以删除指定的表行，也可执行"表行编辑"命令，实现删除表行的操作。如图 15-69 所示为该命令的操作结果。

删除表行命令的执行方式有以下几种：

➢ 命令行：在命令行中输入 SCBH 命令按回车键。

➢ 菜单栏：单击"文字表格"→"表格编辑"→"删除表行"命令。

下面以如图 15-69 所示的图表为例，介绍删除表行命令的操作结果。

01 按 Ctrl+O 组合键，打开配套光盘提供的"第 15 章/ 15.2.8　删除表行.dwg"素材文件，结果如图 15-70 所示。

02 在命令行中输入 SCBH 命令按回车键，命令行提示如下：

命令：SCBH↙

T96_TSHEETDELROW

本命令也可以通过[表行编辑]实现！

请点取要删除的表行<退出>

请点取要删除的表行<退出>　　//分别点取待删除的表行，即可完成删除表行的操作，结果如图 15-69 所示。

层数	阀门名称	数量
1	蝶阀	3
4	水泵	3
5	调节阀	2

图 15-69　删除表行

层数	阀门名称	数量
1	蝶阀	3
2	风帽	5
3	止回阀	6
4	水泵	3
5	调节阀	2

图 15-70　打开素材

15.2.9 单元编辑

调用单元编辑命令，可以对选定的单元格进行编辑操作，包括单元格的属性与单元格的内容。实际上可以使用在位编辑取代，双击要编辑的单元即可进入在位编辑状态，可直接对单元内容进行修改。如图 15-71 所示为该命令的操作结果。

单元编辑命令的执行方式有以下几种：

- 命令行：在命令行中输入 DYBJ 命令按回车键。
- 菜单栏：单击“文字表格”→“表格编辑”→“单元编辑”命令。

下面以如图 15-71 所示的图形为例，介绍单元编辑命令的操作结果。

01 按 Ctrl+O 组合键，打开配套光盘提供的“第 15 章/ 15.2.9　单元编辑.dwg”素材文件，结果如图 15-72 所示。

层数	阀门名称	数量
一	蝶阀	3
二	风帽	5
三	止回阀	6
四	调节阀	2

图 15-71　单元编辑

层数	阀门名称	数量
一	蝶阀	3
二	风帽	5
三	止回阀	6
四	调节阀	2

图 15-72　打开素材

02 在命令行中输入 DYBJ 命令按回车键，命令行提示如下：

```
命令：DYBJ↙
T96_TCELLEDIT
请点取一单元格进行编辑或 [多格属性(M)/单元分解(X)]<退出>:        //点取待编辑的单元格，系统弹出【单元格编辑】对话框。
```

03 在【单元格编辑】对话框中定义参数如图 15-73 所示，单击“确定”按钮关闭对话框即可完成单元格编辑。

04 重复操作，编辑表头单元格内容，结果如图 15-74 所示。

05 继续调用 DYBJ 命令，对其余的单元格内容的对齐方式更改为“居中”对齐，结果如图 15-71 所示。

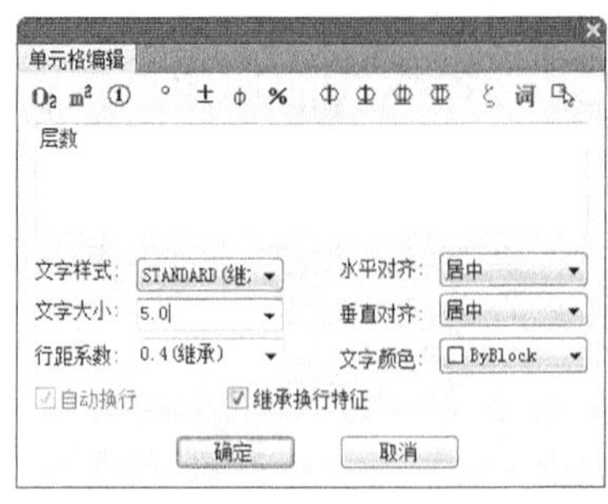

图 15-73 【单元格编辑】对话框

层数	阀门名称	数量
一	蝶阀	3
二	风阀	5
三	止回阀	6
四	调节阀	2

图 15-74 编辑结果

在执行命令的过程中，输入 M，选择“多格属性(M)”选项，命令行提示如下：

命令：DYBJ↙

T96_TCELLEDIT

请点取一单元格进行编辑或 [多格属性(M)/单元分解(X)]<退出>:M //输入 M，选择“多格属性(M)”选项。

请点取确定多格的第一点以编辑属性或 [单格编辑(S)/单元分解(X)]<退出>:

请点取确定多格的第二点以编辑属性<退出>: //分别点取待编辑的单元格，系统弹出如图 15-75 所示的【单元格编辑】对话框；参数设置完成后，单击“确定”按钮即可完成编辑修改操作。

对已执行合并操作后的单元格，可以通过单元编辑命令对其执行分解操作。

在执行命令的过程中，输入 X，选择“单元分解(X)”选项，命令行提示如下：

命令：DYBJ↙

T96_TCELLEDIT

请点取一单元格进行编辑或 [多格属性(M)/单元分解(X)]<退出>:X

//输入 X，选择“单元分解(X)”选项。

请点要分解的单元格或 [单格编辑(S)/多格属性(M)]<退出>:

//点取待分解的单元格即可完成分解操作，且分解后的各单元格内容均复制了分解前该单元格文字内容，结果如图 15-76 所示。

图 15-75 【单元格编辑】对话框

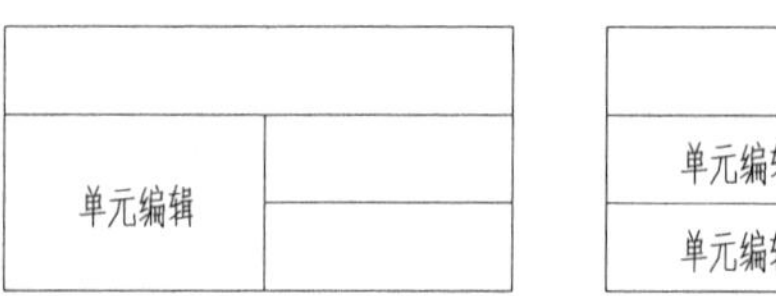

图 15-76 单元分解

15.2.10 单元递增

调用单元递增命令，可以复制指定单元格的内容，且可同时将文字内的某一项执行递增或递减操作。

单元递增命令的执行方式有以下几种：

- 命令行：在命令行中输入 DYDZ 命令按回车键。
- 菜单栏：单击“文字表格”→“表格编辑”→“单元递增”命令。

下面以如图 15-77 所示的图形为例，介绍单元递增命令的操作结果。

01 按 Ctrl+O 组合键，打开配套光盘提供的“第 15 章/ 15.2.10 单元递增.dwg”素材文件，结果如图 15-78 所示。

层数	阀门名称
001	蝶阀
002	风帽
003	止回阀
004	水泵
005	调节阀

图 15-77 单元递增

层数	阀门名称
001	蝶阀
	风帽
	止回阀
	水泵
	调节阀

图 15-78 打开素材

02 在命令行中输入 DYDZ 命令按回车键，命令行提示如下：

```
命令：DYDZ↙
T96_TCOPYANDPLUS
点取第一个单元格<退出>:            //如图 15-79 所示。
点取最后一个单元格<退出>:          //如图 15-80 所示，完成单元递增的操作结果如
图 15-77 所示。
```

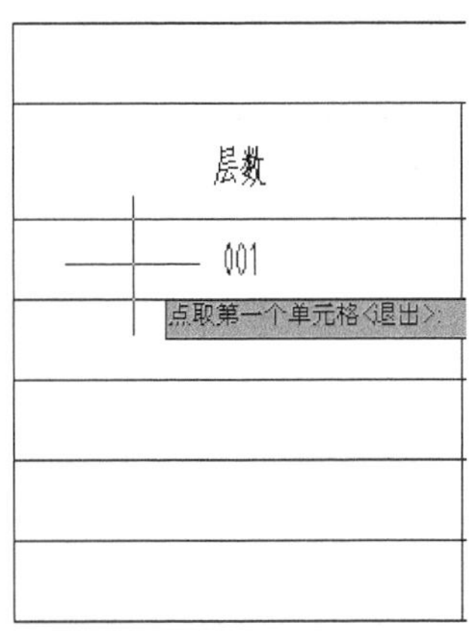

图 15-79 点取第一个单元格

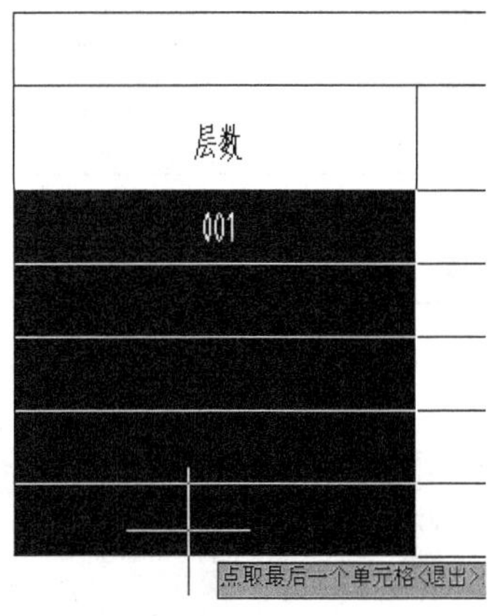

图 15-80 点取最后一个单元格

在执行命令的过程中，按住 Ctrl 键，可以实现递减操作，结果如图 15-81 所示。

阀门名称	数量		阀门名称	数量
蝶阀	6		蝶阀	6
风帽			风帽	5
止回阀			止回阀	4
水泵			水泵	3
调节阀			调节阀	2

图 15-81 递减操作

15.2.11 单元复制

调用单元复制命令，可以将指定单元格内的文字复制到目标单元格。如图 15-82 所示为该命令的操作结果。

单元复制命令的执行方式有以下几种:

- 命令行：在命令行中输入 DYFZ 命令按回车键。
- 菜单栏：单击“文字表格”→“表格编辑”→“单元复制”命令。

下面以如图 15-82 所示的图表为例，介绍单元复制命令的操作结果。

01 按 Ctrl+O 组合键，打开配套光盘提供的“第 15 章/ 15.2.11 单元复制.dwg”素材文件，结果如图 15-83 所示。

阀门名称	数量		阀门名称	数量
蝶阀	6		蝶阀	6
风帽	5		风帽	5
止回阀	4		止回阀	4
水泵	3		水泵	3
蝶阀	2			2

图 15-82 单元复制　　图 15-83 打开素材

02 在命令行中输入 DYFZ 命令按回车键，命令行提示如下:

```
命令: DYFZ↙
T96_TCOPYCELL
点取复制源单元格或 [选取文字(A)]<退出>:          //点取单元格内容为“蝶阀”单元格。
点取粘贴至单元格(按 Ctrl 键重新选择复制源)[选取文字(A)]<退出>:
                                                  //点取表格下方空白单元格为目标单元格，复制结果如图 15-82 所示。
```

15.2.12 单元累加

调用单元累加命令，可以累加表格行或者列的数值，并将结果填写在指定的单元格中。如图 15-84 所示为该命令的操作结果。

单元累加命令的执行方式有以下几种：

- 命令行：在命令行中输入 DYLJ 命令按回车键。
- 菜单栏：单击“文字表格”→“表格编辑”→“单元累加”命令。

下面以如图 15-84 所示的图表为例，介绍单元累加命令的操作结果。

01 按 Ctrl+O 组合键，打开配套光盘提供的“第 15 章/ 15.2.12　单元累加.dwg”素材文件，结果如图 15-85 所示。

阀门名称	数量
蝶阀	6
风帽	5
止回阀	4
防火阀	3
合计	18

图 15-84　单元累加

阀门名称	数量
蝶阀	6
风帽	5
止回阀	4
防火阀	3
合计	

图 15-85　打开素材

02 在命令行中输入 DYLJ 命令按回车键，命令行提示如下：

```
命令：DYLJ↙
T96_TSUMCELLDIGIT
点取第一个需累加的单元格：
点取最后一个需累加的单元格：                    //分别点取单元格内容为 6、3 的单元格。
单元累加结果是:18
点取存放累加结果的单元格<退出>：                 //在表格下方的空白单元格内单击，累加结果如
图 15-84 所示。
```

15.2.13 单元合并

调用单元合并命令，可以将指定的单元格执行合并操作。如图 15-86 所示为该命令的操作结果。

单元合并命令的执行方式有以下几种：

- 命令行：在命令行中输入 DYHB 命令按回车键。
- 菜单栏：单击“文字表格”→“表格编辑”→“单元合并”命令。

下面以如图 15-86 所示的图形为例，介绍单元合并命令的操作结果。

01 按 Ctrl+O 组合键，打开配套光盘提供的“第 15 章/ 15.2.13　单元合并.dwg”素材文件，结果如图 15-87 所示。

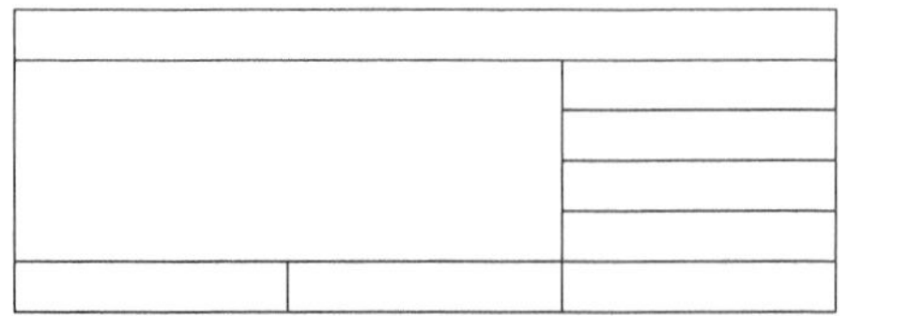

图 15-86　单元合并

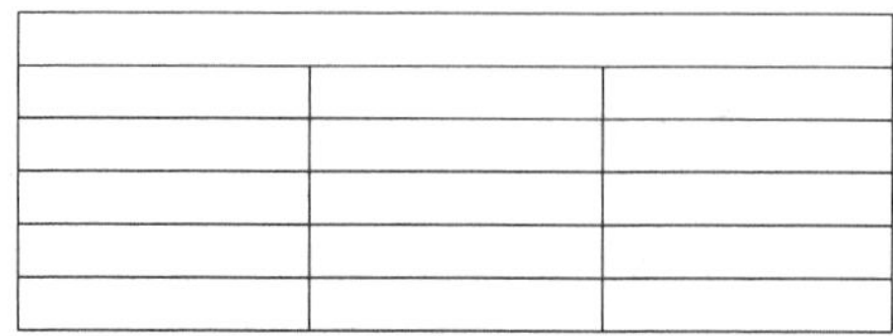

图 15-87　打开素材

02 在命令行中输入 DYHB 命令按回车键，命令行提示如下：

```
命令：DYHB↙
T96_TCELLMERGE
点取第一个角点：              //如图 15-88 所示;
点取另一个角点：              //如图 15-89 所示，完成单元合并的操作结果如图 15-86 所示。
```

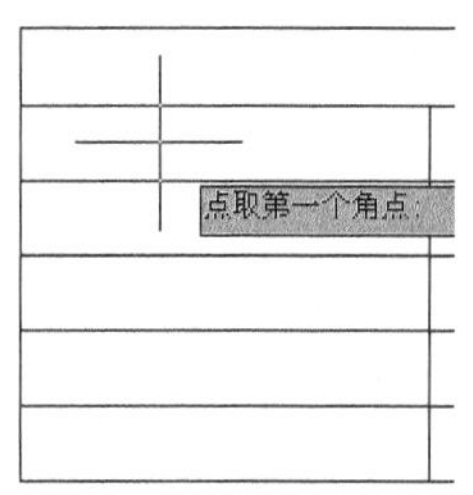

图 15-88　点取第一个角点

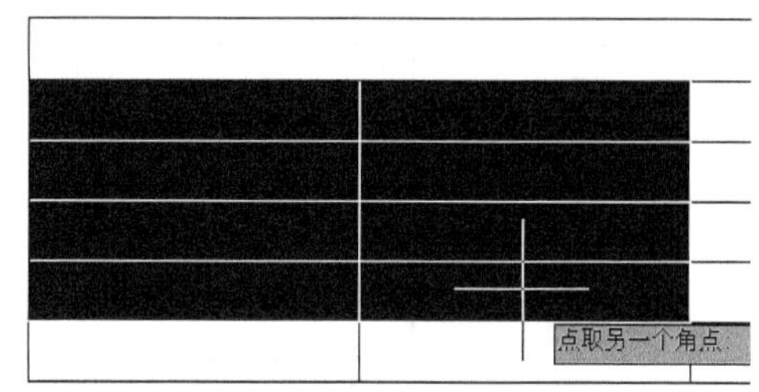

图 15-89　点取另一个角点

15.2.14 撤销合并

调用撤销合并命令，可以撤销已经合并的单元格；执行“单元编辑”命令也可完成撤销操作。

单元合并命令的执行方式有以下几种：

- 命令行：在命令行中输入 CXHB 命令按回车键。
- 菜单栏：单击“文字表格”→“表格编辑”→“单元合并”命令。

下面介绍撤销合并命令的操作结果：

```
命令：CXHB↙
T96_TDELMERGE
本命令也可以通过[单元编辑]实现!
点取已经合并的单元格<退出>：           //点取待撤销的单元格，即可完成撤销操作。
```

15.3 与 Excel 交换表格数据

天正表格中的内容可以输出至 Word 或 Excel 软件中进行保存或输出，也可将 Excel 表格中的内容输入至天正表格中进行编辑修改。

15.3.1 转出 Word

调用转出 Word 命令，可以把天正表格中的内容输出至 Word 文档中。如图 15-90 所示为转出 Word 命令的操作结果。

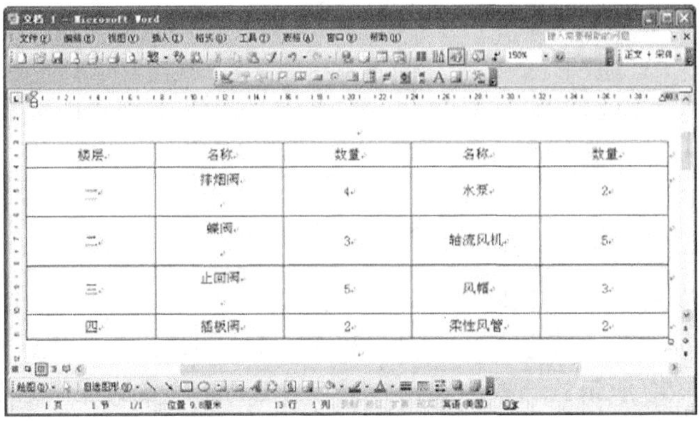

楼层	名称	数量	名称	数量
一	排烟阀	4	水泵	2
二	蝶阀	3	轴流风机	5
三	止回阀	5	风帽	3
四	插板阀	2	柔性风管	2

图 15-90　转出 Word

转出 Word 命令的执行方式如下：

➢ 菜单栏：单击“文字表格”→“转出 Word”命令。

下面以如图 15-90 所示的图形为例，介绍转出 Word 命令的操作结果。

01 按 Ctrl+O 组合键，打开配套光盘提供的“第 15 章/ 15.3.1　转出 Word.dwg”素材文件，结果如图 15-91 所示。

楼层	名称	数量	名称	数量
一	排烟阀	4	水泵	2
二	蝶阀	3	轴流风机	5
三	止回阀	5	风帽	3
四	插板阀	2	柔性风管	2

图 15-91　打开素材

02 单击“文字表格”→“转出 Word”命令，命令行提示如下：

```
命令: T96_Sheet2Word
请选择表格<退出>: 找到 1 个                //选定待转化的表格，按回车键即可完成转换操作，结果如图 15-90 所示。
```

15.3.2 转出 Excel

调用转出 Excel 命令，可以把天正表格输出到 Excel 中，以方便用户进行统计或打印。如图 15-92 所示为转出 Excel 命令的操作结果。

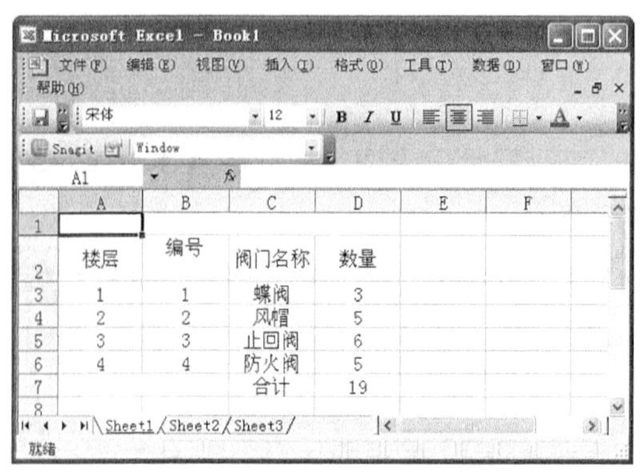

	A	B	C	D
1				
2	楼层	编号	阀门名称	数量
3	1	1	蝶阀	3
4	2	2	风帽	5
5	3	3	止回阀	6
6	4	4	防火阀	5
7			合计	19

图 15-92 转出 Excel

转出 Excel 命令的执行方式如下：

➢ 菜单栏：单击“文字表格”→“转出 Excel”命令。

下面以如图 15-92 所示的结果为例，介绍转出 Excel 命令的操作结果。

01 按 Ctrl+O 组合键，打开配套光盘提供的“第 15 章/ 15.3.2 转出 Excel.dwg”素材文件，结果如图 15-93 所示。

楼层	编号	阀门名称	数量
1	001	蝶阀	3
2	002	风帽	5
3	003	止回阀	6
4	004	防火阀	5
		合计	19

图 15-93 打开素材

02 单击“文字表格”→“转出 Excel”命令，命令行提示如下：

```
命令：T96_Sheet2Excel
请选择表格<退出>:                //选定天正表格，转出结果如图 15-92 所示。
```

15.3.3 读入 Excel

调用读入 Excel 命令，可以将 Excel 中选中的区域，在天正软件中创建天正表格。如图 15-94 所示为读入 Excel 命令的操作结果。

读入 Excel 命令的执行方式如下：

➢ 菜单栏：单击“文字表格”→“读入 Excel”命令。

下面以如图 15-94 所示的结果为例，介绍读入 Excel 命令的操作结果。

01 按 Ctrl+O 组合键，打开配套光盘提供的“第 15 章/ 15.3.3 读入 Excel.xls”素材文件，结果如图 15-95 所示。

编号	阀门名称	数量
1	蝶阀	3
2	风帽	5
3	止回阀	6
4	防火阀	4
5	调节阀	3
6	插板阀	5
合计		26

图 15-94　读入 Excel

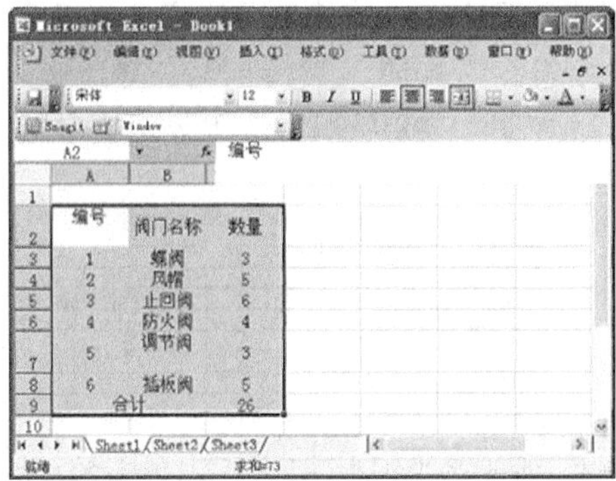

图 15-95　打开素材

02 单击“文字表格”→“读入 Excel”命令，系统弹出如图 15-96 所示的【AutoCAD】信息提示对话框，单击“是”按钮。

03 同时命令行提示如下：

```
命令：T96_Excel2Sheet
左上角点或 [参考点(R)]<退出>:              //点取表格的插入点，操作结果如图 15-94 所示。
```

在执行本命令行前，必须先打开一个 Excel 文件，并框选要复制的单元格；否则系统会弹出如图 15-97 所示的【AutoCAD】信息提示对话框，提醒用户正在执行命令前所要进行一些准备。

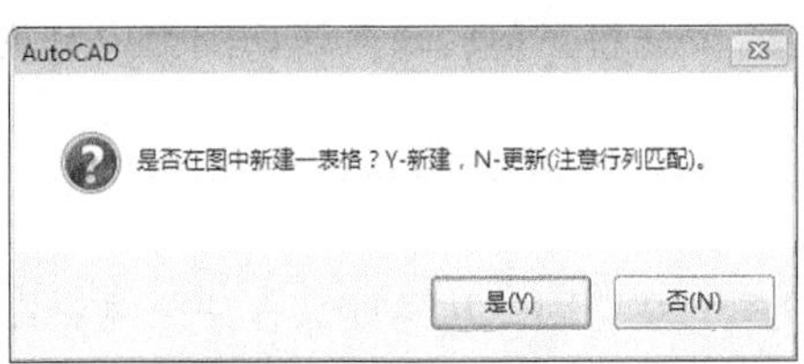

图 15-96　【AutoCAD】信息提示对话框

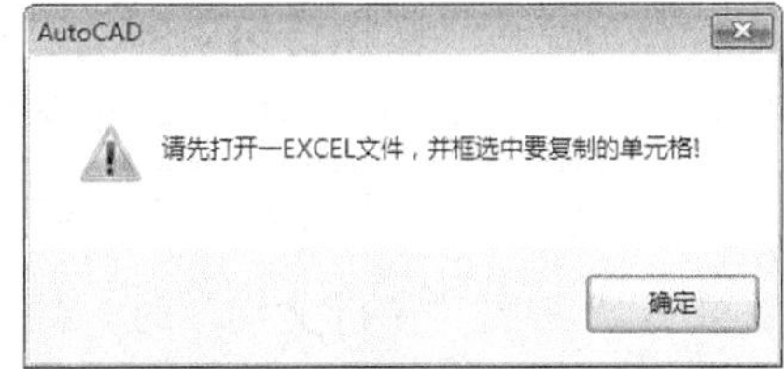

图 15-97　信息提示对话框

15.4 自定义的文字对象

天正自定义文字与 AutoCAD 文字有联系又有区别，本节为读者介绍与 AutoCAD 文字相比，天正自定义文字在使用和编辑上的优点。

15.4.1 汉字字体和宽高比

天正建筑软件为了解决建筑设计图纸中的中文和西文字体一致而不美观的问题，开发了自定义文字对象。天正的自定义文字对象，可方便地书写和修改中西文混合文字，可使组成天正文字样式的中西文字体有各自的宽高比例；为输入和变换文字的上下标、输入特殊字符提供方便。

如图 15-98 所示为使用天正文字编辑调整的文字与 AutoCAD 文字的比较。

图 15-98　比较结果

15.4.2 天正文字的输入方法

在天正软件里输入文字的方法有两个：一个是使用软件自带的文字标注命令；另一个则是从其他文件复制粘贴文本内容。

1. 直接输入文字标注

在输入文字之前，应先调用“文字样式”命令，对样式的各参数进行设置。

调用相应的文字标注命令，天正中有单行文字、多行文字、引出标注、箭头引注等绘制文字标注的命令。在执行相应的文字标注命令后，要先将当前的输入法切换为中文输入法，方可在执行命令的过程中输入中文字体。

2. 从其他文件复制粘贴文本内容

在指定天正的“多行文字”时，需要输入长段的文字，因此从其他文件中复制粘贴文本内容不失为一个便利的方法。

按下 Ctrl+C 组合键复制文本内容，在【多行文字】对话框中按下 Ctrl+V 组合键，可以粘贴文本内容。

第 16 章
绘图工具

● 本章导读

本节介绍天正绘图工具命令的调用，包括生系统图、标楼板线以及对象操作等命令，其中包括图形的绘制、图形的编辑以及图形信息的查询。

● 本章重点

◈ 生系统图
◈ 标楼板线
◈ 对象操作
◈ 移动与复制工具
◈ 绘图编辑工具

16.1 生系统图

调用生系统图命令，可以根据采暖、空调水路平面图生成系统图。如图 16-1 所示为该命令的操作结果。

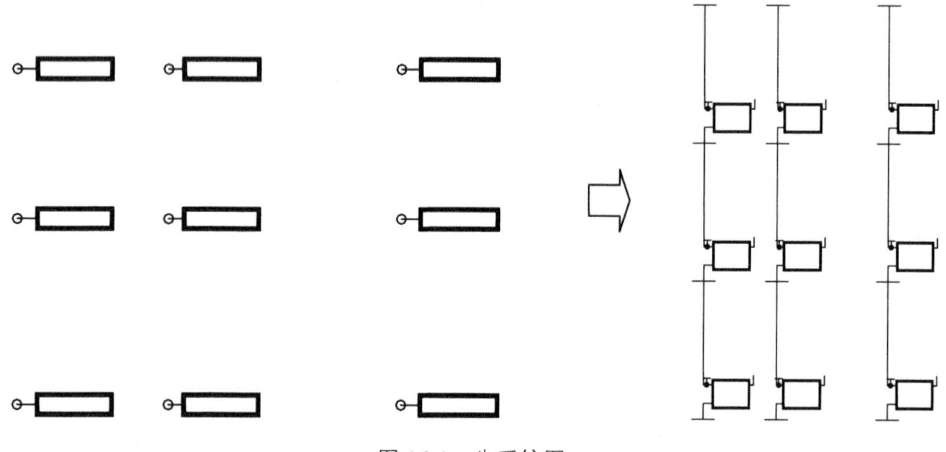

图 16-1 生系统图

生系统图命令的执行方式有：

➢ 命令行：在命令行中输入 SXTT 命令按回车键。

➢ 菜单栏：单击"绘图工具"→"生系统图"命令。

在命令行中输入 SXTT 命令按回车键，命令行同时如下：

命令：SXTT↙

选择自动生成系统图的所有平面图管线<退出>:指定对角点：找到 22 个

请点取各层管线的对准点{输入参考点[R]}<退出>: //单击暖供水立管的圆心，系统弹出【自动生成系统图】对话框。

在对话框中单击"添加层"按钮，重复执行上述选择管线及指定对准点的操作，在【自动生成系统图】对话框中设置参数如图 16-2 所示。单击"确定"按钮，生成系统图。

【自动生成系统图】对话框中各功能选项含义如下：

"管线类型及角度"选项：单击选项文本框，在弹出的下拉列表中显示了各管线类型，单击可选定所生成系统图的管线类型。

"角度"选项：单击选项文本框，在弹出的下拉列表中可以定义所生成系统图的角度，有 30° 和 45° 。

"楼层"参数表：在其中显示了所选定的平面管线的信息，分别是楼层数、层高、标准层数。

"楼板线标识"选项：勾选该项，在生成系统的同时生成楼板线；为标楼板线提供方便。

"散热器上安装"选项：通过勾选"排气阀"、"温控阀"选项，决定是否在生成采暖系统图时安装该阀门。

"阀门安装位置及类型"选项组：

➢ "在立管上"选项：勾选该项，则可在立管上安装指定的阀门。有"单管"、"双管"之分，选择"双管"选项，又有"上供上回"、"上供下回"、"下供下回"三种方式供选择。单击选项后的阀门预览框，可以弹出如图 16-3 所示的【天正图库管理系统】对话框，可以更改所插入的阀门类型。

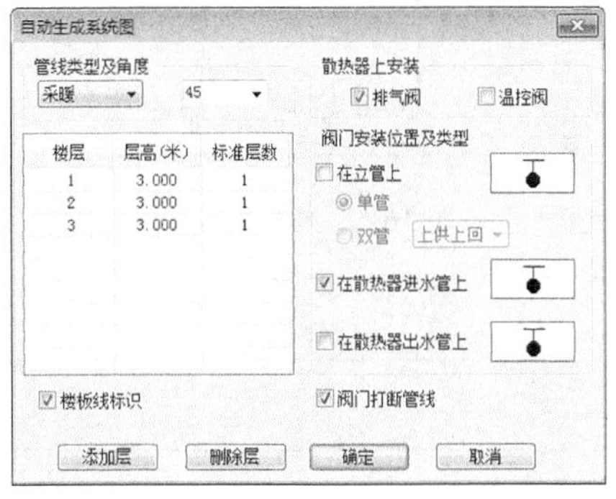

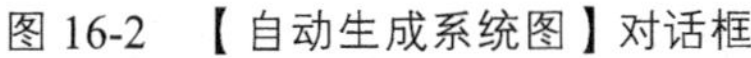

图 16-2 【自动生成系统图】对话框

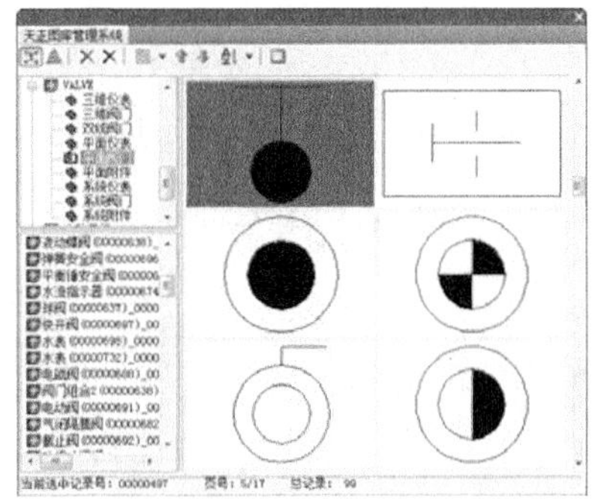

图 16-3 【天正图库管理系统】对话框

➢ "在散热器进/出水管上"选项：勾选该选项，可在散热器进/出水管上安装指定的阀门类型。

"阀门打断管线"选项：定义所绘的阀门与管线之间的关系。

"添加层"按钮：单击该按钮，可以返回绘图区中选择平面管线图形添加至对话框中以生产系统图。

"删除层"按钮：单击该按钮，可以删除"楼层"参数表中选中的指定楼层信息。

16.2 标楼板线

调用标楼板线命令，可以标楼板线。如图 16-4 所示为该命令的操作结果。

标楼板线命令的执行方式有：

➢ 命令行：在命令行中输入 BLBX 命令按回车键。

➢ 菜单栏：单击"绘图工具"→"标楼板线"命令。

下面以如图 16-4 所示的图形为例，介绍标楼板线命令的操作结果。

01 下面以上一节所生成的采暖系统图为例，介绍标楼板线命令的操作。

02 在命令行中输入 BLBX 命令按回车键，命令行提示如下：

```
命令：BLBX↙
请点取要标注楼板线系统图立管，标注位置：左侧[更改(C)]<退出>:
                              //单击系统图上的立管，绘制楼板线的结果如图 16-5 所示。
```

03 调用 EX【延伸】命令，延伸所绘制的楼板线，结果如图 16-5 所示。

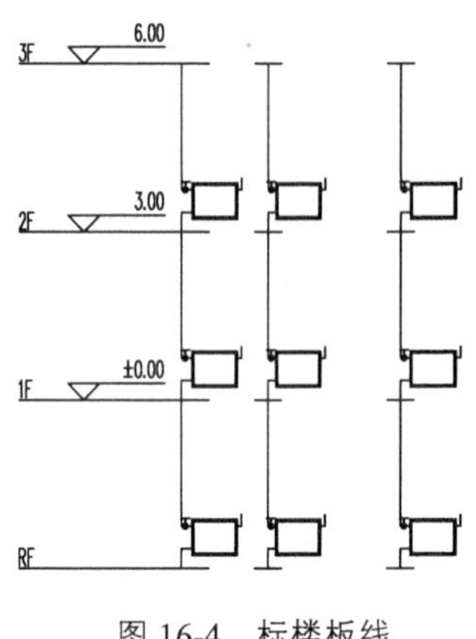

图 16-4 标楼板线

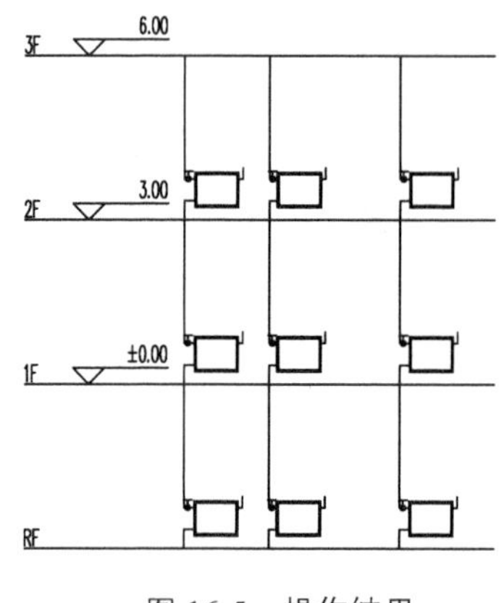

图 16-5 操作结果

16.3 对象操作

本节介绍对象操作命令的调用，包括使用对象查询命令查询指定图形对象信息的操作，也包括使用对象选择命令选择指定属性图形的操作。

16.3.1 对象查询

调用对象查询命令，将光标置于天正自定义对象上，可以显示该对象的相关信息；单击左键，可以进入该对象的编辑对话框，以对图形执行编辑修改操作。如图 16-6 所示为该命令的操作结果。

对象查询命令的执行方式有：

➢ 命令行：在命令行中输入 DXCX 命令按回车键。

➢ 菜单栏：单击“绘图工具”→“对象查询”命令。

下面以如图 16-6 所示的结果为例，介绍对象查询命令的操作结果。

01 按 Ctrl+O 组合键，打开配套光盘提供的“第 16 章/ 16.3.1 对象查询.dwg”素材文件。

02 在命令行中输入 DXCX 命令按回车键，当光标变成矩形的时候，将其置于待查询的对象之上，即可显示关于该图形的信息，结果如图 16-6 所示。

03 在图形对象上单击左键，打开如图 16-7 所示的【散热器参数修改】对话框；在其中可以对散热器执行编辑修改，单击“确定”按钮关闭对话框即可完成修改操作。

执行该命令，将光标置于 AutoCAD 标准对象上，可显示该对象的基本信息，如图 16-8 所示；单击左键不能对其进行编辑修改。

16.3.2 对象选择

调用对象选择命令，可以先选定参考图元，再选择其他符合参考图元过滤条件的图元，生成选择集。适用于在复杂图形中筛选同类对象的操作。

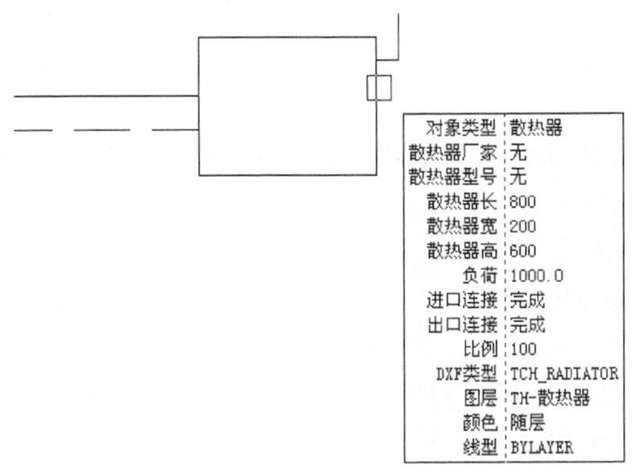

图 16-6　对象查询

图 16-7　【散热器参数修改】对话框

对象选择命令的执行方式有：

- 命令行：在命令行中输入 DXXZ 命令按回车键。
- 菜单栏：单击“绘图工具”→“对象选择”命令。

下面介绍对象选择命令的操作结果：

在命令行中输入 DXXZ 命令按回车键，系统弹出如图 16-9 所示的【匹配选项】对话框，在其中勾选过滤条件，同时命令行提示如下：

```
命令：DXXZ↙
T96_TSELOBJ
请选择一个参考图元或 [恢复上次选择(2)]<退出>:          //选定参考图元;
提示：空选即为全选，中断用 ESC!
选择对象:指定对角点：找到 2 个              //框选图形，符合过滤条件的图元即被选中。
```

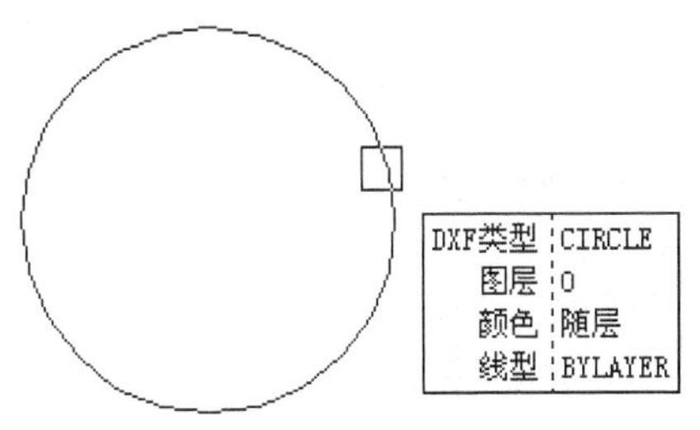

图 16-8　AutoCAD 标准对象

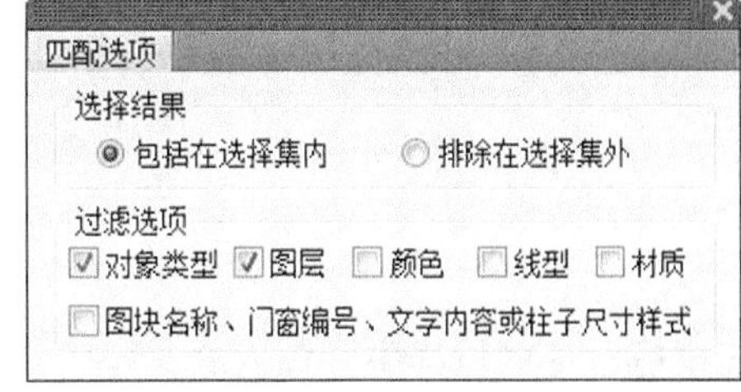

图 16-9　【匹配选项】对话框

“选择结果”选项组：

- “包括在选择集内”选项：选择该项，则参考图元与符合过滤条件的图形对象被同时选中。
- “排除在选择集外”选项：选择该项，则参考图元以及符合过滤条件的图形对象不被选中，不符合过滤条件的图形则被选中。
- “过滤选项”选项：提供了一系列选择过滤条件，勾选相应的选项，则系统以所选的过滤条件来选择符合参考图元的图形。

16.4 移动与复制工具

本节介绍移动与复制工具的使用，包括使用自由复制命令和移动复制指定图形，还包括使用自由移位命令按照指定距离移动图形的操作。

16.4.1 自由复制

调用自由复制命令，可以连续动态地复制对象，并且在复制对象之前可以对图形进行旋转、镜像、改插入点等灵活处理，而且默认为多重复制，十分方便。

自由复制命令的执行方式有：

- 命令行：在命令行中输入 ZYFZ 命令按回车键。
- 菜单栏：单击“绘图工具”→“自由复制”命令。

下面介绍自由复制命令的调用方法。

在命令行中输入 ZYFZ 命令按回车键，命令行提示如下：

```
命令：ZYFZ↙
ZYFZ
请选择要复制的对象：找到 1 个          //选定待复制的对象。
点取位置或 [转 90 度(A)/左右翻(S)/上下翻(D)/对齐(F)/改转角(R)/改基点(T)]<退出>:
                    //移动鼠标，点取复制的目标点，如图 16-10 所示；单击左键，即可完成复制操作。
```

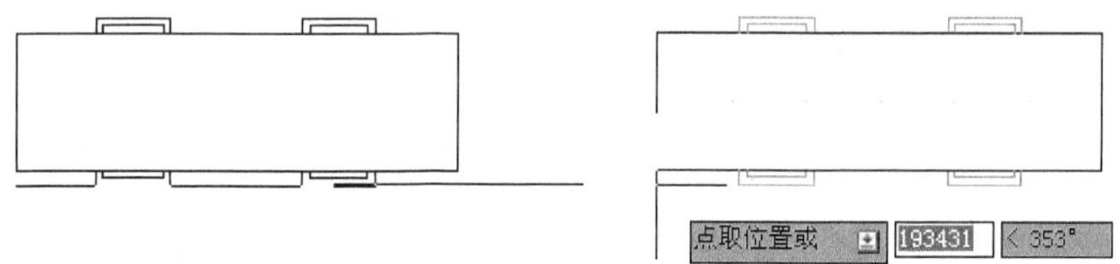

图 16-10　点取复制的目标点

在执行命令的过程中，输入 R，选择“改转角(R)”选项，可以移动鼠标指定图形的旋转角度，也可直接在命令行中输入角度参数，同时命令行提示如下：

```
命令：ZYFZ↙
ZYFZ
请选择要复制的对象：指定对角点：找到 1 个
点取位置或 [转 90 度(A)/左右翻(S)/上下翻(D)/对齐(F)/改转角(R)/改基点(T)]<退出>:R
                    //输入 R，选择“改转角(R)”选项。
旋转角度：          //指定旋转角度，如图 16-11 所示。
点取位置或 [转 90 度(A)/左右翻(S)/上下翻(D)/对齐(F)/改转角(R)/改基点(T)]<退出>:
                    //移动鼠标，在目标点单击左键，即可复制得到经过旋转操作的图形。
```

命令执行过程中各选项的含义如下：

- 转 90 度(A)：输入 A 选定该项，可以对将复制的图形执行 90 度的翻转操作。
- 左右翻(S)：输入 S 选定该项，可以左右翻转图形。
- 对齐(F)：输入 F 选定该项，通过指定对齐参考点、参考轴、目标点来复制对象。
- 改基点(T)：输入 T 选定该项，可以改变图形的复制基点。

16.4.2 自由移动

调用自由移动命令，可以在移动对象之前就对图形执行旋转、镜像以及改插入点等操作。

自由移动命令的执行方式有：

- 命令行：在命令行中输入 ZYYD 命令按回车键。
- 菜单栏：单击“绘图工具”→“自由移动”命令。

下面介绍自由移动命令的操作方法：

在命令行中输入 ZYYD 命令按回车键，命令行提示如下：

```
命令：ZYYD↙
ZYYD
请选择要移动的对象：找到 1 个
点取位置或 [转 90 度(A)/左右翻(S)/上下翻(D)/对齐(F)/改转角(R)/改基点(T)]<退出>:
                        //选定待移动的图形，指定目标位置即可完成移动操作。
```

16.4.3 移位

调用移位命令，可以将选定的图形对象按指定的距离参数进行移动。如图 16-12 所示为移位命令的操作结果。

移位命令的执行方式有：

- 命令行：在命令行中输入 YW 命令按回车键。
- 菜单栏：单击“绘图工具”→“移位”命令。

下面介绍移位命令的操作方法。

在命令行中输入 YW 命令按回车键，命令行提示如下：

```
命令：YW↙
YW
请选择要移动的对象：指定对角点：找到 1 个
请输入位移(x,y,z)或 [横移(X)/纵移(Y)/竖移(Z)]<退出>: X
                                        //输入 X，选择“横移(X)”选项。
横移<0>:2000                            //定义移位距离，移位的结果如图
16-12 所示。
```

在执行命令的过程中，输入 Y，选择“纵移(Y)”选项，可以在纵向移动图形。“竖移(Z)”选项一般在三维视图的情况下使用。

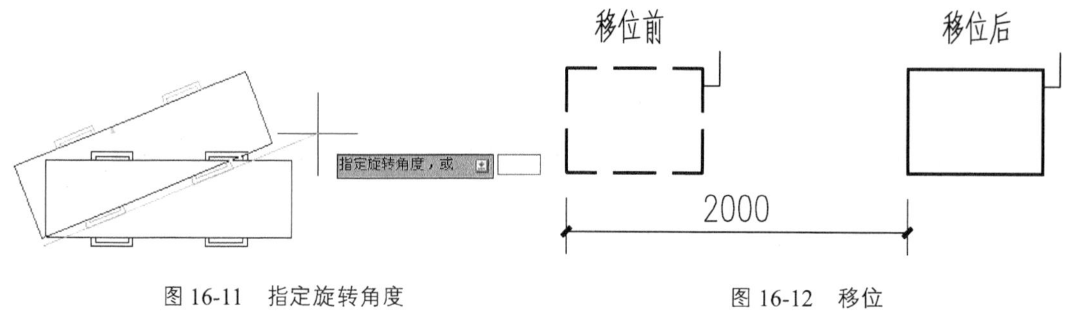

图 16-11 指定旋转角度　　图 16-12 移位

16.4.4 自由粘贴

调用自由粘贴命令，可以在复制粘贴图形之前对图形执行旋转、镜像以及改插入点等操作。

自由粘贴命令的执行方式有：

- 命令行：在命令行中输入 ZYNT 命令按回车键。
- 菜单栏：单击“绘图工具”→“自由粘贴”命令。

下面介绍自由粘贴命令的操作方法：

按下 Ctrl+C 组合键，复制待粘贴的图形；在命令行中输入 ZYNT 命令按回车键，命令行提示如下：

```
命令： ZYNT↙
ZYNT
点取位置或 [转 90 度(A)/左右翻(S)/上下翻(D)/对齐(F)/改转角(R)/改基点(T)]<退出>:*取消*                //点取目标位置，即可完成自由粘贴命令的操作。
```

16.5 绘图编辑工具

本节介绍绘图编辑工具命令的使用，包括线变复线等编辑线命令的调用，也包括图案加洞、减洞等编辑填充图案命令的调用。

16.5.1 线变复线

调用线变复线命令，可以将若干彼此相接的线（LINE）、弧（ARC）、多线段（PLINE）连接成整段的多段线，即复线。如图 16-13 所示为线变复线命令的操作结果。

线变复线命令的执行方式有：

- 菜单栏：单击“绘图工具”→“线变复线”命令。

下面以如图 16-13 所示的图形为例，介绍线变复线命令的操作结果。

01 按 Ctrl+O 组合键，打开配套光盘提供的“第 16 章/ 16.5.1　线变复线.dwg”素材文件，如图 16-14 所示。

02 单击“绘图工具”→“线变复线”命令，系统弹出【线变复线】对话框，设置参数如图 16-15 所示。

03 同时命令行提示如下：

```
命令：T96_TLineToPoly
请选择要合并的线：指定对角点：找到 3 个          //框选待合并的线段，按回车键即可完成合并操作，结果如图 16-15 所示。
```

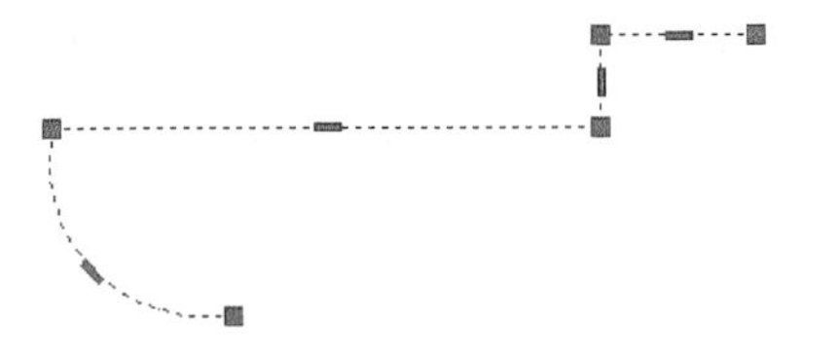

图 16-13　线变复线

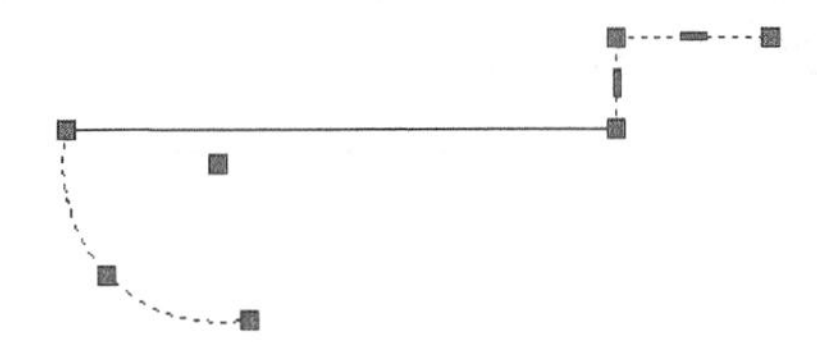

图 16-14　打开素材

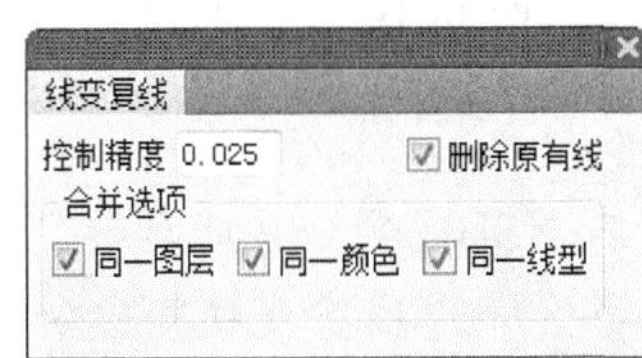

图 16-15　【线变复线】对话框

16.5.2 连接线段

调用连接线段命令，可以将两条在同一直线上的线段或两段相同的弧或直线与圆弧相连接。如图 16-16、图 16-17 所示为该命令的操作结果。

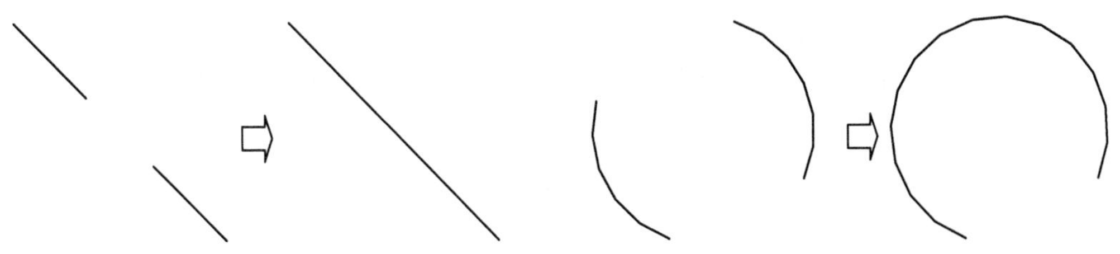

图 16-16　连接线段　　图 16-17　连接圆弧

连接线段命令的执行方式有：

- 命令行：在命令行中输入 LJXD 命令按回车键。
- 菜单栏：单击“绘图工具”→“连接线段”命令。

下面以如图 16-16、图 16-17 所示的图形为例，介绍调用连接线段命令的方法。

在命令行中输入 LJXD 命令按回车键，命令行提示如下：

```
命令：LJXD↙
```

```
LJXD
请拾取第一根线(LINE)或弧(ARC) <退出>:
再拾取第二根线(LINE)或弧(ARC)进行连接 <退出>:            //分别点取两根待连接的线(LINE)或弧(ARC)，完成连接操作结果如图 16-16、图 16-17 所示。
```

16.5.3 虚实变换

调用虚实变换命令，可以将选定的直线的线型在实线和虚线之间切换。如图 16-18 所示为该命令的操作结果。

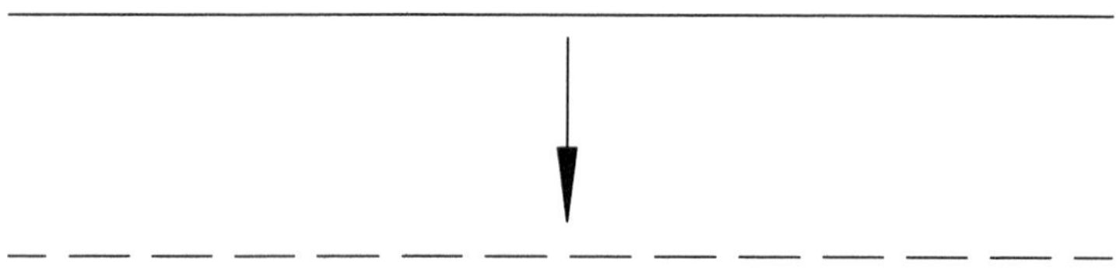

图 16-18 虚实变换

虚实变换命令的执行方式有：

- 命令行：在命令行中输入 XSBH 命令按回车键。
- 菜单栏：单击“绘图工具”→“虚实变换”命令。

下面以如图 16-18 所示的图形为例，介绍调用虚实变换命令的方法。

单击“绘图工具”→“虚实变换”命令，命令行提示如下：

```
命令: chdash
请选取要变换线型的图元 <退出>:
选择对象: 找到 1 个                //选定待更改线型的直线，按回车键即可完成虚实变换的操作，结果如图 16-18 所示。
```

> 提示
>
> 假如要使用虚实变换命令改变天正图块的线型，则需先将图块分解为标准图块。

16.5.4 修正线型

带文字的管线在逆向绘制的时候文字会倒过来，调用【修正线型】命令可以修正这种管线。下面介绍天正暖通中修正线型的方法。

修正线型命令的执行方式有：

- 命令行：在命令行中输入 XZXX 命令按回车键。
- 菜单栏：单击“绘图工具”→“修正线型”命令。

执行“修正线型”命令，选择要修正的管线，按下回车键即可完成修正线型命令的操作，结果如图 16-19 所示。

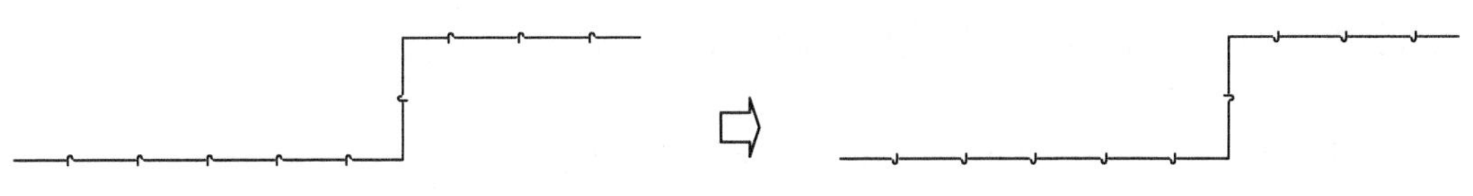

图 16-19　修正线型

16.5.5 消除重线

调用消除重线命令，可以消除多余的重叠对象，搭接、部分重合和全部重合的 LINE、ARC 等对象都可以参与消重处理。

消除重线命令的执行方式有：

- 命令行：在命令行中输入 XCCX 命令按回车键。
- 菜单栏：单击“绘图工具”→“消除重线”命令。

下面介绍消除重线命令的操作方法：

```
命令：XCCX↙
T96_TREMOVEDUP
选择对象：找到 1 个
对图层 0 消除重线：由 3 变为 1          //选定待消重的图形，按回车键即可完成操作。
```

提示

对多段线执行消除重线操作，必须先将其分解。

16.5.6 统一标高

调用统一标高命令，可以将二维图上的所有图形对象都放在零标高上，以避免图形对象不共面。

统一标高命令的执行方式有：

- 命令行：在命令行中输入 TYBG 命令按回车键。
- 菜单栏：单击“绘图工具”→“统一标高”命令。

下面介绍统一标高命令的操作方法：

在命令行中输入 TYBG 命令按回车键，命令行提示如下：

```
命令：TYBG↙
TYBG
选择需要恢复零标高的对象或[不处理立面视图对象(F),当前:处理/不重置块内对象(Q),当前:重置] <退出>:指定对角点:          //框选待处理标高的图形，按回车键即可完成命令的执行。
```

16.5.7 图形切割

调用图形切割命令，可用选定矩形窗口、封闭曲线或图块边界从平面图切割出一部分作为详图的底图。如图 16-20 所示为该命令的操作结果。

图形切割命令的执行方式有：

- 命令行：在命令行中输入 TXQG 命令按回车键。
- 菜单栏：单击“绘图工具”→“图形切割”命令。

下面以如图 16-20 所示的图形为例，介绍图形切割命令的操作结果。

01 按 Ctrl+O 组合键，打开配套光盘提供的“第 16 章/ 16.5.7 图形切割.dwg”素材文件，结果如图 16-21 所示。

02 在命令行中输入 TXQG 命令按回车键，命令行提示如下：

```
命令：TXQG↙
TXQG
矩形的第一个角点或 [多边形裁剪(P)/多段线定边界(L)/图块定边界(B)]<退出>:
另一个角点<退出>:                  //分别点取切割矩形范围的对角点。
请点取插入位置:                    //点取切割图形的插入位置，结果如图 16-21 所示。
```

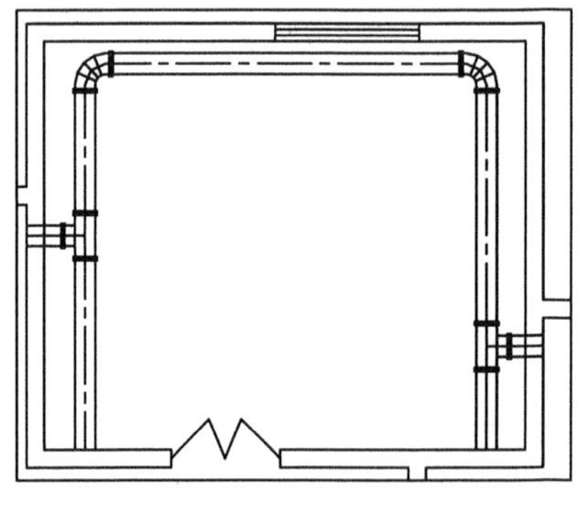

图 16-20 图形切割

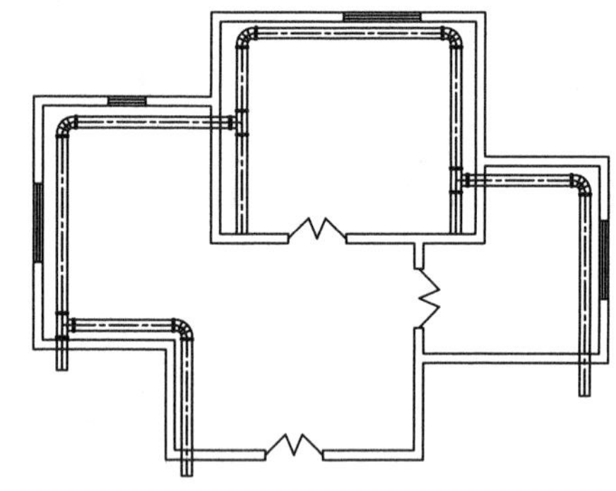

图 16-21 打开素材

在执行命令的过程中，输入 P，选择“多边形裁剪(P)”选项，命令行提示如下：

```
命令： TXQG↙
TXQG
矩形的第一个角点或 [多边形裁剪(P)/多段线定边界(L)/图块定边界(B)]<退出>:P
                                      //输入 P，选择“多边形裁剪(P)”选项.
多边形起点<退出>:
下一点或 [回退(U)]<退出>:
下一点或 [回退(U)]<退出>:              //分别点取多边形的裁剪范围。
请点取插入位置:                        //点取裁剪图形的插入位置，即可完成图形切割操作。
```

在执行命令的过程中，输入 L，选择“多段线定边界(L)”选项，命令行提示如下：

```
命令：TXQG↙
TXQG
矩形的第一个角点或 [多边形裁剪(P)/多段线定边界(L)/图块定边界(B)]<退出>:L
                                      //输入 P，选择“多段线定边界(L)”选项。
请选择封闭的多段线作为裁减边界<退出>:
```

```
请点取插入位置:                    //选定多边线，点取裁剪图形的插入位置即可完成图形
切割的操作。
```

在执行命令的过程中，输入 B，选择“图块定边界(B)”选项，命令行提示如下：

```
命令: TXQG↙
TXQG
矩形的第一个角点或 [多边形裁剪(P)/多段线定边界(L)/图块定边界(B)]<退出>:B
                                   //输入 B，选择“图块定边界(B)”选项。
请选择图块作为裁减边界<退出>:
系统确定的图块轮廓线是否正确?[是(Y)/否(N)]<Y>: Y
请点取插入位置:                    //此时位于图块轮廓内的图形被切割，点取切割图形的
插入位置即可完成操作。
```

16.5.8 矩形

该命令的矩形是天正定义的三维通用对象，具有丰富的对角线样式，可以拖动其夹点改变平面尺寸，可以代表各种设备使用。

矩形命令的执行方式有：

- 命令行：在命令行中输入 JX 命令按回车键。
- 菜单栏：单击“绘图工具”→“矩形”命令。

下面介绍矩形命令的操作方法：

在命令行中输入 JX 命令按回车键，系统弹出如图 16-22 所示的【矩形】对话框，同时命令行提示如下：

```
命令: JX↙
TRECT
输入第一个角点或 [插入矩形(I)]<退出>:
输入第二个角点或 [插入矩形(I)/撤消第一个角点(U)]<退出>:        //分别指定矩形的两个
对角点，即可完成矩形的绘制。
```

在【矩形】对话框中单击第二个按钮，即“插入矩形”按钮，则对话框中“长”、“宽”选项框亮显，如图 16-23 所示。

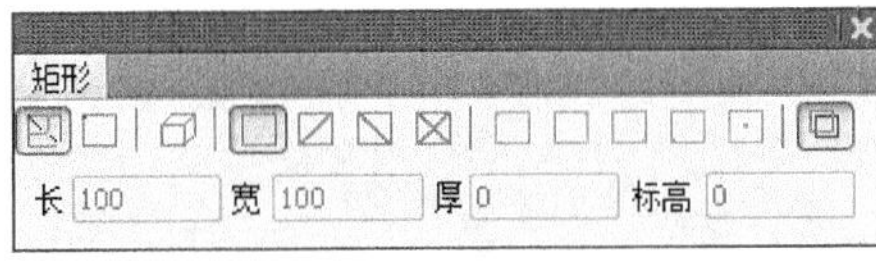

图 16-22 【矩形】对话框

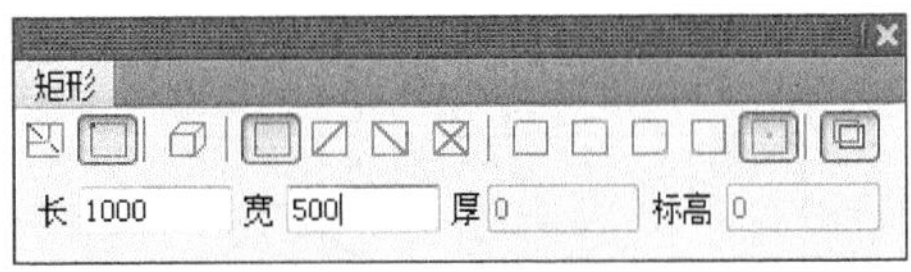

图 16-23 选项框亮显

通过定义矩形的长宽参数，可以绘制相应的矩形，结果如图 16-24 所示。

【矩形】对话框中各功能选项含义如下：

- “拖动对角绘制”按钮：单击该按钮，可以在绘图区中定义矩形的两个对角点来创建矩形。
- “插入矩形”按钮：单击该按钮，可以参数来定义矩形的大小。

- "三维矩形"按钮：单击该按钮，可以在对话框中定义矩形的长宽厚参数来插入三维矩形，结果如图 16-25 所示。
- "无对角线"按钮：单击该按钮，可以在绘图区中插入标准矩形。
- "正对角线"按钮：单击该按钮，可插入带有正对角线的矩形，结果如图 16-26 所示。
- "反对角线"按钮：单击该按钮，可插入带有反对角线的矩形，结果如图 16-27 所示。

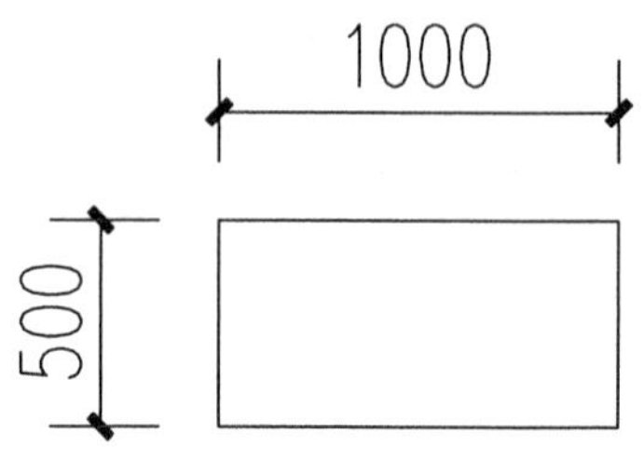

图 16-24　绘制结果

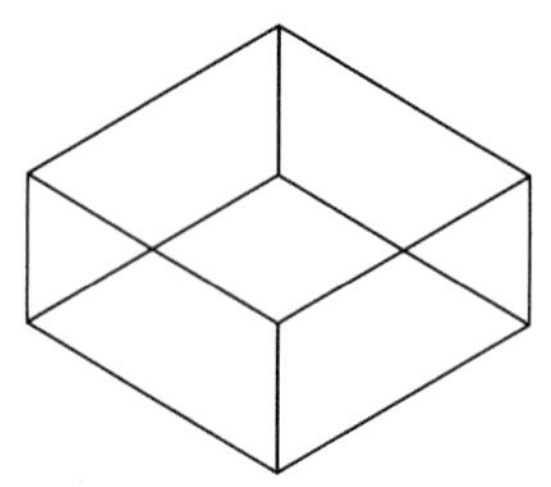

图 16-25　三维矩形

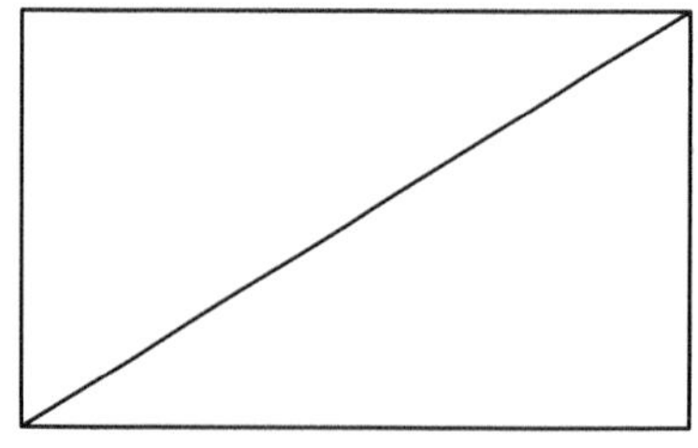

图 16-26　正对角线矩形

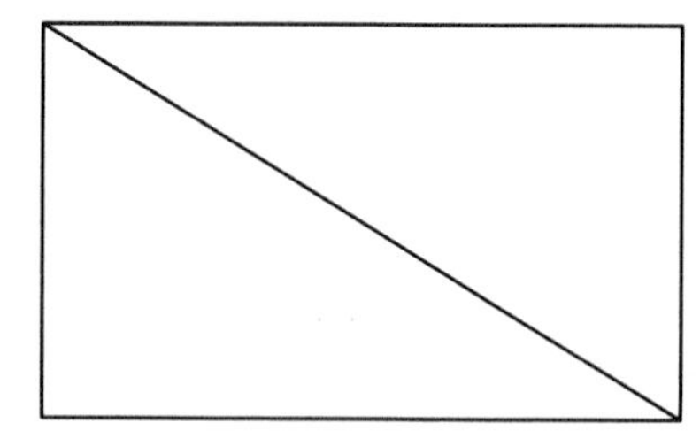

图 16-27　反对角线矩形

- "双对角线"按钮：单击该按钮，可插入带有双对角线的矩形，结果如图 16-28 所示。
- "基点为左上角"按钮：单击该按钮，则插入基点位于矩形的左上角。
- "基点为右上角"按钮：单击该按钮，则插入基点位于矩形的右上角，如图 16-29 所示。
- "基点为右下角"按钮：单击该按钮，则插入基点位于矩形的右下角。

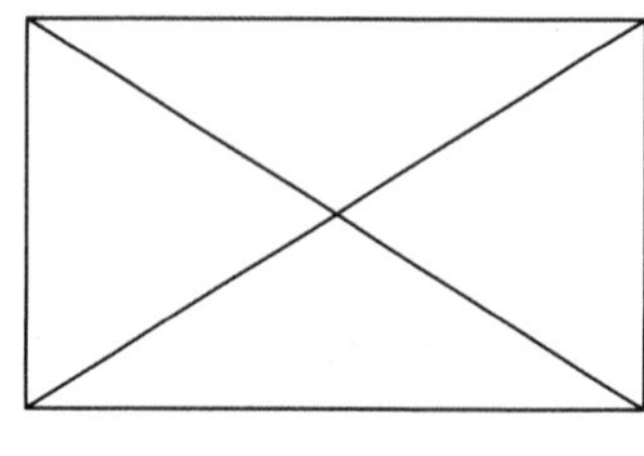

图 16-28　双对角线

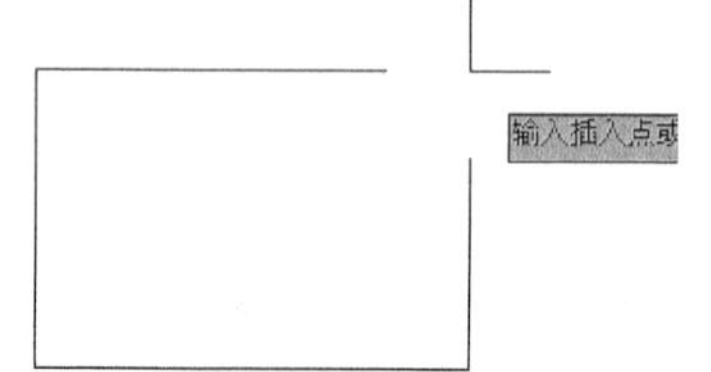

图 16-29　基点为右上角

- "基点为左下角"按钮：单击该按钮，则插入基点位于矩形的左下角。

➢ “基点为矩形中心”按钮□：单击该按钮，则插入基点位于矩形的中心。
➢ “连续绘制”按钮▣：单击该按钮，可以连续绘制指定样式的矩形。

16.5.9 图案加洞

编辑已有的图案填充，在已有填充图案上开洞口；执行本命令前，图上应有图案填充，可以在命令中画出开洞边界线，也可以用已有的多段线或图块作为边界。如图 16-30 所示为该命令的操作结果。

图案加洞命令的执行方式有：

➢ 命令行：在命令行中输入 TAJD 命令按回车键。
➢ 菜单栏：单击“绘图工具”→“图案加洞”命令。

下面以如图 16-30 所示的图形为例，介绍图案加洞命令的操作结果。

01 按 Ctrl+O 组合键，打开配套光盘提供的“第 16 章/ 16.5.9 图案加洞.dwg”素材文件，结果如图 16-31 所示。

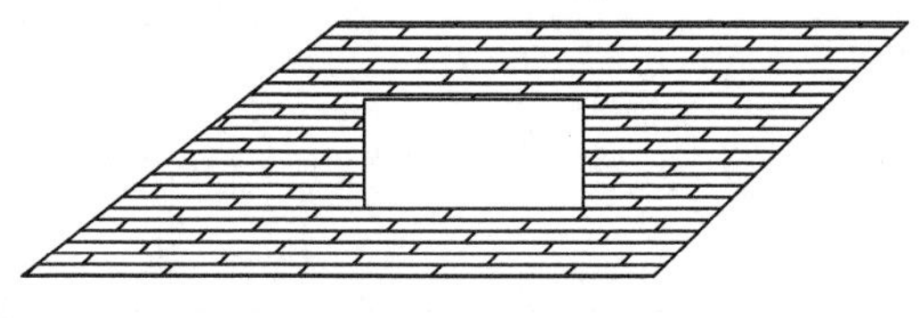

图 16-30 图案加洞

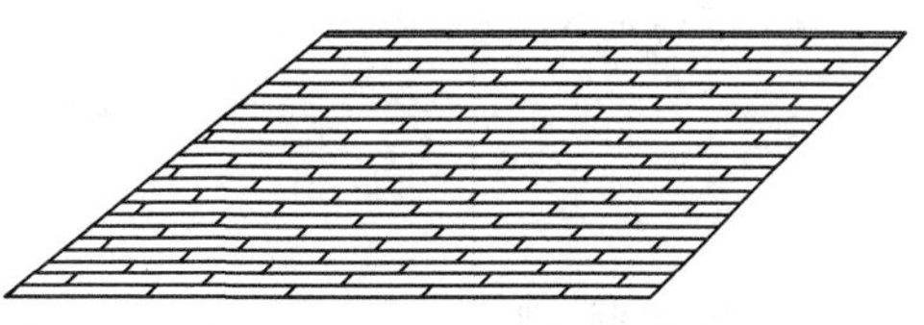

图 16-31 打开素材

02 在命令行中输入 TAJD 命令按回车键，命令行提示如下：

```
命令: TAJD↙
T96_THATCHADDHOLE
请选择图案填充<退出>:
矩形的第一个角点或 [圆形裁剪(C)/多边形裁剪(P)/多段线定边界(L)/图块定边界(B)]<退出>:
另一个角点<退出>:                    //分别指定矩形的两个角点，绘制图案加洞的结果如图16-30所示。
```

在执行命令的过程中，输入 P，选择“多边形裁剪(P)”选项，命令行同时如下：

```
命令: TAJD↙
T96_THATCHADDHOLE
请选择图案填充<退出>:
矩形的第一个角点或 [圆形裁剪(C)/多边形裁剪(P)/多段线定边界(L)/图块定边界(B)]<退出>:P                    //输入P，选择“多边形裁剪(P)”选项;
多边形起点<退出>:
下一点或 [回退(U)]<退出>:
下一点或 [回退(U)]<退出>:                    //分别指定多边形的各点，按回车键即可完成图案加洞操作。
```

在执行命令的过程中，输入 L，选择“多段线定边界(L)”选项，命令行同时如下：

```
命令：TAJD↙
T96_THATCHADDHOLE
请选择图案填充<退出>:
矩形的第一个角点或 [圆形裁剪(C)/多边形裁剪(P)/多段线定边界(L)/图块定边界(B)]<退出>:L                //输入 L，选择“多段线定边界(L)”选项.
请选择封闭的多段线作为裁剪边界<退出>:          //选定多段线边界，按回车键即可完成图案加洞操作。
```

在执行命令的过程中，输入 B，选择“图块定边界(B)”选项，命令行同时如下：

```
命令：TAJD↙
T96_THATCHADDHOLE
请选择图案填充<退出>:
矩形的第一个角点或 [圆形裁剪(C)/多边形裁剪(P)/多段线定边界(L)/图块定边界(B)]<退出>:B                //输入 B，选择“图块定边界(B)”选项。
请选择图块作为裁剪边界<退出>:
系统确定的图块轮廓线是否正确?[是(Y)/否(N)]<Y>: Y
                //选定图案上的图块，按回车键即可完成图案加洞操作。
```

16.5.10 图案减洞

调用图案减洞命令，可以恢复被“图案加洞”命令裁剪的洞口，但一次只能恢复一个洞口。

图案减洞命令的执行方式有：

➢ 菜单栏：单击“绘图工具”→“图案减洞”命令。

下面介绍图案减洞命令的操作方法：

单击“绘图工具”→“图案减洞”命令，命令行提示如下：

```
命令：T96_THatchDelHole
请选择图案填充<退出>:
选取边界区域内的点<退出>:          //点取图案中被裁剪区域内的点，即可完成图案减洞操作。
```

16.5.11 线图案

调用线图案命令，可以绘制线图案，支持夹点拉伸与宽度参数修改。如图 16-32 所示为该命令的操作结果。

线图案命令的执行方式有：

➢ 命令行：在命令行中输入 XTA 命令按回车键。

➢ 菜单栏：单击“绘图工具”→“线图案”命令。

下面以如图 16-32 所示的图形为例，介绍线图案命令的操作结果。

01 按 Ctrl+O 组合键，打开配套光盘提供的“第 16 章/ 16.5.11　线图案.dwg”素材文件，结果如图 16-33 所示。

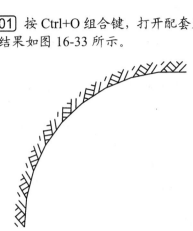

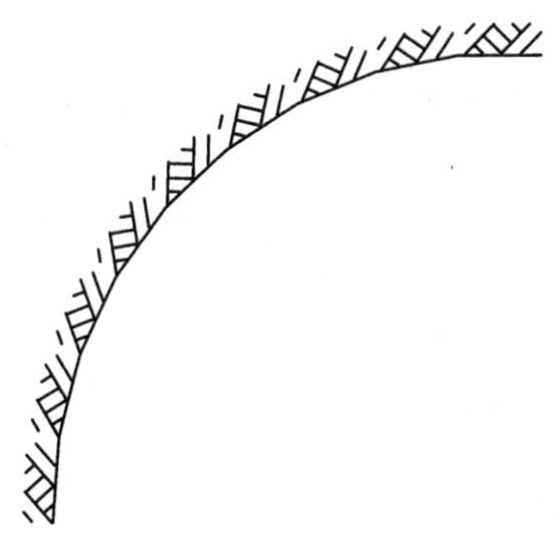
图 16-32　线图案

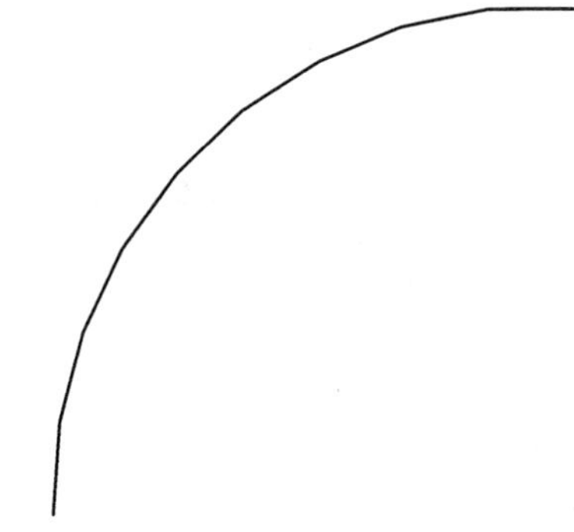
图 16-33　打开素材

02 在命令行中输入 XTA 命令按回车键，系统弹出【线图案】对话框，定义参数如图 16-34 所示。

03 同时命令行提示如下：

```
命令：XTA↙
T96_TLINEPATTERN
请选择作为路径的曲线(线/圆/弧/多段线)<退出>:
确定[Y]或 取消[N]: <Y>                    //选定路径曲线，按回车键即可完成线图案的创建，结果如图 16-32 所示。
```

【线图案】对话框中各功能选项的含义如下：

- “选择路径”选项：单击该按钮，可以选定已有的路径绘制线图案。
- “动态绘制”按钮：单击该按钮，可以自由绘制线图案，而不受路径的约束。
- “图案宽度”选项：在选项文本框中可以定义所绘线图案的宽度。
- “填充图案百分比”选项：勾选选项，则以文本框中的参数来定义线图案与路径的靠近程度；取消勾选，则图案默认紧贴路径。

单击对话框右上方的线图案预览框，系统弹出如图 16-35 所示的【天正图库管理系统】对话框，在其中可以更改线的填充图案。

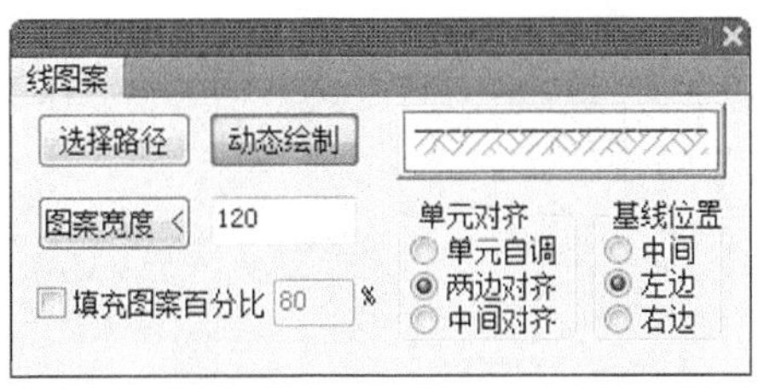

图 16-34　【线图案】对话框

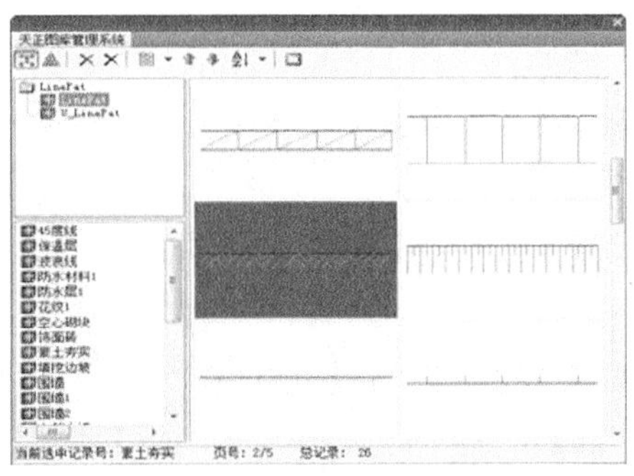
图 16-35　【天正图库管理系统】对话框

"基线位置"选项组：

- "中间"选项：单击该按钮，则所绘的线图案位于路径的中间，如图 16-36 所示。
- "左边"选项：单击该按钮，则所绘的线图案位于路径的左边。
- "右边"选项：单击该按钮，则所绘的线图案位于路径的右边，如图 16-37 所示。

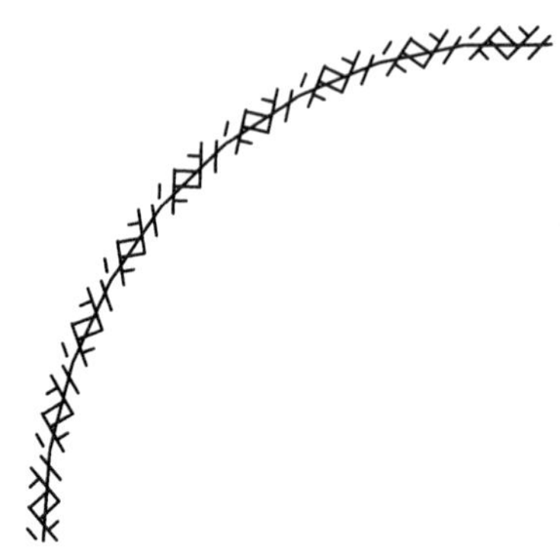

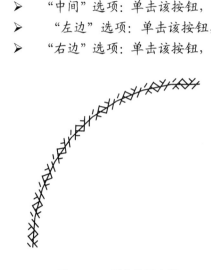

图 16-36　图案位于中间

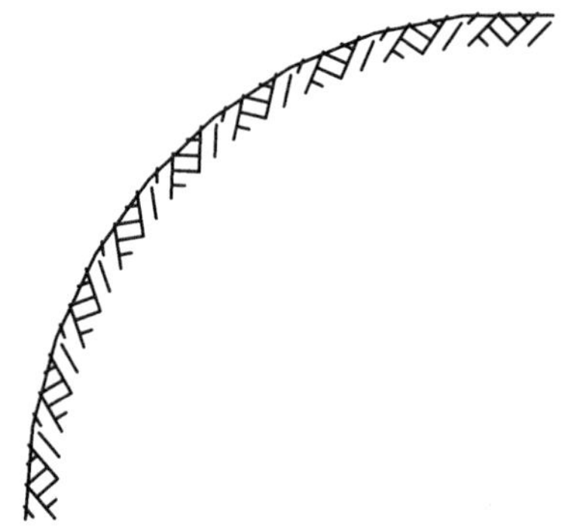

图 16-37　图案位于右边

双击绘制完成的线图案，可弹出如图 16-38 所示的快捷菜单，选中其中的选项可以对线图案执行相应的操作。选中线图案，移动其夹点，可以更改线图案的形态，如图 16-39 所示。

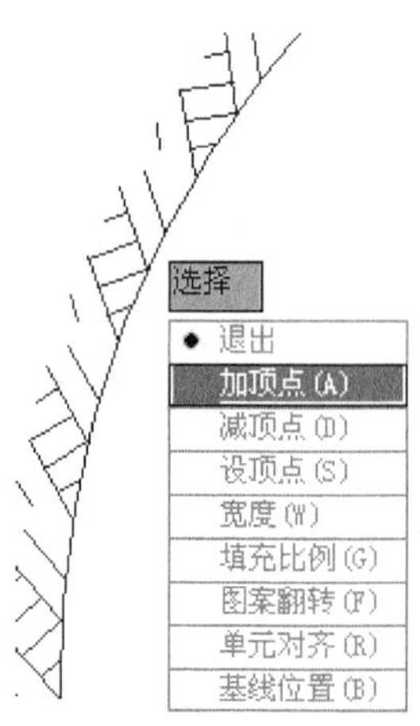

图 16-38　快捷菜单

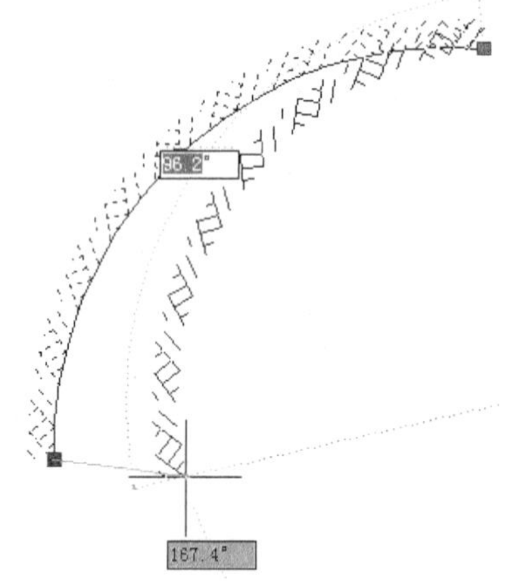

图 16-39　移动其夹点

第 17 章
图库图层

● **本章导读**

本节介绍图库图层的知识，包括图库管理系统、图库扩充规则以及图层文件管理三方面的知识。

● **本章重点**

◈ 图库管理系统
◈ 图层文件管理

17.1 图库管理系统

本节介绍图库管理系统的知识，主要包括两个方面：一方面是调用通用命令在图中插入指定图块的方法;另一方面是幻灯管理、定义设备以及造阀门等管理和扩充图库的知识。

17.1.1 通用图库

调用通用图库命令，可以打开【天正图库管理系统】对话框，在其中编辑图库内容，并可将其中的图块插入至当前视图中。

通用图库命令的执行方式有以下几种：

- 命令行：在命令行中输入 TYTK 命令按回车键。
- 菜单栏：单击“图库图层”→“通用图库”命令。

下面介绍通用图库命令的操作方法。

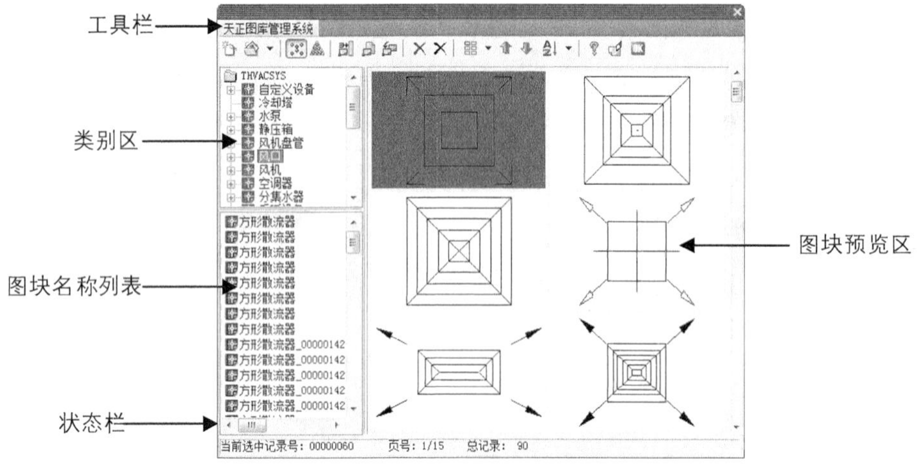

图 17-1 【天正图库管理系统】对话框

在命令行中输入 TYTK 命令按回车键，系统弹出如图 17-1 所示的【天正图库管理系统】对话框。对话框默认记录上一次关闭时的信息，比如所选定的图块。

对话框由 5 个部分组成，分别是工具栏、类别区、图块名称列表、状态栏以及图块预览区。下面分别介绍这五个部分的功能以及使用方法。

- 工具栏：工具栏上包含了一些常用命令的按钮，包括“新建库”按钮、“打开图库”按钮等；单击相应的按钮，可以快速的执行命令。
- 类别区：以树形的方式显示当前图库或图库组文件的分类目录。单击类别名称前的“+”（或“－”），可以打开（或关闭）子类别列表。
- 图块名称列表：显示选定的某图块类别下所包含的所有图块名称。
- 状态栏：显示当前状态下选定的图块信息。
- 图块预览区：显示被选中类别下的图块幻灯片。双击选中某图块幻灯片，可以执行插入操作。

在图块预览区上单击鼠标右键，弹出如图 17-2 所示的快捷菜单，选择其中的选项，可以对图块执行相应的操作。

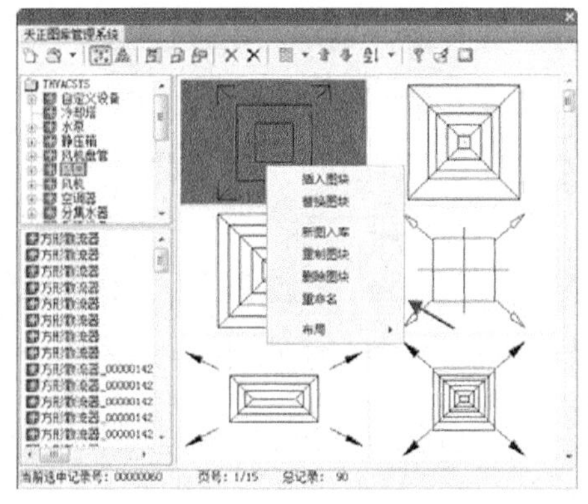

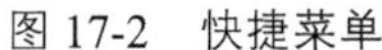

图 17-2 快捷菜单

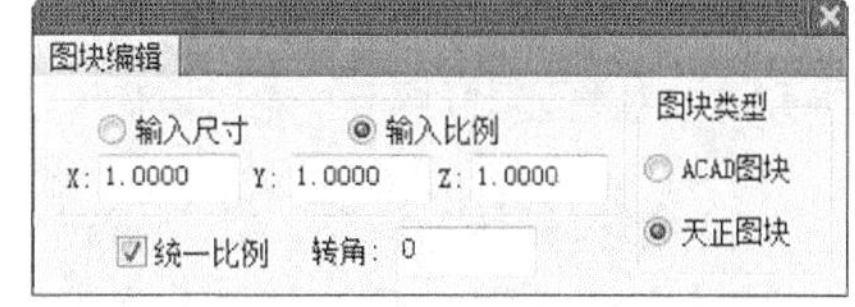

图 17-3 【图块编辑】对话框

比如选择“插入图块”选项，系统可弹出如图 17-3 所示的【图块编辑】对话框，定义图块的尺寸参数，即可完成插入图块的操作。

【天正图库管理系统】对话框的大小可以通过拖动对话框的边界线来实现，在类别区、图块名称列表上单击鼠标右键，都可弹出相应的快捷菜单以供编辑。

在天正图库中支持鼠标拖曳执行移动、复制的操作。将图块在不同类别中执行鼠标拖曳操作，是移动图块；将图块从一个图库拖曳至另一图库，为复制图块；但在拖曳的同时按住 Shift 键，则为移动图块。

17.1.2 幻灯管理

调用幻灯管理命令，可以对多个幻灯库进行管理，主要指增加、删除、复制、移动等操作。

幻灯管理命令的执行方式有以下几种：

- 命令行：在命令行中输入 HDGL 命令按回车键。
- 菜单栏：单击“图库图层”→“幻灯管理”命令。

下面介绍幻灯管理命令的操作方法。

在命令行中输入 HDGL 命令按回车键，系统弹出如图 17-4 所示的【天正幻灯库管理】对话框。对话框中各功能选项的含义如下：

- “新建库”按钮：单击该按钮，系统弹出【选择幻灯库文件】对话框，输入文件名并选择文件位置，单击“打开”按钮，可新建一个空白的用户幻灯库文件。
- “打开一图库”按钮：单击该按钮，系统弹出如图 17-5 所示的【选择幻灯库文件】对话框，选定已建立的幻灯库文件，单击“打开”按钮即可打开选定的幻灯库文件，如图 17-6 所示。

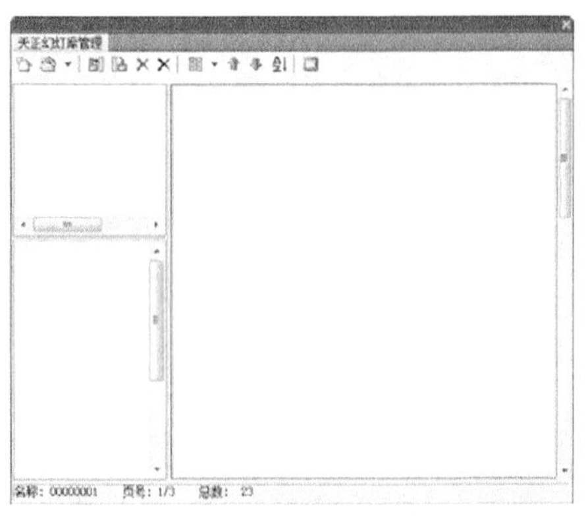

图 17-4 【天正幻灯库管理】对话框

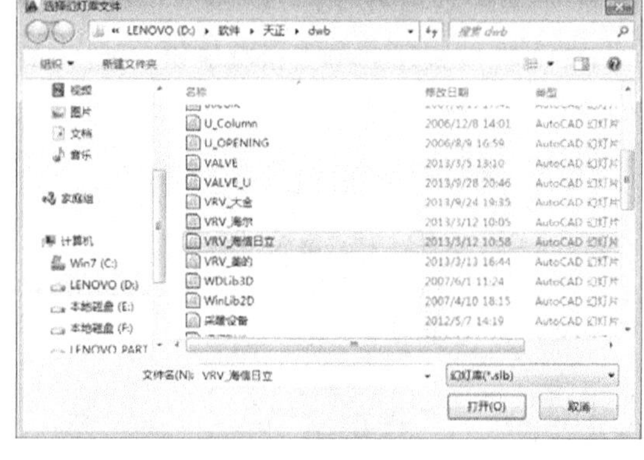

图 17-5 【选择幻灯库文件】对话框

➢ “批量入库”按钮：单击该按钮，可弹出如图 17-7 所示的【选择需入库的 DWG 文件】对话框；可以将选定的幻灯片 SLB 文件添加到当前的幻灯库中。执行“图块”→“批量入库”命令，也可执行该操作。

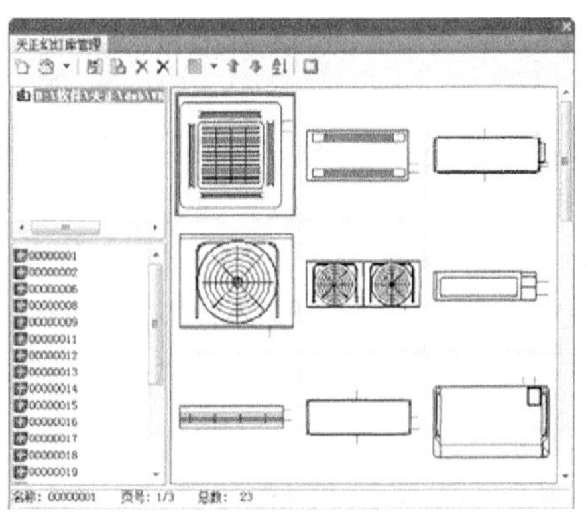

图 17-6 打开幻灯库文件

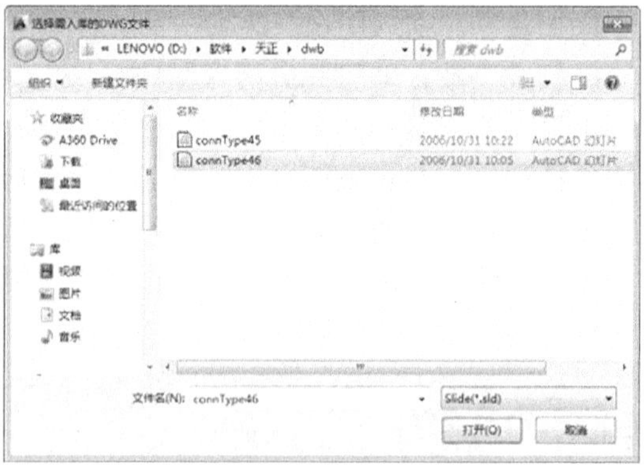

图 17-7 选择入库文件

➢ “复制到”按钮：单击该按钮，可以将幻灯片文件提取出来，另存至指定的目录下，形成单独的幻灯片文件。执行“图块”→“复制到”命令，也可执行该操作。

➢ “删除类别”按钮（红色）：单击该按钮，可以将选定的幻灯库从系统面板中删除。执行“类别”→“删除类别”命令，也可执行该操作。

➢ “删除”按钮（黑色）：单击该按钮，可以删除选定的幻灯片，该操作不可恢复。执行“图块”→“删除”命令，也可执行该操作。

➢ “布局”按钮：单击该按钮，弹出如图 17-8 所示的下拉列表，单击其中的选项，可以更改幻灯片的布局。

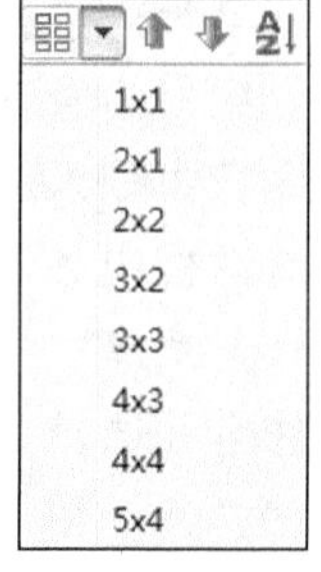

图 17-8 下拉列表

17.1.3 定义设备

调用定义设备命令，可以定义天正设备，方便实现设备与管线之间的自动连接。

定义设备命令的执行方式有以下几种：

- 命令行：在命令行中输入 DYSB 命令按回车键。
- 菜单栏：单击“图库图层”→“定义设备”命令。

下面介绍定义设备命令的操作方法：

在命令行中输入 DYSB 命令按回车键，系统弹出如图 17-9 所示的【定义设备】对话框。

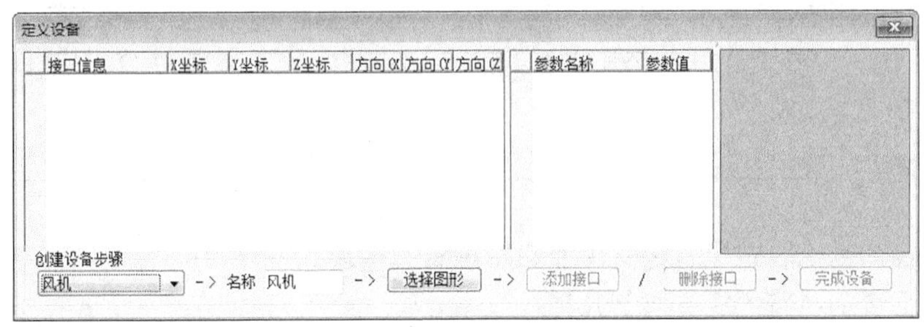

图 17-9 【定义设备】对话框

单击“选择图形”按钮，命令行提示如下：

命令：DYSB↙

请选择要做成图块的图元<退出>:找到 1 个　　//选择待定义的图块。

请点选插入点 <中心点>:　　//在图形上点取插入点，弹出【定义设备】对话框，结果如图 17-10 所示。

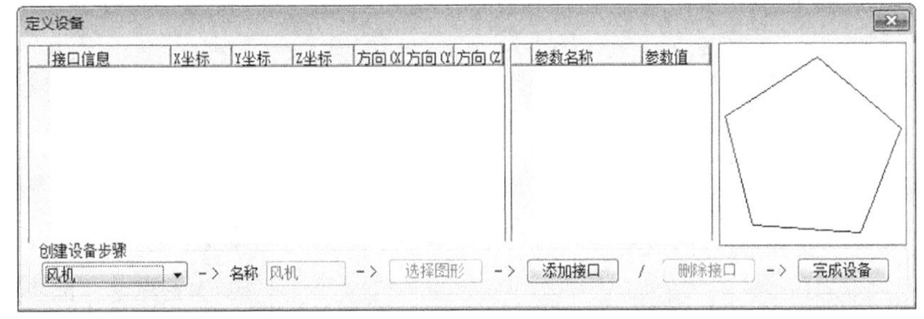

图 17-10 选择图形

在对话框中单击“添加接口”按钮，命令行提示如下：

请在该设备对应的二维图块上用光标指定接口位置<无接口>:　　//点取接口位置。

请用光标指定接口方向<垂直向上>:　　//移动鼠标指定接口方向，弹出如图 17-11 所示的【定义设备】对话框。

添加接口后，所定义的设备才能通过“设备连管”命令与管线相连接。

单击“删除接口”按钮，可以删除已经添加好的接口。

单击“完成设备”按钮，系统弹出如图 17-12 所示的【风机】对话框，表示已成功定义设备。定义成功的设备，被自动保存在“通用图库”中的自定义设备中，同时产生一个自定义设备原型库。

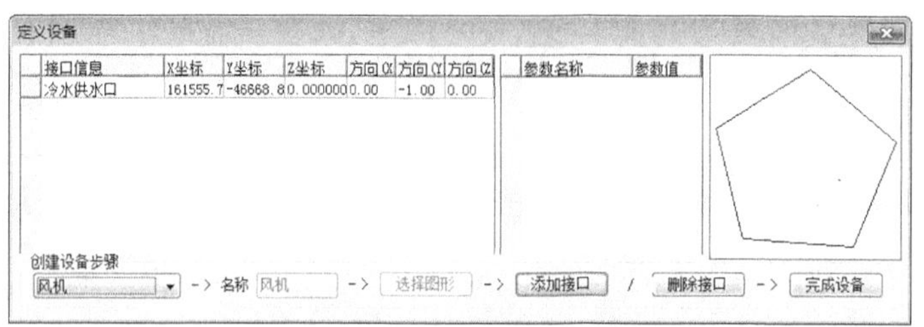

图 17-11　添加接口

图 17-12　【风机】对话框

17.1.4 造阀门

调用造阀门命令，可以自定义平面和系统阀门图块。

造阀门命令的执行方式有以下几种：

- 命令行：在命令行中输入 ZFM 命令按回车键。
- 菜单栏：单击“图库图层”→“造阀门”命令。

下面介绍造阀门命令的操作方法。

在命令行中输入 ZFM 命令按回车键，命令行提示如下：

```
命令： ZFM↙
请输入名称<新阀门>:                       //按回车键或者定义新图块的名称。
请选择要做成图块的图元<退出>:找到 1 个      //如图 17-13 所示。
请点选插入点 <中心点>:                     //如图 17-14 所示。
```

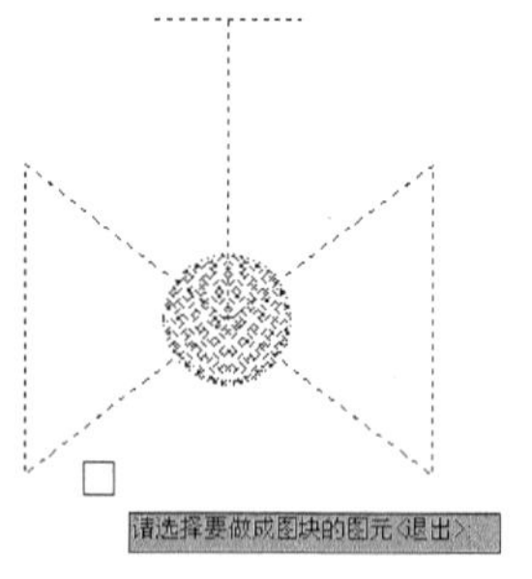

图 17-13　选择图块

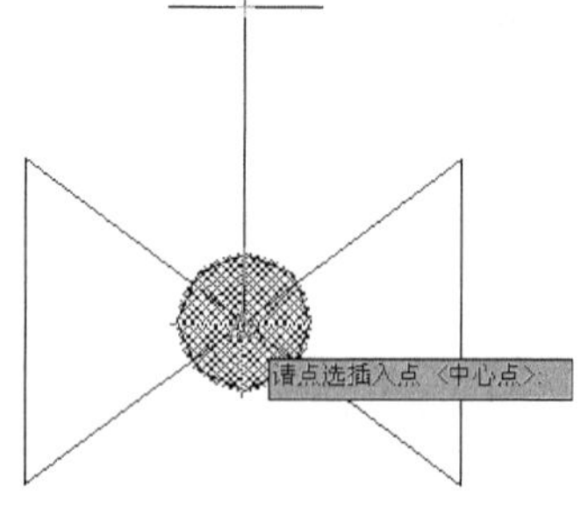

图 17-14　点选插入点

```
请点取要作为接线点的点<继续>:              //如图 17-15 所示。
请点取要作为接线点的点<继续>:              //如图 17-16  所示。
平面阀门成功入库！
是否继续造新对象的系统图块<N>:Y            //输入 Y，继续定义阀门的系统图块。
```

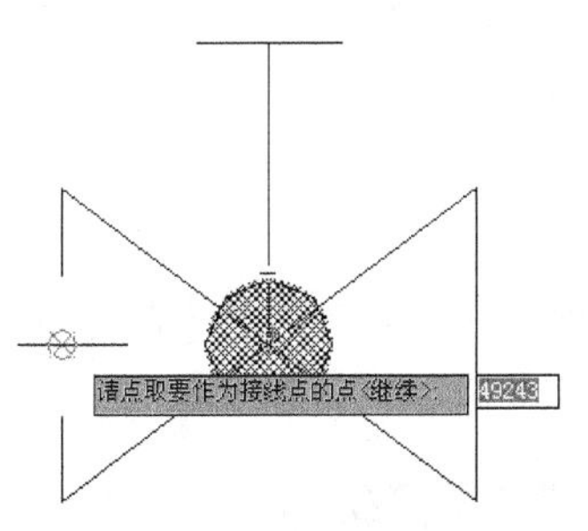

图 17-15　点取接线点

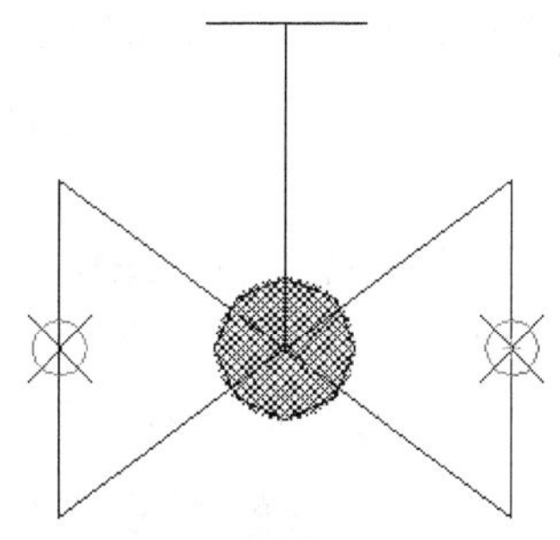

图 17-16　定义结果

```
请选择要做成图块的图元<退出>:指定对角点: 找到 1 个
请点选插入点 <中心点>:
请点取要作为接线点的点<继续>:
系统阀门成功入库!
是否继续造新对象的三维图块<N>:              //输入 N, 退出命令。
```

新定义的平面阀门和系统阀门，可以在【天正图库管理系统】对话框中的“VALVE_U”类别下的“平面阀门”和“系统阀门”查看，结果如图 17-17、图 17-18 所示。

在指定造阀门命令前，应先把阀门图元准备好。

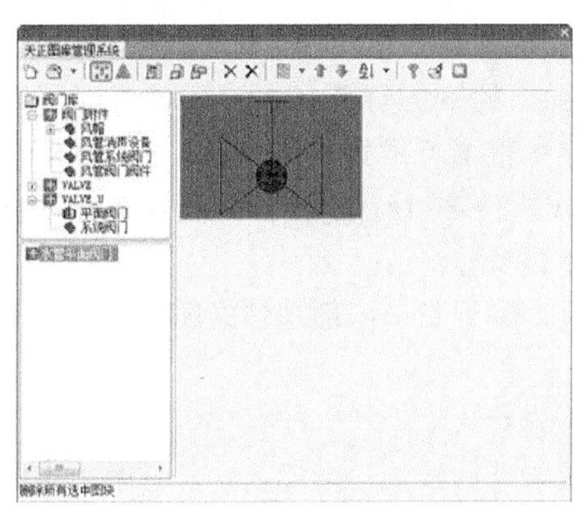

图 17-17　平面阀门

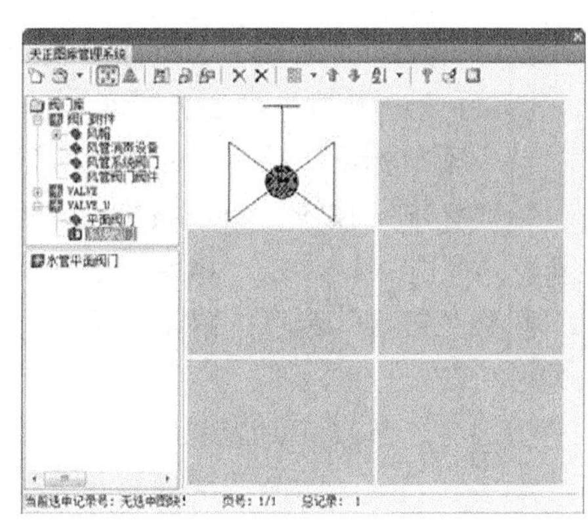

图 17-18　系统阀门

17.2 图层文件管理

在天正暖通中使用暖通命令绘制的图形会自动创建相应的图层，对这些图层进行管理可以同步实现位于图层上图形的管理，从而提高绘图效率。

17.2.1 图层管理

调用图层管理命令，可以更改天正图层的相关属性，包括图层的颜色、名称等。

图层管理命令的执行方式有以下几种：

- 命令行：在命令行中输入 TCGL 命令按回车键。
- 菜单栏：单击“图库图层”→“图层管理”命令。

下面介绍图层管理命令的操作方法：

在命令行中输入 TCGL 命令按回车键，系统弹出如图 17-19 所示的【图层管理】对话框，在其中可以修改指定图层的相关属性。

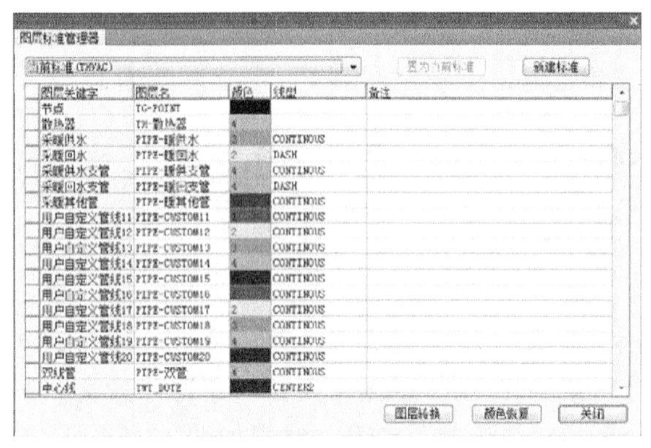

图 17-19 【图层管理】对话框

【图层管理】对话框中各功能选项的含义如下：

“图层标准”选项：单击选项文本框，可以在弹出的下拉列表中选择不同的图层标准。

“置为当前标准”按钮：单击该按钮，将选定的图层标准置为当前正在使用的标准。

“新建标准”按钮：单击该按钮，系统弹出如图 17-20 所示的【新建标准】对话框，定义新标准名称后，单击“确定”按钮即可完成新建操作。

“图层关键字”选项：提示图层所对应的内容，属于系统内部默认的图层信息，不可对其进行更改。

“图层名”选项：对应图层的名称，可以进行自定义。

“颜色”选项：对应图层的颜色，单击选项文本框后面的矩形按钮，系统弹出【选择颜色】对话框，在其中可更改图层颜色。

“图层转换”按钮：单击该按钮，系统弹出如图 17-21 所示的【图层转换】对话框，选定原图层标准和目标图层标准，单击“转换”按钮即可完成转换操作。

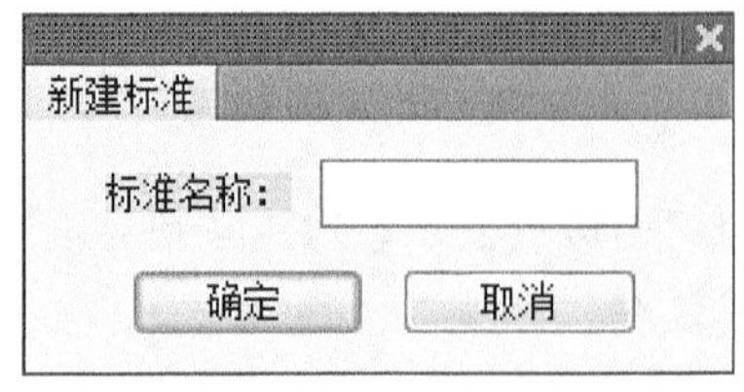

图 17-20 【新建标准】对话框

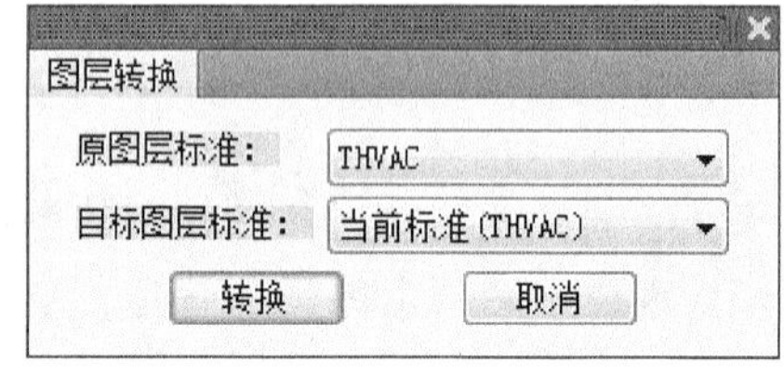

图 17-21 【图层转换】对话框

“颜色恢复”按钮：单击该按钮，可以恢复系统原始设定的颜色。

17.2.2 图层控制

调用图层控制命令，可以对暖通的图层系统进行管理。

图层控制命令的执行方式有以下几种：

- ➢ 命令行：在命令行中输入 TCKZ 命令按回车键。
- ➢ 菜单栏：单击“图库图层”→“图层控制”命令。

下面介绍图层控制命令的操作方法：

在命令行中输入 TCKZ 命令按回车键，系统弹出如图 17-22 所示的图层控制快捷菜单，通过该快捷菜单，可以实现对指定图层的管理。

单击各个图层前的灯泡按钮，当灯泡变暗时，表示该图层被关闭，位于该图层上的所有图形被隐藏。

单击图层名称前的按钮，可以选定图元加入到该图层中，以使选定的图元与该图层同时关闭或打开。

单击按钮，命令行提示如下：

请框选加入 PIPE-暖供支管系统的实体 <退出>：　　　　//选定待加入指定图层的实体，即可将该图元添加到指定图层中去。

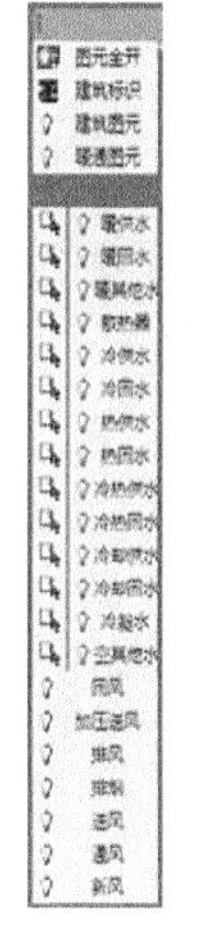

图 17-22　图层控制快捷菜单

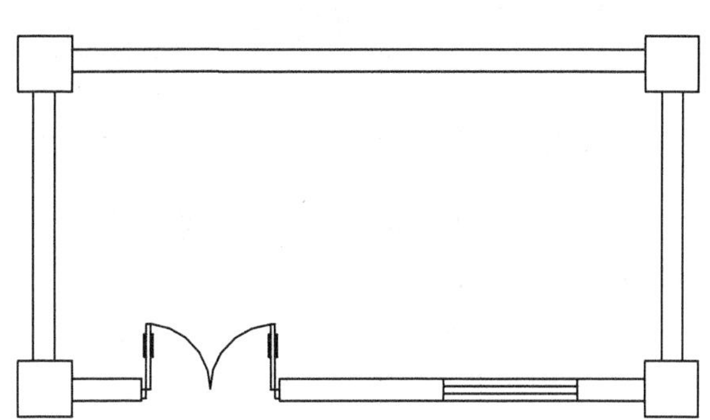

图 17-23　关闭“回风”图层

17.2.3 关闭图层

调用关闭图层命令，可以关闭指定的图层，同时该图层上的图形被隐藏。如图 17-23 所示为关闭“回风”图层的效果。

关闭图层命令的执行方式有以下几种：

- ➢ 命令行：在命令行中输入 GBTC 命令按回车键。
- ➢ 菜单栏：单击“图库图层”→“关闭图层”命令。

下面以如图 17-23 所示的图形为例，介绍调用关闭图层命令的操作方法。

01 按 Ctrl+O 组合键，打开配套光盘提供的“第 17 章/ 17.2.3　关闭图层.dwg”素材文件，结果如图 17-24 所示。

02 在命令行中输入 GBTC 命令按回车键，命令行提示如下：

```
命令：GBTC↙
T96_TOFFLAYER
选择对象[关闭块参照或外部参照内部图层(Q)]<退出>:指定对角点：　　//选定待关闭图层上的图元，按回车键即可完成关闭图层的操作，结果如图 17-23 所示。
```

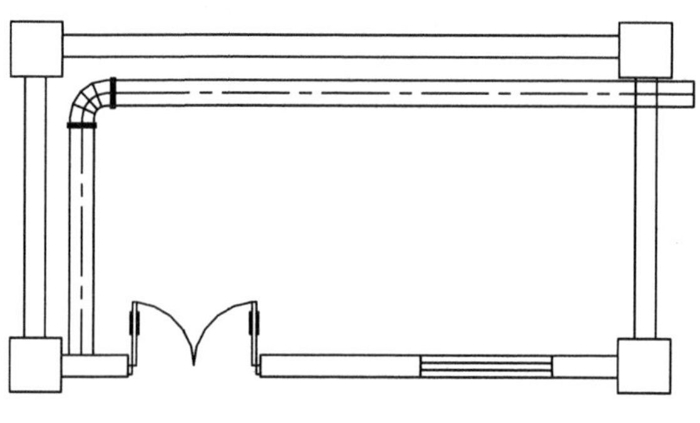

图 17-24　打开素材

提示

单击图层控制快捷菜单上“回风”图层前的灯泡按钮💡，可执行关闭该图层的操作。

17.2.4 关闭其他

调用关闭其他命令，可以关闭除了选中的图层以外的所有图层。如图 17-25 所示为该命令的操作结果。

关闭其他命令的执行方式有以下几种：

- 命令行：在命令行中输入 GBQT 命令按回车键。
- 菜单栏：单击“图库图层”→“关闭其他”命令。

下面以如图 17-25 所示的图形为例，介绍调用关闭其他命令的操作方法。

01 按 Ctrl+O 组合键，打开配套光盘提供的“第 17 章/ 17.2.4　关闭其他.dwg”素材文件，结果如图 17-26 所示。

02 在命令行中输入 GBQT 命令按回车键，命令行提示如下：

```
命令：GBQT↙
T96_TOFFOTHERLAYER
选择对象 <退出>:找到 1 个
选择对象 <退出>:找到 1 个，总计 2 个　　　　//选定墙体和标注，按回车键即可完成关闭其他的操作，结果如图 17-25 所示。
```

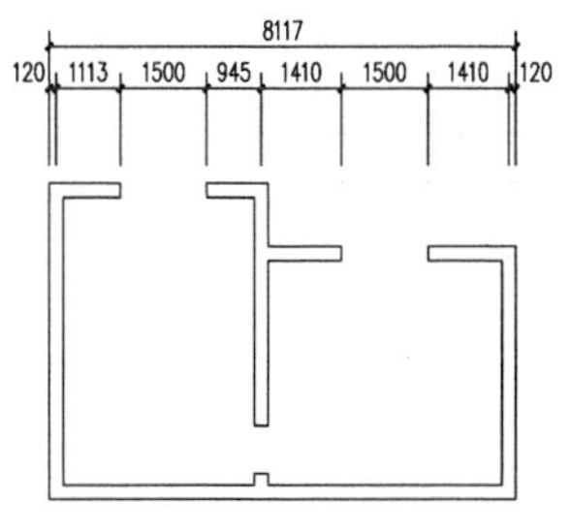

图 17-25　关闭其他

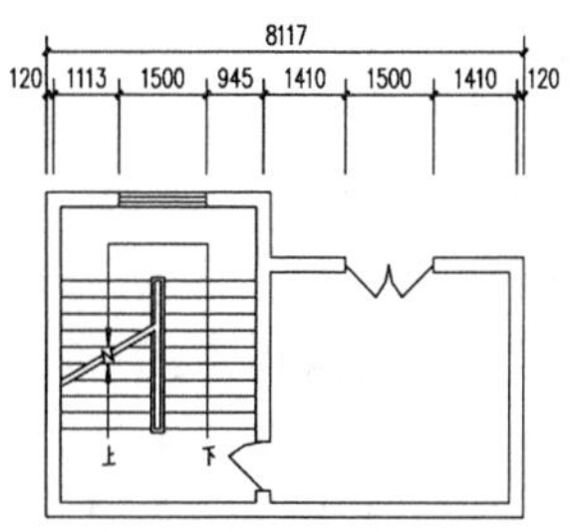

图 17-26　打开素材

17.2.5 打开图层

调用打开图层命令，可以打开选中的图层。如图 17-27 所示为该命令的操作结果。

打开图层命令的执行方式有以下几种：

➢ 命令行：在命令行中输入 DKTC 命令按回车键。

➢ 菜单栏：单击“图库图层”→“打开图层”命令。

下面以如图 17-30 所示的图形为例，介绍调用打开图层命令的操作方法。

01 按 Ctrl+O 组合键，打开配套光盘提供的“第 17 章/ 17.2.5 打开图层.dwg”素材文件，结果如图 17-28 所示。

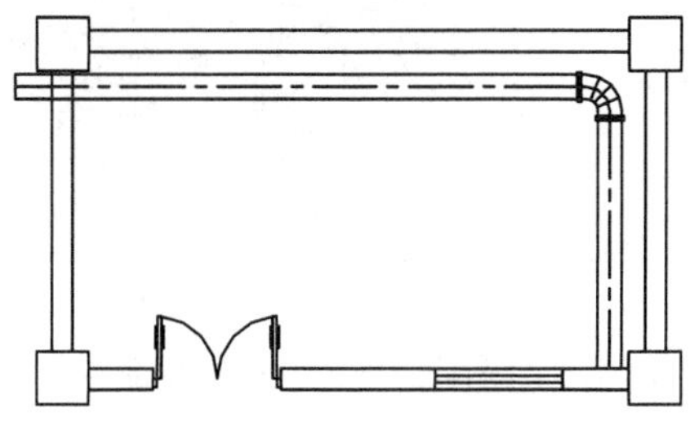

图 17-27　打开图层

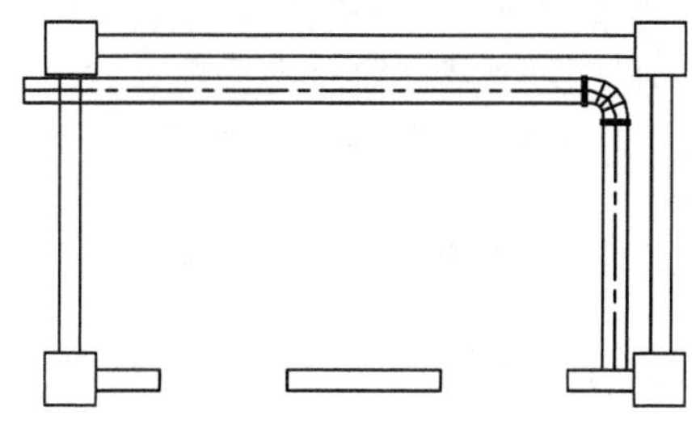

图 17-28　打开素材

02 单击菜单栏“图库图层”→“打开图层”命令弹出对话框如图 17-29 所示。

03 选择“WINDOW”图层如图 17-30 所示，点击“确定”关闭对话框。

04 打开图层的结果如图 17-29 所示。

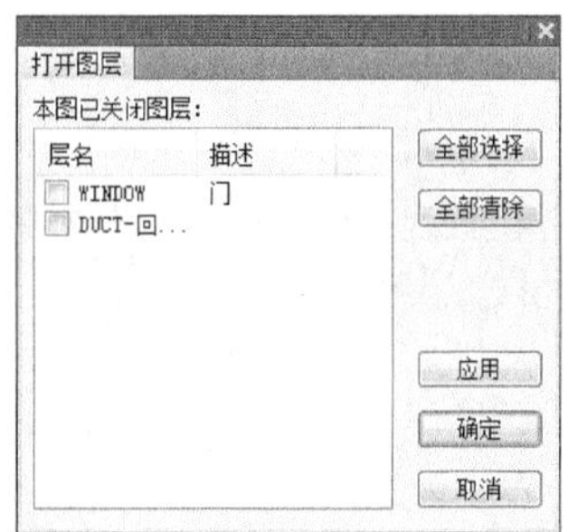

图 17-29　【打开图层】对话框

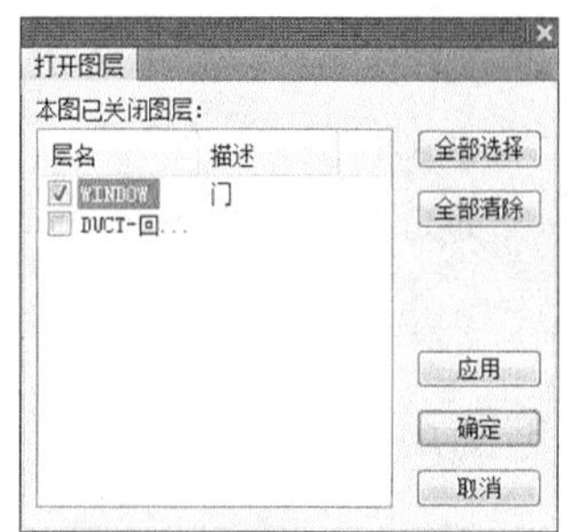

图 17-30　选择图层

17.2.6 图层全开

调用图层全开命令，可以打开关闭的全部图层。

打开图层命令的执行方式有以下几种：

- 命令行：在命令行中输入 TCQK 命令按回车键。
- 菜单栏：单击“图库图层”→“图层全开”命令。

17.2.7 冻结图层

通过选取要冻结图层中的一个对象，冻结该对象所在的图层，该图层的对象不能显示，也不参与操作。

冻结图层命令的执行方式有以下几种：

- 命令行：在命令行中输入 DJTC 命令按回车键。
- 菜单栏：单击“图库图层”→“冻结图层”命令。

下面介绍冻结图层命令的操作方法：

在命令行中输入 DJTC 命令按回车键，命令行提示如下：

```
命令：DJTC↙
T96_TFREEZELAYER
选择对象[冻结块参照和外部参照内部图层(Q)]<退出>:          //选定待冻结的图层上的图形对象，即可将该图层冻结，可同时选定多个对象。
```

17.2.8 冻结其他

调用冻结其他命令，可以冻结除了所选图层以外的所有图层；与关闭其他命令的操作结果类似。

冻结其他命令的执行方式有以下几种：

- 命令行：在命令行中输入 DJQT 命令按回车键。
- 菜单栏：单击“图库图层”→“冻结其他”命令。

下面介绍冻结其他命令的操作方法：

在命令行中输入 DJQT 命令按回车键，命令行提示如下：

```
命令：DJQT↙
T96_TFREEZEOTHERLAYER
选择对象 <退出>:找到 1 个          //选定待保留图层上的图形，按回车键即可将其他未选中的图层冻结。
```

17.2.9 解冻图层

调用解冻图层命令，可以解冻所选的图层。

解冻命令的执行方式有以下几种：

- 命令行：在命令行中输入 JDTC 命令按回车键。
- 菜单栏：单击"图库图层"→"解冻图层"命令，弹出对话框如图 17-31 所示。

勾选需要解冻的图层，单击"确定"按钮关闭对话框可以解冻图层，如图 17-32 所示。

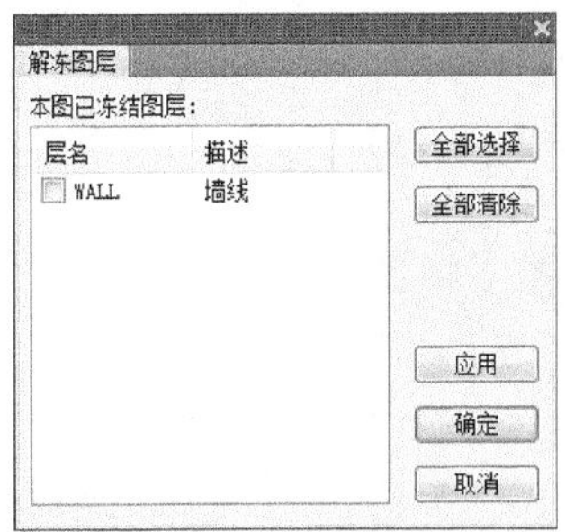

图 17-31 【解冻图层】对话框

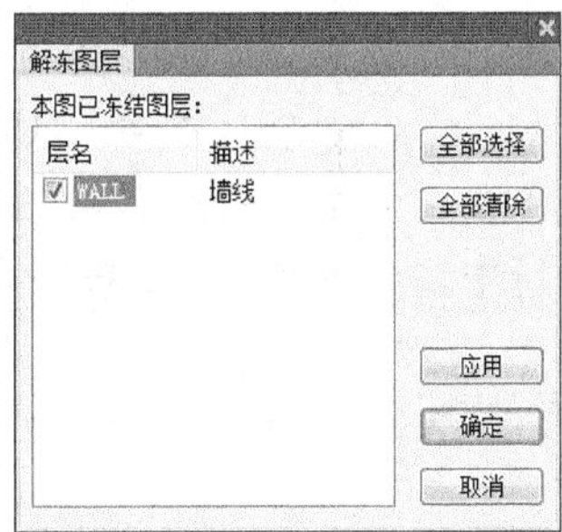

图 17-32 选择图层

17.2.10 锁定图层

调用锁定图层命令，可以锁定指定图上的某一个对象；被锁定后，该图层不会被隐藏，也不能对图形执行编辑操作。

锁定图层命令的执行方式有以下几种：

- 命令行：在命令行中输入 SDTC 命令按回车键。
- 菜单栏：单击"图库图层"→"锁定图层"命令。

下面介绍锁定图层命令的操作方法：

在命令行中输入 SDTC 命令按回车键，命令行提示如下：

```
命令：SDTC↙
T96_TLOCKLAYER
选择对象 <退出>:找到 1 个                    //选定图形对象，则该对象被锁定。
```

17.2.11 锁定其他

调用锁定其他命令，可以锁定除了所选图层以外的其他所有图层。

锁定其他命令的执行方式有以下几种：

- 命令行：在命令行中输入 SDQT 命令按回车键。
- 菜单栏：单击"图库图层"→"锁定其他"命令。

下面介绍锁定其他命令的操作方法：

在命令行中输入 SDQT 命令按回车键，命令行提示如下：

```
命令：SDQT↙
T96_TLOCKOTHERLAYER
选择对象 <退出>:找到 1 个                    //选定不需锁定图层上的图形对象，按回车
键即可将选中图层外的其他所有图层锁定。
```

17.2.12 解锁图层

调用解锁图层命令，可以解锁所选的图层，解锁后该图层上的图形可以进行编辑修改。

解锁图层命令的执行方式有以下几种：

➢ 命令行：在命令行中输入 JSTC 命令按回车键。

➢ 菜单栏：单击“图库图层”→“解锁图层”命令。

在命令行中输入 JSTC 命令按回车键，即可将所选图层解锁。

17.2.13 图层恢复

调用图层恢复命令，可以将执行过图层编辑命令的图层，还原到原始状态。

图层恢复命令的执行方式有以下几种：

➢ 命令行：在命令行中输入 TCHF 命令按回车键。

➢ 菜单栏：单击“图库图层”→“图层恢复”命令。

在命令行中输入 TCHF 命令按回车键，即可将所有图层还原至原始状态。

17.2.14 合并图层

调用合并图层命令，可以合并所选的图层，将几个图层合并为一个图层。

合并图层命令的执行方式有以下几种：

➢ 命令行：在命令行中输入 HBTC 命令按回车键。

➢ 菜单栏：单击“图库图层”→“合并图层”命令。

在命令行中输入 HBTC 命令按回车键，即可将选择要合并到图层上的任意图元。

17.2.15 图元改层

调用图元改层命令，可以改变所选图元的图层。

图元改层命令的执行方式有以下几种：

➢ 命令行：在命令行中输入 TYGC 命令按回车键。

➢ 菜单栏：单击“图库图层”→“图元改层”命令。

在命令行中输入 TYGC 命令按回车键，即可改变所选图元的图层。

第 18 章
文件布图

● **本章导读**

本章介绍文件布图的知识，包括文件接口、布图命令、布图概述以及布图比例这几个方面的知识。

● **本章重点**

◈ 文件接口
◈ 备档拆图
◈ 图纸比对
◈ 图纸保护
◈ 图纸解锁
◈ 批量打印
◈ 布图命令
◈ 布图概述
◈ 理解布图比例

18.1 文件接口

本节介绍文件接口的知识，包括打开文件、备档拆图以及图纸比对等命令的操作。

18.1.1 打开文件

调用打开文件命令，可以打开图形文件，当遇到 AutoCAD2000 以前的其他文字类型时，可以防止乱码。

打开文件命令的执行方式有以下几种：

- 命令行：在命令行中输入 DKWJ 命令按回车键。
- 菜单栏：单击“文件布图”→“打开文件”命令。

在命令行中输入 DKWJ 命令按回车键，系统弹出如图 18-1 所示的【输入文件名称】对话框，在该对话框中选定待打开的图形文件，单击“打开”按钮即可完成操作。

18.1.2 图形导出

调用图形导出命令，可以将当前图存为 T3～T8 格式的图，该命令可以解决天正图档在非天正环境下无法全部显示的问题。

图形导出命令的执行方式有以下几种：

- 命令行：在命令行中输入 TXDC 命令按回车键。
- 菜单栏：单击“文件布图”→“图形导出”命令。

下面介绍图形导出命令的操作方法：

在命令行中输入 TXDC 命令按回车键，系统弹出如图 18-2 所示的【图形导出】对话框。在对话框中输入文件名称，并定义保存类型，单击“保存”按钮即可将图形导出。

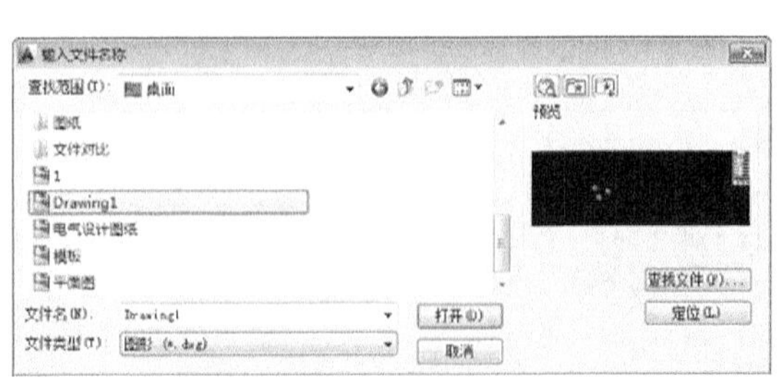

图 18-1 【输入文件名称】对话框

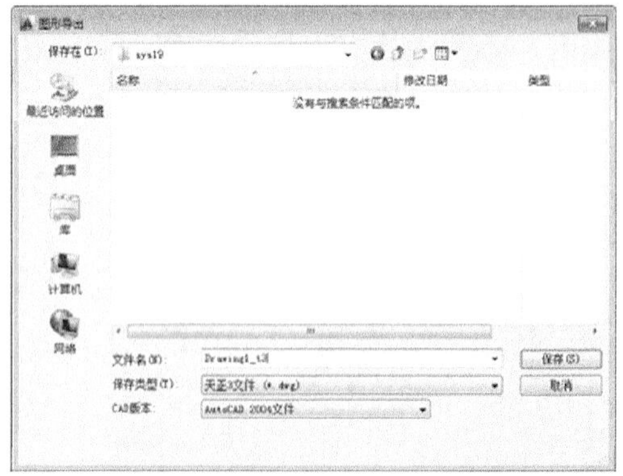

图 18-2 【图形导出】对话框

如图 18-3 所示为导出操作前的风管图形，如图 18-4 所示是导出为 T3 对象的风管图形对象。

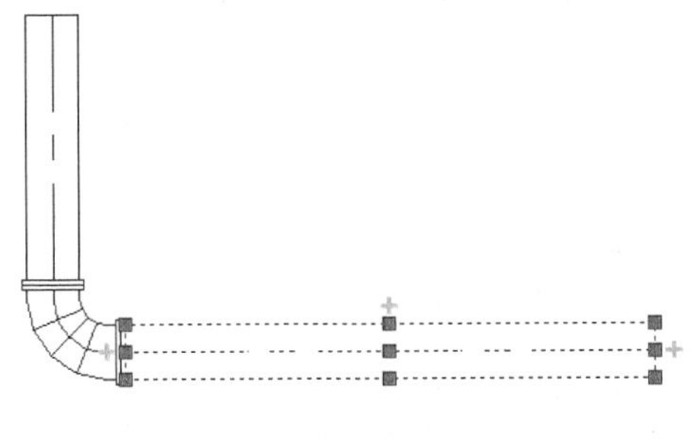

图 18-3　导出前

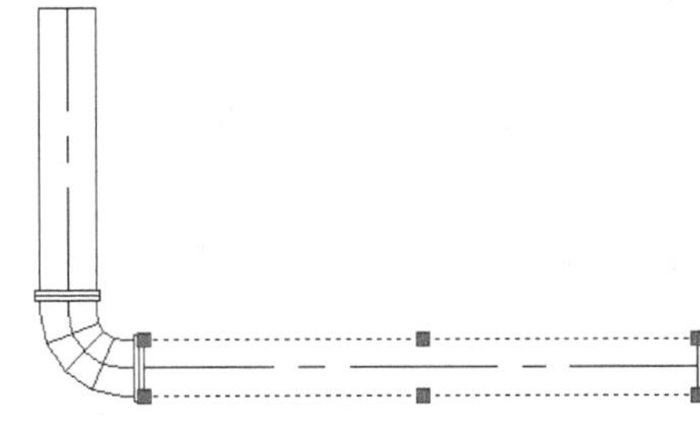

图 18-4　导出后（被分解）

【图形导出】对话框中各功能选项的含义如下：

- "文件名"选项：系统默认导出的文件名为 x_.t3dwg、x_.t4dwgx_.t5dwg、x_.t6dwg、x_.t7dwg 或 x_.t8dwg；也可自定义导出文件的名称。
- "保存类型"选项：单击选项文本框，在弹出的下拉列表中可以选择天正各版本进行转换。
- "CAD 版本"选项：单击选项文本框，在弹出的下拉列表中可以选择 CAD 各版本进行转换。

执行图形导出命令后，会将原有的天正对象进行分解，使其丧失智能化特征，但只分解生成新的文件，而不改变原有的文件。

18.1.3 批量转旧

调用批量转旧命令，可以将当前版本的图档批量转化为天正旧版 DWG 格式，且支持图纸空间布局的转换。

批量转旧命令的执行方式有以下几种：

- 命令行：在命令行中输入 PLZJ 命令按回车键。
- 菜单栏：单击"文件布图"→"批量转旧"命令。

下面介绍批量转旧命令的操作方法：

在命令行中输入 PLZJ 命令按回车键，系统弹出如图 18-5 所示的【请选择待转换的文件】对话框；在其中选定待转换的图形文件，单击"打开"按钮。

此时，系统弹出如图 18-6 所示的【浏览文件夹】对话框，在其中选定转后文件的存储位置。

单击"确定"按钮，同时命令行提示如下：

```
命令：PLZJ↙
T96_TBATSAVE
成功的转换天正建筑 3 文件：C:\Documents and Settings\Administrator\桌面\xxx_t3.dwg
成功的转换天正建筑 3 文件：C:\Documents and Settings\Administrator\桌面\xxx_t3.dwg      //系统提示成功转换文件，在存储文件夹中可查看转换得到的文件。
```

图 18-5 【请选择待转换的文件】对话框

图 18-6 【浏览文件夹】对话框

18.1.4 旧图转换

调用旧图转换命令，可以把 T3 的二维平面图转换为新版的图形。

旧图转换命令的执行方式有以下几种：

➢ 命令行：在命令行中输入 JTZH 命令按回车键。

➢ 菜单栏：单击“文件布图”→“旧图转换”命令。

下面介绍旧图转换命令的操作方法：

在命令行中输入 JTZH 命令按回车键，系统弹出如图 18-7 所示的【旧图转换】对话框，在其中可以定义转换参数。

单击“确定”按钮，同时命令行提示如下：

```
命令：JTZH↙
T96_TCONVTCH
选择需要转化的图元<退出>指定对角点：找到 5 个          //选定待转换的图形，按回车键即可完成转换。
```

在【旧图转换】对话框中勾选“局部转换”选项，可以只对选定的范围执行转换操作，适用于转换插入的旧版本图形。

18.1.5 旧图转新

调用旧图转新命令，可以将 Thvac7 的风管图纸转换为 Thvac8 的风管对象。

旧图转新命令的执行方式有以下几种：

➢ 命令行：在命令行中输入 7T8 命令按回车键。

➢ 菜单栏：单击“文件布图”→“旧图转新”命令。

下面介绍旧图转新命令的操作方法：

在命令行中输入 7T8 命令按回车键，系统弹出如图 18-8 所示的【AutoCAD】信息提示对话框。

在对话框中单击“是”按钮，则命令行提示如下：

```
命令：7T8↙
```

转换完成！

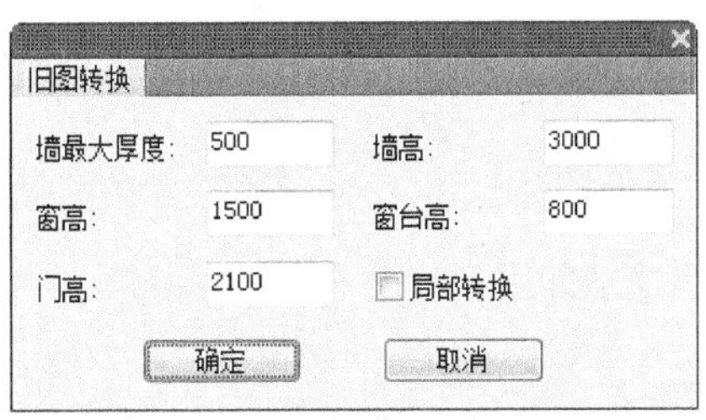

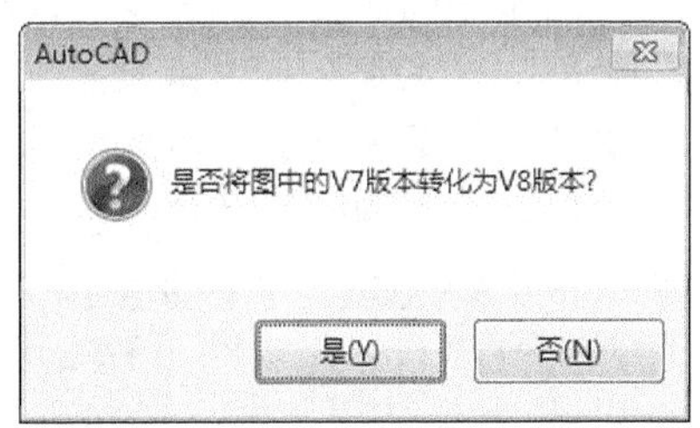

图 18-7 【旧图转换】对话框　　图 18-8 【AutoCAD】信息提示对话框

V7、V8 是天正暖通 7.0 和 8.0 的简称。V7 版本下的风管图纸要转换成 V8 版本才能在天正暖通 8.0 中进行风管水力计算以及其他的编辑操作。

18.1.6 分解对象

调用分解对象命令，可以把天正自定义对象分解为 AutoCAD 基本对象。

分解对象命令的执行方式有以下几种：

- 命令行：在命令行中输入 FJDX 命令按回车键。
- 菜单栏：单击“文件布图”→“分解对象”命令。

下面介绍分解对象命令的操作方法：

在命令行中输入 FJDX 命令按回车键，命令行提示如下：

```
命令：FJDX↙
T96_TEXPLODE
选择对象：指定对角点：找到 5 个                //选定待分解的对象，按回车键即可完成分解操作。
```

对天正自定义对象执行分解操作的好处如下。

可以在 TArch 环境下绘制的施工图脱离天正环境，可在 AutoCAD 环境下浏览和出图。

方便渲染三维模型。无论是 AutoCAD 自带的渲染器，还是 3DMax 绘图软件，都不支持自定义对象，因此，必须将其分解才能对其进行渲染。

在执行分解操作之前，建议先对图形对象进行备份，以便后续进行修改操作。

假如在三维视图下实行分解操作，可获得三维图形，反之亦然。

使用 AutoCAD 自带的 EXPLODE【分解】命令不能完全分解自定义对象，必须使用天正自带的分解命令才能将多层结构的天正对象进行分解。

18.2 备档拆图

很多时候一个工程的许多张图纸都放在同一个.DWG 文件中，当需要备档的时候就需要把这些图一张一张的拆出来，每张都要保存一个单独的.DWG 文件，备档拆图功能就是自动完成拆图并且每张图保存成单独文件。

备档拆图命令的执行方式有以下几种：

- ➢ 命令行：在命令行中输入 BDCT 命令按回车键。
- ➢ 菜单栏：单击“文件布图”→“备档拆图”命令。

下面介绍备档拆图命令的操作方法：

在命令行中输入 BDCT 命令按回车键，命令行提示如下：

命令：BDCT↙

请选择范围:<整图>指定对角点：找到 5 个　　　　//选定待拆解的图纸，结果如图 18-9 所示。

系统弹出如图 18-10 所示的【拆图】对话框，可以定义拆分后图纸的存放路径、名称、图号等。

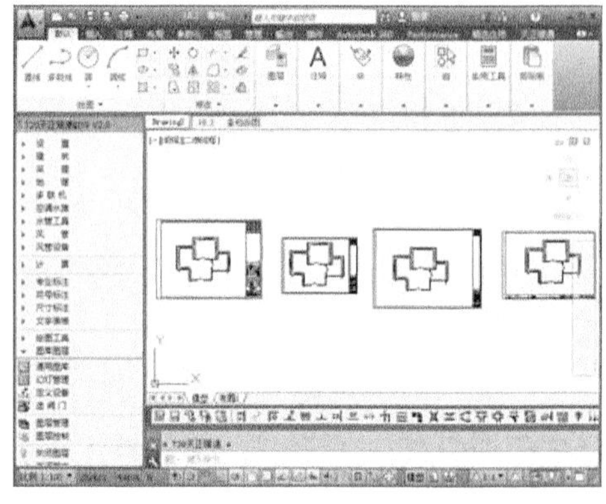

图 18-9　待拆解的图纸

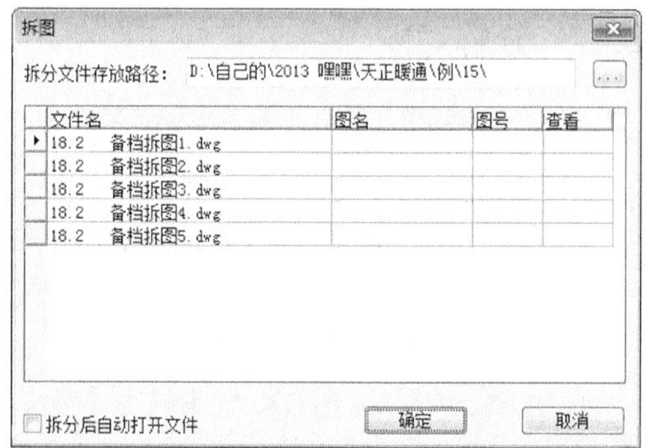

图 18-10　【拆图】对话框

【拆图】对话框中各功能选项的含义如下：

- ➢ “拆分文件存放路径”选项：单击选项文本框后面的矩形按钮，可弹出【浏览文件夹】对话框，在其中可以定义拆分文件的存放路径。
- ➢ “文件名”、“图名”、“图号”选项：在各选项中可分别修改拆分文件指定的参数。
- ➢ “查看”选项：单击选项后的矩形按钮，可以返回绘图区中查看图纸的位置。
- ➢ “拆分后自动打开文件”选项：勾选该选项，可在执行拆分操作后逐一打开被拆分的文件。

18.3 图纸比对

调用图纸比对命令，可以选择两个.dwg 文件进行比对，白色部分表示完全一致，注意基点要一致。

图纸比对命令的执行方式有以下几种：

- ➢ 命令行：在命令行中输入 TZBD 命令按回车键。
- ➢ 菜单栏：单击“文件布图”→“图纸比对”命令。

下面介绍图纸比对命令的操作方法。

在命令行中输入 TZBD 命令按回车键，系统调出如图 18-11 所示的【图纸比对】对话框。在“比对文件”选项组下的“文件 1”选项框后单击“加载文件 1”按钮，调出【选择要比对的 DWG 文件】对话框，在其中选择.dwg 文件，如图 18-12 所示。

图 18-11 【图纸比对】对话框

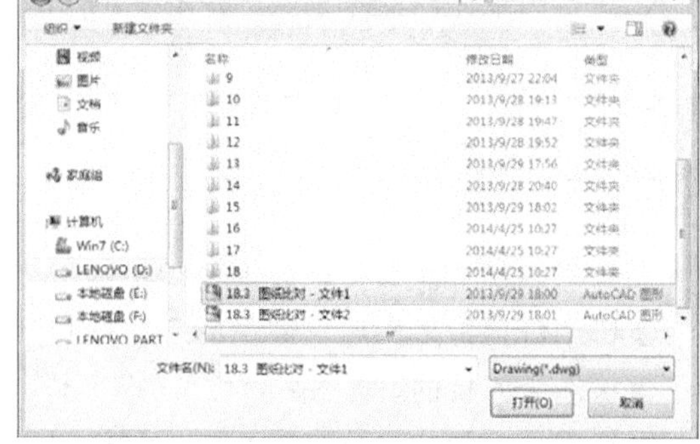

图 18-12 选择文件

单击“打开”按钮，加载文件 1 的结果如图 18-13 所示。重复操作，继续加载文件 2，结果如图 18-14 所示。

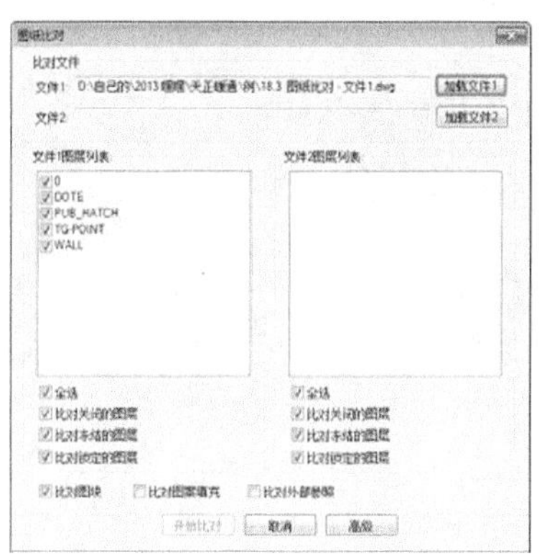

图 18-13 加载文件 1

图 18-14 加载文件 2

在“文件 1 图层列表”预览框与“文件 2 图层列表”预览框中分别显示了文件 1 与文件 2 中所包含的图层，通过选择预览框下方的选项，可以设置比对的内容。

单击“开始比对”按钮，此时命令行提示如下：

```
命令: TZBD↙
文件 1 加载用时:0.321000 秒..
文件 2 加载用时:0.299000 秒..
块 1 分析完成...
块 2 分析完成...
区域[0]比对:[30]*[98]
比对完成...
```

```
文件 1 加载用时:0.321000 秒..
[D:\天正暖通\例\18.3  图纸比对 - 文件 1.dwg]
文件 2 加载用时:0.299000 秒..
[D:\天正暖通\例\18.3  图纸比对 - 文件 2.dwg]
图纸比对用时:0.393000 秒..
```

在执行图纸比对操作前，应事先将对比的图纸分开存储，以方便对图纸执行比对操作。

18.4 图纸保护

调用图纸保护命令，可以把要保护的图元制作成一个不能炸开的图块，密码保护。对图形执行图纸保护操作后，该图形可以被观察也可被打印，但是不能修改也不能导出，起到了保护图纸的目的。

图纸保护命令的执行方式有以下几种：

- 命令行：在命令行中输入 TZBH 命令按回车键。
- 菜单栏：单击“绘图工具”→“图纸保护”命令。

下面介绍图纸保护命令的操作方法：

在命令行中输入 TZBH 命令按回车键，命令行提示如下：

```
命令：TZBH↙
慎重，加密前请备份。该命令会分解天正对象，且无法还原，是否继续<N>:Y
                                        //输入 Y 按下回车键;
请选择范围<退出>指定对角点：找到 1 个
请输入密码<空>:********                //输入密码按下回车键，可以完成加密图形的操作。
```

在执行图纸保护之前，应该先对图纸进行备份，以免忘记密码后不能对图纸执行编辑修改操作。

18.5 图纸解锁

调用图纸解锁命令，可以对已被执行图纸保护操作的图纸解开锁定状态，恢复其可编辑性。

图纸解锁命令的执行方式有以下几种：

- 命令行：在命令行中输入 TZJS 命令按回车键。
- 菜单栏：单击“绘图工具”→“图纸解锁”命令。

下面介绍图纸解锁命令的操作方法：

在命令行中输入 TZJS 命令按回车键，命令行提示如下：

```
命令： TZJS↙
请选择对象<退出>指定对角点：           //选定对象。
请输入密码：explode                    //输入密码，按下回车键即可完成图纸解锁操作。
```

18.6 批量打印

调用批量打印命令，可以根据搜索到的图框，同时批量打印若干图幅。

批量打印命令的执行方式有以下几种：

➢ 菜单栏：单击“绘图工具”→“批量打印”命令。

下面介绍批量打印命令的操作方法：

单击“绘图工具”→“批量打印”命令，系统弹出【天正批量打印】对话框。在对话框中定义打印图纸的各项参数，在“打印”选项组下设置打印文件名和打印文件的存储路径，如图 18-15 所示。

单击“窗选区域”按钮，在绘图区中分别点取图框的对角点来选取打印范围；单击“预览”按钮，系统弹出如图 18-16 所示的打印预览对话框。

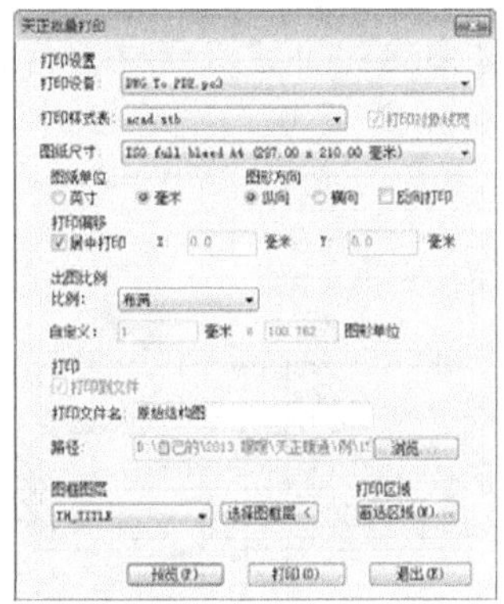

图 18-15 【天正批量打印】对话框

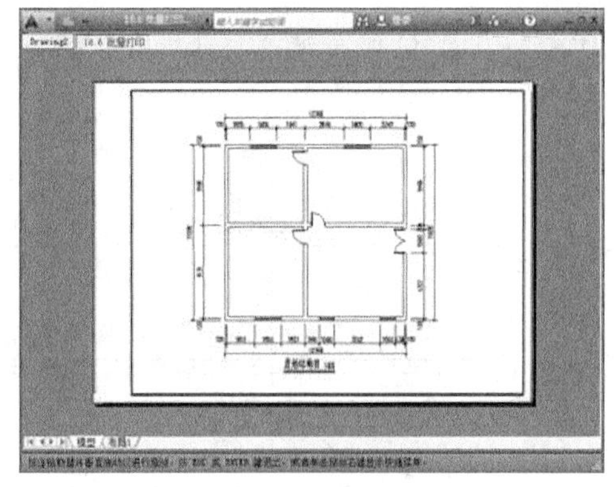

图 18-16 打印预览

退出打印预览对话框，在【天正批量打印】对话框中单击“打印”按钮，即可显示如图 18-17 所示的【打印作业进度】对话框，显示正在打印图纸，单击“取消”按钮，可取消打印操作。

打印作业完成后，调出如图 18-18 所示的【AutoCAD】信息提示对话框，表示已成功打印图纸。

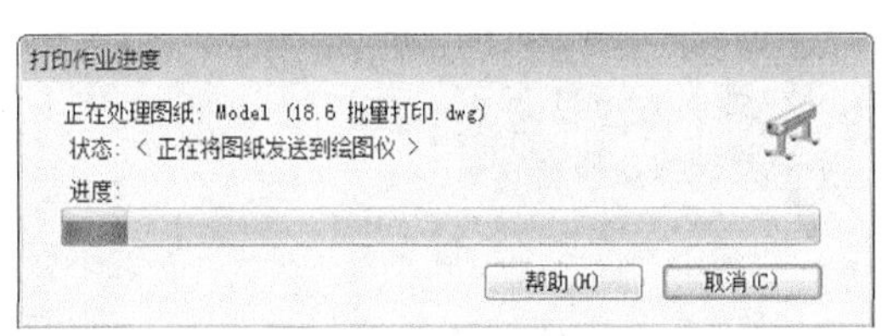

图 18-17 【打印作业进度】对话框

图 18-18 【AutoCAD】信息提示对话框

18.7 布图命令

本节介绍布图命令的操作，包括定义视口、指定当前命令以及改变比例等命令的调用。

18.7.1 定义视口

调用定义视口命令，可以在模型空间中，用窗口选中部分图形，并在图纸上确定其位置。

定义视口命令的执行方式有以下几种：

➢ 命令行：在命令行中输入 DYSK 命令按回车键。

➢ 菜单栏：单击“文件布图”→“定义视口”命令。

下面介绍定义视口命令的操作方法：

01 按 Ctrl+O 组合键，打开配套光盘提供的“第 18 章/ 18.7.1 定义视口素材.dwg”文件，结果如图 18-19 所示。

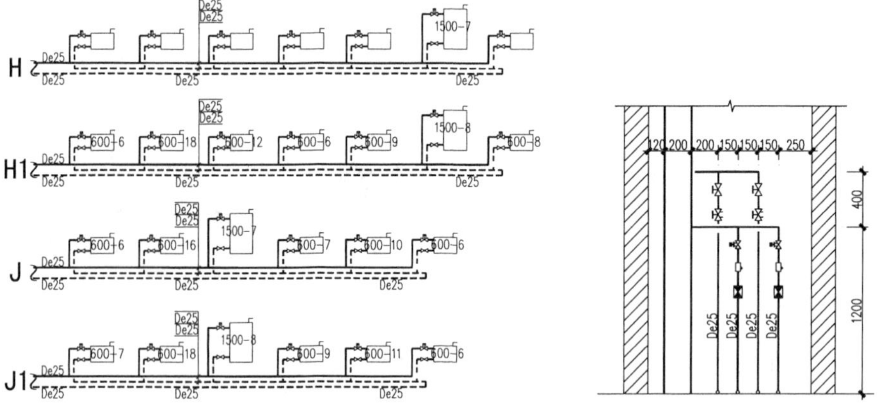

图 18-19　打开素材

02 在命令行中输入 DYSK 命令按回车键，命令行提示如下：

```
命令：DYSK↙
T96_TMAKEVP
输入待布置的图形的第一个角点<退出>:                    //如图 18-20 所示。
输入另一个角点<退出>:                              //如图 18-21 所示。
图形的输出比例 1:<100>:                          //按回车键确认输出比例。
恢复缓存的视口 - 正在重生成布局。
```

03 此时转换至布局空间，点取视口的插入点，创建视口的结果如图 18-22 所示。

04 重复操作，再定义另一视口，结果如图 18-23 所示。

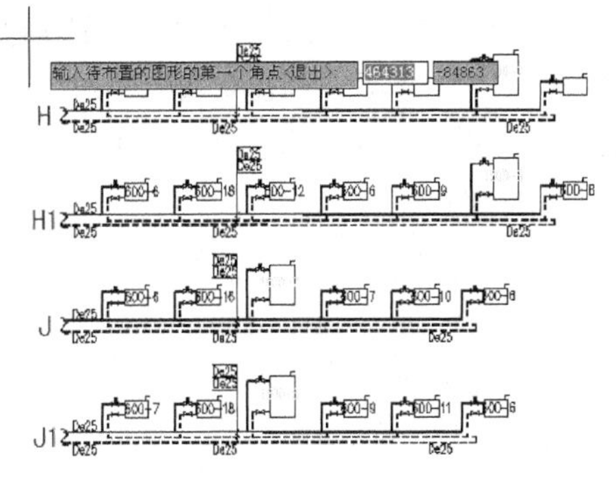

图 18-20　输入第一个角点

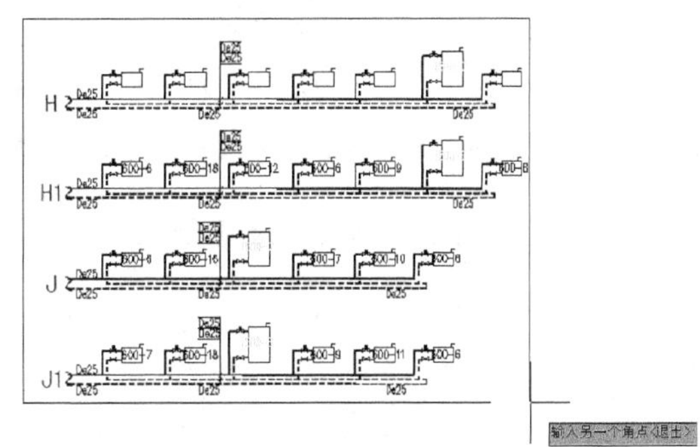

图 18-21　输入另一个角点

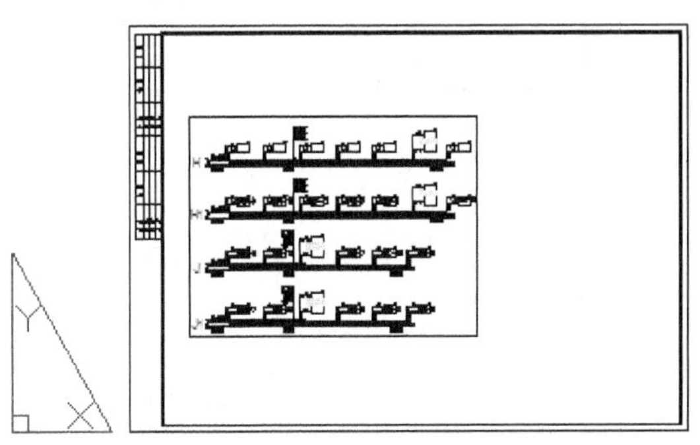

图 18-22　定义结果

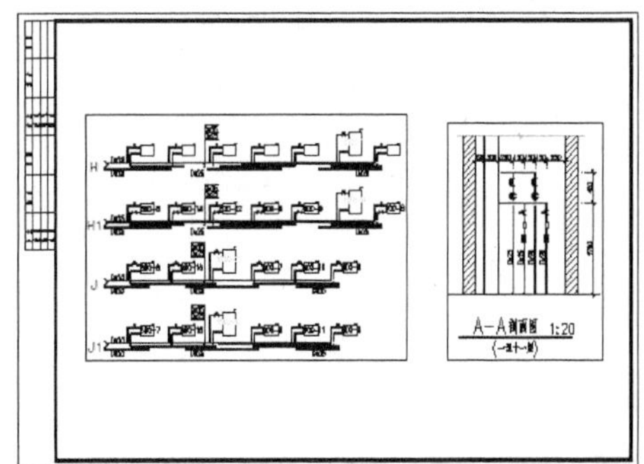

图 18-23　定义视口

也可以定义空白的视口，然后在该视口内绘制图形。值得注意的是，图形的绘制比例应与视口的比例相一致。在视口内双击左键，待视口边框变粗，即可在视口内编辑图形，编辑完成后，在视口外双击左键，即可退出编辑操作。

18.7.2 当前比例

调用当前比例命令，可以定义新的绘图比例。如图 18-24 所示为该命令的操作结果。

当前比例命令的执行方式有以下几种：

- 命令行：在命令行中输入 DQBL 命令按回车键。
- 菜单栏：单击“文件布图”→“当前比例”命令。

下面以如图 18-24 所示的图形为例，介绍调用当前比例命令的方法：

01 按 Ctrl+O 组合键，打开配套光盘提供的“第 18 章/ 18.7.2 当前比例.dwg”素材文件，结果如图 18-25 所示。

02 在命令行中输入 DQBL 命令按回车键，命令行提示如下：

```
命令：DQBL↙
T96_TPSCALE
当前比例<100>:50            //输入新的比例参数。
```

03 输入 KSBZ 命令按回车键，对图形重新进行尺寸标注，结果如图 18-24 所示。

在状态栏的左下角显示了当前比例，单击比例状态栏，在弹出的列表中可以选择并更改当前比例，如图 18-26 所示；在列表中单击“其他比例”选项，弹出如图 18-27 所示的【编辑图形比例】对话框，在其中可以添加新的比例、编辑或者删除已有的比例。

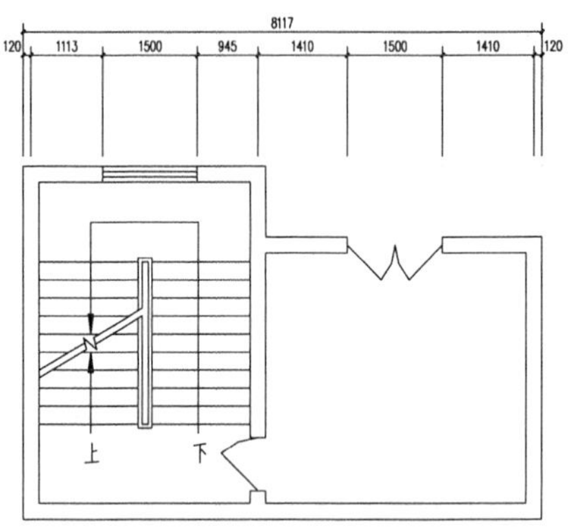

图 18-24　当前比例

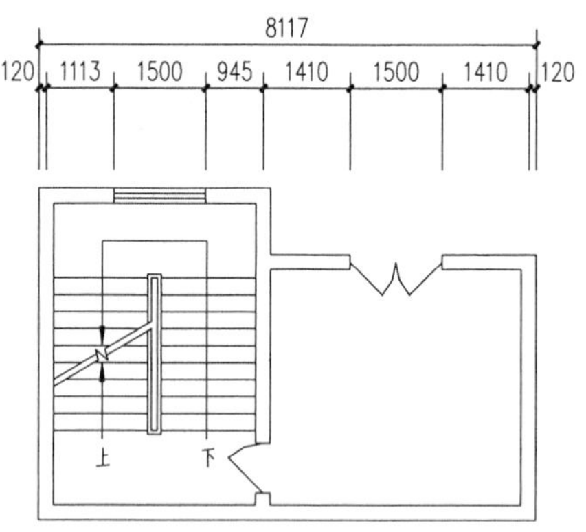

图 18-25　打开素材

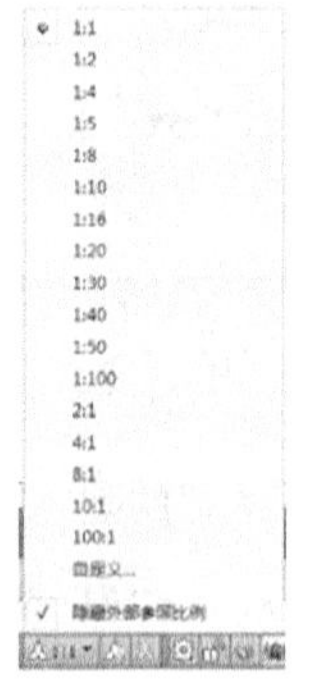

图 18-26　当前比例列表

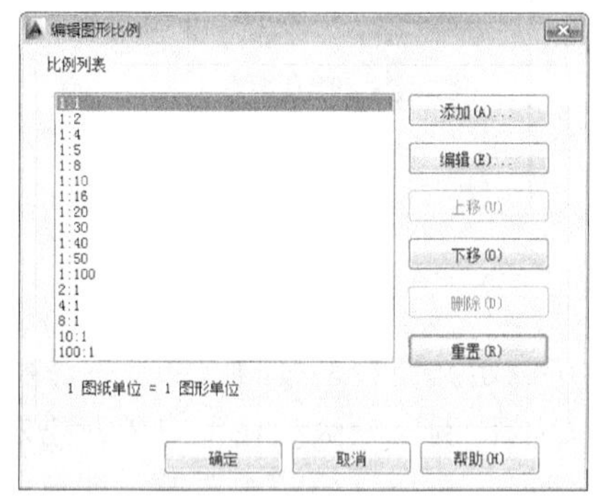

图 18-27　【打印作业进度】对话框

提示

执行改变当前比例命令后，再次执行尺寸标注命令；则标注、文字和多段线的字高、符号尺寸与标注之间的相对间距缩小了一倍；图形的度量尺寸保持不变。

18.7.3 改变比例

调用改变比例命令，可以改变 T6 图上某一区域或图纸上某一视口的出图比例，并使得文字标注等字高合理。如图 18-28 所示为该命令的操作结果。

改变比例命令的执行方式有以下几种：

- 命令行：在命令行中输入 GBBL 命令按回车键。
- 菜单栏：单击“文件布图”→“改变比例”命令。

下面以如图 18-28 所示的图形为例，介绍调用改变比例命令的方法：

01 按 Ctrl+O 组合键，打开配套光盘提供的“第 18 章/ 18.7.3　改变比例.dwg”素材文件，结果如图 18-29 所示。

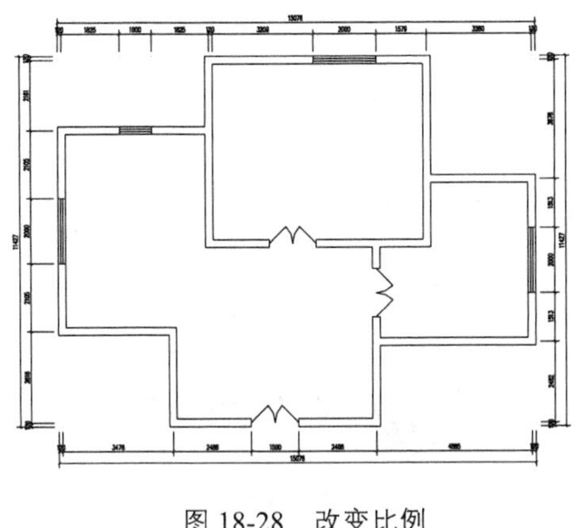

图 18-28　改变比例

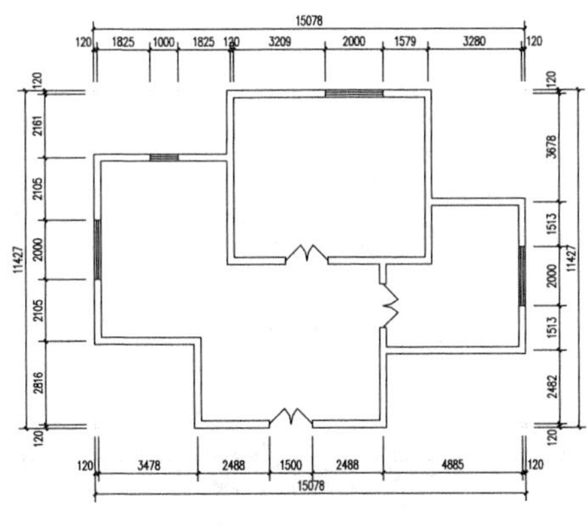

图 18-29　打开素材

02 在命令行中输入 GBBL 命令按回车键，命令行提示如下：

```
命令: GBBL↙
T96_TCHSCALE
请输入新的出图比例 1:<50>:100                       //定义新的出图比例。
请选择要改变比例的图元:指定对角点: 找到 17 个        //框选图形。
请提供原有的出图比例<50>:                           //按回车键确认原先的出图比例，改变
比例的结果如图 18-28 所示。
```

18.7.4 图纸目录

调用图纸目录命令，可以在指定工程文件夹中添加图纸，自动生成目录图纸。

图纸目录命令的执行方式有以下几种：

- 命令行：在命令行中输入 TZML 命令按回车键。
- 菜单栏：单击“文件布图”→“图纸目录”命令。

下面介绍图纸目录命令的调用方法：

01 在命令行中输入 TZML 命令按回车键，系统弹出如图 18-30 所示的【图纸文件选择】对话框。

02 在对话框中单击“选择文件”按钮，系统弹出【选择文件】对话框，选择要添入图纸目录的图形文件，如图 18-31 所示。

03 单击“打开”按钮，即可在【图纸文件选择】对话框中显示方才所选的图形文件属性，结果如图 18-32 所示。

04 单击“从构件库中选择表格“按钮，进入【天正构件库】对话框；在其中选择图纸目录的表格形式，如图 18-33 所示。

05 双击选定的表格形式，返回【图纸文件选择】对话框，如图 18-34 所示。

06 单击“生成目录”按钮，根据命令行的提示，在绘图区中点取图纸目录的插入位置，完成图纸目录的绘制结果如图 18-35 所示。

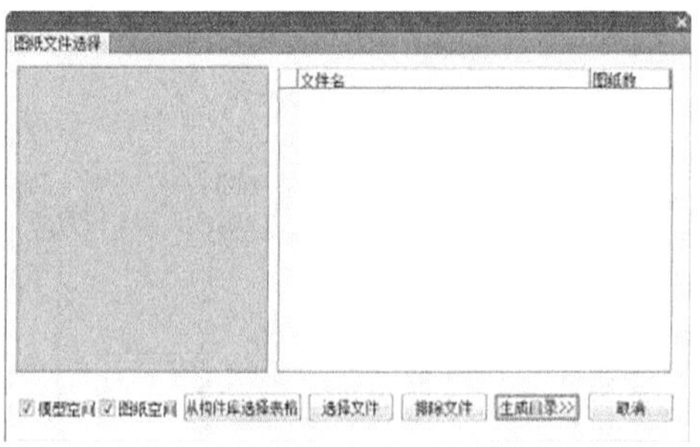

图 18-30　【图纸文件选择】对话框

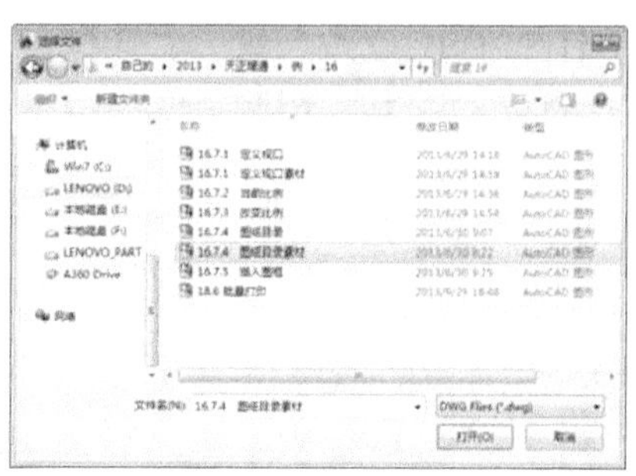

图 18-31　【选择文件】对话框

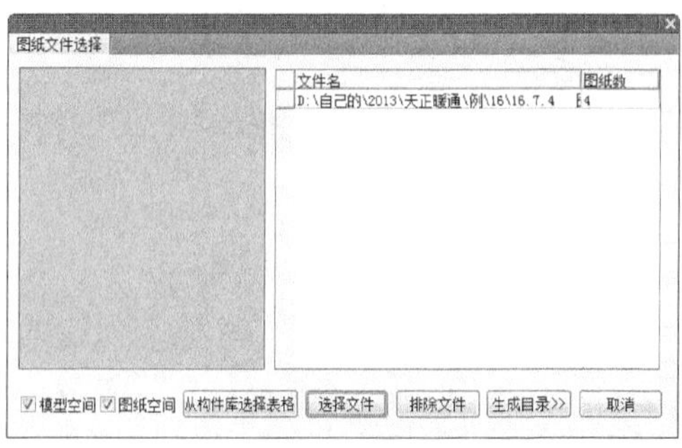

图 18-32　图形文件属性

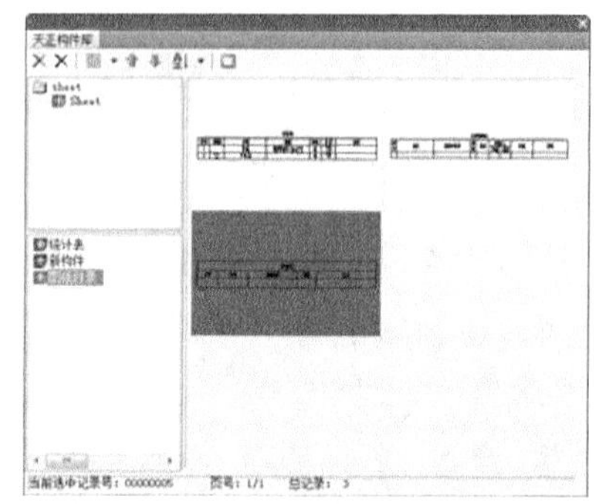

图 18-33　【天正图库管理】对话框

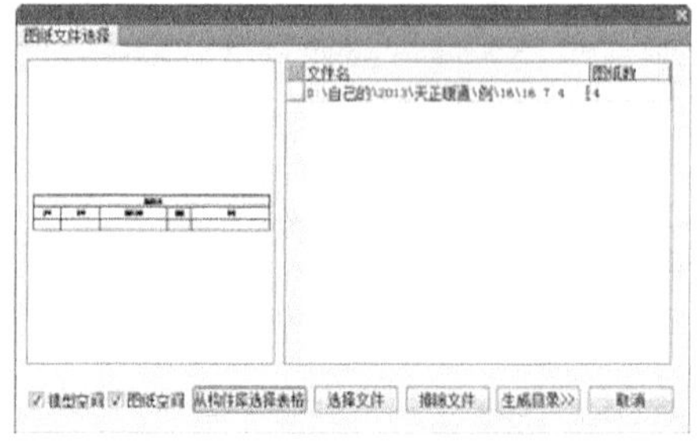

图 18-34　添加表格形式

图纸目录				
序号	图号	图纸名称	图幅	备注
1	建初—1	首层平面图	A3	
2	建初—2	一层平面图	A3	
3	建初—3	二层平面图	A3	
4	建初—4	屋顶平面图	A3	

图 18-35　图纸目录

双击表格文字，可进入在位编辑状态，如图 18-36 所示，在其中修改表格文字后，鼠标在空白区域单击即可完成编辑操作。

双击表格，可弹出如图 18-37 所示的【表格设定】对话框，在其中可以更改表格属性。

【图纸文件选择】对话框中各功能选项的含义如下：

➢ “模型空间”选项：系统默认勾选该项，表示在已选的图形文件中包括模型空间里插入的图框；取消选择，则表示只保留图纸空间的图框。

➢ “图纸空间”选项：系统默认勾选该项，表示在已经选择的图形文件中包括图纸空间里插入的图框；取消选择，则表示只保留模型空间的图框。

➢ “从构件库选择表格”按钮：单击该按钮，可以进入【天正图库管理系统】对话框中选择图纸目录的表格形式。

- “选择文件”按钮：单击该按钮，进入【选择文件】对话框，选择要添加入图纸目录列表的图形文件；按住 Shift 键可以一次选择多个图形文件。
- “排除文件”按钮：单击该按钮，在【图纸文件选择】对话框中选定待排除的文件，即可将其删除。
- “生成目录”按钮：单击该按钮，即可按照所指定的表格样式和所添加的图形文件的信息来生成图纸目录表。

序号	图号
1	建初—1
2	建初—2
3	建初—3
4	建初—4

图 18-36　在位编辑状态

表格设定
文字参数　横线参数　竖线参数　表格边框　标题
文字样式：_DUCT_DIM　水平对齐：左对齐
文字大小：3.5　垂直对齐：靠下
行距系数：0.4　文字颜色：ByBlock
自动换行
强制下属行列和单元格继承表格文字特性
全屏编辑　单元编辑　单元合并　表行编辑　表列编辑　确定　取消

图 18-37　【表格设定】对话框

在执行本命令生成图纸目录前，应先在待生成目录的图形文件中添加天正自定义的图框。因为在添加文件的时候，系统搜索到一个图框就是一张图纸，并根据图框信息生成图纸目录。

天正自定义的图框在插入的时候信息都是系统默认的，要对其进行修改，以免生成的目录发生错误。双击图框上的标题栏，系统弹出如图 18-38 所示的【增强属性编辑器】对话框；在其中修改图名和图号参数，单击“确定”按钮即可完成修改。值得注意的是，每个图框的信息都应该与其相对应图纸的信息相符合，以保证所生成图纸目录的准确性。

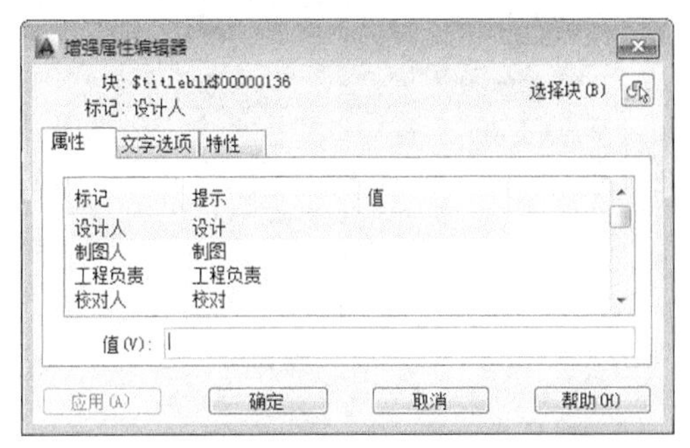

图 18-38　【增强属性编辑器】对话框

18.7.5 插入图框

在当前模型空间或图纸空间插入图框，新增通长标题栏功能以及图框直接插入功能，预览图像框提供鼠标滚轮缩放与平移功能，插入图框前按当前参数拖动图框，用于测试图幅是否合适。图框和标题栏均统一由图框库管理，能使用的标题栏和图框样式不受限制，新的带属性标题栏支持图纸目录生成。如图 18-39 所示为该命令的操作结果。

插入图框命令的执行方式有以下几种：

- 命令行：在命令行中输入 CRTK 命令按回车键。
- 菜单栏：单击“文件布图”→“插入图框”命令。

下面以如图 18-39 所示的图形为例，介绍调用插入图框命令的操作方法。

01 按 Ctrl+O 组合键，打开配套光盘提供的“第 18 章/ 18.7.5　插入图框.dwg”素材文件，结果如图 18-40 所示。

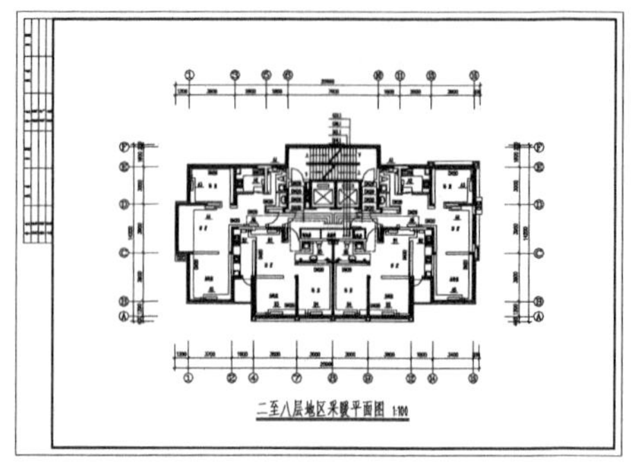

图 18-39　插入图框

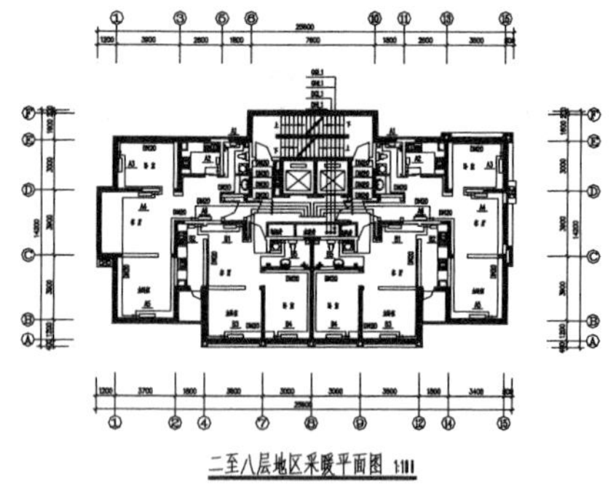

图 18-40　打开素材

02 在命令行中输入 CRTK 命令按回车键，系统弹出如图 18-41 所示的【插入图框】对话框。

03 在“样式”选项组中单击“会签栏”选项后的选择按钮，系统弹出【天正图库管理系统】对话框，选择会签栏样式如图 18-42 所示。

图 18-41　【插入图框】对话框

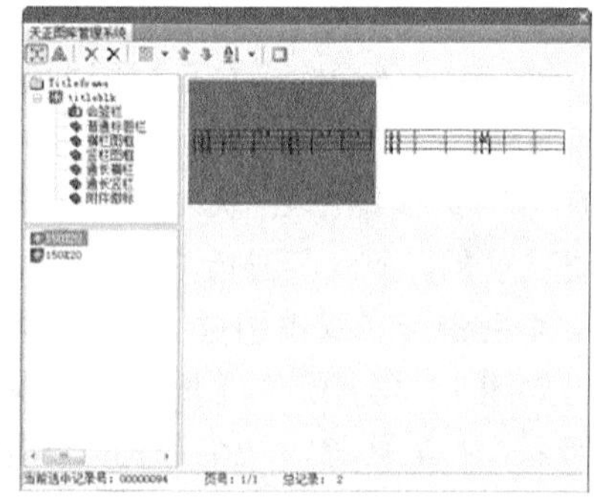

图 18-42　【天正图库管理系统】对话框

04 双击会签栏样式，返回【插入图框】对话框；单击“插入”按钮，命令行提示如下：

```
命令: CRTK↙
点取位置或 [转 90 度(A)/左右翻(S)/上下翻(D)/对齐(F)/改转角(R)/改基点(T)]<退出>
        //在绘图区中点取插入位置，绘制图框的结果如图 18-39 所示。
```

【插入图框】对话框中各功能选项的含义如下：

“图幅”选项组：一共提供了 A0～A4 五种标准图幅，单击某一图幅的按钮，就选定了相应的图幅。

“横式/立式”选项：选定图纸格式为横式或者是立式。

“图长/图宽”选项：可以自定义设置图纸的长宽尺寸或显示标准图幅的图长与图宽。

“加长”选项：可选定加长型的标准图幅，单击“标准标题栏”选项后的按钮，打开

【天正图库管理系统】对话框，在其中可以选取国标加长图幅。

“自定义”选项：假如在“图长/图宽”选项栏中输入的非标准图框尺寸，命令会把此尺寸作为自定义尺寸保存在此下拉列表中，单击选框右边的箭头，可以从弹出的下拉列表中选取已保存的自定义尺寸。

“比例”选项：可设定图框的出图比例，此比例值应与“打印”对话框的“出图比例”一致。比例参数可从下拉列表中选取也可自行输入。勾选“图纸空间”选项，该控件暗显，比例自动设为 1:1。

“图纸空间”选项：勾选此项，当前视图切换为图纸空间，“比例 1:”自动设置为 1:1。

“会签栏”选项：勾选此项，允许在图框左上角加入会签栏；单击右边的按钮，打开如图 18-43 所示的【天正图库管理系统】对话框，在其中可以选取预先入库的会签栏。

“标准标题栏”选项：勾选此项，允许在图框右下角假如国标样式的标题栏；单击右边的按钮，打开【天正图库管理系统】对话框，在其中可以选取预先入库的标题栏。

“通长标题栏”选项：勾选此项，允许在图框右方或者下方加入用户自定义样式的标题栏；单击右边的按钮，打开【天正图库管理系统】对话框，在其中可以选取预先入库的标题栏。命令自动从用户所选中的标题栏尺寸判断插入的是竖向还是横向的标题栏，采取合理的插入方式并添加通栏线。

“右对齐”选项：图框在下方插入横向通长标题栏时，勾选“右对齐”选项可以使标题栏右对齐，左边插入附件。

“附件栏”选项：勾选“通长标题栏”选项后，“附件栏”选项可勾选；勾选“附件栏”选项后，允许图框一端插入附件栏；单击右边的按钮，打开【天正图库管理系统】对话框，在其中可以选取预先入库的附件栏，如图 18-43 所示，可以是设计单位徽标或者是会签栏。

“直接插图框”选项：勾选此项，允许在当前图形中直接插入带有标题栏与会签栏的完整图框，如图 18-44 所示；不必选取图幅尺寸和图纸格式，单击右边的按钮，打开【天正图库管理系统】对话框，在其中可以选取预先入库的完整图框。

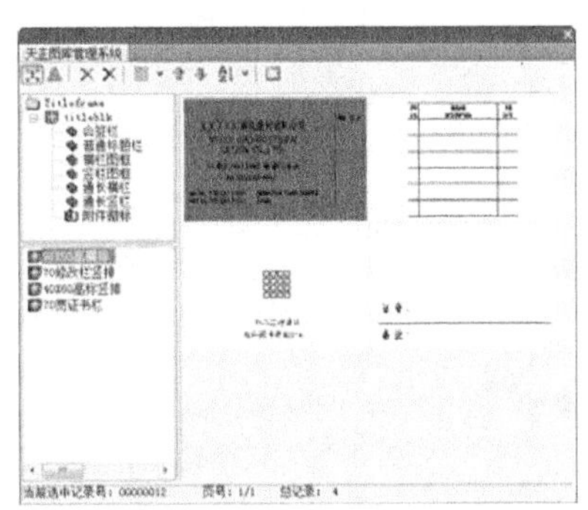

图 18-43　附件栏样式

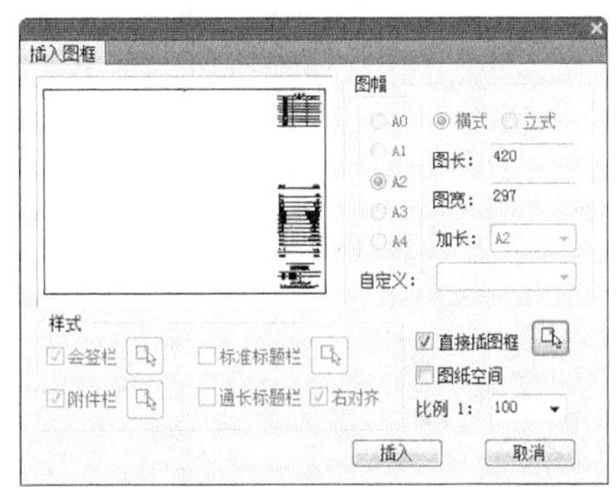

图 18-44　“直接插图框”选项

18.7.6 设计说明

调用设计说明命令，可以在图纸中插入设计说明模板。

设计说明命令的执行方式有以下几种：

- 命令行：在命令行中输入 SJSM 命令按回车键。
- 菜单栏：单击“文件布图”→“设计说明”命令。

执行“设计说明”命令，系统调出如图 18-45 所示的【设计说明】对话框，在左侧预览框中显示了设计说明的类型，右侧预览选中的设计说明。

在右侧预览框中滑动鼠标滚轮，可以缩放设计说明文字，如图 18-46 所示。

图 18-45 【设计说明】对话框

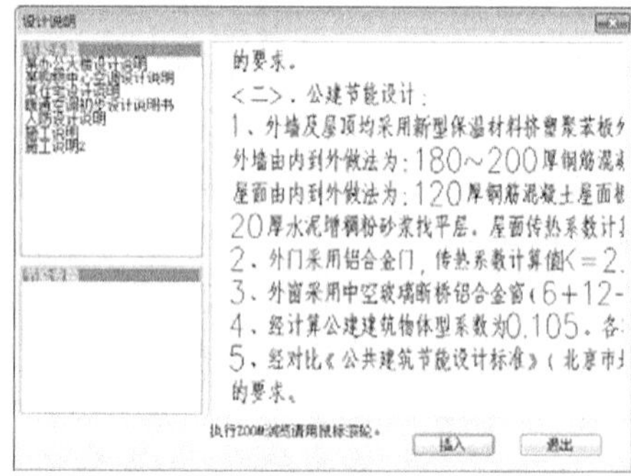

图 18-46 缩放说明文字

单击“插入”按钮，指定插入点，绘制设计说明的结果如图 18-47 所示。

节能专篇

一、节水措施如下：

1、从控制冲洗水量和选用节水配件方面达到节水目的，并尽量减少跑、冒、滴、漏。

2、大便器冲洗水箱选用节水型，一次冲水量≤6升，公共卫生间洗手盆及小便器均采用红外线感应节水开关，大便器均采用脚踏式开关。

3、配水龙头均采用陶瓷片密封水嘴，所有公共卫生间的龙头采用红外线感应龙头（非触摸式）。

4、根据水平衡测试要求及水系统划分，各用水部门安装二级水表，水表安装在地下一层专用水表间内，住宅每户设一块DN15水表，水表安装于户外管井内。

5、选用节水办推荐采用的配件及卫生洁具，器具应符合《节水型生活用水器具》（CJ164－2002）的标准。

6、根据有关《规范》要求，本工程设计中水系统，市政提供的中水给水用于冲洗坐便器。

二、建筑节能措施如下：

<一>、住宅节能设计：

1、随本施工图还提供有：本建筑物热负荷计算书；采暖系统水力计算书。

2、外墙及屋顶均采用新型保温材料挤塑聚苯板外保温，做法如下：

外墙由内到外做法为：180～200厚钢筋混凝土剪力墙，70厚挤塑聚苯板；外墙传热系数计算值K=0.54W/m²·K

屋面由内到外做法为：120厚钢筋混凝土屋面板，20厚水泥砂浆找坡层，20厚水泥增稠粉砂浆找平层，聚脂胎SBS改性沥青防水卷材，60厚挤塑聚苯板，20厚水泥增稠粉砂浆找平层，屋面传热系数计算值K=0.41W/m²·K；

3、户门采用钢制三防保温门，传热系数计算值K=2.00W/m²·K。

4、外窗采用中空玻璃塑钢窗（5+12+5），传热系数应K≤2.8W/m·K。

5、经计算住宅各朝向窗墙比为：东向0.13；西向0.13；南向0.25；北向0.15。

6、外围护通过采用新型保温材料，以降低传热系数，从而使各房间外围护结构冷、热负荷减少，节约能源及运行费用。

7、经对比《居住建筑节能设计标准》（北京市地方标准）（DBJ 11－602－2006）的要求，本建筑物的窗墙比及围护结构传热系数计算值，均小于规范的要求。

<二>、公建节能设计：

1、外墙及屋顶均采用新型保温材料挤塑聚苯板外保温，做法如下：

外墙由内到外做法为：180～200厚钢筋混凝土剪力墙，70厚挤塑聚苯板；外墙传热系数计算值K=0.54W/m²·K；

屋面由内到外做法为：120厚钢筋混凝土屋面板，20厚水泥砂浆找坡层，20厚水泥增稠粉砂浆找平层，聚脂胎SBS改性沥青防水卷材，60厚挤塑聚苯板，20厚水泥增稠粉砂浆找平层，屋面传热系数计算值K=0.41W/m²·K；

2、外门采用铝合金门，传热系数计算值K=2.00W/m²·K。

3、外窗采用中空玻璃断桥铝合金窗（6+12+6），传热系数应 K≤2.8W/m²·K。

4、经计算公建建筑物体型系数为0.105。各朝向窗墙比为：东向0.208；西向0.209；南向0.575；北向0.215。

5、经对比《公共建筑节能设计标准》（北京市地方标准）（DBJ 01－621－2005）的要求，本建筑物的窗墙比及围护结构传热系数计算值，均小于规范的要求。

三、环保篇

1、三废治理：

（1）废气：卫生间、厨房等排风由竖风道至屋顶排放。

（2）废水：粪便污水经庭院设置的化粪池停留24小时后排入市政污水管网。

2、卫生防疫：

（1）地下生活水箱选用卫生防疫站通过的合格产品，在给高区变频给水的总水管出口设紫外线消毒装置。

（2）送、排风系统，分开设置，以避免空气交叉污染。新风取风口及排风口设置在一定高度，避开人流区。

（3）卫生间、机房等房间保持负压，以防止气味污染。

图 18-47 绘制设计说明

18.8 布图概述

布图是指在出图之前，对图面进行调整、布置，以使打印出来的施工图图面美观、协调并满足建筑制图规范。

在打印输出施工图之前，都要对图面进行调整、布置；以使打印出来的施工图美观、协调，并符合建筑制图规范，这就是布图。

天正为用户提供了两种出图方式，分别是单比例布图和多视口布图，下面分别为读者介绍这两种出图方式。

1. 单比例布图

单比例布图是指从绘图至输出都只是用一个比例，该比例可以在绘图前预设，也可在出图前修改。在修改比例后，要选择图形的注释对象，比如文字标注、尺寸标注、符号标注等进行更新。单比例布图适合大多数建筑施工图设计，可直接在模型空间出图。

预设比例的布图方法如下：

1）执行“当前比例”命令，预设图形的比例为 1:150.

2）绘制并编辑图形。

3）执行“插入图框”命令，设置图框的插入比例为 1:150，插入图框。

4）执行“文件”→“页面设置管理器”命令，在【页面设置】对话框中定义各打印参数，包括打印设备、图形打印方向等；同时将图形的打印比例定义为 1:150，与绘图比例相同。单击“打印”命令，可直接打印输出图形。

2. 多视口布图

多视口布图是指把多个选定的模型空间的图形，分别按照各自的绘图比例为倍数，缩小并放置到图纸空间的视口中，从而调整成合理的版面以供打印输出。

多视口布图的方法如下：

1）将当前比例设置为 1:5，绘制并编辑图形.

2）将当前比例设置为 1:3，绘制并编辑图形。

3）单击绘图区下方的“布局”标签，进入图纸空间。

4）执行“文件”→“页面设置管理器”命令，在【页面设置】对话框中定义各打印参数，将打印比例设定为 1:1，单击“确定”按钮保存参数。

5）在图纸空间中删除系统自动创建的视口。

6）执行定义视口命令，分别定义比例为 1:5、1:3 的视口。

7）执行“插入图框”命令，设置图框的插入比例为 1:1，插入图框。

8）打印出图。

综上所述，单比例布图和多视口布图的优缺点见表 18-1。

表 18-1 单比例布图和多视口布图的优缺点

方式	单比例布图	多视口布图
使用情况	单一比例的图形	一张图中有多个比例图形，并同时绘制
当前比例	1:200	各图形当前比例不同
视口比例	——	与各图形比例一致
图框比例	1:200	1:1
打印比例	1:200	1:1

空间状态	模型空间	模型空间与图纸空间
布图方式	不需布图	先绘图，后布图
优点	操作简单、灵活、方便	不需切换比例就可同时绘制多个比例图
缺点	图形不得任意角度摆放	多比例拼接比较困难

18.9 理解布图比例

本节介绍布图比例的知识，包括当前比例、视口比例以及图框比例、出图比例的含义和设置方法。

18.9.1 当前比例

当前比例是指当前的绘图比例，在此基础上所绘制的图形与系统所设定的当前比例相一致。

天正绘图软件默认的当前比例为 1:100，在绘制大多数建筑图时常用的比例。但并不是所有的建筑图都按照这个比例来绘制，绘图比例需要根据实际情况来设定。

值得注意的是，当前比例只是一个全局设置，与最终的打印输出没有直接的关系。也就是说，在打印输出图形的时候，可以按照当前比例来打印输出，也可重新定义打印输出比例。

当前比例参数的设置方法如下：

1）先设定当前比例参数，再在该比例的环境下绘制图形.

2）先绘制图形，再执行“当前比例”命令更改比例参数。

3）复制所需的部分详图图形，插入图中后再为其设置新的比例参数。

在重新定义了当前比例后，图形本身的度量尺寸不变，只是其注释对象的大小更改，比如文字标注、尺寸标注等。

如图 18-48 所示，在当前比例为 1:100 的情况下绘制的尺寸标注；将当前比例改为 1:50 后，尺寸标注本身的大小缩小一倍，但是其长宽范围保持不变，如图 18-49 所示。

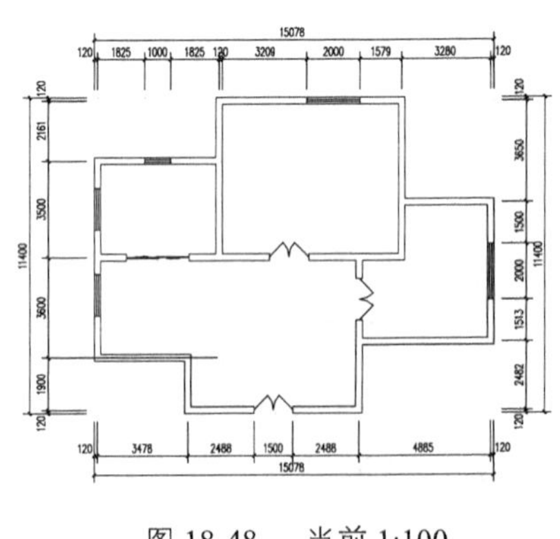

图 18-48　当前 1:100

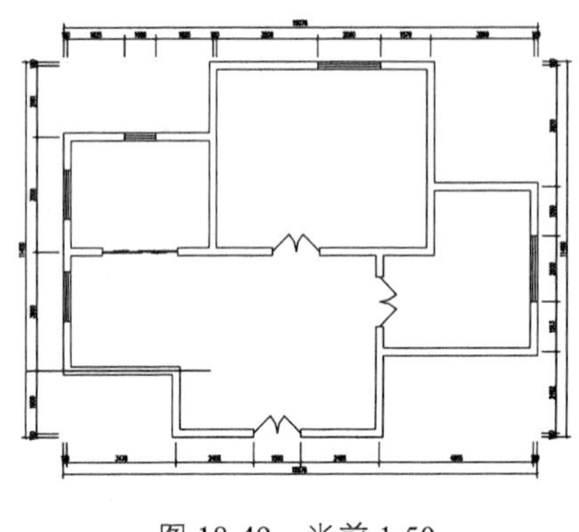
图 18-49　当前 1:50

18.9.2 视口比例

视口比例就好比是在模型空间中开个窗口，透过窗口来观察模型的比例。

使用多视口的方式布图，要先执行“定义视口”命令，在图纸空间中创建相应的视口。

若以绘制完成的图形为基础创建视口，在通过定义矩形框来定义视口大小的时候，需要将图形以及图名全部框选进去。

假如是定义一个空白视口，则可在模型空间中随意指定矩形框的大小，在系统提示下设定该视口的大小，要记住所定义的比例与视口中图形或将要绘制的图形使用的比例相一致。

如果视口的比例与视口内图形的比例不一致，则可使用“放大视口”命令，将视口范围切换至模型空间，执行“改变比例”命令，更改比例参数，使图形与视口的比例相一致。

18.9.3 图框比例

在插入天正自动图框的时候，在【插入图框】对话框中需要定义图框的比例。在使用单比例布图时，图框的比例与图形的出图比例相同，与图形的当前比例也要一致。

而在使用多视口布图时，系统则将图框的插入比例设定为 1:1，用户不能随意更改。

18.9.4 出图比例

出图比例也称为打印比例，是图形打印输出前需要设置的重要参数。在定义出图比例前，首先要定义打印机，在【页面设置】对话框中可定义打印机，如图 18-50 所示。

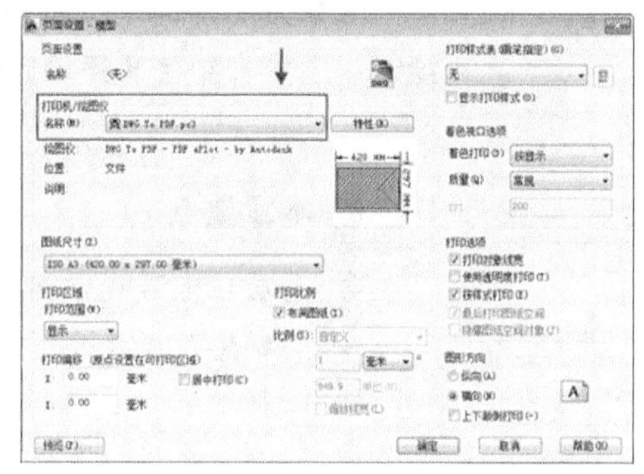

图 18-50　定义打印机

定义打印机后，就可以设定其出图比例。在单比例布图的情况下，出图比例要与图形的当前比例、图框比例一致，如图 18-51 所示，在多视口布图情况下，打印比例则一律为 1:1，如图 18-52 所示。

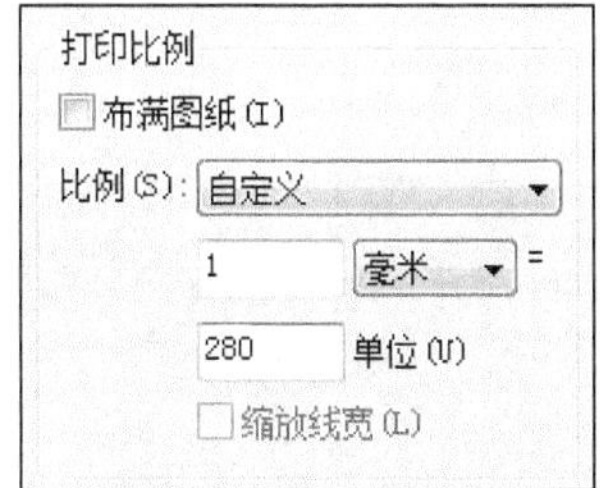

图 18-51　自定义出图比例

打印比例
布满图纸(I)
比例(S): 1:1
1
毫米
=
1
单位(U)
缩放线宽(L)

图 18-52　1:1 的出图比例

第 19 章 高层住宅暖通设计

● 本章导读

本章以高层住宅暖通设计施工图为例，介绍住宅类暖通设计图纸的绘制。主要介绍了暖通设计说明的绘制与各暖通设计图纸的绘制。

● 本章重点

◈ 高层住宅暖通设计说明
◈ 绘制地下一层水管平面图
◈ 绘制地下一层通风平面图
◈ 绘制一层采暖平面图
◈ 绘制屋顶加压送风平面图
◈ 绘制楼梯间前室加压送风系统原理图
◈ 绘制采暖系统图

19.1 高层住宅暖通设计说明

下面介绍高层住宅暖通设计说明的书写方法。

设计说明

1. 建筑概况

本工程地下 1 层，地上 20 层，总建筑面积约 7236.67m^2，总建筑高度 56.0m。

2. 设计依据

1）《民用建筑供暖通风与空气调节设计规范》(GB 50736—2012)。
2）《建筑设计防火规范》(GB 50016—2014)。
3）《住宅建筑规范》(GB 50368—2005)。
4）《全国民用建筑工程设计技术措施—暖通空调、动力》2003 年版。
5）《居住建筑节能设计标准》(DB 21/T 1476—2016)。
6）其他使用的规范、规程、标准等。
7）建设单位的设计要求。

3. 设计参数

1）室外气象参数如下：
冬季采暖室外计算温度：－19℃
冬季通风室外计算温度：－12℃
冬季最多风向平均室外风速：3.2m/s
2）室内设计参数见表 19-1

表 19-1　室内设计参数

主要房间名称	温度/℃	主要房间名称	温度/℃
网店	18	地下层库房	10
卧室、客厅	18		
厨房	15		
住宅卫生间	18		

4. 设计范围

包括建筑物内的采暖、通风及排烟设计。

5. 采暖设计

1）热源：
a.采暖系统热水由园区热交换站提供，散热器系统供回水温度为 60～80℃。
b.热风系统热水由园区热交换站提供，供回水温度为 60～80℃。

2）采暖形式：

a. 住宅采用散热器采暖系统。

b. 地下一层库房由送风系统冬季送热风供暖。

c. 六级人防物资库由送风系统冬季送热风供暖。

3）热水采暖系统：

a. 热水采暖系统竖向分高、低区设置，–1～8 层为低区，9 层以上为高区。

b. 住宅采用共用立管的分户计量式系统，户内系统采用水平跨越式。

c. 高、底区采暖系统的定压及补水由热交换站解决。

d. 散热器选用钢制复合式鳍片型散热器。型号为 CFQ1.2/6—1.0，每篇标准散热量为 129.3W，工作压力不小于 1.0MPa，挂墙安装。

e. 本工程总采暖热负荷为 267.1kW，热指标为 36.9W/m^2。

f. 采暖系统的具体设置详见表 19-2.

表 19-2 采暖系统的具体设置

系统编号	热负荷:/kW	压力损失/KPa	服务区域	备注
DR1	119.9	32.4	B2 号楼低区	
GR1	149.2	46.4	B2 号楼高区	
DR2	78.4	42.6	地下层库房	
DR3	67.2	41.3	六级人防物资库	

6. 通风机防排烟设计

1）系统设置：

a. 合用前室和防烟楼梯间前室设机械加压送风系统，加压送风机设于屋面。

b. 地下层库房设机械送、排风系统，火灾时兼用作补风系统和排烟系统。

c. 六级人防物资库设机械送、排风系统，火灾时兼用作补风系统和排烟系统。

d. 战时六级人防物资库设清洁、隔绝两种通风方式。清洁通风量按清洁区的换气数 2 次/h 计算。隔绝防护时间大于或等于 3h，CO2 浓度 3.0%（体积分数）。

2）通风机防排烟系统的具体设置见表 19-3。

表 19-3 通风机防排烟系统的具体设置

系统编号	服务区域	风量	全压	备注
		m^3/h	Pa	
P（Y）—1	B2 号楼地下室	13312/7966	563/265	排风兼排烟
S（B）—1	B2 号楼地下室	7000	240（静压）	送风兼补风
JS—1	B2 号楼合用前室	31373	625	加压送风
JS—2	B2 号楼防烟楼梯间前室及地下防烟楼梯间	31373	625	加压送风
RF—P（Y）—1	六级人防物资库	10319/6250	592/266	排风兼排烟
RF—S（B）—1	六级人防物资库	6000	200（静压）	送风兼补风

a. 排烟系统风机吸入口出均设 280℃自动关闭的防火阀。

b. 通风系统风管穿越机房、防火墙及变形缝处均设有防火阀。防火阀与墙体之间的风管壁厚为 2mm。

c. 卫生间设卫生间通风器，用户自理。

7. 节能设计

1）建筑概况：

功能：住宅。地上 20 层，建筑高度 56.0m，总建筑面积 7236.6 m^2；建筑体形系数 0.16。

2）维护结构传热系数 K：

屋面：K=0.345W/（m^2K）

外墙（地上）：K=0.33W/（m^2K）

外墙（地下）：K=0.538W/（m^2K）

不采暖房间与采暖房间之间的隔墙：K=0.632W/（m^2K）

不采暖房间与采暖房间之间的楼板：K=0.632W/（m^2K）

接触室外空气地板：K=0.422W/（m^2k）

外窗：K（南）≤2.9W/（m^2K）；K（北）≤2.9W/（m^2K）；

K（东）≤2.9W/（m^2K）；K（西）≤2.9W/（m^2K）

3）采暖热负荷：

采暖热负荷：267.1kW，热负荷指标：36.9 W/m^2

施工说明

1. 采暖系统

1）采暖管道除了住宅户内系统外均采用焊接钢管。

2）户内采暖管道采用铝塑 PP—R 复合管，工作温度℃，允许工作压力 1.0MPa，地面沟槽内敷设。管材的规格尺寸见表 19-4。

表 19-4　管材的规格尺寸

公称直径/mm	15	20	25
外径/mm	20	25	32
壁厚/mm	2.9	3.1	3.9

3）系统工作压力。

低区系统最低点工作压力均为 0.6MPa，高区系统最低点工作压力均为 0.8MPa，设备和附件的允许工作压力应不小于 1.0MPa。

4）采暖阀门：

a. DN<50 采用球阀；DN≥50 采用对夹蝶阀。

b. 在入户之前的供水管道上，顺水流方向应安装阀门（铜球阀），过滤器、计量表、阀门及泄水管。在出户之后的回水管道上，应安装泄水管并加装平衡阀。

c. 所有阀门位置应设置于便于操作与维修处。

d. 散热器上，均设手动风阀，该阀位于散热器顶端丝堵上。

e. 分户支管上设锁闭阀和平衡阀。

5）涂装。

a. 管道及散热器在刷底漆之前应仔细除锈或采用 SRC—A 型特种带锈涂刷防锈底漆。

b. 散热器表面在刷（喷）防锈底漆二遍，干燥后再刷（喷）非金属性面漆二边。

c. 保温管道涂防锈底漆二遍。

d. 非保温管道涂防锈底漆二遍，耐热色漆或银粉二遍。

6）保温。

a. 主立管：敷设于地下室、非采暖房间、地沟、屋顶和楼梯间的管道均需保温。

b. 保温材料选用离心玻璃棉管壳，厚度为 60mm。

7）系统安装与敷设。

a. 设计图纸中所注水管标高（凡未注明时），为中心标高。

b. 散热器安装

散热器挂墙安装，底距地 150。一组散热器超过 25 片时分成二组串联，并做异侧联接，串联管径与散热器接口相同，长度不超过 200mm。

8）管道敷设。

a. 管道系统的最低点，应配 DN20 泄水管并安装同径阀门，管道系统的最高点应配自动排气阀。

b. 管道活动的支、吊、托架，其具体形式和设置位置，由安装单位根据现场情况，在保证牢固、可靠的原则下选定。

c. 管道穿过墙壁或楼板应设钢制套管。套管公称直径应比管道公称直径大 2 号，安装在楼板内的套管，其顶部应高出装饰地面 20mm，安装在卫生间及厨房内的套管，其顶部应高出装饰地面 50mm，底部应与楼板面相平。安装在墙壁内的套管，其两端应与饰面相平。

9）水压试验。

a. 散热器组对后，以及整租出厂的散热器在安装前进行水压试验，试验压力为 0.9MPa。2~3min 压力不降、不渗、不漏为合格。

b. 管道和散热器安装前需清除内部污物，安装中断应临时封闭接口。系统整体试压后应进行冲洗，至排除的水不含杂质且水色不浑浊为合格。

c. 水系统安装完毕冲洗后，保温前进行水压试验。入口试验压力为低区 0.9MPa，高区 1.2MPa，升至试验压力后，稳压 10min，压力下降不大于 0.02MPa，再将压力降至工作压力，外观检查无渗漏为合格。

10）调试。

系统试压冲洗合格后，需进行试运行及处调整。以各房间温度与设计温度基本协调为合格。

11）未尽事宜。需严格遵照《建筑给水排水及采暖工程施工质量验收规范》（GB 50242—2002）执行。

2. 通风系统

1）通风、排烟系统的风管均采用镀锌钢板制作，板材壁厚应符合表 19-5 规定。

表 19-5 板材壁厚列表

矩形风管大边长/mm	板材厚度	
	通风系统	排烟系统
$D(b) \leqslant 320$	0.5	0.75
$320<D(b) \leqslant 450$	0.6	0.75
$450<D(b) \leqslant 630$	0.6	0.75
$630<D(b) \leqslant 1000$	0.75	1.0
$1000<D(b) \leqslant 1250$	1.0	1.0
$1250<D(b) \leqslant 2000$	1.0	1.2
$2000<D(b) \leqslant 4000$	1.2	1.5

2）除图中特殊注明外，本设计图中所注标高为：矩形风管注顶标高，水管及圆形风管注中心标高。

3）风管采用法兰连接，法兰垫料采用闭孔海绵或橡胶板；对排风排烟合用的风管，其法兰垫料采用浸油石棉板；厚度均为 5mm。

4）风管与空调机和进排风机进、出口连接处应采用复合铝箔柔性玻纤软管，设于负压侧时，长度为 100mm；设于正压侧时，长度为 150mm。排烟系统的柔性短管应采用不燃材料制作，应保证在 280℃时能连续工作 30min 以上。

5）本设计图中所示的管道风机式仅表示其安装位置，风机安装时应注意风机的气流方向与本图所要求的方向相一致。

6）防火调节阀分 70℃和 280℃两种，安装时切勿混淆，带电信号输出，尺寸按所接风管的尺寸采用。

7）安装防火阀和排烟阀时，应先对其外观质量和动作的灵活性、可靠性进行检验，确认合格后再安装。

8）防火阀的安装位置必须和设计相符，气流方向必须和阀体上标志的箭头相一致，严禁反向。

9）安装调节阀、蝶阀等调节配件时，必须注意将操作手柄配置在便于操作的部位。

10）消声器采用微缩孔板消声器。消声器的接口尺寸与所接风管尺寸相同。

11）所有设备基础均应在设备到货且校核其尺寸无误后方可施工。

12）尺寸较大的设备应在其机房墙未砌之前先放入机房内。

13）土建施工时，本专业施工人员应配合土建专业施工人员预留孔洞，预留孔洞时应按参照本专业和土建专业图纸，务必认真核准。

14）各类产品订货时必须符合设计技术要求，产品需有合格证，消防类产品还需有消防认证证书，消声产品必须有声学测试报告，且无可燃材料。

15）未尽事宜，须严格遵照以下国家规范：

《建筑给水排水及采暖工程施工质量验收规范》GB 50242—2002

《地面供暖供冷技术规程》JGJ 142—2012
《通风与空调工程施工质量验收规范》 GB 50243—2002

19.2 绘制地下一层水管平面图

本节介绍高层住宅楼地下一层水管平面图的绘制，讲解了采暖管线的绘制，水管阀门的布置等知识。

01 打开素材。按下 Ctrl+O 组合键，打开配套光盘提供的“第 19 章/19.2 地下一层原始结构图.dwg”文件，结果如图 19-1 所示。

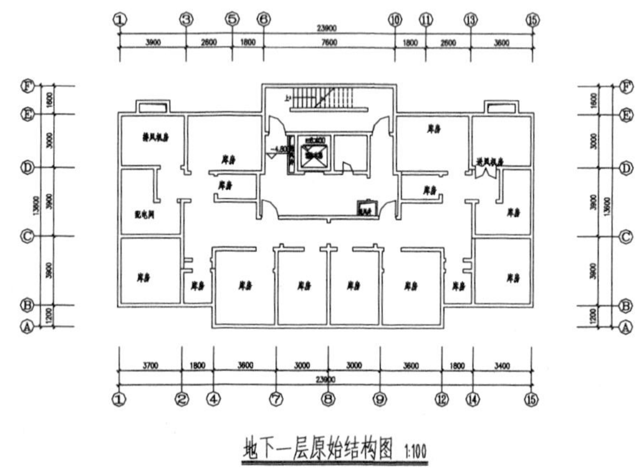

图 19-1 地下一层原始结构图

02 插入水管平面阀门。执行“图库图层” → “通用图库”命令，在弹出的【天正图库管理系统】对话框中选择名称为“刚性防水套管”的阀门，如图 19-2 所示。

03 在对话框中双击阀门图片，在绘图区中点取插入点；调用 CO【复制】命令，移动复制阀门图形，结果如图 19-3 所示。

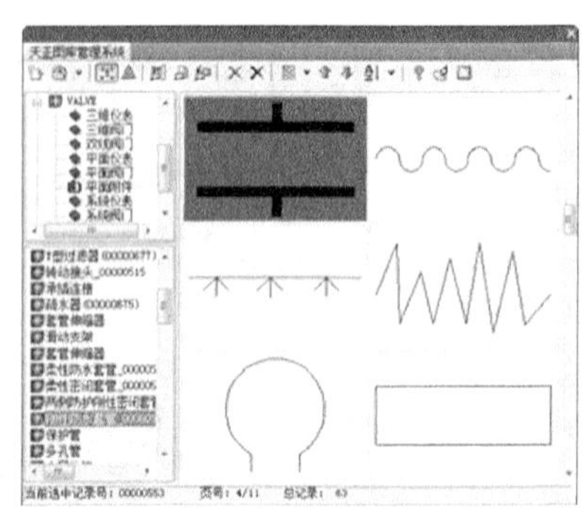

图 19-2 【天正图库管理系统】对话框

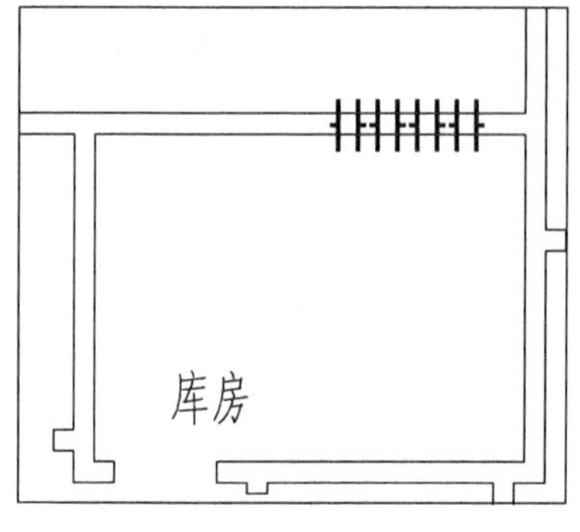

图 19-3 插入阀门

04 绘制采暖立管。执行“采暖” → “采暖立管”命令，系统弹出【采暖立管】对话框；在其中选择“供回双管”按钮，并定义管径参数，结果如图 19-4 所示。

[05] 根据命令行的提示，在绘图区中指定立管的插入点，绘制采暖供回双管的结果如图 19-5 所示。

图 19-4 【采暖立管】对话框

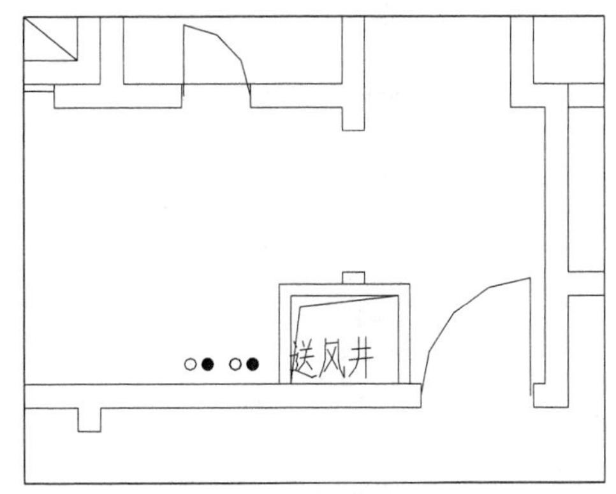

图 19-5 绘制采暖供回双管

[06] 绘制采暖管线。执行“采暖”→“采暖管线”命令，弹出如图 19-6 所示的【采暖管线】对话框；在其中分别单击“供水干管”、“回水干管”按钮，在绘图区中分别指定管线的起点和终点，完成管线的绘制结果如图 19-7 所示。

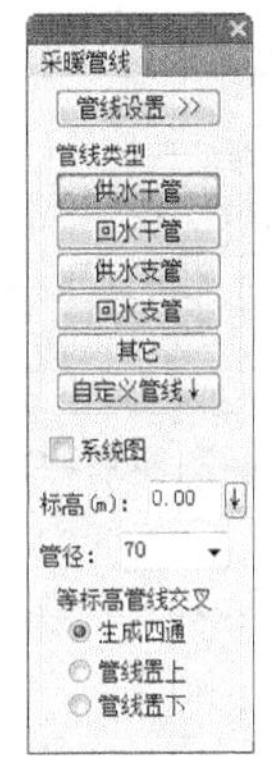

图 19-6 【采暖管线】对话框

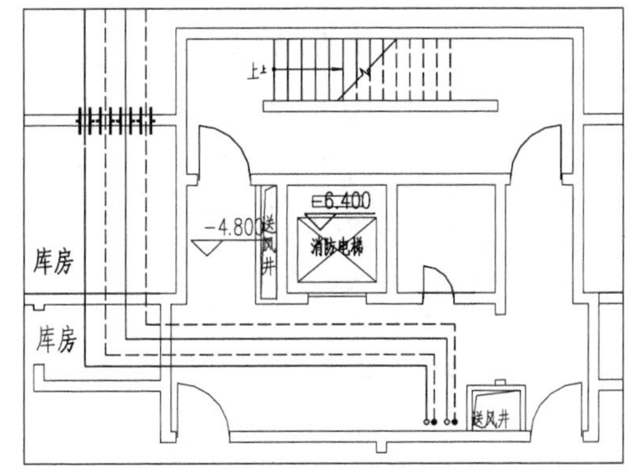

图 19-7 绘制采暖管线

[07] 修改管径。双击右边第一根干管、第二根干管，在弹出如图 19-8 所示的【修改管线】对话框中修改管径为 80。

[08] 绘制采暖立管。执行“采暖”→“采暖立管”命令，系统弹出【采暖立管】对话框；在其中选择“供回双管”按钮，绘制立管的结果如图 19-9 所示。

[09] 绘制断管符号。执行“水管工具”→“断管符号”命令，命令行提示“请选择需要插入断管符号的管线”；框选管线，即可为采暖管线添加断管符号，结果如图 19-10 所示。

[10] 绘制水泵平面示意图。调用 REC【矩形】命令，绘制尺寸为 1500 × 1200 的矩形，结果如图 19-11 所示。

[11] 绘制采暖系统管线、附件。重复上述操作，绘制采暖立管、采暖管线，插入刚性防水套管，为管线绘制断管符号，结果如图 19-12 所示。

[12] 多管标注。执行“专业标注”→“多管标注”命令，根据命令行的提示，指定标

注的起点和终点，绘制多管标注的结果如图 19-13 所示。

图 19-8 【修改管线】对话框

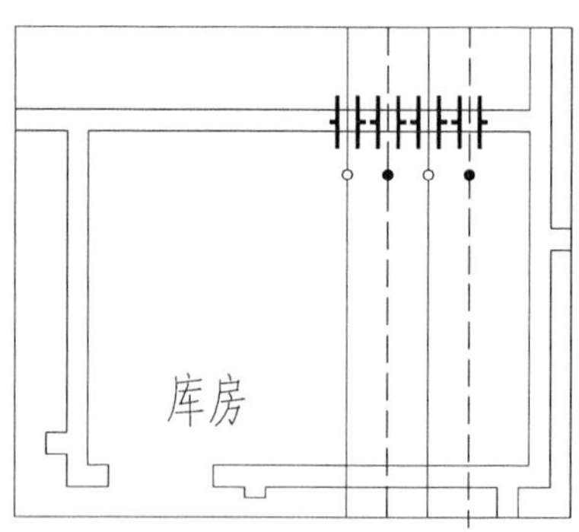

图 19-9 绘制采暖立管

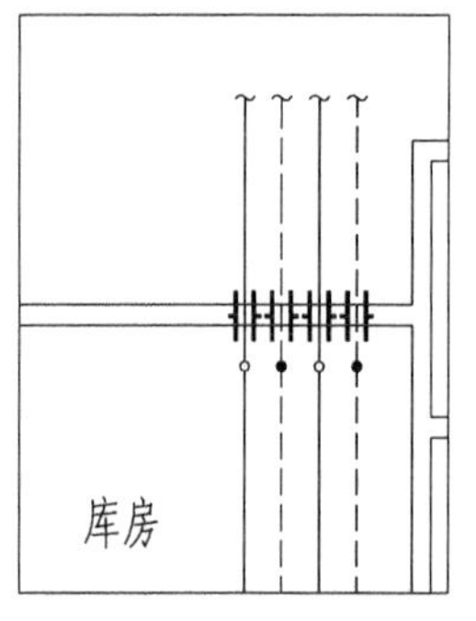

图 19-10 绘制断管符号

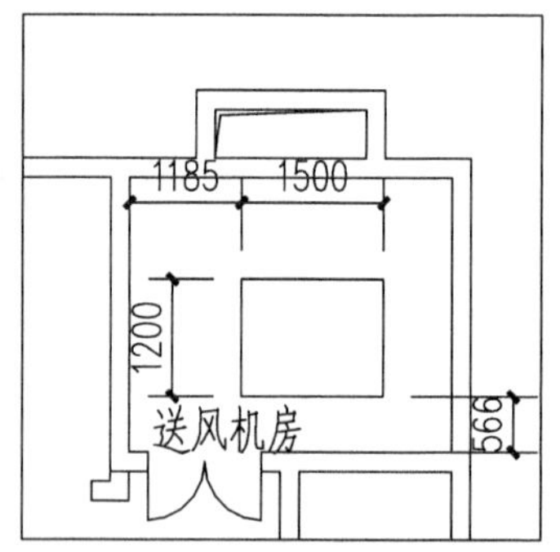

图 19-11 绘制水泵平面示意图

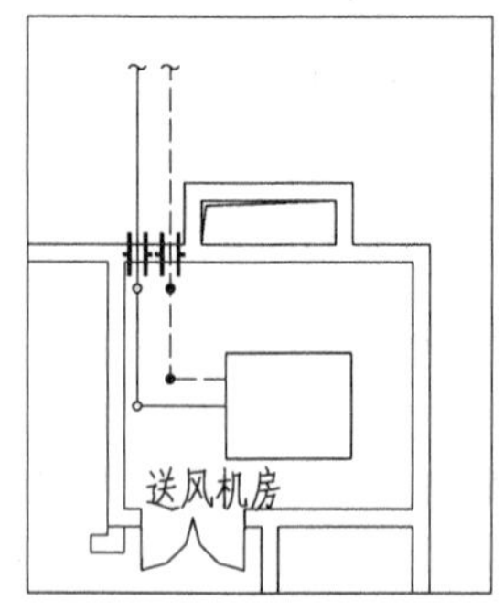

图 19-12 绘制结果

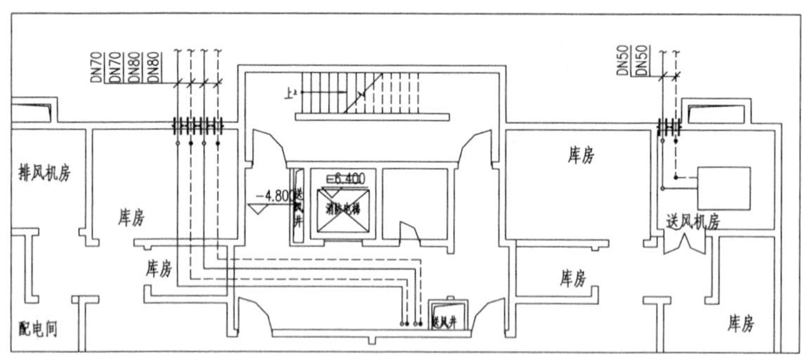

图 19-13 多管标注

[13] 绘制引出标注。执行“符号标注”→“引出标注”命令，弹出【引出标注】对话框，设置参数如图 19-14 所示。

[14] 根据命令行的提示，在绘图区中指定标注的各点，绘制引出标注的结果如图 19-15 所示。

[15] 双击绘制完成的引出标注，弹出如图 19-16 所示的编辑选项板。

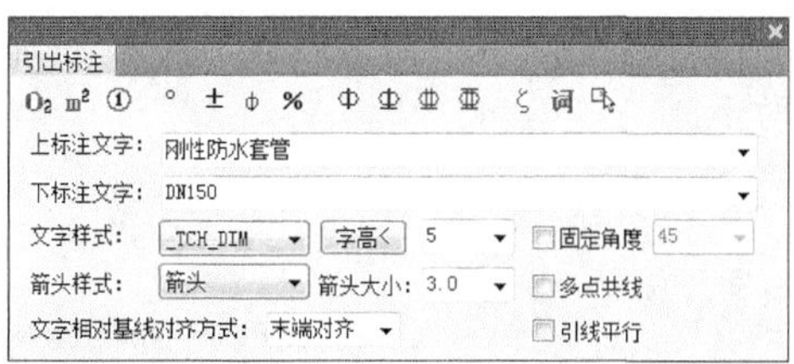

图 19-14 【引出标注】对话框

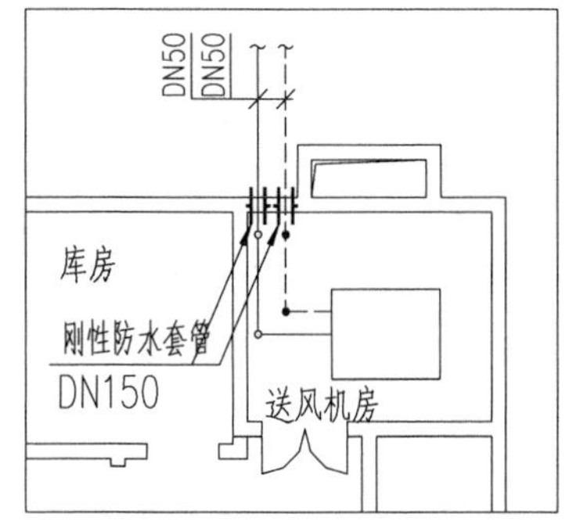

图 19-15 绘制引出标注

图 19-16 编辑选项板

16 在选项板中单击“增加标注点”按钮，在绘图区中点取待编辑的标注点，绘制结果如图 19-17 所示。

17 重复操作，继续绘制引出标注，结果如图 19-18 所示。

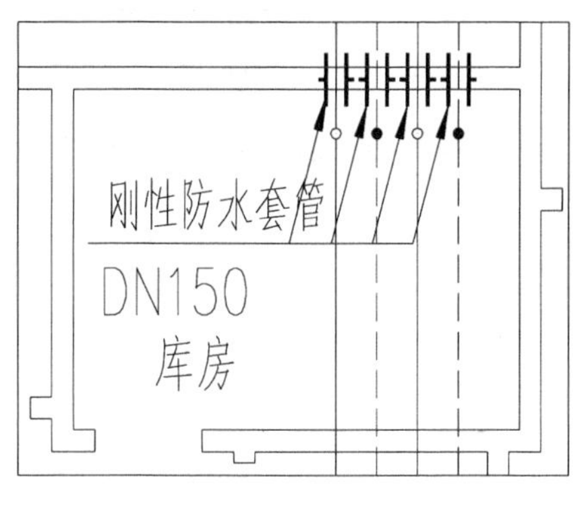

图 19-17 增加标注点

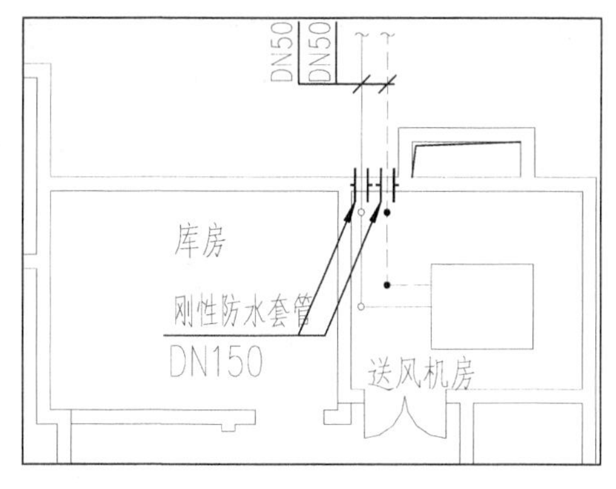

图 19-18 绘制结果

18 继续执行“符号标注”→“引出标注”命令，在弹出【引出标注】对话框中定义参数绘制引出标注；双击绘制完成的引出标注，为其添加标注点，绘制结果如图 19-19 所示。

19 绘制多行文字标注。执行“文字表格”→“多行文字”命令，系统弹出【多行文字】对话框，在其中输入文字标注，结果如图 19-20 所示。

20 单击“确定”按钮，在绘图区中点取多行文字的插入位置，即可完成多行文字标注；重复执行“文字表格”→“多行文字”命令，继续绘制多行文字标注，结果如图 19-21 所示。

21 图名标注。执行“符号标注”→“图名标注”命令，系统弹出【图名标注】对话框，设置参数如图 19-22 所示。

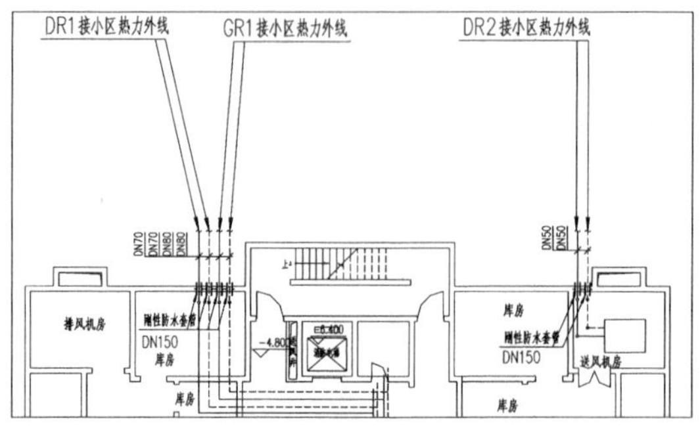

图 19-19 绘制结果

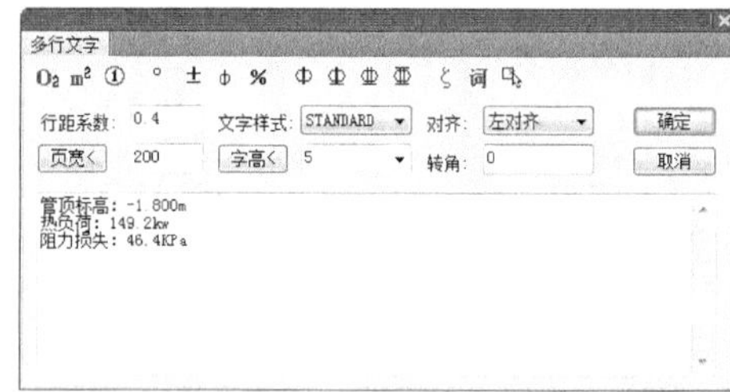

图 19-20 【多行文字】对话框

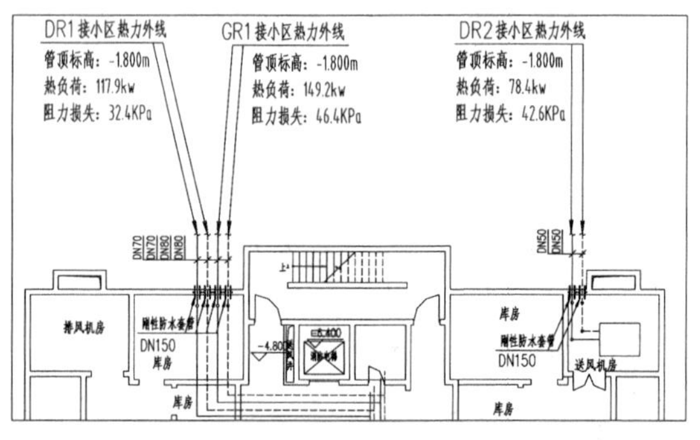

图 19-21 多行文字标注

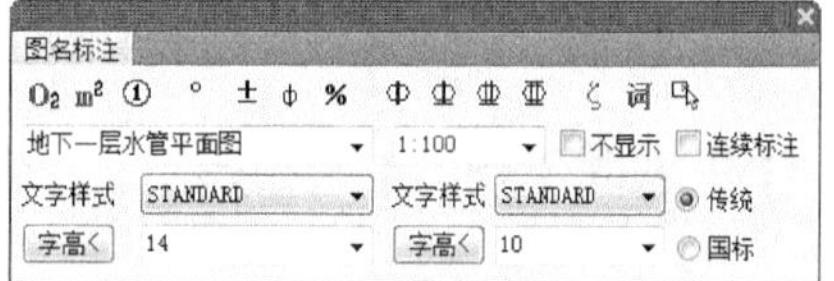

图 19-22 【图名标注】对话框

22 根据命令行的提示，在绘图区中点取图名标注的插入位置，绘制结果如图 19-23 所示。

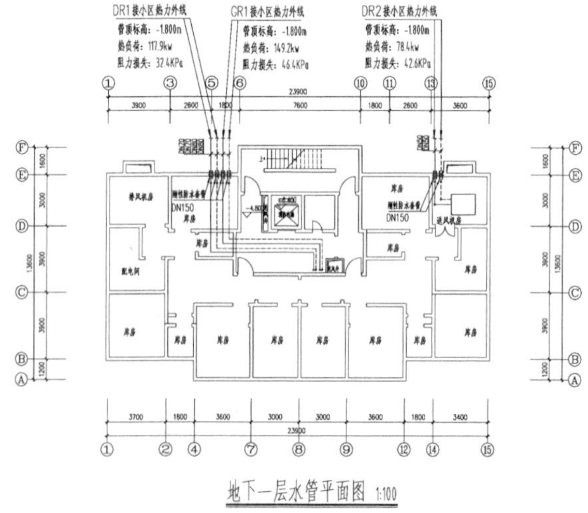

图 19-23 图名标注

19.3 绘制地下一层通风平面图

本节介绍高层住宅楼地下一层通风平面图的绘制，讲解了布置风口以及绘制风管和连接风管的方法。

01 打开素材。按下 Ctrl+O 组合键，打开配套光盘提供的“第 19 章/19.3 地下一层原始结构图.dwg”文件，如图 19-24 所示（地下一层原始结构图为适应绘制通风平面图的要求稍作了改动）。

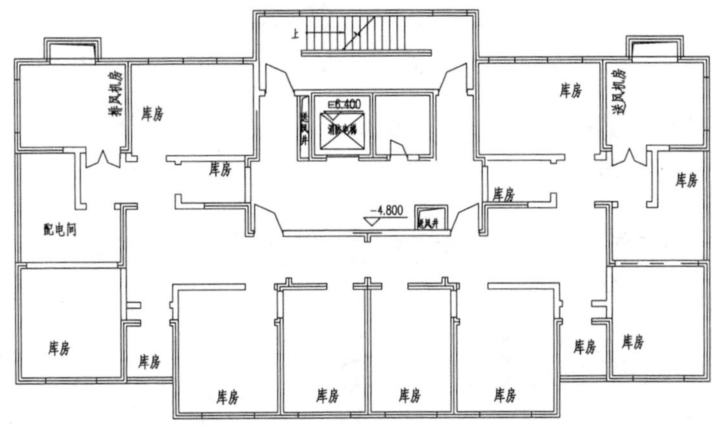

图 19-24 地下一层原始结构图

02 布置风口。执行“风管设备”→“布置风口”命令，系统弹出【布置风口】命令；单击对话框左边的风口预览框，在弹出的【天正图库管理系统】对话框中选择风口样式图形，如图 19-25 所示。

03 双击风口样式图形，在【布置风口】对话框中设置参数，结果如图 19-26 所示。

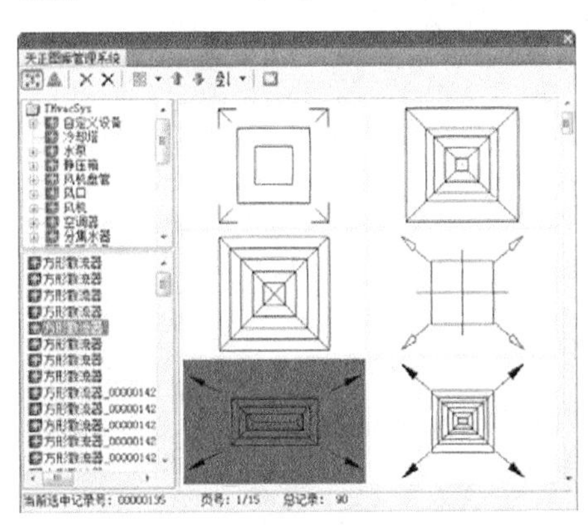

图 19-25 【天正图库管理系统】对话框

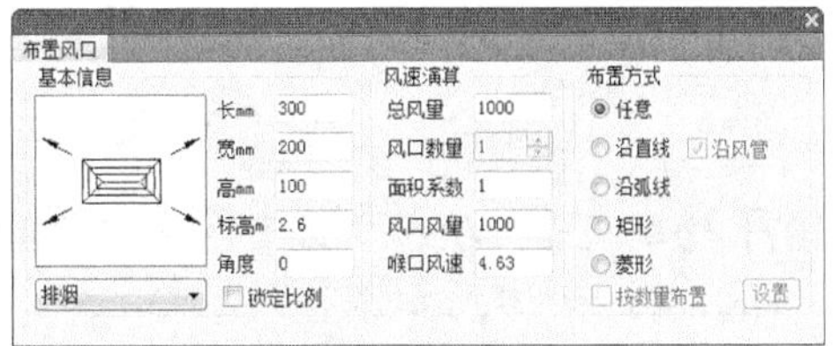

图 19-26 设置参数

04 根据命令行的提示，在绘图区中点取风口的位置，布置风口的结果如图 19-27 所示。

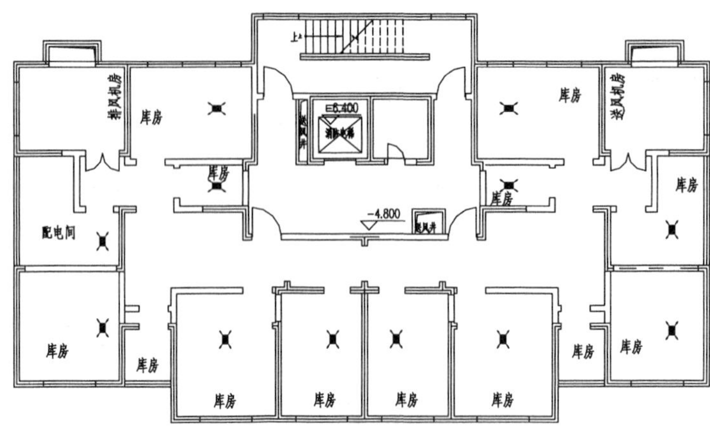

图 19-27　布置风口

[05] 布置双层百叶风口。执行“风管设备”→“布置风口”命令，选择双层百叶风口图形，设置风口参数如图 19-28 所示。

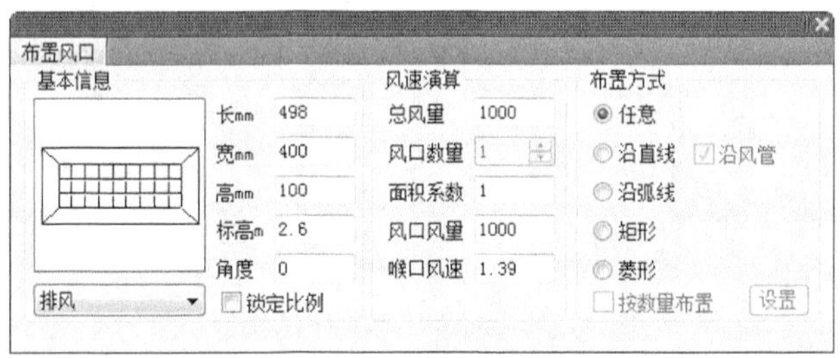

图 19-28　设置风口参数

[06] 根据命令行的提示，在绘图区中点取风口的位置，布置风口的结果如图 19-29 所示。

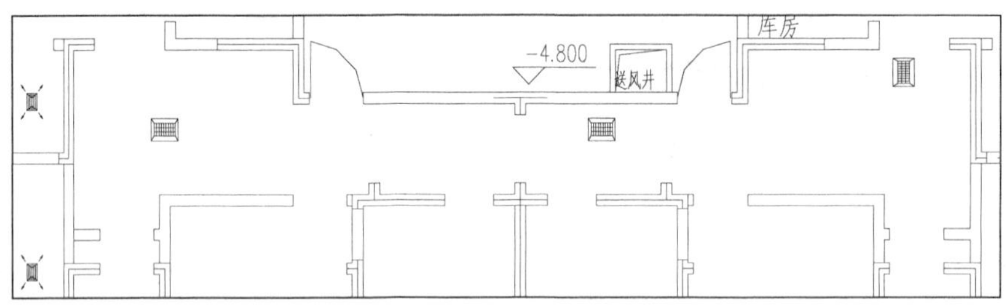

图 19-29　布置风口

[07] 绘制风管。执行“风管”→“风管绘制”命令，系统弹出【风管布置】对话框，设置参数如图 19-30 所示。

[08] 在绘图区中分别指定风管的起点和终点，绘制风管的结果如图 19-31 所示。

[09] 在【风管布置】对话框中设置风管的截面尺寸参数为 500，绘制风管的结果如图 19-32 所示。

[10] 执行“风管”→“变径”命令，弹出【变径】对话框，设置参数如图 19-33 所示。

11 在对话框中单击“连接”命令，在绘图区中选择截面尺寸为 630 和 500 的风管，连接结果如图 19-34 所示。

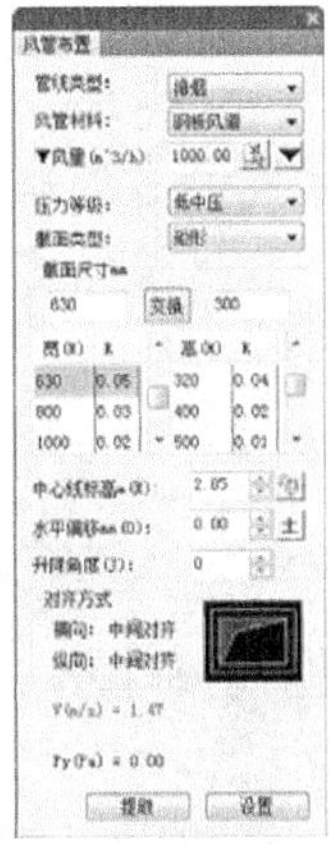

图 19-30 【风管布置】对话框

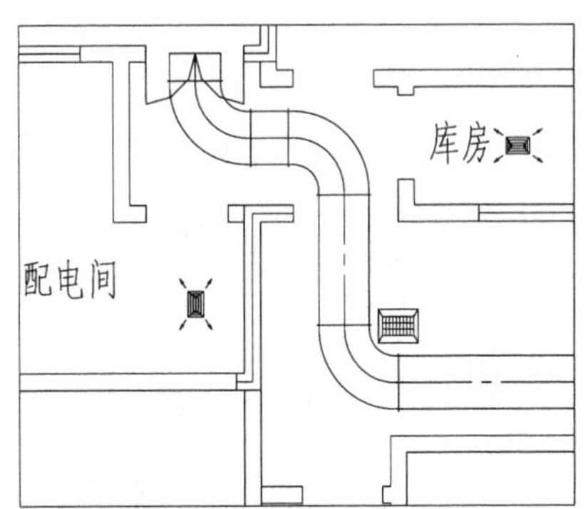

图 19-31 绘制风管

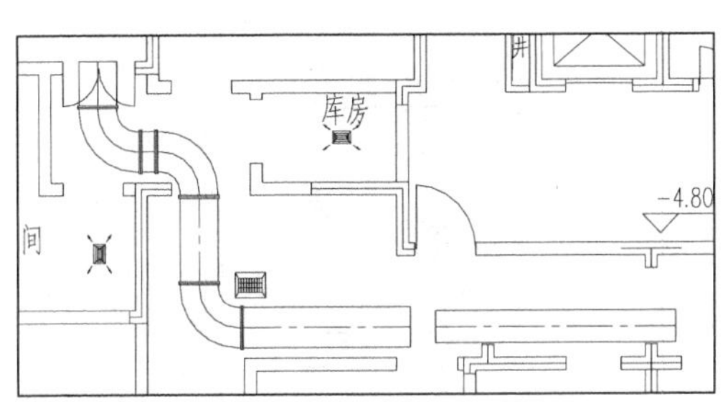

图 19-32 绘制结果

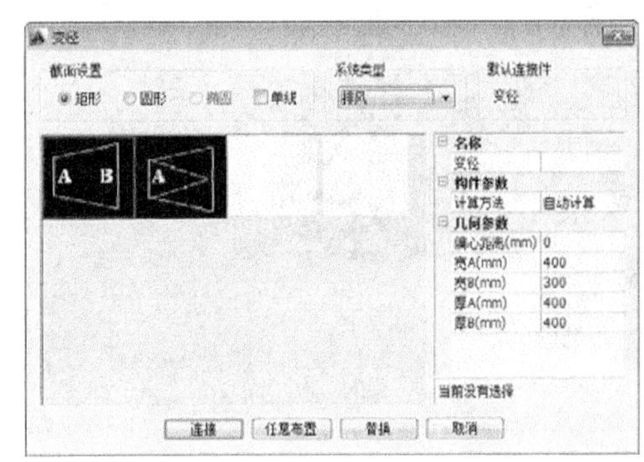

图 19-33 【变径】对话框

12 执行“风管”→“风管绘制”命令，绘制截面尺寸为 400 的风管；执行“风管”→“变径”命令，执行变径连接，结果如图 19-35 所示。

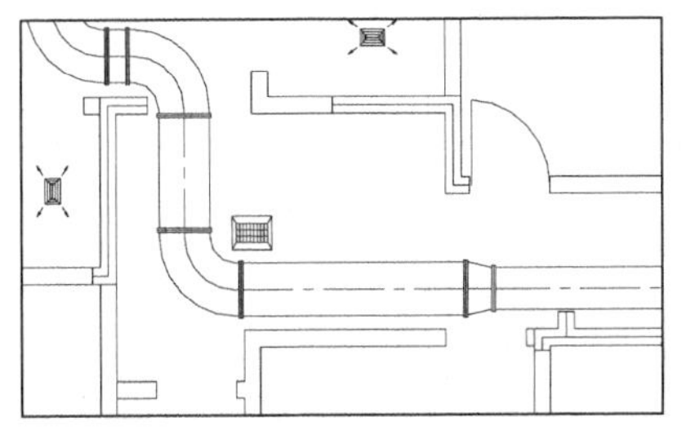

图 19-34 连接结果

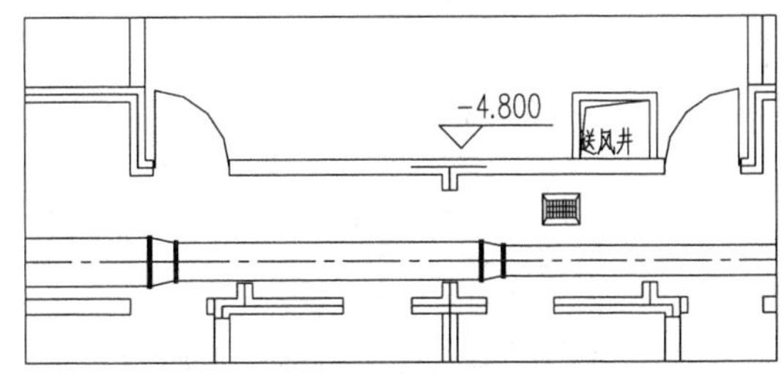

图 19-35 变径连接

13 执行“风管”→“风管绘制”命令，绘制截面尺寸为 320 的风管；执行“风管”→“变径”命令，执行变径连接，结果如图 19-36 所示。

14 执行“风管”→“风管绘制”命令，绘制截面尺寸为 200 的风管，结果如图 19-37 所示。

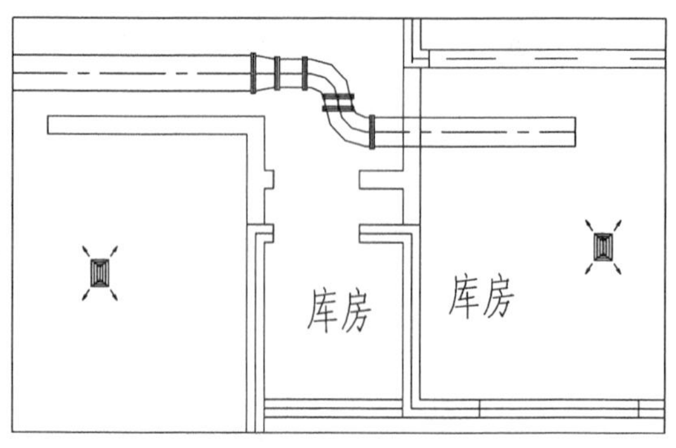

图 19-36 连接结果

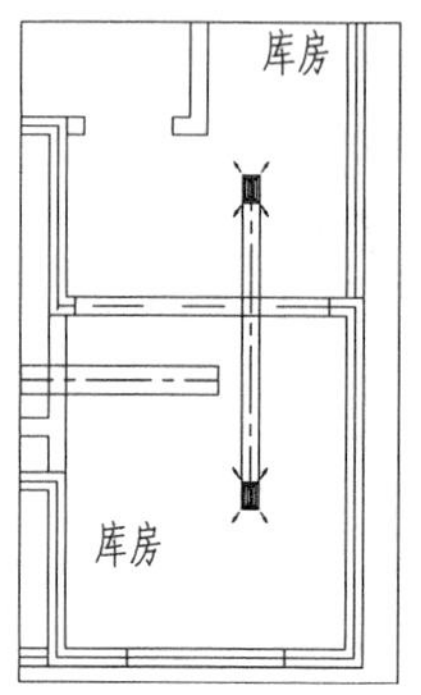

图 19-37 绘制风管

[15] 三通连接。执行“风管”→“三通”命令，弹出【三通】对话框，定义参数如图 19-38 所示。

[16] 根据命令行的提示，选择待连接的风管，完成三通连接的结果如图 19-39 所示。

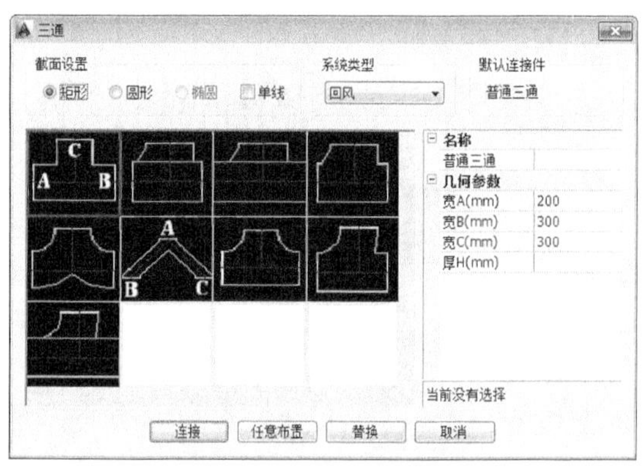

图 19-38 【三通】对话框

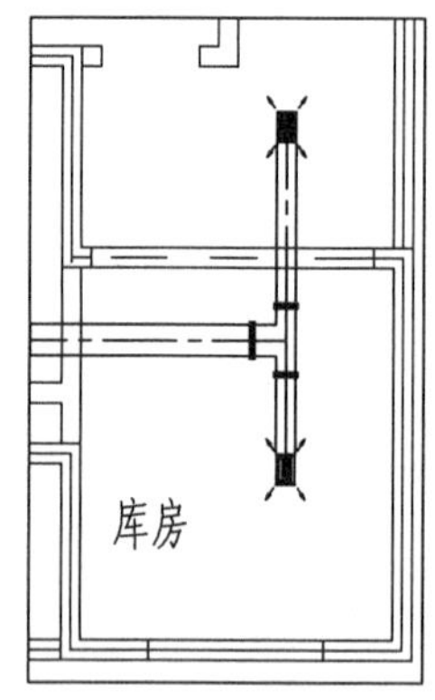

图 19-39 三通连接

[17] 执行“风管”→“风管绘制”命令，绘制风管，执行“风管”→“三通”命令，对风管执行连接操作，绘制结果如图 19-40 所示。

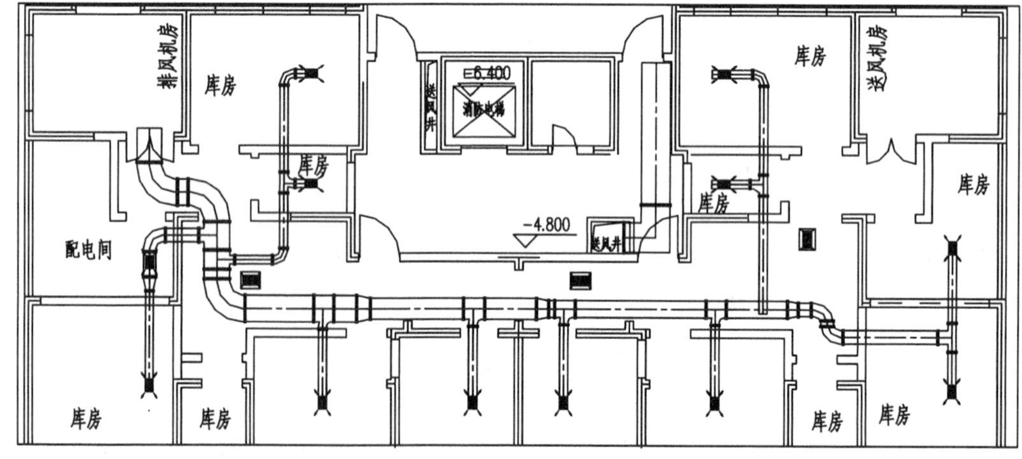

图 19-40 绘制结果

18 绘制消声静压箱。调用 REC【矩形】命令，绘制尺寸为 500×2000 的矩形，结果如图 19-41 所示。

19 绘制风管。执行“风管”→“风管绘制”命令，绘制截面尺寸为 630 的风管，结果如图 19-42 所示。

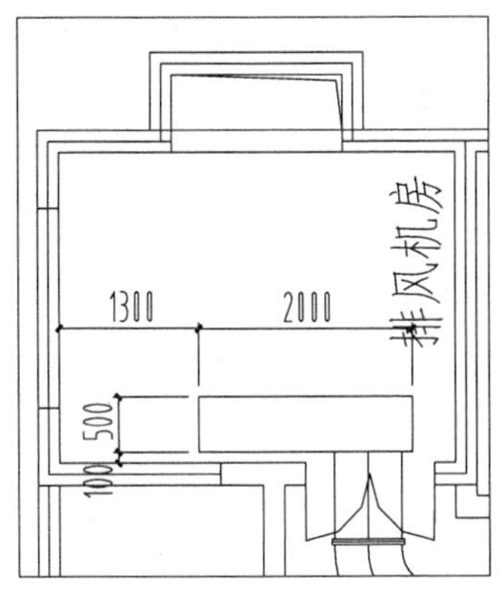

图 19-41　绘制消声静压箱

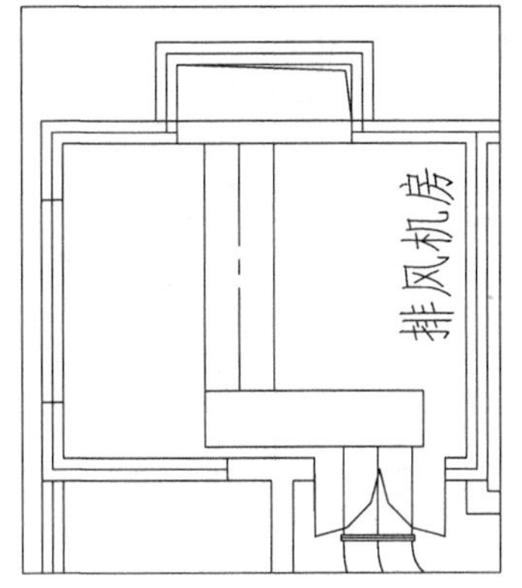

图 19-42　绘制风管

20 绘制管道风机。执行“风管”→“管道风机”命令，弹出【管道风机布置】对话框；单击对话框左边的风机预览框，系统弹出【天正图库管理系统】对话框，在其中选择风机样式，如图 19-43 所示。

21 双击风机样式，返回【管道风机布置】对话框，定义风机参数如图 19-44 所示。

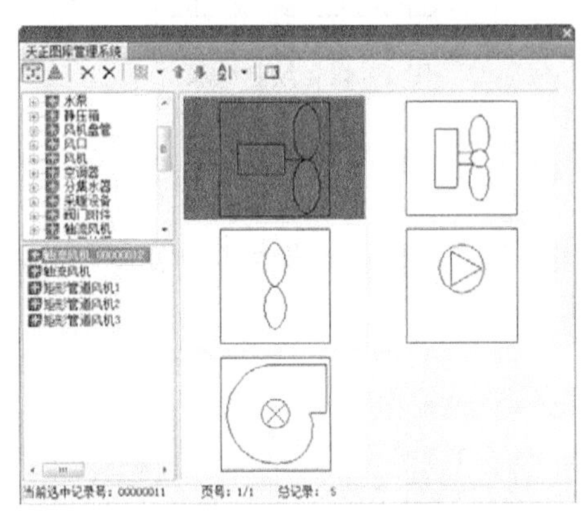

图 19-43　【天正图库管理系统】对话框

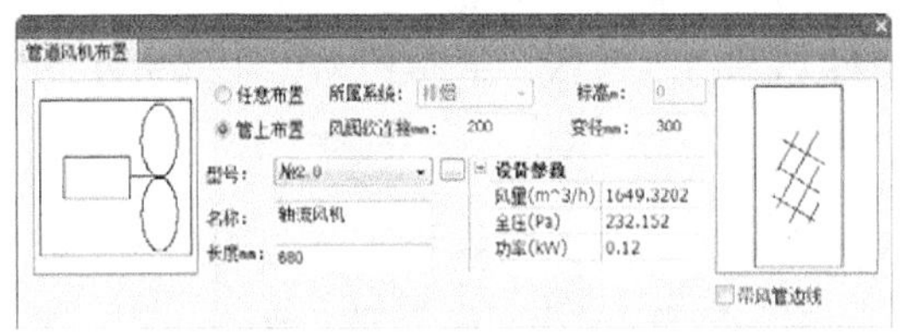

图 19-44　【管道风机布置】对话框

22 在管道上点取风机的插入点，绘制风机的结果如图 19-45 所示。

23 布置排烟防火阀。执行“风管”→“布置阀门”命令，在弹出的【风阀布置】对话框中定义参数，结果如图 19-46 所示。

24 在绘图区中点取风阀的插入点，布置风阀的结果如图 19-47 所示（此处将双开门隐藏）。

25 绘制消声静压箱以及水泵预览图。调用 REC【矩形】命令，分别绘制尺寸为 500

×2000、1500×1200的矩形，结果如图19-48所示。

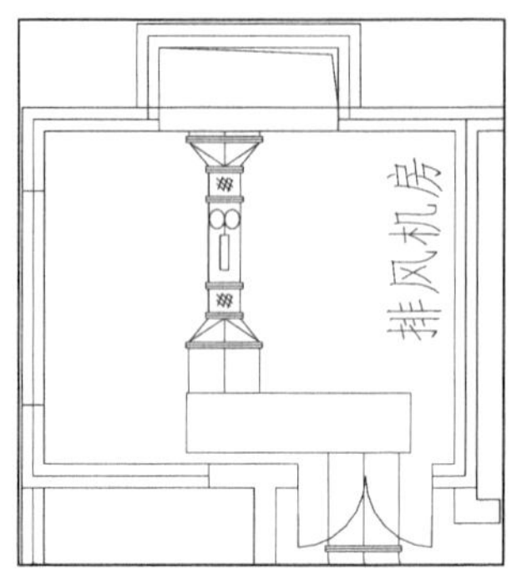

图19-45　绘制风机

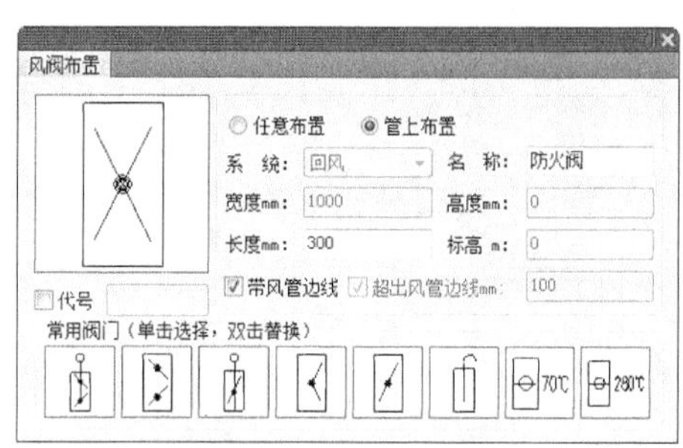

图19-46　【风阀布置】对话框

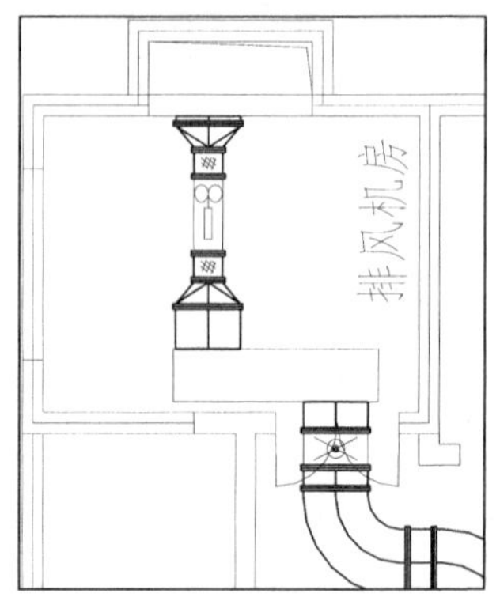

图19-47　布置风阀

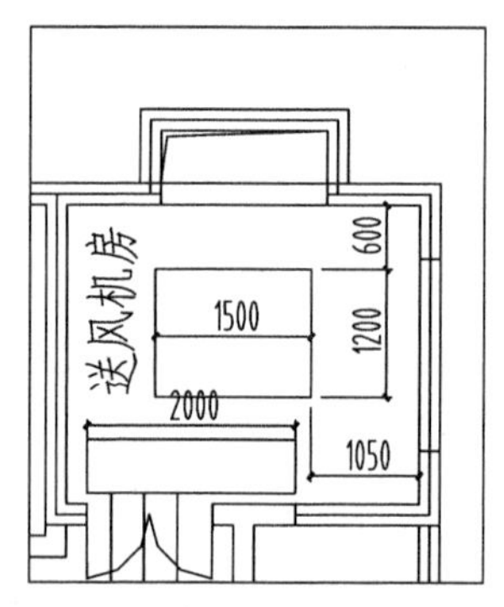

图19-48　绘制结果

26 绘制风管。执行“风管”→“风管绘制”命令，分别绘制截面尺寸为630、1000的风管，结果如图19-49所示。

27 布置阀门。执行“风管”→“布置阀门”命令，在风管上布置名称为“电动对开多叶调节阀”的阀门，结果如图19-50所示。

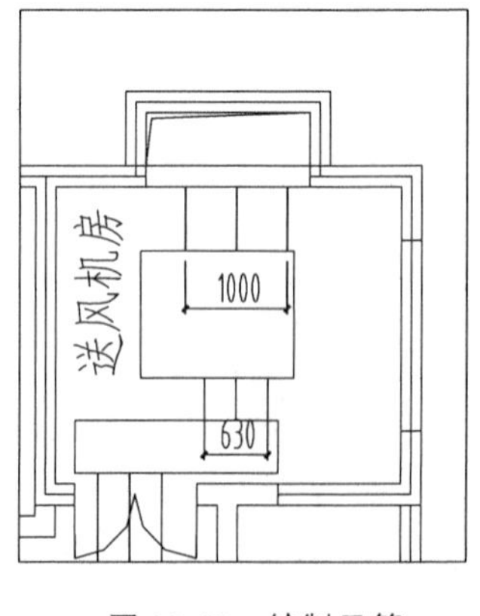

图19-49　绘制风管

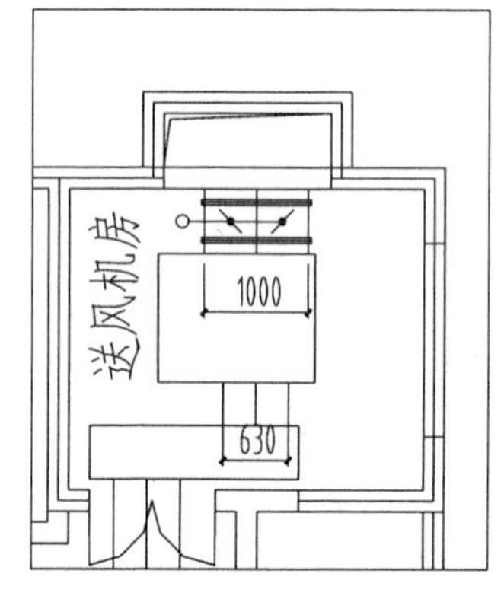

图19-50　布置阀门

28 风管标注。执行“专业标注”→“风管标注”命令，在弹出的【风管标注】对话框中选择“距墙标注”选项，标注风管的距墙距离，结果如图 19-51 所示。

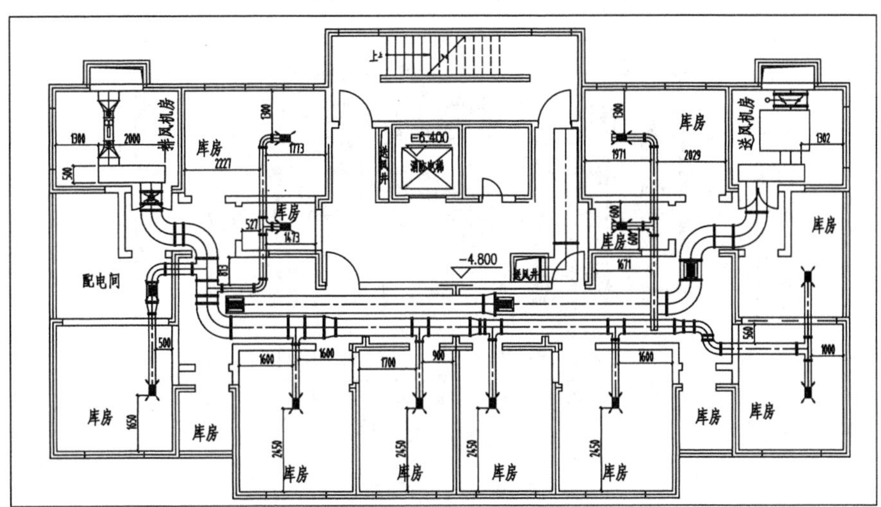

图 19-51　风管标注

29 文字标注。执行“文字表格”→“单行文字”命令，在弹出的【单行文字】对话框中设置参数；在绘图区中点取标注的插入位置，绘制文字标注的结果如图 19-52 所示。

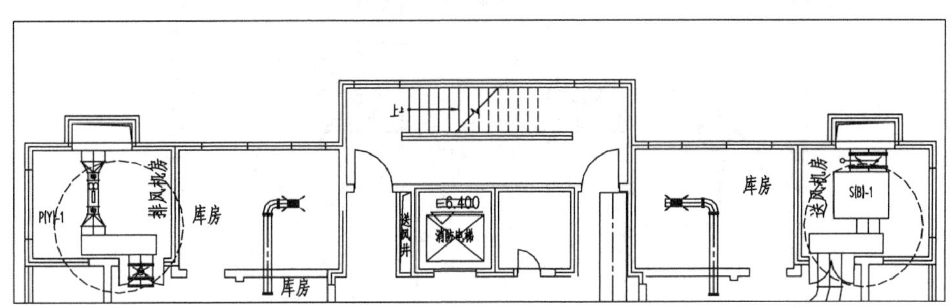

图 19-52　文字标注

30 图名标注。执行“符号标注”→“图名标注”命令，在弹出的【图名标注】对话框中设置参数，根据命令行的提示，在绘图区中点取图名标注的插入位置，绘制结果如图 19-53 所示。

19.4 绘制一层采暖平面图

本节介绍住宅楼一层采暖平面图的绘制，讲解了布置散热器以及绘制立管和管径标注的方法。

01 打开素材。按下 Ctrl+O 组合键，打开配套光盘提供的“第 19 章/19.4　一层原始结构图.dwg”文件，结果如图 19-54 所示。

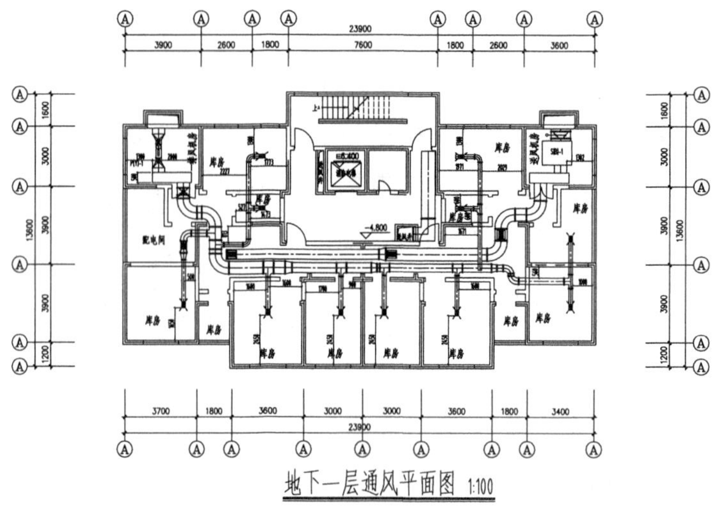

图 19-53　图名标注

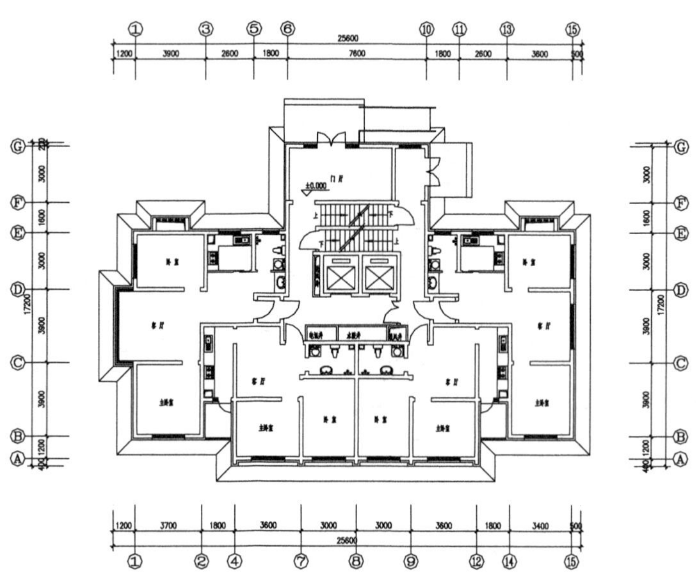

图 19-54　一层原始结构图

02 绘制卧室散暖器。执行“采暖”→“散热器”命令，系统弹出【布置散热器】对话框；在对话框中选择布置方式为“窗中布置”，绘制的立管样式为“单边双立管”，结果如图 19-55 所示。

03 此时命令行提示如下：

```
命令: SRQ↙
请拾取窗<退出>:找到 1 个                    //点取平面窗。
点取窗户内侧任一点<退出>:
交换供回管位置[是(S)]<退出>:                //在散热器的一侧移动鼠标，单击左键指定立管的位置，绘制结果如图 19-56 所示。
```

(04) 绘制客厅散热器。重复执行“散热器”命令，在【布置散热器】对话框中选择“沿墙布置”方式，绘制散热器的结果如图 19-57 所示。

图 19-55 【布置散热器】对话框

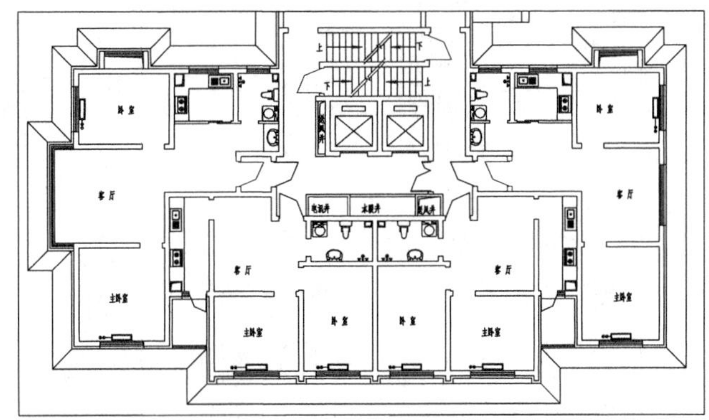

图 19-56 绘制卧室散热器

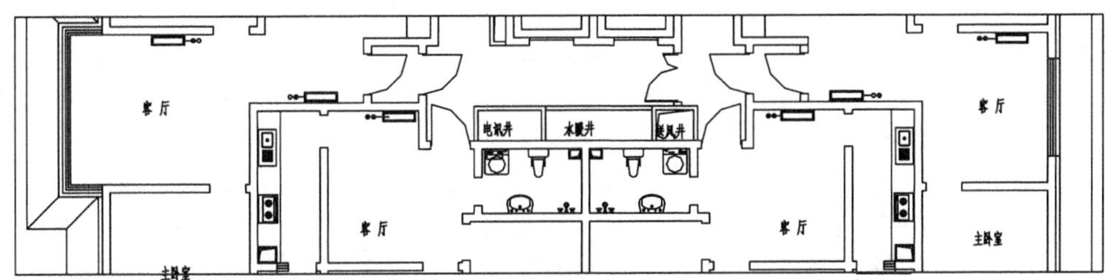

图 19-57 绘制客厅散热器

(05) 绘制厨房散热器。重复执行“散热器”命令，在【布置散热器】对话框中选择“沿墙布置”方式；设置散热器的长度为 400，宽度为 200，绘制厨房散热器的结果如图 19-58 所示。

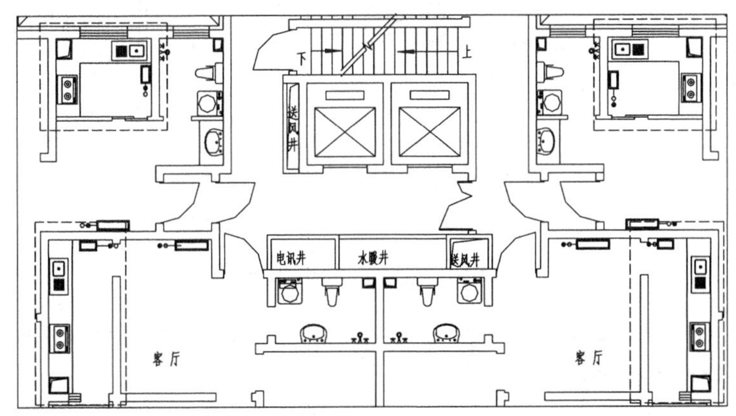

图 19-58 绘制厨房散热器

(06) 绘制卫生间散热器。重复执行“散热器”命令，在【布置散热器】对话框中分别选择“任意布置”、“沿墙布置”方式，设置散热器的长度为 400，宽度为 200，绘制卫生间散热器的结果如图 19-59 所示。

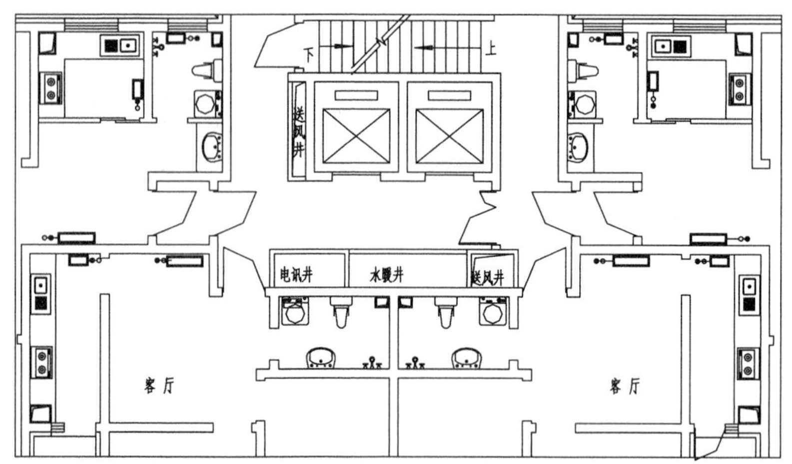

图 19-59　绘制卫生间散热器

07 绘制散热器文字标注。执行“文字表格”→“单行文字”命令，在弹出的【单行文字】对话框中定义标注参数，在绘图区中点取标注位置即可完成文字标注，调用 L【直线】命令，绘制文字下划线，结果如图 19-60 所示。

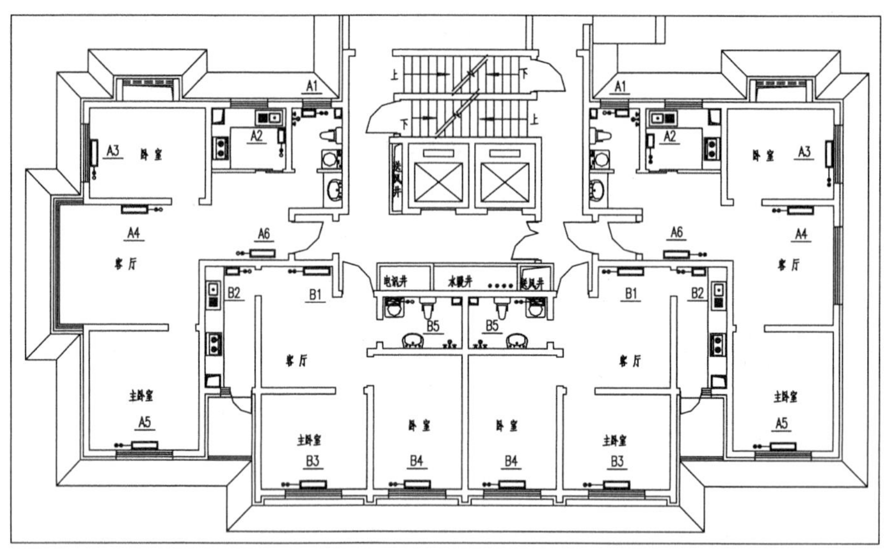

图 19-60　绘制散热器文字标注

08 绘制采暖管线。执行“采暖”→“采暖管线”命令，绘制供水管和回水管，完成散热器间的 管线的连接如图 19-61 所示。

09 绘制立管及断管符号。执行“采暖”→“采暖立管”命令，绘制立管样式为双圆圈的立管；执行“水管工具”→“断管符号”命令，绘制断管符号，结果如图 19-62 所示。

10 管径标注。执行“专业标注”→“单管管径”命令、“专业标注”→“多管标注”命令，绘制管径标注，结果如图 19-63 所示。

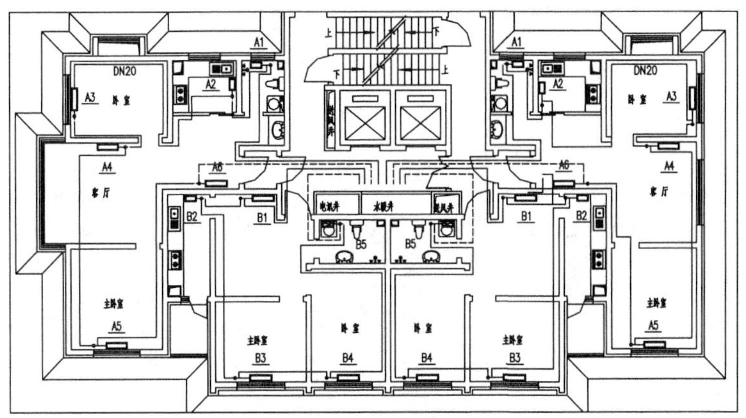

图 19-61　绘制采暖管线

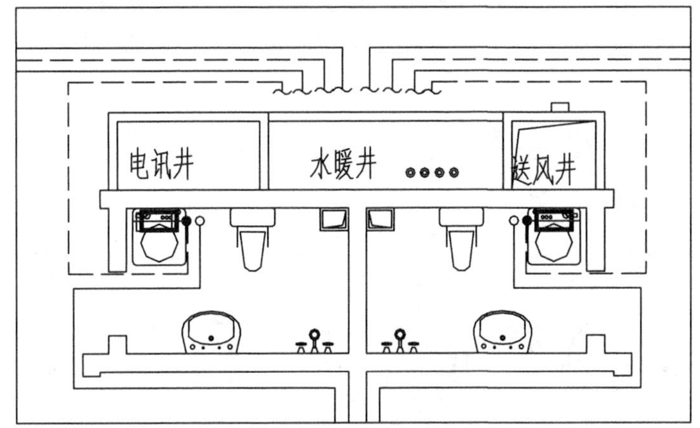

图 19-62　绘制立管及断管符号

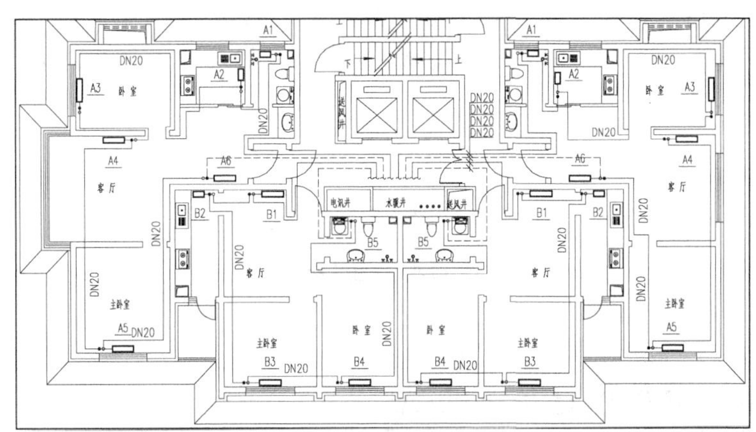

图 19-63　管径标注

11 绘制引出标注。执行“符号标注”→“引出标注”命令，弹出【引出标注】对话框，设置参数，结果如图 19-64 所示。

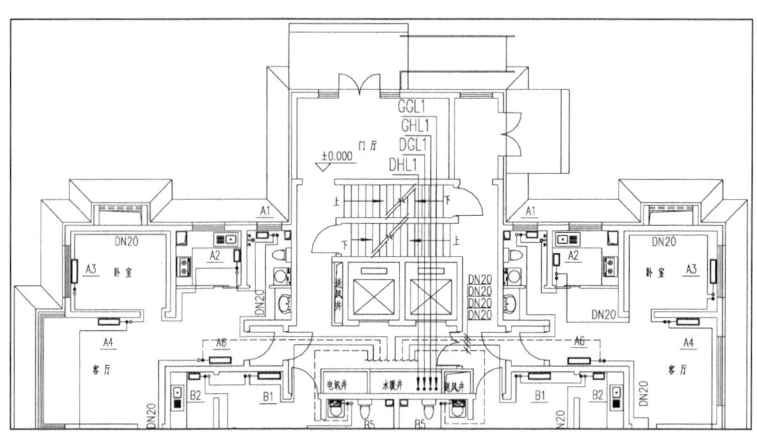

图 19-64　引出标注

[12] 图名标注。执行“符号标注”→“图名标注”命令，在弹出的【图名标注】对话框中设置参数；根据命令行的提示，在绘图区中点取图名标注的插入位置，绘制结果如图 19-65 所示。

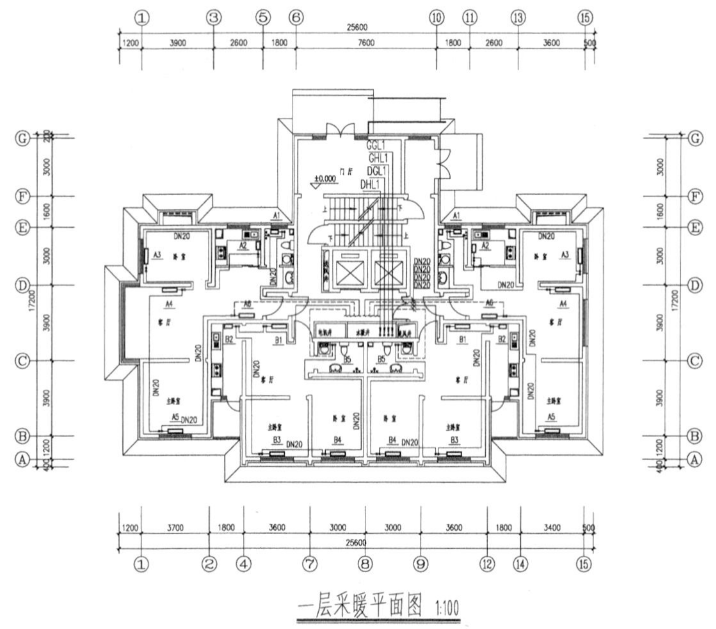

图 19-65　图名标注

19.5 绘制屋顶加压送风平面图

本节介绍住宅楼屋顶加压送风平面图的绘制，讲解了管道风机的布置以及绘制风管和风管弯头的方法。

[01] 打开素材。按下 Ctrl+O 组合键，打开配套光盘提供的“第 19 章/19.5 屋顶原始结构图.dwg”文件，结果如图 19-66 所示。

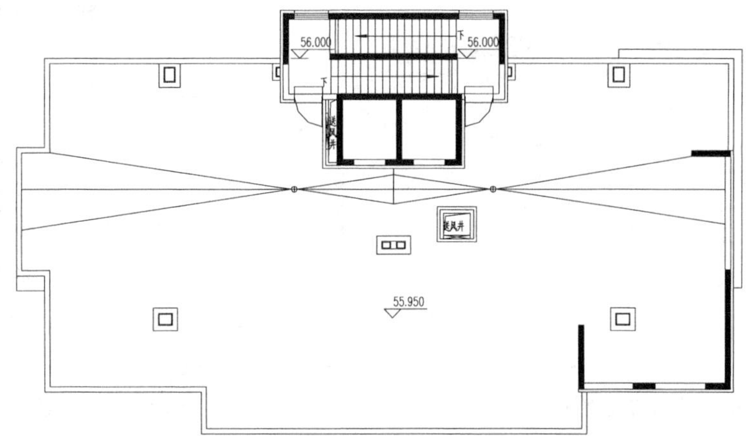

图 19-66 打开素材

[02] 布置管道风机。按下 Ctrl+O 组合键，打开配套光盘提供的“第 19 章/家具图例.dwg”文件，将其中的管道风机图形复制粘贴至当前图形中，结果如图 19-67 所示。

[03] 绘制风管。执行“风管”→“风管绘制”命令，绘制截面尺寸为 900 的风管，结果如图 19-68 所示。

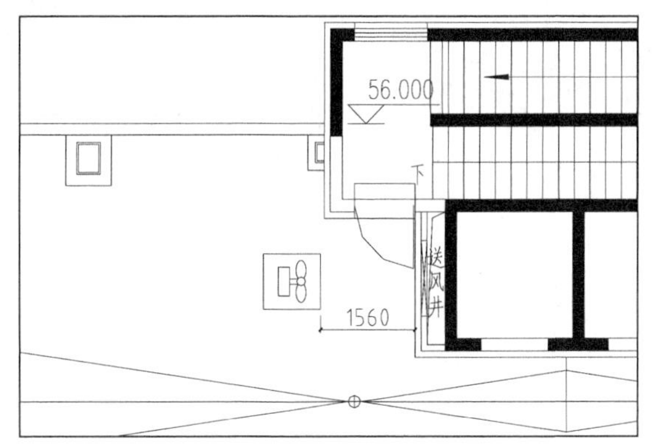

图 19-67 布置管道风机

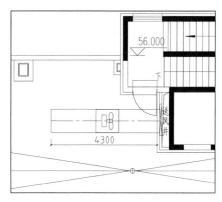

图 19-68 绘制风管

[04] 布置软接头。执行“风管设备”→“布置阀门”命令，在弹出的【风阀布置】对话框中设置软接头的参数，结果如图 19-69 所示。

[05] 在绘图区中点取阀门的插入点，绘制软接头的结果如图 19-70 所示。

[06] 绘制风管弯头。执行 A【圆弧】命令，绘制圆弧，结果如图 19-71 所示。

[07] 整理图形。调用 X【分解】命令，分解风管；调用 E【删除】命令，删除多余线段，结果如图 19-72 所示。

[08] 调用 CO【复制】命令，移动复制绘制完成的风管、阀门图形；调用 RO【旋转】命令，旋转图形，结果如图 19-73 所示。

[09] 箭头引注。执行“符号标注”→“箭头引注”命令，弹出【箭头引注】对话框，设置参数如图 19-74 所示。

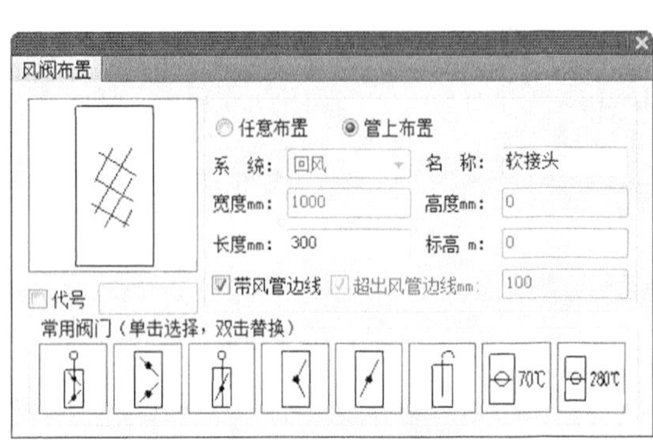

图 19-69 【风阀布置】对话框

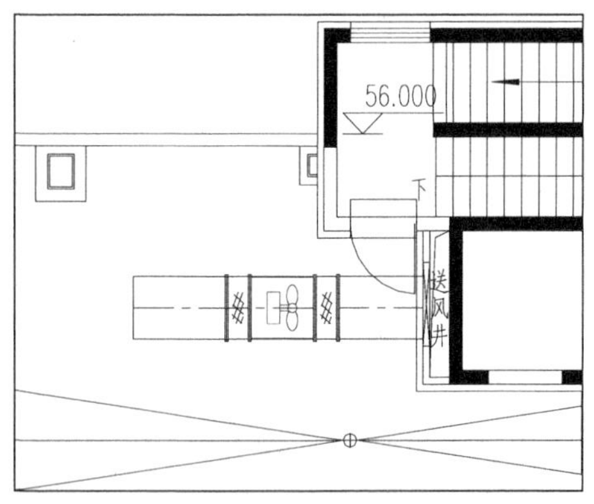

图 19-70 布置软接头

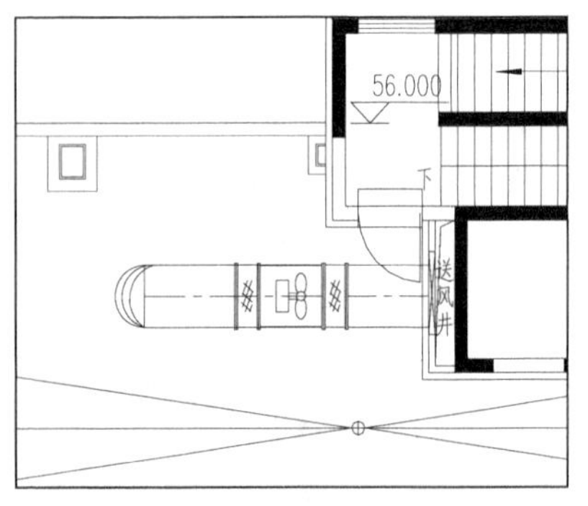

图 19-71 绘制风管弯头

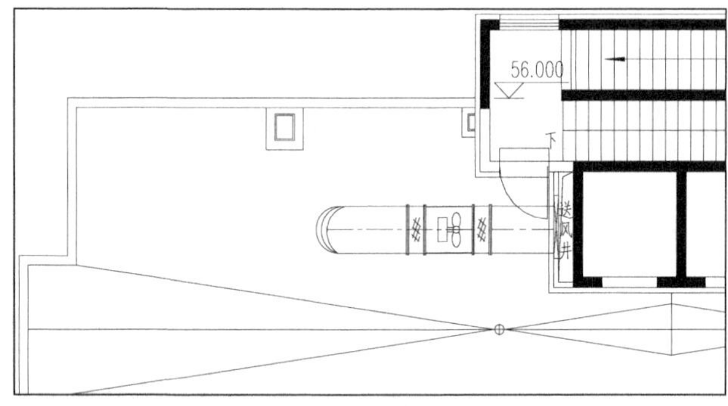

图 19-72 整理图形

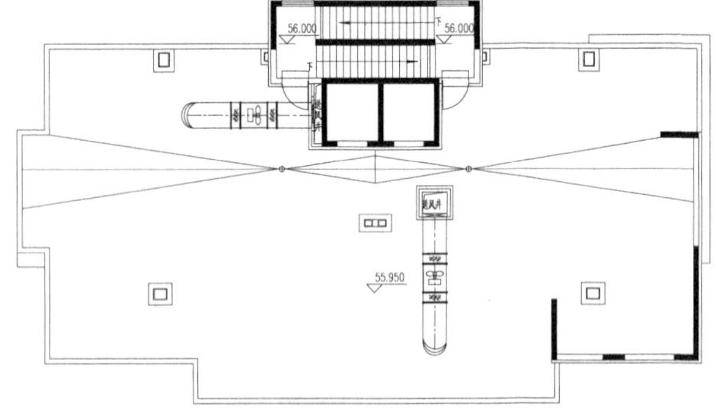

图 19-73 编辑图形

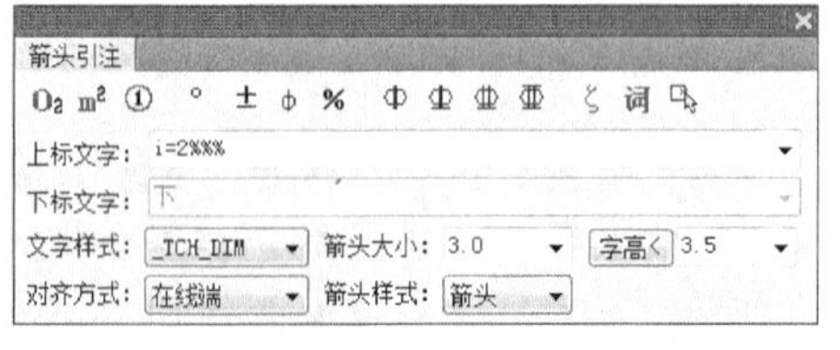

图 19-74 【箭头引注】对话框

[10] 根据命令行的提示，在绘图区中分别点取标注的各点，绘制坡度标注的结果如图 19-75 所示。

[11] 引出标注。执行“符号标注”→“引出标注”命令，弹出【引出标注】对话框，设置参数如图 19-76 所示。

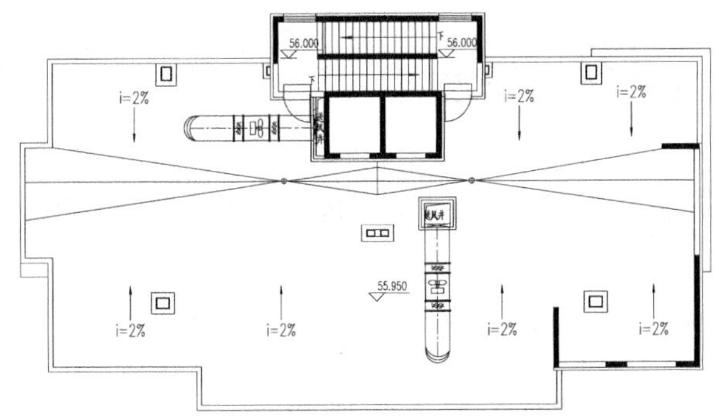

图 19-75 坡度标注

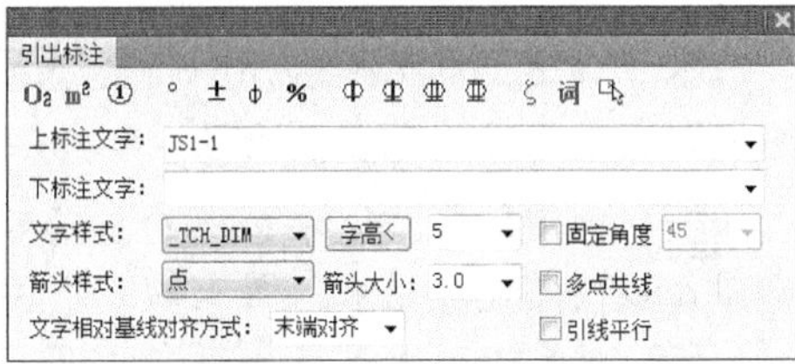

图 19-76 【引出标注】对话框

12 绘制引出标注的结果如图 19-77 所示。

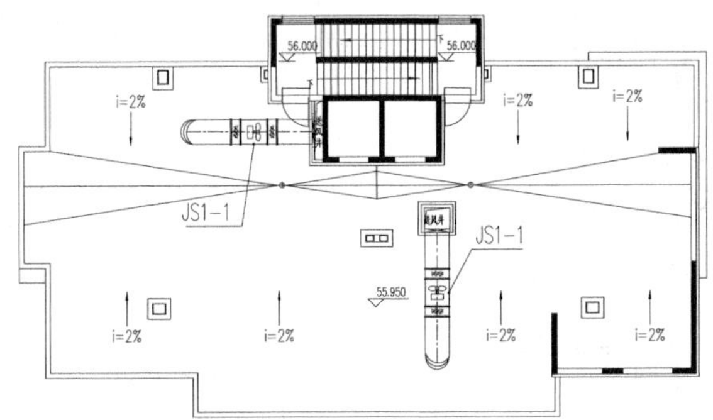

图 19-77 引出标注

13 图名标注。执行“符号标注”→“图名标注”命令，在弹出的【图名标注】对话框中设置参数。根据命令行的提示，在绘图区中点取图名标注的插入位置，绘制结果如图 19-78 所示。

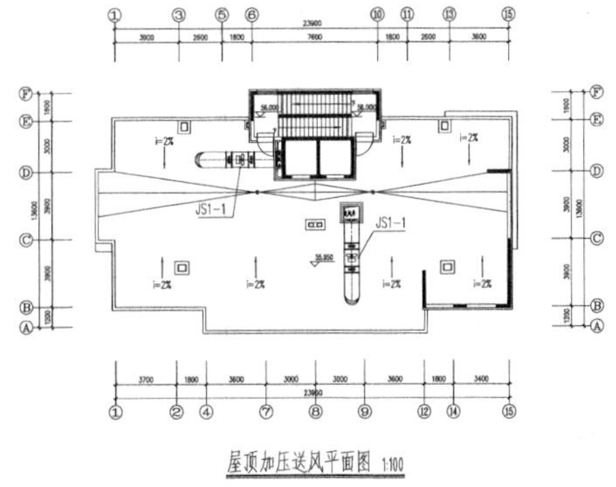

图 19-78 图名标注

19.6 绘制楼梯间前室加压送风系统原理图

本节介绍了住宅楼楼梯间前室加压送风系统原理图的绘制，讲解了绘制风管和回风口图形以及各类标注的绘制方法。

01 打开素材。按下 Ctrl+O 组合键，打开配套光盘提供的“第 19 章/19.6 住宅楼剖面图.dwg”文件，结果如图 19-79 所示。

02 绘制地下室合用前室送风口。调用 L【直线】命令，绘制直线；调用 O【偏移】命令，偏移直线，结果如图 19-80 所示。

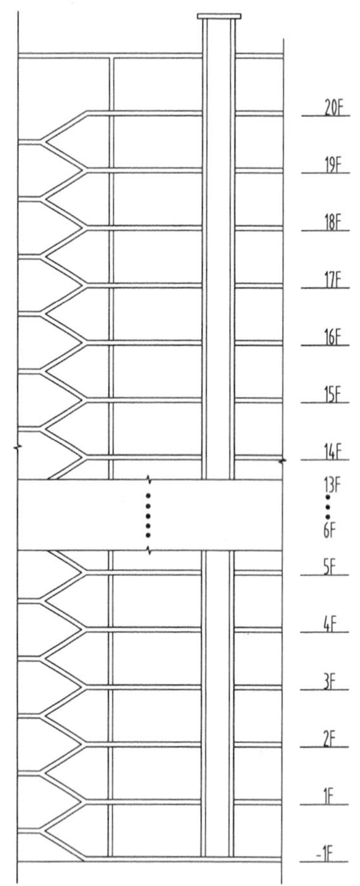

图 19-79 打开素材

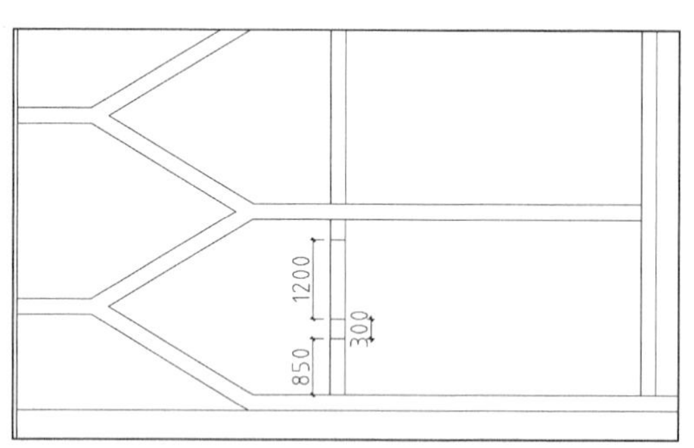

图 19-80 偏移直线

03 调用 O【偏移】命令，偏移墙线；调用 EX【延伸】命令、TR【修剪】命令，延伸并修剪墙线，结果如图 19-81 所示。

04 图案填充。调用 H【图案填充】命令，设置图案填充比例为 60，图案填充透明度为 0，图案填充角度为 0，如图 19-82 所示。

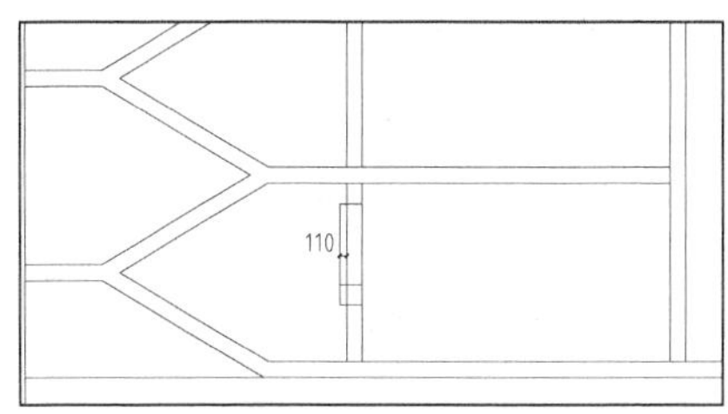

图 19-81　延伸并修剪墙线

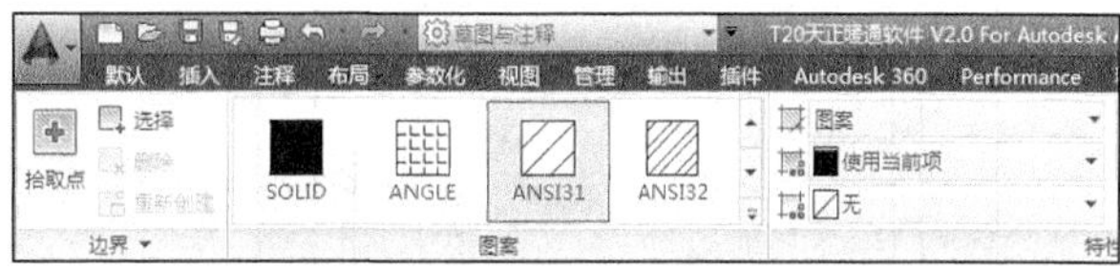

图 19-82　【图案填充创建】对话框

05 在绘图区中点取待填充区域，绘制图案填充的结果如图 19-83 所示。

06 绘制风管。执行“风管”→“风管绘制”命令，分别绘制截面尺寸为 500、1200 的风管，结果如图 19-84 所示。

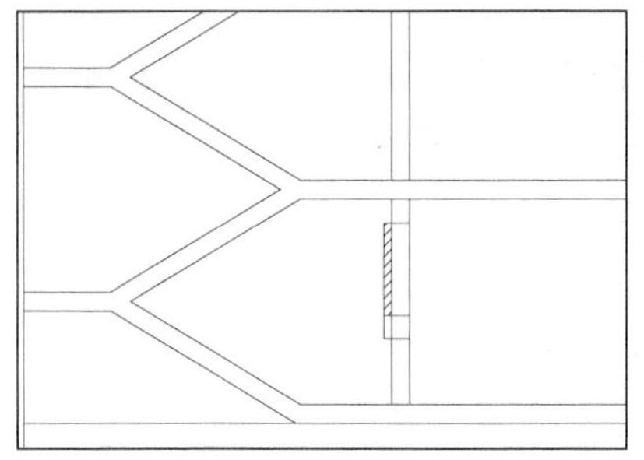

图 19-83　图案填充

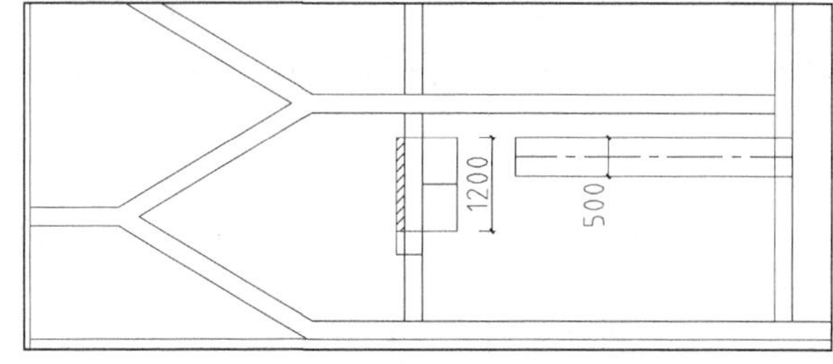

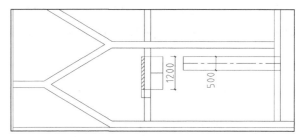

图 19-84　绘制风管

07 连接风管。执行“风管”→“乙字弯”命令，系统弹出【乙字弯】对话框，设置参数如图 19-85 所示。

08 在绘图区中点取待连接的两根风管，连接结果如图 19-86 所示。

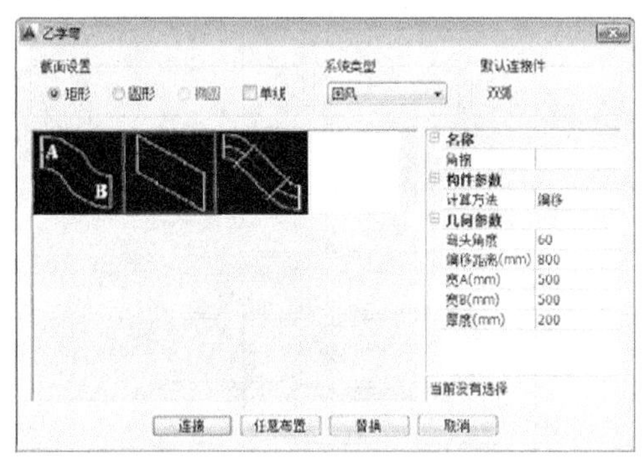

图 19-85　【乙字弯】对话框

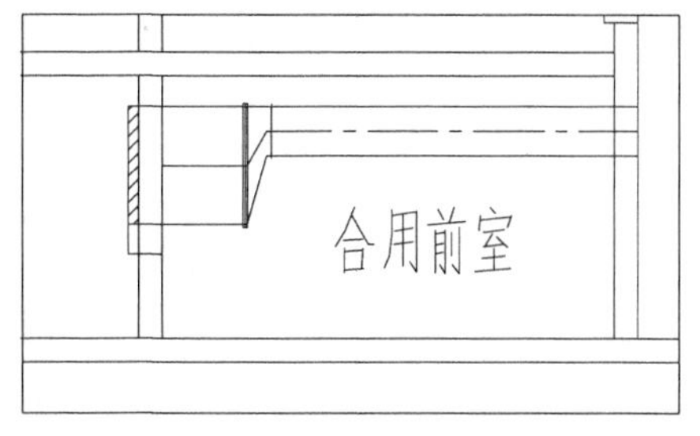

图 19-86　连接风管

09 绘制防烟楼梯间前室送风口。调用 L【直线】命令、O【偏移】命令、TR【修剪】命令、H【填充】命令，绘制图形的结果如图 19-87 所示。

10 执行 CO【复制】命令，向上移动复制绘制完成的送风口图形；调用 TR【修剪】命令，修剪多余线段，绘制结果如图 19-88、图 19-89 所示。

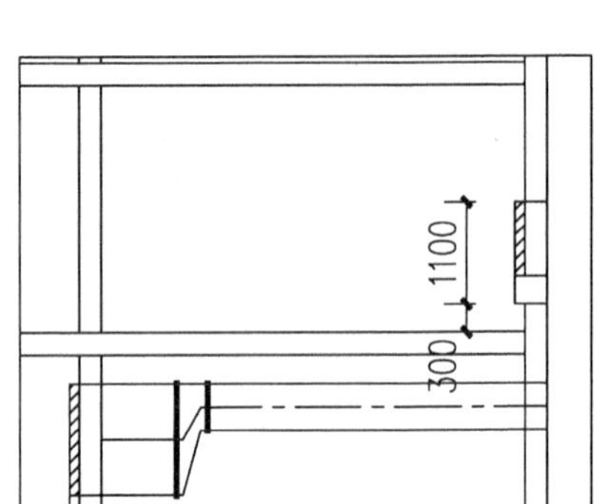

图 19-87　绘制防烟楼梯间前室送风口

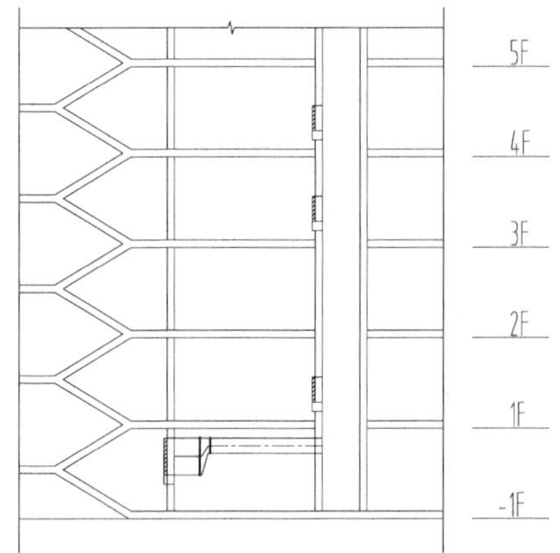

图 19-88　复制结果

11 绘制回风口图形。按下 Ctrl+O 组合键，打开配套光盘提供的“第 19 章/家具图例.dwg”文件，将其中的回风口图形复制粘贴至当前图形中，结果如图 19-90 所示。

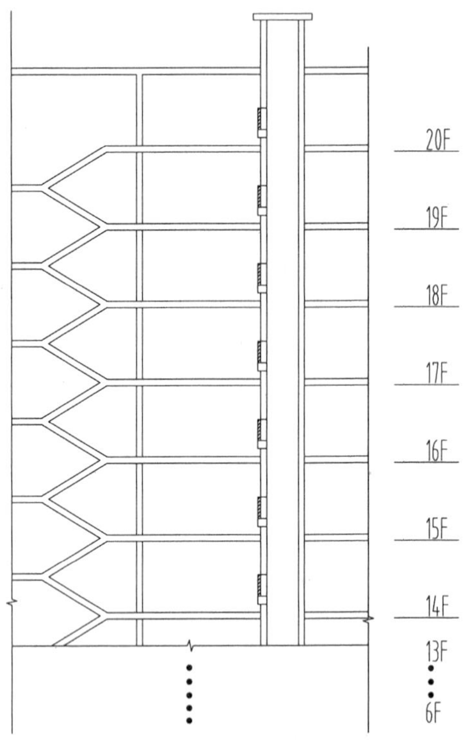

图 19-89　复制结果

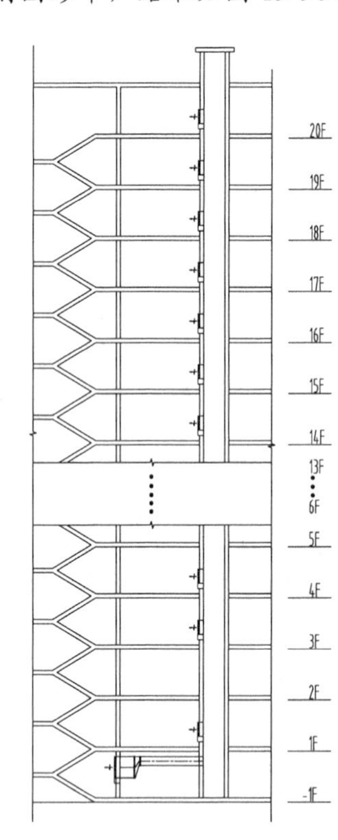

图 19-90　绘制送风方向标志

12 文字标注。执行“文字表格”→“单行文字”命令，在弹出的【单行文字】对话框中设置参数，在绘图区中点取标注的插入位置，绘制文字标注的结果如图 19-91 所示。

13 引出标注。执行“符号标注”→“引出标注”命令，在弹出的【引出标注】对话框中设置参数，根据命令行的提示在绘图区中指定标注的各点，绘制引出标注的结果如图 19-92 所示。

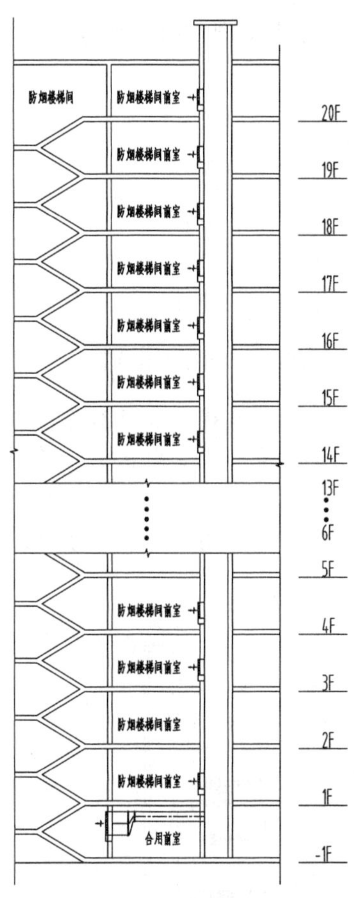

图 19-91　文字标注

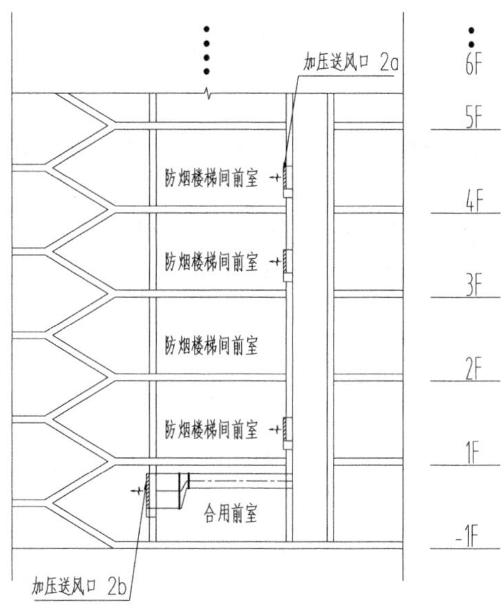

图 19-92　绘制引出标注

14 绘制加压送风机。调用 L【直线】命令、O【偏移】命令、TR【修剪】命令，绘制如图 19-93 所示的图形。

15 绘制风机。按下 Ctrl+O 组合键，打开配套光盘提供的“第 19 章/家具图例.dwg”文件，将其中的风机图形标志复制粘贴至当前图形中，结果如图 19-94 所示。

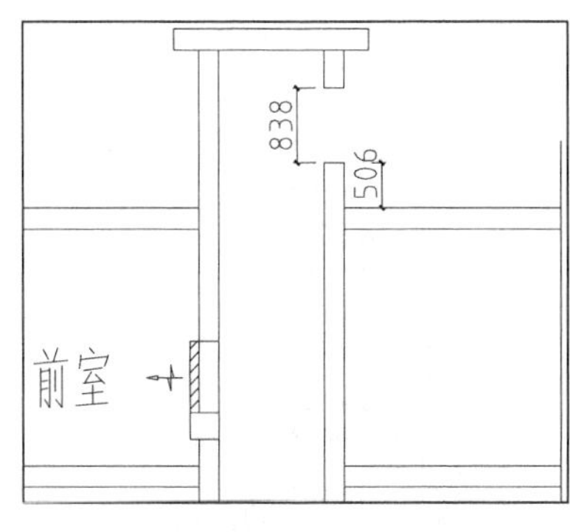

图 19-93　绘制结果

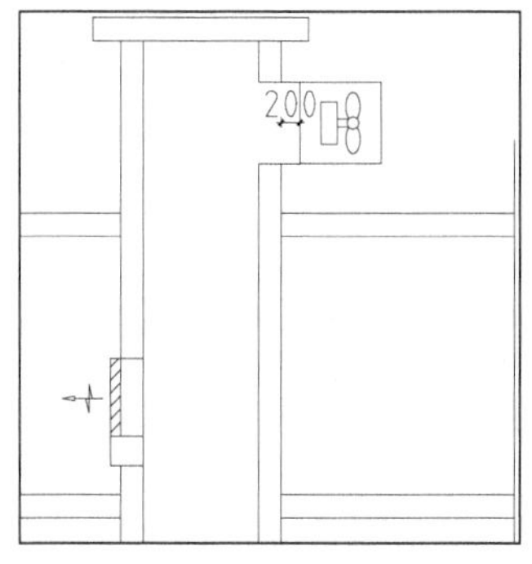

图 19-94　绘制风机

16 绘制送风口。调用 L【直线】命令，绘制直线；调用 TR【修剪】命令，修剪直线，结果如图 19-95 所示。

(17) 调用 PL【多段线】命令，绘制风向示意箭头，结果如图 19-96 所示。

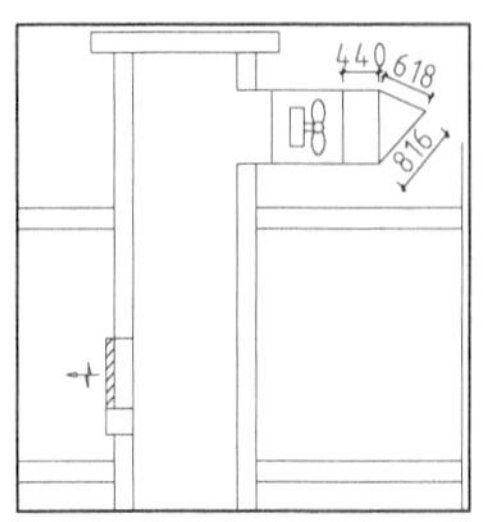

图 19-95　绘制送风口

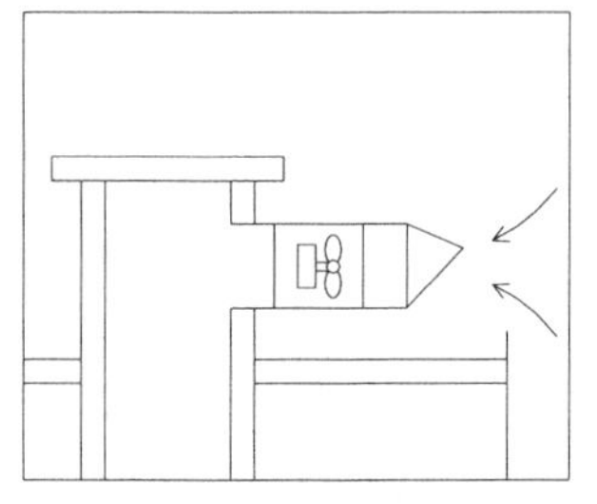

图 19-96　绘制风向示意箭头

(18) 引出标注。执行“符号标注”→“引出标注”命令，在弹出的【引出标注】对话框中设置参数；根据命令行的提示在绘图区中指定标注的各点，绘制引出标注的结果如图 19-97 所示。

(19) 尺寸标注。执行“尺寸标注”→“逐点标注”命令，为图形绘制尺寸标注，结果如图 19-98 所示。

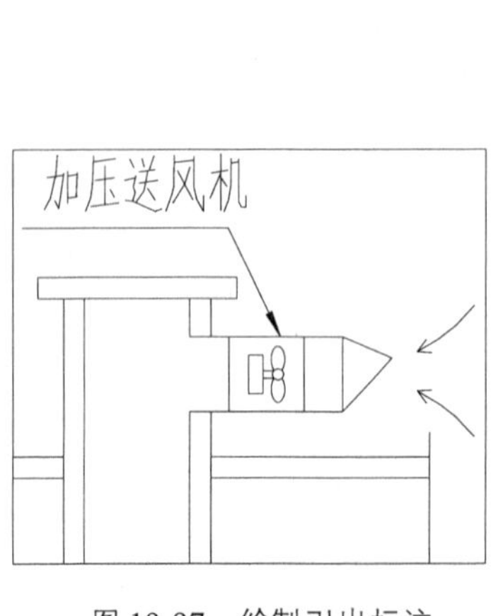

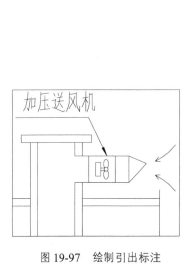

图 19-97　绘制引出标注

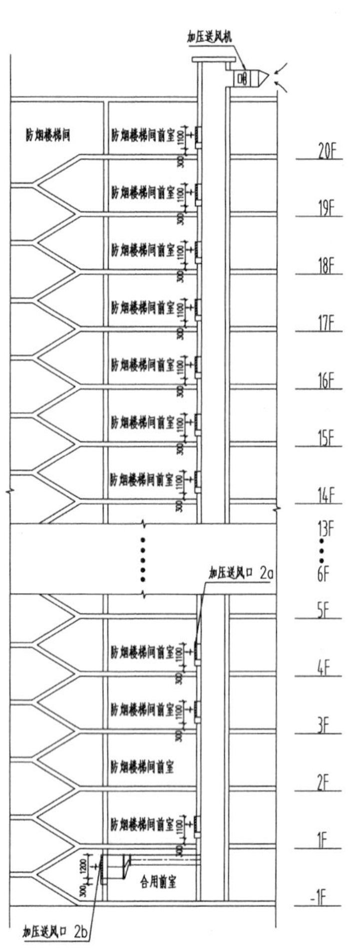

图 19-98　绘制尺寸标注

[20] 图名标注。执行“符号标注”→“图名标注”命令，在弹出的【图名标注】对话框中设置参数；根据命令行的提示，在绘图区中点取图名标注的插入位置，绘制结果如图 19-99 所示。

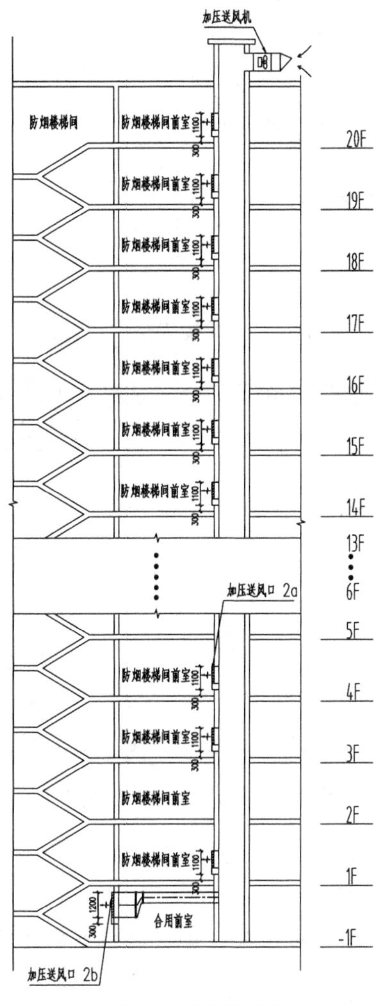

图 19-99 图名标注

19.7 绘制采暖系统图

本节介绍住宅楼采暖系统图的绘制，讲解了采暖供回水管线以及断管符号和管径标注、引出标注等各类标注的绘制。

[01] 绘制采暖供水管线。执行“采暖”→“采暖管线”命令，系统弹出【采暖管线】对话框；单击“供水干管”按钮，在绘图区中指定管线的起点和终点，绘制管线的结果如图 19-100 所示。

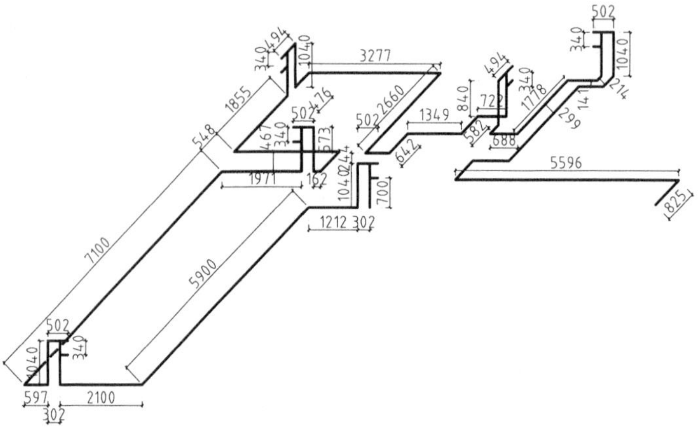

图 19-100　绘制采暖供水管线

[02] 绘制采暖回水管线。执行“采暖”→“采暖管线”命令，系统弹出【采暖管线】对话框；单击“回水干管”按钮，在绘图区中指定管线的起点和终点，绘制管线的结果如图 19-101 所示。

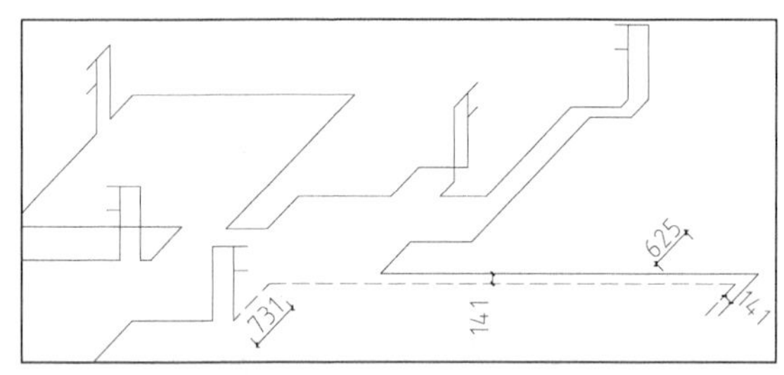

图 19-101　绘制采暖回水管线

[03] 布置散热器。执行“采暖”→“系统散热器”命令，系统弹出【系统散热器】对话框，设置参数如图 19-102 所示。

[04] 在绘图区中点取散热器的插入点，布置散热器的结果如图 19-103 所示。

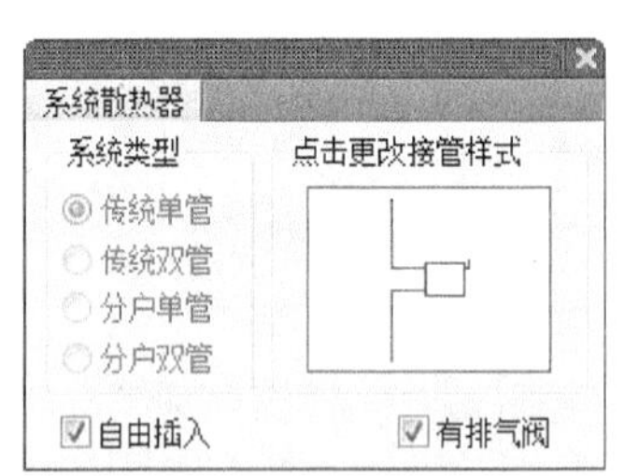

图 19-102　【系统散热器】对话框

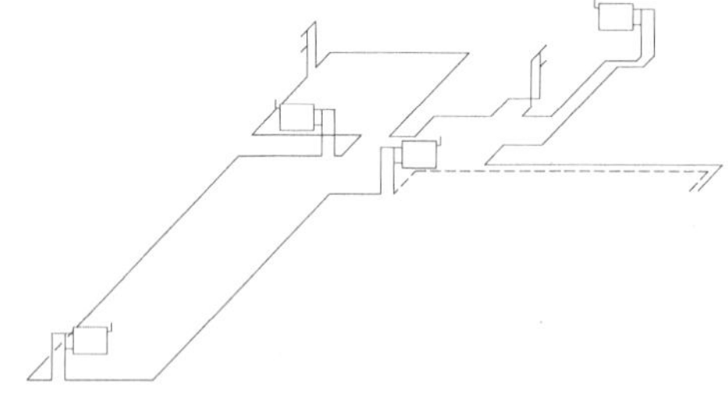

图 19-103　布置散热器

[05] 调用 RO【旋转】命令，设置旋转角度为 45 度，调整散热器的角度，结果如图 19-104 所示。

[06] 绘制断管符号。执行“水管工具”→“断管符号”命令，框选添加符号的管线，绘制结果如图 19-105 所示。

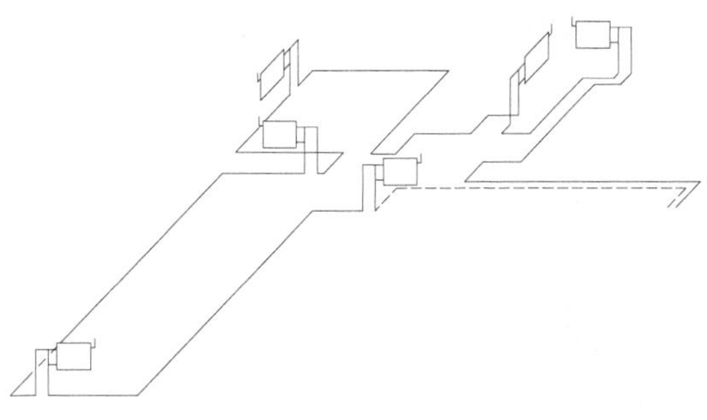

图 19-104 调整散热器的角度

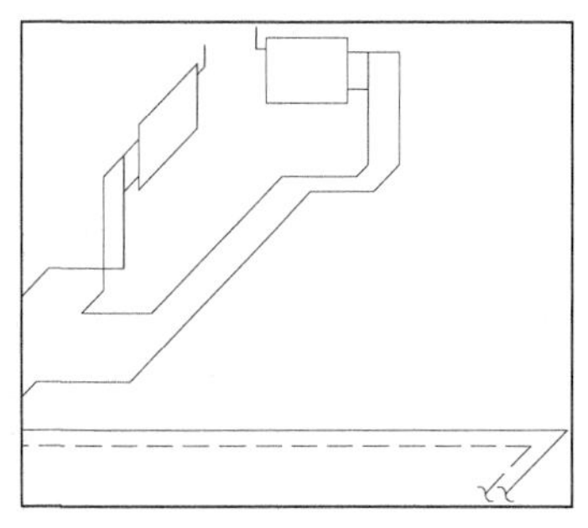

图 19-105 绘制断管符号

07 管径标注。执行“专业标注”→“单管管径”命令，为管线标注管径，结果如图 19-106 所示。

08 绘制散热器文字标注。执行“文字表格”→“单行文字”命令，在弹出的【单行文字】对话框中定义标注参数，在绘图区中点取标注位置即可完成文字标注；调用 L【直线】命令，绘制文字下划线，结果如图 19-107 所示。

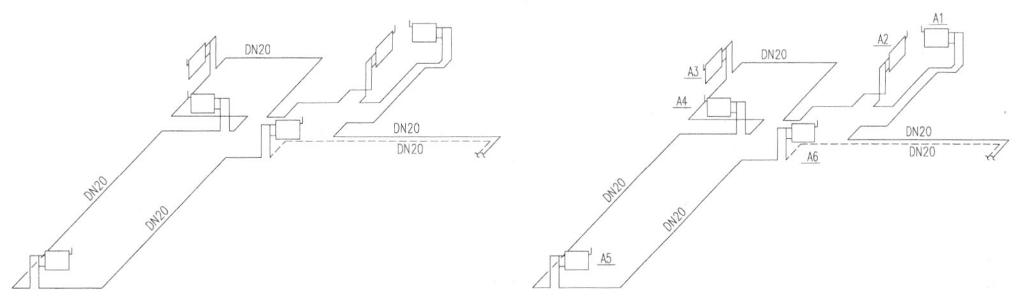

图 19-106 管径标注

图 19-107 文字标注

09 引出标注。执行“符号标注”→“引出标注”命令，在弹出的【引出标注】对话框设置参数；根据命令行的提示在绘图区中指定标注的各点，即可完成引出标注的绘制。

10 图名标注。执行“符号标注”→“图名标注”命令，在弹出的【图名标注】对话框中设置参数；根据命令行的提示，在绘图区中点取图名标注的插入位置，绘制结果如图 19-108 所示。

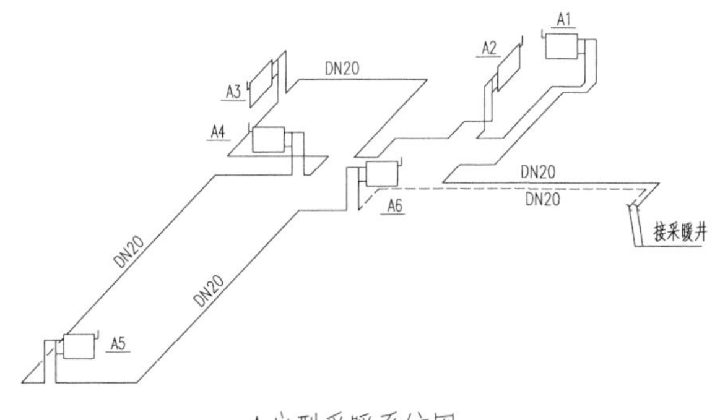

图 19-108 图名标注

附：如图 19-109 所示为 A 户型低区和高区散热器片数表格。

A户型散热器片数						
片数 楼层	A1	A2	A3	A4	A5	A6
20	7	6	12	14	15	6
19	5	4	10	10	12	4
18	5	4	10	10	12	4
17	5	4	10	10	12	4
16	5	4	10	10	12	4
15	5	4	10	10	12	4
14	5	4	10	10	12	4
13	5	4	10	10	12	4
12	5	4	10	10	12	4
11	6	5	10	11	12	4
10	7	6	10	11	12	5
9	7	6	11	12	13	5
高区						
8	7	6	11	12	13	5
7	8	7	11	13	14	5
6	8	7	12	13	14	5
5	8	7	12	14	14	6
4	8	7	12	14	15	6
3	9	8	12	15	15	6
2	9	8	13	15	15	6
1	9	8	13	15	15	6
低区						

图 19-109　散热器片数表格

第 20 章
商务办公楼暖通设计

● 本章导读

本章以商务办公楼暖通设计施工图纸为例，介绍公共建筑暖通设计图纸的绘制方法。主要为读者介绍办公楼暖通设计说明与各类施工图纸的绘制。

● 本章重点

◈ 商务办公楼暖通设计说明
◈ 绘制一层空调水管平面图
◈ 绘制一层通风空调平面图
◈ 绘制五层空调通风平面图
◈ 空调水系统图
◈ 绘制主楼 VRV 系统图

20.1 商务办公楼暖通设计说明

本节为读者介绍商务办公楼暖通设计说明的书写方法。

1. 设计说明

本专业设计所执行的主要法规和所采用的主要标准

《建筑设计防火规范》GB 50016-2014。

《公共建筑节能设计标准》GB 50189-2015。

《民用建筑工程室内环境污染控制规范》GB 50325－2010。

《民用建筑供暖通风与空气调节设计规范》GB 50736-2012。

2. 建筑及结构专业提供的设计资料

3. 工程概况

本工程为新建建筑，总建筑面积 26332m^2，建筑总高度为 81.10m；地下一层，地上二十一层；地下一层为平战结合汽车库，地上为办公和商业用房。

4. 设计范围

1）本建筑的空调、通风系统设计。

2）本建筑的防排烟系统设计。

3）地下一层为平战结合人防区域，由人防专业设计院设计。

5. 设计计算参数

1）室外空气计算参数见表 20-1。

表 20-1 室外空气计算参数

冬季		夏季	
空气调节室外计算（干球）温度	–6℃	空气调节室外计算（干球）温度	35℃
供暖室外计算（干球）温度	–3℃	通风室外计算（干球）温度	32℃
通风室外计算（干球）温度	2℃	空调室外湿球温度	28.3℃
室外计算平均风速	2.6m/s	室外计算平均风速	2.6m/s
空气调节室外计算相对湿度	75%	空气调节室外计算相对湿度	83%
大气压	102.52KPa	大气压	100.4KPa

2）室内空气设计参数见 1）空调形式。

本建筑裙房一至三层采用全空气系统空调形式，室内机采用吊顶式空气处理机组。本建筑四层及以上采用 VRV 空调形式，室内机采用卡式四面出风或两面出风式。四至十一层 VRV 空调室外机设置在裙房屋面，十二层及以上 VRV 空调室外机设置在本建筑屋面。

表 20-2。

6．空调通风系统设计

1）空调形式。

本建筑裙房一至三层采用全空气系统空调形式，室内机采用吊顶式空气处理机组。本建筑四层及以上采用 VRV 空调形式，室内机采用卡式四面出风或两面出风式。四至十一层 VRV 空调室外机设置在裙房屋面，十二层及以上 VRV 空调室外机设置在本建筑屋面。

表 20-2　室内空气设计参数

房间名称	夏季		冬季		新风量标准[m³/(h/人)]	噪音标准[dB(A)]
	温度/℃	相对湿度(%)	温度/℃	相对湿度(%)		
办公室	26	60	20	—	30	≤50
会议室	26	60	20	—	30	≤50
大厅	26	60	20	—	30	≤50
咖啡厅	26	60	20	—	30	≤50

2）空调水系统。

空调水系统为两管制，为一次泵定流量系统，水系统末端设备设置两通电磁阀，屋面空调供回水总管上设置压差旁通电磁阀。压差旁通电磁阀工作压差为 32kPa，水系统在每层设计为同程式。

3）通风系统。

卫生间设置机械通风系统，换气次数为 6 次/h。

7．空调冷热源

1）空调冷、热负荷及指标。

本建筑建筑面积为 26332m²，空调面积为 21297 m²。夏季空调总冷负荷为 3080kW，面积冷负荷指标为 145W；冬季空调负荷为 2618kW，面积热负荷指标为 123W。

2）空调系统冷热源。

一至三层空调系统冷热源由设置在裙房屋面的风冷热泵机组提供，风冷热泵机组夏季空调供回水温度为 7/12℃，冬季空调供回水温度为 50/45℃。

8．监测与控制

1）冷热源控制。

每个制冷系统分、集水器的供回水总管之间安装水流压差传感器，每台主机供、回水总管安装水温传感器，每台冷水机组供水管安装电动蝶阀。机房控制系统应能跟踪整个系统冷、热负荷的变化，自动调节系统的运行参数和水泵转速。

2）空调机组控制。

空调机组回水管均安装两通电磁阀，由具有冷热转换模式的恒温控制器控制。

3）VRV 空调系统控制。

VRV 空调系统室内机均设置有线控制器，每层为一套单独系统进行控制。

9. 防排烟系统及空调系统防火

1）防排烟系统。

防烟楼梯间及其前室、合用前室均采用机械加压送风的防烟方式。机械加压送风机设置在高层屋面。火灾时着火层前室的多叶送风口由火灾自动报警系统控制打开或手动打开，同时联动屋顶消防加压风机起动进行加压送风。火灾时由火灾自动报警系统控制打开屋顶防烟楼梯间机械加压送风机，对楼梯间进行加压送风。楼梯间送风口设置为自垂式百叶送风口，前室送风口为常闭电动多叶送风口。其他房间及走道均采用外窗自然排烟。

2）空调系统防火。

空调通风系统按防火分区分别设置，出机房及穿越防火分区的通风空调管道均设置 70 ℃防火阀。穿越防火分区的空调水管均采用防火材料封堵。

10. 空调系统节能

1）维护结构传热系数见表 20-3。

表 20-3　维护结构传热系数

围护结构名称	外墙	屋面	外窗	地面
传热系数[W/ m^2 · K]	0.78	0.51	3.00	0.89

2）冷热源设备性能见表 20-4。

表 20-4　冷热源设备系数

冷热源设备名称	制冷量/kW	输入功率/kW	COP/kW	ERR/kW
螺杆式风冷热泵机组	515	183	2.81	2.94

3）空调通风管道保温各项参数见表 20-5。

表 20-5　空调通风管道保温各项参数

空调风管绝热材料名称	导热系数[W/mK]	管径/mm	厚度/mm	计算热阻[（m^{2}K）/ W]
聚氨酯泡沫塑料制品	≤0.0473	800×320	30	0.634
		1000×320	30	0.634

4）风系统风机最大单位风量耗功率（Ws）或风系统最不利风管总长度见表 20-6。

表 20-6　风系统风机最大单位风量耗功率或风系统最不利风管总长度参数

系统形式	最不利风系统水力计算值/Pa	最大作用长/m	过滤器类型	包含风机、电动机传动效率在内的总效率(%)	最大单位风量耗功率 W_s/[W/(m³/h)]
空调系统	112	31	粗效	0.65	0.11

11．环保措施

1）空调系统噪声处理.

空调通风系统均选用低噪声设备，设备进出口需安装阻性消声器。按照室内噪声设计要求控制空调风系统风速以满足室内噪声要求。

2）空调系统设备减震要求。

空调通风系统及冷热源机组运行时产生震动的设备均须安装弹簧减震器或配橡胶减震垫，具体由设备厂家根据设备要求提供。

施工说明

1. 空调水系统

1）空调水系统管材规定如下：

管径<DN65 时，管材的类型为焊接钢管，DN65<管径<DN350 时，管材的类型为无缝钢管；管径>DN200 时，管材的类型为螺旋缝电焊钢管；管径≤DN32 时采用丝接；管径>DN32 时采用焊接。管材尺寸见表 20-7。

表 20-7　管材尺寸

公称直径		外径/mm×壁厚/mm	公称直径		外径/mm×壁厚/mm	公称直径		外径/mm×壁厚/mm
mm	in		mm	in		mm	in	
10	3/8	17.0×2.25	65	5	73.0×3.50	300	12	325×7.50
15	1/2	21.3×2.75	80	6	89.0×4.00	350	14	377×9.00
20	3/4	26.8×2.75	100	8	108.0×4.00	400	16	426×9.00
25	1	33.5×3.25	125	10	133.0×4.00	450	18	480×9.00
32	1.25	42.3×3.25	150	12	159.0×4.50	500	20	530×9.00
40	1.50	48.0×3.50	200	14	219.0×6.00			×
50	2	57.0×3.50	250	16	273.0×6.50			×

2）管道支吊架的最大跨距，不应超过表 20-8 给出的数值。

3）冷热水供、回水管、集管、阀门等，均以难燃 B1 级聚氨酯泡沫塑料保温。管径≤DN25 时保温层厚度为 25mm，DN32≤管径≤DN80 时保温层厚度为 30mm，管径≥DN100 时保温层厚度为 35mm。

4）水管路系统中的最低点处应配置 DN20 泄水管，并配置相同直径的闸阀或蝶阀，在最高点处应配置 DN20 自动排气阀。所有空气处理设备的表冷器进水管应设压力表。

表 20-8 管道支吊架的最大跨距

公称直径/mm	最大跨距/m	公称直径/mm	最大跨距/m	公称直径/mm	最大跨距/m
15 ~ 25	2.0	125	5.0	300	8.5
32 ~ 50	3.0	150	6.0	350	9.0
65 ~ 80	4.0	200	7.0	400	9.5
100	5.0	250	8.0	450	10.0

5）管道活动支吊托架的具体形式和设置位置由安装单位根据现场情况确定，每层水管安装时应仔细对应空调平面图，避免水管和风口位置重合。

6）管道安装完毕后，应进行水压试验。冷冻水和冷却水系统试验压力为工作压力的1.5 倍，最低不小于 0.6MPa。

7）水系统经试压合格后，应对系统进行反复冲洗，直至排出水中不夹带泥沙、铁屑等杂质，且水色不混浊时方为合格。在进行冲洗之前，应先除去过滤器的滤网，待冲洗工作结束后再装上。管路系统冲洗时，水流不经过所有设备。冷水机组、空气处理设备均应在进、出水管留有冲洗管法兰接口，接口规格分别为 DN80、DN40。空调冷、热水系统应在系统冲洗排污合格，再循环试车两小时以上，且水质正常后，方可与空气处理设备接通。

8）保温层施工前必须清除管路及设备表面污垢、铁锈后涂刷防腐层。

9）管道穿越墙身和楼板时，保温层不能间断，在墙体或楼板的两侧，应设置夹板，中间的空间应以松散保温材料（玻璃棉）填充。所有管道在穿越楼板、墙壁处应设较相应管径（对于保温管为保温后的外径）大 2 号的钢套管。

10）与每台水泵连接的进、出水管上，必须设置减振接头。

11）每台水泵的进水管上，应安装闸阀或蝶阀、压力表和 Y 型过滤器；出水管上应安装止回阀、闸阀或蝶阀、压力表和带护套的角形水银温度计。

12）水泵必须安装减震器，减振器安装时必须认真找平与校正，务必保证基座四角的静态下沉度基本一致。

13）系统经试压和冲洗合格以后，即可进行试运行和调试，使各环路的流量分配符合设计要求。

14）所有设备、管道的安装、调试均须严格按照厂家提供的手册和规定执行。

15）其它各项施工要求，应严格遵守《建筑给水排水及采暖工程施工质量验收规范》GB50242-2002 的有关规定 。

2. 空调风系统

1）通风空调系统风管采用镀锌钢板制作，钢板风管的厚度见表 20-9。

2）设计图中所注风管的标高，对于圆形来说以中心线为准，对于方形或矩形来说没有特殊标注的以风管底为准。

3）所有水平或垂直的风管必须设置必要的支架、吊架或托架。风管支架、吊架或托架应设置于保温层的外部，并在支架、吊架或托架与风管间镶以垫木，同时应避免在法兰、测定孔、调节阀等零部件处设置支架、吊架或托架。

4）空调管道风管采用难燃 B1 级聚氨酯泡沫塑料制品保温，保温层厚度为 30mm。穿过防火墙和变形缝的两侧各 2m 范围内的风管及保温层应采用不燃烧材料。

表 20-9　钢板风管的厚度

钢板直径或矩形风管大边长/mm	厚度 δ/mm
80～320	0.5
320～630	0.6
670～1000	0.8
1120～2000	1.0
2500～4000	1.2

5）所有空调风管与空调机组及新风机组连接处均须设置软接头，在每一与空调机组相连的出风主风管上应设流量和温度测定孔。所有空调系统新风进口处设防虫、鼠金属网。

6）其他各项施工要求，应严格遵守《通风与空调工程施工质量验收规范》GB 50243-2002 的有关规定。

3. 设计施工采用标准图集目录（见表 20-10）

表 20-10　设计施工采用标准图集目录

项目	采用图集名称	图集编号	项目	采用图集名称	图集编号
管道支吊架	装配式管道吊挂支架安装图	03SR417—2	消声器安装	ZP 型消声器、ZW 型消声弯管	97K130—1
风管支吊架	金属、非金属风管支吊架	08K132	压力表安装	压力表安装图	01R405
管道设备保温	管道及设备保温、管道及设备保冷	98R418.419	温度计安装	温度仪表安装图	01R406
风机盘管安装	风机盘管安装	01K403	集、分水器安装	分（集）水器、分气缸	05K232
防排烟设备安装	防排烟系统设备及附件选用与安装	07K103—2	流量仪表安装	流量仪表管路安装图	03R420

20.2 绘制一层空调水管平面图

本节介绍商务办公楼一层空调水管平面图的绘制，讲解布置空调器和绘制空调水管以及布置水管阀件的方法。

01 打开素材。按下 Ctrl+O 组合键，打开配套光盘提供的“第 20 章/20.2 一层原始结构图.dwg”素材文件，结果如图 20-1 所示。

02 布置空调器。执行“空调水路”→“布置设备”命令，系统弹出【设备布置】对话框，设置参数如图 20-2 所示。

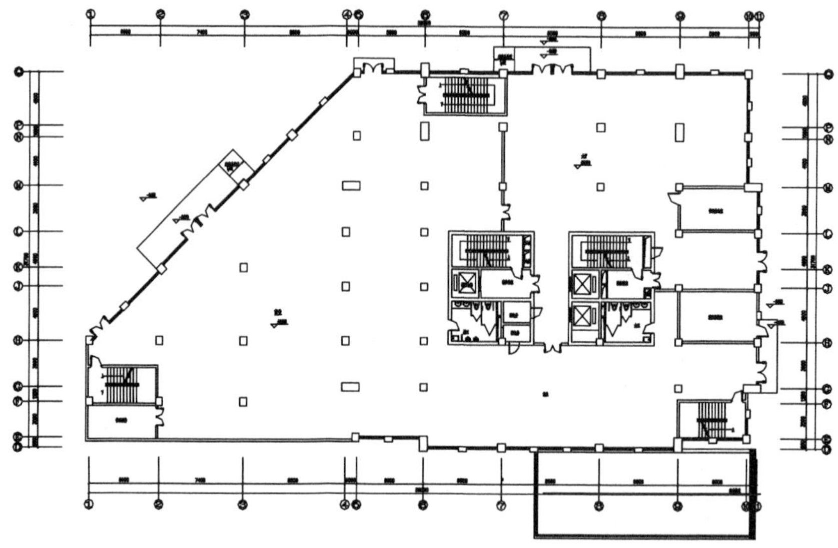

图 20-1 一层原始结构图

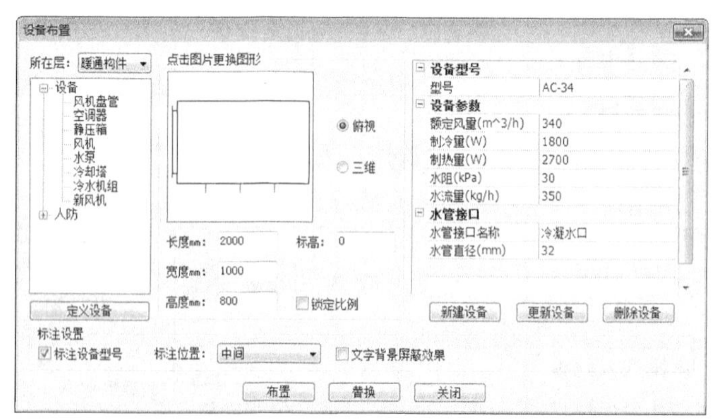

图 20-2 【设备布置】对话框

03 在对话框中单击“布置”按钮，在绘图区中点取图形的插入点，布置空调器的结果如图 20-3 所示。

04 选中空调器，鼠标置于“冷水供水口”上，如图 20-4 所示。

05 在接口上单击左键，系统弹出【空水管线】对话框，拖动鼠标，可以绘制冷水供水管线，如图 20-5 所示。

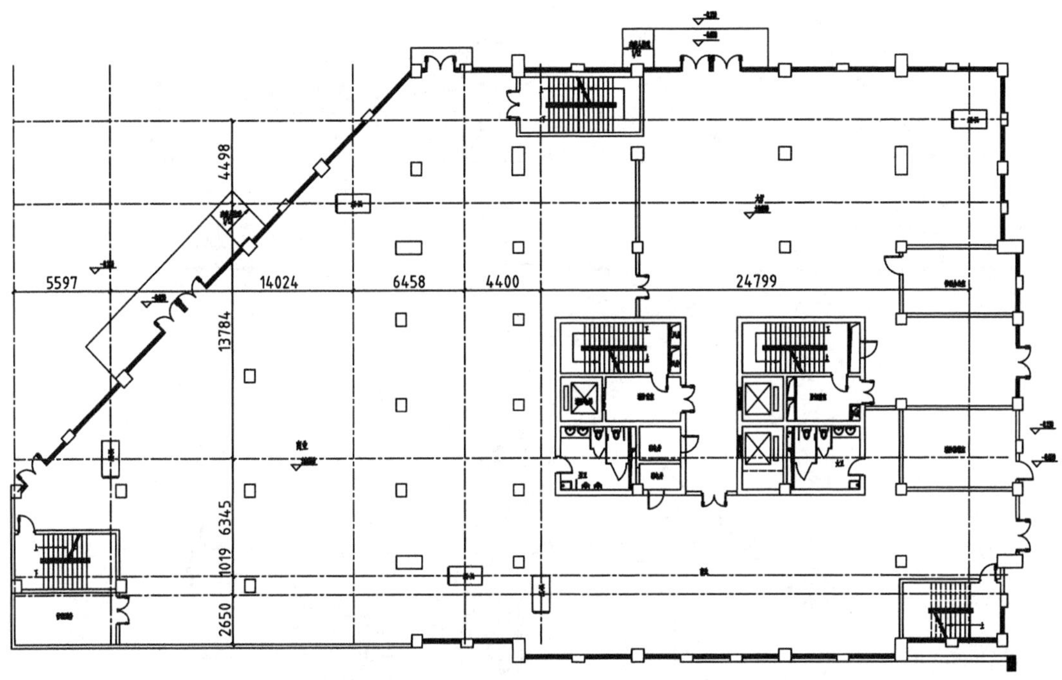

图 20-3　布置空调器

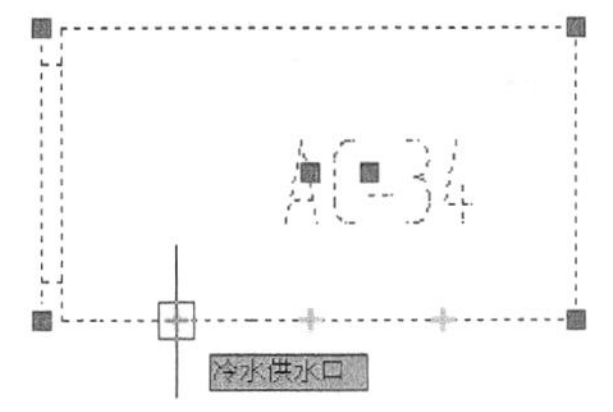

图 20-4　鼠标置于“冷水供水口”上

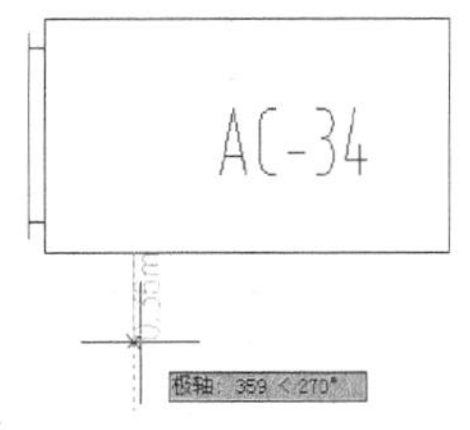

图 20-5　拖动鼠标

06 使用上述方法绘制空冷供水管线，结果如图 20-6 所示。注意，空冷供水管线连接每个空调器的“冷水供水口”。

07 用同样的方法，继续绘制空冷回水管线的结果如图 20-7 所示。

08 绘制冷凝水立管。执行“空调水路”→“水管立管”命令，在弹出的【空水立管】对话框中单击“冷凝水”按钮，在绘图区中点取立管的插入点，绘制立管的结果如图 20-8 所示。

09 绘制冷凝水管线。从空调器中引出冷凝水管线，连接空调器，并与上一操作步骤所绘制的冷凝水立管相连接，结果如图 20-9 所示。

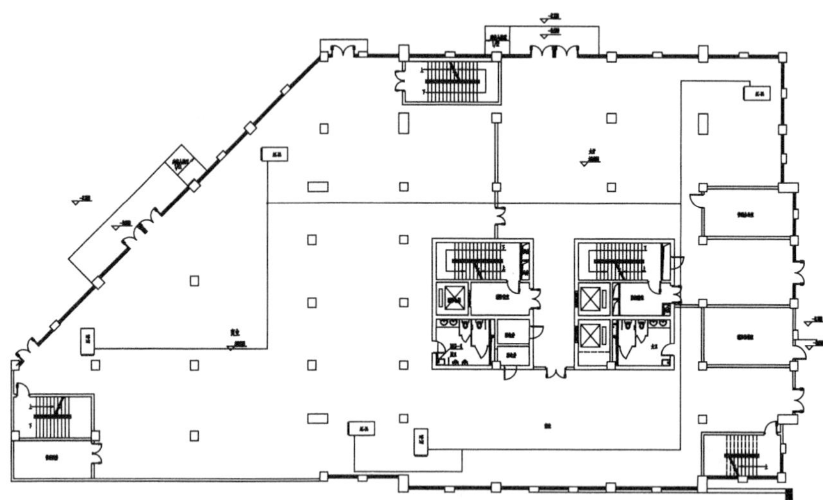

图 20-6　绘制空冷供水管线

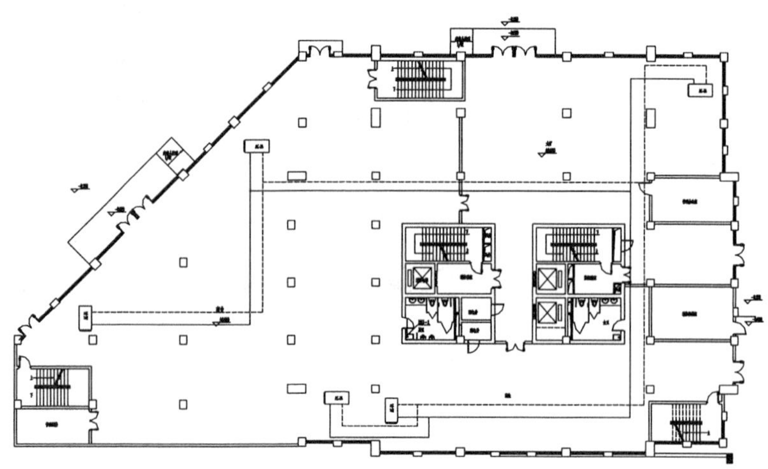

图 20-7　绘制空冷回水管线

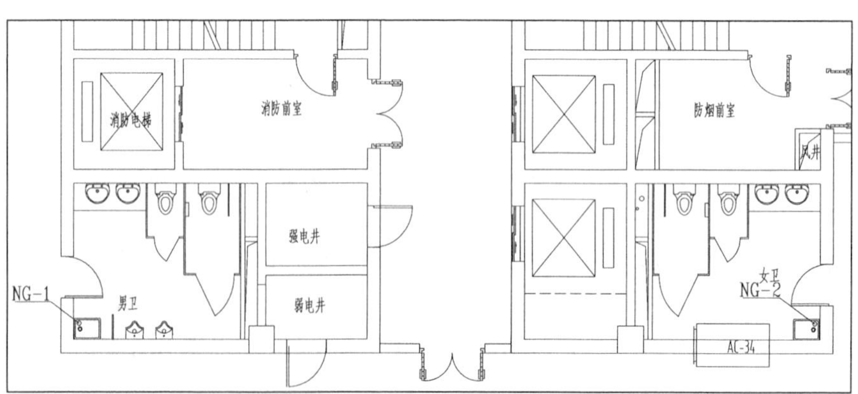

图 20-8　绘制冷凝水立管

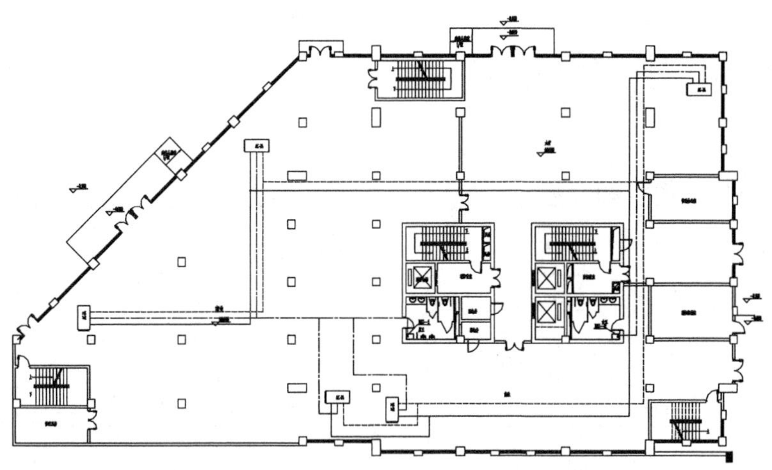

图 20-9　绘制冷凝水管线

10 绘制空冷回水、供水立管。执行“空调水路”→“水管立管”命令，在弹出的【空水立管】对话框中分别单击“冷水供水”、“冷水回水”按钮，在绘图区中点取立管的插入点，绘制立管的结果如图 20-10 所示。

11 绘制空冷回水、供水管线。执行“空调水路”→“水管管线”命令，绘制空冷回水、供水管线，并与上一步骤所绘制的空冷回水、供水立管相连接，结果如图 20-11 所示。

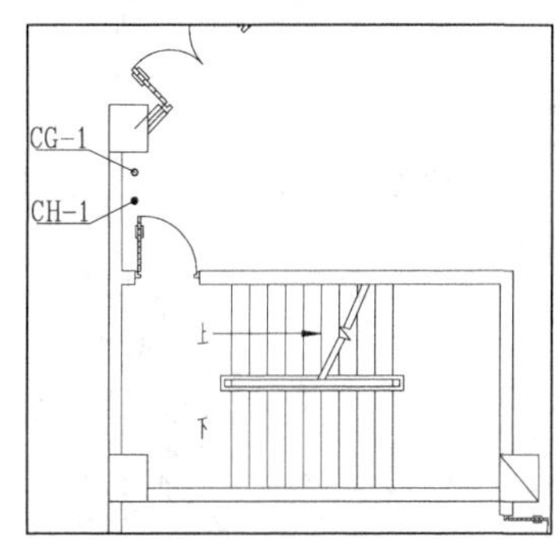

图 20-10　绘制空冷回水、供水立管

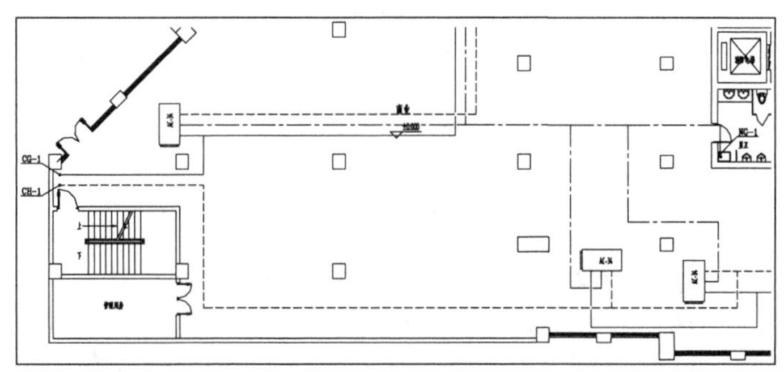

图 20-11　绘制空冷回水、供水管线

12 布置水管阀件。执行“空调水路”→“水管阀件”命令，弹出【天正暖通图块】对话框，选择“阀门”类型，然后在阀件预览框中选择阀件，结果如图 20-12 所示。

13 在管线上单击阀件的插入点，插入阀件的结果如图 20-13 所示。

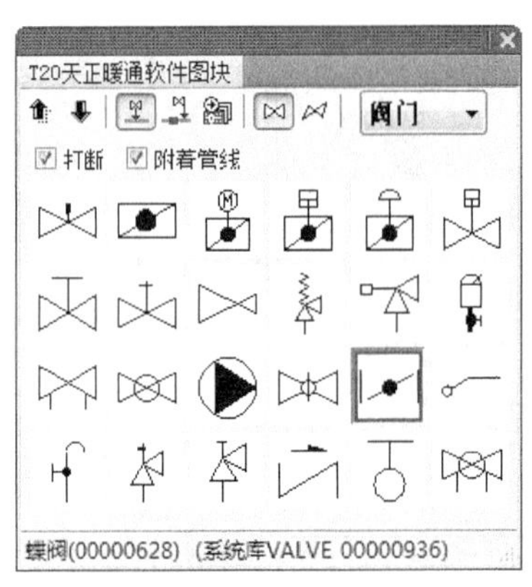

图 20-12 【天正暖通图块】对话框

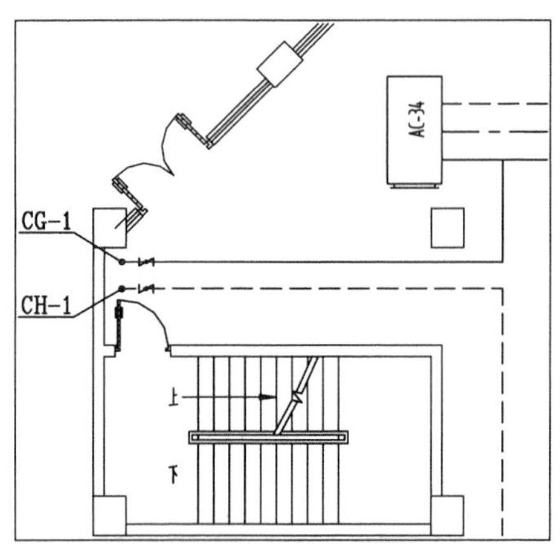

图 20-13 插入阀件

[14] 管径标注。执行“专业标注”→“单管管径”命令，弹出【单标】对话框，在绘图区中选择待标注管径的管线，标注结果如图 20-14 所示。

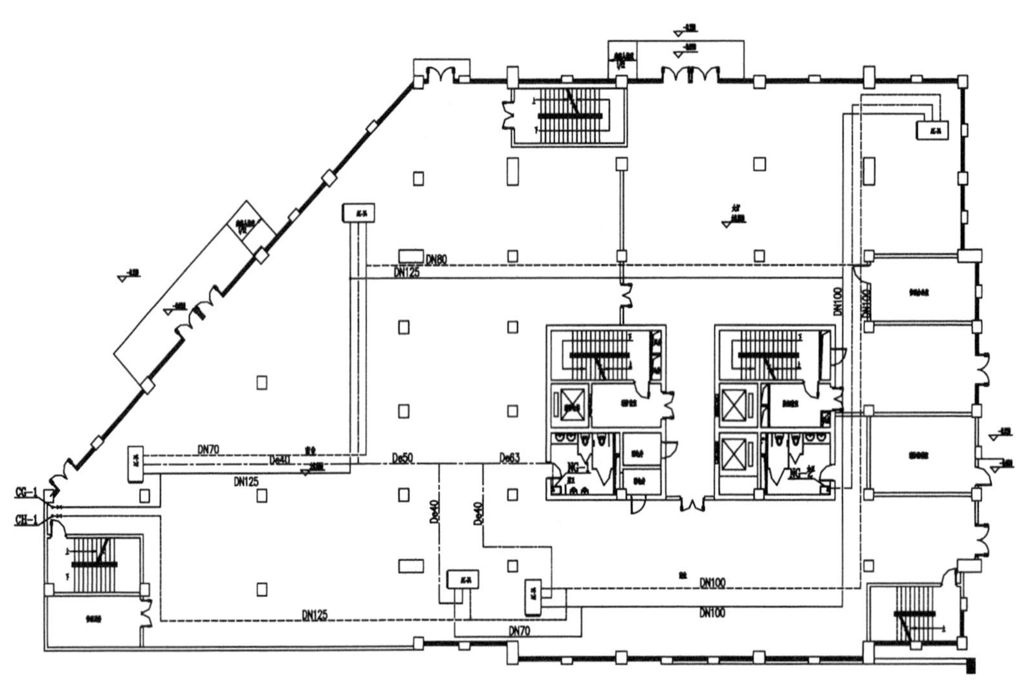

图 20-14 管径标注

[15] 绘制图例表。执行“文字表格”→“新建表格”命令，绘制空白表格；调用 CO【复制】命令，从平面图中移动复制图例至表格中，双击单元格，进入文字在位编辑状态，输入图例文字说明，执行“文字表格”→“表格编辑”→“单元编辑”命令，选定待编辑的单元格，在弹出的【单元格编辑】对话框中编辑单元格参数，结果如图 20-15 所示。

[16] 图名标注。执行“符号标注”→“图名标注”命令，弹出【图名标注】对话框，设置参数如图 20-16 所示。

图例	名称	图例	名称
AC-3A	空调器	---------	冷水回水
————	冷水供水	—·—·—	冷凝水
|—●—|	蝶阀		

图 20-15　绘制图例表

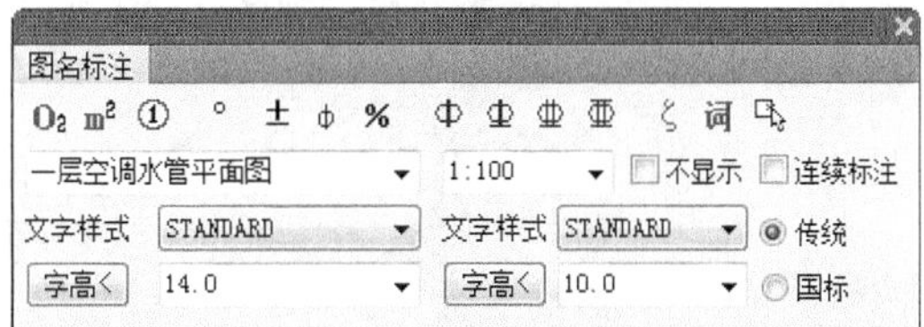

图 20-16　【图名标注】对话框

17 在绘图区中点取图名标注的插入点，绘制图名标注的结果如图 20-17 所示。

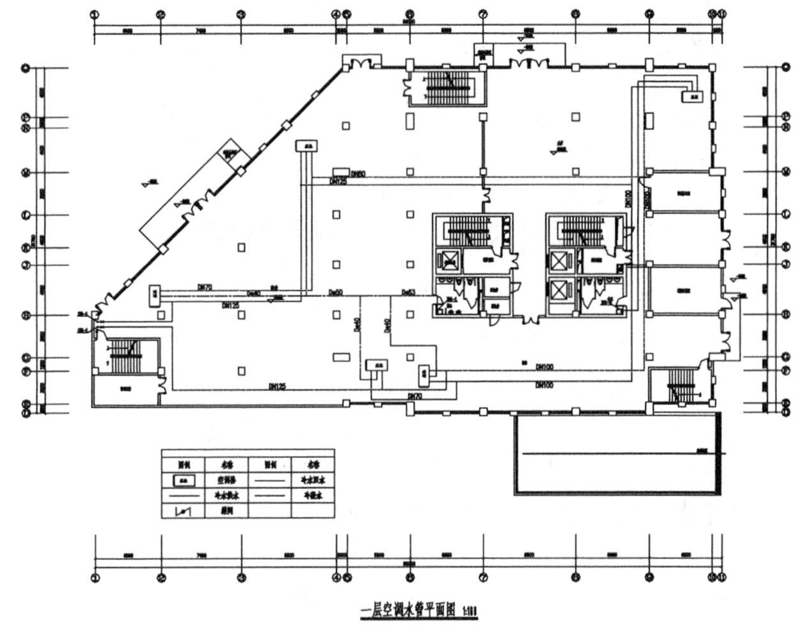

图 20-17　图名标注

20.3 绘制一层通风空调平面图

本节介绍商务办公楼一层通风空调平面图的绘制，讲解布置风口和静压箱以及绘制风管等命令的调用方法。

01 打开素材。按下 Ctrl+O 组合键，打开配套光盘提供的“第 20 章/20.2　一层原始结构图.dwg”素材文件。

02 布置风口。执行“风管设备”→“布置风口”命令，弹出【布置风口】对话框，单击对话框左边的风口预览框，弹出【天正图库管理系统】对话框，选择风口，结果如图 20-18 所示。

03 在对话框中双击风口样式图形，返回【布置风口】对话框，设置参数如图 20-19 所示。

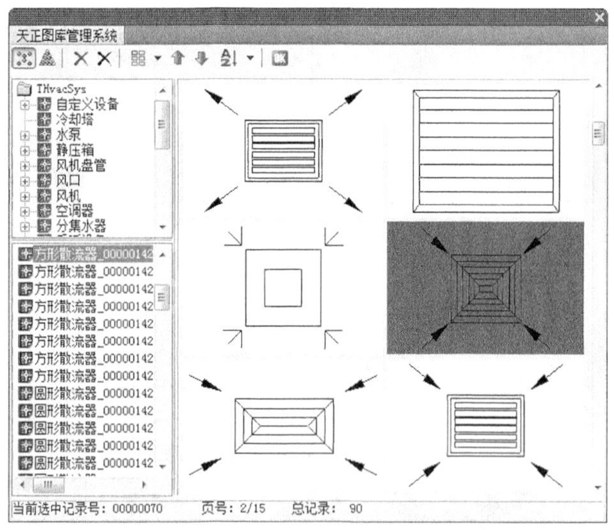

图 20-18　【天正图库管理系统】对话框

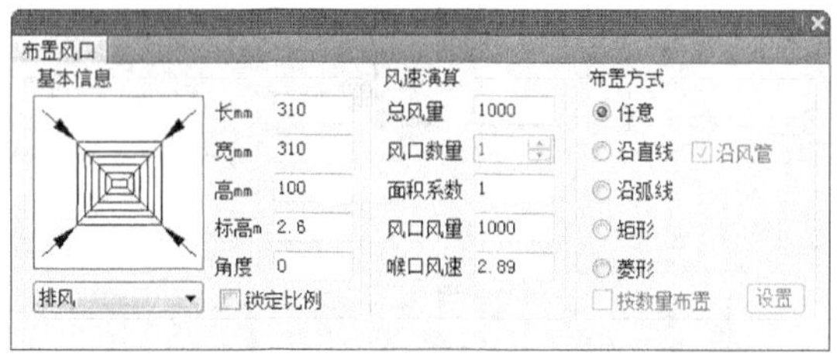

图 20-19　【布置风口】对话框

[04] 在绘图区中点取风口的插入位置，绘制风口的结果如图 20-20 所示。

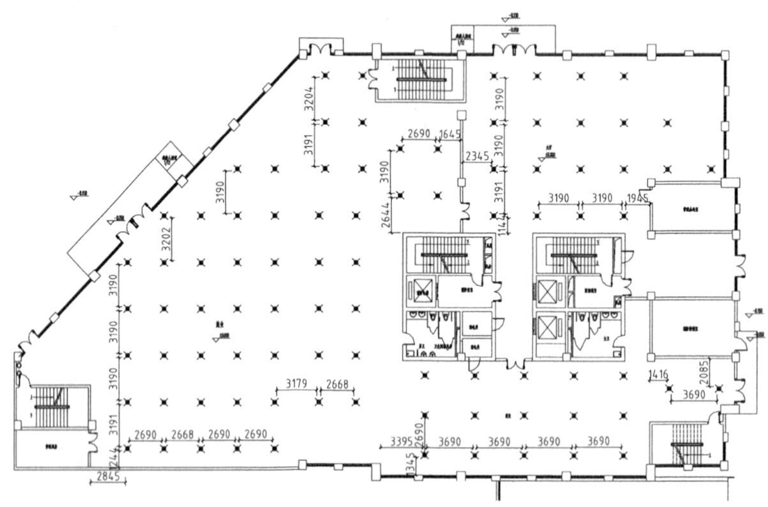

图 20-20　绘制风口

[05] 布置风口。在【天正图库管理系统】对话框中选择风口，结果如图 20-21 所示。

[06] 在对话框中双击风口样式图形，返回【布置风口】对话框，设置参数如图 20-22 所示。

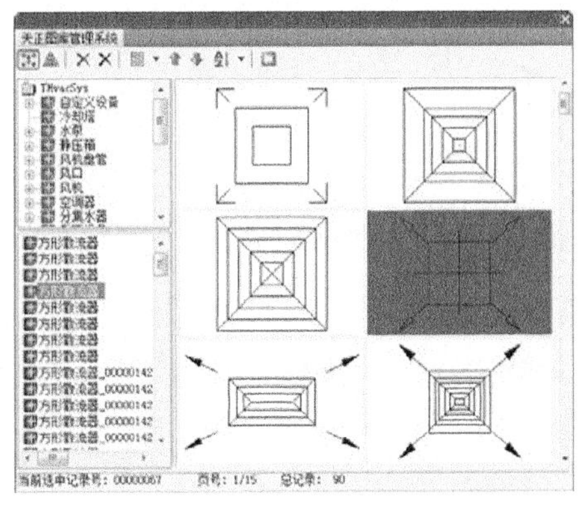

图 20-21　选择风口

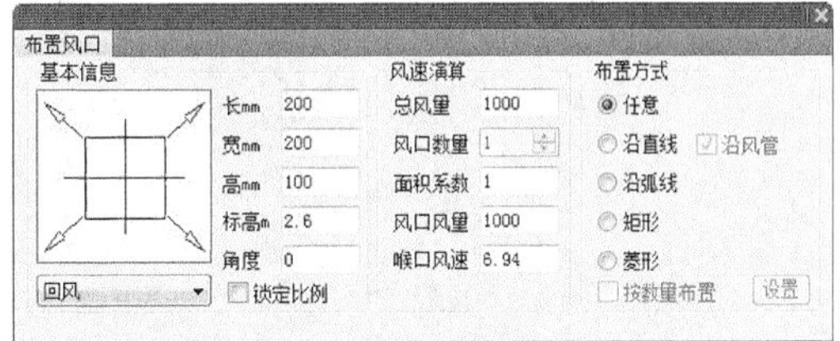

图 20-22　设置参数

07 在绘图区中点取风口的插入位置，绘制风口的结果如图 20-23 所示。

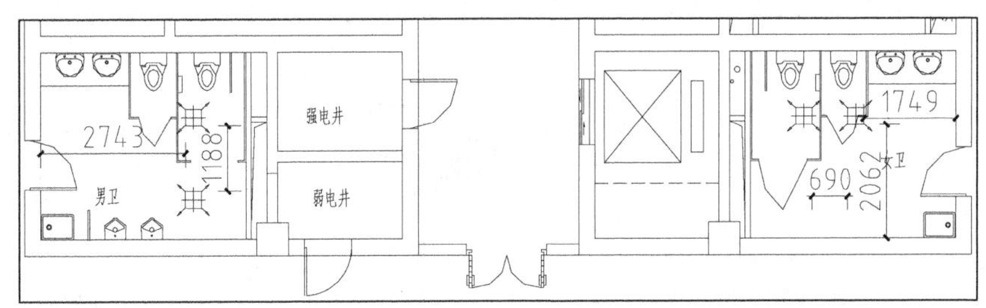

图 20-23　布置风口

08 执行“空调水路”→“布置设备”命令，布置空调器图形，结果如图 20-24 所示（具体参数可以参照 20.2 小节）。

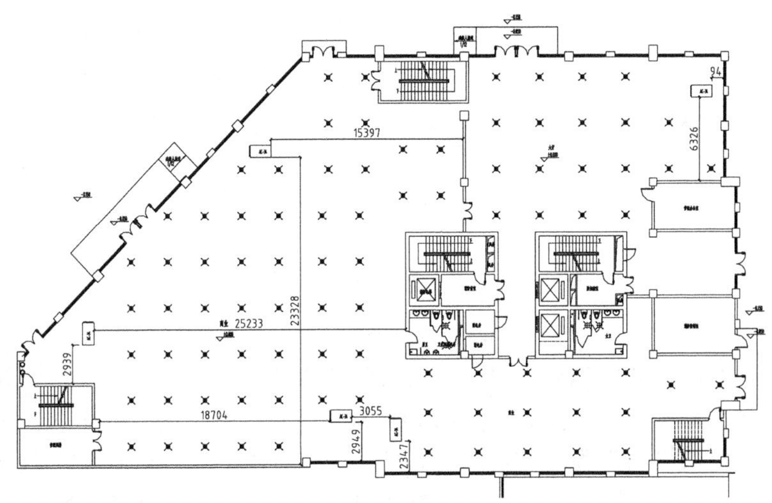

图 20-24　布置空调器

09 布置送风静压箱。执行“空调水路”→“布置设备”命令，弹出【设备布置】对话框，在其中选择“静压箱”设备，设置参数如图 20-25 所示。

设备布置
所在层： 暖通构件
设备
风机盘管
空调器
静压箱
风机
水泵
冷却塔
冷水机组
新风机
人防
点击图片更换图形
俯视
三维
长度mm： 1800　标高： 0
宽度mm： 800
高度mm： 200　锁定比例
设备型号
型号　JXH-1
设备参数
噪音dB(A)　5~10
风管接口
风管接口名称　风管方接口
宽(mm)　670
高(mm)　320
定义设备　新建设备　更新设备　删除设备
标注设置
标注设备型号　标注位置： 中间　文字背景屏蔽效果
布置　替换　关闭

图 20-25　【设备布置】对话框

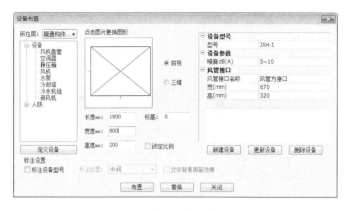

[10] 在对话框中单击“布置”按钮，在绘图区中点取设备的插入位置，布置静压箱设备的结果如图 20-26 所示。

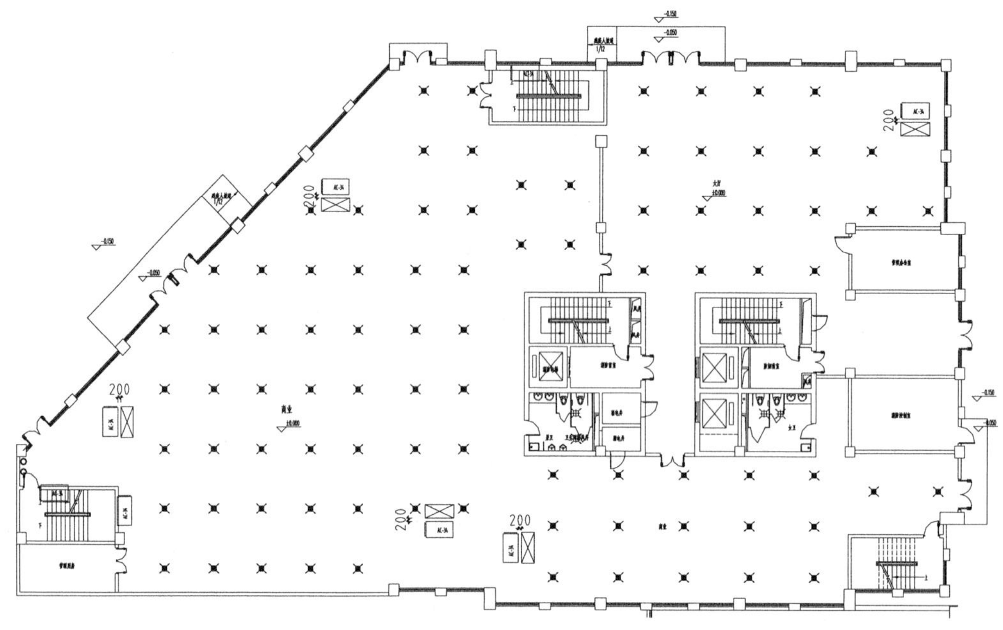

图 20-26　布置送风静压箱

[11] 布置回风静压箱。按下 Ctrl+O 组合键，打开配套光盘提供的“第 20 章/图例文件.dwg”文件，将其中的回风静压箱图形复制粘贴至当前图形中，结果如图 20-27 所示。

[12] 布置设备连接构件。按下 Ctrl+O 组合键，打开配套光盘提供的“第 20 章/图例文件.dwg”文件，将其中的设备连接构件复制粘贴至当前图形中，结果如图 20-28 所示。

[13] 绘制风管。执行“风管”→“风管绘制”命令，系统弹出【风管布置】对话框，设置参数如图 20-29 所示。

[14] 根据命令行的提示，分别指定风管的起点和终点，绘制风管的结果如图 20-30 所示。

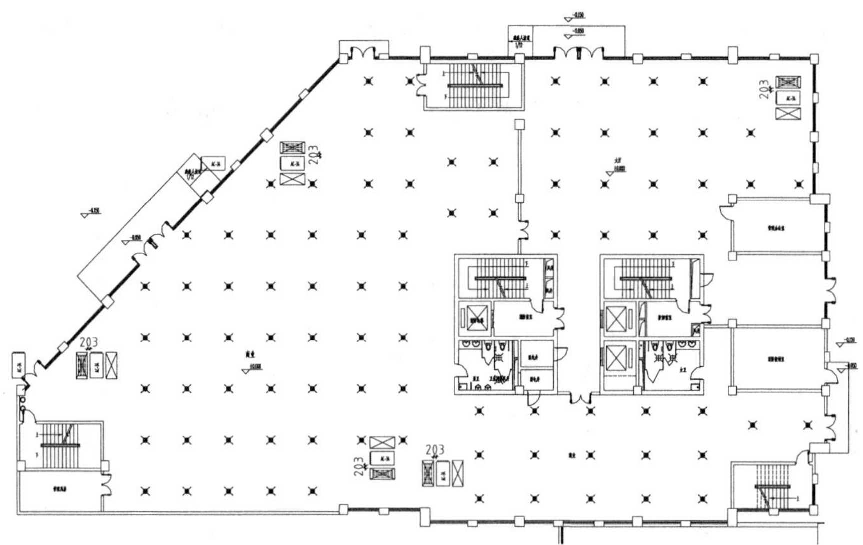

图 20-27　布置回风静压箱

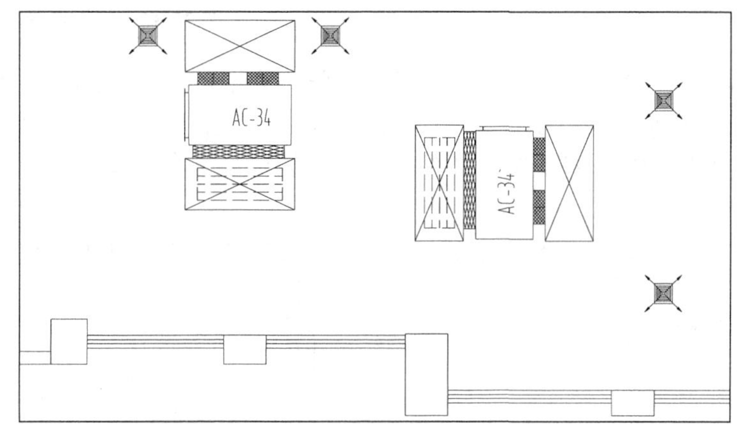

图 20-28　布置设备连接构件

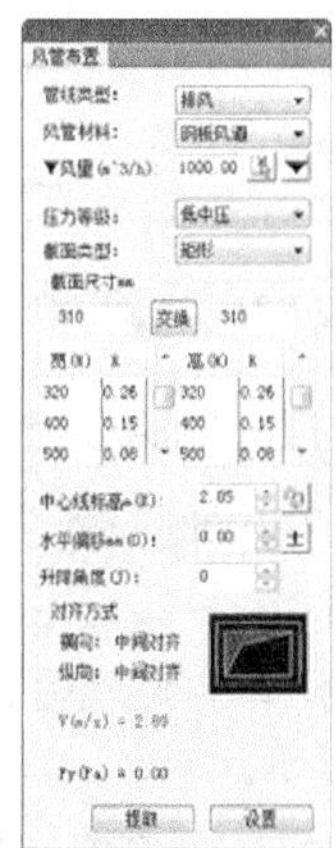

图 20-29　【风管布置】对话框

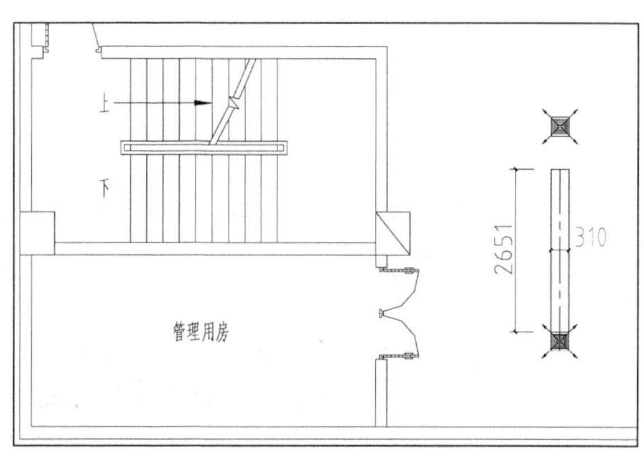

图 20-30　绘制风管

15 执行“风管”→“风管绘制”命令，绘制截面尺寸为400的风管，结果如图20-31所示。

16 执行“风管”→“风管绘制”命令，绘制截面尺寸为500的风管，结果如图20-32所示。

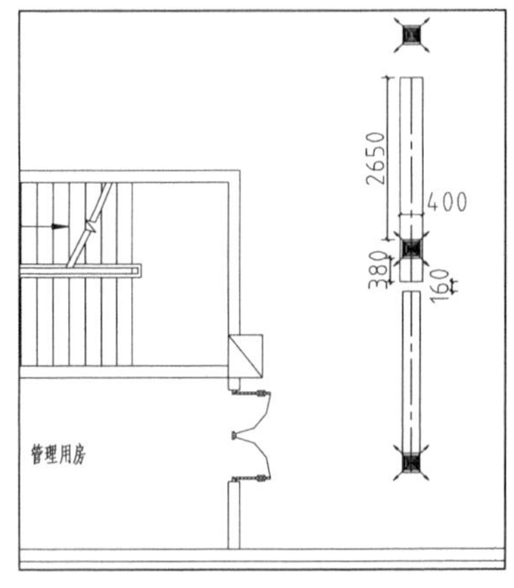

图 20-31 绘制结果

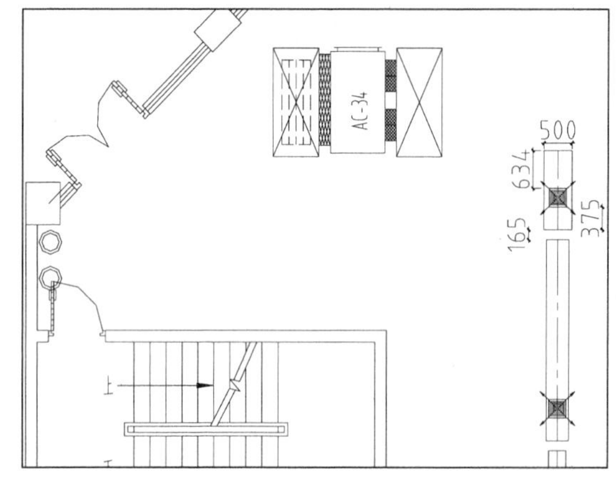

图 20-32 绘制风管

17 绘制变径。执行“风管”→“变径”命令，弹出【变径】对话框，设置变径截面参数，如图20-33所示。

18 单击“连接”按钮，在绘图区中选择待连接的风管，完成变径操作的结果如图20-34所示。

图 20-33 【变径】对话框

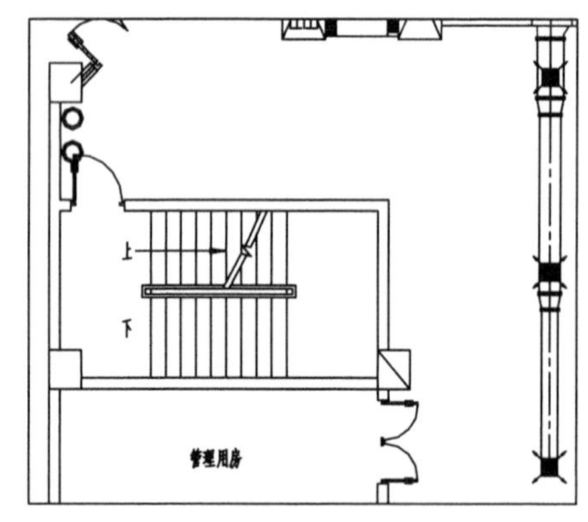

图 20-34 绘制变径

19 调用CO【复制】命令，移动复制绘制完成的风管图形，结果如图20-35所示。

20 执行“风管”→“风管绘制”命令，绘制截面尺寸为360的风管，结果如图20-36所示。

21 执行“风管”→“风管绘制”命令，绘制截面尺寸为360的风管，调用CO【复制】命令，移动复制绘制完成的风管图形，结果如图20-37所示。

22 执行“风管”→“风管绘制”命令，绘制截面尺寸为360的风管，结果如图20-38所示。

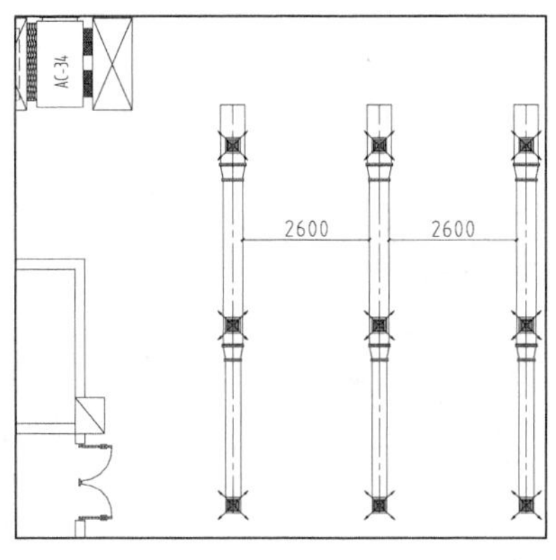

图 20-35　移动复制风管

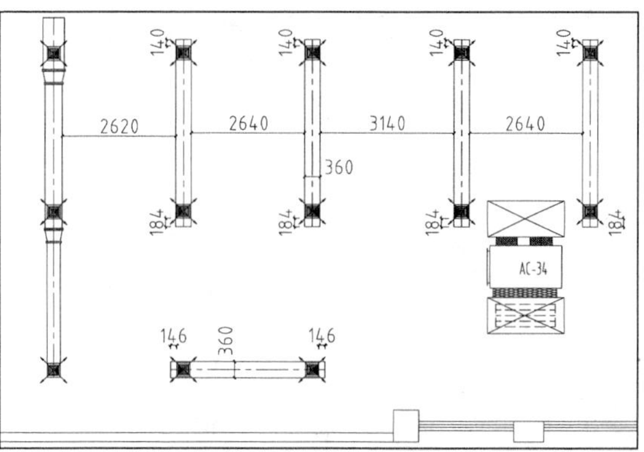

图 20-36　绘制风管

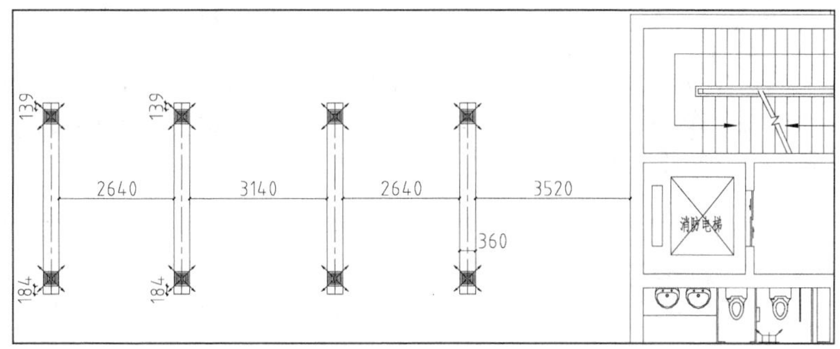

图 20-37　移动复制风管

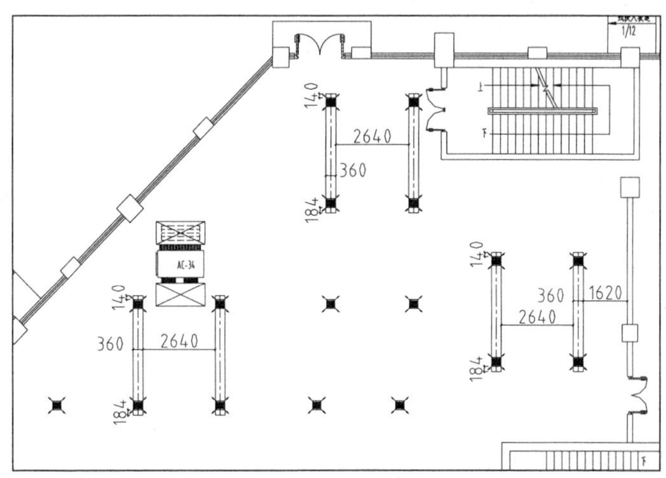

图 20-38　绘制风管

[23] 绘制变径。执行“风管”→“变径”命令，弹出【变径】对话框，在绘图区中选择待连接的风管，完成变径操作的结果如图 20-39 所示。

[24] 执行“风管”→“风管绘制”命令，绘制截面尺寸为 360 的风管，结果如图 20-40 所示。

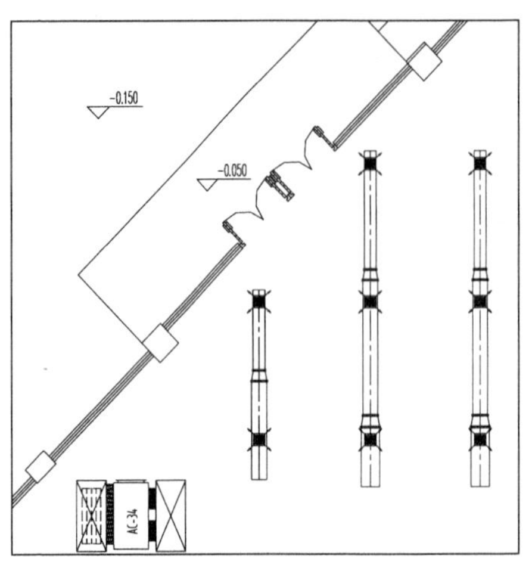

图 20-39　绘制变径

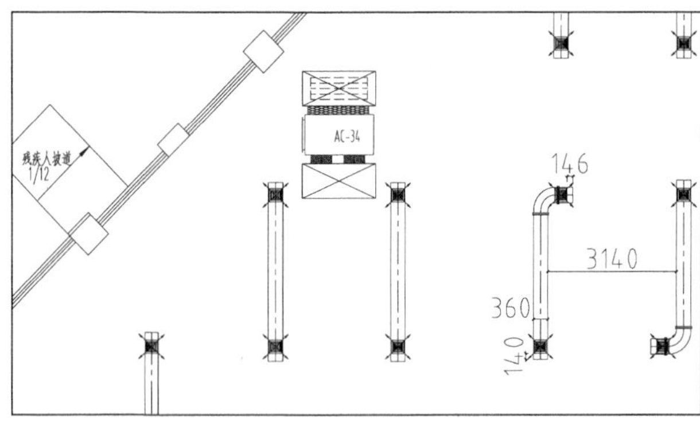

图 20-40　绘制风管

25 执行“风管”→“风管绘制”命令，分别绘制截面尺寸为 400、320 的风管，执行“风管”→“变径”命令，弹出【变径】对话框，在绘图区中选择待连接的风管，完成变径操作的结果如图 20-41 所示。

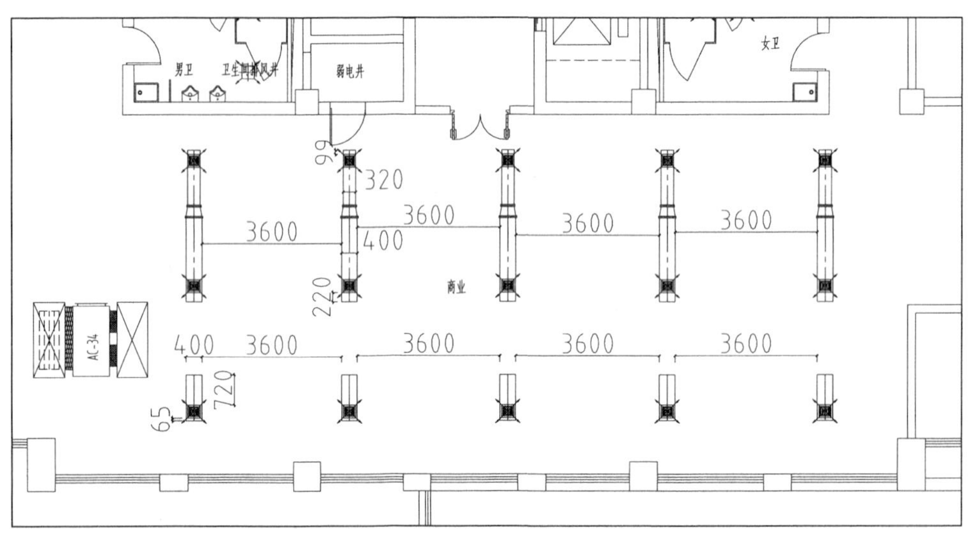

图 20-41　绘制结果

26 执行“风管”→“风管绘制”命令，分别绘制截面尺寸为 400、320 的风管，执行“风管”→“变径”命令，在绘图区中选择待连接的风管，完成变径操作的结果如图 20-42 所示。

27 执行“风管”→“风管绘制”命令，绘制截面尺寸为 1250 的风管，结果如图 20-43 所示。

28 绘制四通。执行“风管”→“四通”命令，系统弹出【四通】对话框，定义四通样式的结果如图 20-44 所示。

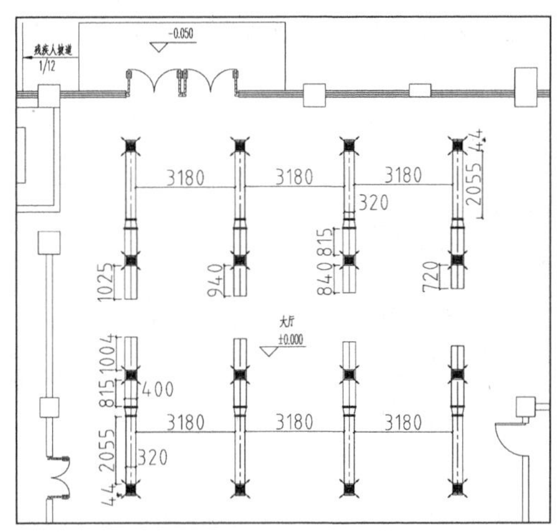

图 20-42　绘制结果

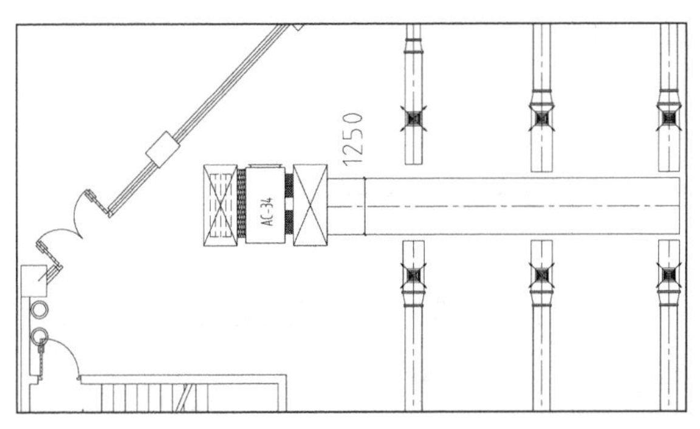

图 20-43　绘制风管

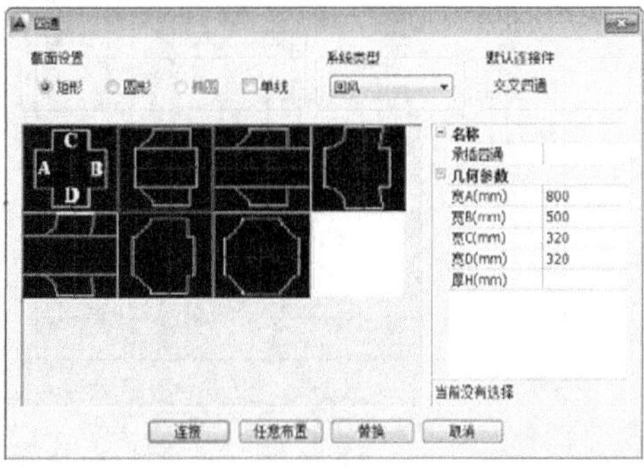

图 20-44　【四通】对话框

[29] 单击“连接”按钮，根据命令行的提示，在绘图区中选择要连接的风管，选择截面尺寸为 1250 的风管为主管要连接的风管，连接结果如图 20-45 所示。

[30] 执行“风管”→“风管绘制”命令，绘制截面尺寸为 360 的风管，结果如图 20-46 所示。

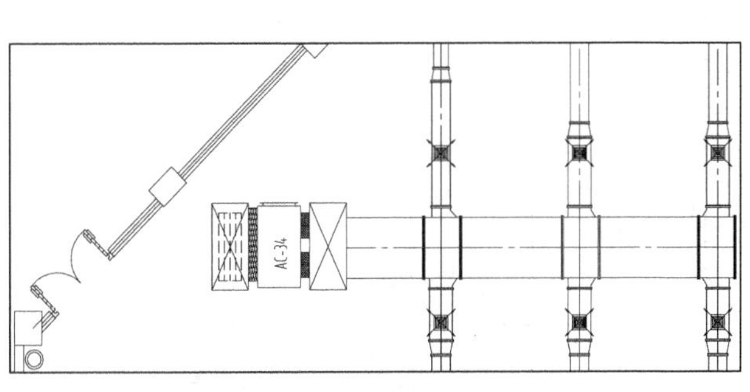

图 20-45　四通连接

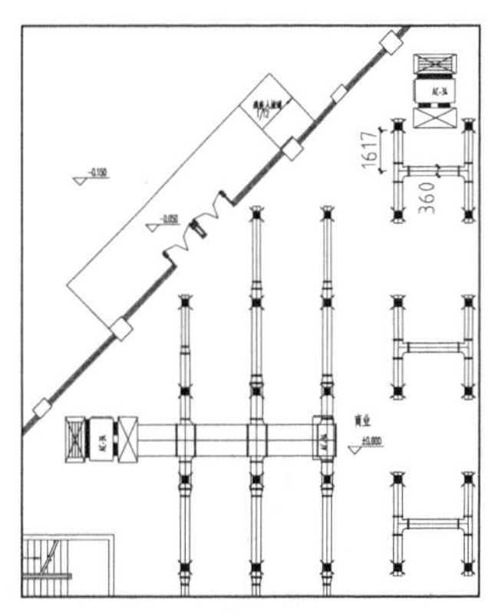

图 20-46　风管绘制

[31] 执行“风管”→“风管绘制”命令，绘制截面尺寸为1250的风管，结果如图20-47所示。

[32] 绘制三通。执行“风管”→“三通”命令，绘制三通构件以连接管线，结果如图20-48所示。

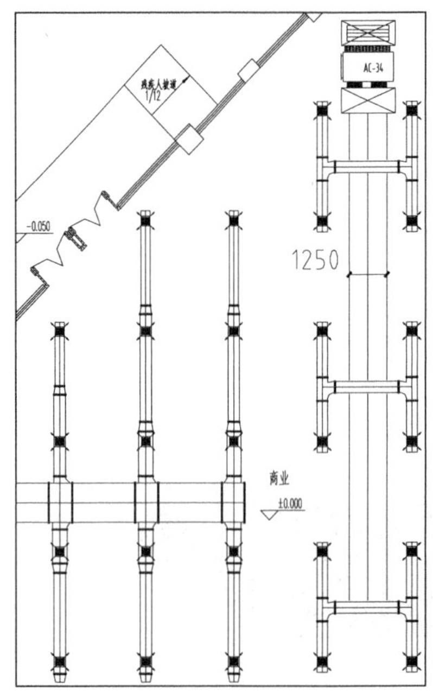

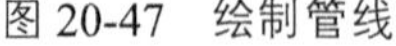
图 20-47　绘制管线

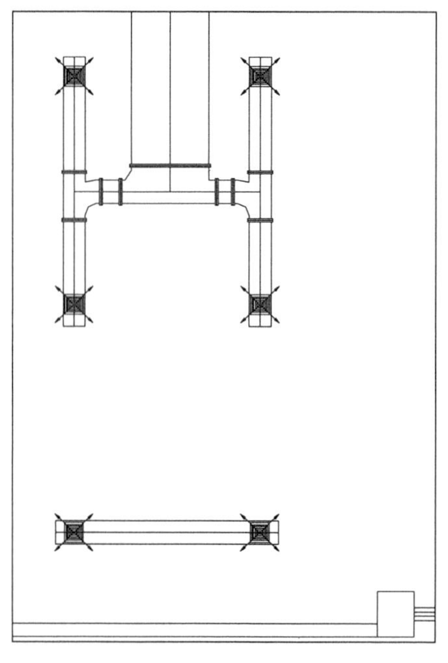
图 20-48　绘制三通

[33] 绘制四通。执行“风管”→“四通”命令，在【四通】对话框中单击“连接”按钮，根据命令行的提示，在绘图区中选择要连接的风管，选择截面尺寸为1250的风管为主管要连接的风管，连接结果如图20-49所示。

[34] 执行“风管”→“风管绘制”命令，绘制截面尺寸为1000的风管，结果如图20-50所示。

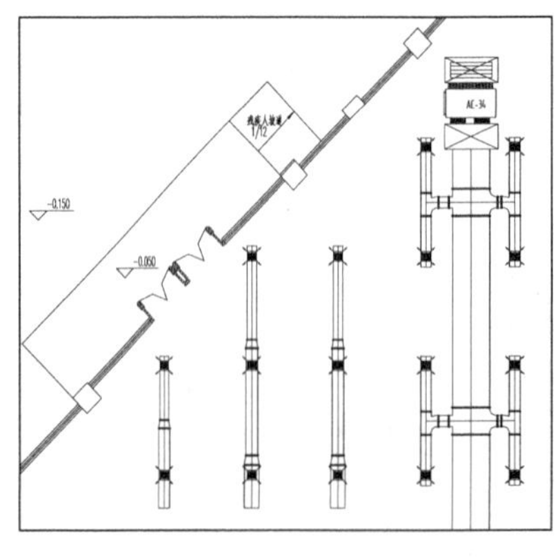

图 20-49　绘制四通

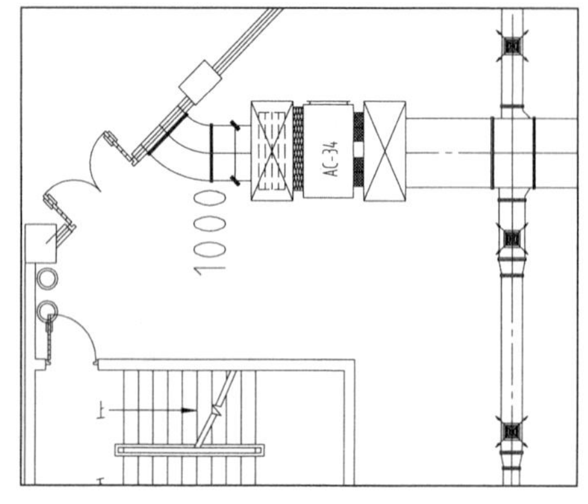

图 20-50　绘制风管

[35] 布置风阀。执行“风管设备”→“布置阀门”命令，弹出【风阀布置】对话框，

单击对话框左边的风阀预览框，弹出【天正图库管理系统】对话框，选择风阀，结果如图 20-51 所示。

36 在对话框中双击风阀样式图形，返回【风阀布置】对话框，设置参数如图 20-52 所示。

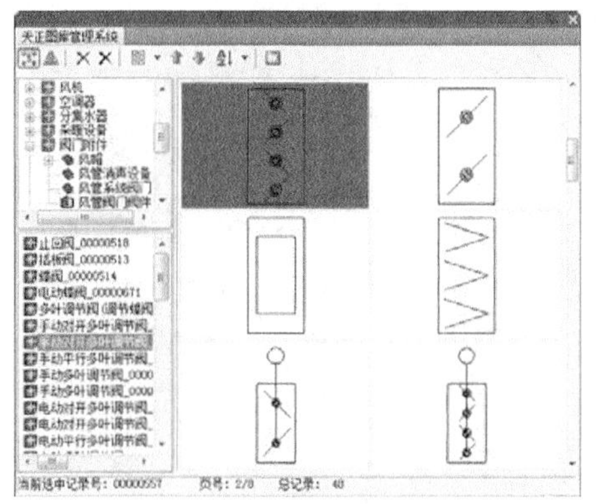

图 20-51 【天正图库管理系统】对话框

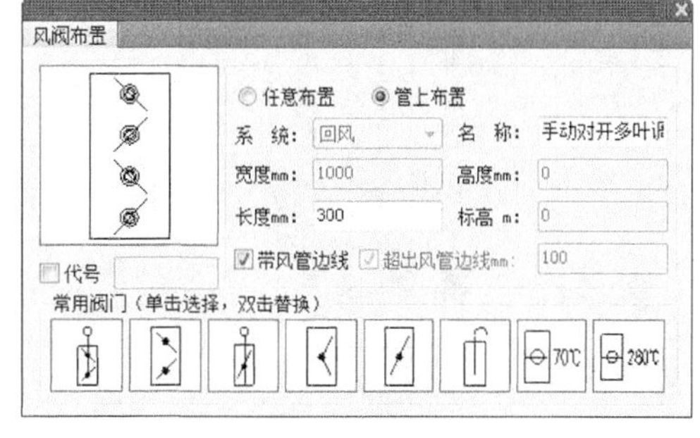

图 20-52 【风阀布置】对话框

37 在管线上点取风阀的插入点，绘制风阀的结果如图 20-53 所示。

38 重复操作，绘制另一风管和风阀图形，结果如图 20-54 所示。

39 执行“风管”→“风管绘制”命令，分别绘制截面尺寸为 320、400 的风管，执行“风管”→“变径”命令，弹出【变径】对话框，在绘图区中选择待连接的风管，完成变径操作的结果如图 20-55 所示。

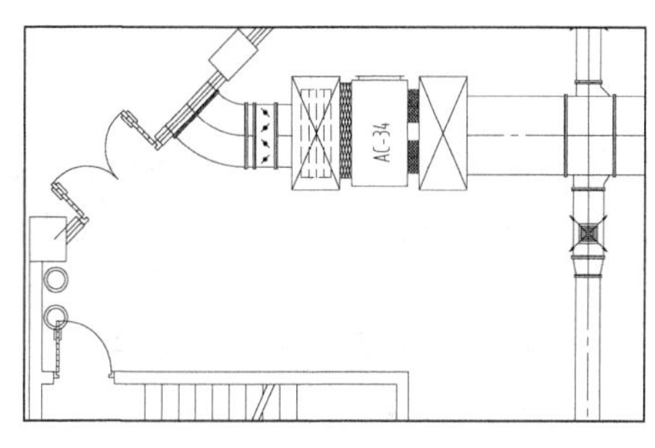

图 20-53 绘制风阀

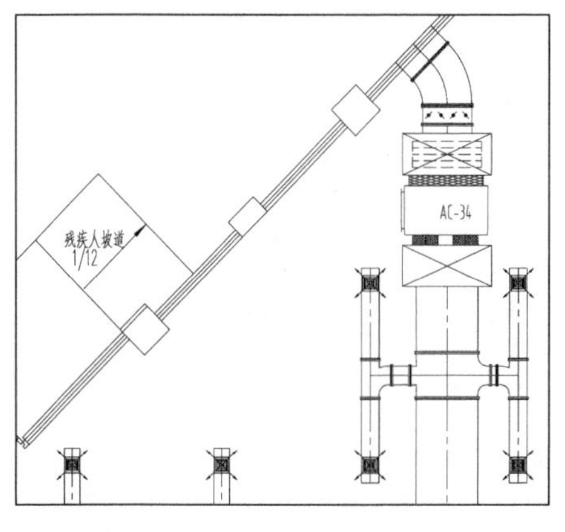

图 20-54 绘制结果

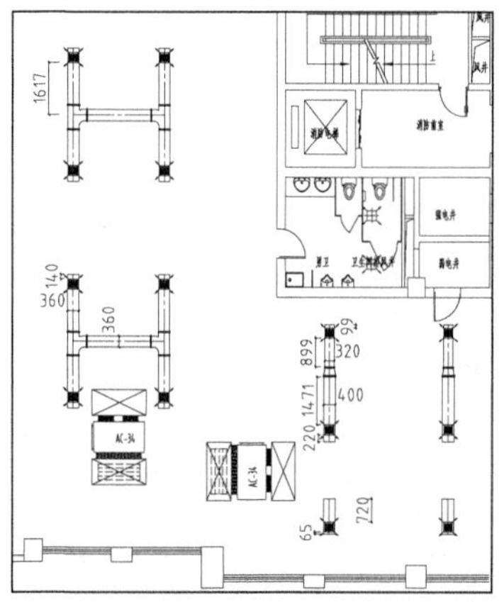

图 20-55 绘制结果

40 执行“风管”→“风管绘制”命令，绘制截面尺寸为 1250 的风管，执行“风管”

→“四通”命令，在绘图区中选择要连接的风管，选择截面尺寸为 1250 的风管为主管要连接的风管，连接结果如图 20-56 所示。

41 执行“风管”→“风管绘制”命令，绘制截面尺寸为 360 的风管，结果如图 20-57 所示。

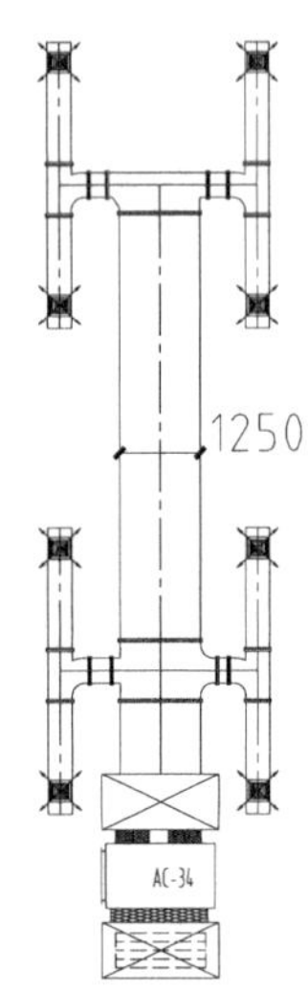

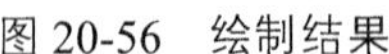

图 20-56　绘制结果

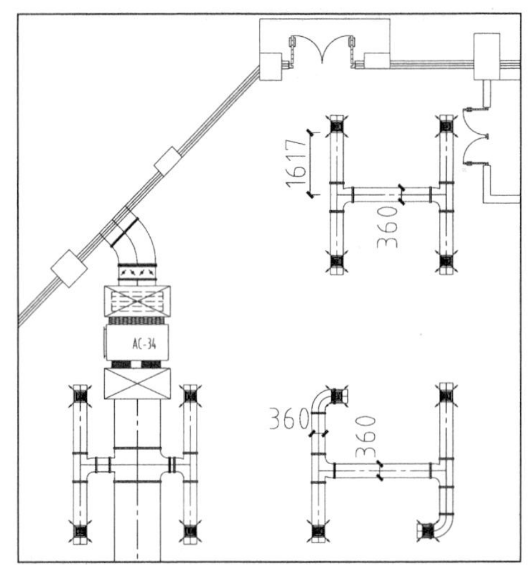

图 20-57　绘制风管

42 执行“风管”→“风管绘制”命令，绘制截面尺寸为 800、1250 的风管，执行“风管”→“四通”命令，在绘图区中选择要连接的风管，选择截面尺寸为 800、1250 的风管为主管要连接的风管，连接结果如图 20-58 所示。

43 执行“风管”→“风管绘制”命令，绘制截面尺寸为 360、630 的风管，结果如图 20-59 所示。

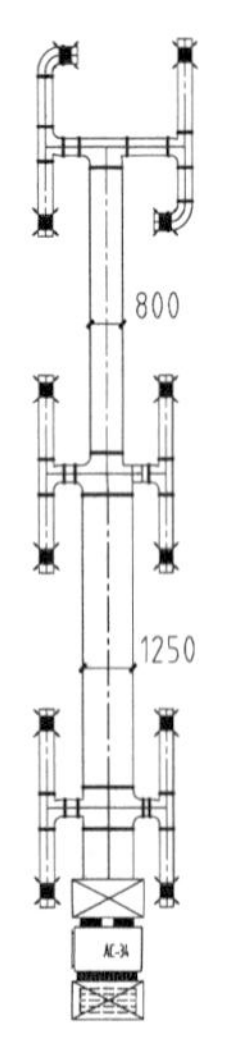

图 20-58　绘制结果

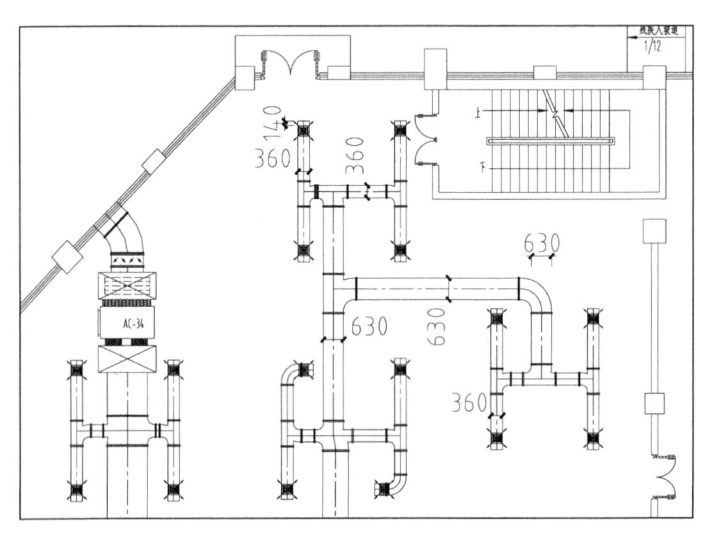

图 20-59　绘制风管

44 执行“风管”→“风管绘制”命令，绘制截面尺寸为 1000 的风管，执行“空调水路”→“布置阀门”命令，在管线上插入调节阀，结果如图 20-60 所示。

45 执行“风管”→“风管绘制”命令，绘制截面尺寸为 1000 的风管，结果如图 20-61 所示。

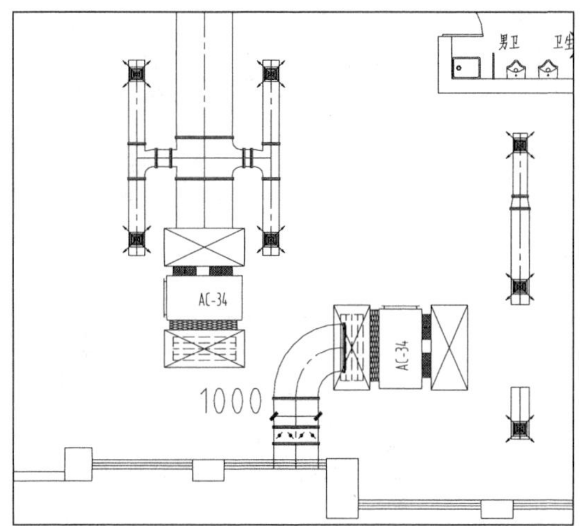

图 20-60 绘制结果

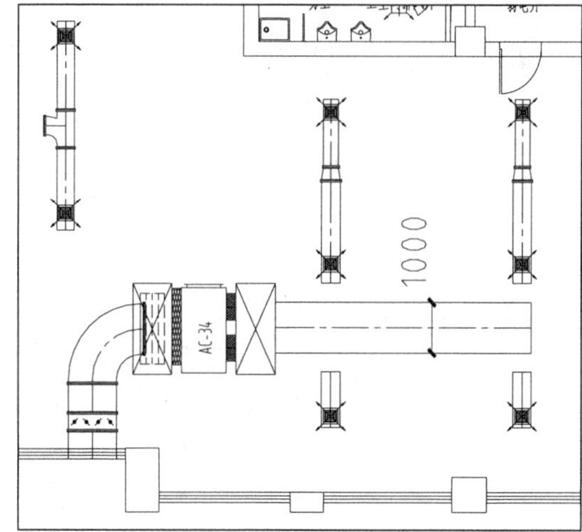

图 20-61 风管绘制

46 绘制四通。执行“风管”→“四通”命令，在【四通】对话框中单击“连接”按钮，根据命令行的提示，在绘图区中选择要连接的风管，选择截面尺寸为 1000 的风管为主管要连接的风管，连接结果如图 20-62 所示。

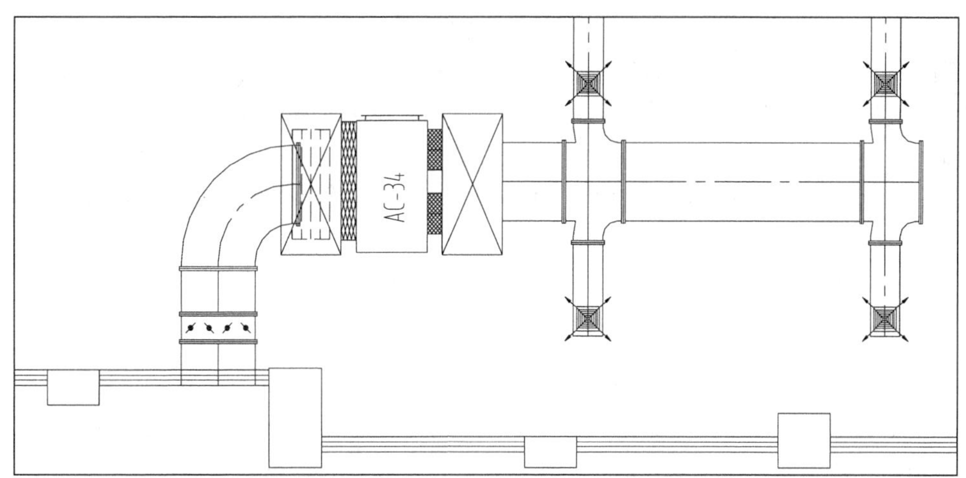

图 20-62 绘制四通

47 执行“风管”→“风管绘制”命令，分别绘制截面尺寸为 800、630 的风管，执行“风管”→“四通”命令，绘制四通构件以连接管线，结果如图 20-63 所示。

48 执行“风管”→“风管绘制”命令，绘制截面尺寸为 400 的风管，结果如图 20-64 所示。

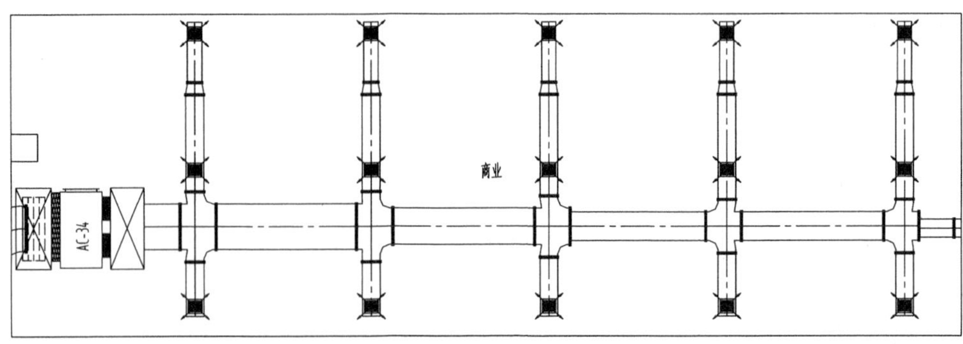

图 20-63　绘制管线

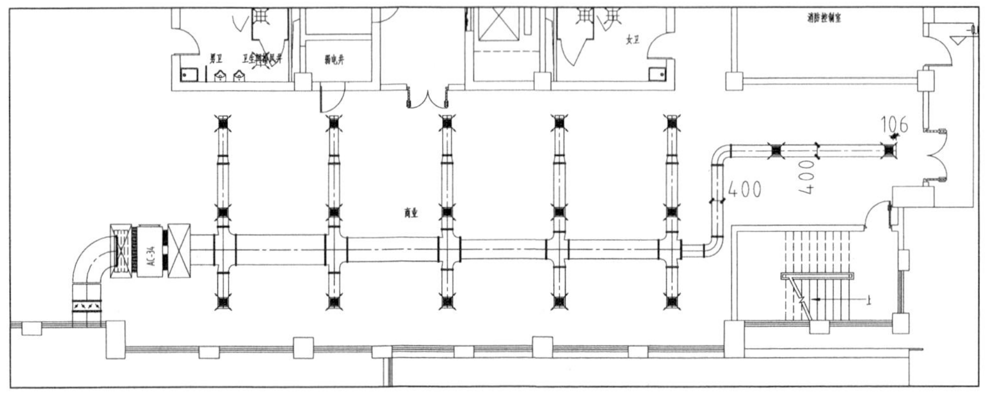

图 20-64　绘制结果

49 执行“风管”→“风管绘制”命令，绘制截面尺寸为 1000 的风管，执行“空调水路”→“布置阀门”命令，在管线上插入调节阀，结果如图 20-65 所示。

50 执行“风管”→“风管绘制”命令，分别绘制截面尺寸为 1250、1000、800、630 的风管，执行“风管”→“四通”命令，绘制四通构件以连接管线，结果如图 20-66 所示。

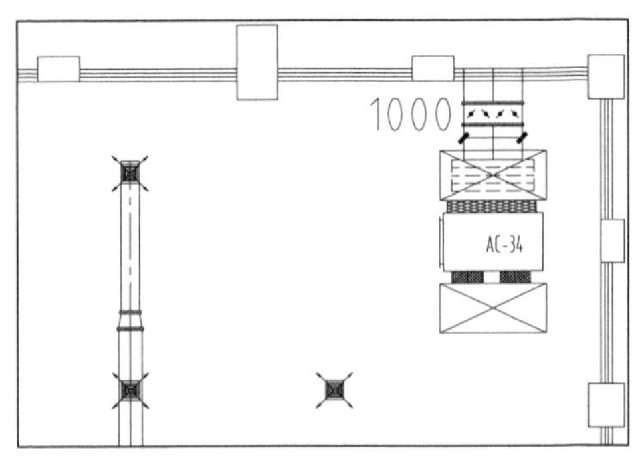

图 20-65　绘制结果

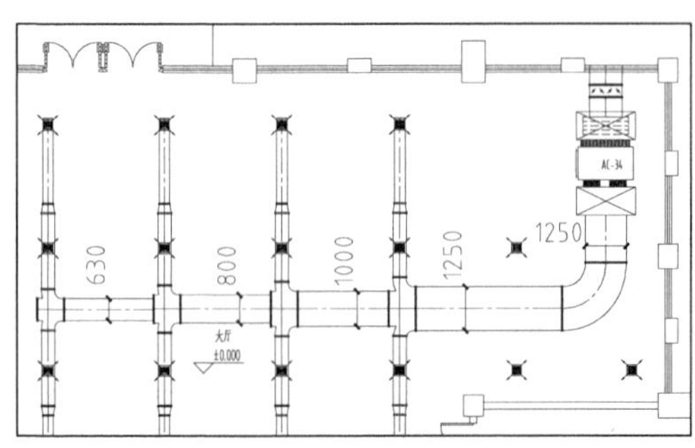

图 20-66　风管绘制

51 执行“风管”→“风管绘制”命令，分别绘制截面尺寸为 400、360、320 的风管，执行“风管”→“三通”命令，绘制三通构件以连接管线，结果如图 20-67 所示。

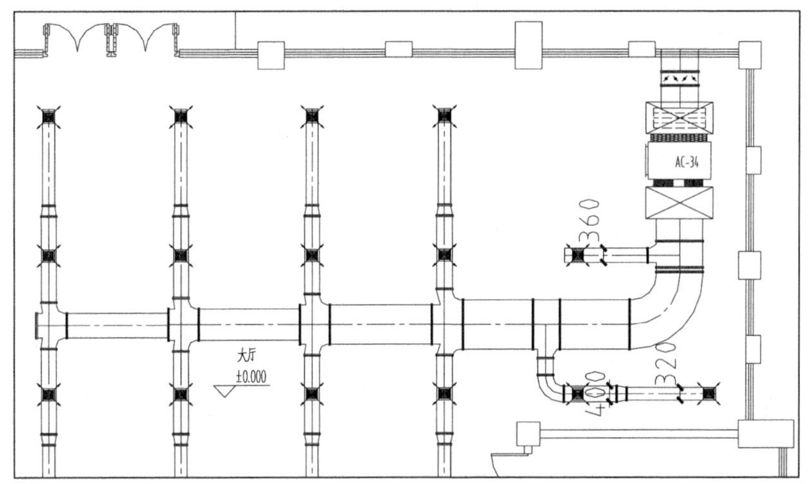

图 20-67 绘制结果

52 绘制卫生间管线。执行“风管”→“风管绘制”命令，分别绘制截面尺寸为 150、100 的风管，结果如图 20-68 所示。

53 布置风阀。执行“风管设备”→“布置阀门”命令，弹出【风阀布置】对话框，单击对话框右边的风阀预览框，弹出【天正图库管理系统】对话框，选择蝶阀。

54 在对话框中双击风阀样式图形，返回【风阀布置】对话框，设置参数如图 20-69 所示。

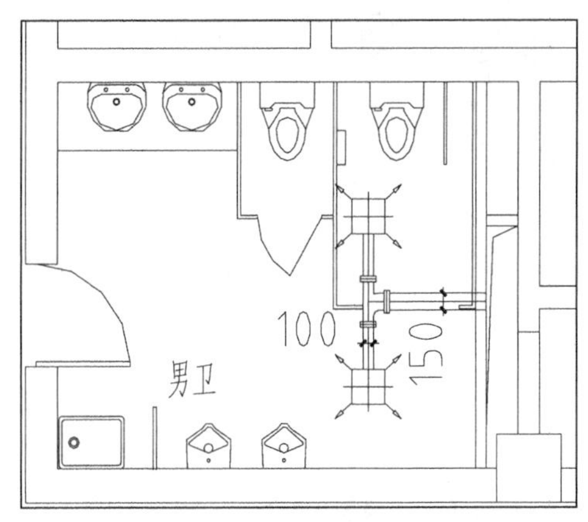

图 20-68 绘制卫生间管线

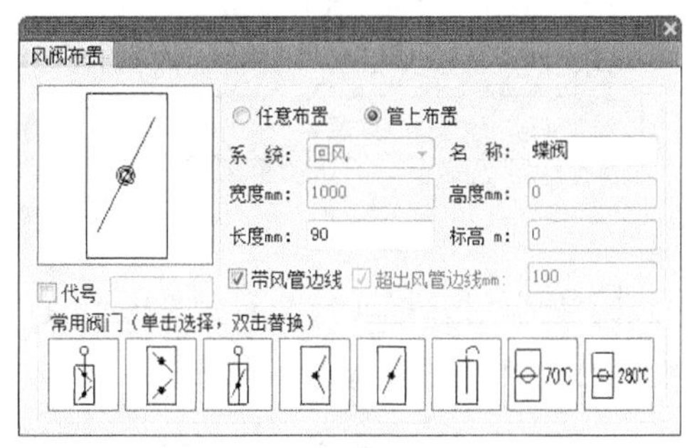

图 20-69 【风阀布置】对话框

55 在管线上点取风阀的插入点，绘制风阀的结果如图 20-70 所示。

56 执行“风管”→“风管绘制”命令，分别绘制截面尺寸为 150、100 的风管，执行“空调水路”→“布置阀门”命令，绘制蝶阀，执行“风管”→“变径”/“三通”命令，完成管线的连接操作，结果如图 20-71 所示。

57 绘制电动百叶送风门。按下 Ctrl+O 组合键，打开配套光盘提供的“第 18 章/家具图例.dwg”文件，将其中的电动百叶送风门图形复制粘贴至当前图形中，结果如图 20-72 所示。

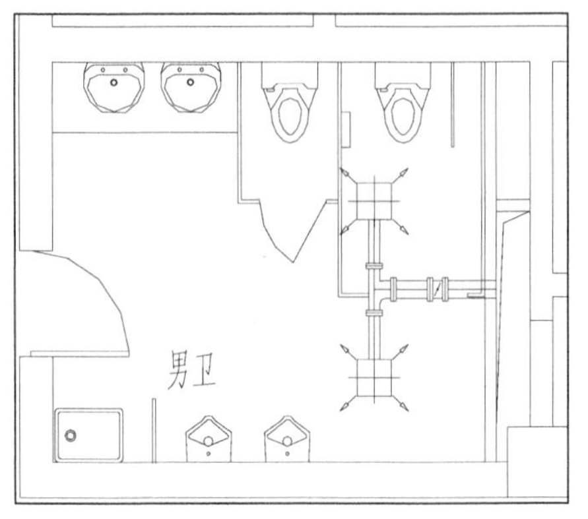

图 20-70　绘制风阀

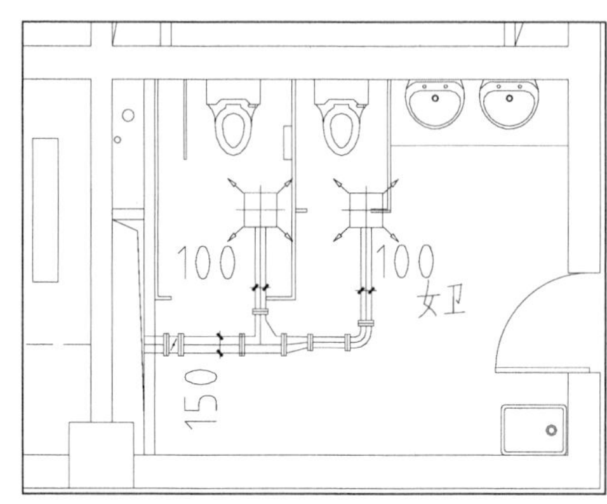

图 20-71　绘制结果

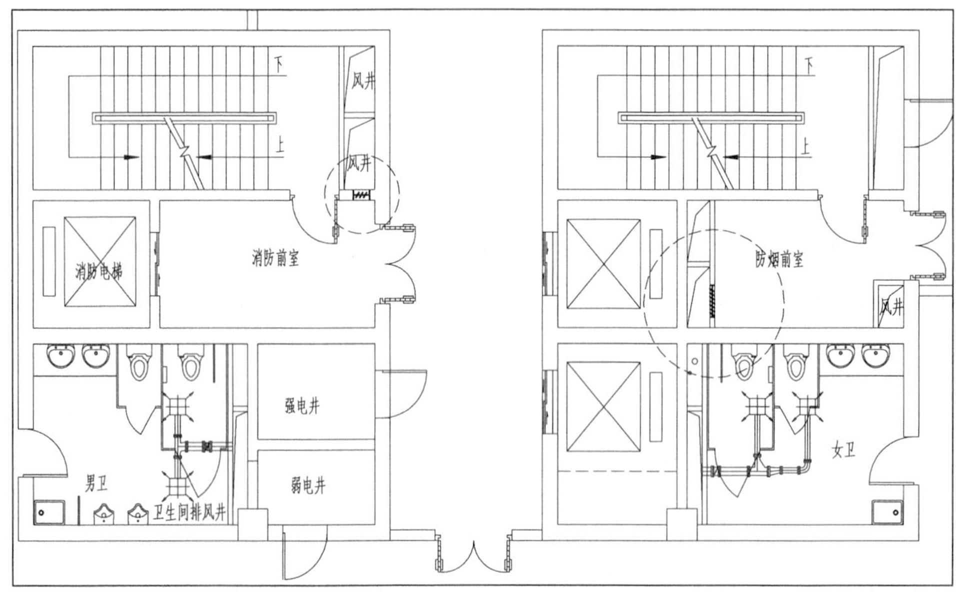

图 20-72　绘制电动百叶送风门

58 绘制引出标注。执行“符号标注”→“引出标注”命令，弹出【引出标注】对话框，设置参数如图 20-73 所示。

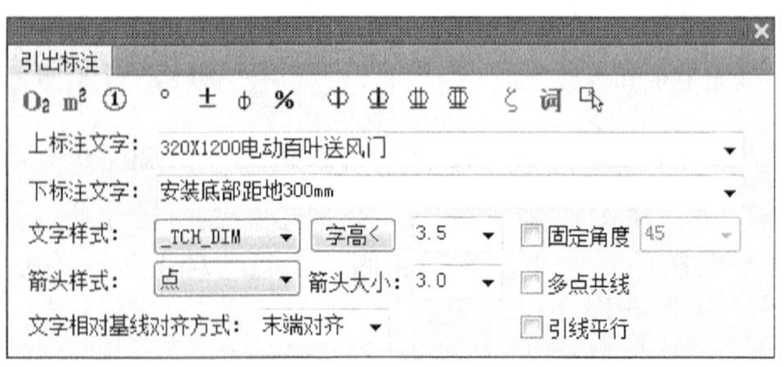

图 20-73　【引出标注】对话框

59 根据命令行的提示，在绘图区中点取标注的各点，绘制引出标注的结果如图 20-74 所示。

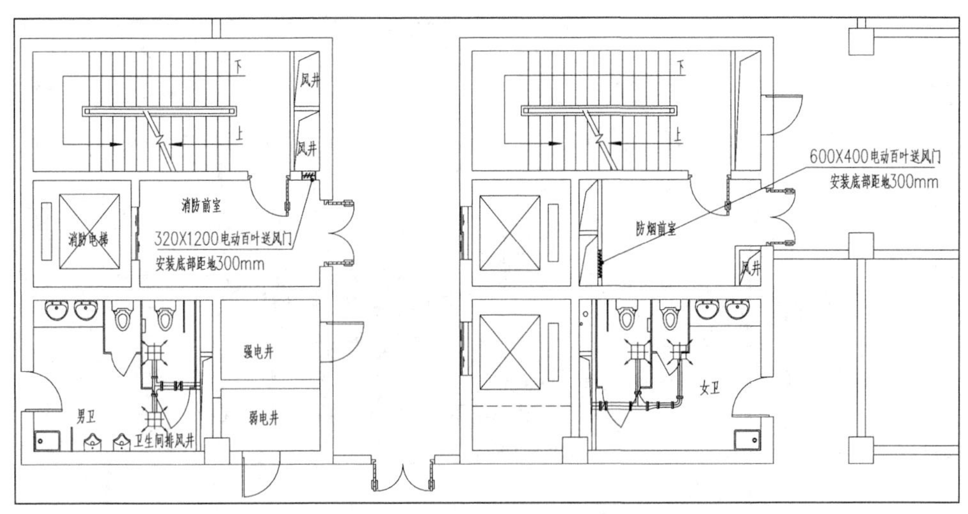

图 20-74　绘制引出标注

60 绘制图例表。执行“文字表格”→“新建表格”命令，绘制空白表格；调用 CO【复制】命令，从平面图中移动复制图例至表格中；双击单元格，进入文字在位编辑状态，输入图例文字说明；执行“文字表格”→“表格编辑”→“单元编辑”命令，选定待编辑的单元格，在弹出的【单元格编辑】对话框中编辑单元格参数，结果如图 20-75 所示。

图例	名称	图例	名称
AC-34	空调器		方形散流器
	送风静压箱		回风静压箱
	调节风阀		室内换气扇

图 20-75　绘制图例表

61 图名标注。执行“符号标注”→“图名标注”命令，在弹出的【图名标注】对话框中设置参数；在绘图区中点取图名标注的插入点，绘制图名标注的结果如图 20-76 所示。

20.4 绘制五层空调通风平面图

本节介绍商务办公楼五层空调通风平面图的绘制方法，讲解绘制空调水管和布置水管阀件以及布置风口、绘制各类标注的方法。

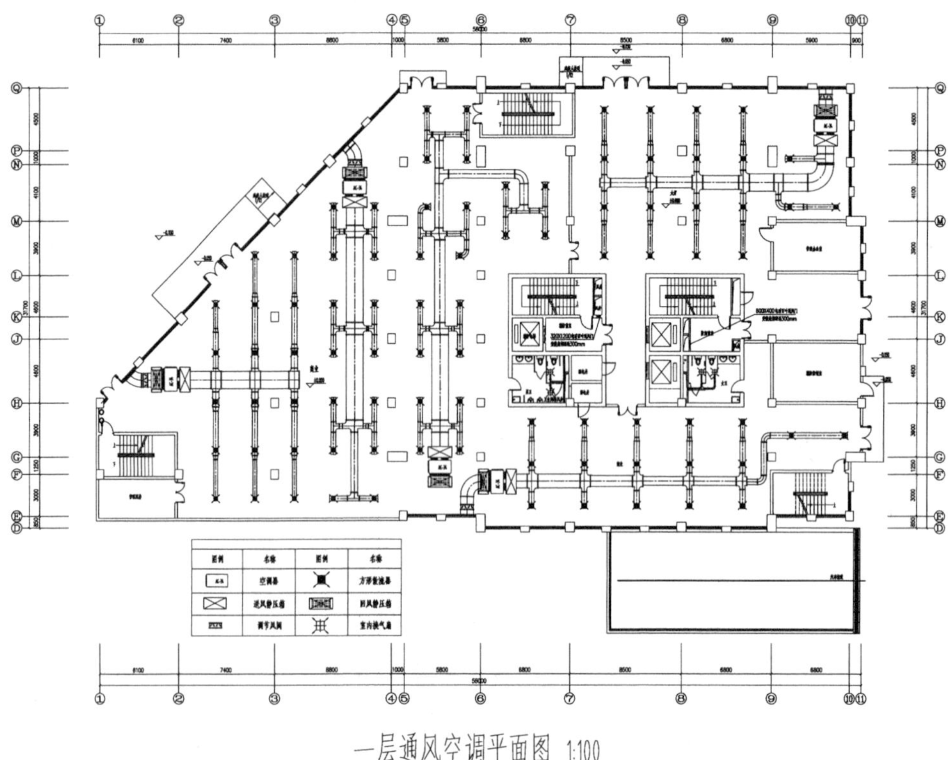

图 20-76　图名标注

01 打开素材。按下 Ctrl+O 组合键，打开配套光盘提供的“第 20 章/20.4　五层原始结构图.dwg”素材文件，结果如图 20-77 所示。

02 布置空调器。执行“空调水路”→“布置设备”命令，弹出【布置设备】对话框；单击对话框左上角的空调器预览框，弹出【天正图库管理系统】对话框，选择空调器的样式，结果如图 20-78 所示。

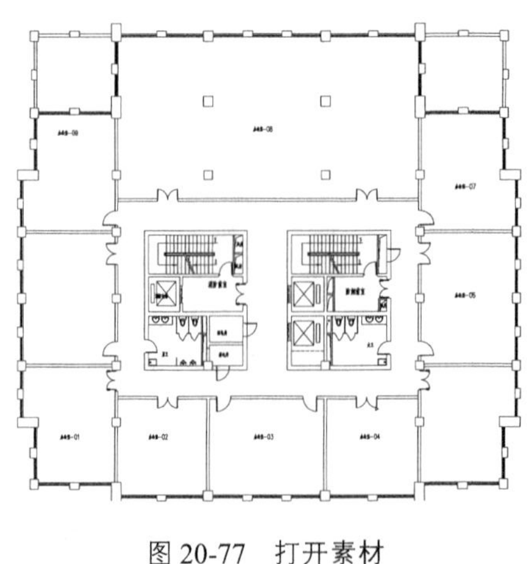

图 20-77　打开素材

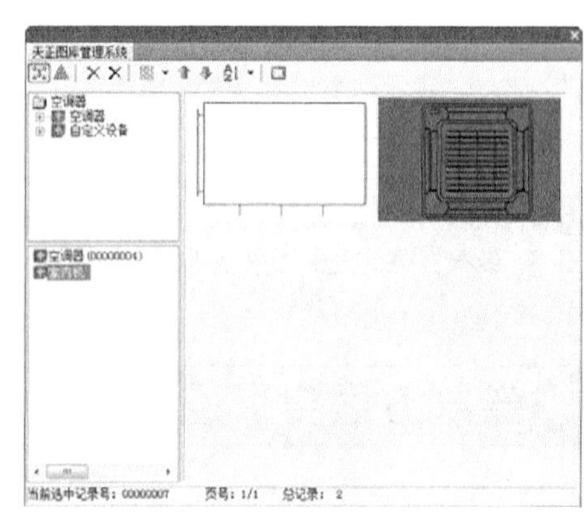

图 20-78　【天正图库管理系统】对话框

03 双击样式幻灯片，返回【设备布置】对话框，设置参数如图 20-79 所示。

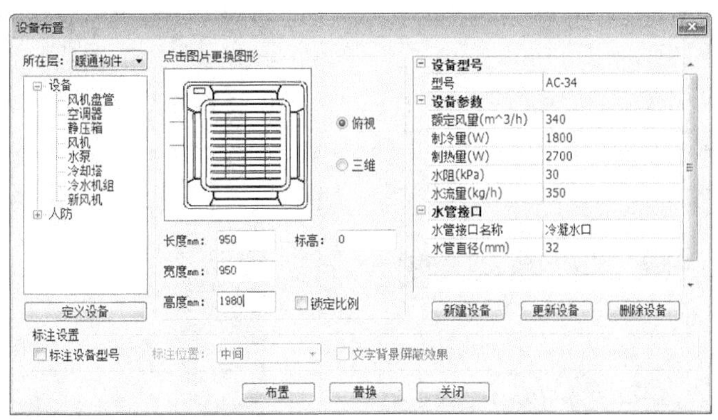

图 20-79 【设备布置】对话框

04 在对话框中单击“布置”按钮，在绘图区中点取空调器的插入位置，布置结果如图 20-80 所示。

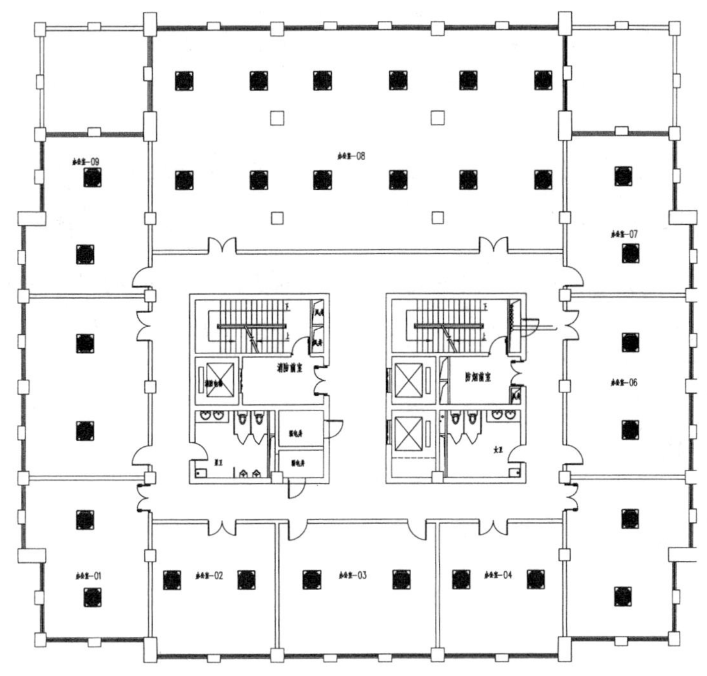

图 20-80 布置空调器

05 绘制冷凝水管线。执行“空调水路”→“水管管线”命令，弹出【空水管线】对话框；单击“冷凝水”按钮，在绘图区中分别指定管线的起点和终点，绘制管线的结果如图 20-81 所示。

06 绘制水管阀件。执行“图库图层”→“通用图库”命令，弹出【天正图库管理系统】对话框；选择“管封”附件，如图 20-82 所示。

07 在绘图区中点取阀件的插入点，布置结果如图 20-83 所示。

08 重复操作，绘制管线以及水管阀件，结果如图 20-84 所示。

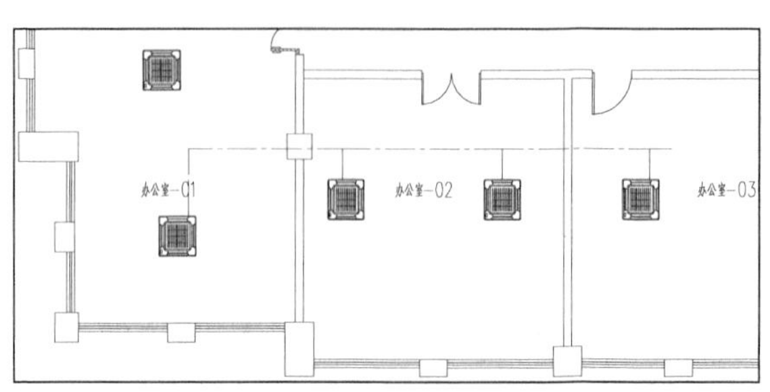

图 20-81　绘制冷凝水管线

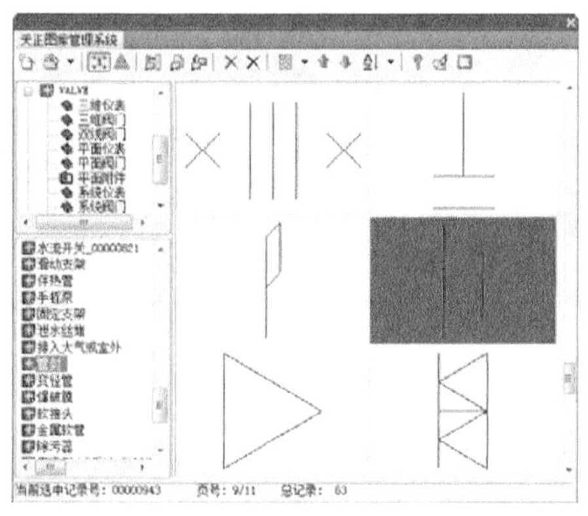

图 20-82　选择“管封”附件

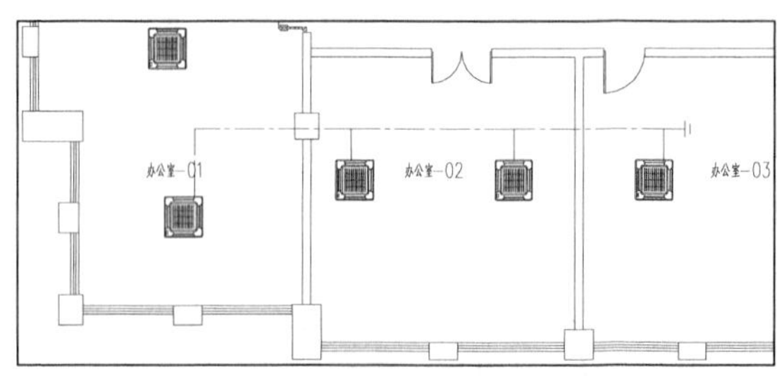

图 20-83　布置附件

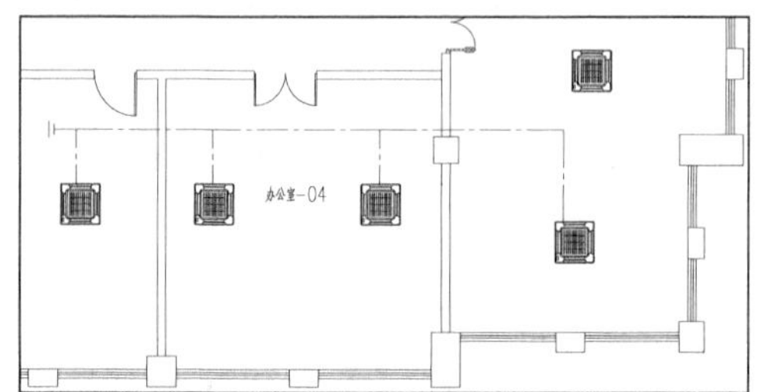

图 20-84　绘制结果

09 重复操作，分别绘制平面图左边及上方的管线以及水管阀件，结果如图 20-85、图 20-86 所示。

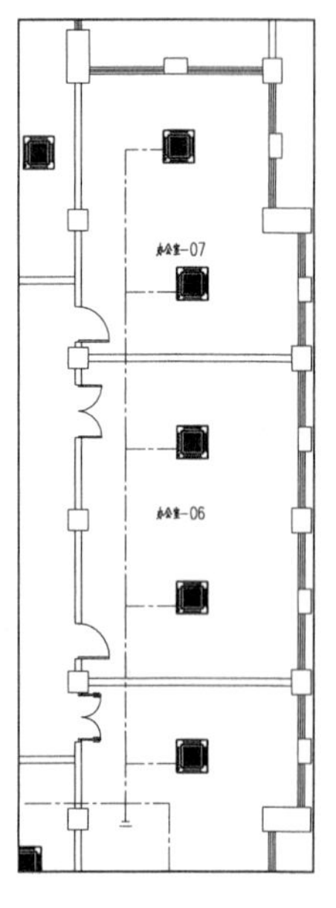

图 20-85　左边的管线与阀件

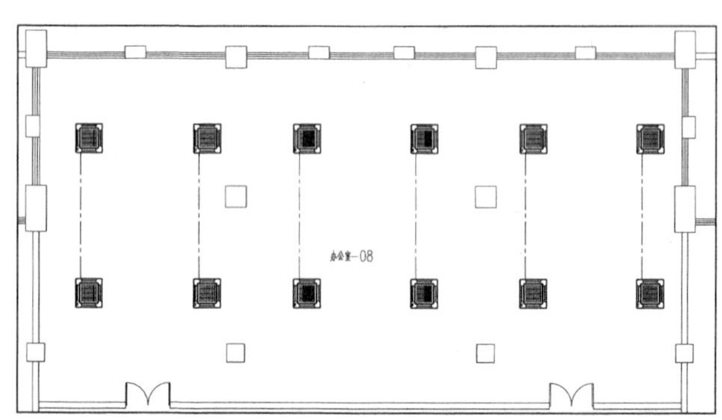

图 20-86　上方的管线与阀件

10 平面图左边的管线与右上角的管线连接结果如图 20-87 所示。

[11] 平面图右边的管线与左上角的管线连接结果如图 20-88 所示。

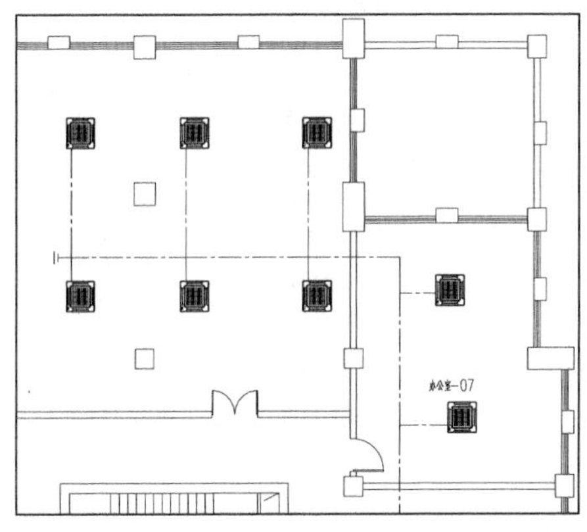

图 20-87　管线连接结果

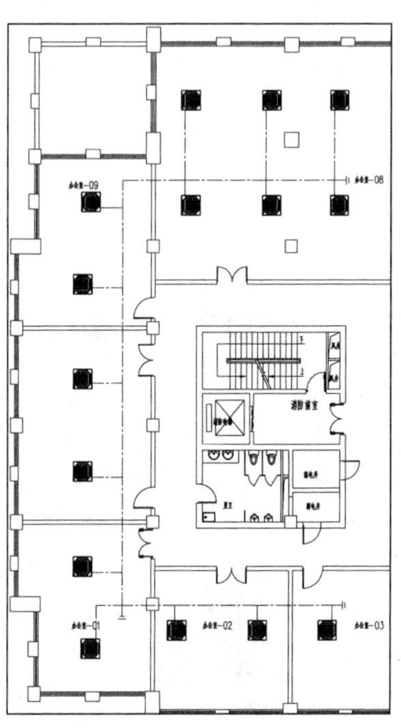

图 20-88　连接管线

[12] 绘制冷媒管。执行“空调水路”→“水管管线”命令，弹出【空水管线】对话框；在其中单击“自定义管线”按钮，在弹出的下拉列表中选择“自定义 1”选项，如图 20-89 所示。

[13] 在绘图区中指定管线的起点和终点，即可完成管线的绘制，结果如图 20-90 所示（实线部分）。

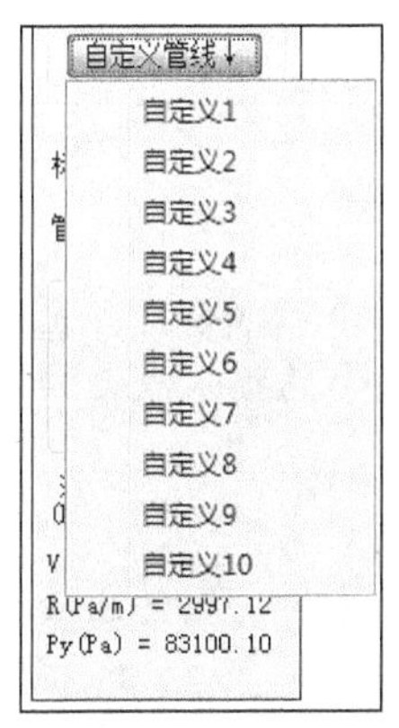

图 20-89　选择“自定义 1”选项

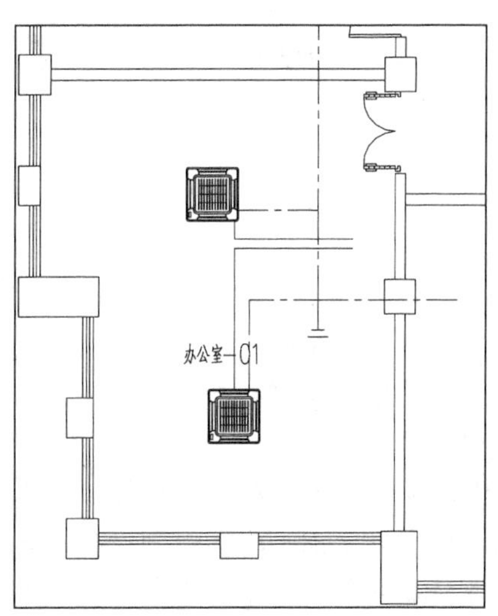

图 20-90　绘制冷媒管

[14] 绘制水管阀件。执行“图库图层”→“通用图库”命令，弹出【天正图库管理系统】对话框；选择平面附件，如图 20-91 所示。

[15] 在绘图区中点取阀件的插入点，绘制阀件的结果如图 20-92 所示。

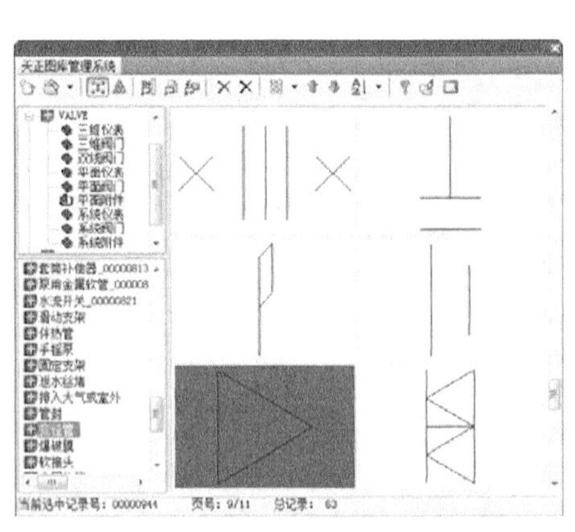

图 20-91 选择平面附件

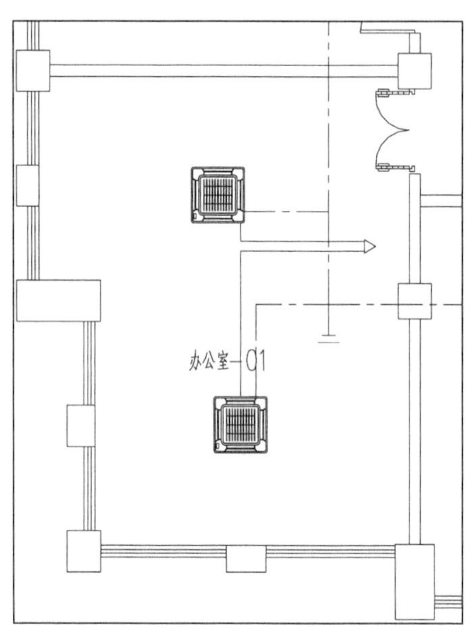

图 20-92 绘制平面附件

[16] 重复操作，继续绘制冷媒管以及平面附件，结果如图 20-93 所示。

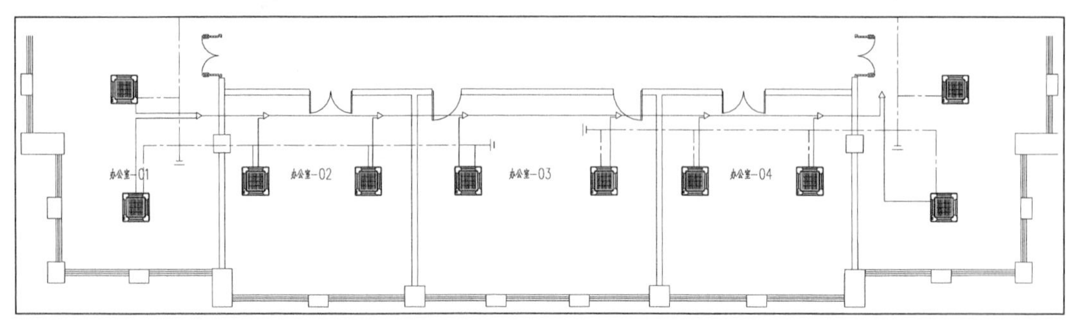

图 20-93 绘制结果

[17] 绘制冷水供水立管。执行“空调水路”→“水管立管”命令，弹出【空水立管】对话框；在其中单击“冷水供水”按钮，在绘图区中点取立管的插入点，绘制立管的结果如图 20-94 所示。

[18] 绘制冷媒管以及水管阀件，结果如图 20-95 所示。

[19] 执行“空调水路”→“水管管线”命令，绘制冷媒管管线与冷供水立管相连接；执行“空调水路”→“水管阀件”命令，插入水管阀件，结果如图 20-96 所示。

[20] 重复操作，绘制平面图上方空调器之间的连接管线及水管阀件，结果如图 20-97 所示。

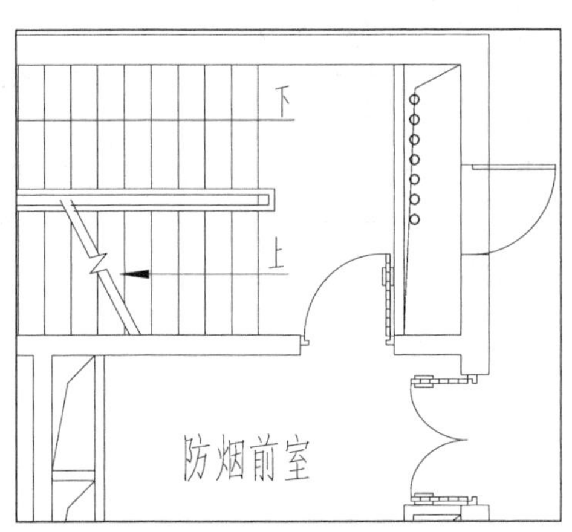

图 20-94　绘制冷水供水立管

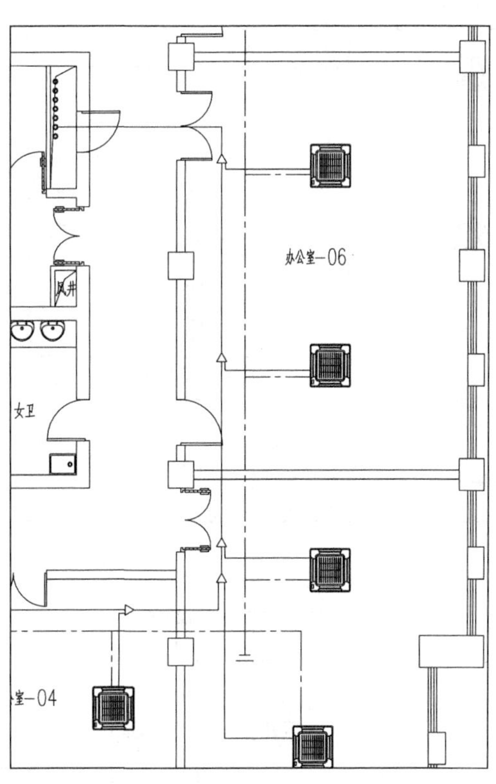

图 20-95　绘制结果

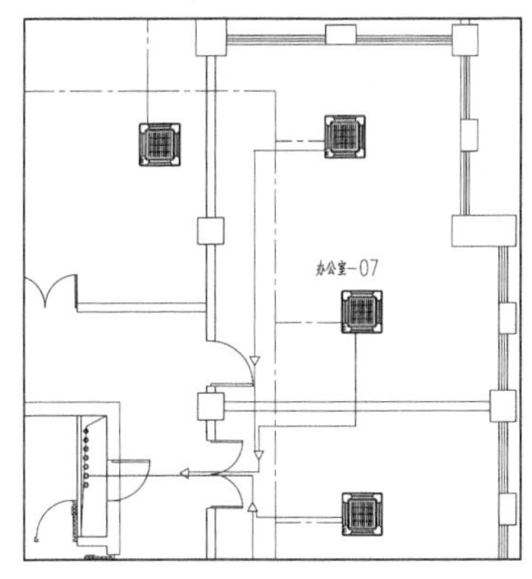

图 20-96　操作结果

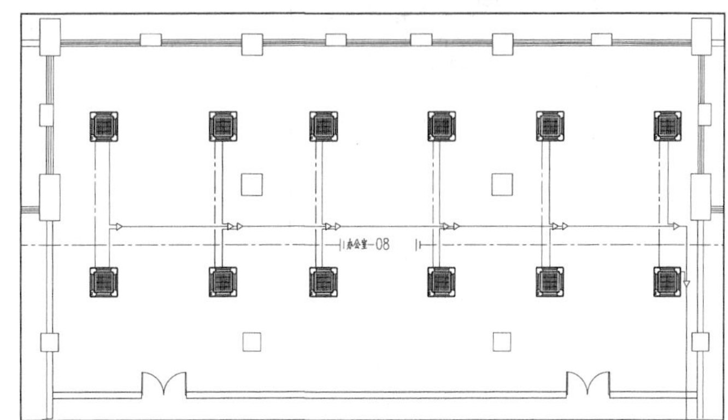

图 20-97　绘制管线及阀件

21 执行“空调水路”→“水管管线”命令，绘制平面图左边空调器冷媒主管线，结果如图 20-98 所示。

22 执行“空调水路”→“水管管线”命令，绘制冷媒支管管线与冷媒主管管线相连接；执行“空调水路”→“水管阀件”命令，插入水管阀件，结果如图 20-99 所示。

23 绘制冷凝水立管。执行“空调水路”→“水管立管”命令，弹出【空水立管】对话框；在其中单击“冷凝水”按钮，在绘图区中点取立管的插入点，绘制立管的结果如图 20-100 所示。

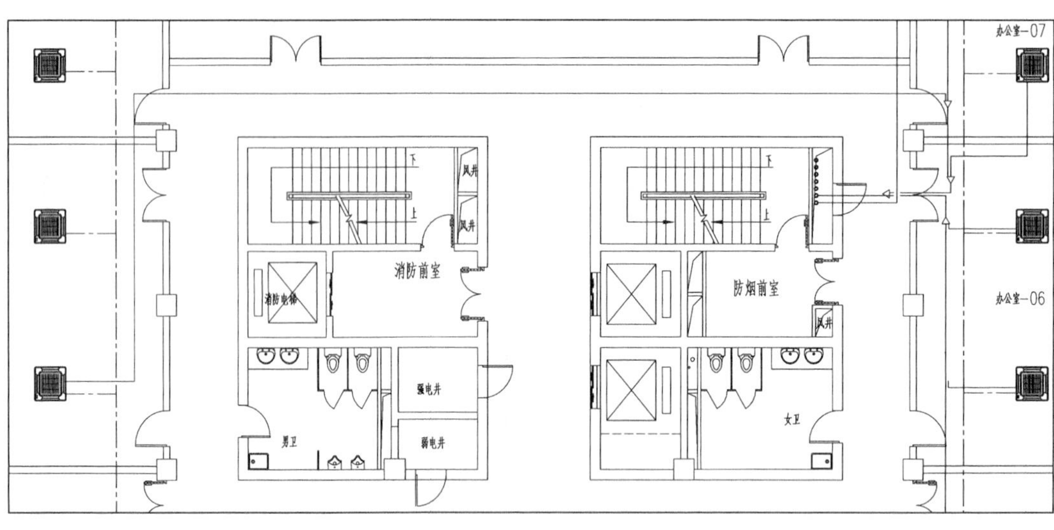

图 20-98　绘制冷媒主管线

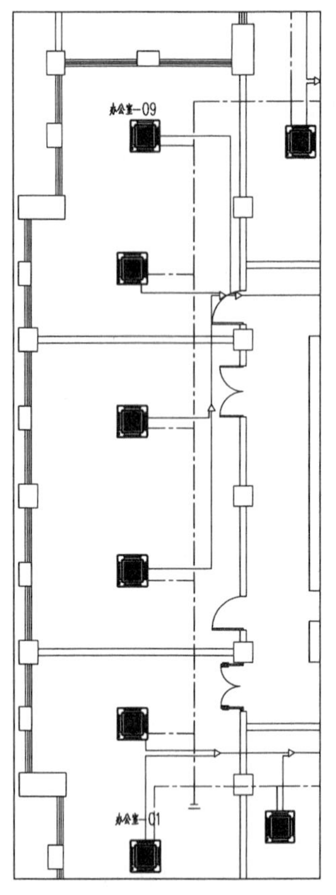

图 20-99　绘制冷媒支管管线

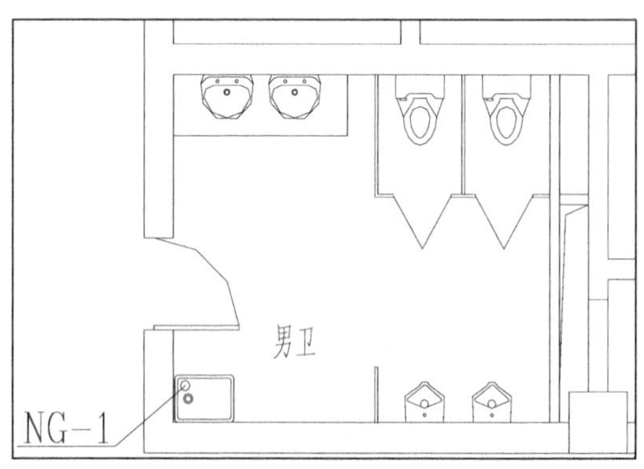

图 20-100　绘制冷凝水立管

[24] 绘制冷凝水管线。执行“空调水路”→“水管管线”命令，弹出【空水管线】对话框；在其中单击“冷凝水”按钮，在绘图区中指定管线的起点和终点，绘制结果如图 20-101 所示。

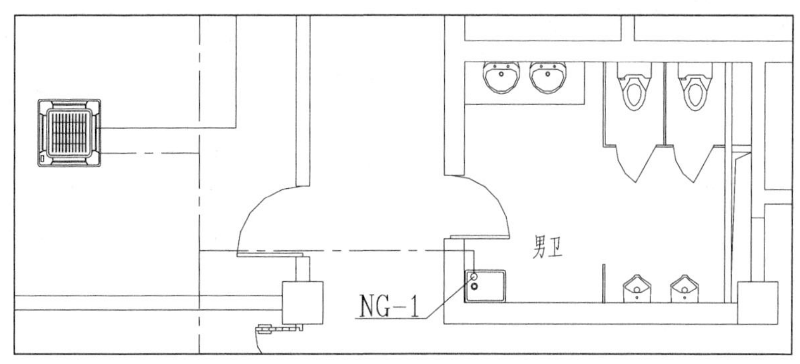

图 20-101　绘制冷凝水管线

25 重复操作，绘制女卫的冷凝水管线与冷凝水立管，结果如图 20-102 所示。

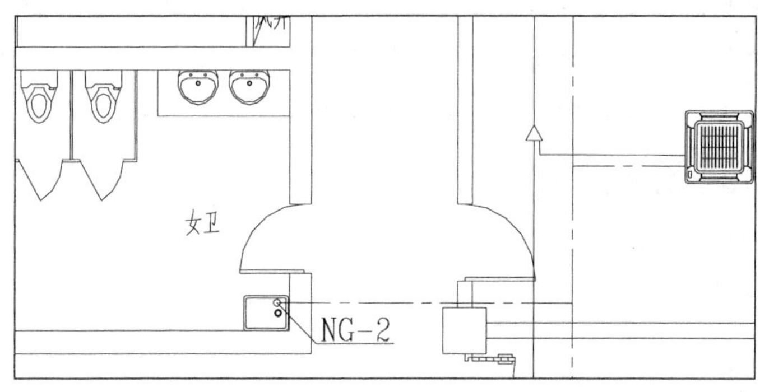

图 20-102　绘制结果

26 布置风口。执行“风管设备”→“布置风口”命令，弹出【布置风口】对话框；单击对话框右边的风口预览框，弹出【天正图库管理系统】对话框，选择风口样式，如图 20-103 所示。

27 双击样式幻灯片，返回【布置风口】对话框，设置参数如图 20-104 所示。

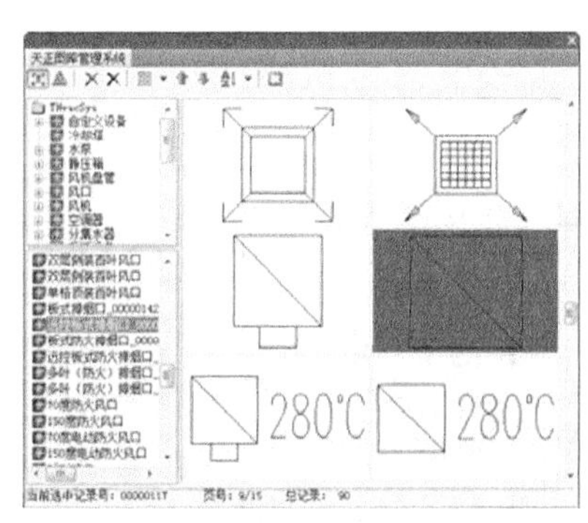

图 20-103　选择风口样式

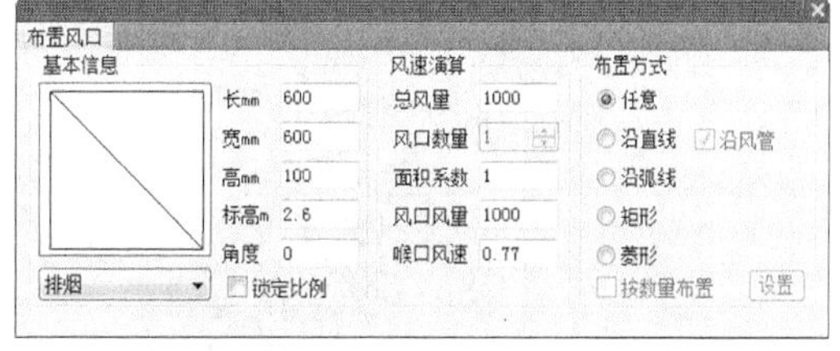

图 20-104　设置参数

28 在绘图区中点取风口的插入点，布置风口的结果如图 20-105 所示。

29 执行“风管”→“风管绘制”命令，绘制截面尺寸为 600 的风管，结果如图 20-106 所示。

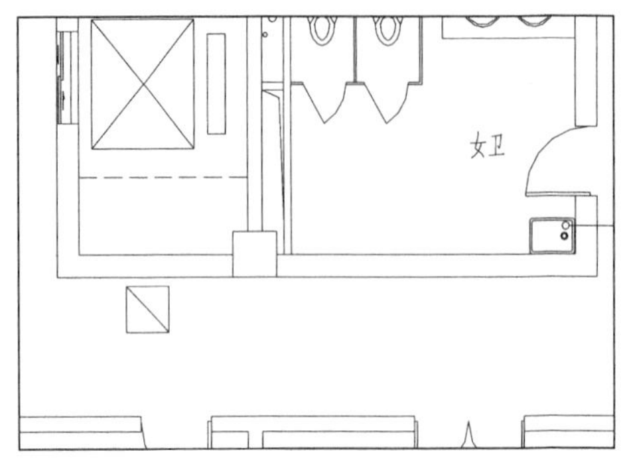

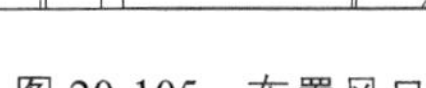
图 20-105　布置风口

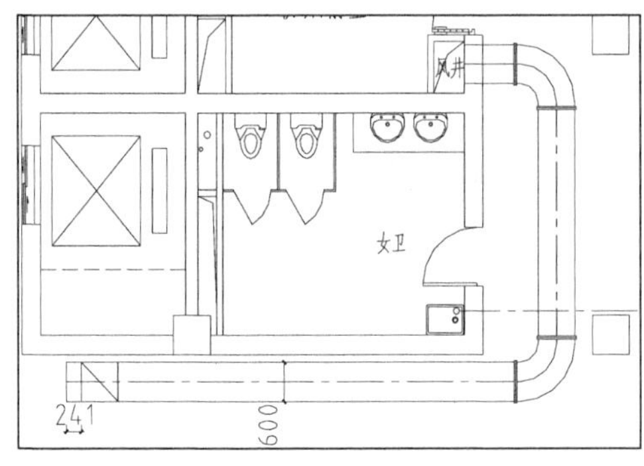

图 20-106　风管绘制

30 布置风阀。执行“风管设备”→“布置阀门”命令，弹出【风阀布置】对话框；单击对话框左边的风阀预览框，弹出【天正图库管理系统】对话框，选择风阀样式。

31 双击幻灯片样式，返回【风阀布置】对话框，设置参数如图 20-107 所示。

32 在风管上点取风阀的插入点，绘制风阀的结果如图 20-108 所示。

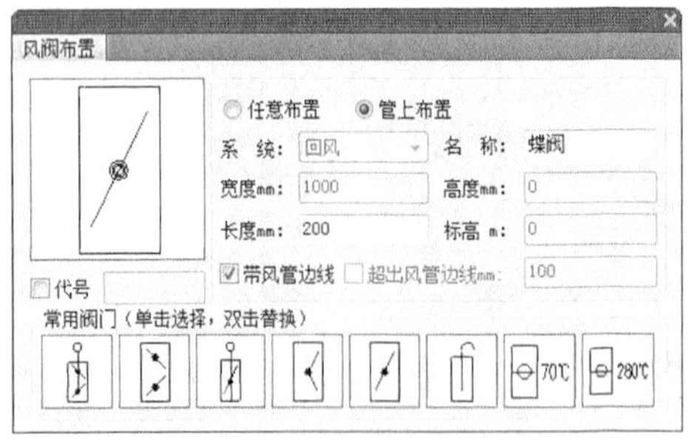

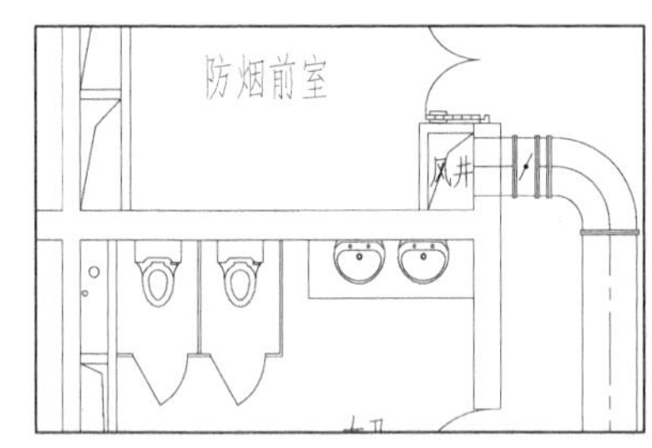

图 20-107　【风阀布置】对话框

图 20-108　绘制风阀

33 按下 Ctrl+O 组合键，在“第 20 章/图例文件.dwg”文件中将电动百叶送风门图形复制粘贴至当前图形中；执行“符号标注”→“引出标注”命令，绘制引出标注，结果如图 20-109 所示。

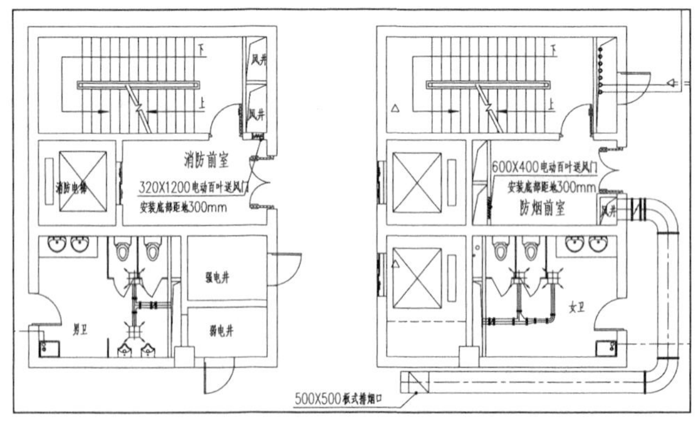

图 20-109　操作结果

34 绘制图例表。执行“文字表格”→“新建表格”命令，绘制空白表格；调用 CO

【复制】命令，从平面图中移动复制图例至表格中；双击单元格，进入文字在位编辑状态，输入图例文字说明；执行“文字表格”→“表格编辑”→“单元编辑”命令，选定待编辑的单元格，在弹出的【单元格编辑】对话框中编辑单元格参数，结果如图 20-110 所示。

35 管径标注。执行“专业标注”→“单管管径”命令，在绘图区中指定待标注的管线，绘制管径标注的结果如图 20-111 所示。

图例	名称	图例	名称
————	冷媒管	▩	空调室内机
—·—·—	冷凝水管	⧄	板式排烟口
⌧	室内换气扇	▭	调节阀

图 20-110　绘制图例表

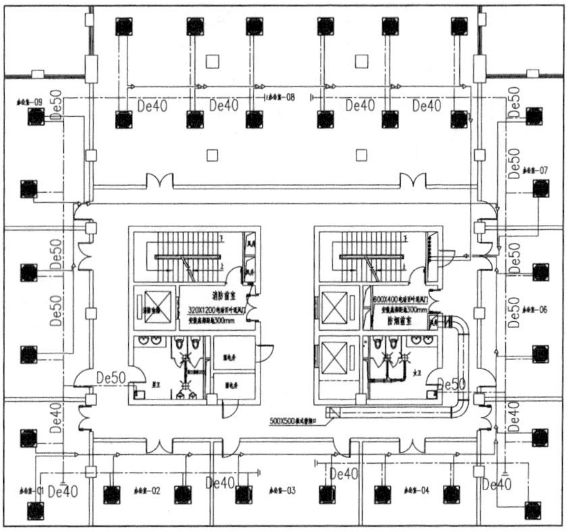

图 20-111　管径标注

36 图名标注。执行“符号标注”→“图名标注”命令，在弹出的【图名标注】对话框中设置参数；在绘图区中点取图名标注的插入点，绘制图名标注的结果如图 20-112 所示。

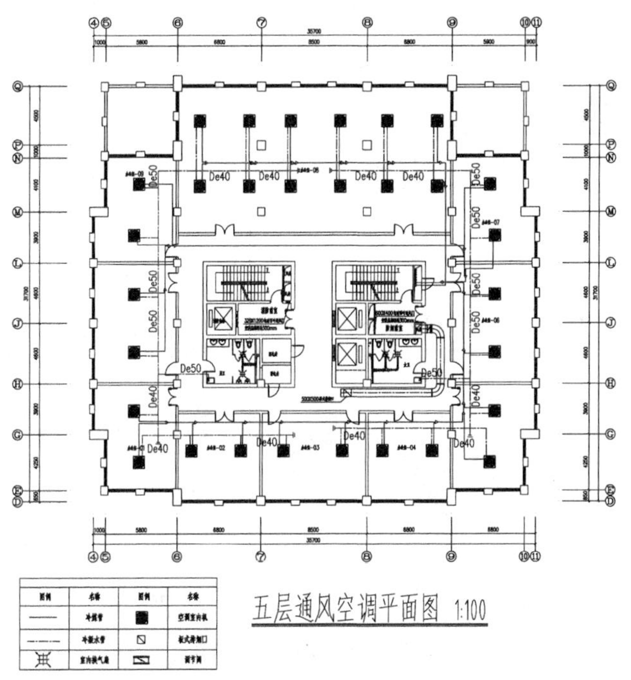

图 20-112　图名标注

20.5 空调水系统图

本节介绍商务办公楼空调水系统图的绘制，讲解绘制空调水管和布置水管阀件以及绘制管径标注、图名标注的方法。

[01] 绘制冷水回水管线。执行“空调水路”→“水管管线”命令，弹出【空水管线】对话框；在其中单击“冷水回水”按钮，在绘图区中指定管线的起点和终点，绘制结果如图 20-113 所示。

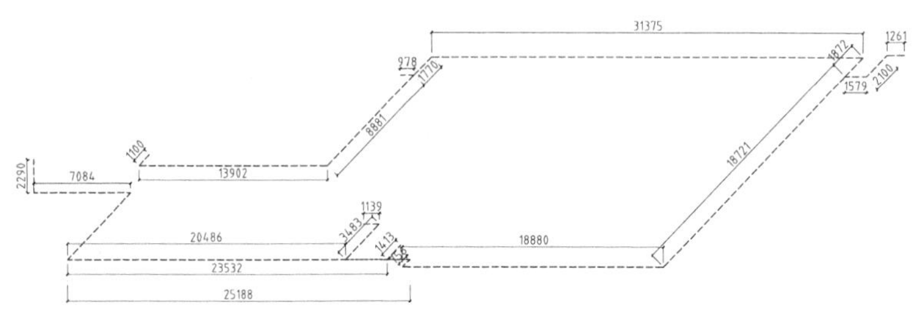

图 20-113 绘制冷水回水管线

[02] 绘制冷水供水管线。执行“空调水路”→“水管管线”命令，弹出【空水管线】对话框；在其中单击“冷水供水”按钮，在绘图区中指定管线的起点和终点，绘制结果如图 20-114 所示。

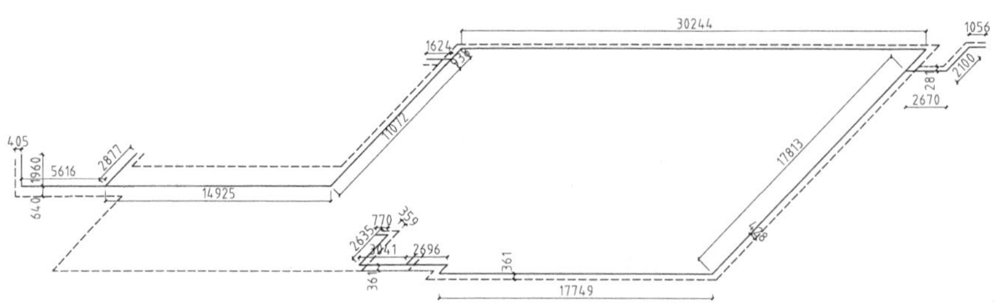

图 20-114 绘制冷水供水管线

[03] 绘制空调机组。按下 Ctrl+O 组合键，打开配套光盘提供的“第 20 章/图例文件.dwg”文件，将其中的空调机组图形复制粘贴至当前图形中，结果如图 20-115 所示。

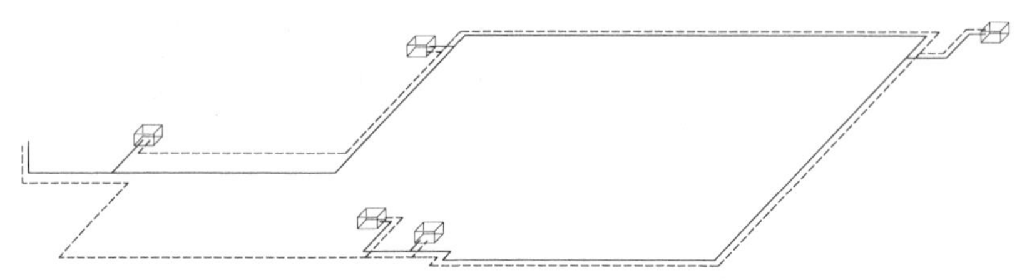

图 20-115 绘制空调机组

[04] 绘制断管符号。执行“水管工具”→“断管符号”命令，在绘图区中选择管线，

绘制断管符号的结果如图 20-116 所示。

05 绘制水管阀件。执行“空调水路”→“水管阀件”命令，弹出【T20 天正暖通软件图块】对话框，选择蝶阀，结果如图 20-117 所示。

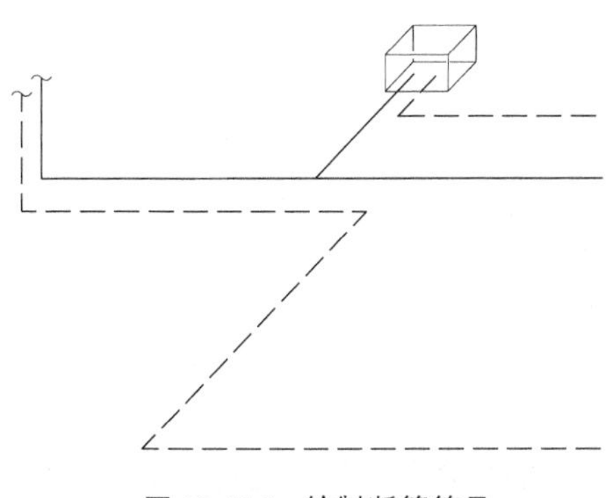

图 20-116　绘制断管符号

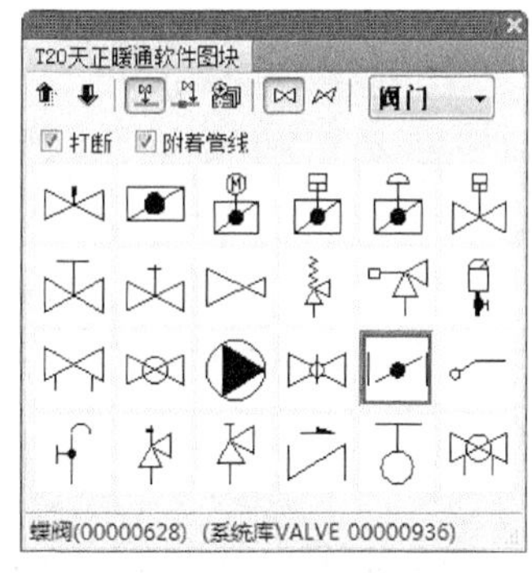

图 20-117　设置参数

06 在绘图区中点取阀件的插入点，绘制水管阀件的结果如图 20-118 所示。

07 绘制管封。执行“空调水路”→“水管阀件”命令，绘制管封阀件，结果如图 20-119 所示。

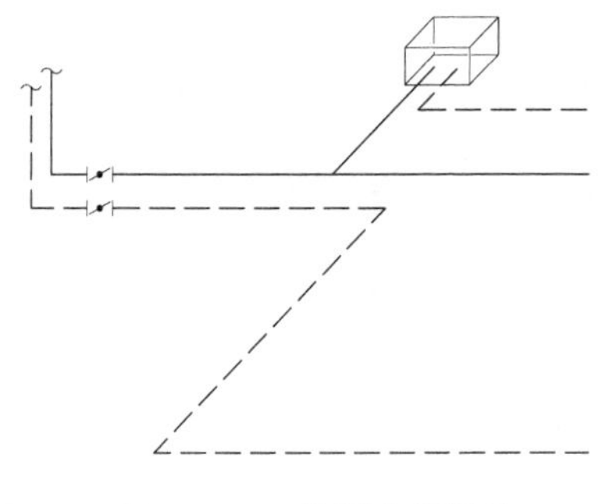

图 20-118　绘制水管阀件

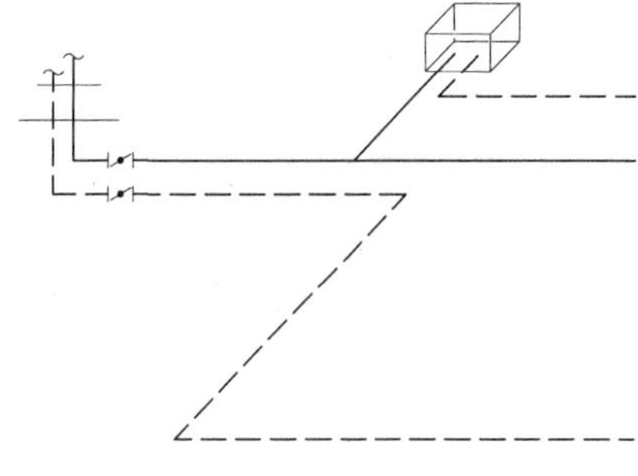

图 20-119　绘制管封

08 标高标注。执行“专业标注”→“标高标注”命令，弹出【标高标注】对话框，设置参数如图 20-120 所示。

09 根据命令行的提示，在绘图区中点取标高点、标高方向，绘制标高标注的结果如图 20-121 所示。

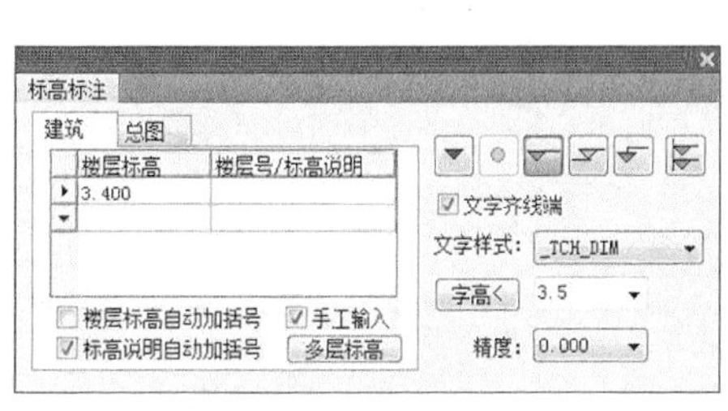

图 20-120　【标高标注】对话框

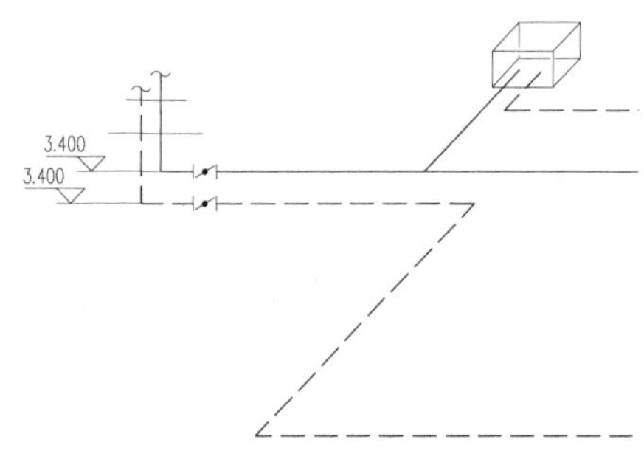

图 20-121　标高标注

10 管径标注。执行“专业标注”→“单管管径”命令，在绘图区中指定待标注的管线，绘制管径标注的结果如图 20-122 所示。

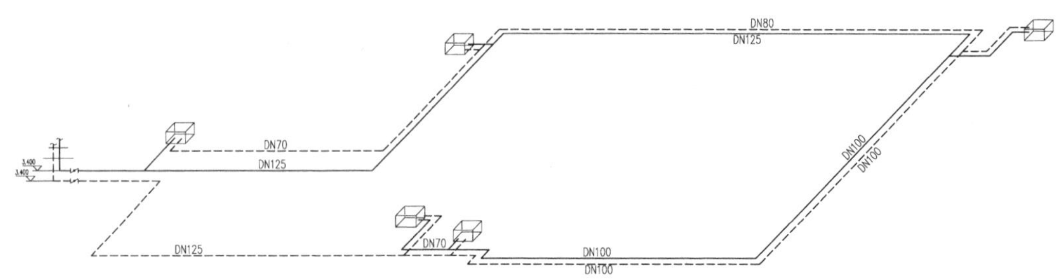

图 20-122 管径标注

11 绘制图例表。执行“文字表格”→“新建表格”命令，绘制空白表格；调用 CO【复制】命令，从平面图中移动复制图例至表格中；双击单元格，进入文字在位编辑状态，输入图例文字说明；执行“文字表格”→“表格编辑”→“单元编辑”命令，选定待编辑的单元格，在弹出的【单元格编辑】对话框中编辑单元格参数，结果如图 20-123 所示。

图例	名称	图例	名称
	空冷供水		蝶阀
	空冷回水		管封
	空调机组		断管符号

图 20-123 绘制图例表

12 图名标注。执行“符号标注”→“图名标注”命令，在弹出的【图名标注】对话框中设置参数；在绘图区中点取图名标注的插入点，绘制图名标注的结果如图 20-124 所示。

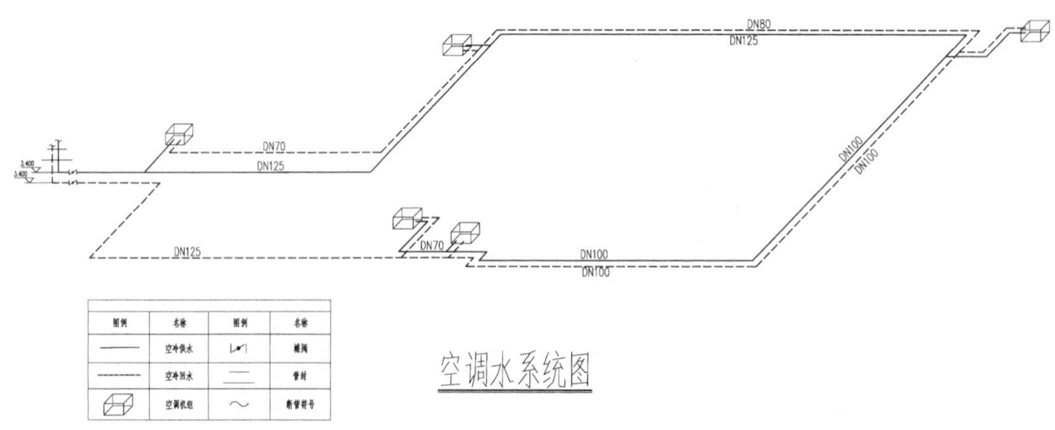

图 20-124 图名标注

20.6 绘制主楼 VRV 系统图

本节介绍商务办公楼主楼 VRV 系统图的绘制方法，办公楼的 12F 以上为建筑的主楼；讲解了绘制楼层线和绘制空调水路以及布置水管阀门的方法。

01 绘制楼层线。调用 L【直线】命令，绘制直线；调用 O【偏移】命令，偏移直线，结果如图 20-125 所示。

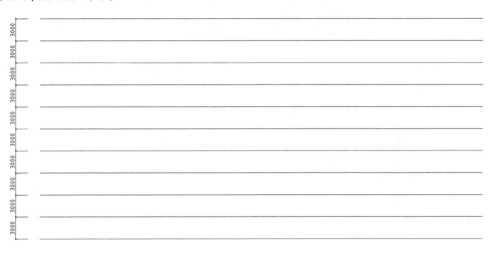

图 20-125　绘制楼层线

02 文字标注。执行“文字表格”→“单行文字”命令，在弹出的【单行文字】对话框中设置参数；在绘图区中点取文字的插入点，绘制文字标注的结果如图 20-126 所示。

屋顶
21F
20F
19F
18F
17F
16F
15F
14F
13F
12F

图 20-126　文字标注

03 绘制变频空调室内机。按下 Ctrl+O 组合键，打开配套光盘提供的“第 20 章/图例文件.dwg”文件，将其中的变频空调室内机图形复制粘贴至当前图形中，结果如图 20-127 所示。

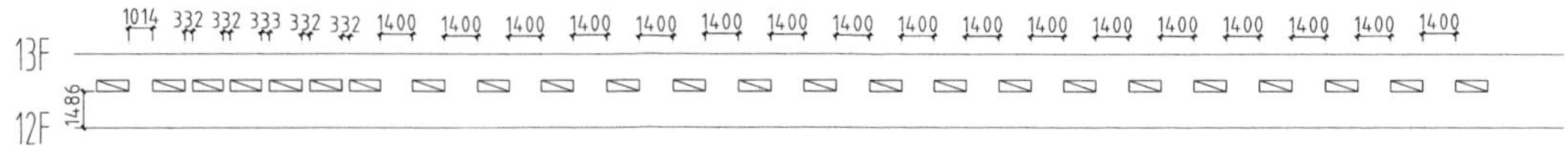

图 20-127　绘制变频空调室内机

04 绘制冷媒管。执行“空调水路”→“水管管线”命令，弹出【空水管线】对话框；在其中单击“自定义管线”按钮，在弹出的下拉列表中选择“自定义 1”选项；根据命令行的提示，在绘图区中指定管线的起点和终点，绘制管线的结果如图 20-128 所示。

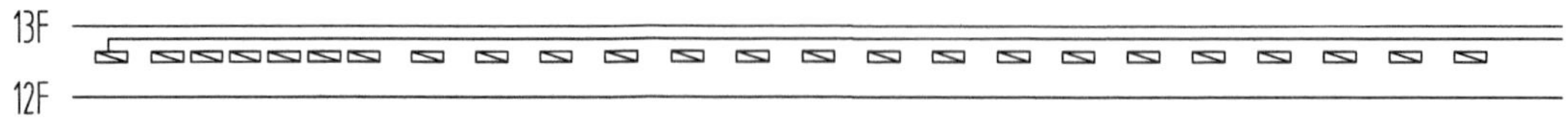

图 20-128　绘制冷媒管

05 绘制变径管。执行“空调水路”→“水管阀件”命令，弹出【天正暖通图块】对话框，在其中选择变径管；根据命令行的提示，在绘图区中指定阀件的插入点，绘制阀件的结果如图 20-129 所示。

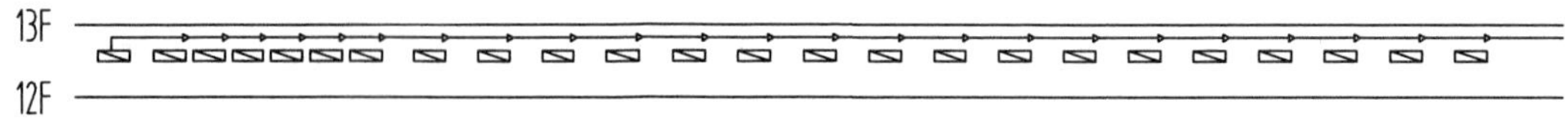

图 20-129　绘制变径管

06 绘制冷媒管支管。执行“空调水路”→“水管管线”命令，弹出【空水管线】对话框；在其中单击“自定义管线”按钮，在弹出的下拉列表中选择“自定义 1”选项；根据命令行的提示，在绘图区中指定管线的起点和终点，绘制管线的结果如图 20-130 所示。

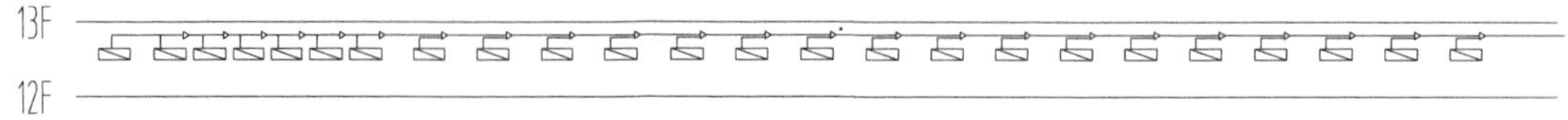

图 20-130　绘制冷媒管支管

07 管线倒角。执行“管线工具”→“管线倒角”命令，命令行提示如下：

```
命令：GXDJ↙
请选择第一根管线:<退出>
请选择第二根管线:<退出>                    //分别指定垂直管线和水平管线;
请输入倒角半径:<0.0>400                    //输入半径值，按回车键即可完成倒角操作，结果如图 20-131 所示。
```

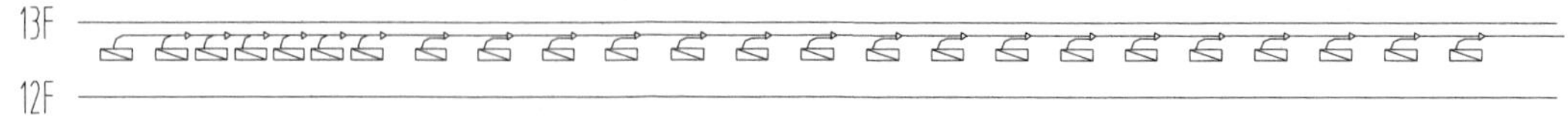

图 20-131　管线倒角

08 调用 CO【复制】命令，向上移动复制绘制完成的图形，结果如图 20-132 所示。

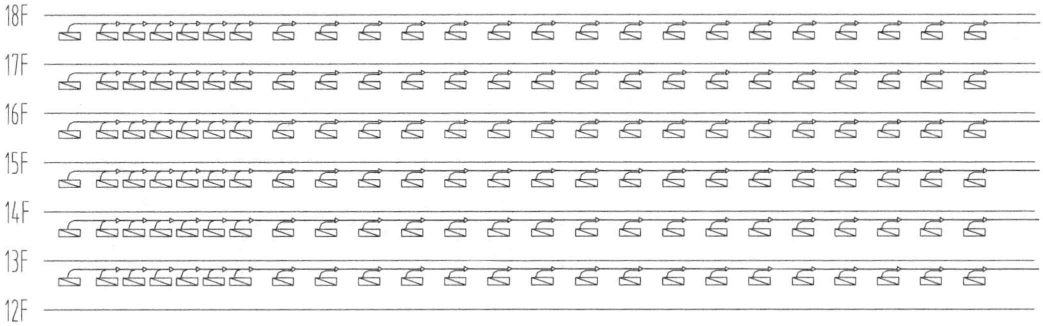

图 20-132　复制结果

09 重复操作，绘制 18F～21F 的变频空调室内机、冷媒管以及水管阀件，结果如图 20-133 所示。

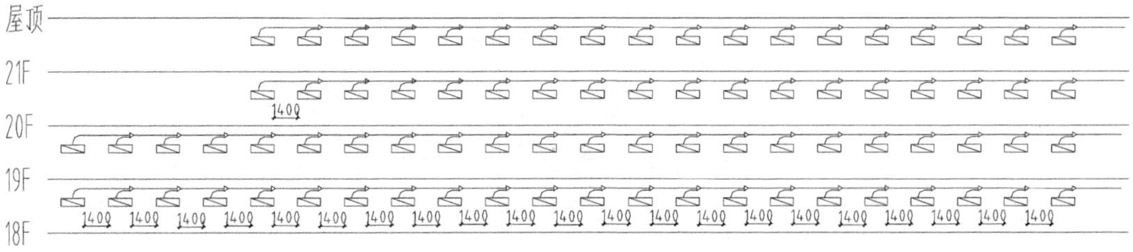

图 20-133　绘制结果

10 系统图变频空调室内机、冷媒管以及水管阀件的最终绘制结果如图 20-134 所示。

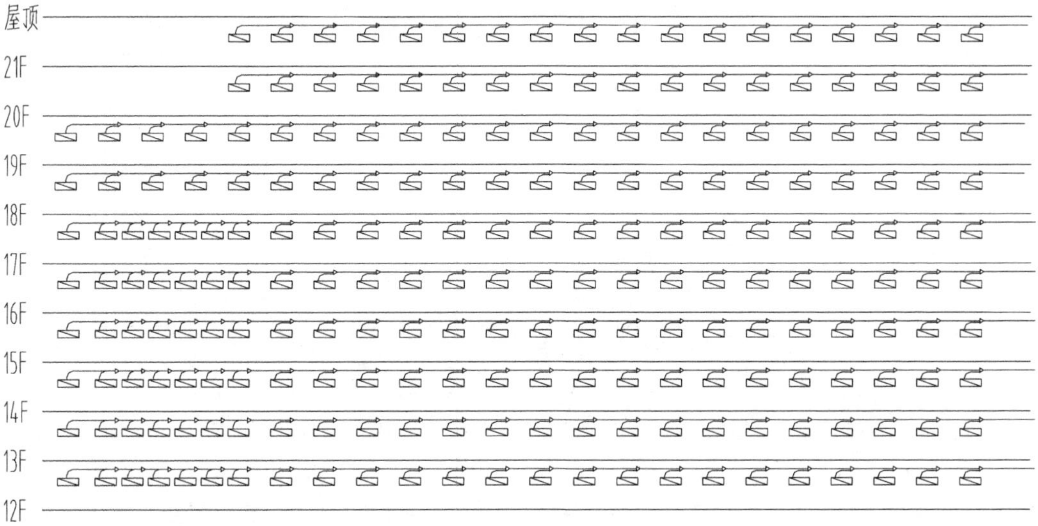

图 20-134　操作结果

11 绘制变频空调室外机。按下 Ctrl+O 组合键，打开配套光盘提供的“第 20 章/图例文件.dwg”文件，将其中的变频空调室外机图形复制粘贴至当前图形中，结果如图 20-135 所示。

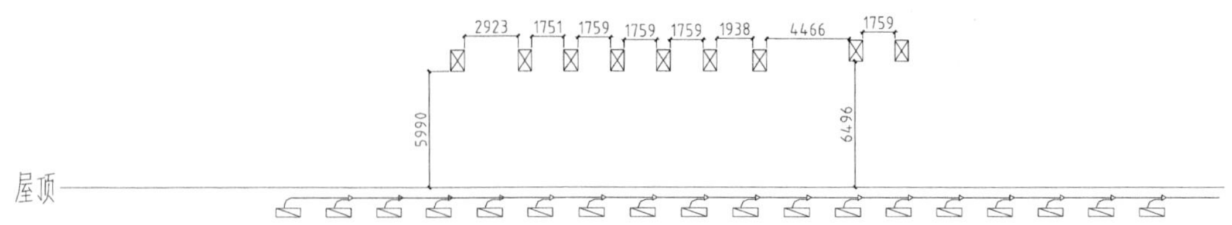

图 20-135　绘制变频空调室外机

12 绘制冷媒管。执行“空调水路”→“水管管线”命令，在绘图区中指定管线的起点和终点即可完成管线的绘制；执行“管线工具”→“管线倒角”命令，对管线执行倒角操作，结果如图 20-136 所示。

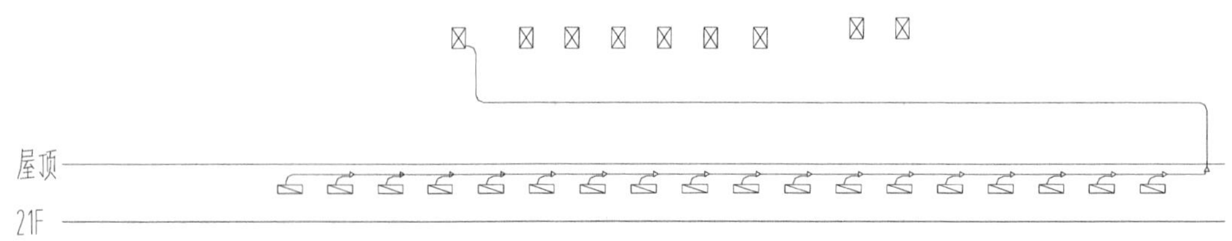

图 20-136　绘制结果

13 执行“空调水路”→“水管管线”命令、“管线工具”→“管线倒角”命令，绘制管线并对其执行倒角操作，结果如图 20-137 所示。

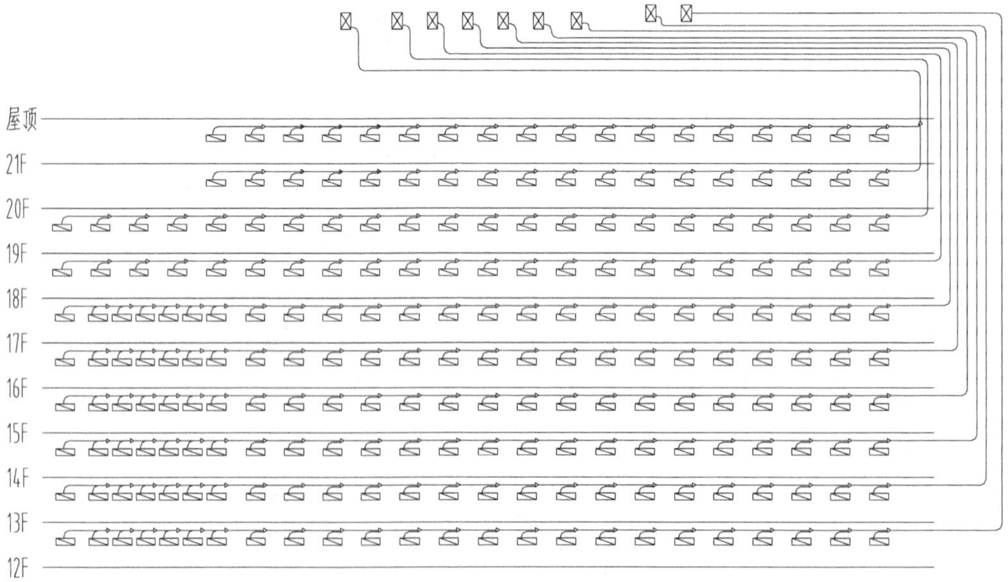

图 20-137　操作结果

(14) 绘制图例表。执行“文字表格”→“新建表格”命令，绘制空白表格；调用 CO【复制】命令，从平面图中移动复制图例至表格中；双击单元格，进入文字在位编辑状态，输入图例文字说明；执行“文字表格”→“表格编辑”→“单元编辑”命令，选定待编辑的单元格，在弹出的【单元格编辑】对话框中编辑单元格参数，结果如图 20-138 所示。

图例	名称	图例	名称
	变频空调室内机		冷媒管
	变频空调室外机		变径管

图 20-138　绘制图例表

(15) 图名标注。执行“符号标注”→“图名标注”命令，在弹出的【图名标注】对话框中设置参数；在绘图区中点取图名标注的插入点，绘制图名标注的结果如图 20-139 所示。

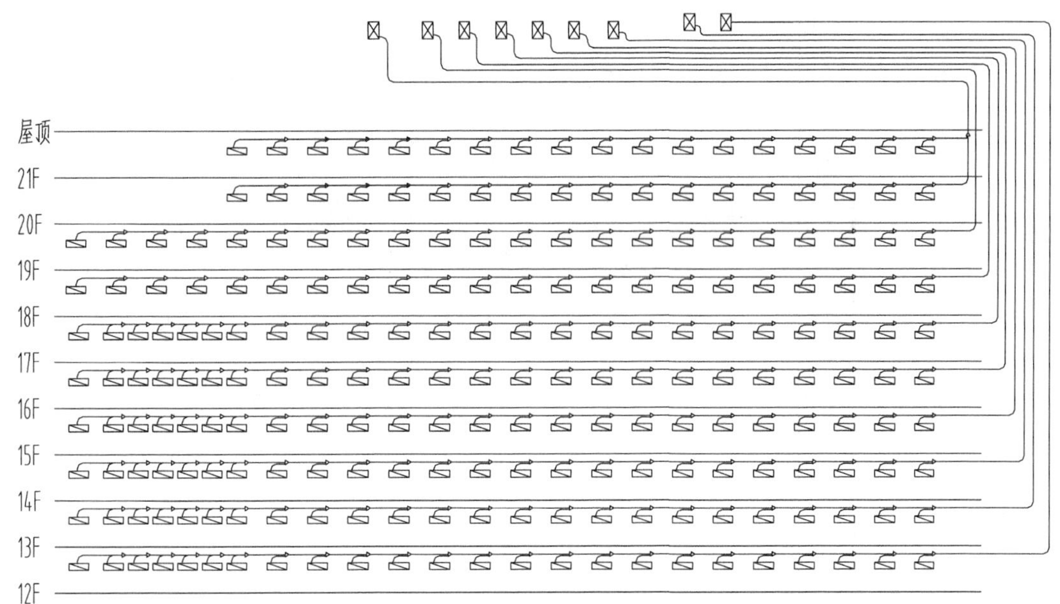

图 20-139　图名标注